ウォルパート 発生生物学

Principles of Development

Fourth edition

監訳

武田洋幸

東京大学大学院理学系研究科生物科学専攻動物科学大講座
動物発生学研究室 教授

田村宏治

東北大学大学院生命科学研究科生命機能科学専攻細胞機能構築統御学講座
器官形成分野 教授

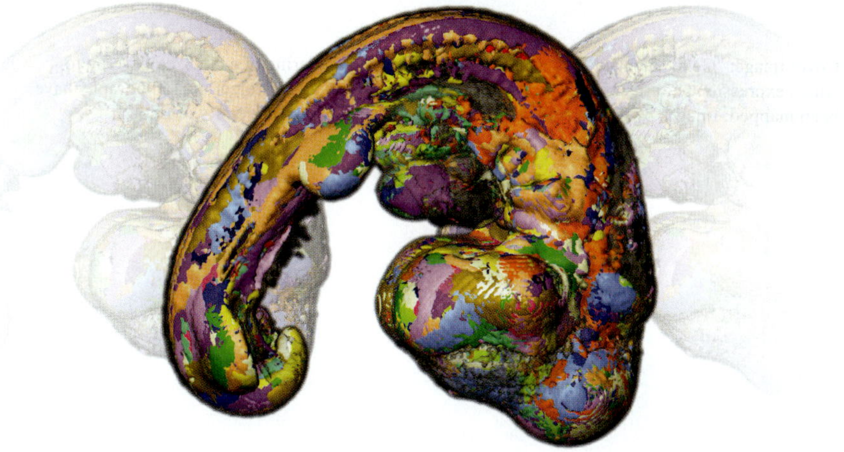

Lewis Wolpert　Cheryll Tickle

Peter Lawrence　Elliot Meyerowitz

Elizabeth Robertson　Jim Smith　Thomas Jessell

メディカル・サイエンス・インターナショナル

Cover image: "Gene patchwork" of a chick embryo. Surface rendering of a chick embryo on to which expression patterns of 15 cell cycle genes captured by Optical Projection Tomography have been mapped. Images by Gordana Pavlovska and Monique Welten, University of Bath

Authorized translation of the original English edition,
"Principles of Development", Fourth Edition
By Lewis Wolpert and Cheryll Tickle

本書は 2011 年に英文出版された Principles of Development, Fourth Edition の翻訳であり，
オックスフォード大学出版局との契約により出版されたものである.

Principles of Development, Fourth Edition was originally published in English in 2011.
This translation is published by arrangement with Oxford University Press.

Printed and Bound in Japan

監訳者序文

多くの発生生物学者がそうであるように，一つの受精卵から多様な細胞，器官，形態が創造される神秘的でダイナミックな現象に魅かれ，私たちも発生生物学の門をたたきました。そして幸運にも，発生生物学が短期間のうちに大きく変貌するさまを目の当たりにしました。

現代の発生生物学は，遺伝学，分子生物学，ゲノム科学，進化生物学を取り込み，また，幹細胞・再生医療の分野へ波及する基礎生物学の中核です。この複雑で多岐にわたる学問体系を大学の講義で次世代の若者に伝承することは決して簡単なことではありません。遺伝子名，遺伝子カスケード，シグナル経路ばかりをいくら教えても，発生生物学が持つ魅力と可能性を伝えるのは無理でしょう。伝えるべきは研究者を虜にした現象であり，それにチャレンジした実験であり，そこから導き出されたコンセプトです。本書“Principles of Development”はまさにそのような題材をふんだんに取り入れた，発生生物学全体をカバーする代表的な名著であり，何よりも私たちがもっとも気に入っている教科書の一つです。その意味で，本書の日本語版出版に関われたことは，私たちにとって大変光栄でした。

本書の主著者である Lewis Wolpert 博士とその愛弟子である Cheryll Tickle 博士は，四肢形成の研究で大きな足跡を残しています。とくに Wolpert 博士は発生学に“濃度勾配モデル”を導入し，まだほとんどの遺伝子カスケードやシグナル経路が明らかになっていなかった時代に，「様々な分子の濃度の差が形態の違いを生み出す」というコンセプトを用いて，多くの発生現象を説明してきました。四肢形成機構で有名なこのコンセプトは，無脊椎動物の個体再生や，脊椎動物の左右非相称性創出，体節形成など，様々な形態形成機構に応用されています。本書内でもそのコンセプトが随所にちりばめられており，しかもそれが最新の知見によって分子レベルで説明されていることは，本書の大きな特徴となっています。

本書には，数多くの発生現象の基礎過程・コンセプトと，具体的な分子機構の両方が，わかりやすくまとめられています。初期発生から動物進化，あるいは幹細胞学の基礎まで，充実した内容で構成されている本書は，発生生物学を志す若者はもちろん，医学や応用生命科学分野の学生諸君にも是非読んでいただきたい一冊です。

翻訳にあたって，訳語の統一は大変頭を悩ませた問題でした。遺伝子やタンパク質の記述法，現象の日本語訳などは研究者や実験動物によってもまちまちで，なるべく統一した表記になるように努力しました。しかし，依然として完全とは言えない状態です。今後読者からのご指摘を真摯に受け止めたいと思っています。

本書の訳出にあたって，多くの方々に協力をお願いしました。各章をご担当された方の名前はviiiページに記載しました。最新版（第4版）をできるだけ早く皆様にお届けするために，タイトなスケジュールを組み，無理をお願いしてきました。この場を借りて心から感謝の言葉を述べさせていただきます。また，出版の企画（原著出版社との交渉），編集，発刊まで丁寧にご対応いただいたメディカル・サイエンス・インターナショナルの藤川良子（コンサルティングエディター）・伊藤武芳（書籍編集部）の両氏に深く感謝いたします。

2012年9月　　武田 洋幸

田村 宏治

序文

発生生物学は，多細胞生物を扱う全ての生物学の核となるものである。この分野では，受精卵の遺伝子が胚の細胞挙動を制御し，動物や植物の特徴を決定する過程を扱う。進化は，より適応性の高い個体をつくる発生的な変化により起こる。細胞生物学や分子生物学，さらに新しくはゲノミクスの応用により，近年の発生生物学の進歩は驚くべきものとなっており，今や膨大な情報が手に入るようになっている。本書の第 4 版を出版するにあたり，例えば幹細胞の理解（第 10 章），進化に関連する発生学的研究（第 15 章）など，そのような多くの最新の成果を盛り込んだ。また，ヒトの胚発生に関する論点も可能な限り取り上げたつもりである。

本書 "Principles of Development" は，大学学部生のために執筆された本であり，発生の原理および鍵となる概念に重点を置いている。我々のアプローチの中心となるのは，遺伝子がいかにして細胞挙動を制御するかを知ることが，発生をよく理解するためには重要である，という考えである。本書の読者には，細胞生物学や遺伝学の基本的な知識を持っていることを期待してはいるが，遺伝子活性の制御のような重要な概念は，本書の中でも解説を加えている。

学生諸賢にかかる負担を考えて，発生の原理は可能な限り明快に解説した。また，文章と図表による要約を多く用意し，過度に詳細な説明は避けるよう心がけた。発生研究の結果やメカニズムをよく表すように注意深くデザインされ，選ばれた図表も，本書の特徴となるものである。

本書は，発生の全てを扱うという誘惑に耐え，そこに共通する原理をよく表すシステムに焦点を当てている。実際に，本書を貫いているテーマは，発生過程を支配する普遍的な原理である。全ての段階において，学部生が発生について知っておくべきと我々が信じることを記載した。

脊椎動物とショウジョウバエに関する議論を多く取り上げているが，線虫やウニのような他の生物を除外してはいない。ショウジョウバエの発生はよく研究され，非常に示唆に富むものであるため，これまでの版と同じく，今回の第 4 版でも，脊椎動物ではなくこの生物から議論を始めることにした。本書の重要な特徴に，発生生物学の一般的な教科書ではよく省かれている植物の発生を扱っていることがある。近年，植物の発生の理解に関しては顕著な進歩があり，ユニークかつ重要な特徴が知られてきている。

第 4 版では，モデル生物となる脊椎動物に関する胚発生学と遺伝学を，そこで使用される重要な研究法と共に説明するために，独立した章を新たに設けた（第 3 章）。そして，脊椎動物の初期発生に関わるメカニズムを，続く 2 章で説明している（第 4 章，第 5 章）。他の章にも大きな修正を加えている。新たな図表や写真も，多く追加した。

本書は初期発生，そして四肢や神経系などの器官とボディプランの発生に重点を置いているが，成長や再生を含む，より後期の発生も取り上げている。そして本書の最後に，進化と発生の関係を考察する。

各章末の「理解を深めるための参考文献」には，該当研究に貢献した全ての科学者のクレジットを載せるのではなく，発生生物学を学ぶ者の指針となるようなものを掲載した。掲載できなかった方々にはお許しを願いたい。

第4版から，Cheryll Tickle が Lewis Wolpert の共著者として加わった。それぞれの章は多くの専門家へ校閲をお願いしており（p. ix），この場を借りて彼らに感謝を捧げる。最初の校正は編集者 Eleanor Lawrence が担当してくれ，わかりにくいところをなおし，編集し，うまく一冊にまとめてくれた。その影響は本書全体に行き渡っており，本書を学生達にとって使いやすいものにするために Eleanor が果たした役割は計り知れない。新しい図表は，第1版からこの仕事をお願いしている Matthew McClements の素晴らしいイラストと，その改訂によったものである。

最後になったが，第4版の出版作業を通しての，Oxford University Press の Bethan Lee と Jonathan Crowe の支援と忍耐に感謝を捧げる。

L. W.
2010年7月　ロンドンにて

C.T.
2010年7月　バースにて

著者紹介

Lewis Wolpert：University College London（英国），Department of Anatomy and Developmental Biology，Biology as Applied to Medicine 名誉教授．著書に『*Triumph of the Embryo*』，『*A Passion for Science*』，『*The Unnatural Nature of Science*』，『*Six Impossible Things Before Breakfast*』．

Cheryll Tickle：University of Bath（英国）名誉教授．

Thomas Jessell：University of Columbia Medical Center（米国），Biochemistry and Molecular Biophysics 教授，Center for Neurobiology and Behaviour メンバー，Department of Biochemistry and Molecular Biophysics の Howard Hughes Medical Institute 研究員．著書に『*Principles of Neural Science*』，『*Essentials of Neural Science and Behaviour*』．

Peter Lawrence：University of Cambridge（英国），Department of Zoology 所属．Medical Research Council Laboratory of Molecular Biology 名誉研究員．著書に『*The Making of a Fly*』．

Elliot Meyerowitz：California Institute of Technology（米国），George W. Beadle 生物学教授，the Division of Biology 部門長．

Elizabeth Robertson：University of Oxford（英国），Sir William Dunn School of Pathology 教授，Wellcome Trust 主任研究者．

Jim Smith：Medical Research Council National Institute for Medical Research（英国）所長．

Eleanor Lawrence：フリーランスのサイエンスライター・編集者．

Matthew McClements：科学，工学，医学分野を専門とするイラストレーター．

訳者一覧

監訳　武田洋幸　田村宏治

第 1 章	**相沢慎一**	理化学研究所発生・再生科学総合研究センターボディプラン研究グループ グループディレクター
第 2 章	**松野健治**	大阪大学大学院理学研究科生物科学専攻細胞生物学研究室 教授
	笹村剛司	大阪大学大学院理学研究科生物科学専攻細胞生物学研究室 研究員
第 3 章	**山田源**	和歌山県立医科大学先端医学研究所遺伝子制御学研究部 教授
第 4 章	**上野直人**	自然科学研究機構基礎生物学研究所発生生物学領域形態形成研究部門 教授
第 5 章	**武田洋幸**	東京大学大学院理学系研究科生物科学専攻動物科学大講座動物発生学研究室 教授
	越田澄人	東京大学大学院理学系研究科生物科学専攻動物科学大講座動物発生学研究室 准教授
第 6 章	**日下部岳広**	甲南大学理工学部生物学科発生学研究室 教授
	日下部りえ	神戸大学大学院理学研究科生物学専攻 助教
第 7 章	**塚谷裕一**	東京大学大学院理学系研究科生物科学専攻進化多様性生物学大講座発生進化研究室 教授
第 8 章	**船山典子**	京都大学大学院理学研究科生物科学専攻生物物理学教室分子発生学講座 准教授
第 9 章	**相賀裕美子**	国立遺伝学研究所系統生物研究センター発生工学研究室 教授
第10章	**瀬原淳子**	京都大学再生医科学研究所再生増殖制御学分野 教授
第11章	**福田公子**	首都大学東京大学院理工学研究科生命科学専攻 准教授
第12章	**宮田卓樹**	名古屋大学大学院医学系研究科機能形態学講座細胞生物学分野 教授
第13章	**井関祥子**	東京医科歯科大学大学院医歯学総合研究科分子発生学分野 教授
第14章	**田村宏治**	東北大学大学院生命科学研究科生命機能科学専攻細胞機能構築統御学講座器官形成分野 教授
	米井小百合	東北大学大学院生命科学研究科生命機能科学専攻細胞機能構築統御学講座器官形成分野 研究員
第15章	**岡部正隆**	東京慈恵会医科大学解剖学講座 教授

謝辞

本書を校閲いただいた，ここに挙げる方々に感謝を捧げる。

Michelle Arbeitman, University of Southern California
Haini Cai, University of Georgia
Scott Dougan, University of Georgia
Robert Drewell, Harvey Mudd College
Deborah Garrity, Colorado State University
Ivan Gepner, Monmouth University
Tanja Godenschwege, Florida Atlantic University
Peter Holland, University of Oxford
Douglas Houston, University of Iowa
Margaret Johnson, University of Alabama
Douglas R. Kankel, Yale University
David Leaf, Western Washington University
Barbara Lom, Davidson College
Morris F. Maduro, University of California, Riverside
Vicki J. Martin, Appalachian State University
Spencer M. Mass, SUNY New Paltz
Elliot Meyerowitz, California Institute of Technology
Andre Pires da Silva, University of Texas Arlington
Gary Radice, University of Richmond, Virginia
Ann Rougvie, University of Minnesota
Margaret Saha, College of William and Mary
Craig M. Scott, Clarion University
Diane C. Slusarski, University of Iowa
David Stein, University of Texas Austin
Leslie Stevens, University of Texas Austin
Daniel P. Szeto, Purdue University
Keiko Torri, University of Washington
Lance Urven, Marian University of Wisconsin
Matthew Wawersik, College of William and Mary
Athula H. Wikramanayake, University of Miami
Nina Zanetti, Siena College
Ted Zerucha, Appalachian State University

概略目次

詳細目次

1

発生生物学の歴史と基本概念

●発生生物学の起源　●発生生物学の諸概念

この章の目的は，発生研究の概念的な枠組みを示すことである。まず，どのように発生生物学の基本的な疑問が提示され，どのような発生の基本原理とともに今日に引き継がれているかという胚発生研究の歴史について簡単に述べる。発生における最大の疑問は，1個の細胞である受精卵が，どのように多細胞生物体――そこでは様々な細胞が各組織，器官へと組織化され，三次元的な1つの個体をなしている――を生じるかにある。この疑問は様々な視点から検討することができるが，各視点を統合して発生の全体像を得なければならない――どの遺伝子がいつどこで発現するのか，細胞は互いにどのように協働するのか，ある細胞の発生運命はどのように決定されるのか，各細胞はどのように増殖・分化して特定の分化細胞となるのか，そして劇的な形態の変化はどのように起きるのか――。生物の発生は結局のところ，どのタンパク質を，どの細胞に，いつつくるのかを決めている各遺伝子の発現調節によって引き起こされているといえる。つまり細胞がどのように振る舞うかは基本的に，その細胞に存在するタンパク質によっている。遺伝子の持つ発生プログラムは，発生の青写真というより生成的なものであり，細胞間シグナル伝達，細胞増殖，細胞分化，細胞運動などの細胞挙動の変化により，それぞれの発生事象が引き起こされる。

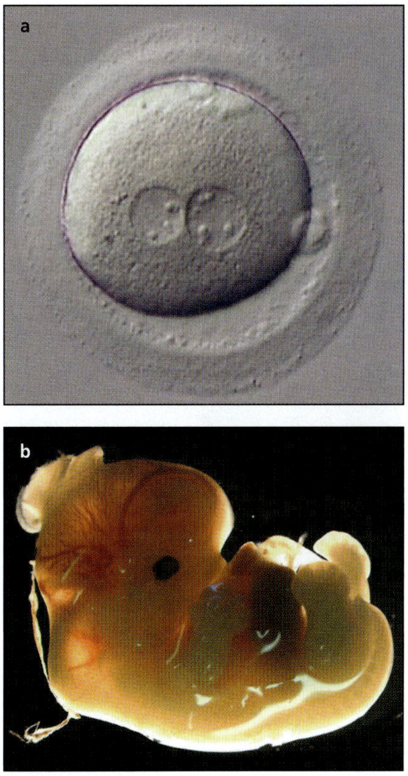

図 1.1　ヒト受精卵とヒト胚
(a) ヒト受精卵。精子と卵由来の前核はまだ融合していない。(b) 妊娠51日目のヒト胚［カーネギーステージ（Carnegie stage）20］。受精後13.5日のマウス胚に相当。この段階のヒト胚は21～23 mm長である。
(a) Alpesh Doshi, CRGH, London の厚意による
(b) MRC/Welcome-funded Human Developmental Biology Resource の厚意により複写

1個の細胞である受精卵が多細胞生物体へと発生できることは，進化の輝かしい成果である。受精卵は何百万もの細胞へ分裂し，眼・四肢・心臓・脳といった様々な複雑な構造を形成する。この驚くべき現象は当然多くの疑問を生む。受精卵の分裂によって生じた細胞は，どのように互いに異なるようになるのか？　これらの細胞はどのように四肢，脳のような構造を形成していくのか？　高度に組織化された個々の細胞の挙動はどのように制御されているのか？　そして卵の中，とりわけ遺伝物質であるDNAに，発生過程を編成するための原理はどのように刻印されているのか？　遺伝子がどのようにして各発生過程を制御しているかについての理解が飛躍的に増大したことにより，今日，発生生物学研究は極めて魅力に満ちたものとなっている。遺伝子制御は本書の主要な課題の1つである。発生には何千もの遺伝子が関わっているが，本書ではその中でも鍵となる役割を持つ遺伝子にフォーカスして，一般的な原理を提示することにする。

胚発生を理解しようとすることはそれ自体が非常に重要な知的挑戦であるが，**発生生物学（developmental biology）**の成果目標の1つは，我々ヒトの発生を理解することである（**図 1.1**）。我々がヒトの発生を理解しようとするのには，いくつかの理由がある。例えば，なぜヒトの発生が時々うまくいかず，胎児が産まれな

Box 1A　アフリカツメガエル（*Xenopus laevis*）発生の各段階

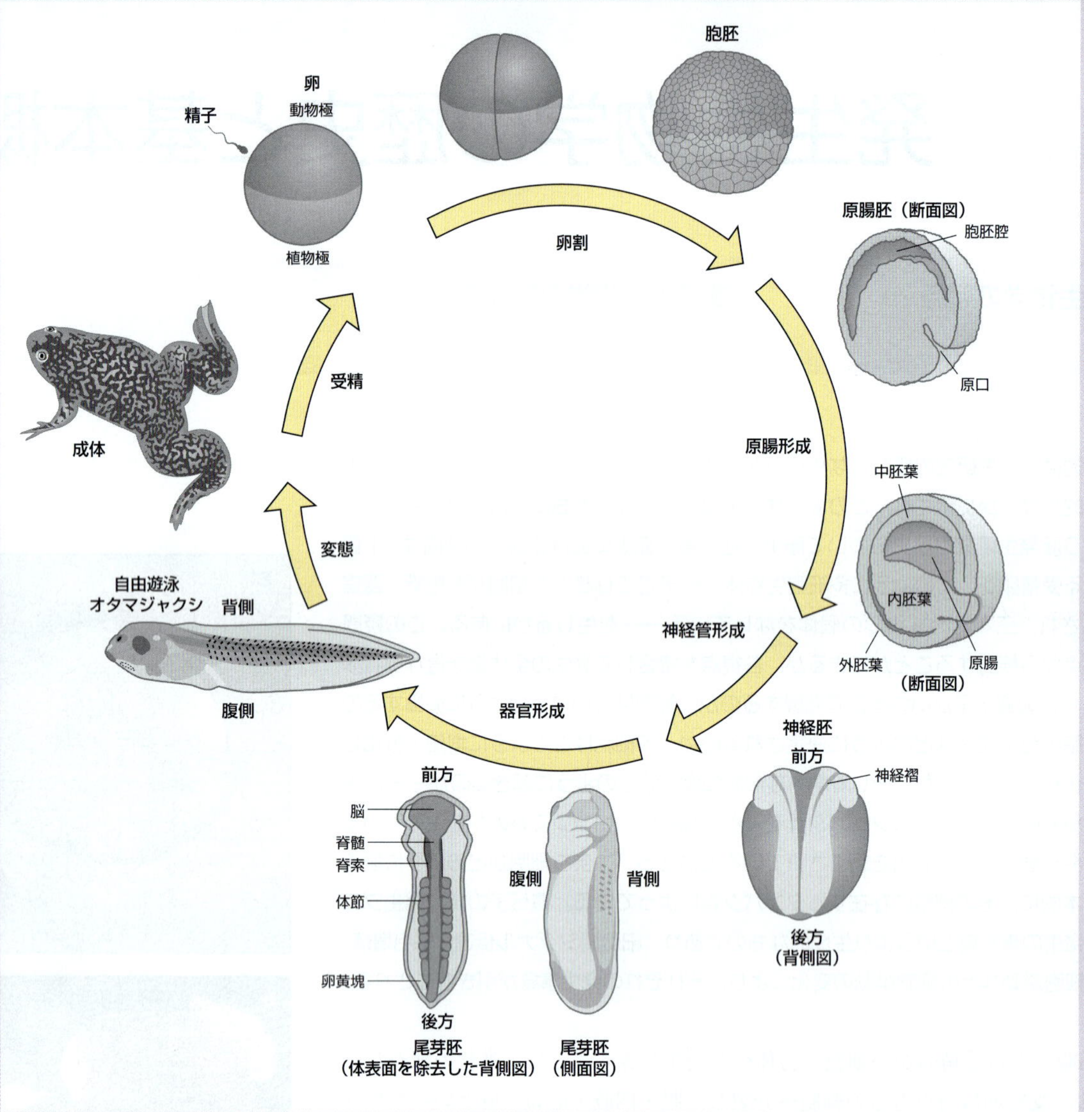

かったり，新生児が先天的異常を持って産まれたりするのかを正確に理解する必要がある。様々な遺伝子の変異が発生異常を引き起こし，ヒトの先天異常は発生上の遺伝子制御と密接に関係している。薬剤，感染症のような環境要因もこの遺伝子制御に影響する。そして，発生生物学に関連する医学研究の注目すべきもう 1 つの領域が，損傷を受けた組織，器官を修復するために細胞治療を行う方途を見いだそうとする再生医学である。今日この目的で幹細胞（stem cell）が注目されている。幹細胞は，増殖・分化して一連の異なる細胞・組織を生じる能力を持ち，多くの点で胚細胞の特徴を有する。幹細胞と再生医学については第 10 章で述べる。癌細胞もまた，無限に増殖する能力など胚細胞の性質のいくつかを持つ。癌化に関わる遺伝子には発生を制御する遺伝子が多いので，胚細胞とその発生の研究は，癌に対する新たな，よりよい治療法の開発につながると期待されている。

受精卵からの胚の発生は胚形成（embryogenesis）といわれる（**Box 1A**）。胚脊椎動物の発生はとても多様であるが，アフリカツメガエルの発生を用いて例示できるいくつかの基本的な発生段階がある。未受精卵は大きな細胞であり，表層が色素顆粒に富んだ動物極（animal pole）と，卵黄顆粒に富んだ植物極（vegetal pole）を持つ。

卵と精子が受精（fertilization）し，精子由来の雄性前核と卵由来の雌性前核が融合した後に卵割（cleavage）が始まる。卵割では細胞は成長することなく体細胞分裂し，分裂のたびに個々の細胞は小さくなる。約 12 回の分裂後，胞胚（blastula）と呼ばれる時期に達する。胞胚の植物極側の細胞は大きな卵黄性細胞で，動物極側では，液で満たされた腔 ── 胞胚腔（blastocoel）── を多数の小さな細胞が取り囲む。この時期になると細胞は既に均一でなく，細胞-細胞間の相互作用により，3 つの胚葉（germ layer）── 中胚葉（mesoderm），内胚葉（endoderm），外胚葉（ectoderm）── への発生運命がある程度指定される。動物極のあたりの細胞は，皮膚の表皮と神経系を生じる外胚葉となる。この時期，体内器官になる運命の予定内胚葉と予定中胚葉は，いまだ赤道周辺から植物極にかけて胚の外側に露出している。次の段階 ── 原腸形成（gastrulation）── では，細胞の劇的な再配列が起こる。内胚葉と中胚葉になる細胞は内部に潜り込み，オタマジャクシの基本的なボディプランが確立する。胚内部では，中胚葉が脊索と呼ばれる頭から尾までの棒状の構造を，神経管の直下，中軸に生じる。脊索の両側には体節と呼ばれる分節した中胚葉塊が生じ，これからは筋肉，脊柱，皮膚の真皮が形成される（脊索と体節は後期尾芽胚の内部像に示した）。

原腸形成後まもなく，脊索の上部の外胚葉が折りたたまれて管［神経管（neural tube）］が形成され，ここから脳と脊髄が生じる。この過程は神経管形成（neurulation）と呼ばれる。この時期までに，四肢，眼，鰓などさまざまな器官原基が，それぞれの未来の位置に指定される。しかしその発生は，その後の器官形成期（organogenesis）に起こる。器官形成期に，筋肉や軟骨，神経など特殊化した細胞が分化する。器官形成期から 48 時間以内に胚は典型的な脊椎動物の特徴を持ったオタマジャクシ幼生となり，餌を摂取する。

形成でまずなすべきことの 1 つは，その生き物の全体的な設計図（ボディプラン）を創ることで，生物はいくつかの方法でこの基本課題を解決している。本書は動物の発生，それも特に脊椎動物──両生類，鳥類，魚類と哺乳類──の発生にフォーカスするが，その初期発生については第 3 ～ 5 章で述べる。無脊椎動物からは，ウニ，ホヤ，ショウジョウバエ，線虫の発生について紹介する。発生の遺伝子制御の理解は，特にショウジョウバエと線虫における研究により進展してきたので，これらの初期発生の要点について第 2 章と第 6 章で述べることにする。このような無脊椎動物で得られた知見は，本書を通じて発生のそれぞれの局面を理解する際にも引用されている。第 7 章では，植物の発生のいくつかの局面について概括する。植物の発生は多くの点で動物の発生と異なるが，いくつかの類似した基本原理を持つ。

形態形成（形の発生）については第 8 章で論じる。第 9 章では性がどのように決定され，生殖細胞がどのように生じるかについて考察する。未分化細胞の，筋肉や血液細胞など特定の機能を持つ細胞への分化については，第 10 章で述べる。脊椎動物の四肢や心臓のような器官，昆虫・脊椎動物の眼や神経系などは，胚発生における多細胞から成る組織形成の課題をよく例示しており，第 11，12 章でこれらの系のいくつかを詳細に述べる。発生生物学の研究はしかし，胚発生の領域にとどまらない。胚発生後の個体の成長と老化，いくつかの動物で見られる変態については第 13 章で，動物が失われた器官をどのように再生するかについては第 14 章で述べる。第 15 章ではより広い視点で，どのように発生メカニズムが進化したか，翻って発生メカニズムが進化の過程をいかに拘束したかについて考察する。

発生の基本様式を理解するのに，そんなに多くの動物を相手にする必要があるのかという疑問もあろうが，その答えは「イエス」である。すべての動物に適用できる発生の一般原理があると考えられてはいるが，生命はすばらしく多様化しており，1 つの生き物にすべての解答を見いだすことはできない。といっても発生生物学者

図 1.2 アフリカツメガエル
スケールバー= 1 cm。
写真は J. Smith 氏の厚意による

は，研究材料として手に入りやすく，実験操作や遺伝的解析のしやすい比較的少数の動物に研究を集中してきた。このような理由から，カエル（**図 1.2**），線虫，ショウジョウバエなどが発生研究の主要な対象となり，シロイヌナズナを用いる研究が植物の発生について多くのことを明らかにしてきた。

発生生物学で最もエキサイティングかつ満足を与えてくれることの1つは，ある生物について特定の発生過程を理解することが，他の生物での同様の過程を解明する――例えばヒトがどのように発生するかを理解する――手助けとなることである。ショウジョウバエの発生，とりわけその遺伝的基盤の解明が発生生物学一般に与えた影響が，このことを最も端的に物語る。ショウジョウバエにおける初期胚形成を制御する遺伝子の同定は，哺乳類や他の脊椎動物の発生で同様に働く相同な遺伝子の発見をもたらした。このような発見は，普遍的な発生原理の存在を我々に確信させてくれる。

カエルは，卵が大きく胚は健強なことから――単純な培地で容易に培養でき，比較的容易に実験操作できる――，長い間初期発生研究の恰好の材料であった。**Box 1A**（p. 2～3）に，すべての動物の発生で認められる主要な発生段階のいくつかを，アフリカツメガエルの胚形成で示した。

以下本章では，最初に**胚発生学（embryology）**の歴史を概括する。というのは，発生研究はずっと胚発生についての研究であったからである。発生生物学という語は比較的最近の言葉で，発生は胚のみに限られるのではないという意味を含んでいる。伝統的な胚発生学は胚の形態と細胞運命に関する実験結果を記述してきたが，今や分子遺伝学ならびに細胞生物学的に発生を理解する時代となった。本章の後半では，発生を学び理解する際に繰り返し用いられる，いくつかの鍵となる概念を紹介する。

発生生物学の起源

胚発生に関する疑問の多くは数百年前，あるものは数千年前に提示されていた。これらの見解の史的変遷を理解することは，なぜ私たちが今日的方法で発生上の課題に迫ろうとするかを理解する手助けとなるだろう。

1.1 アリストテレスが後成説と前成説を提起した

発生を説明する試みは紀元前5世紀の古代ギリシャ時代，ヒッポクラテス（Hippocrates）に始まった。彼は当時一般的であった考え，つまり熱，湿，凝固の原理によって発生を説明しようと試みた。しかし，今日まで引き続く胚発生の科学はその約1世紀後，ギリシャの哲学者アリストテレス（Aristotle）によって始まったといえる。彼は胚の各部位はどのように形成されるかを問い，19世紀後半まで論争の続いた2つの考えを示した。1つは，胚のあらゆる構造はそもそものはじめから形成されていて，発生の過程で単に大きくなるだけだという考えである（前成説）。第二は，各構造は新しく継続的に形成されるというもので，彼はこの過程をエピジェネシス［後成説：エピ（epi）は“あと”，ジェネシス（genesis）は“生成”を意味する］と名づけ，これを網を編むことに例えた。アリストテレスは後成説を支持したが，彼の推測は正しかった。

アリストテレスのヨーロッパ思想への影響は絶大で，彼の見解は17世紀まで優勢であった。しかし，後成説への反論，すなわち胚はそもそものはじめから形成されているとの考えが，17世紀後半に支配的となった。胚のような生きている存在が，物理的もしくは化学的な力によって創られていくとは当時の人々には信じられないことであった。当時の思想背景，つまり世界とすべての生けるものは神によって創造されたとするキリスト教信仰のもとで，すべての胚は世界の始まりから存在し，それは現在・未来にわたって不変と信じられた。

17世紀イタリアの聡明な発生学者マルピーギ（Marcello Malpighi）でさえ，前成説から逃れられなかった。彼は驚くほど正確にニワトリ胚の発生を記述したが（**図1.3**），自らの観察に反して，完全な形の胚が最初から存在すると思い込んでいた（発生の早い段階では各部分が小さすぎて，彼の持つ最もよい顕微鏡を用いてもそれを見ることができないのだろう，と）。前成説の支持者の中には精子が胚を運ぶと信じ，ヒトの精子の中に小さなヒト――ホムンクルス――を見たと主張した者さえいた（**図1.4**）。18世紀を通して前成説と後成説は激しい論争の種であったが，この論争は，胚を含めて生き物は細胞からできているという生物学における基本認識が成立するまで解決しなかった。

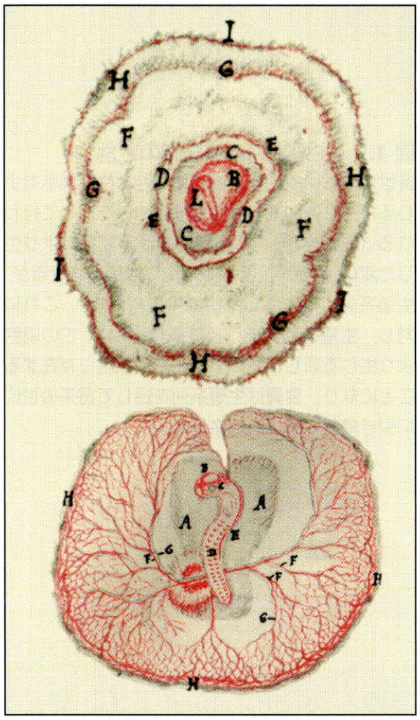

図1.3 マルピーギによるニワトリ胚の描写

1673年作図。上段が産卵直後の胚，下段が孵卵2日後の胚。胚の形と血管系が正確に描かれている。*Royal Society* の会長と評議会の承諾を得て複製

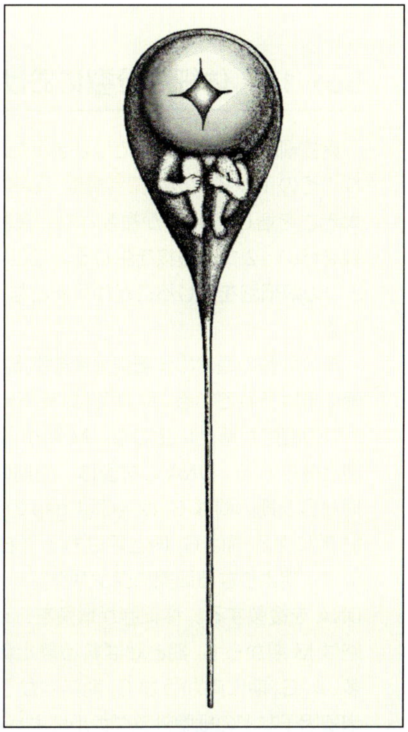

図1.4 前成説者のなかにはホムンクルスが各精子の頭部に縮こまっていると信じるものもいた

Nicholas Harspeler による想像図（1694）

1.2 細胞説が胚発生と遺伝の概念を変えた

細胞の発見に不可欠であった顕微鏡は1600年頃発明されたが，生物の“細胞説”はようやく1820年から1880年までの間に，とりわけドイツの植物学者シュライデン（Matthias Schleiden）と生理学者シュワン（Theodor Schwann）によって提唱された。これは，すべての生物体は細胞より成り，細胞は生命の基本単位で，新しい細胞は既に存在する細胞の分裂によって生じるというものである。細胞説は生物学における最も輝かしい進歩のひとつであり，きわめて大きなインパクトを与えた。動物や植物のような多細胞生物体は，細胞の織りなす共同社会と捉えられるようになった。胚発生では多数の細胞が卵の分裂によって新たに生まれ，かつ，新しい種類の細胞が形成されるので，発生は前成ではありえず，後成的に違いないと考えられた。卵自身特殊化はしているが1個の細胞であるという，発生の理解における重要な認識は，1840年代に成立した。

子孫はその特徴を親のからだの細胞からは引き継がず，**生殖細胞（germ cell）**――卵と精子――のみから引き継ぐという胚発生学における重要な進歩は，19世紀ドイツの生物学者ワイスマン（August Weismann）によってなされた。ワイスマンは生殖細胞と**体細胞（somatic cell）**の間に基本的な線引きを行った（**図1.5**）。動物の一生の間にからだが獲得した特徴は，生殖系列には伝達されない。遺伝に関する限り，からだは生殖細胞の単なる運搬体に過ぎない。イギリスの小説家にして随筆家バトラー（Samuel Butler）は，それを次のように喩えた。“雌鳥とは，卵が卵を産むための媒体に過ぎない”。

ウニ卵での研究により，受精後の卵は2つの核（前核）を持ち，これらはやがて融合することが明らかとなった（一方の核は卵に，他方の核は精子に由来する）。したがって，受精によって両親双方からの核を持つ1つの細胞――**接合体［受精卵（zygote）］**――が生じ，細胞の核は遺伝の物質的基盤を含んでいるに違いないと考えられるようになった。この流れの研究のクライマックスは19世紀末，受精卵の核の中にある染色体が両親の生殖細胞の核から同じ数ずつ由来することが示され，そしてこれが，オーストリアの植物学者にして修道士メンデル（Gregor Mendel）による遺伝の法則に従う，遺伝的特徴を伝える物質的基盤であることが認識されたことである。染色体の数は，染色体数を半分にする**減数分裂（meiosis）**と呼ばれる特殊な細胞分裂によって生殖細胞で半分となる。そして受精によって体細胞で必

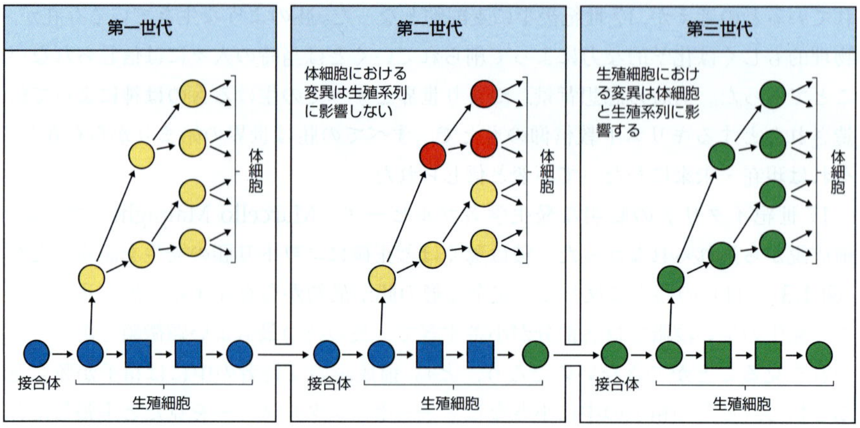

図 1.5　生殖細胞と体細胞の区別
各世代において生殖細胞は体細胞と生殖細胞を生じるが，形質の遺伝は生殖細胞のみを通じて行われる（左パネル）。体細胞における変異により生じた変化は（赤），その娘細胞には伝達されるが，生殖系列には影響しない（中央パネル）。これに対し，生殖系列における変異は（緑），この細胞より生じる新しい個体のすべての細胞に存在することになり，変異は生殖系列を通して将来の世代に引き継がれる（右パネル）。

要な染色体数が回復し，世代から世代へ一定に保たれる。受精卵とそれから生じる体細胞は，染色体数を保つ体細胞分裂（mitosis）によって分裂する（**Box 1B**）。生殖細胞はそれぞれの染色体を1コピー有し，半数体［一倍体（haploid）］と呼ばれる。これに対し，生殖細胞の前駆細胞とその他の体細胞はそれぞれの染色体を2コピー有し，二倍体（diploid）と呼ばれる。

1.3　2つの発生様式：モザイク卵と調節卵

次の重要な課題は，胚発生の過程でどのようにして細胞が互いに異なった細胞になるかであった。核の役割が次第に強調されるなかで1880年代にワイスマンは，受精卵の核が多数の特別な因子，決定因子（determinant）を含んでいるという

Box 1B　体細胞分裂における細胞周期

真核細胞の体細胞分裂では決まった順番で一連の事象が起こり，その1サイクルを細胞周期（cell cycle）と呼ぶ。細胞は大きさを増し，DNAが複製され，複製された染色体は有糸分裂を行い，2つの娘核を生じる。ここで初めて細胞が分裂して2つの娘細胞を生じることが可能となり，この過程が繰り返される。

真核細胞の通常の体細胞分裂細胞周期は，いくつかの期に明確に分けられている。M期では，有糸分裂と細胞質分裂により，2つの細胞が新たに生じる。M期から次のM期までの間は間期と呼ばれる。DNAの複製は，間期の中のS期に起こる。M期からS期の間はG_1期（Gはgapの意）と呼ばれ，S期からM期に至る間はG_2期と呼ばれる（右図参照）。細胞は，G_1，S，G_2期よりなる間期にタンパク質を合成して成長し，同時にDNAを複製する。体細胞が増殖を行っていないとき，その細胞はM期からG_0期と呼ばれる静止状態に入っていることが多い。G_0期に向かうかG_1期に向かうかは，細胞内の状態と増殖因子などの細胞外シグナルによって決まる。増殖因子はまた，細胞をG_0期から細胞周期に復帰させることにも働く。神経細胞や骨格筋細胞のような分化後に分裂しない細胞は，ずっとG_0状態にあることになる。

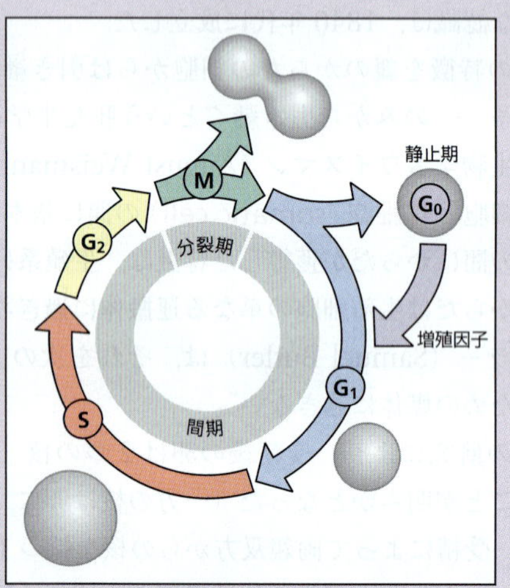

ある種の細胞には細胞周期の特定の時期が存在しない。アフリカツメガエル受精卵の卵割に際しては，G_1，G_2期がほとんど存在せず，細胞は分裂ごとに小さくなっていく。ショウジョウバエの唾腺ではM期が存在せず，有糸分裂，細胞質分裂なしにDNAが複製して，巨大な多糸染色体を生じる。

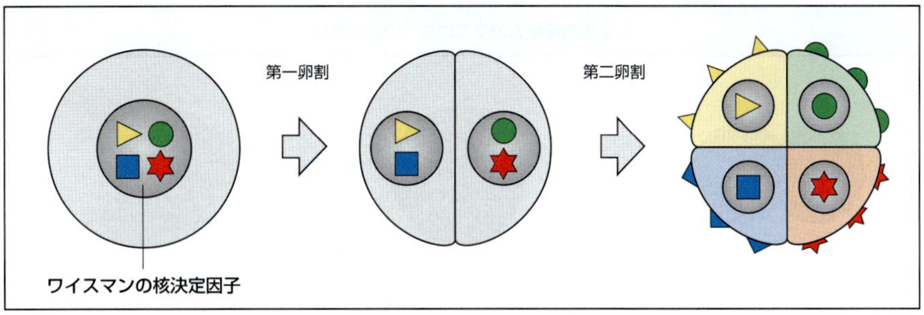

図 1.6 ワイスマンの核決定因子説
ワイスマンは，卵割に際して娘細胞に不均等に分配され，その発生を制御する因子が核にあると考えた。

発生のモデルを提案した（**図 1.6**）。すなわち彼は，受精卵が卵割として知られている細胞分裂を活発に繰り返す際に，これらの決定因子が不均等に娘細胞に分配され，各娘細胞がどのように発生するかを制御していると考えたのである。したがって，胚中のそれぞれの細胞の運命は，その細胞が卵割中に受け継ぐ因子によって決定されていることになる。このタイプの卵（胚）は，様々な決定因子が卵（胚）中に異なって局在し，モザイク状に存在すると考えられることから“モザイク卵（胚）”と呼ばれる。ワイスマン説の中心的考えは，初期卵割で各割球は，核因子の不均等な分配によって互いに異なっていくと考えたことにある。

1880 年代後半，ワイスマンの考えを支持する最初の実験が，カエル胚を用いてドイツの発生学者ルー（Wilhelm Roux）によりなされた。カエル受精卵の第一卵割後，ルーは 2 つの割球のうち一方を熱した針で破壊し，残りの割球から胚の片側が見事に形成されることを見いだした（**図 1.7**）。この結果によりルーは，“カエルの発生はモザイク的であり，各割球の性質と運命はそれぞれの卵割に際して決定される”と結論した。

しかしルーの同僚ドイツ人ドリーシュ（Hans Driesch）は，同様の実験をウニ卵で行い，まったく異なる結果を得た（**図 1.8**）。彼は後に次のように書いている。“しかし実験結果は私の予想に反していた。つまり，翌朝のディッシュには，通常より単に小さいだけの典型的で完全な原腸胚があり，しかもこの小さな原腸胚は，典型的で完全な幼生へと発生したのである”。

ドリーシュは 2 細胞期で割球を完全に分離し，小さいが正常な幼生を得た。この結果はルーの結果とは全く逆であり，**調節（regulation）**的発生を最初に示した実験であった。発生初期に胚の一部を除いたり再配列しても，胚は正常に発生するよう調節する能力を有している。モザイク的発生と調節的発生については本章でも再度述べるが（第 1.12 節），本書を通じて調節的発生の様々な例を読者は目にすることになるだろう（カエル胚も調節的に発生する。ルーの実験の説明，そしてルー

図 1.7 ワイスマンのモザイク発生説を支持したルーの実験
カエル卵の第一卵割後，2 つの割球の一方を熱した針を刺して殺し，もう一方には傷害を与えずに発生させた。胞胚期には，殺さなかったほうの割球は，正常胚の半分に相当する細胞より成る胚に発生した。胚の中心部に生じる，液で満たされた胞胚腔も，半分だけ正常に形成された。殺したほうの胚の半分には細胞は形成されなかった。神経胚期には，殺さなかったほうの割球は，正常胚の片側半分に相当するような胚に発生した。

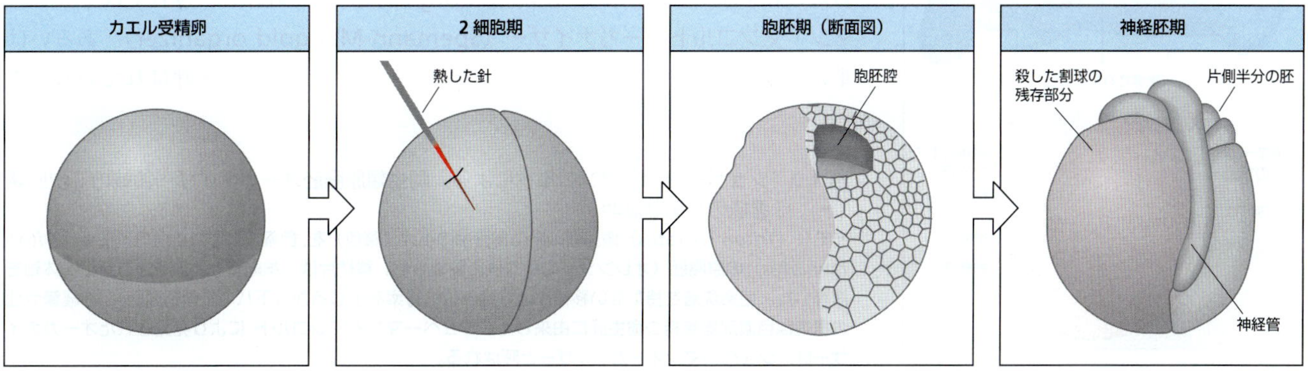

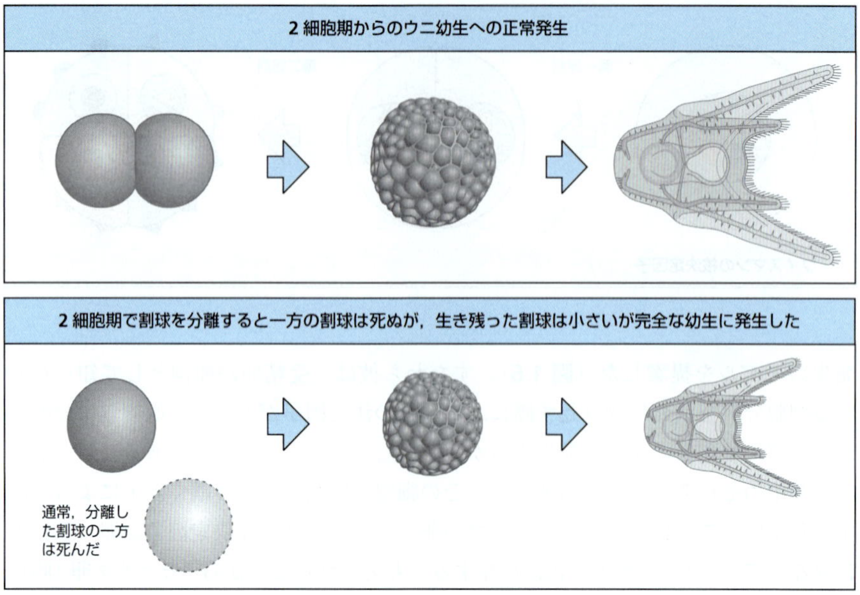

図 1.8 調節的発生の最初の具体例を示したウニ胚でのドリーシュの実験結果
2細胞期の割球を分離して培養すると，一方の割球は小さいが正常な幼生の全体を生じた。これは，2細胞期のカエル割球の一方を焼き殺した場合，胚の片側半分だけができるというルーの実験結果と矛盾するものであった（**図 1.7** 参照）。

の結果が得られた理由については第4.3節で述べる）。

ワイスマンは決定因子が核に存在すると考えた点では間違っていた。しかし，細胞分裂に際して不均等に娘細胞に分配され，娘細胞を互いに異なるようにする発生上重要なタンパク質やRNAが細胞質には数多く存在し，これらは**細胞質決定因子（cytoplasmic determinant）**として知られている。

1.4 誘導現象の発見により，ある種の細胞集団は近接する細胞の発生を決定することが示された

胚がその発生を調節できるということは，発生では細胞同士が作用しあっていることを示唆していた。しかし，胚発生における細胞間相互作用の意義は，**誘導（induction）**現象の発見まで確立されていなかった。誘導とは，ある細胞もしくは組織が，他の近接する細胞もしくは組織の発生を制御することである。

誘導，細胞間相互作用の発生における意義は，1924年，シュペーマン（Hans Spemann）と彼の協力者マンゴルト（Hilde Mangold）が行った両生類での有名な移植実験によって，見事に示された。2人は，初期のイモリ胚の一部を同じ発生段階の他の胚に移植することによって，部分的な二次胚のできることを示した（**図 1.9**）。移植された組織は**原口（blastopore）**――両生類胚の背側表面で原腸形成が始まるとき形成されるスリット状の陥入部――の背唇部から採られた（**Box 1A**, p. 2〜3 参照）。この小さい領域が胚体の形成を制御するように見えたことから，彼らはこれを**オーガナイザー［形成体（organizer）］**と呼んだ。今日では**シュペーマン・マンゴルトオーガナイザー（Spemann-Mangold organizer）**，あるいは単に**シュペーマンオーガナイザー（Spemann organizer）**と呼ばれている。こ

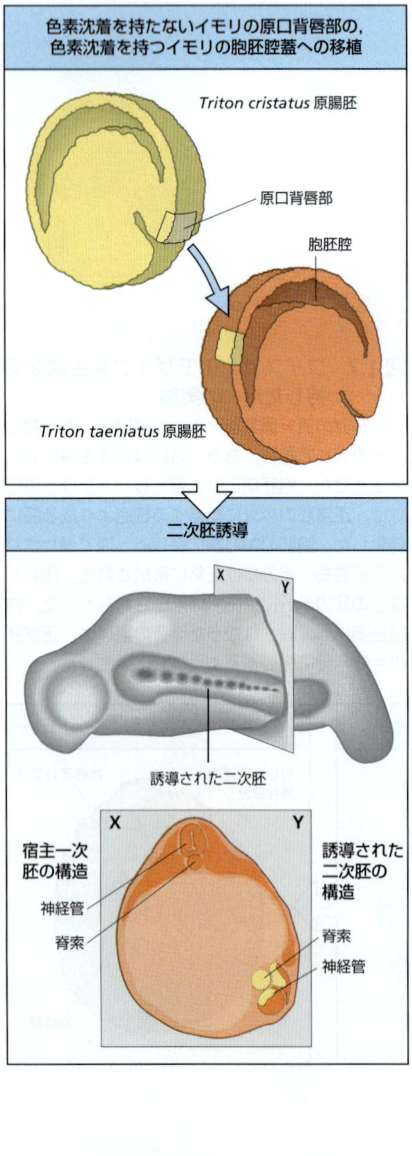

図 1.9 シュペーマンとマンゴルトによる，両生類原腸胚オーガナイザー領域の二次胚誘導能の見事な証明
イモリ（*Triton cristatus*）原腸胚の原口背唇部の小片（黄色）を，色素沈着を持つ別のイモリ（*Triton taeniatus*）の原腸胚（オレンジ）の反対側に移植した。移植片は，神経管と体節を含む新しい体軸を誘導した。色素沈着を持たない移植片は移植部位に脊索を生じるが（下パネルの断面図），神経管や他の構造は色素沈着を持つ宿主胚に由来した。シュペーマンとマンゴルトにより発見されたオーガナイザーは，シュペーマンオーガナイザーと呼ばれる。

の発見でシュペーマンは1935年，ノーベル生理学・医学賞を受賞した。胚発生研究に与えられた最初のノーベル賞である。残念ながらマンゴルトは既に事故で亡くなっており，受賞できなかった。

1.5 発生研究は遺伝学と発生学の邂逅によって飛躍した

メンデルの法則が1900年に再発見されたとき，特に進化と関連して遺伝のメカニズムに対する関心の大きなうねりがあったが，発生研究への影響はあまりなかった。遺伝学は遺伝要素の世代から世代への継承を明らかにする学問であり，一方で発生学はどのようにして個々の生物体が発生するか，どのように初期胚の細胞が互いに異なっていくかを明らかにする学問であって，両者に接点はないと考えられていた。当時かけ出しであった遺伝学は，20世紀最初の四半世紀にアメリカ人モーガン（Thomas Hunt Morgan）によって，確固たる概念ならびに実験的基盤を確立した。モーガンはショウジョウバエを実験対象として選んだ。彼は白い眼をしたハエに気づき（野生型は赤眼），注意深く交配して白眼形質の遺伝がハエの性と結びついていることを明らかにした。彼は他に性と連鎖する3つの形質を見いだし，それぞれが同じ染色体（ハエのX染色体）の異なる位置にある別個の3つの“遺伝子座”によって決まっていることを明らかにした。ここにおいて，メンデルのかなり抽象的な遺伝“因子”に，実体が与えられたのである。モーガンは最初は発生研究者として出発したのだが，発生を遺伝学によって説明することにはまったく貢献しなかった。このことは，遺伝子本体への理解が進むまで待たなければならなかった。

個体の遺伝的背景と身体的・生理学的特徴との関係を理解するうえでは，**遺伝子型（genotype）**と**表現型（phenotype）**を区別することが重要である。このことは1909年，デンマークの植物学者ヨハンセン（Wilhelm Johannsen）によって最初に指摘された。ある生物体の遺伝的な性質，両親から受けついだ遺伝情報が遺伝子型である。その外観，内部の構造，さらには生化学的構成などが，表現型である。遺伝子型により発生は制御されるが，表現型は遺伝子型と環境要因の相互作用によっても影響される。同じ遺伝子型を持つ一卵性双生児も，成長にともなって表現型にはかなりの違いが生じ（**図1.10**），違いは加齢とともにより顕著になる。

遺伝学におけるモーガンの発見によって，発生学の課題は，遺伝子型と表現型をどのように結びつけて理解するかの問題として捉えるよう進展すべきであった――発生を通じてどのように遺伝子が“翻訳”され，“発現”し，機能的な生物体を生じるのか――。しかし，遺伝学と発生学が結びつくには時間を要し，紆余曲折があった。1940年代，遺伝子の実体はDNAであり，DNAがタンパク質をコードしていることが明らかになったことによって，ようやく大きな転換がもたらされることになる。細胞がどのようなタンパク質を持つかによってその性質が決定されることは既に明らかにされており，発生における遺伝子の基本的役割がついに理解されたのである。遺伝子は，それぞれの細胞にどのようなタンパク質をつくるかを制御することによって，発生過程における細胞の性質と挙動の変化を制御する。1960年代，一群の遺伝子が他の遺伝子の発現を制御するタンパク質をコードしていることが明らかにされたのも，大きな前進であった。近年では，マイクロRNA（microRNA：miRNA）と呼ばれる小さなRNAもまた，遺伝子発現の制御に重要な役割を果たしていることが発見されている。

図1.10　遺伝子型と表現型
一卵性双生児は，1つの受精卵が2つに分離してそれぞれ発生したもので，全く同じ遺伝的背景を有している。しかし，環境からの影響などの非遺伝的要因によって，例えばその容貌には違いが見られる。
写真はJosè and Jaime Pascual氏の厚意による

1.6 発生は少数のモデル生物を通して研究されてきた

様々な動物の発生がこれまで観察されてきたが，発生のメカニズムについての主要な知見は比較的少数の生物における研究から得られており，そのため，これらの生物は**モデル生物（model organism）**と呼ばれる。ウニと両生類は，その胚が容易に得られることから，発生研究で最初に用いられた主要なモデル生物である。特に両生類の胚は，十分に大きく丈夫で，比較的後期でも実験操作に適している。脊椎動物ではカエル［*Xenopus laevis*（アフリカツメガエル）］，マウス［*Mus musculus*（ハツカネズミ）］，ニワトリ（*Gallus gallus*），およびゼブラフィッシュ（*Danio rerio*）が今日用いられているモデル生物である。無脊椎動物では，発生上の遺伝情報が多く，遺伝的に操作しやすいことにより，ショウジョウバエ［*Drosophila melanogaster*（キイロショウジョウバエ）］と線虫（*Caenorhabditis elegans*）が，もっぱら使われてきた。2つのノーベル賞が，ショウジョウバエと線虫を用いた発生研究に与えられている。遺伝的解析手法の進展によって，ウニ［*Strongylocentrotus purpuratus*（アメリカムラサキウニ）］やホヤ［*Ciona intestinalis*（カタユウレイボヤ）］を用いる研究にも再び注目が集まっている。植物での発生研究はシロイヌナズナ（*Arabidopsis thaliana*）が主なモデル生物として用いられている。これらのモデル生物の詳細についてはそれぞれの章で述べる。各モデル生物の進化的位置関係を**図1.11**に示した。

これらのモデル生物が発生研究に活発に用いられるに至った理由は，実験の容易さと生物学的興味からであるとともに，歴史的背景もある（他の動物を用いて一から研究を始めるより，情報が蓄積されている動物を用いて研究を進めるほうが効率的である）。これらのモデル生物はむろんそれぞれに利点と欠点を持つ。例えばニワトリ胚は，受精卵が容易に得られ，実験上の顕微操作に適し，培養して観察できることから，脊椎動物の発生研究に用いられてきた。しかしごく最近まで，発生遺伝学的情報の蓄積はほとんどなかった。これに対しマウスは，遺伝情報は豊富であるが，発生が母体内で起こるなど，発生研究は行いにくい材料である。しかしながら，

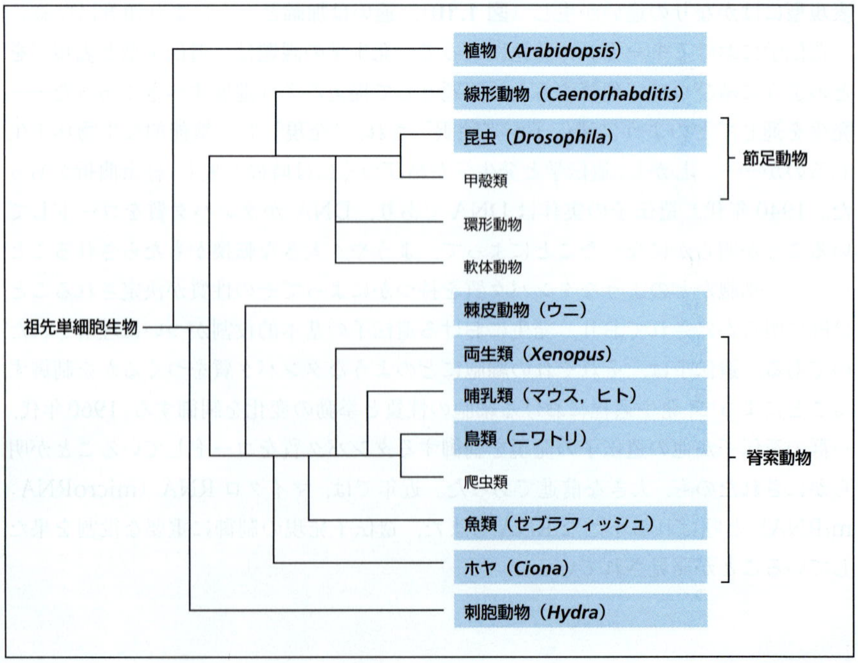

図1.11　主なモデル生物の系統関係
本書で取り上げる生物は青色の網かけで示した。

初期胚を子宮外で培養し，子宮に移植して発生させることは可能である。発生異常を持つ多くの変異体がマウスでは同定されている。またマウスでは，遺伝子を導入したり，欠損させたり，入れ替えたり，修飾する，**トランスジェニック（transgenic）**技術（遺伝子操作技術）が開発されている。ヒトをはじめとする哺乳類の発生を知るには，言うまでもなくマウスは最も適したモデル生物である。ゼブラフィッシュは比較的最近活発に用いられるようになったモデル生物であるが，大規模に繁殖させることが容易で，胚が透明なため細胞分裂や細胞・組織の動きを見ることができ，さまざまな遺伝的解析も可能である。

発生生物学の主な目的は，遺伝子がどのように胚発生を制御するかを理解することだが，このためにはまず，無数の遺伝子の中から発生制御に特異的に必須不可欠な遺伝子を同定する必要がある。どのように同定するかは，研究のやり方および用いる動物によって様々であるが，特異的で興味ある発生異常を持つ変異体の同定から出発することが1つの有力な方法で，これについては次節で述べる。モデル生物で発生を制御する遺伝子の候補を同定し，その発現を調べ，操作する技術については，様々な遺伝子操作技術とともに本書を通じて述べる。

モデル生物には，遺伝的解析に適しているものと適していないものがある。アフリカツメガエルは発生研究上重要な材料であるが，一般的な遺伝的解析はほとんど行われてこなかった。アフリカツメガエルは**四倍体（tetraploid）**であるという欠点を持ち（ヒトやマウスのように2セットの染色体を持つ大半の二倍体の動物の体細胞に対し，アフリカツメガエルの体細胞は4セットの染色体を持つ），性成熟に1～2年を要し，世代交代時間が長い。しかし，近年の遺伝子単離技術やバイオインフォマティクス技術を使い，ショウジョウバエやマウスで同定された遺伝子とDNA配列を直接比較することによって，アフリカツメガエルでも様々な発生を制御する遺伝子が同定された。遺伝的解析を行いやすいカエルとして，近縁のネッタイツメガエル(*Xenopus tropicalis*)も登場している。このカエルは二倍体で，遺伝的操作によってトランスジェニックカエルが作製できる。

それぞれの生物の全ての遺伝情報を**ゲノム（genome）**と呼ぶ。有性生殖を行う二倍体の生物のそれぞれの体細胞の染色体には，ゲノムの完全な2コピーがコードされている──1コピーは父親から，もう1つのコピーは母親から受け継いで──。今日では多くのモデル生物についてゲノムの完全なDNA配列が明らかにされており，発生に関わる遺伝子を同定するのが非常に容易になっている。ゲノム配列決定は，ウニ，ショウジョウバエ，線虫，ニワトリ，マウス，ヒトで終了しており，*X. tropicalis*についてはドラフト(概要)配列が得られている。ゼブラフィッシュのゲノムも解読されているが，ゼブラフィッシュなどの魚（真骨魚）では，進化の過程でゲノムの二倍体化と退縮が起こっている。このため，ゼブラフィッシュで予想される20,000のタンパク質をコードする遺伝子のうち，少なくとも2900が重複している。

一般に，重要な発生遺伝子がある動物で同定されたら，他の動物にも相当する遺伝子が存在するか，そして似た働きをしているかどうか，調べる価値がある。ある動物で重要な働きをする遺伝子は，DNA配列が保存されて他の動物にも存在することが多いので，多くの場合塩基配列から同定できる。これらの遺伝子は共通の祖先遺伝子に由来し，**相同遺伝子（homologous gene）**と呼ばれる。第5章で述べるように，このアプローチによって，それまで想像もされなかった，頭部から尾部までの規則的な分節パターンを制御する（椎骨は規則的に繰り返しており，異なる部位にはそれぞれに特有に変形した椎骨ができる），一群の脊椎動物遺伝子が同定された。これらの遺伝子は，ショウジョウバエでそれぞれの体節のアイデンティティを決定している遺伝子との類似性によって同定されたものである。

1.7 発生を制御する遺伝子は最初，自然突然変異体より同定された

本書で述べる大半の生物は，有性生殖により繁殖する二倍体生物である（それらの体細胞は，性染色体上の遺伝子を除き，各遺伝子を2コピー有している）。二倍体の生物においては，1コピーの遺伝子，すなわち一方のアレル［対立遺伝子(allele)］は父親に由来し，もう一方のアレルは母親に由来する。多くの遺伝子には複数の異なる“正常型”アレルが存在し，このことが有性生殖する生物の集団中に表現型の多様性をもたらす。しかし，表現型に通常は有害な，著しい変化を引き起こす自然突然変異が遺伝子に稀に起こる。

発生に関連する多くの遺伝子が，それら遺伝子の機能を壊して異常な表現型をもたらす自然突然変異によって同定されてきた。突然変異には優性のものと劣性のものがある（図1.12）。優性（dominant）と半優性（semi-dominant）な変異とは，2つのアレルの一方に変異があるだけで，すなわちヘテロ接合体（heterozygote）で，表現型の変化を示すものである。優性型の変異が胚発生に致死的な場合では子孫が得られず，その個体，変異は失われてしまう。これに対しショウジョウバエの*vestigial*のような劣性（recessive）変異は，両方のアレルが変異型となった場合，すなわち変異アレルのホモ接合体（homozygote）でのみ，翅が痕跡的になるという表現型が現れる。

ヘテロ接合状態で目立った形態異常や体色の変化を持ち，胚発生に致死的でない優性変異は同定しやすい。しかし，そのような優性変異は稀である。マウスにおける*Brachyury*遺伝子の変異は，半優性変異の典型的な例であり，この変異（*T*と符号化される）のヘテロ接合体は短い尾を持つことから同定された。この変異がホモ接合体となると胚は初期発生で致死となることから，この変異の原因遺伝子が胚発生に重要な遺伝子であることが予想された（図1.13）。交配実験により*Brachyury*変異は単一遺伝子の変異によることが確認され，古典的な遺伝子マッピングの技術によって，その遺伝子が特定の染色体の特定位置に存在することが示

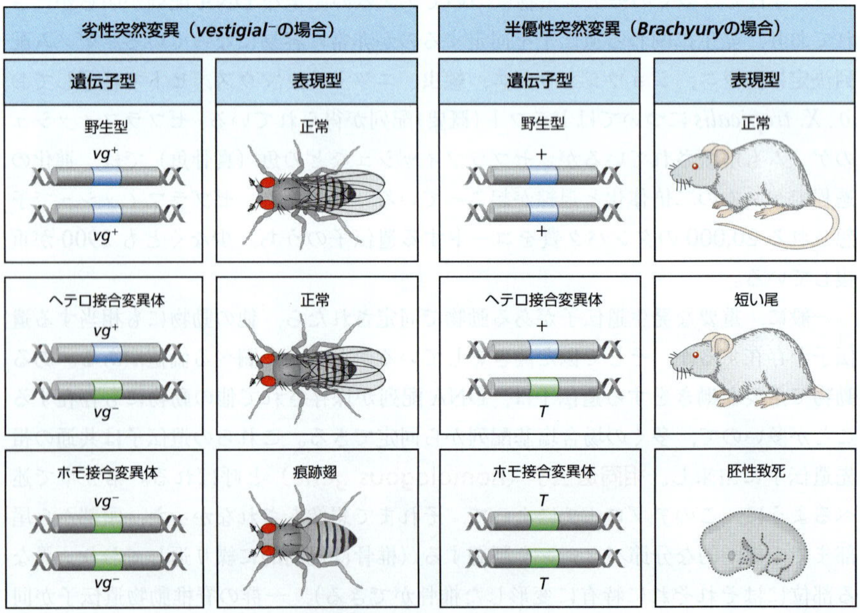

図1.12 優性突然変異と劣性突然変異
左：ホモ接合状態，すなわち遺伝子の両方のアレルが変異を持つときのみ表現型の変化が現れる変異は劣性である。＋の印は正常（野生型）アレル，－の印は劣性変異アレルを示す。右：優性および半優性変異は，ヘテロ接合状態，すなわち一方のアレルに変異があるだけで表現型の変化が現れる。*T*は*Brachyury*遺伝子の変異型を示す。

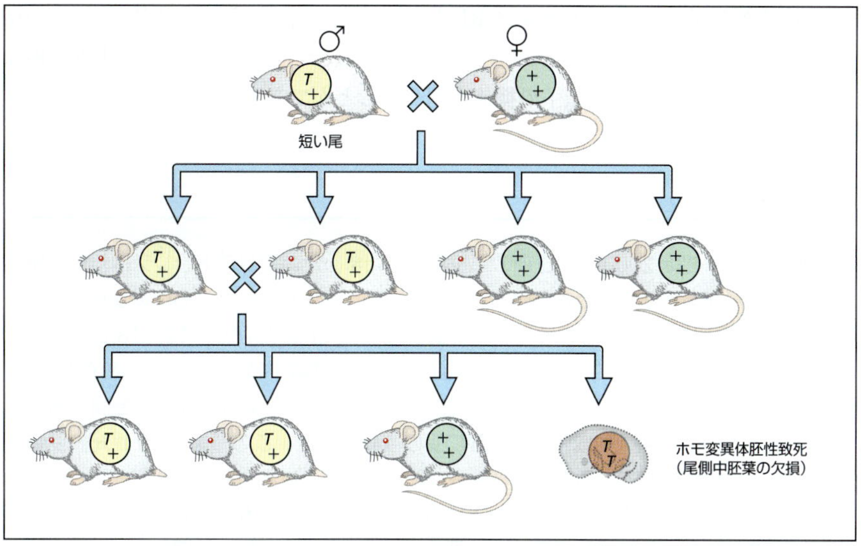

図 1.13　マウスにおける半優性変異 *Brachyury*（*T*）の遺伝様式
T 変異を有する雄のヘテロ接合体は短い尾を持つ。この雄を，この遺伝子についてホモ野生型 *Brachyury*（＋＋）の雌と交配すると，約半分の子孫が *T* 変異をヘテロに持ち，尾が短くなる。ここで得られたヘテロ変異体を互いに交配すると，1/4 の確率で正常なホモ野生型が，1/2 の確率で尾の短いヘテロ変異体が，そして 1/4 の確率でホモ変異体が得られる。このホモ変異体では体節および脊索が形成されず，胚性致死となる。

された。劣性変異の場合では，ヘテロ接合体は野生型と同じ表現型を示し，ホモ接合体を得るには注意深い交配実験が必要となり，劣性変異を同定するには労力を要する。特に哺乳動物の場合，ホモ接合変異体は気づかれることなく母体内で死んでしまうので，発生段階の劣性致死変異を同定するには注意深い観察と分析が必要である。

無脊椎動物における多くの変異は条件変異（conditional mutation）として同定された。これらの変異は，動物をある状態においたときのみ変異の効果，表現型が現れるものである。最も一般的なのは高温においたとき変異表現型が現れるもので，温度感受性突然変異（temperature-sensitive mutation）と呼ばれる。この変異では，通常の環境温度では動物は異常を示さない。温度感受性は，当該変異遺伝子の産物であるタンパク質が，通常の温度では正常な構造をとり機能するが，高温では不安定になって機能を失うことによる。

変異が確かに発生過程に直接影響しているのか，それとも動物がそれなしには生きていけない重要かつ恒常的な“ハウスキーピング”遺伝子の機能に影響を与えているのかという判断は，厳密に行わなければならない。発生の変異であることの判断基準は，最も単純にはその変異により胚が致死になることであるが，重要なハウスキーピング機能を持つ遺伝子の変異でも同様に胚致死となり得る。致死とならなくとも，異常な胚発生を引き起こす変異も，発生に関わる遺伝子の変異である可能性が高い。後の章で，稀な自然突然変異体を拾い上げていくよりはるかに効率よく多くの発生遺伝子を同定できる，化学変異剤あるいは X 線により変異を誘導した変異体の大規模スクリーニングを紹介する。

近年，発生に関わる遺伝子を同定する新しい方法が一般化した。この方法では，例えばゲノム情報などから，遺伝子の存在と DNA 配列をまずは調べる。ついで，その遺伝子を破壊したり，遺伝子の機能を阻害するなどして，発生におけるその機能を明らかにするという方法である。先に述べたような従来型の，表現型を持つ変異体から出発して遺伝子にたどり着く手法であるフォワードジェネティクス［順遺伝学（forward genetics）］に対して，遺伝子から出発してその機能を探る手法をリバースジェネティクス［逆遺伝学（reverse genetics）］と呼ぶ。リバースジェネティクスでは，遺伝子操作によって動物のゲノムから当該遺伝子を特異的に欠損させる遺伝子ノックアウト（gene knock-out）技術や（第 3.9 節で述べる)，RNA 干渉やアンチセンス RNA などによる遺伝子ノックダウン（gene knockdown)，あるいは遺伝子サイレンシング（gene silencing）により（**Box 6A**, p. 231 で述べる)，遺伝子の機能を調べることができる。

まとめ

胚発生の研究は 2000 年以上前のギリシャで始まった。アリストテレスは，受精卵に成体の形があらかじめできているわけではなく，発生が進むとともに後からできてくると考え（後成説)，この考えが広く受け入れられた。しかし，17，18 世紀になると，個体の“もと”となるものが小さな形で卵または精子の中にあらかじめ存在し，それはもともとこの世の始まりから存在していて，発生はそれが成長・展開する過程であるという考え（前成説）が一般に受け入れられた。この議論は 19 世紀，生物は細胞より構成されているという細胞説が確立したことによって，後成説が正しいということで決着がつき，精子も卵もきわめて特殊化しているが，1 個の細胞であることが認識された。実験発生学の初期の研究で，ウニの発生の早い時期の胚細胞は調節的であり，数個の細胞から成る初期胚の細胞は，その 1 個を取り出しても幼生に発生できることが示された。このことは，発生には細胞間でのコミュニケーションが重要な役割を果たしていることが示されたに他ならない。細胞間相互作用が発生に重要な働きを持つ直接の証拠は，シュペーマンとマンゴルトによって 1924 年に行われたオーガナイザーの移植実験によって示された。すなわち，両生類のオーガナイザー領域を別の胚に移植すると，宿主の組織を転換させて二次胚を誘導するという実験結果が得られたのである。遺伝子が，どのようなタンパク質をつくるかを決めることによって発生を制御する役割を担っていることは，ここ 50 年でようやく全面的に認識されるようになった。発生の遺伝子基盤に関する研究は，近年分子生物学的手法が発達し，全ゲノムの DNA 配列が多くの生物で得られるようになったことで，非常に容易になった。

発生生物学の諸概念

単細胞生物にとって多細胞生物となることは，もっとも困難な道を辿ったことに他ならないが，このことに発生生物学の魅力と課題とがある。発生過程を理解しようとするのにそんなにたくさんの概念が必要なわけではなく，本章の残りでは，発生生物学で鍵となる概念を紹介する。これらの概念は本書を通じて異なる生物，異なる発生システムを考察するたびに繰り返し登場する，発生研究を進めるために必須な概念的ツールキット一式ともいうべきものである。

遺伝子は，どのような細胞で，いつ，どのようなタンパク質をつくるかを決定することによって発生を制御するが，これには極めて多くの遺伝子が関与する。活性化された遺伝子は，細胞にそれぞれの性質を与えるタンパク質と遺伝子間，タンパク質とタンパク質間の相互作用の細胞内ネットワークを形成する。そのような性質のうち重要なものの 1 つは，他の細胞とコミュニケートし，応答する能力である。胚がどのように発生するかを決めるのは，まさにこの細胞間相互作用（cell-cell interaction）である。いかなる発生過程も，単一遺伝子，もしくは単一タンパク質の働きに帰することはできない。発生の諸過程に関わる遺伝子，分子の情報は今日では膨大なものとなっているが，本書では，発生のメカニズムについて理解を与えてくれ，一般的な原理の説明に資するもののみを選んで述べる。

1.8 発生における主要な過程：パターン形成，形態形成，細胞分化，成長

ほとんどの胚では受精後，活発な細胞分裂が起こる。この段階は卵割（cleavage）と呼ばれ，受精卵が多くの小さな細胞に分裂する（図 1.14）。組織の成長過程で起こる細胞分裂と異なり，卵割期の分裂では，細胞分裂と次の分裂の間に細胞のサイズの増加はない。細胞周期は，DNA 複製，有糸分裂，細胞質分裂，すなわち S 期と M 期のみよりなる（Box 1B, p. 6 参照）。したがって初期胚は受精卵より大きくならず，胚が栄養を摂取するようになるまで――例えばニワトリ胚が卵黄を利用できるようになるまで，あるいは哺乳類胚が胎盤から供給される栄養素を摂取するようになるまで――胚の大きさは変わらない。

発生とは結局のところ，最初は単純な細胞の塊であったものから，高度に組織化された構造をどのようにして創るかということである。発生過程はパターン形成（pattern formation），形態形成（morphogenesis），細胞分化（cell differentiation），成長（growth）という 4 つの主な過程に区別することができる（無論これらの過程は実際には重複して起こり，また相互依存的である）。パターン形成とは，時空間的に規則性をもって細胞活動が編成され，胚体に一定のパターンを持った組織的な構造が生じる過程で，初期発生において特に重要な過程である。例えば上肢の発生では，パターン形成により，上腕をつくるか指を形成するか，あるいはどこに筋肉を形成するか等々を細胞が“知る”ことになる。パターン形成の普遍的な方法といったものはなく，むしろパターン形成は生物により，また発生段階により，様々な細胞機構と分子メカニズムによって行われる。

パターン形成は全体的なボディプラン（body plan）――胚の体軸，すなわち頭部から尾部への前後軸と背腹軸――を決めることから始まる。大半の動物は頭を一端に，尾を他端に持ち，からだの両側は外見的には左右相称――すなわち鏡像対称――である。このような動物では，からだの主軸は頭から尾にかけての前後軸（antero-posterior axis）である。左右相称動物は，背から腹にかけての背腹軸（dorso-ventral axis）も持つ。これら 2 軸はほぼ直交し，からだのそれぞれの位置を特定する座標軸を提供している（図 1.15）。からだの内部では，動物は内部器官の配置に左右差を持つ（例えばヒトの心臓は左側にある）。植物では，からだの主軸は成長先端から根に沿っており，頂端-基底軸（apical-basal axis）と呼ばれる。植物はまた放射相称で，幹の中心から外側に放射軸（radial axis）を持つ。

体軸が明らかになる前に，卵と胚はしばしば一端と他端が異なる固有の方向性，極性（polarity）を示す。極性は，タンパク質もしくは他の分子の勾配によって規定され，勾配の傾斜が方向性を与える。発生中の胚の多くの細胞はそれぞれに固有の極性を持ち，これが協調すれば細胞シート全体に極性が生まれる。それはあたかも，一端と他端を区別するような矢印が各細胞に存在するようなものである。このタイプの極性は平面内細胞極性（planar cell polarity）と呼ばれ，第 2 章と第 8

図 1.14 卵割期のアフリカツメガエル胚の光学顕微鏡写真

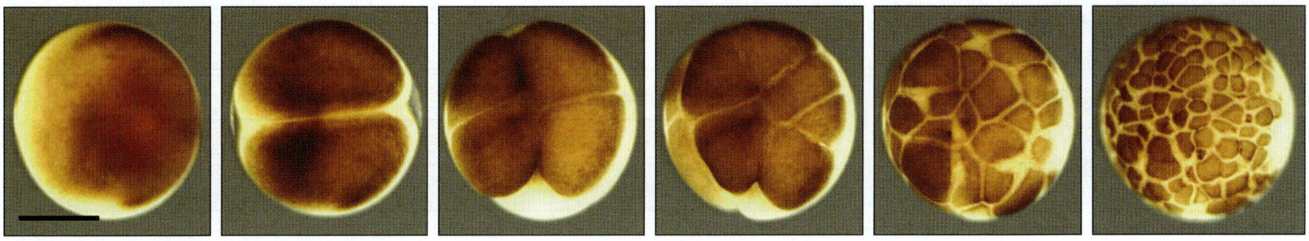

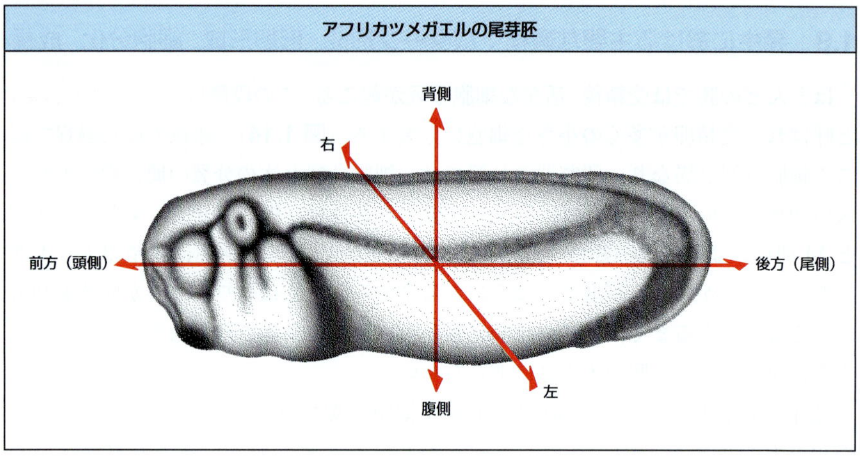

図 1.15 胚の主軸
前後軸と背腹軸は座標軸のように互いに直交する。

章で詳しく述べる。細胞極性の存在は，その細胞がつくる構造によって明らかなことがある。例えばショウジョウバエの翅の各細胞の一端には，同一方向を向いた毛がはえている。

体軸の形成とともに，胚の各細胞は異なる胚葉（germ layer）──外胚葉，中胚葉，内胚葉──に分配される（**Box 1C**）。引き続くパターン形成によって各胚葉の細胞はそれぞれ異なる性質を獲得し，肢の皮膚，筋肉や軟骨，あるいは神経系における神経細胞の配列などのように，分化した細胞が組織的な空間パターンをもって配列するようになる。パターン形成の最も早い段階では細胞間の相違は明瞭でなく，きわめて少数の遺伝子の発現の違いによるわずかな差しかない。

第2に重要な発生過程は，形の変化すなわち形態形成（morphogenesis）である（第8章）。胚は，三次元的な形を顕著に変える。発生のいくつかの段階でとりわけ顕著な形の変化があり，その中でも原腸形成（gastrulation）は最も劇的で

Box 1C 胚葉

胚葉の概念は，一連の器官をつくる初期胚の各領域を区別するのに有用である。この概念は脊椎動物にも無脊椎動物にも当てはまる。本書で述べるすべての動物（刺胞動物ヒドラを除く）は，3つの胚葉を持つ三胚葉動物（triploblast）である。脊椎動物で内胚葉は，消化管とそれに派生する肝臓や肺などを生じる。中胚葉は，骨格-筋肉系や結合組織，腎臓・心臓のような内部器官を生じる。外胚葉は皮膚の表皮や神経系を生じる。これらの胚葉は発生の初期に指定される。胚葉の区別は曖昧な場合もあり，注目すべき例外もある。例えば脊椎動物の神経堤細胞は外胚葉由来であるが，これは神経組織ばかりでなく，通常は中胚葉に由来する骨格要素も生じる。

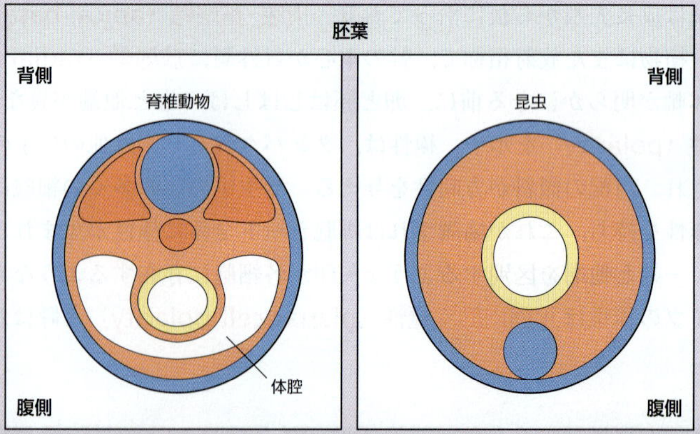

胚葉	器官	
内胚葉	消化管，肝臓，肺	消化管
中胚葉	骨格，筋肉，腎臓，心臓，血液	筋肉，心臓，血液
外胚葉	皮膚の表皮，神経系	クチクラ，神経系

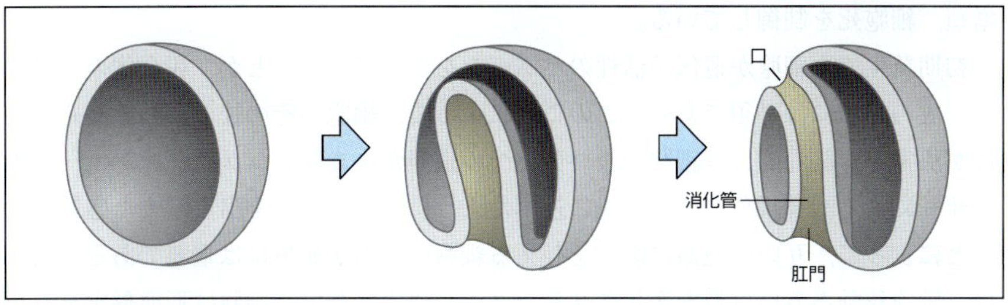

図 1.16 ウニの原腸形成
原腸形成によって，球状の胞胚から，中心を管（消化管）が貫通する胚へと転換する（胚の半分を取り除いた断面図）。

ある。大半の動物胚が原腸形成を行い，内胚葉と中胚葉が胚の内部に移動して消化管が形成され，基本的なボディプランが現れてくる。原腸形成の際，胚の外側の細胞が内側に潜り込み，ウニのような動物では原腸形成によって，中空の球状の胞胚から，中心を貫く管（消化管）を持つ原腸胚への変形が起こる（**図 1.16**）。動物の形態形成に際しては，広範囲に細胞移動が起こる。例えばヒトの顔面を形成する多くの細胞は，胚の背側にできる神経堤と呼ばれる構造から移動する細胞である。形態形成はまた，手足の指の分離の際に見られるような，アポトーシス（apoptosis）と呼ばれるプログラムされた細胞死をともなう。

重要な第3の発生過程は細胞分化（cell differentiation）である。各細胞は血液，筋肉，あるいは皮膚の細胞のように，構造的にも機能的にも互いに他と異なり，区別できる細胞へと変化する。分化は段階的に起こり，分化を開始するときから最終分化するまでの間，細胞は通常何回も分裂する（いくつかの分化細胞は最終分化にともなって分裂をやめる）。細胞分化については第10章で述べる。ヒトでは受精卵は少なくとも250種の明確に異なる分化細胞を生じる。

パターン形成と細胞分化は相互に強く関連している。腕と足の違いを見れば明らかなように，両者は筋肉，軟骨，硬骨，皮膚など同じ分化細胞を持つが，それらの配列は明らかに異なる。ヒトをゾウやチンパンジーと形態的に違えているのは，主としてパターン形成の違いである。

第4の過程は成長（growth）――サイズの増大――である。一般に初期胚発生の間成長はほとんどなく，基本的なパターン形成と形態形成は1 mmに満たない小さな胚の状態で起こる。その後の成長は，細胞数の増加，細胞サイズの増大，あるいは骨や殻に見られるような細胞外物質の蓄積など，様々な方法で起こる。成長はまた，器官やからだの各部の増殖速度の違いによって胚の全体的な形の変化を生む（**図 1.17**）。これについては第13章で詳しく述べる。

繰り返すが，これら4つの発生過程はそれぞれ独立に，順番に起こるわけではない。しかし一般的に言えば，初期発生でのパターン形成によって細胞間に違いが生まれ，形態の変化，細胞分化，成長と連なる過程が引き起こされると言える。むろん実際にこれらの過程がどのように起こるかは，それぞれの動物によって，様々な紆余曲折がある。

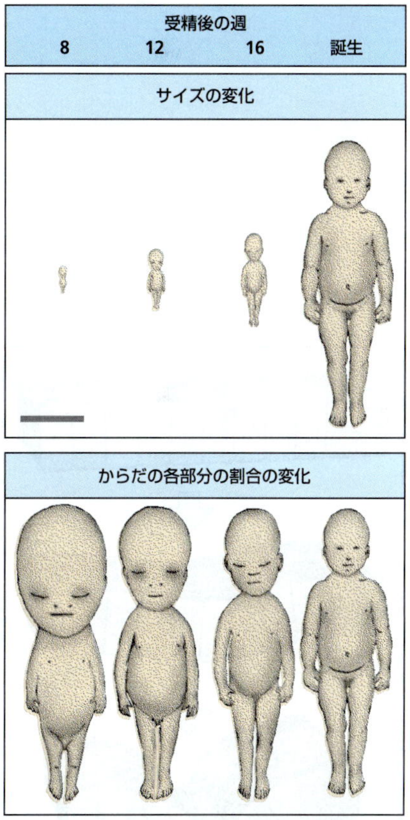

図 1.17 ヒト胚の成長にともなう形の変化
8週で基本的なボディプランが確立してから，産まれるまでの間に胚は成長し，背丈で見ると約10倍になる（上パネル）。この間には，頭に比してからだの他の部分の成長が顕著であり，からだ全体における頭部の相対比は減少し（下パネル），胚の形は大きく変化する。スケールバー＝10 cm。
Moore, K. L.: 1983 より

1.9 遺伝子の働きと発生過程は，細胞の振る舞いによって仲介されている

遺伝子の発現により生じるタンパク質によって，その細胞の性質と挙動が決まり，胚発生の仕方が決まる。ある時点の細胞の状態・特性は，その分子構成――特にどのようなタンパク質が存在するか――によるが，それは過去・現在における遺伝子活性のありようによって決定される。胚の細胞は発生の進行とともに状態を刻々変える。この過程では細胞-細胞間のコミュニケーション，すなわち細胞間シグナル伝達（cell-cell signaling）が重要な役割を果たし，細胞の形，細胞の動き，細胞

増殖，細胞死を制御している。

初期発生で，細胞が遺伝子活性のパターンを変えていくことが，胚全体のパターン形成のためには必須である。このことによって，細胞のその後の挙動を決める特性が決定し，終局的には細胞の最終分化への道筋が決まる。シュペーマンオーガナイザーによる誘導現象について先に述べたように，シグナルを出し，また応答することによって，互いの運命に影響を与える細胞の能力が発生には重要である。例えば，細胞移動あるいは形を変化させるシグナルに応答して，細胞は形態形成をもたらす物理的な力を生み出す（**図 1.18**）。アフリカツメガエルや他の脊椎動物での神経管形成に見られるように，シート状の細胞が屈曲して管をつくるのは（**Box 1A**, p. 2～3 参照），細胞シートの特定部で細胞がその形を変えて収縮力を生むことによる。それぞれの細胞の表面には，細胞接着に関わりながら様々な機能を持つ細胞接着分子として知られる接着タンパク質が存在している。これが組織の細胞同士を結びつけ，周囲の細胞外マトリックスの状態を感知している。脊椎動物の神経堤細胞は，神経管の背側部からからだのいろいろな場所に移動して様々な構造をつくるが，接着タンパク質はこのような細胞移動も制御する。

したがって，発生過程を記述・説明することとは，個々の細胞，あるいは細胞集団の挙動を明らかにすることであると言える。発生によってつくられる最終的な構造はそれ自体細胞の集まりであるので，細胞レベルでの説明と記述によって，どのように成体の各構造が形成されるかを説明することができる。

発生は細胞レベルで理解できるので，「どのように遺伝子が発生を制御するのか」という問いは，より正確には「どのように遺伝子が細胞の挙動を制御するのか」と問い直すことができる。遺伝子の活性と，最終的な発生の産物である成体の形態との結びつきは，細胞の様々な挙動によって仲立ちされている。したがって，細胞生物学は，遺伝子型がどのように表現型へと転換されるかを知る手段となる。

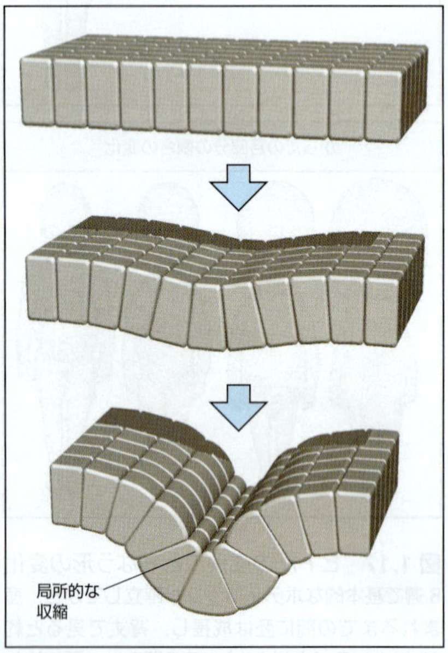

図 1.18　細胞の局所的収縮が，細胞シートの折りたたみを引き起こす
細胞骨格要素の収縮により，並列した上皮細胞の頂端部で収縮が起こり，表皮細胞のシートに溝が生じる。

1.10　遺伝子がどのようなタンパク質をつくるかによって細胞の挙動が決まる

ある細胞がなし得ることは，その細胞に存在するタンパク質によって大部分が決定される。赤血球のヘモグロビンは，この細胞が酸素を運ぶことを可能にする。腸壁に並ぶ細胞は特定の消化酵素を分泌し，骨格筋細胞が収縮できるのはミオシン，アクチン，トロポミオシンその他の筋肉機能に必要な筋特異的タンパク質より成る収縮構造を持つためである。これらはいずれも特異的な細胞機能に働くタンパク質であり，すべての細胞に共通に存在し，細胞の生存に必要な“ハウスキーピング”的な働きをするものとは異なる。ハウスキーピングタンパク質とは，エネルギーの産生に関わるものや，細胞の生存に必要な分子の分解・合成に関連する代謝経路に関わるものなどである。細胞によってハウスキーピングタンパク質にも定性的，定量的違いはあるが，これらのタンパク質は発生の理解には重要な役割は演じない。発生学においては，細胞を互いに異なるものとする**組織特異的（tissue-specific）**タンパク質と呼ばれるタンパク質を，主たる関心の対象とする。

遺伝子は主に，どのようなタンパク質をどの細胞で，いつつくるかを決めることによって発生を制御する。この意味では，遺伝子はそれがコードしているタンパク質に比べれば，発生には間接的に関与していることになる（タンパク質こそが，どの遺伝子が発現するかを含めて，細胞の挙動を直接決定する）。特定のタンパク質をつくるためには，その遺伝子の発現スイッチが入り，**メッセンジャー RNA（messenger RNA：mRNA）**へ**転写（transcription）**されなければならない。

そして mRNA がタンパク質へと翻訳(translation)される。転写開始(initiation of transcription)，すなわち遺伝子のスイッチオンは，一連の特異的な遺伝子調節タンパク質が DNA の制御領域（control region）に結合することによって起こる。

転写と翻訳はともにいくつかのレベルで制御を受けており，ある遺伝子の転写がそのままその遺伝子がコードするタンパク質の翻訳につながるわけではない。図 1.19 に，タンパク質の産生を制御し得る遺伝子発現の主要な過程を示した。例えば，遺伝子が mRNA に転写された後，核から細胞質に輸送される前に分解され，タンパク質への翻訳に至らないことがある。mRNA が細胞質に輸送されても，翻訳が阻害あるいは遅延されることもある。多くの動物の未受精卵においては，転写された mRNA は受精まで翻訳が阻害されている。タンパク質合成の制御にはまた，RNA プロセシング（RNA processing）と呼ばれる過程がある。真核生物――真正細菌や古細菌を除く生物――の多くの遺伝子では，DNA から転写された RNA は様々に切断されてつなぎ合わされ，複数の異なる mRNA を生じる。この結果，異なる性質を持つ複数のタンパク質が 1 つの遺伝子からつくられる。

ある遺伝子が mRNA に転写され，mRNA がタンパク質に翻訳されたとしても，そのタンパク質はそのままで機能を持つわけではない。新たに合成された多くのタンパク質は，生物学的活性を持つためにはさらに翻訳後修飾（post-translational modification）を受けなければならない。非常に一般的な修飾として，細胞膜タンパク質や分泌タンパク質には通常，糖鎖が付加されて活性を持つようになるが，これはグリコシル化（glycosylation）と呼ばれる。リン酸化のような可逆的な翻訳後修飾も，タンパク質機能の制御には重要な役割を果たす。選択的 RNA スプライシングと翻訳後修飾により，機能的に異なるタンパク質の数は，タンパク質をコードする遺伝子の数より遥かに多くなる。ほとんどのタンパク質は核など細胞の特定部位に局在して，その機能を果たす。

いくつかの遺伝子，例えばリボソーム RNA（rRNA）や転移 RNA（tRNA）をコードするものはタンパク質に翻訳されず，これらの RNA 自身が最終産物となる。タンパク質に翻訳されず RNA として機能する別のカテゴリーの RNA に，マイクロ RNA（micro RNA：miRNA）がある。miRNA は小さな RNA で，特定の mRNA の翻訳を阻害する機能を持つ（Box 6B, p. 241 参照）。miRNA が発生に重要な遺伝子の調節に関わる例が，数多く明らかにされつつある。

ゲノムの全遺伝子のうち，胚発生に特異的に必要な遺伝子，発生遺伝子（developmental gene）はどれくらいの数を占めるのであろうか。この数を推定するのは容易ではない。ショウジョウバエの初期発生においては少なくとも 60 個

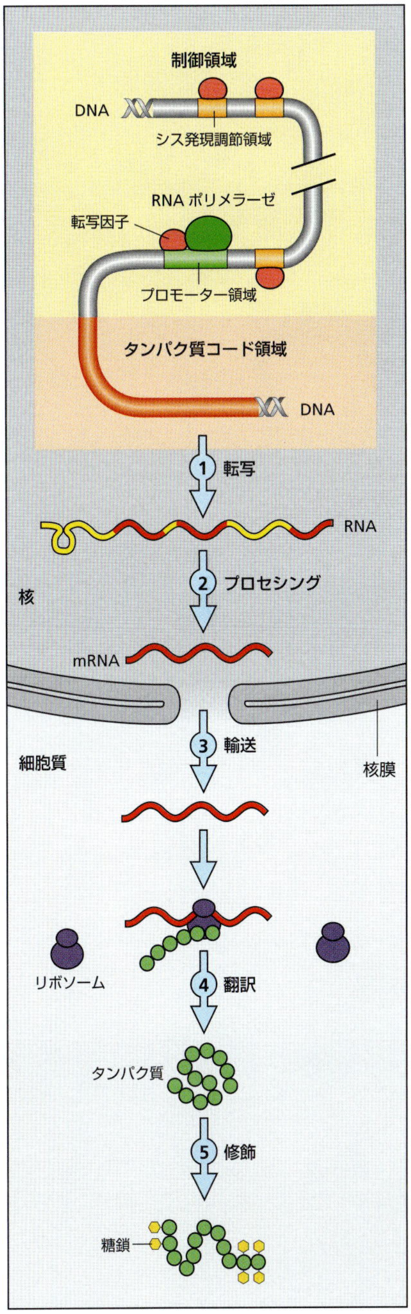

図 1.19 遺伝子発現とタンパク質合成
タンパク質をコードする遺伝子は，コード領域――タンパク質のアミノ酸配列を指示する DNA の領域――と，それに隣接する制御領域よりなる。制御領域は，基本転写因子と RNA ポリメラーゼが結合して転写を開始するプロモーター領域と，遺伝子のスイッチオン・オフを制御する特異的な転写因子が結合するシス調節領域よりなる。シス調節領域は，プロモーター領域から何千塩基も離れていることがある。遺伝子発現がスイッチオンになると，コード領域の DNA 配列が RNA へ転写される（1）。生じた RNA は，イントロンと 5′ 端にあるタンパク質に翻訳されない領域（黄色部分）を除くように核内でスプライシング，プロセシングを受けて mRNA となる（2）。ついで mRNA は核から細胞質に輸送され（3），リボソーム上でタンパク質へと翻訳される（4）。遺伝子発現とタンパク質合成の制御は主に転写段階で起こるが，これはより後の段階でも起こり得る。例えば mRNA は翻訳される前に分解されてしまうこともあるし，すぐには翻訳されずに細胞質に保存され，後になって翻訳されることもある。ある種のタンパク質は，生理活性を持つためにはさらに翻訳後修飾を受ける必要がある（5）。よく知られている翻訳後修飾は，この図で示している糖鎖の付加（グリコシル化）である。

の遺伝子が，胚が各体節に区分されるまでのパターン形成に直接的に関わっている。線虫の産卵口（陰門）と呼ばれる小さな生殖構造の形成には，少なくとも 50 個の遺伝子が必要である。同じ時期には何千もの遺伝子が発現していることに比べれば，これらの数は少ない。同時に発現している遺伝子の中には，生命の維持に必要であるためそれがなくなると発生は進まなくなるが，発生の経緯に影響を与える情報はまったく，あるいはほとんど持たないものもある。発生の過程を通じてその発現が系統的に変化する遺伝子の多くが，発生遺伝子である可能性がある。線虫とショウジョウバエの全遺伝子数は 19,000 と 15,000 程度であるが，発生に関わる遺伝子の数は数千と考えられている。線虫での系統的解析によれば，総遺伝子の約 9%（20,000 中 1722）が発生に関わると算定されている。

発生遺伝子は典型的には，受容体，増殖因子，細胞間シグナル分子，遺伝子発現調節因子（転写因子）など，細胞の挙動の制御に関わるタンパク質をコードする。これらの遺伝子の多く，特に受容体やシグナル分子をコードする遺伝子は，胚のみならず成体でも様々な過程で局面に応じて使われるが，胚発生でのみ使われるものもある。

ある遺伝子がいつ，どこで発現しているかを調べるいくつかの技術について，**Box 1D**（p. 21）と **Box 3A**（p. 121）に記した。ある遺伝子の発現の阻害，したがってその遺伝子からつくられるタンパク質の合成を阻害することも可能である。その 1 つの方法は，遺伝子・mRNA の一部の配列に相補的な約 25 ヌクレオチドの小さな RNA，**アンチセンス RNA（antisense RNA）**を用いる方法である。アンチセンス RNA は遺伝子あるいは mRNA に結合して，その機能を阻害できる。モルフォリノ（morpholino）と呼ばれる通常の RNA より安定な，人工的な RNA 分子もよく用いられる。遺伝子発現を阻害する技術としては他に，同様の機構で働く低分子干渉 RNA（small interfering RNA：siRNA）という小さな RNA を用いる，**RNA 干渉（RNA interference）**と呼ばれる方法がある。これらの技術については **Box 6A**, p. 231 でより詳細に述べる。

1.11 発生遺伝子の発現は厳密に制御されている

胚のすべての体細胞は，受精卵からの何回もの体細胞分裂によって生じる。すなわち，稀な例外を除いて，ほとんどすべての体細胞は受精卵と同じ遺伝情報を持っている。これが**遺伝的等価（genetic equivalence）**の原則である。したがって細胞間の違いは，異なるタンパク質を合成することになる遺伝子発現の違いによって生じる。これが**差次的遺伝子発現（differential gene expression）**の原則である。然るべき細胞で，然るべきときに，然るべき遺伝子発現をオン・オフすることが，発生の基本的課題である。本書を通じて示すことであるが，遺伝子は発生の設計図を与えるものではなく，一連の指示を与えるに過ぎない。これらの指示の解読制御に鍵となる要素は，発生遺伝子や特殊なタンパク質をコードする遺伝子に近接して存在する，転写制御領域である。**遺伝子調節タンパク質（gene-regulatory protein）**，別名**転写因子（transcription factor）**は，転写制御領域に結合して遺伝子をスイッチオン・オフし，転写を活性化したり抑制したりする。遺伝子調節タンパク質は，転写制御領域の DNA に直接結合することもあるし（**図 1.19** 参照），既に DNA に結合している転写因子に結合することもある。

発生遺伝子は，発生の然るべき時期に然るべき細胞でのみスイッチオンされるよう厳密に調節されており，このことが発生の基本的な特徴となっている。このために発生遺伝子は，1 種あるいは複数種の**シス調節モジュール［シス転写調節単**

Box 1D 胚で遺伝子発現を調べる方法

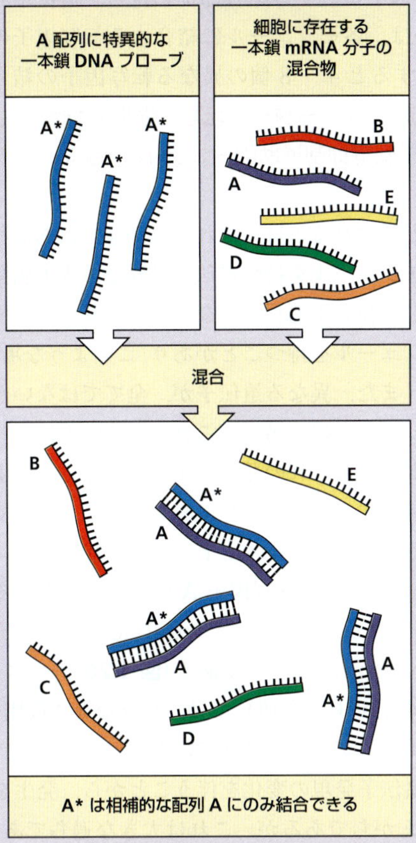

遺伝子発現がどのように発生と関わっているかを理解するには，特定の遺伝子が，いつ，どこで発現しているかを詳細に知る必要がある。発生の進行とともに発生遺伝子の発現はオンになったりオフになったりし，遺伝子発現のパターンは絶え間なく変わっていく。ある遺伝子が胚のどこで発現しているかを調べるにはいくつかの方法がある。

1 つの方法は，転写されている mRNA を検出する「*in situ* ハイブリダイゼーション」と呼ばれる方法である。もし，DNA もしくは RNA プローブの配列が，細胞で転写されている mRNA のあるものと相補的であれば，プローブはその mRNA と塩基対を形成する（ハイブリダイズする：左図参照）。したがって，DNA プローブを用いて，それに相補的な mRNA の，組織スライスあるいは胚全体での局在を決定できる。プローブは，放射性同位元素を用いたり，蛍光タグ（標識）をつけたり［蛍光 *in situ* ハイブリダイゼーション（FISH）：**図 2.10** 参照］，酵素を用いるなどして可視化し，検出できるようにする。放射活性を持つように標識したプローブはオートラジオグラフィーにより検出し，蛍光色素で標識したプローブは蛍光顕微鏡を用いて検出する。酵素標識したプローブは，その酵素によって無色の基質が有色に変換されることを利用して検出する。放射活性を持つように標識する方法に比して，蛍光色素や酵素で標識する方法は，異なる蛍光色素をつけた複数のプローブを用いることにより，いくつかの遺伝子の発現を同時に検出できるという利点がある。また，人体に有害なことに加えて特別な廃棄処理の必要がある放射活性のある物質を使わなくてすむのも大きな利点である。タンパク質の発現や局在を調べることは，そのタンパク質に特異的な抗体を用いて行う。抗体は蛍光色素（**図 2.33** 参照）や酵素（**図 2.31** 参照）で標識する。以上の mRNA，タンパク質を検出する方法は，固定した組織切片や胚を用いて行うもので，生材料では行えない。

また，遺伝子発現のパターンとタイミングは，“レポーター”遺伝子をトランスジェニック技術で動物に導入することによっても調べることができる。レポーター遺伝子は容易に検出できるタンパク質をコードしており，特定の時期，特定の場所で発現するよう然るべきプロモーターをつけて導入する。よく用いられるレポーター遺伝子の 1 つは，細菌の酵素 β-ガラクトシダーゼ（β-Gal）をコードする *lacZ* 遺伝子である。β-Gal の存在は，試料を固定後，青色の生成物を生じるように人工修飾した基質と反応させて検出する（**図 5.24** 参照）。

もう 1 つのよく用いられるレポーター遺伝子は，緑色蛍光タンパク質（GFP）のような，クラゲや海洋生物から単離され，様々な色の蛍光を発する小さな蛍光タンパク質をコードするものである。これらの蛍光タンパク質は生細胞に無害で，培養細胞，胚，場合によっては動物個体全体を適当な波長の光で照射することによって簡単に検出できるので，非常に有用である。すなわち，これらの蛍光タンパク質を用いると，遺伝子発現を生きた細胞や胚で観察することができる（**図 2.22** 参照）。GFP と他の蛍光タンパク質を発見・開発した 3 人の科学者は，2008 年のノーベル化学賞を受賞している。

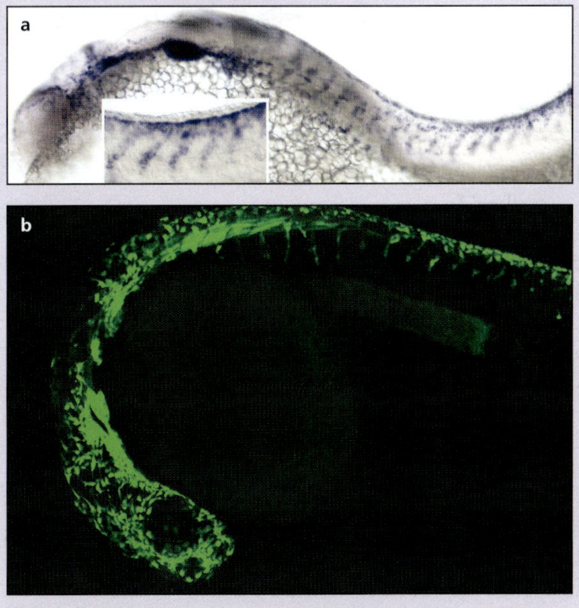

右図の 2 つのゼブラフィッシュ胚は，2 つの異なる方法で同一遺伝子の発現を検出したものである。上段の図は，固定胚を用いて神経堤細胞における *Sox10* mRNA の発現を *in situ* ハイブリダイゼーションで検出したものである（青色）。下段の図は，*Sox10* のプロモーター領域と結合させた GFP レポーター遺伝子を導入したトランスジェニックゼブラフィッシュで，上段の図と同時期の生きた胚を蛍光観察したものである。GFP の緑色の発色は，*Sox10* を発現している神経堤細胞で認められる。

写真は Robert Kelsh 氏の厚意による

位（*cis*-regulatory module）］よりなる，長くて複雑な転写制御領域を持つ（シスは，転写制御領域が調節する遺伝子と同じ鎖にあることを意味する）。それぞれのシス調節モジュールは，複数の転写因子に対する結合部位を持ち，遺伝子発現がスイッチオンされるかオフされるかは，各モジュールに結合する転写因子の組合せによる。1 個のモジュールは平均すると 4 〜 8 個の異なる転写因子の結合部位を持ち，そして転写因子はしばしば**コアクチベーター［転写活性化補助因子（co-activator）］**あるいは**コリプレッサー［転写抑制補助因子（co-repressor）］**タンパク質と結合する。

これらの調節領域が“モジュール”と呼ばれるのは，それぞれが互いにある程度独立して働くからである。複数の調節モジュールを持つ遺伝子は異なる入力刺激の組合せに反応でき，発生シグナルに応じて胚発生過程で異なる時期，異なる場所で発現する。異なる遺伝子が同じ調節モジュールを持つことがあり，このような場合，通常これらの遺伝子は一緒に発現する。また，異なる遺伝子が，全てではないが多くの同じ転写因子結合部位のあるモジュールを持つ場合，これらの遺伝子は同じような時期に同じような場所で発現するが，それぞれの発現にずれがある。このように，遺伝子は調節モジュールとそれに結合する調節タンパク質を介して，複雑で相互依存的な発現ネットワークを形成する。このようなネットワークの代表例が，ある転写因子 A によって発現する遺伝子の産物が，転写因子 A の発現を亢進あるいは低下させる，**ポジティブ（正の）フィードバック（positive-feedback）**や**ネガティブ（負の）フィードバック（negative-feedback）**ループである（**図 1.20**）。ウニ（第 6 章参照）やゼブラフィッシュ（**Box 4E**, p. 172 参照）では，様々な発生段階で，大規模な遺伝子発現ネットワークを解明する試みがなされている。

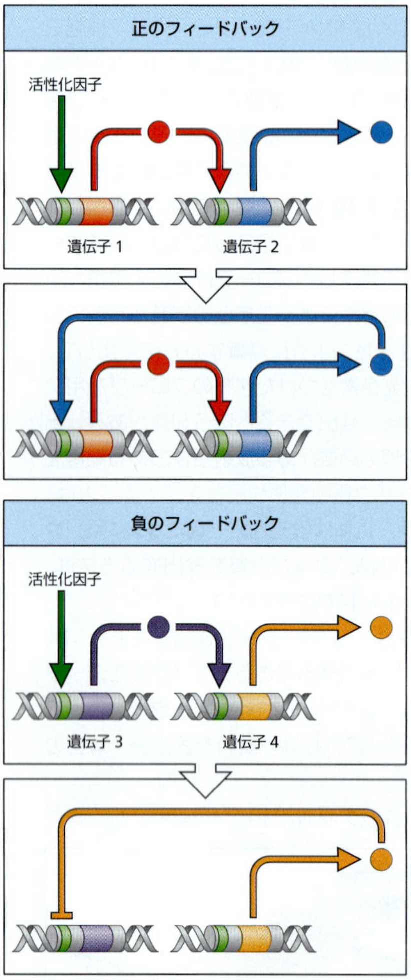

図 1.20　典型的な遺伝子フィードバックループ
上段：遺伝子 1 が活性化転写因子（緑）によって発現する；遺伝子 1 のタンパク質産物（赤）が遺伝子 2 を活性化する。遺伝子 2 のタンパク質産物（青）が第 3 の遺伝子の活性化に働くとともに，遺伝子 1 も活性化させる。その結果，遺伝子 1，遺伝子 2，およびその産物間での正のフィードバックによって，遺伝子 1，遺伝子 2 は最初の活性化転写因子が存在しなくなっても発現を続ける。下段：上と同じスキームで遺伝子 4 の産物が遺伝子 3 の発現を抑制する場合，活性化転写因子があっても遺伝子 3，4 の発現があるレベル以上に増加することを妨げる負のフィードバックが形成される。矢印は発現誘導を示し，端に横棒のついた線は発現阻害を示す。

発生の鍵となるすべてのステップは遺伝子発現の変化を伴うことから，発生を単純に遺伝子発現の制御の問題として捉えがちであるが，これは大きな過ちである。遺伝子発現は，タンパク質合成を通じて細胞の挙動を変化させ，胚発生の進路を決める，細胞内で進行するカスケードの最初の段階に過ぎない。タンパク質が，発生を推進する仕組みである。遺伝子だけを考えていると，細胞の形の変化など，遺伝子発現とは数段階離れて起こる細胞生物学的変化の重要性を無視することになる。実際には遺伝子発現から細胞挙動の変化までの各過程が完全に明らかにされた例はほとんどなく，遺伝子発現から五本指の手のような構造形成に至る過程は，複雑にこみ入っている。

1.12　発生は漸進的に進み，細胞の発生運命は細胞によって異なる時期に決定される

本章の冒頭で述べたアリストテレスの“後成説”どおり，胚発生が進むにつれ胚の複雑さは急速に増す。胚には多くの種類の細胞が形成され，空間パターンが生じ，形が大きく変化する。変化の速度はそれぞれの生物によるが，比較的緩やかに起こる。一般に胚は，三胚葉（中胚葉，内胚葉，外胚葉）の形成のように，はじめはいくつかの大まかな領域に分けられる。その後それぞれの領域内で細胞は，その予定運命を徐々に，より詳細に決定していく。**決定（determination）**とは細胞の内的状態に，安定的に変化を確立することで，細胞内で産生されるタンパク質の変化を導く遺伝子発現パターンの変化にはじまる。例えば，それぞれの中胚葉細胞は最終的に，筋肉，軟骨，硬骨，結合組織の線維芽細胞，皮膚真皮の細胞に決定される。

ある発生段階の細胞がどのような細胞になるかという運命と，それが決定された

状態とを区別することは重要である。細胞の**発生運命（fate）**とは単に，ある時期のある部位の細胞が，正常に発生させたらどのような細胞になるかということを表すものに過ぎない。例えば，初期胚のある段階の細胞に印をつけて発生させ，どの部位の外胚葉細胞が神経系となり，さらにこれらの中でどの部位の細胞が特に眼の網膜細胞になるかを追跡することができる。しかしこれは，印をつけた時期に，その細胞が網膜細胞にしか発生できなくなっているか，網膜細胞になるよう決定されているか，それが確定しているかとは別のことである。

ある段階の細胞を胚から分離して，単純培養液を用いるなど中立的な環境で培養したとき，胚発生の環境下での発生運命と同様に分化する場合，その細胞はその段階で**指定（specify）**されているといわれる（**図 1.21**）。例えば，両生類胞胚の動物極（**Box 1A**, p. 2～3 参照）の細胞は外胚葉となるよう指定されており，単離して培養した場合，表皮を生じる。このように胚体外に取り出して培養した条件下で“指定”されていると判定される細胞も“決定”されているとはかぎらず，他の細胞からの影響によって別の細胞運命をとる可能性がある。例えば，ここで表皮に指定されている胞胚期の動物極の細胞も，植物極の細胞と接触させると中胚葉になる。しかし，発生のより後期の動物極の細胞は，外胚葉になるよう決定されており，同様に処理してもその発生運命は変えられず，中胚葉にならない。指定されているかどうかのテストは，いかなる誘導シグナル分子も含まない中立的な条件で培養できるかによっているが，通常そのような培養条件を確立することは難しい。

ある発生時期におけるある細胞の発生運命が決定されているか否かは，移植実験によって確かめることができる。原腸胚期の両生類胚の，そのまま発生させれば眼となる外胚葉領域の細胞を，神経胚の体幹部側面に移植すると，移植された場所の発生運命に応じ中胚葉になる。このような発生初期には，細胞は通常の発生運命より大きな発生的潜在性を持っている。しかし，より発生後期の神経胚期の予定眼領域を同様に移植すると，移植片は移植先で異所的に本来の発生運命に従って眼様の構造を生じる（**図 1.22**）。発生初期の原腸胚期には予定眼領域の細胞は眼の細胞になると決定されていないが，神経胚期には決定されている。

図 1.21　発生運命，決定，指定の区別
この単純化したモデル図では，領域 A と領域 B の菱形細胞が，六角形と四角形の 2 種類の細胞に分化する。予定運命図（黄領域 A と緑領域 B）は，それぞれの部位の細胞が通常は将来どのような細胞になるかを示す（第 1 のパネル）。領域 B の細胞を領域 A に移植したとき，A 型の細胞として発生する場合，領域 B の細胞はまだ決定されていない（第 2 のパネル）。これに対し，移植されたA 領域で異所的に B 細胞の発生運命通りに発生する場合は，領域 B の細胞はすでに決定されている（第 3 のパネル）。B 領域の細胞が決定されていなくても，B 領域の細胞を胚から取り出して培養したとき発生運命通り分化するならば，その細胞は指定されている（第 4 のパネル）。

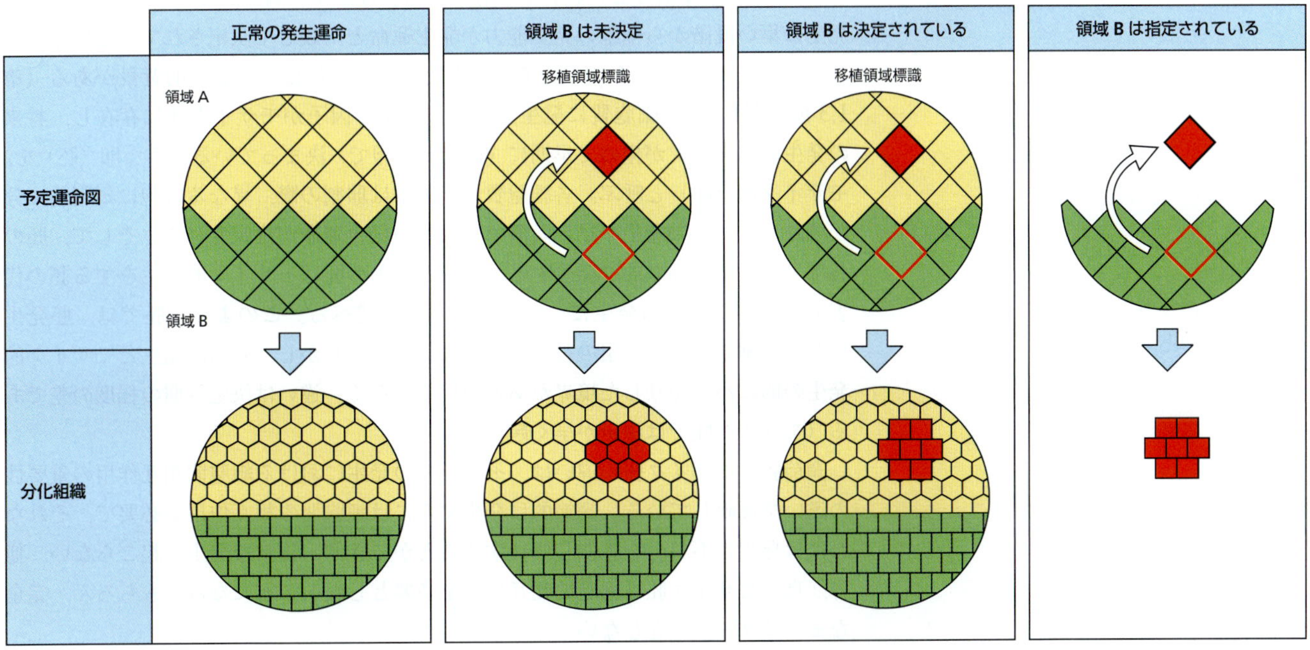

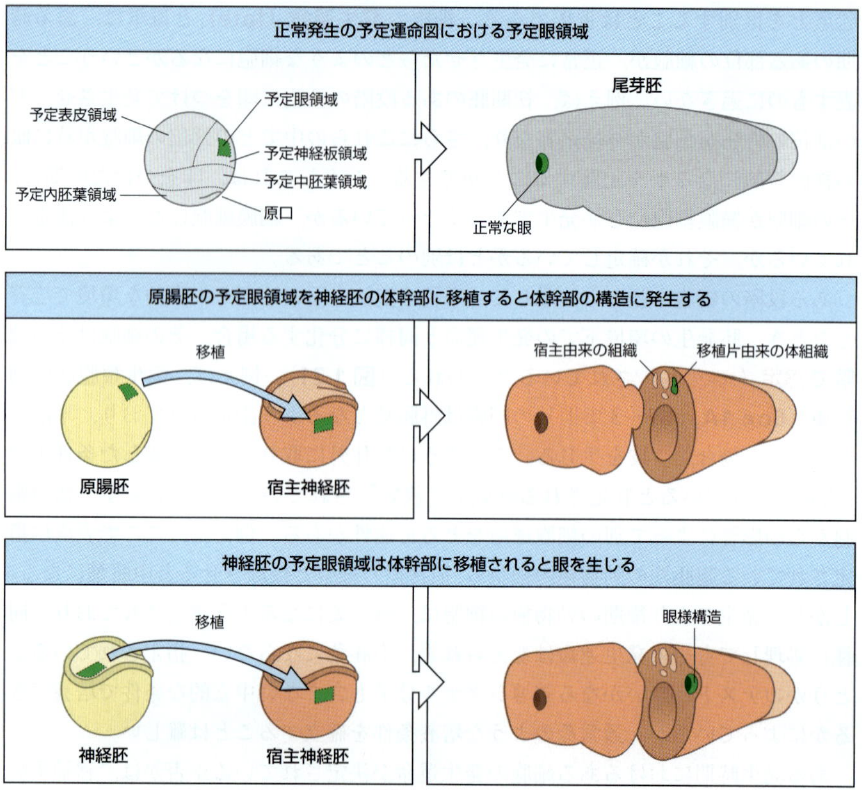

図 1.22　両生類の発生における予定眼領域の決定時期

原腸胚で，そのまま発生したら眼となる領域を神経胚の体幹部に移植すると，移植片は移植先の発生運命に従って脊索や体節に分化する（中段のパネル）。しかし，神経胚の予定眼領域は既に決定されており，同様の移植を行うと，移植先で異所的に眼様構造を生じる。

発生の全般的な特徴として，初期胚の細胞は，その後の発生段階の細胞よりもおおまかな決定がなされている。つまり，時間が経てば経つほど細胞が何になれるのかが限定されていく。決定は，その細胞が発現する遺伝子の変化をともない，この変化が細胞運命を固定化あるいは限定し，発生の選択肢を減らすと考えられる。

ウニ胚の2細胞期の細胞は決定されていないことを既に述べた。これを分離すると，それぞれの細胞は完全な幼生を生じることができる（第1.3節参照）。このように，個々の細胞の発生能力がその発生運命よりずっと高い場合，胚は**調節的（regulative）**であるといわれる。脊椎動物胚はかなり調節的である。これに対し，発生の早い段階から細胞の発生能力が発生運命と一致して限定されている胚を，**モザイク的（mosaic）**という。モザイクという言葉には長い歴史的背景がある（第1.3節参照）。卵の細胞質に発生運命を決定する因子がモザイク状に存在し，将来の発生のパターンが極めて早期に（極端には卵で）決まっているような卵（胚）を，モザイク卵（胚）と呼ぶ。各細胞質決定因子は卵割の際，異なる細胞に規則的に分配され，その結果発生の早い段階で各細胞の発生運命が決定される。そして，胚の各部分が互いに独立的に発生する。線虫とホヤの胚はモザイク的発生をする胚の代表的なもので，その発生については第6章で述べる。このような胚では，胚発生における細胞間相互作用の役割は限られている。しかし，調節的発生とモザイク的発生の間にハッキリした境界があるわけではなく，違いは決定時期の程度の差である（モザイク胚では決定が早く起こる）。

調節胚とモザイク胚の違いは，それぞれの発生における細胞間相互作用の重要性の違いを反映している。調節的に発生するには細胞間の相互作用が必要で，それなしには発生の不具合を感知し修復することができず，正常な発生は起こらない。他方，真のモザイク胚は細胞間相互作用を必要としないことになる。もちろん，完全なモザイク胚は存在しない。

1.13 誘導作用により，さまざまな細胞がつくられる

さまざまな細胞をつくることが発生の中心課題である。あるグループの細胞からのシグナルが，隣接する他のグループの細胞の発生を特定方向に導くことが，発生の過程では何度も起こっている。これは誘導（induction）と呼ばれており，よく知られた代表例は両生類のシュペーマンオーガナイザー（第 1.4 節参照）である。誘導シグナルは，数個あるいはさらに多くの細胞にわたって伝搬する場合もあるし，極めて局所的な場合もある。両生類のオーガナイザーからの誘導シグナルは多くの細胞の発生を制御するが，すぐ隣接した細胞にのみシグナルが伝達されるという場合もある。誘導においては，許容的誘導（permissive induction）と教示的誘導（instructive induction）とを区別しておくべきである。許容的誘導とは，ある閾値以上のシグナルに対する応答が，1 種類だけの場合をいう。これに対し，異なる濃度のシグナルに対して異なる応答を細胞が示す場合を教示的誘導という。誘導シグナルの細胞への到達，細胞表面受容体への結合を阻害して誘導を阻害する“拮抗的”なシグナル分子も，発生の制御に重要な役割を果たしている。

誘導シグナルは細胞間で主に 3 つの方法で伝えられる（図 1.23）。第一は，細胞外に拡散する分泌分子が放出され，それが他の細胞に受容される方法。第二は，互いの細胞表面の分子が直接作用しあってシグナルを伝える方法である。これらの場合，シグナルは細胞表面の受容体から細胞内のシグナル伝達系に伝えられ，これが細胞の応答を引き起こす。第三は，シグナル分子が細胞と細胞の接着部位を通して直接相手方の細胞に移送される方法である。多くの動物細胞において，移送は通常，ギャップ結合を介して行われる。ギャップ結合では相対する細胞の細胞膜が特異的なタンパク質による孔で通じており，ここを通ることが可能な小さな分子によって，細胞質間で直接シグナル分子を交換できるようになっている。植物細胞では原形質同士が糸状構造の原形質連絡と呼ばれる細胞壁中の孔を介して接続しており，ここを通してタンパク質のような大きな分子でも細胞から細胞へ移動できる。

拡散性のタンパク質あるいは直接接触によりシグナルが伝えられる場合，そのシグナルは細胞膜で受容される。そのシグナルが，核での遺伝子発現の変化を引き起こしたり細胞挙動に変化をもたらすものである場合，細胞膜で受け取られたシグナルは細胞内へと伝達されなければならない。この過程は一般にシグナル伝達（signal transduction）あるいは細胞内シグナリング（intracellular signaling）として知られ，細胞外からのシグナルは細胞表面の受容体に結合後，一連の細胞内シグナル分子の活性化によって，順次リレーされて伝えられる。発生に重要な細胞内シグナリング経路の一例として，Wnt ファミリーの分泌性シグナル分子によって活性化されるものを Box 1E（p. 26）に示した。この基本的な Wnt シグナル経路は，これから見ていく多くのシグナル伝達同様，本書で取り上げた動物の発生の，様々な局面でたびたび用いられているものである。

細胞内では，シグナルタンパク質や，サイクリック AMP のような低分子のセカンドメッセンジャー（二次伝達物質）が相互作用して，シグナルを伝える。この際，リン酸化によって伝達経路の因子の活性化，不活性化が起こることが，多くのシグナル伝達経路における重要な特徴である。発生において大半のシグナル伝達は，転写のスイッチオン・オフを引き起こし，遺伝子発現の変化をもたらす。発生における細胞外シグナルのもうひとつの重要な標的は，細胞の形，移動，分裂に関わる線維状タンパク質の細胞内ネットワーク，細胞骨格（cytoskeleton）である。シグナル伝達はまた，一時的に細胞内の酵素活性，代謝活性を変えるのにも使われ，

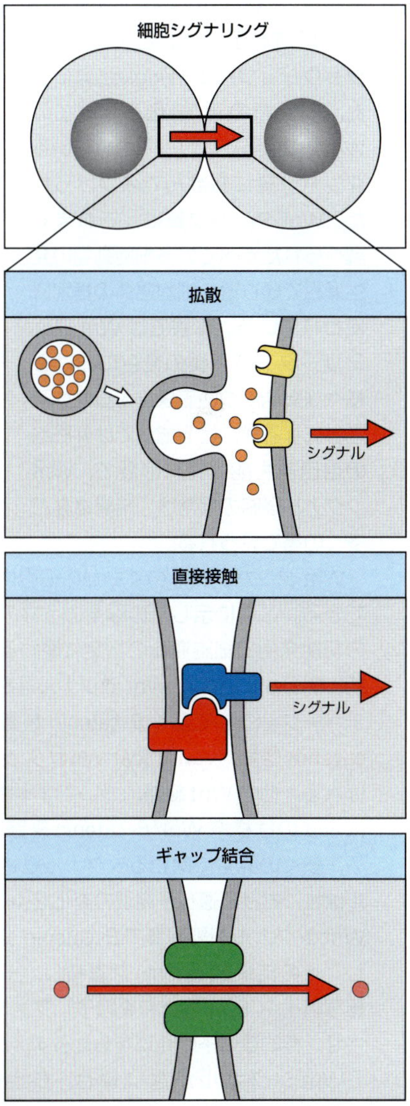

図 1.23 誘導シグナルは，細胞から他の細胞へと主に 3 つの方法で伝達される

シグナルが分泌性因子である場合，標的細胞表面の受容体で受容され，細胞内にシグナルが伝えられる（2 段目のパネル）。両方の細胞表面にあるタンパク質の直接接触によってもシグナルは伝えられる（3 段目のパネル）。シグナルが小さな分子である場合，細胞膜のギャップ結合を介して標的細胞に直接移動する場合もある（4 段目のパネル）。

Box 1E シグナル伝達と細胞内シグナリング

分泌性のシグナルタンパク質は細胞膜上の受容体に結合し，さまざまな細胞内シグナル経路を活性化する。ここでは，さまざまな発生過程で重要な役割を果たすWnt（ウィントと呼ぶ）ファミリー細胞間シグナルタンパク質による細胞内シグナル経路を示した。この名前は，ショウジョウバエ *Wingless* 遺伝子と，哺乳類の *Int* 遺伝子（現在の *Wnt1* に相当）にコードされているタンパク質にちなんで名づけられた。Wntタンパク質は，これまで調べられたすべての多細胞動物の発生過程で繰り返し細胞運命の指定に使われている。本書ではWntファミリータンパク質の発生における様々な機能について繰り返し述べることになるが，ヒト成体では幹細胞の自己再生能維持に必要で，Wntシグナル経路の異常は，結腸癌など多くの癌で見られる。

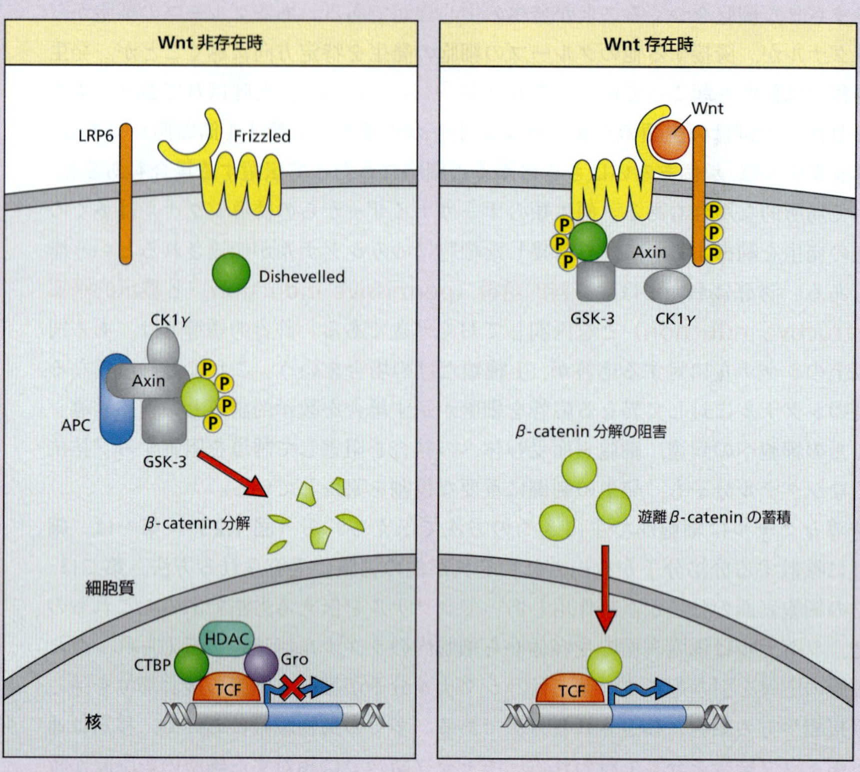

Wntタンパク質はいくつかの細胞内シグナル経路を活性化できる。ここに示したのはそのうちの1つで，すべての動物の初期発生で細胞運命の指定に関わる経路である。これは最初に明らかにされたWntシグナル経路であり，転写のコアクチベーターとして働くβ-cateninを蓄積させ，**標準Wnt/β-catenin経路（canonical Wnt/β-catenin pathway）**と呼ばれる。他のWnt経路については本書の中で随時述べる。図に示すのは標準Wnt/β-catenin経路を簡略化したものである。多くの発生に関わるシグナル経路と同様に，Wntシグナルは核における遺伝子発現の変化を引き起こす。この場合では，Wntシグナルが細胞質でβ-cateninタンパク質の分解を抑制し，その結果β-cateninが蓄積し，一部が核に入る。これが転写因子TCF（T細胞特異因子）ファミリーに結合して活性化させ，標的遺伝子の発現をもたらす。

Wntシグナルがない場合，β-cateninは細胞質で“分解複合体”に結合している（左側の図）。この複合体にはβ-cateninをリン酸化するプロテインキナーゼ（CK1γとGSK-3β）が含まれており，リン酸化されたβ-cateninはユビキチン化され，プロテアソームで分解される。β-cateninが核にないと転写コリプレッサーがTCF転写因子に結合し，発現を抑制する。

Wntは大半の細胞外シグナル同様，特異的な膜貫通受容体タンパク質（Wntの場合Frizzled）に細胞表面で結合することによって標的細胞に働く（右側の図）。Wnt自身は細胞内に取り込まれないで，そのシグナルはFrizzledとその共受容体LRPによって膜を通して細胞内に伝えられる。これらの受容体がWntと結合して活性化すると，β-cateninをリン酸化する分解複合体のプロテインキナーゼが膜に移行し，活性化されたLRPの細胞質端をリン酸化する。リン酸化によるタンパク質の活性の変化，あるいは他のタンパク質との相互作用の変化は，シグナルを先へと伝えるのによく用いられる。細胞内シグナルタンパク質Dishevelled（Dsh）とAxinタンパク質（分解複合体の一因子）も，膜のLRPとFrizzledの細胞質端にリクルートされる。このことによって分解複合体からβ-cateninが解離し，遊離β-cateninが蓄積，核に移行する。そしてβ-cateninが核内でコリプレッサーと置き換わってTCFと結合し，標的遺伝子の発現を引き起こす。

神経細胞でインパルスを生じるのにも用いられている。細胞が受け取る様々なシグナルは，適切な応答を行うため，異なる細胞内シグナル伝達経路間でのクロストーク（cross-talk）によって統合される。重要なシグナル伝達経路が欠損した場合にどのようなことが起こるかの例を，**Box 1F**（p. 28）に示した。

誘導において重要なことに，受容細胞が誘導シグナルに応答できるか否かという問題がある。この応答能（competence）は，然るべき受容体と細胞内伝達系が存在するか，あるいは遺伝子発現に必要な特定の転写因子が存在するかなどによる。また，それぞれの刺激に対する細胞の応答能は，時間とともに変化する。例えば両生類胚細胞のシュペーマンオーガナイザーに対する応答能は，原腸胚期に限られている。

シグナル伝達とパターン形成にとっては，胚は小さいほど都合がいい。大半のパターンは数十の細胞，100 ～ 500 μm 程度の距離で形成される。生物体は最終的には大きなものとなるが，それは基本的なパターンが形成された後の各部の成長によったものである。

1.14 誘導シグナルに対する応答は，細胞の状態に影響される

誘導シグナルは，発生過程で細胞がどのように振る舞うかを指示しているようなものと考えられるが，同時にそのようなシグナルに応答するかしないかは，そのときの細胞の状態に左右される。シグナルに対する応答能がある場合でも，細胞が取り得る状態は通常数が限られており，誘導シグナルは細胞が取り得る数少ない応答の 1 つだけを選択する。したがって，教示的誘導シグナルは，正確には選択的シグナルと呼ばれるべきである。真に教示的なシグナルとは，例えば新しい遺伝子を付加するなど，細胞に全く新しい情報と能力を与えるものであるはずだが，そのようなことは発生では起こらない。

ある時点において，教示的誘導シグナルがいくつかある細胞応答のいずれかを選択するだけであるということは，生物学的経済性にとっていくつかの重要な意味を持っている。ひとつには，ある遺伝子の発現が，異なるシグナルによって，発生の異なる時期に何度も活性化され得ることを意味する。実際に発生過程では，同じ遺伝子が繰り返しスイッチオン・オフされる。他方では，同一のシグナルが細胞によって異なる応答を引き起こし得ることを意味しており，実際に同一のシグナルが，それぞれの細胞の発生上の経歴によって，異なる特徴的応答を引き起こすことがしばしばある。後の章で述べるように，進化の過程で獲得されたさまざまな新たな細胞応答は，少数の細胞間シグナル伝達分子を繰り返し新たな目的に使うことによって獲得されており，この意味では進化はやりくりで成り立ってきたといえる。

1.15 位置情報によりパターン形成が起こる

パターン形成を説明するための一般例として，フランス国旗という非生物学的な例を挙げることができる（**図 1.24**）。フランス国旗は左 1/3 が青，真ん中 1/3 が白，右 1/3 が赤というパターンを持ち（一番端に旗竿がある），旗の大小にかかわらずこのパターンは変わらないが，胚のパターン形成にはこれと類似したところがある。一列に並んだ細胞があるとして，それに青，白，赤のいずれかの色を当てはめ，その列の長さは可変的であるとして，どのようにしたらフランス国旗のパターンを形成することができるであろうか？

1 つの解決法は細胞に位置情報（positional information）を与えることである。すなわち，それぞれの細胞に，列のいずれかの端からの相対的位置に関する位置価

図 1.24 フランス国旗

Box 1F 先天異常 —— 発生がうまくいかないと

小さな分泌因子 Sonic hedgehog［(Shh）ショウジョウバエで初めて発見されたこのファミリーのタンパク質，Hedgehog に因んで名づけられた］によって刺激されるシグナル経路は，ヒトをはじめとする脊椎動物で発生の初期からさまざまな発生過程を制御している。成体において Shh は幹細胞の増殖を制御しており，このシグナル経路に異常が起こると腫瘍形成につながる。発生における他の多くのシグナル伝達系と同様（例えば **Box 1E**, p. 26 に述べた Wnt 経路），Shh シグナルも遺伝子発現の変化を引き起こす。

これらの重要なシグナル経路の詳細を明らかにすることは，多くの発生異常の原因を理解することにつながるが，Shh はそのよい例である。比較的よく知られた先天異常として，脳正中線に沿う構造と顔面の異常を特徴とする全前脳胞症がある。症状の程度はさまざまで，ひどい場合は左右の大脳半球の分離形成不全，間脳の分離不全，顔面正中構造の欠損などをともない，胎児は生存できない。他方軽い場合は，前脳の左右への分離異常は軽度で，口唇裂，あるいは切歯数の異常（2 つでなく 1 つ）が見られる。

Shh が脳の発生に関わっていることへの示唆は，1990 年代初期，マウス神経系の腹側正中部で Shh が発現することが明らかにされたことにはじまる。1996 年，家族性全前脳胞症の患者で変異している遺伝子が同定され，それが *Shh* であった。同じころ，マウスで *Shh* 遺伝子を実験的に完全にノックアウトすると（実験的に遺伝子をノックアウトする方法については第 3.9 節，**Box 3B**, p. 126 参照），前脳の左右への分離が起こらず，胚は正中顔面構造の欠失によって顔の真ん中に単一の眼を持つ単眼症となることがわかった。これはヒトの全前脳胞症の最も重度なものと同じ症状であった。

臨床遺伝学の研究者により，全前脳胞症のさまざまなケースについて原因遺伝子の同定が試みられ，異常の原因は Shh 経路のさまざまな遺伝子の変異によることが明らかにされた。全ての場合において原因は Shh シグナル経路の異常であったが，影響を受ける遺伝子は場合によってさまざまであった。あるグループの患者の異常は *Shh* 遺伝子自身の変異によるものであったが，他の場合の原因遺伝子は Shh の受容体をコードするもの（*Patched*）であったり，この経路の標的となる転写因子をコードするもの（*Gli2*）であった。Patched は Smoothened というタンパク質とともに Shh の受容体として働くが，Smoothened の活性化にはコレステロールが必要であり，原因がコレステロール合成酵素の変異であった患者もいた（Shh シグナル経路の詳細は **Box 11C**, p. 444〜445 に示してある）。Shh シグナル伝達は，大半の脊椎動物細胞に存在する動かない繊毛である一次繊毛と呼ばれる細胞表面構造で起こる。したがって，一次繊毛の形成に異常のある患者においても，Shh 経路の変異に特徴的な顔面形成の異常が起こる（ただし異常は軽微で，異常の同定には特別な三次元的計測が必要である）。このように，同様の症状を示すヒト疾患の原因遺伝子の同定により，重要な発生経路の遺伝子が明らかになることもある。

Shh 経路のタンパク質をコードする遺伝子の変異による顔面異常とよく似た異常が，環境要因によっても起こることが知られている。カリフォルニアシュロソウ（*Veratrum californicum*，写真参照）が生育している牧草地に放牧された妊娠羊は，単眼症のような重篤な顔面奇形を持つ子羊を生む。この植物はアルカロイドのシクロパミン（cyclopamine）という化学物質を含み，この物質は Shh シグナル伝達の阻害剤である。シクロパミンは Smoothened の活性を抑えることによって Shh シグナルを阻害する。このような特徴からシクロパミンは，Shh 経路の異常を示す癌の治療薬開発の対象となっている。

写真は Jerry Friedman 氏の厚意による（著作権 Creative Commons Attribution ShareAlike 3.00） (positional value) を与えることである。自らの位置価を得た細胞は，この情報を遺伝的プログラムによってそれぞれ解釈する。列の左 1/3 にある細胞は青，真ん中 1/3 にある細胞は白，右 1/3 にある細胞は赤になるように解釈するという具合である。細胞が位置シグナルを用いているよい例は，両生類や昆虫において，失われた領域が元通りになる肢の再生に見られる（第 14 章に記述）。

位置情報を用いるパターン形成には少なくとも 2 つの段階がある。はじめに位置価はパターンの各境界（青／白，白／赤）と関連づけられる必要があり，その後に解釈が行われなければならない。この 2 つの過程を区別することは重要な意味を持つ。すなわち，位置価と，それがどのようなパターンに解釈されるかは別のことである。換言すれば，同じ位置価を，ある場合にはフランスの国旗，ある場合にはイタリアの国旗をつくるために使うことができるということである。位置価がどのように解釈されるかは，その細胞集団に特有な遺伝子活性，すなわち，その細胞集団の発生上の履歴による。

細胞はその位置をさまざまな機構によって特定することができる。最も単純なのが，何らかの物質の濃度勾配によるものである。ある化学分子の濃度が列の一端から他端に向けて順次減少するなら，列に沿った境界に対する細胞の位置は，化学物質の濃度によって効率的に定めることができる(**図 1.25**)。濃度変化によってパターン形成に関わる化学物質は，**モルフォゲン［形態形成物質（morphogen)］**と呼ばれる。フランス国旗の場合，一端にモルフォゲンの源があり，他端に吸い込み（シンク）があると考える。するとモルフォゲンは列に沿って拡散し，一端で高く，他端で低い濃度勾配ができる（両端の濃度は一定に保たれるとする)。この場合，列のある位置でのモルフォゲン濃度が位置情報を提供することになる。もし細胞がモルフォゲンの**閾値濃度（threshold concentration)** に反応するプログラムを持つなら——例えばある濃度以上では青に，その濃度以下では白に，さらにある濃度以下では赤になると遺伝的にプログラムされていれば——一列の細胞にフランス国旗ができることになる（**図 1.25** 参照)。閾値とは，細胞内シグナル経路を活性化させるために受容体に結合しなければならないモルフォゲンの量，あるいは特定の遺伝子を活性化させるために必要な転写因子の濃度と考えることができる。位置の特定に，一連の転写因子が閾値を持つ濃度勾配を形成するショウジョウバエ初期胚でのパターン形成の見事な例について，第 2 章で述べる。位置情報はまた，直接的な細胞間作用や分化のタイミングなどによっても指定される。

フランス国旗モデルは実際の発生における 2 つの重要な特徴を含蓄している。その第一は，列の長さが変化しても，両端で異なるモルフォゲン濃度が一定に維持され，それぞれの閾値濃度により各境界が正しく規定されるなら，この系は制御を保ち，パターンが正確に形成されることである。その第二は，系が半分にされても，各境界のモルフォゲン濃度が再度確立されれば，完全に元と同じパターンが再生されることである。ここでは一次元の細胞の並びについて考察したが，二次元のパターン形成についても同様に考えることができる（**図 1.26**)。

位置情報がどのように指定されるかはいまだ明らかでない。モルフォゲンの拡散は提唱されているメカニズムの 1 つであるが，実際のパターン形成をどこまで説明できるのかは明らかではない。また，位置の違いがどれほど細かいものなのかもわかっていない。初期胚のそれぞれの細胞は，独自の位置価を持っているのだろうか？　そして，その違いをパターン形成に利用することはできるのだろうか？

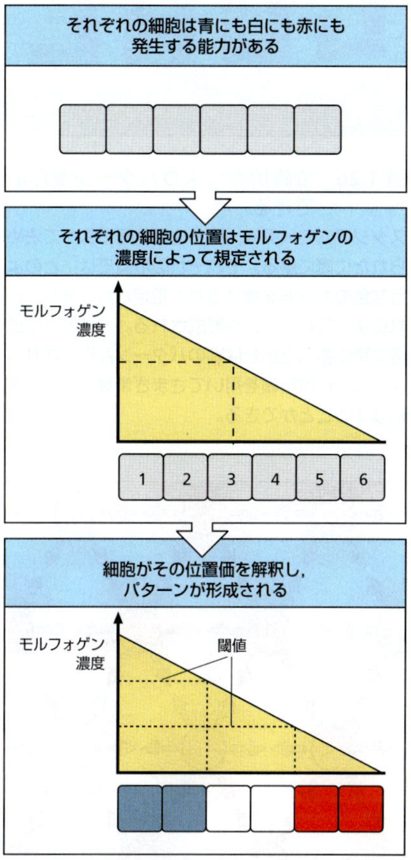

図 1.25　パターン形成のフランス国旗モデル
1 列に並んだ各細胞は，青にも，白にも，赤にも発生する能力がある。これらの細胞がある物質の濃度勾配にさらされると，各細胞はその場所における物質の濃度から位置価を獲得する。各細胞はこの位置価を遺伝的プログラムによって解釈し，青か，白か，赤の細胞に分化し，結果としてフランス国旗のパターンが形成される。このように，細胞の分化を制御する物質をモルフォゲンと呼ぶ。このような系が成立するためには，両端でモルフォゲン濃度が異なり，かつそれが一定に保たれ，それぞれの閾値に対応して境界が固定されなければならない。それぞれの細胞はまた，位置価を解釈して分化するために必要な情報を有していなければならない。細胞のモルフォゲンへの反応（位置価の解釈）が閾値濃度によって異なることにより，パターンが形成される。

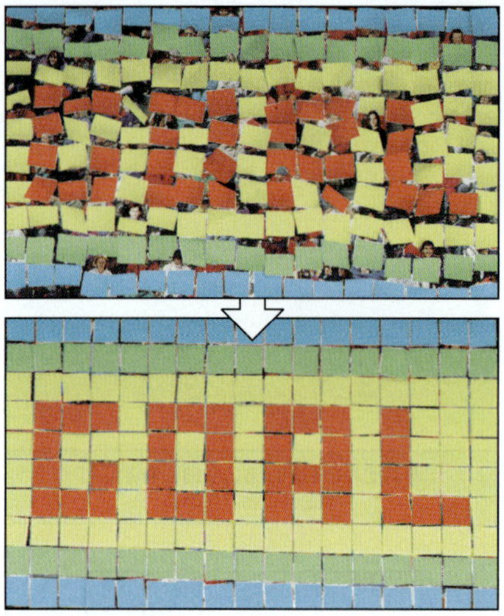

図 1.26 位置情報によりパターンを形成できる

スタジアムで人々は，列と座席番号によって決められた位置に座る。それぞれの位置では，どのような色のカードを掲げるかが指定されており，これによってパターンが形成される。それぞれの位置に別の指示を出せば別のパターンが形成されるように，位置情報を用いてさまざまなパターンを形成することができる。

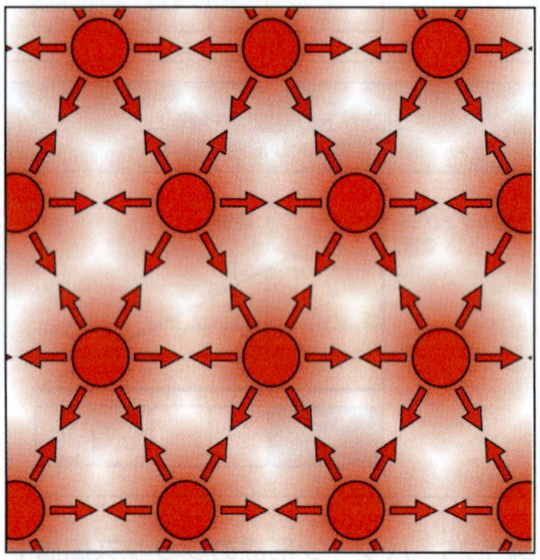

図 1.27 側方抑制により間隔を持つパターンが形成できる

ある構造の発生で，同じ構造が近傍にできることを阻害する物質の産生が起こると側方抑制が生じ，その構造は一定間隔をもって形成されることになる。

1.16 側方抑制が間隔のあるパターンを形成する

鳥の皮膚に生える羽のような多くの構造物が，一定の間隔を空けて互いに規則的に配列している。そのような間隔を生じさせる 1 つの機構が**側方抑制（lateral inhibition）**である（**図 1.27**）。全ての細胞が，例えば羽のようなある特定のものに分化する能力を持っている細胞集団において，羽を形成する細胞が規則的に間隔をもって生じることは，最初に羽をつくるために分化した細胞（大半はランダムに生じる）が，周囲の細胞が同様に分化することを抑制するという機構によって可能となっている。このことは，光と栄養を競って一定間隔で生えた森の木々を思い起こさせる。胚における側方抑制はしばしば，分化する細胞が近接する細胞に同様の分化を抑制する阻害物質を産生することによる。

1.17 細胞質決定因子の局在と非対称細胞分裂によって，互いに異なる娘細胞が生じる

位置の特定は，細胞が特定の状態（アイデンティティ）を獲得するための 1 つの方法に過ぎない。他の方法として，決定因子の**細胞質局在（cytoplasmic localization）**や，**非対称細胞分裂（asymmetric cell division）**がある（**図 1.28**）。環境からの影響に関わりなく，互いに特性の異なる娘細胞を生じる細胞分裂を非対称分裂という。非対称分裂を行う細胞の特性は，環境からのきっかけではなく，細胞の**系譜（lineage）**による。ある非対称分裂は，生じる細胞の大きさが異なる不等分裂でもあるが，サイズの問題は哺乳類の発生ではあまり重要なことではない。非対称細胞分裂の本質とは，細胞質因子の不等分配である。卵からフランス国旗のパターンをつくる別の方法は，青，白，赤の決定因子を卵の細胞質にフランス国旗の下絵として局在させて，化学的差異を卵の細胞質に与えることである。卵割の進行にともない，これらの細胞質決定因子は娘細胞にフランス国旗を生じるように不等分配される。この方途では細胞間相互作用は必要なく，フランス国旗を生じるような発生運命は，あらかじめ卵の時点で決定されている。

上記のように極端なモザイク的発生の例は実際には知られていないが（第 1.12 節参照），卵もしくは細胞に細胞質決定因子が存在し，それが 2 つの娘細胞に不均等に受け継がれ，娘細胞がそれぞれ異なった発生をする例がよく知られている。例えば，線虫の第一卵割は非対称分裂で，この分裂によって胚の前後軸が決まる。ショウジョウバエの生殖細胞もまた，卵の後端に局在する細胞質決定因子によって発生する。ツメガエル胚発生の最初の段階で重要な働きをするタンパク質に VegT があるが，このタンパク質は受精卵の植物極側に局在する。しかし，発生が進むと一般に細胞は，細胞質決定因子の不等分配より，他の細胞あるいは細胞外環境からのシグナルによって互いに異なるようになる。

幹細胞は独特な非対称分裂を行う。幹細胞は分裂して再び幹細胞を生じるとともに，1 つもしくは複数の分化細胞となる娘細胞を生じる（**図 1.29**）。からだのすべての細胞を生じる能力を持つ幹細胞が初期胚には存在し，これは**胚性幹細胞［ES 細胞（embryonic stem cell）］**として知られている。一方，成体の血液や表皮，腸上皮に見られるような継続的な組織の新生，あるいは筋肉に見られるような損傷を受けたときの組織新生には，より分化能の限られた幹細胞が働いている。幹細胞の分裂によって生じる娘細胞の挙動の違いも，細胞質決定因子の非対称分配によることもあるし，外来シグナルによる場合もある。ショウジョウバエでは，神経の形成は神経幹細胞での細胞質決定因子の非対称分配によるが，造血幹細胞から異なる

血液細胞が生じるのは，主として細胞外のシグナルによると考えられている。

からだのすべての細胞を生じることができる胚性幹細胞は**多能性(pluripotent)**を持つといわれ，より限られた数の分化細胞を生じる幹細胞は**多分化能(multipotent)**を持つといわれる。すべての血液細胞を生じる骨髄の造血幹細胞は，多分化能を持つ幹細胞の例である。幹細胞は，損傷を受けた器官を修復，あるいは再生する可能性を持つことから，再生医学の観点から大きな興味が持たれているが，この可能性については第10章で述べることにする。大半の動物で，完全に新しい個体を生じる唯一の細胞は受精卵で，この能力は**全能性（totipotent）**と呼ばれる。

1.18　胚の発生プログラムは，記述的であるより生成的である

胚発生のためのすべての情報は受精卵にある。それでは，この情報がどのように解読されて胚を生じるのであろうか。ひとつの可能性は，生物の構成が記述的なプログラムとして何らかの形でゲノムに暗号化されていることである。ある動物のDNAは，動物個体がどのような構造になるか，その設計図を自らのうちに書き込んでいるのであろうか（動物発生の青写真はあるのか）？　答えは否である。そうではなく，ゲノムは生物をつくるための手順指示的な**生成的プログラム（generative program）**を持っている。このプログラムは，どこで，いつ，どのようなタンパク質がつくられるかを決めるもので，それによって細胞がどのように振る舞うかを制御している。

青写真あるいは設計図といった記述的なプログラムは，「対象それ自体」を詳細に記述する。他方，手順指示的な生成的プログラムでは，対象を「どのようにつくるか」を記述する。同じ対象に対するものとして，この2つのプログラムは大きく異なっている。折り紙を例にとってみよう。1枚の紙をさまざまな方向に折り畳むことによって，1枚のシートから立体的な紙の帽子や鳥をつくることができる。折り紙の最終的な形をその部分間の複雑な関係とともに設計図として記述することはとても困難で，しかもそのような記述はどのように鳥をつくるかにはあまり役に立たない。より役に立ち簡単なのは，紙をどう順番に折るか指示することである。どう折るかという簡単な指示が，結果として空間的に複雑な変化を引き起こす。発生においても遺伝子の作用は，胚に大きな変化を引き起こす一連のイベントを，これと似たような形で引き起こしている。受精卵にある遺伝的情報とは，折り紙を折り畳む指示と同じであるといえる。ともに特定の構造をつくるための手順指示的な――つまり生成的な――プログラムなのである。

1.19　発生はさまざまな方途によって確実に進行するようになっている

発生は驚くほどの一貫性と確実性をもって進行する。それは，我々の2本の足が成体のそれとなるまでの15年間ほど，それぞれ独立に形成されながら同じような長さになることを見れば明らかである（第13章参照）。成体が適切に機能するためには，胚発生は確実に起こらなければならない。安定して飛翔できるよう，鳥の2つの翼は同じ大きさで同じ形にならなければならない。このような確実性をどのように達成するかも，発生の重要な課題である。

発生過程では胚体内および外部環境にさまざまな変動が起こるが，胚発生はこれを乗り越えて確実に進行する必要がある。内的変動としては発生関連因子の濃度の変化，さらには当該器官の発生を直接制御しないが，これに影響を与える遺伝子の変異などがある。発生に影響する外部環境因子としては，温度や環境化学物質がある。

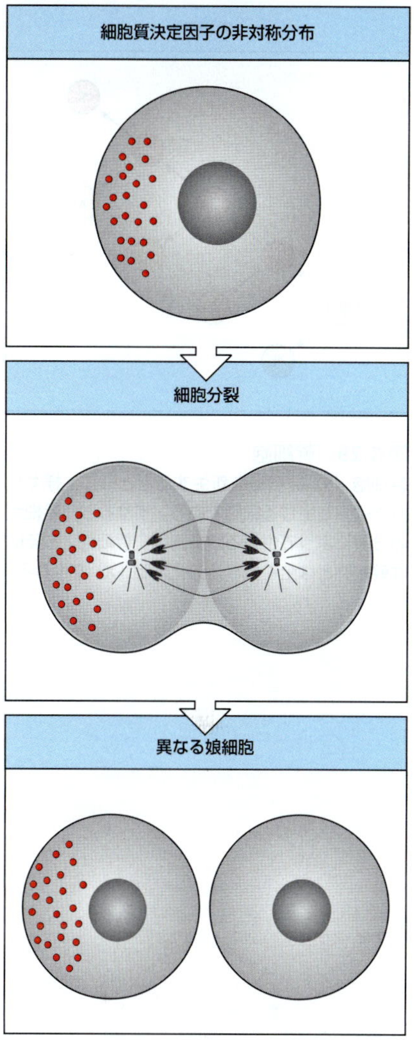

図1.28　細胞質決定因子を不均等に分配する細胞分裂
親細胞の細胞質にある分子が不均等に存在すると，細胞分裂によって2つの娘細胞に不均等に分配され得る。細胞質決定因子が親細胞でさらに局在していれば，その因子は娘細胞の一方にのみに受け継がれ，これにより2つの娘細胞に分化運命の違いが生じる。

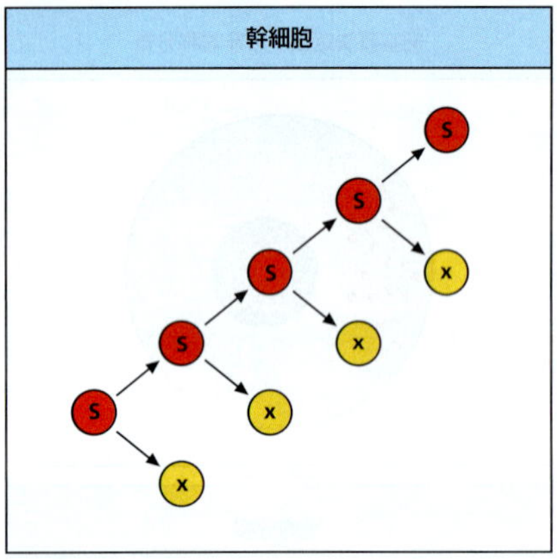

図 1.29 幹細胞
幹細胞（S）は自身を新生するとともに，様々な分化細胞を生じる細胞である。すなわち，幹細胞の分裂によって生じる娘細胞は，幹細胞，あるいは幹細胞とは全く異なる分化細胞（X）を生じる。

発生の確実さを巡る中心課題の1つにパターン形成がある。どのようにして細胞は特定の場所で特定の振る舞いを確実に行えるのか。そのような確実性を担保する機構には2つの方途があり，それは，分子機構の重複性と負のフィードバック制御である。**重複性（redundancy）**とは，同じ過程を起こすのに，2つもしくはそれ以上の方途が存在することである。もしそのうちの1つが何らかの理由で機能しなくなっても，他の働きによってその過程は進行する。これは自動車に2つのバッテリーを備えておくようなものである。半数体のゲノムに同一の機能を持つ同じ遺伝子が複数あるというような文字通りの重複性は，類似した遺伝子のコピーをしばしば何百も持つ rRNA のような場合を除いて稀である。むしろ，1つの発生過程がいくつかの異なるメカニズムによって成り立つという重複性が，実際の発生において正確で確実な発生を保証する方法の1つであろう。それは直線を引くのに定規を用いることもできるし，ピーンと張られた紐のようなものを用いることもできるようなものである。これは厳密な意味での重複ではないが，1つのメカニズムが働かなくなっても，他のメカニズムによって発生過程は正常に進むという意味で重複的といえる。さまざまな方途によって，各発生過程は外部環境あるいは遺伝的な変動に対して頑強である。

負のフィードバックもまた，発生の一貫性を保証することに寄与している。ここでは，ある過程の最終産物がその過程の最初の段階を抑制し，最終産物の量を一定に保つ（例えば**図 1.20** 参照）。負のフィードバックの典型的な例は，代謝経路で知られている。ある経路の最終産物が，その経路の初期に働く酵素を阻害するというものである。発生の確実性を保証するさらに別の機構があり，それは発生に関わる遺伝子活性のネットワークの複雑さに起因する。さまざまな経路を含んでネットワークが形成されていることにより，個々の過程の変動が緩和され，全体としてのネットワーク，つまり発生過程の頑強さが保たれているという証拠がある。

1.20 胚発生の複雑さは細胞自身の複雑さによる

細胞はある意味では胚より複雑である。換言すれば，個々の細胞におけるタンパク質と DNA がおりなす相互作用のネットワークは，発生途中の胚の細胞間での相互作用よりずっと多くの因子を含み，より複雑である。細胞はあなたが想像するよりずっとよくできたものである。細胞分裂，シグナルへの応答，そして細胞の移動など，発生に関わる細胞の基本的な活動は，その構成が時間とともに，そして細胞内の場所によって異なる，多くの細胞内タンパク質の相互作用の結果として起こる。例えば細胞分裂は，ある決まった期間に決まった順序で，有糸分裂のための特殊な細胞内構造の構築と正確な編成を必要とする，複雑な細胞生物学的過程である。

どのような細胞もそれぞれの時点で数千の遺伝子を発現している。これらの遺伝子発現の大半は，外部からのシグナルとは独立した，細胞にそれまでに備わったプログラムによって発現している。この細胞の遺伝子発現の複雑さによって，外部シグナルに対して細胞がどのように応答するかが決まっている（細胞がある特定のシグナルに対しどう応答するかは，細胞の内部状態による）。この内部状態は，細胞がそれまで発生してきた履歴を反映する――細胞は記憶力がよい――。したがって，同一のシグナルに対しても，異なる細胞は異なった応答を示すことになる。本書を通じて，さまざまな発生段階で同一のシグナルが異なる細胞によって何度も繰り返し使われ，それぞれに異なる応答を引き起こしている数多くの例に接することになるだろう。

現時点では，胚はもちろん1つの細胞内ですら，さまざまな遺伝子とタンパク質がどのように相互作用しているかについては断片的な知見しかない。しかし新しい技術によって，組織レベルでは，数百の遺伝子についてその発現を同時に調べられるようになった。システム生物学の領域で，細胞が用いている高度に複雑なシグナル経路のネットワークを人工的に構築する技術の開発が始まっている。ここから得られる情報をどのように解釈し，遺伝子発現のパターンの生物学的意義づけを行えるかは，将来の大きな課題である。

1.21 発生は進化と密接に関連している

ショウジョウバエと脊椎動物のように非常に異なった動物の間でも，発生遺伝子とそこで使われているメカニズムはよく似ているが，これは進化の過程を反映している。すべての動物は共通の祖先となる多細胞生物に由来し，この祖先動物の有していた遺伝子と発生メカニズムを基盤として進化してきたので，必然的に多くの異なる動物で同じような遺伝子と発生機構が共通に使われている。一方では，新しい発生機構は進化とともにそれぞれの動物グループで生じたものである。発生過程の進化については第 15 章で詳細に述べる。

自然選択による進化というダーウィン理論の基本は，遺伝子の変化が個体発生を変え，個体発生の変化が成体と環境との関係を変えるということである。もし，ある発生上の変化がそのときの一般的環境下での生存や繁殖により適応的な成体をつくり上げたなら，その個体は集団中で維持され，選択されるだろう。すなわち，遺伝子の変化による発生の変化が，進化の基本である。

発生過程が進化とともにどう変化したかのよい見本は，脊椎動物の四肢の発生である。第 15 章で述べるが，化石の解析から，陸上脊椎動物の四肢は鰭から進化したものであることが示され，四肢進化の遺伝子および発生基盤が再現されつつある（第 15.7 節参照）。そこでは四肢の 5 本指の基本パターンから，どのようにしてコウモリ，ウマ，ヒトにみられるような異なる四肢ができたかについても述べる。コウモリでは前肢の指が極端に長くなり，革のように固い翼膜を支持しているが，ウマでは前肢“手”と後肢“足”のそれぞれ 1 つの指が長い骨となって肢の下部と蹄を形成し，他の指は失われた（**図 15.14** 参照）。化石による記録から，発生過程の進化的変化について多くの例が得られている。

発生プロセスの進化的変遷にはいくつかの重要な段階があるが，その過程で変化した遺伝子を同定することは容易ではない。遺伝子変化が新しい形質獲得にどれだけ大きな役割を果たしているかについても疑問があり，全く新しい構造がどのように進化するかはいまだ謎である。しかしいずれにせよ，進化はすべて胚発生の変化によってなされたことに疑問の余地はない。

まとめ

発生は，細胞の統合的な振る舞いによって起こる。発生の主な過程は，パターン形成，形態形成（形の変化），細胞分化，細胞増殖，細胞移動，細胞死である。これらの過程は，細胞間シグナル伝達や，遺伝子発現のオン・オフなどの細胞活動によって統御されている。遺伝子は，どの細胞で，いつ，どのようなタンパク質をつくるかを制御することによって，細胞の挙動を制御する。したがって，細胞生物学が，遺伝子の作用と発生過程の間を仲立ちすることになる。発生過程で細胞は，発現する遺伝子を変え，形を変え，つくるシグナル分子を変え，シグナルに対する応答を変え，増殖速度や移動能を変える。これらすべての細胞の挙動は，大部分がそれぞれに特異的なタンパク質の存在によって制御されている（どのタンパク質がつくられるかは遺伝子の活性による）。胚の体細胞は基本的にすべて同じ遺伝情報を持っているため，発生にともなう変化は，細胞で発現している遺伝子セットの違いによって制御されている。そしてこれらには，遺伝子の制御領域の働きが不可欠である。発生過程は漸進的で，細胞の発生運命はその細胞によってさまざまな時期に決定される。初期胚の細胞は通常，発生過程でその細胞が辿る発生運命よりさまざまな細胞になる能力，幅広い発生能を持っている。しかしこの能力は，発生の進行とともに減じていく。1つの組織・細胞から他の細胞・組織へのシグナル伝達など誘導的な細胞間相互作用は，細胞の発生運命を変え，発生に方向性を与える主要な方法の1つである。細胞質決定因子が娘細胞に不均等に分配される非対称分裂によっても，異なる細胞を生じることができる。パターン形成には位置情報がよく使われている。細胞はまず境界に対する位置価を得る。次いで位置価を解釈し，それに応じてそれぞれの応答を行う。発生シグナルは教示的というよりは選択的であり，その時点で細胞に許容されているいくつかの発生経路の中からいずれかを選択する。胚は記述的というより生成的なプログラムを持っており，それは設計図というより，折り紙で鶴をつくるための折り方の指示のようなものである。機構が重複的であることや負のフィードバックなど，さまざまな方途によって，発生は極めて確実に進行するようになっている。発生の複雑さは細胞自身にある。進化は発生と密接にリンクしており，進化にともなう成体の形質変化は，胚発生の遺伝的プログラムの変化の結果である。

第1章のまとめ

受精卵（二倍体接合体）は，胚発生のすべての情報を含んでいる。受精卵のゲノムは，生物体をつくるための方途を示すプログラムを持っている。この発生プログラムを実行に移すのには，受精卵およびそれに由来する細胞の細胞質決定因子が，遺伝子とともに重要な働きをする。厳密に調節された遺伝子活性によって，どのタンパク質がいつ，どこでできるかが制御されており，このことによって細胞活動が方向づけられ，発生過程の胚に大きな変化が引き起こされる。発生における主要な過程は，パターン形成，形態形成，細胞分化，細胞増殖，細胞移動，細胞死である。これらの過程は，胚の細胞間でのコミュニケーションと，遺伝子発現の変化によって制御されている。発生は漸進的で，細胞の発生運命は発生の進行とともに次第に限定されていく。初期胚の細胞は通常，発生過程でその細胞が辿る運命，生じる細胞より，ずっとさまざまな細胞になる能力，すなわち幅広い発生能を持っている。したがって，胚，特に脊椎動物の胚は，たとえ一部の細胞を除いたり，付け加えたり，あるいは一部を別の場所に移植しても，正常に発生する。このような細胞の発生能は，発生が進行するとともに徐々に狭められていく。数多くの遺伝子が発生過程で起こる複雑な相互作用を制御しており，発生の確実性は様々な方途で保証されている。数千の遺伝子が動植物の発生を制御しているが，発生過程のすべてを理解するにはいまだほど遠い。基本原理といくつかの発生系がよく理解されているものの，いまだ多くの未知の部分がある。胚発生の変化が，多細胞生物の進化の基盤である。

● 章末問題

記述問題

1. 発生生物学のひとつの目標はヒトの発生を理解することである。発生生物学研究が強い影響を与えた医学の3つの領域を論ぜよ。

2. ギリシャの哲学者アリストテレスは発生について前成説と後成説という2つの相反する考えを示した。この2つの考え方がどういう意味を持つか記述せよ（ホムンクルスという概念を例に前成説を説明し，折り紙を例に後生説を説明せよ）。どちらの考え方が発生に対する現代の概念をよりよく説明できるか。

3. ワイスマンによる“決定因子”の概念は，カエルにおける“モザイク的発生”を示したルーの実験によって支持された。どのようにして決定因子はモザイク的発生を引き起こすのか。なぜドリーシュの“調節”的発生の概念のほうがヒトの一卵性双生児をうまく説明できるのか。

4. パターン形成は発生研究における中心的なプロセスである。パターン形成の3つの例をあげ，どんな“パターン”が形成されるか述べよ。

5. 次の細胞の振る舞いを簡単に説明せよ：細胞間シグナル伝達，細胞増殖，細胞分化，細胞移動，形態変化，遺伝子発現，細胞死。

6. 発生におけるハウスキーピング遺伝子・タンパク質と，組織特異的遺伝子・タンパク質の役割を比較せよ。ハウスキーピングと組織特異的，どちらの遺伝子・タンパク質が発生に重要か例をあげて説明せよ。

7. ある生物体を構成するすべての細胞は同じ遺伝子を持っている。しかし，さまざまな細胞がある。遺伝的には等価でありながら細胞はさまざまであるという“パラドックス”を，差次的遺伝子発現でどのように説明できるか。

8. 遺伝子調節タンパク質，すなわち転写因子はどのように働くか。これらの因子のDNAの調節領域との関係はどのようなものか。

9. 細胞の発生運命とその決定を比較して論ぜよ。どのような実験で発生運命と決定を区別することができるか。

10. 胚発生における誘導の3つの方法について述べよ。また，どのような誘導がモルフォゲンによるか。

11. 位置情報とパターン形成の関係について例をあげて述べよ。

選択問題
それぞれの問題で正解は1つである。

1. 発生研究に用いられる脊椎動物のモデル生物はどれか。
a) *Caenorhabditis elegans*
b) *Drosophila melanogaster*
c) *Homo sapiens*
d) *Xenopus laevis*

2. 生殖細胞であるものはどれか。
a) 生殖腺の細胞
b) 腸細胞
c) 精子と卵
d) 受精卵

3. 遺伝子型と表現型の関係を最もよく説明しているのはどれか。
a) “遺伝子型”と“表現型”はともに，細胞および生物の物理的性質を異なる語，記号で表したものである
b) 表現型は細胞の遺伝子型によってもたらされる結果であり，“遺伝子決定論”が認められている理由である
c) 細胞にある遺伝子が細胞の遺伝子型であり，遺伝子は細胞の表現型を直接的に制御する
d) 遺伝子型は細胞がどのようなタンパク質を持つかを決め，翻ってタンパク質が細胞の性質，表現型を決める

4. 遺伝子の優性アレルの説明として正しいものはどれか。
a) ヘテロ接合体，すなわち一方のアレルに1コピーがあるとき，生物体で表現型を示すアレルをいう
b) ホモ接合体，すなわち両方のアレルの2コピーの遺伝子が変異体となったとき，表現型を示すアレルをいう
c) 実験動物の系統や病理的状態で認められるアレルに対し，野生集団で普通に見られるアレルをいう
d) ある条件では正常の表現型を示すが，高温など別の条件では変異表現型を示すアレルをいう

5. 細胞移動に最も依存している発生過程はどれか。
a) 細胞分化
b) 増殖
c) 形態形成
d) パターン形成

6. タンパク質が合成された後に細胞で起こる調節機構はどれか。
a) 翻訳後修飾
b) RNAプロセシング
c) 転写制御
d) 翻訳制御

7. DNAのある区分について使われる語はどれか。
a) シス調節モジュール
b) 差次的遺伝子発現
c) 遺伝子調節タンパク質
d) 転写因子

8. モルフォゲンの説明として正しいものはどれか。
a) 他の細胞が特定の方向に決定されるよう信号を送る細胞または細胞群のことである
b) 細胞または細胞群がある特定の形をとるように働く遺伝子のことである
c) 近隣の細胞に分化を誘導するシグナル分子のことである
d) 細胞に濃度依存的な位置情報を与えるシグナル分子のことである

9. 幹細胞と他の細胞との区別を表しているのはどれか。
a) あらゆる種類の細胞が分裂するが，幹細胞だけが分裂後に分化する
b) 幹細胞は分裂して一連の関連する細胞へと分化する細胞集団を生じる
c) 幹細胞は非対称に分裂して幹細胞としてとどまる娘細胞と，1つもしくは複数の細胞種に分化する娘細胞を生じる
d) 幹細胞は小さな茎を生じ，それがちぎれて娘細胞を生じるという特別な分裂をする

10. 生物の発生はどのようにして新しい形や種を生じるように進化するか。
a) 鰭より手が必要という生物では，その必要性によって魚の鰭のような構造がヒトの手のような構造に進化する
b) 自然選択で有利な遺伝子変化が誘起され，発生過程に有利な変化が生じる
c) 遺伝子の変化が発生過程を変え，その新しい発生様式が環境に適している場合，その変化は自然選択によって維持される
d) 生物がその生存期間に得る特徴は子孫に伝えられる；もしその変化が生物にとって有利ならば，それはやがて発生遺伝子に書き込まれるようになる

選択問題の解答

1:d, 2:c, 3:d, 4:a, 5:c, 6:a, 7:a, 8:d, 9:c, 10:c

● 理解を深めるための参考文献

発生生物学の起源

Hamburger, V.: *The Heritage of Experimental Embryology: Hans Spemann and the Organizer.* New York: Oxford University Press, 1988.

Harris, H.: *The Birth of the Cell.* New Haven: Yale University Press, 1999.

Milestones in Development [http://www.nature.com/milestones/development/index.html] (date accessed 9 May 2010).

Needham, J.: *A History of Embryology.* Cambridge: Cambridge University Press, 1959.

Sander, K.: **'Mosaic work' and 'assimilating effects' in embryogenesis: Wilhelm Roux's conclusions after disabling frog blastomeres.** *Roux's Arch. Dev. Biol.* 1991, **200**: 237–239.

Sander, K.: **Shaking a concept: Hans Driesch and the varied fates of sea urchin blastomeres.** *Roux's Arch. Dev. Biol.* 1992, **201**: 265–267.

発生生物学の諸概念

Alberts, B., *et al.*: *Essential Cell Biology: An Introduction to the Molecular Biology of the Cell.* 5th edn. New York: Garland Science, 2009.

Howard, M.L., Davidson, E.H.: ***cis*-Regulatory control circuits in development.** *Dev. Biol.* 2004, **271**: 109–118.

Istrail, S., De-Leon, S.B., Davidson, E.H.: **The regulatory genome and the computer.** *Dev. Biol.* 2007, **310**: 187–195.

Jordan, J.D., Landau, E.M., Lyengar, R.: **Signaling networks: the origins of cellular multitasking.** *Cell* 2000, **103**: 193–200.

Levine, M., Tjian, R.: **Transcriptional regulation and animal diversity.** *Nature* 2003, **424**: 147–151.

Nelson, W.J.: **Adaptation of core mechanisms to generate polarity.** *Nature* 2003, **422**: 766–774.

Papin, J.A., Hunter, T., Palsson, B.O., Subramanian, S.: **Reconstruction of cellular signalling networks and analysis of their properties.** *Nat. Rev. Mol. Biol.* 2005, **6**: 99–111.

Volff, J.N. (Ed.): **Vertebrate genomes.** *Genome Dyn* 2006, **2**: special issue.

Wolpert, L.: **Do we understand development?** *Science* 1994, **266**: 571–572.

Wolpert, L.: **One hundred years of positional information.** *Trends Genet.* 1996, **12**: 359–364.

Xing, Y., Lee, C.: **Relating alternative splicing to proteome complexity and genome evolution.** *Adv. Exp. Med. Biol.* 2007, **623**: 36–49.

Box 1E シグナル伝達と細胞内シグナリング

Logan, C.Y., Nusse. R.: **The Wnt signaling pathway in development and disease.** *Annu. Rev. Cell Dev. Biol.* 2004, **20**: 781–810.

Box 1F 先天異常——発生がうまくいかないと

Cohen, M.M. Jr: **Holoprosencephaly: clinical, anatomic, and molecular dimensions.** *Birth Defects Res. A Clin. Mol. Teratol.* 2006, **76**: 658–673.

Geng, X., Oliver, G.: **Pathogenesis of holoprosencephaly.** *J. Clin. Invest.* 2009, **119**: 1403–1413.

Roessler, E., Muenke, M.: **How a Hedgehog might see holoprosencephaly.** *Hum. Mol. Genet.* 2003, **12**: R15–R25.

2

ショウジョウバエのボディプランの発生

- ●ショウジョウバエの生活環と発生の概観
- ●体軸の形成
- ●卵形成における母性決定因子の局在
- ●初期胚のパターン形成
- ●ペアルール遺伝子の活性化と擬体節の確立
- ●分節遺伝子と区画
- ●体節のアイデンティティの指定

ミバエであるキイロショウジョウバエ（*Drosophila melanogaster*）の初期発生は，同程度か, さらに複雑な形態を持つ他のどんな動物の初期発生よりもよく理解されている。ショウジョウバエの初期発生では，第１章で述べた多くの原理の例が明瞭に認められる。発生の遺伝的な基盤はショウジョウバエにおいて特によく理解されており，他の生物，特に脊椎動物の発生に重要な遺伝子は，ショウジョウバエの遺伝子との相同性をもとにして同定されてきた。この章では，接合体の初期発生や，初期多核性胞胚葉ステージにおける母性遺伝子の産物の重要な機能と，それらがどのように体軸を形成し，からだの領域に特異性を付与するかについて述べる。母性モルフォゲンの濃度勾配がどのように初期胚の前後と背腹のパターンをつくるのかや，胚を体節に分ける接合体自身の遺伝子の正確な空間的発現をシス調節領域がどのように調節するのかについてもみていく。前後軸に沿って働く別のグループの遺伝子が，それぞれの体節に固有の特性を与えていく。このような特性は，成虫において翅，脚，触角などを形成することになる付属器官に現れる。

ヒトとショウジョウバエの発生は，我々が考えるよりはるかによく似ている。過去 25 年間の発生学における驚くべき発見は，ショウジョウバエの発生を制御する多くの遺伝子が，脊椎動物や，他の多くの動物の発生を制御する遺伝子と似ているということである。進化の過程で，動物のからだをパターン形成する満足のいく方法が一度獲得されると，場合によっては重要な改変があるとしても，同じ機構や分子が何度も繰り返し用いられる傾向がある。昆虫と脊椎動物の発生は大きく異なるように見えるが，ショウジョウバエの研究で明らかになったことが，脊椎動物の発生を理解するための助けになってきた。

全ゲノムの DNA 配列の解析結果から，ショウジョウバエにはタンパク質をコードしている遺伝子が 14,000 存在すると予測されている。ショウジョウバエの遺伝子数は, 単細胞生物である酵母のたった 2 倍であり, 形態的により単純な線虫が持っている 19,000 の遺伝子と比較しても少ない。しかし, 発生過程や成虫のショウジョウバエで転写されているRNAの最近の大規模解析の結果は，選択的スプライシングが頻繁に起こっていることを示している。このため，合成され得るタンパク質の種類はもっと多いはずである。さらに，ショウジョウバエのゲノムには，tRNAやmiRNAなどの機能性RNAをコードしている約1100の遺伝子が存在する。

現代の発生学におけるショウジョウバエの卓越した重要性は，遺伝子がショウジョウバエ胚の発生をいかにして制御するかの根源的な理解をもたらした研究に対して，1995年にノーベル生理学・医学賞が授与されたことからもわかる。ノーベル賞が発生学の研究に対して贈られたのは，これを含めて2回だけである。昆虫と脊椎動物の発生が大きく異なるように見えるにもかかわらず，ショウジョウバエの研究から，脊椎動物の発生にも当てはまる多くのことが明らかにされてきた。例えば，多くの細胞間シグナルの伝達経路は非常によく保存されている。

この章ではまず，ショウジョウバエの生活環と発生の概要について述べる。次に，ショウジョウバエ胚の基本的なボディプランがどのように形成されるかを，胚の体節化が起こるステージまで述べる。そして，体節がパターン形成され，固有の独自性を獲得していく仕組みについて述べる。これらに加えて，ショウジョウバエの原腸形成，生殖細胞の発生，性決定の機構，成虫の器官形成，神経発生，成長と変態については，それぞれ第8，9，11，12，13章で述べる。

ショウジョウバエの生活環と発生の概観

キイロショウジョウバエは，小さな双翅目昆虫である。成虫は全長3 mmであり，卵の中で胚発生を完了し，幼虫として孵化する。孵化後，さらに2つの幼虫のステージを経るごとに大きくなり，蛹になる。蛹の中で成虫へと変態する。ショウジョウバエの生活環を**図2.1**に示す。

2.1 ショウジョウバエの初期胚は多核性胞胚葉である

ショウジョウバエの卵は長楕円形であり，その前端は，卵を覆う卵殻に存在する乳頭型の構造である卵門によって容易に識別できる。精子は，卵門を通じて卵の前端に入る。受精と，それに続く精子と卵の核の融合の後，接合体の核は9分ごとに迅速な分裂を繰り返す。しかし，この分裂では，他の多くの種の胚の場合と異なり，細胞質の分裂や，核を分けるための細胞膜の形成は起こらない。12回の核分裂によって，連続した細胞質に約6000個の核が含まれる**合胞体（syncytium）**が形成される（**図2.2**）。したがって，胚は，初期発生を通じて単一の細胞のままである。9回目の核分裂の後，核は胚の表面に移動し，**多核性胞胚葉（syncytial blastoderm）**が形成される。これは表層の核と細胞質からなり，卵黄性の細胞質の中央部のかたまりを覆っている。この多核性胞胚葉は，アフリカツメガエル胚の胞胚期に相当する（例えば，**Box 1A**, p. 2～3を参照）。その後すぐに細胞膜が表面から内部に伸長し，核が囲まれることで細胞が形成される。その結果，胞胚葉は14回目の核分裂の後で細胞性になる。合胞体が形成されるため，タンパク質のような高分子であっても，発生の最初の3時間は核の間を拡散することができる。このことは，ショウジョウバエの初期発生において重要な意味を持つ。

合胞体の時期に，少数の核が胚の後端に移動し，これが細胞膜で囲まれて**極細胞（pole cell）**を形成する。極細胞は，胞胚葉の外側に存在するようになる（**図2.2**）。極細胞はその後，生殖細胞を形成し，これは成虫のからだで配偶子（精子と卵）を

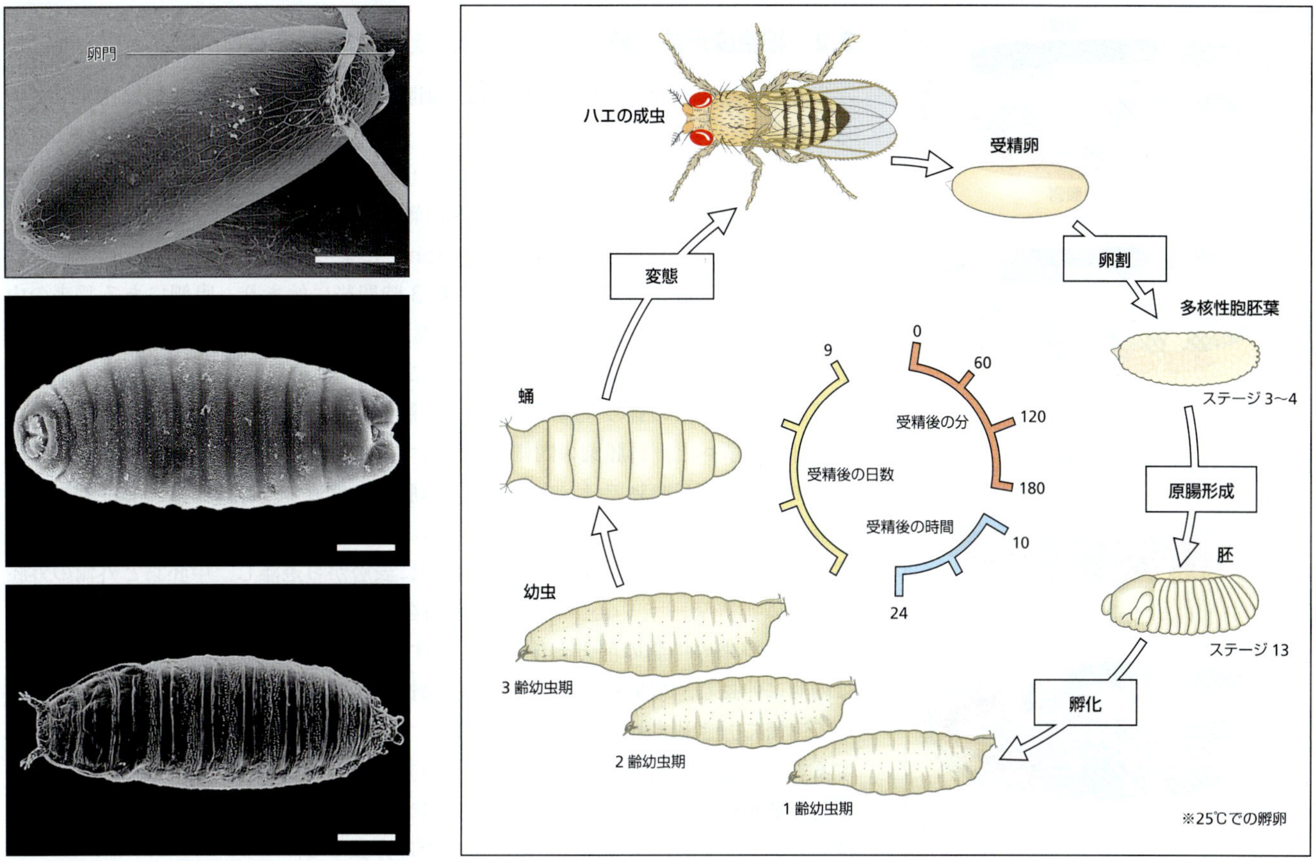

図 2.1　キイロショウジョウバエの生活環
卵割と原腸陥入の後，胚は分節化し，摂食できる幼虫として孵化する。幼虫は成長し，2 回の脱皮（齢）を経て蛹を形成し，変態して成虫になる。写真は受精後のショウジョウバエ卵（上段）の走査型電子顕微鏡写真で，精子は卵門から侵入する。卵殻突起は胚外の構造である。ショウジョウバエの 2 齢幼虫（中段）と蛹（下段）の走査型電子顕微鏡写真。スケールバー＝ 0.1 mm。*写真は F. R. Turner 氏（上段は Turner, F.R., et al.:1976 より，中段は Turner, F.R., et al.: 1979 より）の厚意による*

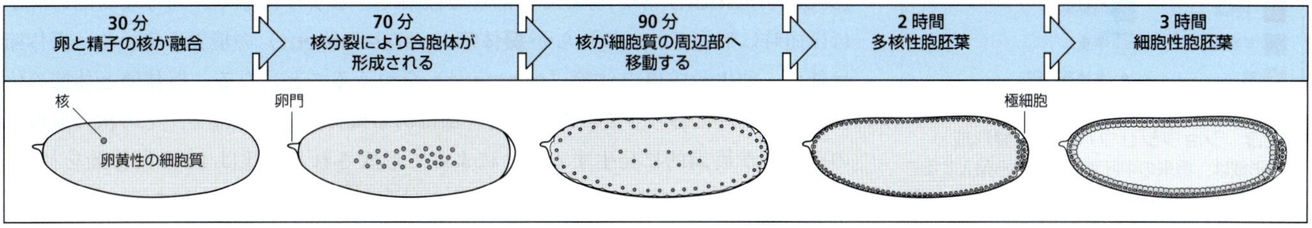

図 2.2　ショウジョウバエ胚の卵割
精子と卵の核が融合した後，核は急速に分裂するが，細胞膜は核を覆わない。その結果，ひと続きの細胞質に多数の核を含む合胞体ができる。9 回の分裂の後，核は周辺部に移動して多核性胞胚葉ができるが，移動が遅れる核も存在する。3 時間後，細胞膜が形成され，細胞性胞胚葉になる。将来に生殖細胞を形成することになる 15 個の極細胞が，胚の後端で別のグループを形成する。25℃で飼育した際の時間を示した。

形成することになる。一方で胞胚葉は，胚の体細胞を形成することになる。発生の極めて初期に生殖細胞を胚の他の細胞と分けてしまうことは，動物の発生で一般的に見られる現象である。

この章では，胚が卵から幼虫として孵化するまでの発生について述べる。胚発生は不透明な卵殻の中で進むため，これを調べるためには胚を漂白剤で処理して卵殻を取り除き，観察用の特別なオイルに浸す必要がある。これは発生のどのステージでも可能であり，この処理を行っても胚は発生を続け，孵化する。胚は全長およそ 0.5 mm である。

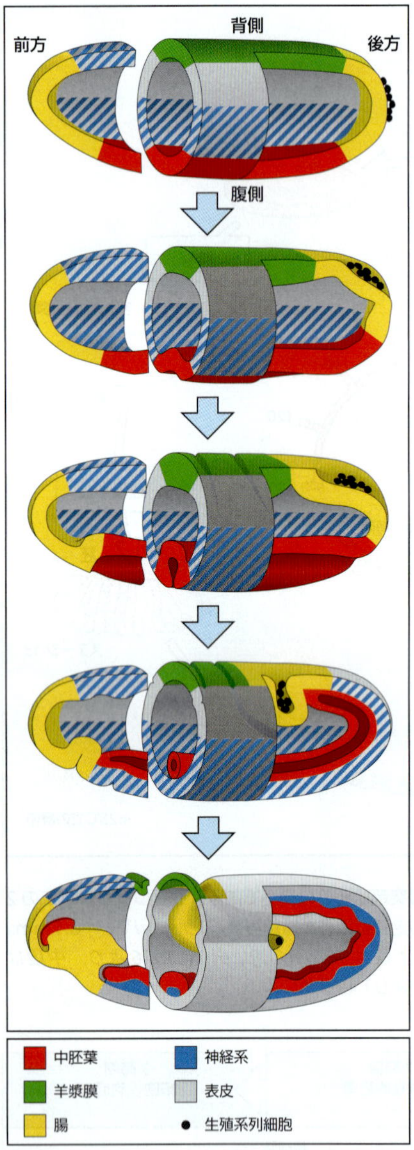

図 2.3 ショウジョウバエの原腸形成
原腸形成は，将来の中胚葉が腹側から陥入することで始まり，最初は溝，そして内部に移動した管を形成する。次に，細胞がこの管から遊離し，外胚葉の内側を移動する。神経系は，胞胚葉の腹側表層から内部に移動した細胞が，外胚葉腹側と中胚葉の間に層を形成してできる。消化管は，前端と後端からの2つの陥入が中央で融合することで形成される。中腸は内胚葉に由来し，前腸と後腸は外胚葉に由来する。青色と灰色の斜線部分は，神経系と表皮を形成する。羊漿膜は胚体外の膜である（第2.5節で述べる）。

2.2 細胞膜形成に続いて原腸形成と分節化が起こる

生殖系列細胞を除くすべての組織は，細胞性胞胚葉の単一の表皮層に由来している。例えば，将来の中胚葉［mesoderm（**Box 1C**, p. 16）］は，最も腹側に位置している。また，中腸は，将来の内胚葉（endoderm）にあたる，胚の前端と後端の領域から形成されることになる。内胚葉と中胚葉の組織は，外胚葉（ectoderm）を外層に残して，原腸形成（gastrulation）によって胚の内部のあるべき場所に移動する（**図 2.3**）。原腸形成は受精の約3時間後に始まり，腹側にある将来の中胚葉が陥入して，腹側正中線に沿った腹部溝が形成される。中胚葉の細胞は初め，中胚葉の管を形成して陥入するが，これについては第8章で詳しく述べる。次に中胚葉細胞は，この管の表層から遊離し，筋肉や結合組織を形成することになる胚の内部の場所へと，外胚葉の内側を移動していく。

昆虫を含む節足動物では，主な神経索は腹側に位置する。これは，脊椎動物では神経索が背側にあることとは対照的である。中胚葉が陥入した直後に，神経系を形成することになる腹側の外胚葉細胞は個別に表層から遊離し，中胚葉と外側の外胚葉の間に神経芽細胞（neuroblast）の層を形成する。同時に，2箇所での管状の陥入が，将来の中腸の前方と後方に相当する領域から起こる。これら2つの陥入は内側に伸長し，結果的に融合して内胚葉性の中腸を形成する。外胚葉は中腸に続いて内側に引き込まれ，前腸と後腸を形成する。外側の外胚葉の層は，表皮を形成することになる。原腸陥入の過程では細胞分裂は起こらないが，これが完了すると，細胞分裂が再開する。表皮の細胞は，主にタンパク質と多糖であるキチンから成る薄いクチクラを分泌する前に，もう2回だけ分裂する。

原腸陥入の過程で，主要な胴部分を形成する腹側の胞胚葉である胚帯（germ band）が，胚帯伸長を起こす。これによって後方の胴体部分が，胚の後方を通って背側に移動する（**図 2.4**）。これについては第8章で述べる。この後，胚発生が完了するにしたがい，胚帯は収縮する。胚帯が伸長する時期には，分節化（segmentation）が，初めて外部から観察できるようになる。均等な間隔の溝がほぼ同時に形成され，これらが擬体節（parasegment）の境界を定める。擬体節は後に，幼虫や成虫の体節（segment）をつくることになる。擬体節と体節の位置関係はずれており，このため，各体節はある擬体節の後方部と，その次の擬体節の前方部が協調的に発生することによって形成される。胚は14の擬体節を持ち，そのうちの3つは口器，3つは胸部，8つは腹部を形成することになる。

2.3 孵化したショウジョウバエの幼虫は，幼虫期，蛹期を経て変態し，成虫になる

幼虫は，受精後24時間で孵化する（**図 2.5**）。孵化の数時間前には，幼虫のからだの部分が明瞭にわかるようになる。頭部は複雑な構造であり，幼虫が孵化するまでよく観察できない。先節（acron）は，頭部の最先端に存在する構造である。尾節（telson）は，幼虫の後端に存在する構造である。頭部と尾節の間には，3つの胸部体節と8つの腹部体節が，クチクラの特徴によって区別できる。各体節の腹側には，小歯状突起（denticle）と呼ばれる小さな歯のような突起が帯状に並んでおり，その他のクチクラの構造も体節ごとの特徴を示す。幼虫は摂食し，成長すると，クチクラを脱ぎ捨てて脱皮する。脱皮は2回起こり，脱皮ごとに齢（instar）と呼ばれる段階が進む。3齢幼虫になった後，蛹（pupa）になる。蛹の中では成虫への変態（metamorphosis）が起こり，全体の構造が大きく変わる。

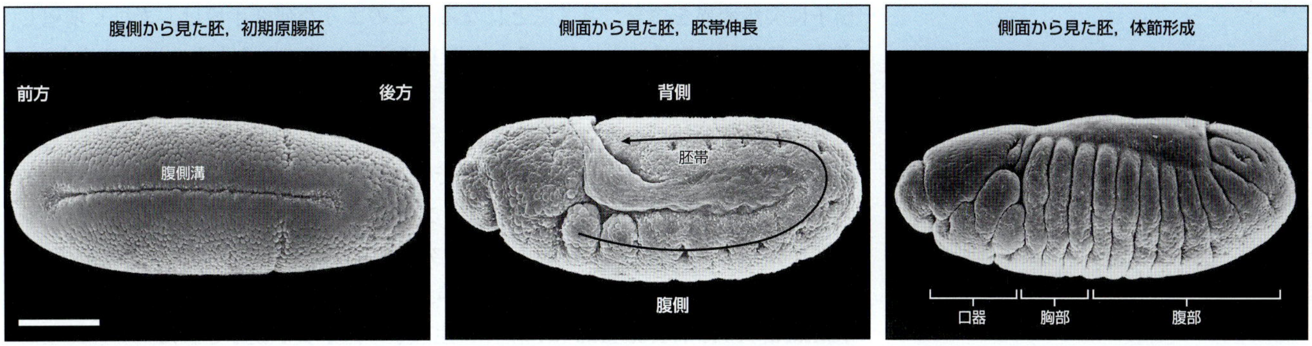

図 2.4 ショウジョウバエにおける原腸形成，胚帯伸長，体節形成
原腸形成では，将来の中胚葉が腹側溝から内部に移動する。原腸陥入の過程で腹側の胞胚葉(胚帯)が伸長し，胴体の後部が背側に押され，体節形成が起こる。その後，胚帯は短縮する。スケールバー＝ 0.1 mm。
写真は F.R. Turner 氏（左写真は Turner, F.R., et al.:1977 より，中央写真は Alberts, B., et al.: 1994 より）の厚意による

ショウジョウバエの幼虫は，翅も脚も持たない。翅や脚，その他の器官は，蛹期にホルモンによって誘導される変態が起こる際に形成される。しかし，これらの構造のもとは，**成虫原基（imaginal disc）**として幼虫に既に存在している。成虫原基は，細胞性胞胚葉に由来する上皮細胞層で，それらが形成された時期には，約 40 個の細胞から成り立っている。成虫原基は幼虫の期間を通じて細胞分裂によって大きくなり，大きくなった分は折りたたまれて上皮の袋になる。6 本の脚，2 枚の翅，2 つの平均棍（バランスをとるための器官）の成虫原基が存在し，その他にも生殖器，眼，触角，成虫頭部の他の構造を形成することになる成虫原基が存在する（図 2.6）。変態の際に，これらは成虫の器官へと発達する。成虫原基の発生については，第 11 章で取り上げることになる。成虫原基によって，変態という過程をはさんだ幼虫と成虫のからだのパターンの連続性が担保される。

図 2.5 腹側から見たショウジョウバエ幼虫
T1 ～ T3 は胸部体節，A1 ～ A8 は腹部体節である。各腹部体節の前方に小歯状突起の特異的パターンが認められる。スケールバー＝ 0.1 mm。
写真は F.R. Turner 氏の厚意による

2.4 発生で機能する多くの遺伝子は，ショウジョウバエを用いた大規模な遺伝的スクリーニングから同定された

発生研究では自然突然変異は大きな有用性を持つが，発生学的な情報を提供する突然変異は実際には稀である。発生で機能する多くの遺伝子は，多数の個体に対して化学物質による処理や X 線照射をすることでランダムに突然変異を誘発し，関心のある発生過程に影響を与える突然変異をその中から選別する（スクリーニングする）ことによって同定されてきた。十分な数の集団を扱えば，ゲノムの全ての遺

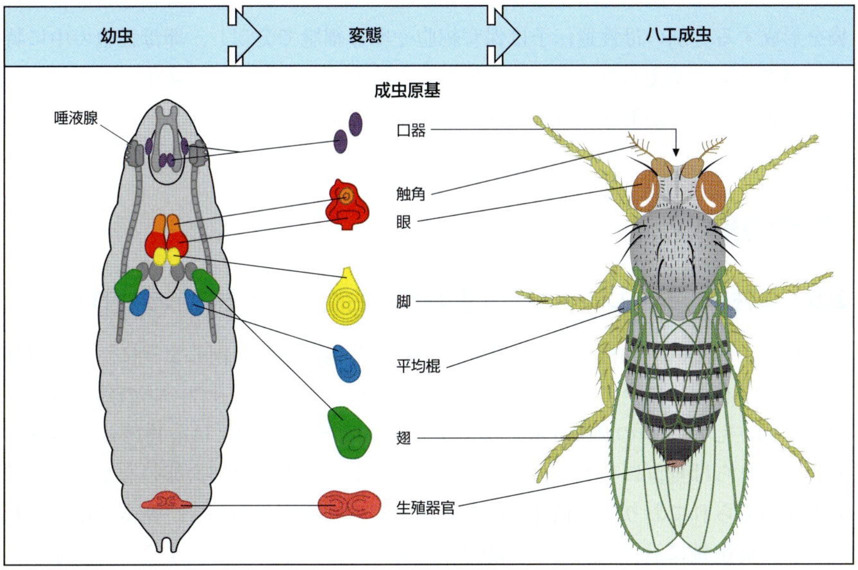

図 2.6 成虫原基は変態において成虫の構造を形成する
ショウジョウバエ幼虫の成虫原基は，上皮細胞の小さなシートである。変態によって，成虫原基から成虫のいろいろな構造ができる。腹部のクチクラは，幼虫の腹部体節ごとに存在して組織を形成する細胞のグループ（組織芽細胞）からできる。

伝子に突然変異を誘発できることになる。このような研究手段は，素早く増殖し，多くの個体数が容易に得られ，それを取り扱うことができる生物を用いる場合に有効である。

発生に影響を与える多くの突然変異がショウジョウバエの初期発生に関する我々の理解を進展させることになったが，それらは華々しく成功した1つの突然変異スクリーニング計画によって得られた。このスクリーニングでは，ショウジョウバエ初期胚のパターン形成に影響を与える突然変異が，ゲノムからシステマティックに探索された。この成果に対し，1995年，Edward Lewis，Christiane Nüsslein-Volhard，Eric Wieschausにノーベル生理学・医学賞が授与された。

このスクリーニング計画では，何千ものショウジョウバエ成虫が突然変異誘発物質で処理され，繁殖の後，**Box 2A**（p. 44）で述べた手順によってスクリーニングされた。必要な子孫の総数を考えると，突然変異を同定するために調べなければならない数を減らすように計画を工夫することが大切である。そこで，1回のスクリーニングで探索される突然変異は，1つの染色体上の突然変異に限定される。**Box 2A**で示したように，スクリーニング計画には，突然変異が起こった雄由来の染色体のホモ接合体を同定する手段が含まれ，さらに重要なのは，突然変異が起こった染色体を持たない個体の集団を自動的に除いてしまう方法が含まれていなければならないことである。

ショウジョウバエのパターン形成に影響を与える突然変異のスクリーニングを行ううえで特に有用性の高い表現型の特徴は，幼虫の体節の突起物である小歯状突起の一定のパターンである。このパターンが不規則になることで，突然変異を素早く見つけることができる。この方法によって，ショウジョウバエ初期胚のパターン形成で働く主要な遺伝子が最初に同定された。

ショウジョウバエの胚発生に影響を与える突然変異のうち，あるタイプに属するものを同定するには，少し異なるスクリーニングを行う必要がある。**母性効果突然変異（maternal-effect mutation）**は，その突然変異が母親で発現したときに胚発生に影響が出るものである。母性効果突然変異は，母親がホモ接合体であっても母親の見かけや生理状態には影響しないが，その子供の発生に影響を与えることで同定される。この章の後半で述べることになるが，このような**母性遺伝子（maternal gene）**の中には，卵巣の濾胞細胞で発現することで影響を及ぼすものがある。濾胞細胞は，生殖系列細胞に由来する卵母細胞（未成熟な卵）と保育細胞を取り囲む袋を形成する。別の母性遺伝子は保育細胞や卵母細胞で発現し，卵母細胞の中に特定のパターンで蓄えられる発生に重要なmRNAやタンパク質を産生する。この最初の分布パターンが形成される過程は，正常な発生に必須である。

体軸の形成

2.5 体軸は，ショウジョウバエ胚がまだ合胞体のうちに形成される

昆虫のからだは，脊椎動物や，本書で扱われる他の動物と同じように，左右相称である。左右相称の全ての動物で見られるように，ショウジョウバエの幼虫は，おおむね独立した2つの体軸を持っている。この2つの体軸とは前後軸と背腹軸であり，これらは垂直に交わる。これらの体軸はショウジョウバエ卵のなかで既に部分的につくられており，多核性胞胚葉ステージの初期胚において，完全に確立される。胚は前後軸に沿って，将来に幼虫の頭部，胸部，腹部を形成することになるい

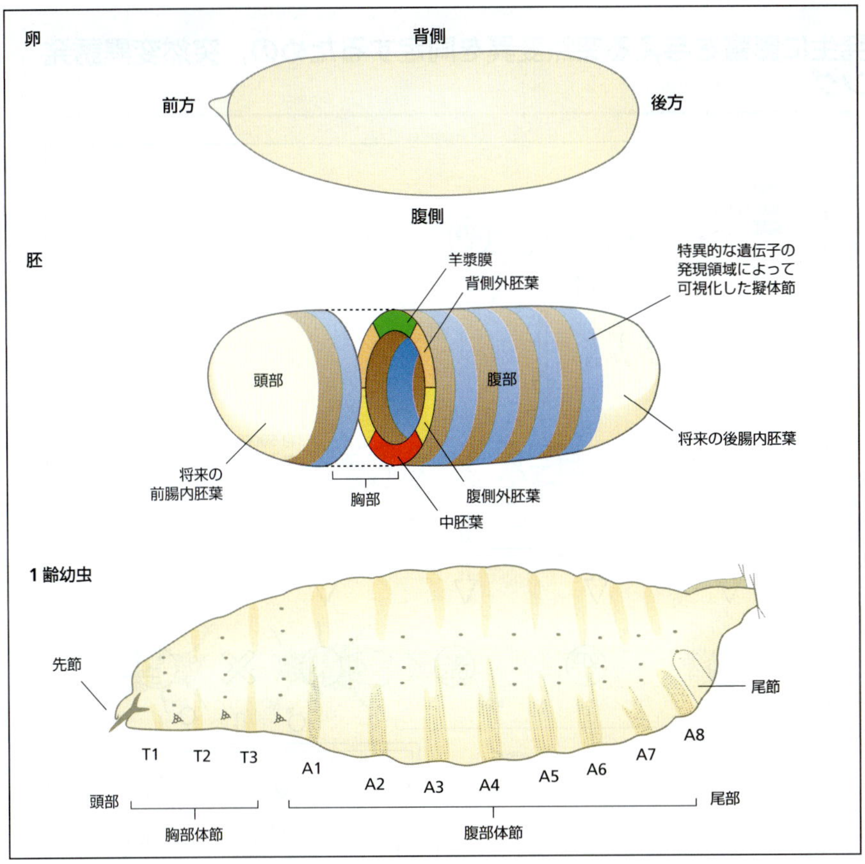

図 2.7 ショウジョウバエ胚のパターン形成

ボディプランは，2 つの独立した体軸に沿って形成される。前後軸と背腹軸は直交し，卵に形成される。初期胚において背腹軸は，中胚葉（赤），腹側外胚葉（黄），背側外胚葉（オレンジ），羊漿膜（胚体外膜：緑）の 4 つの領域に分けられる。腹側外胚葉からは，腹側表皮と神経組織が形成され，背側外胚葉からは表皮ができる。前後軸は，後に頭部，胸部，腹部を形成することになる異なった領域に分けられる。最初，体が広い領域に分けられ，その後に分節化が起こる。将来の体節は，特異的な遺伝子の発現によって，胚を横断するストライプとして可視化できる。これらのストライプは 14 の擬体節の境界を定め，図では，そのうちの 10 本が示されている。胚は，分節化した幼虫に発生する。幼虫が孵化するまでに 14 の擬体節は，胸部（T1 ～ T3）と腹部（A1 ～ A8）の体節に変換される。各体節は，1 つの擬体節の後ろ半分と，次の擬体節の前半分から形成されている。異なる体節は，剛毛と，クチクラ上の小歯状突起のパターンで区別できる。先節と尾節は，それぞれ，頭部と尾部に形成される特殊な構造である。

くつかの広い領域に分けられる（**図 2.7**）。胸部と腹部は，胚が発生するにしたがって体節に分けられる。一方，胚の前後両末端の内胚葉領域は，原腸形成で陥入して腸を形成する（**図 2.3**）。幼虫のそれぞれの体節と頭部は，クチクラの外部構造や内部構造からわかるように，独特な特徴を持っている。

胚の背腹軸は，胚発生の初期に 4 つの領域に分けられる。すなわち腹側から，筋肉や体内の他の結合組織を形成することになる**中胚葉（mesoderm）**，幼虫の神経系を形成することになる**神経外胚葉（neuroectoderm）**，胚の表皮を形成する背側外胚葉，胚の背側で胚膜を形成する**羊漿膜（amnioserosa）**である（**図 2.7** 参照）。初期胚の前後軸と背腹軸に沿った組織化はおおむね同時に起こるが，それぞれの体軸は，独立した機構により，異なったセットの遺伝子によって指定される。

ショウジョウバエの初期発生でのパターン形成は，特定のグループの昆虫に特徴的なように，多核性胞胚葉の中で起こる（**図 2.2** 参照）。分節化が起こったあとに初めて，胚は本当の意味で多細胞性になる。合胞体の時期には，普通は細胞から分泌されることがない転写因子のようなタンパク質が胞胚葉全体で拡散し，他の核の内部に入ることができる。このため，転写因子の濃度勾配が多核性胞胚葉のなかで形成され，核はこれを位置情報として解釈する（第 1.15 節参照）。

初期発生でのパターン形成は，胞胚葉表層に一層に並んだ核で，あるいは細胞化が起こった後では一層の細胞で起こるため，基本的には二次元の現象である。しかし，体軸に基づいて形成される内部構造を持つ幼虫は，三次元の物体である。この第三の次元は，後の原腸陥入によって形成される（第 8 章で後述）。このとき胚の表層は内部に移動し，腸，将来に筋肉を形成することになる中胚葉，そして外胚葉に由来する神経系を形成する。

Box 2A ショウジョウバエで発生に影響を与える突然変異を同定するための，突然変異誘発と遺伝的スクリーニング

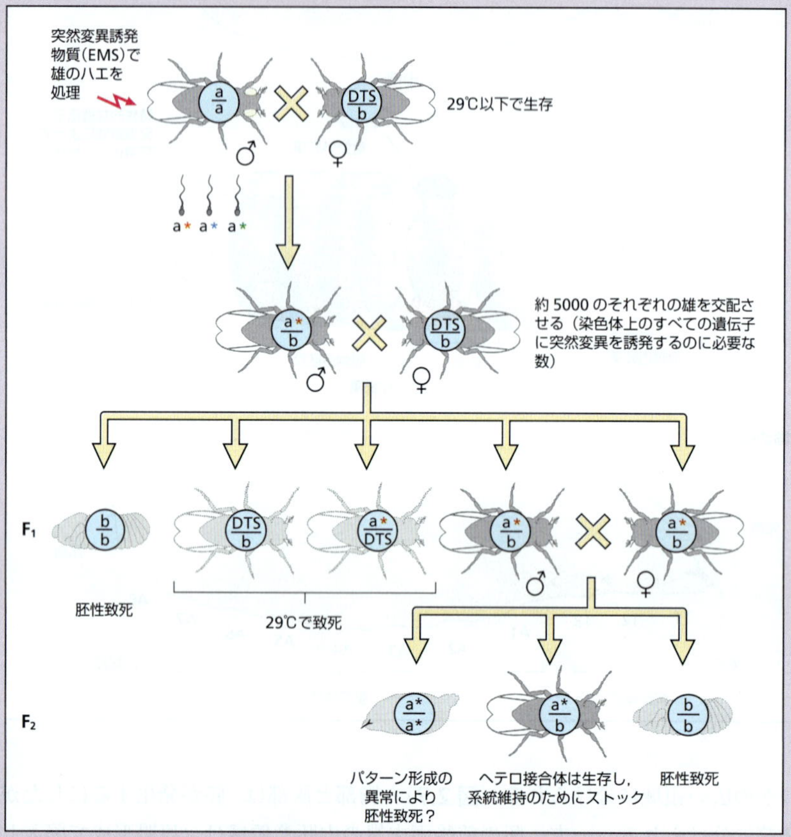

突然変異誘発物質であるエチルメタンスルホン酸（EMS）を，目的とする染色体上に劣性突然変異をホモ接合体で持つ，多数の雄に投与する。この方法で標識された染色体を，図では“a”として示す。この劣性の突然変異は，ホモ接合体が生存でき，成虫で容易に識別できる表現型のものを選んで用いる（**図 1.12** 参照）。ここでは例として，野生型の正常な赤眼ではなく，ホモ接合体が白眼になる *white*⁻を用いる。

EMS で処理された雄は，いろいろな突然変異が誘発された“a”染色体（a*）を持った精子をつくる。この雄を，2 つの a 染色体上に異なる突然変異（*DTS* と *b*）を持つ，EMS で処理していない雌と交配する。これらの突然変異によって，雌由来の未処理の染色体を追跡でき，雌由来の染色体を 2 つ持つ全ての胚を次世代から除去できる。*DTS* は，29℃で飼育した際にショウジョウバエを殺す，温度感受性の優性遺伝子である。*b* は，発生に関与しない劣性致死突然変異であり，雌由来のこの染色体のホモ接合体は，正常な外見の胚として死に，自動的に次世代から除かれる。雌のハエは，減数分裂の際の組換えを防ぐバランサー染色体（図には示されていない）を持っている。バランサーは，雌で起こる，雄由来の染色体と雌由来の染色体の間の組換えを防ぐ。ショウジョウバエの雄では，組換えは起こらない。

EMS 処理で誘発された新たな劣性突然変異（a*）を同定するためには，最初の交配で得られた多数のヘテロ接合体の雄を，*DTS*/*b* の雌と再度交配しなくてはいけない。それぞれの交配の子孫を 29℃で飼育すると，a*/*b* の個体だけが生き残り，その他の全ての組合せの個体は死ぬ。それぞれの交配で，生き残った子孫どうしを交配し，パターン形成に異常を示す突然変異をスクリーニングする。そこでは，次にあげるような 3 つの可能性がある：誘発された a* 突然変異のホモ接合体（これは，はじめに雄が持っていた a 染色体を標識した突然変異のホモ接合体でもある）である可能性，a* のヘテロ接合体である可能性，*b* のホモ接合体（胚として死ぬ）である可能性，の 3 つである。

もし，a* がパターン形成を異常にする突然変異で，幼虫で致死になるとすると，交配を行った培養容器には，EMS 処理した雄の表現型である白眼の成虫はいない。したがって，培養容器に白眼のハエがいれば，誘発された突然変異 a* のホモ接合体は成虫まで発生できることを意味するので，すぐに処分できる。白眼のハエがいない培養容器では，a* ホモ接合体の胚は，致死か，発生異常によってそれらの発生が停止していることになる。したがって，これらの突然変異は興味深いものである可能性がある。この図で示した例のように，この交配で得られた胚のパターン形成の異常を調べることができる。この培養容器の成虫は a* のヘテロ接合体で，表現型は野生型である。この成虫は，この突然変異をさらに解析するための繁殖用の系統として用いられる。この計画は，ショウジョウバエの 4 対の染色体について，同じように実施する必要がある。

2.6 母性因子が体軸をつくりあげ，ショウジョウバエ発生の初期段階を制御する

ショウジョウバエ胚発生の最も初期の段階は，母親によって合成され，卵に蓄えられた mRNA やタンパク質などの，母性因子（maternal factor）によって制御されている（第 2.4 節参照）。約 50 の母性遺伝子が，2 つの体軸をつくりあげるために働き，位置情報の基本的な骨組みをつくっている。この位置情報は後に，胚自身の遺伝的プログラムによって解釈されることになる。母性遺伝子とは対照的に，胚性遺伝子（zygotic gene）は，発生過程の胚の核で発現する。胚性遺伝子の発現によるその後のパターン形成は，母性遺伝子の産物によってつくられた骨組みをもとにして起こる（図 2.8）。発生が始まったあと，母性 mRNA は翻訳を受け，合成されたタンパク質は胚の核に働きかけて，それぞれの体軸に沿った空間パターンで胚性遺伝子を活性化する。その結果，次のパターン形成の舞台が設定される。

ショウジョウバエからは，発生の全般的な原則がよくわかる。胚のパターン化は一連の段階を経て起こる。広い領域の指定が最初に起こり，これらの領域は，遺伝

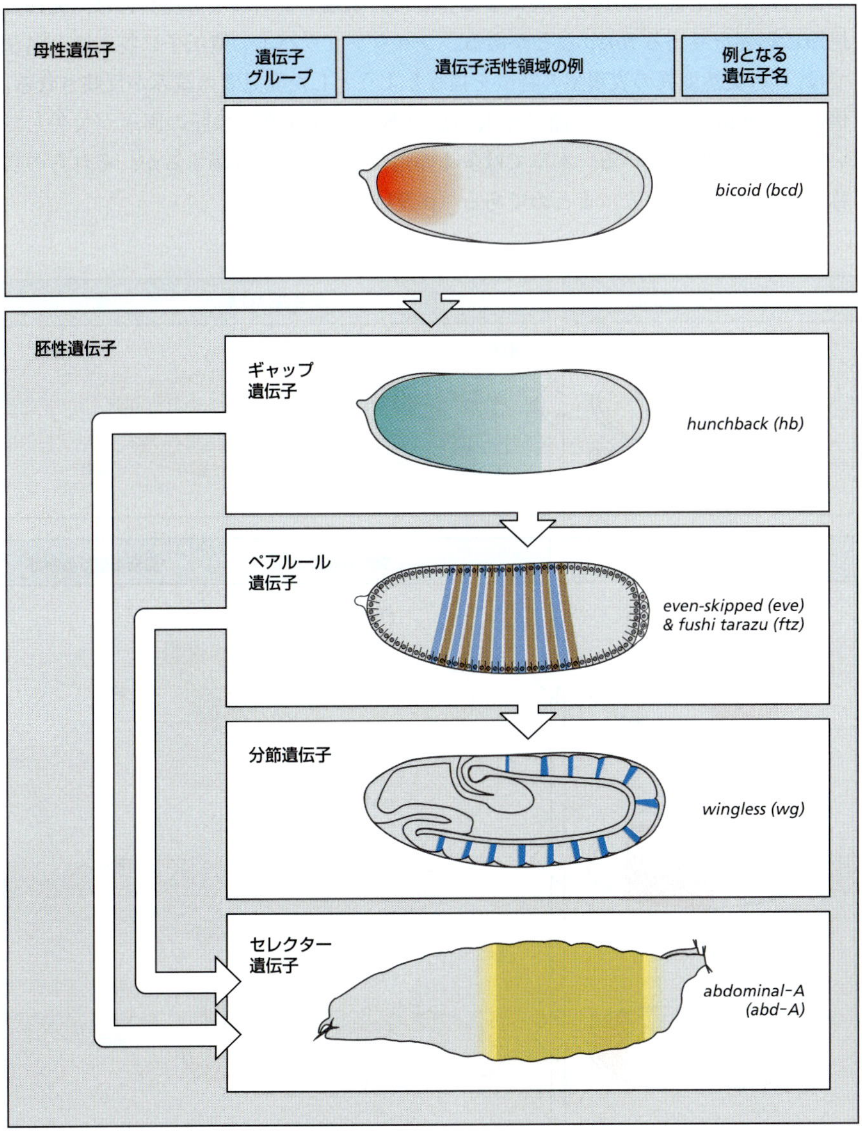

図 2.8　異なるセットの遺伝子が順次発現することで，前後軸に沿ったボディプランがつくられる

受精の後，卵に蓄えられた *bicoid* などの mRNA が翻訳される。これらのタンパク質は，位置情報となり，胚性遺伝子を活性化する。前後軸に沿って働く 4 つの主要なクラスの胚性遺伝子は，ギャップ遺伝子，ペアルール遺伝子，分節遺伝子（注：p.73 訳注 2 参照），セレクター（ホメオティック）遺伝子である。ギャップ遺伝子が領域の特異性を規定し，それが擬体節および体節の前兆となるペアルール遺伝子による周期的な遺伝子活性を生む。分節遺伝子は，体節のパターンを精巧なものにし，セレクター遺伝子は体節のアイデンティティを決定する。これらのクラスの遺伝子の機能については，本章で述べる。

子活性に見られる固有の特性で特徴付けられる，多数の小さな領域へと細かく区分されていく。発生に重要な遺伝子は，厳密な経時的連続性をもって機能する。それらは遺伝子活性の階層をつくり，あるセットの遺伝子の機能は，次のセットの遺伝子が活性化するのに必須である。これによって，順次，次のステージの発生が起こっていく。

2.7 3つのクラスの母性遺伝子が前後軸を決める

ここでは，まず，母性遺伝子の産物がどのようにして胚の前後軸をつくりあげるのかを述べる。母親の体内で卵が形成される際の母性遺伝子の発現によって，受精前の段階で前後軸に沿った違いが卵の中につくられる。これらの相違によって，将来の成虫の前端と後端が既に区別されている。母性遺伝子の機能は，母性効果突然変異の胚に対する影響から推測できる（第2.4節参照）。母性突然変異は，胚の前方に影響を与えるもの，胚の後方に影響を与えるもの，胚の両端に影響を与えるものの3つに分類できる（**図2.9**）。*bicoid*のような前方クラスの遺伝子の突然変異では，頭部や胸部の構造が縮小したり無くなったりするほか，それらが後部構造で置き換えられる場合もある。*nanos*のような後方クラスの突然変異では，腹部領域の欠失により正常より小さな胚になる。また，末端クラスの突然変異には，先節と尾節に影響を与える*torso*などがある。ショウジョウバエの遺伝子に特有の命名法では，その突然変異の表現型の特徴を描写しようとした発見者の試みが反映される。例えば，*nanos*はギリシャ語で小人の意であり，*torso*[訳注1]は胚の両端が欠失していることを反映している。本章では多くの遺伝子の名称が登場するが，それらの名称と機能は，章末の表にまとめてある（p. 91）。

訳注1：torsoは「頭・手足のない彫像」を意味する

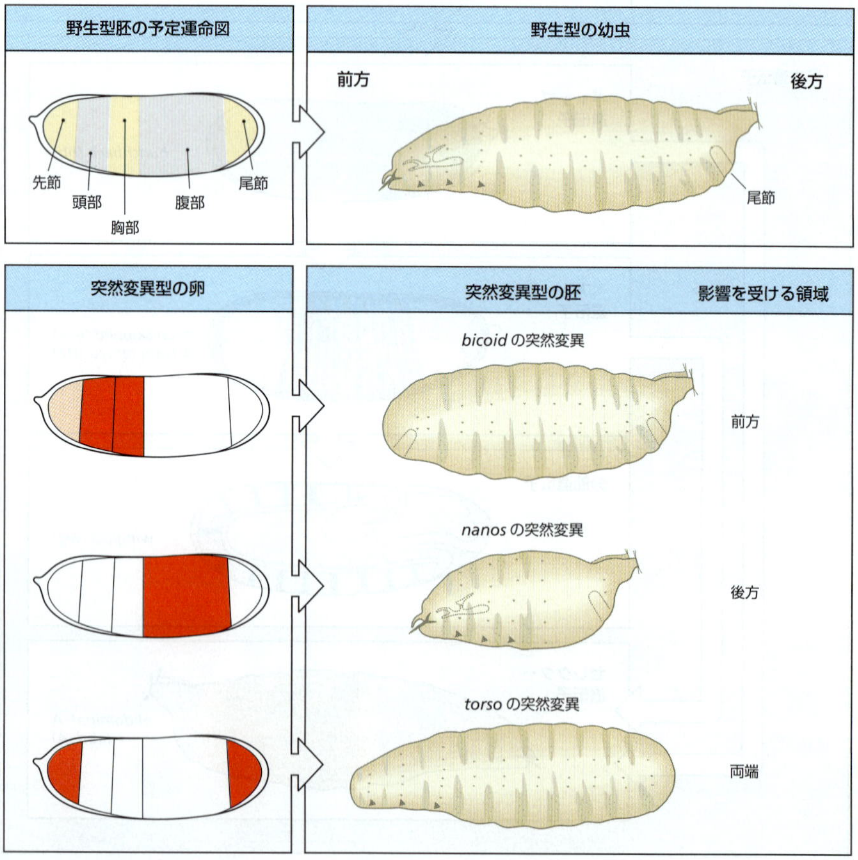

図2.9 母性遺伝子の突然変異の影響
母性遺伝子の突然変異によって，前方，後方，両端の構造が欠失したり，異常になったりする。野生型胚の予定運命図は，幼虫の特定の領域や構造を卵のどの領域がつくるのかを示している。突然変異の卵で影響を受け，幼虫で欠失したり構造が変化してしまう領域は，赤色で示した。*bicoid*突然変異では，前方の構造が部分的に欠失したり，後部の構造である尾節が前端に形成されたりする。*nanos*突然変異では，後部の大きな領域が欠失する。*torso*突然変異では，先節と尾節の両方が欠失する。

2.8 Bicoid タンパク質は，前後軸に沿った濃度勾配をつくるモルフォゲンである

母性の *bicoid* mRNA は，卵形成の過程で，未受精卵の前端に局在化する。受精の後，*bicoid* mRNA は翻訳され，Bicoid タンパク質が前端から拡散することで，前後軸に沿った濃度勾配を形成するものと考えられてきた。しかし，最近得られた証拠と古い研究成果を合わせると，Bicoid タンパク質の濃度勾配に先だって，卵表層の微小管に沿って輸送される *bicoid* mRNA の濃度勾配が形成されていることが示唆されている（**図 2.10**）。*bicoid* mRNA の翻訳によって，Bicoid タンパク質の濃度勾配が形成され，これが前後軸に沿ったさらなるパターン形成に必要な位置情報になる。歴史的に見て，Bicoid タンパク質の濃度勾配は，パターン形成を制御していると仮定されてきたモルフォゲンの濃度勾配の存在を示した最初の確実な証拠である（第 1.15 節参照）。

bicoid 遺伝子の役割は，ショウジョウバエ胚を用いた遺伝学的実験と物理的実験によって解明された。*bicoid* 遺伝子を発現していない雌成虫からは，正常な頭部と胸部を持たない胚が得られる（**図 2.9**）。局所的に存在する前方部の発生に必要な細胞質因子の役割に関する別の研究では，正常な卵の前端に小穴をあけ，細胞質を漏出させた。この胚は，*bicoid* の突然変異胚と驚くほどよく似た異常を示した。この結果は，*bicoid* 突然変異の卵で欠失した因子を，正常な卵は前端の細胞質に含んでいることを示唆している。このことは，野生型胚の前端の細胞質で，*bicoid* 突然変異胚を救済できることによって確認された。つまり，野生型の前端の細胞質を，*bicoid* 突然変異胚の前端に注入すると，正常に発生するのである（**図 2.11**）。さらに，もし正常な前端の細胞質を *bicoid* 突然変異受精卵の中央部に注入すると，頭部構造が注入した場所に形成され，その周辺は胸部体節に変化する。これによって，注入した場所をはさんで鏡像対称のからだのパターンが形成される。これらの実験の最も単純な解釈は，*bicoid* 遺伝子は前端で最も高くなる Bicoid タンパク質の濃度勾配をつくりだし，その機能が胚の前方構造をつくりあげるために必要であるというものである。

in situ ハイブリダイゼーション法を用いることによって，*bicoid* mRNA は未受精卵の前端部分にしっかりと局在することが示されている（**Box 1D**, p. 21）。Bicoid タンパク質に対する抗体を用いた染色では，Bicoid タンパク質は未受精卵には存在しないことが示されており，*bicoid* mRNA は受精後にタンパク質に翻訳される。受精後，*bicoid* mRNA は前端から拡散し，mRNA の前方から後方への濃度勾配を形成する。この mRNA の濃度勾配は，Bicoid タンパク質の濃度勾配へと翻訳される。Bicoid は転写因子であるため，胚の核に入って，胚性遺伝子の転写を活性化する。多核性胞胚葉が形成される時期までには，前端で最も高レベルな，核内の Bicoid タンパク質の前後軸に沿った明瞭な濃度勾配が認められる（**図 2.10**）。離れ業とも言える新しい技術によって，緑色蛍光タンパク質（GFP）を融合させた Bicoid タンパク質（Bicoid-GFP）の核内での濃度を測定することで，Bicoid タンパク質の濃度勾配形成の動態が生きた胚の中で観察された。測定の結果は，有糸分裂ごとに核の数が増加し，核膜が壊れたときに Bicoid タンパク質が核から細胞質に漏れ出るにもかかわらず，濃度勾配に沿った任意の場所にある核内の Bicoid タンパク質の濃度が一定に保たれていることを示していた。

Bicoid タンパク質は，この章の後半でより詳しく述べるように，モルフォゲンとして機能している。Bicoid タンパク質は，特定の胚性遺伝子の転写を異なる**閾**

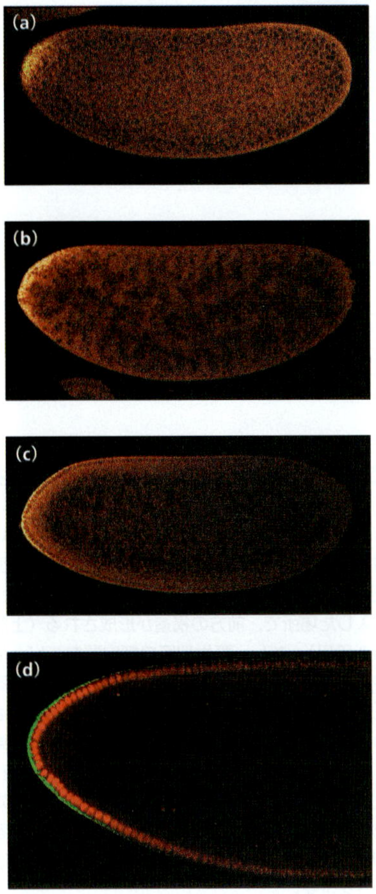

図 2.10 *bicoid* RNA は初期胚で濃度勾配をつくる

パネル（a）から（c）は，ショウジョウバエ胚（背側が上，頭部が左）における *bicoid* mRNA の濃度勾配を示す。表層の *bicoid* mRNA（黄）は，標識した *bicoid* cDNA を用いた蛍光 *in situ* ハイブリダイゼーション法を用いて検出した。（a）は未受精卵，（b）は核分裂の 9 サイクル目の間期の胚，（c）は核分裂の 14 サイクルが始まった胚である。（d）では，核分裂の 14 サイクル目の胚で，*bicoid* mRNA と同様に，Bicoid タンパク質の濃度勾配が形成されているのが観察できる。*bicoid* mRNA は緑，Bicoid タンパク質（核内）は赤で染色されている。

写真は Spirov, A., et al.: 2009 より複写

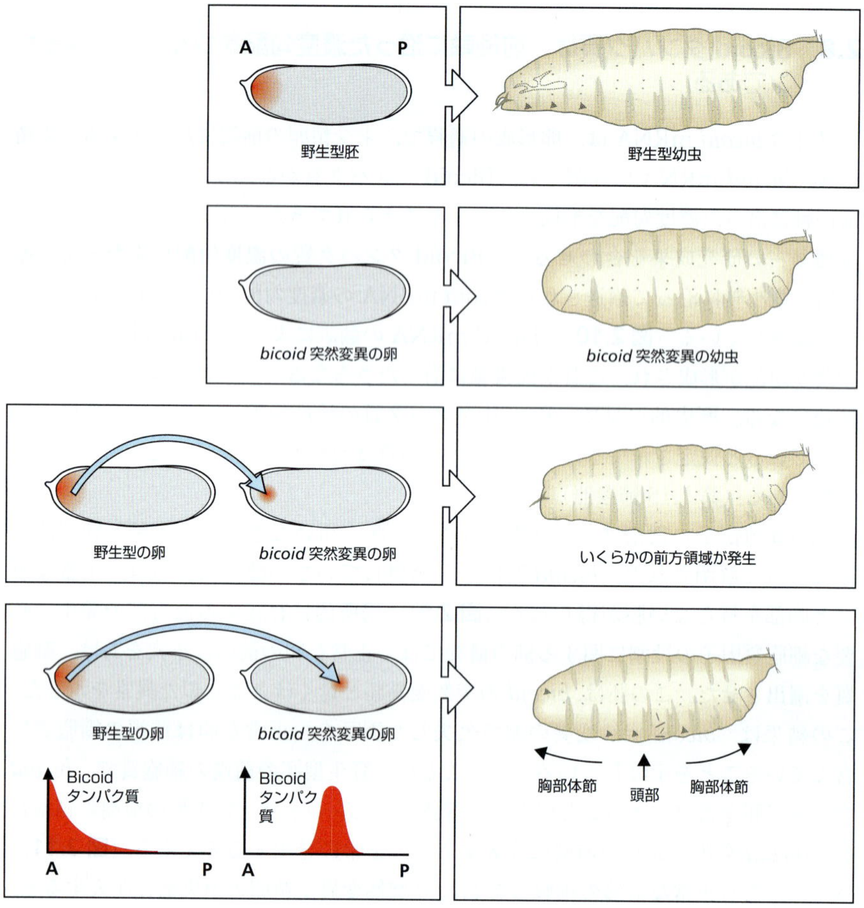

図 2.11 *bicoid* 遺伝子は前方構造の発生に必要である
bicoid 遺伝子を持たない母親に由来する胚は，前方部を欠失している（上から2段目）。野生型胚の細胞質を *bicoid* の突然変異胚に注入すると，注入した場所で，前方の構造が形成される（上から3段目）。もし，野生型胚の細胞質を，*bicoid* 突然変異の卵あるいは初期胚の中央部に注入すると，注入した場所に頭部構造ができ，その両側は胸部型の体節になる（上から4段目）。この結果は，注入された前方の細胞質によって，注入された場所を最大とする Bicoid タンパク質の濃度勾配が形成されたことによると考えることができる（下段左パネルのグラフを参照）。A は前方，P は後方を示す。

値（threshold）濃度において活性化する（閾値の概念は第 1.15 節で議論した）。これによって，前後軸に沿った新しいパターンでの遺伝子発現が始まる。このため *bicoid* は，ショウジョウバエの初期発生の基本となる母性遺伝子である。前方クラスのその他の母性遺伝子は主に，卵形成の過程で卵の前端へ *bicoid* mRNA を局在化させることや，*bicoid* mRNA の濃度勾配の形成，あるいは受精後の翻訳を制御することに関係している。ショウジョウバエの発生における *bicoid* 遺伝子の重要性を考えると，*bicoid* 遺伝子が，ミバエやクロバエ類などの最近に進化した双翅目の小さなグループだけに存在することは指摘しておくべきだろう。本章の後半で，他のグループの昆虫で起こる初期発生の機構について，手短に触れることになる。昆虫のように大きく多様なグループの動物においては，多くの異なる発生機構が進化したとしても驚くにはあたらない。

2.9 後方のパターンは，Nanos と Caudal タンパク質の濃度勾配によって制御されている

1つの体軸に沿ってパターンが適切に形成されるには，両端が規定されねばならないが，Bicoid タンパク質は前後軸の前端だけを指定する。後端は少なくとも9つの母性遺伝子の働きで決められ，これらを後方クラス遺伝子と呼ぶ。後方クラス遺伝子に突然変異が起きた幼虫は，腹部を持たないため正常より短くなる（**図 2.9**）。母性の後方クラス遺伝子（例えば *oskar* 遺伝子）の産物の機能の1つは，未受精卵の後極に *nanos* mRNA を局在化させることである。もう1つの機能は，卵の後方に生殖質（germplasm）を集めることである。生殖質は，いわゆる生殖細胞系

列因子を含んでいる細胞質である。生殖質は極細胞（第 2.1 節参照）に取り込まれ，卵や精子を形成することになる。

bicoid mRNA のように，*nanos* mRNA も受精後に初めて翻訳される。この場合には，胚の後端を最大とする Nanos タンパク質の濃度勾配が形成される。しかし，Nanos タンパク質は，腹部のパターンを形成するモルフォゲンとして直接働くわけではない。Nanos は，Bicoid とはまったく異なった機能を持っている。Nanos は，胚の後方で *hunchback* 遺伝子の母性 mRNA の翻訳を抑制する機能を持つ。母性 *hunchback* mRNA は胚全体に分布し，受精後に翻訳される。しかし少し後で，Bicoid タンパク質は，胚の前方半分で胚自身の *hunchback* 遺伝子の発現を活性化させる。前後軸に沿った正しいパターン形成には，Hunchback タンパク質の分布が前方領域だけに限局されていることが必須である。この分布パターンが胚の後部にある母性の Hunchback タンパク質によって乱されないよう，*hunchback* mRNA の翻訳は後部で抑制され，母性 Hunchback タンパク質の前後軸に沿った濃度勾配が形成される必要がある。これが，Nanos タンパク質の唯一の仕事である（**図 2.12**）。Nanos タンパク質は，もうひとつの後方クラス遺伝子によってコードされる Pumilio タンパク質と *hunchback* mRNA から成る複合体に結合することで，*hunchback* mRNA の翻訳を抑制する。母性 Hunchback が完全に除かれた胚では，Nanos は前後軸に沿ったパターン形成に不必要である。

進化は，すでに存在しているものにしか作用できない。進化は，全ての機構を“見渡して”，それを経済的に再設計することはできない。もし，遺伝子が“間違った場所”で発現してしまうことが問題であるとすれば，遺伝子の発現パターンを再設計するのではなく，Nanos が不必要なタンパク質を除去したように，新しい機能を導入してその問題を解決する。

前後軸の後端をつくりあげるのに必要な第 4 の母性産物は，*caudal* mRNA である。この mRNA も，受精した後にのみ翻訳される。*caudal* mRNA 自体は卵全体に均一に分布する。しかし受精後に，Bicoid による Caudal タンパク質合成の特異的抑制によって，Caudal タンパク質の前後軸に沿った濃度勾配が形成される。Bicoid タンパク質は，*caudal* mRNA の 3′ 非翻訳領域に結合する。胚の後端では Bicoid タンパク質の濃度が低いので，Caudal タンパク質の濃度はその領域で高くなる（**図 2.13**）。*caudal* 遺伝子の突然変異は，腹部体節の発生異常を誘発する。

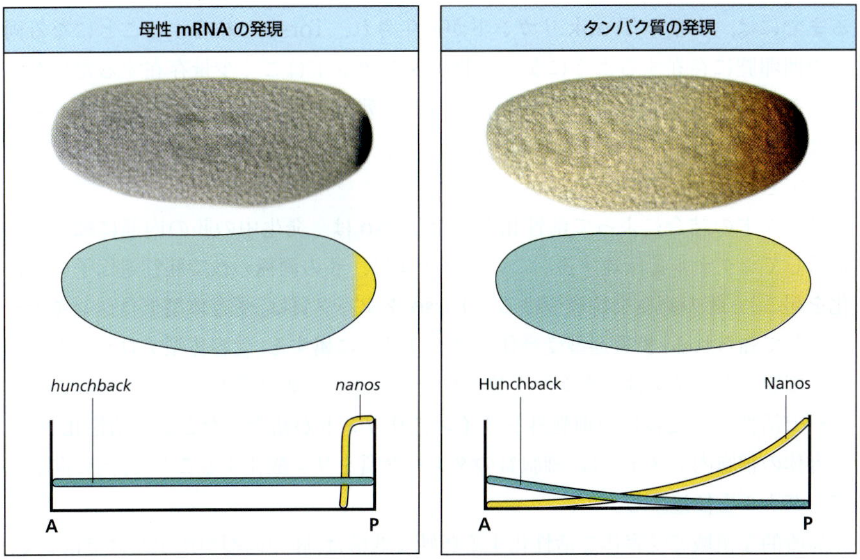

図 2.12　Hunchback タンパク質の母性濃度勾配の形成
左パネル：未受精卵において，母性 *hunchback* mRNA（水色）は比較的低濃度で均一に分布するが，*nanos* mRNA（黄）は後端に局在する。写真は，*nanos* mRNA（黒）の局在を示す *in situ* ハイブリダイゼーションの結果である。右パネル：受精後，*nanos* mRNA が翻訳されてできた Nanos タンパク質は，*hunchback* mRNA の翻訳を阻害する。このため，母性 Hunchback タンパク質の前後方向のなだらかな濃度勾配ができる。写真は，抗体で検出した Nanos タンパク質の勾配を持った分布を示す。
写真は R. Lehmann 氏の厚意により Suzuki, D.T., et al.: 1996 から

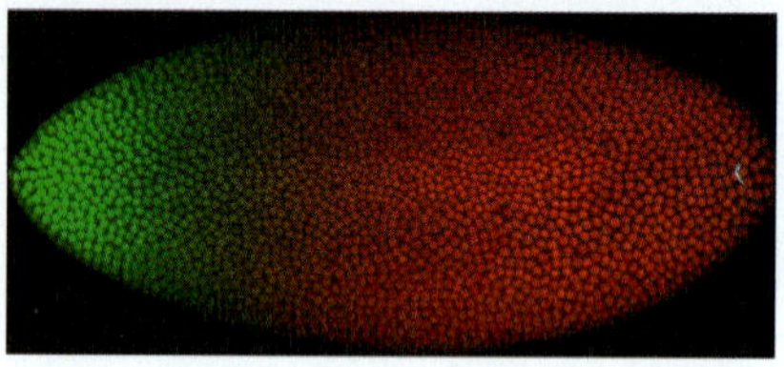

図 2.13 Caudal タンパク質の分布は胚の後端に限局されている
Bicoid タンパク質（緑）は，胚の前端での Caudal タンパク質（赤）の合成を阻害する。タンパク質は，固定された胚を蛍光標識した抗体で染色することで検出した。
写真は Surkova, S., et al.: 2008 より複写

したがって，受精の直後には，前後軸に沿っていくつかの母性タンパク質の濃度勾配が形成されていることになる。Bicoid タンパク質と Hunchback タンパク質の濃度勾配は，前方で高く，後方で低い。これに対して，Caudal タンパク質の濃度勾配は，後方で高く，前方で低い。次に，胚の２つの末端を指定する，これまで述べたものとは大きく異なる機構についてみていこう。

2.10 胚の前方端と後方端は，細胞表面受容体の活性化でつくられる

第３のグループの母性遺伝子は，前端に位置する先節および頭部領域と，後端に位置する尾節および最後端の腹部体節という，前後軸の両端の構造を指定する。このグループのかなめの遺伝子は *torso* である。*torso* の突然変異胚は，先節と尾節を欠く（**図 2.9**）。このことは，胚の両端の領域は空間的には離れているにもかかわらず，独立してではなく，同じ経路を用いて指定されることを示している。

胚の両端の領域は，受容体タンパク質の局所的な活性化が関連した興味深い機構によって指定を受ける。この受容体は，それ自身は受精卵の細胞膜全体に存在する。活性化された受容体は，それが存在する細胞膜に面した細胞質にシグナルを伝達し，この細胞質が末端として指定される。この受容体が Torso であり，*torso* 遺伝子の突然変異体では，胚の両端が欠失する。受精後，母性の *torso* mRNA が翻訳され，Torso タンパク質は受精卵の細胞膜全体に均一に分布する。しかし，Torso は受精卵の両端だけで活性化される。これは，Torso を活性化するリガンドが両端のみに存在するからである。

Torso に対するリガンドは，分泌型タンパク質である Trunk の断片であると考えられている。*trunk* mRNA は保育細胞でつくられて卵に蓄えられ，卵母細胞の形成にともなって，Trunk タンパク質 が**囲卵腔（perivitelline space）**に分泌される。囲卵腔とは，卵母細胞の細胞膜と，卵母細胞を取り囲む**卵黄膜（vitelline membrane，vitelline envelope）**と呼ばれる細胞外マトリックスの保護膜の間の空間のことをいう。Trunk タンパク質は，囲卵腔全体に分布すると考えられている。しかし，Trunk タンパク質を切断して，Torso に対するリガンドとして働く Trunk タンパク質断片に変える作用の活性は卵の両極にしか存在しないため，このリガンドは卵の両極だけでしかつくられない。この切断に重要なのは，Torso-like と呼ばれるタンパク質である。Torso-like タンパク質は卵の両極を覆う濾胞細胞のみで合成され，受精卵の両極の卵黄膜に存在する。受精後に発生が開始されるまでには，少量の Trunk リガンドが産生され，Torso と結合することになる両極の囲卵腔に存在するようになる。Trunk リガンドはごく少量存在するだけなので，そのほとんどは両極で Torso と結合し，残って両極から拡散してしまうものはほとんどない。このような仕組みによって，受容体が活性化を受ける領域は両極に限定される（**図 2.14**）。

リガンドの結合によって活性化された Torso は，発生中の胚の内部に細胞膜を横断してシグナルを伝達する。このシグナルは，胚の両極の核で胚性遺伝子の活性化を起こし，胚の両極を特徴づける。Torso タンパク質は，受容体型チロシンキナーゼとして知られる，膜貫通型受容体のファミリーに属する。受容体型チロシンキナーゼの細胞内ドメインは，タンパク質チロシンキナーゼの活性を持っている。このキナーゼ活性は，受容体の細胞外ドメインにリガンドが結合したときに活性化され，受容体の細胞内ドメインは，細胞質のタンパク質をリン酸化することで，内に向かってシグナルを伝達する。

局所的な領域で受容体を活性化する巧妙な機構は，胚の両端の決定だけではなく，

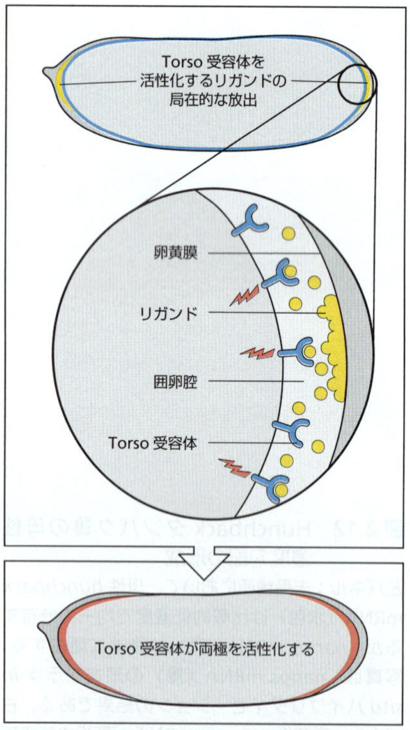

図 2.14 受容体タンパク質である Torso は，胚の両末端の指定に関わる
torso 遺伝子によってコードされた受容体は，卵の細胞膜全体に存在する。卵形成の過程で，Torso に対するリガンドは，卵の両端の卵黄膜に局在する。受精後，リガンドは拡散して囲卵腔を横切り，胚の両端にある Torso だけを活性化する。

次に述べるように，背腹軸の形成においても用いられている。

2.11 胚の背腹極性は，卵黄膜に存在する母性タンパク質によって形成される

背腹軸は，前後軸を決定するものとは異なる母性遺伝子によって指定される。基本的な機構は，前節で述べたものとよく似ている。背腹軸の形成に関与する受容体は，母性タンパク質であるTollである。Tollタンパク質は，受精卵の細胞膜全体に存在する。背腹軸の腹側は，Toll受容体に対するリガンドが，腹側の囲卵腔だけでつくられることで決定される。ここでのリガンドは，Spätzleと呼ばれる母性タンパク質が分解されてできたタンパク質断片である。受精後，Spätzleタンパク質自体は，胚の外部にあたる囲卵腔全体に均一に分布している。局所的なSpätzleタンパク質のプロセシングは，形成中の卵の表面の三分の一にあたる，将来の腹側を覆う濾胞細胞だけで発現している少数の母性遺伝子によって制御されている。ここでかなめとなるのが，*pipe*遺伝子である。*pipe*遺伝子はヘパラン硫酸スルホトランスフェラーゼをコードしており，この酵素はこれらの濾胞細胞から卵母細胞の卵黄膜に分泌される。次にPipe酵素は，あるプロテアーゼの活性を胚腹側の卵黄膜に局在化させるが，その機構はまだよく理解されていない。こうして切断されたSpätzleタンパク質の断片は，胚の腹側の囲卵腔だけに存在するようになる。

Tollの mRNAは，卵母細胞に蓄えられ，受精までは翻訳されないと考えられている。Tollは受精卵の細胞膜全体に存在するが，リガンドが囲卵腔の腹側に局在するために，Tollが活性化されるのは胚の将来の腹側だけである。Tollの活性化の程度は，リガンド濃度が最も高い領域で大きい。また，リガンドの濃度が低いと，限られた量のリガンドが受容体によって除去されてしまうために，その活性化レベルは急激に落ちる。Tollが活性化されると，その領域で胚の細胞質にシグナルが伝達される。この時期に胚はまだ多核性胞胚葉であり，このシグナルは，母性遺伝子の産物である細胞質タンパク質のDorsalを，近くの核に移行させる（**図2.15**）。

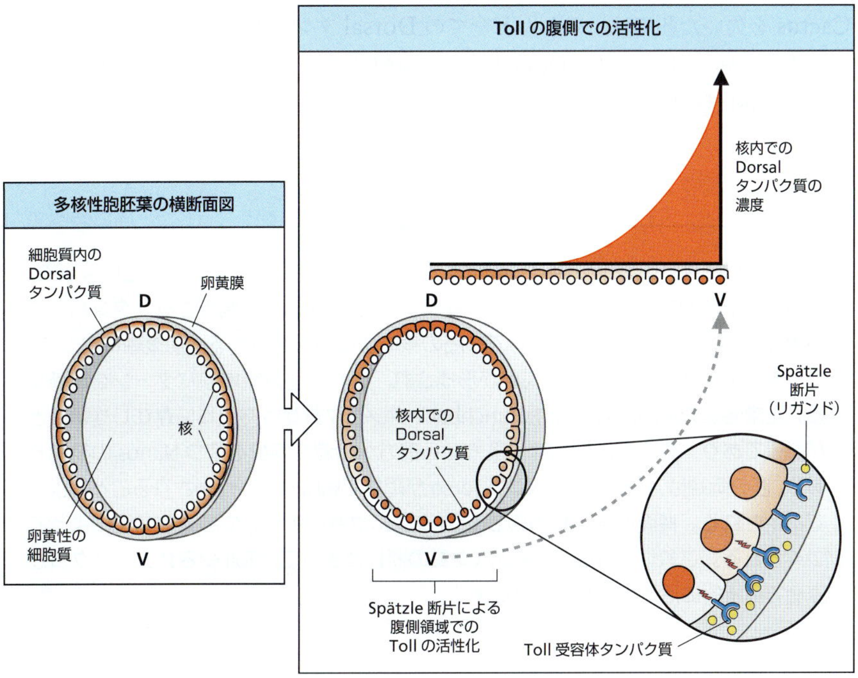

図2.15 Tollタンパク質の活性化によって，背腹軸に沿った核内のDorsalタンパク質の濃度勾配がつくられる

Tollタンパク質が活性化される前は，Dorsalタンパク質（赤）は，胚表層の細胞質全体に分布している。Tollタンパク質は，受精後の囲卵腔でプロセシングされる母性リガンド（Spätzle断片）によって，腹側だけで活性化される。局所的なTollの活性化は，近くの核の内部へのDorsalタンパク質の移行を引き起こす。Dorsalタンパク質の核内での濃度は腹側の核で最大になり，腹側から背側への濃度勾配が形成される。Dは背側，Vは腹側。

Dorsal タンパク質は，背腹軸の形成に重要な機能を持つ転写因子である。

2.12 背腹軸に沿った位置情報は Dorsal タンパク質によって規定される

胚の最初の背腹軸は，前後軸が末端 / 前方 / 後方領域に分けられるのとほぼ同時期に，前後軸と直交して形成される。胚は最初，背腹軸に沿って 4 つの領域に分割されるが，このパターン形成は母性タンパク質の Dorsal の分布によって制御されている（**図 2.27**）。

Bicoid タンパク質とは異なり，Dorsal タンパク質は卵の中で均一に分布している。最初，Dorsal タンパク質は細胞質に存在するが，腹側で活性化された Toll 受容体からのシグナルの影響によって，段階的に核移行する。Dorsal タンパク質の濃度は腹側の核内で最も高く，Toll 受容体のシグナルが弱くなる背側に向かうにしたがって，その濃度は次第に減少していく（**図 2.15** 参照）。このため，胚の背側では，Dorsal タンパク質は核内にほとんど存在しない。Toll の機能は，Toll を欠いた突然変異胚が著しく**背側化（dorsalize）**する，つまり，腹側の構造が形成されないという観察によって明らかにされた。これらの胚では Dorsal タンパク質が核に移行せず，細胞質に残って均一に分布する。野生型の胚の細胞質を Toll の突然変異胚に移植すると，新しい背腹軸が形成される。このとき，腹側はいつも，細胞質を注入した側となる。Toll が存在しないと，もともとの腹側で産生された Spätzle タンパク質の断片は，囲卵腔全体に拡散する。これは，Spätzle と結合する Toll タンパク質が存在しないためである。野生型の細胞質が注入された場合，Toll タンパク質は注入された場所で細胞膜に取り込まれる。Spätzle タンパク質の断片はこれらの Toll タンパク質に結合し，細胞質が注入された部位で，腹側を規定する一連の事象を開始させる。

Toll タンパク質からのシグナルが無いと，もう 1 つの母性遺伝子の産物である Cactus が Dorsal タンパク質と細胞質で結合することで，Dorsal タンパク質の核移行が妨げられる。Toll が活性化されると Cactus タンパク質は分解され，もはや Dorsal と結合することができない。このため，Dorsal は自由に核内に入ることができるようになる。Toll から Dorsal 活性化までの経路を **Box 2B** に示した。Cactus を欠いた胚では，ほとんど全ての Dorsal タンパク質は核内で検出される。そのような胚では，核内の Dorsal の濃度勾配はほとんどなく，背側の構造が形成されず，胚は**腹側化（ventralize）**する。

まとめ

母性遺伝子はハエ卵巣の中で，mRNA とタンパク質を局在化させることによって，卵の中の領域的な差をつくり上げる。受精後に母性 mRNA は翻訳され，タンパク質の濃度勾配あるいはその局在として，胚の核に位置情報を与える。前後軸に沿って，母性 Bicoid の前後方向の濃度勾配が形成され，これが前方領域のパターンを制御する。正常発生のためには，母性 Hunchback タンパク質が後方領域に存在しないことが必須であり，この翻訳抑制は，後方から前方への濃度勾配を持つ Nanos の役割である。胚の両端は，受容体タンパク質 Torso が両極で局所的に活性化されることによって指定される。背腹軸は，核内の Dorsal タンパク質の腹背方向の濃度勾配によってつくられる。これは，Spätzle タンパク質の断片によって，Toll 受容体タンパク質が腹側で局所的に活性化されることによる。

Box 2B　Toll シグナル伝達経路：多機能経路

ショウジョウバエの Toll シグナル伝達系における Dorsal タンパク質と Cactus タンパク質の相互作用に対する興味は，狭い範囲にとどまらない。Dorsal タンパク質は，免疫応答における遺伝子発現で機能する脊椎動物の転写因子ファミリーである Rel/NF-κB と相同性のある転写因子である。また，Toll シグナル伝達経路は，ショウジョウバエ成虫の感染に対する防御にも使われている。したがって，この仕組みは，胚発生において転写因子が核内に入るべきときまでそれらを細胞質に留めるための特殊な機能というよりも，遺伝子発現や細胞分化を制御するために広く用いられている機構ととらえるべきである。

Toll シグナル伝達経路は，胚発生から病気に対する防御まで，多細胞生物においていろいろな局面で使われている，進化的に保存された細胞間シグナル伝達経路のよい例である。Rel/NF-κB ファミリーの全てのメンバーは一般的に，細胞が適切な受容体によって刺激を受けるまでは，細胞質で不活性状態に保たれる。細胞が刺激を受けると抑制タンパク質が分解され，転写因子が解放される。次に，この転写因子は核内に入り，遺伝子の転写を活性化する（図参照）。ショウジョウバエの胚の Toll シグナル伝達系では，Dorsal は，合胞体の細胞質では Cactus によって不活性な状態におかれている。Toll が Spätzle 断片の結合によって活性化されると，Toll の細胞内ドメインにはアダプタータンパク質である dMyD88（Tube）が結合する。dMyD88 はプロテインキナーゼである Pelle と相互作用して，これを活性化する。Pelle の活性化は，まだよく理解されていないさらにいくつかの中間段階を経て，Cactus のリン酸化と分解を引き起こす。これによって Dorsal が解放され，核内に移行する。

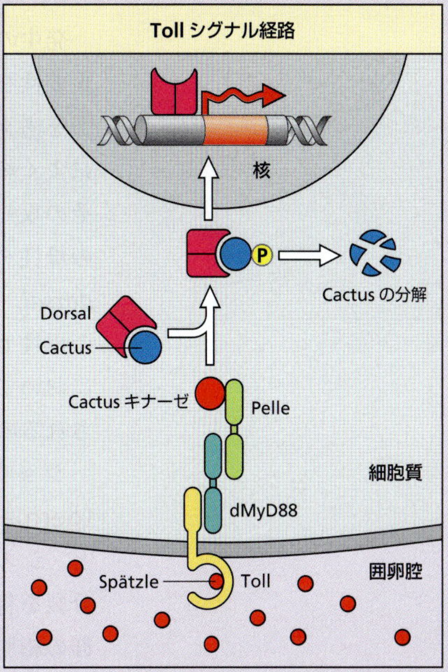

ショウジョウバエの成虫では，Toll 受容体は真菌や細菌の感染により活性化され，Toll シグナル伝達系によって抗菌ペプチドの合成が誘導される。ヒトの Toll 様受容体は，ショウジョウバエと基本的に同様の経路で機能し，微生物の感染に対する自然免疫に関与する。IRAK と IκB はそれぞれ，Pelle と Cactus のヒトの相同タンパク質であり，このシグナル伝達系で同じ機能をはたす。脊椎動物で NF-κB は，Toll 以外の受容体を介する細胞シグナルによっても活性化される。

まとめ：ショウジョウバエ受精卵における母性遺伝子の働き

前後軸	背腹軸
mRNA：*bicoid* が前後方向の勾配を形成する；*hunchback* は一様に分布する；*nanos* は後端に局在する；*caudal* は一様に分布する	Spätzle タンパク質断片が腹側で Toll 受容体を活性化する
⇩	⇩
Bicoid の前方から後方への勾配が形成される。*hunchback* mRNA の翻訳は Nanos によって後方領域では抑制される。*caudal* mRNA の翻訳は Bicoid によって抑制される	Dorsal タンパク質が腹側で核内に移行し，腹側から背側への核内濃度勾配をつくる

両端：Torso 受容体が卵の両端で Trunk リガンドによって活性化される

卵形成における母性決定因子の局在

発生の基本的な枠組みを確立するという，卵において局在する母性遺伝子産物の重要性を考えると，それらがどのようにしてそれほど正確に局在するのかということを考える必要がある。ショウジョウバエ卵が卵巣から放出されるとき，卵は既によく組織化されている。*bicoid* mRNA は前方端に，*nanos* や *oskar* mRNA はその反対側に局在している。Torso-like タンパク質は両極の卵黄膜に存在し，他の母性タンパク質は腹側の囲卵腔に局在する。*caudal*，*hunchback*，*Toll*，*torso*，*dorsal*，*cactus* のような他の多くの母性 mRNA は，一様に分布している。これらの母性 mRNA やタンパク質は，**卵形成（oogenesis）**──卵巣中での発生期──において，どのようにして卵の中に配置され，どのようにして正しい場所へ局在化されるのだろうか。

ショウジョウバエの卵巣内での卵の発生を，**図 2.16** に示した。**形成細胞層（germarium）**において二倍体の生殖系列幹細胞が非対称に分裂し，1 つの幹細胞と，シストブラストと呼ばれる細胞を生む。シストブラストはさらに 4 回の体細胞分裂を行い，それぞれの間に細胞質間橋を持つ，16 個の細胞を形成する。この一群の細胞は**生殖系列シスト（germline cyst）**として知られている。これらの 16 個の細胞のうち 1 つが**卵母細胞（oocyte）**となり，残りの 15 個の細胞は，細胞質間橋を通して卵母細胞へ輸送されることになる大量のタンパク質や RNA を産生する**保育細胞（nurse cell）**となる。体細胞性の卵巣細胞は，保育細胞と卵母細胞を取り囲む**濾胞細胞（follicle cell）**による覆いをつくり，**卵室（egg chamber）**を形成する。濾胞細胞は卵の軸の形成に重要な役割を果たしている。卵形成の間，濾胞細胞は，卵母細胞の周囲で，場所に応じて機能的に異なる細胞群へと分かれる。それぞれの部分集団は異なる遺伝子を発現し，それらが接している卵母細胞の部位に異なる影響を及ぼす（**図 2.17**）。濾胞細胞はまた，卵黄膜や，成熟卵を取り囲む卵鞘の基質を分泌する。ここで議論している発生段階のほとんどの間，卵母細胞は第一減数分裂前期に留まっている（**図 9.8** 参照）。減数分裂が完了するのは受精後である。

2.13 ショウジョウバエ卵の前後軸は，卵室からのシグナルと，卵母細胞と濾胞細胞との相互作用により指定される

卵母細胞にできる最初の軸は，前後軸である。最初に観察が可能となる前後極性の徴候は，保育細胞に囲まれた中心位置から発達中の卵室の後方端への，卵母細胞の移動である。この結果，卵母細胞は濾胞細胞に直接接触するようになる。この再配置は，卵室が形成細胞層から分離している間に起こる。再配置が起こるのは，卵母細胞の将来の後方端と，隣接する後方の濾胞細胞の間が優先的に接着するためで

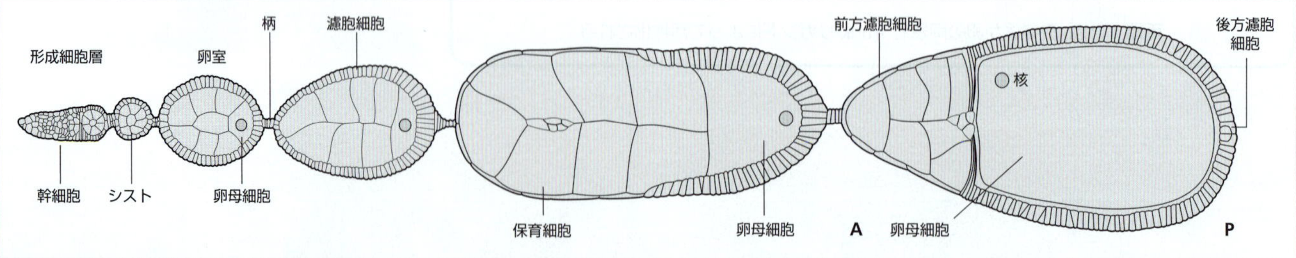

図 2.16 ショウジョウバエにおける卵の発生
卵母細胞の発生は，幹細胞が一方の端にある状態で，形成細胞層の中で始まる。1 つのシストブラストは 4 回分裂し，お互いに細胞質が連絡した 16 個の細胞を生み出す。他の 4 つの細胞とつながっている細胞の 1 つが卵母細胞となり，他は保育細胞となる。保育細胞と卵母細胞は濾胞細胞に囲まれ，結果として形成される構造物は卵室として形成細胞層から分離する。連続して形成される卵室はまだ，お互いの両極でつながっている。卵母細胞は，保育細胞から細胞質間橋を通じて提供される物質によって成長する。濾胞細胞は卵母細胞のパターン形成に重要な役割を果たす。

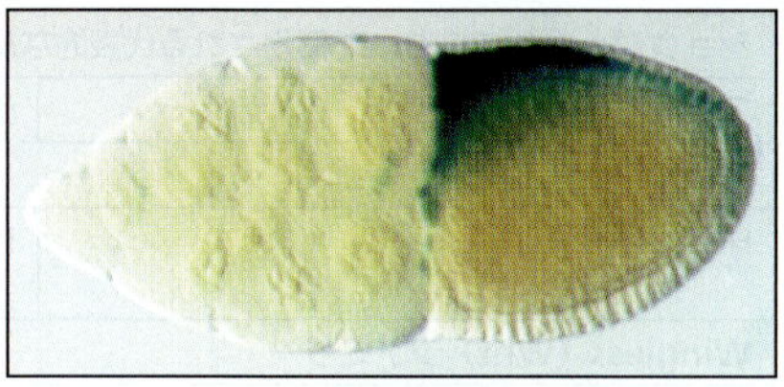

図 2.17 ショウジョウバエ卵母細胞の発生
発生中のショウジョウバエの卵母細胞（右）は15個の保育細胞（左）とつながっており，また，700個の濾胞細胞からなる単層に囲まれている。卵母細胞の背側前方領域を覆う濾胞細胞のみでの遺伝子発現（青で染色）によって示されるように，この時期に卵母細胞と濾胞細胞が協働して，将来の卵および胚の背腹軸を規定する。
写真は A. Spradling 氏の厚意による

ある。卵母細胞の前後極性は，先につくられた卵室の前方から，より新しい卵室の後方へ送られるシグナル伝達の結果である（**図 2.18**）。これには2つのシグナル経路が関与しており，リレーのようにして働いている。最初に古い卵室の生殖系列シストが，幅広く使用されるシグナル経路である Delta-Notch 経路を通して，その前方の濾胞細胞にシグナルを発する［Delta-Notch 経路については後に詳しく述べる（**Box 5C**, p. 202 参照）］。このシグナルが濾胞細胞のいくつかを，前方極性を持った特殊化した濾胞細胞として指定する。これらの特殊化した濾胞細胞は次に，JAK-STAT 経路と呼ばれるもうひとつの細胞内シグナル経路を刺激する受容体を介して，隣接する濾胞細胞にシグナルを送り，2つの卵室の間の柄の形成を誘導する。柄細胞からの未知のシグナルが新しい卵室を取りまとめ，卵室内の卵母細胞と後方濾胞細胞に接着分子のEカドヘリンを発現させ，これにより卵母細胞を後方の位置に固定する（カドヘリンや他の接着分子が働く機序については **Box 8B**, p. 309 を参照）。このようにして，前後極性が，ある卵室から次の卵室へと伝播されていく。しかし，最初に形成される卵室がどのように極性を獲得するのかはわかっていない。

いったん卵母細胞が後方に位置すると，前後極性化の次の段階は，トランスフォーミング増殖因子-α（TGF-α）ファミリーのメンバーである Gurken と呼ばれるタンパク質によって仲介される（ショウジョウバエにおいてよく使用される増殖因子ファミリーの例は**図 2.19** に取り上げた。これらの多くには，脊椎動物や他の動物においても再び出会うことになるだろう）。卵母細胞の発生の初期において，*gurken* mRNA は卵母細胞の核に近い後方端で翻訳され，タンパク質の後方局在を生み出す。これは，卵母細胞の細胞膜を通過して分泌される。Gurken は，濾胞細胞表面に存在している受容体タンパク質 Torpedo を局所的に刺激することにより，末端の濾胞細胞に後方運命を誘導する（**図 2.20**）。Torpedo は受容体型チロシンキナーゼであり，ショウジョウバエにおいて哺乳類の上皮増殖因子（EGF）受容体に相当するものである。Torpedo を通じた Gurken シグナルへの応答として，後方の濾胞細胞はまだ未同定のシグナルを産生し，卵母細胞の微小管細胞骨格に再配向を誘導する。これにより，卵形成のおよそ半ばには，ほとんどの微小管のマイナス端は前方，プラス端は後方を向くようになる。

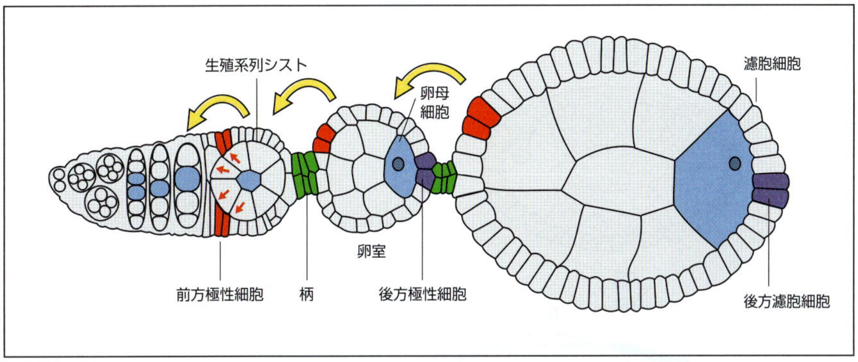

図 2.18 古い卵室から新しい卵室へのシグナルが最初にショウジョウバエの卵母細胞を極性化する
生殖系列シストが形成細胞層から分離するにつれて，Delta-Notch 経路（小さな赤矢印）を通したシグナルによって，前方極性濾胞細胞（赤）の形成が誘導される。これらが次に，隣接する前方の細胞にシグナルを発し，それらが柄（緑）になることを誘導する。柄の細胞は，後方濾胞細胞のカドヘリンの産生を誘導し，隣接する新しいシストを集合させ，卵母細胞を卵室の後方に位置させる。黄色の矢印は，先に形成された卵室から新しい卵室への全体的なシグナルの方向性を示す。

ショウジョウバエにおいて使用される代表的な細胞間シグナル		
ファミリーとその例	**受容体**	**発生における役割の例**
Hedgehog ファミリー		
Hedgehog	Patched（Smoothened と協働）	昆虫の体節のパターン形成 昆虫の脚や翅の原基での位置シグナル（第 11 章参照）
Wingless（Wnt）ファミリー		
Wingless と他の 6 つの Wnt タンパク質	Frizzled（LRP6 と協働）	昆虫の体節と成虫原基の指定（第 11 章参照） 他の Wnt も発生に役割を持っている
Delta と Serrate		
膜貫通型シグナルタンパク質	Notch	発生の多くのステージで役割を持つ 卵母細胞の極性の指定
トランスフォーミング増殖因子-α（TGF-α）ファミリー		
Gurken，Spitz，Vein	EGF 受容体（受容体型チロシンキナーゼ） ショウジョウバエでは DER もしくは Torpedo として知られる	卵母細胞の極性化 眼の発生，翅脈の分化（第 11 章参照）
トランスフォーミング増殖因子-β（TGF-β）ファミリー		
Decapentaplegic	受容体はタイプ I（例えば Thick veins）とタイプ II（例えば Punt）サブユニットのヘテロダイマーであるセリン/トレオニンキナーゼ	背腹軸のパターン形成 成虫原基のパターン形成（第 11 章参照）
線維芽細胞増殖因子（FGF）ファミリー		
少数の FGF ホモログ（例えば Branchless）	FGF 受容体（受容体型チロシンキナーゼ） ショウジョウバエでは 2 つ（例えば Breathless）	気管細胞の移動（第 11 章参照）

図 2.19 ショウジョウバエにおける代表的な細胞間シグナル

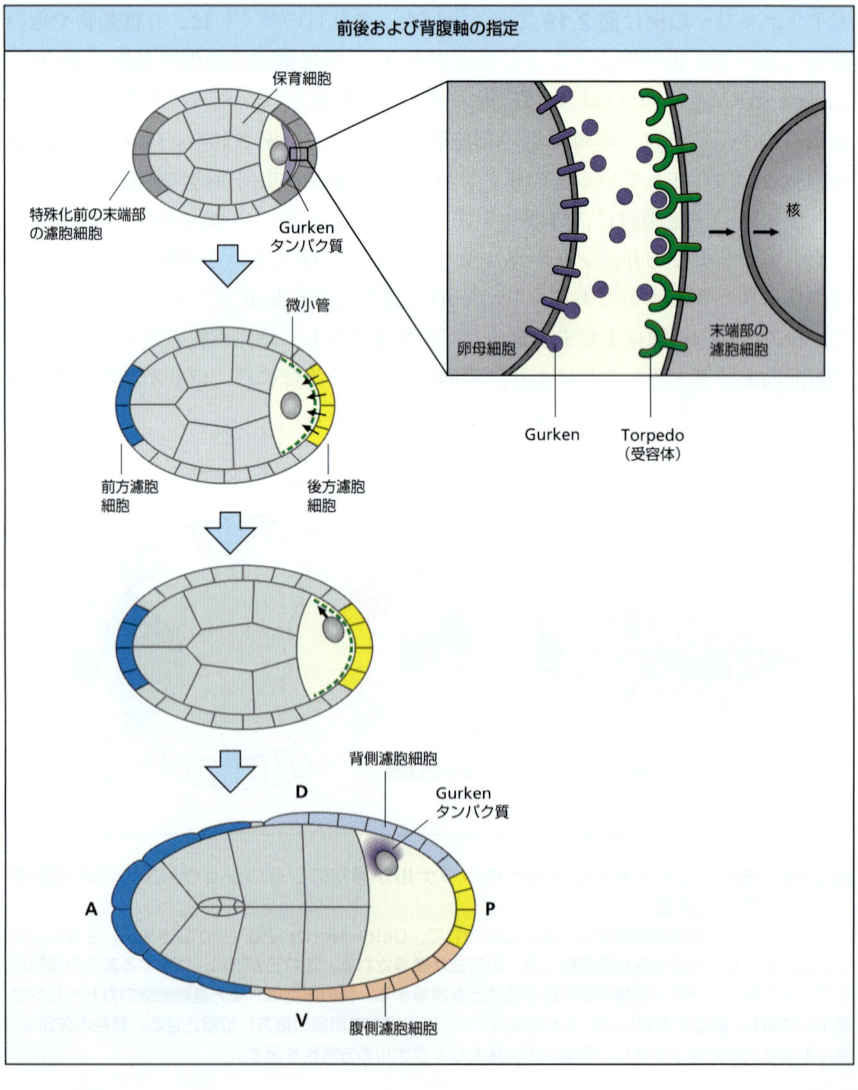

図 2.20 ショウジョウバエの卵形成における前後および背腹軸の指定

卵母細胞は卵室の後方端へ移動し，極性を持った濾胞細胞に接するようになる。前方端（青）は保育細胞によって濾胞細胞とは隔てられている。卵母細胞の *gurken* mRNA は後方に局在し，翻訳された Gurken タンパク質が局所的に分泌される。このタンパク質が，隣接する濾胞細胞の受容体タンパク質 Torpedo に結合することにより，後方端濾胞細胞（黄）としての分化が開始される。これらの細胞は卵母細胞へシグナルを返し，卵母細胞の微小管細胞骨格を再構成させる。この頃に卵母細胞の核は前方の背側へと移動し，保育細胞から卵母細胞へ入ってきた *gurken* mRNA がこの領域へ輸送され，核を取り囲む。mRNA の翻訳と Gurken タンパク質の局所的な放出は，隣接する濾胞細胞を背側として指定し，卵母細胞のこの側が将来の背側となる。

2.14 母性 mRNA の卵の端への局在は，卵母細胞の細胞骨格の再配置に依存する

卵母細胞の細胞骨格の微小管の再配向と mRNA の適切な局在は，それ自体が卵母細胞の後方端に局在する，PAR タンパク質として知られるタンパク質群に依存している。これらのタンパク質は，他の機能もあるが，動物の発生の様々な状況において細胞の前後極性を決定することに関与している。これらは線虫（*Caenorhabditis elegans*）で発見されたものであり，より詳しくは線虫受精卵の最初の非対称卵割を制御する役割と関連して，第 6 章で議論する。

微小管の再配向は，*bicoid* や *oskar* といった母性 mRNA の卵のどちらかの端への最終的な局在のためには不可欠である。*bicoid* mRNA は元々，発生中の卵母細胞の前方端に隣り合う保育細胞でつくられ，そこから卵母細胞へと運ばれる。発生中の卵が Gurken シグナルに応答した後，*bicoid* mRNA は，再配向した微小管に沿っておそらくはモータータンパク質のダイニンによって輸送され，卵の前方端という最終的な位置に移動する（**図 2.21** 最初のパネル）。同様に，*oskar* mRNA は保育細胞によって卵母細胞へ分配され，他の微小管セットを使ったキネシンによって，卵母細胞の後方端に向かって輸送される（**図 2.21** 中央パネル）。これら双方の局在には RNA 結合タンパク質の Staufen が必要とされるが，このタンパク質自体は，卵母細胞の前方端と後方端での局在を観察することができる（**図 2.22**）。*oskar* mRNA 分子の観察からは，これらはあらゆる方向に移動するが，後方端に向かって十分なバイアスがかかっていることが示されている。*oskar* mRNA とそのタンパク質の役割のひとつは，卵の後方端に生殖質を集合させて凝集させることである。胚の中でこの細胞質は極細胞（第 2.1 節参照）に組み込まれ，それらが始原生殖細胞を形成することを誘導する。*oskar* mRNA の局在と生殖質の集合は，続く *nanos* mRNA の後方端への局在にも必要である（第 2.9 節参照）。*bicoid* や *oskar* mRNA の輸送とは異なり，*nanos* の局在は，細胞骨格アクチンフィラメントに依存している。

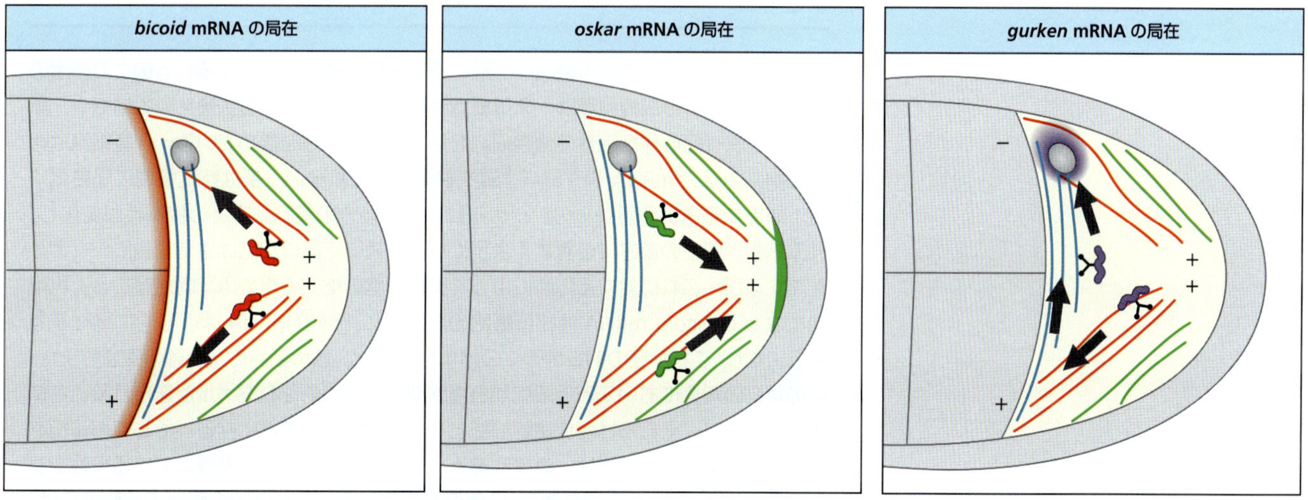

図 2.21 *bicoid* および *oskar* mRNA はそれぞれ，卵母細胞の前方と後方に局在する
保育細胞によって卵母細胞へ供給される母性 mRNA の局在は，それらが微小管に沿って輸送されることによる。モータータンパク質のダイニンは，*bicoid* と *gurken* mRNA を微小管のマイナス端に向かって輸送する。*oskar* mRNA はおそらくはモータータンパク質のキネシンによって，微小管のプラス端に輸送される。*bicoid*，*oskar*，*gurken* mRNA の輸送には，微小管の 3 種のグループが関わっていると考えられている。

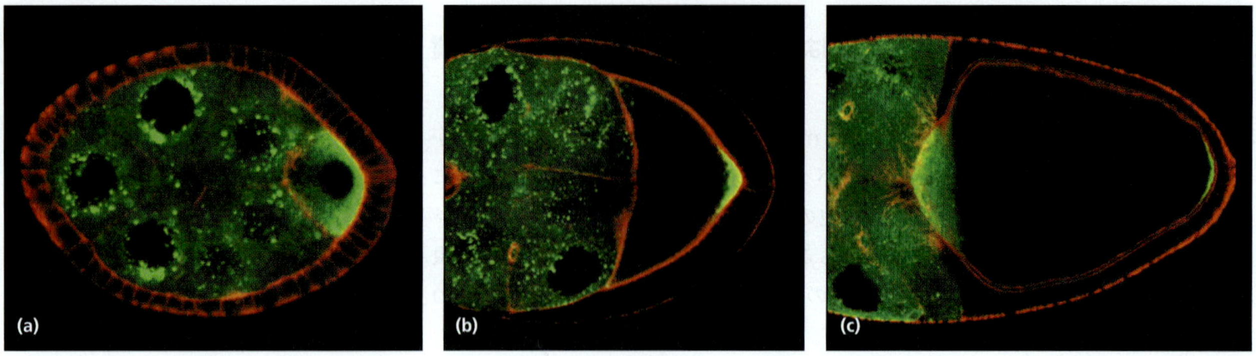

図 2.22 RNA 結合タンパク質 Staufen の，ショウジョウバエ卵母細胞の両極への局在

卵母細胞の発生での異なるステージにおける Staufen タンパク質の局在は，その遺伝子を緑色蛍光タンパク質（GFP）のコード配列と連結し，このコンストラクトについてのトランスジェニックのハエをつくることによって可視化できる。(a) はステージ 6 の卵室で，Staufen（緑）が卵母細胞の中に集まっている。固定された卵室は，アクチンフィラメントを標識（赤）するローダミン-ファロイジンによって染色されている。(b) はステージ 9 の卵室で，Staufen は卵母細胞の後方に局在している。(c) はステージ 10b の卵室で，Staufen は卵母細胞の前方極と後方極に局在している。

写真は Martin, S.G., et al.: 2003 より複写

2.15 卵の背腹軸は，卵母細胞核の移動と，それに続く卵母細胞と濾胞細胞との間のシグナル伝達によって指定される

卵の背腹軸の確立には，さらなる卵母細胞-濾胞細胞の相互作用が関与するが，これは卵母細胞の後方端が指定された後に起こり，前段階で再配向された微小管配列に依存する。卵母細胞の核は，微小管に沿って後方から前方境界へと移動する（図 2.20 参照）。Gurken タンパク質がこの新しい位置で発現するが，おそらくこれは卵母細胞の他の場所から核の片側へ再配置された mRNA からのものである（図 2.21 右パネル）。局所的に産生された Gurken は，隣接する濾胞細胞にシグナルとして働き，それらを背側濾胞細胞として指定する。したがって，核の反対側は腹側領域となる。腹側の濾胞細胞は，Pipe（第 2.11 節参照）のような，卵母細胞の卵黄膜の腹側に沈着し，腹側の確立には欠かせないタンパク質を産生する。

ショウジョウバエ胚の末端を指定する Torso-like タンパク質は，前方および後方極の双方において濾胞細胞で合成・分泌されるが，他の濾胞細胞では合成されない。そのため Torso-like タンパク質は卵形成の間，卵の両端の卵黄膜にのみ沈着する。受精後，それらは他のタンパク質と共に働いて，Trunk のプロセシングと，Torso のリガンドの産生を引き起こす（第 2.10 節参照）。

まとめ

ショウジョウバエの卵母細胞は，形成細胞層から連続的につくられる個々の卵室の中で発生する。形成細胞層は，卵母細胞や保育細胞を形成する生殖系列幹細胞や，卵母細胞を取り囲む体細胞性の濾胞細胞を形成する幹細胞を含んでいる。保育細胞は卵母細胞に多量の mRNA やタンパク質を供給し，それらの一部は特定領域に局在化する。隣接する古い卵室からのシグナルにより，後方の濾胞細胞との接着性が変化し，卵母細胞は卵室の後方に位置するようになる。続いて卵母細胞は濾胞細胞にシグナルを発するが，これに対する応答によって卵母細胞の細胞骨格の再配向が起こる。再配向によって *bicoid* mRNA は卵母細胞の前方端に，他の mRNA は後方端に局在するようになり，これが胚の前後軸確立の始まりとなる。卵母細胞の背腹軸の確立もまた，卵の将来の背側において卵母細胞から濾胞細胞へ局所的なシグナルが送られることによって始まり，それらは背側濾胞細胞として指定されることになる。そして卵母細胞の反対側にある濾胞細胞は，直接的あるいは間接的に，腹側卵黄膜における母性タンパク質の沈着によって，卵母細胞の腹側を指定する。卵母細胞の両端の濾胞細胞は，卵黄膜における母性タンパク質の局在した沈着によって末端部を指定する。

まとめ：ショウジョウバエ卵母細胞の極性化

前後軸

カドヘリンにより，卵母細胞が濾胞細胞の後方端に位置する
↓
卵母細胞の Gurken タンパク質が Torpedo を介して後方濾胞細胞を誘導する
↓
濾胞細胞からの後方シグナルが，卵母細胞の細胞骨格を再配向させる
↓
bicoid mRNA が前方に，*oskar* および他の mRNA が後方に局在する

背腹軸

（濾胞細胞からの後方シグナルが，卵母細胞の細胞骨格を再配向させる ⇒）核が背側に移動する
↓
卵母細胞の Gurken が背側濾胞細胞を誘導する
↓
腹側濾胞細胞が，卵母細胞の卵黄膜に腹側タンパク質を沈着させる

末端：卵の両端の濾胞細胞が，卵黄膜に Torso タンパク質のリガンドを沈着させる

初期胚のパターン形成

ショウジョウバエの主な体軸がどのようにして指定されるのかを詳細に理解したことは，大きな実験的成果である。カエルやニワトリのような他の動物では，発生遺伝学はあまり理解されていないため，当然，これはある種の羨望の対象となる。我々は，Bicoid，Hunchback，Caudal タンパク質の濃度勾配がどのようにして前後軸に沿って形成されるか，そして核内の Dorsal タンパク質が背腹軸に沿ってどのように勾配をつくるかということをみてきた。この母性因子によって駆動される位置情報の枠組みは胚性遺伝子によって解釈され，さらに精巧なものとなり，それぞれの胚領域にアイデンティティが与えられる。前後軸および背腹軸に沿って最初に発現するほとんどの胚性遺伝子は，転写因子をコードしており，体軸に沿って局在し，さらなる胚性遺伝子を活性化させる。ここではまず，前後軸に沿ったパターン形成を考えることにする。

2.16　前後軸はギャップ遺伝子の発現によって大まかな領域に分割される

前後軸に沿ったパターン形成は，胚がまだ無細胞性のときに始まる。**ギャップ遺伝子（gap gene）**は前後軸に沿って発現する最初の胚性遺伝子であり，すべてが転写因子をコードしている。ギャップ遺伝子は最初，前後軸に沿ったからだのパターンの大きな区画が欠失するという，それら遺伝子の突然変異の表現型から認識された。ギャップ遺伝子の突然変異表現型は通常，その遺伝子が正常に発現している領域における大なり小なりの前後パターン欠失として示される。しかし，より広範な影響もある。これはギャップ遺伝子の発現が，体軸に沿った発生の後期でも重要であるからである。

ギャップ遺伝子の発現は，胚がまだ単一の多核細胞である間の Bicoid タンパク質の前後軸に沿った勾配によって開始される。Bicoid は最初，ギャップ遺伝子である *hunchback* の前方での発現を活性化する。次はこの遺伝子が，*giant*,

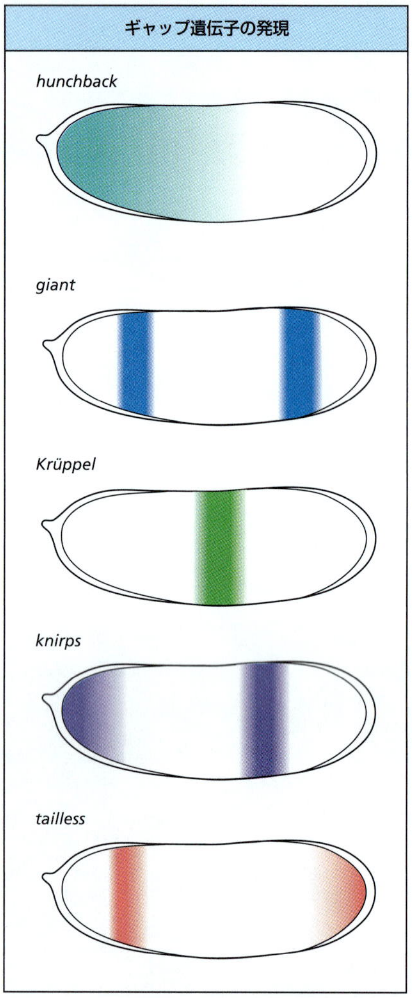

図 2.23 ショウジョウバエの初期胚におけるギャップ遺伝子 *hunchback*, *Krüppel*, *giant*, *knirps*, *tailless* の発現
ギャップ遺伝子の前後軸に沿った異なる位置での発現は，ギャップ遺伝子同士の相互作用と共に，Bicoid や Hunchback タンパク質の濃度勾配によって制御されている。ギャップ遺伝子の発現パターンは，からだを大まかな領域に分ける，転写因子の前後軸に沿った非周期的パターンを提供する。

Krüppel, *knirps* などの，前後軸に沿ってこの順番で発現する他のギャップ遺伝子の発現を誘導する手段となる（*giant* は実際には前方と後方で 2 つの帯状に発現するが，この文脈では後方の発現は対象に入れていない：**図 2.23**）。

胞胚葉はまだ無細胞性の段階なので，ギャップ遺伝子がコードするタンパク質は合成された場所から拡散する。これらは半減期が数分という，寿命の短いタンパク質である。したがってこれらは，遺伝子が発現している領域からわずかな距離しか拡散せず，典型的には釣鐘状の濃度断面を持ったタンパク質濃度勾配を示す。例外が胚性の Hunchback タンパク質で，これは前方の広い領域で一様に発現し，発現の後方境界で急激に減少する濃度勾配を持つ。胚性の Bicoid による *hunchback* 発現の制御が最もよく理解されているので，これを最初に説明する。

2.17 Bicoid タンパク質は，胚性 *hunchback* の前方発現に対して位置シグナルを与える

Bicoid タンパク質は，胚の前方半分のほとんどの領域で，胚性 *hunchback* 遺伝子の発現を誘導する。この発現は，Nanos によって後方ではその翻訳が抑制されている（第 2.9 節参照），胚全体に分布した母性 *hunchback* mRNA から低いレベルで発現している Hunchback タンパク質と重なり合う。

前方に局在した Hunchback の発現は，Bicoid タンパク質の勾配から提供される位置情報が解釈された結果である。*hunchback* 遺伝子の発現は，転写因子 Bicoid が一定の閾値以上で存在するときにのみ誘導される。Bicoid が合成される場所に近い胚の前方半分でのみ濃度がこの閾値レベルを超えるので，*hunchback* の発現は同領域に限定される。

Bicoid 濃度と *hunchback* 遺伝子の発現との関係は，母性 *bicoid* 遺伝子の量を増加させることによって Bicoid 濃度を変えると，*hunchback* の発現がどのように変化するかを見ることによって示すことができる（**図 2.24**）。*hunchback* の発現する領域が後方へと広がるが，これは *hunchback* の発現に充分な閾値を超える Bicoid 濃度の領域が，後方へと広がるためである。

Bicoid タンパク質のなだらかな勾配は，胚の半分で発現する *hunchback* の急勾配の境界へと変換される。前後軸に沿って隣り合う核の間の Bicoid の濃度の差はとても小さく，隣の細胞と 10％程度しか変わらない。それでは，これらの核は，Bicoid の動態がランダムに小さく変動するなどした結果生じる生物学的“ノイズ”の中，どのようにしてそのような小さな違いを認識し，急な勾配を持つ遺伝子発現の境界領域をつくり上げているのだろうか。この疑問への取り組みは，Bicoid-GFP コンストラクト（第 2.8 節参照）の発現を直接観察することによって行われ，Bicoid タンパク質の分布と，前後軸に沿った異なる場所における核でのその濃度が計測された。Bicoid の分布，異なる位置での核内濃度，*hunchback* 発現の急な勾配はすべて，数多くの胚で高い再現性を持つことがわかり，胚の中の正確な制御により背景ノイズは実際には低レベルに維持されていることが示された。これには例えば核同士のコミュニケーションが関係している可能性がある。

Bicoid は，転写アクチベーターのホメオドメインファミリーのメンバーであり，プロモーター領域中の制御部位に結合することにより *hunchback* 遺伝子を活性化させる。Bicoid による *hunchback* 活性化の直接的な証拠は元々，*hunchback* のプロモーター領域と細菌のレポーター遺伝子 *lacZ* からつくられた遺伝子コンストラクトを P 因子媒介性形質転換のようなトランスジェニック技術によってハエゲノムへ導入するという実験から得られた（P 因子媒介性形質転換については **Box**

2C, p. 64 参照。ショウジョウバエにおける遺伝子発現の追跡や，新たな遺伝子発現パターンを起こす他のいくつかの方法については Box 2D, p. 65 参照）。完全に正常な遺伝子発現のために，大きなプロモーター領域は 263 塩基対の真に必要な配列まで削減することが可能で，これでも *hunchback* をほとんど正常に活性化することができる。この配列には Bicoid が結合できるいくつかの部位があり，閾値を持った応答には，異なる結合部位間での協同性（cooperativity）が関与しているようである。すなわち，ある部位への Bicoid の結合が近くの部位への Bicoid の結合を容易にし，さらなる結合を促進するのである。

hunchback のような遺伝子の制御領域は，核の機能を次の発生経路に進める，発生を制御するスイッチの例である。ショウジョウバエの初期発生においては，このような転写スイッチの多くの例に出会うことになるだろう。

2.18 Hunchback タンパク質の勾配は，他のギャップ遺伝子を活性化 / 抑制する

Hunchback タンパク質は転写因子であり，他のギャップ遺伝子に影響を与えるモルフォゲンとして働く。他のギャップ遺伝子は，前後軸を横断するストライプ状に発現する（図 2.23 参照）。このストライプは，異なる濃度の Hunchback，あるいは Bicoid のような他のタンパク質に感受性を示す遺伝子制御領域に依存したメカニズムによって区切られる。例えば，*Krüppel* 遺伝子は低濃度の Hunchback によって活性化されるが，高濃度では抑制される。この濃度の間で *Krüppel* は活性化状態を維持する（図 2.25 上パネル）。しかし，Hunchback の濃度がある閾値より低い場合には，*Krüppel* は活性化されない。このようにして Hunchback タンパク質の勾配は，*Krüppel* 遺伝子の活性化領域を胚の中心近くに位置させる（図 2.26）。この空間的局在の微調節は，他のギャップ遺伝子による *Krüppel* の抑制によって行われる。

このような関係は，既知の他のすべての影響を除去するか，あるいは一定に維持したうえで，Hunchback タンパク質の濃度分布をシステマティックに変化させることによって調べられた。例えば，Hunchback タンパク質量を増加させると，濃度分布の後方へのシフトが起き，これによって *Krüppel* 発現の後方境界の後方へのシフトが起こる。Bicoid タンパク質を欠失した胚（そのため母性 Hunchback タンパク質の勾配だけが存在する）における一連の他の実験では，Hunchback のレベルが低くなるため，胚の前方端においてさえ *Krüppel* が活性化された（図 2.25 下パネル）。

Hunchback タンパク質はまた，ここでも閾値に依存した遺伝子の活性化 / 抑制メカニズムを使い，ギャップ遺伝子 *knirps* と *giant* の発現領域の前方端を指定することにも関与している。高濃度の Hunchback は *knirps* を抑制し，発現の前方境界を指定する。*knirps* の発現領域の後方境界は，もうひとつのギャップ遺伝子 *tailless* の翻訳産物との同様の相互作用によって指定される。ギャップ遺伝子の発現が重複している領域では，それらの産生するタンパク質は全て転写因子であるため，大規模な相互阻害が起こる。これらの相互作用は，ギャップ遺伝子の発現パターンを明確かつ安定的なものにするためには必須である。例えば，*Krüppel* 発現の前方境界は，*giant* を発現する核から 4 ～ 5 核分後方にあり，これは低レベルの Giant タンパク質によって確立する。

上述のようなことから，前後軸は，様々な転写因子の重複のある勾配を持った分布をもとにして，いくつかの特徴的な領域に分けられるようになる。しかし，この

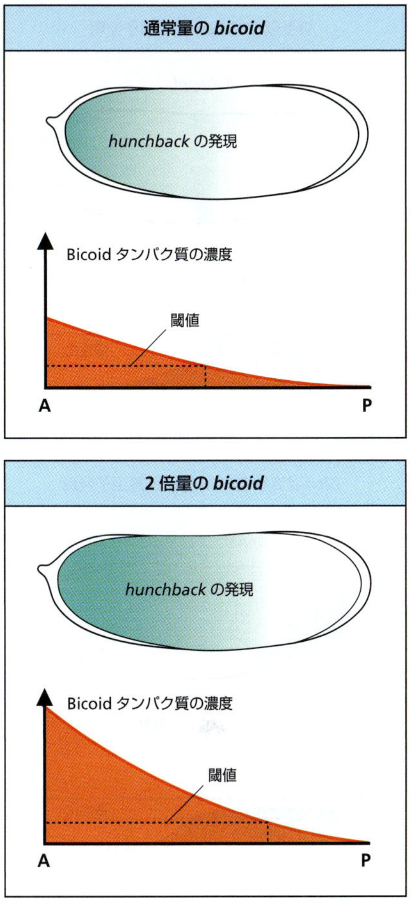

図 2.24 母性 Bicoid タンパク質は，胚性 *hunchback* の発現を制御する
もし母性 *bicoid* の量が 2 倍に増加すれば，Bicoid 勾配の高さも増加する。*hunchback* 遺伝子の活性は，Bicoid の閾値濃度によって決定される。より高い濃度では，Bicoid 濃度が閾値レベルを超える領域が後方に拡大するため（下段パネルのグラフ参照），*hunchback* 遺伝子の発現も後方へと拡大する。

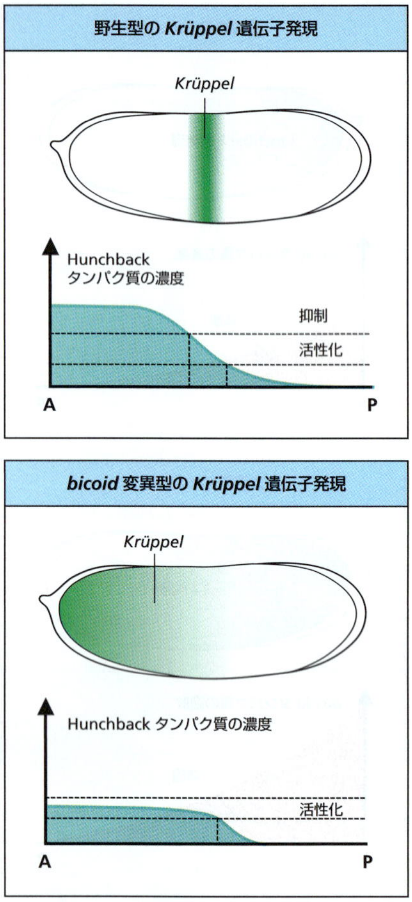

図 2.25 *Krüppel* 遺伝子の活性は，Hunchback タンパク質によって指定される
上パネル：Hunchback タンパク質が閾値濃度を超えると，*Krüppel* 遺伝子は抑制される。濃度がその閾値より低く，かつもうひとつの閾値以上のとき，*Krüppel* 遺伝子は活性化される。下パネル：*bicoid* 遺伝子が欠失し，それゆえに胚性 *hunchback* 遺伝子の発現がなくなる変異では，母性 Hunchback タンパク質のみが存在することになり，これが胚の前方端に比較的低レベルで局在化する。このような変異では，*Krüppel* は異常なパターンとして，胚の前方端で活性化される。

ような美しくエレガントな領域設定の方法は，ショウジョウバエの多核性胞胚葉のような転写因子が自由に拡散できる無細胞性の胚でしか機能することができない。ギャップ遺伝子の翻訳産物のこのような分布は，前後軸に沿った発生の次の段階——ペアルール遺伝子の活性化，細胞化，分節化の開始——の開始点となる。しかしこれらを取り上げる前に，これまでの発生時点における背腹軸に関する論題に戻り，多核性胞胚葉が細胞化するにつれてどのようにそれがパターン形成されるかということをみていく。

2.19 背腹軸に沿った胚性遺伝子の発現は，Dorsal タンパク質によって制御されている

Dorsal タンパク質は，多核性胞胚葉の核に移行し（第 2.12 節参照），その後，背腹軸を明確な領域に分けている遺伝子の発現に影響を与える。この時期は，胚葉が特殊化していく段階でもあり，Dorsal も，最も腹側の細胞を将来の中胚葉として指定する。30 の遺伝子が，Dorsal 勾配の直接の標的になっていると推定されている。主な領域は腹側から背側に向かって，中胚葉，腹側外胚葉，背側外胚葉，将来の羊漿膜である。中胚葉は，筋肉や結合組織のような内部の軟組織を形成する。腹側外胚葉は，腹側表皮や全ての神経系に寄与する神経外胚葉となる。背側外胚葉は，表皮のみを形成する。第三の胚葉，すなわち内胚葉は胚の両端に位置しており，ここでは取り上げないが，中腸を形成する（**図 2.3** 参照）。

体軸に沿ったパターン形成では，フランス国旗のパターン形成のような問題を考える必要がある（第 1.15 節参照）。背腹軸に沿って局在する胚性遺伝子の発現は最初，核内 Dorsal タンパク質の勾配を持った濃度によって制御される。その濃度は胚の背側半分あたりで急速に減少し，胚の上部側にある核では Dorsal タンパク質はほとんど見られない。腹側領域では，Dorsal タンパク質は 2 つの主な機能——特定の場所で特定の遺伝子を活性化することと，他の遺伝子を抑制し，その結果それらの発現を背側に限定すること——を持つ（**図 2.27**）。

腹側領域では核内の Dorsal タンパク質の濃度が最高になり，胚の腹側正中線に沿った核にある Dorsal タンパク質により，胚性遺伝子である *twist*，*snail* が活性化される。その後すぐに多核性胞胚葉は細胞性となり，この腹側の細胞は中胚葉となる。*twist*, *snail* の発現は，細胞の中胚葉への発生と原腸陥入の両方に必要であり，その間に腹側帯の将来中胚葉となる細胞が，胚の内部へ移動する。将来の神経外胚葉となる部分では，低濃度の Dorsal タンパク質により *rhomboid* が活性化されるが，より腹側ではその遺伝子は Snail タンパク質によって抑制されるため，発現しない。

decapentaplegic，*tolloid*，*zerknüllt* の発現は Dorsal タンパク質によって抑制されるため，それらの活性は Dorsal タンパク質が実質的に核にない背側領域に限定される。*zerknüllt* は最も背側で発現し，羊漿膜を指定するようである。*decapentaplegic* は背腹軸の背側部分の形成に重要な遺伝子であり，その役割の詳細は第 2.20 節で述べる。

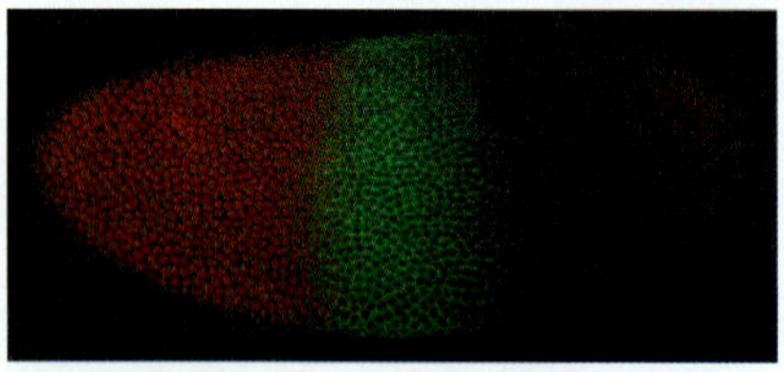

図 2.26 Hunchback タンパク質勾配による Krüppel 発現の局在
野生型の胚を蛍光抗体で染色し，14 回の核分裂後すぐの Hb タンパク質勾配（赤）と Krüppel の mRNA の発現（緑）を同時に検出した。
写真は Yu, D., and Small, S.: 2008 より複写

図 2.27 Dorsal タンパク質の核内の濃度勾配による，背腹軸の異なる領域への細分化
核内 Dorsal タンパク質濃度の勾配は，腹側正中線で高く，背側半分の胞胚葉では少ないか，あるいは存在しないというパターンで形成される。背側領域では，他の場所では Dorsal タンパク質により抑制されている *tolloid*，*zerknüllt*，*decapentaplegic* が発現している。腹側の半分の胞胚葉では，*twist*，*snail*，*rhomboid*，*short gastrulation*（*sog*）が Dorsal タンパク質により活性化される。*twist* は自己調節的であり，自己の発現を維持し，また *snail* を活性化する。Snail タンパク質は *rhomboid*，*sog* の発現を阻害し，将来の中胚葉でのそれらの発現を抑制する。*twist*，*snail* は活性化に高濃度の Dorsal が必要で，一方 *rhomboid*，*sog* は低濃度の Dorsal でも活性化している。

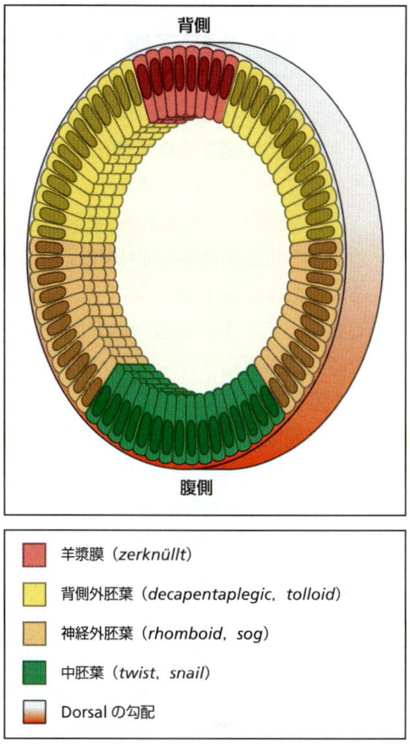

母性の背腹遺伝子の突然変異により，背側化胚あるいは腹側化胚ができる（第 2.12 節参照）。背側化胚では，Dorsal タンパク質は，核から一様に除かれている。これにはいくつかの影響があり，1 つには *decapentaplegic* 遺伝子が抑制されなくなって全領域で発現することがある。一方で，*twist*，*snail* は高濃度の Dorsal タンパク質が活性化に必要であるために，全く発現しない。Dorsal タンパク質が全ての核において高濃度で存在する突然変異体胚では逆の結果が得られ，胚は腹側化し，*twist*，*snail* は全領域で発現し，*decapentaplegic* は全く発現しない（**図 2.28**）。

Dorsal タンパク質によって発現が制御される *twist*，*snail*，*decapentaplegic* などの遺伝子は，調節領域にこのタンパク質の結合部位を持っており，Dorsal タンパク質の特定の濃度により，遺伝子発現が活性化あるいは抑制される。この遺伝子発現の閾値効果は，Bicoid による *hunchback* の活性化に関して前述したような，協同的に働く結合部位の統合的作用による結果である。Dorsal タンパク質の異なる濃度に閾値をもって応答する遺伝子の発現は，その調節 DNA が Dorsal タンパク質に対して持つ結合部位の親和性に依存する。Dorsal タンパク質の濃度が高い腹側部分（12 ～ 14 細胞幅の領域）のほとんどでは，遺伝子発現の範囲は低親和性結合部位によって区切られる。一方で Dorsal タンパク質の濃度が低いより背側の領域（腹側正中線からおよそ 20 細胞上部）では，高親和性結合部位によっ

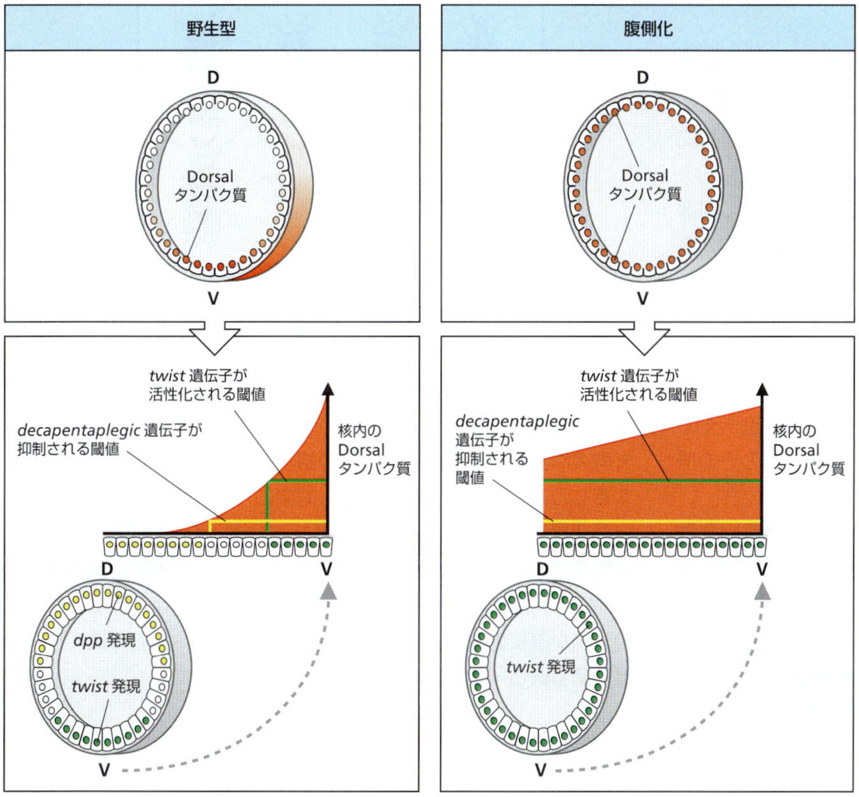

図 2.28 核内の Dorsal タンパクの濃度勾配は，*twist*，*decapentaplegic* などの遺伝子の活性化として解釈される
左パネル：野生型胚では，*twist* は Dorsal タンパク質が閾値濃度（緑の線）を超えると活性化され，一方で低いほうの閾値（黄の線）以上では *decapentaplegic*（*dpp*）遺伝子が抑制される。右パネル：腹側化胚では，Dorsal タンパク質が全ての核に存在するため，*twist* は全ての細胞に発現するが，一方で *decapentaplegic* は Dorsal タンパク質が全領域において閾値濃度を超えているため，抑制され，全く発現しない。

Box 2C P因子媒介性形質転換

トランスジェニックのキイロショウジョウバエは，ショウジョウバエに関する発生遺伝学に大きな貢献を果たしてきた。これは，いくつかの自然集団のショウジョウバエが持っている**トランスポゾン（transposon）**をキャリアーとして使い，ショウジョウバエ染色体のDNAに既知の配列を挿入してつくられる。このようなトランスポゾンは**P因子（P element）**としても知られ，上記の技術はP因子媒介性形質転換として知られる（図参照）。

P因子は染色体のほとんどどの部位にも挿入することができ，生殖細胞においては，ある部位から別の部位へと“ホッピング”することもできるが，このような動きにはトランスポザーゼと呼ばれる酵素が必要となる。ホッピングはゲノムの不安定性の原因となり得るため，キャリアーとしてのP因子からはトランスポザーゼ遺伝子が除去されている。P因子の最初の挿入のときに必要とされるトランスポザーゼは，それ自体は宿主の染色体に挿入されず，すぐに細胞からなくなってしまうヘルパーP因子によって代わりに供給される。キャリアーおよびヘルパーP因子は，生殖細胞がつくられる場所である卵の後方端に一緒に注入される。

挿入される遺伝子と共に，野生型の*white*$^{+}$遺伝子のような付加的なマーカー遺伝子がP因子には加えられる。*white*$^{+}$がマーカー遺伝子の場合では，P因子は突然変異型*white*$^{-}$遺伝子のホモ接合体のハエ（野生型ショウジョウバエの赤い眼でなく白い眼を持つ個体）に挿入される。赤い眼は白い眼に対して優性であるため，P因子が染色体に挿入され，それが発現したハエは赤い眼によって識別できる。

最初の世代においては全てのハエが白い眼で，組み込まれたP因子はまだ生殖細胞に限定されている。しかし第二世代では，少数のハエが野生型の赤い眼を持ち，これらの個体が体細胞にP因子を持つことを示している。

この技術は，特定の遺伝子のコピーの数を増やしたり，制御領域やコード領域を目的に合わせて変化させた変異遺伝子を導入したり，新たな遺伝子を導入するために使用することができる。また，*lacZ*（細菌性酵素のβ-ガラクトシダーゼをコードする）のようなマーカーをコードする配列を持った遺伝子を導入することも可能であり，その発現を組織化学的染色法によって識別することができる（**Box 1D**, p. 21参照）。P因子そのものは変異原としても使用することができ，遺伝子へのその挿入は通常，遺伝子の機能を破壊する。

このアプローチは，特定組織における異所的発現や過剰発現が突然変異表現型を引き起こす遺伝子をシステマティックに探すための大規模スクリーニングに使用されてきた（**Box 2D**, p. 65参照）。これは，異所的発現スクリーニングとして知られている。この場合，興味を持つ組織でGal4を発現するハエを，Gal4結合部位がランダムに挿入された多数の異なるハエの株と交配し，その子孫で変異表現型をスクリーニングする。このアプローチは，**Box 2A**（p. 44）で説明した，通常は機能喪失型突然変異を同定する従来型の遺伝的スクリーニングを補完するものとして有用である。もし対象のハエが既知の遺伝子に突然変異を持っているならば，異所的発現スクリーニングは，過剰発現によってその突然変異を増悪あるいは抑制する遺伝子の同定に使用することができる。このアプローチによって，その産物が直接的に相互作用する遺伝子，あるいは同じ経路の一部である遺伝子を同定できる。

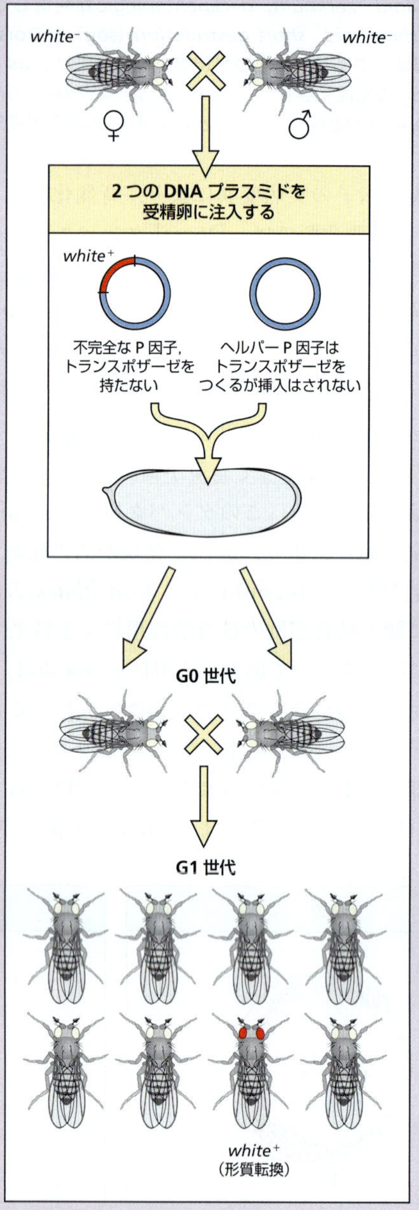

Box 2D 標的遺伝子発現と異所的発現スクリーニング

発生過程において，特定の場所，時間で遺伝子を発現させる技術は，遺伝子の機能を解析するのに大変有用である。これは標的遺伝子発現と呼ばれ，いくつかの方法で行うことが可能である。1つの方法は，ある遺伝子に，P因子媒介性形質転換などの遺伝学的技術を用いて（**Box 2C**, p. 64 参照），対象となる遺伝子に熱ショックプロモーターを付加する方法である。この方法により，胚の保存温度の急激な変化に伴い，遺伝子の発現をオンにすることができる。温度を調整することで，このプロモーターが挿入された遺伝子の発現時期を調節でき，本来とは異なる発生段階で遺伝子が発現することで起きる影響を調べることが可能である。

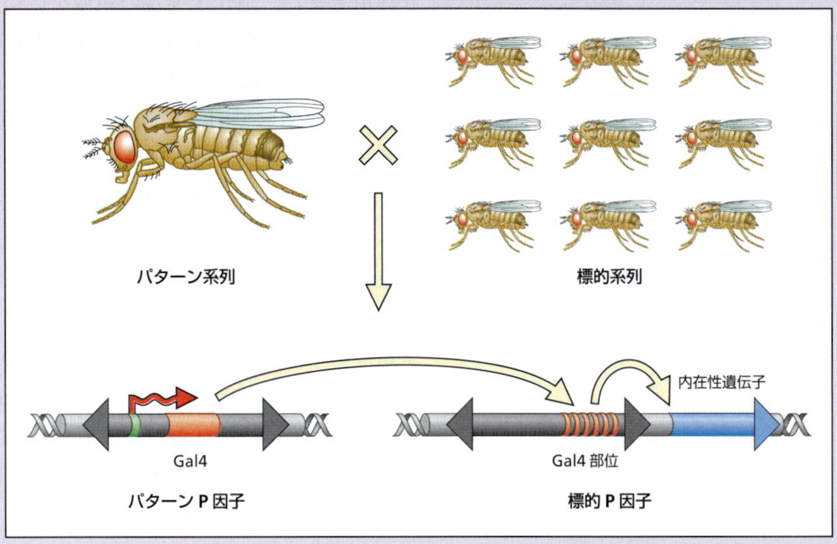

他の標的遺伝子発現の方法は，酵母由来の転写因子であるGal4を用いたものである。Gal4タンパク質は，Gal4結合部位があるプロモーター制御下の遺伝子の転写を活性化する。ショウジョウバエでは，Gal4結合部位を挿入することで，Gal4応答プロモーターを持つ遺伝子をつくることができる。この遺伝子を発現させるには，胚においてGal4タンパク質がつくられる必要がある。目的の状況で発現することがわかっている遺伝子の制御領域を，酵母Gal4遺伝子をコードする領域を挿入したP因子で形質転換することで，Gal4タンパク質を特定の場所，時間で作ることが可能である（上図参照）。

より汎用性のある2つ目の方法は，**エンハンサートラップ（enhancer-trap）**技術に基づいている。Gal4をコードする配列が結合したベクターが，ショウジョウバエのゲノムにランダムに組み込まれる。Gal4遺伝子は組み込まれた位置に隣接するプロモーターやエンハンサーによって制御され，その制御下の遺伝子が正常に発現する場所や時期にGal4タンパク質もつくられる。この技術を用いて，様々な目的のために，様々なパターンでGal4を発現する多くのショウジョウバエ株がつくられている。目的の遺伝子は，Gal4タンパク質がないと不活性状態である。特定の組織でその遺伝子を活性化するには，例えば，その組織でGal4を発現するハエと，目的遺伝子で形質転換された制御領域にGal4結合部位を持つハエを交配させればよい。写真は，この方法を用いて，ハエ成虫の頭の感覚神経での *engrailed* の発現を調べたものである。*engrailed*-Gal4の融合導入遺伝子を持つショウジョウバエ系統を，Gal4応答性のGFP導入遺伝子を持つ系統と交配させている。これらのハエの子孫では，*engrailed* が発現する細胞においてGFPの発現が起き，それにより細胞が緑色に光るのである。

Gal4システムを用いて遺伝子を新たなパターンで発現させることもできる。Gal4システムを使用して，例えば，ペアルール遺伝子 *even-skipped* を奇数番目の擬体節ではなく偶数番目の擬体節で発現させると，クチクラの小歯状突起のパターンが変化する。

写真は Blagburn, J.M.: 2008 より

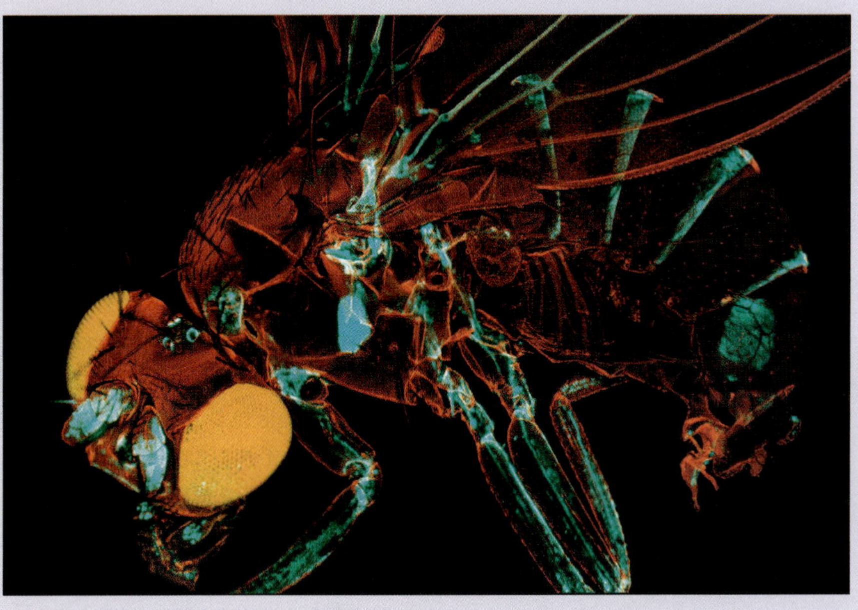

て発現が調節される。閾値応答は異なる結合部位の協同作用を伴い，一箇所への結合が隣接する結合部位への結合を容易にし，さらなる結合を促進する。抑制的な相互作用もまた，遺伝子発現の領域を区切ることと関連がある。例えば，*rhomboid* 遺伝子の制御領域には Dorsal，Snail タンパク質両方の結合部位を持ったモジュールがあり，Dorsal はこれを活性化し，Snail は抑制する。そのため，Snail タンパク質は腹側領域で *rhomboid* の発現を抑制し，これにより *rhomboid* の発現が神経外胚葉に限定するのを補助する。

Dorsal 濃度のおよそ 2 倍の違いが，指定されていない胚性細胞が中胚葉を形成するか，神経外胚葉を形成するかを決定する。Dorsal 濃度の 5 つの閾値が，将来の腹側正中線と神経外胚葉のパターンを形成する。例えば神経外胚葉は，後に背腹軸に沿って 3 つの層になり，それらは 3 つの異なる円柱状の神経索となる（この議題は第 12 章で再び取り上げる）。この再分割は主に，Dorsal 勾配に異なる閾値を持つ 3 つの転写因子をコードする遺伝子それぞれの活性化によるものである。このパターンは，それらの遺伝子と他の遺伝子との制御された相互作用によって維持されているが，ここでは，腹側で発現した遺伝子がより背側で発現した遺伝子を抑制する傾向が認められる。

Dorsal タンパク質の勾配は背腹軸に沿ってモルフォゲン勾配として働き，異なる濃度の閾値において特定の遺伝子を活性化し，背腹軸パターンを規定する。それら遺伝子の制御配列は発生のスイッチであると考えられ，転写因子の結合によりオンになって遺伝子を活性化し，細胞を新たな発生過程へと進める。Dorsal タンパク質の勾配はフランス国旗問題の 1 つの解決策であるが，これが全てではなく，他の勾配も関与している。

2.20 Decapentaplegic タンパク質が，背側領域を形成するモルフォゲンとして働く

前後軸と同様，背腹軸のそれぞれの末端は，異なるタンパク質によって指定される。Dorsal タンパク質は，腹側領域で濃度が高くなる勾配を形成する。また，これが胚性遺伝子の最初の活性パターンを決定し，腹側中胚葉，神経外胚葉を指定する。しかし，背側領域は低濃度の Dorsal タンパク質によって同様に指定されるわけではない。実際に，胚の背側半分では Dorsal タンパク質は核にないか，少ししか存在しない。背腹パターンの背側寄りの部分は，別のモルフォゲンである Decapentaplegic タンパク質の濃度勾配によって決定される。背側外胚葉と，最も背側の領域である羊漿膜はこれによって決定される。

核内の Dorsal タンパク質の濃度勾配が確立された後すぐに胚は細胞性となり，転写因子は核間を拡散できなくなる。そこで，分泌タンパク質や膜貫通タンパク質と，それらに対する受容体が，細胞間で発生シグナルを伝達するために必要となる。Decapentaplegic は，そのような分泌タンパク質の 1 つである（**図 2.19** 参照）。第 4 章で取り上げるが，Decapentaplegic は，脊椎動物の TGF-β サイトカインである BMP-4 のホモログであり，BMP-4 も背腹軸の形成に関与している。Decapentaplegic はショウジョウバエの発生を通じて，多くの過程に関与し，これには，第 11 章で述べるように，翅成虫原基の形成なども含まれる。

Dorsal タンパク質が核に存在しない背側領域全体で，*decapentaplegic*（*dpp*）遺伝子は発現している。Decapentaplegic タンパク質（Dpp）は背側領域から拡散し，背側領域で高い活性を持つ活性勾配を形成する。背側領域の細胞は Dpp がどれだけ存在するかを正確に判断するための受容体を持っており，受容体は，適切

な遺伝子の転写を活性化することによって応答する。これによって，背腹軸は，異なったパターンの遺伝子発現によって特徴付けられる異なった領域へと分けられる。

Dppの濃度勾配が背側のパターンを指定するということは，*dpp* のmRNAを野生型の初期胚に導入した実験から明らかとなった。より多量の *dpp* mRNAが導入され，Decapentaplegicタンパク質濃度が通常よりも上がると，背腹軸に沿った細胞は通常よりも背側の運命をとるようになる。腹側外胚葉は背側外胚葉となり，特に高濃度の *dpp* mRNAでは全ての外胚葉が羊漿膜となる。

Dppは初め，細胞分化が始まると同時に背側領域で一様に産生されるが，1時間以内に，その活性は背側の5～7細胞幅に制限され，将来に背側外胚葉となる隣接領域では活性がとても低い（**図2.29**）。Dpp濃度のはっきりとしたピークは単純な拡散が原因ではない。しかし，初めのDppタンパク質の一様な広がりから活性勾配がどのようにできたのかを，他のタンパクとの相互作用によって説明することができる。加えてDecapentaplegicの活性は他の異なる受容体によっても影響を受けると考えられ，これによりさらに活性勾配を正確なものにしている。さらに，Dppは，細胞外マトリックスに存在するコラーゲンと相互作用することで動きが制限されるため，これによりシグナルの範囲が制限される。Dppは，シグナルの勾配形成が通常の拡散よりもいかに複雑かを示すよい例である。

最も背側の外胚葉細胞とそのすぐ側の細胞との間に急な移り変わりが起こるが，これには，Short gastrulation (Sog)，Twisted gastrulation (Tsg)，Tolloid (Tld)

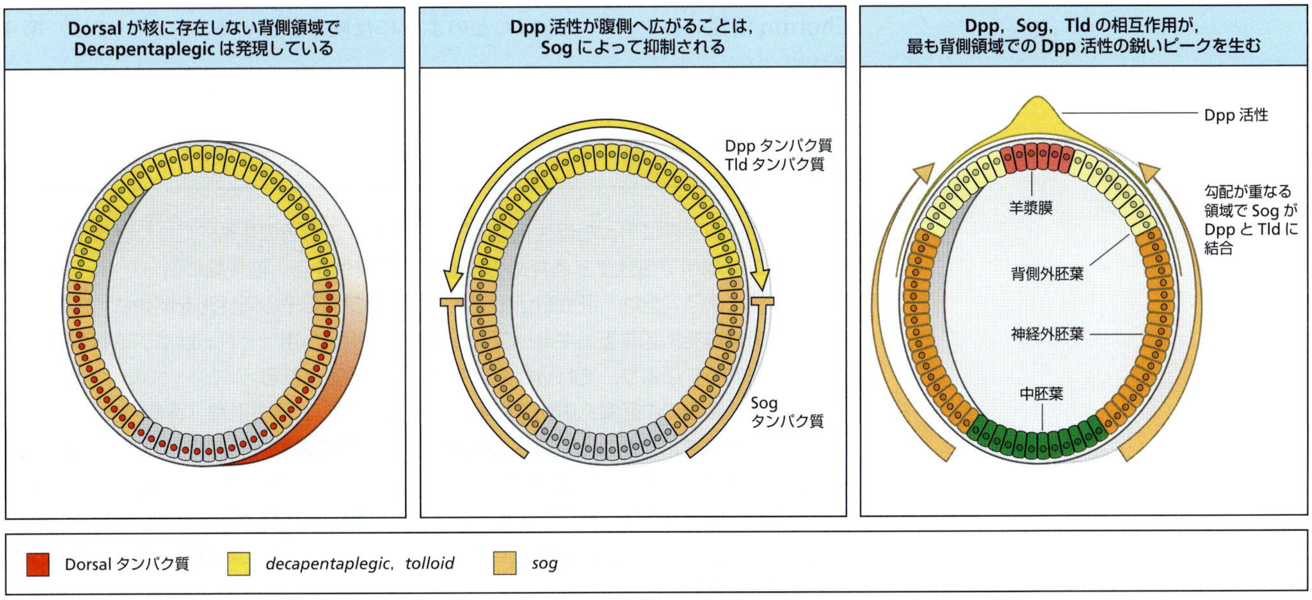

図2.29 Decapentaplegicタンパク質活性は，Short gastrulationタンパク質のアンタゴニスト活性により，胚の最も背側領域に限局される

左パネル：Dorsalタンパク質の核内濃度勾配は，初期胞胚葉の腹側非神経外胚葉での *short gastrulation*（*sog*）の発現を引き起こす。*decapentaplegic* と *tolloid* は，背側外胚葉の全体で発現している。中央パネル：*sog* は分泌タンパク質Sogをコードし，これはDecapentaplegicタンパク質（Dpp）が背側領域全体に存在するはじめの間，腹側から背側に濃度勾配を形成する。プロテアーゼであるTolloid（Tld）も，Dppと同じ領域に発現する。SogとDppが共存するところでは，SogはDppに結合し，Dppが受容体と結合するのを妨げる。これにより，Dppシグナルが腹側の神経外胚葉へ広がるのを妨げている。右パネル：Sogと結合したDppは，Sogの濃度勾配が形成されていくことで，背側に運ばれると考えられており，これにより最も背側の部分でDppの活性勾配の鋭いピークができる。Tldもまた，このDpp活性の最終的な鋭いピークの形成に関与している。TldはSog-Dorsal複合体に結合してSogを分解し，これによって，Dorsalは受容体へ結合できるようになる。胞胚葉期の胚では，背側領域はSog活性によって分割され，高レベルのDppシグナルの領域は羊漿膜となり，低レベルのDppシグナルの領域は背側外胚葉となる。
Ashe and Levine.: 1999 より

タンパク質が関わっている。Sog，Tsg は BMP と関連したタンパク質であり，Dpp に結合することができるため，Dpp が受容体に結合するのを阻害し，抑制的に働く。Tolloid はメタロプロテアーゼで，Dpp に結合している Sog を分解する。

Sog は神経外胚葉で発現し，Dpp と結合することで Dpp 活性がこの領域で広がるのを防ぐ。Sog タンパク質は，背側領域全体に発現した Tolloid によって分解され，これにより Sog の勾配は神経外胚葉で高く，背側正中線で低くなり，Dpp と結合した Sog が背側領域へと運ばれる。Tolloid による Sog および Tsg の分解は Dpp を解放し，これにより最も背側で最も高い Dpp 活性の勾配が形成される（**図 2.29** 参照）。勾配を顕著にする他の要因として考えられているのは，Dpp が受容体に結合した際の迅速な内部移行と分解である。Dpp 活性は，TGF-β ファミリーに属する Screw との相乗効果にも影響される。Screw は Dpp とヘテロダイマーを形成することで，Dpp や Screw だけのホモダイマーよりも強いシグナル活性を持ち，これがほとんどの Dpp 活性に関与しているようである。実験結果と数理モデルからは，ヘテロダイマーは最も背側で優先的に形成されることが示されている。これによって，この領域での高い Dpp 活性が説明できる。Dpp と Screw のホモダイマーは，将来の背側外胚葉の他の場所でシグナルがより低いことの原因となる。この系に対する多くの研究が行われているにもかかわらず，Dpp 活性勾配の形成に対するこれらの因子の寄与に関しては，完全にはわかっていない。

Dpp/Sog には脊椎動物では BMP-4/Chordin（Chordin は脊椎動物における Sog のホモログ）が対応し，これもまた背腹軸形成に関与している。脊椎動物では神経索が昆虫のように腹側ではなく背側に形成されるため，背腹軸は昆虫と比べると逆である。この解剖学的位置関係の逆転が，初期発生における BMP-4 活性と Chordin 活性のパターンの逆転にどのように反映されているかについては，第 4 章で述べる。

まとめ

背腹軸，前後軸に沿った母性転写因子の勾配は，これらの体軸に沿った胚性遺伝子を特異的な場所で活性化するための位置情報を提供する。前後軸に沿った Bicoid タンパク質による勾配は，胚性遺伝子であるギャップ遺伝子の活性化を開始させ，からだ全体の領域を指定する。ギャップ遺伝子間での相互作用（それらはすべて転写因子をコードする）により，それらが発現する境界が規定される。

背腹軸は腹側の中胚葉，腹側外胚葉（神経外胚葉），背側外胚葉（背側表皮），羊漿膜の 4 つの領域に分かれる。母性 Dorsal タンパク質の腹側から背側への濃度勾配は，腹側の中胚葉，背側領域の両方を指定する。2 つ目の勾配である Decapentaplegic タンパク質濃度勾配は，背側外胚葉を指定する。背腹軸，前後軸に沿ったパターン形成は，胚をいくつかの領域に分け，それらは胚性遺伝子活性の特有なパターンによって特徴づけられる。

まとめ：胚性遺伝子の初期発現

前後軸	背腹軸
Bicoid タンパク質勾配の高濃度部分において *hunchback* が発現	核内 Dorsal タンパク質の腹背の濃度勾配ができる
⇩	⇩
Hunchback 活性が *Krüppel*，*knirps*，*giant* などのギャップ遺伝子を抑制もしくは活性化する	腹側での *twist* と *snail* の活性化と，*decapentaplegic* の抑制
⇩	⇩
ギャップ遺伝子産物とギャップ遺伝子の相互作用が発現境界を明瞭なものにする	Decapentaplegic が背側で発現
⇩	⇩
体軸が，転写因子の異なる組合せを持つ固有のドメインに分割される	Decapentaplegic 活性の勾配が背側領域をパターン形成する
	⇩
	背腹軸が，将来の中胚葉，神経外胚葉，表皮，羊漿膜の 4 つの領域に分割される

ペアルール遺伝子の活性化と擬体節の確立

ショウジョウバエの幼虫のもっとも明瞭な特徴は，前後軸に沿った規則正しい表皮の区分けであり，小歯状突起のようなクチクラ構造を持ったそれぞれの体節は，腹部，胸部などとして特徴付けられるようになる。この分節化のパターンは成虫でも維持され，それぞれの体節は固有のアイデンティティを持っている。翅，平均棍，脚などの付属器官は特定の体節に付いている（**図 2.30**）。しかし，成長した幼虫で認識できる体節は，前後軸に沿った分節化の最初のユニットではない。詳しくはこれから説明していくが，基本的な発生の構成単位は擬体節であり，これが最初に形成され，体節はそれからできる。

2.21　擬体節はペアルール遺伝子の周期的な発現パターンによって分けられる

分節化の最初の目に見える徴候は，原腸陥入後の胚の表面に現れる一時的な溝である。これらの溝が擬体節を規定する。14 の擬体節ができるが，これはショウジョウバエ胚の分節化の基本ユニットである。一度擬体節ができると，それらは独立した発生ユニットとなり，特定の遺伝子の制御を受ける。その意味では，胚は断片的なモジュールが集まってできているものと考えることができる。擬体節は初め似ているが，それぞれはすぐにユニークな特徴を持つようになる。擬体節は，最終的な体節とはおよそ体節半分ほど位置関係が異なっている。つまり，各体節はある擬体節の後方領域と，その次の擬体節の前方領域から構成される（**図 2.30** 参照）。頭部領域の前方では，擬体節が融合したときに，体節の配列は失われる。

腹部，胸部の擬体節は**ペアルール遺伝子（pair-rule gene）**によって分けられる。それぞれのペアルール遺伝子は胚を横切る 7 本のストライプ状に発現し，各ストライプは 1 つおきの擬体節にあたる。ペアルール遺伝子の発現を，ペアルールタンパク質を染色することで可視化すると，胚に明瞭な縞模様が見える（**図 2.31**）。

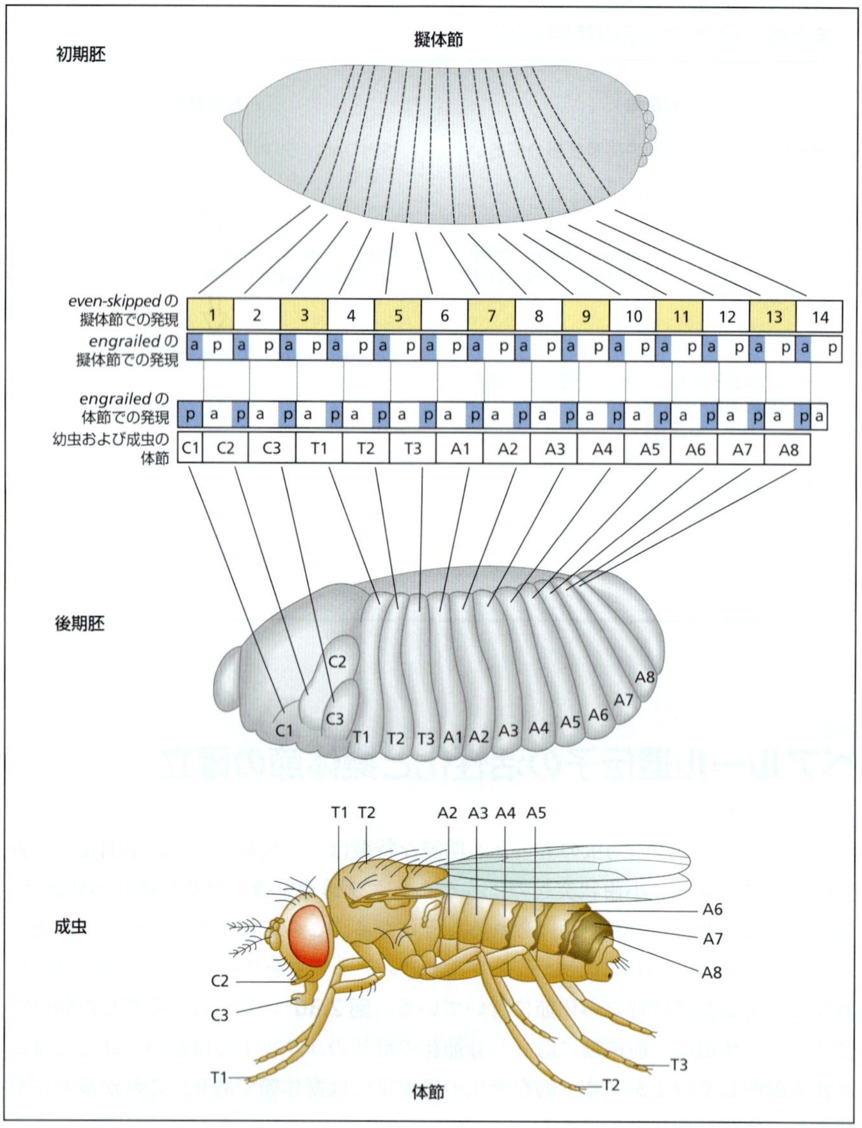

図 2.30 初期胚，後期胚，成虫における，擬体節と体節の関連性

初期胚では，ペアルール遺伝子は1つおきの擬体節にストライプ状に発現する。例えば *even-skipped*（黄）は，奇数番目の擬体節で発現する。セグメントセレクター遺伝子（segment selector gene）である *engrailed*（青）は，すべての擬体節の前方に発現し，各擬体節の前方の縁を区切る。幼虫の各体節は，擬体節の後方と次の擬体節の前方領域によって構成される。擬体節の前方領域は体節の後方の一部になる。つまり，体節はもともとの擬体節からおよそ半体節分ずれて形成され，*engrailed* は各体節の後方領域において発現する。この図では，体節もしくは擬体節の前方（anterior）と後方（posterior）区画をそれぞれ a と p で示している。体節の指定は成虫に持ち越される。その結果，特定の付属器官（例えば脚や翅のような）が，特徴的な体節のみに発生する。C1，C2，C3 は頭部領域を形成するために融合した体節を示している。T は胸部体節，A は腹部体節である。

Lawrence, P.: 1992 より

図 2.31 細胞膜形成直前のショウジョウバエ胚におけるペアルール遺伝子のストライプ状活性

擬体節はペアルール遺伝子の発現により区切られる。そして各ペアルール遺伝子は，1つおきの擬体節において発現する。ペアルール遺伝子である *even-skipped*（青）と *fushi tarazu*（茶）の発現を，それらのタンパク質産物に対する抗体を用いた染色により可視化した。*even-skipped* は奇数番目の擬体節で発現し，*fushi tarazu* は偶数番目の擬体節で発現している。スケールバー＝0.1 mm。

写真は Lawrence, P.: 1992 より

ペアルール遺伝子のストライプ状発現の位置は，ギャップ遺伝子の発現パターンによって決定されている。ここでは，繰り返しパターンではないギャップ遺伝子活性が，ペアルール遺伝子のストライプ状発現に変換されている。どのようにしてこのようなことが成し遂げられているかについて考えてみよう。

2.22 ギャップ遺伝子活性が，ペアルール遺伝子のストライプ状発現の位置を決める

ペアルール遺伝子は，1つおきの擬体節に相当する，周期性を持ったストライプ状に発現する。したがって，これらの遺伝子の突然変異は，1つおきの体節に影響を与える。いくつかのペアルール遺伝子（例えば *even-skipped*：*eve*）は奇数の擬体節を規定する一方，他のもの（例えば *fushi tarazu*）は偶数の擬体節を規定するのである。ペアルール遺伝子のストライプ状発現は，細胞形成前の胚がまだ合胞体の段階で現れており，発現が始まったあとすぐに細胞膜形成が起こる。各ペアルール遺伝子は7つのストライプ状に発現し，それぞれのストライプは数個の細胞の幅を持つ。いくつかの遺伝子（例えば *eve*）では，ストライプの前方の縁は擬体節の前方境界に相当する。しかし，他のペアルール遺伝子の発現のドメインは，擬体節の境界をまたぐ。

ストライプ状の発現パターンは徐々に現れる。*eve* 遺伝子のストライプは最初不明瞭であるが，最終的には明瞭な前方の縁を獲得する。このタイプのパターンを一見すると，例えばモルフォゲンの濃度の波のような機構が根底にあり，その波の頂点でストライプが形成されるといった，周期的なプロセスを必要とすると思われることだろう。したがって，各ストライプが独立に指定されるということが発見されたのは驚くべきことであった。

どのようにペアルール遺伝子のストライプが生み出されるかの例として，2番目の *eve* のストライプの発現について詳細に見てみよう（**図 2.32**）。このストライプの出現は，*bicoid* と3つのギャップ遺伝子である *hunchback*，*Krüppel*，*giant*

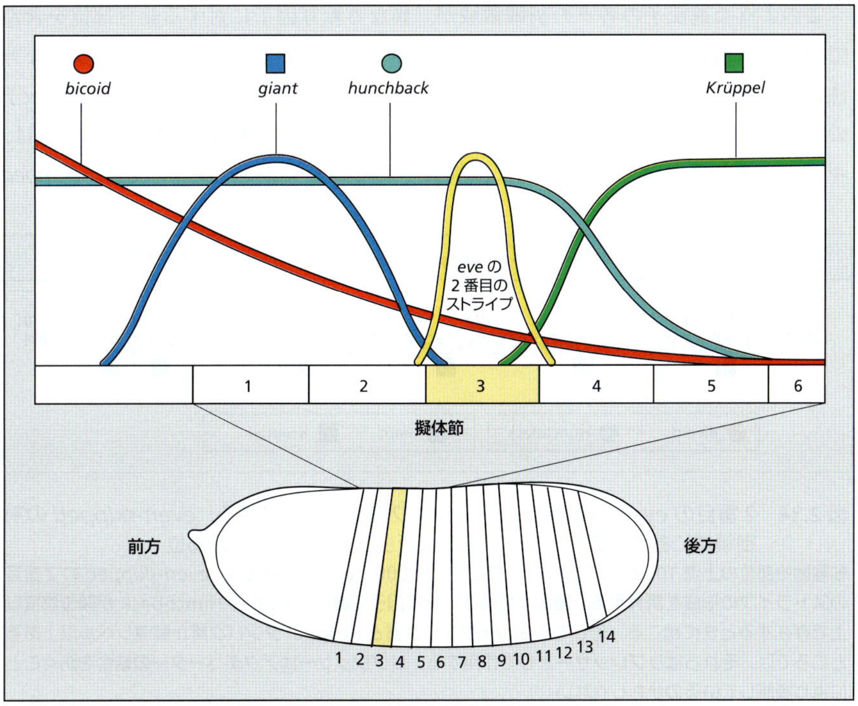

図 2.32　ギャップ遺伝子タンパク質による2番目の *even-skipped*(*eve*) のストライプの指定
ギャップ遺伝子である *hunchback*，*giant*，*Krüppel* によってコードされている転写因子の異なる濃度が，*even-skipped* の発現をそれらの勾配に沿った特定の位置で，狭いストライプで――すなわち擬体節3に――局在化させる。Bicoid タンパク質と Hunchback タンパク質は，広いドメイン内でその遺伝子を活性化する。そして前方と後方の境界はそれぞれ，Giant と Krüppel タンパク質による抑制を通して形成される。

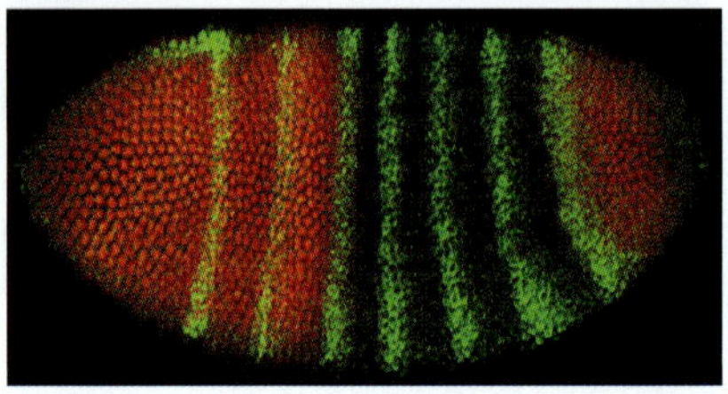

図 2.33 Hunchback 勾配による 3 番目，4 番目の *eve* のストライプの位置

胚を蛍光抗体染色して，Hb タンパク質（赤色）とそのターゲット遺伝子である *eve* mRNA（緑色）の 2 つを同時に検出したものである。3 番目，4 番目の *eve* のストライプの位置は，直接的には，急激にその勾配が減少する Hunchback による *eve* 抑制の欠失によるものである。

写真は Danyang, Y., and Small, S.: 2008 より

（*giant* 遺伝子の発現の前方のバンドだけが 2 番目の *eve* のストライプの指定に関与する，**図 2.23** 参照）の発現に依存している。Bicoid タンパク質と Hunchback タンパク質は *eve* 遺伝子を活性化するのに必要となるが，ストライプの境界を規定してはいない。境界は *eve* の抑制に基づいたメカニズムによって，Krüppel タンパク質と Giant タンパク質によって決められている。たとえ Bicoid と Hunchback が存在しても，Krüppel と Giant の濃度が閾値以上になると，*eve* は抑制される。ストライプの前方の縁は，Giant タンパク質の閾値濃度の場所に限局する。一方，後方の境界は同様にして Krüppel タンパク質によって指定される。

それとは対照的に，3，4 番目の *eve* のストライプは，前方領域における高濃度の Hunchback によって抑制される転写制御領域に依存している。3 番目のストライプは，Hunchback の濃度が急激に落ち始めるところ，すなわち胚の中間あたりに沿うように発現している。一方，4 番目の *eve* のストライプは，Hunchback がさらに低いレベルとなる後方で発現する（**図 2.33**）。3 番目の *eve* ストライプの後方の境界は，ギャップタンパク質である Knirps によって抑制されることによって区切られる。

ギャップ遺伝子がコードする転写因子による各々のストライプの独立した局在には，それぞれのストライプのペアルール遺伝子が，ストライプごとに，ギャップ遺伝子の転写因子の異なる組合せおよび濃度に応答することが必要である。つまり，ペアルール遺伝子が，各々の因子に対する複数の結合領域を持ったシス調節制御領域の複合体を持つことが必要である。*eve* 遺伝子の制御領域に関する考察は，各々が異なるストライプの局在を制御する 7 つの独立したモジュールの存在を明らかにした。それぞれが単一のストライプの発現を決定する約 500 塩基対の制御領域が単離されている（**図 2.34**）。*eve* 遺伝子は，遺伝子の発現を異なる部位で制御するシス調節領域のモジュール性の優れた例である。

活性化されると，胚の特異的な位置において遺伝子発現を誘導できる制御領域の存在は，発生における遺伝子活性制御の基本的な原理の 1 つである。この他の例が，ギャップ遺伝子や背腹軸に関わる遺伝子の局在化した発現でみられる。

このような遺伝子の各々の制御領域が，異なる転写因子に対する結合部位を含んでいる。これらは一方では遺伝子を活性化させ，他方では抑制する。このような方法によって，ギャップ遺伝子活性の組合せが，各擬体節におけるペアルール遺伝子の発現を制御している。いくつかのペアルール遺伝子（例えば *fushi tarazu*）は，ギャップ遺伝子によって直接的には制御されていないかもしれず，*even-skipped*

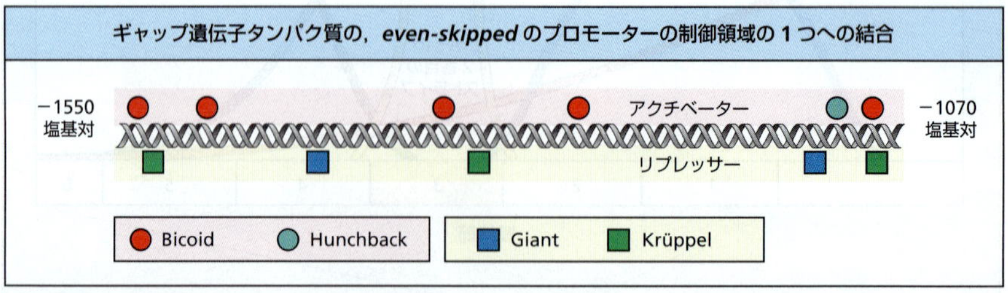

図 2.34 2 番目の *even-skipped* のストライプの発現に関与する，*even-skipped* の制御領域におけるアクチベーターおよびリプレッサーの作用部位

転写開始部位の上流 1070 ～ 1550 bp に存在する約 500 bp の制御領域は，*even-skipped* の 2 番目のストライプの形成を誘導する。遺伝子発現は，転写因子である Bicoid と Hunchback が閾値濃度以上で存在するときに起こる。そして，Giant タンパク質と Krüppel タンパク質が閾値レベル以上あるところでは，それらはリプレッサーとして作用する。リプレッサーはアクチベーターの結合を防ぐことにより機能しているのかもしれない。

や *hairy* のような先行して発現するペアルール遺伝子によって制御されている可能性がある。ペアルール遺伝子の発現開始と共に，胚は分節化する。この時点で胚は，発現している転写因子の組合せによってそれぞれ特徴付けられる，いくつかの領域に分けられる。それらの転写因子には，ギャップ遺伝子，ペアルール遺伝子，そして背腹軸に沿って発現する遺伝子によってコードされたタンパク質が含まれる。

ペアルール遺伝子によってコードされた転写因子は，転写活性によって，パターン形成が次の段階に進むための空間的な枠組みをつくり出す。この枠組みは，さらなる擬体節のパターン化，最終的な体節形成，体節アイデンティティの獲得を含む。これらについては，次節で考えていく。

まとめ

ギャップ遺伝子によるペアルール遺伝子の活性化は，結果として，前後軸に沿った胚のパターンを，領域的なものから周期的なものへと転換させる。ペアルール遺伝子は 14 の擬体節の境界を画定する。各擬体節は，狭いストライプ状に発現するペアルール遺伝子の活性によって規定されている。それらのストライプは，ペアルール遺伝子の制御領域に働く，ギャップ遺伝子がコードする転写因子の局所的な濃度により，一意的に規定される。各々のペアルール遺伝子は，交互の擬体節（あるものは奇数番目，あるものは偶数番目）において発現する。ほとんどのペアルール遺伝子は転写因子をコードする。

まとめ：ペアルール遺伝子と分節化

ギャップ遺伝子がコードする転写因子の局所的な組合せができる

⇩

前後軸を横断する 7 つのストライプにおける各ペアルール遺伝子の活性化

⇩

ペアルール遺伝子の発現が 14 の擬体節の境界を画定する。各ペアルール遺伝子は，1 つおきの擬体節において発現する

分節遺伝子と区画

ペアルール遺伝子の発現は，14 の擬体節の前方境界を規定するが，ギャップ遺伝子と同様に，その活性は一時的なものである。さらにこのとき，胞胚葉は細胞化する。それでは，どのようにして擬体節の境界位置が固定され，幼虫の表皮における最終的な体節が形成されていくのだろうか。これらは，分節遺伝子 (segmentation gene)[訳注 2] の役割である。転写因子をコードするギャップ遺伝子やペアルール遺伝子とは異なり，分節遺伝子は，タンパク質産物やそれらが働く機構についてはお互いに明瞭な関連性のない，多様な遺伝子のグループである。

分節遺伝子は，ペアルール遺伝子の発現に応答して活性化される。それらは 14 本のストライプとして発現し，1 つのストライプは 1 つの擬体節に対応する。ペアルール遺伝子が発現している間に胞胚葉は細胞化していくため，分節遺伝子は多核性胞胚葉という環境よりはむしろ，細胞化した胞胚葉で機能している。*engrailed*

訳注 2：segmentation gene（分節遺伝子）は一般的にはギャップ遺伝子もペアルール遺伝子も含む用語であるため，この文脈ではセグメントポラリティ遺伝子（segment polarity gene）のほうが適当と思われるが原書通りとした

遺伝子はペアルール遺伝子によって活性化される分節遺伝子の1つで，それぞれの擬体節の前方部分に発現している。また，*engrailed* 遺伝子は細胞系譜により限定される境界を定め，次節で説明する区画と呼ばれる発生学的な単位を規定している点が，特に興味深い。さらに，*engrailed* 遺伝子は**セレクター遺伝子（selecter gene）**とも呼ばれ，他の遺伝子の活性を調節することで，個体のある部位や領域に，特定のアイデンティティを与える。この機能は，長期間にわたって働き続ける。

2.23 *engrailed* 遺伝子の発現は，細胞系譜の境界を定め，区画を規定する

engrailed 遺伝子は分節化において重要な役割を持っており，ショウジョウバエでは生涯にわたって発現し続ける点が，一時的な活性を持つペアルール遺伝子やギャップ遺伝子とは異なっている。*engrailed* 遺伝子の最初の活性は，細胞化の際，前後軸に対して直交する一連の14のストライプとして現れる。**図2.35**は，胞胚葉の腹側部分（胚帯）が背側方向に伸長した，後期の胚帯伸長期における *engrailed* 遺伝子の発現を示している。*engrailed* 遺伝子は，4細胞幅を持つそれぞれの擬体節のうち，前方の1細胞幅で最初に発現する（**図2.36**）。このような周期的な *engrailed* 遺伝子の活性パターンは，*fushi tarazu* や *even-skipped* といったペアルール遺伝子がコードする転写因子の組合せによる働きの結果であるらしい。ペアルール遺伝子が *engrailed* 遺伝子の活性を調節している証拠として，例えば *fushi tarazu* に突然変異を持つ胚では，*engrailed* 遺伝子の発現が偶数番目の擬体節で消えることが挙げられる（*fushi tarazu* は通常，偶数番目の擬体節で発現する）。

擬体節の前後境界は，細胞系譜で限定された境界——**細胞系譜限定（cell-lineage restriction）**——として，とても重要な性質を持っている。1つの擬体節中の細胞とその子孫細胞は，隣り合った擬体節中の細胞と決して混じり合うことはない。そのような細胞系譜で限定された領域は，**区画（compartment）**として知られている。区画は，胚，幼虫，成虫において，区画が設定されたときに存在した細胞の子孫すべてを含み，他の区画に由来する細胞は含まない領域として定義される。

区画の存在は，細胞系譜を調べることで検出することができる。胚期の早い時期に1細胞を標識し，発生の後期においてもそれらの子孫細胞（クローン）を識別できるようにしておくことで，細胞系譜を追うことができる。細胞系譜を追跡するための方法の1つに，胚のすべての細胞が取り込むことのできる無害な蛍光化合物を，卵に注入する方法がある。初期胚において紫外線の細い光線を1細胞だけに照射することで，蛍光化合物を活性化させる。その細胞の子孫は蛍光を発するため，その後も認識することができる。このようなクローン解析を，*engrailed* の発

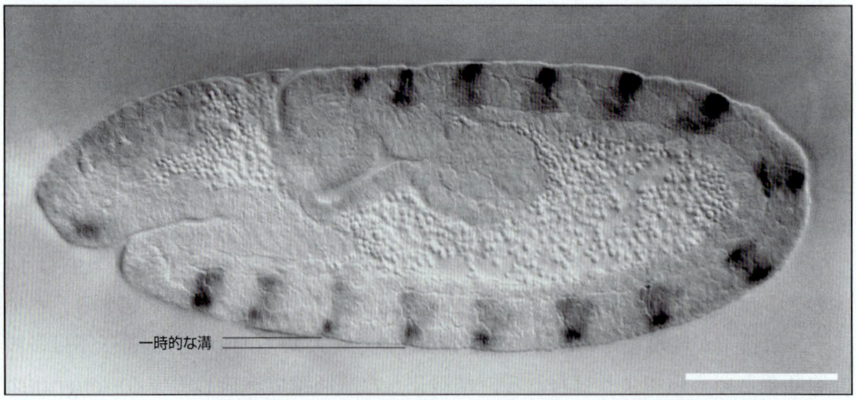

図2.35 ショウジョウバエの後期胚（ステージ11）における *engrailed* 遺伝子の発現
engrailed 遺伝子がそれぞれの擬体節の前方領域で発現しており，擬体節間には，一時的な溝が観察できる。この発生ステージでは，胚帯は一時的に伸長し，胚の背側に伸びている。スケールバー＝0.1 mm。
写真は Lawrence, P.: 1992 より

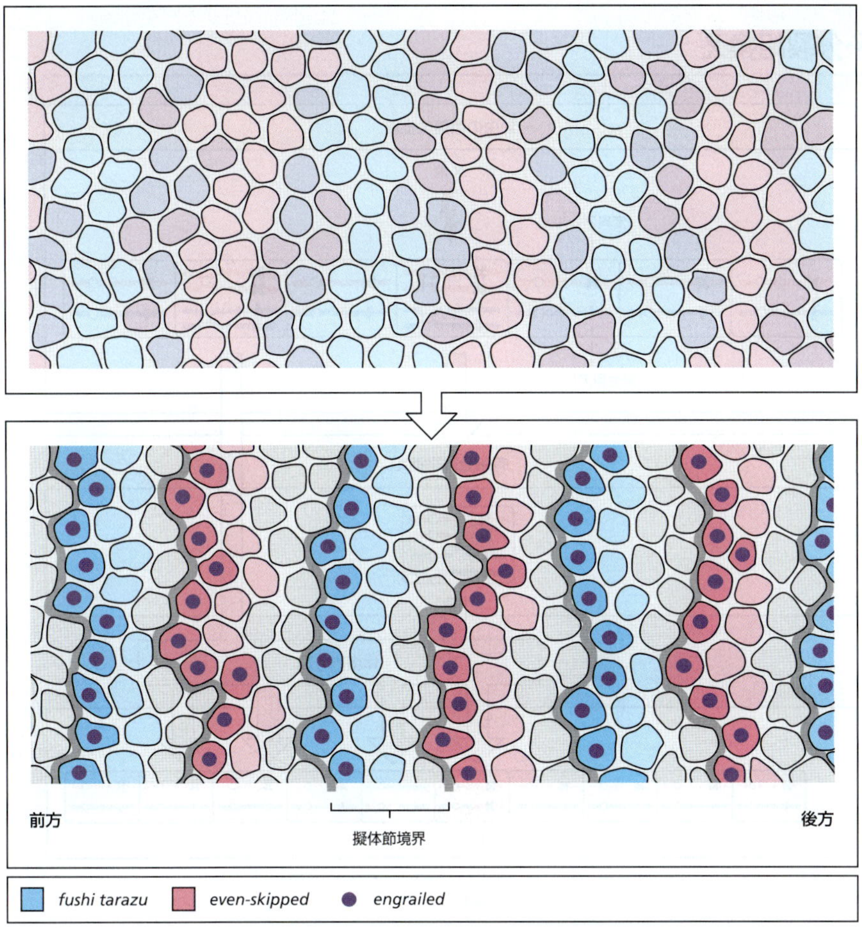

図 2.36 ペアルール遺伝子である *fushi tarazu*（青），*even-skipped*（ピンク），*engrailed*（紫の点）の擬体節における発現

engrailed 遺伝子は，それぞれのストライプの前方縁で発現しており，それぞれの擬体節の前方境界を定めている。擬体節の境界は，後に，よりシャープに，よりまっすぐになる。

Lawrence, P.: 1992 より

現解析と共に行うと，擬体節の前方縁にある細胞は，境界の向こう側にある細胞の子孫を含まないことがわかる。このことから，前方縁は，細胞系譜で限定された境界であることがわかる。つまり，境界が形成されると，その後の発生において，境界の一方の側の細胞やその子孫は，もう一方の側に混ざることはできなくなる。

擬体節における前方縁での細胞系譜による限定は，幼虫と成虫の体節まで持ち越される。しかし，擬体節の前方部分は体節の後方部分になるので，細胞系譜による限定は，体節の前後領域の間で起こる。このようにして体節は前後の区画に分けられ，このとき *engrailed* 遺伝子は後方区画を規定する（**図 2.30** 参照）。

1 つの区画内の細胞は，最初に共通の遺伝的な調節を受ける。細胞の一群が，それぞれの領域において異なった遺伝子を誘導するシグナルを用いることで，2 つの領域集団に分けられていく様子を想像してみよう。もし，もとの細胞の子孫が境界を越えて混じり合わないとしたら，それぞれの領域が区画となる。

区画内の細胞系譜による限定は，ショウジョウバエ成虫の翅における細胞の振る舞いが良い例となる。細胞系譜による限定を，成虫が持つ構造において区別することは，胚期や幼虫期に比べると容易である。なぜならば成虫では，胚期に区画が最初に決められた後に，多くの細胞分裂が起こっているからである。区画は，識別可能な 2 種類の細胞から構成される遺伝的なモザイクを作製することで可視化できる（**Box 2E**, p. 76）。X 線やレーザー照射による有糸分裂組換えを用いることで，胞胚葉期や幼虫の表皮における個々の細胞に，識別可能な表現型を誘導する。そして，これら標識された細胞の子孫すべての運命を追跡することができる。それらの

Box 2E 遺伝的モザイクと有糸分裂組換え

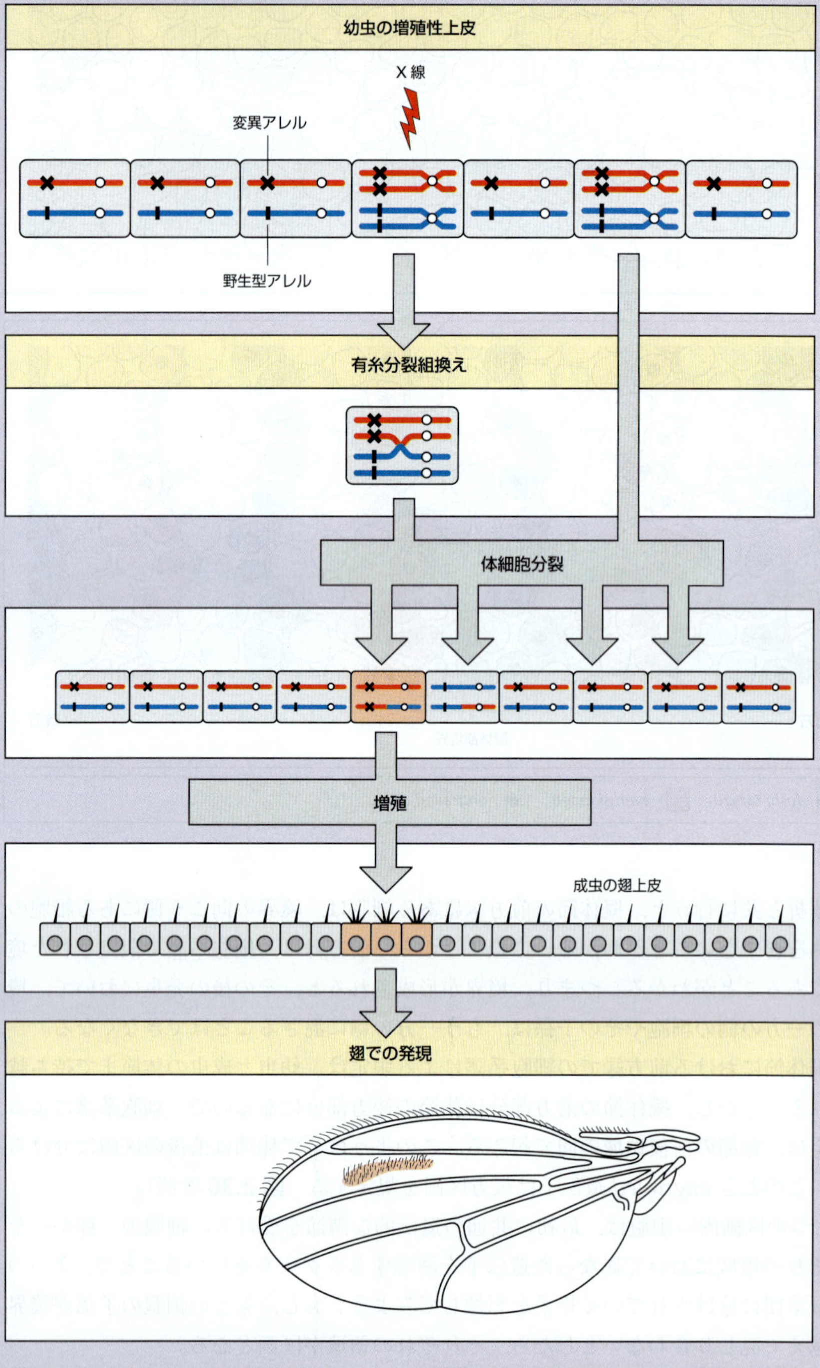

遺伝的モザイクとは，単一のゲノム由来であるが，再編成されたり不活性化された遺伝子を持つ細胞が混合した胚である。ショウジョウバエの遺伝的モザイクは，胚あるいは幼虫の体細胞において，まれに起こる有糸分裂組換え（体細胞組換え）を誘発することでつくり出すことができる。遺伝的モザイクをつくるために最初に行われた方法は，染色体が複製されて，2つの染色体が形成された後，X線を用いて染色体切断を誘発する方法であった。染色体切断を誘発すると，相同染色体間で交換が引き起こされ，切断が修理される。現在では，酵母由来のリコンビナーゼである FLP と，その標的配列である *FRT* 配列を染色体上に持つ遺伝子組換えショウジョウバエ系統を用いることで，有糸分裂組換えを誘導できる。リコンビナーゼが活性化した結果，*FRT* 配列間で組換えが起こる。有糸分裂組換えは，特有な遺伝子構成を持つ1個の細胞を生じさせ，これはその細胞のすべての子孫に受け継がれる。これはショウジョウバエでは，組織中に明瞭なパッチを形成する。

劣性遺伝子である *multiple wing hairs* のような，表現型が簡単に区別できる突然変異が，クローンを識別するために用いられる。もし，有糸分裂組換えによって，ヘテロ接合体の幼虫においてこの突然変異がホモ接合となる細胞がつくられたら，その細胞の子孫では毛が多くなる（図参照）。この方法により作製された表皮のクローンは，組換え後の細胞増殖が少ないので，たいてい小さくなってしまう。ここで *Minute* 法を用いることで，より大きなクローンを作製することができる。*Minute* 遺伝子に突然変異を持つショウジョウバエの細胞は，野生型の細胞に比べてゆっくりと成長する。*Minute* 遺伝子の突然変異をヘテロ接合で持つショウジョウバエを用いると，有糸分裂組換えを起こして標識された細胞は正常となる。これは，この細胞は *Minute* 突然変異を欠いたことで，野生型の細胞になったためである。この正常細胞は，もともと成長が遅いバックグラウンド細胞より成長速度が速いため，標識された細胞の大きなクローンをつくることができるのである（**図 2.37** 参照）。有糸分裂組換えの手法は，様々な用途がある。もし，標識された細胞のクローンを異なる発生ステージで生じさせれば，細胞の運命を追跡することができるし，それらがどのような構造に寄与しているか，観察することができる。これにより，異なる発生段階におけるそれらの細胞の運命決定や分化の状態に関する情報を得ることができる。また，この手法は，ある突然変異がからだ全体でホモ接合型になると致死になるような場合でも，その突然変異のホモ接合の局所的な効果を観察することにも使うことができる。

振る舞いは，最初の細胞が標識された時期がどの発生段階だったのかに依存する。核分裂している間の初期発生段階に標識された細胞核は，多くの組織や器官の一部になる。しかし，胞胚葉期や，それより後に標識された細胞核は，より限定的な運命をたどる。それらは，それぞれの体節（あるいは翅など）の前方部分か後方部分のどちらかだけで観察可能で，決して体節全体で観察されることはない。

成虫原基の細胞は，胞胚葉期のあと，10 回程度しか分裂しない。つまり，実験的に標識したこのような細胞のクローンは小さく，成虫においてさえも細胞系譜による境界を検出するのは簡単なことではない（図 2.37 上段パネル）。クローンサイズを大きくするには，*Minute* 法という方法がある。*Minute* 法を使うと，標識した細胞は，他の細胞よりも多く細胞分裂する（Box 2E, p. 76 参照）。この方法で作製したクローンは，翅の前方部分か後方部分か，いずれか一方のほとんどを満たすことができ，この境界を細胞が越えないことを明白に示している。つまり，この境界は，前後区画を分けているのである（図 2.37 中段パネル）。正常な翅において，それぞれの区画は，初期に存在した一群の細胞の子孫だけによって構成されている。区画境界は非常に明瞭かつ直線的であり，翅の構造的な特徴と一致しない。これらの実験は，翅のパターンは決して細胞系譜に依存しないことも示している。標識した胚期の細胞 1 つは，成虫の翅の細胞の 20 分の 1 程度を生じさせることができるが，クローンを大きくするために *Minute* 法を使うと，およそ半分を占めるようになる。それぞれの場合における翅の細胞系譜はかなり異なるが，それにもかかわらず，翅のパターンは完全に正常である。これは，発生中の細胞系譜が不変である線虫（*C. elegans*）とはかなり異なる。

ショウジョウバエ成虫の翅の区画パターンでは，成虫原基における初期の指定が持続している。成虫原基を形成するために胚の表皮細胞が割り当てられるとき，それぞれの原基は，その原基が発生した擬体節の区画パターンを保存したままになっている。例えば翅成虫原基は，2 つめの胸部体節に寄与する 2 つの擬体節間の境界から発生する。このように翅は，前方区画，後方区画，そして翅のおよそ中央にまっすぐ伸びる区画境界（もとは擬体節の境界だったもの）に分けられる。

体節の後方区画（擬体節の前方部）としての細胞の指定が最初に起こるのは，擬体節が確立されるときで，その指定は *engrailed* 遺伝子によるものである。*engrailed* 遺伝子の発現は，細胞に体節後方のアイデンティティを与えること，そして隣接した細胞が混ざり合わないようにするために細胞表面の機能を変えることの両方に必要である。それゆえ，擬体節の境界が形成されるのである。

engrailed 遺伝子の機能を説明する直接的な証拠は，*engrailed* 突然変異体の翅におけるクローンの振る舞いを観察することから得られる（図 2.37 下段パネル）。正常な *engrailed* 遺伝子の発現がない場合，クローンには体節の前方部，後方部の制限がなく，区画領域が消失する。さらに，*engrailed* 突然変異体では，後方区画が一部，翅の前方区画と似るように変形してしまう。例えば剛毛は通常，翅の前方縁だけで観察されるが，*engrailed* 突然変異体では後方縁にも観察される。

engrailed 遺伝子は，幼虫期や蛹期を通じて発現し続ける必要があり，成虫においても，体節の後方区画の特徴を維持するために発現し続ける必要がある。したがって，*engrailed* はセレクター遺伝子の例でもある。セレクター遺伝子の活性は，細胞の特定の運命を決めるのに十分である。セレクター遺伝子は，他の遺伝子の活性を調節し，領域に特定のアイデンティティを与えることで，区画という領域の発生を調節することができる。

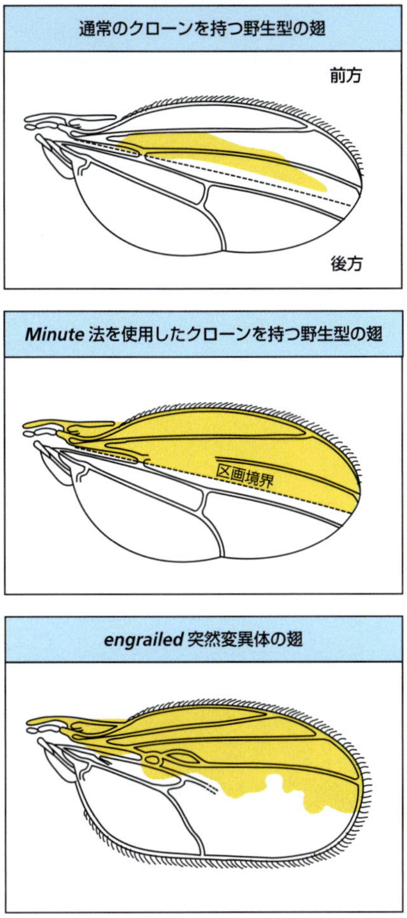

図 2.37　翅における前後区画の境界は，標識された細胞クローンによって明らかとなる

上段パネル：野生型の翅において，胚期に有糸分裂組換えにより標識したクローンを観察した。標識された細胞は他の細胞とは異なった表現型を示すが，クローンは区画境界をはっきり示すには小さすぎる。中段パネル：*Minute* 法（Box 2E 参照）を用いることで，標識された細胞の細胞分裂の速度を増大させた。これにより，ある区画の細胞が隣接する区画境界を越えないことを決定するのに，十分な大きさのクローンができている。下段パネル：Engrailed タンパク質が欠失した *engrailed* 突然変異体の翅では，後方区画か，その境界ができない。前方部のクローンは後方部にまで及び，後方部は前方部の特徴を持つ構造に変形している（前方部の縁のように，後方部の縁も毛を持っている）。*engrailed* 遺伝子は，後方区画の特徴を維持したり，境界を形成するのに必要である。

2.24 分節遺伝子は擬体節境界を安定させ，境界において体節をパターン形成するシグナル中心を確立する

幼虫のそれぞれの体節は明確に定められた前後パターンを持っており，これは腹部の腹側表皮において容易に観察できる。例えば，それぞれの体節の前方領域は小歯状突起を有しているが，後方部分はむき出しである（**図 2.38**）。小歯状突起の列には6つのタイプがあり，はっきりと区別できるパターンを持つ。分節遺伝子の突然変異は，しばしば小歯状突起のパターンを変えてしまうが，このおかげでそれらの遺伝子が最初に発見された。例えば *wingless* 遺伝子（これはショウジョウバエ成虫の表現型から名付けられた）という分節遺伝子の突然変異では，腹部の腹側全体が小歯状突起で覆われてしまう表現型を示すが，それぞれの体節の後方半分における小歯状突起のパターンは逆転する。この突然変異体では，それぞれの体節の前方領域が鏡像のように重複し，後方領域は消失してしまう。

幼虫の小歯状突起のパターンは，胚期の擬体節境界の正確な構築と維持に依存する。また，擬体節境界の構築は，隣接する細胞間におけるシグナル回路に依存し，これが隣接する細胞間を境界で区切る。この一連のシグナル回路には，主として分節遺伝子である *wingless*，*hedgehog*，*engrailed* が関わり，それらは擬体節内の限定された領域で発現する（**図 2.39**）。前節でみたように，*engrailed* は転写因子をコードしているが，一方で Wingless や Hedgehog は分泌型のシグナルタンパク質であり，遺伝子発現のパターンを変えるために，細胞表面の受容体タンパク質を介して働く。Wingless は，いわゆる Wnt ファミリー（Wnt family）に属する

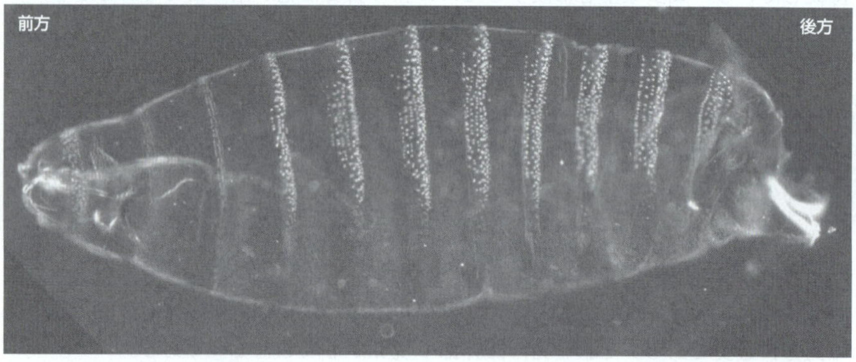

図 2.38 ショウジョウバエ幼虫のそれぞれの体節は，腹部の表面に小歯状突起の特徴的なパターンを持つ
小歯状突起は体節の前方領域に限定され，それぞれの体節は，固有のパターンを持っている。
写真は Goodman, R.M., et al.: 2006 より

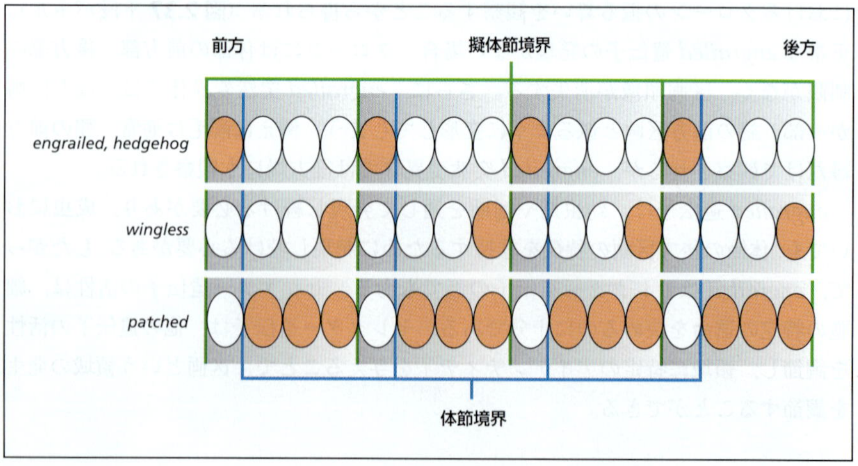

図 2.39 分節遺伝子の発現領域
細胞性の胞胚葉期において *engrailed* は，*hedgehog* とともにそれぞれの擬体節の前方領域で発現している。一方，*wingless* は後方部の縁で発現している。原腸陥入後，*patched* が，*engrailed* も *hedgehog* も発現していない全ての細胞で発現する。擬体節が定められた後，胚が孵化するまでの間に2回の細胞分裂が起こる。

シグナルタンパク質の始原型メンバーの1つである。Winglessは，脊椎動物だけでなく，無脊椎動物においても発生の鍵となる役割を持ち，さまざまな発生過程において，細胞運命や細胞分化の決定に関わっている。**Hedgehog**も同様に，脊椎動物を含む，多くの動物にホモログを持つ。

我々は既に，それぞれの擬体節の前方境界に*engrailed*の発現を誘導することによって，ペアルール遺伝子が最初に擬体節を区切る仕組みを見てきた（**図2.35**参照）。この時点で*engrailed*を発現している細胞は，分泌型シグナルタンパク質であるHedgehogを発現し，これによりEngrailedが発現している細胞のすぐ前方部の細胞列で，シグナルタンパク質であるWinglessの発現が活性化され，維持される。Hedgehogが働く一般的なシグナル経路を，**図2.40**に示す。分泌型のWinglessタンパク質は*hedgehog*と*engrailed*の発現を維持するための境界を越えるフィードバックシグナルとして働く。これによって区画境界が安定化され，維持される（**図2.41**）。擬体節の境界やさまざまな他の発生における機能において，Winglessや他のWntタンパク質は，**Box 1E**（p. 26）に示したようなシグナル経路を介して働く。この経路はしばしば，**標準Wnt/β-catenin経路（canonical Wnt/β-catenin pathway）**と呼ばれる（β-cateninはショウジョウバエではArmadilloと呼ばれている）。Wingless-Hedgehog-Engrailed回路のコンピューターモデルからは，回路の振る舞いを支配している遺伝子の発現レベルの変化など

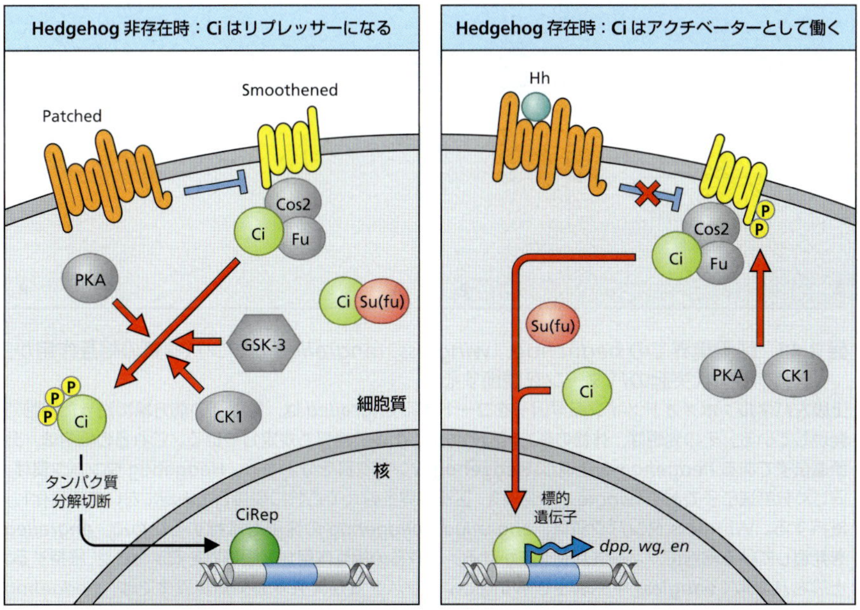

図2.40　Hedgehogシグナル伝達経路
左パネル：Hedgehogが存在しないとき，Hedgehogの受容体で膜タンパク質のPatchedは，膜タンパク質であるSmoothenedの活性を抑制する。Smoothenedが活性化していないとき，転写因子であるCubitus interruptus（Ci）は，2種のタンパク質複合体――1つはSmoothenedと結合するもの，もう1つはSuppressor of fused（Su(fu)）と結合するもの――として細胞質に抑留される。Hedgehogがないとき，Smoothenedと複合体を形成しているCiは，グリコーゲン合成酵素キナーゼ（GSK-3），プロテインキナーゼA（PKA），カゼインキナーゼ1（CK1）といったいくつかのタンパク質キナーゼによりリン酸化される。その結果，タンパク質分解切断が起こり，切断型タンパク質のCiRepが産生される。CiRepが核内に移行し，Hedgehogシグナル情報伝達の標的遺伝子の転写抑制因子として働く。右パネル：Hedgehog（Hh）がPatchedに結合すると，PatchedによるSmoothenedへの抑制が解除され，CiRepの産生がブロックされる。Ciは細胞質の両者の複合体から解離し，核内に移行し，遺伝子のアクチベーターとして働く。Hedgehogシグナル情報伝達によって活性化される遺伝子には，*wingless*（*wg*），*decapentaplegic*（*dpp*），*engrailed*（*en*）がある。

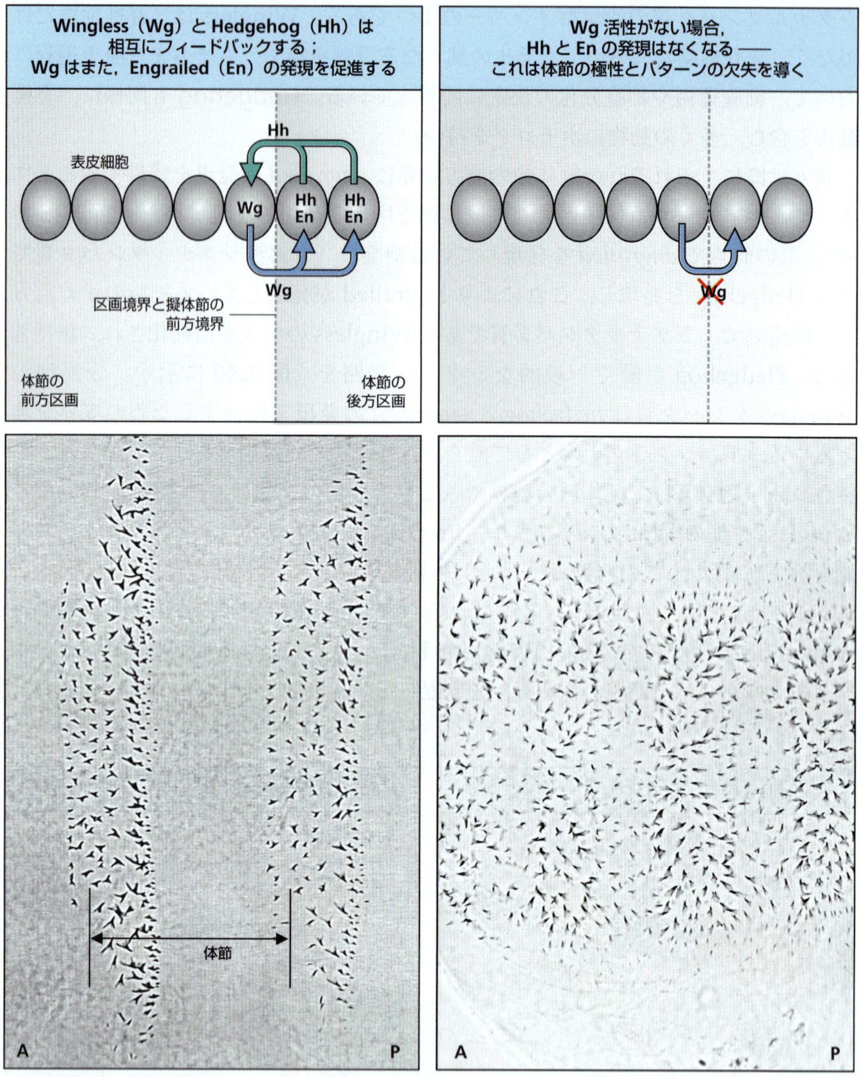

図2.41 区画境界での*hedgehog*，*wingless*，*engrailed*とタンパク質の相互作用が，小歯状突起のパターンを調節する

上段左パネル：ホメオドメイン転写因子をコードする*engrailed*は，擬体節の前方縁に沿った細胞で発現している。その発現は，体節の後方区画の将来における境界も規定している。これらの細胞は，分節遺伝子である*hedgehog*を発現し，Hedgehogタンパク質を分泌する。Hedgehogタンパク質は，同じく分節遺伝子である*wingless*の発現を，区画境界を越えてこれに隣接した細胞において活性化し，維持する。Winglessタンパク質は，*engrailed*，*hedgehog*の発現を維持するために，*engrailed*を発現している細胞にフィードバックをかける。これらの相互作用が区画境界を安定化させ，維持する。上段右パネル：*wingless*が不活性でWinglessタンパク質が欠失する突然変異体では，*hedgehog*や*engrailed*も発現しない。そのため，区画境界と，腹部の体節における小歯状突起の厳密なパターンが欠失する。下段左パネル：野生型の幼虫では，腹部のクチクラの小歯状突起の帯は体節の前方領域に限定されていて，このパターンは*hedgehog*と*wingless*の活性に依存している。下段右パネル：*wingless*突然変異体では，小歯状突起は前方の体節を鏡像にしたようなパターンを示し，腹部の表面全体に現れる。

写真はLawrence, P.: 1992より

に対してこの回路が非常に強固で，耐久性を持つことが示されている。擬体節境界が構築されてしばらくすると，深い溝が*engrailed*のストライプの後方縁にでき，それぞれの体節の縁が形成される。これは，*engrailed*の発現が幼虫の体節の後方区画を決めていることを示している。

胚において体節の後方縁ができた結果，初期の擬体節境界が体節の前後区画の間につくった境界と合わせて，連続した腹部上皮は，前方部と後方部の区画の繰り返しに分けられる（図 2.30 参照）。いったん区画境界が定まると，擬体節境界からのシグナルがそれぞれの体節のパターンをつくる。それが最終的には，幼虫で明白になるクチクラパターンを形成するための，上皮細胞の分化につながる。小歯状突起の帯のパターンは，Wingless と Hedgehog によるシグナルに応答して規定される。胚発生の後期では，Hedgehog シグナルと Wingless シグナルの活性化はもはや互いに依存せず，別々に解析することができる。Wingless タンパク質は，体節の後方区画のパターンを形成するために，区画境界を越えて後方に移動する。また，前方部にも同様に移動し，それらが発現している細胞よりすぐ前方において，体節の前方部分のパターンを形成する。Wingless は後方区画ではより速く分解されてしまうため，移動距離は前方方向より後方方向のほうが短くなる。そのため，そのパターン形成での効果は前方区画で広範囲に拡大する。前方区画では，Wingless は小歯状突起の形成に必要な遺伝子を抑制するので，Wingless が発現している細胞列のすぐ前方に位置する細胞は，滑らかなクチクラを生み出す表皮細胞へと分化し，同時に前方部に広がった Wingless シグナルは，その体節における小歯状突起の帯の後方縁を規定する。*wingless* の機能が喪失している突然変異体では，正常なときには滑らかなクチクラの領域に小歯状突起が形成されてしまう（図 2.41 参照）。

後方区画細胞は Hedgehog の作用に対して反応しないので，Hedgehog シグナルは，それが実際に発現している後方体節区画におけるパターン形成は行わない。Hedgehog シグナルは Wingless の働きを維持するために前方部へ移動し，また，後方では次の体節の前方区画のパターン形成を助けている。複雑な相互作用によって，Hedgehog と Wingless によるシグナルは，重なり合わない狭いストライプでの多くの遺伝子の発現を誘導する。それにより，幼虫の体節の滑らかなクチクラパターンと小歯状突起の特定の列でのパターンが指定される。

区画境界内のパターン形成は，ショウジョウバエ成虫の腹部体節の表皮においても観察される（図 2.42）。それぞれの体節における表皮は，いくつかのタイプ――少なくとも，前方区画においては 5 つ，後方区画においては 3 つのタイプ――に分けられる。それらは，色素沈着の有無や，剛毛や毛の位置によって識別することができる。

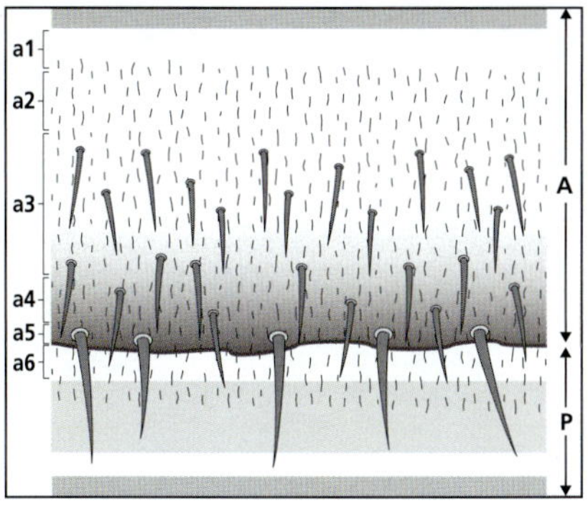

図 2.42 ショウジョウバエ成虫の腹部にある各体節の表皮は，前後区画に分けられる
異なる剛毛，色素沈着，遺伝子発現によって特徴付けられる a1 ～ a6 の異なる領域が，前方区画において区別できる。A：前方区画，P：後方区画。

2.25 昆虫の表皮細胞は，上皮平面において前後方向に個々に極性化する

各体節での昆虫表皮は，異なる種類の表皮細胞へと帯状にパターン形成されるだけでなく，各細胞は前後方向に極性化する。これは，ショウジョウバエ成虫腹部の毛や剛毛が全て後方を向くことに反映される（図 2.42）。多くの種類の細胞は極性を持ち，これは単純に言えば，細胞の一方の端はもう一方の端とは構造的・機能的に異なることを意味する。極性化は，例えば化学誘引因子の濃度勾配に対する反応において明確に観察することができ，このとき，細胞の前方端は後方端と大きく異なる。この種類の細胞極性は平面内細胞極性（planar cell polarity）と呼ばれ，上皮層にしばしば存在する頂端-基底極性と区別される。平面内細胞極性は，薄い上皮の層で構成されるショウジョウバエの翅で明確に見ることができる。翅上皮細胞は全て毛を有しているが，それらの毛はからだから離れるように細胞末端――細胞の遠位［先端部（distal）］――に形成され，全てからだから離れる方向を向く（図 2.37）。その他の例に昆虫の複眼がある。眼の個々の単位（個眼）は，眼全体を半分に分ける中央の線から離れる方向を向いている。これは，眼成虫原基において発

生中の光受容体で平面内極性が確立した結果である。脊椎動物では，平面内極性の例には，内耳の不動毛や魚類の鱗がある。平面内細胞極性はまた，球状のアフリカツメガエル胞胚がより長い原腸胚に変化する際の，原腸形成における組織伸張のような，形態形成での細胞運動においても重要である（これに関しては第 8 章で議論する）。

平面内細胞極性の確立メカニズムはまだ完全には理解されていない。現在の仮説では，全体的な極性方向を決定する，組織全体に及ぶ情報勾配の存在が提唱されている。一方で，細胞の両端間や，隣接する細胞間での局所的なシグナルが，個々の細胞極性を設定すると考えられている（**Box 2F**, p. 83）。例えば成虫腹部表皮の場合では，区画境界に生じるシグナル勾配が，体節のパターン形成同様に，平面内細胞極性の確立にも役割を果たしていると考えられる。

自然界における平面内細胞極性の喪失は，植物を餌とするナガカメムシ（*Oncopeltus*）の成虫で観察することができる。この昆虫では，ショウジョウバエのように毛がそれぞれの体節を覆っており，それらはすべて後方を向いている（**図 2.43** 左パネル）。ナガカメムシの自然界の一部の個体には，体節境界に間隙が存在する。これにより，方向が変化したかなり正確な毛のパターンが生じ，間隙の周辺では多くの毛が逆方向を向く（**図 2.43** 中央および右パネル）。もし各体節内の勾配の傾斜が毛に方向性を与えるとすれば，体節境界の間隙は勾配の局所的な変化を生じさせ，正常な体節境界での濃度の急激な変化はなだらかになり，逆方向に向かう局所的な勾配を形成することになる。これにより，逆方向を向いた毛がこの領域に生じる。同様の極性の逆転を生じさせる突然変異は，ショウジョウバエの腹部表皮に細胞のクローンとして誘導することが可能で，区画内に設定された情報の勾配の破壊による結果として，同様に説明することができる。平面内細胞極性に不可欠な遺伝子は，長距離勾配の設定に関与するタンパク質や，それを解釈して個々の細胞極性を決定するシグナル伝達系とともに，ショウジョウバエや他の生物において同定されている（**Box 2F**, p. 83 参照）。

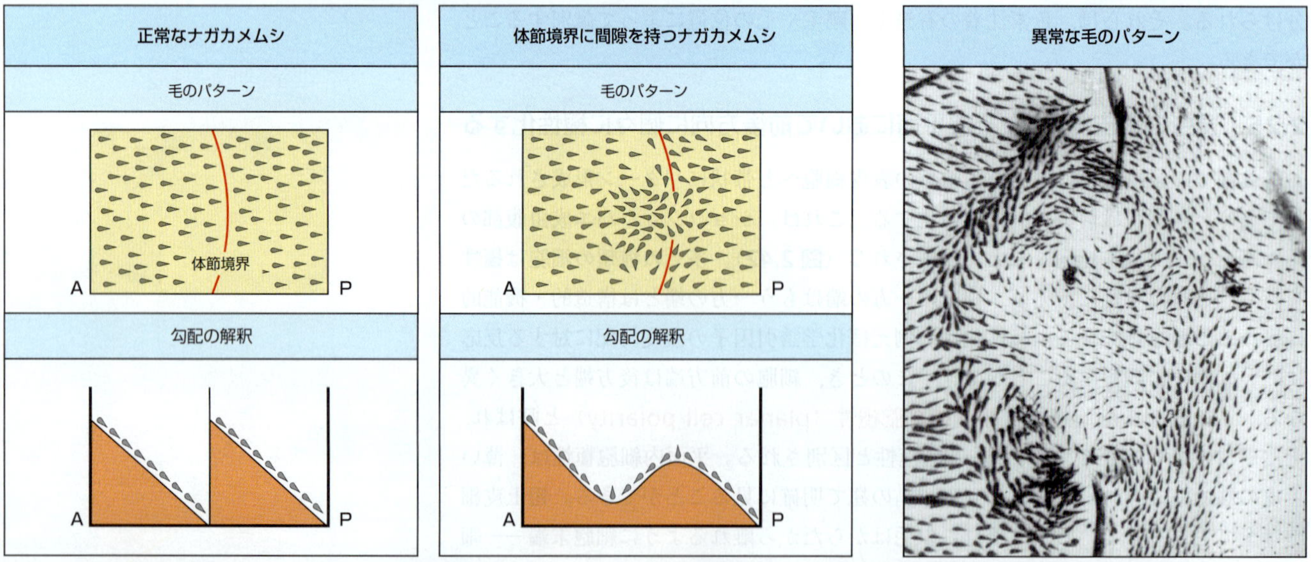

図 2.43 勾配がナガカメムシの体節内の極性を指定しうる
クチクラ上の毛は後方を向いており，これは，体節境界によって部分的に維持されているモルフォゲン勾配を反映している可能性がある（左パネル）。境界に間隙が存在する場合（中央パネル），モルフォゲン濃度の急激な差はなだらかになり，勾配および毛の向きに局所的な逆転が生じる。このことは写真に示している（右パネル）。

Box 2F　ショウジョウバエにおける平面内細胞極性

上皮細胞は明瞭な頂端-基底極性を持つ。しかし，発生におけるパターン形成により関連の深いのは，上皮平面における極性——平面内細胞極性（planar cell polarity）——である。これは成虫のハエの表皮で確認でき，腹部表皮は全て後方向きの毛を持ち（パネル a），翅表皮は全て先端部向きの毛を持つ（翅の付け根側から，先端に向かって生える）。ショウジョウバエにおけるその他の平面内細胞極性の例は，昆虫の複眼にある単眼の配向性である（第 11 章参照）。

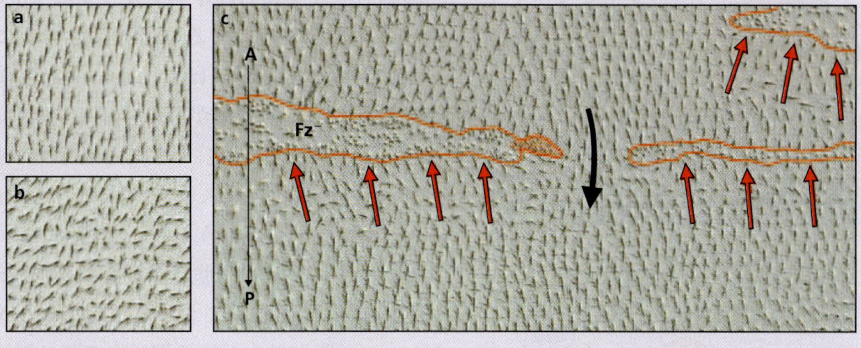

平面内極性を確立するメカニズム，特に組織において極性の軸が決定される方法は，完全には理解されていない。しかし，細胞レベルにおいては，これに関与するいくつかの主要タンパク質は同定されてきている。細胞表面受容体の Frizzled（Fz）もその 1 つである。ハエの腹部表皮では，Fz が存在しないと組織極性は破壊され，毛の方向性はランダムになる（パネル b）。しかし，もし Fz 遺伝子が表皮細胞の小さなクローンでオフになった場合，そのすぐ後方にある正常な細胞が逆向きの極性を持つようになる。このことから，極性は細胞同士の相互作用に影響されていることがわかる［パネル c；赤矢印は方向が逆になったものを示し，黒矢印は前方（A）から後方（P）に正常な方向性を持つものを示す］。本書では Fz は最初に Wingless 受容体として取り上げたが，平面内細胞極性の場合，**Box 1E**（p. 26）で示した標準 Wnt 経路を通じては働かず，Wingless やその他のショウジョウバエ Wnt により刺激されることはない。

Fz は，平面内細胞極性に対しては少なくとも 3 つの機能を持つと考えられる。1 つは，長距離のパターン形成情報を上流部位から受け取ることである。これは，組織軸全体での Fz 活性の勾配形成に関わっている可能性がある。上図で示されたようなクローンの再極性化実験により，極性の方向は Fz 勾配の低い方向に向くことが示唆される（Fz のより多い方向からより少ない方向に毛は生えている）。2 つめに Fz は，局所的な細胞極性を調整する細胞間コミュニケーションに関与している。Fz の 3 つめの機能は，細胞内に毛の成長のためのきっかけを与えることである。

どのようにして組織全体に及ぶ極性方向が設定されているのかは，まだ知られていない。しかし現在，個々の細胞の極性を決定・維持する重要な相互作用が，表皮の細胞結合部位で起こることが明らかとなっている。結合部位の 2 つの側面間の非対称性は，隣接している細胞膜のタンパク質同士の相互作用により確立される。例えば，翅の基部-先端部極性では，Fz はそれぞれの表皮細胞の先端部側で，Flamingo（Fmi，Starry Night としても知られる）と呼ばれる非典型的な構造を持つカドヘリンと結合している。一方，基部側で Fmi は，Van Gogh（Vang，Strabismus としても知られる）膜タンパク質と結合している。Fz：Fmi 複合体と，Fmi：Vang 複合体の間の接合を介した非対称な相互作用は，細胞極性の確立に中心的なものであると思われる（まだ判明していない，いくつかのメカニズムを介して）。細胞質のシグナルタンパク質である Dishevelled（Dsh）と Diego（Dgo）は Fz：Fmi 複合体に結合しており，細胞質タンパク質の Prickled（Pk）は Fmi：Vang 複合体と結合している（下図）。これらの細胞質タンパク質は細胞極性を確立すること自体には重要ではないが，極性シグナルが細胞内で顕在化するために働いているかもしれない。

膜タンパク質である Four-jointed や，非典型的カドヘリンである Dachsous と Fat を含む他のタンパク質もまた，平面内細胞極性の確立に関係しているとされる。これらは組織の極性軸に沿って勾配を形成し，上述のタンパク質と何らかの方法で相互作用することにより，長距離に及ぶ勾配を持つ細胞外シグナルとして，極性方向を定める役割を果たしていると提唱されている。

しかしながら，このシステムは Fz-Fmi-Vang 複合体システムと厳密に直列的に関係しているのではなく，むしろ独立に並列して機能しているという証拠がある。Fz と Fmi の両方を欠いて複合体を形成できない際でも，Dachsous もしくは同じグループのタンパク質を過剰発現するクローン細胞は，隣接する細胞を再極性化することができる。平面内細胞極性を解明することは，いまだ進行中の魅惑的な仕事である。

細胞極性の決定は，全ての動物における発生の重要な一側面である。例えば我々は第 8 章で，同じいくつかのタンパク質がどのようにして細胞の形状と極性の変化を制御し，原腸形成期の脊椎動物胚の形をつくり直すのを助けるかをみていくことになる。

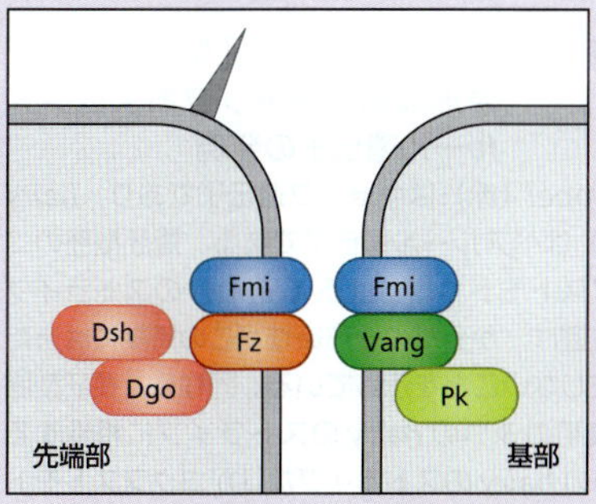

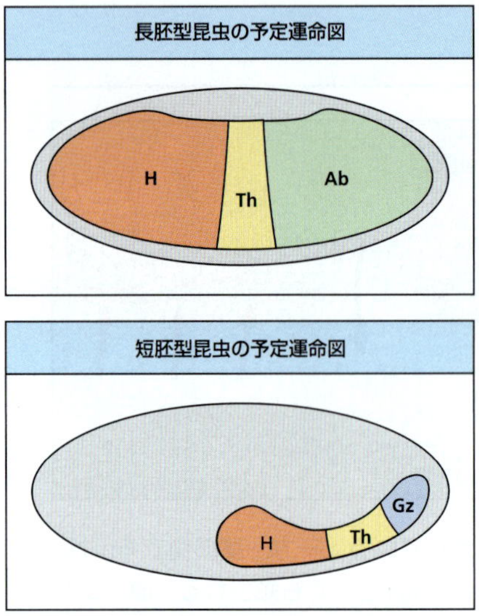

図 2.44 長胚型および短胚型昆虫の発生の差異
上パネル：ショウジョウバエなどの長胚型昆虫の一般的な予定運命図は，最初の胚帯形成の時期に全体のボディプラン——頭部（H），胸部（Th），および腹部（Ab）——が存在していることを表す。下パネル：短胚型昆虫では，この胚発生期においては，ボディプランの前方部のみが存在している。腹部のほとんどの体節は，原腸形成の後に後部成長領域（Gz）より発生する。

2.26 ボディプランのパターン形成に異なる機構を用いる昆虫もいる

多核性胞胚葉におけるペアルール遺伝子のストライプ状の発現様式や，原腸形成直後に全体節が出現することに示されるように，ショウジョウバエは，すべての体節が発生の一時期にほぼ同時に決定される進化した昆虫群に属する。このような発生様式は，胞胚葉が将来の胚の全長に相当しているため，**長胚型発生（long-germ development）**として知られている。他の多くの昆虫，例えば小麦を餌とする甲虫のコクヌストモドキ（*Tribolium*）などは**短胚型発生（short-germ development）**を行う。短胚型発生では，胞胚葉は短く，前部の体節のみを形成する。後方の体節は，胞胚葉期と原腸形成が完了した後，成長とともに追加される（**図 2.44**）。発生初期におけるこのような差異にもかかわらず，胚帯が完成する時期には，長胚型昆虫と短胚型昆虫の胚は似通って見える。したがって，この時期は，すべての昆虫の胚発生に共通のステージである。ハチの一種，キョウソヤドリコバチ（*Nasonia*）の長胚型胚では，Orthodenticle タンパク質の勾配が，ショウジョウバエの Bicoid タンパク質の作用様式と同様のやり方で，前方部および後方部をパターン形成する。

ここで，長胚型および短胚型昆虫のボディプランの指定には，どの過程が共通しているのだろうかという疑問が生じる。明らかなひとつの違いは，ショウジョウバエの長胚帯におけるボディプランのパターン形成が細胞境界が形成される前に行われるのに対し，短胚型昆虫のボディプランのほとんどは，成長中に後部体節が形成される時期である，より後期に決定されるということである。この時期，胚は多細胞性である。それでは，ここには同じ遺伝子が関与しているのであろうか。

同じ遺伝子と発生過程がコクヌストモドキおよびショウジョウバエのパターン形成を担っているという，非常によい証拠が存在する。例えば，コクヌストモドキの胞胚葉期の胚でギャップ遺伝子 *Krüppel* は，ショウジョウバエのように中央部ではなく，後端で発現している（**図 2.45**）。したがって，この 2 種類の昆虫で *Krüppel* は，からだの同じ部分を指定しているようである。同様に，胞胚葉期におけるペアルール遺伝子に関しては，後部でのカップ状の発現と 2 本の繰り返しのストライプ状の発現のみが存在し，ショウジョウバエの 7 本のストライプ状の発現とは異なっている。*wingless* および *engrailed* 遺伝子も，ショウジョウバエの遺伝子と同様の関係で発現している。

他の昆虫ではそれほど多くの遺伝子が詳細に解析されているわけではないが，少なくとも 1 つの遺伝子，*engrailed* は，多くの昆虫において体節の後部領域で発現していることが知られている。ペアルール遺伝子 *even-skipped*（第 2.21 節章参照）

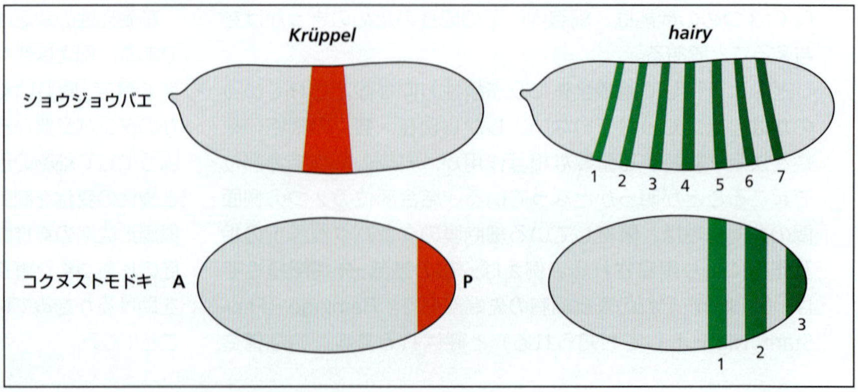

図 2.45 長胚型および短胚型昆虫の，胚帯形成期のギャップおよびペアルール遺伝子の発現
Krüppel（赤）はギャップ遺伝子であり，*hairy*（緑）はペアルール遺伝子である。短胚型胚のコクヌストモドキにおける *Krüppel* のストライプの位置は，からだの後部領域がこの時期にはまだ存在しないことを示している。同様に，長胚型胚の最初の 3 つの *hairy* のストライプに相当する 3 つの *hairy* のストライプだけがコクヌストモドキには存在する。

は，バッタ（短胚型昆虫）に存在するものの，体節形成で同様の機能を担っていないかもしれない。しかし発生の後期にはバッタの神経系発生に関与し，伸張する胚帯の後端部にも発現する。

初期発生の相違がさらに劇的な昆虫も存在する。ある寄生性のハチでは，卵は小さく，細胞でできた球を生成するような卵割を行い，その後それらはばらばらになる。それぞれの小さな細胞塊――400にも達する――は，別々の胚に発生することができる。このハチの発生は見かけ上は体軸の確立のために母性情報に依存することはなく，この観点からは哺乳類の初期胚の発生に類似している。

まとめ

分節遺伝子は擬体節のパターン形成に関与している。もっとも初期に活性化する遺伝子のひとつは *engrailed* であり，それぞれの擬体節の前方境界に発現し，体節の後方区画になる細胞群の輪郭を決定する。*engrailed* はセレクター遺伝子でもあり，細胞群に長期間にわたる領域アイデンティティを与える。*engrailed* の発現は細胞系譜により限定される。すなわち，*engrailed* を発現する細胞は体節の後方区画を規定し，細胞は後方区画を越えて前方区画に入ることは決してない。*engrailed* はペアルール遺伝子によって活性化され，分節遺伝子 *wingless* および *hedgehog* によって発現が維持され，区画境界が安定化される。区画境界は，体節内のパターンと細胞極性の指定に関与する。他の昆虫における研究もまた，境界によって区切られているそれぞれの体節内に別々の位置情報の勾配が形成され，この勾配が体節をパターン形成していることを示唆している。成虫の表皮細胞は極性化されている。ハエの成虫のからだと翅の毛は体軸に沿って方向づけられており，これは平面内細胞極性を生じる機構によるものである。ショウジョウバエとは異なり，細胞性胞胚葉期より後の成長によって後部の体節が付加される短胚型発生を行う昆虫も存在する。

まとめ：遺伝子発現が体節の区画を規定する

ペアルール遺伝子の発現

⇩

分節遺伝子かつセレクター遺伝子である *engrailed* が各擬体節の前方部で活性化され，擬体節の前方区画および体節の後方区画を規定する

⇩

engrailed を発現する細胞は，分節遺伝子 *hedgehog* も発現する

⇩

区画境界の反対側にある細胞は，分節遺伝子 *wingless* を発現する

⇩

Hedgehog および Wingless タンパク質により *engrailed* の発現は維持され，区画境界は安定化する

⇩

区画境界は，体節をパターン形成するためのシグナル中心を提供する

体節のアイデンティティの指定

各体節はそれぞれのアイデンティティを持ち，幼虫の腹部表面にある小歯状突起の特徴的なパターンによって最も容易に観察できる。各体節では共通の分節遺伝子が活性化されているが，何が各体節間の違いを生み出しているのであろうか。体節のアイデンティティは，ホメオティックセレクター遺伝子（homeotic selector gene）として知られているマスター制御遺伝子の一種により指定されており，これが各体節の将来の発生経路を決定している。セレクター遺伝子は，他の遺伝子の活性を制御し，その遺伝子の発現パターンを維持するために発生を通じて必要とされる。ショウジョウバエの体節のアイデンティティを制御するセレクター遺伝子のホモログは，その後，ほとんどすべての動物種で発見されており，第5章で説明するように，前後軸に沿ったアイデンティティを広範囲にわたって制御している。

2.27 ショウジョウバエの体節のアイデンティティは，Hox 遺伝子によって指定される

体節のアイデンティティを指定する遺伝子の存在を示す存在の最初の証拠は，特殊で衝撃的なホメオティック・トランスフォーメーション（homeotic transformation）──ある体節が他のものに形質転換する──を引き起こすショウジョウバエの突然変異から得られた。最終的にそれらの突然変異を引き起こす遺伝子は同定され，それらが体節のアイデンティティを指定する複雑な方法が解明された。それらの遺伝子──現在 Hox 遺伝子（Hox gene）と呼ばれている──の発見は，発生生物学に大きな衝撃を与えた。他の生物でも，同様に機能し，本質的には前後軸に沿ったアイデンティティを指定する相同遺伝子が発見された。Hox 遺伝子は現在，動物というものを規定する基本となる特徴の1つであると考えられている。1995年，アメリカの遺伝学者 Edward Lewis は，ショウジョウバエのホメオティック遺伝子複合体とその機能の仕方についての先駆的研究で，ノーベル生理学・医学賞を共同受賞した。ショウジョウバエでは Hox 遺伝子は2つの遺伝子クラスターを構成しており，それらはまとめて HOM-C 複合体を構成する（図 2.46；Box 5E, p. 207 も参照）。Hox 遺伝子はすべて転写因子をコードしており，その名前は，それらタンパク質の DNA 結合部位の一部をコードする特徴的なホメオボックス（homeobox）DNA モチーフより名づけられている。

ショウジョウバエの2つのホメオティック遺伝子クラスターは，bithorax 複合体（bithorax complex）および Antennapedia 複合体（Antennapedia complex）

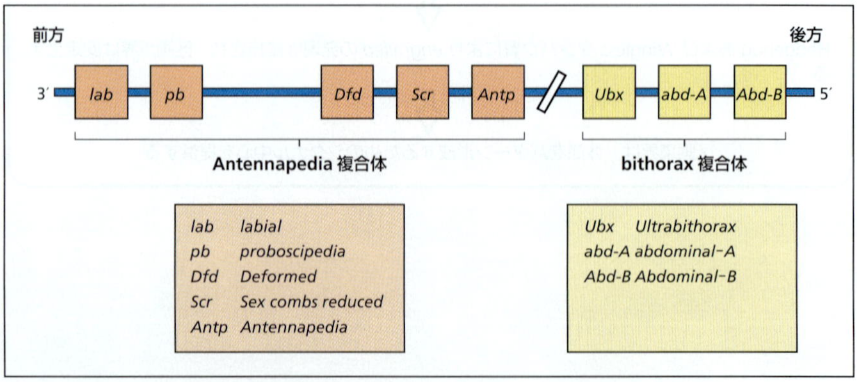

図 2.46 Antennapedia および bithorax ホメオティックセレクター遺伝子複合体
各複合体内の遺伝子の3′側から5′側への順序は，それぞれの発現の空間的順序（前方から後方へ）と時間的順序（3′側が最も早い）を反映している。

と呼ばれており，これらは最初に発見された突然変異にちなんで名づけられている。*bithorax* 突然変異のハエは平均棍（第3胸部体節にある平衡維持器官）の一部が翅の一部に形質転換し（図2.47），優性の *Antennapedia* 突然変異のハエは触角が脚に形質転換する。突然変異を起こした場合にホメオシス（homeosis）——触角が脚に形質転換するように，体節もしくは構造全体が他の関連したものに形質転換する——を引き起こすため，そのような突然変異によって同定された遺伝子をホメオティック遺伝子（homeotic gene）と呼ぶ。これらの特異な形質転換は，ホメオティックセレクター遺伝子のアイデンティティ指定因子としての重要な機能から生じている。それらは体節内のほかの遺伝子の活性を制御し，したがって，例えば特定の成虫原基が翅もしくは平均棍に発生することを決定する。bithorax 複合体は擬体節5～14の発生を制御し，Antennapedia 複合体はより前方部の擬体節のアイデンティティを制御する。bithorax 複合体の機能が最もよく理解されているので，はじめにこれを議論する。

2.28 bithorax 複合体のホメオティックセレクター遺伝子は，後部体節の多様化を担っている

ショウジョウバエ bithorax 複合体は，3つのホメオボックス遺伝子より構成される。すなわち，*Ultrabithorax*（*Ubx*），*abdominal-A*（*abd-A*），そして *Abdominal-B*（*Abd-B*）である。これらの遺伝子は，擬体節において組合せ方式で発現している（図2.48，上パネル）。*Ubx* は擬体節の5～12のすべてに，*abd-A* はより後方の擬体節7～13，そして *Abd-B* はさらに後方の擬体節10以降に発現している。異なった体節ではそれら遺伝子は違った程度で活性化されるため，それら活性の組合せが，それぞれの擬体節の特徴を規定する。*Abd-B* は *Ubx* を抑制し，擬体節14に近づくにつれて *Abd-B* の発現が増加するので，*Ubx* の発現は擬体節14までに非常に低くなる。bithorax 複合体の遺伝子の活性化パターンは，ギャップおよびペアルール遺伝子により決定されている。

bithorax 複合体の役割は最初，古典的な遺伝学実験により示された。bithorax 複合体すべてを欠く幼虫（図2.48，2番目のパネル参照）は，擬体節5～13がすべて同様に発生し，これらは擬体節4に類似する。したがって，bithorax 複合体は，それらの擬体節の多様化に必須であり，それらの基本パターンは擬体節4で代表される。この擬体節は一種の“デフォルト（基底）”状態であると考えられ，それより後方の擬体節すべては bithorax 複合体によりコードされているタンパク質により修飾されていることになる。bithorax 複合体の遺伝子がセレクター遺伝子と呼ばれるのは，それらがデフォルト状態に新しいアイデンティティを付け加えることができるからである。

bithorax 複合体の各遺伝子の役割は，複合体すべてを欠く胚に，1つずつ遺伝子を戻した胚を作製して観察することにより導き出すことができる（図2.48，下3つのパネル参照）。もし *Ubx* 遺伝子のみが存在する場合，幼虫は擬体節4を1つ，擬体節5を1つ，そして擬体節6を8つ持つ。あきらかに *Ubx* は，擬体節5以降のすべてに何らかの影響を及ぼしており，擬体節5および6を指定できることになる。*abd-A* および *Ubx* を胚に戻した場合，幼虫は擬体節4，5，6，7，8を持ち，それに5つの擬体節9が続く。したがって *abd-A* は擬体節7以降に影響し，*Ubx* と *abd-A* の組合せにより，擬体節7，8，および9の形質を指定できる。同様の原理は *Abd-B* にも適用され，*Abd-B* は擬体節10以降に影響を与え，擬体節14でもっとも強く発現する。各体節間の相違は，Hox 遺伝子発現の空間的，時間

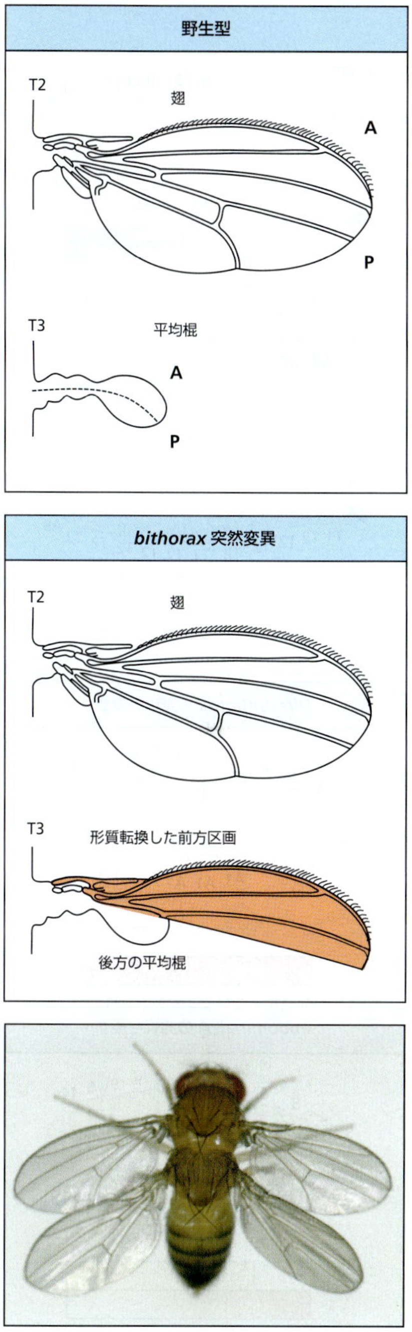

図2.47 bithorax 複合体の突然変異による，翅と平均棍のホメオティック・トランスフォーメーション
上段パネル：野生型の成虫では，翅と平均棍は前方（A）および後方（P）区画に分割されている。中段パネル：*bithorax* 突然変異は，平均棍の前方区画を翅の前方領域に形質転換させる。*postbithorax* 突然変異は同様に，後方区画を翅の後方に形質転換させる（図省略）。下段パネル：両方の突然変異がともに存在した場合，効果は加算的であり，平均棍は完全な翅に形質転換し，4枚の翅を持つハエが生じる。
写真は E. Lewis の厚意により Bender, W., et al.: 1983 から。イラストは Lawrence, P.: 1992 より

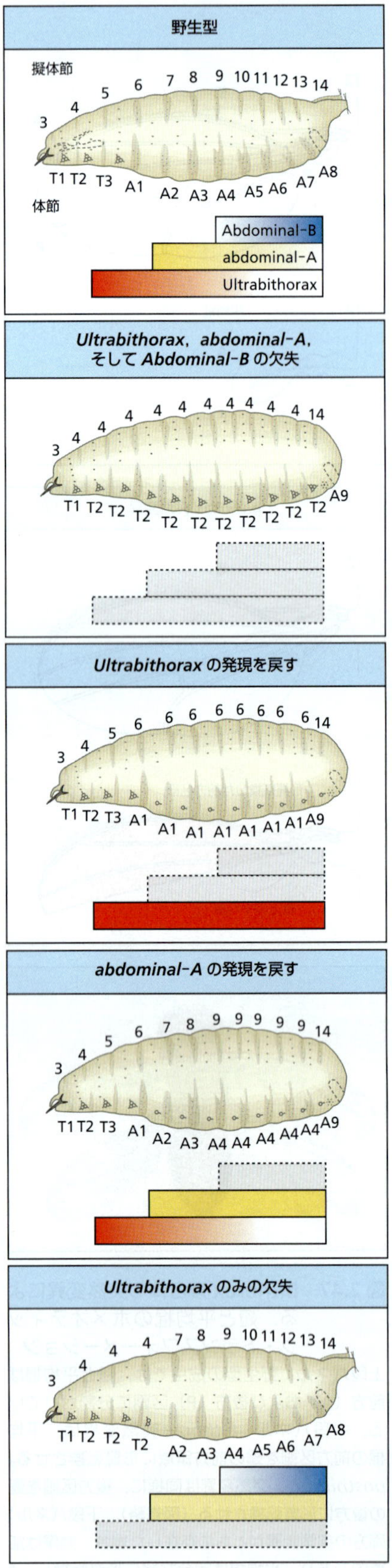

図 2.48 bithorax 複合体遺伝子の空間的発現パターンが，各擬体節を特徴付ける
野生型胚（上段パネル）では，*Ultrabithorax*，*abdominal-A*，*Abdominal-B* 遺伝子の発現が，各擬体節にアイデンティティを付与するのに必要とされる。bithorax 複合体の突然変異は，擬体節およびそれらに由来する体節の特徴のホメオティック・トランスフォーメーションを引き起こす。bithorax 複合体が完全に欠失している場合（2 段目のパネル）は，クチクラ上の小歯状突起および剛毛のパターンに示されるように，擬体節 5 ～ 13 は 9 つの擬体節 4（幼虫では体節 T2 に相当）に転換する。下から 3 つのパネルは，遺伝子の異なる組合せの欠失による形質転換を示している。*Ultrabithorax* 遺伝子のみが欠失している場合（下段パネル），擬体節 5 および 6 は，4 に転換する。それぞれの場合で遺伝子発現の空間的分布は，*in situ* ハイブリダイゼーション（**Box 1D**, p. 21 参照）によって検出される。擬体節 14 は bithorax 複合体により比較的影響を受けないことに注意。

的パターンの相違を反映しているのかもしれない。

これらの結果は，擬体節の形質は，bithorax 複合体の遺伝子が組合せで機能することにより指定されるという重要な原理を明示している。組合せによる効果は，野生型から 1 遺伝子ずつ取り除くことによっても知ることができる。例えば，*Ubx* の欠失は，擬体節 5 および 6 を擬体節 4 に形質転換させる（**図 2.48**，下パネル参照）。さらに，擬体節 7 ～ 14 のクチクラのパターンにおいては，胸部に特徴的な構造が腹部にも存在するようになるという影響もあり，*Ubx* がそれらすべての体節に影響を及ぼしていることを示している。そのような異常は，bithorax 遺伝子の“ナンセンス”な組合せの発現によるものかもしれない。例えばそのような突然変異体では，abd-A タンパク質が擬体節 7 ～ 9 で Ubx タンパク質なしで発現しているが，このような組合せは通常では起こりえない。脚のような付属器の位置は，Hox 遺伝子により決定されている。例えば *Antp* 遺伝子および *Ubx* 遺伝子の発現は，それぞれ第 2 および第 3 脚が出現する体節を指定する。Hox タンパク質の下流標的は同定されつつあり，非常に多くの遺伝子の発現が影響を受けている可能性がある。

ギャップタンパク質およびペアルールタンパク質が最初に Hox 遺伝子の発現を制御するが，それらのタンパク質は 4 時間以内に消失する。その後の Hox 遺伝子の正常な発現には 2 グループの遺伝子――Polycomb および Trithorax 群――が関与している。Polycomb グループのタンパク質は，最初に発現していない Hox 遺伝子の転写抑制を維持し，Trithorax グループは，Hox 遺伝子がオンになっている細胞での発現を維持する。

2.29 Antennapedia 複合体は前方領域の指定を制御する

Antennapedia 複合体は 5 つのホメオボックス遺伝子から構成され（**図 2.46** 参照），擬体節 5 より前方の振る舞いを，bithorax 複合体と同様の方法で制御する。ここでは新しい原理が関係しているわけではないため，簡単にその役割を説明する。複合体のいくつかの遺伝子は，特定の擬体節の指定に決定的に関与する。*Deformed* 遺伝子の突然変異は，擬体節 0 および 1 の外胚葉由来の構造に影響し，*Sex combs reduced* の突然変異は擬体節 2 および 3 に，そして *Antp* 遺伝子の突然変異は，脚成虫原基を形成する擬体節 4 および 5 に影響を与える。通常は発現していない前方部の体節で *Antp* 遺伝子を異所発現する *Antennapedia* 突然変異は，成虫のハエの触角を脚に形質転換させる。

2.30 Hox 遺伝子の発現順序は染色体上の遺伝子の順序に対応している

bithorax および Antennapedia 複合体は，遺伝子の構成に驚くべき特徴がある。それぞれの複合体内で遺伝子が並ぶ順序が，発生中に前後軸に沿って発現する空間的および時間的順序と同一なのである。例えば *Ubx* は染色体上で *abd-A* の 3′ 側に存在するが，*Ubx* は *abd-A* より前方部で，より早期に発現する。後述するように，脊椎動物が持つ類縁の Hox 遺伝子複合体は，その祖先は節足動物のものとは何億年も前に分岐したのだが，遺伝子の順序と発現の順序の間に同一の相関を示す。この高度に保存された時間的・空間的な**共線性（co-linearity）**は，それらの遺伝子の発現の制御機構に関連しているにちがいない。

bithorax 複合体遺伝子の受ける複雑でありながら繊細な制御は，Ultrabithorax タンパク質を全体節に産生させることにより観察することができる。この遺伝子の異所的発現は，Ultrabithorax タンパク質をコードしている配列を熱ショックプロモーター（29℃で活性化されるプロモーター）に結合し，この新規 DNA コンストラクトを P 因子（**Box 2D**, p. 65 参照）によりハエゲノムに導入することにより行われた。このトランスジェニック胚に数分間の熱ショックを与えると，過剰な *Ubx* 遺伝子が転写され，すべての細胞でたくさんのタンパク質が産生される。後方の擬体節（Ubx タンパク質が野生型で存在する）においては，擬体節 5 が擬体節 6 に形質転換するという原因不明な例外（このことは，Ubx タンパク質の定量的効果を反映しているかもしれない）を除いて，この操作の効果はない。しかしながら，5 より前方の擬体節はすべて擬体節 6 に形質転換する。この結果は比較的単純であり，予想されたものであるが，擬体節 13 に起きたことを考慮する必要がある。

野生型胚の擬体節 13 では，Ubx の転写は通常抑制されているが，熱ショックにより Ubx タンパク質を発現させても効果はない。何らかの機構により，この擬体節では Ultrabithorax タンパク質は不活化されている。この現象は擬体節の指定においてはきわめて一般的であり，“表現型抑制” もしくは “後方優位性” として知られている。このことは，通常，前方部で発現している Hox 遺伝子産物は，より後方側で発現している遺伝子産物に抑制されていることを意味している。

体節のアイデンティティを制御する bithorax 複合体および Antennapedia 複合体の機能は十分に確立されているのに対し，それらの遺伝子が発生経路において次に作用する遺伝子とどのように相互作用するかについては，あまり知られていない。体節の独自のアイデンティティとなる構造を，実際につくり出している遺伝子が存在する。例えば，腹部体節の構造ではなく，胸部構造を形成する経路はどのようなものであろうか。それぞれの Hox 遺伝子は少数の標的遺伝子を活性化するのか，それとも多くの標的遺伝子を活性化するのであろうか。特定の構造を形成するのに，異なる機能を持つ標的遺伝子が協調して作用するのであろうか。これらの疑問に対する回答は，単一の遺伝子の変化がどのようにして触角から脚へといったようなホメオティック・トランスフォーメーションを引き起こすことが可能であるかを理解する助けとなるであろう。様々なからだのパターンの進化や，鰭から肢への進化における Hox 遺伝子の役割は，第 15 章で議論する。

2.31 ショウジョウバエの頭部領域は，Hox 遺伝子以外の遺伝子により指定される

この章の最初に述べたように，ショウジョウバエの幼虫の大顎より前方部の頭部は，最も前方部の 3 つの擬体節より形成される。体節構造は胚の脳でも明白であるが，それは 3 つの体節（神経分節）より構成される。しかし，前方の頭部および胚の神経系の指定は，ペアルール遺伝子や Hox 遺伝子の制御下にあるわけではない。そのかわり，*orthodenticle*，*empty spiracles*，*buttonhead* 遺伝子の重複し

た発現により胞胚葉期に決定されるようである。これらの遺伝子は，すべて遺伝子制御タンパク質をコードし，表現型に対する効果はギャップ遺伝子に類似している。したがって，それらは時に“頭部ギャップ遺伝子”と呼ばれる。しかし，胴体や腹部を領域化するギャップ遺伝子とは異なり，それらはお互いの活性を制御することはない。頭部体節に特定のアイデンティティを付与するために，Hox 遺伝子のように組合せ方式で機能するかどうかは知られていない。*orthodenticle* および *empty spiracles* には同様の機能を持つ脊椎動物の相同遺伝子が存在し，頭部指定機構が，Hox 遺伝子のように動物界で古い進化的起源を持つことが明らかになっている。

orthodenticle 遺伝子および *empty spiracles* 遺伝子は，ホメオドメインを持つ転写因子をコードする遺伝子が Hox 遺伝子クラスターの外に存在する例となっている。DNA 結合ホメオドメインは，Hox 遺伝子クラスターにコードされるタンパク質に限定されるわけではなく，同様のドメインはショウジョウバエおよび脊椎動物の発生を制御する他の多くの転写因子でも見つかっている。

まとめ

体節のアイデンティティは，異なった擬体節それぞれが独自の個性を取得するように導く，セレクター遺伝子もしくはホメオティック遺伝子の働きにより付与される。一般的に Hox 遺伝子として知られるセレクター遺伝子の 2 組のクラスターが，ショウジョウバエの体節のアイデンティティ指定に関与している。すなわち，Antennapedia 複合体は，頭部および第 1 胸部体節の擬体節のアイデンティティを制御し，bithorax 複合体は残りの擬体節において機能している。体節のアイデンティティは，その体節内で活性化されている Hox 遺伝子の組合せにより決定されているようである。胚体に沿ったセレクター遺伝子の空間的発現パターンは，それ以前のギャップ遺伝子の活性によって最初は決定されているが，必要とされる表現型を維持するためには，発生期間中にセレクター遺伝子が常に活性化されている必要がある。Antennapedia 複合体および bithorax 複合体の遺伝子の突然変異は，例えば触角が脚になるといったような，1 つの体節もしくは構造が相関性のある別なものに変化するホメオティック・トランスフォーメーションをもたらすことがある。Antennapedia 複合体および bithorax 複合体は，染色体上の順序がからだに沿った遺伝子発現の時間的・空間的順序に対応するという点で注目に値する。

まとめ：ホメオティック遺伝子と体節のアイデンティティ

ギャップ遺伝子およびペアルール遺伝子の発現が擬体節の境界を決定する

↓

HOM 複合体のセレクター遺伝子が，染色体上の遺伝子の順序と共線性を持った順序で，前後軸に沿って発現する

↓ **Antennapedia 複合体**
lab，*pb*，*Dfd*，*Scr*，*Antp*
↓
頭部および第 1 胸部体節の体節アイデンティティを指定

↓ **bithorax 複合体**
Ubx, *abd-A*, *Abd-B*
↓
第 2，第 3 胸部体節および腹部体節の体節アイデンティティを指定

まとめ：初期ショウジョウバエ胚のパターン指定に関与する主な遺伝子

	遺伝子	母性（M）/胚性（Z）	タンパク質の性質	転写調節因子（T），受容体（R），シグナルタンパク質（S）	知られている機能
前後機構	*bicoid*	M	ホメオドメイン	T	モルフォゲン，前後軸に沿った位置情報を提供
	hunchback	M/Z	ジンクフィンガー	T	モルフォゲン，前後軸に沿った位置情報を提供
	nanos	M	RNA 結合タンパク質		Hunchback タンパク質の前後勾配の確立を助ける
	caudal	M	ホメオドメイン	T	後部領域の指定に関与
	gurken	M	TGF-αファミリーの分泌タンパク質	S	後部卵母細胞-濾胞細胞のシグナル伝達
	oskar	M			極細胞の決定
末端機構	*torso*	M	受容体型チロシンキナーゼ	R	末端の指定
	trunk	M		S	Torso のリガンド
ギャップ遺伝子	*hunchback*	Z	ジンクフィンガー	T	
	Krüppel	Z	ジンクフィンガー	T	
	knirps	Z	ジンクフィンガー	T	ペアルール遺伝子の発現を局在化させる
	giant	Z	ロイシンフィンガー	T	
	tailless	Z	ジンクフィンガー	T	
ペアルール遺伝子	*even-skipped*	Z	ホメオドメイン	T	奇数番目の擬体節の境界を決定する
	fushi tarazu	Z	ホメオドメイン	T	偶数番目の擬体節の境界を決定する
	hairy	Z	ヘリックス・ループ・ヘリックス	T	
分節遺伝子	*engrailed*	Z	ホメオドメイン	T	擬体節の前方および体節の後方を規定する
	hedgehog	Z	膜もしくは分泌タンパク質	S	
	wingless	Z	分泌タンパク質	S	
	frizzled	Z	膜タンパク質	R	体節のパターン化および区画境界の安定化を行うシグナル伝達系の構成因子
	gooseberry	Z	ホメオドメイン	T	
	patched	Z	膜タンパク質	R	
	smoothened	Z	G タンパク質共役	R	
セレクター遺伝子					
bithorax 複合体	*Ultrabithorax*	Z	ホメオドメイン	T	
	abdominal-A	Z	ホメオドメイン	T	組合せによる活性が擬体節 5～13 にアイデンティティを付与する
	Abdominal-B	Z	ホメオドメイン	T	
Antennapedia 複合体	*Deformed*	Z	ホメオドメイン	T	
	Sex combs reduced	Z	ホメオドメイン	T	組合せによる活性が擬体節 5 より前方部にアイデンティティを付与する
	Antennapedia	Z	ホメオドメイン	T	
	labial	Z	ホメオドメイン	T	
遺伝子の維持	Polycomb グループ	Z		T	ホメオティック遺伝子の状態を維持
	Trithorax グループ	Z		T	
背腹機構					
母性遺伝子	*Toll*	M	膜タンパク質	R	活性化により Dorsal タンパク質が核に移行
	spätzle	M	細胞外タンパク質	S	Toll タンパク質のリガンド
	dorsal	M		T	モルフォゲン，背腹極性を決定
	tube	M	アダプタータンパク質		Dorsal タンパク質の核移行を導く Toll シグナル伝達経路の構成因子
	pelle	M	プロテインキナーゼ		
	cactus	M	細胞質内阻害因子		
	gurken	M	TGF-αファミリーの分泌タンパク質	S	卵母細胞の軸の決定
	pipe	M	スルホトランスフェラーゼ	酵素	Spätzle のプロセシングを導く経路の一部
胚性遺伝子	*twist*	Z	ヘリックス・ループ・ヘリックス	T	中胚葉を規定
	snail	Z	ジンクフィンガー	T	
	rhomboid	Z	膜タンパク質	S	
	zerknüllt	Z	ホメオドメイン	T	
	decapentaplegic	Z	TGF-βファミリーの分泌タンパク質	S	背腹軸に領域アイデンティティを付与
	tolloid	Z	BMP-2 ファミリー	S	
	short gastrulation	Z		S	

TGF：トランスフォーミング増殖因子

第2章のまとめ

ショウジョウバエの発生の最も初期段階は，胚が多核性の合胞体であるときに行われる。卵形成期に母性遺伝子産物は，特定の空間パターンで卵に蓄積される。このパターンが主な体軸を決定し，位置情報の枠組みを与える。受精後，この位置情報は胚性遺伝子のカスケードを活性化し，さらなるからだのパターン形成を行う。前後軸に沿って活性化される最初の胚性遺伝子は，すべて転写調節因子をコードするギャップ遺伝子で，それらの発現様式は胚をいくつかの領域に分割する。次にペアルール遺伝子の活性化とともに体組織の体節化への移行が始まる。ペアルール遺伝子の発現部位は，ギャップ遺伝子タンパク質により指定され，体軸を14の擬体節に分割する。背腹軸に沿った胚性遺伝子発現は，予定中胚葉や予定神経組織を含むいくつかの領域を規定する。ペアルール遺伝子が発現される時期には胚は細胞化されており，もはや合胞体ではない。体節と区画境界をパターン形成する分節遺伝子は，体節のパターン形成と極性化に関与する。体節のアイデンティティは，一般的にHox遺伝子として知られるホメオティックセレクター遺伝子を含む2つの遺伝子複合体により決定される。これらの遺伝子の空間的発現パターンは，大部分がギャップ遺伝子の活性により決定される。

● 章末問題

記述問題

1. 以降の章で取り上げるが，卵割は脊椎動物や他の多くの動物の卵を個々の細胞集団に分割する。それに対し，ショウジョウバエ胚のそれに相当する時期では，合胞体が形成される。合胞体とは何か。そしてこのことは，ショウジョウバエの初期発生にどのような影響を与えるか。

2. ショウジョウバエ胚の分節化の過程には，多くの注目が集まっている。体節とは何か。また，パターン形成を行うためにショウジョウバエが用いる戦略における体節の重要性とは何か。ヒトは体節を有するか。例をあげよ。

3. Nüsslein-VolhardおよびWieschausが発生における突然変異を発見するために考案した突然変異スクリーニングを簡潔にまとめよ。発生の突然変異を探すために小歯状突起のパターンはどのような役割を果たしたか。

4. パターン形成の間，発生に関与する遺伝子は階層的に機能し，まず広範囲の領域を規定し，つぎに多数の小規模領域を形成するよう洗練される（第2.6節参照）。どのようにしてショウジョウバエの初期胚形成によりこの一般的な原理が説明されるかをまとめよ。

5. 胚の前端部は，転写因子Bicoidの局所的な高レベルの活性によって確立する。胚の腹側は，転写因子Dorsalの局所的な高レベルの活性によって確立する。それらの因子を活性化が必要とされる領域へと局在化させる機構を対比せよ。

6. Bicoidはその作用機構が分子的に解明された最初のモルフォゲンである。この研究の重要な成果は，連続的に減少していくBicoidの勾配が，Hunchbackの明瞭な発現境界をどのように導くのかということの理解であった。活性の閾値がどのようにして，連続的な勾配を明瞭な発生境界に変換するのかを，Bicoid-Hunchback機構を使って説明せよ：解答には，Bicoidが*hunchback*プロモーターに協同的に結合することの役割を含めること。

7. 背腹軸は転写因子Dorsalの核局在の勾配によって形成される。Pipe酵素，Spätzleリガンド，Toll受容体，Cactusタンパク質，そして最後にDorsalを含めて，この核局在の勾配を誘導する段階の概略を述べよ。

8. 前後軸に沿った14の擬体節の指定は，ペアルール遺伝子の正確な空間的発現に依存する。そのペアルール遺伝子の発現は，ギャップ遺伝子に依存する。*even-skipped*の発現の第2ストライプをモデルとし，Bicoid，Hunchback，Krüppel，Giantの適切な発現を誘導する相互作用をまとめよ。特に，どのようにしてKrüppelの前方境界が設定され，どのようにしてこの境界が*eve*の第2ストライプ発現の後方境界を設定するかを記述せよ。

9. ショウジョウバエのボディプランのパターン形成における*engrailed*の特別な機能とは何か。

10. ショウジョウバエは昆虫の発生の理解に中心的な役割を果たしてきたが，かならずしもすべての昆虫の典型であるわけではない。長胚型のショウジョウバエの発生と，甲虫，バッタ，ハチにみられる短胚型の発生はどのように異なるか。

11. ホメオティック・トランスフォーメーションとは何を意味するか。例をあげよ。

12. ある実験が，Bithorax複合体の役割が，後方に位置する擬体節のアイデンティティを，そのデフォルトのアイデンティティである擬体節4から変換することであることを証明した。それらの実験を記述せよ。それらの実験はどのようにして遺伝子産物の組合せが体節のアイデンティティの指定に重要であることを説明したのか。

13. トランスポゾンであるP因子を用いたトランスジェニックショウジョウバエの作製は，ショウジョウバエの発生の遺伝的制御を解明するための伝統的な突然変異解析と相補的な役割を担っている。以下の質問に答えよ：なぜこの過程においてP因子が重要なのか。細胞化が起こっていない時点でP因子を卵の後部に注入するのはなぜか。これらの実験で，一般的に *white* 遺伝子の突然変異のハエを使用するのはなぜか。最後に，P因子の注入の結果を観察できるようにするには，どのような遺伝的交配が必要とされるかについて答えよ。

選択問題
それぞれの問題で正解は 1 つである。

1. ショウジョウバエの“脊髄”——神経索——についての説明として正しいものはどれか。
a) 個体の側面に沿って横方向で存在する 2 つの並行構造からなる
b) ショウジョウバエは脊椎を持たないため，脊椎動物の脊髄とはまったく相似性はない
c) 口器と反対側の背側に存在し，ヒトのような脊椎動物の場合と同様である
d) 腹側の表面に沿って存在しており，口器と同じ側である

2. 分節化の過程ではいくつの擬体節が形成されるか。
a) 腹部に 8
b) 胸部および腹部を形成するために 11
c) 14：口器に 3，胸部に 3，そして腹部に 8
d) 3：頭部，胸部，および腹部

3. ハエの脚および翅はいつ形成されるのか。
a) 胚形成の期間，細胞性胞胚葉期に成虫原基細胞が分離した後
b) 蛹化の期間に成虫原基より
c) 幼虫期の間
d) 幼虫期の間に脚と翅は存在するが，最終的な形態は変態の後にのみ形成される

4. ショウジョウバエ胚においてどのタンパク質（遺伝子）が前方部の運命を決定する機能を果たすか。
a) Bicoid
b) Caudal
c) Nanos
d) Torso

5. 母性決定因子の説明として正しいものはどれか。
a) ショウジョウバエの雌もしくは雄としての分化を制御する遺伝子である
b) 母親により卵に収納されるタンパク質や mRNA のことである
c) 卵巣の構成軸を決定するタンパク質や mRNA のことである
d) 雌に存在し，母親になるかどうかを決定する物質のことである

6. ショウジョウバエの初期分節化における遺伝子活性の正しい階層はどれか。
a) ギャップ，セグメントポラリティー，ペアルール，母性遺伝子
b) 母性遺伝子，ギャップ，ペアルール，セグメントポラリティー
c) 母性遺伝子，ペアルール，ギャップ，セグメントポラリティー
d) セグメントポラリティー，ペアルール，ギャップ，母性遺伝子

7. ギャップ遺伝子の突然変異が胚のボディプランに引き起こしうる欠損はどれか。
a) 1 つおきに体節が欠失して T1，T3，A2，A4 などのようになり，T2，A1，A3 などが欠失する
b) 各体節内のパターン形成が異常になり，小歯状突起帯が全体節にわたって形成される
c) 体節の A2 ～ A6 が消失するが，残りのパターンは基本的に正常である
d) 1 つもしくはそれ以上の体節のアイデンティティが，異なる体節のものに形質転換する

8. 体節を最初に 1 細胞単位で設定するのはどれか。
a) ギャップ遺伝子
b) 母性遺伝子
c) ペアルール遺伝子
d) セグメントポラリティー遺伝子

9. Engrailed の発現は何を規定するか。
a) 体節の前方区画
b) 各体節の前方境界
c) 体節の後方区画
d) 各擬体節の後方境界

10. 長胚帯のハチであるキョウソヤドリコバチの前方部のパターン形成は何の制御下にあるか。
a) Bicoid
b) Engrailed
c) Krüppel
d) Orthodenticle

選択問題の解答
1:d，2:c，3:b，4:a，5:b，6:b，7:c，8:c，9:c，10:d

● 本章の理解を深めるための参考文献

Adams, M.D., *et al.*: **The genome sequence of *Drosophila melanogaster***. *Science* 2000, **267**: 2185–2195.
Ashburner, M.: Drosophila. *A Laboratory Handbook*. New York: Cold Spring Harbor Laboratory Press, 1989.
Lawrence, P.A.: *The Making of a Fly*. Oxford: Blackwell Scientific Publications, 1992.
Matthews, K.A., Kaufman, T.C., Gelbart, W.M.: **Research resources for *Drosophila*: the expanding universe**. *Nat. Rev. Genet.* 2005, **6**: 179–193.
Stolc, V., *et al.*: **A gene expression map for the euchromatic genome of *Drosophila melanogaster***. *Science* 2004, **306**: 655–660.

● 各節の理解を深めるための参考文献

2.2　細胞膜形成に続いて原腸形成と分節化が起こる

Stathopoulos, A., Levine, M.: **Whole-genome analysis of *Drosophila* gastrulation**. *Curr. Opin. Genet. Dev.* 2004, **14**: 477–484.

2.4　発生で機能する多くの遺伝子は，ショウジョウバエを用いた

大規模な遺伝的スクリーニングから同定された

Nüsslein-Volhard. C., Wieschaus, E.: **Mutations affecting segment number and polarity in *Drosophila*.** *Nature* 1980, **287**: 795–801.

Rørth, P.: **A modular misexpression screen in *Drosophila* detecting tissue-specific phenotypes.** *Proc. Natl Acad. Sci. USA* 1996, **93**:12418–12422.

2.7 3つのクラスの母性遺伝子が前後軸を決める

St Johnston, D., Nüsslein-Volhard, C.: **The origin of pattern and polarity in the *Drosophila* embryo.** *Cell* 1992, **68**: 201–219.

2.8 Bicoidタンパク質は，前後軸に沿った濃度勾配をつくるモルフォゲンである

Driever, W., Nüsslein-Volhard, C.: **The bicoid protein determines position in the *Drosophila* embryo in a concentration dependent manner.** *Cell* 1988, **54**: 95–104.

Ephrussi, A., St Johnston, D.: **Seeing is believing: the bicoid morphogen gradient matures.** *Cell* 2004, **116**: 143–152.

Gibson, M.C.: **Bicoid by the numbers: quantifying a morphogen gradient.** *Cell* 2007, **130**: 14–16.

Spirov, A., Fahmy, K., Schneider, M., Frei, E., Noll, M., Baumgartner, S.: **Formation of the bicoid morphogen gradient: an mRNA gradient dictates the protein gradient.** *Development* 2009, **136**: 605–614.

Teleman, A.A., Strigini, M., Cohen, S.M.: **Shaping morphogen gradients.** *Cell* 2001, **105**: 559–562.

2.9 後方のパターンは，NanosとCaudalタンパク質の濃度勾配によって制御されている

Irish, V., Lehmann, R., Akam, M.: **The *Drosophila* posterior-group gene *nanos* functions by repressing *hunchback* activity.** *Nature* 1989, **338**: 646–648.

Murafta, Y., Wharton, R.P.: **Binding of pumilio to maternal *hunchback* mRNA is required for posterior patterning in *Drosophila* embryos.** *Cell* 1995, **80**: 747–756.

Rivera-Pomar, R., Lu, X., Perrimon, N., Taubert, H., Jackle, H.: **Activation of posterior gap gene expression in the *Drosophila* blastoderm.** *Nature* 1995, **376**: 253–256.

Struhl, G.: **Differing strategies for organizing anterior and posterior body pattern in *Drosophila* embryos.** *Nature* 1989, **338**: 741–744.

2.10 胚の前方端と後方端は，細胞表面受容体の活性化でつくられる

Casali, A., Casanova, J.: **The spatial control of Torso RTK activation: a C-terminal fragment of the Trunk protein acts as a signal for Torso receptor in the *Drosophila* embryo.** *Development* 2001, **128**: 1709–1715.

Casanova, J., Struhl, G.: **Localized surface activity of torso, a receptor tyrosine kinase, specifies terminal body pattern in *Drosophila*.** *Genes Dev.* 1989, **3**: 2025–2038.

Coppey, M., Boettiger, A.N., Berezhkovskii, A.M., Shvartsman, S.Y.: **Nuclear trapping shapes the terminal gradient in the *Drosophila* embryo.** *Curr. Biol.* 2008, **18**: 915–919.

Furriols, M., Casanova, J.: **In and out of Torso RTK signalling.** *EMBO J.* 2003, **22**: 1947–1952.

Furriols, M., Ventura, G., Casanova, J.: **Two distinct but convergent groups of cells trigger Torso receptor tyrosine kinase activation by independently expressing torso-like.** *Proc. Natl Acad. Sci. USA* 2007, **104**: 11660–11665.

Li, W.X.: **Functions and mechanisms of receptor tyrosine kinase Torso signaling: lessons from *Drosophila* embryonic terminal development.** *Dev. Dyn.* 2005, **232**: 656–672.

2.11 胚の背腹極性は，卵黄膜に存在する母性タンパク質によって形成される

Anderson, K.V.: **Pinning down positional information: dorsal-ventral polarity in the *Drosophila* embryo.** *Cell* 1998, **95**: 439–442.

Sen, J., Goltz, J.S., Stevens, L., Stein, D.: **Spatially restricted expression of *pipe* in the *Drosophila* egg chamber defines embryonic dorsal-ventral polarity.** *Cell* 1998, **95**: 471–481.

2.12 背腹軸に沿った位置情報はDorsalタンパク質によって規定される

Belvin, M.P., Anderson, K.V.: **A conserved signaling pathway: the *Drosophila* Toll-dorsal pathway.** *Annu. Rev. Cell Dev. Biol.* 1996, **12**: 393–416.

Imler, J.L., Hoffmann, J.A.: **Toll receptors in *Drosophila*: a family of molecules regulating development and immunity.** *Curr. Top. Microbiol. Immunol.* 2002, **270**: 63–79.

Roth, S., Stein, D., Nüsslein-Volhard, C.: **A gradient of nuclear localization of the dorsal protein determines dorso-ventral pattern in the *Drosophila* embryo.** *Cell* 1989, **59**: 1189–1202.

Steward, R., Govind, R.: **Dorsal-ventral polarity in the *Drosophila* embryo.** *Curr. Opin. Genet. Dev.* 1993, **3**: 556–561.

2.13 ショウジョウバエ卵の前後軸は，卵室からのシグナルと，卵母細胞と濾胞細胞との相互作用により指定される

González-Reyes, A., St Johnston, D.: **The *Drosophila* AP axis is polarised by the cadherin-mediated positioning of the oocyte.** *Development* 1998, **125**: 3635–3644.

Huynh, J.R., St Johnston, D.: **The origin of asymmetry: early polarization of the *Drosophila* germline cyst and oocyte.** *Curr. Biol.* 2004, **14**: R438–R449.

Riechmann, V., Ephrussi, A.: **Axis formation during *Drosophila* oogenesis.** *Curr. Opin. Genet. Dev.* 2001, **11**: 374–383.

Torres, I.L., Lopez-Schier, H., St Johnston, D.: **A Notch/Delta-dependent relay mechanism establishes anterior-posterior polarity in *Drosophila*.** *Dev. Cell* 2005, **5**: 547–558.

Zimyanin, V.L., Belaya, K., Pecreaux, J., Gilchrist, M.J., Clark, A., Davis, I., St Johnston, D.: **In vivo imaging of *oskar* mRNA transport reveals the mechanism of posterior localization.** *Cell* 2008, **134**: 843–853.

2.14 母性mRNAの卵の端への局在は，卵母細胞の細胞骨格の再配置に依存する

Becalska, A.N., Gavis, E.R.: **Lighting up mRNA localization in *Drosophila* oogenesis.** *Development* 2009, **136**: 2493–2503.

Martin, S.G., Leclerc, V., Smith-Litière, K., St Johnston, D.:

The identification of novel genes required for *Drosophila* antero-posterior axis formation in a germline clone screen using GFP-Staufen. *Development* 2003, **130**: 4201–4215.

St Johnston, D.: **Moving messages: the intracellular localization of mRNAs.** *Nat. Rev. Mol. Cell Biol.* 2005, **6**: 363–375.

2.15 卵の背腹軸は，卵母細胞核の移動と，それに続く卵母細胞と濾胞細胞との間のシグナル伝達によって指定される

González-Reyes, A., Elliott, H., St Johnston, D.: **Polarization of both major body axes in *Drosophila* by gurken-torpedo signaling**. *Nature* 1995, **375**: 654–658.

Jordan, K.C., Clegg, N.J., Blasi, J.A., Morimoto, A.M., Sen, J., Stein, D., McNeill, H., Deng, W.M., Tworoger, M., Ruohola-Baker, H.: **The homeobox gene *mirror* links EGF signalling to embryonic dorso-ventral axis formation through Notch activation**. *Nat. Genet.* 2000, **24**: 429–433.

Roth, S., Neuman-Silberberg, F.S., Barcelo, G., Schupbach, T.: **Cornichon and the EGF receptor signaling process are necessary for both anterior-posterior and dorsal-ventral pattern formation in *Drosophila***. *Cell* 1995, **81**: 967–978.

van Eeden, F., St Johnston, D.: **The polarisation of the anterior-posterior and dorsal-ventral axes during *Drosophila* oogenesis**. *Curr. Opin. Genet. Dev.* 1999, **9**: 396–404.

2.16 前後軸はギャップ遺伝子の発現によって大まかな領域に分割される

Hülskamp, M., Tautz, D.: **Gap genes and gradients — the logic behind the gaps**. *BioEssays* 1991, **13**: 261–268.

2.17 Bicoid タンパク質は，胚性 *hunchback* の前方発現に対して位置シグナルを与える

Brand, A.H., Perrimon, N.: **Targeted gene expression as a means of altering cell fates and generating dominant phenotypes**. *Development* 1993, **118**: 401–415.

Gibson, M.C.: **Bicoid by the numbers: quantifying a morphogen gradient**. *Cell* 2007, **130**: 14–16.

Gregor, T., Tank, D.W., Wieschaus, E.F., Bialek W.: **Probing the limits to positional information**. *Cell* 2007, **130**: 153–164.

Ochoa-Espinosa, A., Yucel, G., Kaplan, L., Pare, A., Pura, N., Oberstein, A., Papatsenko, D., Small, S.: **The role of binding site cluster strength in Bicoid-dependent patterning in *Drosophila***. *Proc. Natl Acad. Sci. USA* 2005, **102**: 4960–4965.

Simpson-Brose, M., Treisman, J., Desplan, C.: **Synergy between the Hunchback and Bicoid morphogens is required for anterior patterning in *Drosophila***. *Cell* 1994, **78**: 855–865.

Struhl, G., Struhl, K., Macdonald, P.M.: **The gradient morphogen Bicoid is a concentration-dependent transcriptional activator**. *Cell* 1989, **57**: 1259–1273.

2.18 Hunchback タンパク質の勾配は，他のギャップ遺伝子を活性化 / 抑制する

Rivera-Pomar, R., Jäckle, H.: **From gradients to stripes in *Drosophila* embryogenesis: filling in the gaps**. *Trends Genet.* 1996, **12**: 478–483.

Struhl, G., Johnston, P., Lawrence, P.A.: **Control of *Drosophila* body pattern by the hunchback morphogen gradient**. *Cell* 1992, **69**: 237–249.

Wu, X., Vakani, R., Small, S.: **Two distinct mechanisms for differential positioning of gene expression borders involving the *Drosophila* gap protein giant**. *Development* 1998, **125**: 3765–3774.

2.19 背腹軸に沿った胚性遺伝子の発現は，Dorsal タンパク質によって制御されている

Cowden, J., Levine, M.: **Ventral dominance governs segmental patterns of gene expression across the dorsal-ventral axis of the neurectoderm in the *Drosophila* embryo**. *Dev. Biol.* 2003, **262**: 335–349.

Harland, R.M.: **A twist on embryonic signalling**. *Nature* 2001, **410**: 423–424.

Markstein, M., Zinzen, R., Markstein, P., Yee, K.P., Erives, A., Stathopoulos, A., Levine, M.: **A regulatory code for neurogenic gene expression in the *Drosophila* embryo**. *Development* 2004, **131**: 2387–2394.

Rusch, J., Levine, M.: **Threshold responses to the dorsal regulatory gradient and the subdivision of primary tissue territories in the *Drosophila* embryo**. *Curr. Opin. Genet. Dev.* 1996, **6**: 416–423.

Stathopoulos, A., Levine, M.: **Dorsal gradient networks in the *Drosophila* embryo**. *Dev. Biol.* 2002, **246**: 57–67.

2.20 Decapentaplegic タンパク質が，背側領域を形成するモルフォゲンとして働く

Affolter, M., Basler, K.: **The Decapentaplegic morphogen gradient: from pattern formation to growth regulation**. *Nat. Rev. Genet.* 2007, **8**: 663–674.

Ashe, H.L., Levine, M.: **Local inhibition and long-range enhancement of Dpp signal transduction by Sog**. *Nature* 1999, **398**: 427–431.

Mizutani, C.M., Nie, Q., Wan, F.Y., Zhang, Y.T., Vilmos, P., Sousa-Neves, R., Bier, E., Marsh, J.L., Lander, A.D.: **Formation of the BMP activity gradient in the *Drosophila* embryo**. *Dev. Cell* 2005, **8**: 915–924.

Shimmi, O., Umulis, D., Othmer, H., O'Connor, M.B.: **Facilitated transport of a Dpp/Scw heterodimer by Sog/Tsg leads to robust patterning of the *Drosophila* blastoderm embryo**. *Cell* 2005, **120**: 873–886.

Srinivasan, S., Rashka, K.E., Bier, E.: **Creation of a Sog morphogen gradient in the *Drosophila* embryo**. *Dev. Cell* 2002, **2**: 91–101.

Wang, Y.-C., Ferguson, E.L.: **Spatial bistability of Dpp-receptor interactions driving *Drosophila* dorsal-ventral patterning**. *Nature* 2005, **434**: 229–234.

Wharton, K.A., Ray, R.P., Gelbart, W.M.: **An activity gradient of decapentaplegic is necessary for the specification of dorsal pattern elements in the *Drosophila* embryo**. *Development* 1993, **117**: 807–822.

2.22 ギャップ遺伝子活性が，ペアルール遺伝子のストライプ状発現の位置を決める

Clyde, D.E., Corado, M.S., Wu, X., Paré, A., Papatsenko, D., Small, S.: **A self-organizing system of repressor gradients establishes segmental complexity in *Drosophila***. *Nature* 2003, **426**: 849– 853.

Luengo Hendriks, C.L., Keränen, S.V., Fowlkes, C.C.,

Simirenko, L., Weber, G.H., DePace, A.H., Henriquez, C., Kaszuba, D.W., Hamann, B., Eisen, M.B., Malik, J., Sudar D., Biggin, M.D., Knowles, D.W.: **Three-dimensional morphology and gene expression in the *Drosophila* blastoderm at cellular resolution I: data acquisition pipeline**. *Genome Biol.* 2006, **7**: R123.

Small, S., Levine, M.: **The initiation of pair-rule stripes in the *Drosophila* blastoderm**. *Curr. Opin. Genet. Dev.* 1991, **1**: 255–260.

Yu, D., Small, D.: **Precise registration of gene expression boundaries by a repressive morphogen in *Drosophila***. *Curr. Biol.* 2008, **18**: 888–876.

2.23 *engrailed* 遺伝子の発現は，細胞系譜の境界を定め，区画を規定する

Dahmann, C., Basler, K.: **Compartment boundaries: at the edge of development**. *Trends Genet.* 1999, **15**: 320–326.

Gray, S., Cai, H., Barolo, S., Levine, M.: **Transcriptional repression in the *Drosophila* embryo**. *Phil. Trans. R. Soc. Lond.* 1995, **349**: 257–262.

Harrison, D.A., Perrimon, N.: **Simple and efficient generation of marked clones in *Drosophila***. *Curr. Biol.* 1993, **3**: 424–433.

Vincent, J.P., O'Farrell, P.H.: **The state of *engrailed* expression is not clonally transmitted during early *Drosophila* development**. *Cell* 1992, **68**: 923–931.

2.24 分節遺伝子は擬体節境界を安定させ，境界において体節をパターン形成するシグナル中心を確立する

Alexandre, C., Lecourtois, M., Vincent, J.-P.: **Wingless and hedgehog pattern *Drosophila* denticle belts by regulating the production of short-range signals**. *Development* 1999, **126**: 5689–5698.

Beckett, K., Franch-Marro, X., Vincent, J.P.: **Glypican-mediated endocytosis of hedgehog has opposite effects in flies and mice**. *Trends Cell Biol.* 2008, **18**: 360–363.

Bejsovec, A., Wieschaus, E.: **Segment polarity gene interactions modulate epidermal patterning in *Drosophila* embryos**. *Development* 1993, **119**: 501–517.

Briscoe, J., Therond, P.: **Hedgehog signaling: from the *Drosophila* cuticle to anti-cancer drugs**. *Dev. Cell* 2005, **8**: 143–151.

Gordon, M., Nusse, R.: **Wnt signaling: multiple pathways: multiple receptors, and multiple transcription factors**. *J. Biol. Chem.* 2006, **281**: 22429–22433.

Hooper, J.E., Scott, M.P.: **Communicating with Hedgehogs**. *Nat. Rev. Mol. Cell Biol.* 2005, **6**: 306–317.

Johnson, R.L., Scott, M.P.: **New players and puzzles in the Hedgehog signaling pathway**. *Curr. Opin. Genet. Dev.* 1998, **8**: 450–456.

Larsen, C.W., Hirst, E., Alexandre, C., Vincent, J.-P.: **Segment boundary formation in *Drosophila* embryos**. *Development* 2003, **130**: 5625–5635.

Lawrence, P.A., Casal, J., Struhl, G.: **Hedgehog and engrailed: pattern formation and polarity in the *Drosophila* abdomen**. *Development* 1999, **126**: 2431–2439.

Tolwinski, N.S., Wieschaus, E.: **Rethinking Wnt signaling**. *Trends Genet.* 2004, **20**: 177–181

von Dassow, G., Meir, E., Munro, E.M., Odell, G.M.: **The segment polarity network is a robust developmental module**. *Nature* 2000, **406**: 188–192.

Wehrli, M., Dougan, S.T., Caldwell, K., O'Keefe, L., Schwartz, S., Vaizel-Ohayon, D., Schejter, E., Tomlinson, A., DiNardo, S.: **arrow encodes an LDL-receptor-related protein essential for Wingless signalling**. *Nature* 2000, **407**: 527–530.

Zhu, A., Scott, M.: **Incredible journey: how do developmental signals travel through tissue?** *Genes Dev.* 2004, **18**: 2983–2997.

2.25 昆虫の表皮細胞は，上皮平面において前後方向に個々に極性化する & Box 2F ショウジョウバエにおける平面内細胞極性

Lawrence, P.A., Casal, J., Struhl, G.: **Cell interactions and planar polarity in the abdominal epidermis of *Drosophila***. *Development* 2004, **131**: 4651–4664.

Lawrence, P.A., Struhl, G., Casal, J.: **Planar polarity: one or two pathways**. *Nat. Rev. Genet.* 2008, **8**: 555–363.

Ma, D., Yang, C., McNeill, H., Simon, M.A., Axelrod, J.D.: **Fidelity in planar cell polarity signalling**. *Nature* 2003, **421**: 543–547.

Strutt, D.: **The planar polarity pathway**. *Curr. Biol.* 2008, **16**: R898–R902.

Strutt, D., Strutt, H.: **Differential activities of the core planar polarity proteins during *Drosophila* wing patterning**. *Dev. Biol.* 2007, **302**: 181–194.

Wu, J., Mlodzik, M.: **The Frizzled extracellular domain is a ligand for Van Gogh/Stm during nonautonomous planar cell polarity signaling**. *Dev. Cell* 2008, **15**: 462–469.

2.26 ボディプランのパターン形成に異なる機構を用いる昆虫もいる

Akam, M., Dawes, R.: **More than one way to slice an egg**. *Curr. Biol.* 1992, **8**: 395–398.

Angelini, D.R., Liu, P.Z., Hughes, C.L., Kaufman, T.C.: **Hox gene function and interaction in the milkweed bug *Oncopeltus fasciatus* (Hemiptera)**. *Dev. Biol.* 2005, **287**: 440–455.

Brown, S.J., Parrish, J.K., Beeman, R.W., Denell, R.E.: **Molecular characterization and embryonic expression of the *even-skipped* ortholog of *Tribolium castaneum***. *Mech. Dev.* 1997, **61**: 165–173.

French, V.: **Segmentation (and *eve*) in very odd insect embryos**. *BioEssays* 1996, **18**: 435–438.

French, V.: **Insect segmentation: genes, stripes and segments in 'Hoppers'**. *Curr. Biol.* 2001, **11**: R910–R913.

Lynch, J.A., Brent, A.E., Leaf, D.S., Pultz, M.A., Desplan, C.: **Localized maternal *orthodenticle* patterns anterior and posterior in the long germ wasp *Nasonia***. *Nature* 2006, **439**: 728–732.

Sander, K.: **Pattern formation in the insect embryo**. In *Cell Patterning, Ciba Found. Symp. 29*. London: Ciba Foundation, **1975**: 241–263.

Tautz, D., Sommer, R.J.: **Evolution of segmentation genes in insects**. *Trends Genet.* 1995, **11**: 23–27.

2.27 ショウジョウバエの体節のアイデンティティは，Hox 遺伝子によって指定される

Lewis E.B.: **A gene complex controlling segmentation in *Drosophila*.** *Nature* 1978, **276**: 565–570.

Stark, A.: **A single Hox locus in *Drosophila* produces functional microRNAs from opposite DNA strands.** *Genes Dev.* 2008, **22**: 8-13.

2.28 bithorax 複合体のホメオティックセレクター遺伝子は，後部体節の多様化を担っている

Castelli-Gair, J., Akam, M.: **How the Hox gene *Ultrabithorax* specifies two different segments: the significance of spatial and temporal regulation within metameres.** *Development* 1995, **121**: 2973–2982.

Duncan, I.: **How do single homeotic genes control multiple segment identities?** *BioEssays* 1996, **18**: 91–94.

Lawrence, P.A, Morata, G.: **Homeobox genes: their function in *Drosophila* segmentation and pattern formation.** *Cell* 1994, **78**: 181–189.

Liang, Z., Biggin, M.D.: **Eve and ftz regulate a wide array of genes in blastoderm embryos: the selector homeoproteins directly or indirectly regulate most genes in *Drosophila*.** *Development* 1998, **125**: 4471–4482.

Mann, R.S., Morata, G.: **The developmental and molecular biology of genes that subdivide the body of *Drosophila*.** *Annu. Rev. Cell Dev. Biol.* 2000, **16**: 143–271.

Mannervik, M.: **Target genes of homeodomain proteins.** *BioEssays* 1999, **4**: 267–270.

Simon, J.: **Locking in stable states of gene expression: transcriptional control during *Drosophila* development.** *Curr. Opin. Cell Biol.* 1995, **7**: 376–385.

2.30 Hox 遺伝子の発現順序は染色体上の遺伝子の順序に対応している

Morata, G.: **Homeotic genes of *Drosophila*.** *Curr. Opin. Genet. Dev.* 1993, **3**: 606–614.

2.31 ショウジョウバエの頭部領域は，Hox 遺伝子以外の遺伝子により指定される

Rogers B.T., Kaufman, T.C.: **Structure of the insect head in ontogeny and phylogeny: a view from *Drosophila*.** *Int. Rev. Cytol.* 1997, **174**: 1–84.

3

脊椎動物の発生Ⅰ：生活環と実験発生学的解析

●脊椎動物の生活環および発生の概要

●脊椎動物の発生過程を研究する手法について

本章では，脊椎動物の４つのモデル生物に関して，主にその発生過程の類似性や相違について議論する。すなわち，アフリカツメガエルに代表される両生類，ゼブラフィッシュに代表される魚類，ニワトリに代表される鳥類，そしてマウスに代表される哺乳類である。本章後半では，それら脊椎動物の発生を解析するための実験系について解説する。

第２章において，昆虫の発生が主に母性因子の制御下にあり，それらがからだの各部分に広範囲に相互作用しつつ発生を制御していることを解説した。このような発生初期の青写真（基盤）は，それ以降は胚自身の遺伝子群によって制御が引き継がれる。ここでは，からだのボディプランを樹立するために，初期の脊椎動物の発生過程がいかに制御されているかについて述べる。全ての脊椎動物は，外見上は多くの違いがあるにもかかわらず，類似した基本的なボディプランを有している。その基盤となる構造とは，脊髄を取り囲む分節化した背骨，すなわち**脊柱（vertebral column）**である。その前端には骨性あるいは軟骨性の頭蓋によって保護された脳を持つ（**図 3.1**）。これらの特徴的な構造は，脊椎動物の主軸である**前後軸（antero-posterior axis）**を表している。すなわち，前後軸の前端には頭部が位置し，対になった付属肢（四肢）を持つ体幹が続く。陸性脊椎動物付属肢はヘビ類においては見られないが，魚類においては対の鰭が発生する。このような前後軸は，後端においては肛門より後部の尾部構造として終結する。脊椎動物のからだは同時に，背から腹へと走る**背腹軸（dorso-ventral axis）**を有しており，脊髄が背側に沿って走り，口部構造は腹側にできる。このような前後軸および背腹軸は，協調して動物の左右性も決定する。一般的に脊椎動物は背側正中線を中心に**左右相称（bilateral symmetry）**であり，外見的には左右双方の構造は互いに鏡像対称（シンメトリックな）構造を形成している。対を持つ内臓，例えば肺，腎臓，生殖腺などは左右に相称であるが，単一の器官である心臓や肝臓は左右に関し非対称的であり，背側正中線に関して心臓は左側，肝臓は右側に位置する。

本章および次の２つの章において，発生過程がよく研究されている４つの脊椎動物――アフリカツメガエル胚，ゼブラフィッシュ胚，ニワトリ胚，およびマウス胚――についてみていく。さらに，ヒトの初期胚についても触れる。本章では最初

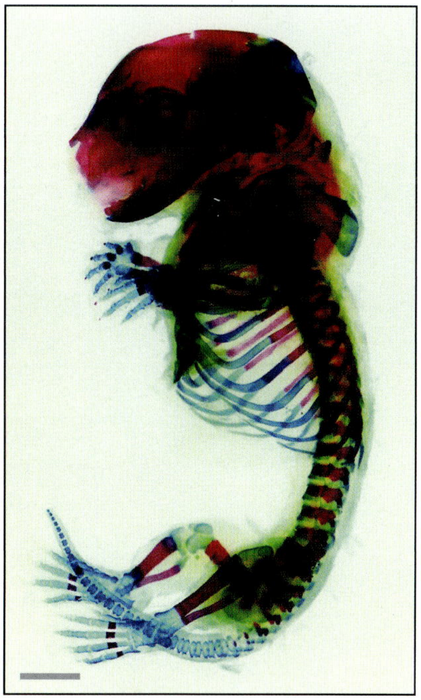

図 3.1　脊椎動物のボディプランの典型例を示すマウス胚（17.5 日胚：E17.5）の骨格

この図における骨格は，アルシアンブルー（軟骨の染色），およびアリザリンレッド（骨の染色）で染色されている。体節から形成される脊椎骨は，さらに，頸椎（首），胸椎（胸），腰椎（体幹後部），および仙椎（臀部，さらにその下部）領域に分けられる。対になっている四肢が観察される。スケールバー＝1 mm。

写真は M. Maden 氏の厚意による

に各生物の生活環（ライフサイクル）について記載し，さらに各初期胚の発生の鍵となる特徴について簡単に触れ，後章の議論への導入を行う。本章では，個々の発生メカニズムについてはまだ記さず，発生のアウトライン，すなわち脊椎動物胚でしっかりと定められた全体的なボディプラン（body plan）を生み出す初期の発生過程で起こる形態の変化について述べる。その際，特徴的な構造，例えば脊索や神経管についても言及する（図 3.8 参照）。さらに，初期受精卵の卵割から，細胞移動のようなダイナミックな発生過程を通じて胚の再編成や三胚葉の正しい位置での形成などが起こる原腸形成についても言及する。そして，最初の神経系の出現である神経管の形成――つまり神経管形成（neurulation）――について言及する。胚葉には，神経系や皮膚を形成する外胚葉（ectoderm），骨格，筋肉，心臓，血液などの組織を形成する中胚葉（mesoderm），そして，腸管とそれに関連する内臓器官や腺構造を形成する内胚葉（endoderm）がある（Box 1C, p. 16）。本章の後半においては，脊椎動物の発生を研究するうえで使用されるいくつかの実験手法を紹介する。

第4章では，発生過程における最初の2つの重要な事象について述べる。すなわち，前後軸および背腹軸の形成，そして各胚葉の指定と初期パターン形成である。特にオーガナイザーと呼ばれる領域がどのようにして発生するか（第 1.4 節参照），さらに中胚葉の誘導や，背腹軸に沿ったそのパターン形成についても紹介する。第5章では脊椎動物の初期発生の議論を続け，原腸形成での大規模な組織の再編成の間，およびそれ以降に，前後軸に沿った発生をオーガナイザー領域がいかに制御するかを述べる。このような組織再編成は，外胚葉からの予定神経領域の誘導という極めて重要な誘導現象――ここから全ての神経系が発生する――に結びつく。また，中胚葉から脊索，体節ができる仕組みや，さらにこの体節が筋肉や骨格組織に発生していく過程に繋がっていく。この時期までには，胚は脊椎動物と容易に認識できるようになる。四肢や眼，心臓や神経系などの構造あるいは器官については，後の章で述べる。脊椎動物の原腸形成のメカニズムや，そのような大規模な組織再編の基盤となる細胞生物学的な現象については，ウニ等の非脊椎動物の単純な原腸形成と比較しつつ，第8章において取り上げる。

脊椎動物の生活環および発生の概要

全ての脊椎動物胚は，広い意味では類似した過程を経て発生する。この章ではそれぞれのモデル生物の生活環について，図としてその大枠を示した（例えばアフリカツメガエルの場合を図 3.3 に示した）。受精後，接合体は卵割（cleavage）を経て発生する。これは迅速な細胞分割であり，胚がより小型の多くの細胞に分裂する。この過程の後に原腸形成（gastrulation）が行われ，3つの細胞層――すなわち内胚葉・中胚葉・外胚葉の三胚葉――に分化すべく一連の細胞移動が起こる（Box 1C, p. 16）。原腸形成が終わるまでに外胚葉が胚を包み込み，中胚葉および内胚葉が胚内に移動する。内胚葉は腸管やそれに由来する肝臓および肺を形成し，中胚葉は骨格，筋肉，結合組織，腎臓，心臓，そして血液などを形成する。さらに外胚葉は，表皮および神経系に寄与する。

図 3.2 は，4つのモデル生物における初期胚の形態の差と，同時期のヒト胚を示したものである。原腸形成後，全ての脊椎動物胚は多かれ少なかれ相互に類似した発生段階を経ることになり，脊椎動物が属す脊索動物門に特異的な胚の特徴を示す。

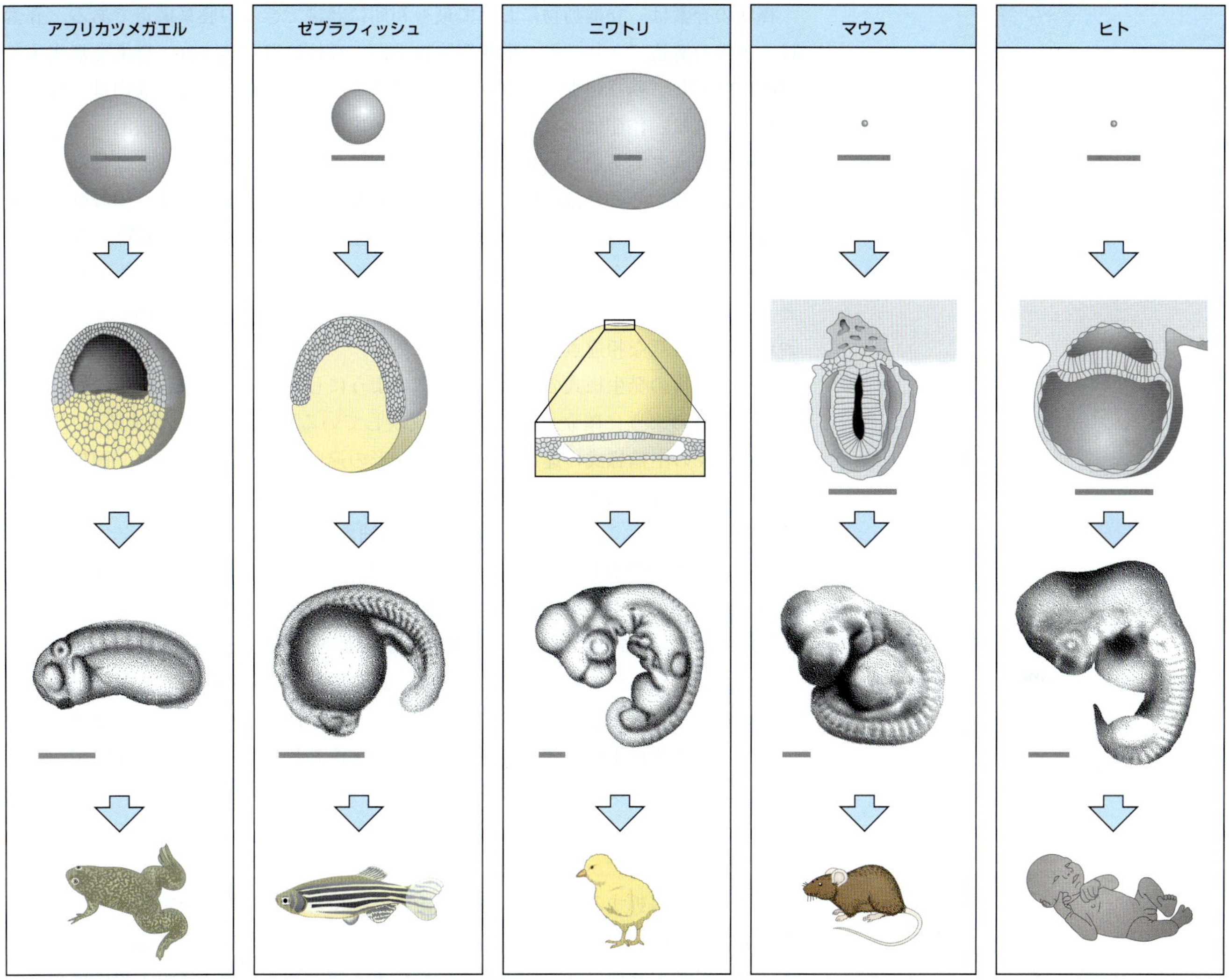

図 3.2 脊椎動物胚は，原腸形成以前においてその形態は有意に異なる。しかし，その後は相互に類似した段階を経て発生する

カエル（アフリカツメガエル），ゼブラフィッシュ，ニワトリおよびマウスの卵は，相互にそのサイズが大きく異なっている。ヒトの卵はマウスの卵と比較的似たサイズである（最上段）。この段のスケールバーはニワトリ胚のみ 10 mm に対応し，他は全て 1 mm を表している。初期発生（2 段目）は，比較的異なっている。この段において胚はそれぞれ，アフリカツメガエルの原腸形成直前の胞胚（左のパネル）に大まかに相当しており，図は断面図として示されている。組織編成の主要な決定因子は，卵に含まれる卵黄（黄色で示した）の量である。この段階のヒトおよびマウス胚（右の 2 列）は子宮壁に着床しており，既に着床に必要ないくつかの胚体外組織を発生させている。マウス胚本体は中央の小型のカップ状構造であるが，ここでは断面図で U 字型の上皮性層として示されている。ヒト胚は 2 つの円盤状の細胞層からなる。マウスおよびヒトに対応しているこの段のスケールバーは 100 μm である。原腸形成と神経管形成の後，脊椎動物胚は次の段階に移るが，この段階においてはそれぞれ比較的類似した形態をとる（3 段目）。このような時期を，各動物種が比較的類似したボディプランを示すファイロティピック段階と称する。胚は発生し，神経管，体節，脊索，そして頭部構造を示す。この段のスケールバーは 1 mm である。この時期を経ると，各動物種の発生は再び相互に異なるようになる。例えば対の付属肢は魚類においては鰭になり，鳥類においては翼や脚，ヒトにおいては上肢および下肢となる（最下段）。

このような時期を，門に特徴的なボディプランを示すという意味から，ファイロティピック段階（phylotypic stage）と称する。この時期には頭部が明瞭になり，さらに神経系の前駆体としての神経管（neural tube）が，胚背側において前後（つまり頭から尾の）軸に沿って発達する。神経管の直下には脊索（notochord）が走っているが，これらが脊索動物に特徴的な構造である。脊索の両側にはブロック状の体節（somite）が形成され，ここから筋肉と骨格が発生する。各々の脊椎動物のグループに構造的な特徴，例えば嘴，翼，鰭などは，この後に形成される。

棒状の脊索は，脊椎動物において最も初期に認識できる中胚葉構造である。脊索は一過性の構造であり，その構成細胞はやがて脊柱に取り込まれ，脊椎を形成する（**図 3.1** 参照）。残りの脊柱および胴部の骨格や，胴部および四肢の筋肉は，体節から形成される。体節は，脊索の両側で前後軸に沿って中胚葉から連続的に発生する細胞のブロックである。原腸形成の終了に向けて，脊索を覆う外胚葉は神経組織として指定され，それらは屈曲して盛り上がりながら管状構造となり，神経管を形成する。神経管からは脳，脊髄，その他の神経系が形成される（**図 3.7**）。脊椎動物のボディプランの全般的な類似性は，異なる生物種における重要な発生過程が全体として類似していることを示している。しかしながら，特に最も初期の発生過程においては，有意な相違点が多く認められる。

モデル生物の発生様式の差は，いつどのようにして体軸が形成されるのか，そして胚葉がどのように確立されるのかを反映している（第4章に記載する）。これらは主に各々の生殖様式の違いや，初期胚の形の違いに起因する。魚類，両生類，爬虫類，鳥類，そしてカモノハシのような卵生の哺乳類においては，卵黄が全ての栄養を提供する。これに対してほとんどの哺乳類の卵は小型で卵黄を含んでおらず，胚は最初の数日にわたっては卵管，そしてそれ以降は子宮において栄養を提供される。子宮壁に着床後，哺乳類胚は特殊化した**胚体外膜（extraembryonic membrane）**を周囲に形成する。胚体外膜は胚を守り，それらを通して母体［**胎盤（placenta）**］から栄養が提供される。鳥類胚もやはり胚体外膜を形成し，それらは卵黄からの栄養を胚に供給する。さらに，透過性のある卵殻（膜）を通じて酸素および二酸化炭素の交換を行い，老廃物の排泄も行う。鳥類および哺乳類や爬虫類は，このように双方とも胚体外膜――羊膜――を形成し，よってこれらの生物種は**羊膜類（amniote）**といわれる。両生類や魚類ではそれらは形成されず，よって両種は**無羊膜類（anamniote）**と呼ばれる。

発生過程を解析するには，発生の特定の時期に対応する正確な定義やステージング（発生段階の記載）が必要である。単に受精からの時間を計測するだけでは，ほとんど全ての生物種にとって，不十分かつ不正確である。例えば両生類は異なる温度環境下において発生することができるので，発生のスピードやそれに応じた発生段階は，異なる温度環境下では大きく異なってしまう。そこで発生生物学者は，各生物種において正常な胚発生をいくつかの時期，すなわち受精後の時間によってではなく，生物学的に重要な胚の特徴によって分類（ステージング）を行う。例えばステージ10のアフリカツメガエル胚は原腸形成期の初期に対応し，一方でステージ54の胚は，すでに幼生（オタマジャクシ）として四肢を備えて十分に成熟している。このような数字による分類法は，ニワトリ胚においても利用され，卵が産まれてからの時間経過を計るよりも正確な情報を提供する。実際，マウス胚は母体内で上述の生物種に比べてはるかに一定な発生環境におかれているが，発生段階の時間的経過には相当な変動があり，同腹の胚（同腹仔）においても有意な発生の違いがある。したがって，マウス初期胚の交接後日数による確認法は，暫定的な基準に過ぎない［膣栓が確認された朝を0.5 dpcまたはE0.5（embryonic day 0.5）と表す］。いったん体節が形成されると，体節数がより正確な発生段階の指標として用いられる。ここで扱う脊椎動物の4種のモデル生物における正確な各発生段階に関する情報は，章末の「本章の理解を深めるための参考文献」に記したウェブサイト上に記載されているので，そちらを参照されたい。各生物種に対応する発生解析の方法は，本章後半において議論する。

3.1 アフリカツメガエルは，発生生物学的研究において頻用されている両生類である

発生学的研究に最もよく使用されている両生類は，アフリカツメガエル(*Xenopus laevis*)である。この生物種は完全水生であり，水道水でも正常に発生することができる。アフリカツメガエルは四倍体の生物種であることから，二倍体のネッタイツメガエル（*X. tropicalis*）が近年では遺伝学的な解析材料として頻用されるようになってきている（第1.6節参照）。本書を通じてツメガエルとは，特に指定しない限り，アフリカツメガエルのことを指すこととする。アフリカツメガエルの実験系として便利な点は，受精卵が容易に利用できることである。雌および雄にヒト由来ホルモンである絨毛性ゴナドトロピン（絨毛性性腺刺激ホルモン）を注射し，一晩交配させる。その結果，雌は数百の卵を産み，雄由来の精子によって受精卵が得られる。また，ホルモン処理した雌から放卵された卵を，ディッシュ上で精子によって受精させることもできる。このような人工的授精のメリットは，得られる胚が比較的同期化されており，多くの同じ発生段階の胚が得られる点にある。この卵は比較的大きく（直径1.2～1.4 mm），容易に操作が可能である。ツメガエル胚は比較的固く，微小外科的な操作後の感染や侵襲に対して抵抗性がある（つまり丈夫である）。また，発生初期のツメガエル胚の組織片は，組成の知られている単純培養液中で容易に培養可能である。

アフリカツメガエル胚の生活環と主な発生段階に関して**図3.3**にまとめた。成熟したツメガエルの卵は，異なった極性，すなわち色素沈着した**動物極領域（animal**

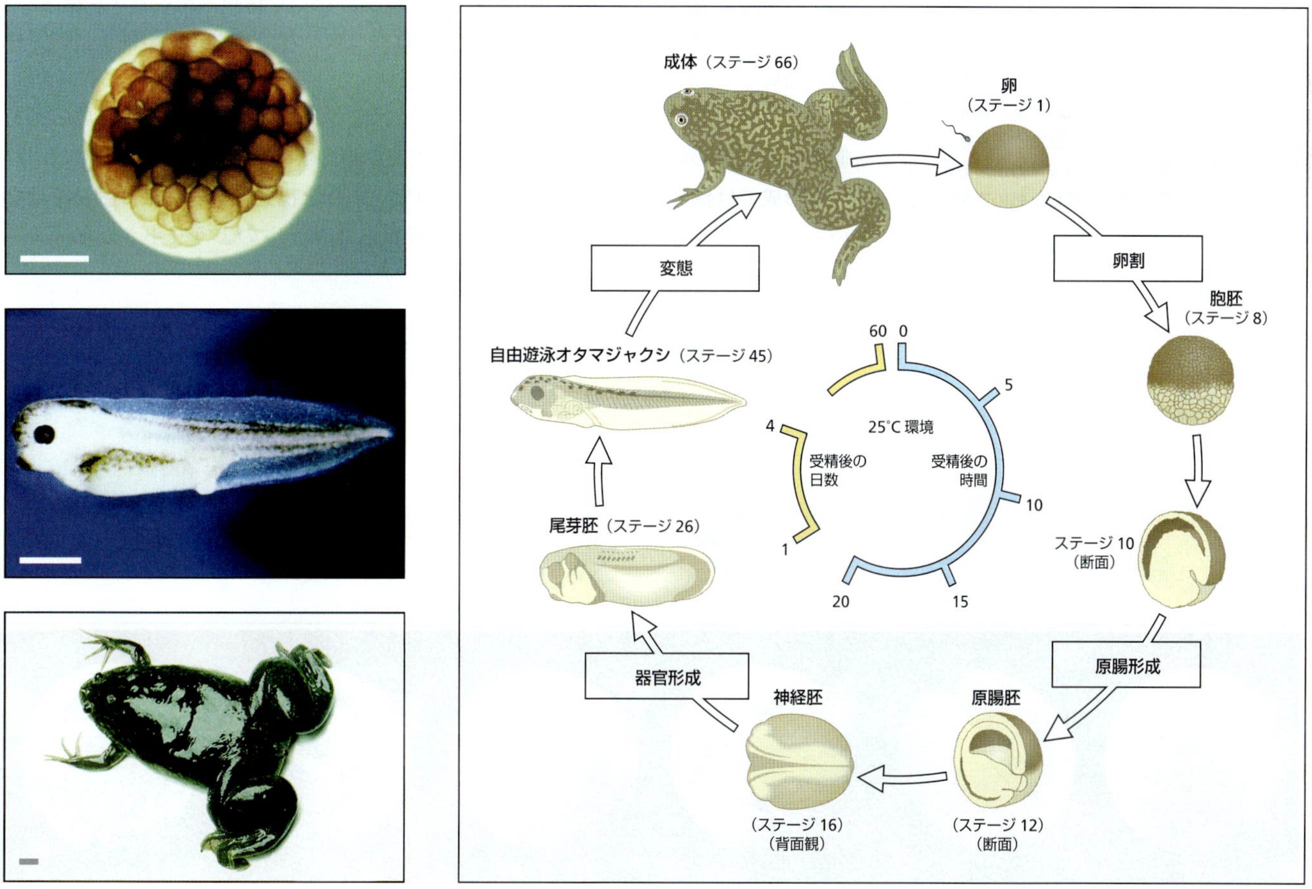

図3.3　アフリカツメガエルの生活環
数字で表される発生期は，ツメガエルの標準化した発生段階を示す。全ての発生段階については本章末の「本章の理解を深めるための参考文献」記載のウェブサイトで見ることができる。写真は，胞胚期（上段，スケールバー＝0.5 mm），ステージ41のオタマジャクシ（中段，スケールバー＝1 mm），カエル成体（下段，スケールバー＝1 cm）である。
写真はJ. Slack氏（上段，Alberts, B., et al.: 1994）およびJ. Smith氏（中段・下段）の厚意による

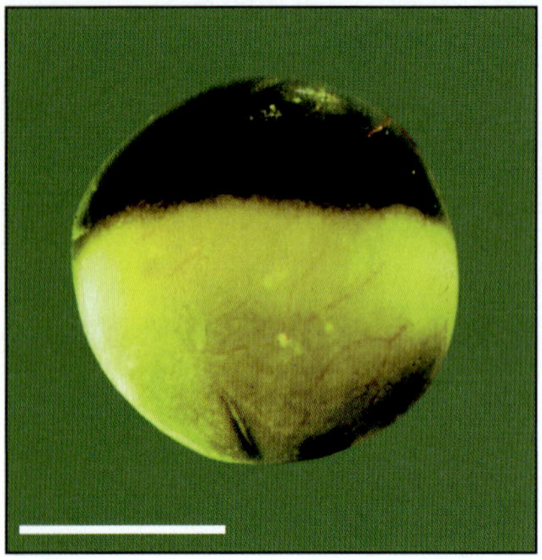

図 3.4 アフリカツメガエルの後期卵母細胞
動物極側表面は色素が沈着して暗く見え，植物極側の胚は卵黄による重量がある。スケールバー＝1 mm。
写真は J. Smith 氏の厚意による

region）と，色素が薄く，卵黄に富んで重量のある植物極領域（vegetal region）を持つ（図 3.4）。動物極から植物極に走る軸は，動物-植物極軸（animal-vegetal axis）と称される。受精以前の卵は卵黄膜［ビテリン膜（vitelline membrane）］によって覆われており，ゼラチン状のコートによって守られている。減数分裂はまだ終了しておらず，第一減数分裂によって比較的小型の細胞──極体（polar body）──が動物極に形成される。第二減数分裂は受精後初めて終了し，ここでも二次極体が動物極側に形成される（Box 9A, p. 354）。受精では，1つの精子が卵の動物極側に侵入する。受精卵は減数分裂を終了し，卵および精子由来の核が二倍体の胚体の核を形成する（アフリカツメガエルでは四倍体）。

受精卵の最初の卵割は，受精後約 90 分で起こり，卵割面は動物-植物極軸に沿っており，左右同等の割球を生ずる（図 3.5）。さらに卵割は続き，その間隔はおよそ 20 分である。第二卵割も再び動物-植物極軸に沿って起こるが，最初の卵割面には直交する。第三卵割は赤道面において起こり，最初の 2 つの卵割面に直交する。よって分割の結果，4 個の動物極側の細胞と，4 個の大型の植物極側の細胞を生ずる。ツメガエル初期胚においては卵割の間には細胞の成長がなく，したがって卵割が続くにつれて細胞は小型になっていく。動物胚において卵割の結果生じた細胞群は，割球（blastomere）と称される。卵割は同調して起こり，また，卵黄に富んだ植物極側が動物極側よりも大型になるように分裂が行われる。この球状の細胞塊の内部では，組織液に満たされた空間──胞胚腔（blastocoel）──が動物極領域に生じ，この時点で胚は胞胚（blastula）と称される。

胞胚形成の最終時期のツメガエル胚は，12 回の分裂の結果として数千の細胞によって構成されている。その後，内部構造を形成することになる中胚葉および内胚葉は，赤道部周辺，いわゆる帯域（marginal zone）と植物極側に各々位置する。一方で外胚葉は，最終的には胚の全体を包む形となるが，この時期にはまだ動物極側に限局している（図 3.6，最初のパネル）。

次の段階は原腸形成であり，胞胚において指定された胚葉の大規模な移動と再配置を伴う。その結果，各々の胚葉は，胚体内で適切な場所に位置するようになる。原腸形成では構造が三次元的に変化するので，これを視覚化することは容易ではない。外部から最初に見える原腸形成の徴候は，スリットのような小さな陥入──

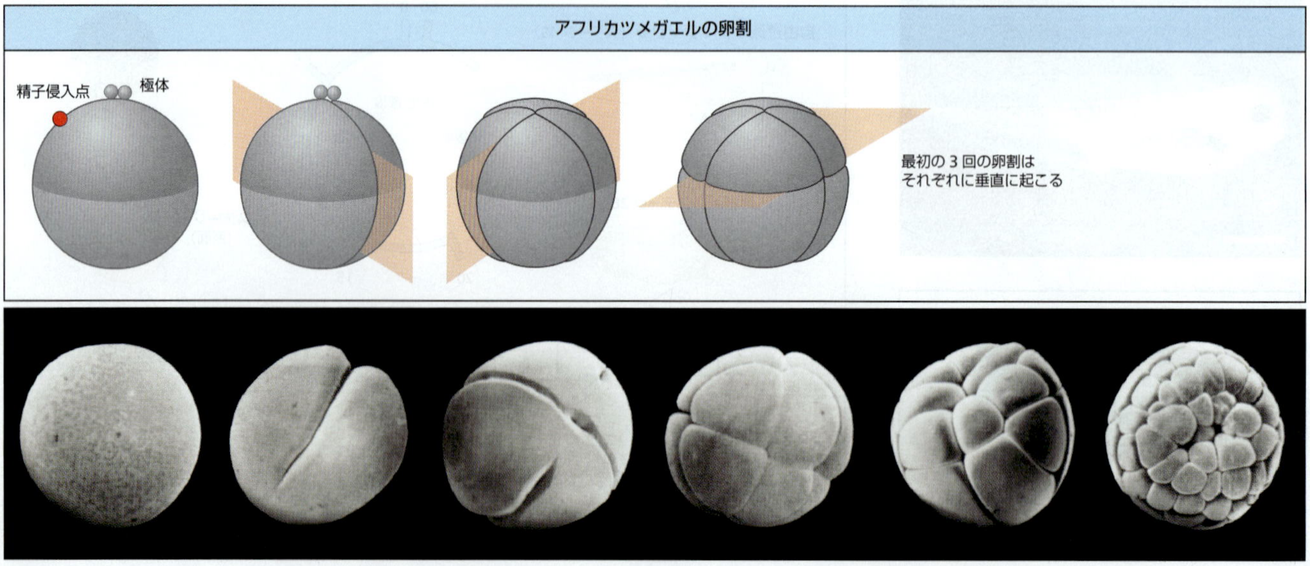

図 3.5 アフリカツメガエルの卵割
上段のパネルは，受精卵の構造と，最初の 3 回の卵割を側面から示したものである。極体が受精卵に現れ，2 細胞期において動物極側に接着している。下段の写真はアフリカツメガエルの卵割する胚をいくつかの角度から示したものである（図 1.14 も参照）。
写真は R. Kessel 氏の厚意により Kessel, R,G., et al.: 1974 から

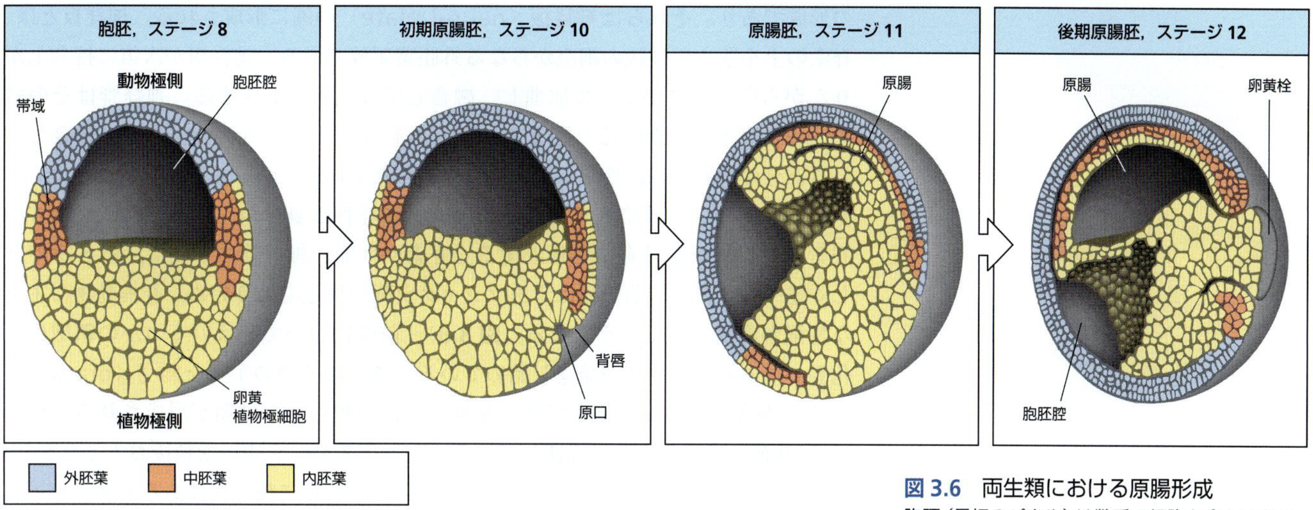

図 3.6　両生類における原腸形成
胞胚（最初のパネル）は数千の細胞を含んでおり，動物極の細胞の下部に液体によって満たされた胞胚腔を持つ。原腸形成が始まると（2 番目のパネル），胚の背側に原口が形成される。さらに帯域における将来の中胚葉，内胚葉が，内部に原口背唇部を通じて移動していく。中胚葉はサンドイッチ型に内胚葉と外胚葉に挟まれ，動物極側に位置するようになる（3 番目のパネル）。組織の移動は，新たな内部腔──将来の消化管となる原腸──を形成する。腹側における内胚葉はさらに原口の腹側唇を通じて内側に移動し（4 番目のパネル），最終的に原腸全体に近接して並ぶようになる。原腸形成の終わりには，胞胚腔は著しく小型化する。
Balinsky, B.I.: 1975 より

原口（blastopore）──で，これは胞胚の将来の背側表面に形成される（図 3.6，2 番目のパネル）。この領域は発生過程において特に重要な領域であり，胚オーガナイザー（embryonic organizer），特に両生類においてはシュペーマンオーガナイザー（Spemann organizer）と称されている。同領域を欠損すると，背側および体軸形成が起こらない。このことを示したシュペーマンとマンゴルトによって行われた有名な実験は，図 1.9 で説明した通りである。いったん原腸形成が開始されると，胚は原腸胚（gastrula）と称される。アフリカツメガエルにおいては，帯域にある将来の内胚葉および中胚葉は，密着した細胞シートとして背唇部の下部に潜りこみながら，原口を通って原腸胚の内側に移動していく。このような内部への細胞移動は巻き込み（involution）と呼ばれる。いったん内側に入ると，組織は正中線のほうに集まり，さらに背側外胚葉の下において前後軸に沿って伸展していく。その結果として，胚は前後軸方向に伸長する。同時に外胚葉は下部に広がって胚全体を覆うが，この過程はエピボリー（epiboly）と呼ばれる。巻き込みによって内部に移動していく背側内胚葉層は中胚葉に接しており，この層と卵黄に富んだ植物極側細胞層との間隙は，原腸（archenteron）と呼ばれる（図 3.6，3 番目のパネル）。これは腸管腔の前駆構造である。

このような内胚葉や中胚葉の内側への動きは背側から開始して，原口の周辺に細胞の環を形成する（図 3.6，4 番目のパネル）。原腸形成の終わりまでに，原口はほとんど閉塞し，残存したスリットは将来の肛門部を形成する。背側の中胚葉は，この時期には背側外胚葉の下に位置するようになる。さらに，側方および腹側中胚葉はボディプランに沿った場所に位置し，外胚葉が胚全体を覆う。この時期においてはまだ多くの卵黄が存在し，胚がオタマジャクシ（幼生）になり自活的に摂餌行動をとるまで，胚に養分を供給する。さらに原腸形成過程においては，背側の中胚葉は脊索や体節に発生し始め，一方でより側方の中胚葉──側板中胚葉（lateral plate mesoderm）──は，中胚葉由来の腎臓などの内臓器官を形成する。さらに前方側板中胚葉は，心臓を形成する。アフリカツメガエルおよび他の動物の原腸形成における細胞や組織の移動は，第 8 章で詳しく議論する。

原腸形成には，神経管形成（neurulation）──中枢神経系の前駆構造となる神経管を形成する段階──が続くことになる。したがってこれらの胚は，神経胚（neurula）と称される。最も初期の神経管形成の徴候は神経褶（しんけいしゅう）（neural fold）

の形成であり，それらは**神経板（neural plate）**の端に形成される。神経板とは，脊索の上を覆う円柱状の細胞からなる外胚葉領域である。神経褶が次第に持ち上がりながら中央部に向かって屈曲し，融合して神経管を形成する。神経管はその結果，表皮直下に位置する（**図 3.7**）。**神経堤細胞（neural crest cell）**は融合している部分の両側の神経管の末端を離れ，からだ全体に広がって多くの構造をつくるが，これについては第8章で述べる。前方神経管は脳をつくり，それより後方の脊索上方の神経管は脊髄を形成する。脊索や体節，神経管の形成は，第5章で詳しく述べる。この時期の胚はオタマジャクシ様の構造をとり始め，脊椎動物の主要な特徴が識別できるようになる（**図 3.8**）。前端において脳はいくつかの領域に分化しつつあり，眼や耳が発達し始めている。さらに3つの主要な**鰓弓（branchial arch）**が各々両側から観察でき，最も前方側の鰓弓からは顎が形成される。後方では，体節や脊索が十分に発達している。およそステージ40（受精後およそ2.5日）において口部が開口する。そして最後に，肛門のさらに後部側にあるオタマジャクシの尾部が，**尾芽（tailbud）**から形成される。この尾芽からは，胴部から連続した形でつくられる，尾の中の脊索や体節，神経管が形成される。さらに発生が進むと，血液，心臓，腎臓，肺，および肝臓など多くの器官群が形成される。このような**器官形成（organogenesis）**が完了するとオタマジャクシは孵化し，ゼリー状のコートから外部に出て，泳ぎ始めて自発的に餌を採る。さらにその後，オタマジャクシ型幼生は変態を経て成体のカエルとなり，尾部は退縮し，四肢が発生する（変態の過程はより詳しく第13章で述べる）。

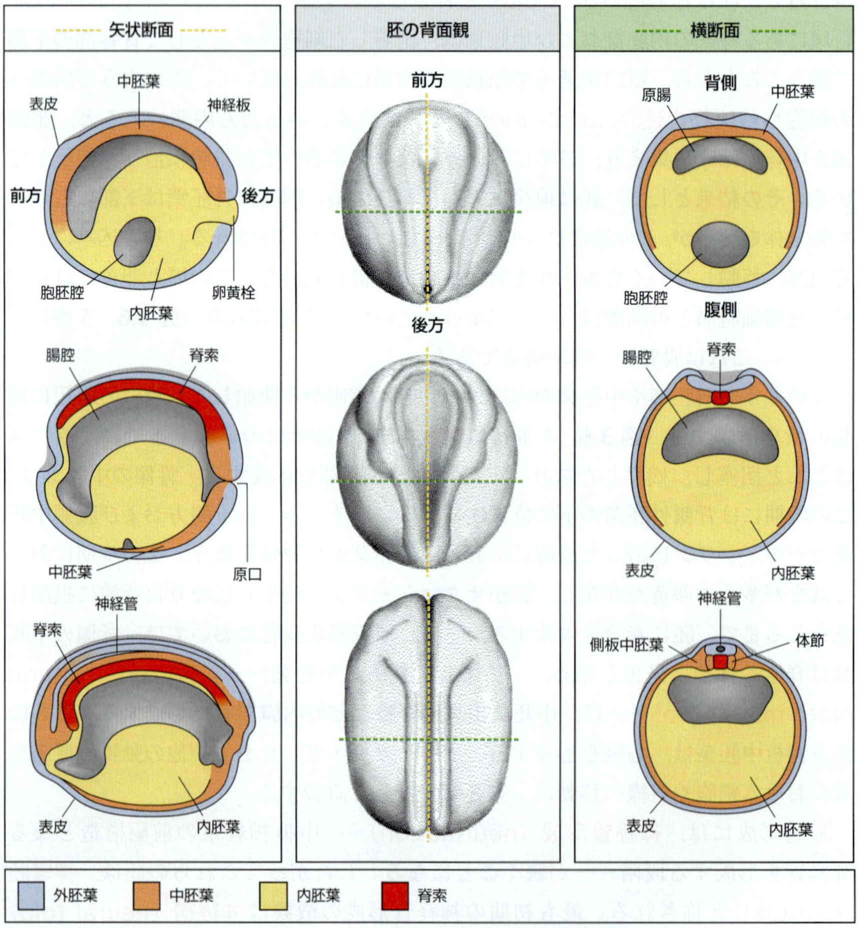

図 3.7 両生類における神経管形成
上段：脊索が正中において形成され始めると，神経板は神経褶を形成する（中段参照）。中段および下段：神経褶はお互いに正中線において近接し，神経管をつくる。この構造から脊髄，脳が発生する。神経管形成においては，胚は前後軸に沿って伸長する。左列のパネルは，中央列パネルの胚を黄色の破線で示す断面から見た矢状断面図を示す。中央列のパネルは，背側表面から見た両生類の胚を示す。右列のパネルは，中央列パネルの胚において緑の破線で示した横断面図を示している。このパネルは，アフリカツメガエルというより，有尾両生類の神経胚の形成を示している。有尾両生類（イモリなど）では，神経褶がより顕著に観察される。

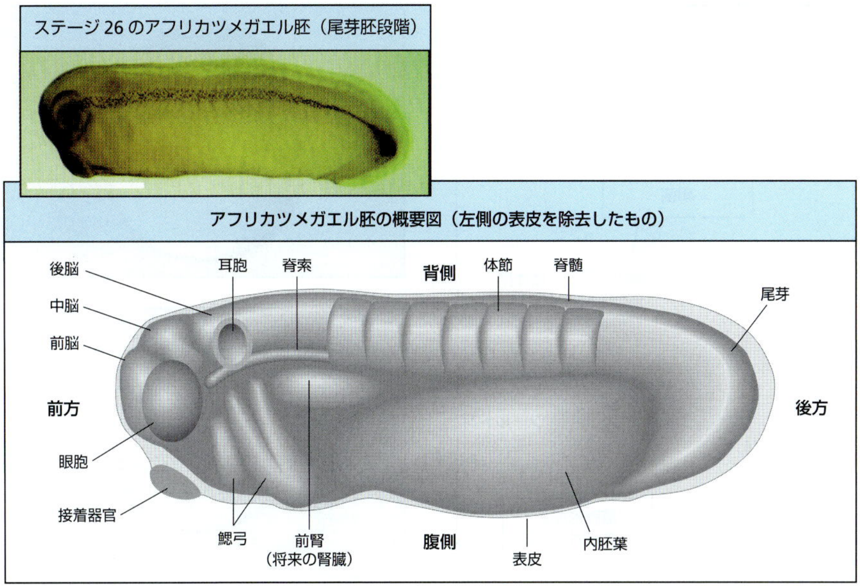

図 3.8 アフリカツメガエルの初期尾芽胚（ステージ26）
前端の頭部領域において，眼の原基が顕著となり，耳に発生する耳胞が形成される。脳は前脳，中脳，後脳に分割される。口部が形成される部位の後部側に鰓弓が形成され，第一鰓弓は下顎を形成する。さらに後部では，体節が連続して脊索両側に形成される（写真では褐色に染色されている）。胚の腎臓（前腎）は，次第に側方中胚葉から形成される。これら構造の腹側には消化管が位置する（この図では示していない）。尾芽はオタマジャクシの尾部の形成に寄与し，体節，神経管および脊索が胴部に続いて形成される（スケールバー＝1 mm）。
写真は B. Herrmann 氏の厚意による

3.2 ゼブラフィッシュ胚は大きな卵黄の周囲に発生する

ゼブラフィッシュ胚は2つの面において，脊椎動物発生を研究する便利なモデルである。第1点は，その生活環が約12週間と比較的短い点である。このことが，大規模な遺伝的なスクリーニングを含む，遺伝学的解析を比較的容易なものとしている（**Box 3C**, p. 128 参照）。さらに胚が透明であることから，発生期の個々の細胞の運命や移動の観察に適している。このような遺伝学的な操作の容易さから，ヒトのいくつかの疾患，特に遺伝的な異常によって血液や心血管系で引き起こされる疾患を研究するためのモデル生物として，ゼブラフィッシュが適していることが判明した。その生活環を**図 3.9** に示した。ゼブラフィッシュ胚は直径が約 0.7 mm であり，明確な動物-植物極軸を有している。細胞質および核は，大型の卵黄の上の動物極において観察される。受精後，受精卵は卵割に入るが，卵黄そのものは分割されない。その結果，大型の卵黄上に円形の割球が形成される。最初の5回の卵割面はすべて垂直方向であり，最初の水平面の卵割により受精後2時間で64細胞期に到達する（**図 3.10**）。

さらに卵割が起こると**球体期（sphere stage）**となり，同時期においては卵黄上に，約1000個の細胞から成る胚盤が形成される。半球体の胚盤は，平坦な1細胞の厚さの外層細胞からなる被履層（outer enveloping layer）を持ち，その内側により円形の細胞であるディープレイヤー［深層細胞（deep layer）］を有している。この深層細胞より胚は形成される（**図 3.11**）。初期の胚盤期においては，胚盤周縁部で割球は卵黄細胞に向かって次第に融合しながら崩壊し，その結果，多核で非卵黄性の細胞質を含む層が胞盤下で形成される。それら領域は，**卵黄多核層（yolk syncytial layer）**と称される。胚盤は卵黄多核層と共に植物極側にエピボリー（覆いかぶせ運動）によって広がり，最終的に卵黄細胞を包み込む。

魚類胚の胚盤と両生類の胞胚は形態においては異なるが，これらは発生においては対応する段階である。魚類胚において内胚葉は，胚盤周縁部のすぐ近くの深部の細胞に由来する。この狭い周縁部領域に含まれる細胞は，内胚葉および中胚葉双方に寄与できるので，しばしば**中内胚葉（mesendoderm）**と呼ばれる。この周縁部からおよそ4～6個の細胞相当分離れた深部の細胞は，中胚葉にのみ寄与する。

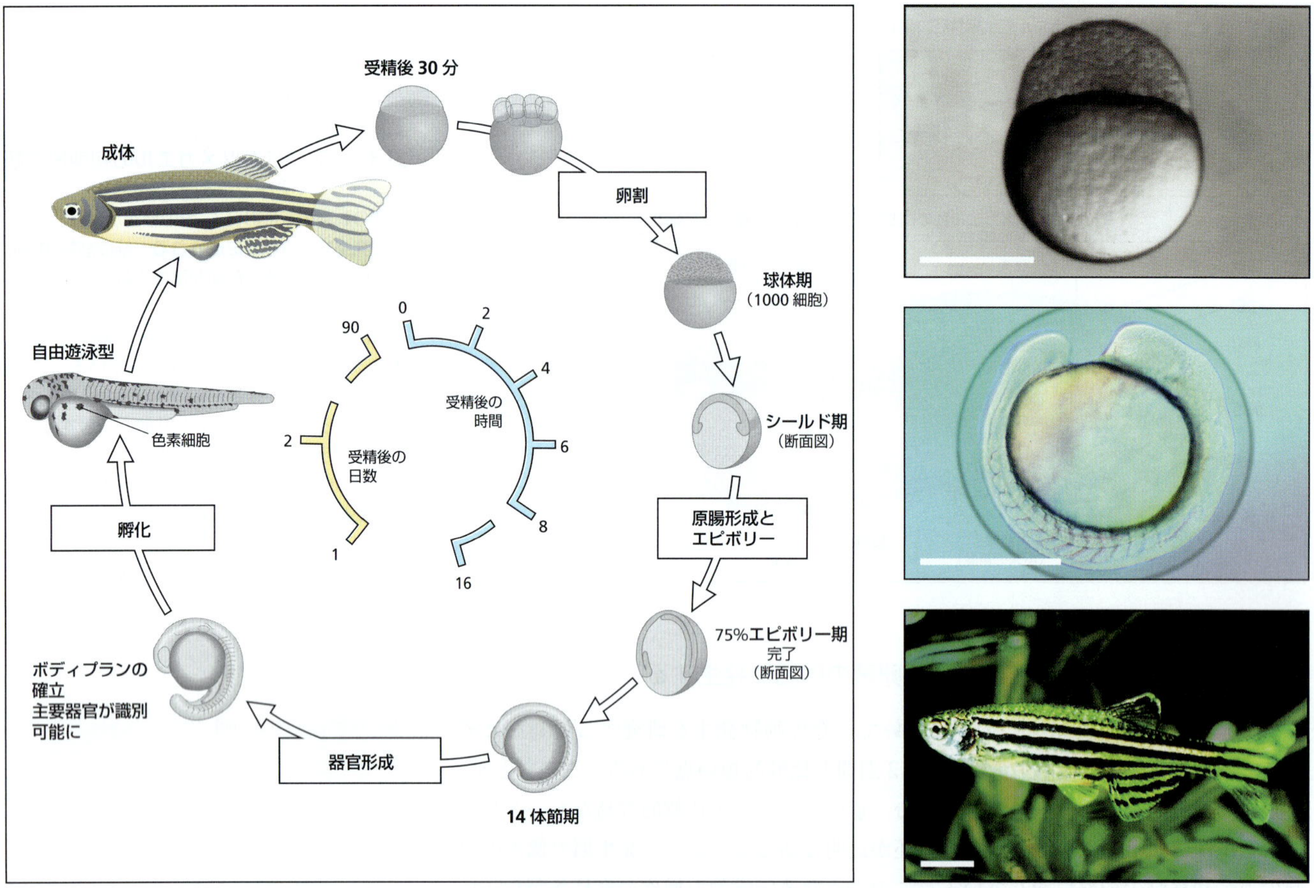

図 3.9　ゼブラフィッシュの生活環
ゼブラフィッシュ胚は，いわば“すし”のように，大型の卵黄細胞上に胚盤が位置する。胚発生は迅速に起こり，受精後 2 日には小型の稚魚が発生し，残存する卵黄が連結したまま孵化する。上段の写真はゼブラフィッシュ球体期の胚を示している。胚は大型の卵黄細胞の上部に位置している（スケールバー＝0.5 mm）。中段写真は 14 体節期の胚を示し，種々の器官形成過程を示している。胚は透明であるので，細胞の挙動や移動を観察するのに適している（スケールバー＝0.5 mm）。下段写真は成体のゼブラフィッシュを示している（スケールバー＝1 cm）。発生段階に応じて数字が振られたゼブラフィッシュの発生段階のリストは，章末の「本章の理解を深めるための参考文献」記載のウェブサイトで見ることができる。
写真は C. Kimmel 氏（上段，Kimmel, C.B., et al.: 1995 より），N. Holder 氏（中段），M. Westerfield 氏（下段）の厚意による

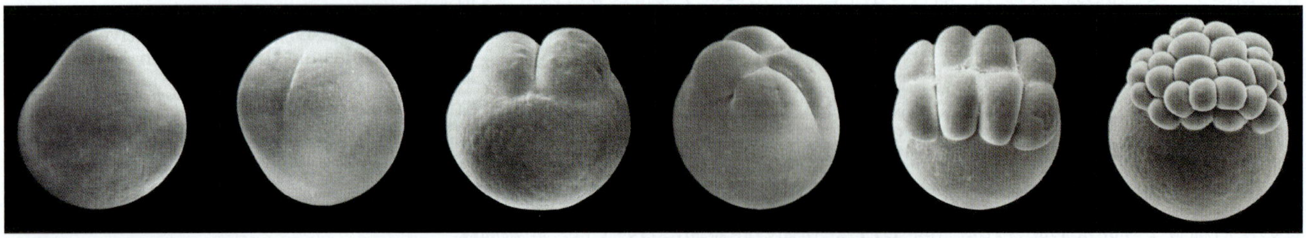

図 3.10　ゼブラフィッシュ胚における卵割は最初，動物極側（写真上部）に限局している
写真は R. Kessel 氏の厚意により Kessel, R.G., et al.: 1974 から

このようなゼブラフィッシュ胚の予定内胚葉および中胚葉のある種の重複性は，アフリカツメガエルの様式と比較して異なっている。実際，アフリカツメガエルにおいては中胚葉と内胚葉は，より離れた位置を占めている。魚類胚における外胚葉は，アフリカツメガエル同様に，胚盤の動物極側の細胞に由来する。

受精後 5.5 時間を経ると，胚盤は植物極側におよそ半分ほど広がり，深部の細胞は胚盤の末端において肥厚部を形成する。この領域は，胚環（germ ring）と称される（**図 3.11**，2 番目のパネル）。同時期に，胚環に含まれる深層細胞は胚の背側に向かって収斂し，最終的にはコンパクトなシールド状の構造を，背側の胚環中に

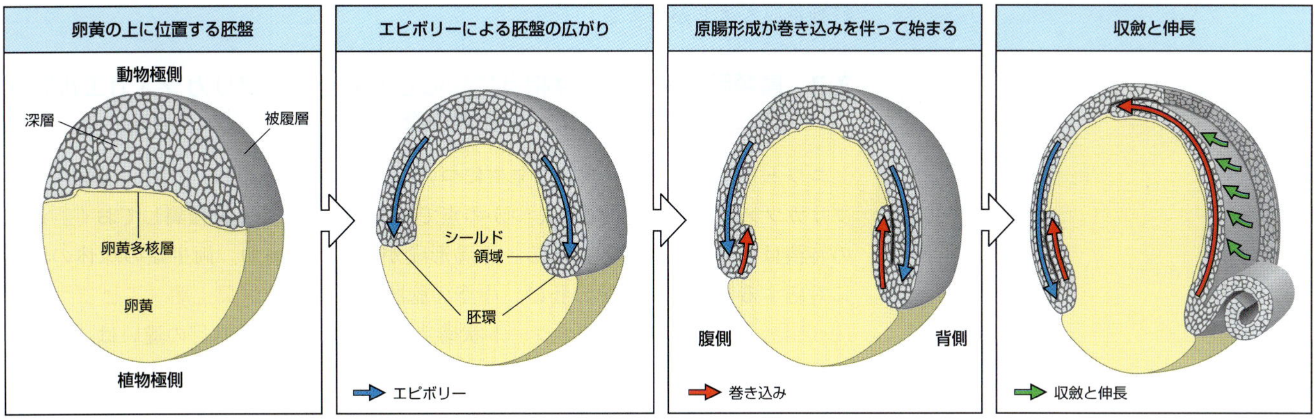

図 3.11　ゼブラフィッシュ胚におけるエピボリーと原腸形成
最初の卵割の終わり，すなわち受精の 4.3 時間後には，ゼブラフィッシュ胚は卵黄上に位置する割球によって構成される。胚は多核の細胞質層，すなわち卵黄多核層によって，卵黄から分けられている（最初のパネル）。さらに卵割が進むと細胞層が広がり（エピボリー），卵黄上部側は次第に肥厚した末端部（胚環）を持つ胚盤によって覆われる。シールド（胚盾）領域が，胚盤の背側で観察される（2 番目のパネル）。原腸形成は，胚盤周縁部でリング状の細胞群が内部に巻き込まれて起こる（3 番目のパネル）。巻き込まれる細胞は背側正中へ収斂し，卵黄周囲を囲むように胚を形成していく（4 番目のパネル）。

形成する（シールド，胚盾）。このような構造は受精後およそ 6 時間で観察されるようになり，この時期を**シールド期（shield stage）**と称する。シールドは，アフリカツメガエルにおけるシュペーマンオーガナイザーに対応している。原腸形成においては，中内胚葉や中胚葉細胞が胚盤の周縁部の下部において巻き込まれ，外胚葉の下を内部に入り込む。最も初期に巻き込まれる細胞は，内胚葉となる。中内胚葉細胞が内部に移動するに伴って，エピボリーを継続した外胚葉は，卵黄も含む胚体全体を覆うまで植物極側に広がる（詳しくは第 8 章で記述する）。ゼブラフィッシュとアフリカツメガエルにおける原腸形成の違いは，魚類胚においては細胞の内部移動が胚盤の周縁部全域にほぼ同時期に起こること，さらに内胚葉が主に胚盤背側および側方周縁部に由来する点である。

原腸形成胚においていったん内部に移動すると，中内胚葉細胞は外胚葉の下を動物極側に向かって移動する。このような組織収斂は最終的に胚の主な体軸を形成し，胚を前後方向に沿って伸長させる。この過程はアフリカツメガエル胚と基本的に同様である。将来の中胚葉および内胚葉の細胞は，この時期には双方とも外胚葉下に位置し，胚盤が植物極側に向かっておよそ 3/4 程度まで広がる。また，1 層の内胚葉細胞が卵黄に近接して発生し，より表層の細胞は中胚葉となる。9 時間後までには脊索が胚の背側中央部において形成され，胚盤の周縁部での細胞の巻き込みは 10 時間後までに完了する。体節の形成や神経管形成，さらに神経堤細胞の移動がこの後に引き続いて起こる。

次の 12 時間で胚はさらに伸長し，種々の主要な器官系の原基が次第に形成される。体節はおよそ 10.5 時間後，前方の末端で最初に形成され，最初は約 20 分間隔，その後は 30 分間隔で新しい体節が形成される。18 時間後までには 18 の体節が形成される。ゼブラフィッシュ胚において腸管が形成される様式は，アフリカツメガエル胚やニワトリ胚，およびマウス胚といくつかの点で異なっている。ゼブラフィッシュ胚においては，腸管は原腸形成の比較的後期（18 体節期）で発生し始める。その形成は，内部に入った内胚葉の塊が再編成され，管状構造となることで起こる。ゼブラフィッシュの神経管形成は，アフリカツメガエルと同様に，原腸形成の終わりにかけて始まり，神経板が円柱状の外胚葉として脊索の上に形成される。しかしアフリカツメガエルと異なって，ゼブラフィッシュの神経板では最初に棒状の細胞構造が形成され，その内部が空洞化することにより神経管を形成する。神経系はその後急速に発達する。最終的に眼になる眼胞は，12 時間後には脳から突出した膨らんだ構造として認められる。さらに 18 時間後には胚全体がぴくぴくと動きはじめる。さらに 48 時間後となると胚は孵化し，稚魚は自発的に遊泳し，摂餌行動を取ることができる。

3.3 鳥類胚と哺乳類胚は相互に類似しており，アフリカツメガエル胚発生とは初期発生で重要な相違点を示す

ニワトリ胚およびマウス胚の発生について個々に述べる前に，それらの発生がアフリカツメガエル胚発生といくつかの点で異なっていることを強調しておく。最初の特徴は，初期胚の形態にある。原腸形成が起こる直前の，両生類の球体の胞胚に対応する鳥類と哺乳類の胚は，中空の胞胚ではなく**胚盤葉上層［エピブラスト(epiblast)］**という上皮性のシート状構造になっている。2番目の違いは，このような時期の胚盤葉上層においては，特定の領域が外胚葉，内胚葉，中胚葉に対応しない。後半の章において詳しく記載するが，胚葉が指定されるタイミングはアフリカツメガエルとは異なっている。また，原腸形成の前およびその間において，ニワトリ胚やマウス胚では，胚盤葉上層細胞は顕著に増殖する。このことが，同時期における細胞群の混合を引き起こす。また第3の相違点は，前述の相違点とも関連するが，内胚葉と中胚葉の内部移入を起こし，胚葉の形成を行う原腸形成が，アフリカツメガエルとは外見的に異なっていることである。つまり，細胞の内部移入が，環状の原口を通してではなく，まっすぐな溝状に起こる。

マウス胚とニワトリ胚においては，両生類の原口に対応する構造は**原条(primitive streak)**である。原条は，平坦なニワトリ胚の胚盤葉上層において容易に観察することができる（**図3.14**上段写真）。原腸形成において，胚盤葉上層細胞は原条の上に収斂し，個々の細胞がそこを通りぬけて直下に侵入して展開し，下層の内胚葉や中層の中胚葉を形成していく（**図3.12**）。細胞は原条を通過することによって，内胚葉または中胚葉として指定され，表面に残存した細胞は外胚葉となる。このように，この時期において鳥類や哺乳類の胚盤葉上層（エピブラスト）は基本的にシート状の形態を示すため，原腸形成の初期段階は，球型のアフリカツメガエル原腸胚のように直接腸管の管腔構造を形成することはない。腸管はより後期に形成される。胚の側方の末端が折れ曲がることによって腸管腔が形成され，それらは内胚葉や中胚葉，外胚葉の層によって囲まれる。ここからはニワトリ胚の議論に戻り，発生過程についてより詳しく論じる。

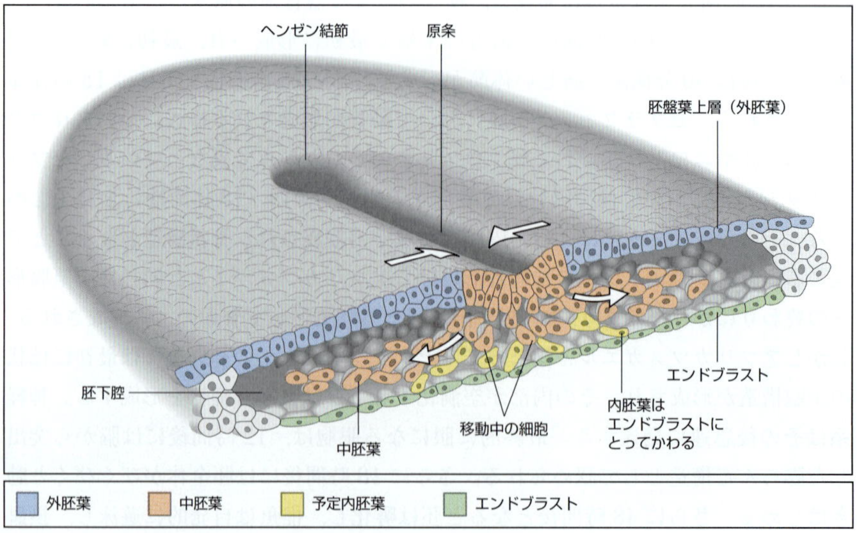

図3.12 ニワトリ胚の原腸形成における中胚葉および内胚葉の移入
原腸形成は，原条が形成されると共に始まる。後部境界領域から伸長する領域である原条においては，細胞増殖と細胞移動が顕著に観察される。予定中胚葉および内胚葉の細胞は，原条を通過して胚盤葉の内側に移動していく。原腸形成においては，原条は明域の半分程度まで伸長する（**図3.14**参照）。原条の前端においては，細胞の凝集体がヘンゼン結節として形成される。原条が伸長するにしたがって，胚盤葉上層細胞は原条に向かって移動していく（矢印）。それらの細胞は原条を通過した後，下面において再び広がり，内部では中胚葉，より内部では内胚葉を形成する。内胚葉はエンドブラストにとってかわる。
Balinsky, B.I., et al.: 1975より改変

3.4 初期のニワトリ胚は，卵黄上に円盤状の胚として形成される

鳥類胚は，形態的な複雑性や全般的な発生過程が哺乳類胚と類似しているが，発生過程が観察しやすく，観察試料も得やすいという有利な点を有している。単に卵殻に窓を開けるだけで外部から観察可能であり，しかも胚は，卵殻外においても培養可能である。このような特徴は，微小手術による実験，マーカー色素を注入する細胞系譜追跡実験，さらに遺伝子導入を行って胚への効果を調べる実験や他の種々の実験手技において，非常に有利な点である（第 3.6 節参照）。マウスとニワトリの初期胚における形態の大きな違いにもかかわらず（**図 3.2**），原腸形成およびその後期の発生過程は両種において比較的類似している。よって，ニワトリ胚を用いた研究は，マウス研究の知見を補うことが可能である。ニワトリ胚における比較的平坦な初期胚形態は，ヒトの初期胚の形態と類似している（**図 3.2**）。したがって，初期のヒト胚の発生過程は，カップ型の形状をとるマウス胚よりも，ニワトリ胚とより容易に比較することができるとも言える。

卵黄を有する比較的巨大な卵細胞は受精すると，雌鶏卵管の中に存在する時期に卵割を開始する。卵黄が巨大なため，卵割は，核を含んで卵黄の表層に存在する，直径数 mm 程度のパッチ状の細胞質構造で起こるにとどまる。卵管で卵割することにより，細胞は次第に円盤状の構造を形成し，これらは胚盤葉（blastoderm）または胚盤（blastodisc）と呼ばれる。さらに 20 時間程度，卵管中を次第に下方に移動するに伴って，胚は外部をアルブミン（卵白）によって囲まれる。さらに卵殻膜や卵殻がその外層に形成される（**図 3.13**）。両生類の初期胞胚に相当する胚盤葉は，産卵時，約 2 万～ 6 万個の細胞からなっている。このようなニワトリ胚の発生のサイクルを**図 3.14** に示した。

初期の卵割溝は細胞質の表層から下層へと広がるが，細胞を完全には分離しない。したがって卵割溝の腹側面は，初期においては卵黄側に達しないで開いたままである。胚盤葉の中央部の下部では空洞，すなわち胚下腔（subgerminal space）と呼ばれる領域が発達し，同領域は半透明であり明域（area pellucida）とも称される。対照的に，この領域より外部領域は暗いために暗域（area opaca）と呼ばれる（**図 3.15**）。胚盤葉下層（hypoblast）と呼ばれる 1 層の細胞が卵黄上に発達し，上述の空洞の底部を形成する。胚盤葉下層は最終的に，胚に卵黄からの養分を提供するなどの胚体外構造に寄与する。胚本体は残りの胚盤葉の上部，すなわち胚盤葉上層から発生する。

胚の前後極性の最初の構造的徴候は，小さな細胞による半月状の肥厚した細胞の集まり（リッジ）の形成であり，これはコラーの鎌（Koller's sickle）と呼ばれる。この構造は，胚の後端の暗域と明域の中間に位置している。コラーの鎌は原条の形成位置を規定し，鎌近傍にある胚盤葉上層は後方境界領域（posterior marginal zone）と称する。原条は最初，密度が高い領域として観察され，次第により狭いくぼんでいる線状となり，明域の半分くらいまで伸長し，最終的には胚盤葉上層の背側表面に溝として形成される（**図 3.12**）。

アフリカツメガエルと異なって，ニワトリ胚における細胞増殖および成長は，原腸形成を通じて継続的に起こる。胚盤葉上層細胞は原条の上に収斂し，原条が後方境界領域から前方へ進展するにしたがって，溝の細胞は内部に入り込み，上層の下を前方および側方側に展開する。展開後，細胞がお互い比較的に疎に結合しあった間充織［間葉（mesenchyme）］を胚下腔領域において形成する（**図 3.12, 3.15**）。

したがって原条は，両生類における原口に対応している。しかし細胞はシート状

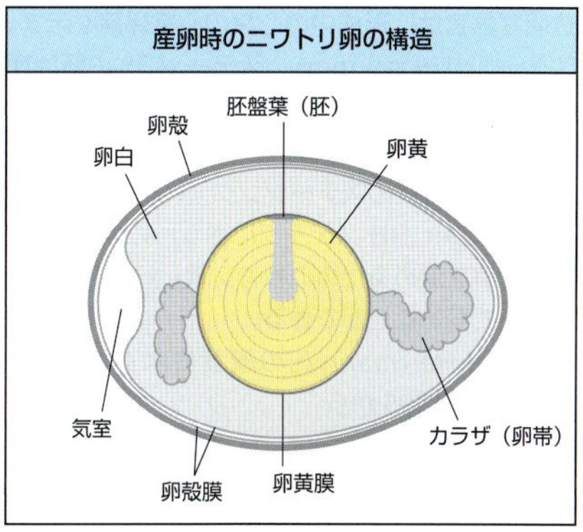

図 3.13 産卵時のニワトリ卵の構造
卵割は受精後，受精卵が卵管にある段階で始まる。アルブミン（卵白）および卵殻は，卵が卵管を通過する際に付加される。産卵時において胚は，卵黄の上に円盤状の細胞性の胚盤葉を形成している。胚は卵白および卵殻によって囲まれている。

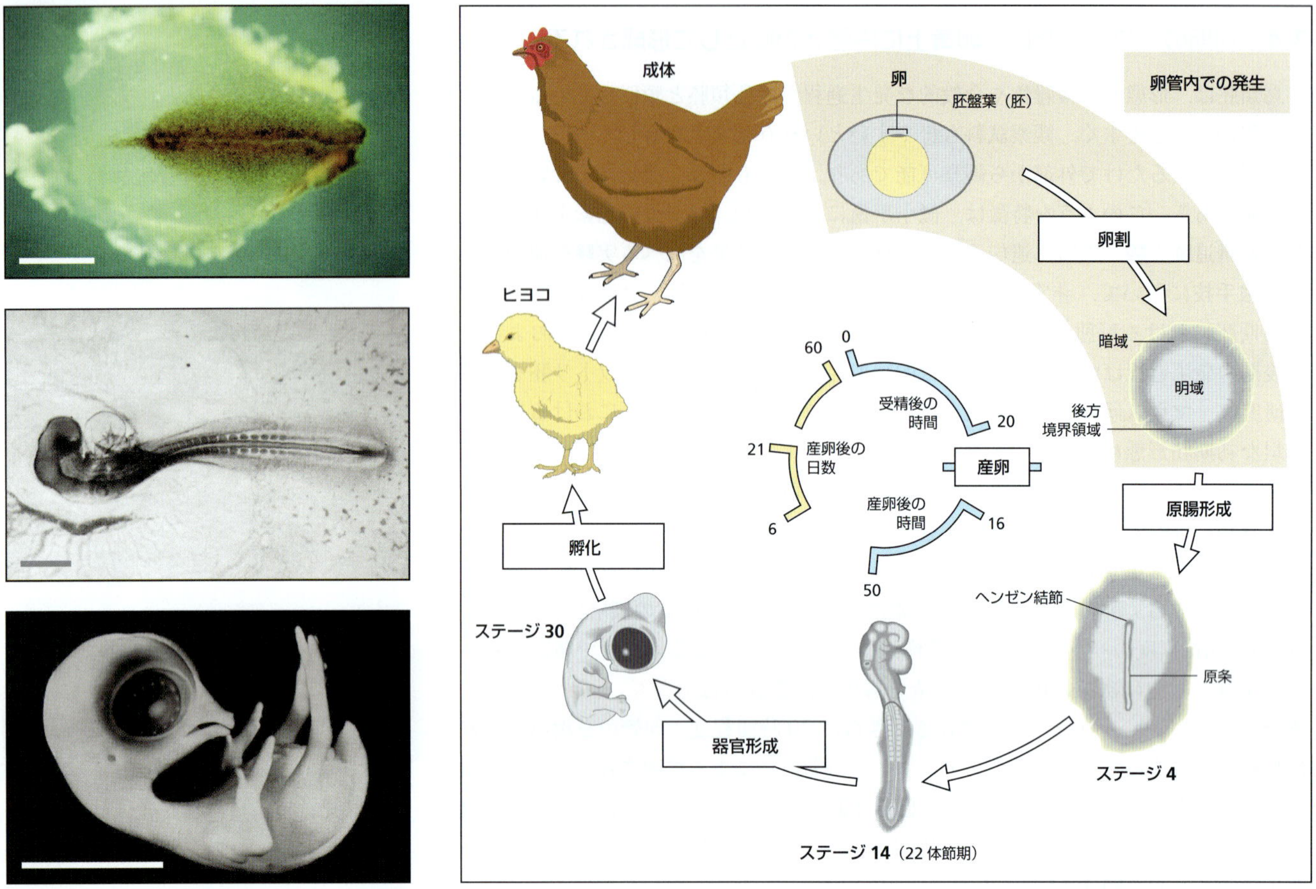

図 3.14　ニワトリの生活環
卵は雌のニワトリ内で受精し，産卵までに卵割が完了して，胚盤葉が卵黄の上に位置する。原腸形成の後に原条が形成される。ヘンゼン結節が後退するにしたがい，体節が形成される。上段写真は，明域で囲まれた原条（Brachyury タンパク質に対する抗体で褐色に染色，スケールバー＝1 mm）を示す。中段はステージ 14 の胚（産卵後 50 ～ 53 時間）で，22 体節期に相当する（頭部領域はすでに明確になっており，頭部に近接した透明な器官は，形成中の心臓の心室係蹄を示す。スケールバー＝ 1 mm）。ステージ 35 の胚は産卵後約 8.5 ～ 9 日目であり，よく発達した眼や嘴を有する（下段，スケールバー＝10 mm）。詳細なニワトリ胚のステージング（Hamilton and Hamburger：HH ステージに従う）は，章末の「本章の理解を深めるための参考文献」記載のウェブサイトで見ることができる。
写真は B.Herrmann 氏の厚意により Kispert, A., et al.: 1995 から

の細胞層としてではなく，個々に内部に移動し，これは**移入（ingression）**と呼ばれる。移入していく細胞は中胚葉および内胚葉を形成し，一方，胚盤葉上層の表面にとどまる細胞は外胚葉を形成する。

ニワトリ胚の原条は，孵卵後 16 時間で完全に伸長する。原条の前方端では細胞の集積が見られ，これは**ヘンゼン結節（Hensen's node）**と呼ばれる。結節においても細胞が内部に移動している。ヘンゼン結節は，ニワトリ初期胚における主なオーガナイザー領域であり，両生類胚におけるシュペーマンオーガナイザーに対応している。ヘンゼン結節はコラーの鎌の細胞由来であり，また，胚盤葉上層由来の細胞も含んでいる。

原条が完全に伸長した後，ヘンゼン結節由来のいくつかの細胞が，胚盤葉上層の正中線下部において正中線に沿って前方移動し，**脊索前板中胚葉（prechordal plate mesoderm）**および**頭突起（head process）**を形成する。脊索前板中胚葉は頭突起の前方側にある比較的疎に結合している細胞群であり，脊索の前方にある構造である。頭突起が完成すると，原条は退縮を始め，その際ヘンゼン結節は胚の後端に向かって後退していく（**図 3.16**）。結節が後退するにしたがって，脊索がその跡に形成され，頭突起領域が背側の正中線に沿って伸長する。脊索が形成されるに伴って，その両側に位置する中胚葉は体節を形成し始める。これらの過程はより詳しく第 4 章，第 5 章において述べる。最初の体節の対は産卵後およそ 24 時間で形成され，新しい体節はおよそ 90 分間隔で形成される。体節に対して側方にある残りの中胚葉は側板中胚葉と呼ばれ，同領域は心臓，腎臓や循環系，さらに血液などを形成する（**図 3.17**）。結節はその後，尾芽における幹細胞の供給源となり，そ

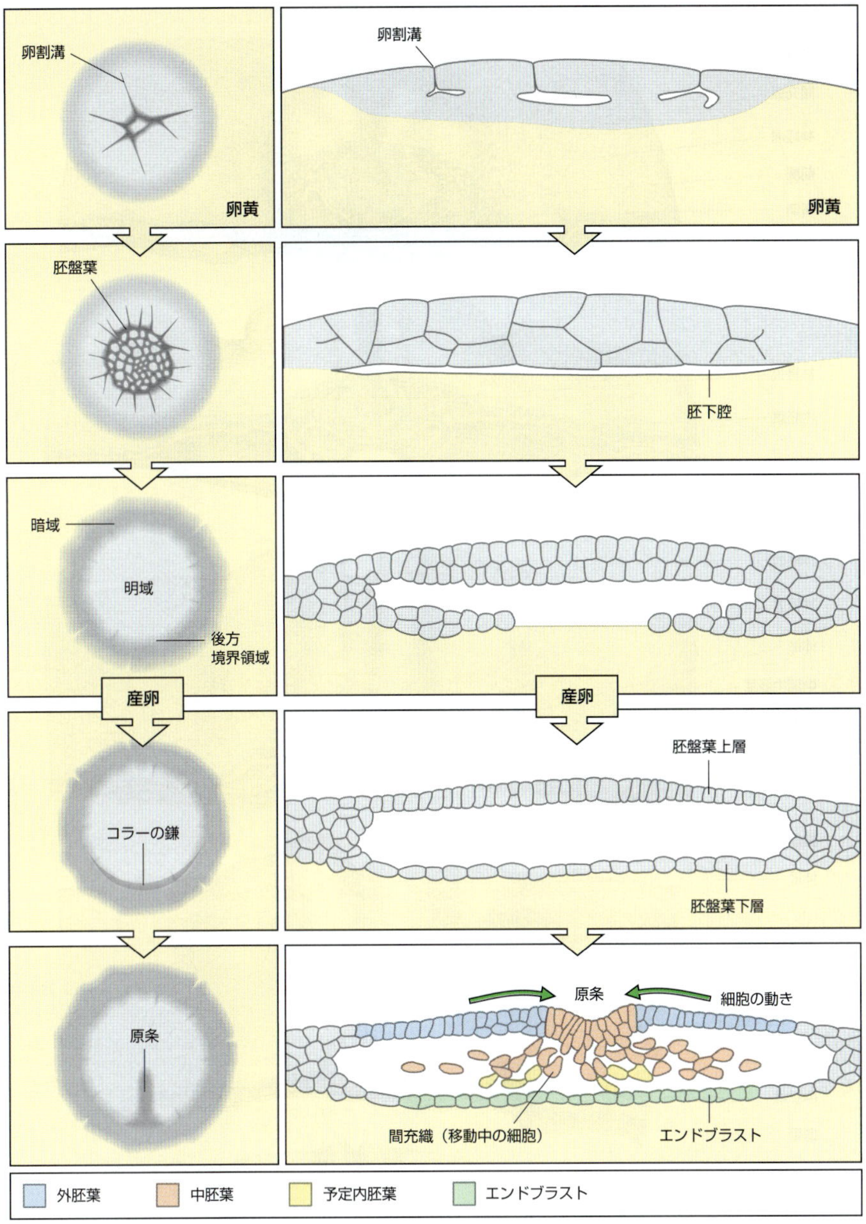

図 3.15　ニワトリ胚における卵割および胚盤葉上層の形成
産卵の前までに，卵の細胞質は小さな領域に分割され，胚盤葉と呼ばれる円盤型の細胞構造を形成する。左列のパネルは胚を上部から観察したもので，右列のパネルは胚の断面図である。最初の卵割溝は卵の細胞質側の表層から下方に向かって生じ，最初は胚盤葉と卵黄は完全には分離されない。細胞性の胚盤葉の中心部は明域と呼ばれ，その下には胚下腔がある。その周辺部は暗域と呼ばれる。胚盤葉下層と呼ばれる 1 層の細胞が卵黄の上層を覆う形ですみやかに発生し，これは将来，胚体外構造を形成する。一方で胚盤葉の上面側，胚盤葉上層は，胚本体を形成する。ニワトリ胚における原条は，二次胚盤葉下層細胞あるいはエンドブラストと称される新しい細胞の層によって，胚盤葉下層が後方境界領域から置き換えられるころに形成され始める。胚盤葉上層の細胞は原条に向かって移動し（矢印），原条を通り抜けて移動した後に表層の下で再び広がり，中胚葉，より内部では内胚葉を形成する。内胚葉はエンドブラストを置き換えていく。

図 3.16　ヘンゼン結節の後退
胚盤葉の約半分程度まで伸長した後，原条は次第に退縮し始める。その際，ヘンゼン結節は後方側に向かって移動し，それに伴って頭褶および神経板が次第にその前方側に形成される。結節が後方に移動するに伴い，脊索がその前方に形成され，さらに体節も脊索の両側に形成され始める。

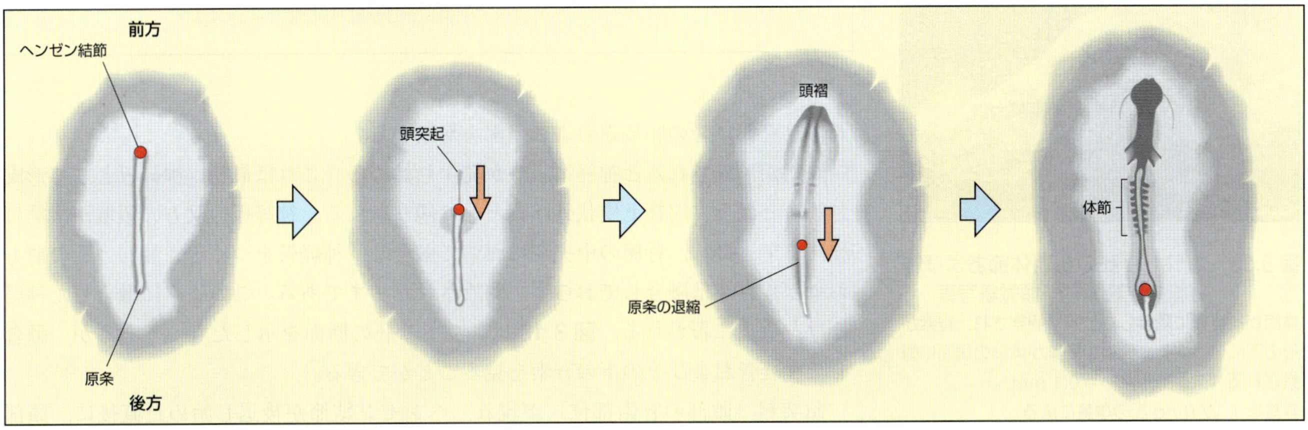

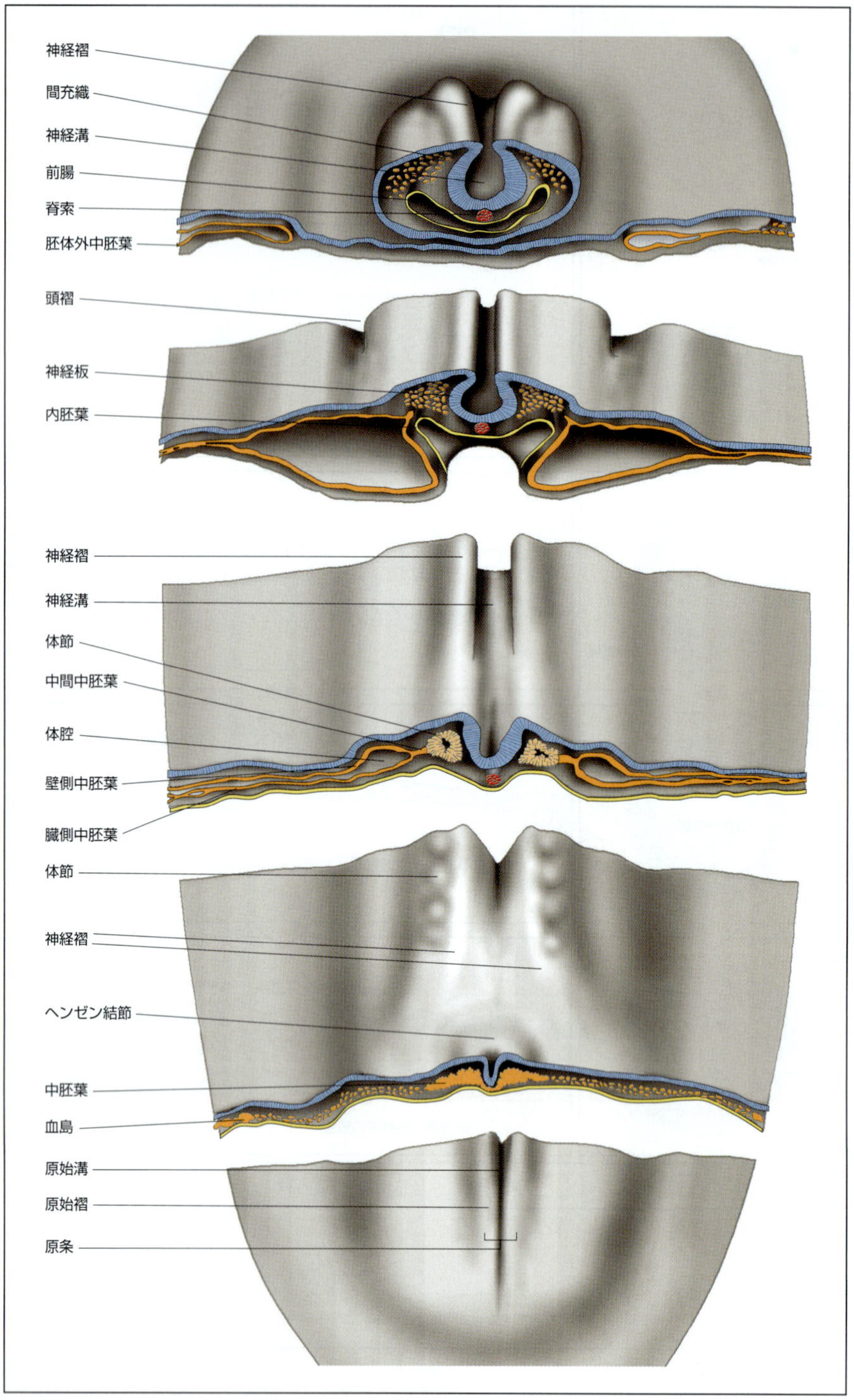

図 3.17 ニワトリ胚における神経管および中胚葉の形成

いったん脊索が形成されると，神経管形成が前方から後方に向かって始まる。この図はニワトリ胚の前後軸に沿った一連の断面図を示したものである。神経管の形成が前方側末端において顕著に観察される（上部2つの断面図）。同部分においては，頭褶がすでに胚盤葉から予定頭部領域を明確なものとしており，胚の腹側が屈曲し，腹部の両側の内胚葉が１つにあわさることで消化管を形成し始めている。神経管形成において神経板はその形態を変える。神経褶が双方から持ち上がって正中部で融合し，管状構造をつくる。この部分の間充織も，次第に頭部構造を形成していく。さらに後部では（中央の断面図），胚の将来の胴部において脊索および体節が形成されており，神経管形成が始まっている。ヘンゼン結節の後側の胚後端においては（下の断面図），脊索，体節，神経管形成は，まだ開始されていない。原条を通って内部に入った中胚葉は，前後軸および背腹軸に沿った適切な構造を形成し始める。例えば将来の胴部においては，中間中胚葉が腎臓の中胚葉部分を形成し，前方の臓側中胚葉が心臓を形成する。体幹部の屈曲は胚の長さまで続き，消化管を形成する。さらにそれは，正中両側に対の器官原器をいくつか形成し（それらは心臓や背側大動脈などを形成する），それらの原器の最終器官は消化管腹側に形成される。最初の血液細胞がつくられる血島は，側方の中胚葉の最も腹側から形成される。
Patten, B.M.:1971 より

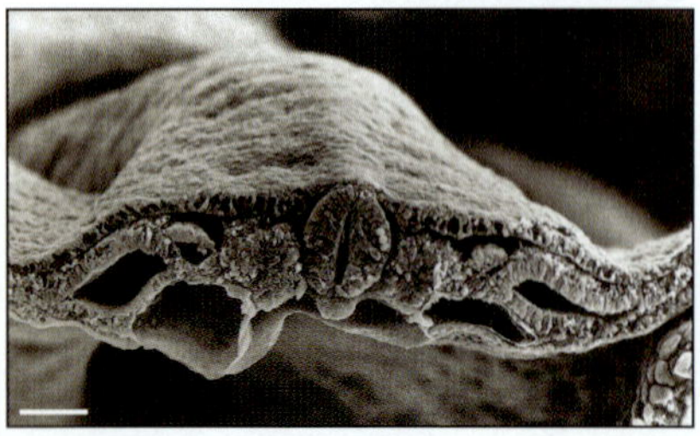

図 3.18 ニワトリ胚の初期体節および神経管の走査型電子顕微鏡写真

体節が神経管に隣接した位置に観察され，脊索がその下に位置する。側板中胚葉が体節の側面に観察される（スケールバー＝0.1 mm）。
写真は J. Wilting 氏の厚意による

れらは肛門以降の胚後端および尾部を形成する。

脊索が形成されると神経系組織が発生し始める。これは最初，神経板として形成され，脊索上に円柱上皮状外胚葉として観察される。神経板の双方の領域が次第に屈曲して近接し，背側の中央部において融合し，神経管をつくる。最初，その前方および後方端は融合しておらず，開放されたままである。このように融合した神経管は，表皮に覆われる。**図 3.18** はニワトリ胚の断面を示したものであるが，融合した神経管およびその下の脊索を見ることができる。

頭突起（頭部の脊索部位）が現れ，ヘンゼン結節が後退し始めた直後に，頭部領域の三胚葉が腹側へ屈曲し始め，頭褶（head fold）構造を形成する（図 3.16，左から 3 番目）。頭褶は内胚葉によって裏打ちされた袋状の構造を形成し，そこから咽頭部および前腸が形成される（図 3.17，上部）。その後，同様の褶構造が尾部領域に形成され，後腸領域を決定する。さらに胚の両側の褶構造は融合して残りの腸管を形成し，腸管は胚中央（臍帯領域）においてのみ開いた形となる。その後，中胚葉および外胚葉が発達して腹部体壁を形成する。この重要な形態形成的事象は，腹側閉鎖（ventral closure）と称されている。このような折りたたみ運動が起こるにつれ，両側の 2 つの心臓原基が近接し始め，最終的には 1 器官として腸管の腹側に形成される。孵卵 2 日後の胚は 22 体節期に達し，頭部はよく発生し，眼胞や耳胞が存在する。さらに心臓および血管系が形成される。血管系や，最初に血液が形成される血島は，もともと胚体外組織の中に発生する。血管系は胚のそれらと連結し，拍動する心臓と循環系を形成する。この時期には胚は横向きに回転しており，頭部は彎曲し，右眼が卵殻に向かって最も上側になる。

孵卵後 3 ～ 3.5 日胚においては，40 体節が形成されている。同時期では頭部はさらに発達し，顕著に発達した眼，そして四肢の発生開始が観察される（図 3.19）。孵卵後 4 日には卵黄からの栄養を通じて胚体外膜がさらに発達し，それらは胚をいわば防御する（図 3.20）。羊膜（amnion）が液体で満たされた羊膜腔を取り囲み，その中にある胚を物理的な傷害から守る。漿膜（chorion）は羊膜の外部にあり，卵殻のすぐ内側に位置する。尿膜（allantois）[訳注 1] は老廃物を受け取り，酸素と二酸化炭素を交換する場所となる。さらに卵黄嚢（yolk sac）が卵黄を包んでいる。孵卵後 10 日までに胚はよく発達し，翼，後肢，嘴が形成される（図 3.14，下のパネル）。孵化直前まで胚は成長し続け，内臓器官が完全に発生し，翼やからだの上に羽毛が発達する。ニワトリは卵が産み落とされてから 21 日後に孵化する。ウズラ胚の卵殻中の MRI 画像を図 3.27 に示す。

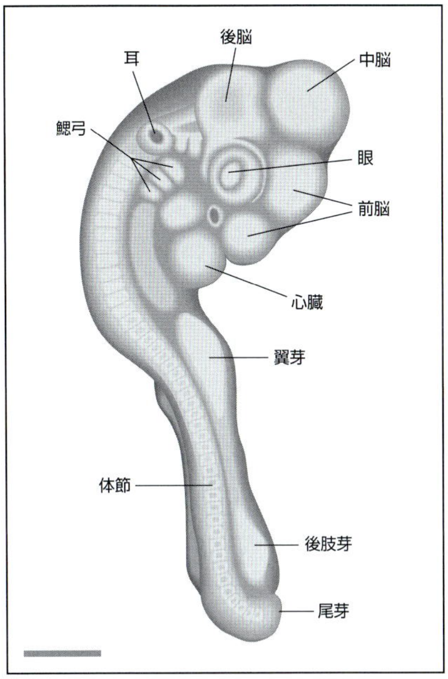

図 3.19　40 体節期のニワトリ胚
頭部領域並びに心臓の発達が顕著であり，翼芽および後肢芽が小型の突出構造として観察される。

訳注 1：allantois は構造全体としての尿嚢を示す。酸素交換のための膜は allantoic membrane とも称する

3.5　マウスの初期発生は細胞移動を伴い，胎盤と胚体外組織が形成される

マウスは受精から成体に至るまでがおよそ 9 週間の生活環を有している（図 3.21）。これは哺乳類としては比較的短い。このことはマウスの遺伝的解析を比較

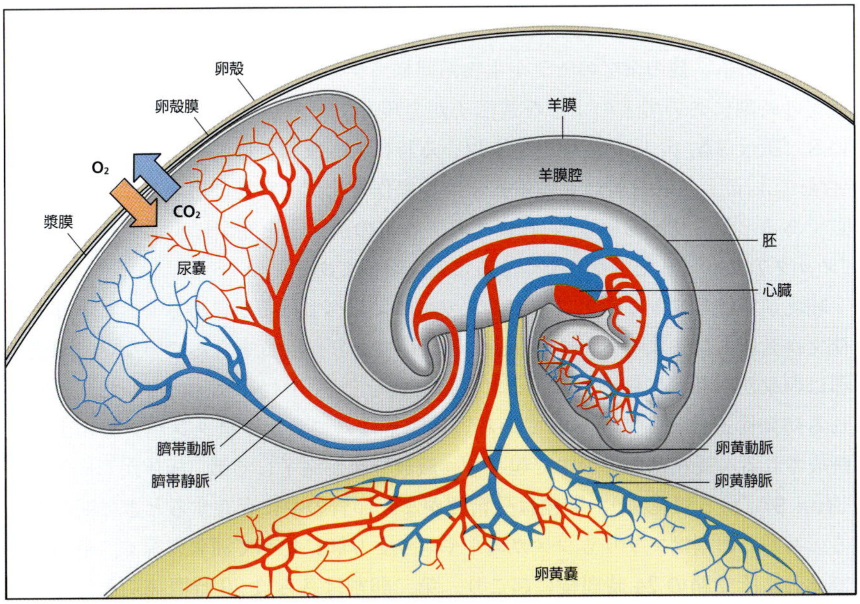

図 3.20　ニワトリ胚の胚体外構造および循環系
ニワトリ胚の孵卵 4 日の構造を示す。羊膜に囲まれ，液体によって満たされた羊膜腔に胚は存在する。これらは胚を保護する役目を持っている。卵黄は卵黄嚢によって囲まれている。卵黄静脈が卵黄嚢から栄養分を胚に供給し，血流は再び卵黄嚢に卵黄動脈を通じて戻る。臍帯動脈は尿嚢に老廃物を排出し，臍帯静脈は酸素を胚に供給する。動脈系は赤で，静脈系は青で記載しているが，この色調は血中の酸素の分圧状態を反映しているものではない。胚が成長するにしたがって羊膜腔は拡大する。尿嚢も拡大し，その外側は卵殻の内側で漿膜と融合する。この時期に卵黄嚢は次第に縮小する。この図においては，胚の臍帯系を観察しやすくために，尿嚢は拡大して記載されていることに注意。
Patten, B.M.: 1951 より

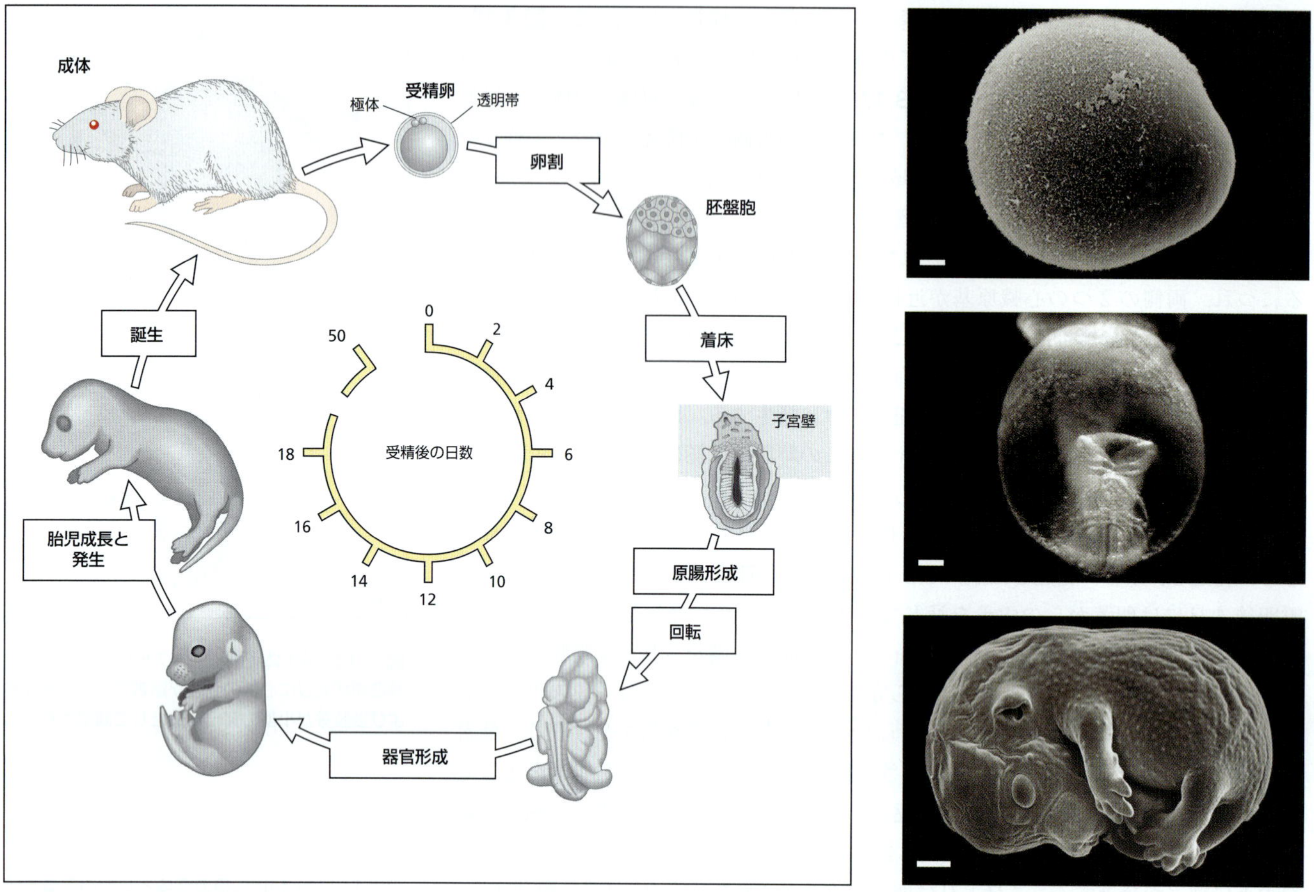

図 3.21　マウスの生活環
卵は卵管において受精し，卵割は受精5日後に子宮で胚盤胞が着床する前に起こる。原腸形成および器官形成がその後約7日間にわたって行われ，誕生までの残りの6日間は主として胚全体としての成長の期間である。原腸形成の後，マウス胚は複雑な胚の回転を伴う。この回転により胚は胚体外膜に包まれる（この図では示されていない）。写真は上から，第一卵割直前の受精卵（スケールバー＝10 μm），前方側から観察したマウス8日胚（スケールバー＝0.1 mm），およびマウス14日胚（スケールバー＝1 mm）である。マウス胚のステージは，章末の「本章の理解を深めるための参考文献」記載のウェブサイトで見ることができる。
写真は T. Bloom 氏（上段，Bloom, T.L.: 1989），N. Brown 氏（中段），J. Wilting 氏（下段）の厚意による

的容易にしており，マウスが哺乳類発生の主要モデル生物として用いられている理由の1つである。実際，ヒトのあと，最初に全ゲノム配列が同定された哺乳類はマウスである。他の全てのモデル生物系同様，ゲノム配列に関する情報は，発生の特定の時期においてどのような遺伝子が発現しているかを解析する基盤となっている（**Box 3A**, p. 121）。マウスを用いる特に大きな利点は，トランスジェニック（transgenic）手法と呼ばれる遺伝学的な操作を比較的容易に用いることができる点である（第3.9節参照）。これにより，特定の遺伝子を完全に不活性化するなわち“ノックアウト”したマウスをつくることが可能である。

哺乳類卵はニワトリやアフリカツメガエルに比べてはるかに小さく，ヒト卵およびマウス卵共におよそ80～100 μmの直径であり，卵黄を含んでいない。未受精卵は卵巣から卵管に排卵され，それらは外側を透明帯（zona pellucida）と呼ばれる防御構造によって覆われている。透明帯はムコ多糖や糖タンパク質によって構成される。受精は卵管の中で起こり，減数分裂が完了して第二極体が形成される（**Box 9A**, p. 354 参照）。卵割は受精卵がまだ卵管の中に存在するときに開始される。初期の卵割はアフリカツメガエルやニワトリ胚に比べて顕著に遅く，最初の卵割はおよそ受精の24時間後に起こり，第二卵割はさらに20時間後，そして引き

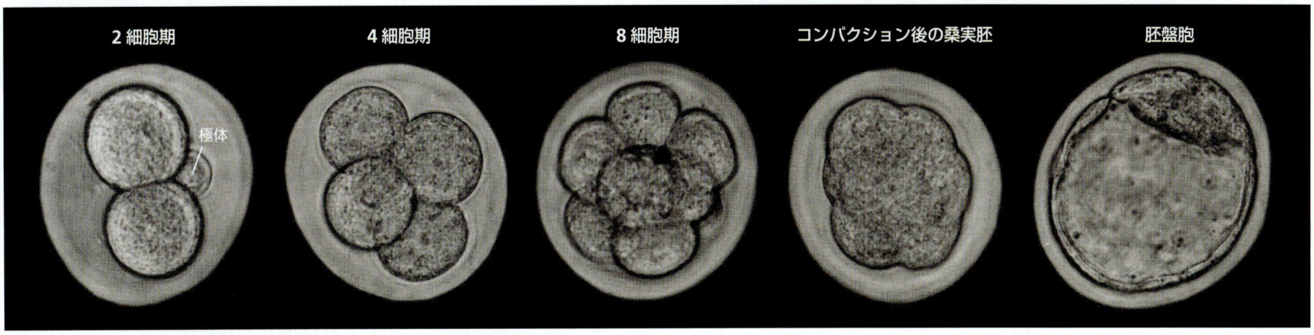

図 3.22 マウス胚の卵割
この写真は，受精卵が2細胞期から胚盤胞を形成するまでの卵割を示している。主に8～16細胞期以降，卵のコンパクション（胚収縮）が生じ，桑実胚と称される球体構造をつくる。この胚の細胞の輪郭は，はっきりとは見分けることができない。桑実胚の内部細胞は，胚盤胞の上側の細胞の集合体として観察される将来の内部細胞塊になる。この構造から胚本体が形成される。中腔構造を有する胚盤胞の外側の細胞，すなわち栄養外胚葉からは，胚体外構造が形成される。
写真は T. Fleming 氏の厚意による

続く卵割はおよそ12時間のインターバルを経て起こる。卵割は割球と呼ばれる球体の細胞構造をつくり，8細胞期を経て割球を多く含む**桑実胚（morula）**を形成する（**図 3.22**）。主として8～16細胞期以降の割球は，細胞が互いに接触する領域を拡大する。この現象は**コンパクション（compaction）**と呼ばれる。コンパクションの後，各々の細胞は極性化する（外側の表面は微絨毛を有し，内側の表面は平滑である）。引き続く卵割はいくらかの変化に富んでおり，放射状に起こるもの，接線方向に起こるもの双方を含んでいる。およそ32細胞期に相当する桑実胚は，およそ10個の内部の細胞と，20個以上の外部の細胞を含む。

哺乳類胚の発生の特徴は，初期卵割が2つのグループの細胞をつくる点である。1つは**栄養外胚葉（trophectoderm）**であり，もう1つが**内部細胞塊（inner cell mass）**である。桑実胚の内部細胞は内部細胞塊を形成し，外部の細胞は栄養外胚葉を形成する。栄養外胚葉はさらに**胎盤（placenta）**のような胚体外構造を形成する。胚は胎盤を通じて母体から栄養分を吸収する。胚本体は，内部細胞塊の一部の細胞に由来する。この時期（E3.5）の哺乳類胚は**胚盤胞（blastocyst）**と称される（**図 3.21** 参照）。液体が栄養外胚葉を通じて胚盤胞の内側を満たし，その結果，栄養外胚葉が拡張して液体に満ちた中腔構造を形成する（胞胚腔）。この空洞の一端に，内部細胞塊が位置している。

E3.5からE4.5において，内部細胞塊はさらに2つの領域に分割される。胞胚腔に面している外部層は**原始内胚葉（primitive endoderm）**を形成し，最終的に胚体外膜を形成する。内部細胞塊の残りの部分はエピブラストまたは**原始外胚葉（primitive ectoderm）**と呼ばれ，これは胚本体を形成すると同時に，いくつかの胚体外組織も構成する。およそE4.5の時期において，胚は透明帯から遊離し，子宮壁に着床する。

およそE4.5からE8.5における着床後のマウス胚の初期発生は，ニワトリの発生と比較して格段に複雑である。その理由は，多彩な胚体外の膜を形成すること，そしてエピブラストが初期にはカップ型の形態をとっていることによる。このようにマウスおよびげっ歯類の胚は，特徴的な形態を示す。一方，ヒトやウサギの胚は平板な胚盤をつくり，それらはニワトリ胚のものと形態的に類似している（**図 3.2**）。このような差異にもかかわらず，原腸形成やマウス胚の後の発生プロセスは，本質的にはニワトリ胚と類似している。

着床後のマウス胚の2日間の発生が**図 3.23** に示されている。最初に胚盤胞が子宮内膜に着床した後，**壁栄養外胚葉（mural trophectoderm）**——内部細胞塊と接触していない領域——の細胞が細胞分裂を伴わずにDNA複製し，**原始栄養芽層（primary trophoblast）**巨大細胞を形成する。それらは子宮壁に侵入して着床胚を取り囲み，母体組織とのいわば境界（インターフェイス）を形成する。

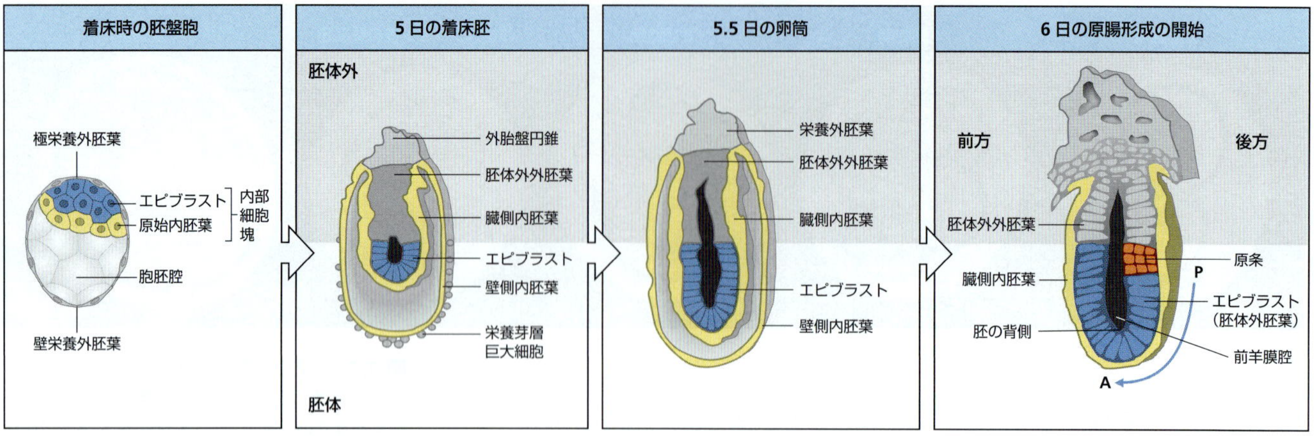

図 3.23 着床後初期のマウス胚の発生
最初のパネル：着床以前に受精卵は卵割を経て，中腔構造の胚盤胞を形成する。胚盤胞は細胞の小さな一群を内部細胞塊として含み，それらは胚本体を形成する。一方，胚盤胞の残りの部分は栄養外胚葉を形成し，それらは胚体外構造となる。着床時に内部細胞塊は2つの領域に分かれる。ひとつは原始外胚葉またはエピブラストであり，胚本体を形成する。残りは原始内胚葉を形成し，胚体外構造に寄与する。2番目のパネル：壁栄養外胚葉は栄養芽層巨大細胞を形成し，それらは子宮壁に侵入し，胚盤胞が子宮壁に着床するのを補助する。胚盤胞はその後，子宮壁によって囲まれる。エピブラストと接する極栄養外胚葉は，増殖しながら胚体外構造，すなわち外胎盤円錐と胚体外外胚葉をつくり，これらは最終的に胎盤を形成する。エピブラストは伸長して内部腔をつくり（前羊膜腔），それらはカップ型の構造を呈する。3番目のパネル：エピブラストや，極栄養外胚葉に由来する胚体外組織の双方を含む筒状の構造は，卵筒として知られている。4番目のパネル：原腸形成の開始は，エピブラストの後方部（P）での原条（褐色）の出現によって明確となる。原条は前方側に広がり（矢印），筒構造の底部に向かって伸長する。簡略化のため，壁側内胚葉，そして栄養芽層巨大細胞は，このパネルおよびこの後の図においては示されていない。

子宮壁は結果的に胚盤胞を包み込み，内部細胞塊に接触している**極栄養外胚葉（polar trophectoderm）**は分裂を続け，胎児の**胚体外外胚葉（extra-embryonic ectoderm）**や外胎盤円錐を形成し，その双方は最終的に胎盤を形成する。外胎盤円錐の外表の細胞は，さらに二次栄養芽層巨大細胞を形成する。原始内胚葉の一部の細胞は，壁栄養外胚葉の内表面を移動して，それを覆う。それらは壁側内胚葉となり，その後ライヘルト膜（Reichert's membrane）を形成する。この膜は細胞外マトリックスと細胞層からなる接着性の膜であり，防御的な働きを担う。残りの原始内胚葉は**臓側内胚葉（visceral endoderm）**を形成し，エピブラストを含んで伸長している**卵筒（egg cylinder）**を包む。

E5までにエピブラスト内に内部腔が形成され，次第にカップ型（横断面ではU字型）になる（**図 3.23**，2番目および3番目のパネル）。この時点でエピブラストは屈曲した上皮の1層構造であり，およそ1000の細胞から成る。胚はこの層から発生する。将来の前後軸の発生に関する最初の顕著な徴候は，およそE6で形成される原条である。原条は最初，カップの片方の末端において特徴的に肥厚した構造として形成される（この部位は，将来の胚の後方端に対応する）。マウス原条の初期形成過程は，ニワトリ胚と類似している。続く12～24時間の間で，原条はカップの底部に到達するまで伸長する。細胞の凝集体である**ノード［結節（node）］**が伸展しつつある原条の前方端において顕著となるが，これはニワトリ胚のヘンゼン結節に対応している。原条形成をニワトリ胚のものと比較するためには，エピブラストのカップ状構造を広げて平坦になったものを考えると容易である。マウスの原腸形成においては，ニワトリ胚と同様に，エピブラストが次第に原条の上に収斂し，増殖する細胞は原条を通して側方や前方側に広がる。それらは外胚葉および臓側内胚葉の間に広がっていき，中胚葉層を形成する（**図 3.24**）。E7以降の発生を**図 3.25**に示した。

エピブラスト由来のいくつかの細胞は原条を通過して臓側内胚葉に入り，そ

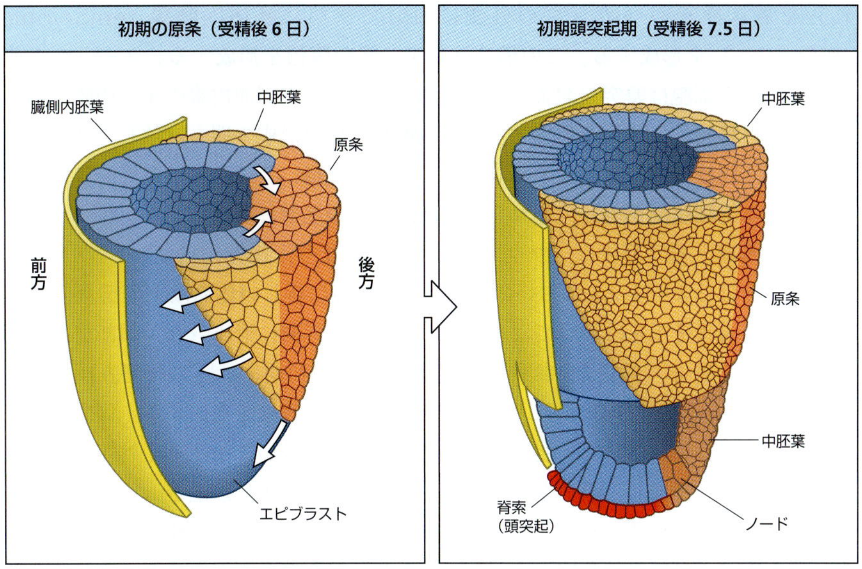

図 3.24 マウス胚における原腸形成

左パネル：ニワトリ胚と同様に，マウス胚における原腸形成は，エピブラストの細胞が後方側のエピブラストに収斂して表層の下を移動し，高密度の原条（褐色）を形成することで始まる。細胞は原条から内部へ移行する。いったん内部に移動すると増殖している細胞は側方側に広がり，エピブラストと臓側内胚葉の間に 1 層の予定中胚葉を形成する（明褐色）。内部に移動する細胞の一部は，結果的に臓側内胚葉を置き換えて胚体内胚葉を形成する（この図においては示されていない）。それらの細胞は腸管を形成する。右パネル：原腸形成が進行するにつれ，原条は伸長し，カップ（胚）の底部に達し，その際ノードは前方末端に位置する。ノードは脊索を形成し，それは頭突起となる。臓側内胚葉および中胚葉の一部分は，結節や脊索を示すためこの図においては示されていない。この時期におけるマウス胚のトポロジー（位置関係）に注意されたい。カエルの原腸胚と比較すると，各胚葉は逆転しているように見える（外胚葉がカップの内側表面に位置し，内胚葉が外部に存在する）。

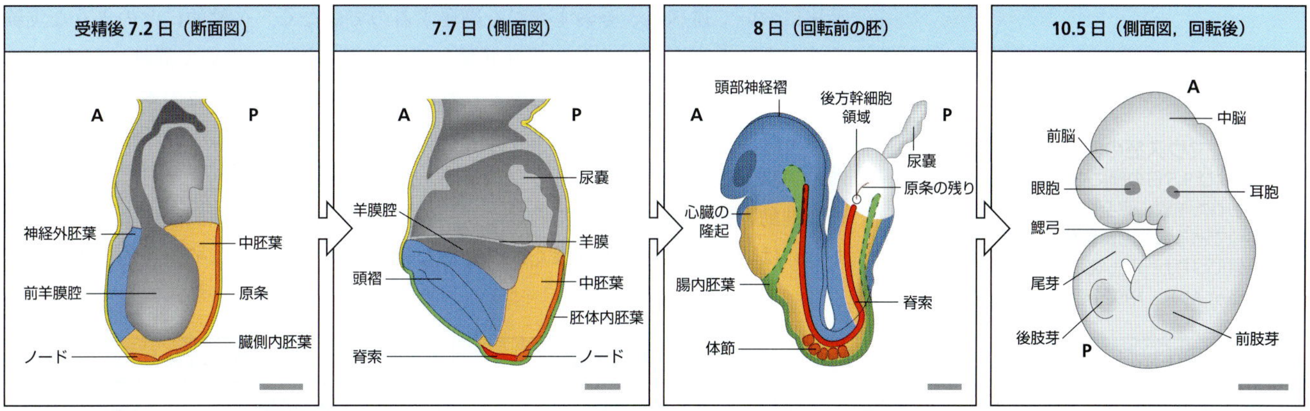

図 3.25 原腸形成，神経管形成完了までのマウス初期胚発生の概念図

最初のパネル：7.5 日までに原条（褐色）が伸長してエピブラストの底部に達し，ノードが形成される。前方側の外胚葉（青）は予定神経外胚葉となり，脳や脊髄を形成する。中胚葉は明褐色で示されている。2 番目のパネル：胚の前方側は次第に増大し，頭褶が形成される。胚体内胚葉（緑）が臓側内胚葉（黄）を置き換え，胚の腹側表面を形成する。脊索（赤）が形成され始める。3 番目のパネル：8 日までにノードの前方に向かって胚のさらなる成長が起こる。頭部はすでに独立の構造として認められ，頭褶が形成され，前腸および後腸が閉じ，体節が脊索の両側に形成され始める。この時期に胚は外胚葉に覆われ，これは後に表皮を形成する（図では外胚葉は省略されている）。4 番目のパネル：10.5 日までに，原腸形成および神経管形成は完了する。9 日前後に胚は複雑な回転（ターニング）を行い，それにより胚の背側と腹側が最終位置に配置される（1 ～ 3 番目のパネルではスケールバー＝100 μm，4 番目のパネルはスケールバー＝75 μm）。

れらを置き換えつつカップの外側において次第に**胚体内胚葉（embryonic endoderm）**を形成する。この構造は将来，胚の腹側を形成する。ノードから前方に移動する細胞は頭突起および脊索を形成し，ノード周囲由来の予定中胚葉細胞は前方側へ移動して体節を形成する。細胞増殖は原腸形成の間も継続し，ノードの前方側で，胚は急速に大型化する。ニワトリ胚と同様に，ノードは最終的に尾芽のもととなる幹細胞を形成し，それらは肛門部以降の尾部に寄与する。

体節の形成と器官形成は，マウスの前端から始まり，後方に向かって進行する。最初の体節はおよそ E7.5 において形成され，さらに新しい体節は 120 分間隔で形成される。およそ E8 においては神経褶が胚前方の背側に形成され，頭部構造が次第に明らかとなる（**図 3.25** 参照）。胚体内胚葉――初期には胚の腹側表面に露出している――が次第に内部に取り込まれて前腸および後腸を形成する。側方の胚表面は次第にお互いに融合し，腸管を完全に包む。引き続いて中胚葉や外胚葉が成長して腹側体壁を形成し，腹側閉鎖（臍帯の近傍腹壁の閉鎖）が進む。心臓と肝臓は腸管に対して最終位置に移動し，次第に頭部構造も明確となる。胚形成の中期までに原腸形成および神経管形成が完了し，マウス胚は明確な頭部を持ち，前肢芽を形成し始める。E9 において胚の複雑な“回転（ターニング）”が生じ，胚体外膜によって覆われた，マウスとしてより特徴的な構造を示す胚となる（**図 3.26**）。このような胚の回転の結果，もともとカップ状構造をとっていたエピブラストは裏返しになり，したがってこの時点で背側表面が外側に面する形で発生するようになる。胎盤に連結した臍帯のある腹側表面は，内側を向く（胚の回転はげっ歯類の発生に特徴的な過程である。ヒト胚は初期から胚体外膜に覆われている）。マウス胚の器官形成は，ニワトリ胚のものとほぼ類似している。受精から出生まではおよそ 18 ～ 21 日を要するが，マウスの系統によってこの期間は若干異なる。

脊椎動物の発生過程を研究する手法について

本章のここからは，脊椎動物の発生過程を研究するためのいくつかの主要な実験手法について述べる。そのすべてを網羅するのではなく，一般的にどのような実験手法があるかを示し，そして現在頻繁に用いられるものについて詳細に記述する。単にこれを通読するよりも，必要となれば本章に戻りながら，この本で述べる各種実験と対照しながら随時再読するといいだろう。ここで述べる実験手法の多くは脊椎動物以外にも応用可能である（第 2 章および第 6 章参照）。

脊椎動物胚の発生についての最も初期の解析手段は，特に顕微鏡による，胚全体あるいは切開した胚の注意深くかつ詳細な観察であった。そして，容易に得られて

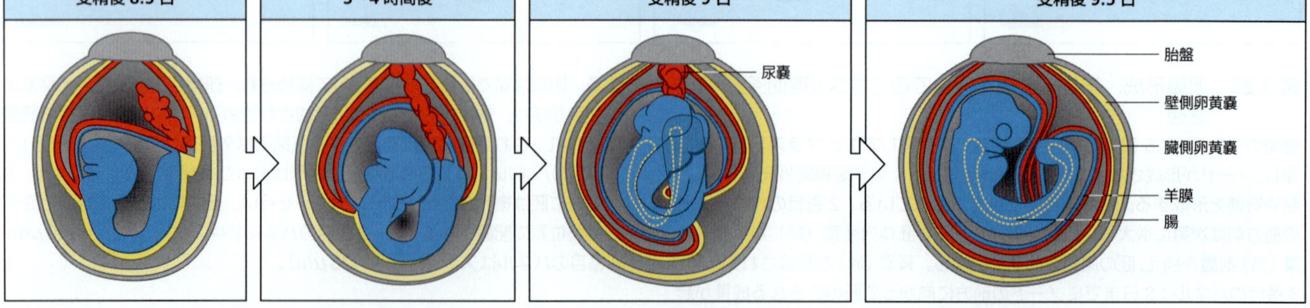

図 3.26　マウス胚の回転（ターニング）
8.5 日および 9.5 日の間にマウス胚は，羊水によって満たされた羊膜に完全に覆われる。栄養素の主な供給源である臓側卵黄嚢が羊膜を取り囲み，尿嚢は胎盤につながっている。
Kaufman, M.H.: 1992 より

Box 3A DNA マイクロアレイによる遺伝子発現解析

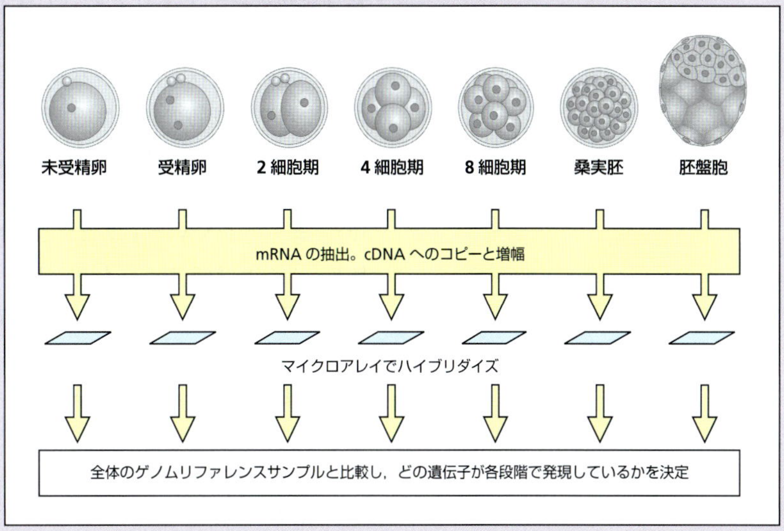

我々は本書で発生の基盤となる普遍的原則を議論しており，取り上げた動物のボディプラン確立に関連して知られている全ての遺伝子について記述しているわけではない。しかし現在，モデル脊椎動物のゲノムが個々に解明され，ゲノムワイドアプローチの使用により，特定の発生事象に関わる全ての遺伝子の同定が行われるようになっている。ゲノムの配列情報は，遺伝子発現の位置やタイミングを制御する，転写因子の標的遺伝子を同定するためにも用いられる。

特定の組織もしくは特定の発生時期に発現している全遺伝子の同定は，ゲノムワイドの遺伝子発現パターンのスクリーニング（探索）によって可能である。これは，**DNA チップ（DNA chip）**としても知られる **DNA マイクロアレイ（DNA microarray）**を用いて行われる。この技術は数千の遺伝子の RNA 転写産物レベルを同時に検出することが可能で，発生生物学における主な利用法は，異なる発生段階あるいは実験的操作によって，組織や胚で遺伝子発現がどのように変化するかの検定である。遺伝子発現パターンを検定するためのマイクロアレイには，種々のフォーマット（形式）がある。頻繁に用いられているのは，マイクロプレート上に既知の配列を持つ DNA 断片が“スポット”あるいはクラスターとして規則的に設置されているタイプである。それらクラスターは各々，ある特定のタンパク質をコードする DNA 配列を表している。これらの DNA 断片は一般的に“プローブ”と称され，マイクロアレイは数千から数十万ものプローブを扱うことができる。マウスやヒトの全ゲノム情報をカバーするために特別に合成された数十万のオリゴヌクレオチドのプローブを有するマイクロアレイが，現在では購入可能である。一方，より限定的な目的のためのプローブを，mRNA の逆転写によってつくられた cDNA から合成することができ，特定の組織で発現する遺伝子だけを対象としたアレイも存在する。

どの遺伝子が発現しているのかを決定するために，解析対象の組織から mRNA を抽出し，RNA として増幅，あるいは cDNA に変換して PCR 法によって増幅する。次にこのような核酸を蛍光色素によって標識し，マイクロアレイでハイブリダイズ（結合）する。対照のリファレンスサンプルの mRNA を同様に処理し，異なる蛍光色素によって標識した後に同じマイクロアレイでハイブリダイズする。そしてマイクロアレイをスキャン（信号の検出）し，各々のスポットにおいて記録された双方の色素の信号の比率から，テストサンプルの相対的な発現レベルが算出される。

このような実験例として，マウス胚の特定の時期において発現している全遺伝子を同定する解析がある。適切な時期の 500 もの卵あるいは胚から mRNA を抽出し，それらを標識した後，すべてのマウス遺伝子を網羅したそれぞれ独自の配列を持つ 60 塩基のオリゴヌクレオチドを含むマイクロアレイでハイブリダイズすることによって，未受精卵や受精卵，2 細胞期，4 細胞期，8 細胞期，桑実胚，そして胚盤胞における遺伝子発現が同定された（図参照）。標識された RNA の結合パターンから，異なる時期にどの遺伝子が発現しているかが明らかになる。**図 3.35** は，別の方法として特定の発生期の遺伝子制御ネットワークを解析するために DNA マイクロアレイを使う場合を解説したものである。

操作可能な胚，すなわちカエルやイモリ胚において，単純な観察，記述，そして発生過程の描写が主に行われた。17 世紀以降，各動物種やヒト胚に関する動物学者や医学者による観察が，次第に胚発生の包括的な解剖学的記述として発展し，これが現代の発生生物学の基盤になった（第 3.4 節参照）。例えばヘンゼン結節やコラーの鎌（第 3.4 節参照）などの名称も，20 世紀初頭に活躍した発生学者達にちなんだものである。顕微鏡で見たものを自らの手で描く必要性がデジタルイメージング技術にとってかわられた現代においても，注意深い観察は発生生物学において重要かつ必要なものである。

20世紀後半，*in situ* で遺伝子の発現パターンを検出する方法が開発された。それらはリボプローブと呼ばれるプローブを用いて遺伝子の転写産物を検出したり，転写産物がコードするタンパク質を抗体を用いて免疫染色して可視化するものであった（**Box 1D**, p. 21）。正常な発生過程に対する解剖学的記述は，このような発生に重要な遺伝子の発現パターンのマッピングによって強化された。現在，マウス胚やニワトリ胚の各発生段階に関わる数多くの遺伝子群について，その正常な発現パターンをオンライン上の包括的な“アトラス（発現パターンの地図）”として統合するプロジェクトが進行中である（章末の「理解を深めるための参考文献」参照）。さらにDNAマイクロアレイ法などの手法によって，多くの遺伝子が同時に解析・同定できるようになり，目的とする組織や発生段階で発現している全遺伝子に関する情報を得ることも可能となっている（**Box 3A**, p. 121）。しかしながら，このような観察だけで発生過程を規定しているメカニズムを解明することはできない。発生メカニズムに関するこれ以上の知見を得る唯一の方法は，発生過程を特異的に撹乱し，その結果（症状）を解析することである。発生過程に干渉する方法は主に2つの手法に分けられ，多くの発生生物学的な実験は，その2つのアプローチを適切に組合せて解析が行われる。まず，胚を操作する古典的な実験発生学的手法は，胚の物理的操作，すなわちある細胞や領域を除去したり，付加することである。例えば卵割期の胚（供与胚）からとった細胞を，別の胚に移植するなどの手法で行われる。もう1つの実験手法は，遺伝学的，あるいはゲノム情報に基づいた手法である。発生において重要な遺伝子群に変異を導入したり，発現を抑制したり，それらを過剰発現させたり，異所的に発現させることによって機能を解析する。異所的（ectopic）な発現とは，通常は発現しない時期，および組織において遺伝子が発現することである。

このような実験的な操作の例として，アフリカツメガエル胚やニワトリ胚を最初にみていく。続いて現在の分子生物学的手法や遺伝学的手法，さらにゲノム情報に基づく手法について記述する。これらの手法はここ数十年で発生生物学に革命的変化を与えている。近年発生生物学に大きなインパクトを与えたその他の実験的手法に，コンピューターを利用した画像処理（イメージング）がある。多くの色調の蛍光標識の開発などによって，生きている胚を正確に画像処理，観察できるようになり，さらにはMRI（核磁気共鳴画像法）やOPT（視覚プロジェクション型トモグラフィ）などの手法も導入されている。実際に現在では，卵の中の生きた鳥類胚の発生過程のイメージを，MRIで捉えることができる（**図 3.27**）。

図 3.27　卵の中の生きた9日齢ウズラ胚
左側のイメージは核磁気共鳴画像法（MRI）によって得られたものである。
写真は Suzanne Duce 氏の厚意による

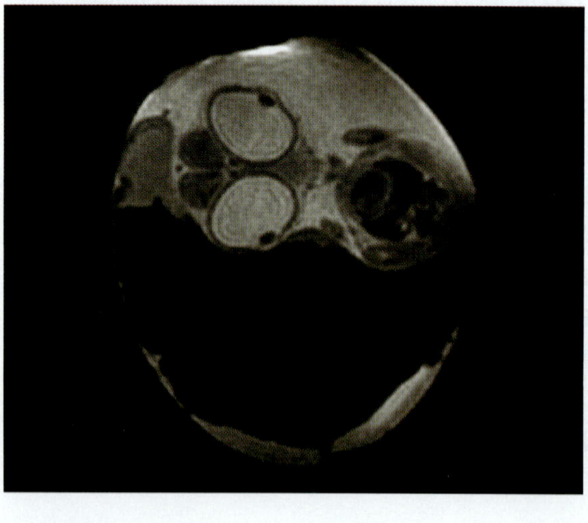

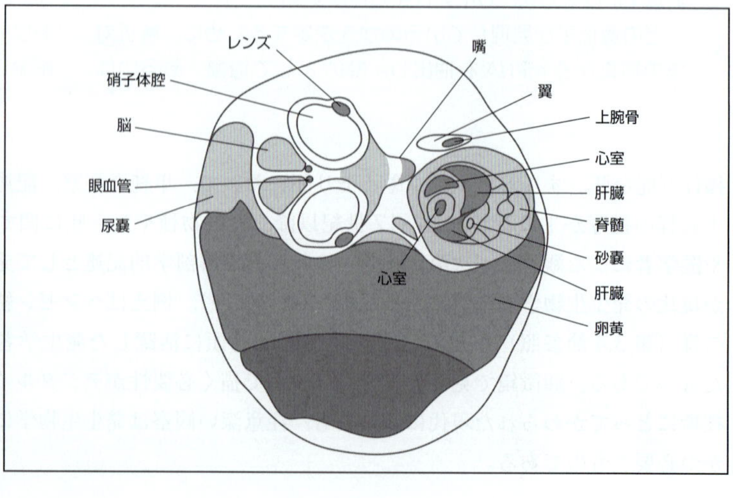

3.6 全ての実験的手法が各脊椎動物系に同じように適用可能なわけではない

本書を読み進めれば，大きな胚を有しているアフリカツメガエル胚やニワトリ胚におけるマイクロサージェリー（微小手術）手法の有効性に気づくことだろう。一方でこれらの生物種においては，ごくわずかしか発生過程に関する自然変異体が知られていない。実際，ニワトリと両生類は，発生に関連する遺伝子が同定される以前から研究されていた。アフリカツメガエルは世代交代の時間が 1 ～ 2 年と長く，四倍体ゲノムを有していることから，一般的な遺伝学的手法によって発生過程を解析するには適さない。しかし，両生類胚と鳥類胚は丈夫で手術的操作が可能であり，哺乳類とは異なり，ほぼ全ての発生段階の胚を容易に利用することができる（**図 3.28**）。特定の割球を除去したり，ある胚から別の胚へと特定の細胞群を移植するといったアフリカツメガエルにおける微小手術操作は，胞胚期のオーガナイザー領域の位置や働き，そして発生におけるその役割に対して多くの知見を提供した。この種の実験のいくつかは第 4 章で取り上げている。割球の除去は発生に必須な領域を同定し，移植実験は胚の特定領域がどのような発生能力（ポテンシャル）を有しているか，さらに，ある特定領域の細胞運命がどの段階で不可逆的に決定されるかを調べるために使用される（第 1.12 節参照）。両生類胚の初期の細胞は卵黄小板という形で栄養分を蓄えており，したがって胚由来の組織片は塩を含む単純な培養液で数日間培養することが可能である。このことは，ある組織領域を異なる組織領域と共培養したときに，それがどのような誘導効果を与えるかなどを調べる実験を

図 3.28 古典的な胚発生操作実験に関する各モデル脊椎動物の適合性の比較

古典的な胚発生操作実験に関する各モデル脊椎動物の適合性の比較				
	カエル（アフリカツメガエル）	ゼブラフィッシュ	ニワトリ	マウス
生きている胚が容易に入手でき，全ての発生段階が観察可能か	適合。卵は容易に得られ，体外での受精が可能。胚は遊泳するオタマジャクシの時期に至るまで水槽中で発生できる。多くの卵を同調した状態で受精させることができ，同期して同じ発生時期を経る多くの胚を得ることができる	適合。アフリカツメガエルと同様	ほぼ適合。卵は体内受精し，初期胚において（胚盤葉期に至るまで）発生は雌鳥の中で起こる。産卵後の卵は容易に得られ，実験室で孵卵可能である。孵化するまでの各ステージの胚の発生は観察できる。初期胚は，ステージ 10 相当に至るまで卵殻外においても培養可能	極めて早期の胚のみ適合。試験管内で受精させた受精卵は，胚盤胞期に至るまで培養可能である。それ以降は仮親に移植して発生させる必要がある。初期において体外に分離された胚は，限られた時間培養可能である（第 3.6 節参照）
胚は実験操作が可能か。例えば割球の除去や付加，組織の移植が可能か	胚は神経胚に至るまで外科的操作が可能である（第 4 章）。胚は比較的大きく，微小手術の後でも安定で，感染にも耐性である	神経胚期までは微小手術などで操作可能であり，より後期の時期においてもある程度可能である。胚は透明であり，標識した細胞の移動や各種の発生過程を観察するのに適している	胚は発生の比較的後期まで外科的操作が可能である。特に四肢の発生操作実験などが例として挙げられる（第 4 章，5 章，11 章，12 章）	胚盤胞までの初期胚のみ操作可能であり，操作後それらを発生させるためには仮親に移植しなければならない（**図 3.34**，**4.12**）。着床後の胚は限られた時間培養することができる（第 3.6 節参照）
運命図の作成や細胞系譜の追跡は比較的容易か	初期胚において適合する。初期の胞胚においては，毒性のない蛍光色素や蛍光タンパク質（GFP）をコードする RNA を注入することによって，個々の細胞を標識できる（第 4 章参照）	適合。アフリカツメガエルと同様	比較的容易であり，細胞はかなり後期の胚に至るまで色素注入で標識可能である。さらにニワトリ-ウズラのキメラ胚の使用，GFP で標識されたニワトリ胚の移植実験（後述），蛍光タンパク質などのレポータータンパク質をコードする DNA の電気穿孔法による導入などが可能である（第 3.7 節参照）	過去には困難であった。現在はトランスジェニック技術を用いた操作により比較的容易になっている。これは特定細胞においてレポーター遺伝子を特異的に発現させる方法や，導入遺伝子を誘導的に発現させる方法によっている（第 3.9 節，**Box 3B** 参照）

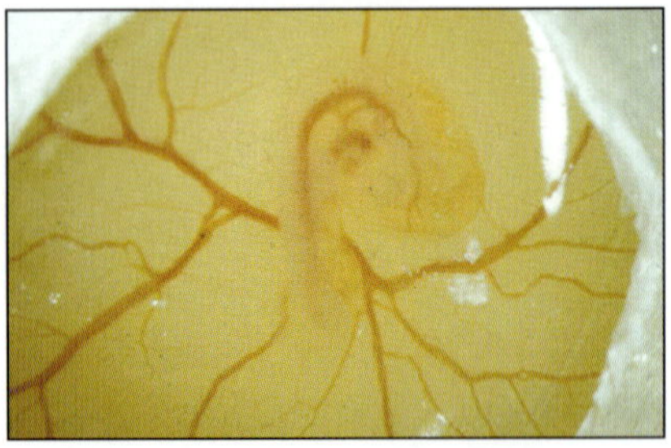

図 3.29 ニワトリ胚は，卵殻に開けた窓によって観察可能である
ほぼ透明な 3.5 日胚（HH ステージ 21）が卵黄の上に見られる。種々の実験操作を行った後，卵殻の窓をテープによって塞ぐと，操作された胚は発生を続けることができる。

可能にする。このようなアフリカツメガエルの実験は，第 4 章と第 5 章で述べられている。同様の実験はニワトリ胚由来の組織においても可能であり，それらをコラーゲンのゲル中に埋め込み，細胞培養培地中で培養することによって行われる。

初期のニワトリ胚（胚盤葉期）は卵全体から分離でき，卵黄膜の上でアルブミンと共に時計皿培養することが可能である。そのような胚は継続して約 36 時間まで発生させることが可能である［HH ステージ 10（HH stage：Hamilton-Hamburger stage)］。異なる発生段階でニワトリ胚の組織片を他の胚に移植する実験は，胚の異なる領域のオーガナイザー活性や原条形成について，多くの情報を提供してきた（第 4 章，第 5 章で議論する）。より後期の胚は，卵殻を除去して観察窓を設けることで，卵の中に存在したままでの操作が可能である（**図 3.29**）。そのような窓をテープによって再びシールすると，処理された胚は発生を続けることが可能であり，操作がもたらした影響が評価できる。このようなニワトリ胚の実験的汎用性から，多くの実験的解析が可能になった。それは，例えば肢芽のようないくつかの発生組織を切除する実験や，一部の組織を別の部位に移植する実験，さらには増殖因子や化学物質などがどのように発生に影響するかについて，それらを吸収させたビーズ（担体）を胚の特定領域に移植して調べる実験などである（ニワトリ肢芽に対するこのような発生実験の例は第 11 章で述べる）。

着床の後のマウスの *in vivo*（生体内）における発生は観察が困難であり，胚を異なる時期で採取することによってのみ解析が可能である（**図 4.12**）。細胞は，胚盤胞の内部細胞塊に注入することが可能である（第 3.9 節参照）。また，ごく初期の胚に由来する組織は，限定された時間しか培養できない。例えば 3.5 日胚から分離された内部細胞塊は，*in vitro*（試験管内）において数日間培養可能で，正常胚の対応する段階に典型的なある種の胚組織や胚体外組織，そしていくつかの構造を発生させることが可能である。E6.5 から E12.5 のマウス胚は，24 ～ 48 時間は回転培養器で培養可能であり，ノードの移植などが可能である。後期胚の生体組織に関する研究では，胚から組織を単離し，組織片を *in vitro* で培養することが必要となる（肢芽や腎臓，肺などの培養例が知られている）。

3.7 細胞の運命決定や細胞系譜の追跡は，初期胚のどのような細胞がいかなる成体構造に寄与するかを明らかにする

第 4 章で取り上げるような予定運命図は，胚の特定領域が正常発生ではどのように発生するかを示したものである。生物学的および技術的な理由から，初期胚の発生運命のマッピングは，アフリカツメガエルにおいて最も容易である。胞胚期では，最終的に三胚葉に寄与する細胞群は，それぞれ異なる領域として存在し，胚外から実験的に操作可能である（**図 3.6**）。各々の割球は毒性の無いマーカーで標識することができる。マーカーには DiI（赤色の蛍光色素）や蛍光標識デキストラン（**図 4.18** 参照）などがあり，さらに蛍光タンパク質である GFP を発現する RNA を注入することによっても標識が可能である。

ニワトリ胚は細胞がはるかに小型であるため，個別の細胞に色素注入を行って発生運命を追うことは困難である。しかし，そのような状況においても，ヘンゼン結節由来の細胞群系譜を標識するなどの実験がこれまでに行われた。ニワトリ-ウズラのキメラ胚も，細胞系譜を追跡する実験に使われてきた。ニワトリ胚とウズラ胚は発生が類似しており，ニワトリ胚とウズラ胚が混ざった混合胚（キメラ胚）は，培養すると正常に発生する。この 2 種の細胞は細胞核の違いから区別することができる。ウズラ胚は，適切な染色で核が赤色に顕著に染色される（**図 5.6**）。ウズ

ラ細胞はまた，ウズラのタンパク質に対する標識された抗体によって免疫染色することによっても，ニワトリ胚と識別が可能である。細胞系譜を追跡する場合には，細胞を初期のウズラ胚の特定の部位から取り出し，ほぼ同一の発生時期のニワトリ胚に移植する。そして後期の胚を染色し，組織解析することによって，どのような部位にウズラ胚が寄与しているかを追跡することができる。さらに最近，GFP を発現するトランスジェニックニワトリ胚が作製され（第 3.9 節参照），長期的な発生運命の追跡に用いられている。

特定の少数の細胞，あるいは 1 細胞ですら，卵殻中（*in ovo*）や培養液中のニワトリ胚に蛍光タンパク質を発現する DNA を導入することにより，比較的簡便に標識できる。カエル初期胚割球と比較して，ニワトリ胚は個々の細胞が比較的小型であるが，DNA コンストラクトは**電気穿孔法［エレクトロポーレーション法（electroporation）］**によって比較的少数の細胞へ導入可能である。DNA は，微小ピペットや微小電極を用いた電気パルスによって，望む胚部位に導入可能である。電流によって，導入される DNA が細胞膜を透過できるようになる。

色素注入および外来遺伝子の導入による細胞系譜の解析や発生運命の追跡は，哺乳類胚においては，アフリカツメガエル胚やニワトリ胚に比べて技術的に困難である。その理由は，胚が母体内にあり，操作が極めて困難なためである。しかしながら，これらの手法は，培養が可能な E6.5 ～ E8.5 のマウス胚においては発生運命の追跡に使用されてきた（第 3.6 節参照）。研究者はこの問題に対してさらに独創的な解決方法を見出しているが，そのような実験手法は一般に習熟を要する。例えば 2000 年代初頭に行われた実験では，発生期の脳における神経細胞の移動を解析するために，GFP 遺伝子を含むベクターが，マウス子宮内で胚の側脳室に注入された（およそ E14 において）。このような遺伝子導入は，電気穿孔法によって，胚を傷害することなく行われた。後期胚や，生まれた子供マウスの脳の蛍光顕微鏡検査によって，脳室表層の直下から発生した GFP 標識された神経細胞の位置が解析された（第 12 章参照）。

マウス胚における細胞系譜は，現在ではトランスジェニックマウス胚を用いてより容易に解析可能である。そのようなトランスジェニック胚では特定の細胞群において，Cre/*loxP* システム（**Box 3B**）の制御下にあるレポーター遺伝子や，適切なプロモーターに接続されたレポーター遺伝子が発現する（第 3.9 節参照）。このような手法は，その精度においても，近年さらに洗練されてきている。特に，器官形成や神経系の発生，そして皮膚や腸管のような継続的に細胞が置き換わっている上皮における細胞移動のような，胚発生後期の事象の追跡に有効である（第 10.7 節参照）。クローナルな細胞系譜の解析は現在，薬剤誘導性の Cre リコンビナーゼ［これはレポーター遺伝子 *LacZ*（**Box 1D**, p. 21）や GFP をコードする遺伝子に連結されている］を全ての細胞で発現するトランスジェニックマウスを用いることにより可能となっている。妊娠マウスに適切な量の誘導試薬を投与すると，組換えが低頻度で起こり，処理された胚において標識された細胞のクローン集団を生成する。このような実験手法は，発生中のマウス胚肢芽における背腹区画の発見をもたらした（第 11 章参照）。

3.8 発生遺伝子は，自然突然変異や大規模な突然変異誘発スクリーニングによって同定することができる

稀に起こる自然突然変異は，発生過程に与える遺伝的影響を解析する唯一の手法とされてきた。そのような突然変異は，マウスやニワトリでいくつか同定され

Box 3B マウスにおける挿入変異および遺伝子ノックアウト：Cre/*loxP* システムの応用

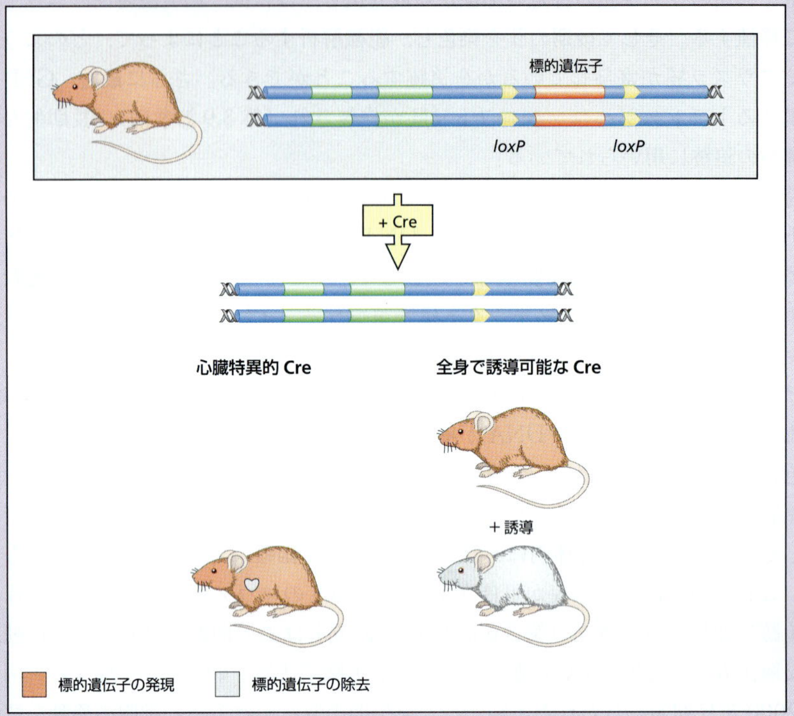

発生の特定の時期や特定の組織で標的遺伝子をノックアウトするための非常に有効な方法として，Cre/*loxP* システム（Cre/*loxP* system）が広く用いられている。まず標的遺伝子の両側へ，34 塩基から成る *loxP* 配列が挿入される［標的遺伝子は “flanked by *lox*（*lox* 配列によって挟まれる）” という意味で “floxed” と称される］。この種の標的遺伝子改変法は，培養系で ES 細胞（胚性幹細胞）を用いて行われる（第 3.9 節参照）。そして，遺伝的修飾を受けた ES 細胞を胚盤胞に注入することにより，トランスジェニックマウス，さらにはその子孫が得られる（**図 3.34** 参照）。次に，*loxP* 配列が挿入された系統のマウスを，Cre リコンビナーゼ（組換え酵素 Cre）の遺伝子を有する他のトランスジェニックマウス系統と交配させる。その結果として，*loxP* 配列が Cre 酵素によって認識されると組換え反応が起こり，2 つの *loxP* の間の DNA が全て除去される。その子孫においては，もし Cre が全ての細胞で発現している場合，すべての細胞において “floxed” された遺伝子が除去，すなわち全細胞で標的遺伝子がノックアウトされる。しかし，もしこの Cre をコードする遺伝子が組織特異的なプロモーターに制御されている場合，例えばそれが心臓組織のみで発現するような場合には，標的遺伝子は心臓組織のみで除去されることになる（図参照）。もし *Cre* 遺伝子が誘導可能な制御領域に連結されている場合には，誘導刺激（誘導物質）をマウスに投与した場合のみ，標的遺伝子の除去を誘導することが可能となる。

マウスの発生において，単一遺伝子のノックアウトの多くは顕著な異常を示さないか，あるいはその遺伝子活性の正常なパターンから予測されるよりも比較的軽微な異常を示すにとどまる。その良い例が *MyoD* 遺伝子であり，同遺伝子は筋細胞分化に鍵となる遺伝子であるにもかかわらず（第 10 章参照），そのノックアウトマウスは生存率の低下は示すものの，解剖学的に正常である。この現象の説明として最も考えられるのは，筋肉の分化過程はある程度の重複性（redundancy）を持っており，*MyoD* 遺伝子の機能の一部を他の遺伝子が代行（補償）するということである。

しかし，どんな遺伝子も動物にとってまったく意味を持たないということは考えにくい。一見正常な動物でも，飼育環境下のような人工的状態においては検出されない程度に軽微な表現型異常を有していることが予想される。重複性とはおそらく外見上のものである。さらにこの事態を複雑にしている点は，特定遺伝子に変異が起こったときに，同様の機能を持つ関連遺伝子が活性を上昇させる様式の補償もあることである。

タンパク質をコードする領域のノックアウトと同様に，Cre/*loxP* を用いた組換え法は，遺伝子のプロモーターを標的とすることも可能で，その制御下の遺伝子の発現を恒常的にオンにする変異を導入することもできる。このような方法は，しばしばマウスで細胞系譜を調べるときに応用され，発生中の特定の細胞あるいは特定の時期に，*GFP* や *lacZ* のようなレポーター遺伝子をオンにする場合に用いられる。標識された細胞の系譜は，より後期の胚や生後においても識別することが可能となる。

ている（**図 1.12** 参照）。しかし，そのような情報を与えてくれる自然突然変異は比較的稀である。というのも，マウスにおいてもそれらの自然突然変異は個体が生きて生まれてきた場合にのみ気づかれ，重要な発生制御遺伝子に変異が起こった場合は胚が子宮内で死ぬことになり［胚性致死変異（embryonic lethal mutation）］，発見が困難だからである。ニワトリ胚では，発生遺伝子の胚性致死変異は，卵の孵化率の低下によってのみ発見される。

化学処理やX線照射などで多くの個体に対してランダムな突然変異を引き起すことによって，さらに多くの発生遺伝子の変異体が得られ，それらを発生学的視点からスクリーニング（探索）することができる。その目的は（可能であればだが），十分に大きな集団を扱い，総体として変異がゲノム中の各遺伝子に起こることが理想とされる。このようなアプローチは，容易に飼育が可能で，急速に交配して多くの子孫を残すことができる生物，つまり多くの個体が容易に手に入り，処理可能な生物種において可能である。脊椎動物では，このアプローチはマウスやゼブラフィッシュに適用されてきた。特にゼブラフィッシュは多くの個体が操作可能であり，さらに胚が透明で大きく，発生上の異常を同定しやすいことから，突然変異誘発スクリーニングにおける脊椎動物のモデル系として，潜在的に大きな有効性を持っている（**Box 3C**, p. 128）。しかしながら，前の章で述べたようなショウジョウバエの遺伝的なスクリーニングの場合（**Box 2A**, p. 44 参照）と異なって，ゼブラフィッシュにおいては，変異が起こっていない個体を自動的に除去する遺伝的な手法は存在しない。このことは，どのような発生学的な異常であれ，その異常を全子孫について視覚的にスクリーニングする必要があることを意味している。

ゼブラフィッシュに用いたような突然変異誘発スクリーニングは，マウスにおいても応用可能である。しかし，マウス自体の大きさや世代時間の長さ，そして胚が容易にスクリーニングできないことが，スクリーニングの実施を高コストかつ困難なものにしている。しかしそれにもかかわらず，既にこのようなスクリーニングが実際に多く行われている。化学的な突然変異誘発が，様々な程度の遺伝子機能を持つ優性変異――特にいくつかのヒトの疾患の解析モデルとして有用なもの――や，機能喪失型の劣性変異を引き起こすために使用された。優性変異は F_1 世代において同定可能である（**図 3.30**）。しかし劣性変異を同定するには，ゼブラフィッシュにおいて記載した方法のような，より複雑な交配が必要である。

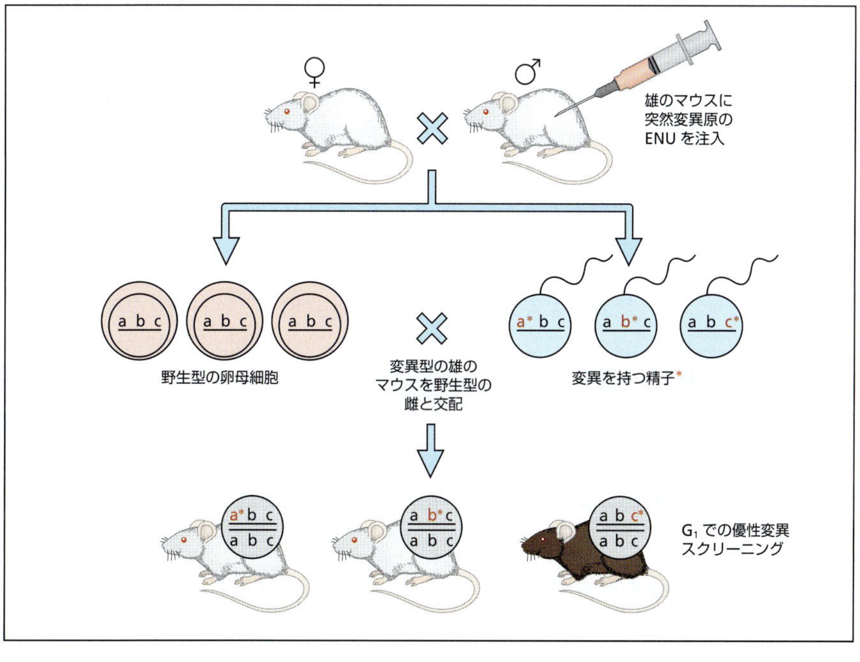

図 3.30 マウスにおける優性変異の突然変異誘発スクリーニング
例えばこの図で取り上げたダークブラウンの毛色のような優性型の変異を有する子孫は，最初の世代（G_1）において検出される。ENU はエチルニトロソ尿素である。

Box 3C ゼブラフィッシュにおける大規模変異誘発

ゼブラフィッシュを用いた変異のスクリーニングは，3世代を交配することによって行われる（図参照）。化学的突然変異原によって処理された雄を，野生型の雌と交配する。その子孫 F_1 の雄を再び野生型の雌と交配し，そしてそれらの交配による雄と雌の子孫を互いに再び交配する。このようにして生じた子孫は，個別にホモの変異表現型を呈する候補として解析される。もし F_1 世代の魚が変異を有していた場合，次の F_2 の交配の25%がヘテロ接合体同士の交配となり，そしてその子孫の25%が同変異に対してホモ接合体となる。強く紫外線照射された精子によって卵の受精が行われると，ゼブラフィッシュは半数体としても発生する。このことは，ホモ接合体を得るための交配をすることなしに，初期発生において働いている劣性変異を検出できることを示している。

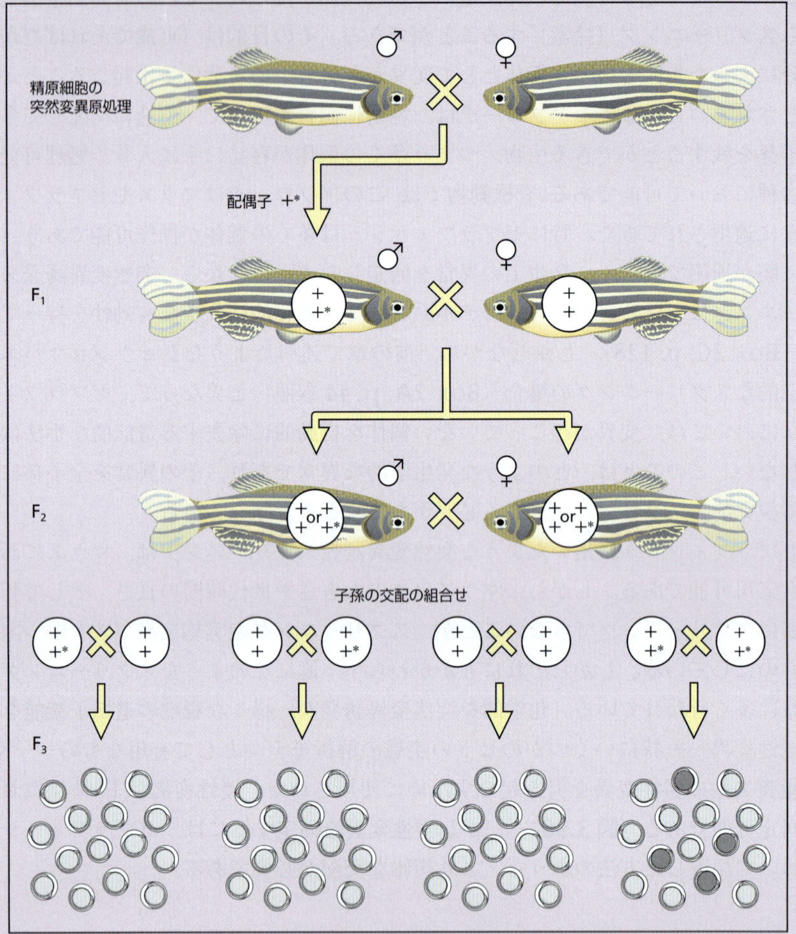

2つの新しい手法が，ゼブラフィッシュの遺伝子の変異を同定，あるいはつくり出すために使われている。これらは，標的遺伝子の塩基配列のみが情報として得られている場合に用いられるものである。**ティリング（TILLING：targeting induced local lesions in genomes）**と呼ばれる方法は，化学的な突然変異誘発によってつくられた，特定遺伝子の変異を同定するために使用される。この方法は最初植物において開発され，さらにショウジョウバエや線虫，そしてラットにも応用された。この方法において必要なのは，遺伝子のDNA配列のみである。化学的突然変異原によって処理された雄の魚を，野生型の雌と交配する。F_1 世代の雄のそれぞれは，引き起こされたどのような点突然変異に関してもヘテロ接合体である。これらから組織サンプルが集められ，同時にその精子は凍結保存される。対象とする遺伝子に起きた突然変異は，まず変異DNAをPCR法によって増幅し，そして変異が入っているDNAと入っていないDNAをハイブリダイズすることによって検出される。ハイブリダイズしなかった，すなわちミスマッチした塩基によって変異部位が同定され，そのようなDNAはその後，配列決定され，個々の変異配列が読み取られる。このような変異の雄および凍結された精子は，さらに同変異を有する子孫をつくり，その変異に関連する表現型の変化を明らかにするために使用される。

比較的新しい変異誘導方法は，**ジンクフィンガーヌクレアーゼ（ZFN：zinc finger nuclease）**の標的特異性を利用する。この酵素はDNAを切断するもので，これらを用いて *in vivo* において特定の遺伝子に変異を導入することができる。このアプローチはゼブラフィッシュにおいて *no tail*（*ntl*）と呼ばれる遺伝子に変異を起こすために使われた（同遺伝子はゼブラフィッシュにおける *Brachyury* である）。マウスの *Brachyury* のように（**図1.13**），*no tail* は尾部の形成に必要である。*ntl* 特異的なZFNのmRNAを1細胞期に注入されたゼブラフィッシュ胚のおよそ30%が尾部を欠失したが，これは *ntl* 遺伝子が機能していないことを示している。

3.9 トランスジェニック技術が，特定遺伝子に変異を導入するために用いられる

特定遺伝子の機能を解析するためには，ランダムな突然変異誘発を頼りにするよりも，動物の遺伝子を特異的に変異させたほうが効率的と考えられる。特定の遺伝

子変異を導入したマウス系統が，現在では比較的容易に作製できるようになった。変異遺伝子が劣性である場合は，たとえそれがホモ接合体で胚性致死となる変異でも，ヘテロ接合体マウスを変異解析用の系統として維持することができる。一般的に，動物に外来遺伝子が導入されたり，内在性の遺伝子に変異が導入されている場合，これらを**トランスジェニック（transgenic）**動物と称する。トランスジェニック手法はマウスにおいて高度に発達しており，したがってここではマウスに関連付けてその手法を解説する。トランスジェニックゼブラフィッシュは，DNA を 1 細胞期に注入することによっても得ることができる。最初にゼブラフィッシュでこの成功例として報告された導入遺伝子は，ニワトリの δ クリスタリンの遺伝子であった。一般的にトランスジェニック動物を得る方法はトランスジェネシス（遺伝子導入）と呼ばれており，原則的にはニワトリに対しても応用可能であり，近年実行されるようになってきた。その場合 GFP をコードする遺伝子などを有しているレンチウイルスベクターを，新しく産み落とされた卵の胚盤葉に注入する（図 3.31）。アフリカツメガエルでは生殖細胞への遺伝子導入が比較的困難であるが，最近はその近縁種のネッタイツメガエル（*X. tropicalis*）でそのような技術が開発されている。同種は二倍体であり，世代時間が 5 ～ 9 か月と比較的短いことから利用されるようになった。ツメガエルに関しては，導入遺伝子 DNA を精子の核に導入し，その核を未受精卵に核移植するという方法がある。主な脊椎動物モデル系について，遺伝学を基盤として発生過程を研究する際の適性比較を図 3.32 に記した。

現在，トランスジェニックマウスをつくるためには主に 2 つの手法が使われている。そのうちの 1 つは，目的遺伝子や必要な制御領域をコードする DNA を，マウス受精卵の雄の前核に**導入遺伝子（transgene）**として直接注入するものである。操作された受精卵は仮親に育てられる。もしこのときに導入遺伝子がゲノムの中に取り込まれれば，基本的にトランスジェニックマウス胚の中のすべての細胞（生殖細胞も含む）にその遺伝子が存在することになり，自身が持つプロモーターや他の制御領域に従った形で発現することが期待される。このようにして，特定の遺伝子を特定の細胞で，あるいは特定のタイミングで過剰発現するマウスがつくられるようになり，本来ならばその遺伝子が発現しない組織・時間での異所的発現による影響の解析が可能となった。

ES 細胞（胚性幹細胞）を用い，試験管内で変異を導入してからトランスジェニックマウスをつくる方法も報告されている。これは特定の遺伝子の機能を恒常的に喪失させる**遺伝子ノックアウト（gene knock-out）**のためのトランスジェニック技術として，現在では最も一般的な方法の 1 つである。ES 細胞は，マウスの胚盤胞の内部細胞塊に由来する多能性の細胞である。それらは継続して培養・維持することができ，大量に増やして種々の再生医学的実験に用いられている（第 10 章参

図 3.31　緑色蛍光タンパク質（GFP）を発現するトランスジェニックニワトリ

トランスジェニックニワトリは，自己不活性型のレンチウイルスベクターによる DNA 注入によって得ることができる。ここに示したトランスジェニックニワトリは，最初のトランスジェニックニワトリの生殖系列細胞から GFP 導入遺伝子を引き継いだ，第 2 世代である。中央の個体はトランスジェニックではない正常個体である。

写真は McGrew, J.M. et al.: 2004 より

発生研究のための遺伝学的技術に対する各モデル脊椎動物の適合性比較				
	カエル（アフリカツメガエル）	ゼブラフィッシュ	ニワトリ	マウス
ゲノム配列の解読	二倍体のネッタイツメガエルのゲノムは配列決定されている	済	済	済
自然突然変異体の有無	無	有	有	有
変異誘発（変異体スクリーニング）	適合	適合（Box 3C）	不適合	適合
体細胞における遺伝子のサイレンシングまたは遺伝子ノックアウト	モルフォリノアンチセンス RNA（MO）によって遺伝子サイレンシングが可能（Box 6A）		MO, または RNA 干渉（RNAi）によって遺伝子サイレンシングが可能（Box 6A）	Cre/*loxP* システムによる遺伝子ノックアウトが可能（最初にトランスジェニックマウスの作製が必要，Box 3B）
生殖系列における遺伝子ノックアウト（トランスジェニック動物作製）	不適合	適合	まだ不適合	適合
胚全体における特定遺伝子の機能獲得型変異（異所的発現または強制的発現など）	受精卵または初期胚への mRNA の注入（図 4.4 参照）		通常レベルでは可能ではないが，トランスジェニックニワトリの作製は可能（図 3.31）	機能獲得型変異を持つトランスジェニックマウスが作製可能
特定の時期・場所における特定遺伝子の過剰発現または異所的発現	RNA を特定の割球に注入することによってある程度発現の制御が可能	不適合	体細胞においては可能	誘導型，または細胞特異的な導入遺伝子を有するトランスジェニックマウスが作製可能
ES 細胞の培養と生体内での分化	不適合	不適合	適合	適合。相同組換えによる変異 ES 細胞を用いた変異トランスジェニックマウスが作製可能（第 3.9 節，第 10 章）

図 3.32 各モデル脊椎動物の遺伝学的な発生研究における適合性比較

照)。ES 細胞を初期の胚盤胞の胚盤胞腔に注入すると，それらは内部細胞塊に取り込まれ，胚組織の一部となる。ES 細胞は生殖細胞に寄与することもできる。例えば褐色のマウス系統由来の ES 細胞を，白色マウス胚盤胞の内部細胞塊に導入した場合，生まれてくるマウスは“褐色”および“白色”の細胞から成り立つキメラ胚である。皮膚においては，モザイク性（混合の程度）を白色毛の中の褐色毛のパッチとして容易に観察することができる。

特定の変異を持ったトランスジェニックマウスをつくるためには，培養段階で ES 細胞に変異を導入し，その ES 細胞を胚盤胞に注入し，さらにそれを仮親に育てさせて発生を継続させる。特定の遺伝子部位に変異を導入する方法の 1 つとして**相同組換え（homologous recombination）**があり，この方法では，特別につくった DNA コンストラクトを，ES 細胞に遺伝子導入する。導入された DNA 分子は，通常はゲノム中にランダムに挿入されるが，標的遺伝子と相同の配列を含んでいると，前もって決めた部位への導入が可能となる（図 3.33）。そのような DNA と，ES 細胞の標的遺伝子の間の相同組換えによって，目的の遺伝子機能を喪失させることができる。これがいわゆる遺伝子ノックアウトマウスを作製する現在の主な手法である。相同組換えは，特にマウスにおいては有効である。上記の DNA コンストラクトは，少なくとも培養中のいくつかの ES 細胞で標的遺伝子への挿入を起こさせるくらいの相同性を持った配列を含まねばならない。通常，導入する DNA には薬剤耐性遺伝子を組み入れておくので，そのような挿入配列を持つ ES 細胞のクローンは，薬剤添加で挿入のなかった細胞を殺すことにより選別が

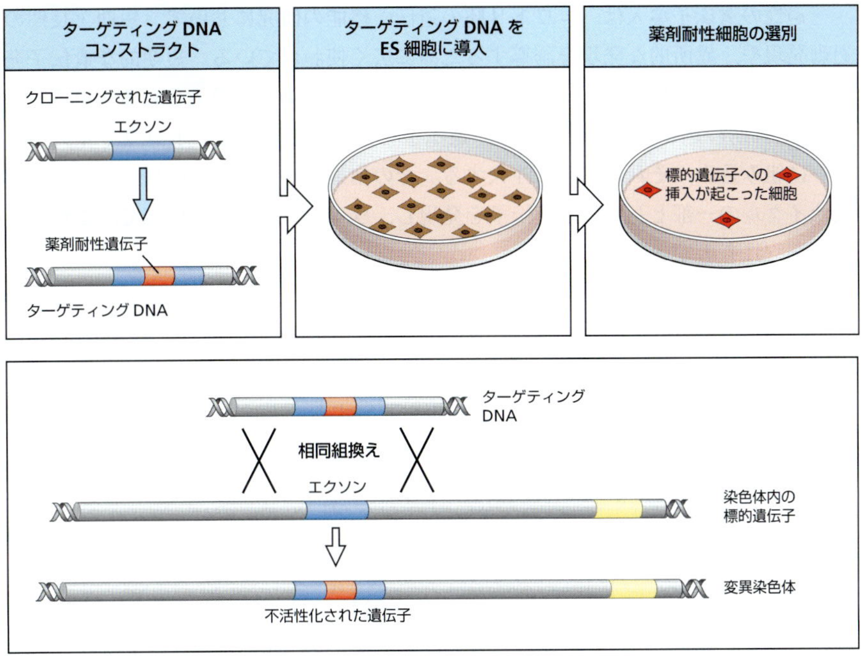

図 3.33　相同組換え法によるマウス変異 ES 細胞の作製
ノックアウトの標的となる遺伝子を最初にクローニングし，薬剤耐性あるいは他の選別可能なマーカー遺伝子を挿入する。この結果，標的遺伝子は機能を失う。このような変異を培養したマウス ES 細胞に導入すると，比較的少数の ES 細胞において，対応する遺伝子に相同組換えによる変異が導入される。これら少数の ES 細胞は，薬剤耐性によって選別できる。

できる。変異を持った ES 細胞は，その後胚盤胞に注入されて内部細胞塊に取り込まれ，特定の遺伝子に変異を有したトランスジェニックマウス（目的の遺伝子機能を喪失する場合にはノックアウトマウスと称される）が生まれる（図 3.34）。もしこのような方法を用いて，ある標的遺伝子が他の機能的な遺伝子に置換される場合には，遺伝子ノックイン（gene knock-in）と称される。

このようにして ES 細胞を用いて作出された動物は，通常はキメラ状態であり，変異細胞および正常細胞の双方を含んでいる。そのため，変異によってある種の異常を示す場合もあるが，通常はその頻度は低い。しかし，変異遺伝子が生殖系列にうまく組み込まれた場合には，目的の遺伝子の変異に関するヘテロ接合体のマウスを交配させ，ホモ接合体──関連する遺伝子によって生存可能であったり，発生できなかったりする──を作製できる。マウスにおいて遺伝子ノックアウトが使われた例として，体節中胚葉や神経管の領域化における Hox 遺伝子の機能解析を本書の後章で取り上げることになる（第 5 章および第 12 章参照）。

3.10　遺伝子機能は，一過性の遺伝子導入や遺伝子サイレンシングによっても検定できる

生殖系列レベルでの遺伝子導入は，遺伝子発現を変化させる唯一の方法ではない。実際，トランスジェニックマウス作製は，現在でも比較的高価な手法である。一過性の遺伝子導入（transient transgenesis）や体細胞遺伝子導入（somatic transgenesis）は，一般的に容易で安価な方法である。これは特に，生殖系列への遺伝子導入が容易ではない両生類やニワトリ胚において有効な方法である。アフリカツメガエルの初期胚は比較的大きな割球を含んでおり，目的とする mRNA が発生でどのような働きを有しているか，特定の割球に注入し，その過剰発現による効果を調べる実験に適している。mRNA の注入は，初期胚のある領域を除去した後や，特定の遺伝子を不活性化した後に引き起こされる異常を，その mRNA の遺伝子が“レスキュー（救助）”できるかなどの解析のためにも，アフリカツメガエルや他の胚において用いられる。この種の実験は第 4 章で述べる。

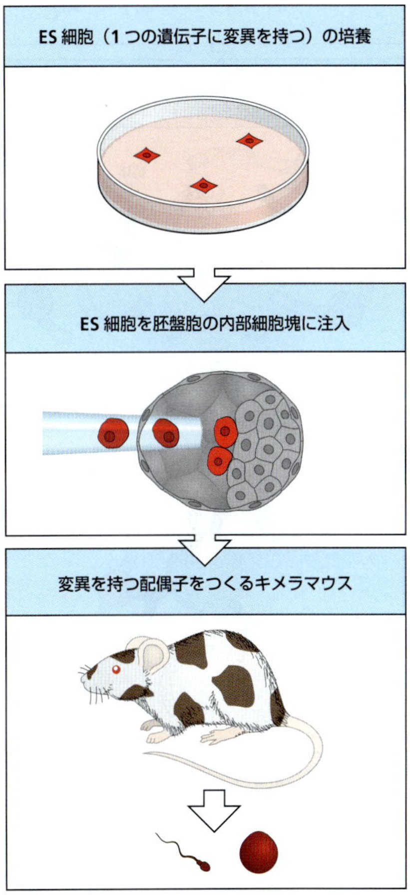

図 3.34　変異 ES 細胞の胚盤胞への注入によるトランスジェニックマウスの作製
胚盤胞に注入された ES 細胞は内部細胞塊の一部となり，それらはマウス個体の生殖系列を含むすべての細胞に寄与することができる。最初のトランスジェニックマウスは，受容胚の胚盤胞と ES 細胞双方を含むキメラ状態となっている。しかし，もし変異遺伝子が生殖系列に伝達されると，その子孫としてヘテロあるいはホモ接合体のトランスジェニックマウスを作製することが可能となる。

一過性の遺伝子導入は，ニワトリ胚の遺伝子機能の研究において，短期・長期の過剰発現や，異所的な発現を誘導するために広く使われている。短期的な遺伝子発現のためには，遺伝子はしばしば電気穿孔法によって細胞に導入される（第3.6節参照）。長期の過剰発現のためには，遺伝子を自己複製可能なレトロウイルスベクターに組み込み，それらを胚に注入する。その結果，感染した細胞はウイルスの複製サイクルの一部として外来遺伝子を発現し，ウイルスの複製に伴って，これが近傍の細胞にも広がっていく。

遺伝子ノックアウトの一過性なものとしては，**遺伝子サイレンシング（gene silencing）**や**遺伝子ノックダウン（gene knockdown）**と呼ばれる方法がある。これらの方法では，遺伝子は変異したり，あるいはゲノムから除去されるのではなく，mRNAを標的にしたり，その翻訳を阻害することによって，その発現が阻害される。この手法に必要な技術は **Box 6A**（p. 231）で論じている。アフリカツメガエル胚やニワトリ胚では機能喪失（LOF）型変異が容易には起こせないため，**モルフォリノアンチセンスRNA（morpholino antisense RNA）**注入による抑制（サイレンシング）は特に有効であり，さらにこの手法はゼブラフィッシュにおいても広く使われる。モルフォリノは安定なRNAであり，標的とするmRNAに相補的なRNAとしてデザインされる。モルフォリノは胚の細胞に導入されると標的mRNAと結合し，タンパク質への翻訳を阻害する。モルフォリノをアフリカツメガエル受精卵に注入すると，初期胚のすべての細胞で遺伝子機能をノックダウンすることが可能である。また，電気穿孔法によってモルフォリノを初期ニワトリ胚に注入すると，遺伝子機能を局所的に喪失（ノックダウン）させることができる。**Box 6A**（p. 231）でも取り上げたRNA干渉技術も発生学では広く使われる。干渉RNAをコードするRNAiと呼ばれるコンストラクトをニワトリ胚の神経管などに電気穿孔法によって導入して，特定の遺伝子をノックダウンすることができる。

3.11 発生期における遺伝子制御ネットワークは，クロマチン免疫沈降法および配列解析によって解明できる

近年開発された発生過程に関する強力な解析方法が，バイオインフォマティクス（生物の情報学的解析）と，実験分子生物学および細胞生物学を組合せた方法である。この方法によって，遺伝子とその転写因子の相互作用のネットワークや，さらには**遺伝子制御ネットワーク（gene regulatory network）**の同定を行うことができる。あるモデル生物のゲノム情報が明らかになると，染色体の免疫沈降，さらにそれに引き続くDNAマイクロアレイ解析が可能となる（**ChIP-chip**）。この方法は，特定の転写因子が結合する標的遺伝子を *in vivo* で同定するために用いられる（**図3.35**）。ある発生時期の胚を，シス制御領域のDNAと転写因子が化学的に結合するような条件で処理する。その後DNAを分離し，小型断片に分断し，目的の転写因子に特異的な抗体で処理する。この方法によっていわゆる“プルダウン”，すなわち転写因子が細胞中で結合したすべてのDNA断片を沈降させることがで

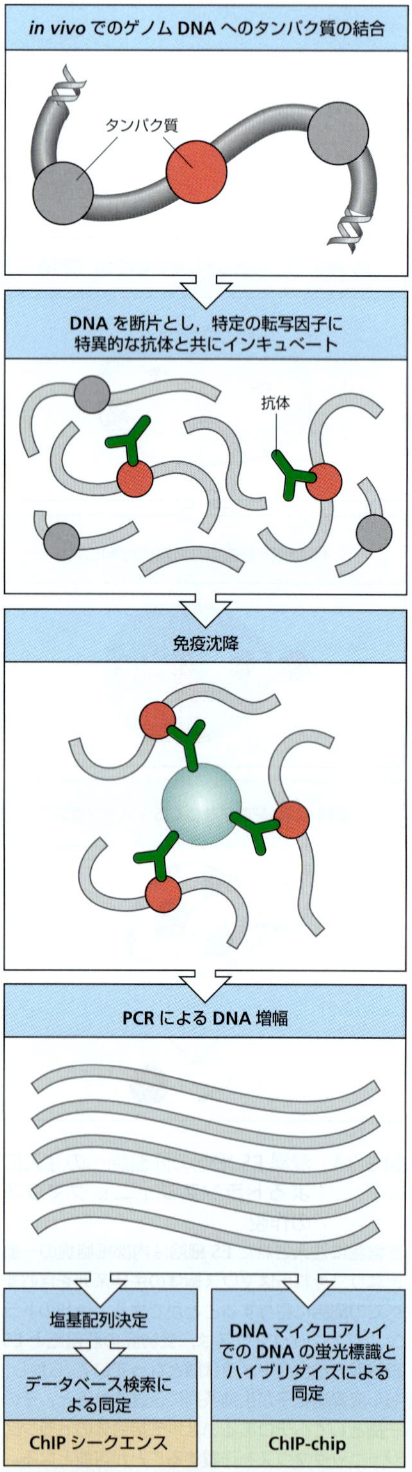

図3.35 ChIP-chipとChIPシークエンス
これらの2つのクロマチン免疫沈降法は，転写因子やその他のDNA結合タンパク質の結合部位を見つけるために用いられる。化学処理によって特定の結合タンパク質をDNAへ結合させた後，DNAは断片化され，目的とするタンパク質に特異的な抗体で処理される。その結果生じた抗体とタンパク質の複合体は精製され，その標的部位のDNAが抽出される。その後，標的部位のDNAはPCRによって増幅され，DNAマイクロアレイによって解析されるか（ChIP-chip），塩基配列決定によって解析される（ChIPシークエンス）。

きる。沈降したDNAの同定は，タンパク質を分解して除去し，標識したDNA断片を，遺伝子の上流（制御配列）を持つゲノム配列を含むマイクロアレイにハイブリダイズさせて行う（Box 3A, p. 121）。また一方で，上記のように同定，増幅したDNAの配列決定も可能であり，そのような手法はChIPシークエンス（ChIP-seq）と呼ばれる。

ここで対象とする遺伝子は，ゲノムの情報を網羅するデータベースを探索することによって同定することができる。例えばChIPシークエンスは，ゼブラフィッシュ胚の原腸形成中期において機能している，転写因子Ntl（No tail）の標的遺伝子を探索することに使われた［これはBrachyuryのゼブラフィッシュ対応タンパク質でもある（図1.13参照）］。これらの手法によって，ゼブラフィッシュにおいて中胚葉の指定やパターン形成に関わる遺伝子制御ネットワークが明らかにされ始めた（Box 4E, p. 172）。

第3章のまとめ

すべての脊椎動物の基本的なボディプランはよく似ている。脊椎動物の構造は，脊髄をとり囲む脊柱によって特徴づけられる。さらに，骨性または軟骨性の頭蓋が頭部を囲い，脳を包含している。脊椎動物は相称性のある3つの主な体軸——頭部から尾部に向かう前後軸，背側から腹側に向かう背腹軸，そして背側の中央構造を中心とし，右側と左側をお互いに鏡像対称にしている外見上は左右相称の構造——がある。いくつかの内臓器官，例えば肺，腎臓，そして生殖腺も，対を持つ左右相称器官として形成される。しかし，心臓や肝臓などの単一器官は，背側の正中線に対して左右非相称に形成，配置されている。初期の脊椎動物胚は一連の発生時期——卵割，原腸形成，そして神経管形成——を経て発生し，相互にある程度類似した形態を示す。この時期を発生のファイロティピック段階と称している。これらの時期に達する前には，各々の生物種において著しく異なる発生過程が存在する。このことは，いつどのような形式で体軸が形成され，各々の胚葉がいかに形成されるかに関連している。このような違いは，動物種の生殖様式の違い，さらにその結果としての初期胚の構造の差に基づいている。各々の脊椎動物のグループの構造的な特徴，例えば鰭，嘴，翼や尾部は，ファイロティピック段階の後に形成される。脊椎動物の発生の基本パターン，すなわちボディパターンや器官原基は，胚がまだ非常に小型である時期に形成される。胚サイズの成長は，発生の後期においてみられる。発生の基礎メカニズムは，正常な発生過程を特定の方法で操作・撹乱し，その結果何が起こるかを解析することによってのみ解析可能である。発生過程に干渉する手法は，主に2つに分けられる。1つは実験発生学的な手法で，卵割期などの胚の一部分を除去もしくは追加する方法であり，追加する場合は一群の細胞を供与胚から他の胚に移植することによって行われる。もう1つの方法が遺伝学的な手法であり，発生学的に重要な遺伝子に変異を導入したり，遺伝子サイレンシング，あるいはそれらを過剰発現させたり異所的に発現させることによって行われる。

● 章末問題

記述問題

1. すべての脊椎動物は，ある種の特徴を有しているが，それらはどのような特徴か。図3.2について，それらの特徴をファイロティピック段階に関連して説明せよ。

2. 受精後すべての胚は，卵割を行う。アフリカツメガエル胚においては動物-植物極軸と最初の3回の卵割面はどのような関係にあるか。また，ニワトリ胚の卵割は，カエル胚やマウス胚とどのように違うのか説明せよ：なぜこの差異が生じるのか。

3. 胞胚，胚盤葉，胚盤，胚盤胞という言葉を比較せよ。それらはどの生物種での胚構造か。また，それらはどの程度類似して，どの程度互いに異なるのか。

4. アフリカツメガエルにおける原腸形成は，巻き込み運動によって三胚葉を形成する。この三胚葉とは何か，それら各胚葉の原腸胚における相互関係はどのようなものか（ステージ 11)。また，原腸とは何か，何に寄与するか。

5. ニワトリ胚における次の領域の差異について述べよ：胚盤葉上層と胚盤葉下層；後方境界領域とコラーの鎌およびヘンゼン結節；エンドブラストと内胚葉；間充織（間葉）と中胚葉。

6. ニワトリ胚のヘンゼン結節は，アフリカツメガエル胚の原口と発生概念的には類似した構造である。しかしこのような類似性にもかかわらず，2つの構造には差異も存在する。以下の違いについて説明せよ。(a) ニワトリ胚における内部への細胞の移入(ingression）とカエル胚における細胞巻き込み（involution）運動の違いについて。(b) ニワトリ胚のヘンゼン結節の移動と原口の移動の欠如について。(c) 2つの生物種における脊索の形成の違いについて。

7. ニワトリ胚の神経管形成期には，成体構造の前駆構造がいくつか形成される。次の構造が何に寄与するか説明せよ：神経板；体節；中間中胚葉；臓側中胚葉；脊索。(**図 3.17**)

8. マウス胚における内部細胞塊と栄養外胚葉の違いについて説明せよ。エピブラストおよび原条の形成を導く発生事象について説明せよ。

9. 発生過程の解析において使用される各動物を優れたモデル生物としている特徴とは何か。例えば，カエルと比較して，ニワトリが発生解析のモデル系として優れている特徴とは何か。ニワトリと比較して，マウスがより優れている特徴とは何か。

10. トランスジェニックマウスとノックアウトマウスの作製方法について簡潔にまとめよ。これら2つの手法の技術的な違いと，結果としてつくられるマウスの違いを述べよ。

選択問題
それぞれの問題で正解は 1 つである。

1. カエルの生活環において最も哺乳類と類似している部分はどれか。
a) 胞胚
b) ファイロティピック段階
c) 原腸形成
d) 受精卵

2. アメリカツメガエル卵で色素により黒色を呈している部位は何と呼ばれるか。
a) 背側
b) 動物極
c) 植物極
d) 卵黄

3. カエル胚の各発生段階を並べた次の選択肢のうち，正しい順序を表しているものはどれか。
a) 胞胚，卵割，原腸胚，神経胚
b) 卵割，原腸形成，神経管形成，器官形成
c) 神経管形成，原腸形成，卵割，器官形成
d) オタマジャクシ，胚，神経胚，原腸胚

4. ゼブラフィッシュ胚における卵割は，どのような構造をつくるか。
a) 14 体節期胚
b) 原腸胚
c) 球体期胚
d) シールド期胚

5. マウス胚とニワトリ胚における原条は，両生類のどの構造に対応しているか。
a) 原腸
b) 胞胚腔
c) 原口
d) 神経褶

6. 胚盤胞期において哺乳類胚を構成する構造の組合せはどれか。
a) 胞胚腔，卵黄，アニマルキャップ細胞
b) 胚盤葉下層の上を覆う胚盤葉上層
c) 外胚葉，中胚葉，内胚葉
d) 栄養外胚葉，内部細胞塊

7. 特定の組織や発生段階で発現している全遺伝子の発現パターンを同定するために使用されるものはどれか。
a) *in situ* ハイブリダイゼーション
b) 挿入による突然変異誘発
c) マイクロアレイ法
d) ジンクフィンガーヌクレアーゼ

8. Cre/*loxP* システムを標的遺伝子の相同組換えに用いる利点はどれか。
a) 望む時期，特定の組織において，遺伝子の削除を行うことができる
b) Cre/*loxP* システムは両生類やニワトリ胚においても生殖細胞レベルでの変異導入が可能である
c) Cre/*loxP* システムは相同組換えより特異性が高い
d) Cre/*loxP* システムによる変異はリバーシブル（変更可能）である。

9. 古典的な遺伝学的手法の応用に最も適さない生物種はどれか。
a) ショウジョウバエ
b) マウス
c) アフリカツメガエル
d) ゼブラフィッシュ

10. 電気穿孔法の説明として正しいものはどれか。
a) 近隣の細胞を電気パルスを使って融合させる方法である
b) 目的の細胞核に遺伝子を注入する方法である
c) 蛍光の細胞系譜マーカーを細胞に導入する方法である
d) 細胞に外来 DNA を電気パルスによって導入する方法である

選択問題の解答
1:b，2:b，3:b，4:c，5:c，6:d，7:c，8:a，9:c，10:d

● 本章の理解を深めるための参考文献

Bard, J.B.L.: *Embryos. Color Atlas of Development*. London: Wolfe, 1994.
Carlson, B.M.: *Patten's Foundations of Embryology*. New York: McGraw-Hill, 1996.

カエル，ゼブラフィッシュ，ニワトリ，マウス，ヒト胚の発生ステージ

アフリカツメガエル：developmental stages: Xenbase—Nieuwkoop and Faber stage series [http://www.xenbase.org/xenbase/original/atlas/NF/NF-all.html] (accessed 13 May 2010); movies of cleavage and gastrulation [http://www.xenbase.org] (accessed 13 May 2010).

ゼブラフィッシュ：developmental stages Karlstrom Lab [http://www.bio.umass.edu/biology/kunkel/fish/zebra/] (accessed 13 May 2010); ZFIN Embryonic Developmental Stages [http://zfin.org/zf_info/zfbook/stages/stages.html] (accessed 13 May 2010); developmental movie: Karlstrom, R.O., Kane, D.A.: A flipbook of zebrafish embryogenesis. Development 1996, 123: 1-461 [http://www.bio.umass.edu/biology/karlstrom/] (accessed 13 May 2010).〔訳注：ZFIN SITE [http://zfin.org/zf_info/anatomy/dict/sum.html] なども参照〕

ニワトリ：list and description of Hamilton & Hamburger developmental stages: UNSW Embryology—Chicken Developmental Stages [http://embryology.med.unsw.edu.au/Otheremb/chick1.htm] (accessed 13 May 2010).

マウス：Edinburgh Mouse Atlas Project [http://genex.hgu.mrc.ac.uk] (accessed 13 May 2010).

ヒト：The Multidimensional Human Embryo [http://embryo.soad.umich.edu] (accessed 13 May 2010); UNSW Embryology: Carnegie staging of human embryos [http://embryology.med. unsw.edu.au] (accessed 13 May 2010).

●各節の理解を深めるための参考文献

3.1 アフリカツメガエルは，発生生物学的研究において頻用されている両生類である

Hausen, P., Riebesell, H.: *The Early Development of* Xenopus laevis. Berlin: Springer-Verlag, 1991.

Nieuwkoop, P.D., Faber, J.: *Normal Tables of* Xenopus laevis. Amsterdam: North Holland, 1967.

3.2 ゼブラフィッシュ胚は大きな卵黄の周囲に発生する

Kimmel, C.B., Ballard, W.W., Kimmel, S.R., Ullmann, B., Schilling, T.F.: **Stages of embryonic development of the zebrafish**. *Dev. Dyn.* 1995, **203**: 253-310.

Warga, R.M., Nusslein-Volhard, C.: **Origin and development of the zebrafish endoderm**. *Development* 1999, **26**: 827-838.

Westerfield, M. (Ed.): *The Zebrafish Book; A Guide for the Laboratory Use of Zebrafish* (Brachydanio rerio). Eugene, Oregon: University of Oregon Press, 1989.

3.4 初期のニワトリ胚は，卵黄上に円盤状の胚として形成される

Bellairs, R., Osmond, M.: *An Atlas of Chick Development* (2nd edn). London: Academic Press, 2005.

Chuai, M., Weijer, C.J.: **The mechanisms underlying primitive streak formation in the chick embryo**. *Curr. Top. Dev. Biol.* 2008, **81**: 135-156.

Hamburger, V., Hamilton, H.L.: **A series of normal stages in the development of a chick**. *J. Morph.* 1951, **88**: 49-92.

Lillie, F.R.: *Development of the Chick: An Introduction to Embryology*. New York: Holt, 1952.

Patten, B.M.: *The Early Embryology of the Chick*. New York: McGraw-Hill, 1971.

Stern, C.D.: **Cleavage and gastrulation in avian embryos (version 3.0)**. *Encyclopedia of Life Sciences* 2009, http://www.els.net/ (13 May 2010).

3.5 マウスの初期発生は細胞移動を伴い，胎盤と胚体外組織が形成される

Cross, J.C., Werb, Z., Fisher, S.J.: **Implantation and the placenta: key pieces of the developmental puzzle**. *Science* 1994, **266**: 1508-1518.

Kaufman, M.H.: *The Atlas of Mouse Development* (2nd printing). London: Academic Press, 1994.

Kaufman, M.H., Bard, J.B.L.: *The Anatomical Basis of Mouse Development*. London: Academic Press, 1999.

脊椎動物の発生過程を研究する手法について

Hogan, H., Beddington, R., Costantini, F., Lacy, E.: *Manipulating the Mouse Embryo. A Laboratory Manual* (2nd edn). New York: Cold Spring Harbor Laboratory Press, 1994.

McGrew, M.J., Sherman, A., Ellard, F.M., Lillico, S.G., Gilhooley, H.J., Kingsman, A.J., Mitrophanous, K.A., Sang, H.: **Efficient production of germline transgenic chickens using lentiviral vectors**. *EMBO Rep.* 2004, **5**: 728-733.

Sharpe, P., Mason, I.: *Molecular Embryology Methods and Protocols* (2nd edn). New York: Humana Press; 2008.

Southall, T.D., Brand, A.H.: **Chromatin profiling in model organisms**. *Brief. Funct. Genomics Proteomics* 2007, **6**: 133-140.

Stern, C.D.: **The chick: a great model system just became even greater**. *Dev. Cell* 2004, **8**: 9-17.

Box 3A DNA マイクロアレイによる遺伝子発現解析

Hamatani, T., Carter, M.G., Sharov, A.A., Ko, M.S.: **Dynamics of global gene expression changes during mouse preimplantation development**. *Dev. Cell* 2004, **6**: 117-131.

Butte, A.: **The use and analysis of microarray data**. *Nat. Rev. Microarray Collection* 2004 [http://www.nature.com/reviews/focus/microarrays/index.html] (accessed 13 May 2010).

Box 3B マウスにおける挿入変異および遺伝子ノックアウト：Cre/*loxP* システムの応用

Yu, Y., Bradley, A.: **Engineering chromosomal rearrangements in mice**. *Nat. Rev. Genet.* 2001, **2**: 780-790.

Box 3C ゼブラフィッシュにおける大規模変異誘発

Doyon, Y., McCammon, J.M., Miller, J.C., Faraji, F., Ngo, C., Katibah, G.E., Amora, R., Hocking, T.D., Zhang, L., Rebar, E.J., Gregory, P.D., Urnov, F.D., Amacher, S.L.: **Heritable targeted gene disruption in zebrafish using designed zinc-finger nucleases**. *Nat. Biotechnol.* 2008, **26**: 702-708.

Stemple, D.: **Tilling-a high throughput harvest for functional genomics**. *Nat. Rev. Genet.* 2004, **5**: 1-6.

6.1 [illegible] 2つのトリ・ヤマス [illegible] の発生ステージ
ゼノパス・ゼノパスの発生ステージ [illegible] Developmental Stages, Xenbase
Nieuwkoop and Faber stage series [http://www.xenbase.org/xenbase/original/atlas/NF/NF-all.html] (accessed 13 May 2010); movies of cleavage and gastrulation [http://www. [illegible]] (accessed 13 May 2010).
[illegible] [http:// [illegible]] (accessed 13 May 2010); ZFIN: Embryonic Developmental Stages [illegible]
[illegible]
[illegible] Embryology, Chicken Developmental Stages [http://embryology.med.unsw.edu.au/OtherEmb/Chick1.htm] (accessed 13 May 2010).
マウス：Edinburgh Mouse Atlas Project [http://genex.hgu.mrc.ac.uk] (accessed 13 May 2010).
ヒト：The Multidimensional Human Embryo [http://embryo.soad.umich.edu] (accessed 13 May 2010); UNSW Embryology: Carnegie staging of human embryos [http://embryology.med.unsw.edu.au] (accessed 13 May 2010).

[illegible]

3.1 [illegible]カエルの [illegible] 多くの [illegible] に [illegible] している
Hausen, P., Riebesell, H.: The Early Development of Xenopus laevis. Berlin: Springer Verlag, 1991.
Nieuwkoop, P.D., Faber, J.: Normal Tables of Xenopus laevis. Amsterdam: North Holland, 1967.

3.2 [illegible]
Kimmel, C.B., Ballard, W.W., Kimmel, S.R., Ullmann, B., Schilling, T.F.: Stages of embryonic development of the zebrafish. Dev. Dyn. 1995, 203: 253–310.
Warga, R.M., Nüsslein-Volhard, C.: Origin and development of the zebrafish endoderm. Development 1999, 126: 827–838.
Westerfield, M. (Ed.): The Zebrafish Book: A Guide for the Laboratory Use of Zebrafish (Brachydanio rerio). Eugene, Oregon: University of Oregon Press, 1995.

3.3 [illegible]
Bellairs, R., Osmond, M.: An Atlas of Chick Development (2nd edn). London: Academic Press, 2005.
Chuai, M., Weijer, C.J.: The mechanisms underlying primitive streak formation in the chick embryo. Curr. Top. Dev. Biol. 2008, 81: 135–156.
Hamburger, V., Hamilton, H.L.: A series of normal stages in the development of a chick. J. Morph. 1951, 88: 49–92.
Lillie, F.R.: Development of the Chick: An Introduction to Embryology. New York: Holt, 1952.
Patten, B.M.: The Early Embryology of the Chick. New York: McGraw-Hill, 1971.
Stern, C.D.: Cleavage and gastrulation in avian embryos (version 1.0). Encyclopedia of Life Sciences 2009 [http://www.els.net] (accessed 13 May 2010).

3.5 マウスの [illegible] 多くの [illegible]
[illegible] (blastocyst) and the [illegible] of the developmental [illegible]
[illegible]
[illegible]
[illegible], R., [illegible], M., [illegible]: Manipulating the Mouse Embryo: A Laboratory Manual (3rd edn). New York: Cold Spring Harbor Laboratory Press, 2003.
McGrew, M.J., Sherman, A., Ellard, F.M., Lillico, S.G., Gilhooley, H.J., Kingsman, A.J., Mitrophanous, K.A., Sang, H.: Efficient production of germline transgenic chickens using lentiviral vectors. EMBO Rep. 2004, 5: 728–733.
Nagy, [illegible], Mason, J.: Molecular Embryology: Methods and Protocols (2nd edn). New York: Humana Press, 2008.
Southall, T.D., Brand, A.H.: Chromatin profiling in model organisms. Brief. Funct. Genomic Proteomic 2007, 6: 133–140.
Stern, C.D.: The chick: a great model system just became even greater. Dev. Cell 2005, 8: 9–17.

Box 3A DNA [illegible]
Hamatani, T., Carter, M.G., Sharov, A.A., Ko, M.S.: Dynamics of global gene expression changes during mouse preimplantation development. Dev. Cell 2004, 6: 117–131.
Butte, A.: The use and analysis of microarray data. Nat. Rev. Drug Discov. Collection 2004 [http://www.nature.com/reviews/microarrays/index.html] (accessed 13 May 2010).

Box 3B [illegible]
Cre/loxP [illegible]
Yu, Y., Bradley, A.: Engineering chromosomal rearrangements in mice. Nat. Rev. Genet. 2001, 2: 780–790.

Box 3C [illegible]
Doyon, Y., McCammon, J.M., Miller, J.C., Faraji, F., Ngo, C., Katibah, G.E., Amora, R., Hocking, T.D., Zhang, L., Rebar, E.J., Gregory, P.D., Urnov, F.D., Amacher, S.L.: Heritable targeted gene disruption in zebrafish using designed zinc-finger nucleases. Nat. Biotechnol. 2008, 26: 702–708.
Stemple, D.: Tilling–a high-throughput harvest for functional genomics. Nat. Rev. Genet. 2004, 5: 1–6.

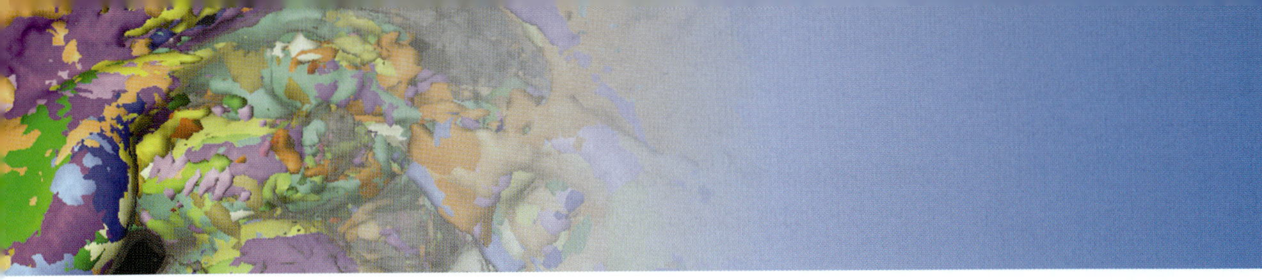

4 脊椎動物の発生Ⅱ：体軸と胚葉

●体軸の形成　●胚葉の起源と指定

この章では，アフリカツメガエル，ゼブラフィッシュ，ニワトリ，マウスなどの胚の体軸や胚葉を指定するメカニズムについて述べる。最初に体軸形成について，次に卵の中の母性因子，細胞外因子，胚自身が持つ発生プログラムといった観点からみてみることにする。脊椎動物の初期発生の過程でもっとも重要なことは，受精卵からの三胚葉（内胚葉，外胚葉，中胚葉）の形成である。実に多様な種の動物が，異なる方法ながらも受精卵からこの過程を経ていることがわかる。また，脊椎動物のからだは外見的には左右相称に見えても，心臓や肝臓の位置を見ればわかるように，内部には左右非相称性が存在する。本章を読み進めると，この非相称性は，胚発生初期にさかのぼってつくられていることがわかるだろう。

脊椎動物の発生は，明瞭な前後（頭尾）軸，背腹軸に沿って進む。この章では脊椎動物の発生において鍵となる2つの事象を詳しくみてみよう。1つ目は体軸形成で，2つ目は三胚葉の指定と初期のパターン形成，とくに中胚葉の誘導と背腹軸に沿ったパターン形成である。次章（第5章）では前後軸に沿ったパターン形成と，極めて重要な外胚葉からの予定神経系の誘導について述べる。

脊椎動物のなかには，卵の中で既に内胚葉と外胚葉になる領域がある程度指定されているものもある。しかし，どんな脊椎動物の胚でも中胚葉だけはあらかじめ指定されておらず，胚発生プログラムとしての中胚葉の誘導は，初期発生における重要な現象のひとつである。例えばアフリカツメガエルでは，動物極側にある因子が同領域を予定外胚葉に，一方で植物極側にある因子が同領域を予定内胚葉に指定する。それに対して中胚葉は，発生が始まった後に植物極側から隣り合う動物極側に働くシグナルが，胞胚の赤道領域に中胚葉を帯状に指定することによって初めてできあがる。胞胚が発生するにつれて中胚葉は背腹軸に沿ってパターン形成され，異なる構造をつくるためにさらに領域が区分けされる（**図 4.1**）。中胚葉誘導が起こ

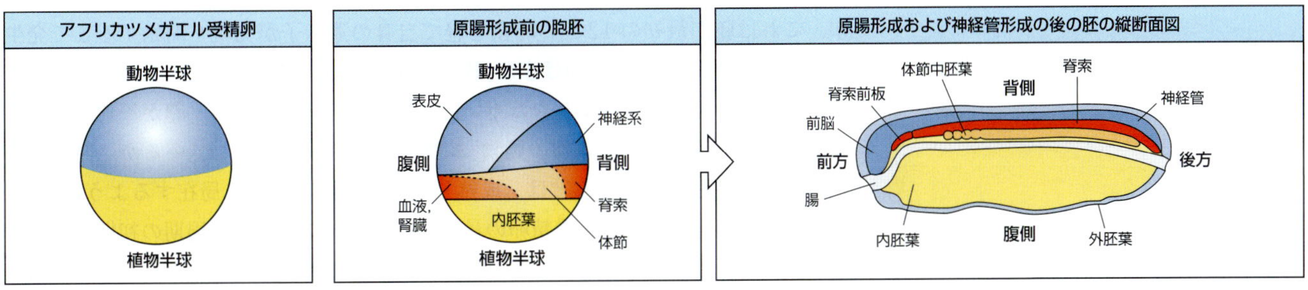

図 4.1　アフリカツメガエル卵の体軸および予定運命図と尾芽胚の構造との比較

アフリカツメガエルは動物極と植物極を結ぶ放射相称の初期軸を持つ（左）。この相称性は，胞胚の一方が背側に指定されることで破られる（中央）。原腸形成および神経管形成の後，胚は伸長して明確な前後（頭尾）軸と，それに対して直交する背腹軸ができる（右）。アフリカツメガエルでは，内胚葉と外胚葉は卵の中にすでに存在する母性因子で指定されるが，中胚葉は胞胚期に植物極側からのシグナルによって外胚葉から誘導される。

る時期は脊椎動物の種によってかなり異なっているが，中胚葉誘導に使われるシグナル分子の多くは同じである。

体軸の形成

最初に，脊椎動物の胚ではどのように前後軸や背腹軸ができるのか，そしてそれらの体軸は卵にすでに存在するのか，あるいは後から指定されるのかについて考えてみよう。言い換えるなら，胚は卵巣で成長する卵の中に分配された母性因子によって，前もってどれくらいパターン形成されているのだろうか？ 母性因子の初期発生への寄与は，我々がよく使う4つのモデル生物でかなり異なる。両生類やゼブラフィッシュは卵に既に存在する母性因子の調節下で体軸を形成するが，哺乳類や鳥類は異なる発生戦略で体軸をつくる。そして最後に，さまざまな臓器の左右非相称性，つまり「利き手」がどのように決定されるかという興味深い問題についても少し考えてみたい。

4.1 アフリカツメガエルやゼブラフィッシュでは，動物-植物極軸は母性因子によって決定される

アフリカツメガエルとゼブラフィッシュのごく初期の発生段階は，もっぱら卵に存在する母性因子によって制御されている。ショウジョウバエで見られるように（第2章参照），母性因子とは，卵形成の過程で母親が発現する遺伝子に由来するmRNAおよびタンパク質であり，形成中の卵に分配されたものである。アフリカツメガエルの卵は受精前から明確な極性を持っていて，この極性が卵割パターンに影響を与える。卵の一方の端，受精すると最も上部に位置するようになる**動物極（animal pole）**は色素に富んだ表層を持ち，ほとんどの卵黄は反対側の色素のない側，すなわち**植物極（vegetal pole）**にある（**図3.4**参照）。動物半球の動物極の近くには卵核がある。これらの違いが**動物-植物極軸（animal-vegetal pole）**を決めている。色素自体は発生に意味を持たないが，卵の動物-植物半球における発生の違いを見分ける有用なマーカーとなっている。受精後の初期卵割面は，この動物-植物極軸と関連がある。最初の卵割はこの軸に対して平行に起こり，多くの場合胚を左右に分割する正中線に相当する。2番目の卵割は最初の卵割面に対して直交し，胚を4つの細胞に分割する。3番目の卵割は動物-植物極軸に直交し，胚をそれぞれ4つの割球からなる動物半球，植物半球に分ける（**図3.5**参照）。

胚自身が持つ遺伝子のほとんどはこの章の後半で述べる中期胞胚遷移と呼ばれる時期まで転写されないため，アフリカツメガエルやゼブラフィッシュの初期発生において母性因子は極めて重要な役割を担っている。アフリカツメガエルの卵は大量の母性mRNAを持っており，同時に，貯蔵されているタンパク質も大量にある。たとえば，1万個を超える核をつくるのに十分なヒストンタンパク質を持っているが，これは胚が最初の12回の卵割を経て自身の遺伝子が発現を開始するまで発生するのに十分な量である。卵はまた，特定の発生調節機能を持ったタンパク質をコードする多くの母性mRNAを含んでいる。これらのmRNAは，卵が母親の中で成長する過程（卵形成）では卵の動物-植物極軸に沿って局在しているが，発生調節に重要な母性因子のほとんどは，成熟した卵では植物半球に局在するようになる。もし，植物極端の細胞質を受精卵の最初の卵割につながる細胞周期の初期に除去すると，その胚は脊索や体節といった前後軸の特徴を示す構造を欠いた，ただの放射

相称な組織塊となってしまう。

母性 mRNA は以下の 2 つのどちらかの方法で局在化する。いくつかの mRNA は卵形成の初期に，メッセージ輸送中心領域（METRO）として知られるミトコンドリア雲（ミトコンドリアがつくられる卵細胞質）に付随する細胞質を介して，将来の植物極側表層に濃縮される。METRO による mRNA の選択的な捕捉と輸送のメカニズムは明らかではないが，mRNA が細胞骨格や小胞体の小胞と会合することが重要であろうと考えられている。卵成熟の後期には，他の mRNA はショウジョウバエ卵における mRNA 輸送と同様に，キネシンモータータンパク質によって微小管に沿って植物極表層に運ばれる（**図 2.21** 参照）。

アフリカツメガエル卵において発生に重要な母性 mRNA は，ほとんどの場合受精後にだけ翻訳されるように調節されている。これら mRNA のいくつかがコードするタンパク質は，初期の極性を指定し，その後の発生を進めるシグナルの候補となっている。母性 mRNA のひとつは，シグナルタンパク質 Vg-1 をコードしている［脊椎動物の初期発生における分泌性シグナルタンパク質は **Box 4A**（p. 140）にリストアップした］。*Vg-1* mRNA は卵形成の初期に合成されて成熟卵の植物極側の表層に局在化し（**図 4.2**），受精前には植物極側の細胞質に移動する。受精後に翻訳された Vg-1 は，やがて中胚葉誘導のある局面で初期シグナルとして機能する。植物極側に局在する別の mRNA には，背腹軸の指定に必要な初期シグナルのひとつ，Xwnt-11 というタンパク質をコードするものがある。Xwnt-11 はショウジョウバエの Wingless タンパク質に関連する Wnt ファミリーのシグナルタンパク質である。Wnt シグナル経路の他の因子も，母性 mRNA によってコードされている（**Box 1E**, p. 26）。もうひとつの発生調節に重要な母性因子群は，胚性遺伝子の発現スイッチをオンにし，制御する転写調節因子である。T-box 転写調節因子 VegT をコードする母性 mRNA は植物極側に局在し，受精後に翻訳される。VegT は内胚葉，中胚葉の両方を指定する重要な役割を担っており，植物極側への局在はその機能に決定的な意味を持つ。

動物-植物極軸は，ある意味ではオタマジャクシの前後軸と関連しており，頭は動物極側からできる。しかし，オタマジャクシと受精卵の軸は直接比較することはできない（**図 4.1** 参照）。動物極側のどちら側が頭になるかは，受精して背側が指定されるまで決定されない。胚の前後軸の正確な位置は，背腹軸の指定に依存しているのである。

ゼブラフィッシュの受精卵でも母性因子は動物-植物極軸に沿って分布し，体軸形成の重要な因子は植物極領域に存在する。アフリカツメガエルと同じように，ゼブラフィッシュの植物極端の卵黄を受精卵の最初の細胞周期の間に除去すると，前後軸の性質を持った構造が見られない放射相称の胚となる。

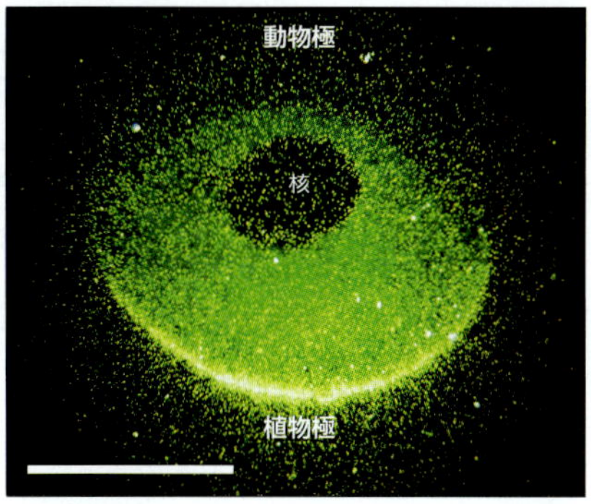

図 4.2　両生類未受精卵における増殖因子 *Vg-1* mRNA の局在
放射標識プローブを用いたアフリカツメガエル後期卵母細胞での母性 *Vg-1* mRNA の *in situ* ハイブリダイゼーション。*Vg-1* mRNA は黄色（特別な光を当てて可視化した銀粒子を示す）で示されるように，植物極側の表層に局在していることがわかる。この写真は核酸のハイブリダイゼーションを検出するための蛍光プローブが普及する前に撮られたもので，卵の切片は，プローブのハイブリダイゼーションの後に放射線を検出する乳剤でカバーし，放射標識されたプローブ密度の高い位置を銀粒子の沈着で識別するという方法がとられている。スケールバー＝1 mm。
写真は D. Melton 氏の厚意による

4.2　転写調節因子 β-catenin の局所的な安定化は，アフリカツメガエル胚，ゼブラフィッシュ胚の将来の背側とオーガナイザーの位置を指定する

球状のアフリカツメガエル未受精卵は動物-植物極軸に対して放射相称であり，この相称性は受精が起こったときにはじめて失われる。精子の侵入は，侵入点のほぼ対極に背側をつくるなど，原腸胚の背腹軸を決定するための連続した現象を発動させる（アフリカツメガエルの発生についての概要は第 3.1 節参照）。

精子の侵入はアフリカツメガエル卵の動物極側のどこでも起こり，それがきっかけとなって細胞質を取り囲む外層（表層）と，内側の高密度の細胞質との結びつきを弱める。これにより，表層と細胞質が独立して動くことが可能となる。表層は，

Box 4A 脊椎動物の発生における細胞間シグナルタンパク質

発生において細胞間シグナルとして作用することが知られているタンパク質は，主に7つのファミリーに属する。線維芽細胞増殖因子（FGF）などこれらファミリーのいくつかは，もともと組織培養において細胞の生存や増殖に必須であることから同定された。この7つのファミリーのメンバーは，分泌タンパク質，もしくは細胞膜を貫通するタンパク質で，発生の多くの段階で細胞間シグナルを生み出す。インスリンやインスリン様増殖因子，神経栄養因子（ニューロトロフィン）などは胚で特別な目的のために使われるが，表に列挙した7つのファミリーは脊椎動物の発生に関わる重要な因子群である。無脊椎動物においても，これらタンパク質の相同分子は重要な役割を持っている（第2章，第6章，そして本書に挙げた多くの例を参照）。

脊椎動物の発生におけるよく知られた細胞間シグナル伝達タンパク質

シグナル分子ファミリー	受容体	発生における役割の例
線維芽細胞増殖因子（FGF）		
25種類のFGF遺伝子が同定されているが，すべての脊椎動物にそれらすべてがあるわけではない	FGF受容体（受容体型チロシンキナーゼ）	すべての発生段階で役割を担っている。中胚葉形成の維持（本章）。脊髄の誘導（シグナル伝達経路に関しては第5章および **Box 5B** を参照）。肢芽の外胚葉頂堤からのシグナル（第11章）
上皮増殖因子(EGF)		
上皮増殖因子	EGF受容体（受容体型チロシンキナーゼ）	細胞増殖および分化。肢芽のパターン形成（第11章）
トランスフォーミング増殖因子（TGF-β）		
activin，Vg-1，骨形成タンパク質（BMP），Nodal，Nodal-related proteinなどを含む大きなタンパク質ファミリー	I型およびII型受容体サブユニット（受容体セリン/トレオニンキナーゼ）からなる受容体がヘテロ二量体として作用する	すべての発生段階で役割を担っている。**図4.33** にシグナル伝達経路を示す。中胚葉誘導およびパターン形成（本章）
Hedgehog		
Sonic hedgehogと他のメンバー	Patched	四肢および神経管における位置情報シグナルを担う（第11，12章）。シグナル伝達経路については **Box 11C**。ニワトリ胚の左右非相称性の決定（本章）
Wingless（Wnt）		
19種類のWnt遺伝子が同定されているが，すべての脊椎動物にそれらすべてがあるわけではない	Frizzled受容体ファミリー（7回膜貫通型タンパク質）	すべての発生段階で役割を担っている。標準および非標準シグナル伝達経路については，**Box 1E**，**Box 8C** を参照。アフリカツメガエルにおける背腹軸の指定（本章）。四肢の発生（第11章）
Delta，Serrate		
シグナル伝達膜タンパク質	Notch	すべての発生段階で役割を担っている。左右非相称性（本章）。体節形成（第5章，シグナル伝達経路は **Box 5C** に示す）
Ephrin		
シグナル伝達膜タンパク質	Eph受容体（受容体型チロシンキナーゼ）	胚の後脳におけるロンボメア形成（第5章）。血管新生におけるガイダンス（第11章）。神経系における軸索進路のガイダンス

表に挙げたシグナル分子はすべて標的細胞の表面にある受容体に結合することによって作用する。この刺激が受容体を介して細胞膜を通過し，細胞内の生化学的なシグナル伝達経路へ伝達されるシグナルを生み出す。シグナルタンパク質のそれぞれに対応する受容体，あるいは受容体セットがあり，細胞表面に適合する受容体を持っている細胞のみが応答することができる。細胞内シグナル伝達系は複雑で，実に多様なタンパク質が関わっている。標準Wnt細胞内シグナル伝達経路については **Box 1E**（p. 26）で，Nodalシグナル伝達経路については **図4.33** と **Box 4B**（p. 152）で図示した。他のシグナル伝達経路を示した図については表の中に相互参照を記した。発生の場での細胞の重要な応答は，特異的な遺伝子の活性化スイッチのオン/オフを伴う遺伝子発現の変化，あるいは細胞の形や移動性の変化を伴う細胞骨格の変化である。

トランスフォーミング増殖因子-β（TGF-β）ファミリーのようないくつかのシグナルタンパク質は二量体として働く。つまり，2分子が共有結合した複合体を形成して受容体に結合し，2つの受容体タンパク質を引き寄せ二量体化させることによって活性化する（**図4.33**）。ある場合には，タンパク質性シグナルの活性型は，同じファミリーの2つの異なるメンバーからなるヘテロ二量体である。分泌性シグナルは組織間を通って拡散，もしくは近距離に運搬されて濃度勾配をつくる。また，細胞表面に結合した状態で存在するために，直接接した細胞の受容体にしか相互作用できないシグナル分子もある。タンパク質Deltaはそういった分子の1つで，細胞膜に結合しており，隣り合う細胞の膜にある受容体タンパク質Notchと相互作用する（Notchシグナル伝達経路については **Box 5C**，p. 202参照）。

本書では一貫性を保つために，すべての分泌性シグナル伝達タンパク質の省略形をVg-1，BMP-4，そしてTGF-βのようにハイフンを入れて記した。

アクチン線維やそれに結合する物質に富んだゲル状の層である。最初の細胞周期の間に，表層は，下層の細胞質に対して精子侵入部位から30°ずれるように回転する（**図4.3**）。この**表層回転（cortical rotation）**によって，表層直下の微小管配列も精子侵入部位から離れるようにプラス端を向け，タンパク質やmRNAを一定方向に移動させる役割を果たす。

表層回転と表層微小管に沿った輸送は，*Xwnt-11* mRNAやDishevelledタンパク質（Wntシグナル経路の因子）のようにもともと植物極に局在する母性因子を精子侵入点と反対の赤道領域に再配置し，2回目の細胞分裂が起こったとき，この母性因子が4割球の2つだけに分配されるといった非対称性を受精卵に与える。これらの母性因子が移動した先が背側となり，受精卵にもう1つの相称軸，つまり背腹軸を与えることになる（**図4.3**参照）。このことから，それら母性因子は**背側決定因子（dorsalizing factor）**と呼ばれることが多い。将来の背側領域の確立はアフリカツメガエルの発生において極めて重要なできごとであり，背側決定因子はこの領域に胚の最も重要なオーガナイザー，つまりシュペーマンオーガナイザーをつくるための条件を整える。第1章で学んだように，胚のオーガナイザーはもともと発生の初期に作用する胚の小さな領域として発見されたが，それは別の胚に移植されると部分的ではあるがもうひとつの胚を誘導する（**図1.9**参照）。

表層回転や背側決定因子の運搬がうまくいかない場合，それから先に起こる前方および背側の発生が阻害され，かなり異常な，生存できない胚となる。表層回転は，卵の腹側に紫外線（UV光）を照射して，背側決定因子を運搬する微小管を壊すことで止めることができる。そのような卵から発生した胚は**腹側化（ventralized）**する。すなわち，背側に通常できる構造が欠損し，正常胚では腹側正中線のみに存在する造血中胚葉が過剰につくられる。照射量を増やすと背側ばかりでなく前方の構造も失われ，その腹側化した胚はもはや歪んだ円柱にしか見えないほどである。しかし，この紫外線の影響は，胚を傾けることで“救助”することができる。傾けたことで密度の高い卵黄は重力によって表層に対して回転運動を起こし，その結果，表層回転による母性因子の局在化をかなり回復させることができるのである。

母性の背側決定因子は，**標準Wnt/β-catenin経路（canonical Wnt/β-catenin pathway）**と呼ばれるシグナル経路を活性化することで作用する。この経路は，**β-カテニン（β-catenin）**を将来の背側の細胞で分解されないように局所的に安定化させる。標準Wnt経路（**Box 1E, p. 26**参照）は，Wntタンパク質によって活性化されるいくつかのシグナル伝達経路のひとつであり，これはすでにショウジョウバエのWinglessへの応答における作用で取り上げた。β-cateninは，遺伝子調節タンパク質，そして細胞接着分子と細胞骨格をつなぐタンパク質と

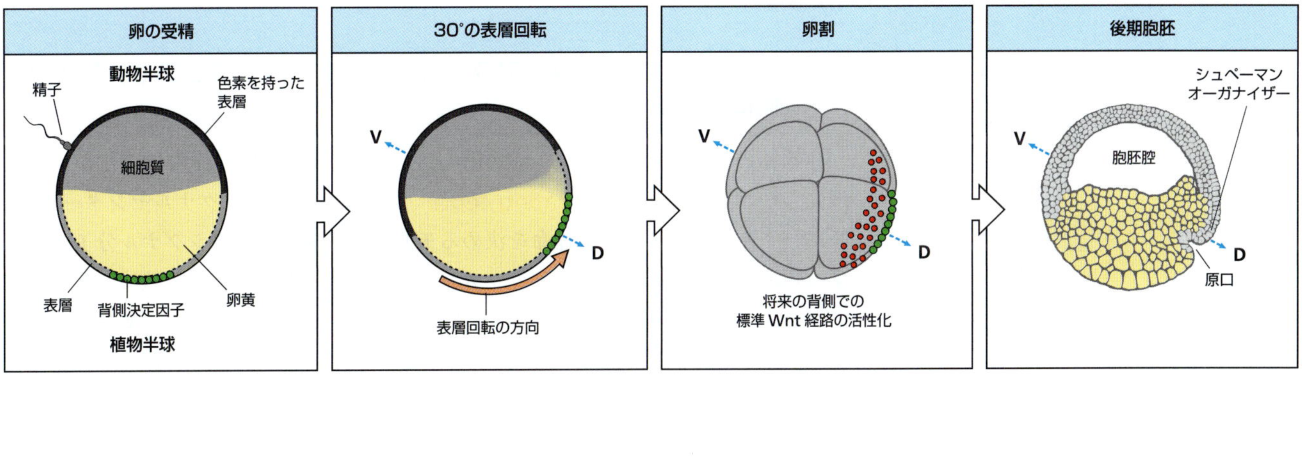

図4.3　両生類胚の将来の背側は，表層回転によって母性背側決定因子が再配置することによって，精子侵入点の反対側にできる
受精後（1番目のパネル），細胞膜直下にある表層は将来の背側領域に向かって30°回転する。これによって，緑色で示された*Xwnt11* mRNAやDishevelled（Dsh）タンパク質（Wntシグナル経路の構成因子）が，もともとの植物極の位置から精子侵入部位のほぼ反対側へ再配置する（2番目のパネル）。それら因子は，表層と，卵黄に富んだ細胞質との接触面にある微小管に沿って植物極から離れる方向に運ばれる。Wnt経路はそれらの行き先で活性化され（3番目のパネル，赤色の点はWntシグナル経路が活性化していることを示す），その結果，β-cateninが胞胚の将来の背側細胞核に蓄積する（ここでは示していない）。胞胚（4番目のパネル）では，シュペーマンオーガナイザーに隣接する背側中胚葉で原腸形成が始まる。V＝腹側，D＝背側。

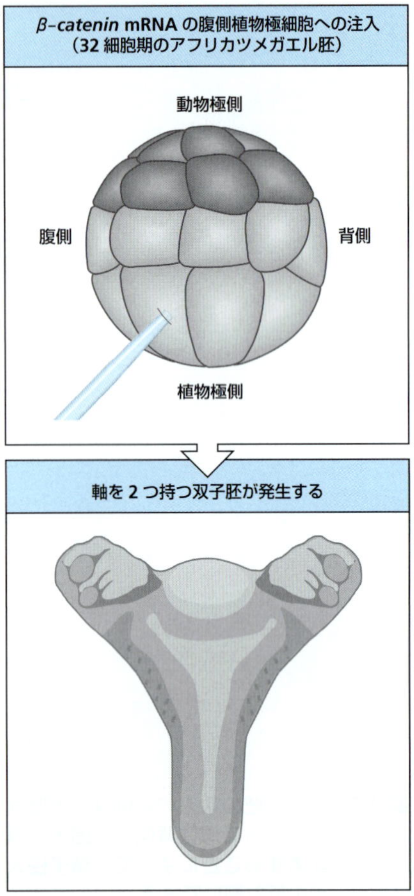

図 4.4 *β-catenin* mRNA の注入による新しい背側の誘導
β-catenin をコードする mRNA を腹側の植物極側細胞に注入することによって，注入した部位に新しいニューコープセンター（第 4.3 節で述べる）を指定することができ，その結果，双子胚をつくることができる。*Vg-1* など植物極に局在するその他の母性 mRNA のいくつかも同様の作用を持っている。

いう 2 つの役割を持っている（**Box 8B**, p. 309 参照）。背側領域の指定において，β-catenin は遺伝子発現調節タンパク質として作用する。β-catenin の背側決定効果は，その mRNA を腹側植物極細胞に注入することによって見ることができ，注入された胚は二次軸を形成する（**図 4.4**）。

母性 β-catenin は，最初は植物極側領域全域に広く分布するが，β-catenin をリン酸化するプロテインキナーゼである GSK-3β タンパク質を含んだ“分解複合体”に結合すると，リン酸化された β-catenin は次にプロテアソームによる分解を受ける（**Box 1E**, p. 26 参照）。背側決定因子による標準 Wnt シグナル経路の活性化は分解複合体の活性を抑制し，胚の将来の背側での β-catenin の分解を阻止する。こうして β-catenin は 2 細胞期までに細胞質に蓄積するようになり，続く 2 回の分裂が終わるまでに背側細胞の核に移行する。そして，その後の発生段階で必要となる胚性遺伝子を活性化する。

アフリカツメガエルでは，背側で mRNA から翻訳される母性 Wnt-11 は，この時期の標準 Wnt シグナル経路に作用する活性化因子の有力な候補である。アフリカツメガエルの Wnt 受容体のひとつである Xfz7（*Xenopus* Frizzled 7）の翻訳を，アンチセンス・モルフォリノオリゴヌクレオチド（**Box 6A**, p. 231 参照）で阻害すると背側構造がなくなることも，Wnt タンパク質が背側化に必要であることを裏付けている。*Xwnt-11* mRNA は胚の腹側にも存在することから，Wnt シグナルは腹側にある母性“アンタゴニスト”あるいは阻害因子によって，背側だけに限局されているのかもしれない。この章全体を読めばわかるように，分泌性のシグナルタンパク質の活性阻害は，シグナルを特定領域に制限するための発生上重要な戦略のひとつである。また Wnt シグナルは，同経路の担い手で，表層回転によって将来の背側領域に移動する Dishevelled のような因子や，GSK-3β 複合体を阻害する因子を介して直接活性化されている可能性もある。将来の背側領域の確立における GSK-3β 活性阻害の重要性は，アフリカツメガエル胚を受精後塩化リチウムで処理すると，腹側および後方の構造がなくなるかわりに，背側および前方構造を過剰に形成して胚を背側化するという古くからの知見からも明らかである。なぜなら塩化リチウムは，GSK-3β の活性を阻害することが知られているからである。

背腹軸はゼブラフィッシュでも同様に指定されるが，ゼブラフィッシュでは精子侵入は将来の背側の決定には関わっておらず，また表層回転も見られない。ゼブラフィッシュにおける背側領域の指定は，母性の背側決定因子が微小管によって植物極側から動物極へと運ばれて細胞性胚盤の下部に位置することで，β-catenin が活性化して起こる。この運動の引き金が何なのかは今のところわかっていない。母性の背側決定因子は，背側の卵黄多核層（yolk syncytial layer）や背側境界割球で β-catenin 経路を活性化し，これにより β-catenin が核に蓄積するようになる（**図 4.7** 参照）。

4.3 シグナルセンターは，アフリカツメガエルやゼブラフィッシュの背側にできる

植物極の背側に存在する β-catenin と他の母性因子の協同作用によって，同領域にシグナルセンター（signaling center）が形成される。シグナルセンターとは，胚にパターンをつくり細胞運命を決めるモルフォゲンとしてのシグナル分子を産生する領域のことである。アフリカツメガエルの胞胚で背側植物極領域にできる最初のシグナルセンターは，胞胚オーガナイザー（blastula organizer），またはニューコープセンター（Nieuwkoop center）として知られている。これは，アニマル

キャップの外植体を植物極側の外植体と組合せる実験によって，植物極側の形成能力を発見したオランダの発生学者，Pieter Nieuwkoop にちなんで名付けられた。同実験の前，すなわち1960年代後半には，中胚葉も内胚葉や外胚葉と同様に，両生類の卵の特定の細胞質領域にもともと指定されているものだと思われていたのである。

ニューコープセンターは胞胚に初期の背腹軸をつくるが，最初はシュペーマンオーガナイザーの形成に必要な特別なシグナルを送るものと考えられていた。シュペーマンオーガナイザーは後期胞胚期から初期原腸胚期にかけてニューコープセンターのすぐ上部にでき，その後の胚の前後軸や背腹軸の形成，そして外胚葉からの神経系の誘導に極めて重要な役割を果たしている。しかし，さらに最近の研究で，組織移植の実験に用いられるニューコープセンターと胚におけるシュペーマンオーガナイザーの分子的な性質が似通っていることが示されていることから，ニューコープセンターは外植体実験におけるシュペーマンオーガナイザーのひとつ，あるいはシュペーマンオーガナイザーの初期段階ととらえるほうが適切かもしれない。

ニューコープセンターの本質が何であろうと，オーガナイザーとしての背側領域の重要性は，4細胞期の胚を2つに分離する実験で示されている（一方は将来の背側領域を含むように，他方は含まないように分離する：**図 4.5**）。背側半分は，腹側割球からできる腸以外のほとんどの構造をつくる。腹側半分は正常な細胞運命をたどらず，背側や前方構造を欠損したいびつで放射相称な，腹側化胚という非常に異常な胚を生じる。これは紫外線照射によって表層回転を完全に阻害した胚と同様の発生異常である。また，この実験は，背側および腹側領域は4細胞期までに確立することを示している。

ニューコープセンターの効果は，32細胞期のアフリカツメガエルの背側植物極領域の細胞を，別の胚の腹側に移植する実験からもわかる。この移植された胚は，2つの背側を持つ双子胚となる（**図 4.6**）。移植した細胞そのものは内胚葉になり，新しい体軸の中胚葉や神経組織にはならない。これは移植された細胞が宿主胚の細胞に働き，これら新しい体軸の中胚葉，神経組織の細胞運命を誘導したことを示すものである。その一方，腹側の細胞を背側に移植しても何も起こらない。第1章で学んだように，シュペーマンオーガナイザーの移植も双子胚を生じるが，その場合，移植された組織は二次軸の脊索になる。

私たちは今，2細胞期のカエル胚の1つの細胞を破壊すると，大きさが半分の胚ではなく，胚の半分だけができるというルーが行った古典的な実験（**図 1.8** 参照）の結果を理解することができる。後でわかったこの実験の重要な点は，死んだ細胞がくっついたままで，胚はそれが死んでいることに“気づかなかった”ことである。

図 4.5　ニューコープセンターは正常発生に必須である
アフリカツメガエルの胚を4細胞期に背側と腹側とに分けると，ニューコープセンターを含んだ背側は消化管を欠いた背側化胚となる。一方ニューコープセンターを含まない腹側は，背側および前方構造を欠いた腹側化胚になる。

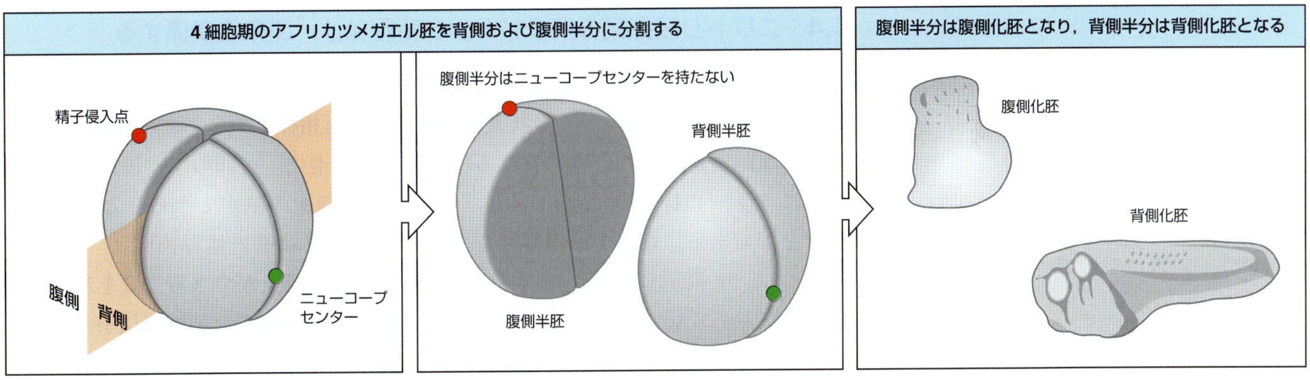

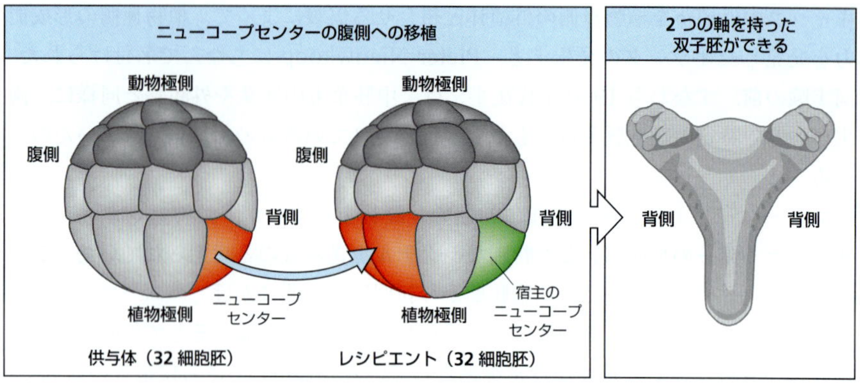

図 4.6 ニューコープセンターは新しい背側を指定する
32細胞期のアフリカツメガエル胞胚由来のニューコープセンターを含んだ植物極側細胞を別の胚の腹側に移植すると，二次軸が形成され，双子胚を生じる。しかし，移植された細胞は二次軸に寄与することはない。

生き残った細胞のほうは機能を持った背側オーガナイザーを形成するが，その後あたかも残りの半分もそこにあるかのように発生したのである。もし，死んだ細胞を生きている割球から分離してしまえば，胚は調節し，小さいながら完全な胚へと成長しただろう。

β-catenin は動物極領域および植物極領域両方の核に局在化し，広い領域を背側として指定するが，将来のオーガナイザーセンター，つまりニューコープセンターとシュペーマンオーガナイザーは，それぞれ植物極側帯域にできる。これらセンターがこの領域にできるのは，オーガナイザーとしての機能は β-catenin だけではなく，受精後から植物極側全域に存在する母性転写因子 VegT にも依存しているからである。16 ～ 32 細胞期までには β-catenin タンパク質は背側の核に検出され（**図 4.7**），その植物極側の細胞では VegT が発現して，*siamois* といったシュペーマンオーガナイザー機能の誘導に必要な胚性遺伝子を活性化する。VegT は，中胚葉を誘導するシグナルタンパク質である Nodal-related protein をコードする遺伝子の発現誘導にも必要であることがわかっている（**Box 4A**, p. 140 参照）。マウス由来のタンパク質ノーダル（Nodal）に因んで名付けられたこのタンパク質のファミリーは，すべての脊椎動物の中胚葉誘導における重要な因子群として知られ，カエルでは Nodal 関連因子（*Xenopus* Nodal-related factor：Xnr）として知られている。これらは TGF-β ファミリーのシグナルタンパク質であり，この章の最後で中胚葉誘導とパターン形成について触れる際に詳しく述べる。

ゼブラフィッシュ胚で β-catenin は，シールド（胚盾）領域を形成する背側の卵黄多核層と，その上層の周縁割球の核に局在する（第 3.2 節参照）。シールドは，シュペーマンオーガナイザーに似たオーガナイザーセンターを含んでいる。β-catenin は，シールドのオーガナイザー活性や，頭部，体幹部の発生に不可欠な Dharma（Bozozok としても知られる）と呼ばれる転写因子の遺伝子発現を誘導する。

4.4 ニワトリ胚盤葉の前後軸および背腹軸は，原条と関係する

ニワトリ胚は，卵黄の上にある円状の胚盤葉から発生する（第 3.3 節参照）。両生類の胞胚と同様に，ニワトリ胚盤葉は最初，放射相称である。この相称性は，胚の後方端が指定されたときに破れる。将来の後方端は，産卵のすぐ後に胚盤葉の片側にコラーの鎌（Koller's sickle）と呼ばれる細胞の畝（うね）ができることで見分けることができる。第 3.3 節で学んだように，この鎌は後方境界領域（posterior marginal zone）に隣接して存在し，原腸形成期に原条ができる位置を示す。アフリカツメガエルやゼブラフィッシュと異なり，ニワトリでは胚性遺伝子が卵割が始まると同時に発現し始めることから，初期発生における母性決定因子の寄与は小

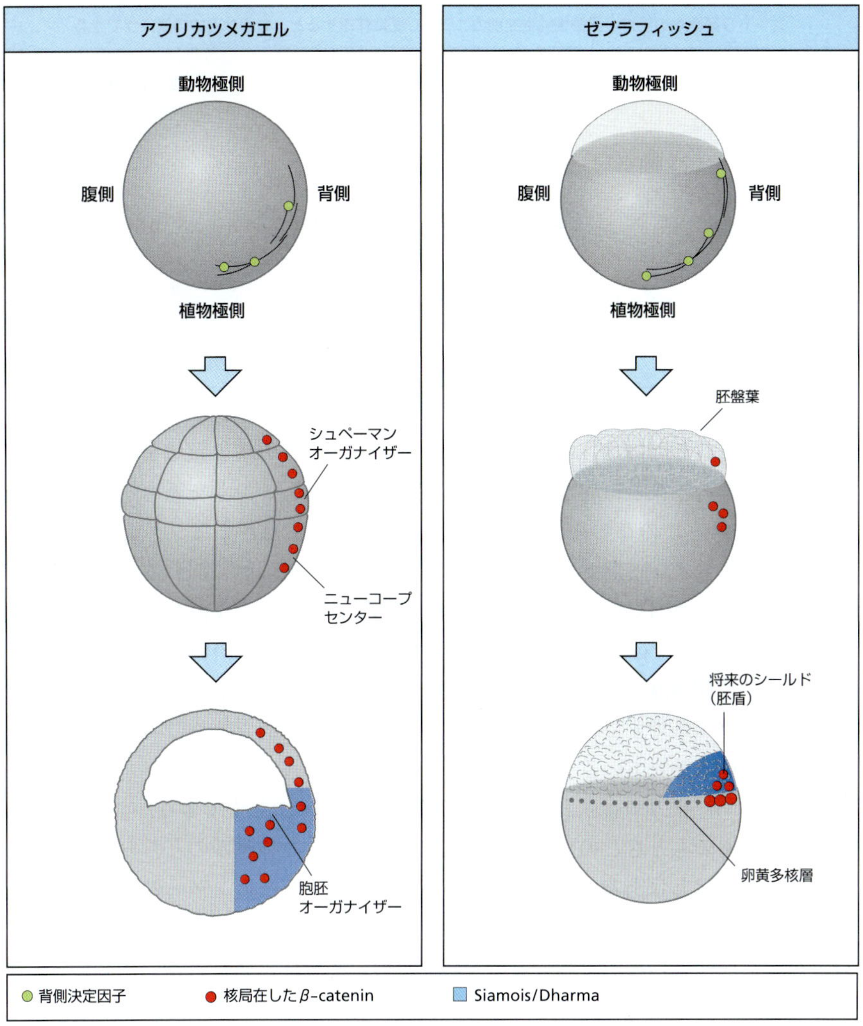

図 4.7　アフリカツメガエルとゼブラフィッシュにおける背側オーガナイザー形成の比較

左パネル：アフリカツメガエルでは，表層回転が背側決定因子（緑色）を胚の将来の背側に運んで，32 細胞期から β-catenin が細胞質から核に移行する（赤色）広い領域をつくりだす。β-catenin が核内にあり，VegT も存在する領域は，ニューコープセンターを背側植物極領域（青色の部分）に決定する転写因子 Siamois を発現する。右パネル：ゼブラフィッシュでは，背側決定因子は胚の将来の背側に運ばれ，胚盤に入る。中期胞胚遷移が起こると β-catenin が背側の卵黄多核層に移行し，そこで後のオーガナイザー領域（青色の網がけ）に相当する将来のシールドに Dharma を発現する。

さいものと考えられる。

原条は胚の前後軸の方向を示す（原条の開始点は後方端となって，原条はそこから前方に向かって伸びる）。したがって，後方境界領域の位置は体軸形成に極めて重要であり，それは重力によって決定されることがわかっている。雌鶏の子宮の中を受精卵が通過する際に（20 時間ほどかかる），卵はとがっているほうを先にして動き，長軸を中心として一周約 6 分かけてゆっくり回転しながら進む。卵割はすでに始まっており，産卵時には胚盤葉は何千もの細胞になっている。卵が回転するので，胚盤葉も鉛直方向に対して 45° の角度で傾いた状態を維持する。このとき下を向いた端が胚の将来の頭部端で，後方境界領域は最上部の胚盤葉の縁にできる（**図 4.8**）。重力の効果がどのように胚盤葉の最初の対称性を破るのか，いまだに全くわかっていない。答えがどのようなものであれ，こうして体軸は不可逆的に形成される。ニワトリの胚盤葉は調節性が高い。たとえ胚盤葉が 20,000 程の細胞数になった時期にたくさんの断片に切断しても，それぞれから完全な胚軸ができあがる。

後方境界領域は新しい体軸を誘導できる点で，ある意味アフリカツメガエルのニューコープセンターやシュペーマンオーガナイザーに似たオーガナイザーセン

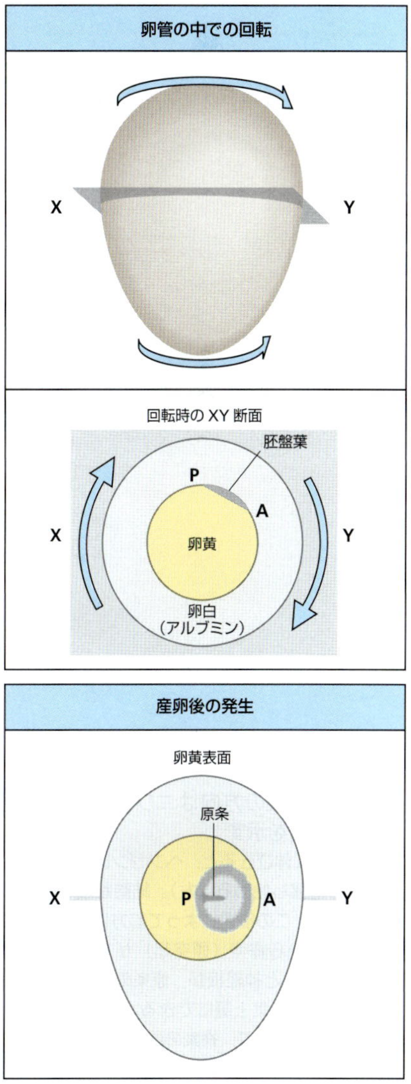

図 4.8　重力がニワトリの前後軸を決定する

母親の卵管での卵の回転によって，胚盤葉は最上部にとどまろうとするものの回転の方向に傾く。後方境界領域（P）は胚盤葉の最上部側にでき，原条形成を開始する。A＝前方。

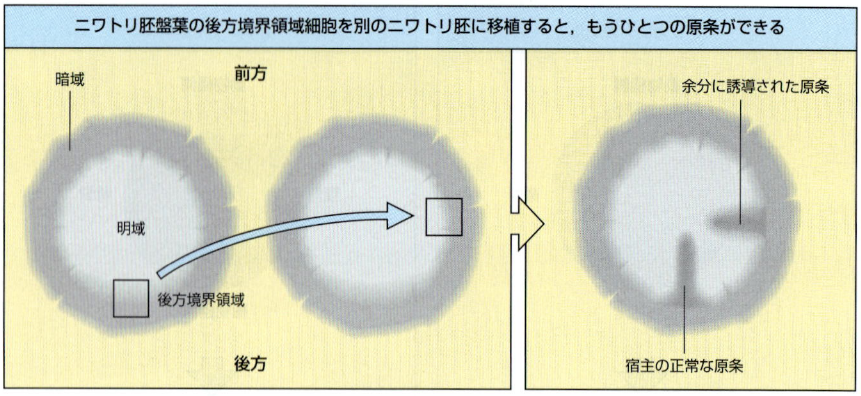

図 4.9 ニワトリ胚盤葉の後方境界領域は原条を誘導する
後方境界領域は前後軸の後方端を示す。シグナルタンパク質の Vg-1 を発現する後方境界領域を別の胚盤葉の境界領域の側方に移植すると，その場所に余分な原条をつくる。しかし，最初にできたほうが他方の形成を阻害するため，多くの場合，原条が2つできることはない。

ターと考えられるだろう。ある胚盤葉から切り取った後方境界領域を同じ発生時期の別の胚盤葉の本来とは異なる場所に移植すると，新しい原条を誘導することができる（**図 4.9**）。この章の後で述べるが，原条形成はさまざまなシグナルタンパク質の協同作用によって開始される。ニワトリの原条形成開始に関わる最も初期のシグナルのひとつが TGF-β ファミリー因子の Vg-1 であり，Vg-1 は後方境界領域に発現している。Vg-1 発現細胞を，別の胚盤葉の境界領域の別の場所に移植すると（基本的に**図 4.9** と同じ実験），完全な新しい原条を誘導することができる。アフリカツメガエルですでに，同じように新しい体軸を誘導できるこのシグナルタンパク質について触れている（**図 4.4**）。

しかし，ニワトリでは，移植した胚の中に体軸が1つしかできないことがある。つまり，宿主のもともとの体軸か，移植によってできた体軸かのどちらかしかできないことがしばしばある。これは，2つのオーガナイザーセンターのうち，より発達したほうが，他の場所に原条ができるのを阻害することを示唆している。Vg-1 は，原条形成が他の場所で起こるのを防ぐために胚全体に届く阻害シグナルを誘導することが知られている（約 3 mm を 6 時間で移動する）。したがって，Vg-1 は原条形成の開始に必要であるが，同時に2番目の原条形成を阻害することにも関与している。

いったん原条ができて伸長し始めると，前後軸が確立される。ヘンゼン結節（ノード）が後退し始めると，頭部が前方端に形成されているのがわかるようになる（**図 4.10**）。原条は，より後方の原条に由来する最も腹側の構造（胚体外中胚葉，側板

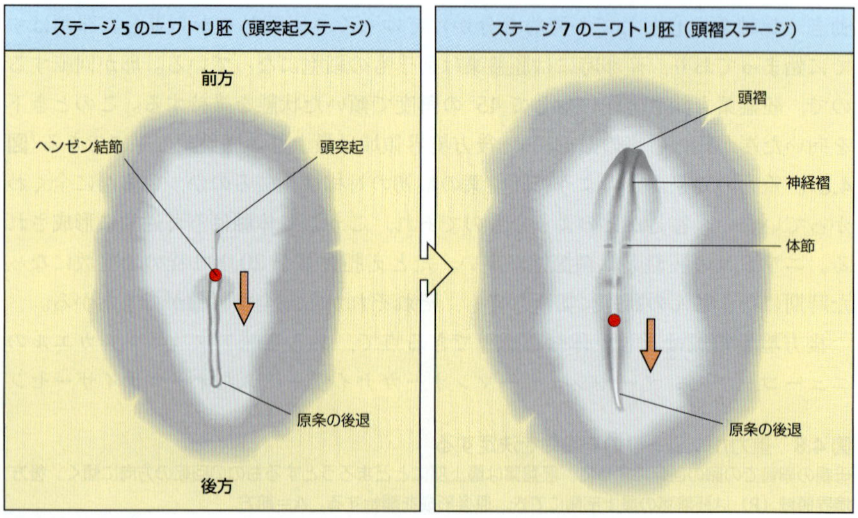

図 4.10 原条の方向はニワトリ胚の前後軸を示す
原条は十分に伸びきると，ヘンゼン結節を後退させながら退縮し始める（左）。結節が後ろ向きに移動すると，この後退によって前方に置き去りにされた細胞から脊索（頭突起）ができる。頭褶（head fold）と神経板が，原条の最前端よりさらに前方の胚盤葉上層にできる（右）。結節が後退するにしたがって，脊索の両側に体節が形成され始める。

など）や，ヘンゼン結節に由来する脊索のような背側構造の形成にも寄与し，将来の胚の背腹軸も確立する（**図 4.21**）。原条と背腹軸との関係は中胚葉細胞が原条の中にあるときのパターン形成の結果によるものであり，この章の後半で詳細に解説する。

原条形成は，胚盤葉下層がエンドブラスト（二次胚盤葉下層）として知られる細胞層の増殖によって後方境界領域で置き換えられることによって初めて開始される（**図 3.15** 参照）。胚盤葉下層は，それを完全に除去するといたる所に多数の原条ができるという実験で示されるように，原条形成を積極的に阻害する。この阻害は，原条形成に必要なシグナルタンパク質の機能に拮抗するタンパク質を胚盤葉下層がつくっていることによる。これについては，この章の後半で述べる。胚盤葉下層がエンドブラストによって置き換えられると，その阻害活性は弱まり，原条形成が始まる（**図 4.11**）。

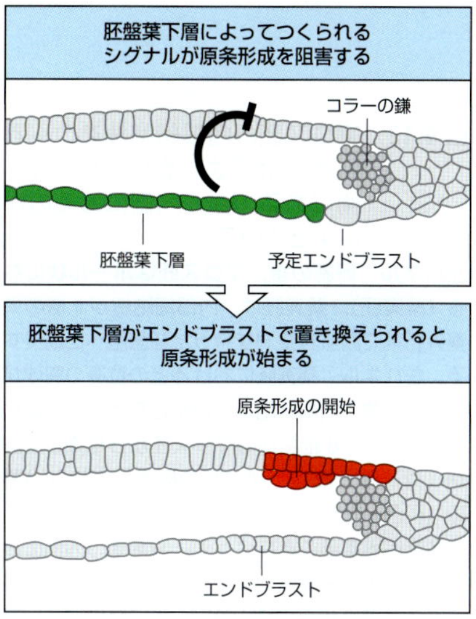

図 4.11　いったん胚盤葉下層がエンドブラストで置き換えられると，原条形成が始まる

後方での原条形成を促す後方境界領域シグナルは最初，卵黄を覆う胚盤（**図 3.15**）の下にある胚盤葉下層から分泌されるタンパク質によって阻害されている。胚盤葉下層が後方境界領域で成長したエンドブラストに押しやられると，阻害タンパク質はつくられなくなり，その結果，原条形成が始まる。

4.5　発生初期のマウス胚には明確な前後軸と背腹軸は見られない

哺乳類の卵は卵黄を持たず，初期発生に必要な栄養供給のために胚体外の卵黄嚢膜，そして胚と母体とをつなぐ胎盤をつくる点で，アフリカツメガエルやニワトリとかなり異なっている。マウス卵には明確な極性の証拠はなく，1 細胞期胚から胚性遺伝子が活性化しており，それが 2 細胞期以降の発生に不可欠なため，母性因子の寄与について断定することは難しい。接合体の最初の卵割は胚軸と関係し，最初の 2 細胞（割球）はそれぞれ異なる運命をたどるとする報告もいくつかある。これは興味深い可能性ではあるが，研究者によって結果がまちまちで，まだ明らかにされたというわけではない。さらに，初期発生におけるマウス胚の高い調節性は，母性決定因子の重要性に疑問を投げかけている。2 細胞期のマウス胚の両方の割球は，分離してもそれぞれが正常胚に発生することが知られている。加えて，8 細胞期までの個々の割球は，胚体や胎盤のどちらにも寄与することができ，また着床前胚（preimplantation embryo）——子宮壁に着床する前の胚盤胞——から細胞を取り除いたり加えたりしても，発生は正常に進む。しかしこの高い調節能力は，正常発生において初期胚のそれぞれの割球が異なる性質や発生運命を持っていて，母性決定因子が割球によって異なる分布をしている可能性を否定するものではない。議論はまだ続きそうである。

マウス胚の初期卵割は秩序正しいパターンで起こるわけではない。いくつかの分裂は卵の表面と平行に起こり，その結果，桑実胚は外側と内側という異なる細胞集団を持つことになる。桑実胚は 32 細胞期までに胚盤胞に成長し，一方の端に 10 ～ 15 細胞ほどの内部細胞塊がくっついた上皮からなる中空球をつくる（**図 4.12** の左パネル）。胚盤胞の上皮は栄養外胚葉となり，これは後に着床や哺乳類の発生に特徴的な構造である胎盤の形成に関わる胚体外構造になる。内部細胞塊の細胞は，胚のすべてのタイプの細胞になることができる多能性（第 1.17 節，p. 31 参照）を持っており，その多能性は E4.5 まで保たれる。

内部細胞塊を単離して培養し，多能性を持った胚性幹細胞［ES 細胞（embryonic stem cell）］を樹立することができる。第 10 章で述べるように，これらの細胞は胚盤胞に移植すると，生殖細胞を含めた胚のすべての組織になることができることがわかっており，この性質を利用して特定の遺伝子変異や外来遺伝子を導入したマウスを作出することができる。培養中に変異を導入したり，遺伝子操作を施した ES 細胞を胚盤胞に導入し，その後それを仮親へと移植する（**図 3.34**）。もし注入された ES 細胞が胚の生殖細胞に寄与すれば，すべての細胞でその変異を持ったマ

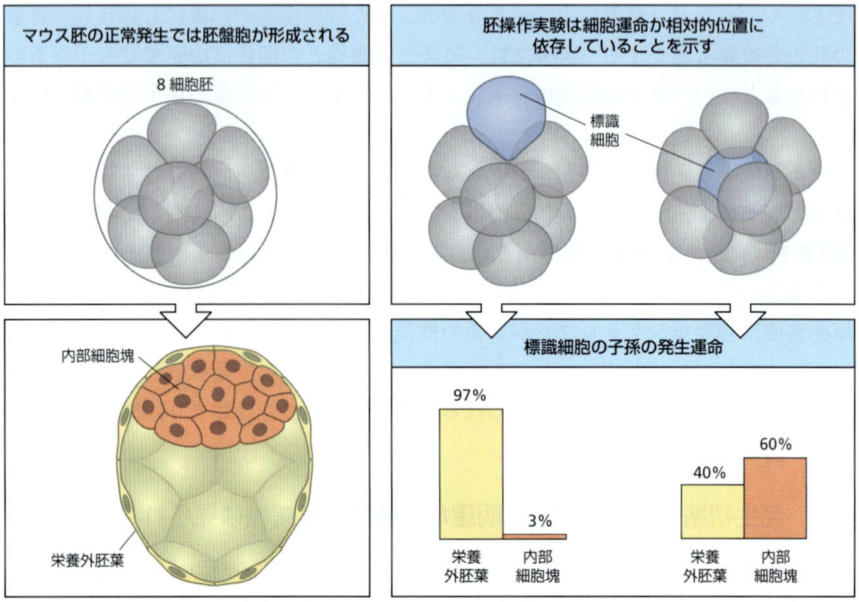

図 4.12 マウス胚の内部細胞塊をつくる割球の指定は，それらが胚の外側にあるのか，内側にあるのかによっている

左パネル：卵割の後，マウス胚はボール状になる（桑実胚）。桑実胚は，内部細胞塊が1層の栄養外胚葉で囲まれ空洞を持った胚盤胞へと成長する。右パネル：桑実胚におけるどの位置の割球が栄養外胚葉，内部細胞塊に決定されるのかを確かめるために，8細胞期のマウス胚から標識した割球（青）を分離し，別の胚の標識していない割球（灰色）と結合させる。標識した割球の子孫の運命を追跡することによって，凝集体の外側にある細胞はより栄養外胚葉になりやすいことがわかる。ここでは標識細胞の97%が同層に寄与している。内部細胞塊の起源についても逆のことが成り立ち，それらの多くは内側の割球に由来する。

ウス系統を繁殖させることができる。ヒトES細胞は医学における治療応用の観点からも研究されている（第10章で述べる）。

マウス胚でどの細胞が内部細胞塊あるいは栄養外胚葉に指定されるのかは，卵割胚における細胞の相対的な位置に依存している。それらの運命決定は32細胞期以降に起こり，それより以前は，どの組織になれるかという能力の点では全ての細胞は等価のようである。位置による効果を最も直接的に証明したのは，解離した8細胞期の胚のひとつひとつの割球を取り出して標識したのちに，それらを標識していない他の胚のさまざまな位置に結合させるという実験である。標識された細胞が標識されていない細胞の外側に置かれた場合，それらは栄養外胚葉となり，一方で内側に置かれた場合，つまり標識されていない細胞で囲まれた場合，それらは内部細胞塊になる場合が多い（**図 4.12** の右パネル）。もし胚全体が他の胚の割球で囲まれた場合，その胚は巨大な胚の内部細胞塊の一部となる。初期胚の“外側だけ”あるいは“内側だけ”の細胞からなる集合体も正常な胚盤胞に成長することは，この時期にこれらの細胞は，位置による効果のみで指定されていることを示している。

栄養外胚葉と多能性を持った内部細胞塊に発生系譜が分かれることは，哺乳類の胚発生における最初の分化段階であり，胎盤形成に不可欠である。転写因子Cdx2は栄養外胚葉の分化に関わっており，一方で転写因子Oct3/4は内部細胞塊の多能性の維持に関わっている。Oct3/4は2細胞期から発現し，8細胞期の全ての細胞は両方の転写因子を発現している。桑実胚になるとCdx2の発現は，おそらく非対称分裂の結果として外側の細胞でやや高くなる。そして，Cdx2とOct3/4の相互的な負のフィードバックによって，外側の細胞でのCdx2の発現は増加し，Oct3/4の発現は減少する。一方，内側の細胞ではOct3/4発現レベルは増加し，Cdx発現レベルは減少する。胚盤胞期までにはCdx2の発現は栄養外胚葉に，Oct3/4は内部細胞塊の細胞に限局するようになる。Cdx2が欠損すると，最初は胚盤胞の中に栄養外胚葉ができるが，その後は分化もせず維持もされない。さらに転写因子Tead4も，栄養外胚葉の形成に必要であることが知られている。

胚盤胞期より前には，胚は細胞が集まった相称な丸いボール状をしている。最初の非相称性は胚盤胞に現れ，内部細胞塊が栄養外胚葉の一部分にくっついた状態となり，胞胚腔が非相称に形成される（**図 4.13**）。これによって胚盤胞は，内部細胞塊がくっついた部位――胚極（embryonic pole）――と，その反対側――非胚極（abembryonic pole）――を結ぶ1つの明確な軸を持つようになり，胞胚腔は非胚側半分のほとんどを占めることになる。この軸は胚-非胚軸（embryonic-abembryonic axis）として知られている。これは配置的にはエピブラストの背腹軸に相当するが，細胞運命の指定には関係がない。

受精後約4.5日までに，内部細胞塊は2つの組織に分化し始める。胚体外構造をつくる初期内胚葉（primary endoderm）あるいは原始内胚葉（primitive endoderm）が胚の外側，あるいは胞胚腔表面に形成され，これが胚や胚体外構造の一部をつくるエピブラスト（epiblast）を取り囲む。胚盤胞が子宮壁に着床したのち，胚極にあった栄養外胚葉は増殖し，栄養膜錐体を形成して，内部細胞塊を胞胚腔に向かって押し出すように胚体外外胚葉をつくる。つぎにエピブラストの細胞が増殖して，前羊膜腔という腔がつくられる。この段階でエピブラストは単層となって，外側に臓側内胚葉の層を持ち，断面図で見るとU字型をしたカップ状の形となる。この約E5.0～E5.25の発生段階では，卵筒は着床部位と関連し，栄養膜錐体が近位（基部），カップ状のエピブラストが遠位（先端部）という遠近極性を持つようになる（図4.13参照）。胚体外外胚葉はエピブラストと栄養膜錐体との間に異なる細胞層として形成される。エピブラストの遠近極性はNodalシグナルによってつくられる。エピブラストのカップの最も遠位にある臓側内胚葉の小さな領域は，エピブラストからのNodalシグナルによって遠位臓側内胚葉（distal visceral endoderm：DVE）に誘導される。その後，DVEはホメオドメインを持った転写因子で前方組織のマーカーであるHexおよびLim-1（Lhx）や，WntやNodalシグナルの細胞外アンタゴニストをコードする遺伝子を発現するようになる。

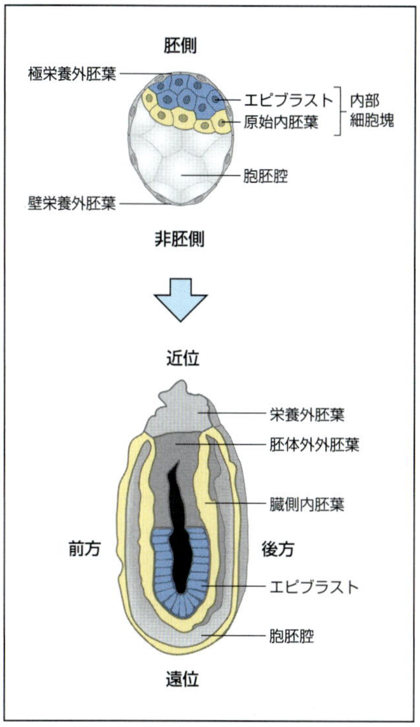

図4.13　マウス初期胚の体軸
約E4の胚盤胞期（上図）に内部細胞塊は胚体領域に限局するようになり，これが胚-非胚軸を決定する（これは細胞運命とは無関係だが，将来のエピブラストの背腹軸と空間位置的には関係がある）。内部細胞塊は楕円状で，左右相称の1つの軸を持っている。約E6（下図）のエピブラストに前後軸が見て取れるようになり，後方には原条が形成され始める。エピブラストのカップの内側は将来の胚の背側，外側は腹側に相当する。

4.6　マウス胚は遠位臓側内胚葉の移動によって明確な前後軸をつくる

マウス胚の真の前後軸は，E5.0～E6.0，すなわち原腸形成が始まる12～24時間前に，DVEがより近位の臓側内胚葉に置き換わりながら短時間でエピブラストの一方に移動することによって起こる相称性の破れによってつくられると考えられている。この移動が胚の将来の前方領域を指定し，DVEに由来する臓側内胚葉細胞は前方臓側内胚葉（anterior visceral endoderm：AVE）と呼ばれるようになる。AVEにはそこに原条ができないようにする作用もあり，AVEがある側のエピブラストが前側に指定される（図4.14）。この非相称な動きの背景としては細胞増殖が関わっている可能性もあるが，積極的な細胞移動を背景とするメカニズムである可能性が高い。AVEはWntやNodalアンタゴニストとともに，HexやLim

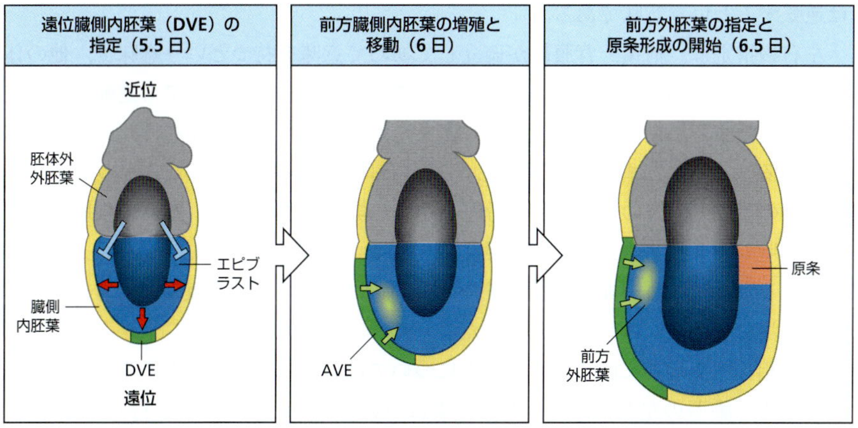

図4.14　マウス初期胚における相称性の破れは遠位臓側内胚葉の指定によって起こる
E5.5前後の原条形成が始まる前に，カップの最も遠位にある臓側内胚葉（黄）はエピブラストからのシグナル（赤矢印）によって，遠位臓側内胚葉（DVE；緑）として指定され，増殖をともなってエピブラストの一方へ移動し，そこで前方臓側内胚葉（AVE）となる。前方の運命は，胚体外外胚葉から近位臓側内胚葉に向かった阻害シグナル（青線）によって遠位に限局される。伸長したAVEは隣接するエピブラストにシグナルを送り（緑矢印），神経外胚葉を含む前方外胚葉（淡い緑）を誘導する。E6.5で原条（茶）が反対側にできはじめ，体軸の後方端を示すようになる。

-1 を発現し続ける。その結果，AVE に隣接するエピブラストが，後に脳や他の前方構造となる前方外胚葉に指定される。

空間的な位置関係は異なるものの，この過程はすでに述べたニワトリの発生過程と類似している（第 4.4 節参照）。つまり，DVE/AVE はやはり原条形成を阻害するニワトリの胚盤葉下層に相当する。どちらの場合も，この効果はこれらの細胞が Nodal シグナルに拮抗するタンパク質――ニワトリでは Cerberus，マウスでは Lefty-1 と Cerberus-like 1――を産生することによる。DVE の前方への移動によって，E6.25 前後で原条形成が開始され，DVE が後に胚の後端になるカップの反対側に位置するようになる。原条の一部としてできるマウスのノードをエピブラストの別の場所に移植すると二次軸ができるが，それは常に前脳を含む最も前方の領域を欠いている。これは，前述した AVE の移動による胚の前方部分の決定が，からだの残りの部分の決定とは発生過程で独立していることを証明するものだと解釈されている。

E5.5 胚の胚体外外胚葉は，DVE を臓側内胚葉の最も遠位に限局させる役割を持っているように見える。Nodal はエピブラストの全体に存在することから，原理的には DVE，そしてその後にできる AVE は，臓側内胚葉全体に誘導されるはずである。もし，胚体外外胚葉が取り除かれると，前方マーカーを発現する臓側内胚葉の領域は拡大する。胚体外外胚葉の近位に存在する骨形成タンパク質（BMP）シグナル（**Box 4A**, p. 140 参照）が AVE の運命を制限し，前方運命を指定する遺伝子の臓側内胚葉の近位での発現を抑制している可能性がある。この問題についてはこの章の後半で原条形成について詳しく述べる際に再び触れることにする。

4.7 初期胚の左右相称性は内臓の非対称性をつくるために破られる

脊椎動物の眼，耳，四肢など多くの構造は，からだの正中線に対して左右相称である。しかし，脊椎動物は外見上では相称であっても，実際ほとんどの内臓は左右に関して非相称である。これは**左右非相称性（left-right asymmetry）**として知られる。例えば，マウスやヒトでは心臓は左側にあり，肺の右側は左側より多くの肺葉を持ち，胃や膵臓は左側に寄っており，肝臓のかなりの部分は右側にある。このような器官の左右性は非常に普遍的なものであるが，稀に，ヒトでは約 10,000 人に 1 人の割合で，左右性が完全に鏡像対称となった**内臓逆位（situs inversus）**と呼ばれる状態を呈する人がいる。そういった人たちは，臓器の位置が逆になっているにもかかわらず無症状である。同様の状態は *iv* 変異を持つマウスでも見ることができ，臓器の相称性はランダム化している（**図 4.15**）。この場合の“ランダム化”というのは，同じ *iv* 変異体でも，ある個体は正常な左右性を持ち，別の個体は逆転するという意味である。

左右の指定は，前後，背腹軸が確立して初めて意味を持つという意味で，他の体軸の決定と基本的に異なっている。もし，これらの体軸のひとつでも逆転すれば左右軸も逆転することになる（これが，あなたが鏡を見たときに左右性が逆転する理由である。つまり，背腹軸が逆転し，左が右に，右が左になっているのだから）。左右軸の形成というのは，最初に分子レベルの非相称性ができ，それが細胞，そして多細胞レベルでの非相称性に変換されることだと説明してもよいかもしれない。もしそうだとしたら，非相称な分子や分子構造は，前後軸，背腹軸の両方に対して向きが決まっていなければならないだろう。

左右相称性を最初に破るメカニズムについてはわかっていないが，その後に連続して起こる臓器の左右性につながる現象についてはある程度理解が得られている。

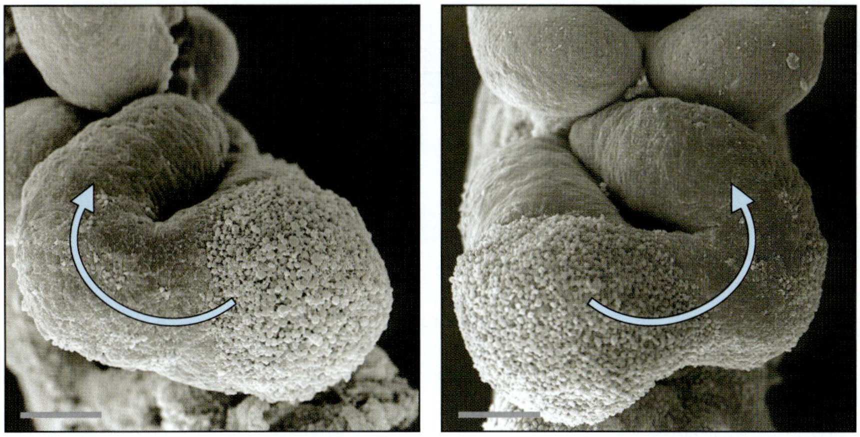

図 4.15　マウス心臓の左右非相称性は遺伝的制御を受けている
それぞれの写真はループができた後，前方から見た像である。心臓の正常な非相称性は矢印のような右方向にループを生じさせる（左パネル）。*iv* 遺伝子の変異についてホモ接合体であるマウスの 50% は心臓が左方向にループする（右パネル）。スケールバー＝ 0.1 mm。
写真は N. Brown 氏の厚意による

マウス，ゼブラフィッシュ，アフリカツメガエルでは，一過性にできる繊毛細胞の集団が，胚の正中線にまたがる細胞外液の“左向きの流れ”をつくり，その刺激が左右性の確立に関わる遺伝子の発現に非常に重要であることが示されている（**図 4.17** 参照）。マウスでは繊毛細胞はノードの腹側表面に見られ，内胚葉の裏打ちのないノードの下部にできるくぼみに流れをつくりだす。ゼブラフィッシュでは，繊毛上皮は，原腸形成の終わりに尾芽の正中にできるクッパー胞として知られる，液で満たされた小嚢にある。一方アフリカツメガエルでは，繊毛を持つ中胚葉でできた三角形の領域がそれに相当し，原腸蓋の土台である原腸蓋板に存在する。しかしながら，ニワトリでは運動性の繊毛はヘンゼン結節の腹側には存在しないようで，そのかわりに細胞の左側への受動的な移動が，非対称な遺伝子発現の確立に関わっているようである。ゼブラフィッシュのクッパー胞でもアフリカツメガエルの原腸蓋板でも，アンチセンス・モルフォリノ（**Box 6A**, p. 231 参照）を使うなどして繊毛ダイニンの発現を抑制し，繊毛の作用を阻害すると，左右非相称性が失われる。マウス胚では，モータータンパク質であるダイニンの機能に影響を与え，繊毛の動きを阻害する変異は，ヒトのカルタゲナー症候群やマウス *iv* 変異体のように非相称性をランダム化させる（**図 4.15** 参照）。また，人為的に流れをつくってノード腹側の左向きの流れを逆転させると，マウス胚の左右非相称性を逆転させることができる。

“左側”を決定し，胚の左側で高いレベルで発現するようになる鍵となるタンパク質のひとつが Nodal である。Nodal は，マウスのノードやニワトリ胚のヘンゼン結節，ゼブラフィッシュではクッパー胞に隣接する部位，アフリカツメガエルの原腸蓋板において，最初は両側に対称的に発現する。マウス，ゼブラフィッシュ，アフリカツメガエルでの正中線をまたぐ左向きの流れによって最初に生じる Nodal 発現の小さな左右差は，Nodal シグナルが *nodal* 遺伝子を活性化し，さらに Nodal タンパク質をつくるという正のフィードバックループの結果，増幅される（**Box 4B**, p. 152）。同領域左側での非対称な Nodal 発現の後，Nodal は別の左側決定の鍵分子である転写因子 Pitx2 とともに，側板中胚葉の左側で広く安定的に発現するようになる。心臓などの内臓をつくるこの側板中胚葉での左側に偏った遺伝子発現パターンは高度に保存されており，マウス，ゼブラフィッシュ，アフリカツメガエル，ニワトリでも見ることができる。ニワトリ胚では，もし側板中胚葉での Nodal や Pitx2 の発現を人為的に対称にすると，臓器の非相称性はランダム化することが示されている。

アフリカツメガエルやニワトリ胚の左右性に関する初期の徴候は，プロトン-カリウムポンプ（H^+/K^+-ATPase）の非対称な活性として見られる。アフリカツメ

Box 4B Nodalシグナル伝達の微調節

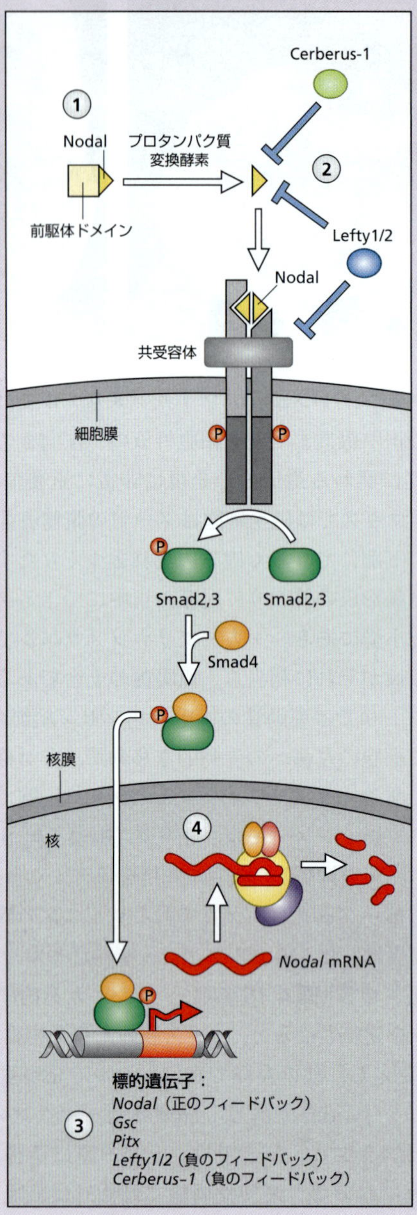

マウスのNodalや他の脊椎動物のNodal-related proteinは分泌性のシグナル伝達タンパク質で，中胚葉の誘導およびパターン形成や，左右非相称性の確立など脊椎動物の初期発生に必須である。発生においてそのような強力な作用を持つシグナル分子は，適正な量が正しい場所と正しい時間に存在することを保証するために，厳密に制御されなければならない。図に示すように，Nodalシグナル伝達は，さまざまな段階で調節，制御を受ける。

1つ目は機能的タンパク質の産生である（1）。他の多くの増殖因子と同様に，Nodalは活性を持たない前駆体として生合成され，分泌される。前駆体は後にプロタンパク質変換酵素によるタンパク質分解によって，活性型へと変換される必要がある。もし，この変換酵素がなければ，Nodalが発現していたとしても機能的なタンパク質はつくられない。

2段階目の調節はNodalとその受容体，あるいはそのどちらかに結合する細胞外阻害因子によるものであり（2），この章で述べたように，シグナルが標的細胞に到達するのを妨げる。Nodalは他のTGF-βファミリー因子と同様に，Ⅰ/Ⅱ型受容体として知られるヘテロ二量体受容体に結合する。そしてSmadと呼ばれるタンパク質がリン酸化され，核へ移行して標的遺伝子を活性化するという細胞内シグナル伝達系を刺激する（**図4.33**参照）。

Nodalシグナル伝達の調節の3段階目は，遺伝子発現制御（3）を介して行われる。*lefty*，*Cerberus*や*nodal*自身の発現はすべてNodalシグナル伝達に応答して増加する。したがってNodal量は，正もしくは負のフィードバック制御を受けているのである。負のフィードバックループではNodalが*lefty*の発現を増加させ，マウスエピブラストの遠近軸パターン形成におけるNodalシグナル伝達のレベルを微調節する。ここでは，Nodalは遠位臓側内胚葉（DVE）を誘導し，DVEはその後Cerberus-like 1やLefty-1を分泌する。これらはエピブラストの隣接する領域でNodal発現を抑制し，その結果，同領域に前方端および前後軸が指定される。Nodalシグナル伝達がNodalの発現を増加させる正のフィードバックは左右非相称性の確立に寄与しており，マウス胚のノードの左側でNodal発現レベルを高める（第4.7節参照）。最近発見された別の段階でのNodalシグナル伝達の微調節は，microRNAによる*nodal*や*lefty* mRNAの特異的な翻訳阻害（4）である（microRNAの作用機序については**Box 6B**参照）。

脊椎動物のボディプランの形成に重要な役割を持つ実に多くの分子が，細胞間シグナル伝達分子の細胞外アンタゴニストあるいは阻害因子として作用し，シグナルを阻害したり調節したりしている。WntやBMPなど他の発生シグナル因子も，それらの発現や活性に対してある段階で拮抗する阻害因子を持っており（まとめの表参照，p. 176），Nodalと同様にそれらアンタゴニストを用いた正および負のフィードバックループを形成している。たとえばアフリカツメガエルでは，シュペーマンオーガナイザーによってつくられる背側決定因子はNogginやChordinといったタンパク質で，腹側化シグナルBMP-4（第4.17節参照）の作用を阻害する。マウス胚エピブラストの遠近軸パターン形成においては，近位化シグナルとして働くNodalやWntは，遠位でつくられる細胞外アンタゴニストのCerberus-like 1やDickkopf-1によってそれぞれ阻害される。

ガエルにおいて，このATPアーゼは3回目の卵割が起こるまでには検出され，このポンプを阻害する薬剤で初期胚を処理すると，非相称性がランダム化する。どのようにH^+/K^+-ATPase自身の非相称性が生まれるのかについては不明であるが，1つの可能性として，同イオントランスポーター（輸送体）をコードするmRNAおよび，あるいはイオントランスポーターそのものが，受精卵の中でモータータンパク質によって方向性をもった細胞骨格に沿って運ばれることが挙げられる。アフリカツメガエルでは，最初の卵割の際に表層アクチンを破壊すると左右非相称性が乱れる。

ニワトリでは，ヘンゼン結節におけるH^+/K^+-ATPaseの非対称な活性に基づく左右非相称性確立の詳細なメカニズムが提案されている（**図4.16**）。ポンプ活性は結節の左側で抑えられており，その結果として細胞膜の脱分極が起こって，左側で細胞内から細胞外へカルシウムが放出されることがわかっている。このカルシウム放出は次にNotchのリガンドであるDelta-likeとSerrateを誘導し，ノードの左側だけで膜貫通型シグナルタンパク質Notchを活性化する（Notchシグナル経路については**Box 5C**, p. 202に記載）。Notch活性は，結節の左側でより高く発現する分泌性タンパク質Sonic hedgehog（Shh）によるシグナルとともに，Nodalを左側の側板中胚葉へ発現させる（Shhシグナル経路については**Box 11C**, p. 444～445参照）。Shhの左側に偏った発現は，Shh発現細胞が受動的に左側に移動した結果かもしれない。Shhの右側での発現は，TGF-βファミリーの一員であるactivinによっても抑制される。NotchとShhの両方のシグナルによって誘導される左側でのNodalの発現は次に，転写因子Pitx2を左側に発現させる。もしShhを分泌する細胞塊を右側に置くと，器官の非相称性はランダム化する。胚の右半分はNodalシグナルの影響を受けないように，脊索や神経管底板から分泌されるタンパク質Leftyによって保護されている。LeftyはNodalタンパク質に結合し，Nodalが受容体に結合して活性化するのを阻害することによって，Nodalシグナルに拮抗する（**Box 4B**, p. 152）。

マウスやゼブラフィッシュの研究も，ノードあるいはクッパー胞の左側の細胞からのカルシウム放出が，相称性の破れに関わっていることを示唆している。マ

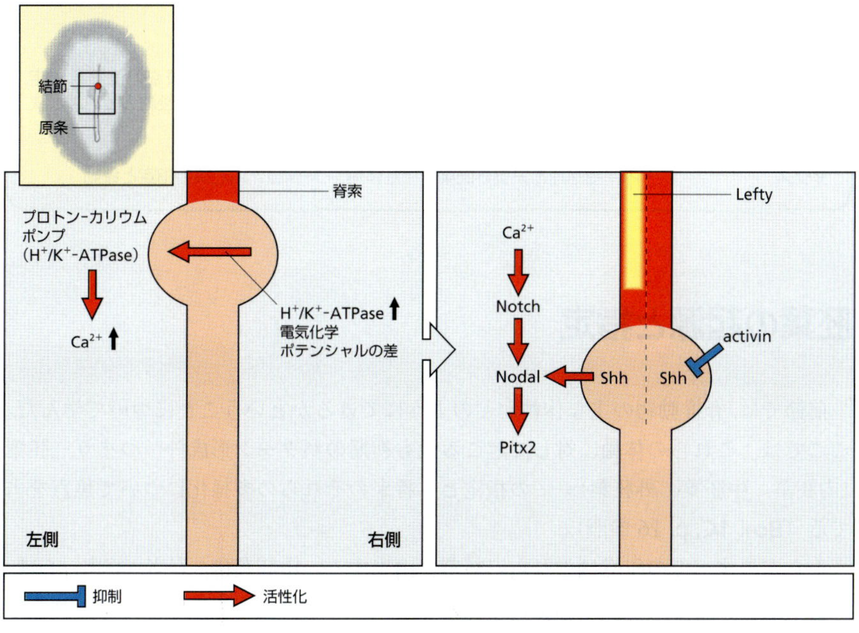

図4.16 ニワトリにおける左右非相称性の決定

ヘンゼン結節のプロトン-カリウムポンプ（H^+/K^+-ATPase）は結節の左側で少ないために，結節全体に膜ポテンシャルの差を生み，結節左側で細胞外へのカルシウム（Ca^{2+}）放出を増加させる（左パネル）。その結果，Notch活性が結節左側でより高くなり，結節左側で*nodal*遺伝子発現が活性化される。NodalシグナルとShhはともに左側の側板中胚葉で*nodal*発現を活性化し，その結果左側を決定する重要な転写因子Pitx2が発現する（右パネル）。Shh活性は右側ではactivinによって阻害される。NodalアンタゴニストのLeftyは脊索の左半分および神経管の底板で発現し，Nodalの作用が右側に及ぶのを正中線で阻害する障壁となっている。これは，かなり複雑な相互作用を簡略化して示したものである。

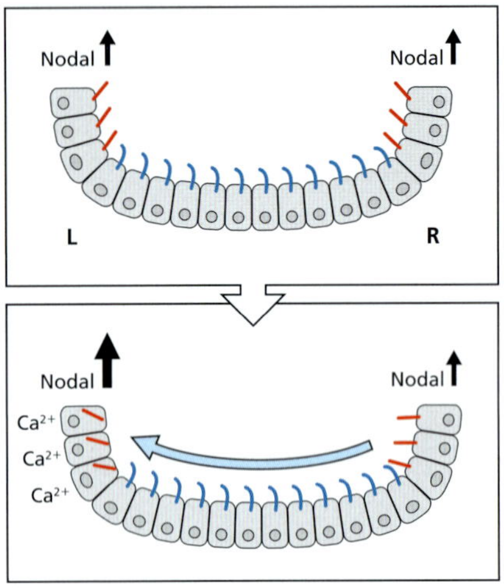

図 4.17 マウス胚では，繊毛によってできる細胞外液の左向きの流れが正中線を中心にした左右非相称性をつくる

マウスで左右相称性を破る最初のできごとは，頭褶期前後のノード腹側のくぼみにある繊毛の運動によって短時間の間，細胞外液が左向きに流れることである。この流れより前に，*nodal* mRNA がノードの両側に低いレベルで発現している（上のパネルの小さい矢印）。ノード腹側のくぼみに敷き詰められた細胞は，主に 2 種類の繊毛を持っている。流れをつくる中心運動性繊毛（青）と，周辺非運動性繊毛（赤）である。中心運動性繊毛の協調的な回転繊毛運動が細胞外液の左向きの流れをつくる。ひとつの仮説は，非運動性の繊毛が流れの方向を感知する機械刺激センサーを担っており，それらを刺激することによって，本図が示すようにノードの左側の細胞で細胞内カルシウムを放出させるというものである。Ca^{2+} シグナルの近傍の細胞への伝播は，左側で Nodal の発現を上昇させる（下のパネルの大きい矢印）。別の仮説は，左向きの流れがモルフォゲンとなる化学物質をノードの左側に蓄積させ，このモルフォゲンが直接あるいは間接的に Nodal 発現を上昇させるというものである。

訳注 1：2012 年，ゼブラフィッシュにおけるアフリカツメガエルの表層回転と同様の事象に関する論文が発表されている。
Long, D.T., et al.:Dynamic microtubules at the vegetal cortex predict the embryonic axis in zebrafish. *Development* 2012, 139.

ウスでは，左向きの液流がノード左側の感覚繊毛を活性化し，カルシウム放出や Nodal 発現の上昇を促すという仮説がある（**図 4.17**）。他にも，左向きの液流がモルフォゲンをノードの左側に濃縮しているという考え方も提示されている。

まとめ

脊椎動物に体軸をつくるには，母性因子，外的作用，細胞間相互作用が必要である。両生類胚では，大まかにいうと，前後軸に相当する動物-植物極軸を母性因子が決定する。背腹軸は，精子侵入点と続いて起こる表層回転が母性因子を背側に再配置することによって指定され，その結果ニューコープセンターが確立する。ゼブラフィッシュでは，母性因子が背側および胚オーガナイザー部位のシールド（胚盾）も指定する。一方，ゼブラフィッシュでは左右相称性の破れを生む原因についてはまだ確認されていない[訳注1]。ニワトリ胚では重力が胚盤葉のどちらを後方境界領域にして原条をつくるかを決定し，前後軸の向きを決める。マウス胚の体軸形成において，母性因子が関わっているかどうかについてはまだ不明である。マウスの場合，体軸はより後期のエピブラストの時期に，胚および胚体外組織からのシグナルによって決定，確立される。マウスにおける相称性は胚の前方端の指定によって破られ，それにともなってエピブラストの後端に原条のできる位置が決定される。脊椎動物の器官に安定した左右軸が形成されるとき，分泌タンパク質 Nodal と転写因子 Pitx2 は左側だけに発現する。この非相称性は，プロトン-カリウムポンプの非相称性（アフリカツメガエルとニワトリ），左向きの繊毛運動（マウス，ヒト，ゼブラフィッシュ，アフリカツメガエル），そして非対称なカルシウムシグナル，Notch 経路の活性化，Shh シグナルや Nodal シグナルといったさまざまなメカニズムによって形成される。

まとめ：脊椎動物の体軸の決定

	背腹軸	前後軸
アフリカツメガエル	精子侵入点と表層回転が精子侵入点の反対側に背側を指定	オーガナイザーにおいて指定される
ゼブラフィッシュ	最初の相称性の破れが何かは不明。母性 Ndr1 と核 *β*-catenin が背側とオーガナイザーの位置を指定する	オーガナイザーにおいて指定される
ニワトリ	後方境界領域が背腹軸の腹側の端を指定する	重力が後方境界領域の位置を決定し，それにより前後軸の後方端が決まる
マウス	内部細胞塊と栄養外胚葉の相互作用	背側臓側内胚葉の指定と移動

胚葉の起源と指定

前節では，脊椎動物の主な体軸がどのようにできるかということについて学んだ。ここでは，これらの体軸に対して起こる最も初期のパターン形成——つまり三胚葉（内胚葉，中胚葉，外胚葉）——の指定と，将来のそれらの多様化について焦点を当てる（**Box 1C**, p. 16 参照）。

からだのすべての組織はこれら三胚葉に由来する。中胚葉は，脊索，筋肉，心臓，腎臓や造血細胞など多くの細胞に細分化する。外胚葉は皮膚の表皮，そして神経系をつくる細胞に細分化する。内胚葉は，腸やそれにともなってできる肺，肝臓，膵臓などといった器官になる。ここでは最初に初期胚の予定運命図（fate map）をみてみよう。それは，胚の特定の領域からどういった組織ができるのかを我々に教えてくれる（第1.12節参照）。それから，この過程の理解が最も進んでおり，関わる遺伝子やタンパク質が多数同定されているアフリカツメガエルに主に焦点を当てて，胚葉はどのように指定され，細分化されるのかについて考えていく。予定運命図や胚葉の指定に関わる遺伝子は，初期の体軸指定のメカニズムに比べると，すべての脊椎動物モデルでよく似ている。

4.8 両生類胞胚の予定運命図は，標識した細胞の運命の追跡に基づいてつくられる

32細胞期のアフリカツメガエル胞胚は，外見的にはそこからどのように異なる領域ができあがるか何も示していないが，動物-植物極軸，背腹軸に対しては個々の細胞を（それぞれ色素沈着，精子侵入点によって）区別できる。この後，個々の細胞，あるいは細胞集団を追跡することによって，胞胚表面に，例えば脊索，体節，神経系，あるいは消化管になる領域を示す分布図をつくることができる。予定運命図はそれぞれの胚葉組織がどこに由来するのかを示すが，しかしそれは，それぞれの領域の全ての発生能力や，胞胚の中でその発生運命がどの程度すでに指定，あるいは決定されているのかを示すものではない。つまり，私たちはこれらの初期の細胞が何になるか知っているが，胚はそれを知らないのである。初期の脊椎動物胚は，胚の一部分を切除したり，または別の場所に移植した際に，かなりの調節能力を有している（第1.12節参照）。これは，この時期にかなりの発生的な可塑性が存在することや，実際の細胞運命は隣接する細胞からのシグナルに大きく依存することを示唆している。

予定運命図をつくるひとつの方法は，初期胚の表面のさまざまな部分をDiIのような脂溶性の色素で染色し，標識した領域が最終的にどこに行くかを観察することである。フルオレセイン標識デキストランのような細胞膜を通過しない安定な高分子を注入すると，同分子は注入した細胞やその子孫細胞にだけ分配されるため，任意の細胞を標識することができる。フルオレセインは紫外線を照射すると緑色に発色するため，フルオレセイン標識デキストランは蛍光顕微鏡で容易に観察することができる。紫外線で励起すると緑色の光を放つ蛍光タンパク質，緑色蛍光タンパク質(GFP)は，現在そのような目的でひろく利用されている(Box 1D, p. 21参照)。図4.18は予定運命図作成のためフルオレセインデキストランアミンで標識されたアフリカツメガエル胚を示している。

アフリカツメガエル後期胞胚の予定運命図（図4.19）は，球形の胞胚の下3分の1を占める卵黄に富んだ植物極領域が，内胚葉のほとんどをつくることを示している。すべての細胞に存在する卵黄は成長する胚に栄養を供給し，発生の進行とともに徐々に使い果たされていく。対極の動物半球は外胚葉となり，さらに表皮と将来の神経組織に分かれる。将来の中胚葉は胞胚の赤道周辺の帯状の領域，帯域（marginal zone）からできる。全ての両生類というわけではないが，アフリカツメガエルでは予定内胚葉の薄い層が，帯域の予定中胚葉を覆っている。

胞胚の予定運命図は原腸形成の機能を明快に示している。胞胚期には，消化管になる内胚葉は外側にあるため，内側に移動しなければならない。同様に，内側の組織や器官をつくることになる中胚葉も内側へと移動しなければならない。原腸形成の間に帯域は，胞胚のニューコープセンターの上部にある原口背唇部を通って内側

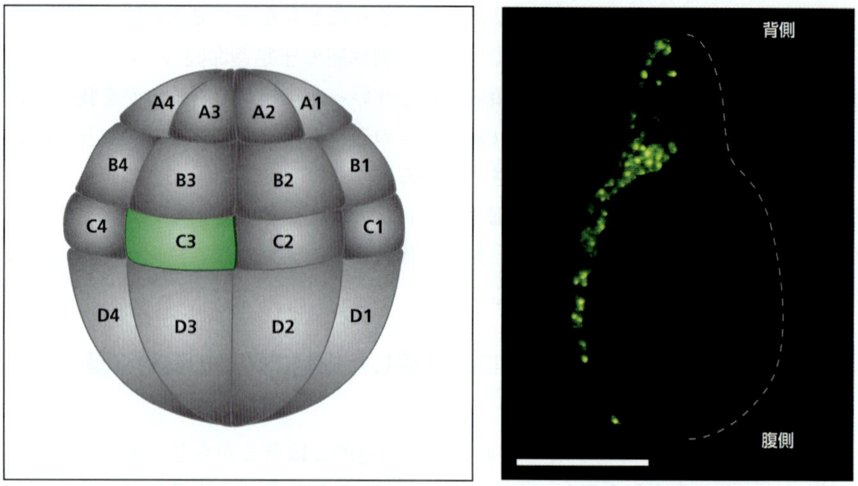

図 4.18 アフリカツメガエル初期胚の予定運命図
左パネル：胚の1つの細胞 C3 は，紫外線下で緑色蛍光を発するフルオレセインデキストランアミンの注入によって標識されている。右パネル：尾芽胚の横断面の切片で，標識した細胞が胚片側の中胚葉に寄与したことを示している。スケールバー＝0.5 mm。
写真は L. Dale 氏の厚意による

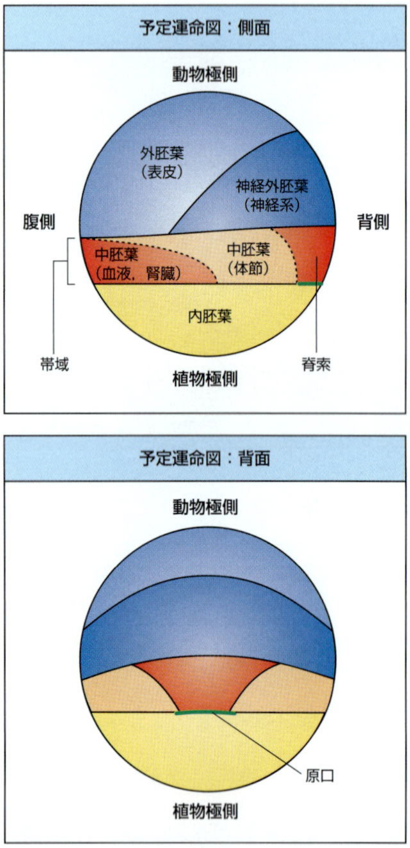

図 4.19 アフリカツメガエル後期胞胚の予定運命図
外胚葉は表皮と神経系に寄与する。背腹軸に沿って中胚葉は，脊索，体節，心臓，腎臓，そして血液になる。血液はより背側の領域からも発生する。全ての両生類ではないが，アフリカツメガエルでは帯域で中胚葉を覆う内胚葉がある（ここでは示していない）。

に移動する。中胚葉の予定運命図（**図 4.19**）は，それが胞胚の背腹軸に沿って異なる運命に細分化されていくことを示している。最も背側の中胚葉は脊索に，つづいて腹側にいくにしたがって，体節（筋肉組織になる），側板（心臓や腎臓をつくる中胚葉を含んでいる），血島（胚の中で造血が最初に起こる組織）になる。また，動物半球の将来の背側と腹側の違いとして重要なことのひとつに，表皮は主に動物半球の腹側に，一方で神経系は動物半球の背側に由来するということがある。神経管形成の後に，表皮が胚のすべてを覆うように広がる。

予定運命図に照らした背側，腹側という用語は多少紛らわしいかもしれない。なぜなら予定運命図は，相互にきちんと直交する体軸に正確に対応しているわけではないからである。原腸形成期の細胞移動の結果として，胞胚の背側の細胞は背側構造ばかりでなく，頭部など胚の前方端の腹側部位，そして心臓などの腹側構造にもなる。腹側領域は，胚の前方部分の腹側構造に加えて，後方の背側構造にもなる。これが第 4.2 節で述べた背側化した胚が過剰な前方構造をつくり，後方の構造を欠損した理由である。実際には，アフリカツメガエル胞胚の“背腹軸”は将来の前後軸であるとするまた別の解釈もある。

4.9 脊椎動物の予定運命図は，基本プランをもとに多様化している

ゼブラフィッシュ，ニワトリ，マウス初期胚の予定運命図も，初期胚の細胞を標識してそれらの運命を追うという，基本的にアフリカツメガエルと似た手法を使って作成されている。ゼブラフィッシュ胚では胞胚から原腸胚への変移の過程でかなりの細胞混合が起こるため，卵割期に再現性のある予定運命図をつくることは不可能で，原腸胚期以降からのみ作成することができる。ゼブラフィッシュの後期胞胚は，深層細胞からなる胚盤と，それを覆う薄い被履層の細胞からなる（**図 4.20**）。胚を覆う被履層は主に胚を保護する役割を持っており，最終的には消失する。原腸形成の最初には，胚の全ての細胞が由来する深層細胞の運命は，動物極に対する相対的な位置と関係している。胚盤の背側および側方の周縁部は内胚葉と中胚葉（中内胚葉）を形成し，もう少し動物極寄りの細胞は中胚葉になり，そして外胚葉は最も動物極に近い胚盤に由来する（**図 4.20** 参照）。一般的に言えば，もし両生類胞胚の植物極領域が1つの大きな卵黄細胞と置き換わったと考えると，ゼブラフィッシュの予定運命図はアフリカツメガエルのそれとかなり似ている。

ニワトリ胚の初期胚盤葉は，ほぼアフリカツメガエルの胞胚に相当するが，この時期に予定運命図をつくることは難しい。なぜなら，異なる胚葉に寄与する細胞が，

図 4.20　ゼブラフィッシュ初期原腸胚期の予定運命図
三胚葉は，卵割しないひとつの卵黄細胞からできている下半球の上にのった，胚盤から形成される。内胚葉は胚盤の背側と側方周縁部に由来し，同じ領域は中胚葉（中内胚葉）にもなるが，一部はすでに内側に移動している。

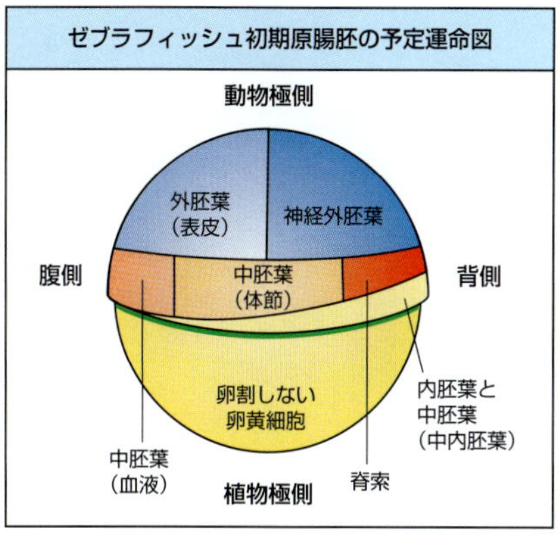

胚盤葉上層で混ざって存在するからである。大ざっぱに言うと，初期胚盤葉の後方境界領域に隣接する細胞は，アフリカツメガエル胞胚の背側の細胞（将来の脊索）に相当する。原条が現れる前や形成途中でかなりの細胞運動が見られるが，いったん原条ができあがり，細胞が移動し始め，中胚葉や内胚葉に決定されると，状況はより明確になる。

図 4.21 に示す発生段階では，ニワトリ胚盤葉は内胚葉が下層（この背側からの図では見ることができない）をつくって 3 層構造になる。胚盤葉の表層の細胞は原条を通って胚内部に移入し，中胚葉と内胚葉の層をつくる。外側表面のほとんどの細胞は予定外胚葉となって神経管や表皮をつくるが，まだ胚盤葉の外側には原条を通って中胚葉になる領域がある。原条の前端にあるヘンゼン結節は後の中胚葉である。結節は後退しながら，脊索になる細胞，そして体節に寄与する細胞を残していくのである。前後方向の正中線に沿って存在する中胚葉は体節になり，両側には側板中胚葉（**図 4.21** の一領域），心臓や腎臓といった構造をつくる細胞がある。卵黄に最も近い胚の最下層には予定内胚葉（**図 4.21** では見えない）があり，その側方には胚体外構造をつくる細胞がある。

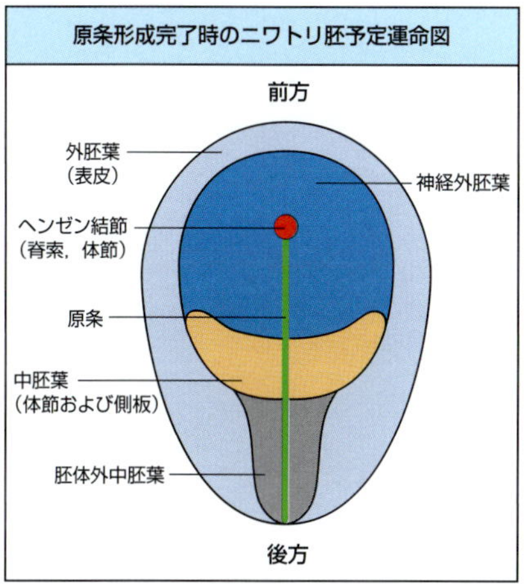

図 4.21　原条形成が完了したニワトリ胚の予定運命図
図は胚の背側表面を見たもの。ここでは示していないが，ほとんどすべての内胚葉が原条を通って下層を形成している。

マウスの場合，3.5 日以前の胚の内部細胞塊のほとんどの細胞は，臓側内胚葉や遠位内胚葉など多くの異なった胚組織や胚体外構造の一部になるため，この発生段階で予定運命図をつくることはできない。妊娠 6 〜 7 日目で，マウスエピブラストは原腸形成によって三胚葉に転換する。マウスの原腸形成はニワトリのそれと基本的に非常によく似ているが，この時期のマウスエピブラストはカップ状に折りたたまれており，原条形成やノード形成過程を追うことを難しくしている。ニワトリのように，エピブラストではかなりの細胞移動や細胞増殖が起こっている。この発生時期の詳細な予定運命図は，色素を 1 つの細胞に注入し，その子孫細胞を追跡するという方法で作成されている。しかし，1 つの細胞の子孫細胞は広範囲に広がって異なる胚葉に寄与するので，標識された細胞から派生する細胞群がひとつの胚葉に収まるものは 50% 程度しかない。

原条期のマウスの予定運命図は，ニワトリのそれと基本的に似ている（**図 4.22**）。この時期のマウスエピブラストはカップ型をしているので，カップ型をした胚で予定運命図を理解するには**図 3.24** と**図 3.25** を見返したほうがわかりやすいだろう。**図 4.22** は，胚のカップを開いて平らにして，それを背側，つまりカップの内側から見た図を示している。位置関係は別にして，ニワトリの予定運命図との違いで特記すべきことがある。そのひとつは，マウスのノードは脊索にしかならないことである。原条の前方および中間領域から派生する細胞は前方のノードの周囲に移動し，他の中胚葉組織をつくる（**図 3.26** 参照）。胚体の消化管内胚葉と正中の中軸中胚葉（この時期には中内胚葉と呼ばれる）が原条の最前部から派生する一方，原条の中間部は主に体節と側板中胚葉になる。原条の後方部分は尾芽，そして羊膜，臓側卵黄嚢，尿膜などといった胚体外膜となる胚体外中胚葉をつくる。

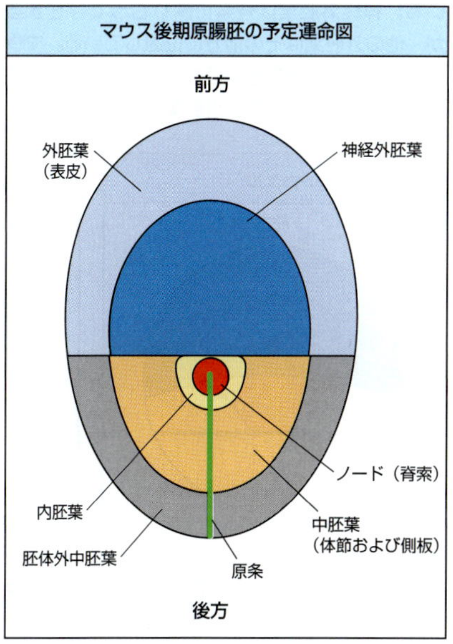

図 4.22　マウス後期原腸胚期の予定運命図
胚は，カップを広げて平らにし，背側から見たように描かれている。この時期，原条は十分に伸長している。

したがって，胚葉間の関係性や原腸形成における胚内部への細胞移動の場所を見ると，異なる脊椎動物であっても予定運命図はよく似ていることがわかる（図 4.23）。違いは主に，卵によってさまざまに異なる卵黄の量であり，それが卵割パターンを決定するとともに，初期胚の形に影響を与える。胚葉間の関係性が似ていることは，それらの指定にも同様のメカニズムが関わっていることを示唆している。これはある程度真実であるが，この後に触れるように，かなり異なっていることもまた事実である。

4.10 脊椎動物初期胚の細胞は発生運命がまだ決定されておらず，調節が可能である

脊椎動物の初期胚は，胚の一部分を取り除いたり，取り換えたりした場合，かなりの調節能力を示す（第 1.3 節参照）。いくつかの実験から，胞胚期，あるいはもっと後期においても，多くの細胞はまだ指定あるいは決定されていないことが示されている（第 1.12 節および図 1.22 参照）。つまり，それら細胞の発生上の能力は，予定運命図が示す位置より大きいのである。

細胞あるいは胚の小さな領域の決定の状態は，それらを宿主胚の異なる領域に移植し，どのように発生するかを見ることで調べることができる。もしすでに決定されているならば，それらはもともとの位置に応じた発生をするだろう。もしまだ決定されていないならば，それらが移植された新しい位置に沿って発生するだろう。これは，標識されたアフリカツメガエル胞胚由来の 1 つの細胞を，より発生段階の遅い胚の胞胚腔に入れてその運命を追うという実験で示すことができる。移植された細胞は分裂し，原腸形成過程でその子孫細胞は胚のさまざまな部分に分布するようになる。

一般的に，初期胞胚由来の移植片の細胞はまだ決定されておらず，それらの子孫細胞は新しい場所で受容するシグナルに応じて分化する。したがって，通常は内胚葉に分化する植物極の細胞は，発生段階初期で移植されると，筋肉や神経系など内胚葉以外のさまざまな組織に寄与することができる。同様に，通常であれば表皮や神経に運命づけられている初期の動物極細胞も，内胚葉や中胚葉をつくることができる。時間が経つにつれて細胞は徐々に決定され，後期胞胚や初期原腸胚から同様に細胞を取ると，移植時のその細胞運命にしたがって発生する。

容積を正常の 4 分の 1 にしたアフリカツメガエル受精卵の断片は，小さいながらもほとんど正常なバランスで発生する。したがって，そのようなサイズの違いに

図 4.23 発生段階がほぼ同じ時期の，脊椎動物胚予定運命図の比較
初期発生には違いがあるものの，後期胞胚から初期原腸胚の脊椎動物の予定運命図は高い類似性を示している。すべての運命図は背側から見たものである。将来の脊索中胚葉は背側の中心を占めている。神経外胚葉は脊索に隣り合って存在するが，他の外胚葉はその前方に位置している。マウス予定運命図は後期原腸胚を示している。ゼブラフィッシュの将来の表皮外胚葉は腹側にある。

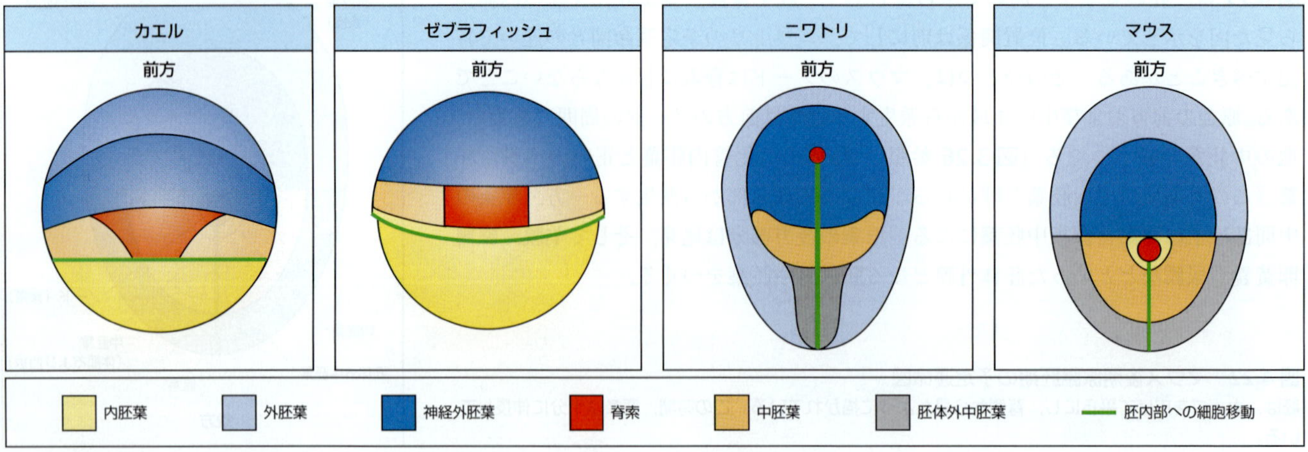

対処するための，細胞の相互作用に基づくパターン形成メカニズムが存在するはずである。しかしながら，調節能力には限界がある。8 細胞期のアフリカツメガエル胚から単離した動物あるいは植物半球は，正常発生しない。また，8 細胞期の背側半球は比較的正常な胚に調節することができるが，腹側半球はそれができない。これは第 4.3 節で学んだように，背側には非常に重要な胚シグナルセンターができることによる。

ニワトリの初期胚も顕著な調節能力を持っており，胚盤葉の断片は胚全体に成長することができる。この調節能力は原条形成が開始されるまで持続する。ニワトリでは，胚性遺伝子が最初から発現するため中期胞胚遷移はなく，Vg-1 は通常では後方境界領域に発現する（第 4.4 節参照）。しかし，胚を断片化すると Vg-1 は新たな場所に発現するようになる。

マウス初期胚もまたサイズを正しく保つ調節能力を持っている。初期卵割期の数個の胚を集めて凝集させた巨大な胚でも，細胞増殖を抑制することによって 6 日間で正常な大きさになる。マウス胚は原腸胚の後期までかなりの調節能力を持つ。たとえ原条形成期にエピブラストの 80% 近い細胞を細胞毒素マイトマイシン C で処理して破壊しても，比較的小さな異常は示すものの，胚は回復して発生することができる。

ヒトを含めた哺乳類や鳥類の調節能力を示すものとして，双子の問題がある。**Box 4C**（p. 160）で解説するように，ヒトの双生児は通常は内部細胞塊の分離によって起こるが，ごく稀に原条がつくられようとする妊娠 9 ～ 15 日目であっても双生児を生じることがある。ヒト胚に見られるこういった調節能力が，着床前遺伝子診断（**Box 4D**, p. 161）などの生殖医療技術の確立を可能にしたといえよう。

脊椎動物の初期胚が顕著な調節能力を持っていること，そして多くの細胞は決定されていないことは，細胞間コミュニケーションが細胞運命を決定していることを示唆している。**キメラマウス（chimeric mouse）**を作製してこの問題について調べることが可能である。キメラマウスとは，2 つの胚を融合させることによって，異なる遺伝子構成を持つ 2 種の細胞がモザイクになったマウスのことである（**図 4.24**）。正常なマウスと，遺伝的には似ているがある 1 つの遺伝子について変異を持つホモ接合体のマウスとのキメラは，その遺伝子の作用が**細胞自律的（cell-autonomous）**であるか，**細胞非自律的（non-cell-autonomous）**であるかを判別するのに用いることができる。もし，変異を持った細胞だけが同変異の表現型を呈し，正常細胞で“救助”されない場合，同遺伝子は細胞自律的に作用していることになる。これは同遺伝子の産物が，それがつくられる細胞の中だけで作用し，他の細胞に影響を与えないことを意味している。例えば黒いマウスの細胞は白いマウスの中に挿入されても黒いままで，また白い細胞を黒く変えることもない。これはそれらの細胞が色素形成に関して細胞自律的であることを示している（**図 4.24** 参照）。これに対し，もしキメラにおいて変異を持った細胞が正常に機能したり，正常細胞が変異体の表現型を示し始めるようであれば，その遺伝子は細胞非自律的に働いていると言える。非自律的な作用は多くの場合，ある細胞から分泌され別の細胞に作用する細胞間シグナルタンパク質のような遺伝子産物によるものであり，一方で自律的な効果はそれを産生する細胞の中のみで働く転写因子のようなタンパク質によるものである。

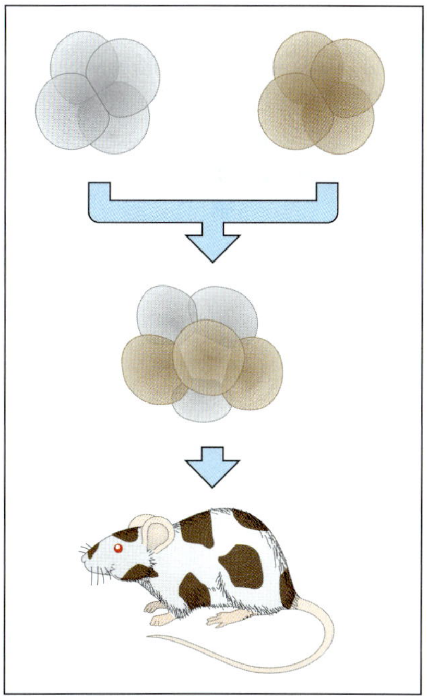

図 4.24　マウス胚の融合でキメラができる
色素を持たないマウス系統の 4 細胞期の胚を，色素を持った同様の胚と融合させると，その胚は色素を持った細胞と持たない細胞とが混ざったキメラ胚になる。このような異なる細胞が皮膚に分布するため，キメラの体毛は斑状になる。

Box 4C 一卵性双生児

一卵性双生児の存在は，ヒトの初期胚もマウス胚の初期段階と同じように調節能を持っていることを表している。一卵性双生児は2つの卵が受精してできる二卵性双生児と異なり，初期胚が半分に分離することで生じる。

一卵性双生児は初期発生のさまざまな段階で生じ，分離がどの段階で起こったかは，胚体外膜と胎盤のでき方から推測することができる。別々の羊膜腔と絨毛膜腔と胎盤を持つ一卵性双生児は着床前の卵割期に分離したもので，ここでは2細胞で双子になった場合を示している（左パネル）。より一般的な双生児は，それぞれが羊膜腔を持っているが絨毛膜腔と胎盤を共有するもので，これは胚盤胞の初期の内部細胞塊が分離したことによる（中央パネル）。ごくわずかの割合で（約4%），羊膜腔と絨毛膜腔と胎盤を共有する双生児がみられるが，これはかなり遅い段階，受精後9～15日の間にエピブラストができるころに内部細胞塊が分離したことを意味している（右パネル）。

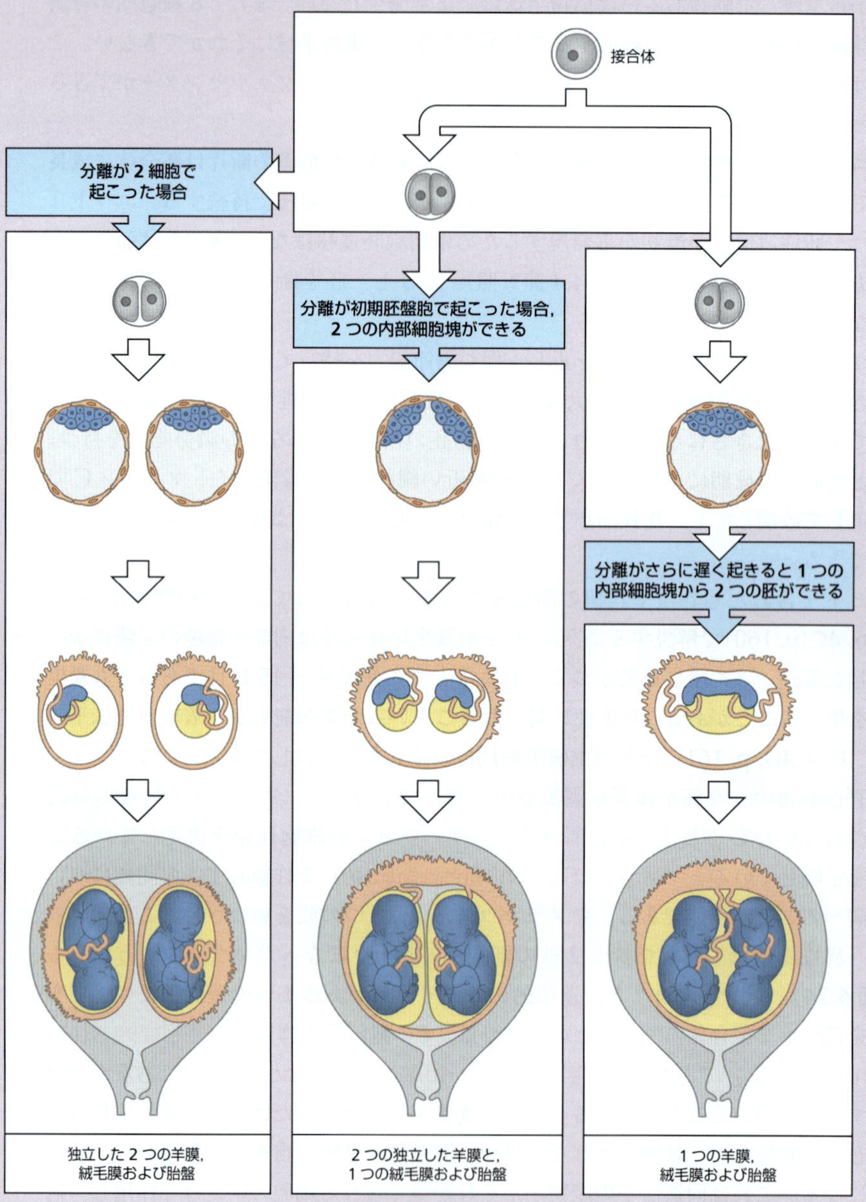

4.11 アフリカツメガエルでは内胚葉と外胚葉は母性因子によって指定されるが，中胚葉は植物極領域からのシグナルによって外胚葉から誘導される

アフリカツメガエル初期胚の異なる領域に由来する外植体を，イオンバランスの保持に必要な塩分だけを含む単純培養液で培養すると，動物極に最も近い領域はボール状の表皮細胞の塊になり，植物極領域に由来する外植体はその後内胚葉となる（**図 4.25** 上段パネルのそれぞれ青，黄）。この結果は，これらの領域の正常な発生運命とよく一致している。それゆえに，アフリカツメガエルではすべての外胚葉と内胚葉のほとんどは，卵の母性因子によって指定されるものと理解されている。それらの最初の指定に，胚の他の領域からのシグナルが必要であることを示す証拠

Box 4D　着床前遺伝子診断

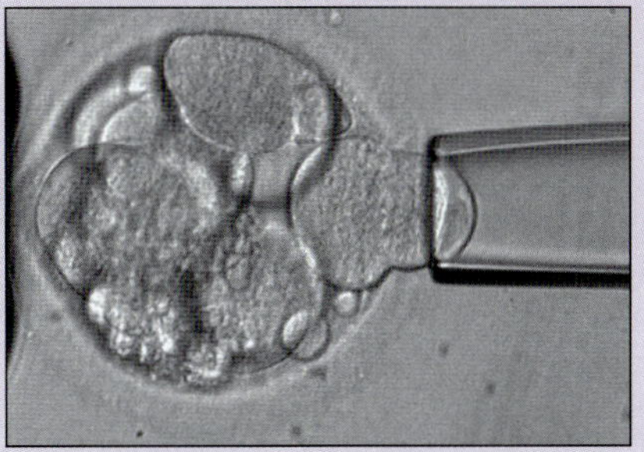

今日，私たちは不妊治療のために体外受精（IVF）を当たり前のように使っている。しかし，最初に試験管ベビー（IVF baby）Louise Brown が英国で生まれたのはわずか 30 年前のことである。最近では，IVF でできた胚の遺伝子型を，着床前に胚を傷つけることなく決定することができるようになった。この方法は**着床前遺伝子診断（preimplantation genetic diagnosis：PGD）**と呼ばれ，1980 年代後半に，子供の重篤な遺伝病のリスクを避けようと，妊娠可能な夫婦のために開発された。目的は出生前診断を代替し，異常のある妊娠を停止させる可能性を探ることであった。

ヒト胚の調節能力のおかげで，IVF によってできた胚の初期卵割期の 1 つの細胞を，発生に影響を与えることなくガラス容器の中で取り除くことが可能である。そして，この割球の DNA を試験管内で増幅し，病気の原因となる遺伝子変異の有無を調べることができる。両親が子供に，たとえば嚢胞性線維症などといった遺伝病を伝える高いリスクがある場合，PGD は病気を発症する胚が母親に着床しないことを保証するために用いられる。

PGD は，幼少期や子供のときに命に関わる病気に必ずなるとわかっている変異を持った胚を見分けるだけではなく，その後の人生においても特定の病気にかかりやすいといった遺伝子変異を同定するという目的での需要が高まりつつある。1 つの例は *BRCA 1* で，この遺伝子のいくつかの変異は女性に乳癌や卵巣癌を発症しやすくする。女性にできるこの種の腫瘍の 80%（すべての乳癌および卵巣癌の 5 ～ 10%）が，これらの遺伝的素因によるものである。男性では，*BRCA 1* 変異は前立腺癌の発症のしやすさと関係している。高いリスクを持つ家族からの胚が *BRCA 1* の病因アレルを持っているかどうかを調べることで，原理的にはその家族から遺伝子による癌の易罹患性を取り除くことができる。IVF の後に *BRCA 1* の病因遺伝子がないことを PGD で確認して選別することによって，そのような高リスクの夫婦から少なくとも 1 人の赤ちゃんが生まれている。英国では 60 以上の遺伝病について，PGD の実施がヒト受精・発生機関（Human Fertilisation and Embryology Authority：HFEA）から認可されている。

どのような遺伝的条件がこれに適応するのかなど，PGD に関する技術的，倫理的な問題は存在する。最近持ちあがった倫理的な問題は，ある夫婦が，稀な血液病に冒された兄弟に HLA 抗原が合致する IVF 胚を選択し，IVF で生まれた子供の幹細胞をその兄弟に提供することを望んだことである。HFEA は 2004 年に，事例に応じてこれを認める通則をつくった。英国のある家族は，非常に稀な先天性の赤芽球癆（せきがきゅうろう）Diamond-Blackfan 貧血を患った子供を持ったために，IVF の後に PGD で選別することによって，HLA が一致する娘を産んだ。

写真はインド・ムンバイにある Malpani 不妊治療クリニック，Malpani 氏の厚意による。www.drmalpani.com

は何もない。ところが，中胚葉は異なる。中胚葉は予定内胚葉からのシグナルに応答し，予定外胚葉から誘導され，胞胚の赤道領域に帯状にできる。咽頭内胚葉になるわずかな前方内胚葉も，中胚葉とともに外胚葉から誘導される。

中胚葉形成は，胞胚由来の外胚葉を培養することによって観察することができる。後期胞胚の動物極側と植物極側の細胞が接する赤道領域の外植体を単離して培養すると，それは外胚葉から派生する組織と中胚葉になる（図 4.25 上段参照）。赤道から距離をおく動物極および植物極領域の外植体を接触させて培養しても，やはり中胚葉ができる（図 4.25 下段参照）。中胚葉を形成するのはアニマルキャップ（animal cap）と呼ばれる動物極側細胞であって植物極側細胞ではないことは，あらかじめ細胞追跡マーカーで標識しておいた胞胚の動物極側の細胞が中胚葉になることから確認されている。明らかに植物極側細胞は，中胚葉を誘導する 1 つもしくは複数のシグナルを出している。中胚葉は培養の数日後には筋肉，脊索，血液細胞，疎性の間充織系細胞（結合組織）を含み，組織学的に区別することができる。また，筋肉特異的アクチンのような中胚葉起源の細胞が産生する典型的なタンパク質によっても識別することができる。

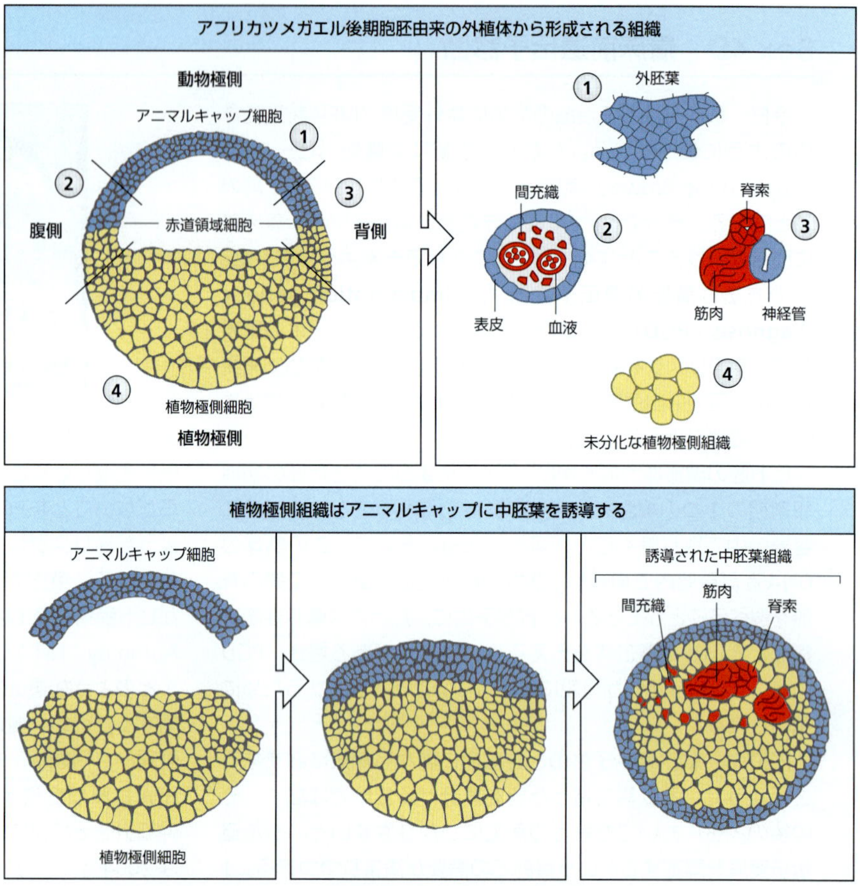

図 4.25 アフリカツメガエル植物極側領域による中胚葉の誘導
上段パネル：後期胞胚由来のアニマルキャップ外植体（青色：①）あるいは植物極細胞（黄色：④）それら自身は，それぞれ外胚葉，内胚葉にしかならない。動物極側と植物極側領域が接する赤道領域の外植体（②，③）は，外胚葉（表皮，神経管：青色）および中胚葉組織［間充織，（赤血球のような）血球細胞，脊索，筋肉：赤色］をつくり，中胚葉誘導が起こったことを示している。腹側と背側外植体で異なる中胚葉組織ができる理由については，この章の最後に概説する。下段パネル：中胚葉誘導を研究するための標準的な実験は，動物極側と植物極側に由来し，本来外胚葉，内胚葉にしかならない外植体を一緒に3日間培養する。初期胞胚のそのような外植体を結合させ培養すると，アニマルキャップ組織から，脊索，筋肉，血液，疎性の間充織（赤色）が誘導によってできる。

外植体を用いたこの実験で，動物極側および植物極側の外植体を，細胞同士が接触しないような小さな孔を持つフィルターで仕切っても中胚葉誘導は起こる。この結果は，中胚葉誘導シグナルは細胞外を拡散する分泌性分子の形態をとっており，細胞間結合を通って細胞間を直接移動するものではないことを示唆している（**図 1.23** 参照）。外植体実験における筋肉のような中胚葉組織の分化は，応答する細胞の**コミュニティー効果（community effect）**に依存して起こる。少数のアニマルキャップ細胞を植物極組織の上に置いても，筋特異的遺伝子の発現は誘導されない。また，少数の個々の細胞を2つの植物極組織で挟んでも誘導は起こらない。それに対して，アニマルキャップ細胞のより大きな塊は，筋特異的遺伝子を強く発現するという応答を示す（**図 4.26**）。

中胚葉と対照的に，アフリカツメガエルでは外胚葉とほとんどの内胚葉は母性因子によって指定される。転写因子 VegT は植物極側領域を内胚葉に指定する重要な役割を持っている。VegT は卵の植物極領域に存在する母性 mRNA から翻訳され，植物極領域から発生する細胞に受け継がれる。*VegT* mRNA をアニマルキャップ細胞に注入すると内胚葉特異的マーカーの発現を誘導する一方で，このmRNAのアンチセンス・オリゴヌクレオチド（Box 6A, p. 231）を注入することによって植物極側で *VegT* mRNAの翻訳を阻害すると，内胚葉ができなくなる。あとで述べるが，VegTは中胚葉誘導にも必須である。VegTを取り除いた胚では胚全体にわたって外胚葉ができる。

外胚葉の母性決定因子として有力な候補はE3ユビキチンリガーゼのEctoderminであり，これは受精卵の動物極に存在する母性mRNAから翻訳され，アニマルキャップ全体にわたって細胞の核に局在するようになる（図4.27）。Ectoderminは潜在的な中胚葉誘導シグナルと拮抗するように働き，それによって中胚葉形成を赤道領域に制限する。Ectoderminは，BMPシグナルの結果活性化される遺伝子発現調節タンパク質Smad4（図4.33参照）にユビキチンを付加し，これがSmad4と他のタンパク質との相互作用に影響を与える。

別の外胚葉決定因子は胚性転写因子Foxl1eで，後期胞胚の動物半球の細胞で発現し，細胞の領域特性の維持や外胚葉への発生に必要とされている（図4.27）。Foxl1eが存在しないと動物極側細胞は他の胚葉の細胞と混合し，その新たな位置にしたがって分化する。

4.12 中胚葉誘導は胞胚期の限られた期間に起こる

中胚葉それ自身が胚発生において必須のシグナル源であることから，中胚葉誘導は脊椎動物の発生において最も重要な現象のひとつである。アフリカツメガエルでは，中胚葉誘導は原腸形成が始まる前にほぼ完了している。上述したような外植体を用いた実験から，アフリカツメガエルでは胞胚期にアニマルキャップが中胚葉誘導シグナルに応答可能な時期が約7時間あり，受精後約11時間後にはその応答能

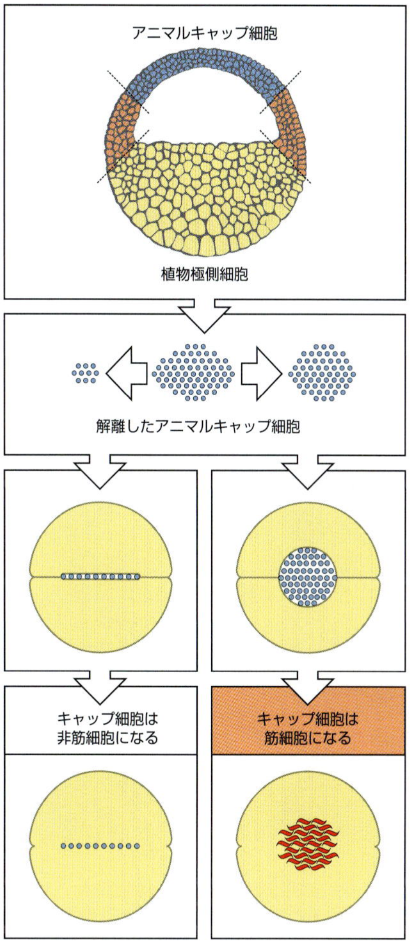

図4.26 コミュニティー効果
ひとつの，あるいは少数のアニマルキャップ細胞が植物極側組織と接しても中胚葉細胞にならず，筋特異的なタンパク質のような中胚葉マーカーを発現させることはない。筋肉分化が起こるためには，最低約200個のアニマルキャップ細胞が必要である。

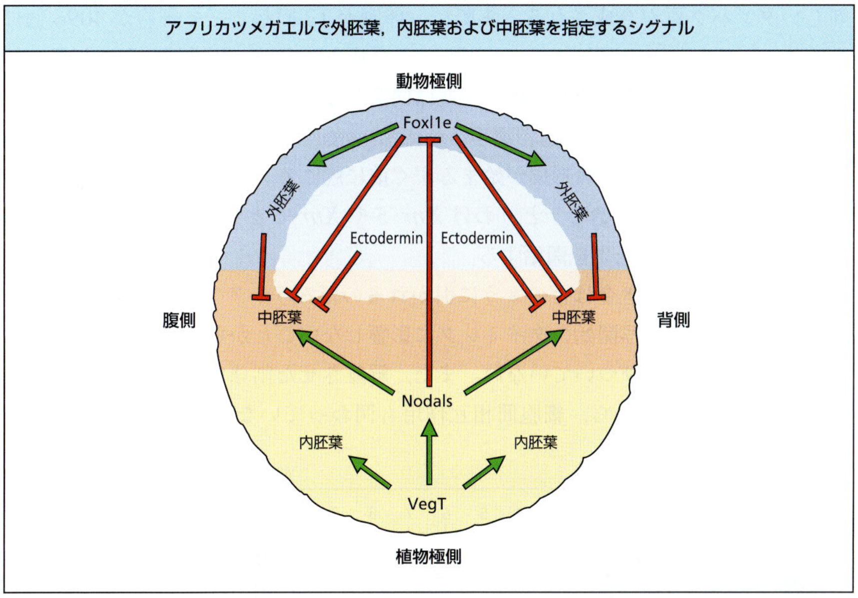

図4.27 アフリカツメガエルにおける胚葉指定のシグナル
胞胚の植物半球では母性因子VegTが，内胚葉の指定と，アニマルキャップの予定外胚葉から中胚葉を誘導する主たるシグナルNodalの間接的な産生の両方に必須である。胞胚の動物半球では，母性因子のEctoderminが潜在的な中胚葉誘導因子と拮抗し，中胚葉誘導を赤道領域に制限する。胚性転写因子Foxl1eは動物極領域で発現し，動物半球の細胞が外胚葉に発生し，それらがより植物極側の細胞と混ざって中胚葉や内胚葉にならないようにしている。そして，Nodalシグナルは中胚葉でのFoxl1e発現を阻害する。

を失うことがわかっている。誘導シグナルに約2時間さらすだけで少なくとも中胚葉の一部を誘導するには十分である。

筋肉などの中胚葉組織に特異的な遺伝子が発現するタイミングは，中胚葉が誘導される時期と非常に近いと考えたくなるかもしれないが，それは間違っている。外植体を用いた実験では，応答能を示す時間帯のどの2時間で誘導をかけても，筋特異的遺伝子の発現は常に応答可能期の完了から約5時間後――原腸胚中期に相当する――に始まることが明らかにされている（**図4.28**）。筋特異的遺伝子の発現は，応答可能期の遅い時期に誘導をかけると誘導後5時間という早さで，また応答可能期の初期に誘導をかけると誘導後9時間もたってから開始される。これらの結果は，細胞は受精してからの経過時間を監視しており，中胚葉誘導を受けた際に筋特異的遺伝子を発現するタイミングを決める，1つの独立したメカニズムが存在することを示唆している。

幅のある応答可能期によって，実際にいつ中胚葉誘導が起こるかという時間の自由度が増えるが，これは誘導シグナルが短い時間に厳密に制御されなくてもよいことを意味する。この自由度を考慮すると，中胚葉遺伝子の発現タイミングを制御する独立したメカニズムは，中胚葉誘導がいつ起こるかにかかわらず，発生を順序通りに進めるための1つの方法である。

4.13 アフリカツメガエルでは，胚性遺伝子は中期胞胚遷移で活性化される

中胚葉誘導には関わらないが，内在する時間調節の支配下にあると考えられるもう1つのできごとは，胚自身の遺伝子の転写開始である。アフリカツメガエルの卵は，卵形成の過程で蓄えられたかなり大量の母性mRNAを含んでいる。受精後，タンパク質合成の速度が1.5倍に増加し，母性mRNAからの翻訳によって大量の新しいタンパク質が合成される。実際に，卵割が12回起こって細胞が4096個になるまで，新しいmRNAはごくわずかしか合成されない。胚性遺伝子の転写が始まるこの時期には，それぞれの細胞周期は同期しなくなり，その他にもさまざまな変化が起こる。これは**中期胞胚遷移（mid-blastula transition）**と呼ばれるが，実際には後期胞胚期，原腸形成が始まるすぐ前に起こる。いくつかの胚性遺伝子がそれより早く発現を開始し，とりわけ*Xnr-5*や*Xnr-6*といったNodal関連遺伝子は256細胞期には発現を開始する。

中期胞胚遷移の引き金はどのように引かれるのだろうか？　DNA合成とは異なり，卵割の抑制は転写開始のタイミングに影響しないことから，そのタイミングは細胞分裂とは直接結びついていない。また，解離させた割球も無処理の胚と同時期に遷移を起こすことから，細胞間相互作用も関わっていない。中期胞胚遷移の引

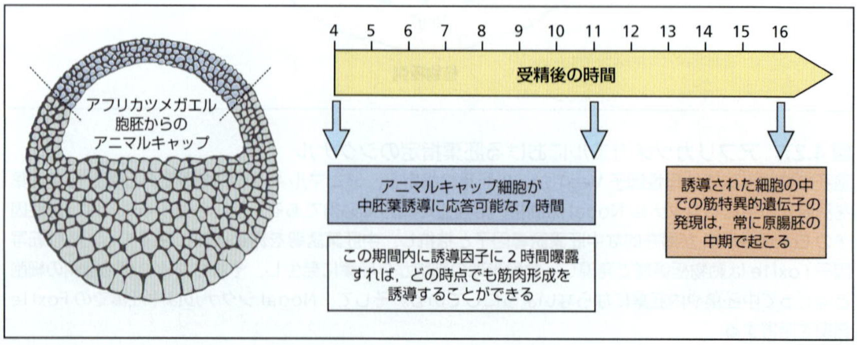

図4.28 筋特異的遺伝子の発現のタイミングは中胚葉誘導と無関係である

アフリカツメガエル胞胚から単離されたアニマルキャップ細胞の中胚葉誘導シグナルに対する応答可能時間は，受精後4～11時間のわずか7時間である。標的遺伝子の活性化が起こるには，この時期に誘導因子に最低でも2時間さらされている必要がある。この応答可能時期のどのタイミングで誘導が起ころうと，筋特異的遺伝子の活性化は，受精後16時間という同じ時間で起こる。

き金を引く鍵因子は，細胞質に対するDNA比，つまり細胞質の一定量あたりのDNA量のようである。

この直接的な証拠は，複数の精子を卵に入れたり，過剰なDNAを卵に注入するなどして人為的にDNA量を増加させる実験から得られている。どちらの場合も転写活性化が通常より早く起こることから，もともと卵の細胞質の中には，一定量の普遍的な転写抑制因子が存在していることを示唆している。卵割が進むと，細胞質の量は増えることはないが，細胞数が増えるのでDNA量は増える。つまり，DNA量に対する抑制因子量が，DNAの結合部位のすべてに結合できなくなるまで徐々に少なくなる結果，抑制は解除される。したがって，中期胞胚遷移のタイミングは，卵の砂時計モデル（**図4.29**）とよく一致する。このようなモデルでは，何か（この場合はDNA）が閾値を超えるまで蓄積する必要がある。この閾値は細胞質因子の初期濃度で決まっており，それは増えることはない。

ゼブラフィッシュ胚も，胚性遺伝子の転写が始まる中期胞胚遷移を経る。これは512細胞期に，胚盤と卵黄との境界にできる多核層の形成と同時に起こる（第3.2節参照）。このすぐ後にβ-cateninが，*dharma*, *chordino*, *nodal-related*などといった胚性遺伝子を将来の背側領域で活性化する（**図4.7**参照）。

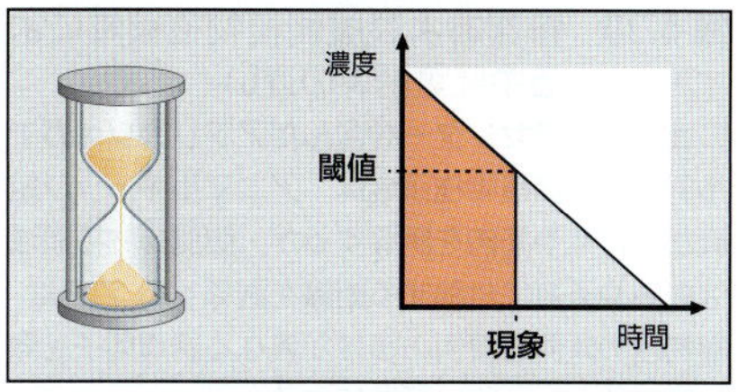

図4.29　発生で用いられる時間調整のメカニズム
砂時計との類似性に基づくメカニズムで，中期胞胚遷移の時間を計ることができる。転写抑制因子のようなある分子の活性濃度が時間経過とともに低下し，抑制因子濃度が閾値を下回ったときに遷移が起こると考えることができる。これは砂時計ですべての砂が下に落ちきることと同じことである。胚の中では1つの核あたりの転写抑制因子の活性低下が実際に起こる。なぜなら，胚全体の抑制因子の濃度は一定だが，核の数は細胞分裂の結果増えるからである。したがって，核1つあたりの抑制因子の量は，時間とともに徐々に減っていく。

4.14　アフリカツメガエルの中胚葉誘導およびパターン形成シグナルは，植物極領域，オーガナイザー，腹側中胚葉でつくられる

植物極領域からのシグナルで中胚葉が誘導されることが明らかにされて，次に疑問となるのは，それらシグナルの性質と，中胚葉は背腹軸に沿ってどのようにパターン形成されるのかということである。アフリカツメガエル後期胞胚の予定運命図では，中胚葉は背腹軸に沿って多くの領域に区分けされ（**図4.19**参照），最も背側の領域から，脊索，体節（骨格筋，体幹の骨格をつくる胚組織），腎臓などの器官をつくる中胚葉になり，そして最も腹側の領域は血液のみをつくる（血液のかなりの量は，より背側の中胚葉にも由来することがわかっている）。

このパターンは中胚葉にもともと備わっているものではなく，獲得されるものである。植物極領域のさまざまな部位とアニマルキャップ外植体を結合させる実験から，中胚葉のパターン形成活性は背腹軸に沿って異なることが示されている（**図4.30**）。例えば，ニューコープセンターを含む背側の植物極側組織はアニマルキャップ細胞から脊索や筋肉を誘導するが，腹側の植物極側組織は主に造血組織とわずかの筋肉を誘導する。中胚葉のパターン形成シグナルがオーガナイザーに由来することは，後期胞胚の背側帯域断片と腹側の予定中胚葉の断片とを結合させる実験で証明されている。初期胞胚から単離された腹側中胚葉は，それ自身培養しても造血細胞や間充織にしかならないが，腹側断片はオーガナイザーとの結合によって大量の筋肉をつくるようになるのである。

こういった実験や他の実験結果は，アフリカツメガエルでは中胚葉の誘導および初期パターン形成は，胞胚の異なる部位から発せられるシグナルの協調的な作用によるものであることを示している（**図4.31**）。植物極領域は最初，中胚葉を誘導するシグナルと，背側にシュペーマンオーガナイザーを形成するシグナルを産生する。そして別のシグナル群が，腹側中胚葉を特徴づける。同時にオーガナイザーは，腹側シグナルと拮抗してその範囲を制限し，それによって例えばオーガナイザーに隣接する中胚葉を体節へと誘導する別のシグナルを発する。これらすべての結果として，後期胞胚から初期原腸胚期にかけて，胚の赤道領域に予定中胚葉の帯ができ，異なる運命を持ったそれぞれの領域にさらに細分化されていく。

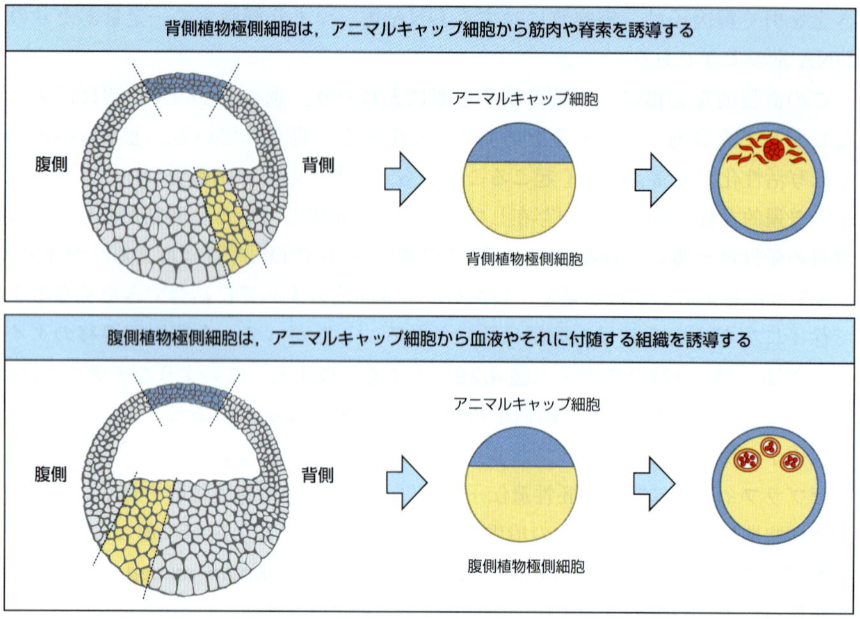

図 4.30 背側および腹側植物極領域による中胚葉誘導の違い

ニューコープセンターを含んだアフリカツメガエル胞胚の背側植物極領域は，アニマルキャップ組織から脊索や筋肉を誘導するが，腹側植物極領域は血液やそれに付随する組織を誘導する。これは，植物極の背側と腹側の領域が異なる誘導因子を発しているという強い証拠である。

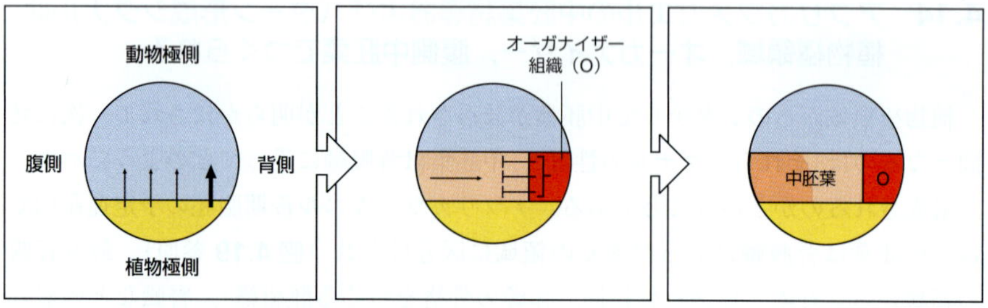

図 4.31 中胚葉誘導およびパターン形成に関わるシグナルは，胞胚の異なる領域に由来する

植物極側からのシグナルは最初，アニマルキャップの予定外胚葉から中胚葉を誘導し，誘導シグナルが強く長く作用する最も背側の位置にオーガナイザー領域を指定する。胚の腹側からのシグナルは中胚葉を腹側化し，その効果の範囲は，シュペーマンオーガナイザー領域（O）から発せられ，それらと拮抗するシグナルによって制限される。

背腹軸と前後軸両方の形成におけるオーガナイザーからのシグナルの重要性については，オーガナイザーを初期原腸胚の腹側帯域に移植する実験で示されている（**図 4.32**）。すでに述べたように，オーガナイザーの移植片は完全な新しい体軸を誘導する。そしてこれはオーガナイザーによる前方および神経系構造を誘導するばかりでなく，第5章で述べるように双子胚をつくる。

4.15 TGF-β ファミリー因子が中胚葉誘導因子として同定された

前節で述べた外植体を用いた実験は，分泌性の細胞外シグナルが中胚葉誘導に関わっていることを示した。アフリカツメガエルのこれらの因子を同定するために，主に2つのアプローチが取られた。ひとつは，単離して培養したアニマルキャップを候補タンパク質で直接処理する方法。もうひとつは，可能性のある誘導因子をコードする mRNA を初期胚の動物極細胞に注入し，それを培養する方法である。しかし，培養系で中胚葉を誘導する能力それ自体は，そのタンパク質が胚内在の誘

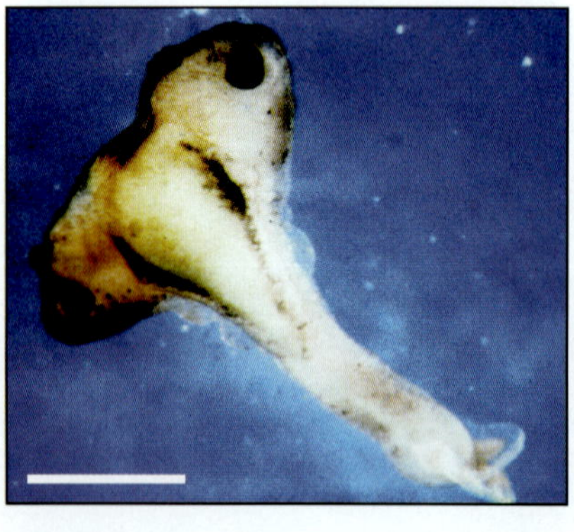

図 4.32 シュペーマンオーガナイザーの移植は，アフリカツメガエルに新しい体軸を誘導することができる

シュペーマンオーガナイザー領域は，中胚葉誘導およびパターン形成に必要なシグナルをつくり，その作用はシュペーマンオーガナイザーを別の原腸胚の腹側に移植することによって見ることができる。その結果得られる胚は双頭であり，その一方はシュペーマンオーガナイザーによって誘導されたものである。したがって，オーガナイザーは中胚葉に背腹に沿ったパターンをつくるばかりでなく，神経組織や前方構造をも誘導することができる。スケールバー＝1 mm。

写真は J. Smith 氏の厚意による

導因子であることを証明するものではない。そのような結論に至るためには，厳密な基準を満たさなければならない。すなわち，タンパク質シグナルやその受容体が，適切な濃度，場所，時間に胚に存在していること，しかるべき細胞がそれに応答できること，そしてその応答を阻害すると誘導が起きないという証明である。これらすべての基準にもとづいて，TGF-β ファミリー（**Box 4A**, p. 140）の増殖因子が中胚葉誘導因子の最も有力な候補として同定された。アフリカツメガエル初期発生に関わるこのファミリーのメンバーには，*Xenopus* Nodal-related protein（Xnr -1, -2, -4, -5, -6）や，Derrière タンパク質，骨形成タンパク質（BMP），Vg-1, activin などがある。

TGF-β 増殖因子によって刺激されるシグナル経路が**図 4.33** に示されている。

中胚葉誘導における TGF-β 増殖因子の役割は最初，これらの因子の受容体の活性化を阻害する実験によって確認された（**図 4.34**）。activin のⅡ型受容体は複数の TGF-β 増殖因子の受容体であり，アフリカツメガエル胞胚全体に均一に分布している。変異した受容体サブユニットの mRNA を初期胚に注入し，TGF-β 増殖因子のシグナルを阻害すると，中胚葉誘導は阻害される。異なる TGF-β 増殖因子がその同じ受容体を介して作用するため，これらの実験では誘導を担う個々のタンパク質を特定することはできなかった。

最近になって，Nodal ファミリータンパク質のより特異的な阻害剤を用いて中胚葉誘導について研究できるようになり，また，標識抗体を用いてリン酸化 Smad を検出し，そのタイプを見分けることができるようになってきた。後者の技術は正常な増殖因子シグナルの空間的なパターンと動態を可視化することができ，現在では TGF-β ファミリー因子のシグナルを検出するために広く用いられている。例えばアフリカツメガエルでは，リン酸化 Smad1 および Smad2 をそれぞれ観察することによって，BMP シグナルを Nodal-related protein や activin のシグナルと区別することができる（**図 4.33**）。

4.16 中胚葉誘導およびパターン形成シグナルの胚性遺伝子発現は，母性 VegT と Wnt シグナルの協同作用によって活性化される

中胚葉誘導の最も早い段階において非常に重要な母性植物極側因子のひとつが，転写因子 VegT（第 4.1 節参照）である。VegT は直接・間接に，Xnr タンパク質や Derrière をコードする胚性遺伝子を活性化する。もし VegT タンパク質の大部

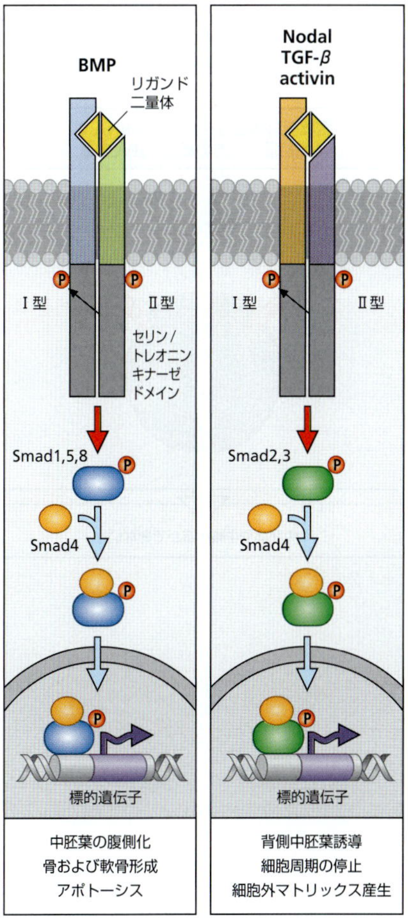

図 4.33 TGF-β ファミリー増殖因子によるシグナル伝達は，異なる組合せの受容体サブユニットと転写調節タンパク質を用いて，さまざまな標的遺伝子セットを活性化する

脊椎動物の初期発生に関わるこのファミリー因子には，Nodal，Nodal-related protein，骨形成タンパク質（BMP），そして activin などがあるが，それらは二量体リガンドであり，細胞表面受容体を介して作用する。これらの受容体は，細胞内領域にセリン / トレオニンキナーゼドメインを持つ 2 つの異なる受容体サブユニット，Ⅰ型，Ⅱ型のヘテロ二量体である。Ⅰ型およびⅡ型サブユニットにはさまざまな種類があり，それらの組合せによって多種の TGF-β ファミリー因子に対応する受容体を形成している。リガンドが結合するとⅡ型サブユニットはⅠ型サブユニットをリン酸化し，それは次に Smad と呼ばれる細胞内シグナル伝達タンパク質をリン酸化する。それらは，線虫，ショウジョウバエで発見されたそれぞれ Sma および Mad から名付けられた。リン酸化された Smad 自身は，co-Smad とも呼ばれる別のタイプの Smad と結合して転写調節複合体を形成し，核に移行して標的遺伝子を活性化，あるいは抑制する。さまざまな受容体は種々の Smad を用い，それによってさまざまな標的遺伝子セットを活性化する。Ⅰ型サブユニットの特性が，どの Smad を活性化するかを決定している。生物学的な応答は，活性化された標的遺伝子の組合せと細胞環境に依存している。

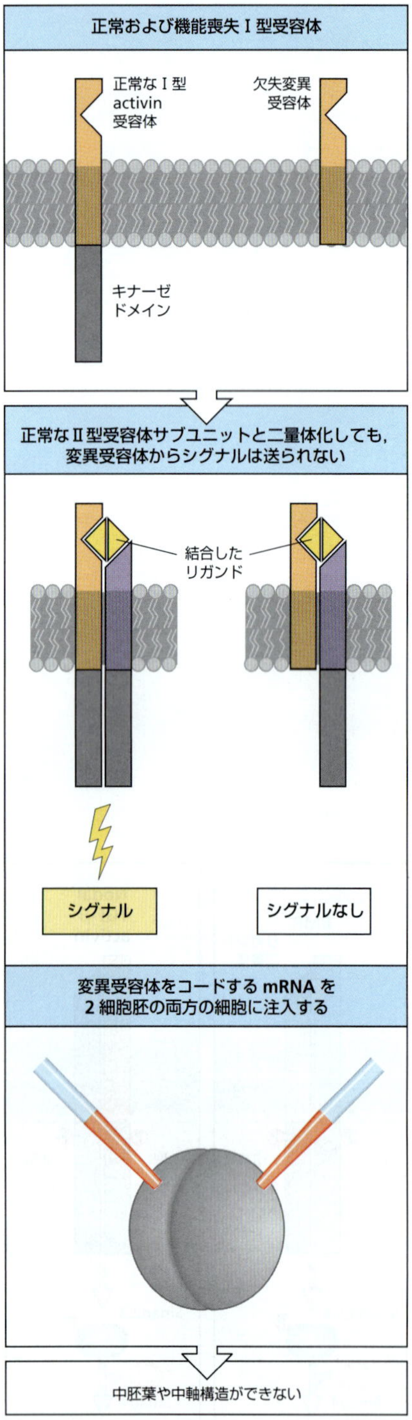

図 4.34　変異 activin 受容体は中胚葉誘導を阻害する

TGF-*β* ファミリータンパク質の受容体は二量体として機能する（**図 4.33** 参照）。細胞での受容体機能は，細胞内ドメインのほとんどを欠損しているため機能することができない変異受容体サブユニットをコードする mRNA を導入することで阻害できる。変異受容体サブユニットはリガンドと結合して正常な受容体とヘテロ二量体をつくるが，その複合体はシグナルを伝達できない。したがって，変異サブユニットは受容体機能を阻害するドミナントネガティブ型として作用する。変異 activin 受容体をコードする mRNA をアフリカツメガエルの 2 細胞期の 2 つの細胞に注入すると，中胚葉形成は阻害される。胚の最も前方の構造であるセメント腺を除いて，中胚葉も中軸構造もつくられない。

分を取り除くと *Xnr* 遺伝子や *Derrière* の発現は減少し，中胚葉がほとんどできなくなることから，VegT は中胚葉誘導に極めて重要であることがわかる。Xnr や Derrière の mRNA を注入すると，VegT を取り除いた胚の中胚葉誘導を回復させることができることから，それらは直接的な中胚葉誘導因子である可能性が高い。*Xnr-1*，*Xnr-4*，そして *Xnr-5* 遺伝子の mRNA が，頭部，体幹，尾部中胚葉をどれも回復することは，それらが中胚葉すべての全般的な誘導に関わっていることを示すものである。それに対して，*Derrière* mRNA は体幹と尾部のみを回復させることから，それだけでは最前部の中胚葉を誘導することができないことを示している。しかしながら，Nodal-related protein は二量体（**図 4.33** 参照）で作用し，胞胚の外植体における活性検出アッセイではそれらはヘテロ二量体を形成し，協同して中胚葉を誘導することができることが示されている。FGF シグナル（**Box 5B**, p. 193 参照）も中胚葉誘導に必要とされているが，それ自身では全般的な中胚葉誘導には十分でない。

膨大な量の実験によって，アフリカツメガエルの植物極側領域で Xnr が中胚葉誘導に適切な時間に勾配をつくって発現していること，そして背側および腹側中胚葉の発生運命の差は，異なる Xnr 混合物の発現，あるいは背腹軸に沿った Xnr の発現レベルの差によるものであろうことが明らかにされた。核に存在する *β*-catenin は，*Xnr* 遺伝子の転写を活性化する。したがって Xnr のレベルは，VegT シグナル，Xnr，そして *β*-catenin シグナルが重なる背側で最も高くなる（**図 4.35**）。

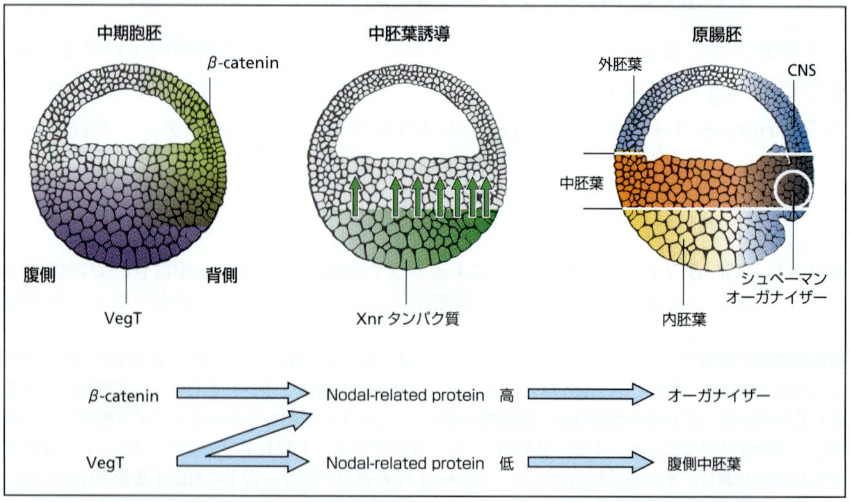

図 4.35　Nodal-related protein の勾配が，中胚葉誘導の初期シグナルを担っている可能性がある

植物極側領域の母性 VegT は，Nodal 関連遺伝子（*Xnr*）の転写を活性化する。背側での *β*-catenin の存在は，背側から腹側にかけて Xnr タンパク質の勾配をつくる。これらによって中胚葉が誘導され，高濃度では背側にシュペーマンオーガナイザーが指定される。この図は簡略化したもので，同様の活性を持つ Vg-1 や activin が省かれている。CNS＝中枢神経系。

Xnr のシグナルは Smad2 をリン酸化・活性化するが，抗リン酸化 Smad2 抗体で検出される Smad2 活性の波は，初期から中期原腸胚にかけて背側から腹側へ広がるようである。この事実すべてが，植物極領域から発せられる Nodal-related シグナルが最も集中し，また最も長く持続する場所でシュペーマンオーガナイザーが指定されるという考えと一致する。

4.17 オーガナイザーからのシグナルが，腹側シグナルに拮抗して中胚葉に背腹パターンをつくる

ここで私たちはようやく，中胚葉がいったん誘導された後に，それを背腹軸に沿ってパターン形成する他のシグナルについて考えることができる。中胚葉の腹側化は，BMP-4 と Xwnt-8 という 2 つのシグナル分子が，胞胚の腹側で高い活性を持つ勾配をつくることで起こる。最初 BMP-4 タンパク質はアフリカツメガエル胞胚全体に均一に発現し，胚性 Xwnt-8 タンパク質は予定中胚葉で産生される（**図 4.36**）。第 4.11 節で述べたように，BMP-4 の潜在的な中胚葉誘導およびパターン形成活性は，Ectodermin の作用によって赤道領域に限局されている。ドミナントネガティブ変異受容体（**図 4.34**）を発現させて BMP-4 の作用を胞胚全体で阻害すると，腹側の細胞が筋肉，脊索の両方に分化し，胚は背側化する。逆に BMP-4 の過剰発現は胚を腹側化する。

BMP-4 と Wnt-8 シグナルをより腹側に制限するのは，Nodal シグナルに応答してオーガナイザーが分泌し，BMP や Wnt-8 活性に拮抗する背側化シグナルである。これらのアンタゴニストのうち，最初に見つかったのは Noggin タンパク質で，これは BMP-4 活性を阻害する。胚を紫外線照射すると通常の β-catenin 経路では背側領域を指定できず，胚は腹側化するが，*noggin* 遺伝子は最初，このような腹側化胚を救助する因子のスクリーニングによって発見された。*noggin* 遺伝子はシュペーマンオーガナイザーで強く発現している（**図 4.37**）。Noggin タンパク質はアニマルキャップ外植体で中胚葉を誘導することはできないが，腹側帯域の組織を背側化することができることから，背腹軸に沿って中胚葉をパターン形成するシグナルの有力な候補とみなされている。その後，オーガナイザーは，アンタゴニストの混合物を分泌していることがわかった。それらは BMP アンタゴニストの Noggin，Chordin，Follistatin や，Wnt アンタゴニストの Frizzled-related protein（Frzb）である。シグナルを特定の領域に制限したり，シグナルのレベルを調整するためにアンタゴニストを用いることは，ニワトリやマウスにおける前方の指定や左右非相称性に関連してすでに述べたように，胚発生にはよく見られることである（第 4.6 節および第 4.7 節参照）。

Noggin，Chordin，Follistatin タンパク質は BMP-4 タンパク質と相互作用し，BMP-4 がその受容体と結合するのを妨害する。この方法で，BMP-4 活性が腹側で最も高く，将来の背側中胚葉ではほとんど，あるいは全く活性がなくなるように，背腹軸に沿った活性の機能的な勾配をつくっている。Frzb も同様に Wnt タンパク質に結合し，背側で作用しないように腹から背にかけた勾配をつくる。

さらに別のアンタゴニストには，BMP，Nodal-related protein，そして Wnt タンパク質を将来の前方組織で阻害する Cerberus がある。アフリカツメガエルでは，Cerberus はオーガナイザーと前方内胚葉で発現し，第 5 章で詳しく述べるように，中胚葉運命の抑制と前方構造，とくに頭部の誘導に関わっている。176 ページの表はアフリカツメガエルで同定された中胚葉誘導因子や中胚葉のパターン形成因子の主だったものをまとめたもので，**図 4.38** は胞胚期にそれぞれの胚葉でどの

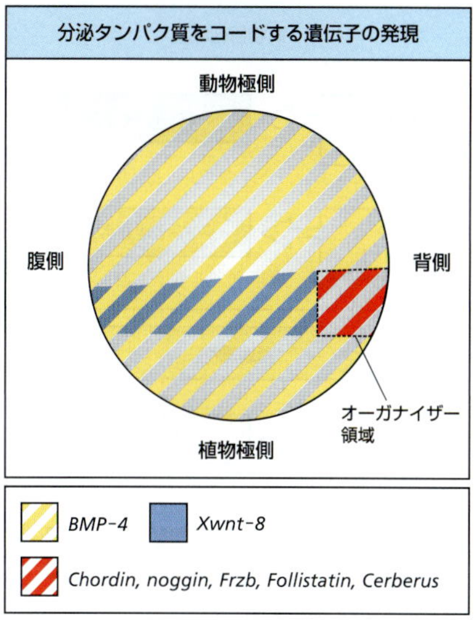

図 4.36　アフリカツメガエル胞胚での分泌タンパク質をコードする mRNA の分布

オーガナイザーでつくられる分泌タンパク質は，それぞれ胞胚，予定中胚葉全域で発現する BMP-4，Xwnt-8 の作用を阻害する。

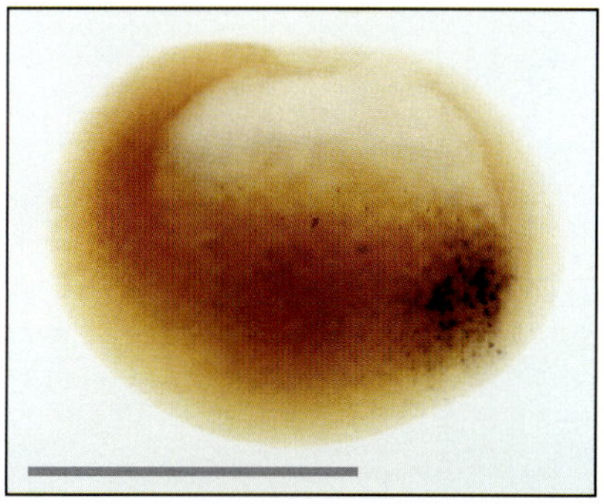

図 4.37　アフリカツメガエル胞胚における *noggin* の発現

noggin mRNA の染色によって，同 mRNA がシュペーマンオーガナイザーに局在していることがわかる。スケールバー＝1 mm。

写真は R. Harland 氏の厚意により Smith, W.C., et al.: 1992 から

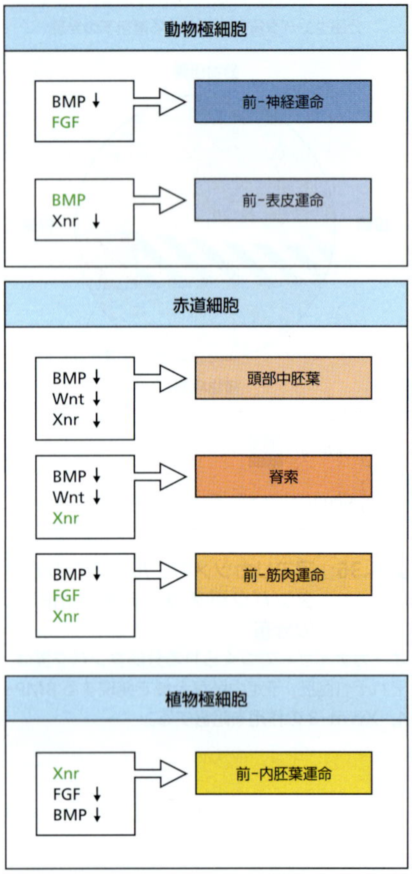

図 4.38 アフリカツメガエル胞胚の胚葉で活性を持つ，あるいは阻害されるシグナルの概要

アフリカツメガエルの胚葉の指定には主に3つの分泌性シグナルタンパク質のファミリーが関わっている。それらはFGF, BMP, そしてNodal(Xnr)である。緑字で示したものは活性があるもの，黒字で下向きの矢印がついたものは阻害されているものを示している。

Heasman, J.: 2006より改変

シグナルが活性化され，阻害されるのかをまとめたものである。

Chordin の BMP-4 に対する拮抗作用は，ハエの背腹軸のパターン形成におけるショウジョウバエ Sog（Chordin 相同分子）の Decapentaplegic［Dpp（BMP-4 相同分子）］の拮抗作用と酷似している（第 2.20 節参照）。しかしながら，ハエでは背腹軸が脊椎動物のそれと逆転していることから，BMP-4 が腹側を指定するのに対して，Dpp は背側を指定する（進化過程における背腹軸の逆転については第 15.6 節で述べる）。ショウジョウバエで Dpp 活性の勾配形成メカニズムを司る他の因子も，脊椎動物で保存されている。例えば，Xolloid はハエのメタロプロテアーゼ Tolloid のアフリカツメガエルにおける相同分子で，Chordin を分解する。Xolloid は Chordin の解除因子で，Chordin の長距離拡散の範囲を狭め，Chordin の背側化活性の勾配維持に寄与している。

ゼブラフィッシュの変異体スクリーニングによって，アフリカツメガエルにおいて中胚葉誘導や背腹軸パターンに関わる遺伝子と似た遺伝子が同定され，胚葉形成の指定に関する理解の大筋が正しいことが確認された。ゼブラフィッシュのシグナルタンパク質 Nodal-related 1（Ndr 1, 別名 Squint）は，β-catenin シグナルによって，卵黄多核層の背側とその上層で発現する。別の Nodal-related protein の Ndr 2（Cyclops）とともに，Ndr 1 は，胚盤周縁部を中内胚葉（将来の内胚葉と中胚葉）に指定するために必須である。高レベルの Nodal シグナルが内胚葉を指定し，より低いレベルでは中胚葉を指定する。*Ndr 1* と *Ndr 2* の二重変異体は頭部と体幹部の中胚葉を欠損するが，尾部ではいくらかの中胚葉ができる。Ndr タンパク質は Smad 2 を介してシグナルを伝達する。蛍光タグ（標識）をコードする配列と融合させた Smad 2 遺伝子を導入したトランスジェニックゼブラフィッシュでは，生きたままの胚で，Smad 2 の核への蓄積と，Smad 2 とその共役 Smad である Smad 4 との複合体形成を観察することができる。この実験は，Ndr1 によると思われる Nodal 型シグナルが，それらの胚の胚盤の中で，周縁部で最も高く，動物極に向かって徐々に低くなる勾配をつくって分布していることを明らかにした。また，それによって，Nodal シグナルの勾配がゼブラフィッシュの胚盤を内胚葉，中胚葉，そして外胚葉にパターン形成することが裏付けられた。Nodal シグナルはまた，胚盤周縁部の背側領域で最も高く，最も長時間作用しているように見えることから，中胚葉を背腹に沿ってパターン形成することにも寄与しているものと考えられる。アフリカツメガエルの中胚葉誘導および指定に関わる他のタンパク質の多くは，ゼブラフィッシュの中胚葉のパターン形成にも関わっているようである（ゼブラフィッシュの Chordin や BMP のように）。

4.18 シグナルタンパク質の勾配に対する閾値応答が，中胚葉をパターン形成するようである

前節で述べた中胚葉誘導およびパターン形成のシグナルは，例えば脊索，筋肉，あるいは血液など，中胚葉がさらに発生するために必要な特異的遺伝子を発現させることによって，発生における役割を果たす。T-box ファミリーの転写因子をコードする *Brachyury* 遺伝子は，すべての脊椎動物において最も早く発現する中胚葉マーカー遺伝子のひとつで，これは中胚葉の指定とパターン形成における非常に重要な転写因子であると考えられている。アフリカツメガエルでマウス *Brachyury* 遺伝子の役割を果たす *Xbra* は，中期胞胚遷移のすぐあとから後期胞胚および初期原腸胚の予定中胚葉全域に発現し（**図 4.39**），後に脊索（最も背側の中胚葉から派生する組織）と尾芽（後方中胚葉）に限局するようになる。*Brachyury*

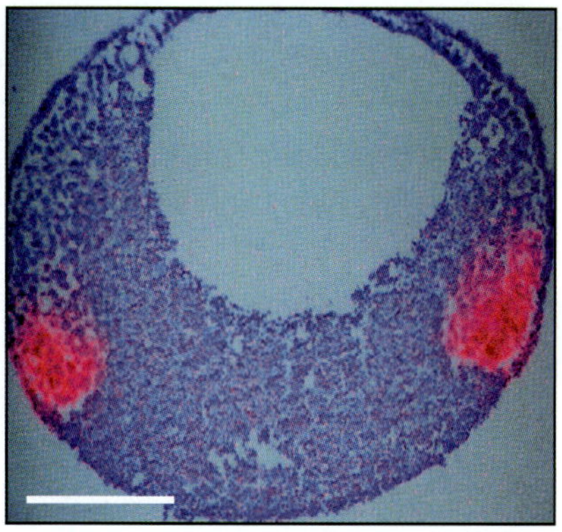

図 4.39 アフリカツメガエル胞胚における *Brachyury* の発現
動物-植物極軸に沿った胚の横断面は*Brachyury*（赤）が予定中胚葉で発現していることを示している。スケールバー=0.5 mm。
写真は M. Sargent，L. Essex 両氏の厚意による

は後方中胚葉の発生に必須である。同遺伝子はもともと，半優性変異の結果として短い尾を持つマウスから発見された。この変異はホモ接合体で後部中胚葉の発生が見られず，胚性致死となる（**図 1.13** 参照）。*No tail*（*Ntl*）と呼ばれるゼブラフィッシュ *Brachyury* 相同遺伝子の機能喪失でも，同様に尾が欠ける。中胚葉の指定に関わる *No tail* や他のゼブラフィッシュ遺伝子は，クロマチン免疫沈降とそれに続く DNA 配列決定（ChIP シークエンス）技術によって，遺伝子制御ネットワークとしての関係性が描かれている（**Box 4E**, p. 172）。

アフリカツメガエルのオーガナイザーや他の脊椎動物胚のオーガナイザー領域で特異的に発現する最初の胚性遺伝子のひとつは，ショウジョウバエの Gooseberry と Bicoid タンパク質の両方にやや似ている転写因子をコードすることから名前がつけられた *goosecoid* である。オーガナイザーに存在することと一致して，*goosecoid* mRNA を胞胚の腹側領域へ微量注入すると二次軸が形成され，シュペーマンオーガナイザー（**図 4.32**）の移植をある程度模倣することができる。他の転写因子の遺伝子もまた，オーガナイザー領域に特異的に発現する（**図 4.40** およびまとめの表 , p. 176）。

中胚葉に存在する分泌性のシグナルタンパク質がどのように *goosecoid* や *Brachyury* のような遺伝子を正しい場所に発現させるかはまだよくわかっていない。たとえば実験的には，*Brachyury* 遺伝子は activin によってアニマルキャップで誘導されるが，胚の予定中胚葉で通常は何がそれを誘導しているのかまだ不明である。もっとも考えられる可能性が Vg-1 と Xnr の協同作用であり，それらの発現はおそらく FGF によって維持されている。前節で学んだように，発生遺伝子の発現開始のための位置情報を与える分泌性のシグナル分子の活性勾配が，中胚葉全域に存在する。

TGF-β ファミリー因子の activin を用いた実験は，拡散タンパク質がどのように特定の遺伝子を決まった閾値濃度で発現させ，組織をパターン形成できるのかについて，優れた例を示している。activin それ自身は胚の中で初期中胚葉のパターン形成を担っていないようであるが，activin は Xnr と同じ受容体を介して作用し，アフリカツメガエル胞胚由来のアニマルキャップは，増加する activin 量に応じて，異なる閾値濃度で異なる中胚葉遺伝子を活性化する。この外植体を用いた実験系では activin 濃度が高くなるにつれて，背腹軸に沿った異なる領域に一致した，いくつかの細胞状態が指定される。activin 濃度が最も低い場合には表皮遺伝子だけが活性化され，中胚葉は誘導されない。そして，その濃度が高くなるにしたがって，アクチンをコードする遺伝子のような筋特異的遺伝子とともに，*Brachyury* が発現するようになる。さらに activin 濃度が高くなると，中胚葉の最も背側の領域で

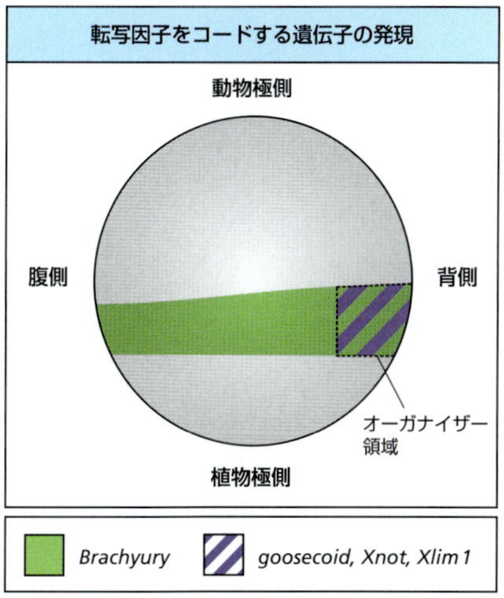

図 4.40 アフリカツメガエル後期胞胚における転写因子遺伝子の発現
転写因子をコードするいくつかの胚性遺伝子の発現領域は，mRNA の分布で見ると，指定図の区分と非常によく対応する。*Brachyury* は将来の中胚葉と非常によく一致して，胚を取りまいて円周状に発現する（**図 8.28** も参照）。いくつかの転写因子はシュペーマンオーガナイザーに相当する背側中胚葉領域に特異的に発現し，これはオーガナイザー機能に必須である。Xnot タンパク質は脊索の指定に重要な役割を持っているようであり，また Goosecoid や Xlim1 の機能はシュペーマンオーガナイザーが新しい頭部形成を誘導するのに必要とされる。

Box 4E ゼブラフィッシュの遺伝子制御ネットワーク

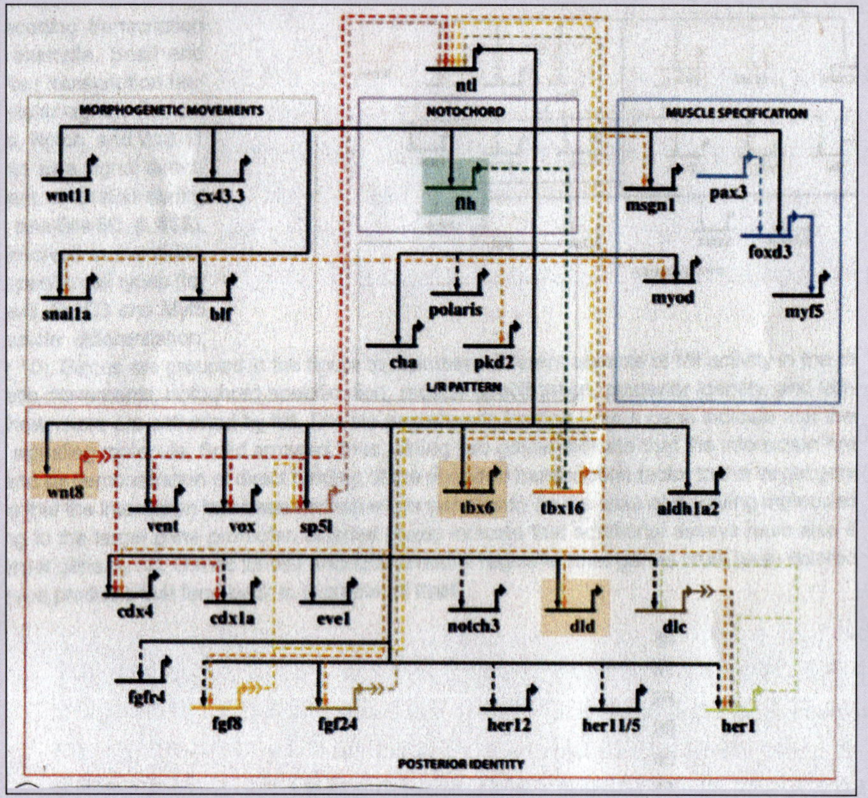

ゼブラフィッシュの転写因子No-tail（Ntl）はマウス中胚葉の転写因子Brachyuryのホモログで，クロマチン免疫沈降法とそれに続くDNA配列決定（ChIPシークエンス，**図3.35**参照）によって，中胚葉の指定，パターン形成，および分化に関わるNtlの標的遺伝子が明らかにされた。Ntlは，転写因子［例えばSnailやT-box（Tbx）転写因子］，細胞間シグナル（例えばFGF，Notchや後期の原腸形成で収斂伸長の制御に関わるWnt-11：**Box 8C**，p. 324参照）をコードする遺伝子や，特定の細胞タイプの分化に関わる遺伝子（例えば筋肉分化に関わる転写因子Pax3，FoxD3，Myf5をコードする遺伝子：第10章参照）のネットワークを活性化する。

図中で，遺伝子は，形態形成運動，脊索指定，筋肉指定，後方特性誘導，左右パターン形成など，中胚葉におけるNtlの多様な活性によってそれぞれ分類されている。ここに示された全ての遺伝子の発現はNtlで活性化される。遺伝子から伸びた二重の矢頭は，その遺伝子産物が細胞間シグナル伝達因子であることを示している。2つの遺伝子を結ぶ実線の矢印は，その相互作用が遺伝学的に，そしてコードする転写因子がその標的遺伝子のプロモーターに直接結合することの両方が確かめられていることを示す。破線は，相互作用が遺伝学的（シグナル伝達分子の場合）に，もしくは転写因子がその標的遺伝子のプロモーターに結合することが確認されていることを示す。網がけしたボックスは，Ntlによる直接的な制御がさらに別の実験で示されていることを示す。他の遺伝子を制御するタンパク質をコードする遺伝子は，わかりやすくするために色づけをしている。*ntl*遺伝子自身の発現を制御するためにフィードバックする遺伝子産物の多さに注目してほしい。

図はMorley, R.H.: 2009より

脊索をつくるオーガナイザーと同じように*goosecoid*を発現するようになる（**図4.41**）。したがって，背腹軸に沿った増殖因子シグナルの勾配が，原理的にどのようにして転写因子を特定の場所に発現させて組織をパターン形成することができるのかがわかるだろう。activin濃度の1.5倍の増加は，アニマルキャップ外植体での筋肉の形成を脊索の形成へと変化させるのに十分である。しかし，胚のなかで，必要とされるような正確さを伴ってどのように勾配ができるのかは不明である。モルフォゲンの単純拡散の可能性もあるが，ショウジョウバエDppの勾配形成で学んだように，より複雑な方法がとられていると考えて良いだろう（第2.20節参照）。勾配形成に関わるいくつかの共通な細胞メカニズムについては，**Box 11A**，p. 441に記されている。

細胞はどのようにシグナルの濃度の違いを見分けるのだろうか？　細胞あたりactivinが受容体わずか100個に結合するだけで*Brachyury*遺伝子発現は活性化

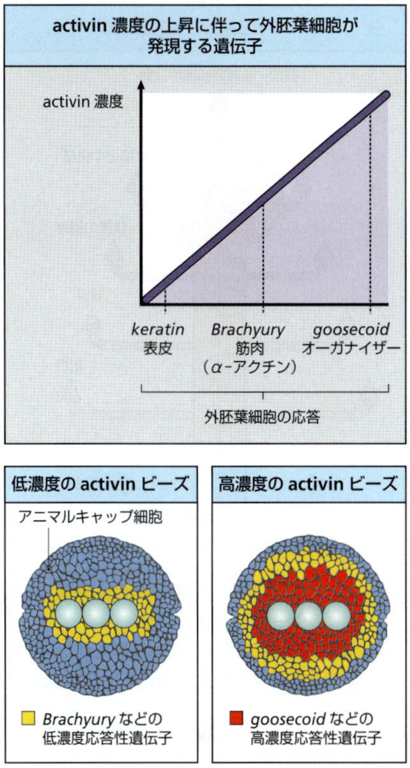

図 4.41 activin 濃度の上昇に対するアフリカツメガエル組織の段階的な応答
アニマルキャップ細胞を異なる濃度の activin で処理すると，上のパネルで示すように，濃度依存的に特定の遺伝子が活性化される。activin の中間的濃度では *Brachyury* が誘導され，オーガナイザー領域で発現する典型的な遺伝子 *goosecoid* は高濃度の場合だけ誘導される。もし低濃度の activin を放出するビーズをアニマルキャップ細胞の塊の中央に置くと（左下パネル），*Brachyury* のような低濃度応答性の遺伝子の発現が，ビーズのすぐ周りでだけ誘導される。高濃度の activin ビーズの場合（右下パネル），*goosecoid* や他の高濃度応答性遺伝子がビーズ周辺で誘導され，低濃度応答性遺伝子はより遠くで誘導される。

されるが，*goosecoid* 遺伝子が発現するには 300 個の受容体に結合しなければならない。しかし，シグナルの強度と遺伝子発現の関係はそれほど単純なものではないだろう。細胞内シグナル調節にはさらにいくつかの階層があり，たとえば高濃度の activin で *goosecoid* を発現する細胞は，同時に *Brachyury* を抑制する。これは Goosecoid タンパク質自身と他のタンパク質との作用の結果である。

ゼブラフィッシュからも，分泌性モルフォゲンが中胚葉遺伝子を閾値濃度により活性化することを示した優れた知見が得られている。ゼブラフィッシュで想定されるモルフォゲンは，中胚葉のパターン形成に関わる Ndr1（第 4.17 節参照）である。*Ndr1* mRNA をゼブラフィッシュ初期胚の 1 つの細胞に注入すると，高い閾値を持つ Ndr1 標的遺伝子は隣接する細胞で活性化されるが，低い閾値を持つ遺伝子はより遠くの細胞で活性化される。

4.19 ニワトリやマウスの中胚葉誘導およびパターン形成は，原条形成期に起こる

ニワトリではほとんどの中胚葉誘導およびパターン形成は原条で起こる。原条形成より前に単離したニワトリ胚盤葉上層は，血管，血球，いくらかの筋肉などの中胚葉をつくるが，脊索のような背側中胚葉構造はつくらない。しかしながら，単離した胚盤葉上層を activin で処理すると，さらに脊索や多くの筋肉をつくるようになる。これはアフリカツメガエルと同様に，ニワトリでも Nodal のような TGF-βファミリー因子が，中胚葉誘導因子や中胚葉パターン形成シグナル（あるいはその両方）として作用することを示すものである。

第 4.4 節で学んだように，ニワトリ胚の後方境界領域は原条形成に非常に重要で，同領域は中胚葉誘導およびパターン形成のためのシグナルを供給する。原条形成は，Wnt-8c と Vg-1 の作用によって後方境界領域で開始される。Wnt-8c は後方で高い勾配をもって境界領域全域にわたって存在し，Vg-1 は境界領域の後方に局在している。いったん胚盤葉下層とその阻害シグナルがエンドブラストで置き換えられると，Vg-1 と Wnt-8 は後方境界領域と原条に Nodal の発現を誘導する（**図 4.42**）。線維芽細胞増殖因子（fibroblast growth factor：FGF）はコラーの鎌で発現し，Nodal とともに，原条形成および中胚葉形成による胚盤葉上層細胞の内部侵入を誘導する。タンパク質の Chordin は原条の先端（前端）の細胞でだけつくられ，アフリカツメガエルでの作用と同様に，原条の外にある細胞から分泌され，中軸中胚葉の形成を阻害する骨形成タンパク質（bone morphogenetic protein：BMP）のシグナル活性に拮抗する。これら全てのシグナルが，原条形成と完全な

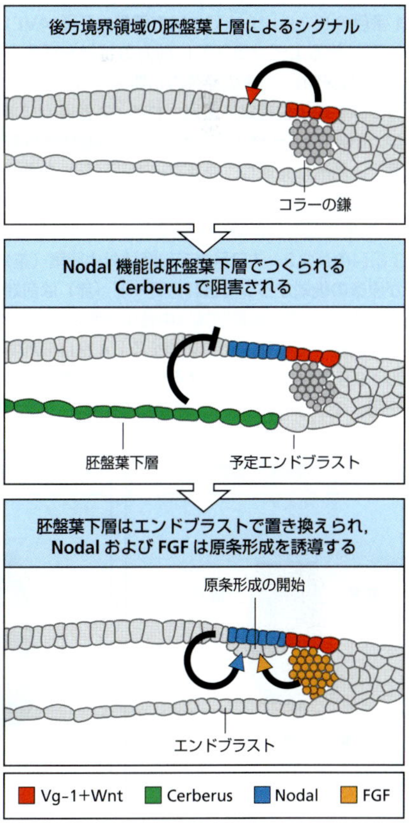

図 4.42 原条形成を開始するニワトリ胚盤葉上層後方境界領域のシグナル
コラーの鎌の上部にある後方境界領域の胚盤葉上層細胞は，Vg-1 や Wnt を分泌する。これらのシグナルは隣接する胚盤葉上層細胞で *nodal* の発現を誘導するが，Nodal タンパク質の機能は胚盤葉下層でつくられる Cerberus で阻害される。胚盤葉下層がエンドブラストによって排斥されると，胚盤葉上層の Nodal シグナルとコラーの鎌からの FGF シグナルが胚盤葉上層細胞の移入と原条形成を誘導する。

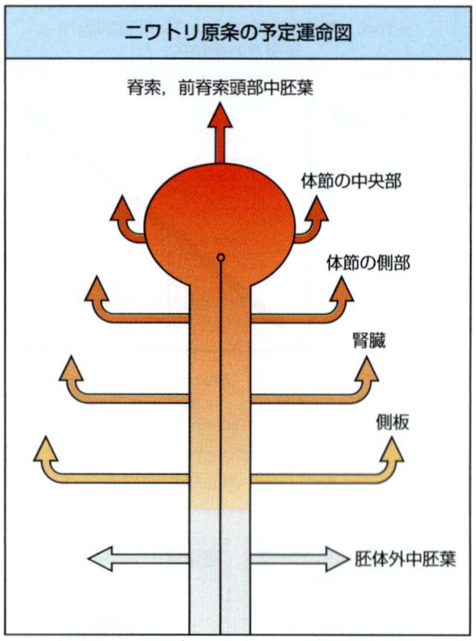

図 4.43　ニワトリ原条内で中胚葉はパターン形成される
原条の異なる部位がさまざまな運命を持った中胚葉になる。矢印は中胚葉細胞の移動を示している。

機能を持ったヘンゼン結節には必要である。

原条の異なる領域が背腹軸に沿って異なる中胚葉組織になるといったように，中胚葉のパターン形成は原条の中でも起こる。ヘンゼン結節を含む原条の先端は脊索や体節になり，原条の後方は血液や血管，そして胚体外中胚葉などを含む側方中胚葉になる（**図 4.43**）。したがって，原条の前後軸は胚の将来の前後軸の向きを表すものの，中胚葉の背腹軸パターン形成も最初はこの軸に沿って起こる。これは，より後方の細胞が徐々に前方に移動し，そして前後軸と直交する背腹軸に沿ったそれぞれの位置を占めるために外側に移動することによって起こる。

マウスでは，中胚葉誘導はおおよそ E6 にでき始める原条の中でのみ起こるが，それはエピブラストの端の小さな領域から始まる（**図 3.24** 参照）。この領域は，後に前方臓側内胚葉（AVE）となる遠位臓側内胚葉の移動により，胚の前端が決定されることによって指定される。前方外胚葉が決定されると，将来の中胚葉に特徴的な遺伝子を発現する近位エピブラスト細胞が後方の近位領域に収斂し始め，収斂地点から原条形成を開始する（**図 4.44** の左から 1 つ目，2 つ目のパネル）。BMP-4 はエピブラストの近位辺縁のすぐ上の胚体外外胚葉で発現し，隣り合う近位エピブラストで中胚葉マーカーの発現を活性化する。Nodal は原条の後端の確立，そして中胚葉を形成するために必要とされ，Wnt とともに原条で発現する。Nodal 機能を欠損した変異体では中胚葉はできない。Nodal および Wnt シグナルをそれぞれ阻害する Cerberus-like 1 や Dickkopf といった分泌性アンタゴニストをコードする遺伝子は胚の前側で発現し，AVE およびその上層の外胚葉で BMP-4，Nodal，そして Wnt シグナルを阻害する。これによって外胚葉は前方組織になることができるのである。これらすべてのことは，他の脊椎動物と同様に Nodal シグナルの勾配がマウス胚をパターン形成し，高レベルの Nodal はエピブラストの近位後方領域に限局され，また原条誘導に必要とされることを示している。Nodal シグナルはまた，量依存的に中内胚葉や中胚葉をパターン形成し，消化管内胚葉や脊索前板は高レベル，ノードは中間レベル，沿軸中胚葉や側板中胚葉は低レベルの Nodal シグナルで指定される。

マウスでは，ニワトリと同様に，中胚葉のパターン形成は原条の中で起こり，原条のどの位置で細胞が侵入するかによって最終的な細胞の運命が決められる。最も早期に侵入する細胞は原条後方にあって胚体外組織になるが，より中間および前方領域に侵入する細胞は側方中胚葉に，そして原条の前端に侵入する細胞は前方の中内胚葉になる。胚の中にいったん入ると，原条の前端の細胞は正中線に沿って前方に移動して上層の神経外胚葉をパターン形成し，そして脊索のような背側中胚葉になる。原条の最前端では，内胚葉になる細胞も侵入する。これら全ての細胞系譜が

図 4.44　マウス胚における原条の指定
1 番目のパネル：E6 までに前方臓側内胚葉（AVE）は下にあるエピブラストに前方の特徴を誘導し（小さな矢印），将来の原条の初期マーカーはエピブラストの近位辺縁に限局される。2 番目のパネル：BMP-4（赤色の点）が隣り合う胚体外外胚葉で一時的に発現し，原条マーカー（紫）を発現する細胞の後方への移動（白の矢印）は，E6.5 で AVE と反対側に原条を形成させることになる。3 番目のパネル：7 日目までに胚体外中胚葉（茶）が原条の後端からつくられ，ノード（赤）は前端を形成する。原条の最前端は中軸中内胚葉となり，脊索前板や消化管内胚葉をつくる。4 番目のパネル：6.5 日目の原条における分子の相互作用の予想図。Gsc は goosecoid を表している。

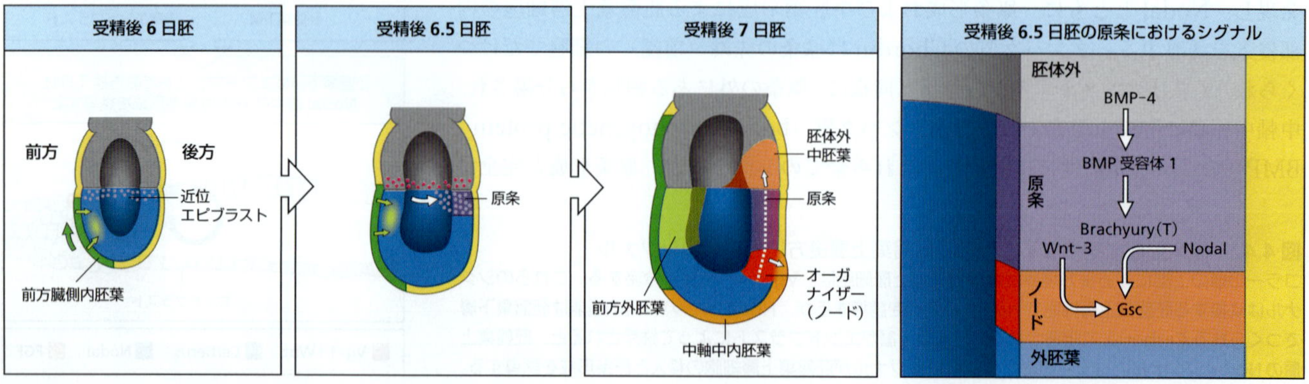

どのように原条の先端で分離されるのかについてはまだわかっていない。

中胚葉の誘導および初期パターン形成をみると，私たちは典型的な脊椎動物のボディプランの最終的な出現について思いを巡らせることができる。次章では，原腸形成期に起こる前後軸に沿った胚葉のパターン形成，神経系の初期形成，中胚葉からの脊索や体節の発生について考える。

まとめ

カエル，ゼブラフィッシュ，ニワトリ，そしてマウスの予定運命図には際立った類似性がある。両生類における将来の内胚葉のように，いくつかの領域は母性因子によって指定されることについて十分な証拠があるが，胚はなお，胞胚期にかなりの調節作用を受ける。このことは，たとえ両生類の初期発生においても，細胞に内在する因子よりむしろ細胞間の相互作用が中心的な役割を果たしていることを示している。この戦略はマウスやニワトリではより顕著であり，それが細胞運命を決定するといってもよいほどである。

アフリカツメガエルでは，中胚葉とわずかの内胚葉は植物極側のシグナルによって，胞胚の赤道領域で将来の外胚葉から誘導される。背腹軸に沿った中胚葉のパターン形成は腹側から背側にかけて，血液や血管，腎臓などの内臓器官，体節，そして最も背側の中胚葉であり脊索をつくるオーガナイザー領域を生む。胞胚の腹側に由来するシグナルは，腹側中胚葉を特徴付ける。これらのシグナルはオーガナイザーから分泌されるシグナルによって弱められ，その効果が制限される。

タンパク質性増殖因子 TGF-β ファミリーは，中胚葉誘導因子および中胚葉のパターン形成因子の有力な候補である。Noggin や Chordin など他の分泌性タンパク質は BMP-4 の作用を阻害することで，背側中胚葉の指定に関わっている。*Brachyury* や *goosecoid* は初期中胚葉で発現する転写因子をコードする遺伝子で，それらの発現パターンは，特定の閾値濃度で遺伝子が活性化するといったように，シグナルタンパク質の勾配で決められているようである。

まとめ：アフリカツメガエルにおける中胚葉誘導

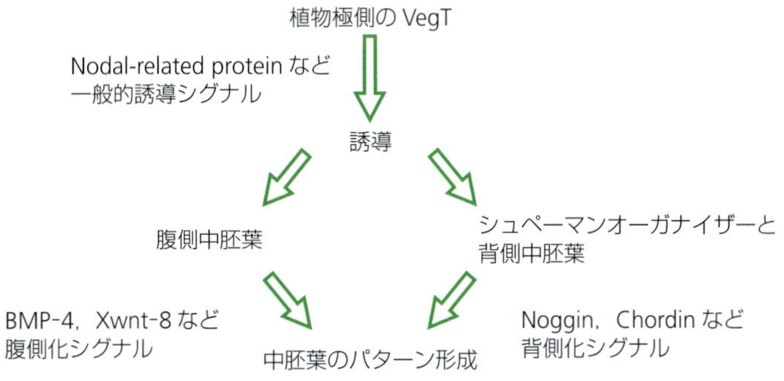

第 4 章のまとめ

すべての脊椎動物は共通の基本的なボディプランを持っている。初期発生期にはこのボディプランのうち前後軸，背腹軸ができあがる。このメカニズムはカエル，ニワトリ，ゼブラフィッシュ，そしてマウスで異なるようであるが，局在する母性決定因子，細胞外シグナル，そして細胞間相互作用が関わっているようである。この初期のパターン形成は左右非相称性も確立する。中胚葉，内胚葉，外胚葉という三胚葉の予定運命図を初期胚に作成することが可能である。さまざまな脊椎動物の予定運命図には著しい類似性がある。この初期段階の胚はまだかなり調節が可能で，このことは細胞間相互作用が発生に不可欠であることを強調している。アフリカツメガエルでは，胞胚の異なる領域から発せられたシグナルが中胚葉誘導や初期のパターン形成に関わっている。これらのシグナルの有力な候補が同定されており，それにはTGF-βファミリー因子やWntタンパク質が含まれている。ある特定の濃度でこれらのシグナルは*Brachyury*などの中胚葉特異的遺伝子を活性化する。したがって，勾配が中胚葉をパターン形成できるのである。この表は，本章でアフリカツメガエルに関して扱われた遺伝子の全てを列挙したものである。

要約：アフリカツメガエルにおける体軸および胚葉パターン形成に関わる主な遺伝子

遺伝子	母性／胚性	タンパク質の分類	発現場所	タンパク質の機能
胚葉と背腹軸の指定				
VegT	母性	転写因子	植物極領域	内胚葉の指定；中胚葉誘導因子発現の活性化
Ectodermin	母性	ユビキチンリガーゼ	動物半球	外胚葉の指定；中胚葉形成の阻害
Vg-1	母性	TGF-βファミリー	植物極領域；RNAは受精後背側に多い	中胚葉誘導
Xwnt-11	母性	Wntファミリー	植物極領域；RNAは受精後背側に輸送される	背側構造の指定およびオーガナイザー形成
Dishevelled	母性	Wnt経路シグナルタンパク質	受精後に胚の背側に移動する小胞にあるタンパク質	背側構造の指定およびオーガナイザー形成
β-catenin	母性	Wnt経路で作用；遺伝子発現調節	Wntシグナル伝達に応答し，背側の核に蓄積するタンパク質	背側構造の指定およびオーガナイザー形成
GSK-3	母性	プロテインキナーゼ	背側で分解されるタンパク質	背側化シグナルの抑制
axin	母性	β-cateninと結合	RNAは受精卵全域に存在する；腹側より背側に多い	背側化シグナルの抑制
Derrière	胚性	TGF-βファミリー	植物半球および帯域	後方中胚葉の誘導
Xnr-1, 2, 4, 5, 6	胚性	TGF-βファミリー	植物半球および帯域；背側により多い	中胚葉誘導
FGF	胚性	分泌性シグナル	植物半球および帯域	後方中胚葉の発生
中胚葉のパターン形成				
Brachyury	胚性	転写因子	予定中胚葉全域	後方中胚葉の形成
Xwnt-8	胚性	Wntファミリー	予定中胚葉の腹側および側方領域	中胚葉の腹側化
BMP-4	胚性	TGF-βファミリー	後期胞胚全域；後にオーガナイザーから消失	中胚葉の腹側化
Activin	胚性	TGF-βファミリー	後期胞胚／初期原腸胚	中胚葉誘導およびパターン形成
オーガナイザー機能				
siamois	胚性	転写因子	ニューコープセンター	オーガナイザーの誘導
noggin	胚性	分泌性シグナル	シュペーマンオーガナイザー	BMP-4の阻害による中胚葉の背側化
chordin	胚性	分泌性シグナル	シュペーマンオーガナイザー	BMP-4の阻害による中胚葉の背側化
frizbee	胚性	分泌性シグナル	シュペーマンオーガナイザー	Xwnt-8の阻害による中胚葉の背側化
cerberus	胚性	分泌性シグナル	シュペーマンオーガナイザー	Wnt，Nodal-related proteinおよびBMPシグナル経路の阻害による頭部形成の促進
goosecoid	胚性	転写因子	シュペーマンオーガナイザー	オーガナイザー機能
Xlim-1	胚性	転写因子	シュペーマンオーガナイザー	原腸形成および頭部形成
Xnot	胚性	転写因子	シュペーマンオーガナイザー	脊索の指定

章末問題

記述問題

1. アフリカツメガエル胚の形成は，背腹軸の確立から始まる。この現象で非常に重要なことは，背側帯域の細胞に β-catenin が蓄積することである。この蓄積に至るまでの一連のできごとについて述べよ。その際，卵母細胞への母性因子の分配，精子侵入に伴うできごと，表層回転，そして Wnt シグナル経路も含めよ。

2. 卵の紫外線照射および胚のリチウム処理の腹側化効果について，分子レベルで説明せよ。

3. ニューコープセンターとしても知られるアフリカツメガエル胞胚のオーガナイザーは，さまざまな実験でその性質が明らかにされた。次の実験の結果について述べよ。
a) 4 細胞期の胚の背側の 2 細胞を腹側の細胞から分離すると，それぞれの半胚はどのように発生するか
b) 後期胞胚の動物極側の細胞を，背側植物極側細胞と共に培養するとどうなるか
c) 32 細胞期の背側植物極側細胞を，初期原腸胚の腹側帯域に移植するとどうなるか

4. 次の実験の結果はどのようなものになるか。
アフリカツメガエル初期原腸胚の原口背唇部を別の初期原腸胚の腹側帯域に移植する（第 1.4 節参照）。また，この結果はどのように説明できるか。

5. 受精卵や初期胚に存在する VegT の，アフリカツメガエルの胚発生における役割を述べよ。それはどのようなタンパク質か：それは母親から供給されるのか，あるいは胚自身の遺伝子から転写・翻訳されるのか；受精卵のどこに局在するのか；どの胚葉の指定に関わっているのか；そして単独あるいは他のタンパク質と協同で作用するのかについても答えよ。

6. ニワトリ胚の後方境界領域とは何か。そしてそれはニワトリの発生にどのような意義があるのか。その形成を導く外的要因と，それに関わるシグナル分子について述べよ。

7. 左右非相称性の確立は，TGF-β ファミリー因子 Nodal が右側に対して左側でより高レベルにあることと関連している。この Nodal 濃度の非相称性をつくるのに作用しているのは何か。答えに正のフィードバック，Notch シグナル，Sonic hedgehog シグナル，そして Lefty タンパク質を含めて述べよ。

8. アフリカツメガエル原腸形成を単純に見ると，胞胚は柔らかいボール，そして原腸形成期の細胞の陥入は，原口から指を腹側に届くまで突っ込んだ状態と似ているだろう。アフリカツメガエル胚の予定運命図をよく見て（**図 4.19**），この単純な見方の問題点は何か述べよ。ツメガエルにおけるこの過程をより正確に記述せよ（**図 3.6** 参照）。そして，この単純な陥入方法では，中胚葉は胞胚のどこに位置することになるか。

9. 指定，決定，分化は，細胞の成長における異なる状態を表している。それぞれの用語を定義し，これを区別するためにどのような実験が用いられるか述べよ（第 1.8 節，1.12 節，4.11 節を参照して答えよ）。指定と決定の間には，分子レベルで細胞の中にどのような変化が起こっているか推察せよ。

10. 両生類胚の初期発生は，中期胞胚遷移までかなりの部分は母性因子によって進行する。中期胞胚遷移とは何か。それがどのようにして起こるのかを説明するモデルはどのようなものか。どのような実験結果がそのモデルを支持しているのか。

11.「ニューコープセンターを含む背側の植物極側組織はアニマルキャップ細胞から脊索や筋肉を誘導するが，腹側の植物極側組織は主に造血組織とわずかの筋肉を誘導する」（第 4.14 節）。これらの観察の重要な点は何か。これらの観察結果を説明するには，どのようなシグナル伝達が必要か。

12. 体軸形成の初期に，アフリカツメガエル胚の片側で転写因子 β-catenin が細胞核へ蓄積する。これは胚のどちらの側を指定するのか。β-catenin の作用がどのようにシュペーマンオーガナイザーの指定に至るのかについて簡潔に述べよ。

13. 胞胚に存在する TGF-β ファミリー因子 BMP-4 の発生における機能は何か。BMP-4 は初期には胞胚全域に存在するが，その効果はどのように外胚葉の（a），背側中胚葉の（b）という特定の領域に限局されるのか［（a）と（b）に入る語は何か］。

14. TGF-β シグナル経路は，進化の過程におけるシグナル伝達系の驚くべき保存性の好例である。アフリカツメガエルの BMP-4 の活性と，ショウジョウバエの Decapentaplegic の活性を比較せよ。この 2 つのシステムで，これらのシグナル因子のアンタゴニストもやはり相同か。

15. この章で，我々は発生における転写調節と細胞間シグナルの重要性について学んできた。もし，あなたが，脊椎動物の中胚葉の指定やパターン形成のメカニズムについてさらに深く学ぶために，転写因子，TGF-β ファミリーシグナル，Wnt ファミリーシグナルのいずれかを選ばなければならないとしたら，どれを選ぶか。そしてその理由について述べよ。

選択問題
それぞれの問題で正解は 1 つである。

1. 神経系，心臓，そして肝臓は，それぞれ______，______，そして______からできる。
a) 全て中胚葉
b) 外胚葉，中胚葉，内胚葉
c) 内胚葉，中胚葉，外胚葉
d) 中胚葉，外胚葉，内胚葉

2. アフリカツメガエルの背腹軸の位置は______によって決定されるが，ニワトリの前後軸の位置は______によって決定される。
a) 重力，精子侵入点
b) 両方とも母性因子
c) 卵室における位置，重力
d) 精子侵入点，重力

3. アフリカツメガエルの“オーガナイザー”は______に必要である。
a) 近傍の細胞の中胚葉運命への誘導
b) 陥入と原腸形成
c) 胚の背側の指定
d) 上記のすべて

4. アフリカツメガエル胚のオーガナイザーを指定する鍵因子はどれか。
a) GSK-3β
b) Xfz7
c) Xwnt-11
d) β-catenin

5. キメラマウスはどのように作製するか。
a) 桑実胚を2つの割球集団に分け，それぞれの集団から胚を発生させる
b) ある胚盤胞の内部細胞塊の細胞を，同じ遺伝子構造を持つ別の胚盤胞の内部細胞塊に導入する
c) 受精卵を2分し，それぞれを別々に発生させる
d) ある胚盤胞の内部細胞塊の細胞を，異なる遺伝子構造を持つ別の胚盤胞の内部細胞塊に導入する

6. カエル胞胚の動物極側の細胞（アニマルキャップ細胞）を，植物極側領域の細胞と直接接触させておくとどのような結果になるか。
a) 胚は外胚葉と内胚葉由来組織だけをつくる
b) 植物極側細胞から誘導され，アニマルキャップ細胞は中胚葉由来組織をつくる
c) 胚は調節して正常な胚をつくる
d) アニマルキャップから誘導され，植物半球の細胞は中胚葉由来組織をつくる

7. 母性因子の説明として正しいものはどれか。
a) 多くの種の卵にある栄養に富んだ卵黄
b) 母親由来の半数体ゲノムによって胚に寄与する遺伝子
c) 子宮の中で哺乳動物の胚が受けるホルモン作用
d) 母親によって卵に蓄えられた，発生制御活性を持つ mRNA やタンパク質

8. Noggin タンパク質の活性はどれか。
a) BMP-4 に拮抗して中胚葉の腹側化を阻害すること
b) Noggin シグナル経路を介してオーガナイザーを確立すること
c) 中胚葉運命を指定すること
d) 頭部をつくる胚の前方端細胞を決定する遺伝子を活性化すること

9. Vg-1, Xnr, BMP と activin はすべて，どのシグナル分子ファミリーのメンバーか。
a) FGF
b) Hedgehog
c) TGF-β
d) Wnt

選択問題の解答
1:b, 2:d, 3:b, 4:d, 5:d, 6:b, 7:d, 8:a, 9:c

●各節の理解を深めるための参考文献

4.1 アフリカツメガエルやゼブラフィッシュでは，動物-植物極軸は母性因子によって決定される

Heasman, J.: **Patterning the early *Xenopus* embryo.** *Development* 2006, **133**: 1205–1217.

Schier, A.F., Talbot, W.S.: **Molecular genetics of axis formation in zebrafish.** *Annu. Rev. Genet.* 2005, **39**: 561–613.

Weaver, C., Kimelman, D.: **Move it or lose it: axis specification in *Xenopus*.** *Development* 2004, **131**: 3491–3499.

4.2 転写調節因子β-catenin の局所的な安定化は，アフリカツメガエル胚，ゼブラフィッシュ胚の将来の背側とオーガナイザーの位置を指定する

Dosch, R., Wagner, D.S., Mintzer. K.A., Runke, G., Wiemelt, A.P., Mullins, M.C.: **Maternal control of vertebrate development before the midblastula transition: mutants from the zebrafish I.** *Dev Cell* 2004, **6**: 771–780.

Gerhart, J., Danilchik, M., Doniach, T., Roberts, S., Browning, B., Stewart, R.: **Cortical rotation of the *Xenopus* egg: consequences for the antero-posterior pattern of embryonic dorsal development.** *Development* **(Suppl.)** 1989, 37–51.

Heasman, J.: **Maternal determinants of embryonic cell fate.** *Semin. Cell Dev. Biol.* 2006, **17**: 93–98.

Kodjabachian, L., Dawid, I.B., Toyama, R.: **Gastrulation in zebrafish: what mutants teach us.** *Dev. Biol.* 1999, **126**: 5309–5317.

Logan, C.Y., Nusse, R.: **The Wnt signalling pathway in development and disease.** *Annu. Rev. Cell Dev. Biol.* 2004, **20**: 781–801.

Pelegri, F.: **Maternal factors in zebrafish development.** *Dev. Dyn.* 2003, **228**: 535–554.

Sokol, S.Y.: **Wnt signaling and dorso-ventral axis specification in vertebrates.** *Curr. Opin. Genet. Dev.* 1999, **9**: 405–410.

Tao, Q., Yokota, C., Puck, H., Kofron, M., Birsoy, B., Yan, D., Asashima, M., Wylie, C.C., Lin, X., Heasman, J.: **Maternal wnt 11 activates the canonical wnt signaling pathway required for axis formation in *Xenopus* embryos.** *Cell* 2005, **120**: 857–871.

4.3 シグナルセンターは，アフリカツメガエルやゼブラフィッシュの背側にできる

Smith, J.: **T-box genes: what they do and how they do it.** *Trends Genet.* 1999, **15**: 154–158.

Vonica, A., Gumbiner, B. M.: **The *Xenopus* Nieuwkoop center and Spemann-Mangold organizer share molecular components and a requirement for maternal Wnt activity.** *Dev. Biol.* 2007, **312**: 90–102.

4.4 ニワトリ胚盤葉の前後軸および背腹軸は，原条と関係する

Bertocchini, F., Skromne, I., Wolpert, L., Stern, C.D.: **Determination of embryonic polarity in a regulative system: evidence for endogenous inhibitors acting sequentially during primitive streak formation in the chick embryo.** *Development* 2004, **131**: 3381–3390.

Khaner, O., Eyal-Giladi, H.: **The chick's marginal zone and primitive streak formation. I. Coordinative effect of induction and inhibition.** *Dev. Biol.* 1989, **134**: 206–214.

Kochav, S., Eyal-Giladi, H.: **Bilateral symmetry in chick embryo determination by gravity.** *Science* 1971, **171**: 1027–1029.

Seleiro, E.A.P., Connolly, D.J., Cooke, J.: **Early developmental**

expression and experimental axis determination by the chicken Vg-1 gene. *Curr. Biol.* 1996, **11**: 1476–1486.

Stern, C.D.: **Cleavage and gastrulation in avian embryos (version 3.0)**. *Encyclopedia of Life Sciences* 2009 http://www.els.net/ (13 May 2010).

4.5 発生初期のマウス胚には明確な前後軸と背腹軸は見られない

Arnold, S.J., Robertson, E.J.: **Making a commitment: cell lineage allocation and axis patterning in the early mouse embryo**. *Nature Mol. Cell Biol. Rev.* 2009, **10**: 91–103.

Beddington, R.S.P., Robertson, E.J.: **Axis development and early asymmetry in mammals**. *Cell* 1999, **96**: 195–209.

Bischoff, M., Parfitt, D.E., Zernicka-Goetz, M.: **Formation of the embryonic-abembryonic axis of the mouse blastocyst: relationships between orientation of early cleavage divisions and pattern of symmetric/asymmetric divisions**. *Development* 2008, **135**: 953–962.

Deb, K., Sivaguru, M., Yul Yong, H., Roberts, M.: **Cdx2 gene expression and trophectoderm lineage specification in mouse embryos**. *Science* 2006, **311**: 992–996.

Hillman, N., Sherman, M.I., Graham, C.: **The effect of spatial arrangement on cell determination during mouse development**. *J. Embryol. Exp. Morph.* 1972, **28**: 263–278.

Perea-Gomez, A., Camus, A., Moreau, A., Grieve, K., Moneron, G., Dubois, A., Cibert, C., Collignon, J.: **Initiation of gastrulation in the mouse embryo is preceded by an apparent shift in the orientation of the antero-posterior axis**. *Curr. Biol.* 2004, **14**: 197–207.

Rivera-Perez, J.A.: **Axial specification in mice: ten years of advances and controversies**. *J. Cell Physiol.* 2007, **213**: 654–660.

Robertson, E.J., Norris, D.P., Brennan, J., Bikoff, E.K.: **Control of early anterior-posterior patterning in the mouse embryo by TGF-beta signalling**. *Phil. Trans. R Soc. Lond. B Biol. Sci.* 2003, **358**: 1351–1357.

Rodriguez, T.A., Srinivas, S., Clements, M.P., Smith, J.C., Beddington, R.S.: **Induction and migration of the anterior visceral endoderm is regulated by the extra-embryonic ectoderm**. *Development* 2005, **132**: 2513–2520.

Rossant, J., Tam, P.P.L.: **Blastocyst lineage formation, early embryonic asymmetries and axis patterning in the mouse**. *Development* 2009, **136**: 701–713.

Srinivas, S., Rodriguez, T., Clements, M., Smith, J.C., Beddington, R.S.P.: **Active cell migration drives the unilateral movements of the anterior visceral endoderm**. *Development* 2004, **131**: 1157–1164.

Takaoka, K., Yamamoto, M., Hamada, H.: **Origin of body axes in the mouse embryo**. *Curr. Opin. Genet. Dev.* 2007, **17**: 344–350.

Zernicka-Goetz, M.: **Developmental cell biology: cleavage pattern and emerging asymmetry of the mouse embryo**. *Nat. Rev. Mol. Cell Biol.* 2005, **6**: 919–928.

4.7 初期胚の左右相称性は内臓の非対称性をつくるために破られる

Blum, M., Beyer, T., Weber, T., Vivk, P., Andre, P., Bitzer, E., Schweickert, A.: ***Xenopus*, an ideal model system to study vertebrate left-right asymmetry**. *Dev. Dyn.* 2009, **238**: 1215–1225.

Blum, M., Weber, T., Beyer, T., Vick, P.: **Evolution of leftward flow**. *Semin. Cell Dev. Biol.* 2008, **20**: 464–471.

Brennan, J., Norris, D.P., Robertson, E.J.: **Nodal activity in the node governs left-right asymmetry**. *Genes Dev.* 2002, **16**: 2339–2344.

Brown, N.A., Wolpert, L.: **The development of handedness in left/ right asymmetry**. *Development* 1990, **109**: 1–9.

Gros, J., Feistel. K., Viebahn, C., Blum, M., Tabin, C.J.: **Cell movements at Hensen's node establish left/right asymmetric gene expression in the chick**. *Science* 2009, **324**: 941–944.

Levin, M., Palmer, A.P.: **Left-right patterning from the inside out: widespread evidence for intracellular control**. *BioEssays* 2007, **29**: 271–287.

McGrath, J., Somlo, S., Makova, S., Tian, X., Brueckner, M.: **Two populations of node monocilia initiate left-right asymmetry in the mouse**. *Cell* 2003, **114**: 61–73.

Rana, A.A., Barbera, J.P., Rodriguez, T.A., Lynch, D., Hirst, E., Smith, J.C., Beddington, R.S.P.: **Targeted deletion of the novel cytoplasmic dynein mD2LIC disrupts the embryonic organiser, formation of body axes and specification of ventral cell fates**. *Development* 2004, **131**: 4999–5007.

Raya, A., Izpisua Belmonte, J.C.: **Unveiling the establishment of left-right asymmetry in the chick embryo**. *Mech. Dev.* 2004, **121**: 1043–1054.

Raya, A., Izpisua Belmonte, J.C.: **Insights into the establishment of left-right asymmetries in vertebrates**. *Birth Defects Res C Embryo Today* 2008, **84**: 81–94.

Schlueter, J., Brand, T.: **Left-right axis development: examples of similar and divergent strategies to generate asymmetric morphogenesis in chick and mouse embryos**. *Cytogenet. Genome Res.* 2007, **117**: 256–267.

Shen, M.M.: **Nodal signaling: developmental roles and regulation**. *Development* 2007, **134**: 1023–1034.

4.8 両生類胞胚の予定運命図は，標識した細胞の運命の追跡に基づいてつくられる

Dale, L., Slack, J.M.W.: **Fate map for the 32 cell stage of *Xenopus laevis***. *Development* 1987, **99**: 527–551.

Gerhart J.: **Changing the axis changes the perspective**. *Dev. Dyn.* 2002, **225**: 380–383.

Lane, M.C., Smith, W.C.: **The origins of primitive blood in *Xenopus*: implications for axial patterning**. *Development* 1999, **126**: 423–434.

4.9 脊椎動物の予定運命図は，基本プランをもとに多様化している

Beddington, R.S.P., Morgenstern, J., Land, H., Hogan, A.: **An *in situ* transgenic enzyme marker for the midgestation mouse embryo and the visualization of inner cell mass clones during early organogenesis**. *Development* 1989, **106**: 37–46.

Gardner, R.L., Rossant, J.: **Investigation of the fate of 4-5 day post-coitum mouse inner cell mass cells by blastocyst injection**. *J. Embryol. Exp. Morph.* 1979, **52**: 141–152.

Kimmel, C.B., Warga, R.M., Schilling, T.F.: **Origin and organization of the zebrafish fate map**. *Development* 1990,

108: 581-594.

Lawson, K.A., Meneses, J.J., Pedersen, R.A.: **Clonal analysis of epiblast fate during germ layer formation in the mouse embryo**. *Development* 1991, **113**: 891-911.

Smith, J.L., Gesteland, G.M., Schoenwolf, G.C.: **Prospective fate map of the mouse primitive streak at 7.5 days of gestation**. *Dev. Dyn.* 1994, **201**: 279-289.

Stern, C.D.: **The marginal zone and its contribution to the hypoblast and primitive streak of the chick embryo**. *Development* 1990, **109**: 667-682.

Stern, C.D., Canning, D.R.: **Origin of cells giving rise to mesoderm and endoderm in chick embryo**. *Nature* 1990, **343**: 273-275.

4.10 脊椎動物初期胚の細胞は発生運命がまだ決定されておらず，調節が可能である

Lewis, N.E., Rossant, J.: **Mechanism of size regulation in mouse embryo aggregates**. *J. Embryol. Exp. Morph.* 1982, **72**: 169-181.

Snape, A., Wylie, C.C., Smith, J.C., Heasman, J.: **Changes in states of commitment of single animal pole blastomeres of *Xenopus laevis***. *Dev. Biol.* 1987, **119**: 503-510.

Tam, P.P., Rossant, J.: **Mouse embryonic chimeras: tools for studying mammalian development**. *Development* 2003, **130**: 6155-6163.

Wylie, C.C., Snape, A., Heasman, J., Smith, J.C.: **Vegetal pole cells and commitment to form endoderm in *Xenopus laevis***. *Dev. Biol.* 1987, **119**: 496-502.

4.11 アフリカツメガエルでは内胚葉と外胚葉は母性因子によって指定されるが，中胚葉は植物極領域からのシグナルによって外胚葉から誘導される

Dale, L.: **Vertebrate development: multiple phases to endoderm formation**. *Curr. Biol.* 1999, **9**: R812-R815.

Dupont, S., Zacchigna, L., Cordenonsi, M., Soligo, S., Adorno, M., Rugge, M., Piccolo, S.: **Germ-layer specification and control of cell growth by Ectodermin, a Smad4 ubiquitin ligase**. *Cell* 2005, **121**: 87-99.

Mir, A., Kofron, M., Zorn, A.M., Bajzer, M., Haque, M., Heasman, J., Wylie, C.C.: **FoxI1e activates ectoderm formation and controls cell position in the *Xenopus* blastula**. *Development* 2007, **134**: 779-788.

White, J.A., Heasman, J.: **Maternal control of pattern formation in *Xenopus laevis***. *J. Exp. Zool.* B 2008, **310**: 73-84.

Xanthos, J.B., Kofron, M., Wylie, C., Heasman, J.: **Maternal VegT is the initiator of a molecular network specifying endoderm in *Xenopus laevis***. *Development* 2001, **128**: 167-180.

4.12 中胚葉誘導は胞胚期の限られた期間に起こる

Gurdon, J.B., Lemaire, P., Kato, K.: **Community effects and related phenomena in development**. *Cell* 1993, **75**: 831-834.

4.13 アフリカツメガエルでは，胚性遺伝子は中期胞胚遷移で活性化される

Davidson, E.: *Gene Activity In Early Development*. New York: Academic Press, 1986.

O'Boyle, S., Bree, R.T., McLoughlin, S., Grealy, M., Byrnes, L.: **Identification of zygotic genes expressed at the midblastula transition in zebrafish**. *Biochem. Biophys. Res. Commun.* 2007, **358**: 462-468.

Yasuda, G.K., Schübiger, G.: **Temporal regulation in the early embryo: is MBT too good to be true?** *Trends Genet.* 1992, **8**: 124-127.

4.14 アフリカツメガエルの中胚葉誘導およびパターン形成シグナルは，植物極領域，オーガナイザー，腹側中胚葉でつくられる

Agius, E., Oelgeschläger, M., Wessely, O., Kemp, C., De Robertis, E.M.: **Endodermal Nodal-related signals and mesoderm induction in *Xenopus***. *Development* 2000, **127**: 1173-1183.

Heasman, J.: **Patterning the early *Xenopus* embryo**. *Development* 2006, **133**: 1205-1217.

Kimelman, D.: **Mesoderm induction: from caps to chips**. *Nat. Rev. Genet.* 2006, **7**: 360-372.

4.15 TGF-βファミリー因子が中胚葉誘導因子として同定された

Amaya, E., Musci, T.J., Kirschner, M.W.: **Expression of a dominant negative mutant of the FGF receptor disrupts mesoderm formation in *Xenopus* embryos**. *Cell* 1991, **66**: 257-270.

Birsoy, B., Kofron, M., Schaible, K., Wylie, C., Heasman, J.: **Vg1 is an essential signaling molecule in *Xenopus* development**. *Development* 2006, **133**: 15-20.

Massagué, J.: **How cells read TGF-β signals**. *Nat Rev. Mol. Cell Biol.* 2000, **1**: 169-178.

Schier, A.F.: **Nodal signaling in vertebrate development**. *Annu. Rev. Cell. Dev. Biol.* 2003, **19**: 589-621.

4.16 中胚葉誘導およびパターン形成シグナルの胚性遺伝子発現は，母性 VegT と Wnt シグナルの協同作用によって活性化される

De Robertis, E.M., Larrain, J., Oelgeschläger, M., Wessely, O.: **The establishment of Spemann's organizer and patterning of the vertebrate embryo**. *Nat Rev. Genet.* 2000, **1**: 171-181.

Fletcher, R.B., Harland, R.M.: **The role of FGF signaling in the establishment and maintenance of mesodermal gene expression in *Xenopus***. *Dev. Dyn.* 2008, **237**: 1243-1254.

Harvey, S.A., Smith, J.C.: **Visualisation and quantification of morphogen gradient formation in the zebrafish**. *PLoS Biol.* 2009, **7**: e101.

Kofron, M., Demel, T., Xanthos, J., Lohr, J., Sun, B., Sive, H., Osada, S-I., Wright, C., Wylie, C., Heasman, J.: **Mesoderm induction in *Xenopus* is a zygotic event regulated by maternal VegT via TGF-β growth factors**. *Development* 1999, **126**: 5759-5770.

Niehrs, C.: **Regionally specific induction by the Spemann-Mangold organizer**. *Nat. Rev. Genet.* 2004, **5**: 425-434.

4.17 オーガナイザーからのシグナルが，腹側シグナルに拮抗して中胚葉に背腹パターンをつくる

De Robertis, E.M.: **Spemann's organizer and self-regulation in amphibian embryos**. *Nature Mol. Cell Biol. Rev.* 2006, **7**: 296-302.

Gonzalez, E.M., Fekany-Lee, K., Carmany-Rampey, A., Erter, C., Topczewski, J., Wright, C.V., Solnica-Krezel, L.: **Head and trunk in zebrafish arise via coinhibition of BMP signaling**

by bozozok and chordino. *Genes Dev.* 2000, **14**: 3087–3092.

Oelgeschläger, M., Larrain, J., Geissert, D., De Robertis, E.M.: **The evolutionarily conserved BMP-binding protein Twisted gastrulation promotes BMP signalling.** *Nature* 2000, **405**: 757–763.

Piccolo, S., Sasai, Y., Lu, B., De Robertis, E.M.: **Dorsoventral patterning in *Xenopus*: inhibition of ventral signals by direct binding of chordin to BMP-4.** *Cell* 1996, **86**: 589–598.

Piepenburg, O., Grimmer, D., Williams, P.H., Smith, J.C.: **Activin redux: specification of mesodermal pattern in *Xenopus* by graded concentrations of endogenous activin B.** *Development* 2004, **131**: 4977–4986.

Schier, A.F.: **Axis formation and patterning in zebrafish.** *Curr. Opin. Genet. Dev.* 2001, **11**: 393–404.

Zimmerman, L.B., De Jesús-Escobar, J.M., Harland, R.M.: **The Spemann organizer signal noggin binds and inactivates bone morphogenetic protein 4.** *Cell* 1996, **86**: 599–606.

4.18 シグナルタンパク質の勾配に対する閾値応答が，中胚葉をパターン形成するようである

Chen, Y., Schier, A.F.: **The zebrafish Nodal signal Squint functions as a morphogen.** *Nature* 2001, **411**: 607–609.

Green, J.B.A., New, H.V., Smith, J.C.: **Responses of embryonic *Xenopus* cells to activin and FGF are separated by multiple dose thresholds and correspond to distinct axes of the mesoderm.** *Cell* 1992, **71**: 731–739.

Gurdon, J.B., Standley, H., Dyson, S., Butler, K., Langon, T., Ryan, K., Stennard, F., Shimizu, K., Zorn, A.: **Single cells can sense their position in a morphogen gradient.** *Development* 1999, **126**: 5309–5317.

Jones, C.M., Armes, N., Smith, J.C.: **Signaling by TGF-β family members: short-range effects of Xnr-2 and BMP-4 contrast with the long-range effects of activin.** *Curr. Biol.* 1996, **6**: 1468–1475.

Papin, C., Smith, J.C.: **Gradual refinement of activin-induced thresholds requires protein synthesis.** *Dev. Biol.* 2000, **217**: 166–172.

Schulte-Merker, S., Smith, J.C.: **Mesoderm formation in response to Brachyury requires FGF signalling.** *Curr. Biol.* 1995, **5**: 62–67.

Box 4E ゼブラフィッシュの遺伝子制御ネットワーク

Morley, R.H., Lachanib, K., Keefe, D., Gilchrist, M.J., Flicek, P., Smith, J.C., Wardle, F.C.: **A gene regulatory network directed by zebrafish No tail accounts for its roles in mesoderm formation.** *Proc. Natl Acad. Sci. USA* 2009, **106**: 3829–3834.

4.19 ニワトリやマウスの中胚葉誘導およびパターン形成は，原条形成期に起こる

Chapman, S.C., Matsumoto, K., Cai, Q., Schoenwolf, G.C.: **Specification of germ layer identity in the chick gastrula.** *BMC Dev. Biol.* 2007, **7**: 91.

Chu, G.C., Dunn, N.R., Anderson, D.C., Oxburgh, L., Robertson, E.J.: **Differential requirements for Smad4 in TGFbeta-dependent patterning of the early mouse embryo.** *Development* 2004, **131**: 3501–3512.

Dunn, N.R., Vincent, S.D., Oxburgh, L., Robertson, E.J., Bikoff, E.K.: **Combinatorial activities of Smad2 and Smad3 regulate mesoderm formation and patterning in the mouse embryo.** *Development* 2004, **131**: 1717–1728.

Lu, C.C., Robertson, E.J.: **Multiple roles for Nodal in the epiblast of the mouse embryo in the establishment of anterior-posterior patterning.** *Dev. Biol.* 2004, **273**: 149–159.

Vincent, S.D., Dunn, N.R., Hayashi, S., Norris, D.P., Robertson, E.J.: **Cell fate decisions within the mouse organizer are governed by graded Nodal signals.** *Genes Dev.* 2003, **17**: 1646–1662.

Zakin, L., Reversade, B., Kuroda, H., Lyons, K.M., De Robertis, E.M.: **Sirenomelia in Bmp7 and Tsg compound mutant mice: requirement for Bmp signaling in the development of ventral posterior mesoderm.** *Development* 2005, **132**: 2489–2499.

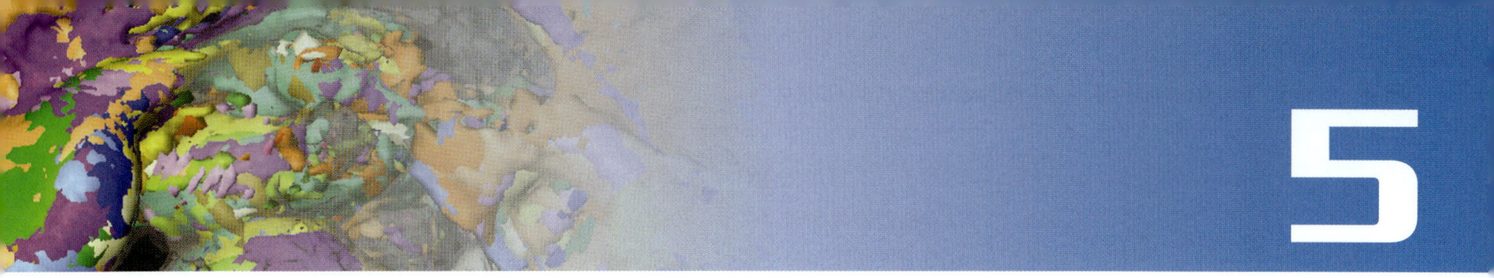

脊椎動物の発生Ⅲ：初期神経系と体節のパターン形成

●オーガナイザーの機能と神経誘導　●体節形成と前後パターン形成　●前後軸に沿った脳の初期パターン形成

原腸胚期以降，脊椎動物の胚は前後軸および背腹軸に沿ってさらにパターン化されていく。このパターン形成は，胚の様々な領域からのシグナルの組合せと，細胞による位置価の解釈によってもたらされている。背側外胚葉からの神経系の誘導は原腸形成に伴う重要な発生現象であり，オーガナイザー（形成体）を含む隣接組織からの複雑なシグナルカスケードによって引き起こされる。この発生段階では，神経系以外の部分についても前後軸に沿った形態形成が見られるようになり，中胚葉は分節化によって体節と呼ばれるブロック状の組織として前後軸に沿って並ぶ。体節からは，脊椎骨や肋骨，体幹部の骨格筋が生じる。前後軸に沿った位置決定に関わる遺伝子の発現およびそれらの空間的発現パターンを最初に指定するメカニズムは，このパターン形成にとって中心的役割を果たしている。

第 4 章では，脊椎動物の胚において，どのように体軸や三胚葉が生じるかをみてきた。これらの発生段階では，両生類や魚類，ニワトリ，マウスの胚は，いくつかの共通点を持つが，著しい違いもある。ここではファイロティピックな発生段階［phylotypic stage：すべての脊椎動物に共通な胚発生段階（**図 3.2** 参照）］を取り上げ，共通点を中心に解説している。

原腸形成期に外・中・内の 3 つの胚葉は，のちに形態形成を行う場所へと移動する。脊椎動物胚は，両端に頭部と尾部を持つようになり，前後軸に沿った体軸が明瞭になる（**図 5.1**）。この章では，神経系を生じる外胚葉のパターン形成，および体幹部の骨格や骨格筋，皮膚の真皮を生じる中胚葉由来の**体節（somite）**の形成とそ

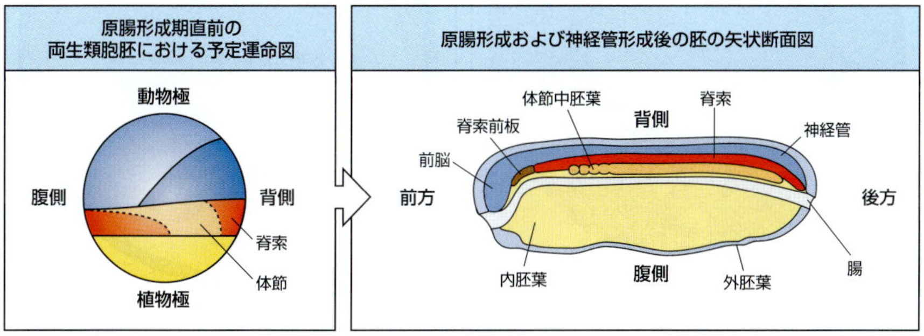

図 5.1　胚のボディプランは原腸胚期および神経胚期に現れる

左：アフリカツメガエル後期胞胚の予定運命図。右：原腸形成および神経管形成を経た尾芽期のアフリカツメガエル胚の矢状断面図。中胚葉と内胚葉は内側に移動する。中胚葉は，脊索前板（茶），脊索（赤），体節（オレンジ），側方中胚葉（ここでは示していない）を生じる。内胚葉（黄）は内側に移動して腸を裏打ちする。神経管（青）は，背側の外胚葉からつくられる。表皮（水色）をつくる外胚葉は胚全体を覆う。前端に頭部を持ち，前後軸が明瞭になる。

のパターン形成に注目する。原腸形成における細胞運動とオーガナイザーの働きは脊椎動物のボディプランの確立に必須であり，本章ではパターン形成におけるそれらの役割について述べる。原腸形成における細胞や組織の運動のメカニズムについては，第8章で詳しく解説する。

アフリカツメガエルでは，後期胞胚の背側中胚葉（オーガナイザー領域）は原腸形成によって内部へ移行し，脊索の前方に位置して腹側頭部中胚葉になる脊索前板や，背側正中に走る強固な桿状の**脊索（notochord）**をつくりだす。脊索の両側は，より腹側の中胚葉に接しており，この中胚葉は原腸形成が終わると前端部から順に分節化し，体節を生じる（**図5.1**参照）。脊椎動物の脊索は一過的な構造であり，構成する細胞は後に脊柱の椎骨や椎間板へと組み込まれる。原腸形成が進むと，神経系形成の最初の発生段階である**神経管形成（neurulation）**が始まる。脊索に裏打ちされた外胚葉は，背側正中の両側で隆起して**神経褶（neural fold）**となり，これが正中で融合することで**神経管（neural tube）**と呼ばれる管状構造を形成する（**図3.7**参照）。神経管形成終了直後のアフリカツメガエル胚の内部構造を**図5.2**に図示した。この時期に見られる主な構造は，神経管，脊索，体節，体節腹側の側板中胚葉，腸を裏打ちする内胚葉である。

体幹部の中胚葉性組織と外胚葉由来の神経系の両者は，前後軸に沿って異なる組織を持っている。中胚葉は内胚葉と外胚葉から分化し，胚葉の初期の前後パターン形成は中胚葉誘導の間に起こっている。しかし一方で，中胚葉と神経系の後期の前後パターン形成に重要な点は，これらがHox遺伝子によってコントロールされていることである。脊椎動物のHox遺伝子は，ショウジョウバエの前後パターン形成に必須なHox遺伝子に相当する（第2章参照）。

この章の前半では，脊椎動物胚の初期の前後パターンの確立におけるオーガナイザーの機能について，特に神経系の誘導にフォーカスして述べる。後半では，体節の発生について解説し，体節中胚葉の前後パターンの形成におけるHox遺伝子の役割について議論する。これは，体節由来の脊椎骨に及ぼす影響から理解することができる。最後に，やはりHox遺伝子が関与している後脳における前後パターン形成について述べる。

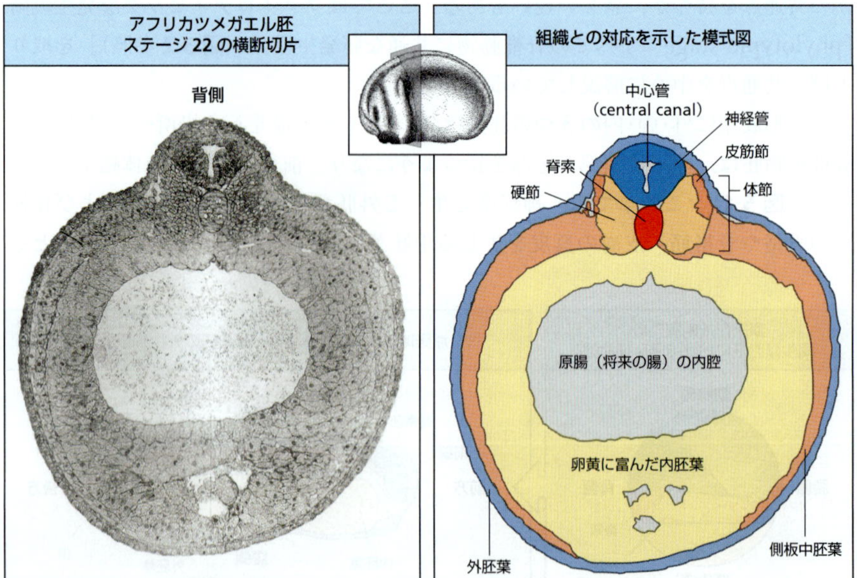

図5.2 原腸形成および神経管形成を終えたステージ22のアフリカツメガエル胚の横断切片
それぞれの胚葉はすでに，これから器官形成を行う場所に位置している。体節の最も背側部分はすでに皮筋節に分化し始めている。のちに述べるように，皮筋節からは体幹部と四肢の筋肉，および真皮が生じる。スケールバー＝0.2 mm。
写真はHausen, P. and Riebesell, M.: 1991より

オーガナイザーの機能と神経誘導

まず，神経誘導と前後パターン形成の両方に大変重要なオーガナイザーの働きについて述べる。両生類のシュペーマンオーガナイザー，ゼブラフィッシュのシールド（胚盾），ニワトリのヘンゼン結節は，マウスのノード領域に相当し，これらの領域はみな同様に脊椎動物の発生において広い範囲を組織化する能力を有する。これらの領域は適切な発生段階で別個体に移植すると，完全な体軸を誘導できる（第4章参照）。つまり，外胚葉から神経組織を誘導すると同時に，からだの背腹および前後のパターン形成を行うことができる。マウスにおいては，ノードに加えて前方臓側内胚葉が，頭部や前脳といった前方部から脊索の前端までの構造の誘導に必要とされる（第4.6節参照）。

原腸形成期に，背側領域の外胚葉は神経板（neural plate）と呼ばれる神経外胚葉に分化する（**図3.7** 参照）。ステージが進むと，神経板は神経管を形成する。神経管は，脳や脊髄といった中枢神経系や末梢神経系へと分化する。神経管からは神経堤細胞が生じ，これらの細胞は移動して感覚神経や自律神経といった末梢神経系をつくる。さらに，顔や顎の骨や軟骨といった非神経組織もつくる。からだの他の部分では，これらの組織は中胚葉に由来する。頭部で神経堤細胞がこれらの組織に発生するということは，ある胚葉の細胞が別の胚葉の特徴を示す組織を生じるという珍しい例である。このような特異な例については，本章の後半で触れる。神経堤細胞の移動様式については第8章で，幅広い分化能については第10章で詳しく解説する。

神経系はからだの他の部分と正しい関係で発生する必要がある。特に，筋骨格系を生じる中胚葉由来の組織とは協調しなければならない。したがって，神経系のパターン形成は中胚葉のパターン形成と連動していなければならず，これは（両方の発生に関わっている）オーガナイザーの働きによって行われている。ここでは，神経外胚葉の誘導と神経管の形成，さらに予定神経堤細胞の特異化について述べる。脳と神経堤の前後パターンの形成は，本章の最後に述べる。

オーガナイザーの機能は主に両生類を用いて良く研究されてきており，アフリカツメガエルの中胚葉の背腹パターン形成におけるその役割については，第4章ですでに述べた。ここでは，前後軸に対する役割について解説する。ニワトリにおける相同組織であるヘンゼン結節の機能についても，ニワトリ胚の利点である移植などの外科的操作を用いて詳しく研究されている（第3.6節参照）。

5.1　オーガナイザーが持つ誘導能は原腸形成期に変化している

両生類では，シュペーマンオーガナイザーの働きが，一次胚誘導（primary embryonic induction）として知られている現象によって明らかにされている。オーガナイザーは原口背唇部に位置し，ごく初期の原腸胚のこの領域を別の原腸胚の腹側帯域に移植すると，頭部や中枢神経系，胴尾部を持つ完全な二次胚を誘導することができる（**図5.3** の左パネル，および**図4.32** 参照）。このオーガナイザーの機能はしばしば“頭部オーガナイザー”と呼ばれる。ニューコープセンターを含む背側植物極側割球の移植など，様々な移植で同様の結果がもたらされたが（**図4.6** 参照），これらの操作はすべて，直接的にしろ間接的にしろ，新たなシュペーマンオーガナイザー領域の形成をもたらすということで共通していた。古典的な実験は，中期原腸胚の原口背唇部を初期原腸胚に移植すると，胴尾部は誘導するが，頭部がで

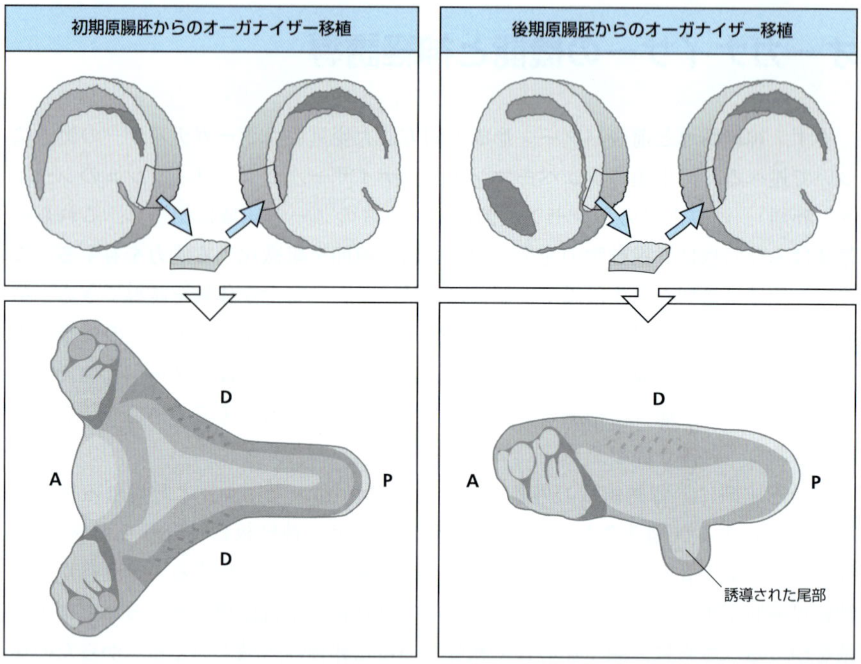

図 5.3 オーガナイザーが持つ誘導特性は原腸形成期に変化する
初期原腸胚の原口背唇部から別の胚の腹側に移植されたオーガナイザー領域は，移植片の周囲に新たな前方軸を発生させる（左パネル）。後期原腸胚の原口背唇部を初期原腸胚の腹側に移植すると，尾部構造が誘導される（右パネル）。A＝前；P＝後；D＝背；V＝腹。

きてこないことも示していた。このことから，このオーガナイザーの機能は“胴部オーガナイザー”といわれる。後期原腸胚の原口背唇部の移植では，尾部しか誘導されない（**図 5.3** の右パネル）。このような結果は，原腸形成が進むにつれて胚の前後軸が指定されて，後期のステージのオーガナイザーを構成する細胞は，後方の構造しか誘導できないことを意味していると解釈された。現在では，オーガナイザーで産生される誘導シグナルの量や性質が，原腸形成の進行に伴って変化していることがわかっている。

アフリカツメガエル初期原腸胚の原口背唇部に存在する細胞は，原腸形成期に，前方内胚葉や脊索前板，脊索へと分化する（**図 5.4**）。オーガナイザー領域は，これらの中軸構造に細胞を提供するとともに，パターン形成と誘導を行う特性を持っている（第4章に示したように，隣接するもっと腹側の中胚葉のパターン形成を行ったり，背側外胚葉を神経板に誘導し，初期の前後パターンを付与している）。初期原腸胚のオーガナイザーは様々な遺伝子を発現し，様々な誘導能を持ち，様々な構造を生じさせるいくつかの部分から成る複合的なシグナルセンターである。このよ

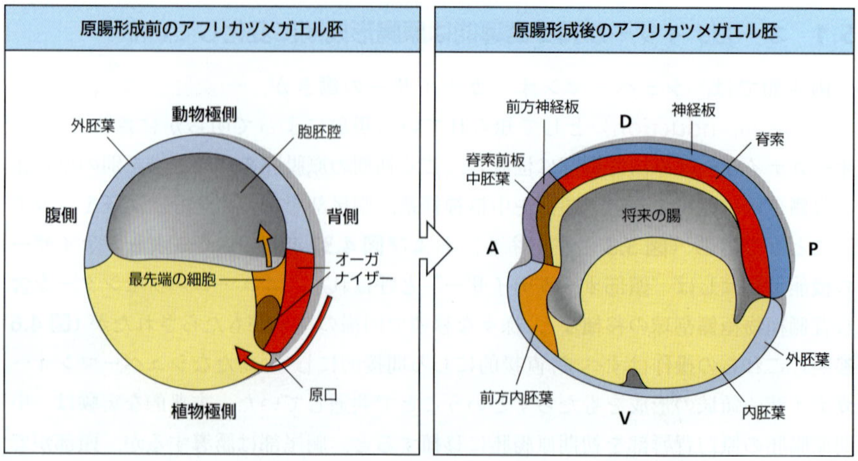

図 5.4 アフリカツメガエルのオーガナイザーの異なる部分からは異なる組織が生じる
初期原腸胚では（左パネル），オーガナイザーは原口背唇部に位置している。最先端の細胞（オレンジ）が最初に内部移行し，神経胚期の前方内胚葉を生じる（右パネル）。深部の細胞（茶）が次に内部移行し，脊索より前方の中胚葉である脊索前板を生じ，頭部の腹側中胚葉を形成する。オーガナイザーの残りの部分は脊索（赤）を生じる。
Kiecker,C. and Niehrs,C.: 2001 より改変

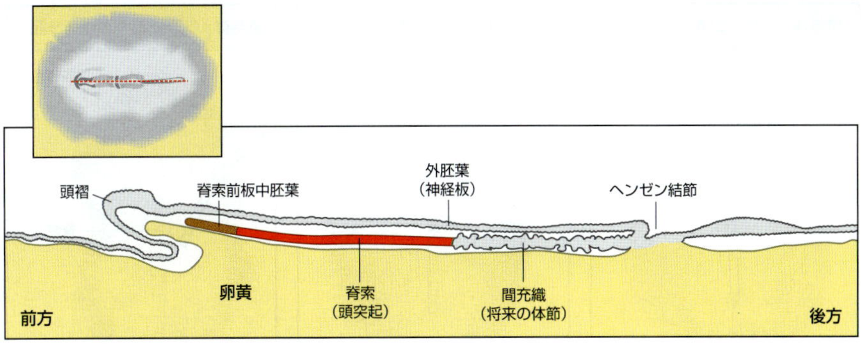

図 5.5 ニワトリ胚における脊索と頭褶(head-fold)形成
ヘンゼン結節が後退し始め，頭褶を形成しているニワトリ胚の矢状断面の模式図（挿入図は背側から見た図）。結節が後退するにつれて，脊索（この時期には頭突起と呼ばれることもある）が，その前方に形成され始める。脊索のすぐ前方には脊索前板も見られる。脊索の両側の未分化の間充織細胞は体節を形成する。この図では，前方の体節は脊索を示すために削除した（上の図では体節がひとつ形成されている）。

うな複合的な性質のため，オーガナイザー領域がどのように前後軸に沿った全体のパターンを制御しているのかを理解することは容易ではない。原腸形成が進み，細胞が内側に移動するにつれて，原口背唇部を構成する細胞は変化する。このことは，上述のように発生の進行に伴ってオーガナイザーが発揮する異なる誘導特性を，ある程度説明している（**図 5.3** 参照）。例えば，アフリカツメガエルの初期原腸胚でオーガナイザーの植物極側の部分は脊索前板へと分化する運命を持つが（**図 5.4** に茶色で示した），ここは前方構造の特徴を示す転写因子 XOtx 2 といったタンパク質を発現している。オーガナイザーの様々な部分が持つ異なる誘導能を調べる実験は，頭部を誘導する“頭部オーガナイザー”の機能が，この植物極側に限局されることも示している。オーガナイザーのより背側の部分（**図 5.4** に赤色で示した）は転写因子 Xnot の発現によって特徴づけられ，胴尾部の構造を誘導するが，頭部は誘導しない。

鳥類では，胚盤葉における原条の前端の領域であるヘンゼン結節が，シュペーマンオーガナイザーに相当する。この領域の細胞は，誘導シグナルを産生しつつ，脊索前板，脊索，体節，腸の内胚葉の細胞になる。ニワトリ胚では，脊索はヘンゼン結節の前方の背側正中に形成され，その大部分は結節と原条が後退するにつれてあとに残される中軸中胚葉からつくられる（**図 5.5**）。神経板は脊索の上で発生し，体節は脊索の両脇の中胚葉から形成される。脊索および体節の形成と神経管形成は，マウスでも同様に進行する（**図 3.25** および**図 3.26** 参照）。

鳥類の結節の特性は，ウズラの結節をニワトリ胚に移植することによって研究が進んできている。ウズラの細胞は，組織切片や種特異的抗体によって核を判別することで，ニワトリの細胞と区別できる（**図 5.6**）。例えば，ウズラの原腸胚期の結節を同じ発生ステージのニワトリ胚の側方の胚盤葉上層の下に移植すると，頭部を持った完全な二次軸が誘導される。もっと発生の進んだ頭突起期の胚から結節をとってくると，頭部を持たない胴部が誘導される（**図 5.7**）。したがって，異なる発生ステージからの結節移植の結果は，アフリカツメガエルのオーガナイザー移植で見られたものと一致している。マウスにおいて，ノードの前駆体は初期胚の側方エピブラストに移植することで，前脳領域を除けば同じように二次軸を誘導することができる。前脳の誘導には，前方臓側内胚葉からの別のシグナルが必要である（**図 4.14** 参照）。

たくさんのタンパク質が脊椎動物のオーガナイザーで特異的に発現しており，機能的に重要であることがわかっている。その多くは全ての脊椎動物で共通である（**図 5.8**）。例えば Goosecoid は信頼できる初期オーガナイザーマーカーであり，アフリカツメガエルでは，原腸形成中期までに内部移行し，前腸，脊索前板，脊索を生じる細胞で発現している。*goosecoid* の発現は正常発生での頭部形成に必要だ

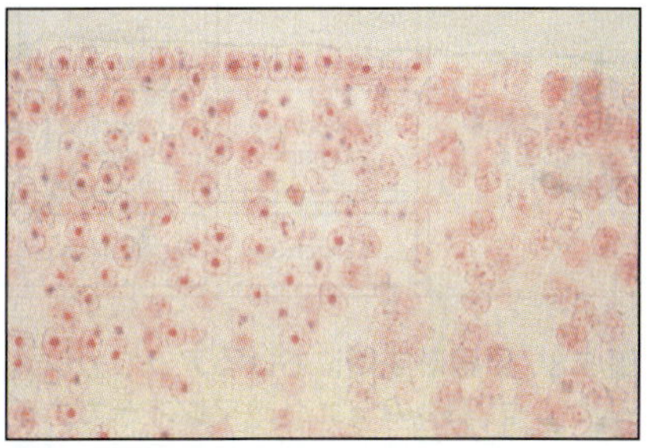

図 5.6 ウズラ-ニワトリキメラ組織の写真
ウズラの細胞は左側で，ニワトリが右側。ウズラの細胞の核が強く染まっていることがわかる。
写真は Nicole Le Douarin 氏の厚意による

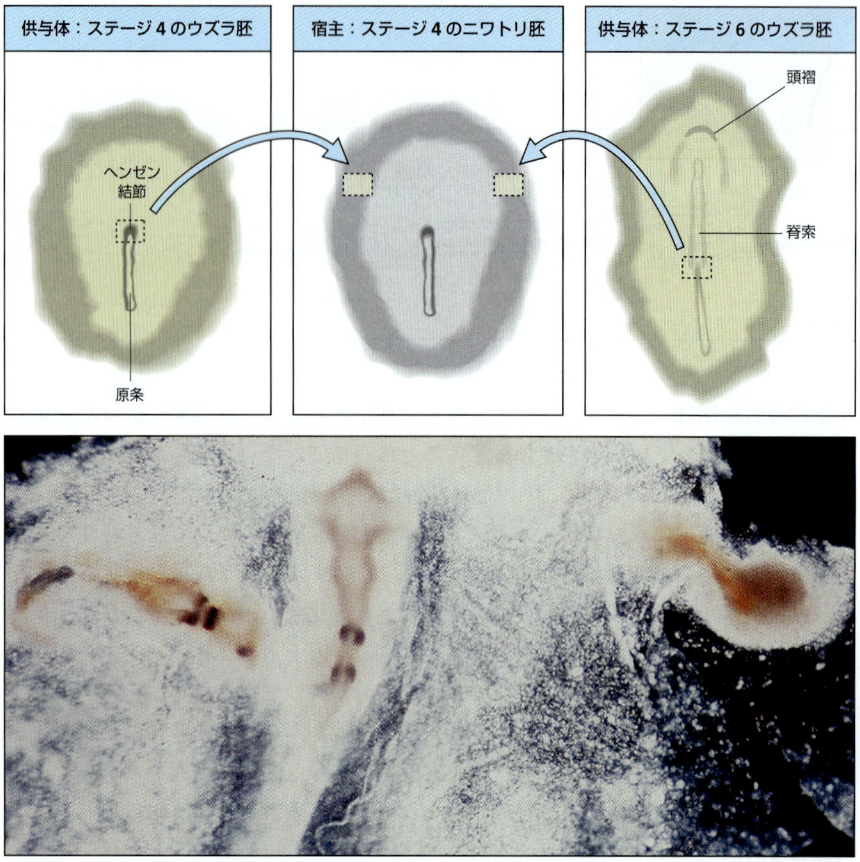

図 5.7 ヘンゼン結節は鳥類胚に二次軸を誘導できる
ステージ４のウズラ胚（左パネル）のヘンゼン結節を同じ発生段階のニワトリ胚（中央パネル）の胚体外領域［うすい灰色で示された胚領域（明域，area pellucida）のすぐ外側に位置する，濃い灰色で示された領域（暗域，area opaca）］に移植すると，脳組織を含む完全な二次軸が移植部位に形成される（下段写真，左の胚）。写真中央の胚は，宿主のもともとの原条から形成されている。左と中央の胚において，濃い紫色に染まっている２本のストライプは，後脳のマーカーである *Krox20* mRNA の発現を *in situ* ハイブリダイゼーション法によって可視化したものである。ウズラの細胞は，ウズラに対する抗体を用いて赤茶色に染色されている。二次軸（左側の胚）の一部はウズラの移植片由来だが，大部分は本来ならば胚を形成しない領域のニワトリの組織から誘導されている。頭突起期（ステージ６，右パネル）のウズラ胚の結節をステージ４のニワトリ胚に移植すると，胴部しか持たない二次軸を生じる（下段写真，右の胚）。赤茶色の染色パターンから，新たに生じた組織の大部分がウズラの移植片に由来していることがわかる。
写真は Stern, C.D.: 2005 より

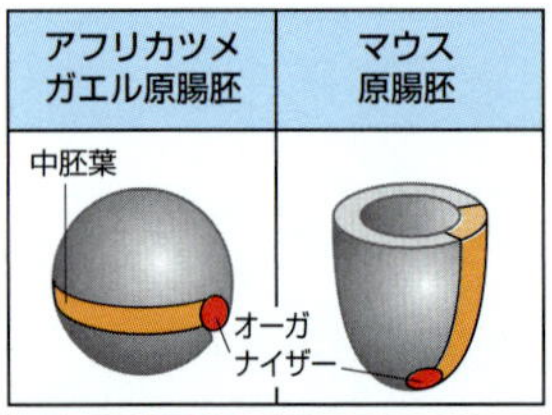

	オーガナイザー領域で発現する遺伝子	
転写因子をコードする遺伝子	*Brachyury*	*Brachyury*
	goosecoid	*goosecoid*
	Xlim1	*Lim1*
分泌タンパク質をコードする遺伝子	*Xnr3*	*Nodal*
	chordin, noggin	*chordin, noggin*
	Cerberus	*Cerberus-related*

図 5.8 原腸形成期におけるアフリカツメガエルのシュペーマンオーガナイザー領域およびマウスのノードで発現する遺伝子
これらの２つの動物では，発現している相同性の高い遺伝子の活性化パターンに類似性が見られる。*Brachyury* を含むこのような遺伝子のいくつかの発現は，オーガナイザーに限局しない。

が，アフリカツメガエル胚の腹側割球への *goosecoid* mRNA の注入により誘導される二次軸は，頭部を欠く。しかしながら，様々な脊椎動物のオーガナイザーやその周囲で多くの同じタンパク質が産生されているが，これらはモデル生物間で全く同じ機能を担っているわけではないようであるということを心にとどめておくことが重要である。

第４章で，TGF-β ファミリーのタンパク質（Nodal および BMP）によるシグナルの勾配が，アフリカツメガエル原腸胚の背腹軸に沿ったパターン形成を行うことを述べた（第 4.17 節および第 4.18 節参照）。ここでは，Wnt/β-catenin シグナルの勾配が前後軸に沿ったパターン形成を行うことについて解説する。脊椎動物の初期発生では，原腸胚期の中軸パターン形成で機能する三次元座標システムの位置情報として，直交する TGF-β と Wnt の濃度勾配を組み入れる必要がある（**図 5.9**）。アフリカツメガエルの頭部形成に必須な構成要素は，前方組織における Nodal,

BMP および Wnt シグナルの阻害である。これらの分子は，この時期，原腸胚に存在する（第 4.17 節参照）。つまり，初期原腸胚の腹側領域で BMP と Wnt シグナル，または Nodal と BMP シグナルを同時に阻害すると，過剰な頭部が誘導される。第 4 章で示したように，BMP や Wnt のアンタゴニストがアフリカツメガエルのオーガナイザーから分泌されている。Chordin や Noggin，Follistatin は BMP を，そして Dickkopf1 は Wnt をアンタゴナイズする。前方の内胚葉で産生される Cerberus は，Wnt と Nodal，そして BMP シグナルをアンタゴナイズする（第 4 章のまとめの図，p. 176 参照）。頭部は BMP と Wnt シグナルのレベルが低い部位に形成され，逆に尾部はこれらのレベルが高い部位にできる。シュペーマンオーガナイザーの重要な役割は，増殖因子のアンタゴニストを分泌することで，これらの濃度勾配を制御することである。互いに直交したモルフォゲンの濃度勾配は，ハエの翅のパターン形成でも機能しており，胚性組織のパターン形成の重要な方法であるといえる（第 11 章参照）。

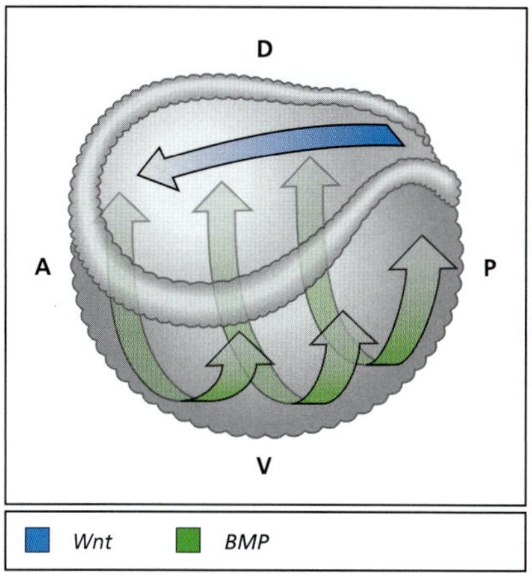

図 5.9 胚軸形成の 2 勾配モデル（double-gradient model）

両生類胚で，互いに直交する Wnt（青）と BMP（緑）の濃度勾配によって，前後と背腹のパターン形成が制御されているモデル。矢印の向きはシグナルの広がっていく方向を，色の濃さはシグナルの濃度勾配を示している。尾部の形成には，頭部に比べて高いレベルの Wnt シグナルが必要なことがわかる。パターン形成は原腸期に始まるが，わかりやすくするために，ここでは初期神経胚を用いて図示している。

Niehrs, C.: 2004 より改変

5.2 外胚葉における神経板の誘導

外胚葉からの神経組織の誘導は，カエルを用いたオーガナイザー移植実験によって示された（**図 5.3**）。移植部位に生じた二次胚では，正常であれば表皮となるはずの宿主の外胚葉から神経系が発生する。このことは，中胚葉組織であるオーガナイザーから発せられるシグナルによって，まだ発生運命が指定されていない外胚葉に神経組織が誘導されることを示している。誘導の必要性は，原腸形成前に予定神経板外胚葉を予定表皮の組織と置換し，移植された予定表皮が神経組織に発生した実験によって確かめられた（**図 5.10**）。このように，神経組織の形成は誘導シグナルに依存している。

ニワトリ胚においても神経組織は，中胚葉である原条の移植片によって，明域（area pellucida）と暗域（area opaca）のいずれの胚盤葉上層からも誘導されうる（**図 5.7** 参照）。誘導活性は初め，前方部の原条とヘンゼン結節に見られるが，ヘンゼン結節が後退する時期には弱まっていき，4 体節期になると消失する。神経誘導シグナルに対する外胚葉の応答能は，頭突起形成の時期に失われる。したがっ

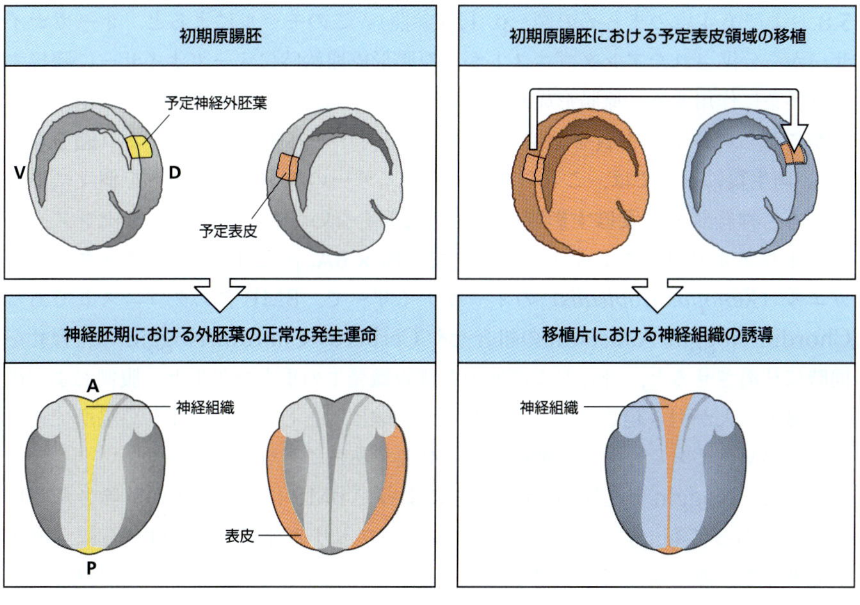

図 5.10 アフリカツメガエルの神経系は原腸形成期に誘導される

左パネルは，初期原腸胚期の外胚葉の 2 つの異なる部位の正常な発生運命を示している。腹側外胚葉からは表皮が，背側外胚葉からは神経組織が生じる。右パネルでは，初期原腸胚の腹側外胚葉の一部分が別の胚の背側に移植されている。将来表皮を生じるはずだった移植片は，移植先で神経組織として発生し，正常な神経系の一部を形成する。つまり，腹側組織の運命は移植した時点ではまだ決定されておらず，神経組織の誘導は原腸形成の過程で起こるといえる。

て，正常発生において神経誘導は，この時期までに完了している。

1930年代から40年代にかけて，両生類の神経誘導に関わるシグナルを同定するために，膨大な量の研究が行われた。研究者たちは，死んだオーガナイザー領域がまだ神経誘導活性を示すという発見に勇気づけられた。活性を持つ物質の単離は，重労働なだけで時間の問題だろうと思われた。しかし，このような研究は実を結ばなかった。程度の差はあったが，様々な物質が神経誘導活性を示してしまったのである。結局のところ，当時の実験に主に用いられていたサンショウウオの外胚葉が，非常に神経組織に発生しやすい性質を持っていたことが原因だった。このようなことはアフリカツメガエルの外胚葉では起こらないが，細胞を単に数時間解離させておくだけで，再集合させると神経細胞に分化する。神経誘導を引き起こす分子は，依然として決定的には同定されていないが，現在，いくつかの有力な候補が見つかっている。

神経誘導の研究で鍵となった発見は，シュペーマンオーガナイザーから単離された分泌タンパク質で，BMPインヒビターであるNogginが，アフリカツメガエル胚の外植体に神経分化を誘導したことであった。アフリカツメガエルの後期胞胚において，BMPは外胚葉全体に発現しているが（**図4.36**参照），神経板では消失する。これらの結果は，BMPシグナルがない場合に神経板が発生できることを示唆していた。NogginやChordinのようなBMPインヒビターはオーガナイザーで産生されていたので，予定神経板でBMPシグナルを阻害し，神経誘導を進行させる魅力的な候補因子となった。BMPシグナルはBMP遺伝子の発現を維持するので，BMPシグナルの阻害はBMPの発現を停止させる。

これらの研究結果から，アフリカツメガエルの神経誘導の“デフォルトモデル（default model）”が提唱された。これは，背側外胚葉はデフォルト状態では神経組織に発生するが，この経路は表皮への分化を促進するBMPの存在によってブロックされているというモデルである。オーガナイザーの役割は，BMP活性を阻害するタンパク質を産生することによって，このブロックを外すことである。これによって，オーガナイザーの影響下に置かれた領域の外胚葉が神経外胚葉として発生するのである。オーガナイザーは，ChordinやNogginのようなBMPアンタゴニストや，BMP/Nodal/Wntシグナルをブロックする Cerberus，Wntアンタゴニストの Dickkopf1など，いくつかのアンタゴニストを産生している（**図5.8**および第4章のまとめの図，p. 176参照）。このモデルによると，オーガナイザーから分泌されたアンタゴニストが，原腸形成開始時にオーガナイザーに隣接する外胚葉に作用する。原腸形成が進むにつれて，陥入したオーガナイザー由来の細胞がこれらのタンパク質を分泌し続け，裏打ちする外胚葉に作用する（**図5.4**参照）。両生類においては，これらのオーガナイザーのアンタゴニストを個々に排除しても，神経誘導に及ぼす影響はあまり大きくない。しかし，アンチセンス・モルフォリノオリゴヌクレオチドを用いて（**Box 6A**, p. 231参照），ネッタイツメガエル（*Xenopus tropicalis*）のオーガナイザーで，BMPアンタゴニストであるChordin/Noggin/Follistatinの組合せやCerberus/Chordin/Nogginの組合せを同時に枯渇させると，神経および他の背側組織発生の重大な欠失と，腹側および後方組織の拡大が引き起こされる。これらの実験は，正しい時期に正しい場所で産生されたBMPインヒビターが神経誘導に必要であることを示している。

しかし，NogginとChordinの存在によってBMPによる阻害が解除されている状態であっても，アフリカツメガエルとニワトリの神経発生にはさらに，FGFが必要とされる。よって，デフォルトモデルは完全な解答ではない。アフリカツメ

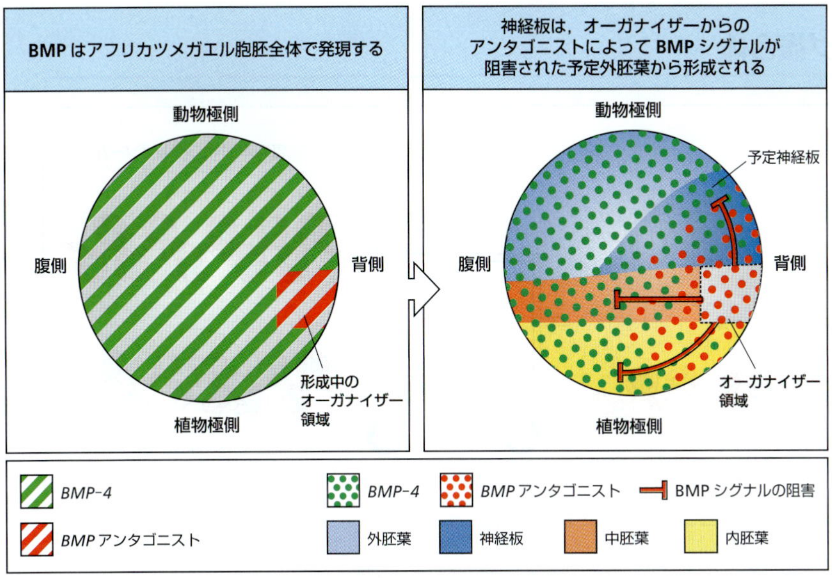

図 5.11　神経板の誘導には BMP シグナル伝達の阻害が必要である
BMP（緑）は初期胞胚の全体で発現している。後期胞胚および初期原腸胚において，オーガナイザーから分泌された BMP アンタゴニストが周辺領域の BMP シグナル伝達を阻害する。この負の作用は，単独では神経組織形成の誘導に不十分であり，FGF シグナル伝達からの正のインプットも必要である（図示していない）。

ガエルのモデルに FGF がどのように当てはまるのかは，盛んに議論されている。最近の研究の多くは，BMP の阻害が前方神経組織の誘導に最も重要であり，FGF は予定神経外胚葉に後方の性質を付与するために，BMP の阻害に加えて必要とされることを示唆している（**図 5.11**）。

ニワトリにおいて神経誘導の最初のステップは，原腸形成前の胚盤葉で始まる。この領域では，FGF による中胚葉誘導も起こっている（第 4.19 節参照）。この時期の胚盤葉の細胞は，神経誘導に関わる遺伝子をコードする染色体領域が“サイレンス”状態で，転写がオフになっているため，神経板への分化が抑えられていると考えられている。原腸形成期のこの抑制の解除には，神経誘導遺伝子の制御領域からリプレッサータンパク質が除かれることや，クロマチンリモデリング複合体によってクロマチンが活性化状態にリモデリングされることが関与していることが，ニワトリ胚を用いた実験から示唆されている（**Box 5A**, p. 192）。この時期までに FGF シグナルを受け取って中胚葉を形成しなかった胚盤葉の細胞は，神経板を形成しうる。

ニワトリ胚の神経誘導において，FGF シグナルによって活性化される重要な遺伝子のひとつは，ジンクフィンガー型の転写因子をコードしている *Churchill* である。*Churchill* の発現をアンチセンス・モルフォリノオリゴヌクレオチド（**Box 6A**, p. 231 参照）を用いて減少させると，神経板が形成されない。FGF シグナルによる *Churchill* の活性化は，中胚葉に特徴的な遺伝子の発現を抑制し，ニワトリ神経板のもっとも初期のマーカー遺伝子である神経特異的転写因子 Sox2 の発現を活性化する。

ニワトリやアフリカツメガエルの神経誘導における FGF の効果の全てが直接的なものであるとはいえない。FGF は MAP キナーゼ（mitogen-activated protein kinase：MAPK）シグナル伝達経路（**Box 5B**, p. 193）を活性化し，MAPK は BMP の細胞内シグナル伝達を担う Smad1 をリン酸化することで BMP シグナル伝達を阻害することが，アフリカツメガエルとマウスの研究で明らかになっている（**図 4.33** 参照）。したがって，FGF は BMP シグナル伝達阻害に貢献し，この経路で神経誘導を促進している可能性がある（**図 5.11** 参照）。MAPK シグナル経路は，アフリカツメガエル外胚葉細胞を解離させたときにも活性化する。このことは，前

Box 5A クロマチンリモデリング複合体

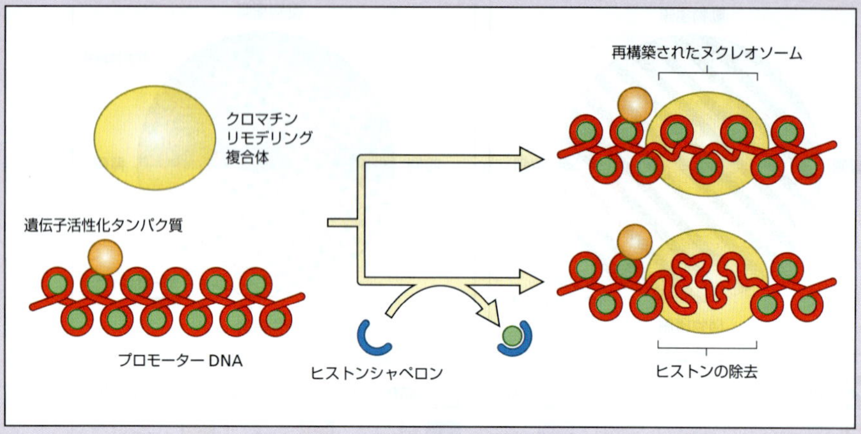

遺伝子が発現するかしないかは，遺伝子特異的なDNA結合をする制御タンパク質が存在するかどうかだけで決まるのではなく，染色体を構成するDNAとタンパク質の複合体であるクロマチン（chromatin）の状態にも依存している。クロマチンタンパク質は，DNAを折りたたんでヌクレオソーム（nucleosome）と呼ばれる構造をつくるヒストンや，DNAに直接あるいは間接的に結合して，クロマチン構造や転写時にDNAを利用できる度合いに影響を及ぼす他のタンパク質を含む。非常に単純化された用語で，ユークロマチン（euchromatin）は遺伝子が転写可能な状態のクロマチンであり，ヘテロクロマチン（heterochromatin）は転写できない“サイレンス”状態のものである。

ニワトリ胚においては，*Sox2* 遺伝子は神経板の初期マーカーであるが，たとえ神経板誘導に関わるFGFが活性化しても，原腸形成より前のステージでは発現しない。培養ニワトリ胚を用いた *Sox2* の制御を調べる実験で，他の多くの遺伝子と同様に，*Sox2* の発現にはBrmというクロマチンリモデリングタンパク質の働きが必要であることが示された。BrmはATPase活性を持ち，細胞内で機能している非常に多くのATP依存性クロマチンリモデリング複合体（chromatin-remodeling complex）の必須な構成因子である。このような複合体はDNA上のプロモーター部位にリクルートされ（**図1.19**参照），ATP加水分解のエネルギーを使ってDNAとヒストンの結合を緩めさせ，ヌクレオソームがDNAに沿ってスライドできるようにするか（上図，上段の矢印参照），ヒストンコアをDNAから外してしまうと考えられている（上図，下段の矢印参照）。これによってプロモーターDNAは，他の遺伝子制御タンパク質やRNAポリメラーゼ，転写に必要な因子が結合できるようになり，遺伝子が発現されうる状態になる。

クロマチンリモデリング複合体は，他の遺伝子制御タンパク質と協調的に機能している。*Sox2* 発現における制御タンパク質の候補の働きを検討するために，活性型あるいは不活性型にした制御タンパク質をコードするDNAを様々な組合せで初期ニワトリ胚胚盤葉上層の暗域（area opaca）にトランスフェクションした。暗域は，胚の外側に位置し，正常発生では決して *Sox2* を発現することはない。これらの実験の結果から，初期胚での不活性な *Sox2* 遺伝子領域から，神経板での活性化した状態へと変化していく一連の過程が提唱されるようになった。初期に作用するFGFは，Brmとともに *Sox2* 制御領域に結合する活性化タンパク質を誘導することで，*Sox2* の最終的な発現に向けて事前準備をさせるが，胚全体で発現しているヘテロクロマチン化を促進する抑制的なタンパク質の結合によって遺伝子は不活性状態を保っていると提唱されている。この抑制は，複合体をこわすタンパク質の時期特異的な発現によって解除される。抑制因子が排除され，活性化タンパク質の機能が有効になり，今度は活性型のクロマチンリモデリング複合体が共に機能することで，遺伝子発現がオンになる（下図参照）。潜在的な活性化シグナルの存在下で重要遺伝子の早すぎる発現を防ぐためのこのような戦略は，発生ではしばしば利用されているようである。

染色体上の特定部位へのクロマチンリモデリング複合体やヘテロクロマチン化を促進するタンパク質のリクルートは，DNAのメチル化や，ヒストンのメチル化およびアセチル化といったクロマチンに対する化学修飾に依存していることがしばしばあり，これについては**Box 10A**, p. 393で議論する。

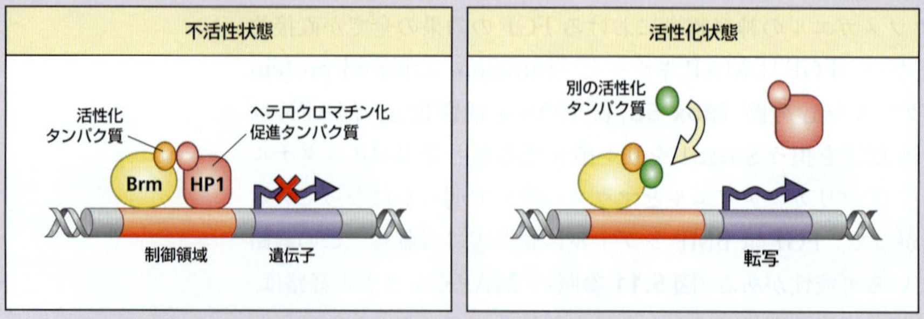

Box 5B FGF シグナル伝達経路

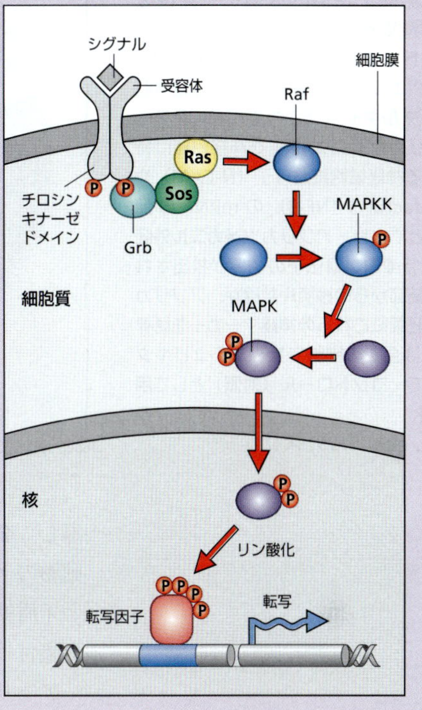

発生過程で重要な増殖因子 FGF や EGF（上皮増殖因子 epidermal growth factor）は，他の多くの増殖因子や分化因子とともに，細胞内にチロシンキナーゼドメインを持つ膜貫通受容体を通してシグナルを伝達する。動物の生涯を通じて細胞の振る舞いの多くの状況を制御しているこれらの受容体からは，いくつかの異なるシグナル伝達経路が始まる。ここに示したシグナル伝達経路は，シグナルを受け取った細胞の種類や発生のコンテクストによって，細胞の生存や増殖，分裂，分化を促進する遺伝子発現に影響を与える FGF からの経路を簡潔にしたものである。FGF やその受容体には複数のアイソフォームが存在し，これらは異なるコンテクストで使われている。例えば，ニワトリにおいて FGF-8 は体節形成や脳のシグナルセンターからのパターン形成に関与しているが（第 5.5 節および第 5.10 節参照），一方で FGF-10 は四肢の発生に必須である（第 11 章で詳しく述べる）。

ここに描かれているこれらの受容体からの細胞内シグナル伝達経路は，Ras-MAPK 経路としてよく知られている。この経路では，低分子量 G タンパク質 Ras が重要な役割を果たし，複数のセリン/トレオニンキナーゼのカスケードが活性化され，最終的に MAPK（マイトジェン活性化タンパク質キナーゼ，分裂促進因子活性化タンパク質キナーゼ）が活性化される。この名称は，FGF や他の増殖因子が，細胞増殖を促す因子である分裂促進因子（マイトジェン）として機能することに由来する。基本となる Ras-MAPK 経路は，多くの異なるチロシンキナーゼ型受容体のシグナル伝達経路で機能している。

細胞外の FGF がその受容体に結合すると，リガンドが結合した 2 つの受容体間で二量体形成が起こり，細胞内のチロシンキナーゼドメインがお互いをリン酸化することで活性化する。リン酸化された受容体の末端部位はアダプタータンパク質（Grb と Sos）をリクルートし，これがさらに細胞膜に Ras をリクルートして活性化する。これが，哺乳類の経路では Raf と呼ばれる，カスケードの最初のセリン/トレオニンキナーゼの結合と活性化を引き起こす。Raf は，MAPK をリン酸化して活性化する次のキナーゼ──MAPK キナーゼ（MAPKK）──をリン酸化し，活性化する。MAPK は，さらに他のキナーゼをリン酸化したり，核内に入って転写因子をリン酸化し，遺伝子発現を活性化したりする。哺乳類細胞ではいくつかの MAPK が報告されており，これらは異なる経路で機能し，異なる転写因子を標的としている。

述した細胞の解離によって容易に神経誘導が起こることの説明となるかもしれない。

このように神経誘導は複雑な多段階のプロセスであり，先に議論したように，その極めて初期段階は，まだオーガナイザー領域がはっきりわかるようになるよりも前の胞胚，あるいは胚盤葉で起こっているようである。個々のシグナル伝達因子は発生過程で複数の役割を持っており，時間と共にそれらの役割が変わる。このことは，特定のプロセスでこれらの因子が持つ真の役割を理解することを難しくさせている。さらに，これらの因子の発生における役割は，脊椎動物間でも異なっている。しかしながら，ニワトリ胚のヘンゼン結節がアフリカツメガエル外胚葉に神経特異的遺伝子を誘導できることから，脊椎動物の神経誘導のメカニズムにおいては極めて重要な類似性があり，誘導シグナルは進化的に保存されているといえる（**図 5.12**）。しかも，初期のヘンゼン結節は前方の神経組織に特徴的な遺伝子発現を誘

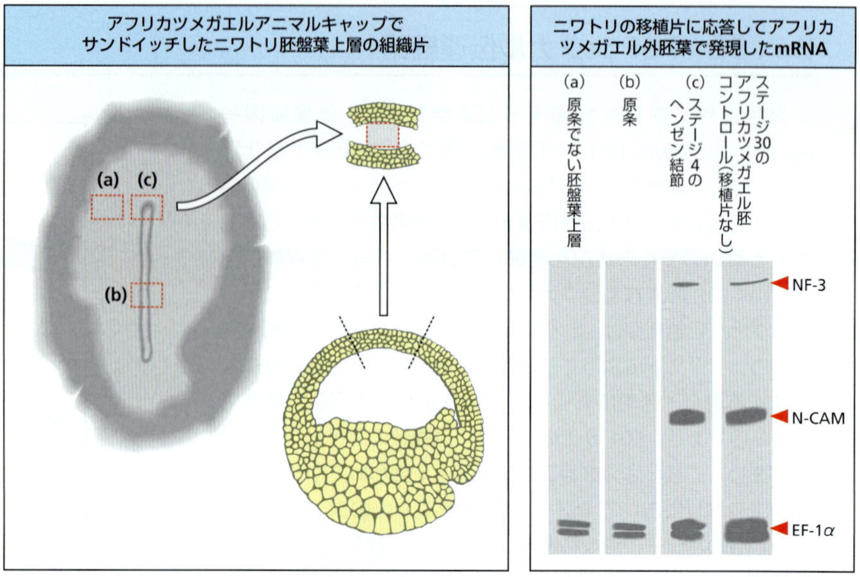

図 5.12 ニワトリ胚のヘンゼン結節は，アフリカツメガエル外胚葉に神経組織に特徴的な遺伝子発現を誘導する

原条期のニワトリ胚胚盤葉上層の異なる部位を，アフリカツメガエル胞胚から取り出した予定外胚葉であるアニマルキャップ 2 つで挟む。ステージ 30 のアフリカツメガエル胚で神経組織に特異的に発現する神経細胞接着分子（N-CAM）や neurogenic factor-3（NF-3）の mRNA の発現を調べることにより，アフリカツメガエル外胚葉で神経系に特徴的な遺伝子の誘導が検出される。ヘンゼン結節からの移植片だけが，アフリカツメガエル外胚葉にこれらの神経マーカーを誘導する［EF-1α は全ての細胞で発現するユビキタスな転写因子で，コントロール（対照）として用いられている］。

Kintner, C.R., et al.: 1991 より

導し，発生の進んだ結節は後方の遺伝子発現を引き起こす。これらの結果は，脊椎動物のノードが，発生ステージによって異なる前後の位置情報を付与するという説と矛盾せず，また，ヘンゼン結節とシュペーマンオーガナイザーとの重要な類似性を裏付けるものである。

アフリカツメガエルでは，後方の神経板の伸長は，胚全体を前後軸に沿って伸長させる重要な要因であり，また，脊髄の形成に貢献している（**図 3.7** 参照）。この伸長過程については，第 8 章で詳しく議論する。一方でニワトリとマウスでは，ノードと原条の両脇にある神経板の後方末端の外胚葉で発生する，増殖中の幹細胞を含む小さな領域から脊髄全体が形成される（**図 5.13**）。この幹細胞領域は，体節形成が始まる直前に明瞭になり，脊髄をつくり出す神経前駆細胞を生み落としつつ，ノードとともに後方へ移動する。

ゼブラフィッシュでは，背側領域のシールド（胚盾）近傍の前方神経組織の誘導と，脊髄を生じさせる後方の神経外胚葉の誘導とでは，そのメカニズムにはっきりとした違いが存在する。ゼブラフィッシュのオーガナイザーが BMP シグナルを阻

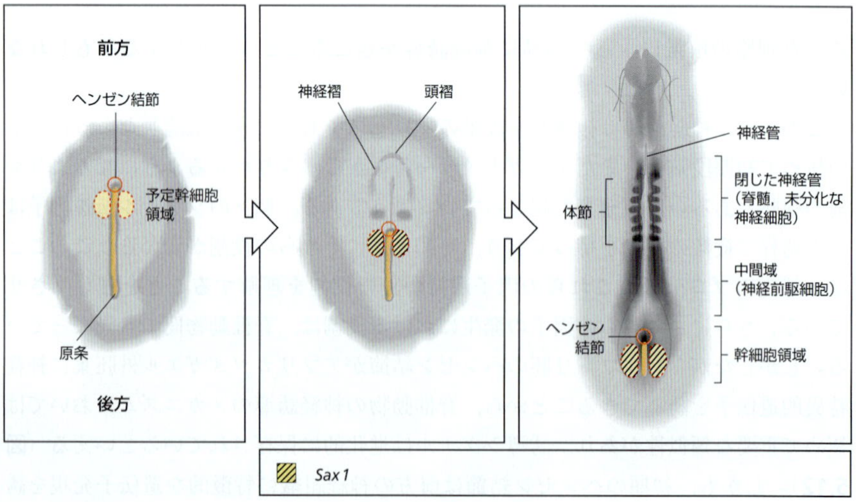

図 5.13 脊髄は後方の神経板に生じる幹細胞領域から形成される

ニワトリ胚において幹細胞の存在する限局された領域は，体節形成が始まるすぐ前の，ヘンゼン結節と前方の原条（黄）そばの後方神経板で生ずる。この幹細胞領域は，ホメオドメインを持つタンパク質である Sax1 を発現するようになり，ヘンゼン結節が後退するにつれて，脊髄を形成する神経前駆細胞を残しつつ，ヘンゼン結節とともに後方へと移動する。全ての脊髄は，この幹細胞領域から生じる。

Delfino-Machin, M., et al.:2005 より改変

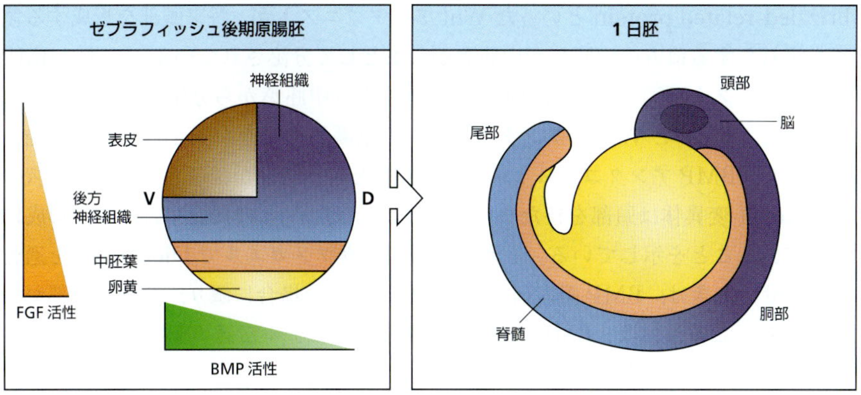

図 5.14 ゼブラフィッシュ胚における予定脊髄はオーガナイザーから離れて存在する
ゼブラフィッシュ原腸胚では，脊髄を形成する外胚葉は，オーガナイザー近傍ではなく，腹側植物極よりに位置しており，オーガナイザーからのシグナルの影響を受けるには離れすぎている。腹側植物極よりの領域の FGF シグナルが，この外胚葉を神経外胚葉に誘導し，BMP はその発生を後方神経組織（脊髄）へと導いている。簡素化のために表皮はここでは示していない。このステージまでに表皮は胚全体を覆っている。
Kudoh, T., et al.: 2004 より改変

害することによって前方の神経組織の誘導に貢献しているのに対して，脊髄に発生する外胚葉はオーガナイザーからやや離れた胚の腹側植物極よりに位置している。この領域では，オーガナイザーのシグナルは届かない（**図 5.14**）。この腹側植物極よりの外胚葉で神経発生を開始させる因子は FGF であり，腹側領域で高いレベルの BMP シグナルは，ここでは神経外胚葉を後方の運命へと促進するようである。

5.3 初期の神経系は中胚葉からのシグナルによってパターン形成する

どんな神経誘導のメカニズムが判明するにしても，神経板が中胚葉からのシグナルによってパターン形成されうることは明らかである。イモリ神経胚の前後軸に沿った様々な部位から中胚葉の組織片を切りだして，早いステージのイモリ胚の胞胚腔に移植すると，その周囲に神経組織を誘導する。形成される組織は，多かれ少なかれ移植された中胚葉の元々の位置に対応している。つまり，前方の中胚葉組織片は脳を含む頭部を誘導し，後方の組織片では脊髄を含む胴部が誘導される（**図 5.15**）。位置特異性を示すもうひとつの結果は，神経板の組織片を別の原腸胚の外胚葉の下に移植すると，接した部分の外胚葉から同じ領域の神経組織が誘導されるという観察からもたらされている。

中胚葉からのシグナル伝達の質的および量的な違いが，神経の前後パターン形成の原因となっている。質的に異なる誘導因子が，前後軸に沿った異なる位置の中胚葉で分泌される。アフリカツメガエルにおいては Cerberus や Dickkopf1,

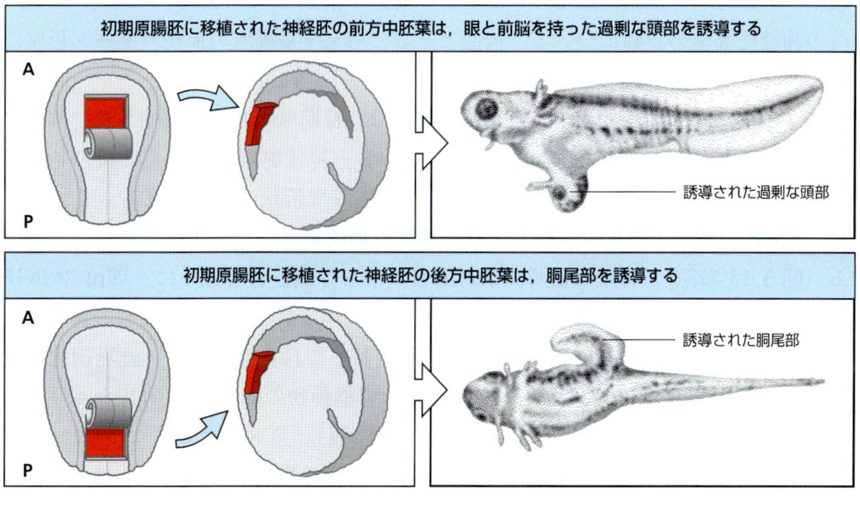

図 5.15 中胚葉による神経系の誘導は領域特異的である
イモリの初期神経胚において，背側の前後軸に沿った異なる部位からの中胚葉を，初期原腸胚の腹側に移植すると，元々あった部位に特異的な構造を誘導する。前方の中胚葉は脳を持った頭部を誘導し（上段パネル），一方で後方中胚葉は脊髄を含む後方の胴尾部を誘導する（下段パネル）。
Mangold, O.: 1933 より

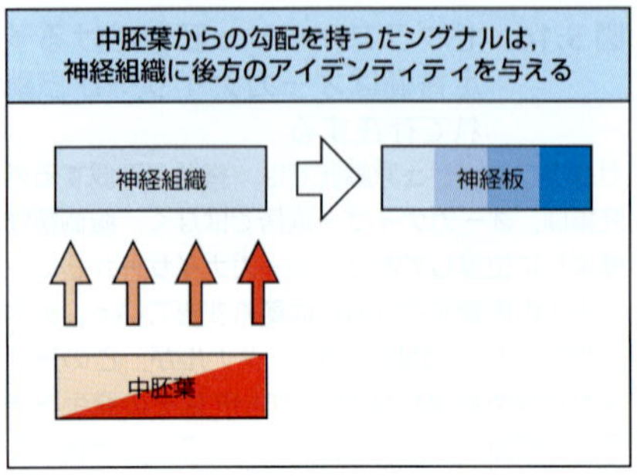

図 5.16　中胚葉が神経板のパターン形成を行う

前後軸に沿ったシグナルの量的な違いは，神経板のパターン形成に役立っている。例えば，Wnt/β-catenin シグナル伝達のレベルは前方から後方にかけて増加していき，胚の後端で高レベルになっている。これによって，神経板に，より後方の位置価が与えられる。

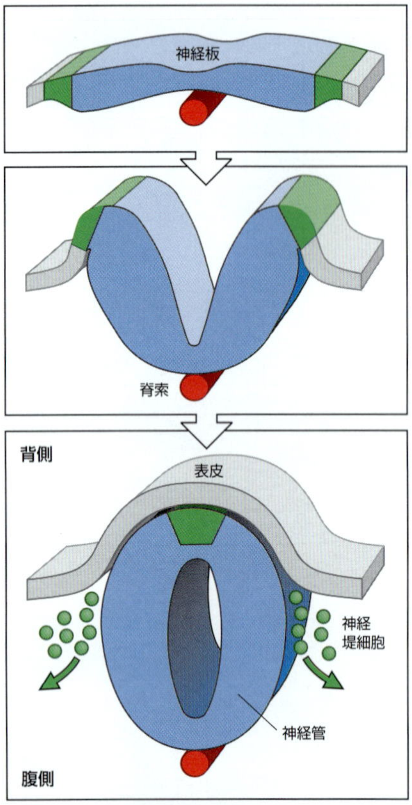

図 5.17　神経堤細胞は神経板の側方境界部で指定される

最初のパネル：神経堤細胞の前駆体（緑）は，BMP のレベルがちょうど神経板（青）を形成させない程度に高い，神経板の両脇で指定される。次のパネル：神経褶が形成されることにより，これらの細胞が神経管の背側の堤に位置するようになる。これらの細胞は，この後すぐにこの領域から移動していく（最後のパネル）。

Frizzled-related protein といった Wnt アンタゴニストが，将来頭部を形成する領域を裏打ちする前方の内胚葉や中胚葉から主として分泌されている。一方，BMP アンタゴニストは頭部と胴部の両方を裏打ちする中胚葉から分泌されている。したがって，BMP と Wnt のアンタゴニストの協調的な働きが脳を含む頭部の発生を促進し，BMP アンタゴニスト単独では脊髄を含む胴部が誘導される。マウスの Dickkopf1 変異体は頭部を持たない。このことは，Wnt の機能阻害が頭部形成に必要であることを示している。しかし，アフリカツメガエルで Dickkopf1 を過剰発現させたときは，BMP 阻害剤を一緒に作用させた場合に限り，余分な頭部が誘導される。このことは，BMP と Wnt の両方のシグナル伝達の阻害が前方中胚葉の作用を模倣していることを示している。

Wnt/β-catenin シグナル伝達の量的な差が，前後軸に沿って存在している。この体軸に沿ってより後方へ行くにつれて，Wnt/β-catenin シグナル伝達のレベルは徐々に増していき，胚の後端が最も高くなるような勾配が形成されている（**図 5.9** 参照）。高レベルの Wnt シグナルが，神経組織により後方の位置価を与えると考えられている（**図 5.16**）。BMP アンタゴニストである Noggin の mRNA を注入したアフリカツメガエル胚から切り出したアニマルキャップを前方の神経組織として使用した場合，Wnt シグナル伝達のレベルが増すにつれて異なる後方マーカー遺伝子の発現が誘導される。Wnt は，ニワトリやゼブラフィッシュにおいても神経板を後方化することが示されている。アフリカツメガエル，ニワトリ，ゼブラフィッシュの研究から，FGF も後方化因子として機能していることが示されている。以上のように，シグナルの質的および量的な違いが前後の神経パターン形成をもたらしており，これには複数のシグナルが関与している。

5.4　神経堤細胞は神経板の境界部から生じる

神経堤細胞は神経板の境界部で誘導される。この部位は神経管形成の際，神経褶を形成するように隆起し，癒合して神経管の背側の一部を形成する（**図 5.17**）。そこから，神経堤細胞は移動し，非常に幅広い様々な組織や細胞種を生じる。神経堤細胞は，例えば自律神経系の神経およびグリアや，末梢神経系のシュワン細胞，皮膚の色素細胞（メラノサイト），副腎のアドレナリン（エピネフリン）産生細胞をつくり出す。さらに最も驚くべきことに，顔面の骨や軟骨，筋肉，結合組織といった一般的には中胚葉由来である細胞種のもとにもなっている。神経堤細胞の移動については第 8 章で，分化については第 10 章で，より詳細に記述する。本章では，後脳から鰓弓（脊椎動物頭部のいくつかの構造や組織は，この鰓弓に由来している）への神経堤細胞の移動について，後脳とそこに由来する細胞の前後パターン形成に関連して，簡単に触れる。

アフリカツメガエルでの神経堤細胞の誘導は，初期原腸胚期に開始され，神経管が閉じるまで継続する多段階のプロセスである。神経堤細胞誘導の最新の見解では，これらの細胞は神経板の両側に沿った外胚葉で帯状に形成される。この領域は，BMP シグナルのレベルがちょうど神経板形成をブロックする程度になっている（**図 5.11** 参照）。神経板誘導における役割から推測されるように，Wnt や FGF シグナルは神経堤細胞の指定にも関わっているようである。神経堤細胞の誘導は転写因子 Sox9 と Sox10 の発現によって識別され，これらは次に，神経堤細胞の初期マーカーである *snail* 遺伝子を活性化する。脊椎動物のこの遺伝子は，ショウジョウバエにおける *snail* に相当する（第 2.19 節参照）。第 8 章で示すように，Snail タンパク質は，上皮細胞が遊走性の細胞へと移行する際の形態的変化を可能にすることに関与している。このような上皮-間充織転換は，動物の発生過程で多くの場面で起こっており，神経堤細胞の移動はその一例である。

まとめ

脊椎動物の初期胚の前後軸と背腹軸に沿ったパターン形成は，シュペーマンオーガナイザーの機能および原腸形成期の形態形成と密接に関わっている。シュペーマンオーガナイザーは，初期原腸胚の腹側に移植すると背腹軸と前後軸の両方を新たに誘導し，二次胚を発生させる。オーガナイザーは増殖因子のアンタゴニストを分泌し，胚のパターン形成に必要なTGF-βやWntシグナルの勾配をつくり出す。ゼブラフィッシュにおいては，シールド（胚盾）がオーガナイザーである。ニワトリではヘンゼン結節がシュペーマンオーガナイザーと類似した機能を示し，この組織も新しい前後軸を指定しうる。マウスにおいては，ノードが最前方の前脳を除いて新しい体軸を指定する。前脳領域の誘導には，前方臓側内胚葉も必要とされる。

脊椎動物の神経系は神経板から形成されるが，これは，外胚葉に存在する初期シグナルと，原腸形成期に予定神経板外胚葉を裏打ちする中胚葉からのシグナルによって誘導される。アフリカツメガエルにおいては，オーガナイザーで産生されるNogginのようなタンパク質によるBMPシグナル伝達の阻害が，神経誘導に必要である。神経板のパターン形成には，中胚葉からの量的および質的に異なるシグナルが関与しており，高レベルのWntとFGFシグナルがより後方の構造を指定している。

体節形成と前後パターン形成

原腸形成終了までに脊椎動物の胚は前後軸に沿って伸長し，神経管が明瞭となり，脊索が形成される。そして，残りの中胚葉が脊索の両脇に配置され，最終的に内胚葉に由来する腸を完全に取り囲む。脊椎動物の予定運命図によれば（**図4.19〜4.23**参照），脊索は中胚葉の最も背側領域から発生し，体節は**傍軸中胚葉（paraxial mesoderm）**として知られる中軸の両脇に位置する腹側方よりの中胚葉から発生する。傍軸中胚葉の側方には腎臓を生じる中間中胚葉が，そしてさらに側方には体腔の形成によって壁側中胚葉（somatic mesoderm）と臓側中胚葉（splanchnic mesoderm）の2つの組織に分かれるようになる側板中胚葉が位置している（**図3.17**参照，ニワトリ胚切片におけるこれらの中胚葉領域を示している）。心臓が前方の側板中胚葉から生み出されるのに対して，肢芽はからだの前後軸に沿った適切な位置の側板中胚葉から生じる。

体節は，脊柱を含む胴部の骨と軟骨，骨格筋やからだの背側の皮膚の真皮を生み出し，そしてこれらの組織のパターン形成がからだの前後の組織化の大きな部分を占める。例えば椎骨は，脊柱に沿って異なる部位で特徴的な形態を示す。ここでは，まず体節の発生について述べて，次に，前後軸に沿って異なる発生学的なアイデンティティがどのようにしてHox遺伝子によって指定されるのかについて説明する。それから，個々の体節がどのようにパターン形成されるのか，そしてどのような構造を生じるのかについて議論することを通じて，体節形成に対する本書の見解を述べる。最後に，胚の脳について再び触れ，前後軸に沿った初期のパターン形成の特徴を考察することで，本章のこのパートをしめくくる。

5.5　体節は前後軸に沿って明確に規定された順序で形成される

体節の数は脊椎動物間で非常にバラエティに富んでいる。つまり，鳥類やヒトは 50 個ほどの体節を持つ一方で，ヘビでは数百にのぼる。体節形成に関する多くの研究は，その過程の観察が容易であることからニワトリを用いて行われてきているので，ここでもニワトリを主たるモデル生物として扱う。ニワトリ胚において，体節形成は，後退していくヘンゼン結節の前方の脊索の両側にある傍軸中胚葉で起こる（**図 5.18**）。ニワトリの最初の 5 体節は頭蓋骨の最も後方部分に加わる。これよりさらに前方の傍軸中胚葉は分節化せず，顔面の筋肉や骨の一部を形成する。頭蓋骨の一部は神経堤にも由来する。体節形成は，一番新しくできた体節とヘンゼン結節の間に存在する未分節中胚葉（pre-somitic mesoderm）で，前方から後方に向かって進む。ヘンゼン結節が後退していっても，この領域の長さは一定に保たれる。未分節中胚葉における細胞形態と細胞間接触の変化が，ブロック状の細胞塊の形成，つまり体節の形成をもたらす。体節は，脊索を挟んで両側に 1 つずつ，対になって形成される。対となっている 2 つの体節は同時にできる。1 対の体節は，ニワトリでは 90 分毎，マウスでは 120 分毎，アフリカツメガエルでは 45 分毎，ゼブラフィッシュでは 30 分毎に生じる。

体節の形成には，前方と後方の体節境界部で細胞がしっかりと接着することに加えて，組織の分離と細胞運動が関与している。特にアフリカツメガエルの体節形成は，いくつかの固有の性質を示す。未分節中胚葉の一部の細胞集団が，脊索に対して垂直に向き，体節間の溝が形成されることによって残りの未分節中胚葉から分離され，のちに体節となる 1 つの判別可能なブロックを形成する。次に，このブロックは 90° 回転する。まだ完全には解明されていないが，この回転には細胞がブロック内の位置を認識し，その位置に応じた形態変化と再配置を行うといった一連の細胞運動と再配向が関与している。

ニワトリでは，体節を生じる細胞は前方の原条の両脇の胚盤葉上層に由来し，原腸形成によって，ヘンゼン結節周囲に位置する体節へと発生する幹細胞の集団を形成するように移動する。この幹細胞は分裂し，幹細胞領域に残る細胞は自己複製幹細胞であり続けるが，ヘンゼン結節が後退していったときに，その場に取り残されてしまった細胞は未分節中胚葉となる。新しい細胞がニワトリ胚の後端で未分節中胚葉に加わり続け，前端では体節が形成される。このようにして未分節中胚葉は，12 体節分をつくり出すのに十分な一定程度の長さに保たれる。

未分節領域における一連の体節形成は，未分節中胚葉を横方向に切断しても影響を受けない。このことは，体節形成が自律的な過程であり，この時点では前後の位置指定やタイミングに関わる外部シグナルがないことを示唆している。未分節中胚葉の一部を 180° 回転させたとしても，個々の体節は依然として正常なタイミングで形成される。ただし，ひっくり返した部分では正常とは反対の向きで順番に形成される（**図 5.19**）。したがって，体節形成が始まる前に，個々の体節が形成されるタイミングを指定する分子パターンは未分節中胚葉にすでに刻み込まれている。このようなパターン形成の過程については，のちにふれる。このようなパターンが存

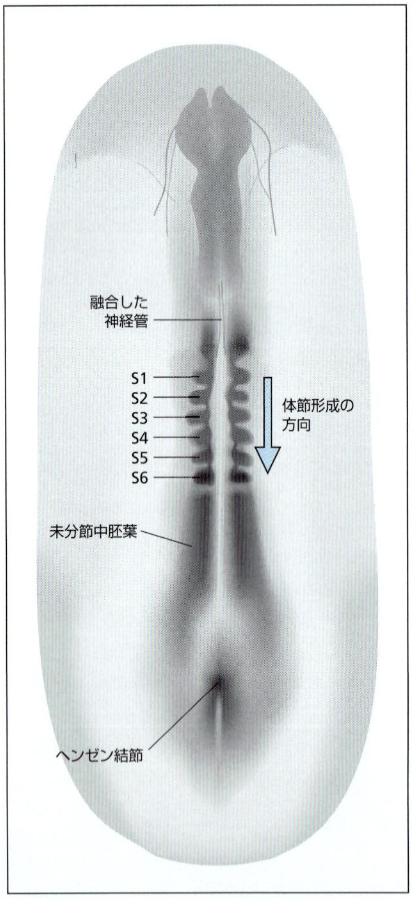

図 5.18　体節は傍軸中胚葉から対になって形成される
体節は，脊索の両側にある傍軸中胚葉から形成されるブロック状の組織である。体節は，ヘンゼン結節周辺の幹細胞の集まりから生じた未分節中胚葉から，前方から後方の向きでつくられていく。最初の 5 体節からは頭蓋骨の後方部分が生じ，あとの体節からは胴尾部の筋肉や骨，そして四肢の筋肉がつくり出される。

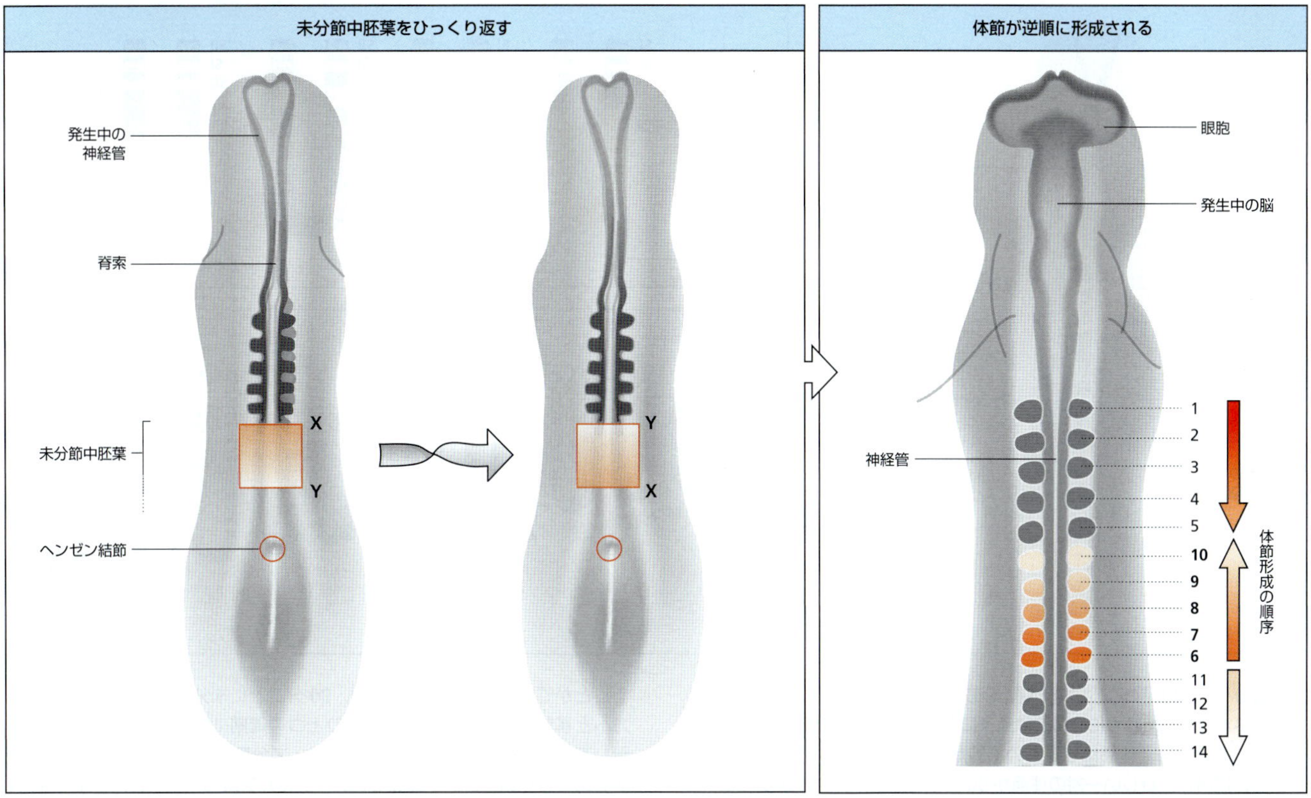

図 5.19　体節形成の時間的な順序は，胚発生の初期に指定される
ニワトリの体節形成は，前方から後方へという方向で進んでいく。体節は，一番新しくできた体節と後方へと移動していくヘンゼン結節の間にある未分節中胚葉で順次形成される。矢印で示したように，未分節中胚葉の前後軸を 180° 回転させても，体節形成の時間的な順序は変わらない。第 6 体節は，やはり第 10 体節の前に発生する。

在しているとすると，個々の体節の将来のアイデンティティは，これらの細胞が未分節中胚葉に入った時間的な順序と関係があるはずである。

体節形成は，主に未分節中胚葉に内在の“時計”によって決定されている。この時計は，ニワトリ胚における *c-hairy1* や *c-hairy2* といった遺伝子の発現の周期的変動によって表される。これらの遺伝子の発現は，1 対の体節が形成されるのにかかる 90 分間の周期で，未分節中胚葉の後方から前端へと通過していく。新しく形成された体節では，*c-hairy1* の発現は体節の後端に限局するようになり，その発現は持続する。一方で，新しい *c-hairy1* 発現の波が未分節中胚葉の尾部側末端で始まる（**図 5.20**）。遺伝子発現の振動は，マウスやゼブラフィッシュの未分節中胚葉でも観察されている。これらの遺伝子の振動がどのように規則的な体節の分節化と関係しているかはまだはっきりしておらず，分節境界の決定を制御しているメカニズムは脊椎動物間で異なっている可能性もある。

マウスやニワトリでは，周期的な発現を示す別の遺伝子として，Notch-Delta シグナル伝達経路の活性を修飾する酵素である Lunatic fringe をコードするものがある（**Box 5C**, p. 202）。この経路は，胚発生過程で細胞の運命決定や境界を定めるのに広く関わっている。後に述べるように，体節は異なる運命を持つ前半部と後半部に機能的に分けることができ，マウスでの Notch シグナル伝達の 1 つの機能は，この前半部と後半部の境界を確立することにあるようである。Notch と Delta は両方とも膜貫通型タンパク質であり，この経路は直接の細胞接触によるシグナル伝達の一例である。ゼブラフィッシュで提唱されている体節形成過程での Notch 活性の 1 つの機能は，将来体節を形成する隣り合った細胞間で，遺伝子発現の振動を同調させることである。同様にマウス胚では，Delta-Notch シグナル伝達を恒常的に活性化させるか全体で消失させると，しばしば体節が形成されず，

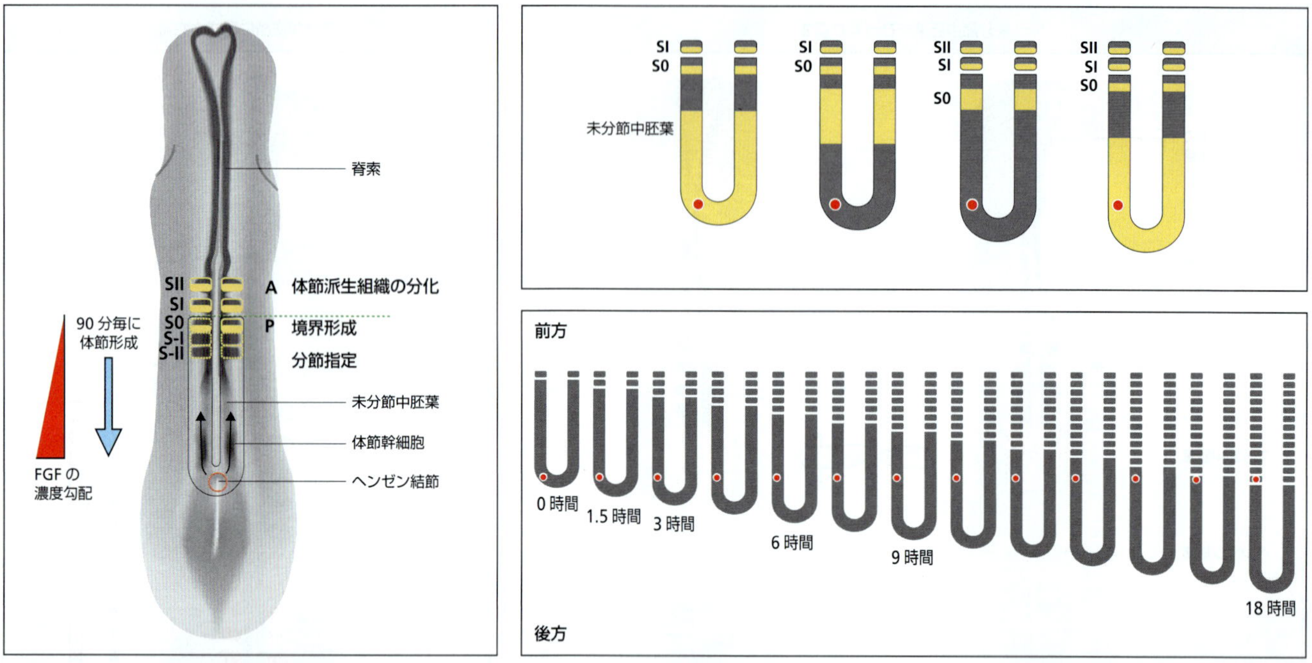

図 5.20　ニワトリにおける体節形成

左のパネルに示したように，体節は原条にある幹細胞由来の未分節中胚葉から順次つくられる。体節になる前の細胞が後方の未分節中胚葉に付け加えられると同時に，新しい一対の体節が 90 分ごとに未分節中胚葉の前端からくびり切れる。最も新しく形成された体節を SI，もうひとつ前に形成された体節を SII，まだ境界ができていない形成中の体節を S0 と表し，そしてこれから体節をつくる未分節中胚葉細胞の集まりを S-I や S-II のように表す。個々の体節ができるときに明瞭になる境界の位置は，FGF-8 の濃度勾配の閾値によって指定される（緑の破線）。形成時に個々の体節は前後極性を獲得し，その後，前後軸および背腹軸に沿ったパターン形成のシグナルに応答するようになる。体節は，前半部（灰色）と後半部（黄）の区画に分けることができる。右上のパネルは，90 分ごとに未分節中胚葉を後方から前方へと移動する，*c-hairy1* 発現のひとつの周期におけるいくつかの段階を示している（黄）。このサイクルの間に，未分節中胚葉は，*c-hairy1* が発現する時としない時という異なる状態（位相）を経る。右下のパネルでは，1 つの未分節中胚葉の細胞（赤い点）が未分節中胚葉に入ったところから体節に取り込まれるまでの経過が示されている。前方の体節の細胞は，後方の体節の細胞に比べて，ヘンゼン結節領域から未分節中胚葉に入るまでの間に *c-hairy1* 発現のサイクルをあまり経験していない。この現象から，体節の分節化に関係し，かつ個々の体節に前後軸に沿った位置を“教える”役割を果たす時計を説明できる。

できたとしても大きさや形に異常が起こり，からだの左右でも異なってしまう。

体節を形成するタイミングと位置は，分節時計と細胞間シグナルタンパク質 FGF-8 の相互作用によって決まっているようである。この時期のニワトリとマウスにおいては，ノードで高く前方に向かって徐々に下がっていく FGF-8 の濃度勾配が，中胚葉と外胚葉の両方に存在している。この濃度勾配は，おそらく *FGF-8* mRNA がノード周辺でのみ産生され，ノードが後方に移動するときにあとに残された細胞内で徐々に分解されることから，ノードの後退と共に後方へと下がっていく。その結果，細胞内の *FGF-8* mRNA に勾配が生じ，翻訳・分泌を経て，最終的には胚の尾芽を頂点とする頭尾方向の細胞外 FGF-8 の濃度勾配がもたらされる（**図 5.21**）。体節形成は，FGF-8 が十分に低い閾値レベルになったところで起こる。FGF-8 の濃度勾配はノードと共に移動していくので，未分節中胚葉内で体節が形成され始める場所が連続的に決定されることになる。分泌性の小さなシグナル分子であるレチノイン酸（**Box 5D**, p. 204〜205）は，FGF の作用を打ち消す効果を持っている。レチノイン酸は FGF とは反対向きの濃度勾配を形成しており，FGF をアンタゴナイズすることによって，未分節中胚葉が長くなってしまうのを絶えず防いでいる。レチノイン酸は体節で合成され，そこから前方にも後方にも拡散していく。さらにレチノイン酸は，発生過程のこの時期に側板中胚葉で左右非相称性の確立に働いているシグナル（第 4 章参照）に対して，まだわかっていない何らかのメカ

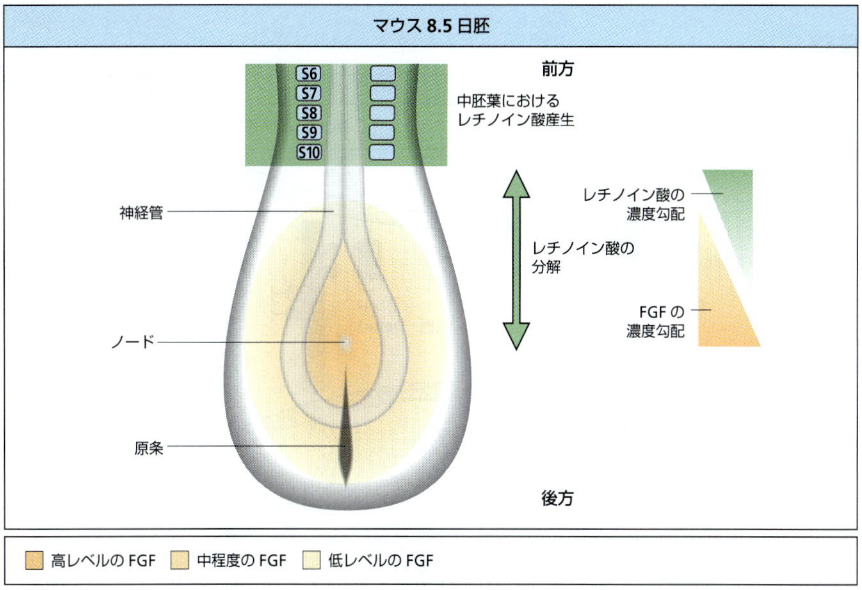

図 5.21 FGF とレチノイン酸の濃度勾配は，マウス胚の前後軸に沿ったパターン形成に役立っている
マウス胚において，ノードで高い FGF の濃度勾配が，前後軸に沿って生じる。この模式図は，10 対の体節と，将来脊髄となる後方領域で一部まだ開いたままの神経管を持つマウス 8.5 日胚の後方を，背側から見たものである。FGF の濃度勾配は，*FGF* mRNA を合成しているノードおよびその周辺部の細胞によってつくられる。*FGF* mRNA は，細胞が未分節中胚葉を形成するためにより前方領域に位置するようになると，徐々に分解されていく。この結果，翻訳・分泌された FGF タンパク質は胚の伸長に伴って連続的に後方に移動していき，濃度勾配が生じる。中胚葉におけるこの濃度勾配は，最も新しく形成された体節の位置で次第に消失する。このことは，体節が FGF のレベルがある閾値より低くなったところで形成されることを示唆している。体節で合成され，分泌されたレチノイン酸は，FGF の作用をアンタゴナイズする反対向きの濃度勾配を形成する。
Deschamps, J. and Van Nes, J.: 2005 より改変

ニズムで体節を保護し，体節発生の左右相称性が維持されるようにしていると考えられている。

体節は，からだの前後軸に沿った位置に応じて，特有の中軸構造へと分化する。最も容易に判別できる体節由来の構造は，椎骨である。一番前方のいくつかの体節は頭蓋骨の後方部に寄与し，より後方の体節は頸部の椎骨を，そしてさらに後方のものは肋骨を伴う胸部の椎骨を形成する。位置に応じた指定は，体節形成が始まる前の原腸形成期に起こっている。例えば，ニワトリ胚の将来胸部領域を生じるはずの未分節中胚葉は，首を生じる領域と置き換える移植を行っても，やはり肋骨を持った胸椎を形成する（**図 5.22**）。では，どのようにして未分節中胚葉はパターン形成され，個々の体節がアイデンティティを獲得して特有の椎骨を形成させているのだろうか？

5.6 前後軸に沿った体節のアイデンティティは，Hox 遺伝子発現によって指定される

中胚葉の前後パターン形成は，脊椎骨の違いに最もはっきりとあらわれる。個々

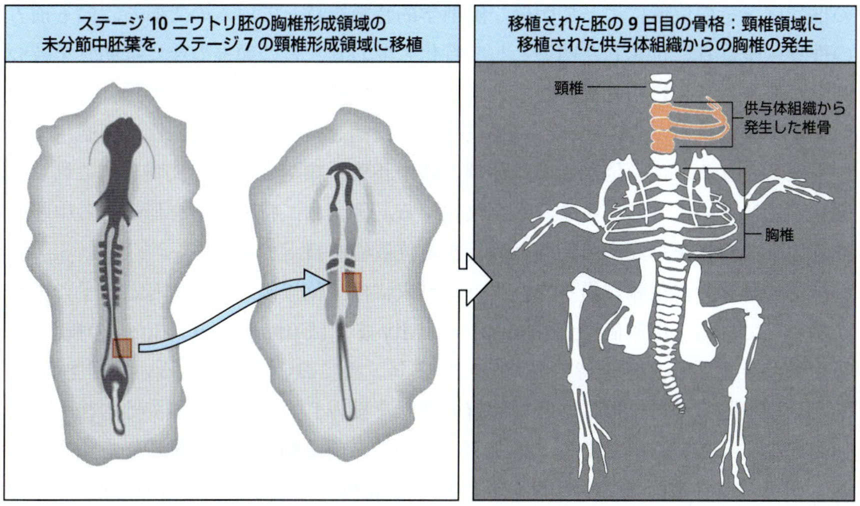

図 5.22 未分節中胚葉は体節形成の前に位置価を獲得している
将来胸椎になる未分節中胚葉を，本来ならば頸椎に発生するはずの発生段階のより早い胚の前方領域に移植する。移植された中胚葉は，元々の位置に応じた発生をして，頸部領域で肋骨を形成する。

Box 5C Notchシグナル伝達経路

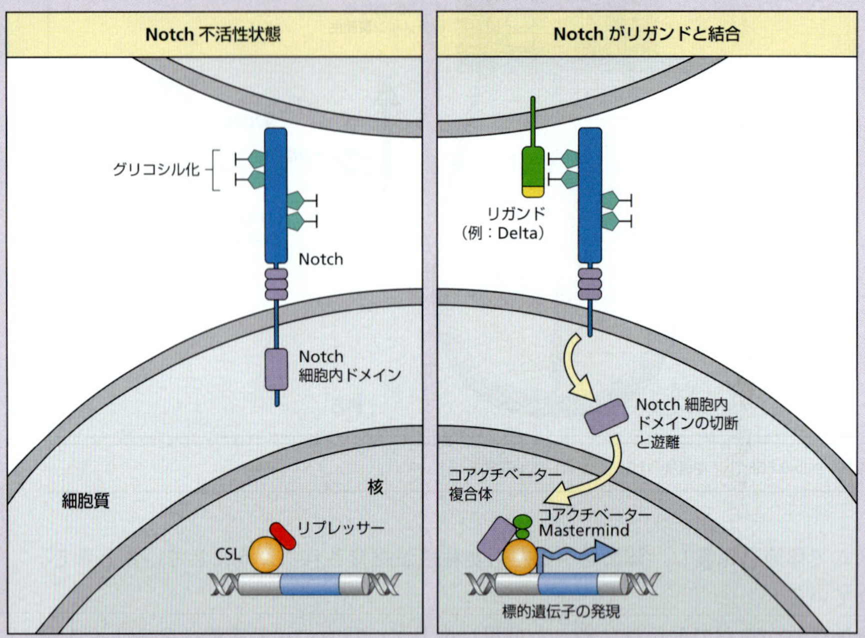

膜貫通型シグナル伝達タンパク質のNotchファミリーは，ショウジョウバエや脊椎動物の神経前駆細胞から，哺乳類の皮膚の上皮細胞への分化に至るまで幅広い細胞運命決定に関与している。Notchのリガンドもまた膜結合タンパク質であり，したがってNotchシグナル伝達には細胞間の直接の接触が必要となる。このことは，Notchが空間的に極めて正確なシグナル伝達を行っていることを意味しており，第11章のショウジョウバエの眼や第12章の神経芽細胞の発生において示すように，多くの細胞の中から単一の細胞の運命を決定できる。

Notchのリガンドは，DeltaやSerrate/Jagged1ファミリーのメンバーである。細胞表面のリガンドが，隣接する細胞のNotchに結合することで，受容体からの細胞内シグナル伝達が活性化される。Notch受容体は，Fringeファミリーを含むグリコシルトランスフェラーゼによって特異的にグリコシル化される部位が複数存在する巨大な細胞外ドメインを持つ。グリコシル化は，Notchの細胞外ドメインのDeltaリガンドへの結合を促進する一方で，Serrateリガンドへの結合は抑制する。このように，異なるリガンドへの結合に影響を及ぼすことでシグナル伝達を調節している。Notch受容体の活性化には，受容体の細胞質末端部（Notch細胞内ドメイン）が酵素切断され，核内に移行し，CSLファミリーの転写因子と結合，活性化することが関与している［CSLは，Notchによって活性化される転写因子で，哺乳類のCBF1/RBPJκ，ショウジョウバエのSuppressor of Hairless（Su(H)），線虫のLAG-1から名づけられた］。Notchシグナルがないときは，CSLはリプレッサータンパク質と複合体を形成している。Notch細胞内ドメインの結合によるCSL複合体の活性化は，そのリプレッサー因子の放出と，Mastermindなどのコアクチベーターのリクルートを引き起こす。Notchシグナル伝達の結果，特異的な遺伝子の転写が起こる。Notchシグナルは多種多様に用いられている。Notchの活性化は，様々な生物種の様々な発生現象において，幅広い遺伝子の発現のオン/オフの切り替えに利用されている。

の椎骨は，その位置によって明確な解剖学的特徴を持っているのである。最も前方の椎骨は頭蓋骨に付属した関節として特化しており，首の頸椎の後には肋骨を持つ胸椎が続き，さらに肋骨を持たない腰椎，そして最後に仙椎，尾部の椎骨となっていく。体軸に沿った骨のパターン形成は，位置価を獲得した中胚葉性の細胞によってもたらされる。この位置価は，体軸上の中胚葉性細胞の位置を反映し，これらの細胞が次にどのように発生するかを決定する。例えば，将来胸椎を形成する中胚葉性細胞は，頸椎を形成する細胞とは異なる位置価を持っている。

全ての動物の前後軸に沿ったパターン形成には，位置価を指定する遺伝子の発現が関わっている。位置価（positional identity または positional value）の概念は，発生戦略上重要な意味を持っている。つまり，胚において細胞あるいは細胞群が，ある発生段階でその位置に応じて固有の状態を獲得し，これによってその後の予定運命が決まっていくのである（第1.15節参照）。前後軸に沿った位置価を指定するホメオティック遺伝子はショウジョウバエで最初に同定され（第2章参照），その後，それに関連したHox遺伝子が脊椎動物の前後軸に沿ったパターン形成に関与していることが見出された。Hox遺伝子は，発生の多くの現象に関わるホメオボックス遺伝子という巨大なファミリーのメンバーである（**Box 5E**, p. 207）。後に示すように，Hoxや他のホメオボックス遺伝子による前後軸に沿った脊椎動物胚のパターン形成は，中胚葉性の構造に限局されない。例えば後脳も，Hox遺伝子発現の特徴的なパターンによって，いくつかの領域に明瞭に区分けされている。

Hox遺伝子は，動物で広く保存されている発生関連遺伝子の最も顕著な例である。全ての動物の発生の根底には共通のメカニズムが存在していると広く信じられてはいたが，ショウジョウバエの体節の位置価を指定する遺伝子が，脊椎動物でも位置価の指定をしているかもしれないということは，最初はありそうもないと思われていた。しかし，配列の相同性を用いて遺伝子を比較する方法によって，ショウジョウバエのホメオティック遺伝子に関連した脊椎動物のHox遺伝子の同定が非常にうまくいった。他にも多くの遺伝子が，発生の遺伝学的基盤が他のどの動物よりも良く理解されているショウジョウバエで最初に同定され，それらに対応する脊椎動物の遺伝子も発生に関与することが明らかにされてきている。

脊椎動物の多くは4つのHox遺伝子のクラスターを持つが，これは脊椎動物の進化の過程でクラスターの重複が起こったためと考えられている。そして，各クラスターの中においても，Hox遺伝子のいくつかは重複を起こしてきている可能性がある（**Box 5E**, p. 207参照）。ゼブラフィッシュはさらに重複をした結果，珍しいことだが7つのHox遺伝子クラスターを持っている。昆虫と脊椎動物の両者におけるHox遺伝子発現の重要な特徴は，クラスター内の遺伝子が，染色体上の並び順を反映した順番で時間的・空間的に発現することである。これは，発生において他に例のない特徴である。染色体上の遺伝子の空間的配置が胚における空間的パターンと一致するというのは，この例が知られている唯一のものである。

単純な観念的モデルは，Hox遺伝子が組合せによって位置価を示すのではないかという重要な特徴を説明している。染色体上に順に並んだⅠ，Ⅱ，Ⅲ，Ⅳの4つの遺伝子について考えてみよう（**図5.23**）。これらの遺伝子は，組織の前後軸に沿って並び順に対応した発現をする。つまり，遺伝子Ⅰは組織全体で発現し，組織前端に発現の前方境界がある。遺伝子Ⅱは，より後方の位置に発現の前方境界があり，そこより後方で発現する。同様の原理で残りの2つの遺伝子も発現する。この発現パターンは4つの異なる領域を定義している。つまり，遺伝子発現の異なる組合せによって領域が指定される。例えば遺伝子間の相互作用によって，遺伝子産物の総量がそれぞれの発現ドメインで変動すれば，もっと多くの領域を指定することができる。

脊椎動物の中軸パターン形成におけるHox遺伝子の役割は，個々のHox遺伝子をノックアウトしたり，その発現をトランスジェニックマウスで改変したりすることが可能なことから，マウスを用いてよく研究されてきている（第3.9節および**Box 3B**, p. 126参照）。全ての脊椎動物で見られるように，Hox遺伝子は初期原腸胚期のマウス胚の中胚葉細胞で発現を開始する。この時期，これらの細胞は原条から内部へ，そして前方へと移動を開始する。まず“前方”のHox遺伝子が発現し，より後方のHox遺伝子は原腸形成が進むにつれて発現する。確固としたHox遺伝子発現のパターンは，体節形成後の中胚葉や，神経胚形成後の神経管で容易に観察される。

図5.24は，マウス9.5日胚における3つのHox遺伝子の発現パターンを示している。典型的な場合，それぞれの遺伝子の発現は固有の明瞭な前方境界を示し，

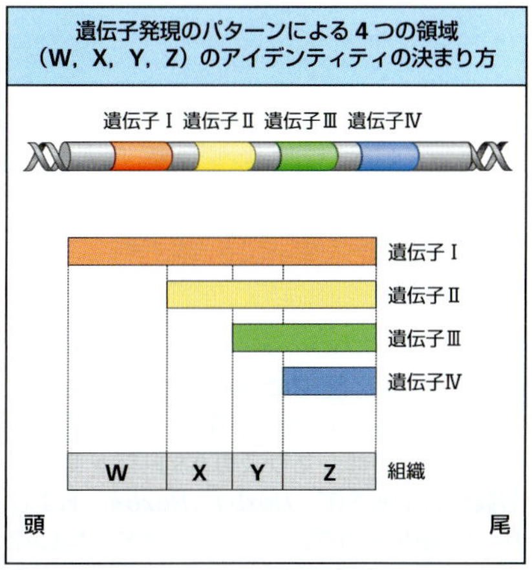

図5.23　遺伝子活性が位置価を与える
このモデルは，どのようにして組織内の遺伝子発現のパターンが，異なるW，X，Y，Z領域を指定するかを示している。例えば，W領域では遺伝子Ⅰだけが発現しているが，Z領域では4つの遺伝子全てが発現している。

Box 5D レチノイン酸：細胞間シグナルを担う小分子

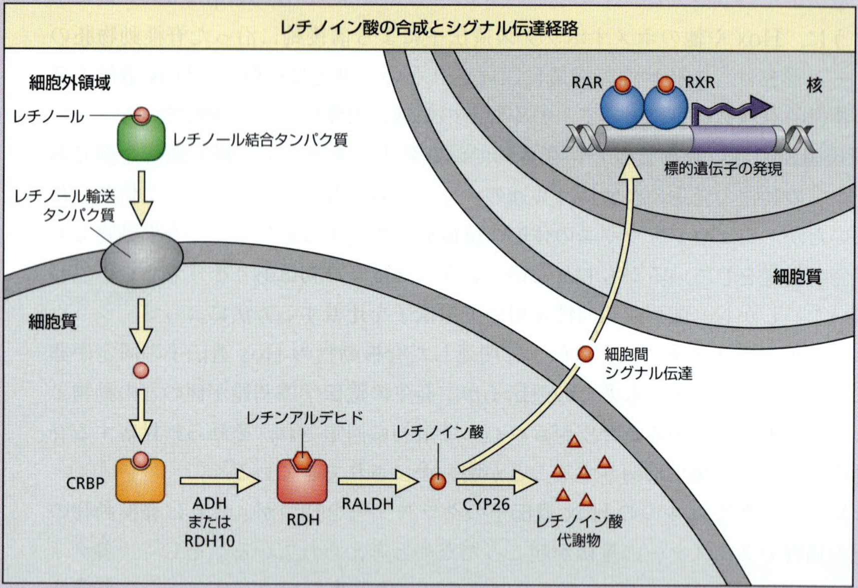

レチノイン酸は，ビタミンA（レチノール）から生じる小さな拡散性分子である。動物は食物からビタミンAを摂取するが，ビタミンA欠乏が発生異常を引き起こすことがブタを用いた研究によって古くから知られていた。そして，過剰なビタミンAがやはり発生異常を引き起こすことが明らかにされた。悲しいことに，妊娠していることを知らずに重篤な皮膚病の治療のために合成ビタミンA誘導体を投与された女性からは，頭蓋顔面の形成異常を持つ赤ちゃんが生まれた。

レチノールはニワトリの卵に高いレベルで存在し，哺乳類では母体の血流によって胎児に供給される。レチノールは細胞外でレチノール結合タンパク質と結合し，輸送タンパク質であるレチノイン酸応答性タンパク質6（Stimulated by retinoic acid 6：STRA6）によって細胞内に取り込まれる。いったん細胞内に入ると，レチノールは細胞内レチノール結合タンパク質（cellular retinol-binding protein：CRBP）と結合する。レチノイン酸は2段階の反応で産生される（図参照）。まずレチノールがレチノール脱水素酵素（主にRDH 10）やアルコール脱水素酵素（ADH）によってレチンアルデヒド（retinaldehyde）に代謝され，次にレチンアルデヒドがレチンアルデヒド脱水素酵素（RALDH）の働きでレチノイン酸に代謝される。脊椎動物には *Raldh 1*，*2*，*3* にコードされる3種類のレチンアルデヒド脱水素酵素が存在する。これらの遺伝子の発現は，発生過程の胚でレチノイン酸が正しい位置で，正しい時期に産生され

後方へと広がっている。Hox 遺伝子の空間的発現パターンには，特にクラスター内で隣接する遺伝子の間でかなりの重なりが見られるが，前後軸に沿った中胚葉のほぼすべての領域が Hox 遺伝子発現の特異的な組合せによって指定される。マウス胚中胚葉における Hox 遺伝子発現の前方境界についてまとめた図を示す（**図 5.25**）。例えば，最も前方の体節は *Hoxa 1* と *Hoxb 1* の発現によって指定され，この領域では他の Hox 遺伝子は発現しない。これに対して，最も後方の領域では，

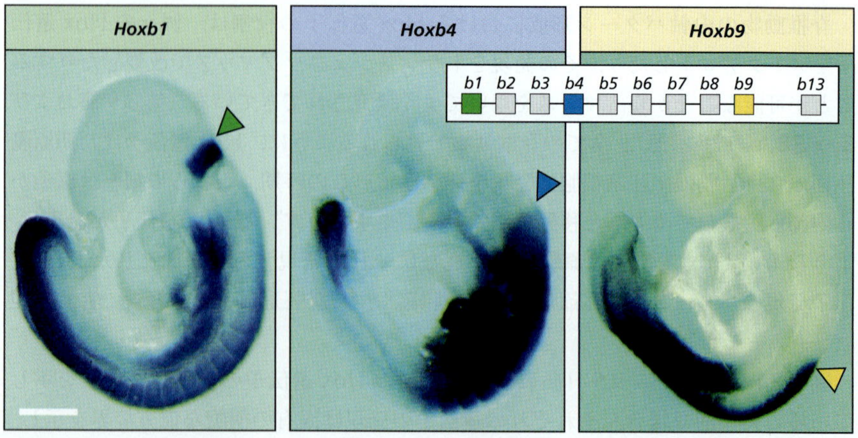

図 5.24 神経胚形成後のマウス胚における Hox 遺伝子発現
3つのパネルは，マウスの9.5日胚を側方から観察したもので，*Hoxb 1*，*Hoxb 4*，および *Hoxb 9* 遺伝子のプロモーターに連結した LacZ レポーターの発現を染色により可視化してある（青）。これらの遺伝子は神経管と中胚葉で発現している。矢頭は，それぞれの遺伝子発現の神経管での前方境界を示している。Hoxb 遺伝子複合体の中での，この3つの遺伝子の位置を図中に示した。スケールバー＝0.5 mm。
写真は A. Gould 氏の厚意による

るように，時空間的に厳密に制御されている。

レチノイン酸は，P450 チトクローム系の酵素によって分解される。主に機能している CYP26 のサブファミリーは，RALDH と同じように，胚内で正確なパターンで発現している。レチノイン酸代謝酵素をコードする遺伝子の発現制御に関わる複雑な恒常性維持機構と，最終産物のフィードバックは，レチノイン酸量を適切なレベルで維持する役割を果たしている。レチノイン酸レベルが上昇すると，*Raldh* 遺伝子の発現が抑えられ，*Cyp26* 遺伝子の発現は増加する。レチノイン酸レベルが低下すると逆のことが起こる。

細胞間シグナルとして働いているレチノイン酸を図に示す。ただし，レチノイン酸はおそらく産生細胞内でもシグナルとして機能している。レチノイン酸は脂溶性で，そのため細胞膜を透過する。細胞内では，レチノイン酸を核へと輸送するタンパク質と結合し，核内で転写制御因子として直接機能する受容体に結合する。鳥類・哺乳類では，レチノイド X 受容体（RXR：α，β，γがある）と共に二量体を形成して機能する，3 種類のレチノイン酸受容体（retinoic acid receptor：RAR；α，β，γ）が存在している。レチノイン酸がない状態では RAR：RXR 受容体ヘテロ二量体は，レチノイン酸応答配列（retinoic-acid-response element：RARE）として知られている制御 DNA 配列に結合し，標的遺伝子の発現を抑制している。この核内受容体にレチノイン酸が結合すると，応答配列を持つ標的遺伝子の活性化が引き起こされる。レチノイン酸による遺伝子の活性化には，直接的な転写開始だけではなく，遺伝子発現を可能にするようなクロマチンリモデリングを誘導するコアクチベータータンパク質のリクルートも含まれる（**Box 5A**，p. 192 参照）。

レチノイン酸応答配列を持つ遺伝子の中には *RAR β* 自身もあり，レチノイン酸に対する直接的な応答の 1 つは *RAR β* 遺伝子の発現オンである。したがって *RAR β* の発現はレチノイン酸シグナル伝達のレポーターとして使われており，*RAR β* のレチノイン酸応答配列に *lacZ* レポーター遺伝子（β-ガラクトシダーゼをコードする。**Box 1D**，p. 21 参照）をつなぎ合わせたトランスジェニックマウスが作製されている。β-ガラクトシダーゼの発現は青色に発色する組織化学的反応によって判別でき，胚や組織の中でどの細胞がレチノイン酸シグナルに応答していたかがわかる。上の写真では，マウスの 9.5 日胚を示している。

RAR と RXR と同じスーパーファミリーの細胞内受容体が機能している別の重要な発生シグナルとして，ステロイドホルモン（第 9 章と第 13 章で議論するエストロゲンやテストステロンなど）や甲状腺ホルモン（第 13 章で議論するチロキシンおよびトリヨードチロニン）が挙げられる。レチノイン酸と同じように，これらの分子は脂溶性であり，単独で細胞膜を透過して拡散し，細胞内受容体タンパク質に結合する。このリガンド-受容体複合体は，DNA 上の特異的な応答配列に直接結合し，多くの遺伝子の転写を同時に活性化（あるいは抑制）する転写制御因子として機能する。

写真は Pascal Dolle 氏の厚意による

全ての Hox 遺伝子が発現している。このようにして，Hox 遺伝子は領域的なアイデンティティ情報を与えることができる。発現の時空間的順序は中胚葉と外胚葉性の神経系で類似している。しかし，この 2 つの胚葉における遺伝子発現の境界の位置は常に一致するわけではない。Hox 遺伝子の発現が見られる最も前方の領域は後脳である。脊椎動物のより前方の中脳や前脳などでは，Hox 遺伝子ではなく，*Emx* や *Otx* といった他のホメオボックス遺伝子が発現している。

ここで Hoxa 複合体の遺伝子にのみ注目すると，中胚葉における発現の前方境界は，*Hoxa1* が後方の頭部中胚葉にあるのに対して，Hoxa 複合体のかなり後方の遺伝子である *Hoxa11* は仙椎の領域にある（**図 5.25** 参照）。このような，染色体上での遺伝子の並び順と，前後軸に沿った時空間的な発現の順序の間に見られる他に類を見ない対応関係は共線性（co-linearity）と呼ばれ，全ての Hox クラスターの特徴となっている。それぞれの Hox 複合体の遺伝子は決まった順番で発現し，クラスターの最も 3′ 側に位置する遺伝子は，最も早く，最も前方部で発現する。Hox 遺伝子の正確な発現はクラスター内での位置に依存しており，前方（3′ 側）の遺伝子は，より後方（5′ 側）の遺伝子よりも前に発現する。

マウスとニワトリで，頸椎・胸椎・腰椎・仙椎という解剖学的に非常に明確な領域と Hox 遺伝子の発現パターンを比較した結果は，Hox 遺伝子が領域アイデンティ

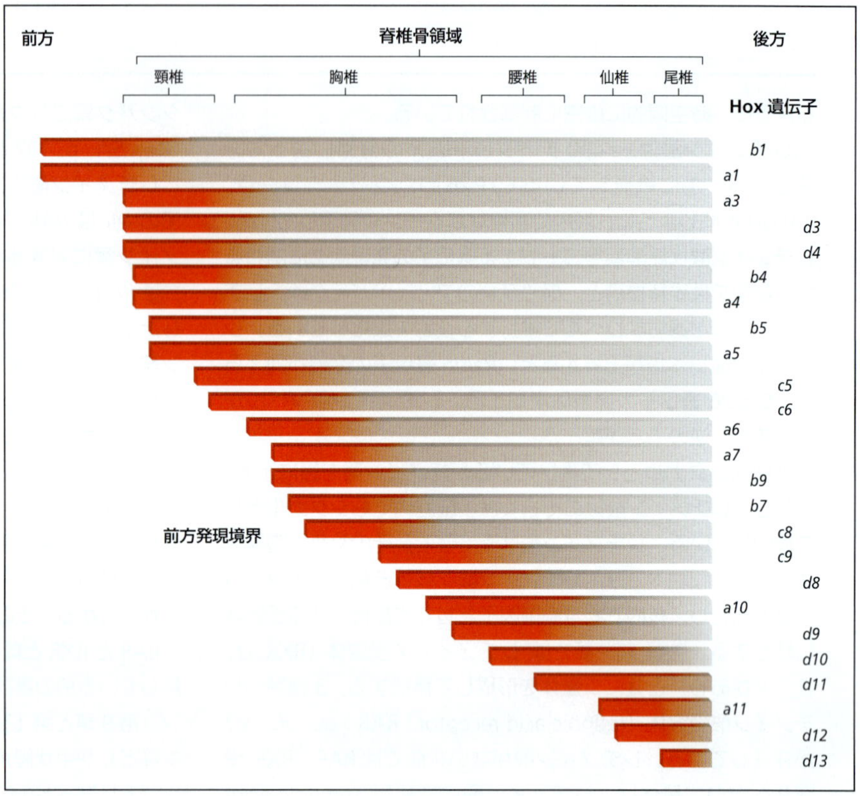

図 5.25 マウスの中胚葉における前後軸に沿ったHox遺伝子発現のまとめ

それぞれの遺伝子の前方発現境界を赤いブロックで示している。発現は，通常は後方に向かって幾分の広がりを持っているが，後方側の境界はあまりはっきりとしない。Hox遺伝子の発現パターンは，様々な位置で組織のアイデンティティを指定する。この図はHox遺伝子発現の全体像を表現したものであり，特定の発生時期の遺伝子発現の像を示したものではない。

ティの制御に関わっているという考え方を支持している（**図 5.26**）。Hox遺伝子の発現は，異なる領域でよく一致しており，例えば，鳥類の頸椎の数（14）は哺乳類の2倍もあるが，両者での*Hoxc5*と*Hoxc6*遺伝子の前方発現境界は，頸椎と胸椎の境をはさんでいる。Hox遺伝子発現と領域との間の対応は，他の解剖学的な境目においても脊椎動物の間で同じように保存されている。

図 5.25に示したHox遺伝子発現のまとめは，ある発生ステージの発現を表したものではなく，発現パターンの全体像を統合したものであることを強調しておく。いくつかの遺伝子は早いステージで発現がオンになり，その後，減少する。一方で，別の遺伝子は比較的遅いステージで発現がオンになる。*Hoxd12*や*Hoxd13*といった最も後方のHox遺伝子は，肛門よりも後方の尾部で発現している。さらに，このまとめの図は，特定の領域における一般的な遺伝子の発現を反映しているだけである。つまり，ある領域で発現すると示したHox遺伝子の全てが，全ての細胞で発現しているとは限らない。それでもやはり発現パターンの全体像は，Hox遺

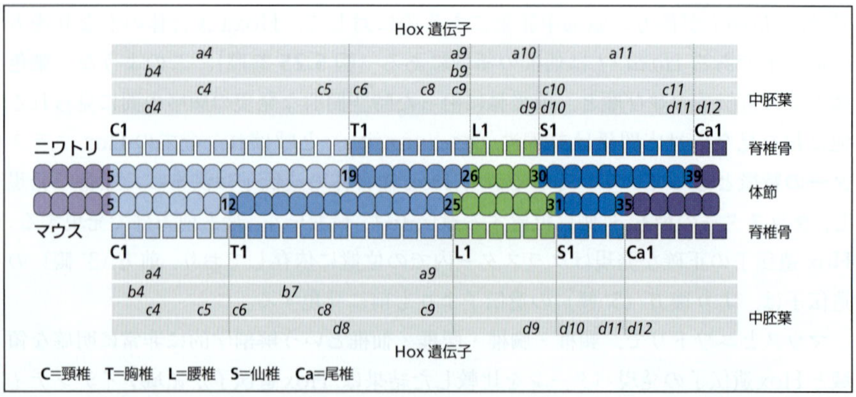

図 5.26 ニワトリ胚およびマウス胚の中胚葉におけるHox遺伝子の発現パターンとその領域形成との関係

Hox遺伝子の発現パターンは前後軸に沿って変わっていく。脊柱の椎骨（四角）は，胚の体節（丸）に由来し，そのうちの40個をここに示している。椎骨は前後軸に沿った5つの領域ごとに，特徴的な形態をしている［頸椎（C），胸椎（T），腰椎（L），仙椎（S），尾椎（Ca）］。どの体節がどの椎骨をつくるかは，ニワトリとマウスで異なっている。例えば，ニワトリでは胸椎は19番目の体節から始まるが，マウスでは12番目の体節からである。このような違いにもかかわらず，ニワトリとマウスで，ある領域から次の領域へ移行する部位では，Hox遺伝子の類似した発現パターンとの対応関係が見られる。つまり，いずれの動物種においても，*Hoxc5*と*Hoxc6*の前方発現境界をはさむようにして，頸椎（水色）から胸椎（青）への移行が見られる。同様に，*Hoxd9*と*Hoxd10*の前方境界が，腰椎（緑）から仙椎領域（濃い青色）への移行部をはさみ込んでいる。
Burke, A.C.: 1995より

Box 5E　Hox 遺伝子

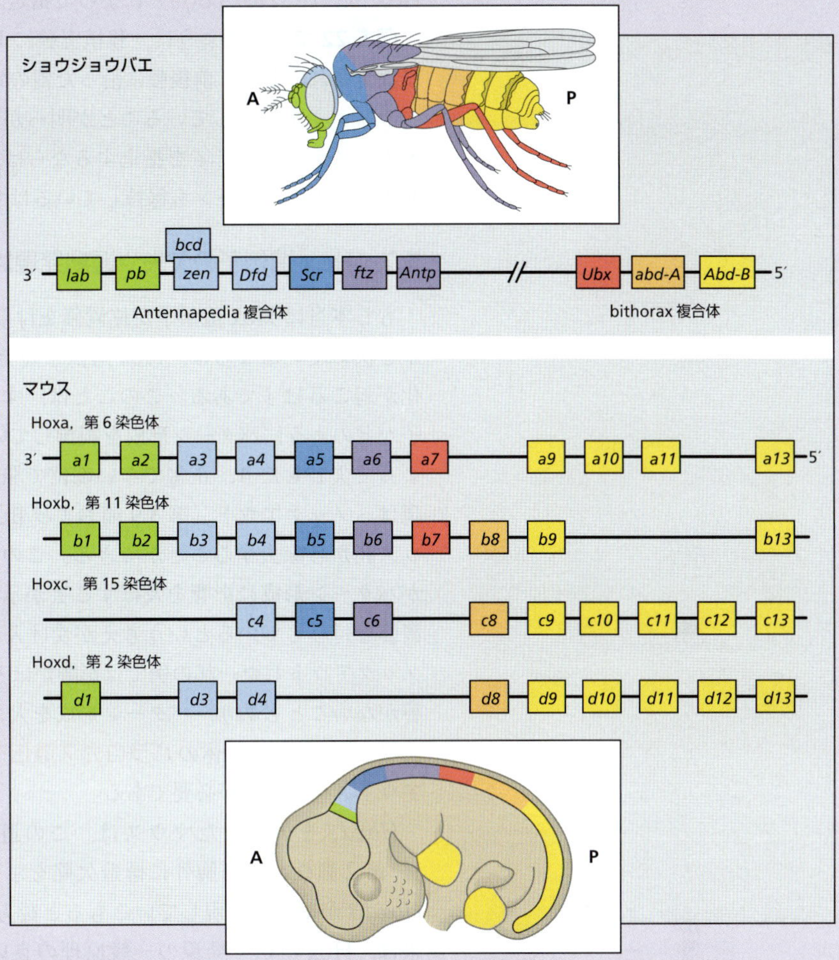

脊椎動物の Hox 遺伝子にコードされるタンパク質は，60 アミノ酸ほどの保存された DNA 結合領域を持つ遺伝子制御タンパク質の巨大なグループに属している。この保存された領域は，**ホメオドメイン（homeodomain）**として知られており，多くの DNA 結合タンパク質の特徴となっているヘリックス・ターン・ヘリックス型の DNA 結合モチーフを含んでいる。ホメオドメインは**ホメオボックス（homeobox）**と呼ばれる 180 塩基対ほどの DNA モチーフによってコードされている。この遺伝子ファミリーは，からだの構造の 1 つが別の構造と入れ替わってしまうホメオティック・トランスフォーメーションを起こす変異から見つかってきており，そこからホメオボックスという名が付けられた。

体節アイデンティティの指定に関わるホメオティック遺伝子のクラスターは，ショウジョウバエで初めて見つかった。例えばショウジョウバエのあるホメオティック変異体では，正常なら翅を持たない体節が翅を持つ隣接した体節のようにトランスフォーム（形質転換）し，その結果，2 枚ではなく 4 枚の翅を持つハエになってしまう。

ショウジョウバエの Hox 遺伝子は，Antennapedia 複合体と bithorax 複合体（これらをひとまとまりで HOM-C クラスターと呼ぶ）の 2 つの遺伝子複合体に分けることができる。脊椎動物では，Hox 遺伝子は Hox 複合体として知られるクラスターを形成し，その遺伝子のホメオボックスは，ショウジョウバエの 2 つの遺伝子複合体に含まれる遺伝子のホメオボックスと DNA 配列に相同性が見られる。それぞれの Hox クラスターの中で，3′ から 5′ 方向での遺伝子の並び順は，これらの遺伝子が前後軸に沿って発現し，位置価を指定する順序と一致している。マウスにおいては，連鎖していない 4 つの Hox 複合体が存在し，それらは Hoxa，Hoxb，Hoxc，Hoxd（以前は Hox1，Hox2，Hox3，Hox4）と呼ばれ，それぞれ第 6，第 11，第 15，第 2 染色体上にのっている（図参照；ヒトゲノムでは第 7，第 17，第 12，第 2 染色体上）。したがって，全ての Hox 遺伝子はお互いにある程度類似している。その相同性はホメオボックス内で最も顕著であり，それ以外の配列ではあまり高くない。ひとつの生物種内で起こった重複や分岐によって生じた遺伝子を**パラログ（paralog）**，異なるクラスター中の対応する遺伝子（例えば，*Hoxa4, Hoxb4, Hoxc4, Hoxd4*）を**パラロガスサブグループ（paralogous subgroup）**と呼ぶ。マウスやヒトでは，13 個のパラロガスサブグループがある。

Hox 遺伝子と発生におけるそれらの役割の起源はとても古い。マウスとカエルの Hox 遺伝子は互いに類似しており，そしてショウジョウバエの遺伝子とも類似している。これは，タンパク質をコードしている配列だけでなく，染色体上の並び順にも当てはまる。ショウジョウバエと脊椎動物の両者で，これらのホメオティック遺伝子が前後軸に沿った領域のアイデンティティを指定している。しかし，ホメオボックスを持つ他の多くの遺伝子は，ホメオティック複合体に属さないし，ホメオティック・トランスフォーメーションにも関与しない。脊椎動物のホメオボックス遺伝子の他のサブファミリーには**Pax 遺伝子（Pax gene）**があり，ショウジョウバエの *paired* 遺伝子に特有のホメオボックスを含んでいる。これらの遺伝子はすべて，発生や細胞分化において様々な機能を持つ転写因子をコードしている。

イラストは Veraksa et al.: 2000 より

伝子発現の組合せが位置価を付与しているということを示唆している。例えば頸椎領域において，それぞれの体節（椎骨）は，Hox 遺伝子発現の固有のパターン，Hox コード（Hox code）によって指定されているようである。

図 5.22 で示したように，移植実験によって，体節の性質が未分節中胚葉ですでに決定されており，前後軸に沿った他の領域に移植された体節組織が元々のアイデンティティを保持していることが明らかになっている。期待通り Hox コードが脊椎のアイデンティティを指定するならば，移植された未分節中胚葉は Hox 遺伝子発現の元々のパターンも保持しているはずである。

5.7 Hox 遺伝子の欠失や過剰発現は，中軸パターン形成の改変をもたらす

もし本当に Hox 遺伝子が位置価を付与し，その領域が次にどのように発生するかを決めているならば，Hox 遺伝子の発現パターンを改変した場合は形態的な変化が起こるはずである。このことは，すでに実験的に証明されている。Hox 遺伝子がどのようにパターン形成を制御しているかを調べるために，その発現を変異によって失わせたり，正常でない部位で発現させることができる。Hox 遺伝子の発現は，ノックアウト（第 3.9 節および Box 3B, p. 126 参照）によって発生中のマウス胚から除去することができる。このような実験によって，Hox 遺伝子の欠失がパターン形成に影響を及ぼすことが示され，Hox 遺伝子が正常発生で細胞に位置価を付与しているという考えが受け入れられた。しかし，個々の Hox 遺伝子をノックアウトした一部の例では影響がほとんどなかったり，ひとつの組織にしか影響がないこともあり，パターン形成を大きく改変するには，2 つ以上の遺伝子，特に異なる Hox 複合体のパラロガス遺伝子（paralogous gene）が同時にノックアウトされることが必要である。

Hoxd3 を欠失したマウスは，この遺伝子が正常発生で強く発現している第 1，第 2 頸椎および胸骨に構造欠陥を示す（図 5.25 参照）。しかし，正常発生で *Hoxd3* がやはり発現しているもっと後方の構造には欠陥が見つからない。この結果は，Hox 遺伝子発現の一般原理の良い例となっている。つまり，Hox 遺伝子が共発現している場合，より後方で発現している Hox 遺伝子は，より前方で発現している Hox 遺伝子の機能を無効にする傾向がある。この現象は，後方優位（posterior dominance，posterior prevalence）として知られている。他の Hox 遺伝子が，腰椎や仙椎領域で *Hoxd3* と一緒に発現しており，これが *Hoxd3* 欠失時に後方で異常が見られなかったことの説明になっている。*Hoxd3* ノックアウトからわかるもうひとつの一般原理は，Hox 遺伝子ノックアウトの影響が組織特異的であるということである。つまり，対象となる Hox 遺伝子が正常発生で発現している特定の組織が影響を受け，前後軸上の同じ位置にある他の組織は正常なようである。例えば，*Hoxd3* は，からだの中の同じ前後レベルに位置する神経管，鰓弓，傍軸中胚葉で発現しているが，*Hoxd3* ノックアウトでは椎骨にのみ異常が見られる。このような状況で一見影響がないのは，機能を補償（compensate）することができる別の Hox 複合体にあるパラロガス遺伝子との重複性（redundancy）による可能性がある。*Hoxa3* は頸椎領域で *Hoxd3* と同じ組織で強く発現しているが，*Hoxa3* を単独でノックアウトしても頸椎に異常は見られず，かわりに第 2 鰓弓由来の軟骨成分の減少を含む別の異常が観察される。*Hoxd3* と *Hoxa3* の両方を同時にノックアウトすると，ずっと重篤な異常が椎骨と鰓弓由来組織に現れる。このことは，これらの組織の正常発生では，この 2 つの遺伝子が一緒に機能していることを示している。

Hox 遺伝子の機能喪失は，しばしばホメオティック・トランスフォーメーション（homeotic transformation）というからだの一部が別の部位と入れ替わる現象を引き起こす。ここで述べている *Hoxd3* ノックアウトマウスが，まさにそれである。このマウスの頸椎領域を詳しく解析すると，第 1 頸椎である環椎が頭蓋骨の基部で後頭骨に，また第 2 頸椎である軸椎が環椎と似た形態学的特徴を示すようにトランスフォーム（形質転換）しているようであるということが明らかになった。したがって，*Hoxd3* の発現がない状態では，細胞はより前方の位置価を獲得し，より前方の構造へと発生する。*Hoxa3* と *Hoxd3* のダブルノックアウトは環椎の欠失を引き起こす。ダブルノックアウトにおけるこの骨の完全な欠失は，Hox 遺伝子の作用のひとつが，体節の細胞からこのような構造を形成するのに必要な細胞増殖であることを示している。残念なことに，Hox タンパク質によって直接転写制御されている標的遺伝子はほとんど同定されていない。

もうひとつのホメオティック・トランスフォーメーションの例は，*Hoxc8* ノックアウトマウスで見られる。正常発生では *Hoxc8* は，後期原腸胚期以降，胸椎とより後方の領域で発現している（図 5.25 参照）。*Hoxc8* を欠失したホモ接合体マウスは，第 7 胸椎と第 1 腰椎の間のパターン形成に異常を示し，生まれて 2 〜 3 日で死亡する。最もはっきりとしたホメオティック・トランスフォーメーションは，胸骨と 8 番目の肋骨の接続と，第 1 腰椎に付属する 14 番目の肋骨の発生である（図 5.27）。したがって，上述のノックアウトと同様に，正常発生で *Hoxc8* を発現している細胞から *Hoxc8* がなくなると，より前方の位置価が獲得され，その情報に沿った発生をするようになる。

全てのパラロガス遺伝子が同時にノックアウトされて初めてホメオティック・トランスフォーメーションが起こるものもある。マウスにおいて，Hox10 のパラロガスなサブグループの遺伝子がすべて欠失すると，腰椎がひとつもできず，後方の椎骨にすべて肋骨が付属する。Hox11 のパラロガスなサブグループの遺伝子がすべて欠失すると，いくつかの仙椎が腰椎になってしまう。これらのホメオティック・トランスフォーメーションは，パラロガスなサブグループのメンバーの一部だけが変異した場合では起こらない。ここでも Hox 遺伝子の機能に重複性があることが示唆される。

Hox 遺伝子のノックアウトで見られる影響に対して，正常発生では発現していないより前方の領域での Hox 遺伝子の異所的発現は，前方の構造をより後方のものへとトランスフォームさせる。例えば，前方発現境界が胸椎領域にある *Hoxa7*（図 5.25 参照）を前方から後方まで全体で発現させると，頭蓋骨の後頭骨が，正常なら 1 つ後方の骨格構造である前環椎（pro-atlas）構造へとトランスフォームする。

5.8 Hox 遺伝子の発現は前方から後方のパターンで活性化される

全ての脊椎動物において Hox 遺伝子は，中胚葉性細胞が原腸形成運動を始める原腸形成期の初期に発現を開始する。クラスターの 3′ 末端に位置する Hox 遺伝子が最も前方で発現する遺伝子であり，最初に発現する。例えば，もし“初期”に発現するはずの *Hoxd* 遺伝子を *Hoxd* 複合体の 5′ 末端に配置すると，その時空間的発現パターンは，隣接する *Hoxd13* に似るようになる（Box 5E, p. 207 参照）。このことは，Hox 複合体の構造が，Hox 遺伝子発現のパターンの決定に非常に重要だということを示している。

Hox 遺伝子の活性化が前後軸に沿って不均一に分布する因子に依存している

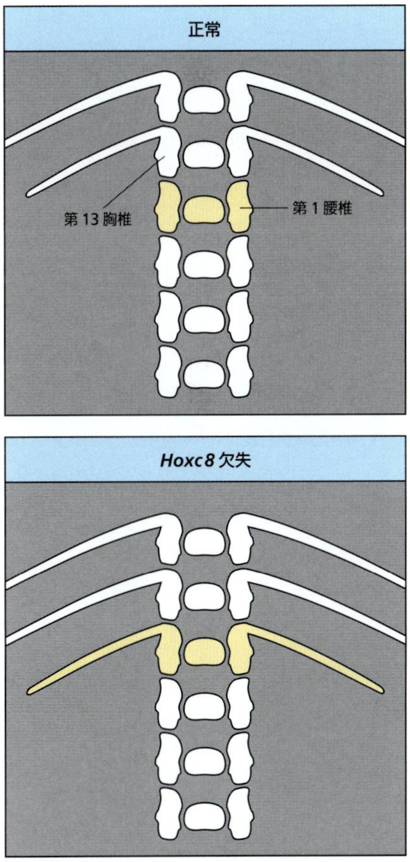

図 5.27 マウスにおける *Hoxc8* 欠失による椎骨のホメオティック・トランスフォーメーション

Hoxc8 の機能喪失型ホモ接合変異体では，第 1 腰骨（黄）が肋骨を付けた“胸椎”へとトランスフォームしている。この変異によって，腰椎がより前方の構造にトランスフォームしたことになる。

ショウジョウバエの場合（第2章参照）とは異なり，脊椎動物におけるHox遺伝子活性化のメカニズムはもっと複雑で，あまりよくわかっていない。Hox遺伝子の前後軸に沿った発現パターンを体節中胚葉で確立する1つの方法は，体節幹細胞領域に細胞がとどまっていた時間の長さと遺伝子の活性化を結びつけることである（図5.20参照）。ニワトリとマウスにおいて，背側正中のそばに並んだ全ての中胚葉は，前方部の原条あるいは尾芽に位置する小さな幹細胞集団から生じている。*Hoxb*クラスターの遺伝子が，この幹細胞領域で，3′の遺伝子が5′のものよりも先に活性化するという厳密な時間的共線性を示すことが明らかにされている。この幹細胞領域で活性化している遺伝子の発現は，細胞が未分節中胚葉へと移動するときには維持される。このようにして，Hox遺伝子活性化の時間的パターンが，位置情報へと置き換えられる。前後の順番で組織ができてくるにつれて，異なるHox遺伝子を発現している細胞が前後軸に沿って徐々に生み出されるのである。この仮説は，脊椎動物の肢芽の基部-先端部軸に沿った位置を指定する仕組みについて提唱されているものと類似している（第11章参照）。

マウス胚の胴部において前方から後方に向かうレチノイン酸の濃度勾配も（図5.21参照），前後パターンを持ったHox遺伝子の活性化に関与している。レチノイン酸によってHox遺伝子発現が変わることが，実験で示されている。最近になって，レチノイン酸受容体およびレチノイドシグナル伝達に関わる他のタンパク質をコードする遺伝子がマウス胚でノックアウトされ，その結果，中軸骨格にホメオティック・トランスフォーメーションが起こることがわかった。レチノイン酸を分解する酵素（**Box 5D**, p. 204～205参照）をコードする*Cyp26a1*遺伝子を欠いたマウス胚は，頸椎が肋骨を持った椎骨になる後方ホメオティック・トランスフォーメーションを含む，多くの重篤な異常を示す。これらのトランスフォーメーションが起こっている領域では，レチノイン酸シグナルが通常よりも高く，さらに*Hoxb4*発現の前方への拡大も観察されている。Hox遺伝子の活性化にレチノイン酸が機能していることは，ゼブラフィッシュの研究からも支持されている。ゼブラフィッシュの*giraffe*変異は*Cyp26*遺伝子に影響を及ぼし，Hox遺伝子の発現を前方に拡大させ，椎骨のトランスフォーメーションを引き起こす。脊椎動物のゲノム配列から，マイクロRNA（miRNA）と予測される遺伝子がHoxクラスター内に見出されており，このmiRNAはHoxタンパク質発現の転写後調節に関わっていると考えられている（miRNAの作用メカニズムについては，**Box 6B**, p. 241参照）。miRNAの標的と予測される多くの遺伝子は，そのmiRNA遺伝子の5′側よりも3′側に位置する傾向がある。この配置を考慮すると，前述のHox miRNAは，より前方のHox遺伝子の機能の抑制に関与しているかもしれない。このことは，Hox遺伝子が共発現した場合に，より後方で発現するHox遺伝子がより前方で発現するHox遺伝子の機能を無効にする傾向があるという後方優位性を説明できる可能性がある。

ここでは，中胚葉におけるHox遺伝子の発現について主に述べたが，神経管においてもその誘導の後，秩序だった発現パターンが見られる。そのような領域化の特徴については，本章の後半で解説する。

5.9 体節細胞の運命は周辺組織からのシグナルによって決まる

ここで話を個々の体節に戻して，どのようにして体節から異なる組織が生じるのかについて述べる。このパターン形成過程は，Hox遺伝子発現による未分節中胚葉全体の前後パターン形成とは完全に独立している。個々の体節は，異なる性質を持つ前半部と後半部に区分けされ，この区画は分節時計と関係している。マウスにおいて転写因子 Mesp2 は，次に体節になる未分節中胚葉（S0）で 1 体節分の幅で発現し，その発現は次第に体節の前方部だけに縮小する（**図 5.28**）。Mesp2 は一連の遺伝子発現を活性化し，これによって自身の発現が体節の前方部で維持されるようになる。Mesp2 の限局した発現は，Notch-Delta シグナルの結果であると考えられている。体節の 2 つの区画の違いは，のちに神経堤細胞や運動神経によって，脊髄神経や神経節の周期的な配置をつくり出すためのガイダンスキュー（guidance cue）として利用される（第 8 章参照）。この区画化は椎骨の形成においても重要である。それぞれの椎骨は，ある体節の前半部とひとつ前の体節の後半部から生じるが，これは"再分節化（resegmentation）"として知られている過程である。

個々の体節は，中心から外側に向かう軸――中心-側方軸（medio-lateral axis）――に沿ったパターン形成も受ける。しかし，個々の体節について述べる前に，まず中胚葉全体がどのように中心から外側へのパターンを形成するか説明する。傍軸中胚葉は脊索（中心側）の両脇に，側板中胚葉はさらに離れたところ（側方）に形成される。ニワトリ胚において，体節の中心-側方軸に並ぶ中胚葉細胞は原条に沿った異なる部位に由来し，原腸形成過程で集まってくる。

体節の中心側の細胞はヘンゼン結節に近い原条に，側方の細胞はやや後方の原条に由来する。そして，側板中胚葉を形成する細胞はさらに後方に由来する（**図 4.43** 参照）。中胚葉の中心-側方方向のパターン形成は，BMP-4 シグナルを介して行われる。BMP-4 シグナルは，側板中胚葉では高レベルであり，一方，未分節中胚葉では，この領域での BMP アンタゴニストである Noggin の発現によって減少し，低レベルである。体節形成における低レベルの BMP シグナルの重要性は，Noggin による BMP の阻害が，側板中胚葉を体節に転換させるのに十分であることからわかる。

脊椎動物の胚の体節は，椎骨や肋骨などの中軸骨格の軟骨細胞や，四肢の筋肉も含めたすべての骨格筋，ほとんどの真皮といった主要な中軸構造を生み出す。特定の体節の予定運命図は，ウズラから同じ発生段階のニワトリ胚に対応する位置の体節を移植し，ウズラの細胞が何に発生したかを追跡することで作成されている。最近では，GFP を発現するトランスジェニックニワトリが作製されており，正常胚に GFP 発現細胞を移植することで，同一種内での長期間にわたる予定運命図の作成が可能である。

新しく形成された体節の背側側方領域に位置する細胞は，*paired* ファミリーのホメオボックスを持つ遺伝子である *Pax3* を発現する皮筋節（dermomyotome）をつくる（**Box 5E**, p. 207 参照）。皮筋節は，筋細胞の元となる筋節（myotome）や，真皮の起源となる筋節を覆う上皮細胞のシートを生じさせる。皮筋節は，血管系を構成する細胞も含んでいる。筋節の中心側領域の細胞は，主に体軸筋と背筋（軸上筋）をつくり出す一方で，側方の筋節細胞は移動して，腹筋と四肢の筋肉（軸下筋）を生じさせる。予定運命が確定したすべての筋前駆細胞は，筋特異的な MyoD ファミリーの転写因子を発現する。中心側体節の腹側部分は，*Pax1* 遺伝子を発現し，移動して脊索を取り囲み，椎骨や肋骨へと発生する硬節（sclerotome）の細胞を含んでいる（**図 5.29**）。

どの細胞が軟骨や筋肉，あるいは真皮を形成するかは体節形成の時点では決定されていない。このことは，新しく形成された体節の背腹方向をひっくり返しても，正常な発生が起こることから明らかにされている。体節組織の運命指定には隣接組

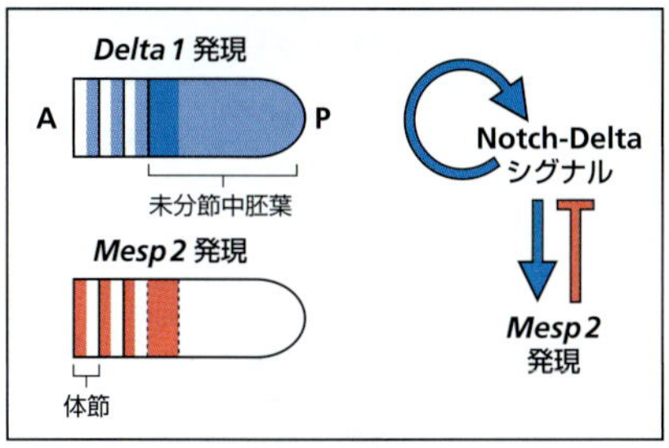

図 5.28　体節の前半部と後半部の区画
Delta1 と Mesp2 の間で見られる正と負のフィードバックループ（右）は，体節の区画分けに必須である。マウス 9.5 日胚の尾部領域を背側から見た模式図（左）で，前半部では Mesp2 が発現し，後半部では Delta1 が発現している。Mesp2 は未分節中胚葉で 1 体節分の幅で発現を開始するが，体節が形成されると，その発現は前半部で維持される。

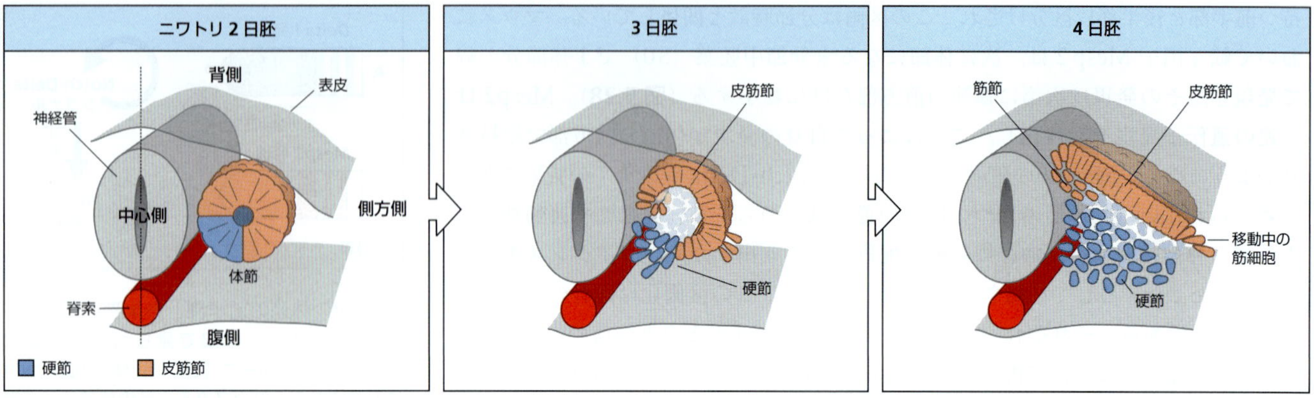

図 5.29 ニワトリ胚における体節の予定運命図
腹側中心側の 1/4（青）は，椎骨の軟骨組織を形成するために移動する硬節の細胞を生じる。体節の残りの部分である皮筋節は，胴部の全ての筋肉を生じる筋節を形成する一方で，上皮化した皮筋節領域が皮膚の真皮を生じる。皮筋節は肢芽に移動する筋細胞も生み出す。

織からのシグナルが必要である。ニワトリでは，筋節の決定は体節形成から数時間以内に起こる。一方，硬節はもっと後になってようやく決定される。神経管と脊索は，体節のパターンを形成するシグナルを産生し，体節の将来の発生に必要である。神経管と脊索を除去すると，体節の細胞はアポトーシスを起こし，四肢の筋肉は発生するが，椎骨も体軸筋も発生しない。

体節細胞の運命決定における脊索の役割は，ニワトリで脊索を神経管の片側に体節と接するように埋め込む実験によって示されている。未分節中胚葉の段階で移植を行うと体節分化は劇的な影響を受け，ほぼ完全に軟骨前駆細胞に転換してしまう（**図 5.30**）。このことは，脊索が軟骨を誘導していることを示している。正常発生では，軟骨誘導シグナルは脊索と，神経管の腹側にある底板（floor plate）に由来する。神経管の背側やそれを覆っている外胚葉に由来する別のシグナルが，皮筋節の中心側を指定している。また，側板中胚葉からのシグナルは，皮筋節の側方の指定に関与している（**図 5.31**）。

このようなシグナルの一部は同定されている。ニワトリでは，様々な発生過程で重要な位置情報シグナル分子となる分泌タンパク質の Sonic hedgehog（Shh）が，脊索と神経管の底板で発現している。Shh は，第1章では顔面の発生に関わるシグナルとして（**Box 1F**, p. 28 参照），第4章では正中をはさんだ非相称構造との関わりで登場している。そして第11章では四肢の発生との関わりから（Shh シグナル伝達経路 **Box 11C**, p. 444〜445 参照），さらに第12章では神経管の背腹パターン形成との関連で再び登場する。体節のパターン形成においては，高レベルの Shh シグナルは体節の腹側領域を指定し，硬節の発生に必要である。低レベルの Shh シグナルは，背側神経管やそれを覆っている非神経外胚葉からのシグナルと共に，体節の背側領域を皮筋節へと指定している（**図 5.31** 参照）。Wnt シグナルは背側シグナルの良い候補である。BMP-4 は側板中胚葉からのシグナルである。腱は，硬節の背側側方領域由来の細胞から生じ，転写因子 Scleraxis を特異的に発現している。この腱前駆細胞領域は，硬節と筋節の境界に誘導される。

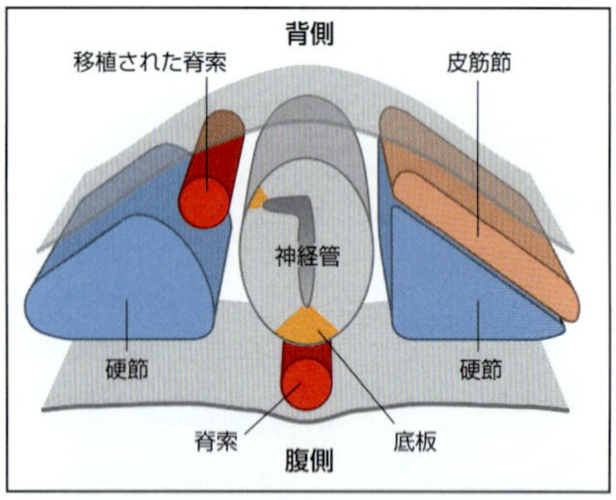

図 5.30 脊索からのシグナルは硬節の形成を誘導する
10 体節期のニワトリ胚で，体節の背側領域に脊索を移植すると，体節の背側部分からの皮筋節の形成が抑制され，そのかわりに軟骨に発生する硬節の形成が誘導される。この移植片は，神経管の形態と背腹パターンにも影響を及ぼす。

脊索と神経管からのシグナルによる体節でのホメオボックス遺伝子 *Pax* の発現制御は，細胞運命の決定に重要であると思われる。*Pax3* は最初，体節を形成するすべての細胞で発現する。その発現は，BMP-4 と Wnt タンパク質からのシグナルによって修飾され，筋前駆細胞に限局される。そして次に背中の筋肉として分化する細胞では減少するが，四肢に向かって移動する予定筋肉細胞では発現したままである。この遺伝子の機能を欠いた *Splotch* 変異体マウスは，四肢の筋肉を欠失している。ニワトリにおいて *Pax1* は，肩帯の重要な要素であり，その一部に体節が寄与する肩甲骨の形成に関わっている。肩甲骨形成細胞のすべてで *Pax1* が発現している。しかし，硬節由来である椎骨の *Pax1* 発現細胞とは異なり，肩甲骨の大部分はニワトリの第 17 ～第 24 体節の皮筋節細胞から形成され，また肩甲骨の上部は側板中胚葉に由来する。

まとめ

体節は，原腸形成後につくられるブロック状の中胚葉性組織であり，後脳の後方領域を先頭に，脊索の両側に対をなして順番に形成される。体節からは，椎骨，胴部や四肢の筋肉，そして皮膚のほとんどの真皮がつくられる。体節が形成される以前，細胞がノードにいる間に，未分節中胚葉は前後軸に沿ってパターン形成される。このパターンの最初の徴候は，未分節中胚葉における Hox 遺伝子の発現である。後脳の隣から胚の後端までの前後軸に沿った体節の位置価は，Hox 複合体の遺伝子発現の組合せによって指定され，その前後軸に沿った発現順序は染色体上での並び順と一致する。Hox 遺伝子の変異あるいは過剰発現は，一般に，その遺伝子が発現している領域の前方部の局所的な異常，そしてホメオティック・トランスフォーメーションを引き起こす。Hox 遺伝子は，領域のアイデンティティや，その領域の後の予定運命を指定する位置情報を付与していると考えられている。Hox 遺伝子が作用する下流の標的遺伝子は，まだほとんど同定されていない。

傍軸中胚葉における中心-側方軸に沿った中胚葉のパターン形成と体節の形成は，側板中胚葉を指定するシグナルの阻害によって起こる。個々の体節も，脊索や神経管，外胚葉からのシグナルによってパターン形成され，各体節に筋肉や軟骨，真皮を生じる特定の領域を誘導する。

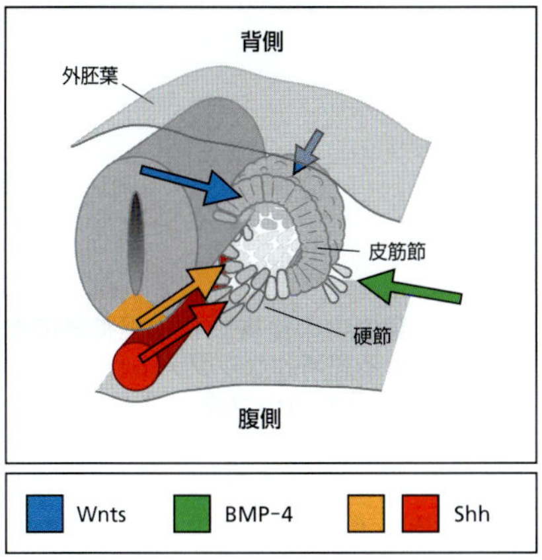

図 5.31 体節は隣接する組織から分泌されるシグナルによってパターン形成される

硬節は，脊索（赤）や神経管の底板（オレンジ）で産生される拡散性のシグナル，Sonic hedgehog（Shh）タンパク質によって指定されると考えられている（赤とオレンジの矢印）。Wnt（青い矢印）のような，背側神経管と外胚葉からのシグナルは，側板中胚葉からの BMP-4（緑の矢印）のような外側のシグナルとともに，皮筋節を指定していると思われる。

Johnson, R.L.: 1994 より

脊椎動物の脳の初期領域化

発生中の脊椎動物中枢神経は，前脳［forebrain（prosencephalon）］，中脳［midbrain（mesencephalon）］，後脳［hindbrain（rhombencephalon）］の 3 つの主要な領域に分かれてくる。ここでは，ニワトリの 2 ～ 4.5 日胚について図示している（**図 5.32**）。胚の前脳からは，側方に向かって大きなふくらみが生じる。これらは将来眼を形成する眼胞の原基である。また，胚の前脳からは，大脳半球（終脳）や視床，視床下部が生じる。大脳半球の皮質は，感覚情報・運動制御・学習・記憶の高次処理中枢であり，視床下部は内分泌系とリンクして下垂体からのホルモン放出を制御している。胚の中脳からは視蓋が生じ，ここは後脳との情報のやり取りや，眼などの感覚器官からの入力を統合し，中継する中枢である（第 12 章参照）。胚の後脳は，ロンボメア（菱脳節）として知られている 7 ～ 8 個連なった一過的な隆起が特徴であり，小脳や脳橋，延髄を生み出す。これらは，筋緊張や姿勢（小脳の働きによる）・心拍・呼吸・血圧といった身体の基本的な無意識の活動を制御している。

5.10 局所的なシグナルセンターが，前後軸に沿った中枢神経のパターン形成をする

発生中の中脳と前脳には，2 つの局所的なシグナルセンターが見られる。峡部（isthmus）として知られているものは，中脳-後脳境界に位置し，中脳の後方と後脳の前方のパターン形成を制御している。もうひとつは前脳にある zona limitans intrathalamica（ZLI：背側視床と腹側視床の境界領域）で，前脳においてその

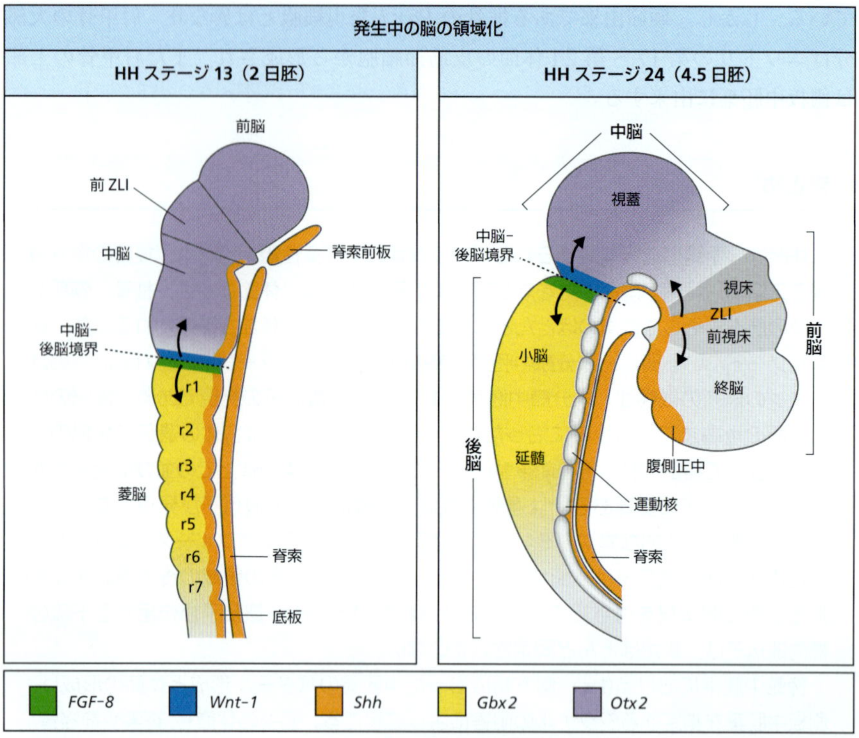

図 5.32 発生中の脊椎動物中枢神経における局所的なシグナルセンター
ニワトリの 2 日胚（HH ステージ 13，左パネル）と 4.5 日胚（HH ステージ 24，右パネル）の脳を側方から観察した図。2 つのシグナルセンター，中脳-後脳境界（midbrain-hindbrain boundary：MHB）の峡部と，前脳の zona limitans intrathalamica（ZLI）を示す。これらのセンターからの 2 方向のシグナル（黒い矢印）は，隣接した脳領域のパターン形成に重要であり，MHB では FGF-8 が，ZLI では Sonic hedgehog（Shh）が関与している。MHB の前方部では Wnt-1 も発現している。中脳（紫）における *Otx2* 発現と前方後脳（黄）の *Gbx2* 発現の境界は，MHB シグナルセンターの形成と関連している。
Kiecker, C., and Lumsden, A.: 2005 より改変

周辺部をパターン形成する（**図 5.32** 参照）。峡部は，ニワトリ 2 日胚ですでに主要なシグナルセンターであり，4.5 日胚でも機能している。一方で，ZLI の形成は峡部より遅く，4.5 日胚の脳でシグナルセンターとして働いている。

峡部からのシグナルの特徴は，ニワトリ 2 日胚での移植実験によって示された。峡部は，中脳の前方部あるいは前脳の後方部に移植されると，周辺組織を中脳の後方部に転換させる。さらに，後脳の後方部に移植すると，周辺組織を将来小脳を生じる後脳の前方部に転換させる。峡部では FGF-8 が発現しており，中脳後方および後脳前方のパターン形成を制御する 2 方向性のシグナルの良い候補である。例えば，ニワトリの中脳前方部で FGF-8 の発現を誘導すると，中脳後方部に特徴的な遺伝子発現が引き起こされる。ゼブラフィッシュの *acerebellar* 変異体は，FGF-8 の発現がほぼ完全に消失する変異を持ち，その名の示す通り，後脳前方部（小脳を生じる r1）とそこに付随するシグナルセンターを欠失する。

中脳-後脳境界のシグナルセンター領域は，転写因子 Otx2（中脳側）と Gbx2（後脳側）の発現ドメインの境に発生する。Otx2 を発現する前方区画と Gbx2 を発現する後方区画への最初の区画化は神経板で起こり，これは中枢神経系発生で見られる最も早いパターン形成のひとつである。その後，神経管において，その境界部の後脳側で FGF-8 が発現し，中脳側で Wnt-1 が発現する（**図 5.32** 参照）。もうひとつのシグナルセンターである ZLI は，Shh を 2 方向性のシグナルとして分泌し，その前方部に前視床を，後方部に視床を形成するのに必須である（**図 5.32** 参照）。

5.11 後脳は，細胞系譜を制限する境界によってロンボメアに分節化される

脊椎動物の頭部の後方領域と後脳のパターン形成には，前後軸に沿った分節化が関与している。この神経系のパターン形成のメカニズムは，背根神経節や腹側運動神経で見られる 1 体節あたり 1 対という等間隔のパターンを持つ脊髄とは異なっ

ている。ニワトリ胚では，3日胚までに後方頭部領域に3つの分節化された部位が見られる（**図 5.33**）。脊索の両脇の中胚葉は体節に分割され，後脳（菱脳）は8つの**ロンボメア［菱脳節（rhombomere）］**（r1～r8）に分割され，そして後脳から移動してきた神経堤細胞が多く存在する鰓弓（b1～b4）が形成される。鰓弓は，脳以外の頭部組織やのどを生み出す。後脳のロンボメアへの分割は，他のモデル脊椎動物でも同様に起こっている。

頭部の後脳領域の発生では，いくつかの要素が相互作用している。神経管は，分節的に配置された脳神経や神経堤細胞を生み出す。前者は顔面や首を神経支配し，後者は末梢神経と多くの顔面骨格を生じさせる。さらに，ロンボメア5と6に向かい合って発生する耳胞は，将来耳をつくり出す。この領域における頭部の主要な骨格は，前側の3つの鰓弓から発生する。例えば，第1鰓弓は顎に，第2鰓弓は耳の骨格部分へと発生する。頭部のこの領域は，数多くの異なる構造が順番に並んで存在していることから，前後軸に沿ったパターン形成の研究にとって特に価値の高いモデルとなっている。

ニワトリ胚のこの領域で神経管が閉じた直後に，将来の後脳領域が横方向に収縮し，8つのロンボメアが明確になる（**図 5.33** 参照）。この収縮の細胞レベルでのメカニズムは十分には明らかにされていないが，細胞の分裂や形態変化が関与しているようである。引き続いて，ロンボメア間の境界が，隣接する神経上皮と明確に区別できるようになる。このとき，細胞外領域の著しい拡大が見られる。細胞系譜を追跡した実験から，個々のロンボメアは，いったん形成されると細胞系譜が制限された区画になっていることが明らかにされている。つまり，このときロンボメアに存在する細胞とその子孫細胞は，もともといたロンボメア内に閉じ込められ，隣のものとの境界をまたいで移動しないのである。個々の細胞を標識して子孫細胞を追跡すると，収縮が観察される前であれば，子孫細胞が境界をまたいでクローンを形成できることがわかる。しかし収縮が起こった後では，標識された細胞のクローンは単一ロンボメア内に限局する（**図 5.34**）。この細胞系譜の制限は，それぞれのロ

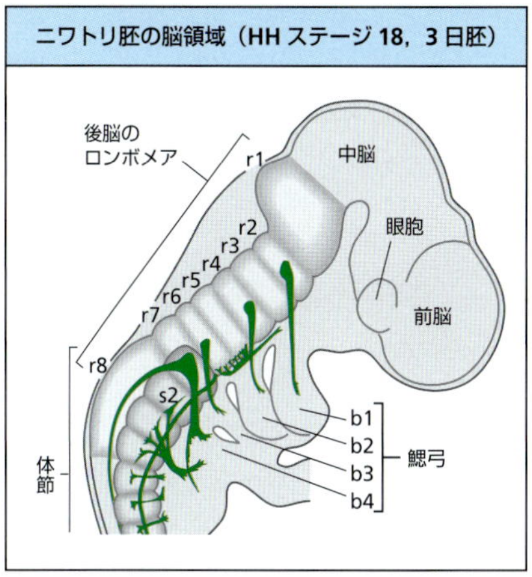

図 5.33　ニワトリ3日胚（HH ステージ 18）の神経系
この発生段階で，後脳は8個のロンボメア（r1～r8）に分けられる。後脳から生じる3つの脳神経（V，VII，IX）の位置を緑色で示している。b1～b4は4つの鰓弓であり，b1からは顎が生じる。s＝体節。
Lumsden, A.: 1991 より改変

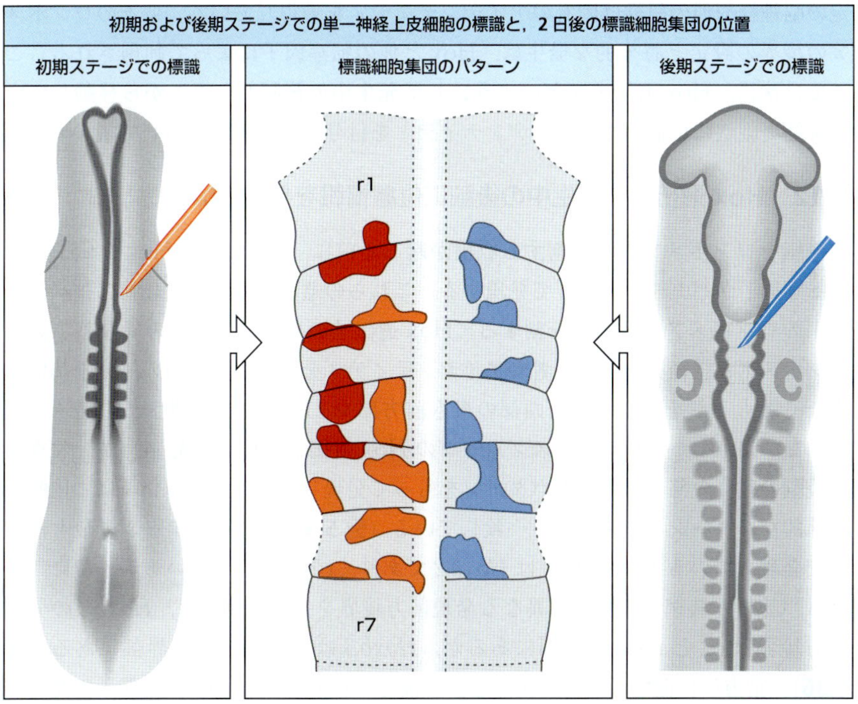

図 5.34　ニワトリ胚後脳のロンボメアにおける細胞系譜の制限
神経胚形成期の早いステージ（左パネル）あるいは遅いステージ（右のパネル）で単一細胞に標識（ローダミン標識されたデキストラン）を注入し，その2日後に子孫細胞の分布を確認した。ロンボメアの境界が生じる前に標識された細胞は，2つのロンボメアにわたって分布するクローン（濃い赤）と境界をまたがないクローン（赤）をつくる。ロンボメア形成後に標識されたクローン（青）は，もともと位置するロンボメアの境界を越えることはない。
Lumsden, A.: 1991 より改変

ンボメアが独立した発生ユニットとして機能していることを示唆している。この点に関してロンボメアは，脊椎動物の発生では珍しく，むしろ第2章で解説した昆虫の発生で重要な特徴となっている区画（コンパートメント）のように振る舞っている。ニワトリ4.5日胚以降は，ロンボメアはもはや形態的には観察されない（図5.32参照）。

どのようにして隣接するロンボメアの細胞の混じりあいを防いでいるのかについての理解は，奇数番目のロンボメアの細胞が接着特性を共有し，偶数番目のものとは共有しないという発見によって進展した。これは，本来は隣接しない奇数番目と偶数番目のロンボメアを一緒にしておくと，その間に新しい境界が形成されるという実験によって初めて明らかにされた。しかし，奇数番目のロンボメアを2つ一緒にしても新しい境界は形成されず，これらの細胞が互いに混じり合うことが示唆された。境界を外科的に除去しても隣接するロンボメアの細胞が混じらないので，境界領域そのものが純粋な力学的障壁として作用しているのではなさそうである。ephrinファミリーとEph受容体（Eph receptor）という特定の細胞表面タンパク質が互い違いに発現していることがわかり，細胞の混合を防ぐメカニズムのひとつの可能性が提示された。ephrinとその受容体は膜貫通型のシグナルタンパク質で，隣接する細胞間で相互作用し，両方の細胞にシグナルを伝達することができる。ephrinとEph受容体は，反発性もしくは誘引性の細胞間相互作用を引き起こす（Box 5F, p. 218）。とりわけ，EphA4受容体はr3とr5ロンボメアで強く発現し，そのリガンドであるephrin B2はr2・r4・r6で発現しており，反発性の相互作用をもたらすことで，細胞の混合を防いでいる（図5.34参照）。r3とr5におけるEphA4の発現は，転写因子Krox20によって制御されており，この転写因子自体は，将来r3とr5になる神経板の領域で2本のストライプ状の発現をする。同様にして，独立した転写因子の集まりが，r3とr5それぞれにおいて*Krox20*の活性化を行っていることが示されている。

後脳のロンボメアへの分割は，機能的な意味を持っている。各ロンボメアは，前後軸に沿って類似したパターンで神経細胞を発生させると同時に，生み出された特定の脳神経や他の組織は固有のアイデンティティを獲得している。個々のロンボメアの境界の設定と将来的な発生は，Hoxと他の転写因子によって制御される。ここでは次に，Hox遺伝子がどのようにして発生中の後脳と，そこから移動していく神経堤細胞に位置情報とアイデンティティを付与しているかについて議論する。

5.12 Hox遺伝子は発生中の後脳に位置情報を与えている

後脳をロンボメアへと分割する収縮が起こる前に，*Krox20*やHox遺伝子を含む転写因子がパターンをもって発現する。これらの遺伝子発現が，最初に神経管を将来のロンボメアの区画に分割する。Hox遺伝子の発現は，後脳の異なる位置でロンボメアと神経堤細胞の両者がアイデンティティを確立するための，分子基盤の少なくとも一部を提供する。頭部の最も前方部やr1ではHox遺伝子の発現は見られないが，4つのパラロガスグループのHox遺伝子（1，2，3，4）が，マウス胚後脳の残りの部分で明瞭なパターンをもって発現している。この発現は，後脳の分節的なパターンと非常によく一致している（図5.35）。このステージで最も前方部で発現しているHox遺伝子は*Hoxa2*であり，r2で発現している。一般に，異なるパラロガスグループは，異なる発現前方境界を持つ。例えば，*Hoxb2*の発現前方境界はr2とr3の境界部にあるが，*Hoxb3*はr4とr5の境界部にある（図5.36）。前方に位置するロンボメアをより後方に移植すると，Hox遺伝子の発現パ

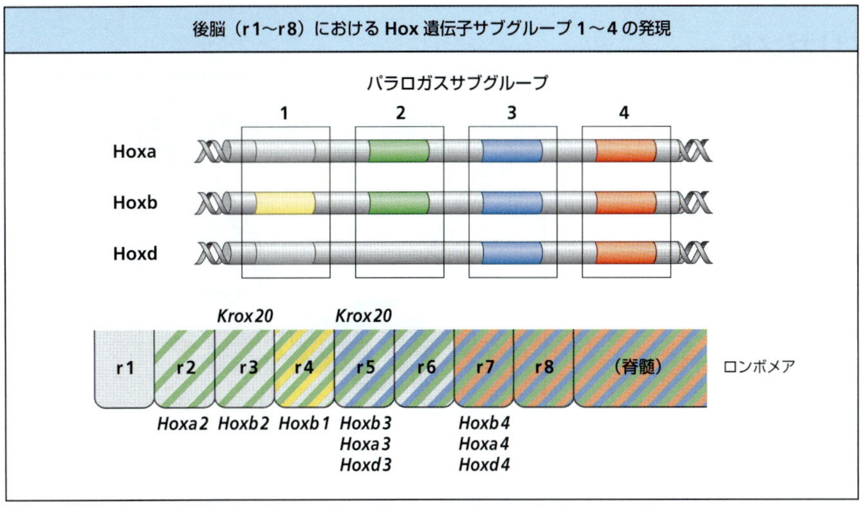

図 5.35　後脳における Hox 遺伝子の発現
後脳（ロンボメア r1～r8）における 3 つのパラロガス Hox 複合体の遺伝子の発現を示している。*Hoxa1* と *Hoxd1* は，このステージでは発現していない。r1 では，いずれの Hox 遺伝子の発現も見られない。Hox 遺伝子の前方の発現がどのロンボメアから始まるかを図の下に示している。r4 でしか発現しない *Hoxb1* を除いて，示している全ての Hox 遺伝子は，その発現前方境界より後方のロンボメア全てで発現している。転写因子 Krox20 をコードする遺伝子は，r3 と r5 で発現している。
Krumlauf, R.: 1993 より

ターンが変化し，移植された先の位置での正常な発現と同じものになる。

分子レベルの研究により，Hox 遺伝子発現が個々のロンボメアでどのように制御されているかが明らかになってきている。例えば，*Hoxb2* 遺伝子は 3 つの連続したロンボメア r3，r4，r5 で発現しているが，r3 と r5 における発現は r4 の発現とは全く独立に制御されている。*Hoxb2* 遺伝子の制御領域は，2 つの離れたシス制御モジュールを含んでおり，ひとつが r3 と r5 における発現を制御し，もうひとつが r4 での発現を制御している。r3 と r5 において，*Hoxb2* は転写因子 Krox20 によって部分的に活性化され，この領域での発現を制御する配列中には Krox20 の結合部位が見つかる。Krox20 は r3 と r5 で発現しているが，r4 では発現しない（**図 5.35** および第 5.11 節参照）。r6 と r7 の境界部に発現前方境界を持つ *Hoxb4* の場合は，神経管と隣接する体節の両方からのシグナルによって発現がオンになることが示されている。これらのシグナルのひとつは，体節で産生され，後脳のパターン形成で機能していることが明らかにされているレチノイン酸であると考えられている。レチノイン酸がない状態では後脳のロンボメアの欠失が引き起こされ，過剰に存在すると細胞の運命が前方から後方のものへとトランスフォームしてしまう。

Hox 遺伝子がロンボメアの細胞の予定運命を決定しているという証拠は，*Hoxb1*（正常発生では r4 で発現）を r2 で異所的に発現させる実験から得られている。一組のロンボメアはそれぞれ，1 つの鰓弓に投射する運動神経を生み出す。つまり，ロンボメア r2/r3 からの軸索は第 1 鰓弓に投射し，r4/r5 からの軸索は第 2 鰓弓に投射する（**図 5.33** 参照）。*Hoxb1* は正常発生では r4 で発現し，r2 では発現しない。しかし，*Hoxb1* を r2 で異所的に発現させると，軸索を第 2 鰓弓に送るようになる。この現象は，Hox 遺伝子の異所的発現によって引き起こされるホメオティック・トランスフォーメーションのもう 1 つの例である。

Hox 遺伝子は，後脳の r1，中脳，前脳といった最も前方の神経組織では発現していない。かわりに，Otx や Emx などのホメオドメイン転写因子が後脳より前方で発現し，前方の脳の前後パターンを指定している。前述のように，ニワトリでの *Otx2* 発現の後方境界は，中脳-後脳境界を示している（**図 5.32** 参照）。ショウジョウバエの *orthodenticle* 遺伝子と脊椎動物の *Otx* 遺伝子はホモログで，進化の過程で遺伝子の機能が保存されていることを示す良い例である。*orthodenticle* はショウジョウバエの将来の脳の後方領域で発現し，この遺伝子に変異が起こると脳

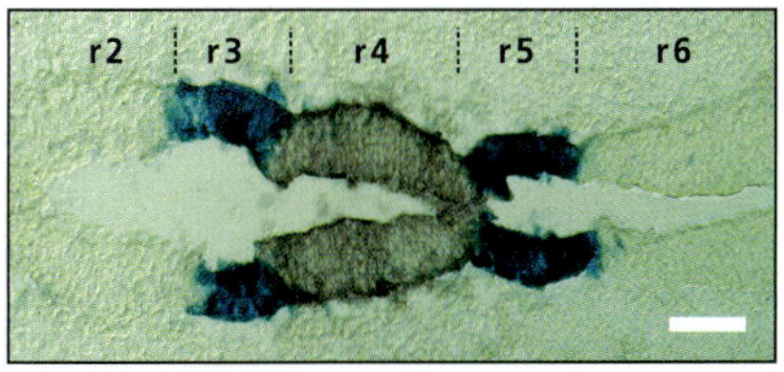

図 5.36　後脳における遺伝子発現
写真は，2 種類のレポーターを発現するトランスジェニックマウスの 9.5 日胚の後脳の冠状切片を示している。レポーターの 1 つは，ロンボメア r3 と r5 での発現を引き起こす *Hoxb2* のエンハンサー制御下におかれた *lacZ* 遺伝子である（青い染色）。2 つめは，r4 での発現を引き起こす *Hoxb1* のエンハンサー制御下におかれたアルカリホスファターゼ遺伝子である（緑がかった茶色の染色）。r4 での発現を引き起こす類似したエンハンサーが *Hoxb2* にも存在している。左が前方で，5 つのロンボメアの位置を示している（r2～r6）。スケールバー＝0.1 mm。
写真は J. Sharpe 氏の厚意により Lumsden, A. and Krumlauf, R.: 1996 から

Box 5F Eph 受容体と ephrin リガンド

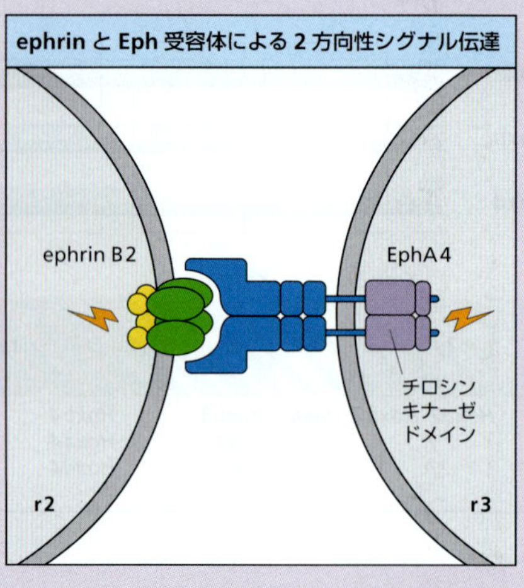

Eph 受容体とその ephrin リガンドは，反発と接着の両方の細胞間相互作用を引き起こすことができる膜貫通タンパク質である。いずれのタンパク質も細胞表面に存在するため，Notch と Delta の場合と同じように，直接的な細胞間の接触を介して活性化される。Eph と ephrin は，神経系の軸索伸長における接触依存的なガイダンス分子としてよく知られており，特に網膜神経の軸索を脳の視覚処理中枢の正しい場所にガイドすることは有名である（これらの分子の軸索ガイダンスにおける役割については第 12 章で議論する）。Eph と ephrin は，移動中の神経堤細胞のガイダンス分子として，さらには体節境界形成の最終段階で未分節中胚葉から新しくできる体節を切り離す際にも機能しているようである。そしてマウスを用いた研究によれば，Eph と ephrin は，ウサギのようにホップするのではなく交互に足を動かして歩行することを可能にする，脊髄の局所的な神経回路を正しく構築させるのに必要である。

哺乳類には 14 の Eph 受容体が存在し，その構造から EphA（EphA1〜EphA8 および EphA10）と EphB（EphB1〜EphB4 および EphB6）の 2 つのクラスに分類される。ephrin も同じように，ephrin A（ephrin A1〜A5）と ephrin B（ephrin B1〜B3）に分類される。一般には A タイプ受容体は ephrin A に，B タイプ受容体は ephrin B に結合するが，EphA4 は例外的に ephrin A と B，両方のリガンドと結合できる。ephrin が Eph 受容体に結合すると，2 方向性のシグナル伝達が起こり，Eph も ephrin もそれぞれの細胞にシグナルを送る（図参照）。これまでにみてきた多くのシグナル伝達受容体とは異なり，Eph-ephrin シグナルの主要な標的はアクチン細胞骨格であり，その再配置は細胞形態の変化や反発性の原因となる細胞の振る舞いを引き起こす。

Eph は受容体型チロシンキナーゼで，細胞内にキナーゼドメインを持つ。一方，ephrin は相互作用する細胞質内のキナーゼを活性化し，シグナルを伝達する。ephrin と Eph の接触は，異なるロンボメア間の接触面で見られるように（第 5.11 節参照），相互作用している細胞間に反発力を生み出すことが最も知られている。しかし Eph と ephrin の相互作用は，誘引や接着も引き起こしうる。特定の Eph と ephrin の組合せが反発あるいは誘引のどちらを行うのかは単純ではなく，関与する細胞の種類や受容体の多さ，受容体の会合の程度など，さまざまな要因に依存しているようである。

一般に Eph-ephrin の組合せによって仲介される反発は，それらが互いに親和性を持つことを考えると，幾分矛盾しているといえる。この矛盾に対するひとつの解答は，ephrin A による反発にその細胞外ドメインの切断が関わっていることが発見されたことであり，これによって細胞の遊離が可能になる。もうひとつの可能性は，エンドサイトーシスによる Eph-ephrin 複合体の内部移行である。一般に反発性の相互作用は，Eph チロシンキナーゼからの比較的高レベルのシグナル伝達を必要としているようである。このシグナルがないかレベルが低いと，Eph と ephrin の結合が細胞接着を促進しやすくなる。このような例は，マウスの神経管閉鎖において見られる。神経褶の細胞で産生される EphA7 は，選択的 RNA スプライシングによりキナーゼドメインを欠失している。神経褶の細胞は ephrin A5 も発現しており，向かい合った褶曲部での EphA7 と ephrin A5 間の接着が神経管閉鎖には必須である。ephrin A5 を欠失したマウス変異体は，脳神経管が閉じず，前脳が発生せず，たいていの胎児が死産となるヒトの無脳症と類似した神経管異常を示す。正常なチロシンキナーゼドメインを持った EphA7 を産生している神経管以外の組織では，ephrin A5 との相互作用により，細胞間の反発が生じている。

の顕著な縮小が見られる。マウスにおいて，*Otx1* と *Otx2* は発生中の前脳と中脳で重なり合って発現し，*Otx1* の変異は脳の異常とてんかんを引き起こす。*Otx* 遺伝子を欠損したマウスは，壊れた遺伝子を *orthodenticle* に置き換えることで，これらのコードするタンパク質間の配列の類似性がホメオドメインに限定されているにもかかわらず，部分的に症状が回復する。ヒトの *OTX* も，ショウジョウバエの *orthodenticle* 変異体を回復させることができる。

5.13 後脳由来の神経堤細胞は鰓弓へと移動する

鰓弓の上皮性外胚葉における前後軸に沿ったHox遺伝子の発現パターンは，神経管および神経堤細胞で見られるパターンと類似している。神経管と同じように，神経細胞と神経堤細胞の場合も，それらが発現しているHox遺伝子からそれぞれの位置価を獲得している。このHox遺伝子の発現は，細胞が移動しても維持されている。後脳から生じた神経堤細胞は鰓弓に移動し，顔面の中胚葉性組織や頭蓋骨に寄与する。この神経堤細胞の移動は，ニワトリの1日胚から2日胚にかけての10時間ほどの間に完了する。鰓弓の外胚葉は，裏打ちするようになった神経堤細胞から位置価を獲得しているようで，Hox遺伝子を同じパターンで発現するようになる。

後脳背側のロンボメアから移動してきた頭部の神経堤細胞は，それらが由来したロンボメアとよく一致した分節的な配置をしている。これは，ニワトリの神経堤細胞を *in vivo* で標識し，その移動経路を追跡することで明らかにされた。ロンボメア r2, r4, r6 からの神経堤細胞は，それぞれ第1，第2，第3鰓弓に集まる（**図5.37**）。

これらの神経堤細胞は，移動を開始する以前に位置価を獲得している。ロンボメア r4 の神経堤細胞を別の胚から取ってきたロンボメア r2 のものと置き換えると，これらの細胞は第2鰓弓へと侵入するが，本来移動していく目的地である第1鰓弓に特徴的な構造を発生させる。これによって，このニワトリ胚にはもうひとつの下顎が生じてしまう。しかし，神経堤細胞には可塑性もあり，その最終分化は移動先の組織からのシグナルに依存している。

マウスにおける遺伝子ノックアウトによっても，Hox遺伝子が後脳領域のパターン形成に関与していることが示されてきた。ただし，その結果はいつも容易に解釈できるわけではない。というのも，特定のHox遺伝子のノックアウトが，同じ個体の異なる神経堤細胞集団に影響を与えることがある。つまり，ある神経堤細胞集団は神経を形成し，また別の集団は骨格を形成するといった場合である。例えば，*Hoxa2* 遺伝子のノックアウトでは，ロンボメア r2 から後方に広がるこの遺伝子の正常な発現領域に相当する頭部領域で骨格異常が見られる。分節化自体は正常に起こるが，ロンボメア r4 に由来する神経堤細胞から生じる第2鰓弓の全ての骨格要素が異常を示す。正常発生でつくられる内耳のアブミ骨といった要素が欠失し，そのかわりに本来なら第1鰓弓から生じる下顎の骨格要素の前駆体であるメッケ

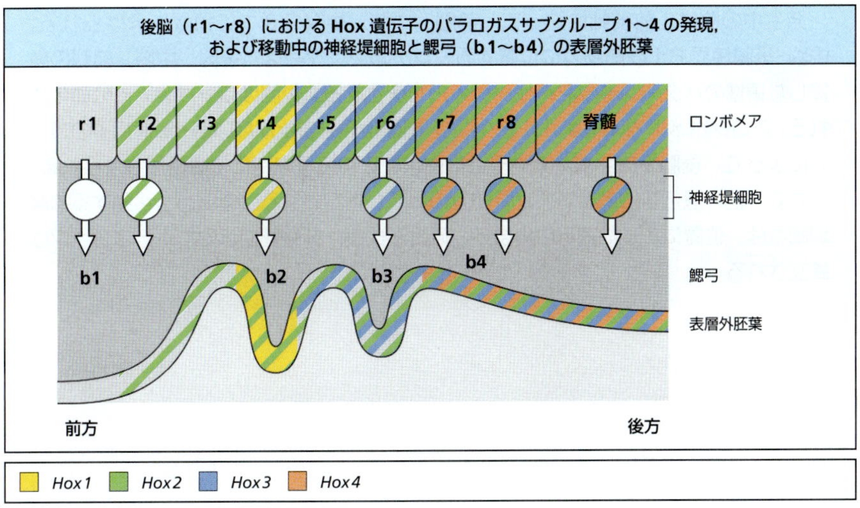

図5.37 頭部の鰓弓領域におけるHox遺伝子の発現
後脳（ロンボメア r1～r8），神経堤細胞，鰓弓（b1～b4）と表層外胚葉におけるHox遺伝子の発現。矢印は神経堤細胞の鰓弓への移動を示している。r3とr5からは神経堤細胞の移動が見られない。*Krumlauf, R.: 1993* より

神経胚期のアフリカツメガエル胚，背側からの図

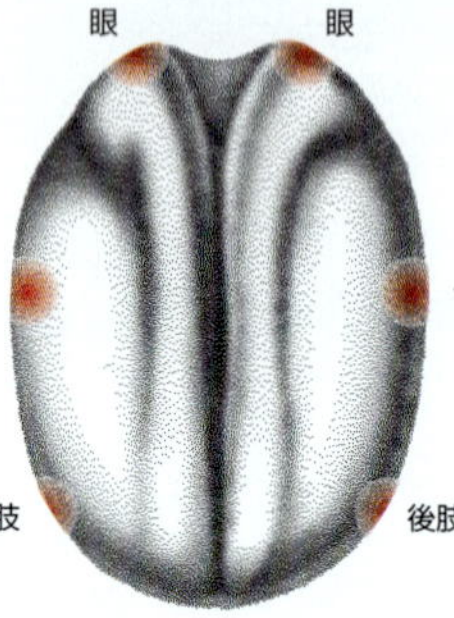

図 5.38 アフリカツメガエル胚は神経胚期までに領域化される
四肢や心臓，眼などの様々な器官は，原腸形成が完了した後の神経胚の特異的な領域（赤）から発生する。肢芽を含むこれらの領域の一部はこの時期すでに決定されており，他の構造をつくることはない。しかし，このような領域の境界は厳密には決まっておらず，それぞれの領域あるいは“場”の内部ではかなりの調節が起こりうる。

ル軟骨などが発生する。したがって，*Hoxa2* の抑制は，ひとつの分節を別のものへと部分的にホメオティック・トランスフォーメーションさせている。これとは逆の効果が，*Hoxa2* をより前方で異所的に発現させたときに観察される。*Hoxa2* を正常発生では発現していない第1鰓弓で発現させると，方形骨やメッケル軟骨といった下顎の骨格要素の前駆体である第1鰓弓の軟骨が，舌骨の骨格要素の前駆体である第2鰓弓の軟骨へとトランスフォームする。さらに，*Hoxa2* を将来の前方の神経堤細胞に導入すると，この細胞は正常には発生せず，本来つくり出すはずの骨格構造が全く形成されない。

この章で説明してきたこととこれらの観察を合わせると，脊椎動物の細胞は原腸形成の過程で前後軸に沿った位置価を獲得し，この位置アイデンティティはHox複合体の遺伝子によって指定されていることがわかる。脊椎動物間の多くの解剖学的違いはおそらく単純に，Hox遺伝子が作用する標的遺伝子の差によるものであり，このことが，例えば哺乳類の顎と鳥類のくちばしのような，異なっているが相同な骨格構造が出現する原因となっている。

5.14 神経胚期までにパターン形成された器官形成領域は，まだ調節可能である

アフリカツメガエルの神経胚期において，ボディプランは確立され，四肢や眼，心臓などの器官を形成する胚領域が決定されてくる（**図 5.38**）。これは，そういった決定が全く起こらない胞胚期と比べて極めて対照的である。したがって，基本的な脊椎動物のファイロティピックなボディプランは，原腸形成の過程で確立される。様々な器官の位置は固定されるが，まだ明瞭な分化の徴候は見られない。それにもかかわらず，数多くの移植実験が，このとき，特異的な領域が所定の器官を形成する能力を秘めていることを示している。しかし，このような領域はかなりの調節性を持っており，領域の一部を除去しても，依然として正常な構造を形成することができる。例えば，将来前肢を形成する神経胚期の領域は，他の部位に移植されてもやはり手足へと発生する。将来四肢となる領域の一部を除去すると，残りの部分が正常な手足を発生するように調節する。四肢と他の器官の発生については第11章で議論する。

まとめ

発生中の脳は，前後軸に沿って，前脳，中脳，後脳の3つの領域に分けられる。中脳-後脳境界および前脳内に位置するシグナルセンターは，後脳，中脳，前脳の隣接した領域のパターン形成を行うシグナルを産生する。後脳はロンボメアに分節化される。各ロンボメア内の細胞は，ロンボメア間の境界をまたがない。Hox遺伝子のコードによって，後脳のロンボメアやそこに由来する神経堤細胞に位置価が与えられる。一方で，他の遺伝子によって，より前方の領域が指定される。後脳から移動する神経堤細胞は，位置に応じた鰓弓に集まる。原腸形成後，神経胚期までにボディプランは確立される。

まとめ：脊椎動物のボディプランのパターン形成

原腸形成およびオーガナイザー活性

⇩

Hox 遺伝子複合体の前後軸に沿った発現

⇩

Hox 遺伝子発現による，中胚葉，内胚葉，外胚葉の位置価の確立

⇙ ⇘

中胚葉からの脊索，体節，側板中胚葉の発生

⇩

体節が，脊索，神経管，外胚葉からシグナルを受ける

⇩

体節からの硬節，皮筋節の発生

初期シグナルと中胚葉による，外胚葉からの神経板の誘導

⇩

中胚葉のシグナルによる神経管の領域アイデンティティの付与

⇩

Hox 遺伝子の領域パターンをもった発現による，後脳におけるロンボメアと神経堤細胞の特異化

第 5 章のまとめ

胞胚期に特異化された胚葉は，原腸形成期に前後軸・背腹軸に沿ってさらにパターン形成される。オーガナイザーは，体軸の前後の領域化の基となる初期のパターン形成を行っている。前後軸に沿った細胞の位置価は，4 つの Hox 遺伝子複合体に含まれる遺伝子の発現の組合せによってコードされている。Hox 遺伝子の染色体上での並び順と，後脳以降で前後軸に沿って発現する順序の間には，空間的・時間的共線性が存在する。Hox 遺伝子の不活化または過剰発現は，局所的な異常や，ある“区画”が別のものに形質転換するホメオティック・トランスフォーメーションを引き起こす。これは，Hox 遺伝子が領域アイデンティティの決定に重要な働きをしていることを示している。原腸形成が終わると，基本的なボディプランが確立され，神経系が誘導される。個々の体節の特異的領域から，軟骨・筋肉・真皮がつくりだされるが，これらの領域は脊索・神経管・側板中胚葉・外胚葉からのシグナルによって指定される。神経系の誘導とパターン形成には，初期胚におけるシグナルと，裏打ちする中胚葉からのシグナルの両方が関与している。シグナルセンターが前脳・中脳・後脳の領域をパターン形成し，後脳では Hox 遺伝子の発現が神経組織と神経堤細胞の両方に位置価を与える。

● 章末問題

記述問題

1. 脊索，脊髄，脊柱を区別して記述せよ。

2. 以下の構造間の関係を記述せよ：神経外胚葉，神経板，神経褶，神経管，神経堤。

3. 一次胚誘導は，どのような実験によって明らかにされるか。この実験の結果において，原口背唇部を取ってきた原腸胚のステージによって，どのような違いが見られるか。

4. アフリカツメガエル原腸胚の最も前方部の中胚葉の指定について知るところを述べよ。なお，TGF-β ファミリーのシグナル伝達による *goosecoid* の活性化，および頭部形成における腹側シグナルに対するアンタゴニストの役割を含めて答えよ。

5. アフリカツメガエルの神経誘導における“デフォルトモデル”は，背側外胚葉が神経組織として発生することがデフォルトの経路であると提唱している。しかし，背側外胚葉の神経形成を妨げるような，植物極側の細胞や腹側中胚葉からのシグナルが存在している。これを考慮して，背側外胚葉が神経形成をするのに必要とされる作用の概略を述べよ。Ectodermin，Chordin（または Noggin），および Cerberus を含めて答えよ。

6. 本文中で「シュペーマンオーガナイザーの重要な役割は，増殖因子のアンタゴニストを分泌することで，これら（BMP と Wnt）

の濃度勾配を制御することである」と述べた（第5.1節）。この記述について議論せよ。

7. ニワトリにおける体節形成は，FGF-8の濃度勾配に応答して，前方から後方へと進んでいく。この濃度勾配について知るところを述べよ：FGF-8はどこからくるのか。どのようにして濃度勾配を形成するのか。この濃度勾配はどのようにして体節形成を引き起こすのか。

8. マウスのHox遺伝子クラスター（**Box 5E**）は，ゲノム進化で働いたいくつかのメカニズムを例示している：遺伝子が重複してパラログを生じることや，クラスター全体が重複して遺伝子のパラロガスサブグループを生じること，あるクラスター内で遺伝子が失われることなどである。これら3つのメカニズムのそれぞれについて例を挙げよ。

9. Hox遺伝子は，脊椎動物の中胚葉で，Hox遺伝子複合体の1つの端から別の端に向かって，時間的・空間的に順番に発現している。**図5.26**を参照し，マウスの頸椎領域の後方と，胸椎領域の前方におけるHox遺伝子発現を比較せよ。この遺伝子発現のパターンは，Hoxクラスターの時間的勾配を持った発現をどのように説明するか。また，この遺伝子発現のパターンがどのようにして前後軸に沿った細胞のアイデンティティの空間的な違いを，異なる組合せの遺伝子発現によって生み出しているか，説明せよ。

10. マウスにおける*Hoxc8*遺伝子欠失（**図5.27**）と，ショウジョウバエにおける*Ubx*遺伝子欠失（**図2.48**）の結果を比較せよ。形質転換は前方と後方，どちらの方向に見られたか。これらの形質転換から，細胞のアイデンティティ指定におけるHox遺伝子のどのような機能が示唆されるか。マウスにおけるこれらの形質転換は，ホメオティック・トランスフォーメーションと言えるか。

11. ゼブラフィッシュの*giraffe*（*gir*）変異は，レチノイン酸の濃度勾配が脊椎動物の前後軸とHox遺伝子発現の共線性に関わっているかもしれないという仮説をどのように支持しているか。遺伝子名が変異体の表現型から付けられていることから，この*gir*変異の表現型を推測せよ（注：giraffeはキリンの意）。マウスにおいて*Cyp26a1*遺伝子が欠失（機能喪失）すると，頸椎がより後方の肋骨を持った椎骨になってしまう。*gir*変異は，これと同様に機能喪失によるものか，あるいは逆に遺伝子発現の上昇を引き起こしている（機能獲得）変異か，説明せよ。

12. **図5.30**で示したような，供与体胚の脊索を宿主胚の神経管の背側に隣接するように移植した実験の影響について述べよ。どのようなシグナル分子が，この実験で観察された誘導に重要であると考えられているか。

13. Paxタンパク質とはどのようなタンパク質か。Hoxタンパク質とはどのような関係があるか。体節におけるPax3の働きは何か。

14. 発生中の脊椎動物の脳につくられる2つのシグナルセンターは何か。これらはどのようなシグナルを分泌するか。これらの部位は，どのようにして確かにシグナルセンター（あるいは“オーガナイザー”）であると示されるか。

15. ロンボメアとは何か。脊椎動物後脳のロンボメアへの分節化と，ショウジョウバエ胚の分節化の間には，どのような類似性が見られるか。

16. ephrinとは何か。ephrinとこれまでに議論されてきた多くのシグナル分子は，どのように異なっているか（ヒント：ephrinは分泌されるか？）。ロンボメア形成におけるephrinの役割は何か。

17. ロンボメアのホメオティック・トランスフォーメーションを示す実験について述べよ。用いられた実験戦略について概略を述べ，ホメオティック・トランスフォーメーションを示す他の実験戦略と比較せよ。

選択問題
それぞれの問題で正解は1つである。

1. 体節から生じるのはどれか。
a) 心臓と血液
b) 腹部の内臓
c) 脊柱と骨格筋
d) 脊髄

2. ニワトリとゼブラフィッシュにおいて，アフリカツメガエルのオーガナイザーに相当するのはどれか。
a) ヘンゼン結節とシールド（胚盾）
b) 胚盤葉下層と卵黄多核層
c) いずれも脊索
d) 原条と中内胚葉

3. Chordinの機能はどれか。
a) TGF-βシグナル伝達分子
b) Wntシグナルのアンタゴナイズ
c) DNAに結合し転写を活性化
d) BMP-4の活性を阻害

4. Cerberusの機能はどれか。
a) TGF-βシグナル伝達分子
b) Wntシグナルのアンタゴナイズ
c) DNAに結合し転写を活性化
d) BMP-4の活性を阻害

5. ニワトリにおける体節形成の進み方はどれか。
a) ヘンゼン結節が後退するにつれて前方から後方へ
b) 原条が伸長するにつれて後方から前方へ
c) 背側正中から外側に向かって側板へ
d) 前後軸に沿っていっせいに

6. 初期胞胚では，Wntシグナルと引き続いて起こるβ-cateninの核での蓄積が，背側の運命を指定する。一方で，原腸形成後にWnt/β-cateninシグナルが指定するのはどれか。
a) 背側の運命
b) 後方の運命
c) 腹側の運命
d) 前方の運命

7. 体節の硬節からは______が生じ，一方で筋節からは______が生じる。
a) 筋肉，脊椎
b) 末梢神経系，筋肉
c) 脊髄，四肢の筋肉
d) 脊椎，背中の筋肉

8. 前方で発現する Hox 遺伝子にはどのような遺伝子名が付けられているか。
a) Hox 遺伝子の発現パターンと遺伝子名の間には体系的な関係性はないので，様々である
b) *Hoxa 13* のように数字の大きいもの
c) 前方の遺伝子は *Hoxa 1〜13* であり，後方の遺伝子は *Hoxp 1〜13* である
d) *Hoxa 1* のように数字の小さいもの

9. 神経堤細胞はどのような組織や構造に寄与するか。
a) 皮膚の色素細胞
b) 顔面の中胚葉と頭蓋骨
c) 末梢神経系
d) これらすべて

選択問題の解答
1:c, 2:a, 3:d, 4:b, 5:a, 6:b, 7:d, 8:a, 9:d

● 各節の理解を深めるための参考文献

5.1 オーガナイザーが持つ誘導能は原腸形成期に変化している
Agathon, A., Thisse, C., Thisse, B.: **The molecular nature of the zebrafish tail organizer**. *Nature* 2003, **424**: 448–452.
Beddington, R.S.P., Robertson, E.H.: **Axis development and early asymmetry in mammals**. *Cell* 1999, **96**: 195–209.
Brickman, J.M., Jones, C.M., Clements, M., Smith, J.C., Beddington, R.S.P.: **Hex is a transcriptional repressor that contributes to anterior identity and suppresses Spemann organiser function**. *Development* 2000, **127**: 2303–2315.
Glinka, A., Wu, W., Delius, H., Monaghan, P., Blumenstock, C., Niehrs, C.: **Dickkopf-1 is a member of a new family of secreted proteins and functions in head induction**. *Nature* 1998, **391**: 357–362.
Glinka, A., Wu, W., Onichtchouk, D., Blumenstock, C., Niehrs, C.: **Head induction by simultaneous repression of Bmp- and Wnt-signalling in *Xenopus***. *Nature* 1997, **389**: 517–519.
Griffin, K., Patient, R., Holder, N.: **Analysis of FGF function in normal and no tail zebrafish embryos reveals separate mechanisms for formation of the trunk and tail**. *Development* 1995, **121**: 2983–2994.
Jansen, H.J., Wacker, S.A., Bardine, N., Durston, A.J.: **The role of the Spemann organizer in anterior-posterior patterning of the trunk**. *Mech. Dev.* 2007, **124**: 668–681.
Jones, C.M., Broadbent, J., Thomas, P.Q., Smith, J.C., Beddington,R.S.P.: **An anterior signalling centre in *Xenopus* revealed by the homeobox gene *XHex***. *Curr. Biol.* 1999, **9**: 946–954.
Joubin, K., Stern, C.D.: **Molecular interactions continuously define the organizer during the cell movements of gastrulation**. *Cell* 1999, **98**: 559–571.
Kiecker, C., Niehrs, C.: **The role of prechordal mesendoderm in neural patterning**. *Curr. Opin. Neurobiol.* 2001, **11**: 27–33.
Mukhopadhyay, M., Shtrom, S., Rodriguez-Esteban, C., Chen, L., Tsuku, T., Gomer, L., Dorward, D.W., Glinka, A., Grinberg, A., Huang, S.-P., Niehrs, C., Izpisúa Belmonte, J.-C., Westphal, H.: **Dickkopf1 is required for embryonic head induction and limb morphogenesis in the mouse**. *Dev. Cell* 2001, **1**: 423–434.
Niehrs, C.: **Regionally specific induction by the Spemann-Mangold organizer**. *Nat. Rev. Genet.* 2004, **5**: 425–434.
Piccolo, S., Agius, E., Leyns, L., Bhattacharya, S., Grunz, H., Bouwmeester, T., De Robertis, E.M.: **The head inducer Cerberus is a multifunctional antagonist of Nodal, BMP and Wnt signals**. *Nature* 1999, **397**: 707–710.
Schneider, V.A., Mercola, M.: **Spatially distinct head and heart inducers within the *Xenopus* organizer region**. *Curr. Biol.* 1999, **9**: 800–809.

5.2 外胚葉における神経板の誘導
Bachiller, D., Klingensmith, J., Kemp, C., Belo, J.A., Anderson, R.M., May, S.R., MacMahon, J.A., McMahon, A.P., Harland, R.M., Rossant, J., De Robertis, E.M.: **The organizer factors Chordin and Noggin are required for mouse forebrain development**. *Nature* 2000, **403**: 658–661.
Delfino-Machin, M., Lunn, J.S., Breitkreuz, D.N., Akai, J., Storey, K.G.: **Specification and maintenance of the spinal cord stem zone**. *Development* 2005, **132**: 4273–4283.
De Robertis, E.M.: **Spemann's organizer and self-regulation in amphibian embryos**. *Nat. Rev. Mol. Cell Biol.* 2006, **4**: 296–302.
De Robertis, E.M., Kuroda, H.: **Dorsal-ventral patterning and neural induction in *Xenopus* embryos**. *Annu. Rev. Dev. Biol.* 2004, **20**: 285–308.
Londin, E.R., Niemiec, J., Sirotkin, H.I.: **Chordin, FGF signaling, and mesodermal factors cooperate in zebrafish neural induction**. *Dev. Biol.* 2005, **279**: 1–19.
Marchal, L., Luxardi, G., Thomé, V., Kodjabachian L.: **BMP inhibition initiates neural induction via FGF signaling and Zic genes**. *Proc. Natl Acad. Sci. USA* 2009; **106**: 17437–17442.
Stern, C.: **Neural induction: old problems, new findings, yet more questions**. *Development* 2005, **132**: 2007–2021.
Streit, A., Berliner, A.J., Papanayotou, C., Sirulnik, A., Stern, C.D.: **Initiation of neural induction by FGF signalling before gastrulation**. *Nature* 2000, **406**: 74–78.
Wilson, S.L., Rydström, A., Trimborn, T., Willert, K., Nusse, R., Jessell, T.M., Edlund, T.: **The status of Wnt signaling regulates neural and epidermal fates in the chick embryo**. *Nature* 2001, **411**: 325–329.

Box 5A クロマチンリモデリング複合体
Ho, L., Crabtree, G.R.: **Chromatin remodelling during development**. *Nature* 2010, **463**: 474–484.

5.3 初期の神経系は中胚葉からのシグナルによってパターン形成する
Ang, S.L., Rossant, J.: **HNF-3β is essential for node and notochord formation in mouse development**. *Cell* 1994, **78**: 561–574.
Aybar, M.J., Mayor, R.: **Early induction of neural crest cells: lessons learned from frog, fish and chick**. *Curr. Opin. Genet. Dev.* 2002, **12**: 452–458.
Doniach, T.: **Basic FGF as an inducer of antero-posterior

neural pattern. *Cell* 1995, **85**: 1067–1070.

Foley, A.C., Skromne, I., Stern, C.D.: **Reconciling different models of forebrain induction and patterning: a dual role for the hypoblast**. *Development* 2000, **127**: 3839–3854.

Kiecker, C., Niehrs, C.: **A morphogen gradient of Wnt/beta-catenin signaling regulates anteroposterior neural patterning in *Xenopus***. *Development* 2001, **128**: 4189–4201.

Kudoh, T., Concha, M.L., Houart, C., Dawid, I.B., Wilson, S.W.: **Combinatorial Fgf and Bmp signalling patterns the gastrula ectoderm into prospective neural and epidermal domains**. *Development* 2004, **131**: 3581–3592.

Pera, E.M., Ikeda, A., Eivers, E., De Robertis, E.M.: **Integration of IGF, FGF, and anti-BMP signals via Smad1 phosphorylation in neural induction**. *Genes Dev.* 2003, **17**: 3023–3028.

Sasai, Y., De Robertis, E.M.: **Ectodermal patterning in vertebrate embryos**. *Dev. Biol.* 1997, **182**: 5–20.

Sharman, A.C., Brand, M.: **Evolution and homology of the nervous system: cross-phylum rescues of *otd/Otx* genes**. *Trends Genet.* 1998, **14**: 211–214.

Sheng, G., dos Reis, M., Stern, C.D.: **Churchill, a zinc finger transcriptional activator, regulates the transition between gastrulation and neurulation**. *Cell* 2003, **115**: 603–613.

Stern, C.D.: **Initial patterning of the central nervous system: how many organizers?** *Nat Rev. Neurosci.* 2001, **2**: 92–98.

Storey, K., Crossley, J.M., De Robertis, E.M., Norris, W.E., Stern, C.D.: **Neural induction and regionalization in the chick embryo**. *Development* 1992, **114**: 729–741.

5.4 神経堤細胞は神経板の境界部から生じる

Huang, X., Saint-Jeannet, J-P.: **Induction of the neural crest and the opportunities of life on the edge**. *Dev. Biol* 2004, **275**: 1–11.

5.5 体節は前後軸に沿って明確に規定された順序で形成される

Bray, S.J.: **Notch signalling: a simple pathway becomes complex**. *Nat. Rev. Mol. Cell Biol.* 2006, **7**: 678–689.

Dequeant, M.L., Pourquié, O.: **Segmental patterning of the vertebrate embryonic axis**. *Nat. Rev. Genet.* 2008, **9**: 370–382.

Dubrulle, J., Pourquié, O.: ***fgf8* mRNA decay establishes a gradient that couples axial elongation to patterning in the vertebrate embryo**. *Nature* 2004, **427**: 419–422.

Dubrulle, J., Pourquié, O.: **Coupling segmentation to axis formation**. *Development* 2004, **131**: 5783–5793.

Kawakami, Y., Raya, A., Raya, R.M., Rodriguez-Esteban, C., Izpisua Belmonte, J.C.: **Retinoic acid signalling links left-right asymmetric patterning and bilaterally symmetric somitogenesis in the zebrafish embryo**. *Nature* 2005, **435**: 165–171.

Kieny, M., Mauger, A., Sengel, P.: **Early regionalization of somitic mesoderm as studied by the development of the axial skeleton of the chick embryo**. *Dev Biol.* 1972, **28**: 142–161.

Lai, E.: **Notch signaling: control of cell communication and cell fate**. *Development* 2004, **131**: 965–973.

Lewis, J.: **Autoinhibition with transcriptional delay: a simple mechanism for the zebrafish somitogenesis oscillator**. *Curr. Biol* 2003, **13**: 1398–408.

Stern, C.D., Charité, J., Deschamps, J., Duboule, D., Durston, A.J., Kmita, M., Nicolas, J.-F., Palmeirim, I., Smith, J.C., Wolpert, L.: **Head-tail patterning of the vertebrate embryo: one, two or many unsolved problems?** *Int. J. Dev Biol.* 2006, **50**: 3–15.

Vermot, J., Pourquié, O.: **Retinoic acid coordinates somitogenesis and left-right patterning in vertebrate embryos**. *Nature* 2005, **435**: 215–220.

5.6 前後軸に沿った体節のアイデンティティは，Hox遺伝子発現によって指定される

Burke, A.C., Nelson, C.E., Morgan, B.A., Tabin, C.: **Hox genes and the evolution of vertebrate axial morphology**. *Development* 1995, **121**: 333–346.

Godsave, S., Dekker, E.J., Holling, T., Pannese, M., Boncinelli, E., Durston, A.: **Expression patterns of Hoxb in the *Xenopus* embryo suggest roles in antero-posterior specification of the hindbrain and in dorso-ventral patterning of the mesoderm**. *Dev. Biol.* 1994, **166**: 465–476.

Kondo, T., Duboule, D.: **Breaking colinearity in the mouse HoxD complex**. *Cell* 1999, **97**: 407–417.

Krumlauf, R.: **Hox genes in vertebrate development**. *Cell* 1994, **78**: 191–201.

Nowicki, J.L., Burke, A.C.: **Hox genes and morphological identity: axial versus lateral patterning in the vertebrate mesoderm**. *Development* 2000, **127**: 4265–4275.

Box 5D レチノイン酸：細胞間シグナルを担う小分子

Niederreither, K., Dolle, P.: **Retinoic acid in development: towards an integrated view**. *Nat. Rev. Genet.* 2008, **9**: 541–553.

Rossant, J., Zirngibl, R., Cado, D., Shago, M., Giguère, V.: **Expression of a retinoic acid response element-hsplacZ transgene defines specific domains of transcriptional activity during mouse embryogenesis**. *Genes Dev.* 1991, **5**: 1333–1344.

5.7 Hox遺伝子の欠失や過剰発現は，中軸パターン形成の改変をもたらす

Condie, B.G., Capecchi, M.R.: **Mice with targeted disruptions in the paralogous genes Hoxa3 and Hoxd3 reveal synergistic interactions**. *Nature* 1994, **370**: 304–307.

Duboule, D.: **Vertebrate Hox genes and proliferation: an alternative pathway to homeosis?** *Curr. Opin. Genet. Dev.* 1995, **5**: 525–528.

Favier, B., Le Meur, M., Chambon, P., Dollé, P.: **Axial skeleton homeosis and forelimb malformations in Hoxd11 mutant mice**. *Proc. Natl Acad. Sci. USA* 1995, **92**: 310–314.

Kessel, M., Gruss, P.: **Homeotic transformations of murine vertebrae and concomitant alteration of the codes induced by retinoic acid**. *Cell* 1991, **67**: 89–104.

Ruiz-i-Altaba, A., Jessell, T.: **Retinoic acid modifies mesodermal patterning in early *Xenopus* embryos**. *Genes Dev.* 1991, **5**: 175–187.

Wellik, D.M., Capecchi, M.R.: **Hox10 and Hox11 genes are required to globally pattern the mammalian skeleton**. *Science* 2003, **301**: 363–367.

5.8 Hox 遺伝子の発現は前方から後方のパターンで活性化される

Duboule, D.: **Vertebrate Hox gene regulation: clustering and/or colinearity?** *Curr. Opin. Genet. Dev.* 1998, **8**: 514-518.

Sakai, Y., Meno, C., Fujii, H., Nishino, J., Shiratori, H., Saijoh, Y., Rossant, J., Hamada, H.: **The retinoic acid-inactivating enzyme CYP26 is essential for establishing an uneven distribution of retinoic acid along the anteroposterior axis within the mouse embryo**. *Genes Dev.* 2006, **15**: 213-225.

Vasiliauskas, D., Stern, C.D.: **Patterning the embryonic axis: FGF signaling and how vertebrate embryos measure time**. *Cell* 2001, **106**: 133-136.

Wacker, S.A., Janse, H.J., McNulty, C.L., Houtzager, E., Durston, A.J.: **Timed interactions between the Hox expressing non-organiser mesoderm and the Spemann organiser generate positional information during vertebrate gastrulation**. *Dev. Biol.* 2004, **268**: 207-219.

Yekta, S., Tabin, C., Bartel, D.P.: **MicroRNAs in the Hox network: an apparent link to posterior prevalence**. *Nat. Rev. Genet.* 2008, **9**: 789-796.

5.9 体節細胞の運命は周辺組織からのシグナルによって決まる

Brand-Saberi, B., Christ, B.: **Evolution and development of distinct cell lineages derived from somites**. *Curr. Topics Dev. Biol.* 2000, **48**: 1-42.

Brent, A.E., Braun, T., Tabin, C.J.: **Genetic analysis of interactions between the somitic muscle, cartilage and tendon cell lineages during mouse development**. *Development* 2005, **132**: 515-528.

Huang, R., Zhi, Q., Patel, K., Wilting, J., Christ, B.: **Dual origin and segmental organisation of the avian scapula**. *Development* 2000, **127**: 3789-3794.

Olivera-Martinez, I., Coltey, M., Dhouailly, D., Pourquié, O.: **Medio-lateral somitic origin of ribs and dermis determined by quail-chick chimeras**. *Development* 2000, **127**: 4611-4617.

Pourquié, O., Fan, C.-M., Coltey, M., Hirsinger, E., Watanabe, Y., Bréant, C., Francis-West, P., Brickell, P., Tessier-Lavigne, M., Le Douarin, N.M.: **Lateral and axial signals involved in avian somite patterning: a role for BMP-4**. *Cell* 1996, **84**: 461-471.

Tonegawa, A., Takahashi, Y.: **Somitogenesis controlled by Noggin**. *Dev. Biol.* 1998, **202**: 172-182.

5.10 局所的なシグナルセンターが，前後軸に沿った中枢神経のパターン形成をする

Brocolli, V., Boncinelli, E., Wurst, W.: **The caudal limit of Otx2 expression positions the isthmaic organizer**. *Nature* 1999, **401**: 164-168.

Kiecker, C., Lumsden, A.: **Compartments and their boundaries in vertebrate brain development**. *Nat. Rev. Neurosci.* 2005, **6**: 553-564.

Rhinn, M., Brand, M.: **The midbrain-hindbrain boundary organizer**. *Curr. Opin. Neurobiol.* 2001, **11**: 34-42.

5.11 後脳は，細胞系譜を制限する境界によってロンボメアに分節化される

Cooke, J.E., Moens, C.B.: **Boundary formation in the hindbrain: *Eph* only it were simple**. *Trends Neurobiol.* 2002, **25**: 264-267.

Klein, R.: **Neural development: bidirectional signals establish boundaries**. *Curr. Biol.* 1999, **9**: R691-R694.

Lumsden, A.: **Segmentation and compartition in the early avian hindbrain**. *Mech. Dev.* 2004, **121**: 1081-1088.

Xu, Q., Mellitzer, G., Wilkinson, D.G.: **Roles of Eph receptors and ephrins in segmental patterning**. *Phil Trans. Roy. Soc. B* 2000, **355**: 993-1002.

Box 5F Eph 受容体と ephrin リガンド

Klein, R.: **Eph/ephrin signaling in morphogenesis, neural development and plasticity**. *Curr. Opin. Cell Biol.* 2004, **16**: 580-589.

Kullander, K., Butt, S.J.B., Lebret, J.M., Lundefeld, L., Restrepo, E., Ryderström, A., Klein, Rudiger, Kiehn, O.: **Role of Eph4A and ephrin B3 in local neuronal circuits that control walking**. *Science* 2003, **299**: 1889-1892.

5.12 Hox 遺伝子は発生中の後脳に位置情報を与えている

Bell, E., Wingate, R.J., Lumsden, A.: **Homeotic transformation of rhombomere identity after localized Hoxb1 misexpression**. *Science* 1999, **284**: 2168-2171.

Grammatopoulos, G.A., Bell, E., Toole, L., Lumsden, A., Tucker, A.S.: **Homeotic transformation of branchial arch identity after Hoxa2 overexpression**. *Development* 2000, **127**: 5355-5365.

Grapin-Botton, A., Bonnin, M-A., McNaughton, L.A., Krumlauf, R., Le Douarin, N.M.: **Plasticity of transposed rhombomeres: Hox gene induction is correlated with phenotypic modifications**. *Development* 1995, **121**: 2707-2721.

Hunt, P., Krumlauf, R.: **Hox codes and positional specification in vertebrate embryonic axes**. *Annu. Rev. Cell Biol.* 1992, **8**: 227-256.

Krumlauf, R.: **Hox genes and pattern formation in the branchial region of the vertebrate head**. *Trends Genet.* 1993, **9**: 106-112.

Nonchev, S., Maconochie, M., Vesque, C., Aparicio, S., Ariza-McNaughton, L., Manzanares, M., Maruthainar, K., Kuroiwa, A., Brenner, S., Charnay, P., Krumlauf, R.: **The conserved role of Krox-20 in directing Hox gene expression during vertebrate hindbrain segmentation**. *Proc. Natl Acad. Sci. USA* 1996, **93**: 9339-9345.

Rijli, F.M., Mark, M., Lakkaraju, S., Dierich, A., Dolle, P., Chambon, P.: **A homeotic transformation is generated in the rostral branchial region of the head by disruption of Hoxa2, which acts as a selector gene**. *Cell* 1993, **75**: 1333-1349.

Wassef, M.A., Chomette, D., Pouilhe, M., Stedman, A., Havis, E., Desmarquet-Trin Dinh, C., Schneider-Maunoury, S., Gilardi-Hebenstreit, P., Charnay, P., Ghislain, J.: **Rostral hindbrain patterning involves the direct activation of a Krox20 transcriptional enhancer by Hox/Pbx and Meis factors**. *Development* 2008, **135**: 3369-3378.

White, R.J., Schilling, T.F.: **How degrading: Cyp26s in hindbrain development**. *Dev. Dyn.* 2008, **237**: 2775-2790.

5.13 後脳由来の神経堤細胞は鰓弓へと移動する

Keynes, R., Lumsden, A.: **Segmentation and the origin of regional diversity in the vertebrate central nervous system.** *Neuron* 1990, 4: 1–9.

Le Douarin, N.M., Creuzet, S., Couly, G., Dupin, E.: **Neural crest plasticity and its limits.** *Development* 2004, **131**: 4637–4650.

5.14 神経胚期までにパターン形成された器官形成領域は，まだ調節可能である

De Robertis, E.M., Morita, E.A., Cho, K.W.Y.: **Gradient fields and homeobox genes.** *Development* 1991, **112**: 669–678.

6

線虫，ウニ，ホヤの発生

●線虫　●棘皮動物　●ホヤ

ショウジョウバエと脊椎動物の初期発生をみたところで，無脊椎動物に属する3つのモデル生物の初期発生のいくつかの局面を眺め，異なる発生機構について学ぶことにする。線虫は，非対称分裂による細胞運命の指定に関して重要なモデル生物である。というのは線虫の初期発生では，細胞の集団に影響を与えるモルフォゲンよりも，個々の細胞ごとに起こるパターン形成が関わる部分が大きいのである。棘皮動物門の代表であるウニは，高度に調節的な発生のモデルであり，同様に調節的な発生機構を持つ脊椎動物と共通の原理が働く発生を示す。ウニでは初期発生を制御する遺伝子回路が同定されている。ホヤは脊椎動物とともに脊索動物に属することが注目を集めている。ホヤと脊椎動物の発生を比較することで，脊索動物門の進化をより深く理解できると期待されている。

この章ではボディプランの形成を，3つのモデル無脊椎動物，すなわち線虫，ウニ（代表的な棘皮動物），および脊索動物に属するホヤ（ascidian，より一般的には sea squirt として知られる）を通じて考えていく。この章で論じる動物種間の進化的な関係は，**図 1.11** に示されている。どの種も一般的な動物の発生プランに従っている。すなわち，卵割により胞胚（線虫では胞胚に相当する時期）がつくられ，続いて原腸形成が起きてボディプランが現れる。

今では古めかしく，流行遅れになってしまったが，いわゆる調節的（regulative）な発生とモザイク的（mosaic）な発生という区別がときおりなされる。前者は主に細胞間相互作用が関わり，後者は局在した細胞質因子と，それが**非対称細胞分裂（asymmetric cell division）**により分布することに基盤をおく（第 1.17 節参照）。線虫とホヤがモザイク的発生の多くの事例を示す一方で，ウニの発生は高度に調節的である。しかしながら，ほとんどの動物種の胚には両方のタイプの発生機構が共存している。

線虫とホヤの特徴の1つは，細胞運命がしばしば一個一個の細胞に対して指定されることである。これはモザイク型発生の典型的な性質であり，一般的にはモルフォゲンの濃度勾配による位置情報に依存しない。このことは，ショウジョウバエ，脊椎動物，およびウニで，細胞の発生運命が細胞集団単位で指定されることと対照的である。多くの無脊椎動物の初期胚は，ハエや脊椎動物よりも細胞数がはるかに少なく，発生の初期段階でそれぞれの細胞が特有のアイデンティティを獲得する。例えば，ショウジョウバエでは原腸形成が始まるときには何千もの細胞があるが，線虫ではたった28個しかない。一個一個の細胞に対して指定が行われる場合，非対称細胞分裂と細胞質因子の不均等な分布が利用されていることが多い。非対称分裂の結果できる娘細胞は多くの場合異なる発生運命をたどるが，それは細胞外からのシグナルの結果ではなく，ある因子が2つの娘細胞のあいだで不均等に存在しているためであることが多い。しかし，発生の早い時期での非対称分裂は，細胞間相互作用がないとか，重要でないということを意味するものではない。非対称分裂でできる2つの娘細胞の発生運命の違いが，細胞外因子や細胞シグナルによってもたらされることもある。

まずは，精力的に研究がなされ，鍵となる発生遺伝子やシグナル伝達経路が解明されている線虫，カエノラブディティス・エレガンス（*Caenorhabditis elegans*）から本章を始めよう。この動物では，指定の大部分が一個一個の細胞に対して起こる。それから，より脊椎動物に近い発生様式をとり，細胞間相互作用に大きく依存した調節的な胚のなかで細胞の集団がパターンをつくるウニについて学ぶ。最後にホヤについて，初期発生において局在する細胞質決定因子の役割に注目しながら述べる。

線虫

土壌に住む自由生活性の線形動物 *C. elegans* は，発生生物学の重要なモデル生物である（その生活環を**図 6.1** に示した）。遺伝学的な解析に適しており，細胞数が少なく，細胞系譜が定まっている。また，胚は透明で，一つ一つの細胞の形

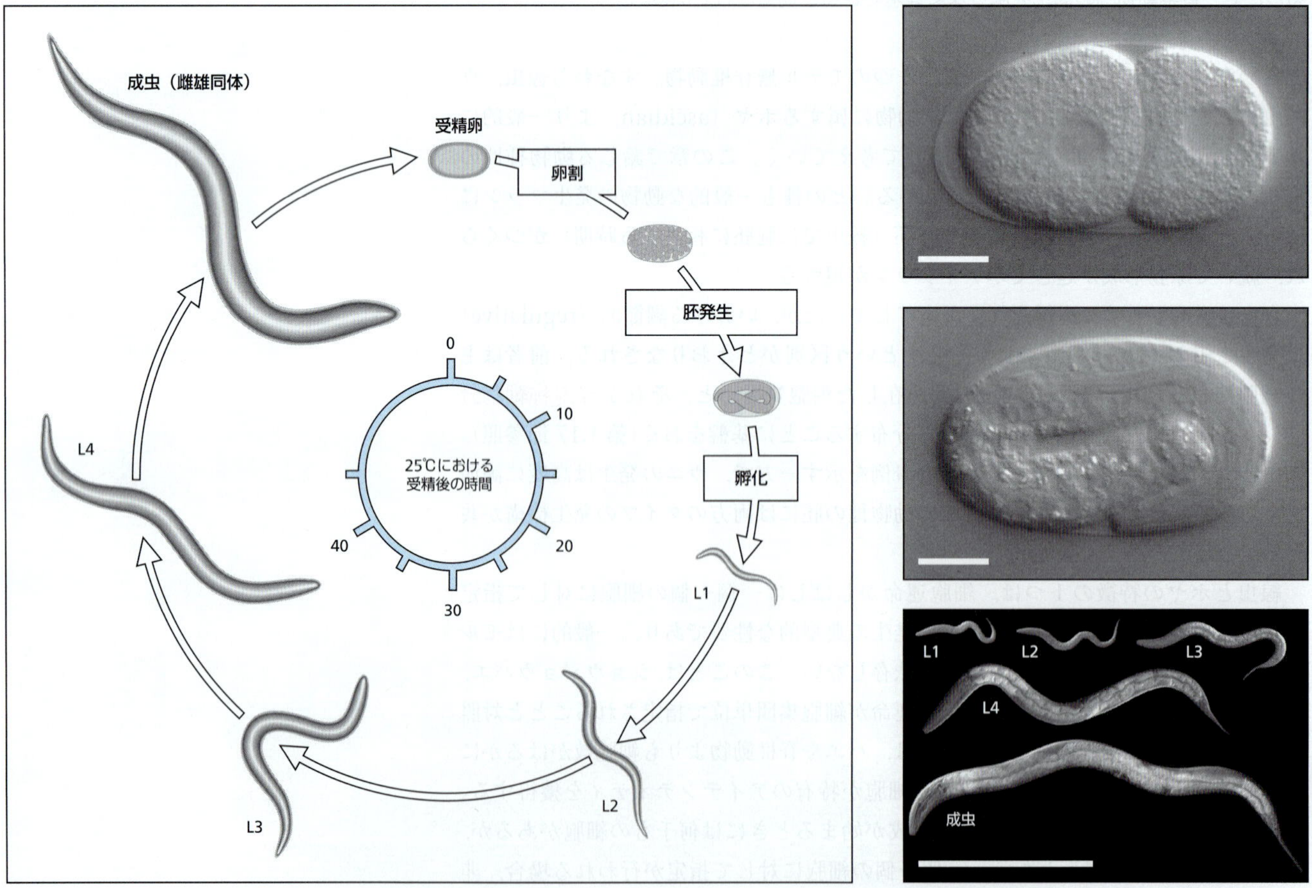

図 6.1 線虫 *Caenorhabditis elegans* の生活環

卵割と胚発生期に続き，4つの幼虫期（L1～L4まで）を経て，性的に成熟した成虫になる。*C. elegans* の成虫はほとんどの場合雌雄同体であるが，雄が出現することもある。写真は2細胞期（上，スケールバー＝10 μm）；原腸形成が完了し，将来の幼虫が丸まった状態の胚（中，スケールバー＝10 μm）；4つの幼虫期と成虫（下，スケールバー＝0.5 mm）。

写真は J. Ahringer 氏の厚意による

成過程が容易に観察できる。これらの利点に目をつけた Sydney Brenner は，*C. elegans* を，発生現象の背景にある遺伝的基盤の研究に用い始めた。Brenner と共同研究者の Robert Horvitz と John Sulston は，器官形成とアポトーシス――すなわち細胞の自殺――の遺伝学的な制御に関し，線虫を用いて数々の発見をしたことで，2002 年にノーベル生理学・医学賞を受賞した。

C. elegans のからだのつくりは単純で，成虫は体長 1 mm, 直径 70 μm 程度である。寒天培地の上で大量に育てることができ，初期幼虫期では，凍結保存してあとで蘇生させて使うことができる。*C. elegans* の成虫は，ほとんどすべての個体が**雌雄同体（hermaphrodite）**である。これらは本質的には雌であり，短い期間自身の精子をつくったあと，卵母細胞をつくるように転換する。この精子と卵は自家受精することができる。ほかに少数の雄が存在し，交配実験に利用することができる。胚発生のスピードは速く，20℃では 15 時間で幼虫の孵化に至る。一方で，幼虫期から成虫期までは 50 時間ほどかかる。

線虫の卵は透明な楕円形で，わずか 50 μm の長さである。受精後に極体が形成される。雄核と雌核が融合する前に，擬卵割（abortive cleavage[訳注1]）が見られるが，核が融合すると真の卵割が始まる（**図 6.2**）。第一卵割は不等割で，前方の AB 細胞と，後方にあってより小さい P_1 細胞に分裂する。第二卵割では，AB 細胞からは前方の ABa 細胞と後方の ABp 細胞が生じ，P_1 細胞からは P_2 細胞と EMS 細胞が生じる。このステージですでに体軸を認識することができ，P_2 が後方，ABp が背側となる。

訳注 1：細胞膜がくびれ，卵割に似た現象が起こる

2 つの AB 細胞と P_2 細胞はまた，極めて一定のパターンで分裂し，線虫のさまざまな組織を生み出す。原腸形成は 28 細胞期で始まり，E 細胞（EMS 細胞が分裂してできる）の子孫が内側へと動いていき，将来の腸をつくる。胚発生期にできたすべての細胞が生き残るわけではなく，プログラム細胞死，すなわちアポトーシスが特定の細胞で起きることが，線虫の発生の根幹をなす特徴である。

孵化した幼虫のからだのつくりは成熟した成体のものと概ね同じであるが（**図 6.3**），性的に未成熟で，生殖巣と付随した構造，例えば雌雄同体の生殖に不可欠な産卵口（陰門）を持っていない。後胚発生（post-embryonic development）は，脱皮期に隔てられた 4 つの幼虫期を経る。成虫で付け加わる細胞はほとんどが，体軸に沿って配置された芽球前駆細胞（P 細胞：precursor blast cell）に由来する。これらの芽球細胞の一つ一つが，1 回から 8 回の細胞分裂を経て，決まった細胞系譜をたどる。例えば産卵口は，P5，P6，P7 という芽球細胞に由来する。線虫の後胚発生は，幼虫の基本的なボディプランに成虫の構造を付け足していく過程である

図 6.2 *Caenorhabditis elegans* の卵割
受精後，精子と卵の前核が融合する。そして卵は前方に位置する大型の AB 細胞と，後方にあり小型の P_1 細胞へと分裂する。次の細胞分裂では，AB は ABa と ABp へ，P_1 は P_2 と EMS 細胞へと分裂する。各細胞が明確に定まったパターンで分裂し，特定の細胞種と組織を生み出す。原腸形成は 28 細胞期で始まる。この時期までに EMS 細胞のさらなる分裂によって，腸になる E 細胞（Ea と Ep）と，その他のさまざまな細胞種になる MS 細胞（図中には示されていない）がつくられる。
写真は J. Ahringer 氏の厚意による

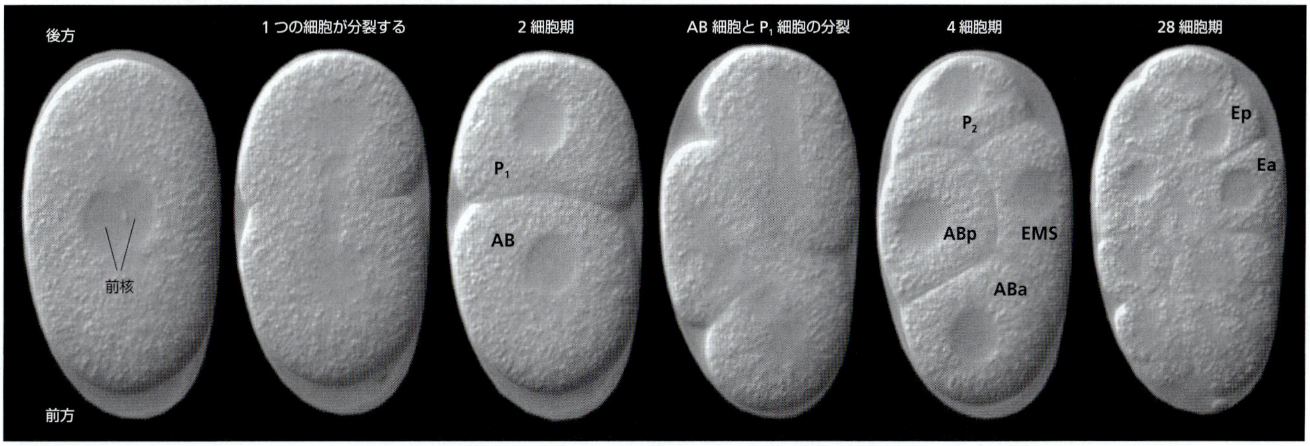

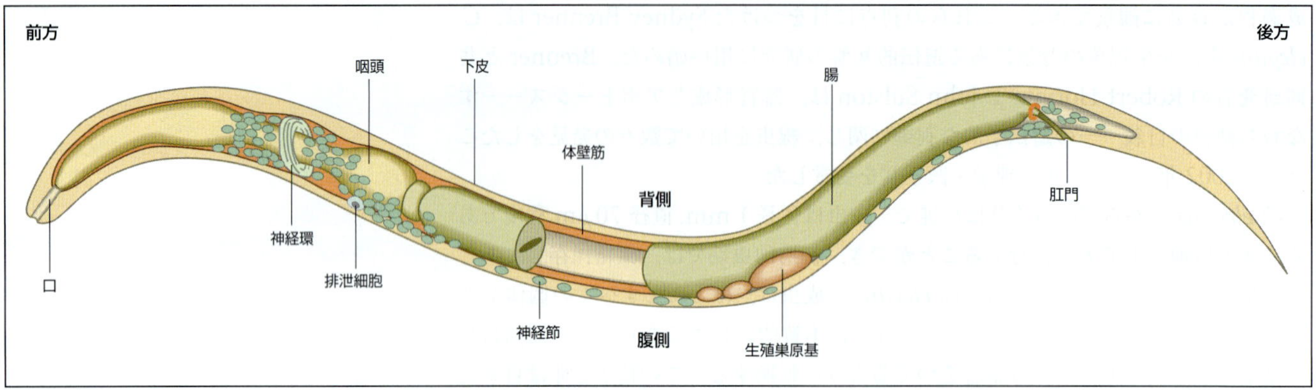

図 6.3 *Caenorhabditis elegans* の一齢幼虫（L1，受精後 20 時間）
産卵口は生殖巣原基からできる。

と言える。

線虫 *C. elegans* のすべての細胞の系譜が解明されたことは，ノマルスキー微分干渉顕微鏡を使って直接観察するという方法の大きな功績である。細胞分裂のパターンはほぼ一定であり，実際，胚ごとに同じである。孵化時の幼虫は 558 個の細胞からなり，4 回の脱皮期を経て，生殖細胞（数に個体差がある）を除き，細胞数は 959 個に増加する。これは卵に由来する総細胞数ではなく，発生の途中で 131 個の細胞がアポトーシス（第 10 章で詳しく記述する）のため死んでしまう。各ステージでのすべての細胞の発生運命が明らかなため，任意のステージの正確な予定運命図を描くことができる。このように緻密に決定された発生運命は，脊椎動物には見られないものである。しかし，予定運命図が非常に精密で個体差がないといっても，細胞系譜のみが発生運命を決めるとか，細胞の運命が不変であることを意味するものではない。これから示すように，線虫においては細胞間相互作用が細胞運命の決定に主要な役割を果たす。

C. elegans の全ゲノム配列はすでに解読されており，20,000 個程度の遺伝子を含むと考えられている。*C. elegans* には選択的 RNA スプライシングがあまり起きず，ほとんどの遺伝子はただ 1 つのタンパク質をコードしている。このことは，解剖学的には単純な線虫が，より複雑なショウジョウバエよりも多くの遺伝子を必要とすることの理由のようである。1700 個ほどの遺伝子が発生に影響を与えるものとして同定されているが，その 3 分の 2 は RNA 干渉（RNAi）（**Box 6A**）の技術により見つかったものである。線虫の発生遺伝子の多くがショウジョウバエをはじめとする他の動物での発生調節遺伝子に近縁であり，Hox 遺伝子（**Box 5E**, p. 207 参照），TGF-β ファミリー，Wnt ファミリー，Notch ファミリーのシグナルタンパク質（**Box 4A**, p. 140 参照），およびそれらの細胞内伝達経路に関わるものが含まれる。1 つの例外は Hedgehog シグナル伝達系（**図 2.40** 参照）であり，これは *Caenorhabditis* 属には存在しない。しかし，Hedgehog タンパク質に近縁であると思われるタンパク質は存在している。胚性ゲノム由来の遺伝子発現は 4 細胞期に始まるものの，28 細胞期に起こる原腸形成までは，母性ゲノム由来の因子がほとんどすべての発生現象を調節する。

6.1 *C. elegans* の前後軸は非対称細胞分裂によって決定される

線虫の第一卵割は非対称であり，受精卵が，前方の大きな AB 細胞と後方の小さな P_1 細胞に分割される。この非相称性が前後軸そのものであり，受精にあたって決定される。P_1 細胞はいわば幹細胞のような振る舞いをする。すなわち，P 型の細胞 1 個と，別の発生経路に使われるもう 1 個の娘細胞をつくり出すのである。

Box 6A アンチセンス RNA と RNA 干渉による遺伝子サイレンシング

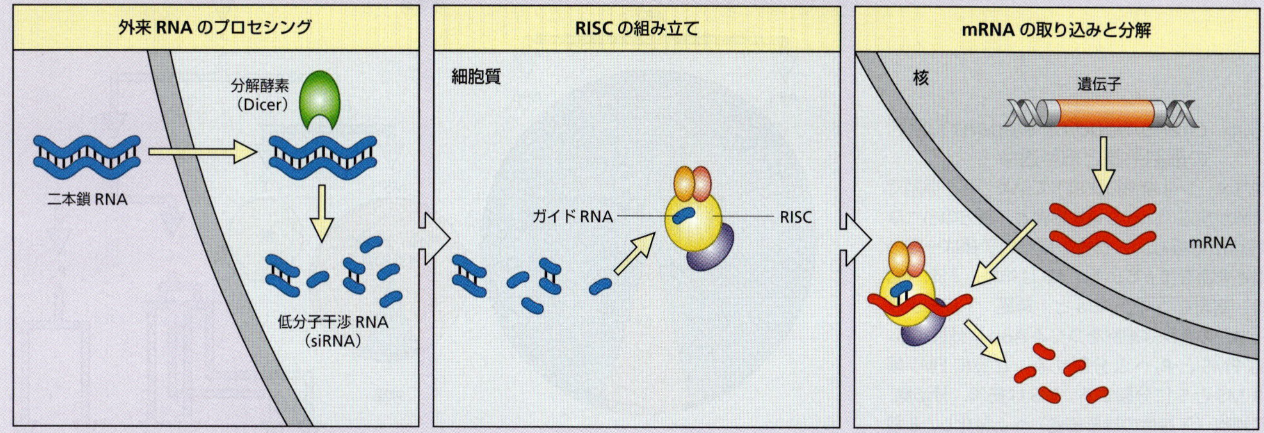

遺伝子ノックアウト技術では，ある遺伝子をコードするDNA を破壊することにより，遺伝子の機能を永久的に除去してしまう。遺伝子機能を取り除くもう 1 つの技術は，mRNA を破壊あるいは抑制するものである。遺伝子そのものは無傷で残るため，遺伝子阻害は理論的には可逆的であり，このタイプの機能喪失は一般的に**遺伝子サイレンシング（gene silencing）**として知られる。遺伝子サイレンシングの方法はすべて，標的とする mRNA に相補的な配列を持った RNA を胚や培養細胞に導入することによる。特殊な手法によって導入された RNA は，mRNA に結合して翻訳を阻害したり，ヌクレアーゼに働きかけて mRNA に結合させ分解したりする。

このような技術の中で最初に確立されたものは，短い人工の**アンチセンス RNA（antisense RNA）**を利用するものである。これらの合成 RNA には多くの場合，化学的な修飾が施されており（例，モルフォリノ RNA），細胞内での安定性が高められている。モルフォリノオリゴヌクレオチドは，特にウニ，アフリカツメガエル，ゼブラフィッシュなどで，特定の遺伝子発現を阻害するために広く使われている。

最近開発された遺伝子サイレンシング技術が **RNA 干渉（RNA interference：RNAi）**であり，植物から哺乳類に至る多細胞真核生物に内在的に存在する RNA 分解機構を利用している。この現象はトランスジェニック実験により，植物で初めて解明された。植物自身が持つ遺伝子のひとつに非常によく似た遺伝子を導入すると，導入した遺伝子も内在性の遺伝子も抑制されることが発見された。この抑制は mRNA のレベルで起こるらしく，mRNA は急速に分解される。現在，RNAi は，細胞質内の酵素である Dicer により，二本鎖 RNA が 21 ～ 23 塩基ほどの短い断片に分解されることによって起こることが知られる。この**低分子干渉 RNA（short interfering RNA：siRNA）**は一本鎖 RNA に分解され，ヌクレアーゼを含み RISC（RNA 誘導型サイレンシング複合体）として知られるタンパク質複合体に取り込まれる。RISC 内の RNA 結合要素はアルゴノート（Argonaute）と呼ばれるリボヌクレアーゼであり，哺乳類細胞中ではスライサー（Slicer）と呼ばれる。siRNA は“ガイド RNA”として，完全に相補的な配列を含む任意の mRNA を標的とするように RISC に働きかける。すると mRNA は RISC 内のヌクレアーゼに分解される（図を参照）。RNAi は *C. elegans* で特に効果的であり，容易に行うことができる。二本鎖 RNA を注入した成虫から生まれる胚では，注入された RNA に相補的な遺伝子が抑制される。成虫を適当な RNA 溶液に浸したり，二本鎖 RNA を発現する細菌を餌として与えることで RNAi を行うこともできる。細胞質 RNAi 機構の内在的な役割は，トランスポゾンやウイルスに対する防御である。というのもウイルス感染では多くの場合，複製の過程において二本鎖 RNA が産生されるからである。

植物，真菌類，線虫，ショウジョウバエ，および非哺乳類のほとんどの細胞での RNAi は，目的に合った二本鎖 RNA を導入し，その RNA が siRNA へとプロセシングを受けることによってなされる。しかし哺乳類細胞では，二本鎖 RNA は遺伝子サイレンシング効果を妨害する別の防御反応を引き起こすため，siRNA そのものを導入するか，siRNA が転写されるような人工 DNA コンストラクトを発現させることによって，RNAi が行われる。

最初の 3 回の分裂により，P 細胞の娘細胞は体細胞をつくるが，4 回目の分裂以降は生殖細胞のみをつくり出す（**図 6.4**）。AB 細胞が分裂すると前方と後方に娘細胞ができる。前方の娘細胞，すなわち ABa 細胞は，基本的に外胚葉性の組織，例えば表皮［線虫では下皮（hypodermis）と呼ばれる］と神経系，および咽頭の中胚葉の小さな部分をもたらす。後方の娘細胞，すなわち ABp も，神経と下皮，また

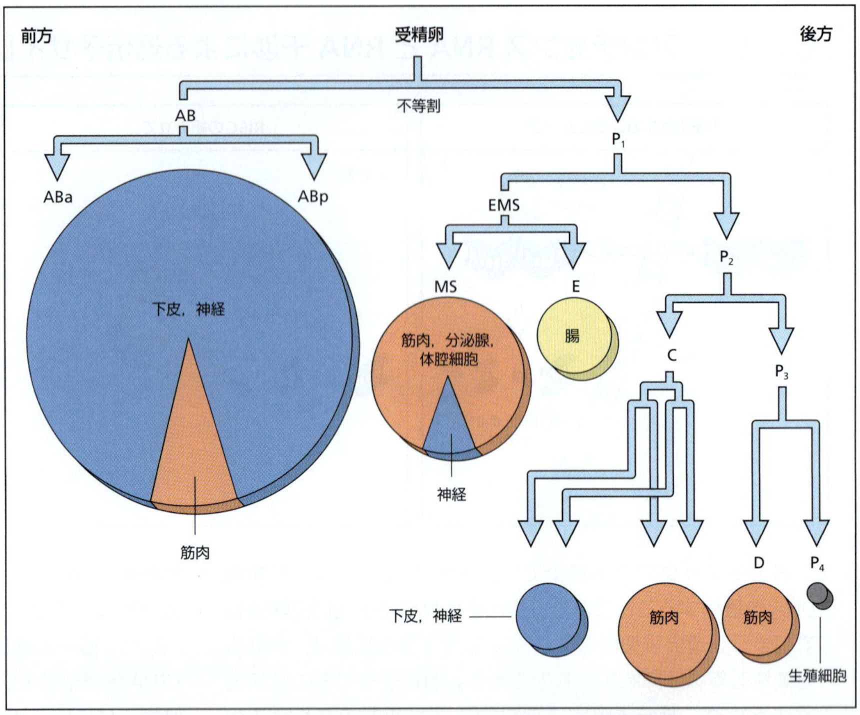

図 6.4 *Caenorhabditis elegans* 初期胚の細胞系譜と細胞運命

卵割パターンは厳密に決まっている。第一卵割で受精卵が前方の大きなAB細胞と，後方の小さな P_1 細胞に分裂し，これらの細胞の子孫は一定の系譜と運命を持っている。ABは神経，下皮，（咽頭の）筋肉をつくるABaと，神経，下皮およびいくつかの特殊な細胞をつくるABpに分裂する。P_1 はEMSと P_2 へと分裂する。さらにEMS細胞はMSとEに分裂する。MSは筋肉，分泌腺，体腔細胞（浮遊性の球形細胞）へと分化し，E細胞は腸に分化する。それ以降，P細胞は幹細胞のように分裂する。すなわち，各分裂でできる娘細胞のひとつ（CおよびD）はさまざまな組織へと分化し，もう1つの娘細胞（P_2 および P_3）は幹細胞としての振る舞いを続ける。その後，P_4 は生殖細胞をもたらす。

その他の特別な細胞をつくる。第二卵割で P_1 は非対称分裂して P_2 とEMS細胞になり，EMSは続けて分裂してMS細胞とE細胞になる。MS細胞は，からだの筋肉の大部分と，咽頭の後ろ半分をもたらす。一方E細胞は，中腸の内胚葉の20個の細胞の前駆細胞である。P_2 細胞は第三卵割でC細胞を生み出し，これは下皮と体壁筋になる。P細胞の第四卵割の産物であるD細胞は，筋肉のみをつくる。すべての細胞が個体差のないさらなる分裂を経て，受精100分後には原腸形成が始まる。

受精前の線虫の卵には非相称性が見られないが，精子の進入が卵の前後軸を規定し，第一卵割の位置と，将来の胚の前後軸を決定する。この卵割は不等割かつ非対称であり，前方に大きなAB細胞，後方に小さな P_1 細胞をつくる。受精卵内の非相称性は第一卵割より前に明瞭になる。前方にアクチンフィラメントのキャップができ，将来の後方には**P顆粒（P granule）**という，生殖細胞の発生に必須な母性RNAとタンパク質を含む細胞質顆粒が蓄積する（P顆粒は極性の決定因子ではなく，極性が生じた結果再配置されるのであり，単に極性の存在を反映しているだけである）。P顆粒は，分裂の結果できるP系列の娘細胞に受け継がれ，P_4 細胞に局在し，これは最終的には生殖細胞をもたらす（**図 6.5**）。

受精卵内の最初の極性化は，精子核が卵に持ち込む中心体に依存するようである。中心体，あるいは細胞中心は，微小管細胞骨格を束ねるそれ自身も微小管で構成された小さな構造で，体細胞分裂と減数分裂の際には2つに重複し，染色体の分配を

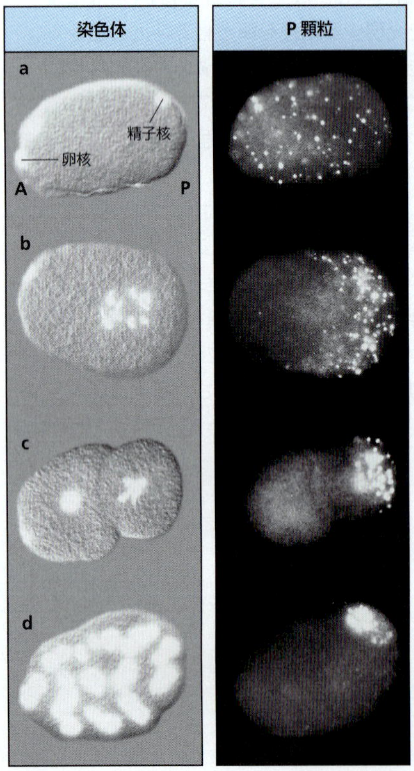

図 6.5 受精後のP顆粒の局在

C. elegans の受精卵において，精子の進入から26細胞期までのP顆粒の動きを示す。左のパネルでは染色体を可視化するために胚のDNAが染色されており，右のパネルではP顆粒が染色されている。(a) 受精卵。卵の核が前方，精子の核が後方にある。この時期にはP顆粒は卵全体に散在している。(b) 精子核と卵核の融合。P顆粒はすでに後極に移動している。(c) 2細胞期。P顆粒は後方の割球に局在している。(d) 26細胞期。P顆粒はすべて P_4 に存在しており，P_4 は生殖細胞だけをもたらす。
写真は W. Wood 氏の厚意により Strome, S. et al.: 1983 から

つかさどる微小管の紡錘体の両端の中核となる（体細胞分裂周期については **Box 1B**, p. 6 参照）。細胞膜の直下にある卵表層には，ミオシンモータータンパク質を伴った，密なアクチンフィラメントが存在し，アクトミオシンの高分子集合を形成している。受精の 30 分後には，中心体とアクチンネットワークの相互作用により，精子進入点とは反対向きに，ネットワークの非対称な収縮が起こる。これにより，接合体の将来の前端に向かう卵表層構成要素の流れと，将来の後端に向かう細胞質の流れが起こる。この運動により局在を起こす表層タンパク質には，**PAR（partitioning）タンパク質**という母性タンパク質群が含まれる。これらのタンパク質はもともと一様に存在しているが，表層運動のあとに前方と後方に濃縮され，初期胚の非対称分裂を制御する。

PAR タンパク質は非常に巧妙な方法で発見された。莫大な数の胚がスクリーニングされ，発生の非相称性に異常がある変異体が検出された。この方法では，*egl* という変異体が効果的に用いられた。*egl* 変異体では，受精卵が体外に放出されず，体内で幼生が孵化してしまい，親のからだを内側から食べてしまうために死に至る。発生が早い時期に停止する突然変異が加わると親が救済されることにより，母性因子である *par* 遺伝子群が発見された。

分割（partitioning）異常の変異体は，接合体を割球に分割する非対称分裂に異常が生じる。正常な分割パターンが適切に維持されないと，その後の発生に影響が生じる。*par* 遺伝子群はいくつかの異なるタイプのタンパク質をコードしており，そこにはプロテインキナーゼや細胞内シグナル伝達に関わるその他のタンパク質が含まれる。*C. elegans* の PAR に類似したタンパク質は線虫から哺乳類に至る動物に存在しており，さまざまな局面で細胞極性の確立と維持に関わっている。*C. elegans* の初期卵割において，PAR タンパク質の正常な局在は，紡錘体が正しい位置と向きに配置され，細胞内の決まった面で分裂が起きるために必須である。

精子進入の結果起こる表層流動とアクトミオシンネットワークの収縮が，PAR-3 と PAR-6 の前方への局在および，PAR-1 と PAR-2 の後方への局在をもたらす。この非対称な分布は，まだ完全には理解されていない仕組みによって，初めて形成される紡錘体を細胞の中心よりも後方に位置させ，第一卵割を不等割（異なる大きさの細胞をもたらす）かつ機能的に非対称（異なる発生決定因子を含む細胞をもたらす）なものにする。PAR タンパク質は，細胞内で紡錘体の両極を正しい位置に引き寄せる力の制御に関わっていると考えられている。最初の 2 回の卵割を制御するメカニズムは非常に複雑である。大規模な RNAi 実験により，線虫の遺伝子のうち 98% を個別に抑制して調べた結果，600 以上の遺伝子産物が最初の 2 つのステージに関わっていることが示されている。

6.2 *C. elegans* の背腹軸は細胞間相互作用によって決定される

線虫の細胞系譜は厳密に定まっているものの，背腹軸の指定には細胞間相互作用が関わっている。第二卵割の際に，将来の前方の ABa 細胞をガラス針で押して回転させると，AB 系列の娘細胞の前後軸に沿った向きが逆転するだけでなく，P_1 の卵割も影響を受け，P_1 の娘細胞である EMS の位置は AB 系列に対して逆転してしまう（**図 6.6**）。操作された胚は正常な形態に発生するが，卵殻のなかでの背腹軸が逆転した，いわば“逆さまな”状態になる。ABp が前方の細胞として，また ABa は後方の細胞として発生し，P_2 の極性は操作していない場合に対して逆になる。このことから，胚の極性はこのころまでに確立しているのではなく，これらの細胞の通常の発生運命は変更できることがわかる。つまり，これらの細胞運命は

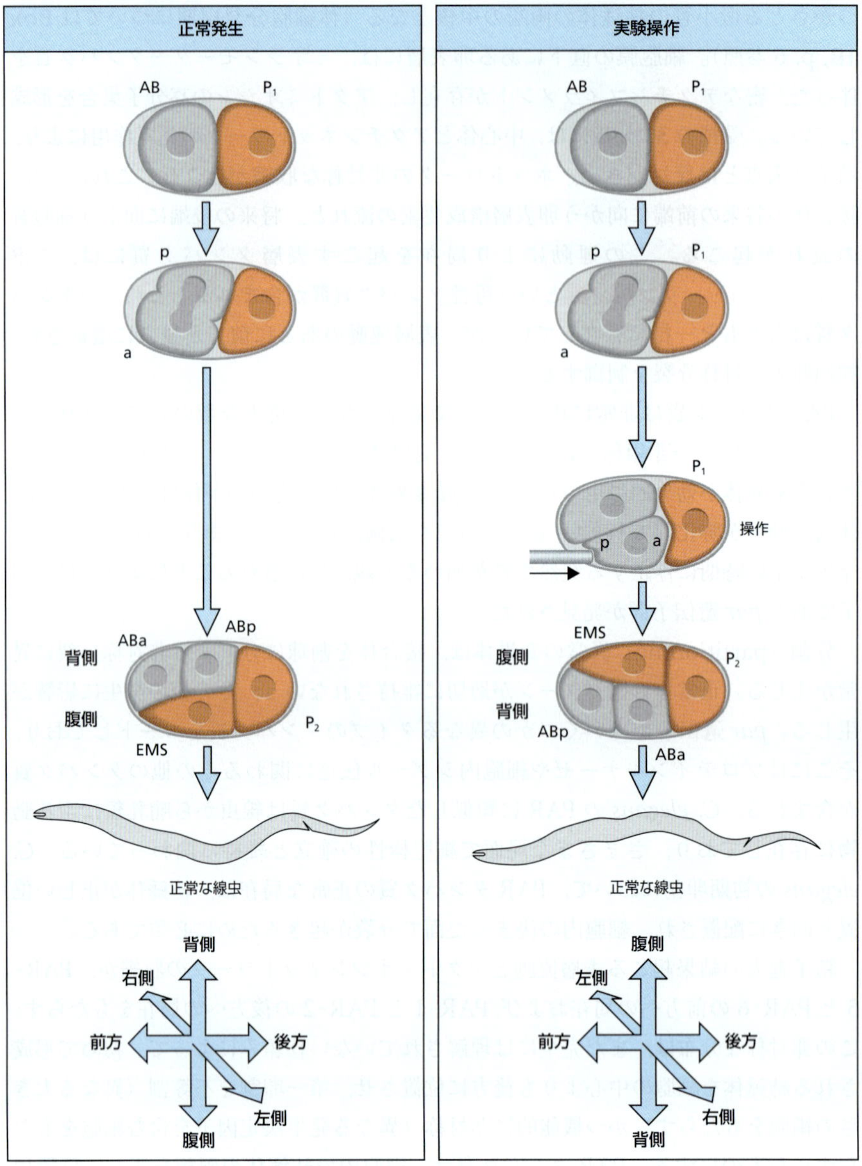

図 6.6 線虫の4細胞期における背腹軸の逆転

正常胚では，AB 割球は卵割の際に回転し，ABa 割球が前方となる。AB 細胞を人為的に逆向きに回転させると，ABp 細胞が前方となる。この操作により P_1 細胞も押しやられ，分裂後には娘細胞である EMS が AB 系列の割球に対して逆転する。その後の発生は正常に進むが，背腹軸が逆転する（線虫は卵殻のなかで「逆さまな」状態で発生する）。a および p は，胚操作に際して変化する AB 細胞の前後方向を示す。

Sulston, J. E., et al.: 1983 より

細胞間相互作用によって指定されると考えられる。また，左右軸は前後軸と背腹軸に対応して決まるのであるが，胚操作を行っても発生が正常に進むことから，左右軸もこのときまでに決まってはいないことがわかる。この後説明するように，実際もう少しあとのステージで胚操作を行うと，左右軸を逆転させることができる。

成虫の内部器官ははっきりした左右非相称性を示し，胚の左側と右側の形態形成は，他の多くの動物以上に明確に異なっている。細胞系譜が左側と右側で異なっているだけでなく，胚発生において，片側からもう片側へと移動する細胞群もある。左側と右側の概念は，前後軸と背腹軸が決定されて初めて意味を持つものである（第4.7節を参照）。*C. elegans* では左側と右側の決定は通常，第三卵割で起こり，このステージで操作を行うと左右を逆転させることができる。第三卵割では，ABa および ABp のそれぞれが分裂して，左右に配置される2つの娘細胞になる（例えば ABa は，ABal と ABar へと分裂する）。しかしその分裂面はわずかに非対称であり，左の娘細胞のほうが右の娘細胞よりもほんの少し前方に位置する。この分裂の間に，ガラス棒を使って細胞を操作すれば，正常とは逆に，右の細胞が少し前方

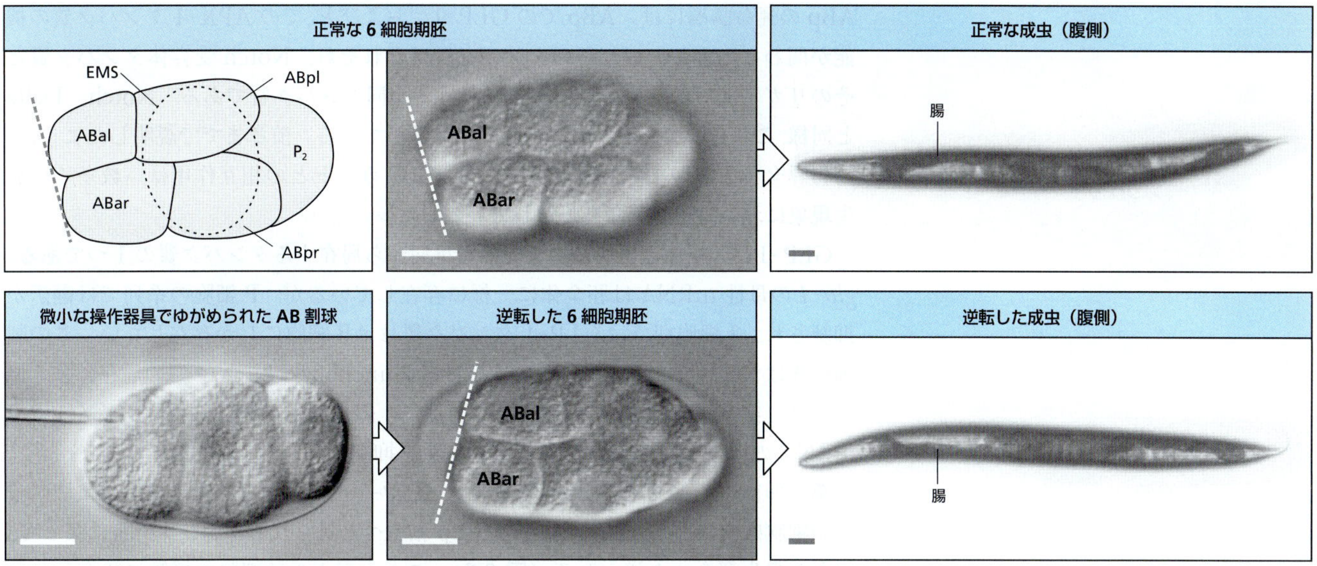

図 6.7 ***Caenorhabditis elegans*** **における左右非相称性の逆転**
正常胚の 6 細胞期では，左側の AB 割球（ABal）が右側の割球よりもわずかに前方にある（左上のパネル，スケールバー＝10 μm）。右側の AB 細胞（ABar）がより前方になるように胚操作を行うと，左右軸が逆になった線虫へと発生する（左下のパネル。スケールバー＝10 μm）。右のパネルは正常な成虫と，胚操作の結果左右軸が逆転した成虫を示す。スケールバー＝50 μm。
写真は W. Wood 氏の厚意により Wood, W. B.: 1991 から

になるようにすることができる（**図 6.7**）。このわずかな操作によって，動物のからだの左右非相称性を逆転させることができるのである。

左右非相称性を指定する分子メカニズムは未解明であるが，母性遺伝子 *gpa-16* の変異により，紡錘体の向きがほぼランダムになることがわかっている。*gpa-16* の温度感受性変異体に対し，最初の 2 回の分裂は正常になるように温度を上げるという実験により，第三卵割が左右非相称性を決めるポイントになっていることが突き止められた。性成熟まで生き延びることができた変異体は左右非相称性が 50% 程度で逆転していて，この現象は，第三卵割での紡錘体の軸が 90° 傾いていることにさかのぼることができる。死んでしまう胚は，第三卵割での紡錘体の軸が完全に異常な向きになっている。GPA-16 タンパク質は G タンパク質の α サブユニットで，他のタンパク質とともに，中心体，ひいては紡錘体の位置決定に関わっている。

非対称分裂以外にも，機能的な非相称性を生み出すメカニズムは存在する。例えば，線虫の発生のより遅い時期には，左側と右側に 1 つずつある味覚受容体に機能的な違いが現れる。それぞれの味覚受容体に異なる化学受容体が発現するが，この非対称な遺伝子発現は，microRNA の 1 つである *lsy-6* によって調節されている。

6.3 線虫の初期胚においては，非対称分裂と細胞間相互作用の両方によって細胞運命が指定される

線虫の細胞系譜には個体差がないが，これまでに述べた実験的な証拠から，細胞間相互作用が，非常に早い時期の細胞運命の指定には不可欠であることがわかる。そうでなければ，ABa と ABp がまさに形成されようとしている時期に胚操作を加えて逆転させた場合に，正常な線虫のからだがつくられるはずがない（**図 6.7** 参照）。ABa と ABp はもともと等価であり，その後の発生運命は隣接する他の細胞との細胞間相互作用で指定されるはずである。そのような相互作用は，第一卵割で P_1 細胞を取り除くと，通常 ABa に由来する咽頭の細胞が形成されないという実験結果などにより証明されている。

AB 割球由来の 2 つの細胞系列の非等価性をもたらす相互作用とは何だろうか。ABp 細胞が P_2 細胞との接触を妨げられた場合，この ABp 細胞は ABa 細胞として発生する。したがって，P_2 には ABp の運命を指定する機能がある。P_2 による

ABpの運命誘導には，ABpでのGLP-1，およびP_2でのAPX-1タンパク質の機能が関わっている。これらのタンパク質はそれぞれ，Notch受容体タンパク質とそのリガンドであるDeltaの線虫における相同タンパク質である。Notch，Deltaと同様，これらのタンパク質は細胞膜に付随している。前章までで説明したように，動物界全体において，Notchとさまざまなリガンドとの相互作用は，数多くの発生現象において細胞運命を規定している。

GLP-1は，線虫の発生において最も早期から局在するタンパク質の1つである。*glp-1*の母性mRNAは胚全体に一様に存在しているが，P細胞の系列では翻訳が抑制され，2細胞期ではGLP-1タンパク質はAB細胞にしか存在しない。この制御様式はショウジョウバエにおける母性のHunchbackタンパク質の局在によく似ており（第2.9節参照），その場合と同様に，線虫の他の母性タンパク質が*glp-1* mRNAの3′非翻訳領域に結合して，翻訳を抑制する。

第二卵割後，ABaとABpはどちらもGLP-1タンパク質を含んでいる。この2つの細胞は，4細胞期でP_2細胞からABp細胞へと送られる誘導シグナルによって，異なる発生運命へと導かれる（**図6.8**）。このシグナルは細胞の接触に依存しており，P_2に産生されるAPX-1によって伝達される。APX-1はABpの細胞膜にあるGLP-1を活性化するリガンドとして機能する。この誘導の結果，ABaとABpは，後になってEMS系列の細胞から来るシグナルに異なった応答をするのである。

EMS細胞の娘細胞（MSとE）はそれぞれ，中胚葉と内胚葉になる（**図6.4**参照）。EMS細胞を中内胚葉の前駆細胞として指定することには，EMS細胞内で局在する母性の決定因子と，隣接するP_2細胞からのシグナルが関わっている（**図6.8**参照）。EMS細胞における中内胚葉の母性決定因子のひとつは転写因子SKN-1であり，これは*skin excess*（*skn-1*）遺伝子の産物である。*skn-1* mRNAは，2細胞期においては一様に存在しているが，SKN-1タンパク質はABよりもP_1細胞の核において，より高濃度で存在している。*skn-1*の機能を失わせるような母性変異体では，EMS割球が中外胚葉の発生運命をたどるようになる。すなわち，EMSがその姉妹細胞であるP_2のような発生運命をたどり，中胚葉（体壁筋）および外胚葉（下皮，つまりskin excessという変異体名の由来）へと発生する（**図6.4**を参照）。一方で咽頭細胞は形成されず，ほとんどの変異体では内胚葉も形成されない。SKN-1は*med-1*および*med-2*という，胚性遺伝子の活性化を導くことで機能する。*med-1*，*med-2*はMS系列に必須な転写因子をコードし，他の母性の入力と協調してE細胞の運命決定にも寄与する。

EMS細胞からの内胚葉の形成も，誘導シグナルを必要とする。EMS細胞は，4細胞期の終わりごろに周囲の細胞からの影響から隔離されると，単独で腸の構造をつくり上げることができる。しかし4細胞期の初期に単離されると，腸をつくることはできない。4細胞期の初期にP_2細胞を取り除いた場合も腸が形成されないことから，腸の誘導シグナルを発しているのはP_2細胞であると考えられる。このことは，分離したEMSとP_2細胞を再び組合せると，内胚葉の発生が復活することから確認された（EMS細胞を4細胞期の他の細胞と組合せてもこのような効果はない）。P_2細胞からEMS細胞へのシグナルの実体はWntタンパク質（MOM-2）であり，EMS細胞の表面上に存在するFrizzled受容体（MOM-5）に結合し，接触が起こっている部分は将来の後方のE細胞に指定される。つまり，P_2からのシグナルは，胚の2つの相称性を破るのに役立っている。P_2は，ABpをABaと異なるものにし，EMSに極性を与えて，分裂によって後方のE細胞と前方のMS細胞が生み出されるようにしているのである。

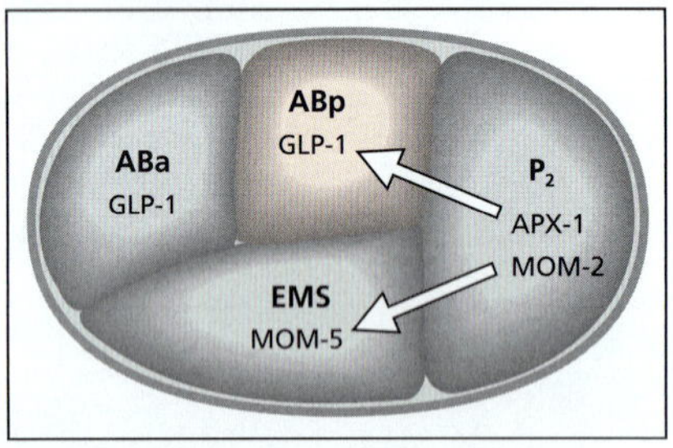

図6.8 P_2細胞は，前後極性と細胞運命を決定する誘導シグナル源である
ABpは隣接するP_2細胞からのシグナルを受けて，ABaとは異なる細胞になる。P_2からのシグナルの実体はDelta様タンパク質であるAPX-1であり，ABp細胞に発現するNotch様受容体，GLP-1に受容される。P_2はまた，Wnt様の誘導シグナルであるMOM-2をも発し，それはEMS上に発現しているFrizzled様受容体であるMOM-5に受容され，細胞の後方の違いをつくり出し，前方と後方の娘細胞の異なる運命を決定する。これらの細胞間相互作用は細胞同士の接触に依存する。

以上のような知見から，線虫の初期胚において，細胞間相互作用と細胞質内決定因子の組合せが，細胞運命を指定する様子が見えてくる。レーザーで個々の細胞を殺す実験を 32 細胞期，つまり原腸形成の始まりの時期に行うと，この時期までに多くの細胞系譜が決定されていることがわかる。この時期に破壊された細胞は，他の細胞に補償されないため，そこから派生すべき器官が欠失してしまうからである。しかし，細胞間相互作用はその後の時期に再び必要となり，細胞の最終的な分化を制御する。

線虫の細胞分化は，細胞分裂のパターンと密接に関連している。それぞれの割球が，独自の，ほとんど個体差のない分裂パターンで，前方と後方の娘細胞を生み出していく。細胞運命は，最後に分化する細胞が前方（a）の細胞に由来するか，後方（p）の細胞に由来するかで指定されるように見える。例えば MS 割球由来の系譜では，p-a-a-p-p という順序の系譜に由来する細胞はアポトーシスを起こす（**図 6.9**）。一方，p-a-a-p-a-a-a という系譜からできる細胞は，特定の咽頭細胞となる。細胞分裂のパターンと細胞分化の因果関係とはどのようなものなのだろうか。その答えは，転写制御因子であり母性タンパク質である POP-1 が，前方の細胞には後方の姉妹細胞よりも核内に多く存在していることにありそうである。例えば EMS 割球は，非対称分裂を経る結果，前方の娘細胞である MS 割球は後方の娘細胞である E 割球よりも核内の POP-1 の含有量が多い。POP-1 タンパク質が全く存在しない母性の *pop-1* 変異体では，前後の差異がないため，MS 細胞が E 細胞のような発生運命をたどる。

EMS の娘細胞において POP-1 が異なる濃度で存在することは，究極的には，EMS 細胞上にある Frizzled（MOM-5）受容体に対して，P_2 の Wnt シグナル（MOM-2）が働くことに起因する（**図 6.8** 参照）。*C. elegans* の POP-1 は，脊椎動物の転写因子 TCF の相同物である。“標準 Wnt 経路”では，Wnt シグナルを受けて β-catenin が核に移行し，TCF に働きかけて転写抑制型から転写促進型へと転換させる（**Box 1E**, p. 26 参照）。EMS の非対称分裂の場合では，Wnt シグナルは異なる細胞内伝達経路，すなわち“Wnt/β-catenin 非相称性経路”によって作用し，この経路はショウジョウバエや脊椎動物では見つかっていない。この経路はさらに 2 つの経路に分かれて線虫特異的な 2 つの β-catenin，つまり WRM-1 と SYS-1 の活性を独立に制御する。EMS の後端で受容された MOM-2 の Wnt シグナルは細胞に極性をもたらし，結果として，分裂後に生じる前方（MS）および後方（E）の娘細胞での経路を調節する細胞質因子の局在が起こる。この局在の結果，WRM-1 とプロテインキナーゼ（LIT-1）の複合体が E 細胞の核に蓄積し，POP-1 のリン酸化と核外輸送がおきる（**図 6.10**）。もう 1 つの β-catenin である SYS-1 も後方の核に蓄積するが，より少ない量の POP-1 のコアクチベーターとして働くことができ，内胚葉への運命指定を促す。一方 MS 細胞では，WRM-1–LIT-1 複合体が核外へと輸送され，高レベルの POP-1 を維持し，内胚葉への運命を抑制する。Wnt/β-catenin 非相称性経路は，線虫の発生において，さまざまな局面で異なる標的遺伝子の転写を制御し，前方／後方の細胞運命を制御する一般的なメカニズムであると考えられている。

80 細胞の原腸胚期において，線虫の予定運命図を構築することができる（**図 6.11**）。この時期には，咽頭などのように，異なる系譜に由来しつつ同じ器官の一部になる細胞が凝集する。腸は E 細胞の子孫のみからできる。凝集した細胞では，器官の性質を決める遺伝子がいよいよ発現できるようになる。例えば *pha-4* 遺伝子は，咽頭という器官のアイデンティティをもたらす遺伝子のようである。*pha-4*

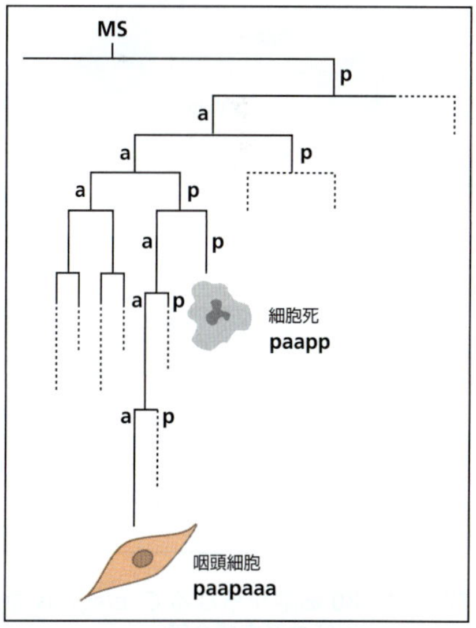

図 6.9　細胞運命は細胞分裂のパターンと連動している
この図は MS 割球によって生み出される細胞系譜を示している。MS は体壁筋と咽頭の中胚葉細胞になる。各分裂は前方（a）と後方（p）の細胞を生み出す。例えば paapp という系列は一貫して，プログラム細胞死を経てアポトーシスにより死に至る細胞をつくり出す。一方 paapaaa という系列は，ある特定の咽頭細胞をつくり出す。

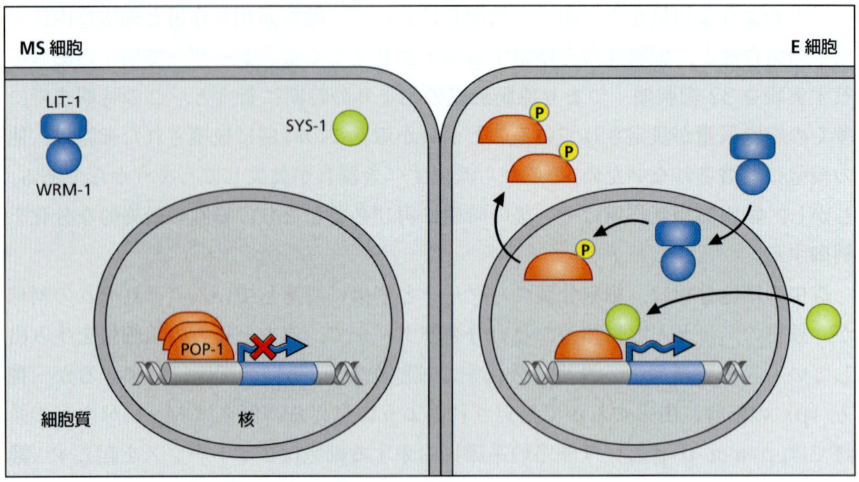

図 6.10 線虫の Wnt/β-catenin 非相称性経路は，MS 細胞と E 細胞での前後軸に沿った細胞運命を決定する

Wnt（MOM-2）シグナルはまず，EMS 細胞（図には示されていない）の後端で Frizzled 受容体（MOM-5）に受容される。EMS 細胞に前後の非相称性が誘導され，異なった娘細胞である MS（前方）および E（後方）細胞ができる。POP-1 は転写因子 TCF の線虫における相同物である。SYS-1 と WRM-1 は線虫のみに存在する β-catenin である。E 細胞では SYS-1 が安定化され，核内に蓄積する。さらに WRM-1 とプロテインキナーゼ LIT-1 の複合体も核内に蓄積し，POP-1 をリン酸化する。その結果 POP-1 は E 細胞の核外へ輸送され，SYS-1 がコアクチベーターとして機能できる量にまで減少する。これにより内胚葉の指定に関わる標的遺伝子の転写が活性化される。一方 MS 細胞では，SYS-1 と WRM-1-LIT-1 複合体はいずれも核には蓄積せず，POP-1 は高濃度で維持され，標的遺伝子は抑制されたままである。様々な伝達経路の構成因子間の相互作用については，現在も研究が行われている。

の変異により咽頭が欠失するが，正常な *pha-4* 遺伝子を胚のすべての細胞で発現させると，すべての細胞が咽頭のマーカーを発現するようになる。

6.4 *C. elegans* においては，Hox 遺伝子が前後軸に沿った位置アイデンティティを指定する

線虫のボディプランは脊椎動物やショウジョウバエのものと大きく異なっており，前後軸に沿った分節構造を持たない。それにもかかわらず，他の生物種と同様に，Hox 遺伝子がこの体軸に沿ったアイデンティティの指定に関与している。線虫は多数のホメオボックス遺伝子を持っているが，そのうちの 6 つだけが，ショウジョウバエや脊椎動物の Hox 遺伝子クラスターに含まれるもののオーソログである。そのうちの 4 つ（*lin-39*，*ceh-13*，*mab-5*，*egl-5*）は比較的近傍に位置しているが，残りの 2 つ（*php-3*，*nob-1*）は同じ染色体上にあるものの，かなり遠く離れている。線虫の異なる種間での比較により，*C. elegans* とそれに近い系統で，Hox 遺伝子の喪失が起こり，祖先型の Hox 遺伝子クラスターが撹乱されたことが示されている。

C. elegans の Hox 遺伝子のうち，胚前方の形成に不可欠な *ceh-13* のみが胚発生に必須であり，他の Hox 遺伝子は幼虫期での領域性の指定で役割を果たすようである。**図 6.12** の 3 つの Hox 遺伝子で示されるように，*ceh-13* は例外であるが，染色体上の遺伝子の並びは空間的な発現パターンと相関している。*lin-39* は，からだの中央部の細胞群の運命を制御しているとみられ，雌雄同体の産卵口の発生制御に関わることが知られる（本章で後述）。一方 *mab-5* はもう少し後方の領域の発生を制御し，*egl-5* は後方の構造のアイデンティティをもたらす。*php-3* と *nob-1* もやはり後方グループの遺伝子である。他の生物種の場合と同様に，Hox 遺伝

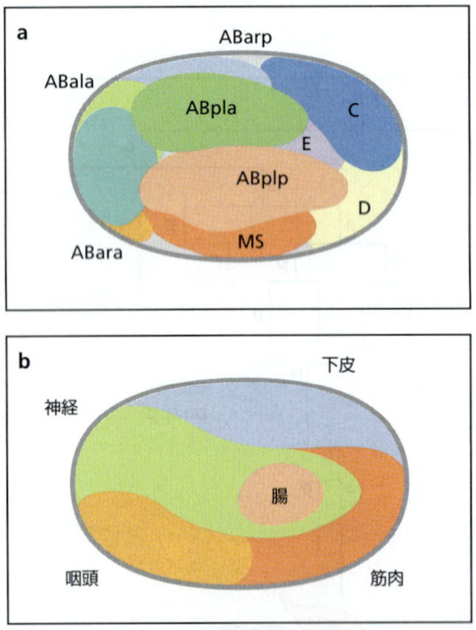

図 6.11 80 細胞からなる *C. elegans* 原腸胚の予定運命図

パネル（a）では，胚の領域が，由来する割球ごとに色分けされている。パネル（b）では，将来つくられる器官や組織ごとに色分けされている。発生のこの時期には，異なる系譜に由来しながら同じ組織や器官になる細胞が近傍に集まってくる。わかりやすくするために，図（a）には ABpra と ABprp が示されていない。パネルの左が胚の前方，パネルの下方が胚の腹側である。
Labouesse, M. and Mango, S. E.: 1999 より

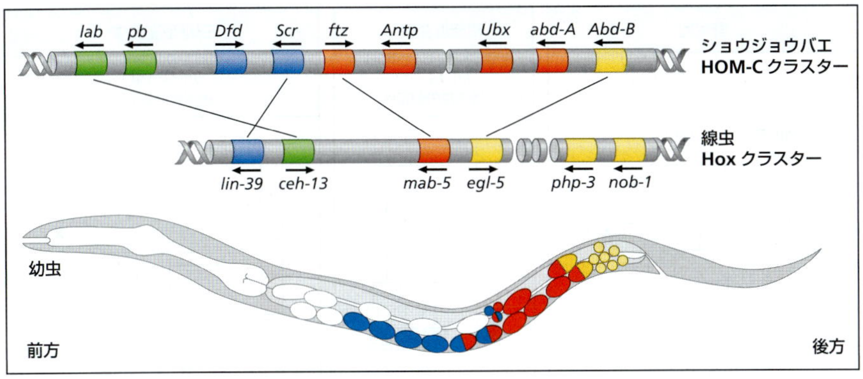

図 6.12 *C. elegans* の Hox 遺伝子クラスターとショウジョウバエの HOM-C クラスターとの関係

線虫は 6 つの Hox 遺伝子からなるクラスターを持っており，そのうち 4 つの遺伝子はハエの Hox 遺伝子に相同性を示す。線虫 Hox 遺伝子のうち 3 つの発現パターンを示す。

Bürglin, T.R., et al.:1993 より

子の変異は，からだのある部位の細胞に，他の部位に特徴的な細胞運命をもたらす。例えば *lin-39* の変異は，幼虫の中央部の細胞に，より前方あるいは後方の領域の運命をもたらす。

線虫の Hox 遺伝子の発現パターンに領域性があるにもかかわらず，このパターンは細胞系譜に依存するものではない可能性がある。例えば幼虫では，Hox 遺伝子 *mab-5* を発現する細胞はすべて同じ領域に生じるが（**図 6.12** 参照），細胞系譜とはほぼ無関係である。*mab-5* の発現は細胞外の位置シグナルによって起こるのである。

6.5 線虫の発生過程のタイミングは，miRNA の関わる遺伝子制御を受けている

線虫の胚発生は 558 細胞からなる幼虫をつくり上げ，4 つの幼虫期へと続き，そして成虫になる。線虫では発生過程におけるそれぞれの細胞が系譜と位置で同定できるため，特定の時間において各細胞の発生運命を制御する遺伝子も同定できる。このことから，*C. elegans* では，発生途上での各種タイミングを制御する遺伝子機構も簡単に研究することができる。発生プロセスの順序というのは発生学の中心的な研究課題であるが，各ステップがいつ起こるのかというのも大きな問題である。遺伝子は適切な場所で，適切な時間に発現しなければならない。線虫で研究が進んでいるタイミング調節の例は，*C. elegans* の 4 つの幼虫期での細胞分裂と分化の異なるパターンを生み出す機構である。この 4 つの幼虫期は，剛毛の形成を見ることで容易に識別することができる。

C. elegans の少数の遺伝子に起きる変異により，数多くの組織や細胞種における細胞分裂のタイミングが異常になる。発生現象の起こるタイミングを変えてしまうような変異を**異時性（heterochronic）**変異という。*C. elegans* で初めて発見された異時性に関わる遺伝子は，*lin-4* と *lin-14* である。これらを用いて，異時性という現象と，そこに miRNA による制御が関与することを説明しよう。いずれかの遺伝子が変異すると，発生の“遅延”や“早発”が引き起こされる。

lin-14 の変異によって起こる発生のタイミングの変化を，T 細胞系列に起こる異常で説明しよう（**図 6.13**）。野生型個体では，T.ap 細胞は，L1，L2 幼虫期での一定の分裂パターンによって，下皮の細胞，神経とその支持細胞になる。L3，L4 幼虫期では T 細胞の子孫の一部がさらに分裂し，成虫の他の構造をつくり出す。*lin-14* の機能喪失型の変異は，早熟な表現型をもたらす。例えば，L1 で見られる細胞分裂のパターンが失われ，後胚発生が通常なら L2 で見られる分裂パターンで始まる。逆に，*lin-14* の機能獲得型の変異体では，発生の遅延が起こる。後胚発

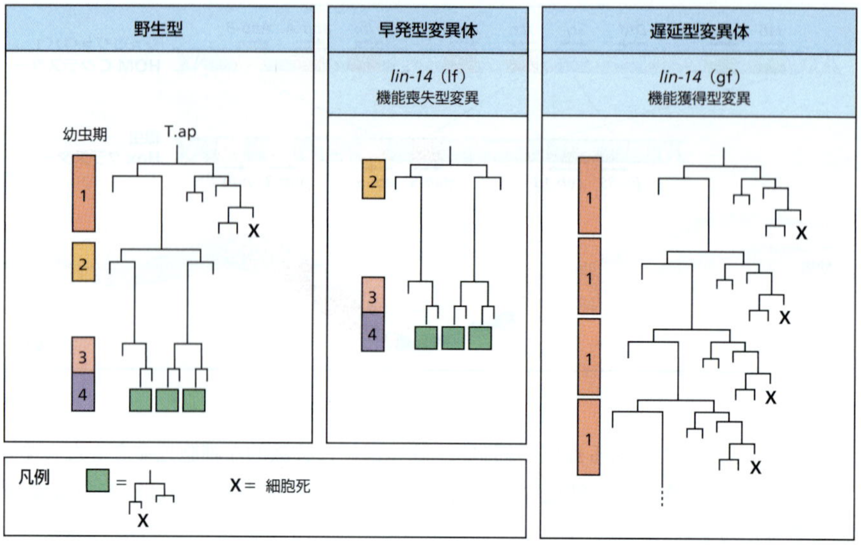

図 6.13 野生型および異時性変異型の *C. elegans* における細胞系譜のパターン

T芽細胞（T.ap）の系列は，4つの幼虫期を通じて持続する（左のパネル）。*lin-14* 遺伝子に変異が起きると，細胞分裂のタイミングが乱され，細胞系譜のパターンが変わってしまう。機能喪失型（lf）の変異により細胞系譜が早発的になり，早い時期の発生パターンが失われる（中央のパネル）。機能獲得型（gf）の変異では細胞系譜のパターンが遅延型になり，初期幼虫期のパターンが後期まで繰り返される（右のパネル）。

生は正常に始まるが，L1あるいはL2ステージの細胞分裂パターンが繰り返される。

発生過程の事象のタイミングを制御する遺伝子は，何らかの物質の濃度を調整し，時間とともに減少させることで機能していると考えられている（**図 6.14**）。時間的な濃度勾配は，空間的な濃度勾配がパターン形成を制御するのとほぼ同じような経路で，発生を制御するようである。LIN-14タンパク質の濃度が一齢幼虫期よりもその後の幼虫期で10倍程度低下することから，濃度に依存したタイミングの制御メカニズムが *C. elegans* では機能していると思われる。LIN-14タンパク質の濃度は発生時期ごとに異なり，高い濃度で発生初期の運命を，低い濃度でより後期の運命を指定しているようである。したがって，発生過程におけるLIN-14の減少が，細胞活性の精密な時間的順序の基盤となっているのである。*lin-14* の機能獲得型の優性変異ではLIN-14タンパク質の量が高く保たれるので，細胞はあたかも初期幼虫期にあるかのように振る舞い続ける。逆に，機能喪失型の変異ではLIN-14の濃度が異常に低いため，幼虫はまるで後期幼虫期にあるかのように振る舞う。

C. elegans の発生のタイミングは，miRNAによって遺伝子発現が制御されることが見いだされた最も初期の例の1つである（**Box 6B**）。*lin-14* の発現は，転写後レベルで *lin-4* に制御されている。*lin-4* は，*lin-14* mRNAの翻訳を抑制し，LIN-14のタンパク質濃度を抑制するmiRNAをコードしている。LIN-14そのものは転写因子であるが，その異時的な機能喪失型および機能獲得型の表現型を説明できるような標的遺伝子は同定されていない。*lin-4* の機能喪失型の変異が *lin-14* の機能獲得型の変異と同じ効果を持つことからわかるように，後期幼虫期に *lin-4* RNAの合成が増えることで，LIN-14の時間的な勾配がつくり出される。*lin-41* はタイミングに関わるもう1つの遺伝子で，翻訳を抑制するmiRNAである *let-7* によって，転写後の調節を受けている。

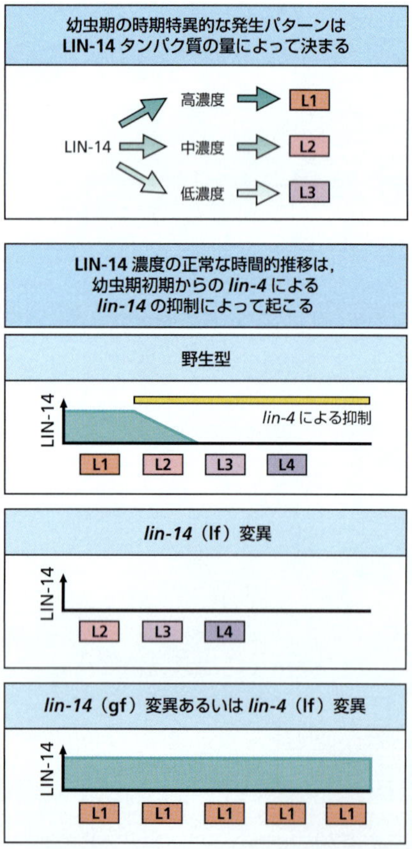

図 6.14 *C. elegans* 幼虫期における時間的な発生パターンの制御モデル

上パネル：幼虫期ごとの発生パターンは，LIN-14が時期に沿った勾配をなし，発生が進むにつれて減少することによって決定される。初期にみられる高い濃度により，**図 6.13** の左パネルに示したような正常な初期型のパターンが導かれる。後期に入ると，*lin-4* RNAにより *lin-14* mRNAの翻訳が阻害されることにより，LIN-14が減少する。下パネル：*lin-14* の機能喪失型変異（lf）により，一齢幼虫期（L1）が消滅する。一方，機能獲得型変異（gf）ではLIN-14が発生過程を通じて高濃度に保たれるため，細胞系譜が一齢幼虫期のまま繰り返される。また *lin-4* の機能喪失型変異でも *lin-14* の抑制が解除されるため，LIN-14の活性が高いまま保たれ，一齢幼虫期が繰り返される。

Box 6B　microRNA による遺伝子サイレンシング

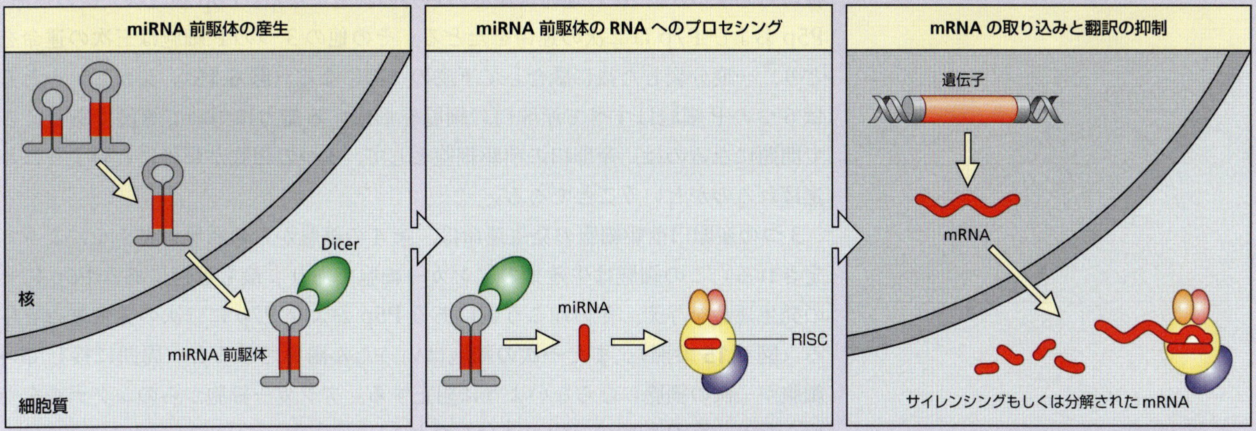

最近，マイクロ RNA（microRNA：miRNA）という，発生に関わる新しい遺伝子カテゴリーが注目されるようになった。microRNA は，タンパク質ではなく小さな RNA 分子をコードし，特定の mRNA が翻訳されないように作用することで遺伝子発現を制御する。生物がもともと持っているこの遺伝子サイレンシング機構は Box 6A（p. 231）で説明した低分子干渉 RNA（siRNA）によく似ており，生合成経路が部分的にオーバーラップしているものの，異なる現象であるらしい。miRNA は，*Caenorhabditis elegans* で初めて同定された。発生のタイミングを制御する遺伝子，*let-7* および *lin-4* がそれである（本文を参照）。その他いくつかの線虫の miRNA，そして細胞死を抑制するショウジョウバエの miRNA である *bantam* について発生過程での機能が知られている。さらに現在では，ヒトの多くの遺伝子が miRNA をコードすることがわかっており，癌形成におけるヒトの miRNA の制御機能も解明されつつある。

miRNA の一次転写産物は数百塩基の長さがあり，成熟型 miRNA の反対の繰り返し配列を含む。核内で最初のプロセシングを受けた後，転写産物は二本鎖の RNA ヘアピン構造である miRNA 前駆体（pre-miRNA）に折り畳まれ，細胞質へと運ばれる（図を参照）。そして Dicer 酵素による切断が起き，22 塩基程度の短い一本鎖 RNA がつくられる。RNA 干渉の場合と同様に，miRNA はガイド RNA として RNA 誘導型サイレンシング複合体（RISC）（Box 6A, p. 231 参照）に取り込まれ，RISC は特定の mRNA を阻害する。siRNA と異なり，動物の miRNA は一般的に標的 mRNA に完全に相補的ではなく，ミスマッチな塩基を数個含んでいる。タンパク質複合体は mRNA に一度結合すると，mRNA を不活性化し翻訳を阻害する。阻害された mRNA は分解の経路に向かう。miRNA は遺伝子の転写を阻害する場合もある。

その他に知られている小さなノンコーディング RNA のなかには，染色体に物理的に結合して発現を抑制するなど，miRNA とは異なる手段で遺伝子発現を制御するものが知られている。一例として *Xist* という RNA があり，哺乳類の X 染色体の不活性化に関わっている。これについては第 9 章で議論する。

6.6　産卵口形成は 1 個の細胞からの短距離シグナルにより，少数の細胞が誘導されることによって始まる

産卵口は雌雄同体の成虫の外性器であり，子宮につながる。産卵口はごく少数の細胞が指定されて発生する構造の代表例であり，誘導する細胞 1 個，応答する細胞 3 個という合計わずか 4 個の細胞から出発する。これまで議論してきた線虫の他の発生現象と異なり，産卵口は最終の幼虫期に形成される構造である。成熟した産卵口はいくつかの細胞種からなる 22 個の細胞を含み，40 個以上の遺伝子がその発生に関わっている。産卵口は AB 割球に由来する外胚葉細胞から生じる。これらの前駆細胞のうち 6 つ［P 細胞，初期胚での P（posterior）細胞と混同してはならない］は幼虫の腹側で前後に並んだ列として維持される。P 細胞のうちの 3 つの娘細胞（P5p，P6p，P7p という）が厳密に決まった系譜に従って，産卵口を形成する。P 細胞系列の残りの腹側外胚葉細胞の発生運命は融合して下皮になることであるが，Hox 遺伝子 *lin-39* には 6 つの P 細胞が融合するのを阻止する機能がある。

産卵口の発生を議論する際には，慣例的に一次（1°），二次（2°），三次（3°）の3つの異なる細胞運命が区別される。一次と二次の細胞運命は産卵口の異なる細胞種に対応するが，三次の運命は産卵口以外の細胞になる。P6p細胞は一次の運命を，P5pおよびP7pは二次の運命をたどる。その他の3つのP細胞は三次の運命をたどり，一度分裂した後に融合して下皮の一部になる（**図 6.15**）。しかし，もともとは6つのP細胞はすべて産卵口の細胞を形成する能力について等価である。ここで問題になるのは，産卵口の前駆細胞として，3つの細胞が最後にどのようにして選ばれるのかということである。

3つの産卵口前駆細胞の発生運命は，第4の細胞からの誘導シグナルによって指定される。この細胞は生殖巣のアンカー細胞であり，最も近傍にあるP6pに一次の発生運命を与え，その向こう側にあるP5pおよびP7pに二次の発生運命を与える（**図 6.15** 参照）。また一次の細胞はいったん誘導されると，周囲に接している細胞が一次の細胞にならないように阻止する。アンカー細胞からのシグナルを受け取らなかったP細胞は三次の運命をたどる。

誘導が起こったあとはP細胞の系譜は固定される。娘細胞の1つが破壊されても，他の細胞の運命が変わることはない。その後の発生過程でこれらの3つの細胞系列のあいだに相互作用が起きるという示唆はなく，おそらく細胞運命は非対称分裂によって決まっていくのであろう。3つの系列に由来する22個の細胞は，規則正しく分裂し，移動し，融合した結果，7つの同心円状のリングを形成し，このリングが重なり合って円錐形の産卵口の構造をつくり上げる（**図 6.16**）。

わずか3個のPp細胞はどのように指定され，中央の細胞がとる一次運命は，隣接する細胞の二次運命とどのように区別されるのだろうか？　6つのPp細胞はもともと等価であり，どれも産卵口の組織になることができる。鍵となる決定因子はアンカー細胞からもたらされる。アンカー細胞の重要な役割は，細胞破壊実験によって示されている。アンカー細胞がレーザー光照射によって破壊されると，産卵口は形成されないのである。

産卵口の誘導にはよく知られたシグナル伝達経路が関わっている。アンカー細胞のシグナルは*lin-3*遺伝子にコードされた分泌因子であり，他の動物種の増殖因子であるEGFの相同物である。*lin-3*の変異により，アンカー細胞を取り除いた場合と同じ発生異常が起き，産卵口が形成されない。この誘導シグナルの受容体は，EGF受容体（EGFR）ファミリーの膜貫通型チロシンキナーゼであり，これは*let-*

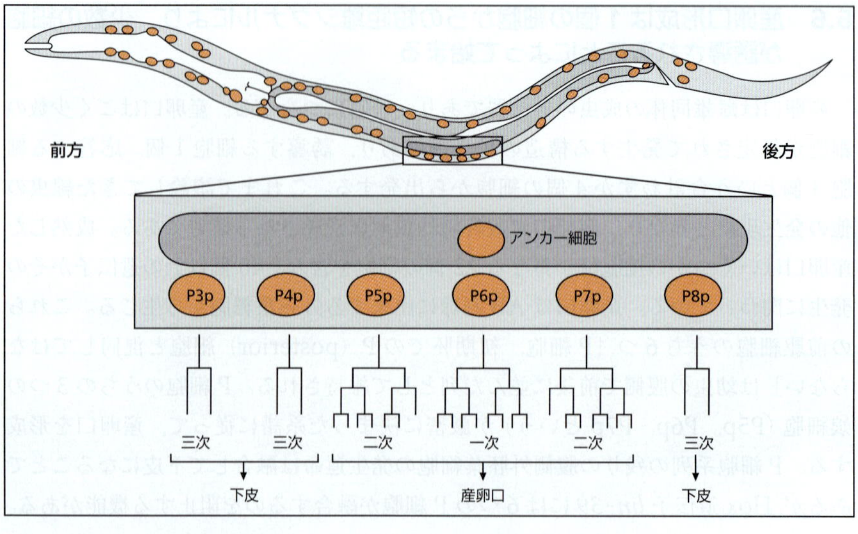

図 6.15　線虫の産卵口形成
産卵口は線虫の胚発生後のステージで，P5p，P6pおよびP7pという3つの前駆細胞から発生する。第4の細胞であるアンカー細胞からの誘導により，P6pは分化の一次経路を経て8つの産卵口細胞となる。P6pの両脇にはP5pとP7pがあり，これらは分化の二次経路を経て，異なるタイプの産卵口細胞となる。他の3つのP細胞は三次の運命をたどり，下皮となる。

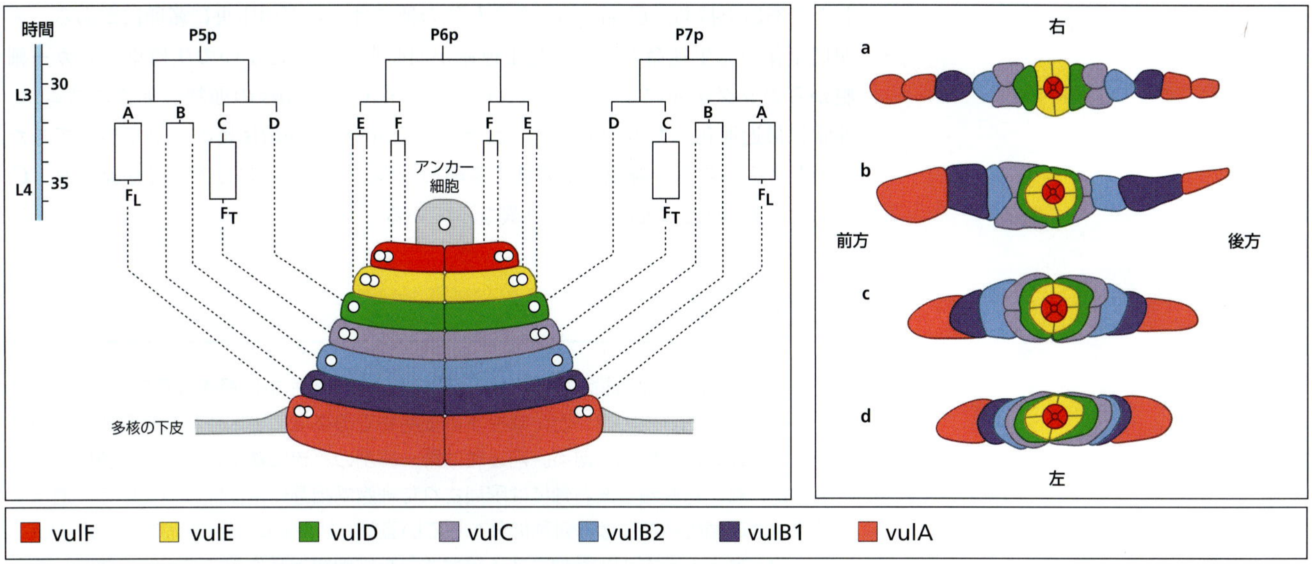

図 6.16　産卵口は前駆細胞の移動と融合により形成される
左のパネルは受精後 39 時間ごろの幼虫における産卵口の 7 つのリングを側方から見た模式図と，それらをもたらす細胞系譜を示す。A 細胞の娘細胞および，C 細胞の娘細胞は融合する。白丸は核を表す。より後期には，リング内でさらなる細胞融合が起こる。左の青い線は，時間と幼虫の発生段階を示す。右のパネルは発生中の産卵口を腹側から見た模式図である。a から d では，受精後 34 時間から 5 時間ほどの間に起こる形態形成を示している。細胞形態の変化と細胞融合が起こり，左パネルに示したような円錐型の構造ができる。

23 遺伝子にコードされている（**図 6.17**）。アンカー細胞からの誘導シグナルは，EGFR を介した細胞内シグナル伝達経路を活性化する。この活性化は P6p 細胞で最も強く，P5p，P7p でも検出可能である。この伝達経路の P6p 細胞における最も強い活性化が，P6p 細胞に一次の細胞運命を採用させるのである。すると P6p は側方シグナルを両隣の細胞へと送り，それらに一次の細胞運命をとらせず，二次の細胞運命を誘導する。このシグナルは Delta ファミリーの 3 つのタンパク質から成るが，これらは P5p，P7p の膜上にある Notch ファミリーの膜貫通型受容体である LIN-12 と相互作用する。*C. elegans* の第 3 の β-catenin（BAR-1）が機能する標準 Wnt シグナル伝達経路（**Box 1E**, p. 26 参照）が，このシグナルへの応答による細胞運命に関わっている。

線虫という大きな動物群のなかで進化的な多様化や収斂が起きた結果，産卵口の発生様式は，種間で大なり小なり差異がある。調べられたすべての種で産卵口は同じ形態を持ち，概ね同じ少数の P 細胞に由来するが，いくつかの種は後方に位置

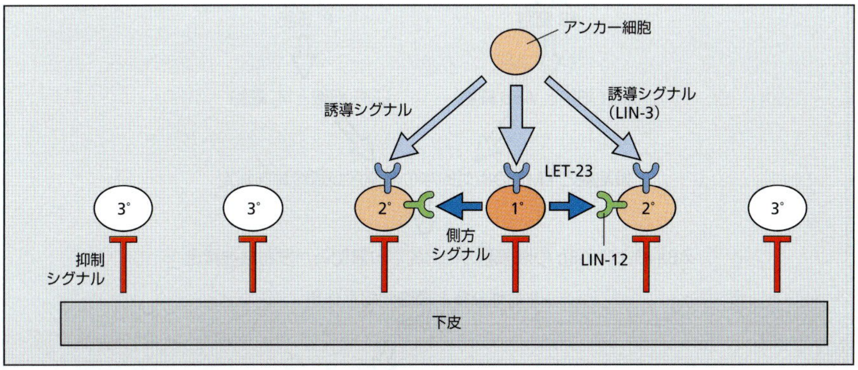

図 6.17　産卵口形成における細胞間相互作用
アンカー細胞は拡散性のシグナルである LIN-3 を産生し，これは LET-23 受容体に結合することで最も近傍にある前駆細胞に一次運命を誘導する。さらにアンカー細胞は，より低いシグナル強度によって，少し離れたところにある 2 つの P 細胞に二次運命を誘導する。一次運命に導かれた細胞は，LIN-12 の関わる側方抑制によって，近傍の細胞が同じ運命をたどらないようにすると同時に，二次運命を誘導する。下皮からの持続性シグナルは一次運命も二次運命も抑制するが，この抑制はアンカー細胞からの初期誘導シグナルを受容すると解除される。

した産卵口を持ち，*C. elegans* を含む他の種ではからだの中央に産卵口がある。産卵口全体の発生運命と一次の発生運命が同時期に，ただ1つの生殖巣アンカー細胞からのシグナルによって誘導されるという *C. elegans* の独特のメカニズムは，非常に最近進化したものであり，おそらく *Caenorhabditis* 属のなかで現れてきたものと考えられる。線虫の他の種の産卵口誘導メカニズムには多様性が見られ，*C. elegans* のものとは大なり小なり異なっている。

まとめ

線虫胚における細胞運命の指定は，卵割のパターンと密接に関連しており，母性に決定される細胞質内の違いと，隣接する細胞間での高度に限局された相互作用との絶妙な関連を示す好例である。前後軸は第一卵割のときに精子進入点の位置によって指定され，背腹軸と左右軸には限局された細胞間相互作用が関わっている。遺伝子産物は卵割の初期には非対称に分布しているが，初期胚の細胞運命の指定は Wnt や Delta-Notch シグナルが仲介する限局された細胞間相互作用に決定的に依存している。腸はただ1つの細胞に由来するが，その発生過程では隣接する細胞からの誘導シグナルが必要である。ホメオボックス遺伝子の小さなクラスターが，幼虫の前後軸に沿った位置アイデンティティをもたらす。幼虫での発生現象のタイミングは，複数の LIN タンパク質の量が変化することにより制御されている。LIN タンパク質は，miRNA による転写後の抑制の結果，時間の経過とともに減少する。成虫の産卵口の形成には精密に定められた細胞系譜と，EGF や Notch シグナルを伴う細胞間相互作用が関わっている。産卵口形成の詳細なメカニズムには，線虫の種間で多様性がある。

まとめ：線虫の初期発生；体軸の指定

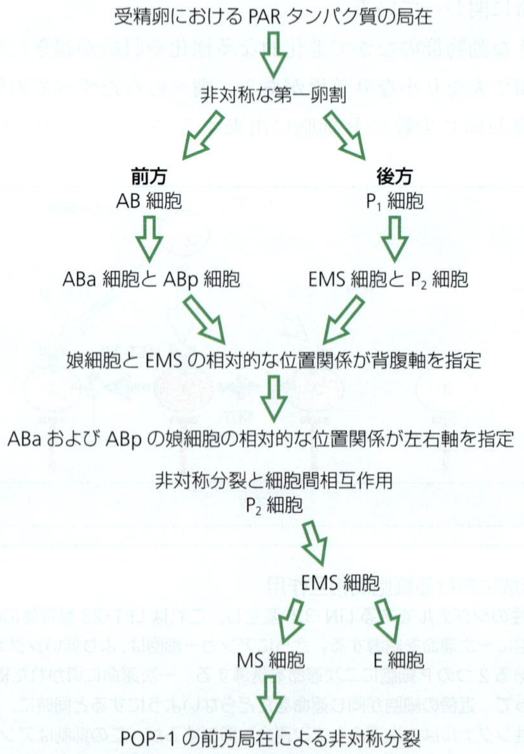

棘皮動物

棘皮動物にはウニとヒトデが含まれる。ウニ胚は透明で扱いが容易なので，発生システムのモデルとして古くから使われている。棘皮動物のもうひとつの有用な点は，無脊椎動物の主要なモデル生物であるショウジョウバエや線虫よりも，脊椎動物に近縁なことである。棘皮動物は，脊椎動物やホヤ類と同じく新口動物（deuterostome）であり，これら3つのグループははっきりとした基本的な発生上の特徴を共有している。新口動物は放射卵割を行う体腔動物であり，原腸形成における腸の陥入は肛門を形成し，口はこれとは独立に生じる。一方，旧口動物（protostome）に属する節足動物（ショウジョウバエが含まれる）や線虫では，胚の卵割は放射状ではなく，原腸形成時には最初に口を生じる。

過去しばらく棘皮動物は，旧来の遺伝学や，他の生物で大きな成功を収めてきたトランスジェニック技術による研究に向いていないために，発生学の一般的なモデルとしてはあまり注目されていなかった。しかし現在では，新しい遺伝学的技術が開発され，他の生物の遺伝子との相同性で遺伝子を同定できるようになったことから，ウニの発生の遺伝学的および分子的な基盤を研究することが可能である。アメリカムラサキウニ（*Strongylocentrotus purpuratus*）のゲノム配列が決定され，初期発生を支配する遺伝子制御ネットワークの全貌が明らかにされようとしている。

6.7 ウニ胚は自由遊泳性の幼生へと発生する

ウニの受精卵は二重の卵膜に包まれており，胚はその内側で胞胚期まで発生する。胞胚は卵膜から孵化し，原腸形成を経て，プルテウス（pluteus）と呼ばれる左右相称で自由遊泳性の幼生になる。プルテウスは最後に変態して，放射相称の成体になる（**図 6.18**）。ウニの変態は複雑で，その過程がよくわかっていないので，発生研究は胚から幼生への発生過程に限定されている。ウニ胚は古典的に調節発生のモデルと考えられ，胚の中の細胞の位置がその発生運命を決定するという，20 世紀初頭のドリーシュ（Driesch）の考えの基礎となった（第 1.3 節参照）。

ウニ卵は放射卵割により分裂する。はじめの 3 回の分裂は対称的だが，4 回目の分裂は非対称で，卵の 1 つの極，すなわち植物極に 4 つの小さい細胞を生じ，これにより卵の動物-植物極軸が明瞭になる。最初の 2 回の分裂は互いに直交し，動物-植物極軸を通る平面で卵を分割する（**図 6.19**）。一方，3 回目の分裂は赤道面を通り，胚を動物側半と植物側半に分ける。つぎの卵割では，動物極側の細胞はふたたび動物-植物極軸に平行な面で分裂するが，植物極側の細胞は非対称に分裂し，細胞質の約 95％を受け継ぐ 4 個の大割球（macromere）と，はるかに小さな 4 個の小割球（micromere）を生じる。5 回目の分裂で，小割球はふたたび非対称に分裂し，その結果，植物極に 4 個の小さい小割球が，その上に 4 個の大きめの小割球が位置する。さらに続く分裂により，繊毛を持ったおよそ 1000 個の細胞からなる 1 層の上皮が胞胚腔を取り囲んで，中空の球状の胞胚となる。

ウニ胚の原腸陥入（その仕組みについては第 8 章で詳細に考察）は，受精後約 10 時間に始まり，植物極領域から中胚葉と内胚葉が内部に移動する。アメリカムラサキウニでは，この最初のできごとは，植物極で約 32 個の一次間充織（中胚葉性）細胞が胞胚腔に入ることである（**図 6.19** 参照）。これらの細胞は胞胚の内壁に沿って移動して植物極領域に環を形成し，将来プルテウス幼生の内骨格となる石灰質の骨片を生じる。ついで内胚葉は，中胚葉性の二次間充織細胞とともに，植物極から

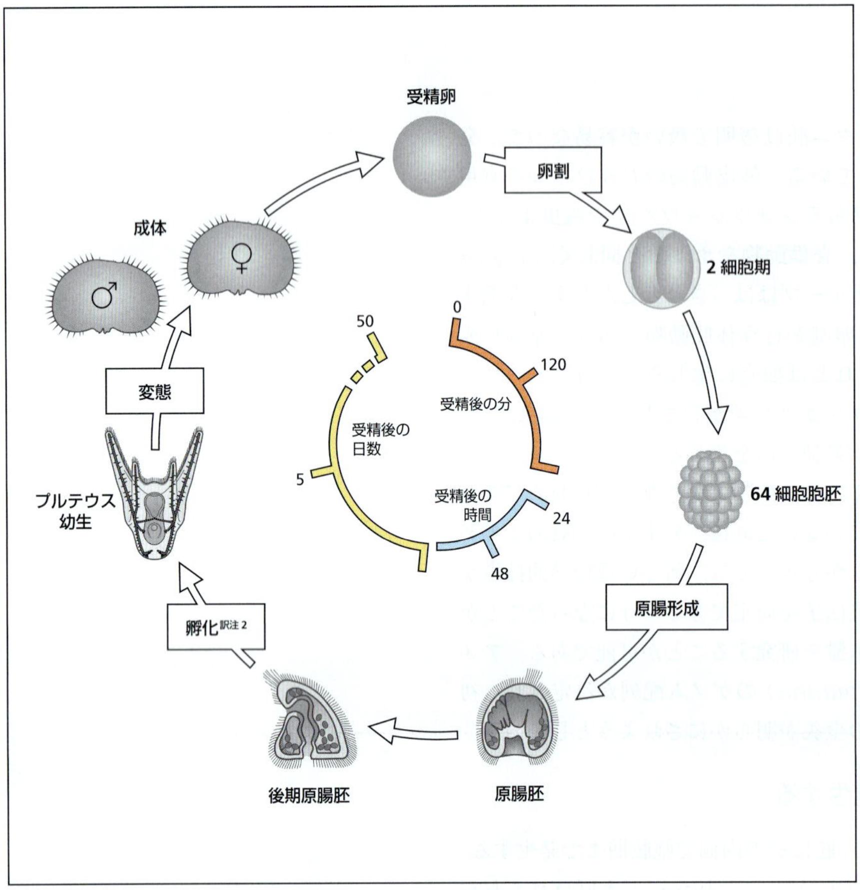

図 6.18 アメリカムラサキウニ（*Strongylocentrotus purpuratus*）の生活環

雌から放出された卵は雄由来の精子と体外受精し，胞胚へと発生する。卵割と原腸形成の後，胚はプルテウス幼生として孵化する[訳注2]。プルテウス幼生はその後，変態して，左右相称の成熟した成体になる。写真：胞胚（上段）；プルテウス幼生（中段）；成体（下段）。

上段と中段の写真は Jim Coffman 氏の厚意による。下段の写真は Oxford Scientific Films 提供

訳注 2：実際には，ウニ胚は原腸形成の前の胞胚期に孵化する

陥入（invaginate）し始める。陥入では，あたかも風船を一本の指で押し込んだときのように，1層の細胞シートが内部に向かって移動する。第8章で議論するように，ウニ胚における陥入は局所的な細胞の力によって駆動される。陥入した原腸は，最終的には胞胚腔をまっすぐ通り抜けて，腹側の将来口になる領域の小さな陥入部と融合する。これで口，腸，肛門が形成される。陥入している腸が口と融合する前に，陥入部の先端から二次間充織細胞がばらばらの細胞として出てきて，筋肉や色素細胞といった中胚葉を生じる。ついで胚は餌を食べるプルテウス幼生になる。

ここではまず，ウニの初期胚の2つの主要な体軸に沿った，最初のパターン形成に注目する。最終的にできあがる形がウニと脊椎動物ではまったく違うにもかかわらず，両者ではいくつかの同じ基本的発生機構や遺伝子回路が使われていることをみていく。ウニのプルテウス幼生は，その形態ゆえ，昆虫や脊椎動物の胚のような前後軸や背腹軸は持っていない。そのかわりに，ウニ胚で定義される2つの体軸は，**動物-植物極軸（animal-vegetal axis）**と**口-反口軸（oral-aboral axis）**である。口-反口軸は口の位置によって決まり，この体軸によって幼生の左右相称平面が定まる。動物極側-植物極側の非相称性は未受精卵においてすでに存在しているが，口-反口軸は受精と初期卵割の後に成立する。ウニはまた，原腸形成運動の単純なモデルや，受精の研究にも用いられている。これらの問題に関しては，そ

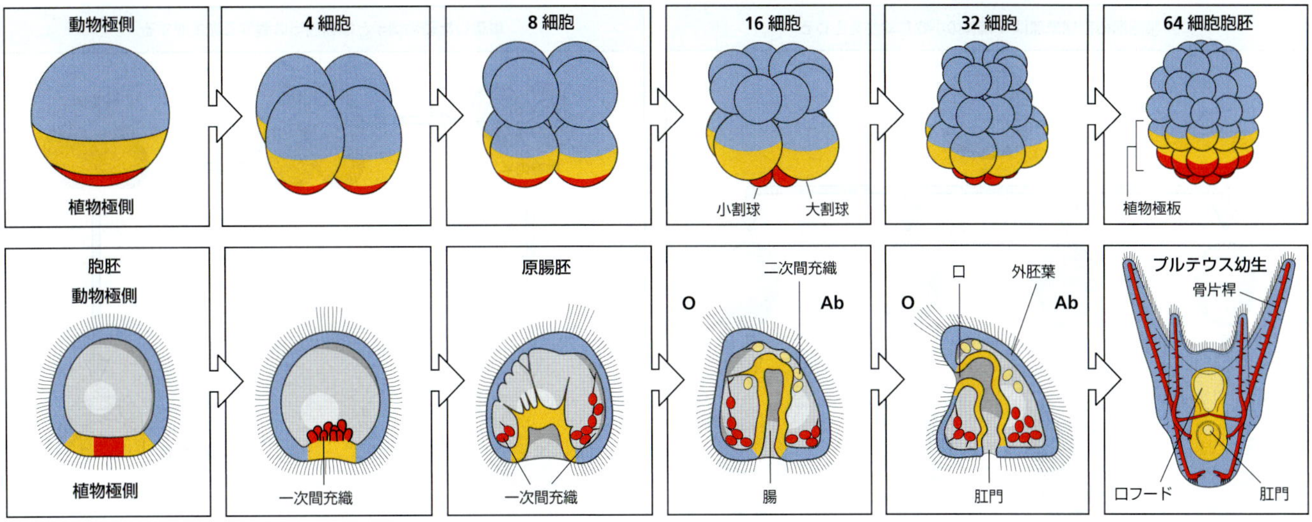

図 6.19　ウニ胚の発生
上段パネル：卵割から 64 細胞期までの外観。最初の 2 回の卵割は動物-植物極軸に沿って卵を分割する。予定外胚葉を青色，内胚葉を黄色，中胚葉を赤色で示した。2 色以上で色を付けた割球は，色で表されたすべての胚葉を生じる。第三卵割は胚を動物側半と植物側半に分ける。不等分裂である第四卵割では 4 個の小割球（赤）が植物極に形成される。この図では 2 個だけが見えている。第五卵割では小割球が再び非対称分裂し，4 個の小さい小割球と，その上に乗った 4 個の大きめの小割球を生じる。図ではその一部しか見えない。さらに卵割して，中空の胞胚が生じる。下段パネル：原腸形成とプルテウス幼生の発生。中空の胞胚以降の発生中の胚の動物-植物極軸を通る断面図を示す。原腸形成は，植物極から約 40 個の一次間充織細胞が胞胚の内側に入って始まる。原腸はこの部位から陥入し，胚の反対側から陥入する口と融合する。口は，将来プルテウス幼生の相称性の主軸となる口（O）-反口（Ab）軸の一方の端を定義する。陥入部の先端から二次間充織細胞が生じる。さらなる発生過程で一次間充織によって骨片桿が配置され，プルテウス幼生の 4 本の“腕”が伸びる。プルテウス幼生の図は口側から見たものである。口フード（oral hood）は口に向けて狭まり，食物を口の中へ運ぶ。

れぞれ，第 8 章，第 9 章で議論する。

6.8　ウニ卵は動物-植物極軸に沿って極性化している

ウニ卵は，卵巣のなかで卵が付着していた部位に関係すると思われる明瞭な動物-植物極性を持つ[訳注3]。卵の極性は，いくつかの種では動物極に細い管[訳注4]があることが目印となり，また他の種では植物極側に色素顆粒の帯が存在する。初期発生はこの卵軸と密接に関わっている。最初の 2 回の卵割面は常に動物-植物極軸と平行であり，不均等な第四卵割（**図 6.19** 参照）では小割球が植物極に形成される。小割球は一次間充織を生じるが，小割球と一次間充織はともに，卵の植物極に局在する細胞質因子によって最初に指定される。

ウニ卵の動物-植物極軸は安定で，ミトコンドリアや卵黄小板などの比較的大きな細胞小器官の再配置をもたらすような遠心分離によっても変えることはできない。単離した卵の一部も，もともとの極性を維持している。2 細胞期や 4 細胞期に単離された各々の割球が完全な動物-植物極軸を含み，ほぼ正常だが小さいプルテウス幼生に発生する（**図 6.20**，左パネル）。同様に，2 個の卵を動物-植物極を揃えて融合させて発生させると，巨大であることを除けば正常な幼生を生じる。

一方，8 細胞期に分離した動物側半と植物側半の発生には非常に大きな違いが見られる。単離された動物側半は，単に繊毛を持った外胚葉の中空の球になる。一方，植物側半は幼生となるが，形は様々だがたいてい植物側化する。つまり，大きな腸と，骨片，そして口領域を欠いた外胚葉を持つ（**図 6.20** 参照，右パネル）。しかしながら，第三卵割面が少し動物極側に寄った場合には，8 細胞期に単離した植物側半から正常なプルテウス幼生が生じることもある。

これらの観察はどれも，卵にはあらかじめ，動物-植物極軸に沿って動物極側あ

訳注 3：卵巣壁に付着している側が植物極に，その反対側が動物極になると考えられている

訳注 4：産卵直後の卵の動物極の外側にはゼリー層を欠いた部分があり，墨を含んだ海水に入れると，ろうと状の黒い部分 jelly canal として見ることができる

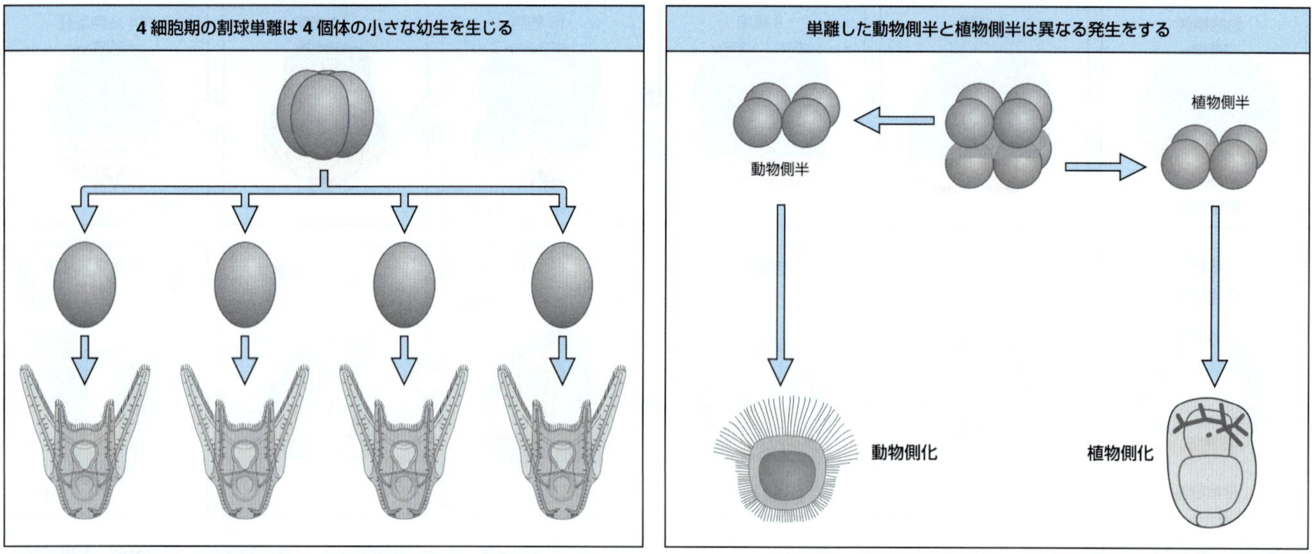

図 6.20 単離したウニの割球の発生
左パネル：4細胞期に割球を単離すると，各割球は小さいが正常な幼生に発生する。右パネル：8細胞期胚から単離した動物側半は繊毛を持った外胚葉の中空球を形成する。一方，単離した植物側半はたいてい大きな腸と骨格構造と未発達の外胚葉を持つ，かなり異常な胚に発生する。

るいは植物極側への発生運命の指定に必要な違いが決定されていることを示している。これにもかかわらず，ウニ胚には相当な調節能力が備わっていることも明らかであり，これは細胞間相互作用の存在を示している。

6.9 ウニの予定運命図は細かく指定されているが，かなりの調節も可能である

60細胞期には，動物-植物極軸に沿って5つの領域に区別することが可能であり，単純化した予定運命図を作成することができる（**図 6.21**）。この運命図は次の3つの細胞帯からなっている：(1) 植物極の大小の小割球で，中胚葉（骨格といくつかの成体の構造を形成する一次間充織）を生じる；(2) 植物極板で，内胚葉と中胚葉（筋肉と結合組織を形成する二次間充織）および外胚葉の一部を生じ，2列の細胞（Veg1，Veg2）からなる；(3) 胚の残りの部分で，外胚葉を生じ，さらに将来の口側と反口側に分けることができる。外胚葉からは，胚の外側の上皮と神経性の細胞が生じる。

細胞系譜のトレーサーとして生体染色色素を用い，卵割と細胞の発生運命のパターンが明らかにされてきた。卵割のパターンは個体差なく一定であることが示されている。しかしながら，線虫とは異なり，一定の卵割パターンは正常な発生とは無関係のようである。カバーガラスを使って初期胚を押しつぶして卵割のパターンを変えても，やはり正常な胚が発生してくる。このように，ほとんどの場合，不変一定の卵割パターンは細胞の発生運命の不変性を予測するものではない。胚は高度に調節的であり，系譜と細胞運命は切り離して考えることができる。とはいえ，調節能は均一に分布しているわけではない。例えば，いったん形成された小割球は発生運命が固定されていて，変えることはできない。小割球は一次間充織しかつくらず，たとえ胚の他の場所に移植しても，それ以外の発生運命が見られることはない。

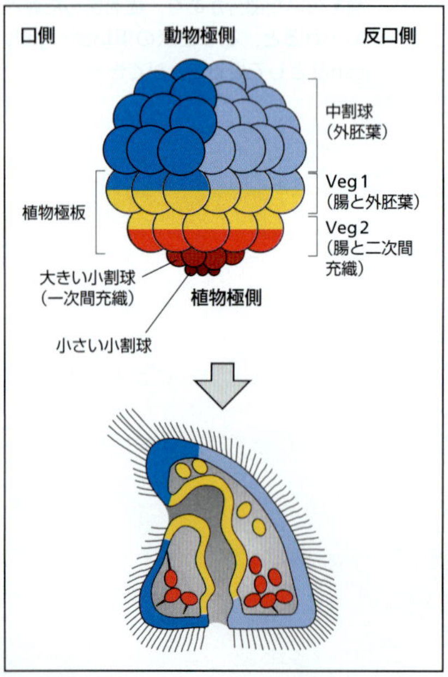

図 6.21 ウニ胚の予定運命図
細胞系譜解析により，60細胞期に4つの主要な領域が示されている。胚は動物-植物極軸に沿って3つの帯状の領域に分かれる。一次間充織を生じる小割球，内胚葉や二次間充織と少しの外胚葉を生じる植物極板，そして外胚葉を生じる中割球である。外胚葉は口側と反口側の領域に分けられる。予定中胚葉は赤で，予定内胚葉は黄で，予定神経組織は濃い青で，予定表皮は明るい青で示した。
Logan, C.Y. and McClay D.R.: 1997 より

植物極側の大割球の発生運命は，それが形成されたときにはまだ固定されていない。16 細胞期に標識した植物極側の大割球は，内胚葉，中胚葉，外胚葉を生じる。これらの大割球に由来する Veg2 細胞を 60 細胞期に標識すると，中胚葉（二次間充織）または内胚葉を生じるが，決して外胚葉を生じることはない。一方，60 細胞期に標識した Veg1 細胞は内胚葉と外胚葉を生じるが，中胚葉は生じない。このことは，内中胚葉の指定はこの段階までに起こるが，内胚葉と外胚葉の境界はまだ定まっていない，ということを示している。この境界はもう少し後につくられる。8 回目の卵割の後に単一の Veg1 由来細胞を標識すると，内胚葉性組織か外胚葉性組織のいずれかを生じるが，同時に両方を生じることはない。

ウニ胚のいくつかの領域は単離培養すると，ほぼ本来の発生運命にしたがって発生する。16 細胞期に単離した小割球は一次間充織細胞となり，骨片さえもつくることがある。単離した動物側半の予定外胚葉は，動物化した繊毛を持つ上皮の球を形成するが，口の形成を示す様子は見られない。これらの実験は，局在する細胞質因子が細胞の運命指定に関わっていることを示しているが，これですべてが説明できるわけではない。これらの実験は，正常な発生過程における誘導性の細胞間相互作用の役割について明らかにしていないからである。すでに，植物側半分がほとんど完全な胚をつくる能力があることを述べた。もう 1 つの劇的な調節の例は，8 細胞胚の半分の動物割球と植物割球を，他の胚の動物割球と組合せて発生させる実験である。この本来ありえない組合せは，完全に正常な胚を生じることができる。どうしてこのようなことが可能なのであろうか。それは，これからみていくように，植物極領域がオーガナイザーとしてはたらくためである。

6.10 ウニ胚の植物極領域はオーガナイザーとしてはたらく

ウニの初期胚の調節能力は主として植物極領域に生じ，両生類のシュペーマンオーガナイザー（**図 4.32** 参照）と同様に，ほとんど完全な体軸の形成を誘導することができる形成体のはたらきによるものである。この形成体はまず母性因子の活性によってつくられ，第四卵割で生じる小割球に局在するようになる。ここから出されるシグナルは，隣接する植物極側の大割球に対して**内中胚葉の（endomesodermal）**発生運命をとるように誘導する。内中胚葉は骨片，筋肉，および腸を生じる。このオーガナイザーからのシグナルは次に，内中胚葉を中胚葉あるいは内胚葉へとより細かく指定する一連の事象を開始させ，内胚葉と外胚葉の境界を定めるのを助ける。第四卵割のときに小割球を除去すると発生が異常になるが，その後 2 ～ 3 時間の細胞間接触を経た第六卵割のときに除去した場合には，原腸形成は遅れるものの正常な幼生へと発生できる。

オーガナイザーであることを示す顕著な証拠は，16 細胞胚から単離した小割球を，32 細胞胚から単離した動物側半と組合せる実験から得られた。この組合せは，ほぼ正常な幼生を生じることができる（**図 6.22**）。小割球は明らかに，動物側半の予定外胚葉細胞の一部に腸を形成するように導くことができ，外胚葉には正しくパターンがつくられる。小割球が持つオーガナイザー様の性質のさらなる証拠は，完全な 1 個体の胚にそれらを移植する実験から得られる。この実験では，移植された小割球は予定外胚葉にはたらいて内胚葉を誘導し，陥入してもう 1 つの腸をつくる。移植片が植物極領域に近づくほど陥入は大きくなるという証拠があり，小割球からのシグナルに応答する能力は，動物-植物極軸に沿って勾配をなすことを示している。

非常に初期の胚の調節能力は，小割球の欠如を補うことさえも可能である。第四

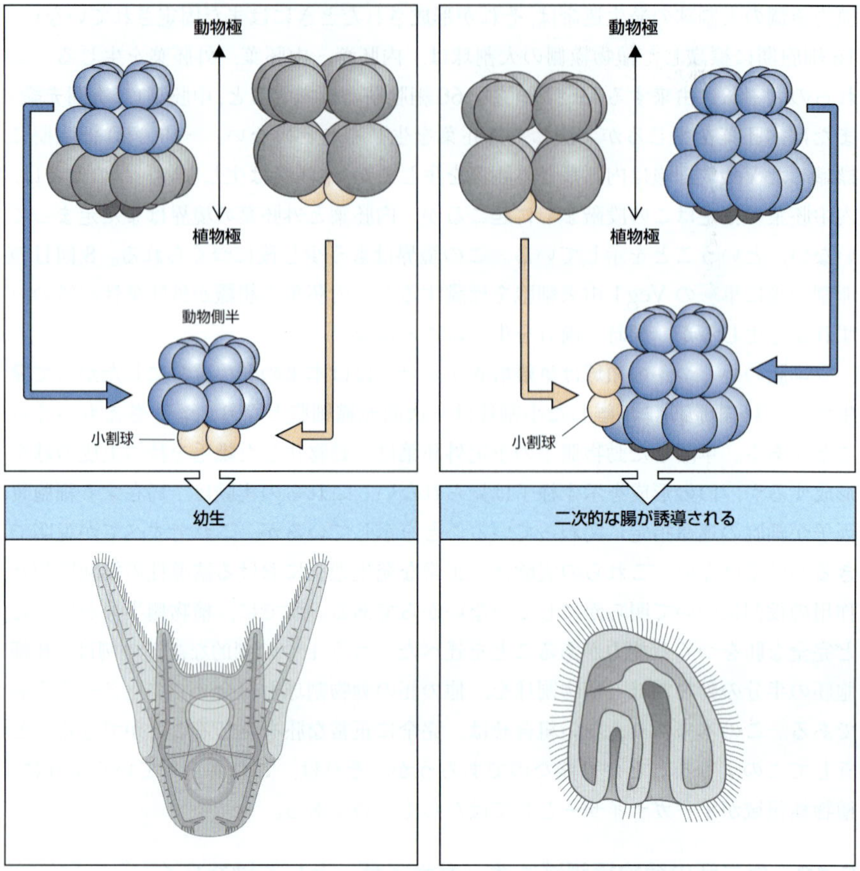

図 6.22 小割球の誘導作用
左パネル：ウニの 16 細胞胚の小割球を 32 細胞胚の動物側半と結合して発生させると正常な幼生が生じる。動物半を単独で培養すると外胚葉しかつくらない（図には示していない）。右パネル：小割球を 32 細胞期の別の胚の側面に移植すると，移植した部位にもうひとつの腸の形成が誘導される。

卵割の際，形成された直後に小割球を除去すると（**図 6.19** 参照），調節が起こり，正常な胚が発生する。最も植物極側の領域が，骨格をつくる細胞を生じ，オーガナイザーとしてはたらくという小割球の性質を獲得するのである。

6.11 ウニの植物極領域は β-catenin の核局在によって境界が決められている

ウニの植物極領域とそのオーガナイザーの性質は，（第 4 章で議論した）アフリカツメガエルの初期胚における将来の背側領域が決まる仕組みと非常によく似た仕組みによって指定される。ウニの初期割球では，標準 Wnt 経路の一部が活性化されることによって，母性の β-catenin が核に蓄積する。しかし，この蓄積は均一に起こるのではない。β-catenin 濃度は小割球の核で高く，将来の外胚葉になる最も動物極側の領域の細胞の核にはほとんど存在しない。動物-植物極軸に沿って見られる核内 β-catenin の安定化の差異は，少なくとも部分的には，β-catenin を安定化する経路の細胞内活性化因子である母性 Dishevelled タンパク質の植物領域における局所的な活性化によって制御されている。核内において，β-catenin は転写因子 TCF のコアクチベーターとしてはたらき，植物極側の発生運命を指定するのに必要な胚性遺伝子の発現を活性化する。

塩化リチウムなどで β-catenin の分解を阻害する処理（第 4.2 節参照）をすると，植物側化が引き起こされ，外胚葉が未発達で腸が大きいウニ胚が生じる。胚全体に対するリチウムの主な作用は，本来の植物極領域（Wnt シグナルを受容する領域）をこえて核内 β-catenin が蓄積する範囲が広がり，内胚葉と外胚葉の境界が動物極側に移動することである。同様に，β-catenin の過剰発現も植物側化をもたらし，単離したアニマルキャップ（動物極側の領域）に内胚葉を誘導することができる。これに対し，植物極側割球でβ-cateninの核内蓄積を抑えると，内胚葉と中胚葉両方の発生が完全に阻害される。例えばβ-cateninをなくした小割球は，動物領域に移植しても内胚葉を誘導することができない。

母性β-cateninと転写因子Otxは，第四卵割のときに小割球で*pmar1*遺伝子を活性化する。*pmar1*は，卵割期と初期胞胚期の間，小割球のみで産生され，小割球がオーガナイザーのはたらきを発現し，また骨片形成能を持つ一次間充織細胞として発生するのに必要とされる。**図6.23**に内中胚葉の指定の概略を図示した。小割球は，形成されるとすぐに初期シグナル（ES）と呼ばれるシグナルを産生し，Veg2細胞に内中胚葉の性質を誘導する。第七卵割の後に産生されるもう1つのシグナルがDeltaリガンドで，隣接するVeg2細胞のNotch受容体に作用して，Veg2を色素細胞および二次間充織として指定する。その後，Notch-Deltaシグナル伝達は，内胚葉の指定と，内胚葉と外胚葉の境界の形成にも関与する。分泌性のシグナルタンパク質Wnt-8は第四卵割後に小割球で発現が始まり，小割球自身に作用してβ-cateninの安定化状態を維持することによって，小割球の機能を維持する。その後，Wnt-8はVeg2内胚葉ではたらき，隣接するVeg1細胞における内胚葉の指定の誘導に関与する。このように，ウニの中胚葉と内胚葉は，遺伝子発現の変化をもたらす近距離シグナルの連鎖によって指定される。

6.12 骨格形成経路の遺伝的制御はかなり詳細に明らかにされている

プルテウス幼生は，カルシウム・マグネシウム塩と，その多くは酸性糖タンパク質である基質タンパク質でできた，棒状の内骨格（骨片）を持つ。骨格の材料は，骨格形成能を持つ（骨形成性）小割球由来の一次間充織細胞から分泌される。初期胞胚期で起こることから基質タンパク質遺伝子の活性化に至るまでの，骨片形成細

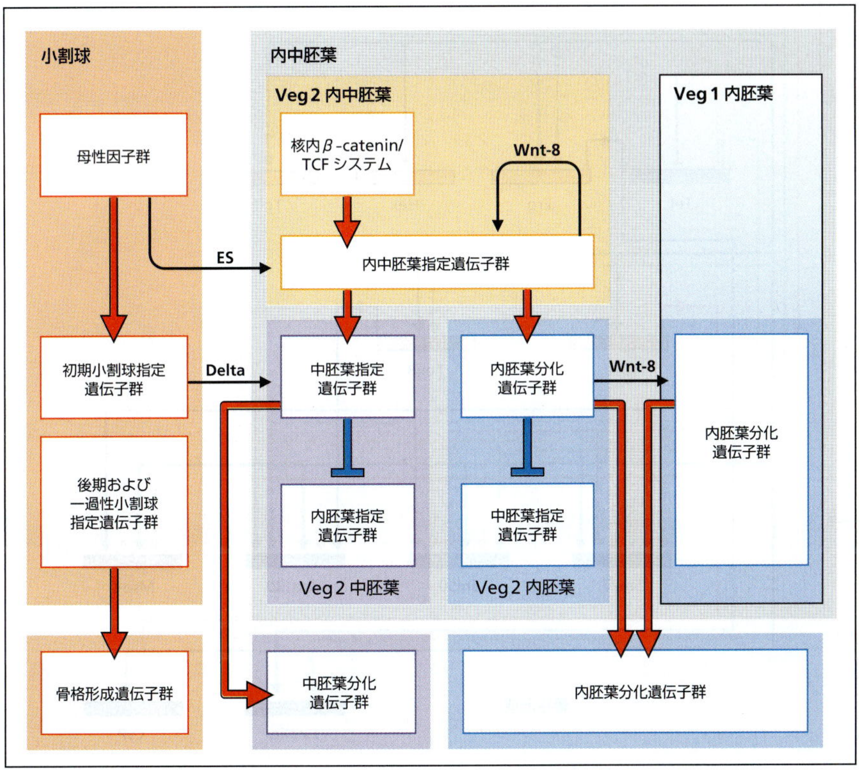

図6.23 ウニにおける内中胚葉の指定の概要
白い四角はそこに書かれている発生機能を担う遺伝子群のネットワークを表す。背景の色塗りの四角は胚の領域を示す。桃色は将来骨格組織をつくる大きな小割球前駆細胞である。黄色は初期内中胚葉で，卵割期後期には中胚葉（紫）と内胚葉（青）に分かれる。赤色の矢印と，先端に横棒のついた青色の線は，遺伝子の相互作用を表す。黒く細い矢印は，細胞間シグナルを表す。ESは初期シグナル。
Oliveri, P. and Davidson, E.H.: 2004より改変

胞の発生の背後にある遺伝子制御ネットワークは，かなり詳細に明らかにされている。この発生経路の遺伝子群，および遺伝子間の相互作用は，遺伝子の活性を直接に測定することと，そしてアンチセンス・モルフォリノRNA（**Box 6A**, p. 231参照）を用いて特異的な遺伝子発現を抑えることの両方によって同定されている。骨形成細胞の系譜で発現する既知の調節遺伝子のすべてが，遺伝的調節ネットワークの中に取り入れられている。ここでは，一次間充織細胞を骨格形成組織として指定する遺伝子群の活性化に焦点を絞って述べる。

第6.11節で述べたように，胚性遺伝子 *pmar1* は，小割球のみで活性化され，このことが小割球を将来の骨格形成組織として指定する第一段階である（**図6.24**）。もしすべての細胞に *pmar1* mRNA が存在するように操作すると，胚全体が骨格を形成する間充織細胞になってしまう。*pmar1* は *hesC* 遺伝子の転写抑制因子をコードしており，*hesC* 自身も転写抑制因子をコードしている。HesC タンパク質は小割球が一次間充織として発生するのに必須の遺伝子群を抑制するので，

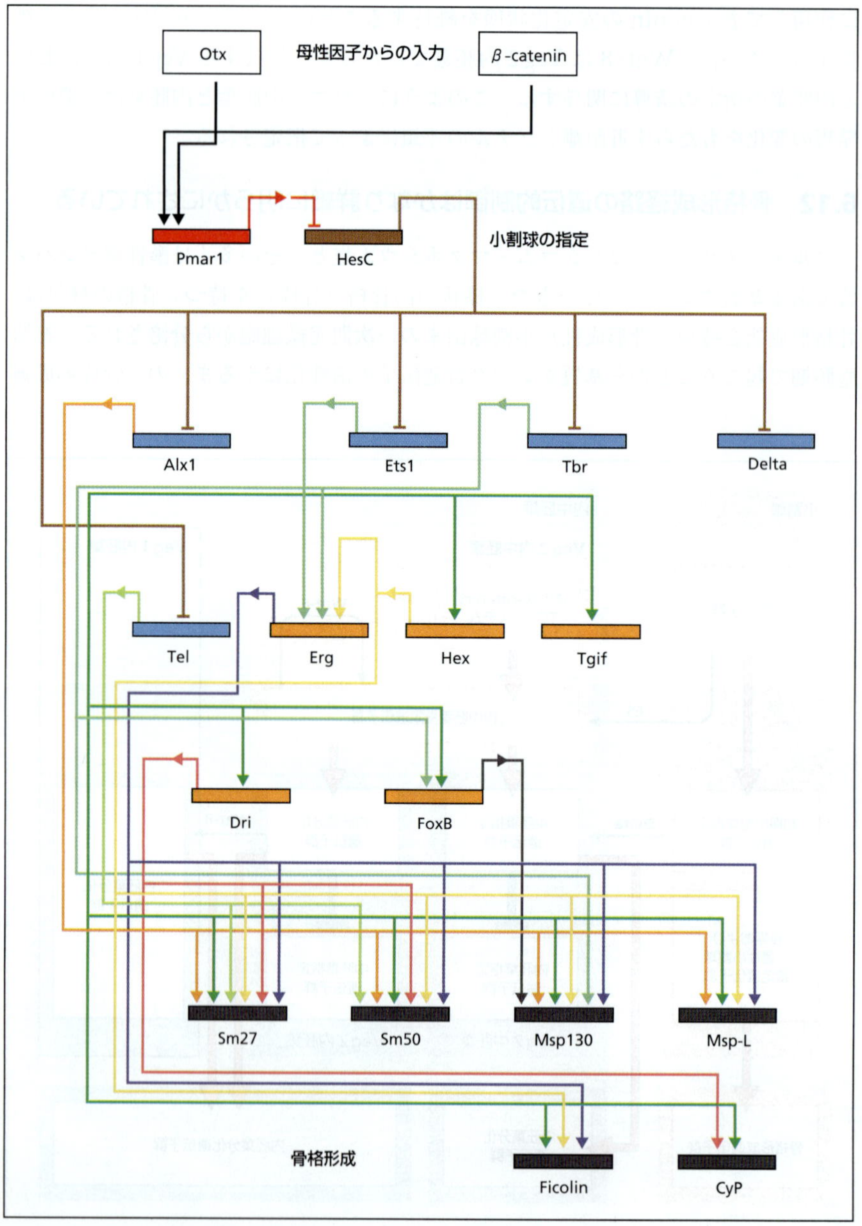

図6.24 ウニ小割球の指定とオーガナイザー機能および骨形成能の活性化

この図は，本文で議論したような小割球系譜の最初の指定を簡略化して示したものである。矢印は遺伝子産物がその標的遺伝子を活性化することを示し，先端に横棒のついた線は標的遺伝子を抑制することを示す。母性転写因子である β-catenin と Otx は小割球の核に局在し，*pmar1*（赤）の転写を活性化する。この遺伝子は，小割球運命の抑制因子である *hesC*（茶）の発現を抑える転写抑制因子をコードしており，この作用がないと *hesC* は胚全体で活性を持つ。HesC タンパク質により抑制される遺伝子を青色で示す。小割球においてこの抑制を解除すると，これらの遺伝子群の産物がさらに，小割球のオーガナイザーと骨格形成の性質を発揮する遺伝子群（オレンジと黒）を活性化する。図の一番下の黒色で示された遺伝子群は，骨格基質タンパク質（例えば Sm27 や Sm50）やその他の内骨格形成に関わるタンパク質をコードしている。

Oliveri, P., et al.: 2008 より改変

Pmar1による*hesC*の転写の抑制はこれらの遺伝子群（例えば，*alx1*，*ets1*，*tbr*など）を小割球のみで活性化する（**図6.24**参照）。これは，あらかじめ存在している抑制を解除するために抑制を用いることによって，ある発生現象の進行を許容するという，ひろく見られる発生戦略の一例である。*alx1*と*ets1*は転写因子をコードしており，Notch-Delta経路などの細胞間シグナル経路と共同して，次の階層の遺伝子群を活性化する。遺伝子制御ネットワークの最終的な結果は，骨格基質タンパク質や，骨格の配置や石灰化に関与するタンパク質をコードする遺伝子群の活性化である。基質タンパク質であるSm27やSm50をコードする遺伝子など，これらの遺伝子のいくつかは，**図6.24**の一番下の部分に書かれている。

骨形成性中胚葉を形成する相互作用のネットワークは，内中胚葉および内胚葉の指定にはたらくネットワーク全体のごく一部にすぎない（**図6.25**）。発生制御遺伝子の調節領域がいかに複雑であるかを考えれば，これらのネットワークの複雑さはまったく驚くにはあたらない。第2章でみたように，*even-skipped*などのショウジョウバエのペアルール遺伝子の調節領域には，遺伝子発現の活性化や抑制を行う転写因子の結合部位が多数存在している（**図2.34**参照）。これらの転写因子の標的配列は不連続的なサブ領域――調節モジュール――に集中していて，各調節モ

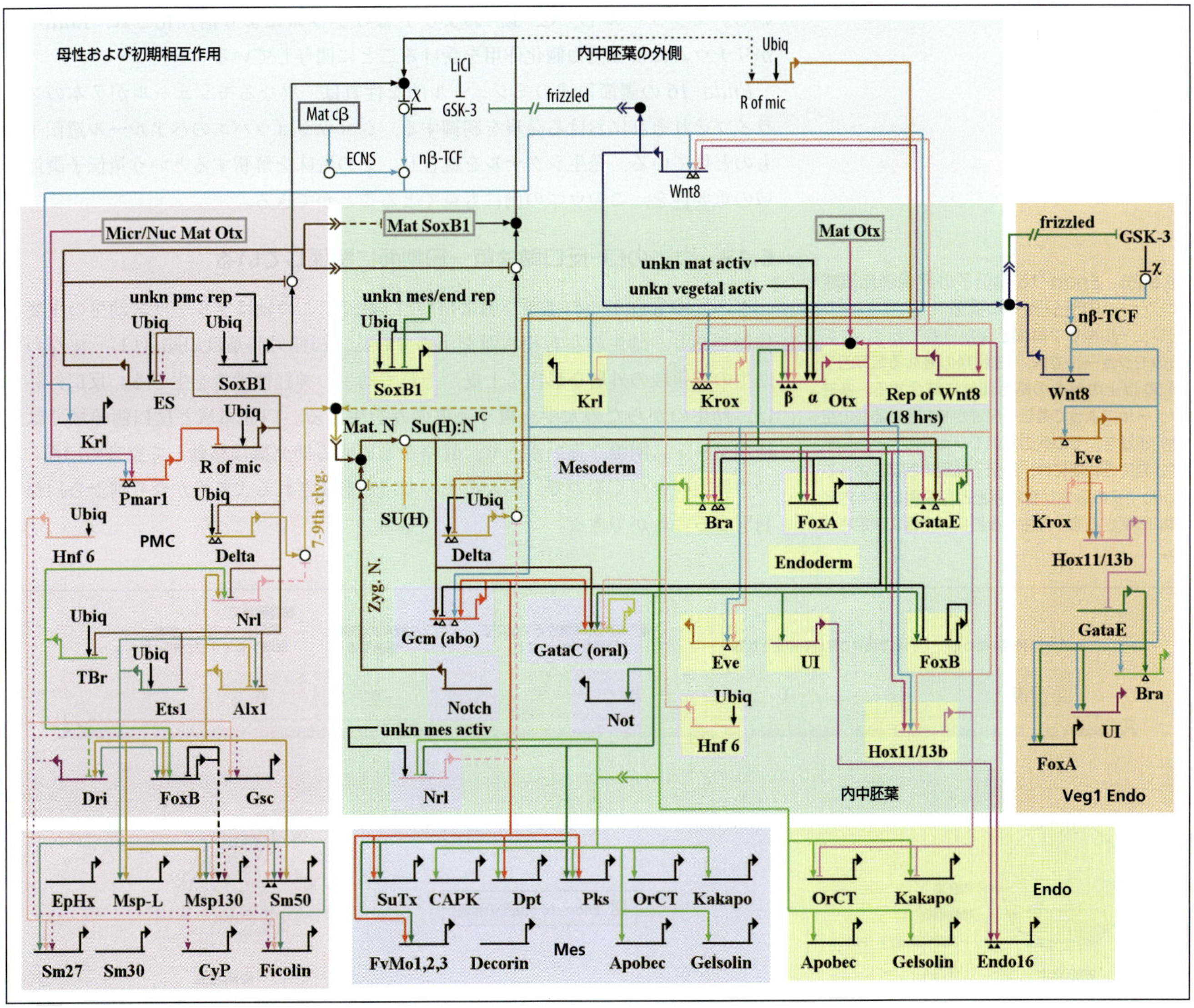

図6.25　ウニの内中胚葉の指定に関わる遺伝子制御ネットワーク
図の上部の灰色で影をつけたネットワークの部分は，母性因子の制御によるβ-cateninの核局在に対応している。ネットワークの残りの部分は，胚の遺伝子の発現を示す。PMCは一次間充織（小割球），Mesは二次間充織，Veg1 EndoはVeg1細胞に由来する内胚葉，Endoはその他の内胚葉。
Oliveri, P. and Davidson, E.H.: 2004より改変

ジュールは胚の特定の部位での遺伝子発現を制御している。ウニの多くの遺伝子も同様に，胚の異なる部位で異なる時間に遺伝子発現を制御する，多くのモジュールからなるシス調節領域を持っている。

まだウニの発生を制御するすべての遺伝子が同定されたわけではないが，空間的にも時間的にも発現パターンが様々である多くの遺伝子が詳細に解析されている。ウニの機能未知の分泌性糖タンパク質をコードする *Endo-16* 遺伝子の調節領域で例証されているように，これらの遺伝子の調節領域は複雑で，モジュール構造を持つことが明らかにされている。*Endo-16* は最初，胞胚の植物極領域の予定内胚葉で発現する（**図 6.26**）。原腸形成の後，*Endo-16* の発現は上昇し，腸の中央領域に限定されるようになる。*Endo-16* の発現を制御する調節領域は約 2200 塩基対の長さで，13 種類の転写因子が結合しうる少なくとも 30 個の標的部位を含んでいる。これらの調節部位はいくつかのサブ領域，あるいはモジュールに分けられるようである。各モジュールの機能は，それらをレポーター遺伝子に連結し，組換え DNA コンストラクトとしてウニ卵に注入することにより調べられてきた。こうした実験で，例えばモジュール A は予定内胚葉において連結したレポーター遺伝子の発現を促進し，一方，モジュール D および C は一次間充織における発現を抑制することが示されている。中腸における発現は，モジュール B により制御されている。モジュール D，C，E，および F はリチウムにより活性化され，*Endo-16* がリチウムによる植物側化作用を受けることに関与している。

Endo-16 の調節領域のモジュール的な性質は，異なるモジュールが 7 本のストライプそれぞれにおける発現を制御する，ショウジョウバエのペアルール遺伝子のものと似ている。発生シグナルを統合し，その意味を解釈するという遺伝子調節領域の重要性を，このウニの例にも見てとることができる。

6.13 ウニの口-反口軸は第一卵割面に関係している

ウニ胚のもう 1 つの主要な軸は口-反口軸で，この軸はプルテウス幼生の主要な体軸であり，幼生の左右相称面を決めている。口側外胚葉は口陥（口），すなわち幼生の口領域の外層を形作る上皮，そして幼生の神経性構造を生じる。反口外胚葉は，幼生のからだの大半を覆う上皮のみを生じる。口側領域と反口側領域では骨格パターンに明瞭な違いがあり，骨格を形成する間充織は移動して将来の口面に 2 つの細胞列をつくるので，陥入によって口が形成されるよりもかなり前から口側を判別することができる。

図 6.26 *Endo-16* 遺伝子の発現調節領域のモジュール構造
モジュール型サブ領域を A から G で示す。これらのモジュールでは，13 種類の異なる転写因子が 50 以上の個々の結合部位に結合する。各モジュールによって遺伝子発現が制御される胚の空間的領域を，その他の調節モジュールとともに示す。発生の初期には，遺伝子発現の制御によって *Endo-16* の活性が植物極板と将来腸になる内胚葉に限定される。発生の後期には中腸に限定される。

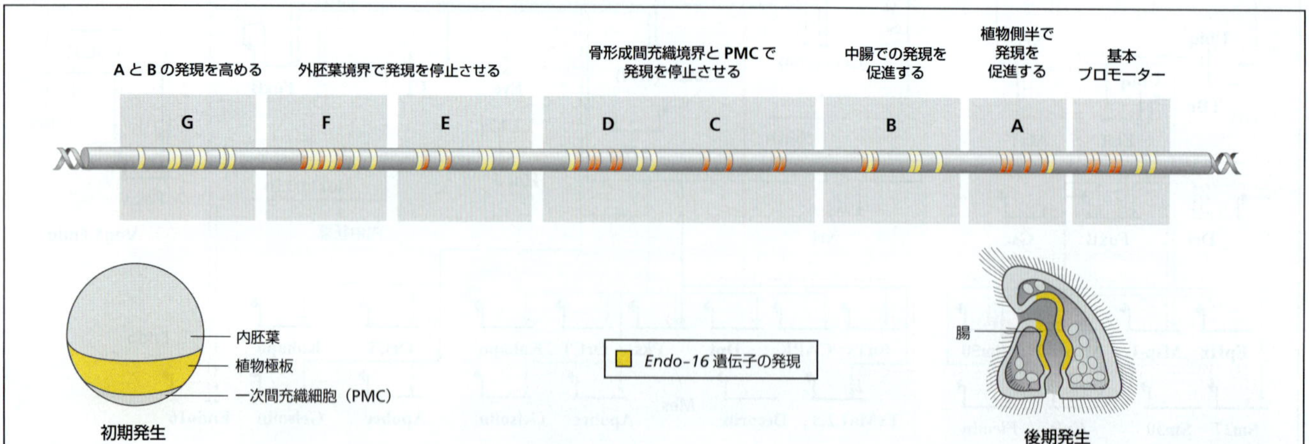

動物-植物極軸とは異なり，口-反口軸は卵では確認することができず，16 細胞期頃までは可変的なようである。Driesch が 2 細胞胚から単離した 1 つの割球から完全な正常幼生を得ることができたのはこのためである（**図 1.8** 参照）。しかし，正常発生においては，口-反口軸は第一卵割面から予測される。アメリカムラサキウニでは，口-反口軸と第一卵割面の間にははっきりとした相関がある。つまり，将来の口-反口軸は，第一卵割面に対し，動物極方向から見て時計回りに 45° の位置につくられる（**図 6.27**）。しかし他種のウニでは，口-反口軸と卵割面の関係は異なっている。口-反口軸は卵割面と一致することもあれば，直交する場合もある。

口-反口軸の確立の明瞭な徴候の 1 つは，60 細胞期から 120 細胞期にかけての初期胞胚の予定口側外胚葉に限定的に見られる TGF-β ファミリーのメンバーである Nodal の発現である。受精卵の放射相称性を破り，Nodal の発現開始によって口-反口軸の口側末端を定める最初のできごとは，おそらくミトコンドリアの勾配が生じることである。口-反口極性はミトコンドリア勾配（口側で最も高い）と相関し，この勾配によって細胞内に過酸化水素（H_2O_2）と活性酸素の勾配がつくられる。実験的に 2 細胞胚の H_2O_2 を破壊すると，Nodal の最初の発現が抑制され，口-反口極性が反口側化する。H_2O_2 によって活性化されるストレス活性化キナーゼ p38 が，この過程に関わっているようである。

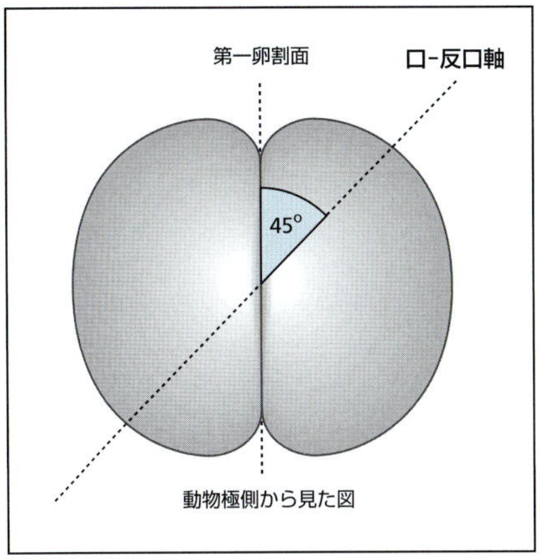

図 6.27 アメリカムラサキウニ胚の第一卵割面に対する口-反口軸の位置
動物極側から見ると，口-反口軸は第一卵割面から時計回りの方向に 45° 傾いている。この段階では体軸の両端の位置が決まっているだけで，極性は決定されていないことに注意。

6.14 口側外胚葉は口-反口軸のオーガナイザー領域としてはたらく

nodal はウニにおいて最初に発現する胚性遺伝子の 1 つであり，Nodal シグナル伝達は口-反口軸を構築し，パターン形成するのにはたらいているようである。Nodal の活性を抑えると，胚は放射相称のままにとどまり，外胚葉の口側と反口側への分化が阻害される。Nodal の過剰発現もやはり口-反口軸をつくらせなくするが，この場合には外胚葉は口側へと発生運命が変えられる。8 細胞期まで Nodal の発現を完全に抑えておいて，それからどれか 1 つの割球で Nodal を発現させると，たとえそれが本来 Nodal を発現しない割球であっても，発生は正常な状態へと“救出”される。このような操作を施した胞胚は口-反口極性を獲得し，Nodal を発現する細胞が口側外胚葉になり，しばしば正常なプルテウス幼生にまで発生する。

これらの実験は，Nodal 活性が口-反口軸に沿ってオーガナイザーの性質を持ったシグナル中心をつくり上げることを示唆している。口側外胚葉における高レベルの Nodal シグナル伝達は，転写因子 Goosecoid（両生類のシュペーマンオーガナイザーを特徴づけるタンパク質）と分泌性シグナルタンパク質 BMP-2/4 の発現を引き起こす。ウニ胚では，Goosecoid は口側外胚葉で反口側運命を抑制すると考えられており，一方，BMP-2/4 は口側外胚葉の産生部位から拡散して，外胚葉のそれ以外の領域に反口側の発生運命を誘導すると考えられている。Nodal の活性によって予定口側外胚葉で発現するその他のタンパク質の 1 つは TGF-β ファミリーのメンバーである Lefty で，これは Nodal シグナル伝達のアンタゴニストであり，Nodal 活性を口側外胚葉に限定する。Lefty のはたらきを抑えると，外胚葉の大半が口側外胚葉へと発生する。この状況は脊椎動物の中胚葉の誘導とパターン形成に関与する相互作用を連想させるものであり，同じ発生遺伝子回路が異なる動物種において異なる目的にどのように使われているかを示している。脊椎動物における Nodal の主要な役割の 1 つ（第 4 章参照）である中胚葉の指定とパターン形成に，ウニの初期胚では Nodal ははたらいていないようである。

全体的な正常発生には，1 つの胚軸に沿ったパターン形成は，もう 1 つの胚軸に沿って起こっている事象と時間的，空間的に連携しなければならない。ウニでは，口-反口軸は，植物極領域における β-catenin の核内局在（第 6.11 節で述べた）の間接的な作用によって，動物-植物極軸と結びついている。初期胞胚において，転写因子 FoxQ2 は最初，動物半球全体で産生され，*nodal* 遺伝子の発現を抑えている。植物極から動物半球側に向かって核内 β-catenin の局在の波が進行するにつれて，そこでつくられるシグナルが動物板として知られる動物極の小領域（ここは最終的に神経性外胚葉を生じる）に FoxQ2 の発現を限定する。この FoxQ2 の除去によって，予定口側外胚葉で Nodal が発現できるようになる。

ウニにおける Nodal シグナル伝達には第 2 の役割がある――体内の左右非相称性の形成である（第 4.7 節参照）。ウニ幼生の体内には左側だけにウニ原基と呼ばれる構造が形成され，変態の際にはここから成体の組織がつくられる。脊椎動物におけるのと同様，Nodal，Lefty，および Pitx2 からなる調節回路がこの非相称性を制御しているが，脊椎動物と比較すると，ウニにおけるこれらの遺伝子の発現は逆転している。ウニ幼生の右側の外胚葉で産生された Nodal シグナルが，右側でウニ原基の形成を抑制する。

まとめ

ウニ胚は初期の細胞系譜が一定不変であるにもかかわらず，相当な調節能力を持っている。ウニ卵は，受精以前から安定した動物-植物極軸を持ち，この軸は卵内での母性細胞質因子の局在によって指定されるようである。受精後，母性因子は小割球が生じる卵の最も植物極側の領域に，オーガナイザーの形成を指定する。このオーガナイザーは，両生類のシュペーマンオーガナイザーと同様に，ほぼ完全な体軸を指定することができる。Wnt 経路の局所的な活性化と β-catenin の核への蓄積が，植物極領域および小割球のオーガナイザー活性を指定する。口-反口軸は受精後に決定される。小割球からのシグナルは動物-植物極軸に沿って内中胚葉を誘導し，そのパターンを形成する。一方，口-反口軸は，将来の口側領域での Nodal シグナル経路の活性化によって指定され，パターンがつくられる。発生遺伝子が発現する場所と時間は，複雑な遺伝子制御ネットワークによって調節されており，この制御ネットワークはかなり詳細に解明されている。

まとめ：ウニの初期発生

動物-植物極軸

卵内に局在する母性因子

↓

動物-植物極軸

↓

β-catenin の蓄積

↓

植物極領域に特異的なオーガナイザー（小割球）

↓

内中胚葉の誘導

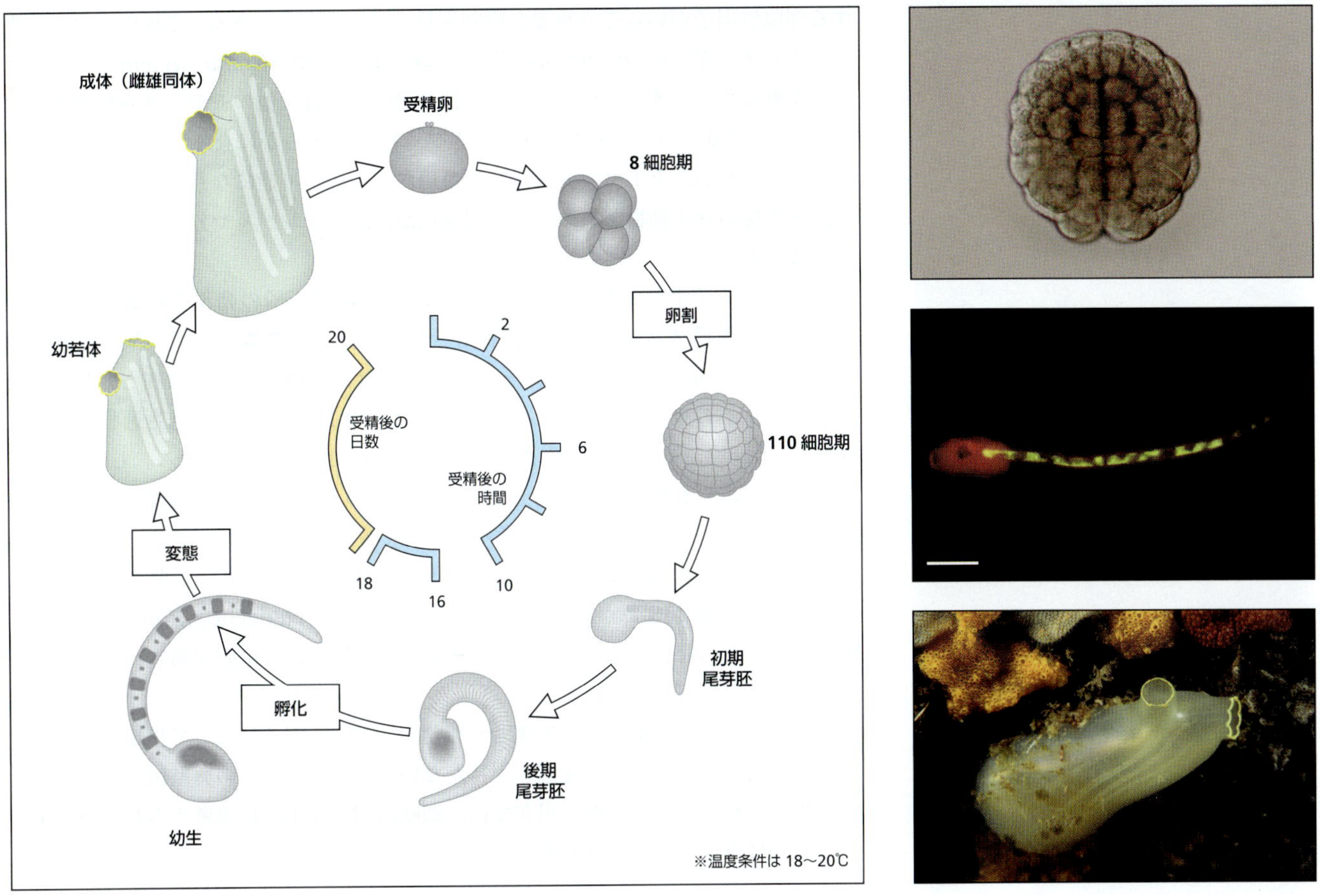

図 6.28　カタユウレイボヤ（*Ciona intestinalis*）の生活環
カタユウレイボヤは雌雄同体で卵は体外で受精する。発生に要する時間は水温により左右されるが，受精卵は約 18 時間で孵化して幼生になる。自由遊泳性の幼生は変態を経て，約 20 日で固着性の幼若体（体高約 2 cm）になる（訳注：実際には孵化後 10 時間ほどで固着して変態を開始し，3 日後には幼若体になる。約 2 週間でほぼ成体と同じ形態となり，この時点でも大きさは数ミリメートル程度である）。幼若体が生殖可能な成熟した成体になるのにはさらに 2 カ月かかる。右の写真：（上段）110 細胞期胚，（中段）幼生（脊索細胞が緑色で標識されている；スケールバー＝0.1 mm），（下段）カタユウレイボヤ成体。
上段の写真は Shigeki Fujiwara 氏と Naoki Shimozono 氏の厚意による。中段の写真は J. Corbo 氏の厚意により Corbo, J.C., et al.: 1997 から。下段の写真は Andrew Martinez 氏の厚意による

ホヤ

成体のホヤは固着性の海産動物である。ホヤは尾索動物であり，自由遊泳性のオタマジャクシ型幼生は脊索，神経管，筋肉を持っていて脊椎動物胚の尾芽胚によく似ているので，脊椎動物と同じ脊索動物門に含まれる。およそ 2600 細胞からなるホヤ幼生は，変態を経て，袋状の固着性の成体になる（**図 6.28**）。ホヤは脊索動物ではあるが，その発生はいくつかの点で脊椎動物の発生と大きく異なっている。ホヤ胚は，個体差のない一定の卵割様式を持ち（**図 6.29**），発生運命の決定には局在

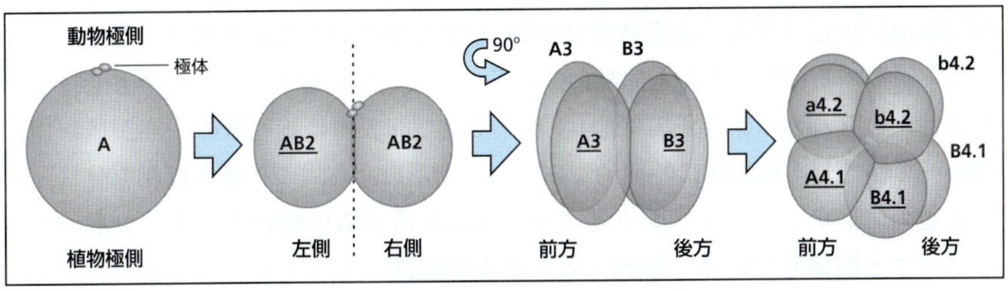

図 6.29　マボヤ（*Halocynthia roretzi*）の卵割
第一卵割は背腹平面に沿って左半分と右半分に 2 分割する。第一卵割期以後の胚発生は左右相称である。右側と左側の同じ位置にある割球には同じ名前が付けられているが，慣習的に左側の割球とその子孫細胞の名前には下線を付けて表す。第二卵割は胚を前後に分割する。4 細胞期以後の図は，前後軸がわかるように，胚を手前に向かって 90° 回転させていることに注意。

する細胞質因子がいっそう重要な役割を持っているようである。2種のホヤ——カタユウレイボヤ（*Ciona intestinalis*）とユウレイボヤ（*Ciona savignyi*）——のゲノムが解読され，カタユウレイボヤが持つ遺伝子数は，他のモデル無脊椎動物と同程度の15,800と見積もられている。ゲノム配列が明らかになったことで，ゲノム科学の様々な手法をホヤの発生研究に適用することが可能になり，ホヤの発生と脊椎動物や他の脊索動物との類似点・相違点が，遺伝子レベルや分子レベルで明らかになるであろう。

カタユウレイボヤのゲノム情報はすでに，Hox遺伝子の発現を制御するシス制御配列の大規模スクリーニングに利用されている。カタユウレイボヤには9個のHox遺伝子が見つかっており，そのうち7個は同じ染色体上に散在し，残りの2個は別の1本の染色体に存在している。これらのHox遺伝子は発生過程において神経管で発現し，いくつかは将来に腸を形成する内胚葉でも発現する。しかし，ショウジョウバエや脊椎動物の場合と異なり，ホヤのHox遺伝子の発現は時間的に統御されていないようであり，いくつかのHox遺伝子は失われている。ホヤのゲノム配列からはすでに約670の転写調節因子が同定されており，主要なシグナル伝達タンパク質も119個が同定されている。ホヤにはHedgehog経路，Wnt経路，TGF-β経路，Notch経路など，脊椎動物で知られている主要な細胞内シグナル伝達経路がすべて存在している。

ホヤの胚発生は，細胞の発生運命が卵割期に細胞質因子によって指定され，細胞間相互作用は比較的小さな役割しか持たないモザイク的発生の典型例であると古くから考えられてきた。しかし現在では，細胞間相互作用は以前考えられていたよりもはるかに重要であることが明らかになっている。

6.15 ホヤ胚の動物-植物極軸と前後軸は，第一卵割以前に明確になる

ホヤ胚の胚軸は初期卵割パターンと関連している。両生類やウニの卵と同様，ホヤの未受精卵は動物-植物極軸に沿った極性を持ち，動物極から植物極に向かって，外胚葉，中胚葉，内胚葉の順で予定領域が位置している。もう1つの胚軸は，慣習的に前後軸と呼ばれているもので，動物-植物極軸と直交する。この胚軸の命名法は，両生類の胚軸とは異なっていることに注意しよう。この違いは多分に意味論的で，ホヤ胚の原腸形成の様式によるものであり，またホヤ研究者が基準点として用いる胚の部位の違いによるものである。原腸形成の際，植物極は背側の組織で覆われるため，ホヤ卵の動物-植物極軸はオタマジャクシ型幼生の腹背軸に相当するとみなされてきた。

受精卵の植物極側には重要な母性因子が局在し，その中にはDishevelled-β-cateninシグナル経路を構成する因子が含まれる。ウニと同様，この経路の局所的な活性化が母性β-cateninを安定化し，植物極側の細胞で内胚葉の指定に必要なβ-cateninの核内への移動を引き起こす。一方，動物極側の割球の表皮への発生には，β-cateninの機能抑制が必要である。

ホヤ胚の動物-植物極軸と前後軸は，受精卵の表層細胞質の運動によって，第一卵割以前に指定される。未受精卵は動物-植物極軸に対して放射相称である。アフリカツメガエルにおけるのと同様に，精子の侵入が卵表層の回転を開始させ，放射相称性が破られる（第4.2節参照）。ホヤでは，卵表層の細胞質の一部が植物極に向かって移動し，植物極に特徴的なふくらみを形成する。この動きは細胞骨格，主に表層のアクチンフィラメントとより深部に位置する中間径フィラメントのネットワークと関係している。移動する表層細胞質はミトコンドリアを多く含んでお

り，マイオプラズム（myoplasm）と呼ばれている。マイオプラズムは *macho-1* mRNA などの，筋肉への発生を指定する母性細胞質決定因子を含んでいて，最終的にはホヤのオタマジャクシ型幼生の尾の筋肉を生じる。表層移動後のマイオプラズムの位置が胚の前後軸の後端になり，原腸形成もそこから始まる。

第一卵割は動物-植物極軸を通る面で起こり，同じような発生能を持つ 2 つの割球を生じ，それぞれの割球を分離すると半分の大きさのオタマジャクシ型幼生を発生させることができる。第二卵割面も動物-植物極軸を通るが，第一卵割面に対して直角な面で胚を前後に分ける。第三卵割は胚を動物側半と植物側半に分ける（**図 6.29** 参照）。以後の卵割も厳密にコントロールされていて，常に型通りに進行するこの卵割パターンは，それによって生じた細胞がどの母性細胞質決定因子を含むかを決める。さらに，マイオプラズムにある CAB（centrosome-attracting body）と呼ばれる構造が，胚の後部の不等分裂に大きな影響を与えている。CAB は PAR タンパク質を含んでいて，線虫におけるのと同様に（第 6.1 節参照），紡錘体の位置を決めることにより，細胞が非対称に分裂する。

原腸陥入が始まる 110 細胞期に到達するまでに，割球が持つ母性細胞質決定因子と細胞間シグナル伝達の組合せによって，各割球の発生運命が限定され，大半の細胞は幼生の 1 種類の細胞のみをつくるようになる（**図 6.30**）。この発生段階以降に，個々の割球を単離して培養すると，予定運命図にしたがった細胞種に発生する。

ホヤ胚の細胞の発生運命の指定には細胞質決定因子が重要な役割を持っているが，少なくともいくつかの中胚葉組織は，棘皮動物や脊椎動物の場合と同様に，誘導シグナルに依存して発生する。ホヤ胚には 3 つの異なるタイプの中胚葉組織が形成される。すなわち，幼生の尾の筋肉，成体の内部組織のもとになる間充織，そして脊索である。これから，これらの 3 つの組織の発生運命がどのように決定されるかをみていこう。

6.16 ホヤ類の筋肉は局在する細胞質因子によって指定される

フタスジボヤのマイオプラズムは黄色の色素顆粒を含んでいて，胚の外から見ることができるので，発生運命を追跡することが特に容易である。このことが，ホヤ卵細胞質の特定の領域が特定の組織を生じるということの最初の証拠となった。これは 20 世紀初頭の発見である。それから百年を経た現在，ついに私たちはそれがどのような仕組みによるのかを解明しつつある。卵割のあいだに黄色のマイオプラズムを獲得した細胞は，幼生の尾の筋肉細胞を生じる（**図 6.31**）。受精の前には，黄色顆粒は卵全体にほぼ一様に分布している。受精と表層回転に続いてマイオプラズムの劇的な再配置が起こり，赤道領域に黄色三日月環がつくられる。

8 細胞期までに，マイオプラズムの大半は植物極側の後方の 2 つの細胞に限定して含まれるようになり，残りの少量のマイオプラズムは隣接する細胞に含まれる（**図 6.31** 参照）。マボヤ（*Halocynthia roretzi*）では，トレーサーを初期胚の細胞に注入することにより，細胞系譜が詳細に明らかにされている。マイオプラズムを含んだ後方の 2 つの B4.1 細胞（**図 6.29** 参照）は，尾の両側に並んだ 42 個の筋肉細胞のうちの第一次筋肉細胞（primary muscle cell）と呼ばれる 28 個の細胞を生じる。第二次筋肉細胞（secondary muscle cell）は，8 細胞期に B4.1 細胞に隣接する細胞に由来し，尾の後端部に位置する。筋肉の細胞系譜は複雑で，例えば 128 細胞期において B4.1 細胞に由来する細胞の中には，まだ筋肉と内胚葉の両方を生み出す内中胚葉細胞がある。したがって，筋肉の発生とマイオプラズムには深い相関があるものの，こうした観察結果だけでは，筋肉分化をマイオプラズムにある何かが

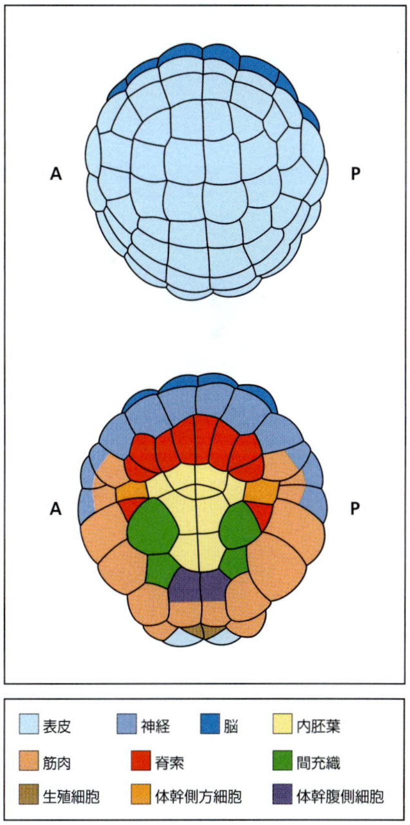

図 6.30 110 細胞期のホヤ胚の予定運命図
上：動物極側から見た胚。動物極側のほとんどすべての細胞は表皮に分化する。下：植物極側から見た胚。
Nishida, H.: 2005 より改変

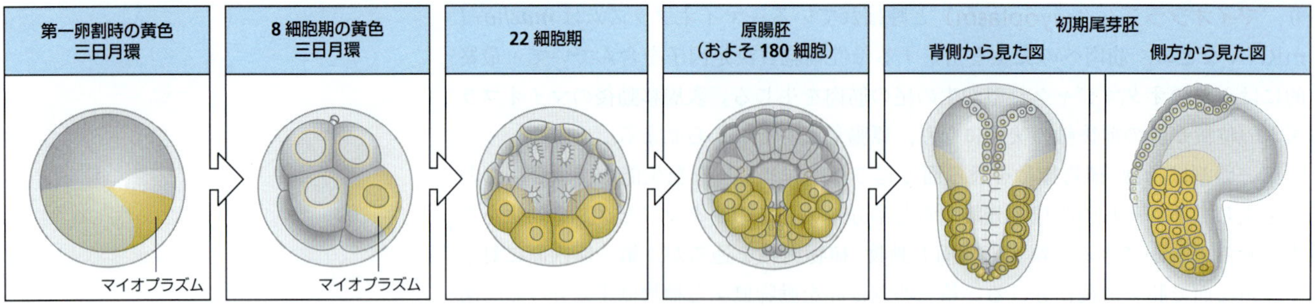

図 6.31 *Styela* 属ホヤの筋肉発生と細胞質決定因子
受精後，黄色顆粒を含むマイオプラズムは側方を赤道付近に向かって移動する。この移動により，将来の胚の後端の位置に黄色三日月環が形成される。原腸陥入はこの部位で始まる。オタマジャクシ型幼生の尾の筋肉は，黄色のマイオプラズムを含む細胞と，それに隣接する細胞の両方からつくられる［訳注：E. G. Conklin が黄色顆粒を含むマイオプラズムを観察したホヤは *Styela partita*（和名：フタスジボヤ）という種である。研究によく使われるカタユウレイボヤやマボヤを含む，多くのホヤでは，マイオプラズムは必ずしも黄色ではない］。
Conklin, E.G.: 1905 より

引き起こすのだと結論づけることはできなかった。

マイオプラズムの分布を変化させる実験も，これを結論づけるには至らないまでも，マイオプラズム自体が筋肉細胞を指定するということを示唆する証拠となった。しかし，マイオプラズムが筋肉を指定するという最も説得力のある証拠は，そのはたらきの鍵となる母性 mRNA──*macho-1* mRNA──を取り除いた，より最近の実験によって得られた。*macho-1* mRNA は卵のマイオプラズムに局在し，これを除去すると尾の第一次筋肉細胞が形成されない。受精卵から *macho-1* mRNA を含む植物極側後方の細胞質を取り除くと，本来筋肉に発生する割球が神経索になる。これとは逆に，本来筋肉にはならない割球に *macho-1* mRNA を注入すると，異所的な筋肉細胞の分化が引き起こされる。

6.17 ホヤ胚の脊索，神経前駆細胞，間充織の発生には，近隣の細胞からの誘導シグナルが必要である

ホヤの尾芽胚で最初に脊索が見えるようになる頃には，脊索は尾の中心に一列に並んだ40個の細胞からなり，それから次第に形を変えて中空の管を形成する。脊索は主に A 系列細胞に由来し，一部は B 系列からもつくられ，その形成には隣接した植物極側の細胞による誘導が必要である。正常ならば脊索になる割球を32細胞期に単離すると，植物極側の割球と組合せないかぎり脊索にはならない。しかしながら，予定脊索細胞を110細胞期に単離すると，ちゃんと脊索に発生する。

脊索前駆細胞の発生運命の指定は，非対称細胞分裂が，隣接する細胞からのシグナルとともに，娘細胞をどのようにして異なる胚葉に割り振るかということのよい例である。64細胞胚の A7.3 および A7.7 割球は脊索だけを生じるが，これらの姉妹細胞である A7.4 および A7.8 は神経索を生じる（このことは胚の右側の対応する細胞にもあてはまる。ここでは簡略化のために，片側のできごとだけを追うことにする）。これら発生運命がまったく異なる2つの細胞を生み出す細胞分裂は，32細胞期と44細胞期の間に起こる（**図 6.32**）。32細胞胚の A6.2 および A6.4 割球が分裂するとき，植物極割球と隣接する，各分裂での後側の姉妹細胞は，脊索を形成する。アニマルキャップ（動物極側の細胞）と接する前側の姉妹細胞は，神経組織（神経索）を形成する。

線虫の EMS 細胞が MS 細胞と E 細胞を生じるときの非対称分裂と同様に（第6.3節参照），A6.2 および A6.4 割球の娘細胞の発生運命が脊索と神経組織に分かれるのは，細胞間シグナルによる母細胞の極性化と，続いて起こる機能的非対称分裂の結果である。増殖因子 FGF は *in vitro* で脊索を誘導することができ，初期胚の FGF シグナル伝達を阻害すると脊索形成が阻害されるので，おそらく FGF は *in vivo* における脊索の誘導因子である。FGF シグナル伝達をブロックすると，A6.2 および A6.4 割球の娘細胞はどちらも神経前駆細胞になる。神経運命の獲得には，

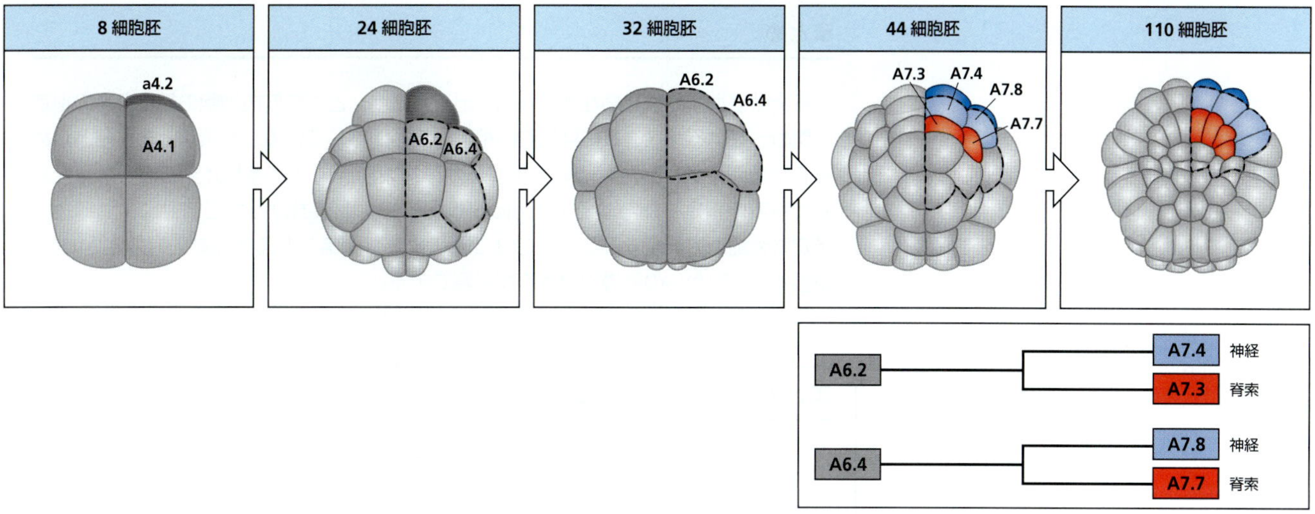

図 6.32　ホヤ胚における脊索運命と神経運命の間の二者選択
図 6.30 と同じ向きの植物極側から見た胚を示す。前側が上である。脊索細胞はすべて8細胞胚のA4.1およびB4.1割球から生じる。A系列の細胞では，脊索は後期32細胞期のA6.2およびA6.4母細胞の非対称分裂により生じる。これらの細胞は，A4.1が2回分裂して生じたものである。44細胞期には，A6.2およびA6.4細胞は前後軸方向に分裂し，それぞれ1つの（後側の）脊索前駆細胞（赤，A7.3およびA7.7）と，1つの（前側の）神経前駆細胞（青，A7.4およびA7.8）を生じる。各々の前駆細胞は，つぎに中心-側方方向に分裂し，110細胞期の4個の脊索前駆細胞と4個の神経前駆細胞を生じる。*Picco, V., et al.: 2007 より*

前側のアニマルキャップ細胞との接触と，脊索運命を抑える Eph-ephrin シグナル伝達が必要である。初期胚における細胞運命を決定するシグナルとして，Eph 受容体とそのリガンドである ephrin が関与していることは，いくらかの驚きであった。他の脊索動物ではこれらの分子は，通常，ニワトリの脳においてロンボメアの境界を定めるというような接着性の細胞間相互作用（第 5.11 節参照）や，神経系の発生過程における成長途上の軸索を標的に導く選択的な接着性相互作用に関わっている（第 12 章参照）。

ホヤの初期発生は脊椎動物の初期発生とは大きく異なるが，脊索の存在と，それが植物極側の細胞によって誘導されることは，両グループ間の顕著な類似点である。さらに，同じ遺伝子が，ホヤと脊椎動物の両方で脊索の指定に関わっている。*Brachyury* 遺伝子は脊椎動物の初期中胚葉で発現し，その後，脊索に限定して発現するようになる（第 4.18 節参照）。ホヤにおける *Brachyury* 相同遺伝子の発現は，64 細胞期の A 系列の脊索前駆細胞で最初に検出され，この発生段階は，脊索誘導が完了する時期と一致している。ホヤの *Brachyury* 遺伝子の異所的な発現は，内胚葉から脊索へと発生運命を転換することができる。このように，すべての脊索動物の脊索形成には，類似の仕組みが関わっているようである。

中胚葉前駆細胞からの間充織性前駆細胞（将来，内部組織を生じる）の指定にも，隣接する細胞からのシグナルが必要である。間充織性前駆細胞は，110 細胞胚の植物極で内胚葉細胞の隣に位置する（**図 6.30** 参照）。32 細胞期に割球単離を行った場合，本来の発生運命が間充織である割球はすべて筋肉へと発生する。通常は内胚葉からのシグナル（おそらく FGF）が，これらの割球における筋肉形成を抑えているようである。このシグナルがないと，細胞内に Macho-1 のような母性の筋肉決定因子が存在するために，これらの細胞は筋肉に分化する。この細胞間シグナルと細胞内決定因子の連携による細胞の発生運命の決定は複雑である。Macho-1 を欠く胚は間充織のかわりに脊索を形成し，*macho-1* を過剰に発現すると脊索前駆細胞は間充織へと発生する。

まとめ

脊索動物ホヤでは，局在する細胞質因子が細胞，とくに筋肉細胞の発生運命の指定に関わっているが，これには細胞間相互作用も関与している。脊索は，きちんと定められた細胞系譜にしたがって発生するが，脊索形成には誘導も必要である。脊椎動物の脊索の指定に関与する *Brachyury* 遺伝子のホヤにおけるホモログは，誘導後に予定脊索細胞で発現する。ホヤの3つめの中胚葉組織である間充織細胞の発生にも，隣接する細胞からの誘導シグナルが必要である。

まとめ：ホヤの初期発生

動物-植物極軸

↓

精子の侵入点が後方を決定する

↓

卵内に局在する母性因子

↓

細胞質因子が110細胞期までに割球の発生運命を決定する

↙ ↘

マイオプラズムが筋肉運命を決定する　　誘導により脊索と間充織が形成される

第6章のまとめ

線虫やホヤなどの多くの無脊椎動物における細胞の発生運命の指定には，局所的な細胞間相互作用とともに，細胞質因子の局在と細胞系譜が非常に重要なようである。しかし，これらのどの動物においても，脊椎動物のオーガナイザーに相当する中心的なシグナル発信領域や，ショウジョウバエに見られるようなモルフォゲン勾配が存在する証拠はほとんどない。このことは，脊椎動物や昆虫のように細胞集団によるのではなく，細胞1つ1つの単位で発生運命が指定される仕組みが中心的であることを反映しているのだろう。

ショウジョウバエで得られているような遺伝学による証拠は，線虫 *C. elegans* の場合を除いて，他の無脊椎動物では得られていないが，母性遺伝子群が初期のパターン形成にはたらいていることは明らかである。胚の第一卵割が胚軸の成立に関わっていることを示す多くの例があり，第一卵割面が母性因子によって決定されるという証拠がある。細胞質決定因子の不均等な分布をともなう非対称分裂は，初期発生段階において非常に重要であると思われる。受精後にこの決定因子の局在化に関わる細胞質の移動が起こり，この点で両生類卵の表層回転と類似している。

本章で扱ったすべての生物の胚発生に細胞間相互作用があることは，初期の発生段階においてさえも疑いがない。細胞の相互関係のわずかな変化が左右性を逆転させるという，線虫の左右非相称性の形成は，その一例である。しかし，これらの胚の大部分では，相互作用はきわめて局所的で，隣接する細胞だけに影響を及ぼす。相互作用に細胞集団が関わっていて，細胞の直径数個分を隔てた距離で相互作用が起こりうる脊椎動物とは，この点で異なっている。

対照的に，非常に調節性の高いウニの発生では，細胞間相互作用は主要な役割を担っており，この点で，棘皮動物は脊椎動物に似ている。植物極の小割球は脊椎動物のオーガナイザーとよく似た性質を持ち，細胞は1つずつではなく集団で指定される。ホヤは脊椎動物と同じ動物門である脊索動物のメンバーであり，その発生はモザイク的な発生と細胞間相互作用が混ざったものである。

● 章末問題

記述問題

1. 非対称分裂の意味するところは何か。娘細胞の片方が他方よりも大きいことを必ず意味するのか。細胞分裂を非対称であると定義するもう1つの現象は何か。そして両方のタイプの非対称分裂は，*Caenorhabditis elegans* の第一卵割ではどのように説明できるだろうか。

2. RNAi と miRNA による遺伝子サイレンシングを比較せよ。次のヒントを回答に入れること：実験的か内在的か；約 22 塩基の長さ；RISC；分解か翻訳か。

3. *C. elegans* の前後軸はどのように決定されるか答えよ。体軸形成における PAR タンパク質の機能は何か。

4. *C. elegans* の細胞系譜研究において，558 個の細胞（孵化時）の一つ一つを明確に命名する方法ができた。その鍵となるのは，前方の娘細胞を a, 後方の娘細胞を p と名付ける決まりである。**図 6.9** を参考に，咽頭細胞が MS paapaaa と呼ばれている理由を説明せよ。同様に，アポトーシスを起こす細胞が MS paapp と呼ばれる理由を答えよ。

5. *C. elegans* の GLP-1 と APX-1 タンパク質はどのクラスのシグナルタンパク質に属するか。背腹軸に沿った細胞運命決定における GLP-1/APX-1 機構の役割は何か。APX は「咽頭の前方が過剰（anterior pharynx in excess）」という意味である。第 6.1 節と**図 6.4** を参考にすると，この変異の遺伝子が APX と名付けられた理由は何か。

6. 異時性の遺伝子とは何か。*C. elegans* のどのような特徴が，異時性の遺伝子の同定に利点として働くかを述べよ。

7. *lin-4* は，*lin-14* mRNA の翻訳を抑制する miRNA をコードしている。*lin-14* は一齢幼虫期（L1）において T.ap 細胞を維持するので，この抑制は L2 への移行に必須である。このメカニズムに基づくと，*lin-14* の機能喪失型変異の表現型はどうなるか。*lin-4* の機能喪失型変異体の表現型は何か。両方の遺伝子が機能を喪失した変異体ではどうなるか。あなたの答えを説明せよ。

8. *C. elegans* のアンカー細胞は産卵口の形成誘導に不可欠である。この誘導をたどり，どの細胞が EGF，EGF 受容体，Delta，そして Notch タンパク質を発現するかを述べ，それらの細胞におけるこれらのタンパク質の果たす役割を述べよ。

9. アメリカムラサキウニとアフリカツメガエルがどちらも新口動物であることを示す，両者の原腸形成の類似性は何か。

10. カエルとウニの最初の 2 回の卵割を比較せよ。形態学的にどのような点が似ている，または異なっているか。胚は分子レベルでは似ているか異なっているか。つまり，アフリカツメガエルで 4 細胞期までに決定されることが，ウニでも同様に起こるか。発生過程における“調節”の観点からその違いを述べよ。

11. ウニの小割球はオーガナイザーとしてはたらく。このことを示す 2 つの実験について記述せよ（**図 6.22** 参照）。

12. *pmar1* はペアードクラスのホメオドメイン転写因子をコードしており，ウニの内中胚葉の（外胚葉に対しての）指定におけるスイッチとしてはたらく。小割球での *pmar1* の活性化における *β*-catenin と Dishevelled の役割について要点を述べよ（この時点では Wnt は関わっていないことに注意）。その後，*pmar1* の発現に応答して小割球で活性化されるシグナル伝達経路は何か（**図 6.24** 参照）。

13. ウニ幼生は動物-植物極軸と口-反口軸という 2 つの明瞭な体軸と，より微妙な体内の左右非相称性を持っている。これらの 3 つの体軸の分子的な基盤についてカエルの 3 つの体軸と比較せよ（6 種類の軸を左列に，シグナル分子と転写因子を上段に並べた表にあらわすのが最も容易かもしれないし，何か他の好きな形式で表してもよい）。

14. ホヤ胚のマイオプラズムとは何か。マイオプラズムはどのように表層回転と関係しているか。また，マイオプラズムはどの組織を形成するか。

15. ホヤが脊索動物であるが，脊椎動物ではないのはなぜか。ホヤの脊索形成と，両生類あるいはニワトリの脊索形成の間に見られる類似点と相違点は何か。

選択問題
それぞれの問題で正解は 1 つである。

1. 線虫 *C. elegans* において特に有名な特徴はどれか。
a) アフリカツメガエルのオーガナイザーに類似した誘導シグナル中心を形成することである
b) 発生過程の細胞系譜が完全に解明されていることである
c) 割球のサイズが大きいことと実験操作が容易なことである
d) その変態機構である

2. 線虫の P 顆粒の説明として正しいものはどれか。
a) 前後軸の決定因子である
b) 生殖系列の決定因子である
c) TGF-*β* ファミリーのシグナルタンパク質の前駆体である
d) 精子前核のなごりである

3. ハエ，カエルおよびニワトリの胚発生では，モルフォゲンの濃度勾配が将来の前後軸と背腹軸を決定する。線虫の前後軸はどのように決められるか。
a) 受精卵の前側で Bicoid タンパク質が翻訳され，前後軸を決定する濃度勾配が生じる
b) chordin と BMP-4 の相対する濃度勾配が前後軸を決定する
c) 精子の侵入により，細胞骨格の再編成と母性因子として蓄えられていた PAR タンパク質の再配置がもたらされ，前後軸が決定される
d) 受精後，*β*-catenin が将来の前側の細胞の核に局在する

4. 線虫の *lin-4* と *lin-14* はどのような遺伝子か。
a) *lin-4* と *lin-14* は線虫の Hox 遺伝子である
b) *lin-4* と *lin-14* は，第一分裂，つまり AB 細胞と P_1 細胞の系譜を制御することから名づけられた遺伝子である
c) *lin-4* は *lin-14* の転写のタイミングを調節し，そのため“異時性”遺伝子と呼ばれる
d) *lin-4* は *lin-14* の翻訳を抑制する miRNA をコードし，これによって幼虫の発生のタイミングを制御する

5. 線虫の胚発生過程で使われる唯一の Hox 遺伝子はどれか。
a) ショウジョウバエの *labial* 遺伝子の線虫におけるオーソログ *ceh-13*
b) ショウジョウバエの *Abd-B* および脊椎動物の *Hox9-13* 遺伝子の線虫におけるオーソログ *egl-5*
c) ショウジョウバエの *Deformed* および *Sex combs reduced* ファミリーのホメオドメインタンパク質と類縁性のある線虫の遺伝子 *lin-39*
d) ショウジョウバエの *Antennapedia*，*Ultrabithorax* および *abdominal-A* ファミリーのホメオドメインタンパク質と類縁性のある線虫の遺伝子 *mab-5*

6. 次のモデル生物のうち，進化的にヒトにもっとも近縁なのはどれか。
a) ショウジョウバエ：脚があり，洗練された神経系を持っているから
b) 植物：植物は動物の系統から初期に分岐しており，このことはすなわち動物に，とりわけヒトに近縁であるということである
c) ウニ：放射相称性で脚を持たないにもかかわらず近縁である
d) 線虫：細胞数が少なく，ゲノムが小さく，Hox 遺伝子群は単純化しているけれども近縁である

7. ウニ胚における調節に関する次の記述のうち，正しいものはどれか。
a) 8 細胞期にはまだ，どの割球も調節によって完全な幼生をつくることができるが，60 細胞期までには，割球は予定されている発生運命にしたがって発生するようになる
b) 4 細胞期の各割球は当初の動物-植物極軸を保持しており，単離すると小さいけれども完全な幼生へと発生する
c) 胚の動物極または植物極の細胞は，それが動物極または植物極を含んでいる限り，単離しても胚を形成する
d) プルテウス幼生として孵化するまでは，どの割球を他の細胞から単離しても，調節によって完全な形で完全な大きさの幼生へと発生する

8. ウニのオーガナイザー領域は，次のどの点でカエルのオーガナイザーと似ているか。
a) オーガナイザーは β-catenin を蓄積し，それによって細胞間相互作用分子群を活性化する
b) オーガナイザーは原口背唇の近くに形成される
c) オーガナイザーは背腹軸を誘導する
d) オーガナイザーは将来，高レベルの Nodal を発現する

9. *Styela* 属のホヤでは，黄色色素を持ったマイオプラズムが尾の筋肉細胞になる細胞の指標となる。ここで，分子レベルでの尾部筋肉の決定因子となるものはどれか。
a) *Brachyury* 遺伝子の発現
b) FGF による筋肉の誘導
c) 胚の植物極領域における β-catenin の核内局在
d) *macho-1* 遺伝子の遺伝子産物

10. ホヤにおける *Brachyury* 遺伝子の役割が，アフリカツメガエルにおける同遺伝子の役割に似ている点はどれか。
a) *Brachyury* はどちらの生物においても筋肉発生のマスター・スイッチ遺伝子であること
b) *Brachyury* が動物-植物極軸をつくり上げること
c) 中胚葉を誘導するシグナルが *Brachyury* 遺伝子の発現を引き起こすこと
d) *Brachyury* 遺伝子は将来，体節ひいては筋肉となる細胞で発現すること

選択問題の解答
1:b，2:b，3:c，4:d，5:a，6:c，7:b，8:a，9:d，10:c

● 理解を深めるための参考文献

線虫

Sommer, R.J.: **Evolution of development in nematodes related to *C. elegans*** (December 14, 2005), *WormBook*, ed. The *C. elegans* Research Community, *WormBook*, doi/10.1895/wormbook.1.46.1, http://www.wormbook.org (date accessed 13 May 2010).

Sulston, J.E., Scherienberg, E., White, J.G., Thompson, J.N.: **The embryonic cell lineage of the nematode *Caenorhabditis elegans***. *Dev. Biol.* 1983, **100**: 64–119.

Sulston, J.: **Cell lineage**. In *The Nematode* Caenorhabditis elegans. Edited by Wood, WB. New York: Cold Spring Harbor Laboratory Press, 1988: 123–156.

Wood, W.B.: **Embryology**. In *The Nematode* Caenorhabditis elegans. Edited by Wood, WB. New York: Cold Spring Harbor Laboratory Press, 1988: 215–242.

6.1 *C. elegans* の前後軸は非対称細胞分裂によって決定される

Cheeks, R.J., Canman, J.C., Gabriel, W.N., Meyer, N., Strome, S., Goldstein, B.: ***C. elegans* PAR proteins function by mobilizing and stabilizing asymmetrically localized protein complexes**. *Curr. Biol* 2004, **14**: 851–862.

Cowan, C.R., Hyman, A.A.: **Acto-myosin reorganization and PAR polarity in *C. elegans***. *Development* 2007, **134**: 1035–1043.

Goldstein, B., Macara, I.G.: **The PAR proteins: fundamental players in animal cell polarization**. *Dev. Cell* 2007, **13**: 609–622.

Munro, E., Nance, J., Priess, J.R.: **Cortical flows powered by asymmetrical contraction transport PAR proteins to establish and maintain anterior-posterior polarity in the early *C. elegans* embryo**. *Dev. Cell* 2004, **7**: 413–424.

Box 6A アンチセンス RNA と RNA 干渉による遺伝子サイレンシング

Brennecke, J., Malone, C.D., Aravin, A.A., Sachidanandam, R., Stark, A., Hannon, G.J.: **An epigenetic role for maternally inherited piRNAs in transposon silencing**. *Science* 2008, **322**: 1387–1392.

DasGupta, R., Nybakken, K., Booker, M., Mathey-Prevot, B.,

Gonsalves, F., Changkakoty, B., Perrimon, N.: **A case study of the reproducibility of transcriptional reporter cell-based RNAi screens in *Drosophila*.** *Genome Biol.* 2007, **8**: R203.

Dykxhoorn, D.M., Novind, C.D., Sharp, P.A.: **Killing the messenger: short RNAs that silence gene expression.** *Nat. Rev. Mol. Cell. Biol* 2003, **4**: 457–467.

Eisen, J.S., Smith, J.C.: **Controlling morpholino experiments: don't stop making antisense.** *Development* 2008, **135**: 1735–1743.

Kamath, R.S., Fraser, A.G., Dong, Y., Poulin, G., Durbin, R., Gotta, M., Kanapin, A., Le Bot, N., Moreno, S., Sohrmann, M., Welchman, D.P., Zipperlen, P., Ahringer, J.: **Systematic functional analysis of the *Caenorhabditis elegans* genome using RNAi.** *Nature* 2003, **421**: 231–237.

Nature Insight: **RNA interference.** *Nature* 2004, **431**: 337–370.

Sonnichsen, B., et al.: **Full-genome RNAi profiling of early embryogenesis in *Caenorhabditis elegans*.** *Nature* 2005, **434**: 462–469.

6.2 *C. elegans* の背腹軸は細胞間相互作用によって決定される

Bergmann, D.C., Lee, M., Robertson, B., Tsou, M.F., Rose, L.S., Wood, W.B.: **Embryonic handedness choice in *C. elegans* involves the Galpha protein GPA-16.** *Development* 2003, **130**: 5731–5740.

Wood, W.B.: **Evidence from reversal of handedness in *C. elegans* embryos for early cell interactions determining cell fates.** *Nature* 1991, **349**: 536–538.

6.3 線虫の初期胚においては，非対称分裂と細胞間相互作用の両方によって細胞運命が指定される

Eisenmann, D.M.: **Wnt signaling** (June 25, 2005), *WormBook*, ed. The *C. elegans* Research Community, WormBook, doi/10.1895/ wormbook.1.7.1, http://www.wormbook.org (date accessed 13 May 2010).

Evans, T.C., Crittenden, S.L., Kodoyianni, V., Kimble, J.: **Translational control of maternal *glp-1* mRNA establishes an asymmetry in the *C. elegans* embryo.** *Cell* 1994, **77**: 183–194.

Kidd, A.R. 3rd, Miskowski, J.A., Siegfried, K.R., Sawa, H., Kimble, J.: **A beta-catenin identified by functional rather than sequence criteria and its role in Wnt/MAPK signaling.** *Cell* 2005, **121**: 761–772.

Lyczak, R., Gomes, J.E., Bowerman, B.: **Heads or tails: cell polarity and axis formation in the early *Caenorhabditis elegans* embryo.** *Dev. Cell* 2002, **3**: 157–166.

Maduro, M.F.: **Structure and evolution of the *C. elegans* embryonic emdomesoderm network.** *Biochim. Biophys. Acta* 2008, **1789**: 250–260.

Mello, G.C., Draper, B.W., Priess, J.R.: **The maternal genes *apx-1* and *glp-1* and the establishment of dorsal-ventral polarity in the early *C. elegans* embryo.** *Cell* 1994, **77**: 95–106.

Mizumoto, K., Sawa, H.: **Two *β*s or not two *β*s: regulation of asymmetric division by *β*-catenin.** *Trends Cell Biol.* 2007, **17**: 465–473.

Mizumoto, K., Sawa, H.: **Cortical *β*-catenin and APC regulate asymmetric nuclear *β*-catenin localization during asymmetric cell division in *C. elegans*.** *Dev. Cell* 2007, **12**: 287–299.

Park, F.D., Priess, J.R.: **Establishment of POP-1 asymmetry in early *C. elegans* embryos.** *Development* 2003 **130**: 3547–3556.

Park, F.D., Tenlen, J.R., Priess, J.R.: ***C. elegans* MOM-5/ frizzled functions in MOM-2/Wnt-independent cell polarity and is localized asymmetrically prior to cell division.** *Curr. Biol.* 2004, **14**: 2252–2258.

Phillips, B.T., Kidd III, A.R., King, R., Hardin, J., Kimble, J.: **Reciprocal asymmetry of SYS-1/*β*-catenin and POP-1/ TCF controls asymmetric divisions in *Caenorhabditis elegans*.** *Proc. Natl Acad. Sci. USA* 2007, **104**: 3231–3236.

6.4 *C. elegans* においては，Hox 遺伝子が前後軸に沿った位置アイデンティティを指定する

Aboobaker, A.A., Blaxter, M.L.: **Hox gene loss during dynamic evolution of the nematode cluster.** *Curr. Biol.* 2003, **13**: 37–40.

Clark, S.G, Chisholm, A.D., Horvitz, H.R.: **Control of cell fates in the central body region of *C. elegans* by the homeobox gene *lin-39*.** *Cell* 1993, **74**: 43–55.

Cowing, D., Kenyon, C.: **Correct Hox gene expression established independently of position in *Caenorhabditis elegans*.** *Nature* 1996, **382**: 353–356.

Salser, S.J., Kenyon, C.: **A *C. elegans* Hox gene switches on, off, on and off again to regulate proliferation, differentiation and morphogenesis.** *Development* 1996, **122**: 1651–1661.

Van Auken, K., Weaver, D.C., Edgar, L.G, Wood, W.B.: ***Caenorhabditis elegans* embryonic axial patterning requires two recently discovered posterior-group Hox genes.** *Proc. Natl Acad. Sci. USA* 2000, **97**: 4499–4503.

6.5 線虫の発生過程のタイミングは，miRNA の関わる遺伝子制御を受けている

Ambros, V.: **Control of developmental timing in *Caenorhabditis elegans*.** *Curr. Opin. Genet. Dev.* 2000, **10**: 428–433.

Austin, J., Kenyon, C.: **Developmental timekeeping: marking time with antisense.** *Curr. Biol.* 1994, **4**: 366–396.

Grishok, A., Pasquinelli, A.E., Conte, D., Li, N, Parrish, S., Ha, I., Baillie, D.L., Fire, A., Ruvkun, G., Mello, C.C.: **Genes and mechanisms related to RNA interference regulate expression of the small temporal RNAs that control *C. elegans* developmental timing.** *Cell* 2001, **106**: 23–34.

Box 6B microRNA による遺伝子サイレンシング

Bartel, D.P.: **MicroRNAs: genomics, biogenesis, mechanism and function.** *Cell* 2004, **116**: 281–297.

He, L., Hannon, G.J.: **MicroRNAs: small RNAs with a big role in gene regulation.** *Nat Rev. Genet.* 2004, **5**: 522–531.

Liu, J.: **Control of protein synthesis and mRNA degradation by microRNAs.** *Curr. Opin. Cell Biol.* 2008, **20**: 214–221.

Murchison, E.P., Hannon, G.J.: **miRNAs on the move: miRNA biogenesis and the RNAi machinery.** *Curr. Opin. Cell Biol.* 2004, **16**: 223–229.

6.6 産卵口形成は1個の細胞からの短距離シグナルにより，少数の細胞が誘導されることによって始まる

Kenyon, C.: **A perfect vulva every time: gradients and signaling cascades in *C. elegans*.** *Cell* 1995, **82**: 171–174.

Sharma-Kishore, R., White, J.G., Southgate, E., Podbilewicz, B.: **Formation of the vulva in *Caenorhabditis elegans*: a paradigm for organogenesis.** *Development* 1999, **126**: 691–699.

Sundaram, M., Han, M.: **Control and integration of cell signaling pathways during *C. elegans* vulval development.** *BioEssays* 1996, **18**: 473–480.

Yoo, A.S., Bais, C., Greenwald, I.: **Crosstalk between the EGFR and LIN-12/Notch pathways in *C. elegans* vulval development.** *Science* 2004, **303**: 663–636.

棘皮動物

Horstadius, S.: *Experimental Embryology of Echinoderms.* Oxford: Clarendon Press, 1973.

6.7 ウニ胚は自由遊泳性の幼生へと発生する

Raff, R.A., Raff, E.C.: **Tinkering: new embryos from old-rapidly and cheaply.** *Novartis Found. Symp.* 2007, **284**: 35–45; discussion 45–54, 110–115.

Wilt, F.H.: **Determination and morphogenesis in the sea-urchin embryo.** *Development* 1987, **100**: 559–576.

Sea Urchin Genome Sequencing Consortium: **The genome of the sea urchin *Strongylocentrotus purpuratus*.** *Science* 2006, **314**: 941–952. Erratum in: *Science* 2007, **315**: 766.

Sea urchin interactive online poster: *Science* 2006 www.sciencemag.org/sciext/seaurchin (date accessed 13 May 2010).

6.8 ウニ卵は動物-植物極軸に沿って極性化している

Davidson, E.H., Cameron, R.S., Ransick, A.: **Specification of cell fate in the sea-urchin embryo: summary and some proposed mechanisms.** *Development* 1998, **125**: 3269–3290.

Henry, J.J.: **The development of dorsoventral and bilateral axial properties in sea-urchin embryos.** *Semin. Cell Dev. Biol.* 1998, **9**: 43–52.

Logan, C.Y., McClay, D.R.: **The allocation of early blastomeres to the ectoderm and endoderm is variable in the sea-urchin embryo.** *Development* 1997, **124**: 2213–2223.

6.9 ウニの予定運命図は細かく指定されているが，かなりの調節も可能である

Angerer, L.M., Angerer, R.C.: **Patterning the sea-urchin embryo: gene regulatory networks, signaling pathways, and cellular interactions.** *Curr. Top. Dev. Biol.* 2003, **53**: 159–198.

Angerer, L.M., Oleksyn, D.W., Logan, C.Y., McClay, D.R., Dale, L., Angerer, R.C.: **A BMP pathway regulates cell fate allocation along the sea urchin animal-vegetal embryonic axis.** *Development* 2000, **127**: 1105–1114.

Sweet, H.C., Hodor, P.G., Ettensohn, C.A.: **The role of micromere signaling in Notch activation and mesoderm specification during sea-urchin embryogenesis.** *Development* 1999, **126**: 5255–5265.

Wessel, G.M., Wikramanayake, A.: **How to grow a gut: ontogeny of the endoderm in the sea-urchin embryo.** *BioEssays* 1999, **21**: 459–471.

6.10 ウニ胚の植物極領域はオーガナイザーとしてはたらく

Ransick, A., Davidson, E.H.: **A complete second gut induced by transplanted micromeres in the sea-urchin embryo.** *Science* 1993, **259**: 1134–1138.

6.11 ウニの植物極領域はβ-cateninの核局在によって境界が決められている

Ettensohn, C.A.: **The emergence of pattern in embryogenesis: regulation of beta-catenin localization during early sea urchin development.** *Sci STKE* 2006, **14**: pe48.

Weitzel, H.E., Illies, M.R., Byrum, C.A., Xu, R., Wikramanayake, A.H., Ettensohn, C.A.: **Differential stability of beta-catenin along the animal-vegetal axis of the sea-urchin embryo mediated by dishevelled.** *Development* 2004, **131**: 2947–2955.

6.12 骨格形成経路の遺伝的制御はかなり詳細に明らかにされている

Davidson, E.H.: **A view from the genome: spatial control of transcription in sea urchin development.** *Curr. Opin. Genet. Dev.* 1999, **9**: 530–541.

Ettensohn, C.A.: **Lessons from a gene regulatory network: echinoderm skeletogenesis provides insights into evolution, plasticity and morphogenesis.** *Development* 2009, **136**: 11–21.

Oliveri, P., Davidson, E.H.: **Gene regulatory network controlling embryonic specification in the sea urchin.** *Curr. Opin. Genet. Dev.* 2004, **14**: 351–360.

Oliveri, P., Tu, Q., Davidson, E.H.: **Global regulatory logic for specification of an embryonic cell lineage.** *Proc. Natl Acad. Sci. USA* 2008, **105**: 5955–5962.

Kirchnamer, C.V., Yuh, C.V., Davidson, E.H.: **Modular *cis*-regulatory organization of developmentally expressed genes: two genes transcribed territorially in the sea-urchin embryo, and additional examples.** *Proc. Natl Acad. Sci. USA* 1996, **93**: 9322–9328.

6.13 ウニの口-反口軸は第一卵割面に関係している

Cameron, R.A., Fraser, S.E., Britten, R.J., Davidson, E.H.: **The oral-aboral axis of a sea-urchin embryo is specified by first cleavage.** *Development* 1989, **106**: 641–647.

6.14 口側外胚葉は口-反口軸のオーガナイザー領域としてはたらく

Coffman, J.A., Coluccio, A., Planchart, A., Robertson, A.J.: **Oral-aboral axis specification in the sea-urchin embryo III. Role of mitochondrial redox signaling via H_2O_2.** *Dev. Biol.* 2009, **330**: 123–130.

Duboc, V., Lepage, T.: **A conserved role for the nodal signaling pathway in the establishment of dorso-ventral and left-right axes in deuterostomes.** *J. Exp. Zool. (Mol. Dev. Evol.)* 2008, **310B**: 41–53.

Duboc, V., Lapraz, F., Besnardeau, L., Lepage, T.: **Lefty acts as an essential modulator of Nodal activity during sea urchin oral-aboral axis formation.** *Dev. Biol.* 2008, **320**: 49–59.

Duboc, V., Rottinger, E., Besnardeau, L., Lepage, T.: **Nodal and BMP2/4 signaling organizes the oral-aboral axis of the sea-urchin embryo**. *Dev. Cell* 2004, **6**: 397–410.

Yaguchi, S., Yaguchi, J., Angerer, R.C., Angerer, L.M.: **A Wnt-FoxQ2-nodal pathway links primary and secondary axis specification in sea-urchin embryos**. *Dev. Cell* 2008, **14**: 97–07.

ホヤ

Dehal, P., Satou, Y., Campbell, R.K., Chapman, J., Degnan, B., De Tomaso, A., Davidson, B., Di Gregoriao, A., Gelpke, M., Goodstein, D.M., et al.: **The draft genome of *Ciona intestinalis*: insights into chordate and vertebrate origins**. *Science* 2002, **298**: 2157–2167.

Keys, D.N., Lee, B.I., Di Gregorio, A., Harafuji, N., Detter, J.C., Wang, M., Kahsai, O., Ahn, S., Zhang, C, Doyle, S.A., Satoh, N., Satou, Y, Saiga, H., Christian, A.T., Rokhsar, D.S., Hawkins, T.L., Levine, M., Richardson, P.M.: **A saturation screen for *cis*-acting regulatory DNA in the Hox genes of *Ciona intestinalis***. *Proc. Natl Acad. Sci. USA* 2005, **102**: 679–683.

Lemaire, P., Smith, W.C., Nishida, H.: **Ascidians and the plasticity of the chordate developmental program**. *Curr. Biol.* 2008, **18**: R620–R631.

Passamaneck, Y.J., Di Gregorio, A.: ***Ciona intestinalis*: chordate development made simple**. *Dev. Dyn.* 2005, **233**: 1–19.

Satoh, N.: *The Developmental Biology of Ascidians*. Cambridge: Cambridge University Press, 1994.

Shoguchi, E., Hamaguchi, M., Satoh, N.: **Genome-wide network of regulatory genes for construction of a chordate embryo**. *Dev. Biol.* 2008, **316**: 498–509.

6.15 ホヤ胚の動物-植物極軸と前後軸は，第一卵割以前に明確になる

Nishida, H.: **Specification of embryonic axis and mosaic development in ascidians**. *Dev. Dyn.* 2005, **233**: 1177–1193.

Sardet, C., Paix, A., Prodon, F., Dru, P., Chenevert, J.: **From oocyte to 16-cell stage: cytoplasmic and cortical reorganizations that pattern the ascidian embryo**. *Dev. Dyn.* 2007, **236**: 1716–1731.

6.16 ホヤ類の筋肉は局在する細胞質因子によって指定される

Bates, W.R.: **Development of myoplasm-enriched ascidian embryos**. *Dev. Biol.* 1988, **129**: 241–252.

di Gregorio, A., Levine, M.: **Ascidian embryogenesis and the origins of the chordate body plan**. *Curr. Opin. Genet. Dev.* 1998, **7**: 457–463.

Kim, G.J., Nishida, H.: **Suppression of muscle fate by cellular interaction as required for mesenchyme formation during ascidian embryogenesis**. *Dev Biol.* 1999, **214**: 9–22.

Nishida, H., Sawada, K.: ***macho-1* encodes a localized mRNA in ascidian eggs that specifies muscle fate during embryogenesis**. *Nature* 2001, **409**: 724–728.

6.17 ホヤ胚の脊索，神経前駆細胞，間充織の発生には，近隣の細胞からの誘導シグナルが必要である

Corbo, J.C., Levine, M., Zeller, R.W.: **Characterization of a notochord-specific enhancer from the *Brachyury* promoter region of the ascidian, *Ciona intestinalis***. *Development* 1997, **124**: 589–602.

Kim, G.J., Yamada, A., Nishida, H.: **An FGF signal from endoderm and localized factors in the posterior-vegetal egg cytoplasm pattern the mesodermal tissues in the ascidian embryo**. *Development* 2000, **127**: 2853–2862.

Nakatani, Y., Nishida, H.: **Induction of notochord during ascidian embryogenesis**. *Dev. Biol.* 1994, **166**: 289–299.

Nakatani, Y., Yasuo, H., Satoh, N., Nishida, H.: **Basic fibroblast growth factor induces notochord formation and the expression of As-T, a Brachyury homolog, during ascidian embryogenesis**. *Development* 1996, **122**: 2023–2031.

Picco, V., Hudson, C., Yasuo, H.: **Ephrin-Eph signalling drives the asymmetric division of notochord/neural precursors in *Ciona* embryos**. *Development* 2007, **134**: 1491–1497.

7

植物の発生

●胚発生　●分裂組織　●花の発生と花成の制御

植物の細胞は堅い細胞壁を持ち，組織内での細胞の移動能を欠くため，植物の構造はその多くを方向性のある細胞分裂パターンに帰することができる。こうした外見上の不変性にもかかわらず，発生上の細胞の運命決定は，動物で見られるのとほぼ同じように決まる。すなわち，位置情報と細胞間コミュニケーションの組合せによって決まる。細胞外シグナルや細胞表面の相互作用によるコミュニケーションに加え，植物細胞は原形質連絡によって相互に連結しており，転写因子のようなタンパク質をも細胞から細胞に直接移動させることができるのである。

植物界は非常に大きな界で，その多くが単細胞性である藻類から，多細胞性の陸上植物まで，莫大な形態の多様性を持つ。植物と動物はおそらく独立に多細胞化を進化させたもので，およそ16億年前に存在したその最終共通祖先は単細胞性の真核生物だった。したがって植物の発生は，それ自身興味深いというだけでなく，農業的な重要性も持っている。植物と動物の発生の類似性と相違をみることによって，植物の発生の研究は，この2つのグループの多細胞生物が独立に，異なる発生学的制約のもとに進化させてきた発生メカニズムに光を当てることができる。

植物と動物は同じ発生メカニズムを使っているのだろうか？　本章でみていくように，花芽の発生パターンを決める遺伝子発現の空間制御についていえば，その背景にあるロジックは動物の体軸のパターンをつくるHox遺伝子のはたらきに似ている。しかしそこではたらく遺伝子は，完全に異なるものである。植物と動物の発生のこうした類似性は，遺伝子発現制御の基本的な仕組みが両者で同一であるという事実に起因しており，したがって，多細胞性の組織で遺伝子発現のパターン構成を制御する一般的な仕組みは，同様のものとならざるを得ないのである。これからみていくように，動物の発生でみてきた非対称細胞分裂，位置情報に対する応答，側方抑制，細胞外シグナルに対する遺伝子発現の変化などの一般的な制御メカニズムの多くは，植物にも存在する。発生における植物と動物の違いは，植物細胞がお互いにコミュニケートする方法が動物細胞とは異なること，堅い細胞壁が存在すること，巨視的な細胞移動の欠如，また，環境要素が動物よりも植物の発生においてはずっと大きなインパクトを持つという事実に起因している。

植物と動物の発生の間での一般的な差として，植物においてはその発生の大部分が胚の時期ではなく，成長している間になされるということがあげられる。動物の胚と異なり，種子の中にある植物の成熟胚は，その後成長してできる成植物の単な

訳注1：主軸の茎の周りに葉が取り巻く構造をシュートと呼ぶ

訳注2：近年，植物でもペプチド性のシグナル分子を多数種持ち，これを使っていることがわかっている

るミニチュア版ではない。植物の“成体”の構造は，シュート[訳注1]も根も，茎も，葉も，花も，全て種子発芽後に，分裂組織（meristem）として知られる局在化した未分化の細胞群からつくられる。胚の中では2つの分裂組織が確立する。すなわち1つは根の先端に，そしてもう1つはシュートの先端にである。これらの分裂組織は成植物で活動を続け，その他のほとんど全ての分裂組織，例えば発達中の葉原基や花序の分裂組織は，これらに由来する。分裂組織中の細胞は繰り返し分裂することができ，植物の組織や器官の全てに分化する潜在能力を持っている。このことは，葉や花などの器官をつくる分裂組織の発生パターン形成は，植物の一生を通じて続けられるということを意味している。

植物と動物は，その細胞レベルにおいて内的特性の多くを共有しており，生化学的特性においてはさらに多くの共通性があるが，発生にかかわる点においてはいくつか根本的な違いがある。その最も重要な違いの1つは，植物細胞がかなり堅い細胞壁の枠組みで包まれているという点である。したがって実際上，植物では細胞の移動がなく，発生中の植物の形の変化の多くは，細胞シートの移動やたたみ込みを介さない。植物の発生においては，形態は多くの場合，細胞分裂の頻度の違いやその分裂面の違い，そしてその後の方向性を持った細胞伸長によって形成される。

動物の発生におけるのと同様に，植物の発生に関する主要な疑問の1つは，どのようにして細胞の発生運命が決定されるかである。植物の多くの構造は普通，決まったパターンの細胞分裂によってできるが，細胞系譜の重要性を示唆するこうした観察にもかかわらず，細胞の発生運命は多くの場合，分裂組織中の位置や細胞間シグナル伝達のような因子によって決まることも知られている。細胞壁は，分裂組織のような一部の部位においては大変薄いとはいえ，タンパク質のような大きなシグナル分子の通過にとっては障壁になるように思えるかもしれない。しかし，これまで知られている植物の細胞間シグナル分子は全て，オーキシン，ジベレリン，サイトカイニン，エチレンといったように低分子であって，細胞壁を容易に通り抜けるものである[訳注2]。植物の細胞はまた，細胞壁を貫通して隣り合った細胞間をつなぐプラズモデスマータ［原形質連絡（plasmodesmata）］として知られる微細な細胞質のチャンネルを使ってコミュニケーションをしており，この原形質連絡を通して，発生上の遺伝子制御に重要なタンパク質や，mRNAまでをも，細胞間で直接移動させているのである。このチャンネルのサイズは変化でき，シュート細胞のそれは特に大きな直径を持つ。

植物と動物の細胞間のもう1つ重要な違いは，植物では受精卵からのみならず，単一の分化済みの体細胞からでも，1個体の，完全な，稔性のある個体が発生しうるということである。このことは，成体の動物の体細胞とは異なり，成植物の分化した細胞の中には全能性（totipotency）を保有しているものがあるということを示唆する。それらの細胞が，どのようにしてそのようなことを可能にしているのかはまだわかっていないが，おそらく動物の成体の細胞ほどには十分に分化していないか，その分化段階から離脱することができるかなのだろうと考えられている。いずれにせよ，このような植物と動物の違いは，動物の発生について得られている概念を植物の発生にそのまま当てはめることが危険であることを示している。それでも，植物の発生に関する遺伝学的な解析からは，植物の発生のパターン形成に関する遺伝学的方策が，動物のそれとかなり似ていることが明らかになりつつある。

小さなアブラナ科の雑草であるシロイヌナズナ（*Arabidopsis thaliana*）は，遺伝学的また発生学的研究のモデル植物として扱われてきたので，この章でも多くの実例を提供してくれるだろう。まずはその形態，生活環，生殖の主だった特徴につ

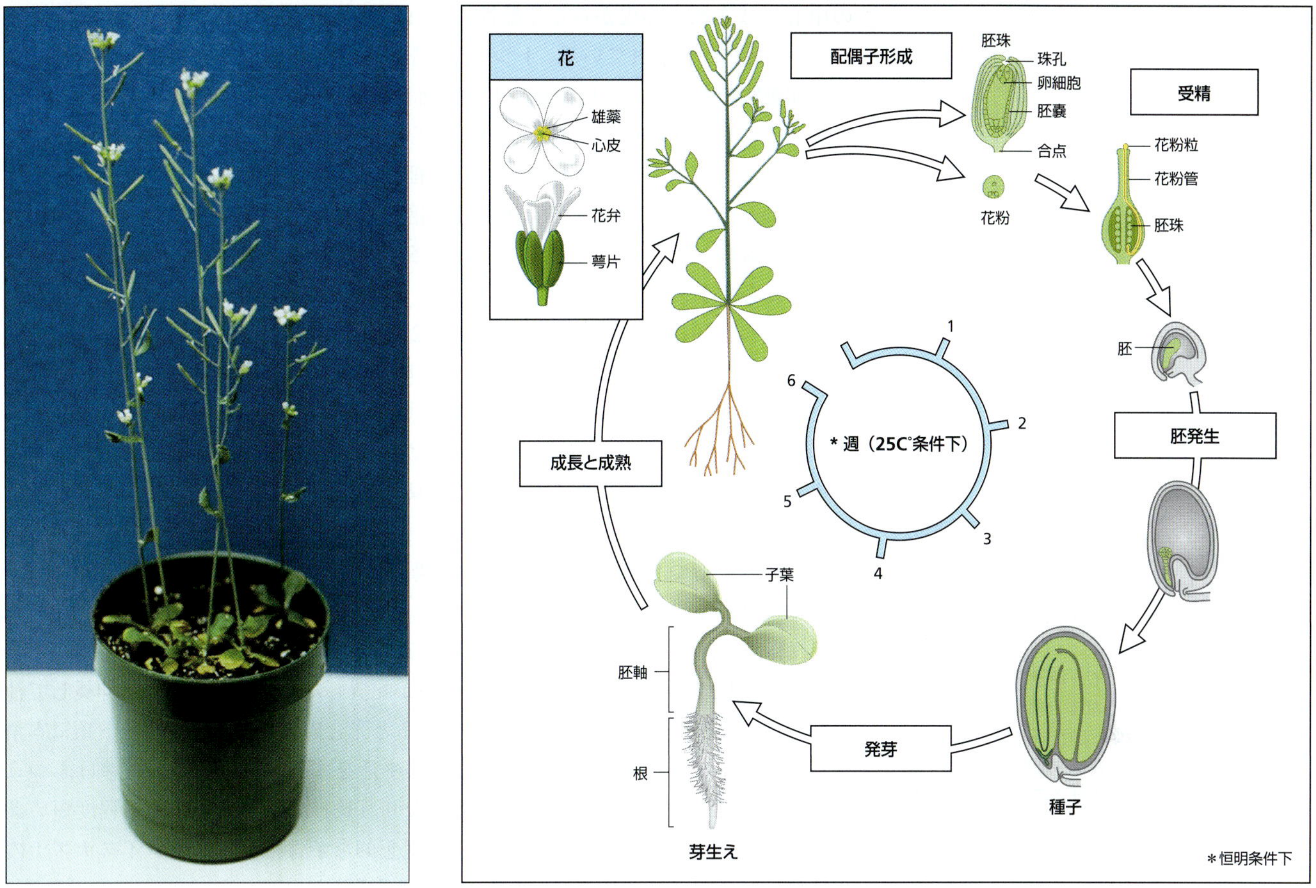

図 7.1 シロイヌナズナの生活環
顕花植物の場合，卵細胞は心皮に包まれた胚珠の中に１つ１つ別々に位置している。花粉粒から由来する雄核が卵細胞を受精させるのは，子房の中でのできごとである。卵はその後，珠皮に包まれた胚として発達し，種子に至る。シロイヌナズナは双子葉類（訳注：本文訳注３を参照）で，成熟した胚は２枚の翼状の子葉（貯蔵器官）をその主軸（胚軸）の頂端部（シュート）につける。主軸の片側の先端にはシュート頂分裂組織，反対側の先端には根端分裂組織がある。発芽後，芽生えは根，茎，葉，花を備えた植物個体に発達する。写真は５本のシロイヌナズナ成熟個体を示す。

いて記述することから始めよう。

7.1 モデル植物シロイヌナズナは生活環が短く，二倍体ゲノムのサイズが小さい

植物の発生の研究に関してショウジョウバエに相当するのが，小型のアブラナ科植物のシロイヌナズナである。シロイヌナズナは遺伝学的，発生学的研究に大変好適な材料である。これは二倍体で（多くの植物は倍数体だが），かなり小さな，コンパクトなゲノムを持っており，そのゲノムは既に配列が読まれている（タンパク質をコードする約 27,000 の遺伝子を含んでいる）。発芽の当年に花が咲く一年草であり，葉を地面に並べるように広げてロゼット状となり，その間から枝分かれした茎を伸ばして，花を持つ枝――花序（inflorescence）――をそれぞれの枝先につける。成育は速く，研究室内の条件では生活環全体がおよそ６～８週間である。花を咲かせる多くの植物と同じく，変異体や系統群は種子という形で大量に保存することができる。シロイヌナズナの生活環は，図 7.1 に示すとおりである。

シロイヌナズナの花（図 7.2）の１つ１つは，４枚の白い花弁の外に４枚の萼片（がくへん），花弁の内側に雄性配偶子を含む花粉を形成する雄性の器官の雄蘂（ゆうずい）が６本ある。花弁，萼片，それにその他の花器官は，進化的に葉の変形した器官と考えられている。花

図 7.2 シロイヌナズナの花
スケールバー＝1 mm。

の中心には2枚の心皮からなる雌性の器官，雌蘂（しずい）（子房）があり，その中には胚珠（ovule）が含まれている。1つ1つの胚珠にはそれぞれ1個の卵細胞が含まれる。卵細胞の受精は，花粉粒が心皮の表面（雌蘂の先端にある柱頭の表面）に付着して，そこから1本の花粉管を伸ばし，心皮の中に侵入して2つの半数体の雄核を届けることで行われる。核の1つは卵細胞を受精させ，もう1つの核は胚珠の中の別の2つの核と融合する。後者は三倍体の細胞を生み，それが栄養供給用の特別な組織──胚乳（endosperm）──に発達する。胚乳は受精卵細胞をとり囲み，胚発生に必要な栄養分を供給する。

受精の後，胚は胚珠の中で発生し，約2週間かけて1個の成熟種子となって親植物から分離する。種子は，外部環境が適切になり発芽を誘発するまで，休眠状態にとどまる。発芽初期の段階や芽生えの初期成長は，胚から貯蔵器官として発達する子葉（cotyledon）（種子葉）に蓄積した栄養分の供給に依存している。シロイヌナズナの胚は2枚の子葉を持つので，双子葉類として知られる大きな分類群に属する[訳注3]。もう1つの大きな分類群は単子葉類で[訳注4]で，これは胚の段階で1つの子葉のみを持つ。単子葉類は典型的な場合は長く細い葉を持ち，コムギ，イネ，トウモロコシなどの多くの主要穀類を含む。農業的に重要な双子葉類には，ジャガイモ，トマト，サトウダイコン，多くの野菜類が含まれる。

発芽に際して，シュート（茎の周りに葉が配置した複合器官）と根は伸長して種子から出てくる。シュートが地上に出てくると光合成が始まり，シュート頂に本葉を形成する。発芽後約4日で芽生えは自立生活をする植物になる。花芽はふつう発芽の3～4週後には目に見えるようになり（長日すなわち夜がある程度短い条件の場合），1週間のうちに開花に至る。理想的な条件下では，シロイヌナズナの生活環はだいたい6～8週間である（図 **7.1** 参照）。

訳注3：現在の分子系統学的理解では，「双子葉類」は祖先を共有しない側系統群であることがわかっており，人為分類群に過ぎない。シロイヌナズナは真正双子葉類に属する

訳注4：双子葉類と違って，単子葉類は祖先を1とする単系統をなす自然分類群である。ただし双子葉類という概念が上述のように根拠を失ったため，顕花植物を単子葉とそれ以外に2別することには意味がない

胚発生

胚の形成，胚発生は胚珠の中で起こり，最終的には発芽を待つばかりの種子の中に成熟した休眠胚をつくる。胚発生の間，植物の体の頂端-基底軸（apical-basal axis）として知られるシュート-根の極性が確立し，シュート頂分裂組織と根端分裂組織とがつくられる。植物は，茎の中の各種組織の同心円状の配列に見られるように放射相称性（radial symmetry）も持っており，この放射軸（radial axis）も胚の中で準備される。シロイヌナズナの胚の発生では，細胞分裂はかなり決まったパターンで起こるので（他種の植物の胚では必ずしもそうとは限らない），早期の胚の中の一群の細胞がどうシロイヌナズナの芽生えの各構造に至るのかを，予定運命図として追うことができる（第7.2節を参照）。

7.2 植物の胚は複数の段階を追って発生する

シロイヌナズナは，花を咲かせる植物である被子植物に属する。これは種子植物を構成する2大グループの1つで，もう1つは針葉樹のような裸子植物である。被子植物における典型的な胚発生の様子を **Box 7A** にまとめた。動物の受精卵と同様に，受精した植物の卵細胞は細胞分裂を繰り返し，細胞伸長，分化を経て多細胞性の胚を形成する。受精卵の最初の分裂は長軸に対して垂直な向きに起こり，頂端細胞と基底細胞とを生み，最初の極性を確立して，これが胚の頂端-基底極性に引き継がれ，ひいては植物個体の頂端-基底軸となる。多くの植物種では，最初の

Box 7A　被子植物の胚発生

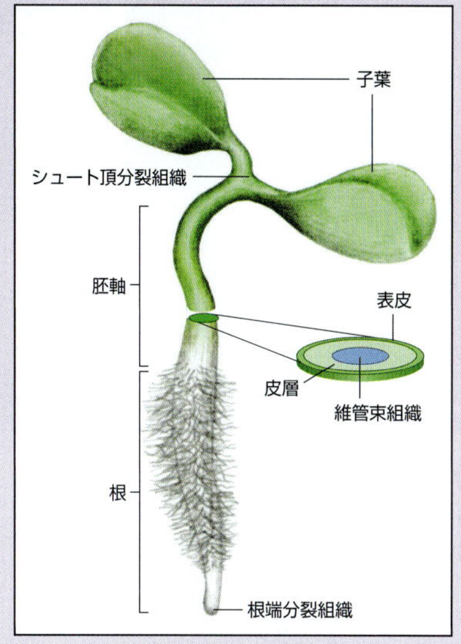

花を咲かせる植物（被子植物）では，卵細胞は花の内にある子房の中の胚珠の中に入っている（下パネルの右挿入図）。受精の際，花粉粒は柱頭の表面に落ち着くと花粉管を伸ばし，胚珠の中に 2 つの雄性配偶子を送り出す。雄性配偶子の片方は卵細胞と受精し，もう片方は胚珠の中にある別の細胞と融合して，栄養補給のための特殊な組織である胚乳を形成する。胚乳は発生中の胚を包み込み，栄養源を供給する。

小形の一年草であるナズナ（*Capsella bursa-pastoris*）は典型的な双子葉植物である。最初の不等分裂により受精卵は頂端細胞と基底細胞とに上下に分かれる（下パネル）。基底細胞は何度か分裂して一列の細胞群（胚柄）となる。多くの被子植物の胚の場合，胚柄はもはや胚の発生に加わらないが，栄養補給機能を果たすと思われる。しかしナズナでは，基底細胞は根端分裂組織の形成に寄与する。胚のほとんどの部分は頂端細胞に由来する。これは一連の一定パターンの細胞分裂によって進められ，さまざまな角度での正確な分裂パターンの結果として，双子葉類に典型的な心臓型胚を形成する。これが成熟胚に発達するにしたがい，円柱状の本体の両端に 1 つずつ分裂組織を持ち，2 枚の子葉を備えたものとなっていく。

早期胚は放射軸に沿って 3 つの主だった組織を分化させる。最外層の表皮，主軸と子葉の中央を貫く将来の維管束組織，そして維管束を包む基本組織（将来の皮層）である。

胚を内包した胚珠は成熟して種子となり（下パネルの左挿入図），外部条件が適したものとなって発芽と芽生えの成長を促すまでは，休眠状態にとどまる。典型的な双子葉類の芽生え（右上パネル）はシュート頂分裂組織，2 枚の子葉，芽生えの胴体にあたる胚軸，そして根端分裂組織を備えている。芽生えは被子植物のファイロティピック段階と見ることもできよう。芽生えのボディプランは単純である。1 つの軸，すなわち頂端-基底軸が植物の中心的な極性を規定している。シュートは頂端側の極に形成され，根は基底側の極に形成される。植物の茎は，胚軸の放射相称性から見て取れるように，放射軸も持っており，それは根とシュートに続いている。中央には維管束組織があり，皮層に包まれており，さらにその外を表皮が包んでいる。後期の段階では，葉やその他の器官は，上面から下面に向かう背腹軸を持つ。

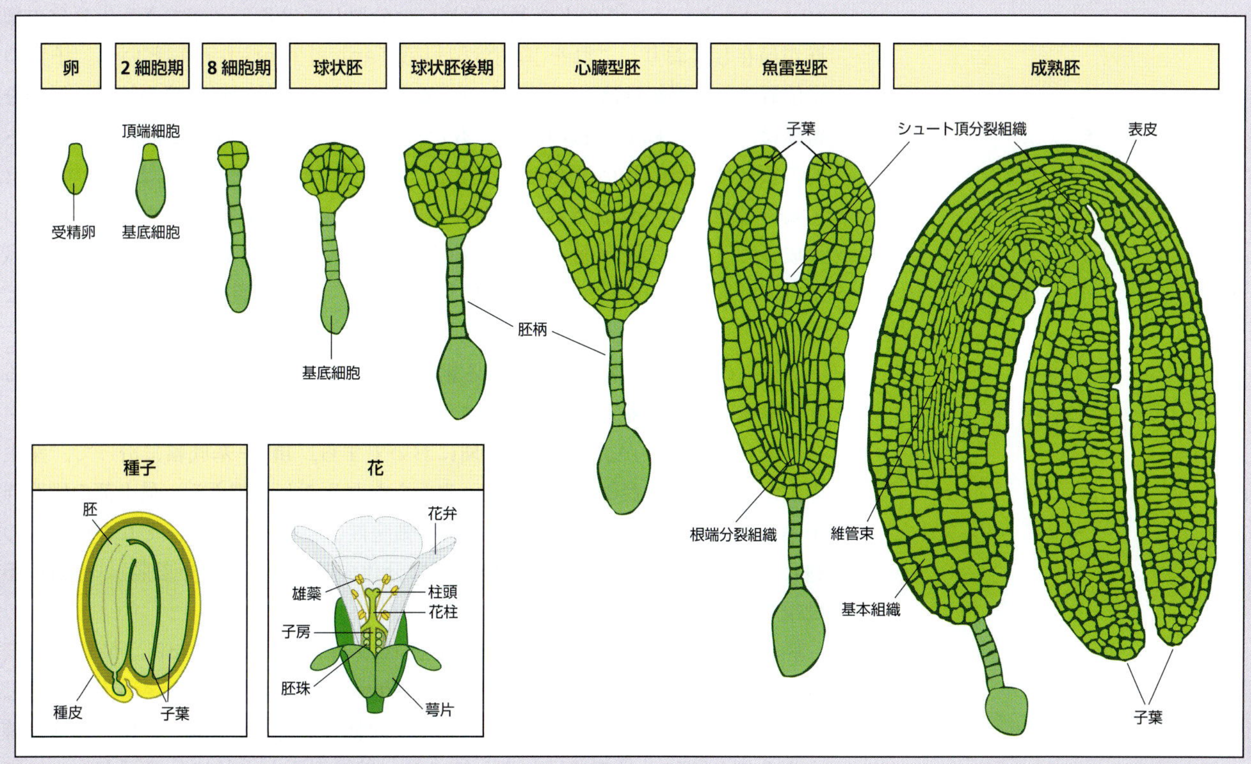

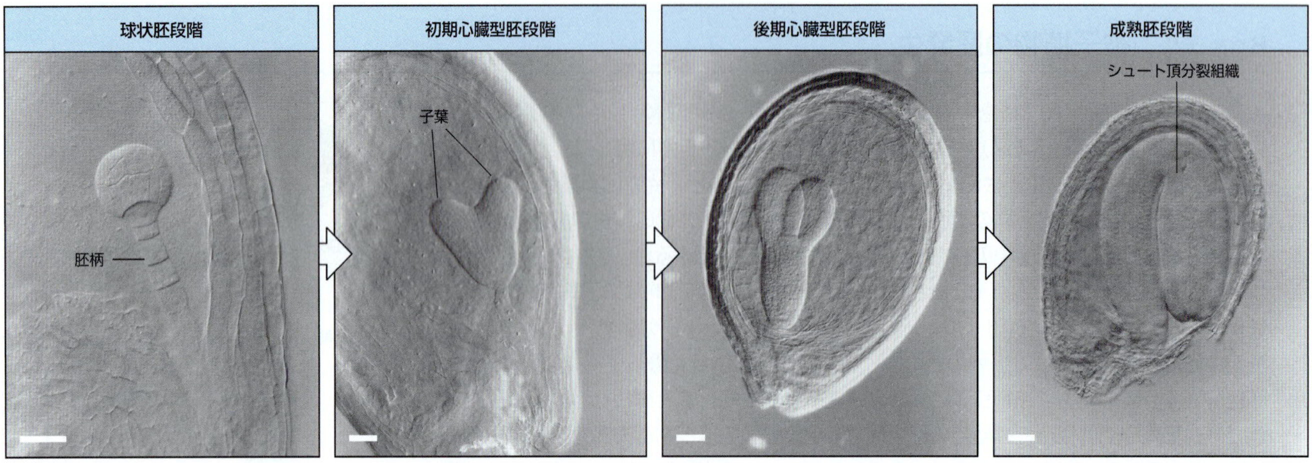

図 7.3 シロイヌナズナの胚発生
シロイヌナズナの野生株の種子を透明化して光学顕微鏡（ノマルスキー微分干渉像）で観察したもの。心臓型胚のときに既に子葉が見られる。胚本体はフィラメント状の胚柄を介して珠皮にとりついている。スケールバー＝20 μm。
写真は D. Meinke 氏の厚意により Meinke, D. W.: 1994 から

受精卵の分裂は不等分裂で，基底細胞のほうが頂端細胞より大きくなる。基底細胞は分裂して，数細胞の長さからなる**胚柄（suspensor）**になる（**Box 7A**）。これは胚と母植物の組織をつなぎ，栄養補給を行う。頂端細胞のほうは縦に分裂して2細胞からなる**前胚（proembryo）**となり，胚柄以外の残りの胚組織を形成する。基底細胞がのちの胚発生にほとんど寄与しない種類もあるが，シロイヌナズナのような種では，胚柄の一番頂部にある細胞は胚本体にとりこまれて**原根層（hypophysis）**となり，胚の根端分裂組織や根冠の形成に寄与する。

つづく2回の分裂で胚は8細胞からなる**8細胞期胚（octant-stage embryo）**になり，さらに約32細胞からなる**球状胚（globular-stage embryo）**になる（**図 7.3**）。胚はそれから長軸方向に伸び，頂端側に翼状の構造として子葉を形成し始めると共に，反対側の端に胚性の根をつくる。この段階を**心臓型胚（heart stage embryo）**という。このとき軸の両端には分裂し続けることができる未分化の細胞群が局在しており，これを**頂端分裂組織（apical meristem）**という。子葉の間に位置する分裂組織はシュートをつくることになり，軸の反対端の幼根の端の分裂組織は，発芽に際して根の成長をもたらすことになる。幼根と将来のシュートの間の領域は**胚軸（hypocotyl）**になる。成植物の地上部のほとんど全ての部分は，頂端分裂組織から形成される。例外の主なものは木本植物における顕著な茎の肥大成長で，これは**形成層（cambium）**という茎の中の二次的な環状の分裂組織によっている。胚が成熟したのち，発芽までの間，頂端分裂組織は休止状態にとどまる。

芽生えの構造は，初期胚における細胞群にまで，予定運命図の形でさかのぼることが可能である（**図 7.4**）。シロイヌナズナでは，16細胞期までの細胞分裂のパターンは非常に再現性がよく，8細胞期においてすら，頂端-基底軸に沿って，芽生えの主だった領域がどこに由来しているかをたどることができる。最上部の細胞群は子葉とシュート頂分裂組織に，2層目の細胞群は胚軸の起源に，そして最基部の細胞と胚柄との連結部分にある細胞は根に分化する（第7.3節を参照）。心臓型胚の段階では，この予定運命図は明確である。

胚の放射パターンは，組織中の同心円状の3つの区画からなる。最外層の**表皮組織（epidermis）**，基本組織［**皮層（cortex）**と**内皮（endodermis）**］，そして中央の維管束組織である。この放射軸は，向軸（中央）と背軸（外側）領域が確立する8細胞期に，最初に現れる。続いて，外層表面と平行に分裂面が入る**並層分裂（periclinal division）**が組織を同心円状に分け，外層表面に垂直な向きに分裂

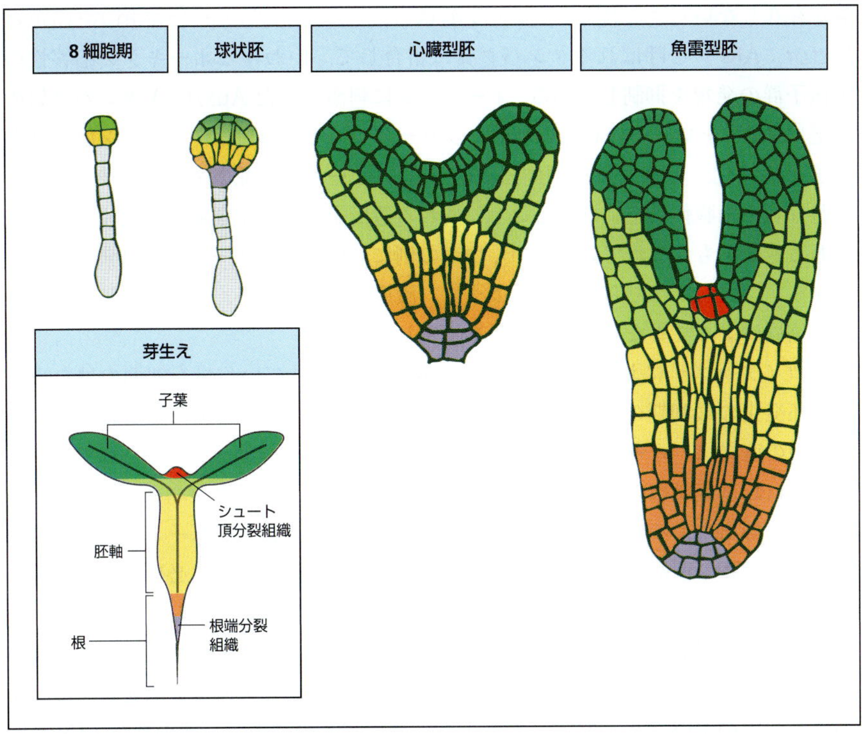

図 7.4　シロイヌナズナ胚の予定運命図
双子葉類の胚では予め決まったパターンでの細胞分裂のため，既に球状胚の段階で，芽生えの際に子葉（濃い緑）とシュート頂分裂組織（赤），胚軸（黄），そして根端分裂組織（紫）となる3つの領域をマップすることができる。
Scheres, B., et al.: 1994 より

図 7.5　並層分裂と垂層分裂
並層分裂は器官の表面に平行な分裂，垂層分裂は表面に直角な向きでの分裂である。

面が入る**垂層分裂（anticlinal division）**が，それぞれの組織の細胞数を増やしていく（**図 7.5**）。16細胞期には，原表皮として表皮層が確立する。

この発生段階で細胞の発生運命がどの程度決定されているのか，また運命付けが初期の不等分裂に依存しているかどうかについては，わかっていない。細胞系譜は決定要因ではないらしい。というのは，パターン形成と細胞分裂とが共役していない変異体が見つかっているからである。シロイヌナズナの *fass* 変異は，細胞の規則正しい分裂を乱すので，細胞はランダムな向きに分裂してしまう。そのため正常なものに比べてより太く短い芽生えが生じる。しかし *fass* 変異体が生じても，根もシュートも，花ですら正しい位置にでき，放射軸に沿った正しい組織パターンを維持するのである。

7.3　シグナル分子オーキシンの勾配が胚の頂端-基底軸を確立する

低分子の有機化合物である**オーキシン（auxin）**（インドール酢酸：IAA）は，植物の発生や成長において最も重要かつ普遍的な化学シグナルの1つである。オーキシンは，**Aux/IAA タンパク質（Aux/IAA protein）**として知られる転写リプレッサーのユビキチン化と分解を促進することで遺伝子発現を変化させる。オーキシ

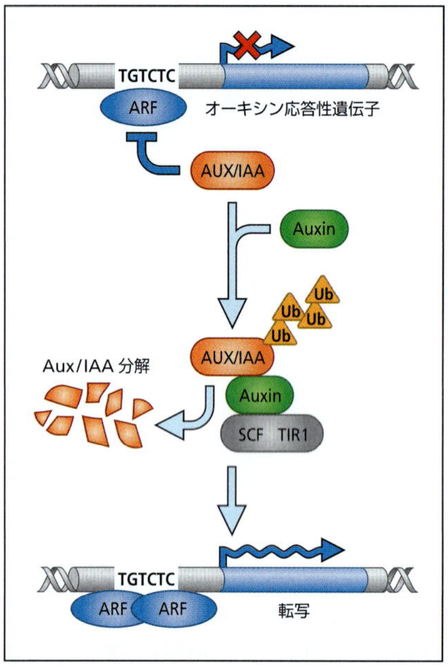

図 7.6 オーキシンのシグナル経路
オーキシンがない状態では，Aux/IAA タンパク質群は AUXIN RESPONSE FACTOR（ARF）ファミリーの転写因子の活性を抑制する。ARF ファミリータンパク質は，オーキシン応答性の遺伝子群のプロモータ領域の TGTCTC を含む DNA 塩基配列に結合する。オーキシンはユビキチンリガーゼ複合体である SCF/TIR1 が Aux/IAA タンパク質に結合できるようにし，ユビキチン（Ub）化をもたらす。この修飾により Aux/IAA は分解対象となり，オーキシン応答性遺伝子の発現抑制が解除されて，その転写が可能となる。
Chapman, E.J. and Estelle, M.: 2009 より改変

ンが存在しないときこれらのタンパク質は**オーキシン応答因子（auxin-response factor：ARF）**と呼ばれるタンパク質に結合して，いわゆるオーキシン応答性の遺伝子群の発現を抑制している。オーキシンに刺激された Aux/IAA タンパク質の分解は ARF をフリーの状態にさせ，フリーになった ARF はオーキシン応答性遺伝子を活性化，ときには抑制する（**図 7.6**）。オーキシン応答性遺伝子の中には，細胞分裂や細胞伸長を制御することに関わる遺伝子や，細胞運命を指定することに関わる遺伝子も含まれている。いくつかの例においては，オーキシンは典型的なモルフォゲンとしてはたらいているようで，濃度勾配を形成し，その勾配に沿った細胞の位置によって異なった発生運命を指定している。

シロイヌナズナにおいてオーキシンに関して知られている最も初期のはたらきは，胚発生の最初期の，頂端-基底軸を確立するというものである。受精卵の最初の分裂の直後に，オーキシンは基底細胞から頂端細胞へ能動的に輸送されて蓄積する。これは，基底細胞の頂端側の面の細胞膜に局在した PIN7 タンパク質によるオーキシンの排出によってなされる輸送である。オーキシンは，シュート頂分裂組織や子葉など，胚の頂端側の全ての構造を生み出す頂端細胞の指定に必要である。続く細胞分裂を通しておよそ 32 細胞期の球状胚の段階まで，オーキシンの輸送は，発生中の胚の基底部に対して胚柄の細胞を介して続けられる。その後，胚の頂端側の細胞群がオーキシンの合成を開始し，オーキシンの輸送の方向は突然逆転する。胚柄の細胞中の PIN7 の局在が，細胞の基底側に移るのである。その他の *PIN* 遺伝子群の発現も活性化され，PIN タンパク質群の協調したはたらきにより，オーキシンは球状胚の頂端側から基底側へ移動するようになり，その結果，胚軸，根端分裂組織，そして胚の幼根が発達するようになる（**図 7.7**）。

胚でのオーキシンの濃度勾配の形成には，不等分裂中の受精卵でのホメオボックス遺伝子 *WOX2*，*WOX8* の発現が必要なように見える。これらは共に受精卵で発現するが，分裂後，*WOX2* の発現は頂端細胞とそれに由来する細胞群に限局され，*WOX8* のほうは基底細胞の系譜のみに発現する。*WOX8* の発現は *WOX2* の持続的な発現とオーキシンの濃度勾配の確立に必須であるらしく，それは，オーキシン輸送を司る PIN タンパク質群の発現に対して WOX タンパク質がもたらす効果を介してである可能性が高い。

胚の基底側の運命指定に対するオーキシンの重要性は，オーキシン輸送やオーキシン応答性に関する細胞メカニズムの変異がもたらす効果からはっきりわかる。例えば *MONOPTEROS*（*MP*）遺伝子は，オーキシン応答因子の 1 つ ARF5 をコードする遺伝子である。*MP* の変異体の胚は，胚軸と根端分裂組織とを欠き，8 細胞期において，通常ならこれらの構造を生み出す部分での細胞分裂が異常となる。

胚における軸形成の初期の段階は，シュートや根になる予定の細胞の指定である。*topless-1* 変異体は劇的な細胞運命の変換をもたらし，頂端部全体をそのまま 2 つ目の根の領域に変換してしまい，子葉やシュート頂分裂組織の発生を失わせる。

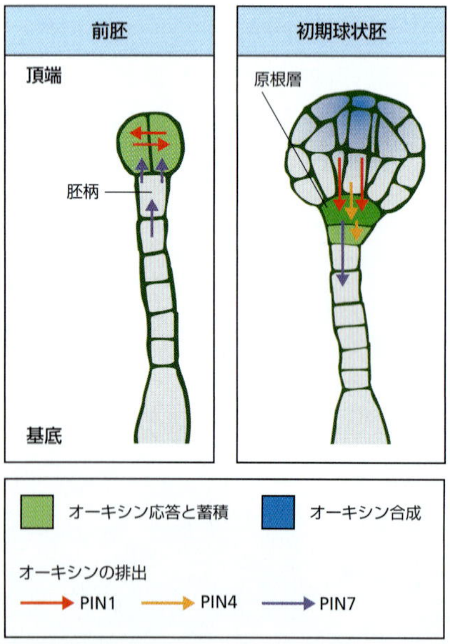

図 7.7 初期胚のパターン形成におけるオーキシンの役割
左パネル：基底細胞でつくられたオーキシンは，基底細胞と胚柄の細胞の頂端側の細胞膜に局在する PIN7 タンパク質を介した，基底から頂端方向への輸送（紫の矢印）により，2 細胞期の前胚（緑）に蓄積する。別の PIN タンパク質の PIN1 は，前胚の 2 つの細胞間のオーキシンの輸送（赤の矢印）をもたらす。オーキシンは細胞分裂により発生中の胚に分配される。右パネル：球状胚の段階になると，活性型のオーキシンが頂端側でつくられ始め，オーキシンの輸送方向が逆転する。PIN7 は胚柄の細胞の基底側に局在し始め，PIN1 と PIN4 タンパク質はオーキシンを頂端から原根層という最も基底の細胞に向けて輸送（オレンジの矢印）する。

TOPLESS タンパク質の正常な機能は，根をもたらす遺伝子群が初期胚の先端側半分の領域で発現しないように抑制することにある。この作用は，Aux/IAA やその制御下にあるオーキシン応答因子と共に複合体を形成し，転写コリプレッサーとして機能することによっている。

topless-1 変異体は温度感受性なので，胚の成長中に温度を変えるだけで，発生の間の異なった時期に，この機能をはたらかせることができる。そうした操作から，胚の頂端側領域は，子葉やシュート頂分裂組織として発生する分子的な徴候が現れた球状胚と心臓型胚の間の段階の後ですら，改めて根として指定されうることがわかった。このことは，通常は発生のこの段階までに頂端側の細胞運命は指定されるのだが，その指定は不可逆的なものではない，ということを示唆するものである。

SHOOT MERISTEMLESS（*STM*）遺伝子の変異は，シュート頂分裂組織の形成を完全に失わせるが，根端分裂組織や胚のその他の部分には何らの効果も持たない。*STM* は，成植物のシュート頂分裂組織においても細胞群を全能状態に維持するのに必要な転写因子をコードしている。*STM* の発現パターンは徐々に変化する性質があるが，これはシュート頂分裂組織を決定づける他のいくつかの遺伝子でも見られる典型的な特性である。その発現は最初，球状胚において 1 ～ 2 の細胞で検出され始め，その後，2 枚の子葉の間の中央領域で見られるようになる（**図 7.8**）。

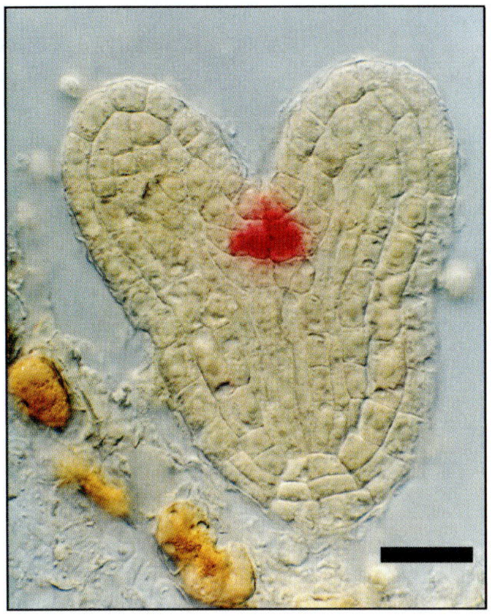

図 7.8 シロイヌナズナの後期心臓型胚の縦断切片での SHOOT MERISTEMLESS（STM）の発現を示す
この段階では，STM の RNA は子葉の間に局在する細胞群で発現する（赤で染色）。スケールバー＝25 μm。
写真は K. Barton 氏の厚意により Long, J.A. and Barton, K.B.: 1998 から

7.4 植物の体細胞は胚や芽生えになることができる

園芸家ならよく知っているとおり，植物にはおどろくほどの再生能力がある。小さな茎や根の断片，ときには葉の一部からですら，完全な植物個体が発生しうるのである。これは植物と動物の細胞の間で，発生の潜在能力に重要な違いがあることを示している。動物ではわずかな例外を除き，細胞の運命決定や分化は不可逆的である。対照的に，植物の体細胞の多くは全能的である。根，葉，茎の細胞群や，種類によっては分離した単一のプロトプラスト（酵素処理によって細胞壁を取り除いた細胞）ですら培養下で成長し，適切な成長ホルモン処理によって新しい植物個体へと誘導できる（**図 7.9**）。培養下で増殖中の植物細胞は，細胞分裂パターンは同一ではないものの，通常の胚の発生に似た段階を経て細胞塊になることができる。これらの“胚様体”は，その後で芽生えに発達できるのである。植物の細胞はまた，見かけ上組織だっていない細胞の集まりであるカルスを形成することができ，カルスは新しいシュート頂分裂組織や根端分裂組織を形成し，ひいては新たなシュートや根をつくることができる。体細胞から植物が再生できる能力があるということは，植物病原性の細菌であるアグロバクテリウム（*Agrobacterium tumefaciens*[訳注 5]）を遺伝子導入のキャリアーに使えば，トランスジェニック植物を簡単につくることができるということでもある（**Box 7B**, p. 278）。

訳注 5：分類の見直しにより *Rhizobium radiobacter* と同一種であることがわかり，こちらの学名も使われるようになってきた

単一の体細胞が完全な植物個体になりうるということは，植物の発生に関して 2 つの重要な意味を持っている。まず 1 つは，成植物のからだの多くの細胞が母性決定因子を持ち続けているとは考えにくいので，植物の胚発生において，母性因子はほとんど，あるいは全く重要性を持たないということである。もう 1 つは，植物の成体の多くの細胞は，その運命に関して完全には決定されておらず，全能状態をとどめているということである。もちろんこの全能性は特別な条件下でのみ発揮されるようだが，それでも動物の細胞ではまずなさそうなことである。それはあたかも，植物の細胞は発生上の長期にわたるメモリーを持っていないか，あるいはそうしたメモリーは速やかにリセットできるかのように見える。

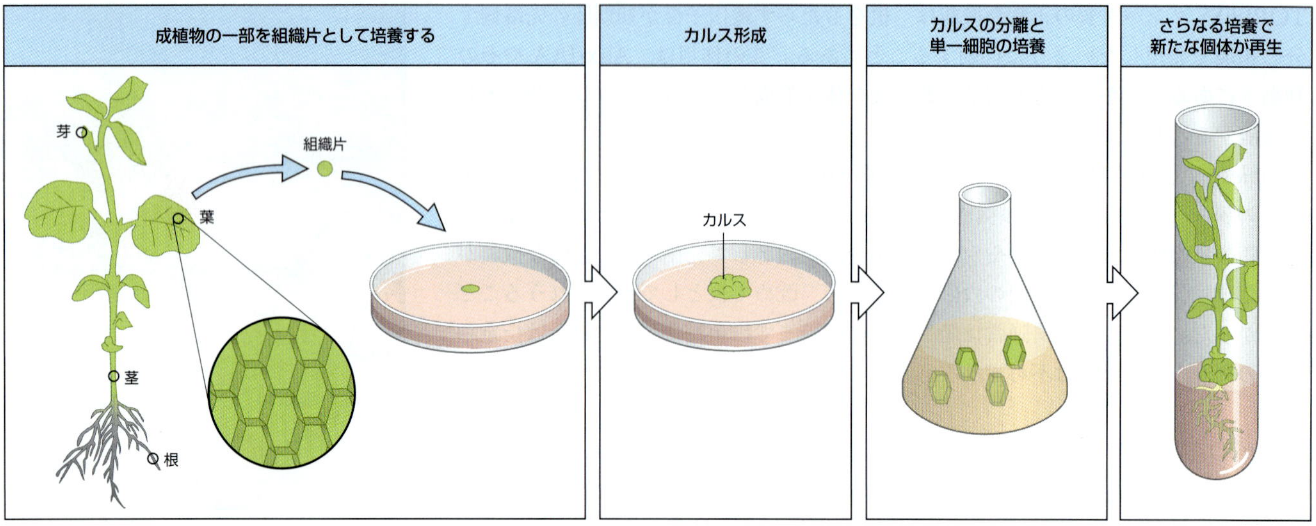

図 7.9 成熟した植物から採取した体細胞は培養により胚を形成でき，ひいては新しい植物を再生することができる
この図は単一細胞からの植物個体の再生の様子を示す。植物の茎や葉からとった小さな組織片を，適切な栄養と成長ホルモンとを含む寒天固形培地の上に置くと，細胞は分裂を開始して，秩序だっていない細胞の集団，カルスを形成する。カルスの細胞をとりだして，再び適切な成長ホルモンを含む液体培地の中で培養する。懸濁培養下では，カルスの細胞は小さな細胞集団を形成する。これらの細胞集団は双子葉類の胚の球状胚に似ていて，これをさらに固形培地の上で培養すると，心臓型の状態を経て，のちに完全な植物個体を再生する。

Box 7B トランスジェニック（形質転換）植物

改変した遺伝子を持つ新たな形質転換植物をつくり出すための最も一般的な方法の１つは，根頭癌腫の原因となる細菌の *Agrobacterium tumefaciens*（アグロバクテリウム）を培養中の植物組織に感染させるというものである。アグロバクテリウムは天然の遺伝子エンジニアである。アグロバクテリウムは Ti プラスミドという**プラスミド（plasmid）**を持っており，これには感染した植物細胞が形質転換してカルスを形成する増殖能を獲得するのに必要な遺伝子群が含まれている。感染中，このプラスミドの一部（下図の赤で示す T-DNA 領域）が植物細胞のゲノム中に移され，安定的に組み込まれる。したがって，実験的にこの T-DNA 領域に挿入した遺伝子もやはり植物の細胞の染色体に取り込まれる。腫瘍をもたらさないように改変され，T-DNA の組み込み能は保持した形の Ti プラスミドが，双子葉植物の遺伝子導入のためのベクターとして広く用いられている。遺伝子操作されたカルスの植物細胞は，その後，その全ての細胞に遺伝子が導入された完全なトランスジェニック植物個体になり，導入遺伝子は後代に伝えられる。

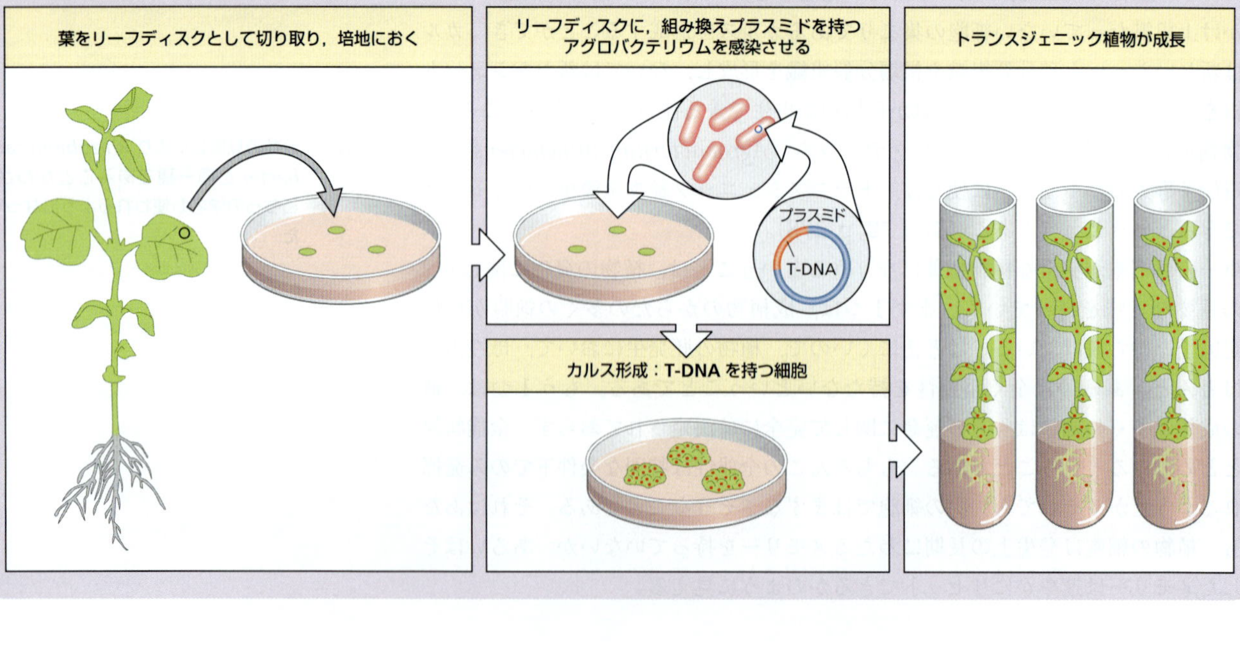

まとめ

多くの植物で胚の初期発生は，受精卵を頂端と基底に指定する不等分裂で特徴づけられる。被子植物においては胚発生の間にシュート頂と根端の分裂組織が確立し，そこから成植物が発達する。シロイヌナズナ胚の頂端-基底軸の指定には，オーキシンの濃度勾配が関与する。植物と動物の間の主要な違いは，培養下において，植物の単一の体細胞が，胚様の段階を経て完全な新しい植物個体に再生できることであり，このことは分化した植物細胞の中には，全能性を維持しているものがあることを示している。

まとめ：被子植物の初期発生

最初の不等分裂と胚におけるオーキシンシグナルが頂端-基底軸を確立する

⇩

胚の細胞運命は位置によって決定される

⇩

シュート頂と根端の分裂組織は成植物の全ての構造をつくり上げる

分裂組織

植物においては，成体の構造のほとんどは胚の中のただ2つの領域に由来する。すなわち，胚のシュート頂および根端の分裂組織であり，それらは発芽後も維持される。例えば胚のシュート頂分裂組織は，成長中の植物のシュート頂分裂組織に受け継がれ，茎，葉，花の全てをつくり出す。シュートが成長するにしたがいその分裂組織から側生し，伸び出す構造は，葉となり側枝となる。花を抱くシュートの場合は，栄養成長型の分裂組織は，葉ではなく花をつくり出す**花芽分裂組織（floral meristem）**をつくれる分裂組織に転換する。例えばシロイヌナズナの場合，シュート頂分裂組織は，その周囲にらせん状パターンで葉をつくる栄養成長型分裂組織から**花序分裂組織（inflorescence meristem）**に変化し，花序分裂組織はその後，花芽分裂組織を，すなわち花をその周りにらせん状につくるようになる。将来，器官になる部位の最初の発生段階は，**原基（primordia；単数形 primordium）**と呼ばれる。それぞれの原基は少数個の**創始細胞（founder cell）**からなり，これらが細胞分裂と細胞肥大を経て，細胞分化を伴いつつ，新たな構造をつくり出す。

通常，シュート頂分裂組織から葉が生じる場合には，1つの葉をつくってからその次の葉を発生する間の時間差があるので，植物のシュートはモジュール構造の繰り返しになる。それぞれのモジュールは，**節間（internode）**――1つの葉とその次の葉をつくるまでの間にシュート頂分裂組織がつくり出した細胞群――，1つの**節（node）**とそこに付随した1枚の葉，そして1つの腋芽からなる（**図7.10**）。腋芽そのものも**腋芽分裂組織（lateral shoot meristem）**として知られる分裂組織を持ち，これは葉の基部に形成され，主茎の頂芽からの抑制効果が除かれると，側枝をつくることができる。根の成長はそれほど明瞭にモジュール的ではないが，似たようなとらえ方はでき，根端分裂組織から離れたところに生じた新たな側方の

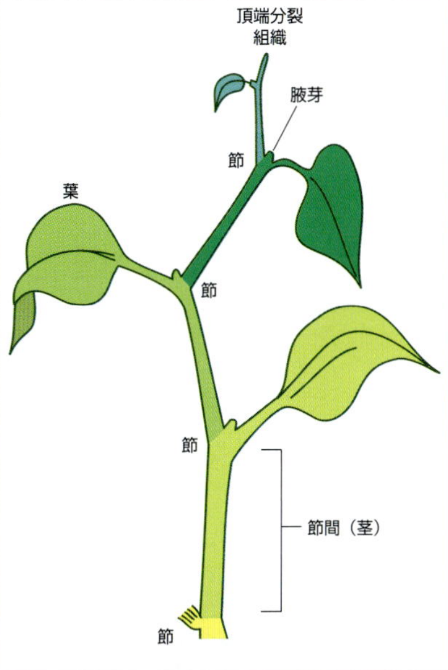

図7.10 植物のシュートはモジュール方式で成長する
シュート頂分裂組織は，基本的なモジュール構造を繰り返しつくりだす。栄養成長期のシュートのモジュールは典型的な場合，節間，節，葉，それに腋芽（ここから側枝が発生できる）からなる。モジュールの積み重ねを，異なる色合いの緑色でここに示す。植物が成長するにしたがい，分裂組織から遠いほど節間は長くなり，葉はより展開する。
Alberts, B., et al.: 2002 より

分裂組織が，側根をつくり出すのである。

シュート頂分裂組織と根端分裂組織は同様の原則のもとで動いているが，その間にはいくつか重要な違いもある。まずシュート頂分裂組織についてその構造や性質の基本的な原則をみていき，その後で根について議論することにしよう。

7.5 分裂組織は自己複製する幹細胞からなる小さな中央領域を持つ

シュート頂分裂組織は被子植物の場合めったに直径250 μmを超えることはなく，比較的小さな数百の，分裂可能な未分化細胞を含む。通常の植物の発生ではほとんどの細胞分裂は分裂組織の中で起こるか，分裂組織を離れてすぐの場所で起きるので，植物の成長におけるサイズ増大はほとんどが細胞伸長や細胞肥大によっている[訳注6]。細胞はシュート頂分裂組織の周辺領域を離れていって，葉や花のような器官をつくる。これらの細胞は，シュート頂分裂組織の先端にある自己複製する幹細胞あるいは**始原細胞（initial）**のゆっくりした分裂により，その狭い中央領域から押しやられてきたものである（図7.11）。シロイヌナズナの場合，この領域はおよそ12～20の細胞からなる。始原細胞は動物の幹細胞と同じような振る舞いを見せる（第10章参照）。それらの細胞は分裂すると，娘細胞の1つは幹細胞としてとどまり，もう片方の細胞は幹細胞の性質を失う。この娘細胞は分裂を続け，その子孫の細胞群はシュート頂分裂組織の周辺領域へと向かい，そこで新たな器官や節間の創始細胞となって，シュート頂分裂組織を離れ，そして分化する。シュート頂分裂組織の中央に植物の一生を通じて維持され続けるのは，ごく少数の幹細胞である。

訳注6：ここは，やや極端な表現になっている。目に見える器官の成長は多くの場合，たしかに細胞伸長によるところが大きい。しかし葉の成長などは，頂端分裂組織とは別に，葉の原基の中での活発な細胞分裂によってはじめて起こるものである

分裂組織の幹細胞は，分裂組織の中心領域の下に位置して**形成中心（organizing center）**をつくる細胞群によって，その自己複製能力を維持している。のちに見るように，形成中心によって維持される微小環境が，そうしたアイデンティティを与えるのである。

分裂組織の幹細胞が無限成長性を持つことは，分裂組織が調節能を持つことで確かめられる。例えば芽生えのシュート頂分裂組織を外科的に垂直に2～4に分割してみると，それぞれのパーツは完全な分裂組織に再編成されて，正常なシュートをつくる。形成中心の一部とその上の幹細胞とがある限りは，正常な分裂組織が再生する。もしシュート頂分裂組織が完全に除去されてしまうと，新たな頂端分裂組織はできないが，葉の根元で未発達のままだった分裂組織が発生できるようになり，新たな側枝を形成する。元々の分裂組織が存在していた間は，活性化している分裂組織が――シュート頂からのオーキシンの輸送や，その他の要因も含め――近くにあるほかの分裂組織の発達を阻害していたため，この潜在的な分裂組織は不活性のままとどまっていたのである。この制御方式は，分裂組織における細胞運命の決定因子が，主に細胞間相互作用であることと呼応している。

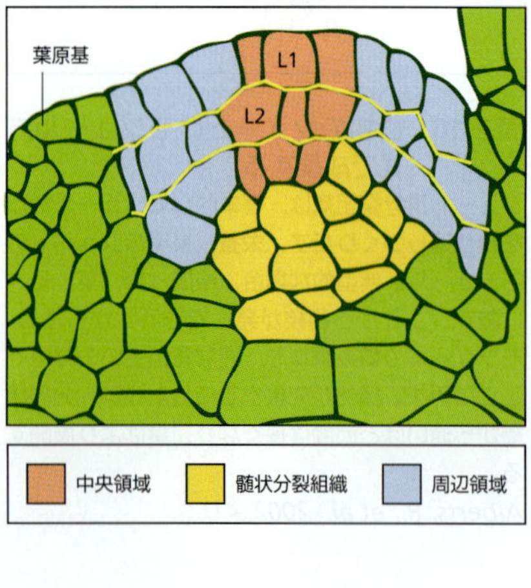

図7.11 シロイヌナズナのシュート頂分裂組織の構造
分裂組織は主に，黄色の線で区分けしたように，L1，L2，そして内層という3つの層からなり，機能的には中央領域（赤），髄状分裂組織の領域（黄），周辺領域（青）に分けられる。幹細胞ないし始原細胞は中央領域に存在し，周辺領域は葉や側枝を生じることになる増殖細胞からなる。髄状分裂組織は茎の中心部の組織をつくり出す。

7.6 分裂組織中の幹細胞領域の大きさは，形成中心からのフィードバックループによって一定に保たれる

分裂組織中の細胞の振る舞いを制御する遺伝子としては，数多くのものが知られている。例えば，シロイヌナズナの胚発生においてシュート頂分裂組織の指定にかかわる *STM* 遺伝子（第 7.3 節を参照）は，成植物のシュート頂分裂組織の全域で発現するが，その一部の細胞群が器官原基になると，すみやかにその細胞での発現が抑制される。*STM* の機能が失われると分裂組織の全ての細胞が器官原基に取り込まれてしまうことから，その役目は，分裂組織の細胞を未分化な状態に維持することにあるようである。逆に，シロイヌナズナの *CLAVATA*（*CLV*）遺伝子の変異は，幹細胞数の増加の結果として，分裂組織のサイズを増大させる。正常な場合では，幹細胞の集団プールから細胞が連続して抜け出していくにもかかわらず，分裂組織中の幹細胞の数は残された幹細胞の分裂によって，植物の一生を通じてほぼ一定に保たれる。幹細胞の数を制御する上での *CLV* 遺伝子の役目はある程度詳しくわかっており，それには，幹細胞と，その下の形成中心との間でのフィードバックへの関与が含まれている。

シロイヌナズナでは，形成中心の細胞はホメオボックス転写因子の WUSCHEL（WUS）を発現している。これは，その上に位置する細胞群に幹細胞のアイデンティティを与える（まだ未知の）シグナルをつくるのに必要な因子である。*WUS* 遺伝子の変異はシュート頂分裂組織の停止と，幹細胞の消失による成長停止をもたらし，その過剰発現は，幹細胞数の増加をもたらす。幹細胞は，間接的に *WUS* の発現を抑制する分泌性タンパク質をコードする *CLAVATA3*（*CLV3*）を発現する。このフィードバックループが形成中心での *WUS* の活性を制御し，近隣での *WUS* の活性化を抑えるので，*WUS* の発現量が制限されるのだろう（**図 7.12** の上パネル）。ひいては，これが形成中心の上の幹細胞領域の大きさを制御すると思われる。例えば，もし幹細胞の数が一時的に低下すれば，CLV3 の量が減り，*WUS* の活性が増大し，その結果として幹細胞の数が増加する。CLV3 の増加はその後，*WUS* の活性量を制限する。他の CLAVATA タンパク質もこのフィードバックループに関与している（**図 7.12** 下パネル）。

幹細胞のアイデンティティを与える遺伝子が異所発現すれば，分裂組織は植物のからだのどこにでも生じうる。このことはまた，幹細胞のアイデンティティが，胚発生上の細胞系譜によってではなく，細胞間相互作用で与えられるものだということを示す。

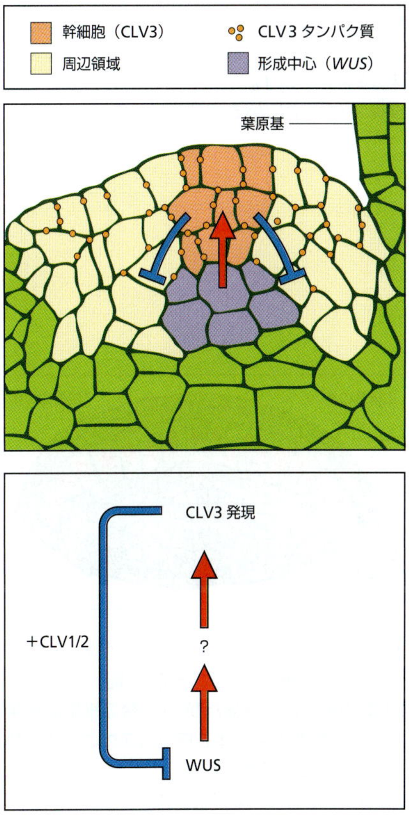

図 7.12　シュート頂分裂組織における幹細胞数の制御
シロイヌナズナのシュート頂分裂組織における幹細胞集団の位置とサイズは，細胞間シグナルが制御している。上パネル：形成中心（紫）は転写因子の WUS を発現し，それが，上に位置する幹細胞（オレンジ）を維持する未知の細胞間シグナル（赤の矢印）の形成を促す。幹細胞が，シグナルタンパク質の CLAVATA3（CLV3：オレンジの点）を発現し分泌すると，それが側方と下方に移動し，細胞表層の受容体タンパク質 CLV1 と CLV2 を通じて，間接的に周辺の細胞群での *WUS* 遺伝子の転写を抑制する。CLV3 はこうして幹細胞領域のサイズを制限するのである。幹細胞の娘細胞は，常に分裂組織の周辺領域（薄い黄色）の細胞となって置き換わり，やがて葉原基にとりこまれる。下パネル：WUS の発現が CLV3 によって制限される負のフィードバックループ。形成中心での WUS の発現は，CLV3 の発現を誘導する未知のシグナルの産生に必要である。CLV3 はさらに CLV1/2 を介して *WUS* の発現を抑制する。
Brand, U., et al.: 2000 より改変

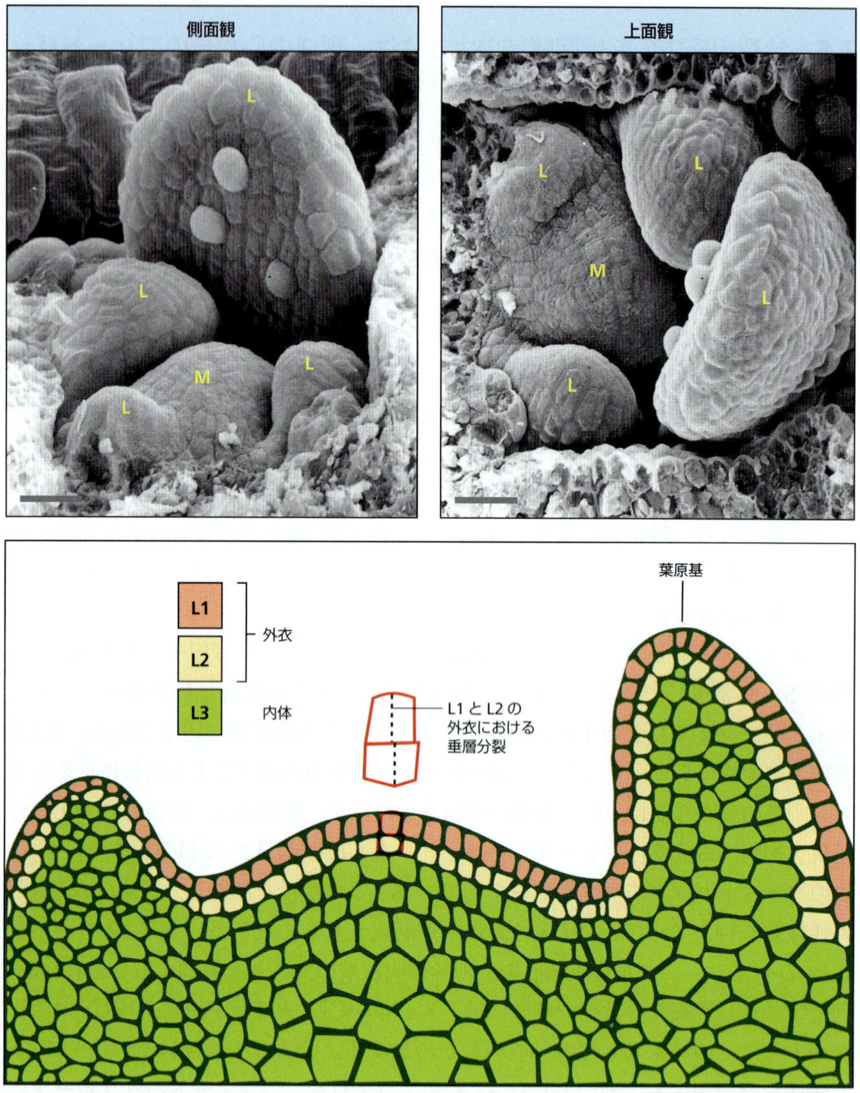

図 7.13 シロイヌナズナのシュート頂分裂組織
上段パネル：栄養成長期にある若いシロイヌナズナのシュート頂の構成を走査型電顕像で示す。植物材料は *clavata 1* 変異体で，シュート頂が大型化しているため，葉原基（L）に加えシュート頂分裂組織（M）が明瞭に見て取れる。スケールバー＝10 μm。下段パネル：シュート頂端部の縦断面の模式図。頂端部のほとんどの領域で，分裂組織の3層構造が見てとれる。第1層（L1）と第2層（L2）では，細胞分裂面は垂層，すなわちシュートの表面に対して垂直になされる。第3層（L3，内体）の細胞は，あらゆる方向に分裂が可能である。分裂組織のそれぞれの脇に1つずつ葉原基を示す。
写真は M.Griffiths 氏の厚意による

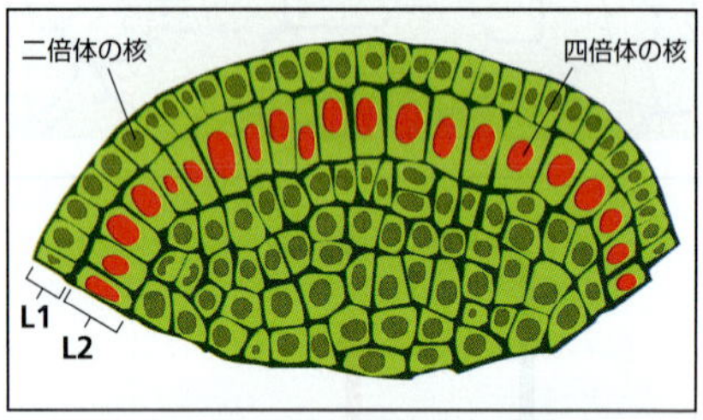

図 7.14 2つの異なる遺伝子型からなる周縁キメラの分裂組織
L1層の細胞は二倍体だが，L2層の細胞は正常細胞の倍の数の染色体を持つ四倍体のため大型で，容易に区別できる。
Steeves, T.A., et al.: 1989 より

7.7 分裂組織の層ごとの細胞運命は，位置を変えることで変更することができる

分裂組織の細胞の発生運命が分裂組織中の位置によって決定されている，つまり細胞間シグナルの関与が想定されるという証拠は，分裂組織の層ごとの発生運命の違いに関する観察からも得られている。中央領域や周辺領域といった組織化に加えて，シロイヌナズナのような双子葉類のシュート頂分裂組織は，3つの明瞭な層から成り立っている（**図 7.13**）。最外層のL1層は，ただ1層の細胞層からなる。L2層はL1層の直下にあり，これも1細胞層からなる。L1とL2では細胞分裂は垂層分裂型で，新たな細胞壁は層に垂直に生じるので，この2層の構造が保たれる。最も内側の層はL3層で，ここでは細胞はいろいろな方向に分裂できる。L1とL2は外衣（tunica）としても知られており，L3は内体（corpus）という。

どの組織がどの層からできるかを調べるためには，特定の層を色素合成の変異や倍数体の核のような識別可能な変異でマーキングすれば，それぞれの層の細胞運命を追跡できる。ある特定の層が他の層と遺伝的に異なる場合，その生物は周縁キメラ（periclinal chimera）と呼ばれ（**図 7.14**），その層が生み出す細胞の運命

の追跡が可能である。動物胚に関してすでにみたとおり，キメラとは，2つの異なる遺伝子型の細胞からなる生物のことである（第3.9節参照）。植物のキメラは，種子中のシュート頂分裂組織やシュート頂を，X線照射や，倍数体を誘導するコルヒチンのような薬剤で処理することでつくることができる。

L1層はシュートがつくる全ての構造を覆う表皮になり，L2とL3は共に基本組織や維管束組織をつくるのに寄与する。葉と花は主にL2からつくられ，L3は主に茎をつくるのに寄与する。この3つの層は，分裂組織の中央領域では成長の長い期間にわたってそのアイデンティティを維持するが，L1やL2の細胞は，たまに並層分裂，すなわち新しい細胞壁が分裂組織の表面に平行につくられる方式の分裂を行うので，新しくできた細胞の片方が隣の層に侵入することもある。この移動してきた細胞は，新しい位置に応じた発生をするので，細胞の運命はその細胞が由来してきた分裂組織内の層によって決まっているのではなく，細胞間シグナルによっていて，新しい位置に応じてその発生運命が変わるということがわかる。L2層での垂層分裂は葉原基の形成が始まると撹乱され，垂層分裂と共に並層分裂も行うようになる。

トウモロコシの転写因子KNOTTED-1はシロイヌナズナのSTMのホモログで，STMと同様に，シュート頂分裂組織の全体で発現し，細胞を未分化な状態に維持している。この例は，転写因子が細胞間を直接移動するという実例である。*knotted-1*遺伝子はL1層を除く全ての層で発現するが，その産物のタンパク質はL1層にも認められるので，これは細胞間を，おそらく原形質連絡を通して移動できると考えられる。この遺伝子が葉で異所的に発現してしまう*knotted-1*の機能獲得型変異体では，緑色蛍光タンパク質と融合させたKNOTTED-1タンパク質が葉の内層から表皮に向けて移動することが観察されているが，その逆方向には移動しない。

7.8 胚のシュート頂分裂組織の予定運命図は，クローン解析で導き出すことができる

本章でここまでに概説してきた分裂組織の一般的特性に関する知識のほとんどは，一生を通じた植物個体の発生に胚のシュート頂がどのように関与するのかについての，数十年前の研究によっている。当時，幹細胞は“胚性の始原細胞”として知られていた。この幹細胞の個々の運命はどうなっているのか？　胚の分裂組織中の特定の領域は，のちに成植物の特定の部分になるのだろうか？　個々の始原細胞は，種子をX線照射にかけるかトランスポゾンの活性化を促せば，その始原細胞に由来する娘細胞を標識でき，例えば植物の他の部分と色を変えることができる。もし標識された分裂組織の細胞とその直系の子孫細胞が（周縁キメラと違い）分裂組織の特定の層の一部のみを占めた場合，この領域は植物が成長するにつれて，茎や器官の中にその標識によって識別可能なセクターを形成する。このタイプのキメラを**周縁区分キメラ（mericlinal chimera）**という（**図7.15**）。周縁区分キメラにおいて標識された個々の始原細胞の発生運命は，ショウジョウバエでなされたのと同じようにクローン解析によってたどることができる（**Box 2E**, p. 76参照）。

トウモロコシでは，標識されたセクターは通常，節間の基底部からスタートし，頂端に向けて伸びて，葉の中で終わる。セクターの中には単一の節間と一枚の葉のみにとどまるものがあり，この場合は，この胚性の始原細胞の子孫が次の葉原基をつくる前に分裂組織から失われたことを示す。一方，中には数多くの節間にまたがるセクターもあり，これは胚性の始原細胞の中には長期にわたって分裂組織にとど

図7.15　タバコの周縁区分キメラ
この植物は，胚のシュート頂分裂組織のうち，L2層の1つの細胞がアルビノの変異を起こしたものから成長したものである。影響を受けた領域はシュートの全周の約1/3を占めているので，胚におけるシュート頂分裂組織の頂端には3つの始原細胞があることが示唆される。

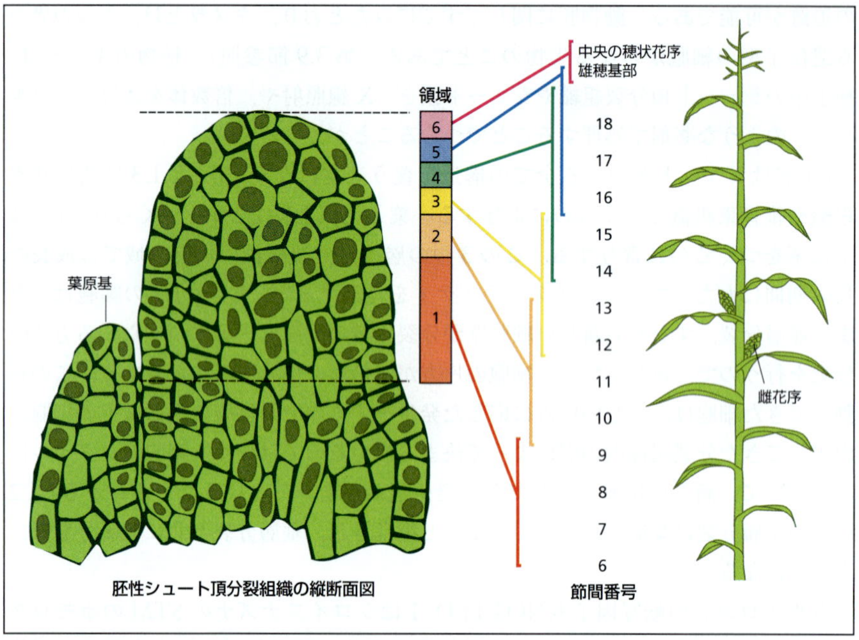

図 7.16　成熟したトウモロコシ胚におけるシュート頂分裂組織の確率論的な予定運命図
トウモロコシでは，最初の 6 枚の葉の原基は成熟した胚の中に既に存在しているので，この解析からは除外されている。細胞が標識されたとき，シュート頂分裂組織は約 335 細胞を含んでおり，これがのちに 12 枚の葉と雌の花序と，頂端の雄花序（雄穂と穂状花序）を形成する。胚性の頂端ドーム（シュート頂分裂組織）の縦断面を左に示す。クローン解析の結果，これは 6 つの縦に積み重なった領域に分けることができること，それぞれは植物の特定の部分をつくる始原細胞のセットでできていることがわかっている。胚の時期のそれぞれの領域における L1 と L2 の層の始原細胞数は，成植物において それぞれに対応する標識セクターの最終的な分量から推定できる（本文を参照）。数多くの植物個体のクローン解析の結果を合わせることで推定されたそれぞれの領域の運命を，右に示す。分裂組織のもっとも先端の L1 層に位置する 3 つの細胞からなる領域 6 は，のちに頂端の雄花序を形成する。その他の領域の細胞運命はそれほど厳密には決まっていない。例えば領域 5 は，領域 6 を囲む約 8 個の L1 層の細胞とその下のおよそ 4 個ばかりの L2 層の細胞とからなり，第 16 節から第 18 節に寄与できる。領域 4 は第 14 節から第 18 節，領域 3 は第 12 節から第 15 節である。葉の腋から生じる雌花序は，それぞれの葉の領域に由来する。
McDaniel, C.N., et al.: 1988 より

まり，連続した節や節間の形成に寄与するものがあることを示す。ヒマワリでは，複数の節間にまたがって花にまで至るものが見られており，これは単一の始原細胞が葉も花も形成できることを示している。

数百もの周縁区分キメラの解析から，複数の種について胚性のシュート頂分裂組織の予定運命図が描かれ，シュート頂分裂組織の性質や，正常な発達中におけるその振る舞いについての知見が得られてきた。これらの予定運命図は，確率論的なものである。なぜなら，その標識された細胞が，種子の中にあって外からアクセスできない胚の分裂組織のどこに位置していたかを知るすべがないからである。

トウモロコシの胚性シュート頂分裂組織についての確率論的予定運命図からは，L1 層の最も先端に位置する 3 つの細胞が雄花序（雄穂と穂状花序：**図 7.16**）になることが示されている。トウモロコシの分裂組織のその他の部分は，5 階層の，それぞれ葉と節間をつくる細胞群に分けることができ，同心状に重なり合った領域を持つ予定運命図を描く。最も外側の領域は一番最初の節間-葉のモジュールに寄与し，内側の領域は順に，より茎の上側の節間と葉に連続的にかかわる。予定運命図はシロイヌナズナのシュート頂分裂組織についても同様に作成されている（**図 7.17**）。シロイヌナズナの胚性のシュート頂分裂組織はそのほとんどが最初の 6 枚分の葉をつくるのに関わっていて，花序を含めたシュートの残りの部分は，シュート頂分裂組織の中心の胚期にはごく少数個だった細胞に由来している。トウモロコシと異なり，シロイヌナズナの葉の数は固定していない。こうした成長を**無限成**

長性（indeterminate）という。特定の細胞系譜と特定の構造との間に何らの連関も見られないことから，分裂組織中の位置が細胞運命の決定に重要であることがわかる。1つの例外は，生殖細胞が常にL2層に由来するということである。L2層はクローンであり，したがって生殖細胞の場合には，発生運命と細胞系譜との間に関連があるということになる。

クローン解析から得られる結論としては，始原細胞が特定の構造に寄与するのは，ただそのとき分裂組織の中の適当な場所にたまたまそれらが居合わせたからに過ぎないということである。それらは胚の中であらかじめ葉であるとか花であるとかに指定されてはいないのである。

7.9 分裂組織の発生は，植物の他の部分からのシグナルに依存する

分裂組織の振る舞いはどのくらい植物の他の部分に依存しているのだろうか？シュート頂分裂組織が隣接する組織から切り離されても，その成長はしばしば非常に遅くはなるが成長を続けることから，ある程度の自律性があるように見える。多くの植物種のシュート頂分裂組織は切り出しても培養下で成長を続け，成長ホルモンのオーキシンとサイトカイニンが得られれば，葉を備えた完全なシュートをつくる。しかし本来のシュート頂分裂組織の振る舞いは，植物の他の部分との相互作用から，より微妙に影響を受けているものである。

先にみてきたように，トウモロコシのシュート頂分裂組織は節を連続的に形成し，雄花で終わる。花ができる前の節の数は通常，16～22の間である。この数はしかし，シュート頂分裂組織が単独で決めるものではない。シュート頂分裂組織に1枚か2枚の葉原基がついた状態の茎頂を培養する実験から，その証拠が得られている。すでに10節ほどの節を形成した植物から取り出したシュート頂分裂組織も，完全な数の節を備えた正常なトウモロコシに発達するのである。取り出されたトウモロコシのシュート頂分裂組織は，すでにつくり出してきた節の数に関する記憶を持っておらず，その過程を最初から繰り返す。したがって，シュート頂分裂組織それ自身は，胚の時期にこれからつくる節の数についての決定を受けていないのである。つまり植物においては，形成されるべき節の数についての制御は，植物の他の部分から分裂組織に向けて送られるシグナルによっており，それによって分裂組織は最終的に，最後の節の形成と雄穂の形成に仕向けられるのである。

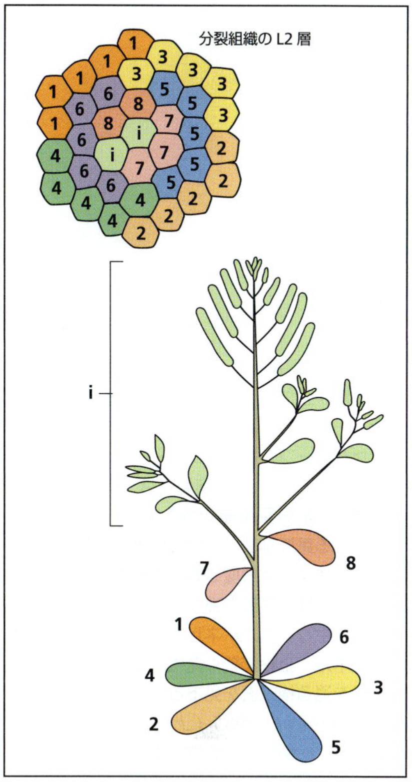

図 7.17 シロイヌナズナの胚性シュート頂分裂組織の確率論的な予定運命図
分裂組織のL2層を取り出して平らに並べ，上から眺めた様子。数字は下図の植物に示す葉の番号に対応し，それぞれの分裂組織の細胞がどれにどのような順で寄与するかを示す。花序シュート(i)はこの層の中心のごく少数の細胞に由来する。*Irish, V.E.: 1991 より*

7.10 遺伝子発現が，シュート頂分裂組織から発生する葉の基部-先端部軸と向背軸をパターン形成する

葉は，シュート頂分裂組織の周辺領域にある創始細胞群から発生する。分裂組織中での葉の形成開始の最初の徴候は，通常，茎頂の側方の特定の領域が膨らみだすことで，これが葉原基（leaf primordium）を形成する（図 7.18）。この小さな突起は，局所的な細胞増殖の増加と細胞分裂パターンの変化の結果である。これはまた，細胞の極性伸長の変化も反映している。

将来の葉に関係した新しい軸性が2つ，葉原基に確立する。すなわち，基部-先端部軸（proximo-distal axis）――葉の基部から先端部への軸――と，向背軸（adaxial-abaxial axis）――葉の表から裏への軸で，時として背腹軸と呼ぶ――である。後者はシュートの軸の放射性に対する相対的な位置から向背軸という。葉の表の面はこの軸の中央に近い側の細胞に由来する（向軸）が，裏の面はより周縁部側の細胞に由来する（背軸）。葉の2つの面はそれぞれ異なる機能と異なる構造を持ち，表の面は光を捉えて光合成を行うために特殊化している。シロイヌナズナで

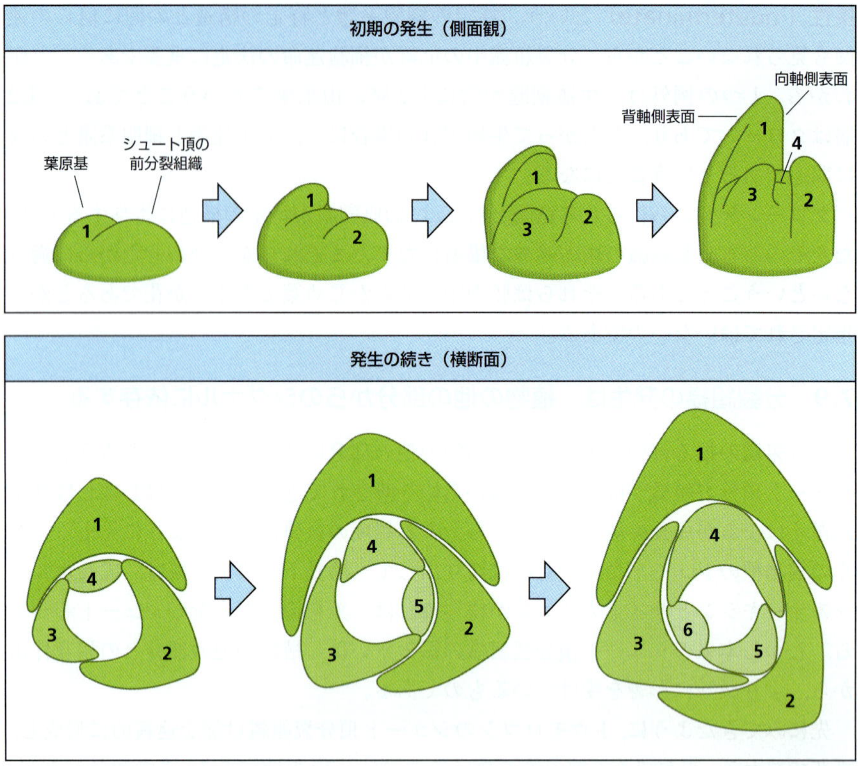

図 7.18 葉序
個々の葉が茎に沿ってらせん状に上がるように並ぶシュートにおいて，葉原基は数学的な規則性をもったパターンのもと，シュート頂分裂組織上に連続して形成される。葉原基は，頂端のドームの周縁の，**前分裂組織**領域のすぐ外側に生じる。次にできる葉原基は，その前の葉原基から放射軸に対して決まった角度をもってやや上方に生じることで，しばしば頂端部から見てらせん状の原基の配置を生む。上段パネル：シュート頂の側面観。下段パネル：上段に続く発生段階について，頂端部近くを通る横断面を見下ろした状態。
Poethig, et al.: 1985（上段パネル）および Sachs, T.: 1994（下段パネル）より

は，葉の向背軸に沿った平面化は，葉原基が発達を始めてから起こるが，トウモロコシのような単子葉類では，葉原基は生じる際に既に平面化している。向背軸の確立は，シュート頂分裂組織の放射軸に沿った位置情報を使って行われているようである。

シロイヌナズナの葉原基は，シュート頂分裂組織から生じる際，向軸側の半分と背軸側の半分とで異なる発生プログラムを動かしている。葉原基は横断面で見ると，外に凸型（背軸側）で内に凹（向軸側）の輪郭を持つ三日月型をしているので，この非相称性は当初からのものと見ることができる（**図 7.18** 参照）。将来の向軸側と背軸側とでは，異なる遺伝子が発現している。例えばシロイヌナズナの *FILAMENTOUS FLOWER*（*FIL*）は，普通は葉原基の背軸側で発現し，背軸側の細胞運命を指定する。それが葉原基の全体で異所的に発現すると，全ての細胞に背軸側の細胞運命が適用され，そのため葉は円錐形の構造のままとどまってしまう。

シロイヌナズナの向軸側の細胞運命の指定には，*PHABULOSA*（*PHAB*），*PHAVOLUTA*（*PHAV*），*REVOLUTA*（*REV*）といった遺伝子が関わっている。これらは転写因子をコードしているが，シュート頂分裂組織でもともと発現しており，葉原基では向軸側で発現する。これらの遺伝子の機能喪失型変異は，葉の裏側の特徴を持つ背軸側の細胞タイプしか持たない，放射相称の葉をもたらす。*PHAB*，*PHAV*，*REV* の発現が向軸側のみに制限されることには miRNA（**Box 6B**, p. 241 参照）が関わっていて，この miRNA がこれら遺伝子の mRNA を背軸側で分解することで，その活性を向軸側のみに限定している。

正常な植物では，向軸側と背軸側の境界部において，双方の始原細胞の相互作用が生じることで側方への平面成長が促され，それによって葉身が形成され，葉が平たくなることが示唆されている。パターン形成や形態形成における境界の重要性は，すでにショウジョウバエの擬体節（第 2.24 節参照）でみてきたが，別の事例についても第11章で触れる。

葉の基部-先端部軸に沿った発生もまた，遺伝的制御の下にあるようである。イネ科の他の植物と同様に，トウモロコシの葉の原基は，茎に近い基部側に将来の葉鞘を，先端部側に将来の葉身の組織を持つ。ある遺伝子の変異は，先端部側の細胞に，より基部側のアイデンティティを与える（例えば葉身の場所に葉鞘をつくる）。同様の基部-先端部軸上のずれは，シロイヌナズナでも突然変異の結果として生じる。基部側の細胞ほど後に成熟することから，基部-先端部軸に沿った位置アイデンティティは，細胞の発生上の齢を反映して，先端の細胞が基部の細胞とは異なる運命を取るように決まっているのかもしれない。

7.11 茎上の葉の規則的配置は，オーキシンの制御された輸送によって生まれる

シュートが成長するにしたがって，シュート頂分裂組織から一定の時間間隔と一定の空間間隔をおいて葉がつくられる。葉は植物によってさまざまな方式でシュートの周りに配置され，この規則性を葉序（phyllotaxis）という。葉序はシュート頂分裂組織における葉原基の配置に反映される。葉は節ごとに1枚ずつであったり，2枚対になって，あるいは3枚以上の環状に生じる。よく見られる配置は茎に沿ってらせん状に1枚ずつ葉が配置するもので，これはしばしばシュート頂に顕著ならせんパターンを描く。

らせん状に葉ができる植物では，新しい葉原基はシュート頂分裂組織の中央領域の外の，既にできている葉原基の位置より上方の，最初に利用可能な空間の中央部にできる（**図7.18**）。このパターンからは，側方抑制（第1.16節参照）による葉の配置メカニズム，すなわち個々の葉原基が一定の距離における新たな葉原基の形成を阻害するという仕組みが示唆される。このモデルでは，直近に形成開始した葉原基から発せられた阻害シグナルが，それぞれに近い位置での葉の形成を阻害することになる。これについてはいくつかの実験的証拠がある。シダでは葉原基は広い間隔を置いてつくられるので，微小手術による干渉が実験的に可能である。次に原基ができるはずの位置を破壊すると，そこにもっとも近い位置にある将来の原基が，その方向に移動する（**図7.19**）。しかし最近の研究によると，ここで作用しているのは阻害というよりは競合である。

胚の頂端-基底軸の決定でみてきたように，オーキシンはPIN1のようなタンパ

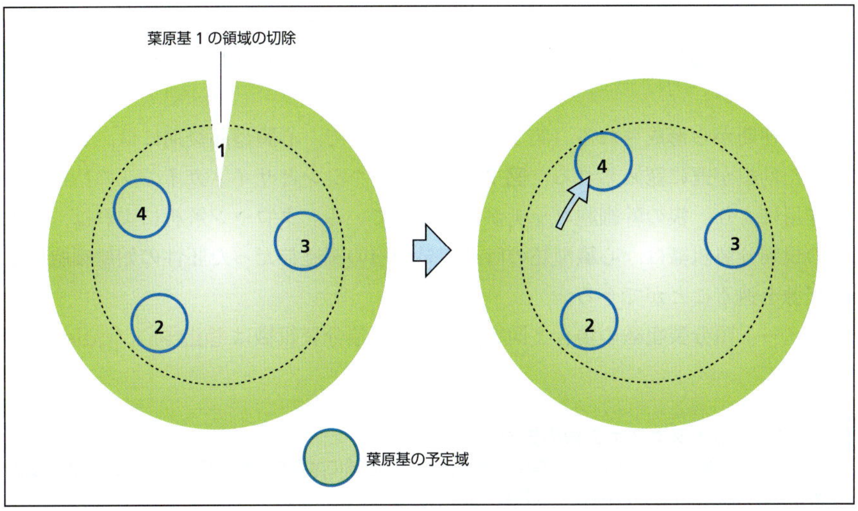

図7.19　葉原基は側方抑制ないし競合によってその位置が決まる
シダのシュート頂で，葉原基は1から4の決まった順序で形成される。葉原基は可能な限り既存の原基から遠い位置にできるように見えるので，原基2は原基1のほぼ真向かいにできる。通常，原基4は原基1と原基2の間にできるが，原基1を除去すると，原基4は原基2から通常よりさらに遠い位置にできる。この結果は，原基1による側方抑制，あるいはオーキシンなどなんらかの原基誘導因子に対する競合効果の除去として，解釈することができる。

図 7.20 シロイヌナズナのオーキシンに依存した葉序制御
オーキシンは PIN1 タンパク質を介して，原基が形成されることになるオーキシンが高濃度の領域（濃い緑）に輸送される。発達中の原基の周りの細胞はオーキシンが不足する（薄い緑）ので，PIN1 タンパク質の極性は逆転して，その後，オーキシンの流れは原基から流れ去る方向に変わる。赤い矢印は PIN1 の極性の方向を示す。このようなオーキシンの循環によって，分裂組織から葉や花の規則正しい形成が生まれる，というアイディアが提示されている。

ク質の助けを借りて細胞から移動する（第 7.3 節を参照）。シュートにおいては，シュート頂端分裂組織の下でつくられたオーキシンは，表皮や分裂組織の最外層を通って，分裂組織を上方に輸送される。シュート頂でのオーキシンの流れの方向は，PIN1 によって制御されており，そのルールは単純である。1 つの細胞の中で PIN1 が存在するのは，その細胞に隣り合った細胞群の中で最もオーキシン濃度が高い細胞に面した側である。したがって，オーキシンの輸送は常に濃度の高いほうへとなされる。高濃度のオーキシンは葉原基の活性化因子で，オーキシンは最初，高濃度のオーキシンがある場所で発達中の新しい葉原基に向けて送り込まれる。しかしこの結果，葉原基の周辺の細胞はオーキシンが枯渇するので，分裂組織の中央に近い側の細胞は，新たな葉原基の向軸側の細胞よりもオーキシンが濃い状態になる。これがそれらの細胞の PIN1 に対して，これまでとは違う側に移動するように仕向けるフィードバックを生むため，オーキシンの流れは分裂組織のほうにある新たな原基に向かうように変わる。こうして，分裂組織中でそれまでのどの新たな葉原基よりも遠い位置に，高濃度のオーキシン濃度を持つスポットが形成される（図 7.20）。これにより，後に新たな葉で占められることになるオーキシンのピークは，規則的配置をもって連続的に生じるのである。

7.12 シロイヌナズナの根の組織は，根端分裂組織から高度に固定化されたパターンでつくられる

シロイヌナズナの根端における組織の配置を図 7.21 に示す。放射パターンとして，単層の表皮，皮層，内皮，内鞘，そして内鞘の中央に維管束組織（原生師部と原生木部）がある。根端分裂組織はいろいろな点でシュート頂分裂組織に似ており，シュート形成に似た形で根をつくり出す。しかし，根端分裂組織とシュート頂分裂組織とではいくつか重要な違いもある。シュート頂分裂組織はシュートの一番先端にあるが，根端分裂組織は根冠（これ自体も分裂組織の中の 1 つの層に由来する）に覆われているほか，根端には，節-節間-葉モジュールのような明瞭な分節構造は見られない。

根は初期から形成される（第 7.2 節を参照）ので，心臓型胚後期には，よく組織だった幼根が既に認められる（図 7.22）。オーキシンとサイトカイニンの拮抗的相互作用により，根の幹細胞ニッチが制御されている。クローン解析によれば，芽生えの根端分裂組織は，心臓型胚の時点で単一層の細胞群だった胚性の始原細胞にまで起源を辿ることができる。

シュート頂分裂組織の場合と同様に，根の根端分裂組織は静止中心（quiescent

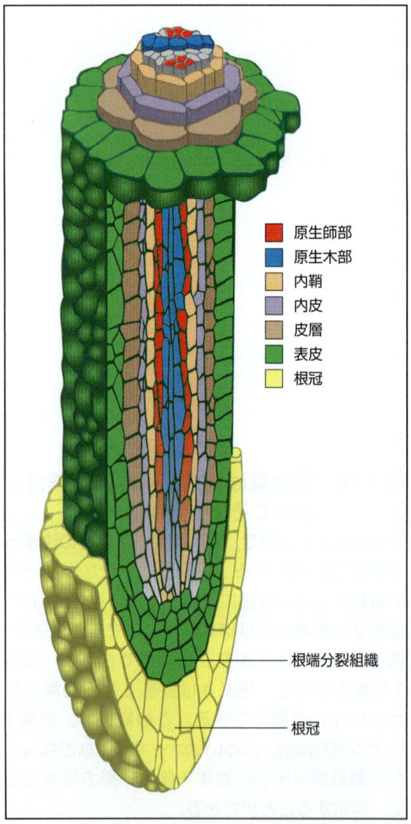

図 7.21 シロイヌナズナの根の先端の構造
根は放射方向に組織だっている。成長中の根の先端の中心部には将来の維管束（原生木部と原生師部）がある。これはさらに組織層群に包まれている。

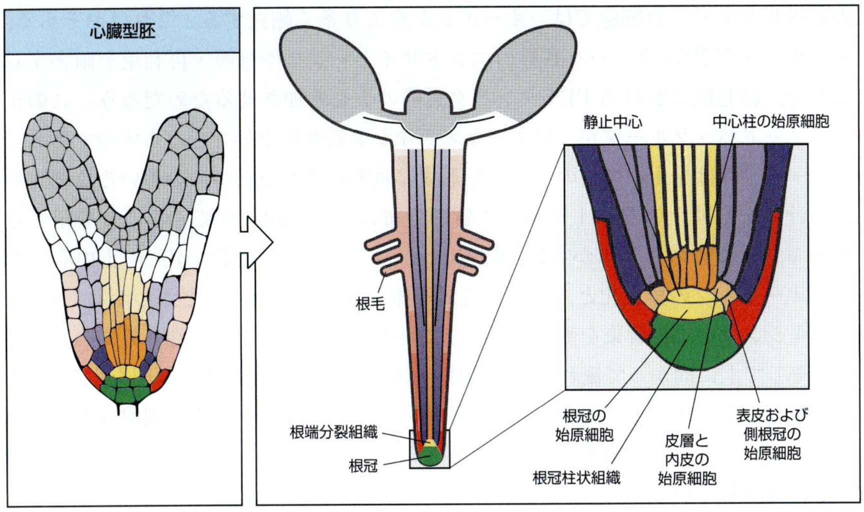

図 7.22 シロイヌナズナ胚の心臓型段階における根の領域の予定運命図
根は一群の始原細胞の分裂によって成長する。根端分裂組織は心臓型胚の少数の細胞に由来する。根のそれぞれの組織は特定の始原細胞の分裂に由来する。根端分裂組織の中心部には静止中心があって，細胞分裂をしない。
Scheres, B., et al.: 1994 より

center）と呼ばれる形成中心を持ち，その中の個々の細胞は非常に稀にしか分裂せず，その周りは根の組織を生み出す幹細胞的な始原細胞で囲まれている（図 7.22）。静止中心は根端分裂組織の機能に必須である。微小手術により根端分裂組織の一部が取り除かれても再生が見られるが，その再生には常に新たな静止中心の形成が先行する。この静止中心をレーザー照射により破壊する実験からは，静止中心の鍵となる機能は，シュート頂分裂組織の場合と同じく，すぐ隣にある始原細胞に幹細胞的な状態を保たせ，分化してしまわないように抑えるところにある，ということが示されている。

それぞれの始原細胞は固定化されたパターンの細胞分裂を経て，成長する根の中に細胞系列（file of cell）を多数生み出す（図 7.21）。したがって，根の中のそれぞれの細胞系列中の細胞は，単一の始原細胞に起源を持つ。ある始原細胞は，内皮と皮層とを生み，ある始原細胞は表皮と根冠とを生む。したがって，これらは根端分裂組織を離れる前に非対称分裂をする。例えば内皮/皮層の始原細胞に由来するまだ未分化な細胞は，非対称分裂をして，そのうち 1 つの娘細胞は皮層を生む細胞，そしてもう 1 つの娘細胞は内皮を生む細胞となるのである。*SCARECROW* 遺伝子は分裂中の細胞にこの非対称性を与えるのに必要であり，この遺伝子の変異体は，根の内皮や皮層がはっきりせず，両方の性質を持つ単一の細胞層をもたらす。

しかし通常の細胞分裂パターンは必須というわけではない。先にも議論したとおり，*fass* 変異体では細胞分裂の乱れがあるが，根では比較的正常なパターン形成が見られる。加えて，この根端分裂組織をレーザーで破壊しても，異常な根は生じてこない。残された始原細胞が新たな細胞分裂パターンに入り，失われた細胞の子孫細胞を代替するのである。こうした観察から，発生中の根端分裂組織の細胞の発生運命は，シュート頂分裂組織のように位置情報の認識に依存しており，その系譜に依存しているわけではないことがわかる。

第 7.3 節でみたとおり，胚におけるパターン形成や根の領域の指定に，オーキシンの濃度勾配は主要な役目を果たしているので，オーキシンの局在に影響を与える変異は根の異常をもたらす。胚発生の球状胚段階で，オーキシン輸送タンパク質の PIN1 は将来根の領域になる細胞に局在し，最も高濃度のオーキシンは，将来静止中心が発生する位置に接している。

植物が成体になっても，根の発達におけるオーキシンの役割は続く。根のオーキシンは PIN タンパク質群を介して輸送され，隣接する細胞に入る。オーキシンのレベルが上昇した細胞では，オーキシンをより多く輸送する。これはおそらく，オーキシンがPINタンパク質群のエンドサイトーシスや分解・再利用を阻害することで，細胞膜におけるPINタンパク質群の数を増加させるためだろう。この正のフィードバックループが，局所的なオーキシン濃度の上昇をもたらすのである。

オーキシンは発生中の根のパターン形成に重要な役目を持つ。いろいろな細胞種における細胞膜上のPIN1タンパク質の分布について知られていることを用いたオーキシン移動のモデルからは，PINによって駆動される流れが，静止中心におけるオーキシンの極大化と，その安定的な維持を説明できることがわかっている。オーキシンは中央維管束を通って根端まで降り下り，それから根端の外側の層を外へ，そして上に向かって流れ，根に基底-頂端軸と共に側方の濃度勾配を生み出す。このモデルは，オーキシンのそうした濃度勾配が，パターン形成や細胞分化，そして根の成長に与える影響を，実際にかかる時間と同じようにシミュレーションすることに成功している。

いかにしてオーキシンの濃度勾配が細胞運命や振る舞いに変換されるのかについては，根において4つのPLETHORAファミリーの転写因子が勾配を持って分布することから1つのアイディアが得られた。これらの転写因子は正常な根の発生に必要で，頂端-基底軸に沿って勾配を持って発現し，その発現のピークは静止中心，つまり最大のオーキシン濃度の場所にある。ここにおいてこれらの因子は，幹細胞の維持とその機能に必須である。PLETHORAタンパク質がより低濃度の領域は，細胞が増殖する分裂組織に対応しており，さらに低い濃度は，伸長帯において，分裂組織から脱して細胞が分化するのに必要に見える。まだ実験的には証明されていないが，*PLETHORA*遺伝子の発現は，オーキシンの濃度勾配を段階的に読み出して，根にパターン形成を促すのに役立っている可能性がある。

根のパターン形成に影響するその他のものは，オーキシンと，ホルモンのサイトカイニンとの間の相互作用である。サイトカイニンは，オーキシンの輸送とオーキシンに対する細胞の応答を抑えることで，根端分裂組織のサイズを制御し，移行領域（細胞が分裂を停止し，伸長と分化を開始する場所）の確立を助ける。

オーキシンはまた，植物が茎の断片から再生する能力にも関わっている。一般的に根は茎の末端の，もともと根の側に一番近かった側から生じ，シュートはシュートの先端に近かった側の末端にある休眠芽から生じる。この極性を持った再生は，維管束の分化とオーキシンの極性輸送に関連がある。オーキシンは，その供給箇所であるシュートの先から根に向けて輸送され，茎の断片の“根側”の末端に蓄積するので，そこに根の形成が促されるのである。1つの仮説によれば，この極性は，方向性を持ったオーキシンの流れによって誘導され，発現するとされる。

発生上重要な転写因子が細胞から別の細胞へと移動する最もよい例の1つが，根で見られる。先に見たとおり，*SCARECROW*遺伝子の発現は，根の細胞が内皮の発生運命を獲得するのに必要である。この発現には，転写因子のSHORT-ROOT(SHR)が必要となる。SHRはしかし，将来の内皮細胞では発現しておらず，その内層にある隣の細胞で発現する。SHRタンパク質はこれらの細胞から外側へ，つまり予定内皮細胞へと輸送される。この移動は制御されたものであり，単なる拡散ではないようである。

7.13 根毛は位置情報と側方抑制の組合せにより指定される

根毛は，根の周りに一定の間隔を置いて表皮細胞から形成される。この制御は，位置情報への応答と，細胞間を移動する転写因子による側方抑制の組合せによって行われると考えられている。発生中の根の表面では，根毛をつくる細胞系譜と，根毛をつくらない細胞系譜とが交互に見られる。位置の重要性は，次の事実から示される。すなわち，もしある表皮細胞が2つの皮層細胞にまたがって接している場合は根毛をつくるが，もしその表皮細胞が1つの皮層細胞にしか接していない場合は，根毛をつくらないのである（図 7.23）。そしてもし細胞が皮層に対する相対的な位置を変えると，その運命もまた変わり，潜在的に根毛をつくる細胞から根毛をつくらない細胞へ，あるいはその逆になるのである。将来の表皮における細胞分裂のほとんどは水平[訳注7]で，細胞系列あたりの細胞の数を増やすのみだが，たまに垂直に垂層分裂を起こすことがあり，その結果，娘細胞の片方が隣の細胞系列へ押しやられることがある。するとその娘細胞は，隣接した皮層に対する相対位置にしたがって，その新たな位置に対応した発生運命を持つのである。

その位置情報の引き金役が何かはまだわかっていないが，受容体型プロテインキナーゼであるSCRAMBLEDタンパク質を介して，表皮細胞によって受容されるものと思われる。SCRAMBLEDの活性は，細胞運命を制御する転写因子のネットワークの活性に影響する。変異実験から2つのグループの転写因子が同定されており，1つは根毛運命を促進し，1つは抑制する。SCRAMBLEDによって制御される転写因子のうち鍵になると思われるものはWEREWOLFで，これはおそらく位置情報に応じて，将来の根毛形成細胞では発現が抑制される。しかしWEREWOLFは根毛非形成細胞の運命を促すだけでなく，根毛形成細胞を指定するのに必要な転写因子（CAPRICE，TRYPTYCHON，ENHANCER OF TRYPTYCHON）の発現にも必要である。位置情報に沿って，これらのタンパク質は根毛非形成細胞でのみ合成されるが，これらは隣接した表皮細胞へ側方に移動し，そのままでは根毛非形成細胞の運命を与えるであろう遺伝子を阻害して，これらの細胞が根毛形成細胞に分化するよう促進するのである。

訳注7：根を重力に従って伸ばした場合，地平線に平行の向きに，の意味。つまり根の伸長方向に垂直に

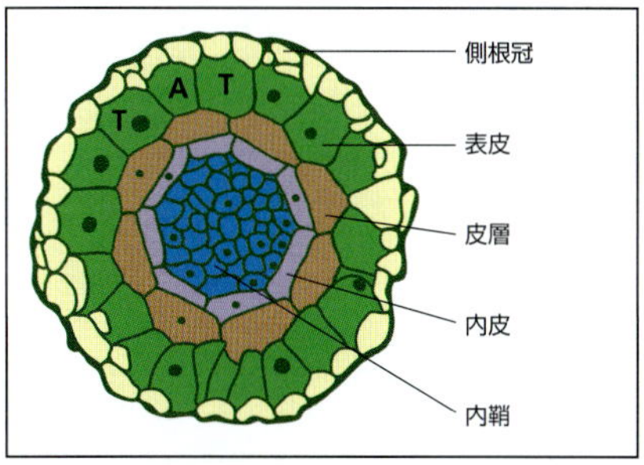

図 7.23　根の表皮における細胞の配置
表皮は2つのタイプの細胞からなる。根毛を形成する根毛形成細胞（T）と，根毛をつくらない根毛非形成細胞（A）である。根毛形成細胞は2つの皮層細胞にまたがって位置し，根毛非形成細胞は皮層細胞の外側に面した細胞壁の上にある。
Dolan, L., Scheres, B.: 1998 より

まとめ

分裂組織は植物の成長点である。シュートと根の先端に見られる頂端分裂組織は，植物の全ての器官――根，茎，葉，そして花――をつくり出す。それら分裂組織は，数百の，未分化で繰り返し分裂することのできる細胞群が組織化したものである。分裂組織の中心は自己複製する幹細胞で占められており，器官が形成されるときに分裂組織から失われる細胞を補っている。シュート頂分裂組織の中の細胞の発生運命は，分裂組織中の位置と近隣の細胞との相互作用に依存しており，ある層から別の層へと細胞が移されれば，その細胞は新たな層での発生運命を受け入れる。分裂組織はその一部が除去された場合にも調節能があり，細胞間相互作用が細胞運命を決定することと合致する。胚のシュート頂分裂組織における予定運命図は，それらが領域に分けられ，それぞれが通常は植物の特定の領域の組織に貢献することを示すが，胚の始原細胞の発生運命は固定されてはいない。シュート頂分裂組織は種に特異的なパターン（葉序）に沿って葉をつくり，それはオーキシンの制御された輸送でよく説明できるように見える。根毛や葉の表皮における毛が一定の間隔をおいて生じる仕組みには，側方抑制が関わっている。根端分裂組織では，細胞はシュート頂分裂組織とは違う形で組織されており，細胞分裂はずっと一定のパターンでなされている。根の構造は，一群の始原細胞がそれぞれ異なった面で分裂することで保たれている。

まとめ：分裂組織は成植物の全ての組織を生みだす

シュート頂分裂組織

細胞運命は位置によって決定される

↓

シュート頂分裂組織が茎の節間，葉，花を生みだす

↓

茎の上での葉の配置は，シュート頂でのオーキシンに依存した仕組みによって生まれる

根端分裂組織

始原細胞の，特定のパターンによるそれぞれ異なった面での分裂

↓

根端分裂組織が根の全ての組織を生みだす

花の発生と花成の制御

花は高等植物の生殖細胞を含む器官で，シュート頂分裂組織から生じる。ほとんどの植物では，栄養成長型のシュート頂分裂組織から花をつくる花芽分裂組織への転換は，大部分，あるいは完全に環境制御のもとにあって，日長や温度が重要な決定因子となっている。シロイヌナズナのような個々の花序シュートが多数の花をつける植物では，栄養成長型のシュート頂分裂組織は最初に花序分裂組織に転換し，それがさらに花芽分裂組織を形成して，そのひとつひとつが花芽をつくり，1つの花芽が完全に1つの花に発生を遂げる（**図7.24**）。花芽分裂組織はしたがって有限成長型で，無限成長型のシュート頂分裂組織とは異なる。花は，花器官（萼片，花弁，雄蕊，心皮）の配置を有していて，かなり複雑な器官なので，どのようにしてこれらが花芽から生まれるかを理解するのは，大きな課題である。

栄養成長型のシュート頂分裂組織が，花をつくる分裂組織へと転換する過程には，いわゆる**分裂組織アイデンティティ遺伝子（meristem identity gene）**の誘導が関与している。シロイヌナズナで花芽誘導の鍵となる制御因子の1つは，分裂組織アイデンティティ遺伝子の*LEAFY*（*LFY*）であり，キンギョソウでのホモログ遺伝子として*FLORICAULA*（*FLO*）がある。日長のような環境シグナルがどう花芽誘導に関わるかは後に述べる。まずは花のパターンをつくる仕組み，とくに花器官のアイデンティティ指定について見ることにしよう。

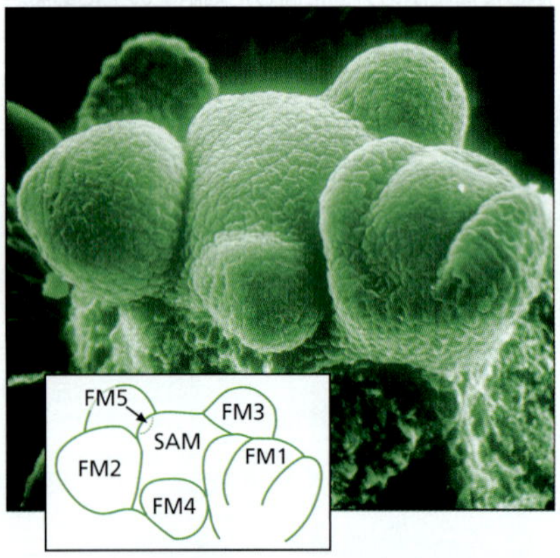

図7.24　シロイヌナズナの花序分裂組織の走査型電子顕微鏡写真
中央にある花序分裂組織（シュート頂分裂組織，SAM）は，異なった発達段階にある一連の花芽分裂組織（FM）に囲まれている。花序分裂組織は無限に成長し，下方に茎をつくるための新しい細胞を，脇に新しい花芽分裂組織をつくるための新たな細胞を供給していく。花芽分裂組織（花芽原基）は1度に1つずつ，らせんパターンに沿ってつくられる。右に見える最も発達した花芽（FM1）は，まだ未分化の花芽分裂組織を囲むように萼の原基の形成を開始している。そうした花芽はやがて花弁，雄蕊，それに心皮の原基をもつくりだす。
写真は Meyerowitz, E.M., et al.: 1991 より

7.14 ホメオティック遺伝子が花の器官アイデンティティを制御する

花の個々のパーツは，花芽分裂組織からつくられる**花器官原基（floral organ primordium）**から発生する。全て互いに同一の葉の原基とは異なり，花器官原基はそれぞれ正確なアイデンティティを与えられ，それに沿ってパターン形成する必要がある。シロイヌナズナの花は1つあたり同心円状の4つの環状場（かんじょうば）を持ち（**図7.25**），これは分裂組織中での花器官原基の配置を反映している。萼片（環状場1）は分裂組織の最外の環状場から生じ，花弁（環状場2）はそのすぐ内側にある環状の組織から生じる。そのさらに内側の環状の組織からは雄性の生殖器官，雄蕊（環状場3）が生じる。雌性の生殖器官，心皮（環状場4）は分裂組織の中心部から生じる。すなわち，シロイヌナズナの花芽分裂組織には16の花器官原基があり，1つの花あたり4枚の萼片，4枚の花弁，6枚の雌蕊，そして2枚の心皮からなる1本の雌蕊を生み出す（**図7.25**）。

原基は分裂組織内の特定の位置に生じ，特徴的な構造を持つものへと発生する。

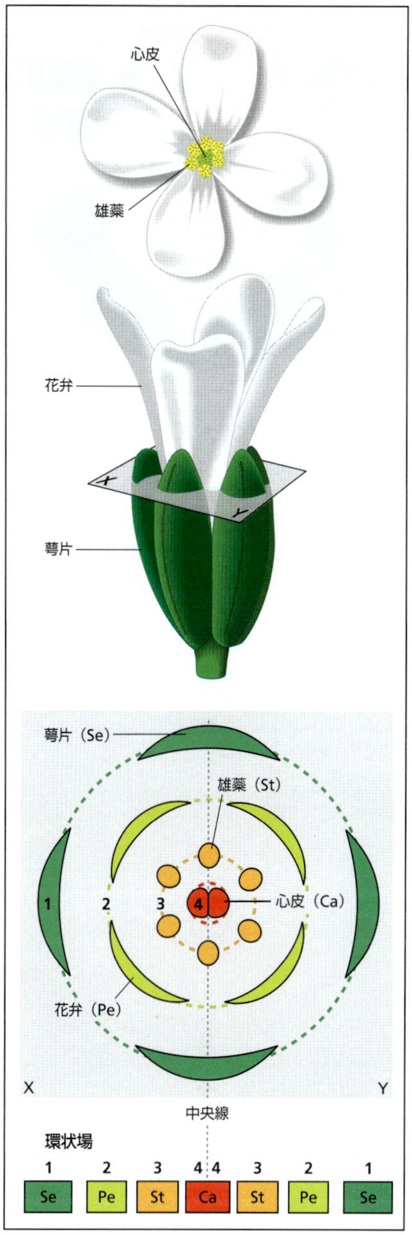

図 7.25　シロイヌナズナの花の構造
シロイヌナズナの花は放射相称で，外側の環に 4 枚の同型の緑色の萼片を，その内側に 4 枚の白い花弁を，さらにその内側に 6 本の雄蕊からなる環を，そして中央に 2 枚の心皮を持つ。再下段：シロイヌナズナの花を，上段の模式図に示した平面で横断面にしたときの状態を示す花式図。これは花のパーツがどう並んでいるかを示す伝統的な方法で，それぞれの環状場にどれだけの花器官が並ぶか，またそれが互いにどう配置しているかを示すものである。
Coen, E.S., et al.: 1991 より

キンギョソウでは原基の出現後，ショウジョウバエで区画ごとに細胞系譜が限定されるのと同様に（第 2.23 節参照），特定の環状場に細胞系譜が限定される。つまり，花の五角形の相称性が目に見えるようになったときに系譜の限定が起き，それぞれの花器官に特定のアイデンティティを与える遺伝子群が発現する。花芽分裂組織での系譜の区画は，分裂しない細胞からなる細い線で縁取られているように見える。

ショウジョウバエで体節のアイデンティティを指定するホメオティックセレクター遺伝子群と同様に，花のアイデンティティ遺伝子に変異が起こると，花の一部が他のものに置き換わるということが起きる。例えばシロイヌナズナの *apetala2* 変異体では，萼片が心皮に，そして花弁が雄蕊に置き換わる。*pistillata* 変異体では，花弁は萼片に，雄蕊は心皮に置き換わる。これらの変異体から，花器官アイデンティティ遺伝子が同定され，その作用形式が明らかにされた。

シロイヌナズナの花のホメオティックな変異体は 3 つのクラスに分かれ，それぞれは隣り合った 2 つの環状場に影響を与える（**図 7.26**）。例えば *apetala2* が属す最初のクラスの変異は，環状場 1 と環状場 2 とに影響し，環状場 1 に萼片のかわりに心皮を，環状場 2 に花弁のかわりに雄蕊を与える。したがって花の表現型は，外から中心に向かって，心皮，雄蕊，雄蕊，心皮となる。ホメオティック変異の第 2 のクラスは，環状場 2 と環状場 3 に影響する。このクラスでは，*apetala3* と *pistillata* 変異が，環状場 2 に花弁のかわりに萼片を，環状場 3 に雄蕊のかわりに心皮を与えるので，表現型としては萼片，萼片，心皮，心皮となる。第 3 のクラスの変異は，環状場 3 と環状場 4 に影響し，環状場 3 の雄蕊のかわりに花弁を，環状場 4 に萼片やさまざまな構造を与える。*agamous* 変異体はこのクラスに属し，花の中心に生殖器官のかわりに，萼片と花弁のセットを余分に持つ。

これらの変異の表現型は，遺伝子の活性が重複しながら花器官アイデンティティを指定するという，エレガントなモデルで説明が可能である（**図 7.27**）。これは，ホメオティック遺伝子がショウジョウバエで，昆虫のからだに沿った体節ごとのアイデンティティを指定するやり方を強く想起させる。しかし，詳しく見ればこの間には多くの違いがあり，全く異なる遺伝子が関わっている。この例で言えば，おそ

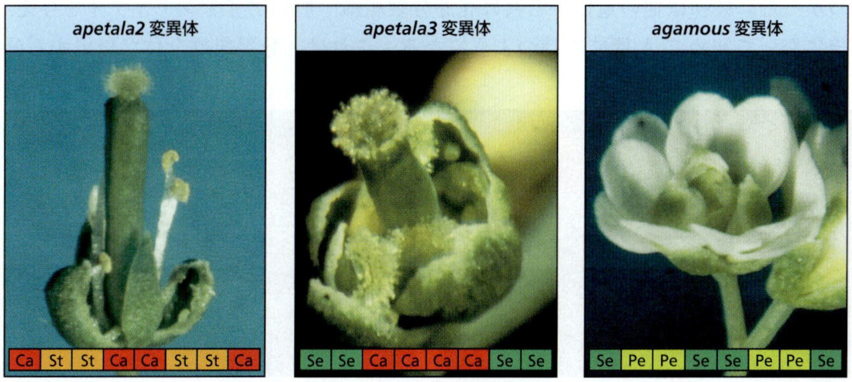

図 7.26　シロイヌナズナの花のホメオティック変異体
左パネル：*apetala2* 変異体は，萼片や花弁があるべき位置に心皮と雄蕊を持つ。中央パネル：*apetala3* 変異体は，萼片を 2 環状場分，心皮を 2 環状場分持つ。右パネル：*agamous* 変異体は，雄蕊や心皮があるべき位置に花弁と萼片の環状場を持つ。環状場の変換を挿入図に示す。**図 7.25** に示す野生株における配置と比較のこと。
写真は Meyerowitz, E.M., et al.: 1991（左パネル），Bowman, J.L., et al.: 1989（中央パネル）より

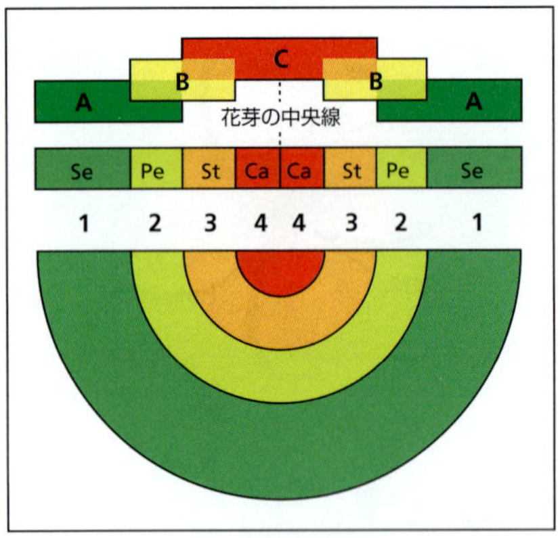

図 7.27 シロイヌナズナの花のホメオティックアイデンティティ変異体から同定された，花芽分裂組織の互いに重なり合う3つの領域
領域Aが環状場1，2に対応し，領域Bは環状場2，3に，そして領域Cは環状場3と4に対応する。

らく驚くまでもないことだろうが，植物と動物において多細胞性の構造にパターンを与えるためによく似た方式が独立に進化したが，これを実現するのには異なるタンパク質が採用されたというわけである。

かいつまんで言えば，ホメオティック遺伝子の発現パターンによって，花芽分裂組織が同心円状に互いに重なりを持った3つの領域A，B，Cに分かれ，それによって分裂組織は，4つの環状場に対応した互いに重なりのない4つの区域に分かれる，ということになる。A，B，Cのそれぞれの領域は，ホメオティック遺伝子の特定のクラスがはたらく領域に対応し，A，B，Cの特定の組合せが，それぞれの環状場に独自のアイデンティティを，そして器官のアイデンティティを指定するのである。**図 7.26** で言及した遺伝子の中で，*APETALA 1*（*AP1*）と *APETALA 2*（*AP2*）はA機能遺伝子，*APETALA 3*（*AP3*）と *PISTILLATA*（*PI*）はB機能遺伝子，そして *AGAMOUS*（*AG*）はC機能遺伝子である。発生中の花における *AP3* と *AG* の発現を**図 7.28** に示す。これら全てのホメオティック遺伝子は，**花器官アイデンティティ遺伝子（floral organ identity gene）**とも呼ばれており，転写因子をコードし，AP3やAGのようなBおよびC機能遺伝子タンパク質は，MADSボックスと呼ばれる保存されたDNA結合配列を持つ。MADSボックス遺伝子は動物や酵母にもあり，動物でもMADSボックス遺伝子の1つMEF2は筋肉の分化に関与するが，発生における役割は主に植物で知られているものである。花の器官アイデンティティを指定するモデルとして最初に提唱されたシンプルなものについて，より詳細に **Box 7C**（p. 296）で述べた。このモデルが最初に提出されて以来，ホメオティックな変異体から同定された遺伝子群の活性や機能に関してより多くのことが知られるようになり，花の発生を制御するより多くの遺伝子が発見され，またより多くの"機能"が書き加えられた。

最初の花器官アイデンティティのモデルが実験的に調べられた際，持ち上がった疑問が1つある。それは，なぜABC遺伝子はそのホメオティックな性質を花芽分裂組織でしか発揮せず，人為的に栄養成長分裂組織で過剰発現させても，このタイプのホメオティック遺伝子に期待されるのとは違って，葉を花器官に変換しないのか，というものだった。その答えは，やはりMADSボックスタンパク質をコードする *SEPALLATA*（*SEP*）遺伝子群の発見から得られた。これらの遺伝子はB機能やC機能に必須で，花芽分裂組織でのみ活性がある。SEPタンパク質はB遺伝子やC遺伝子に結合して，活性型の遺伝子調節複合体を形成すると考えられる。花器官のアイデンティティ指定機構に関する現在の考え方を**図 7.29** に示した。

最初にABCモデルが提出されたときよりも，花のホメオティック遺伝子の機能やパターン形成に関しては，現在ではより理解が進んでいる。MADSボックスのホメオティック遺伝子でAクラス遺伝子である *AP1* は，2つの機能を持つことがわかった。最初は他の遺伝子と共に花芽分裂組織一般のアイデンティティを与え，後になって初めてA機能を持つようになる。これは，分裂組織全体で発現する分

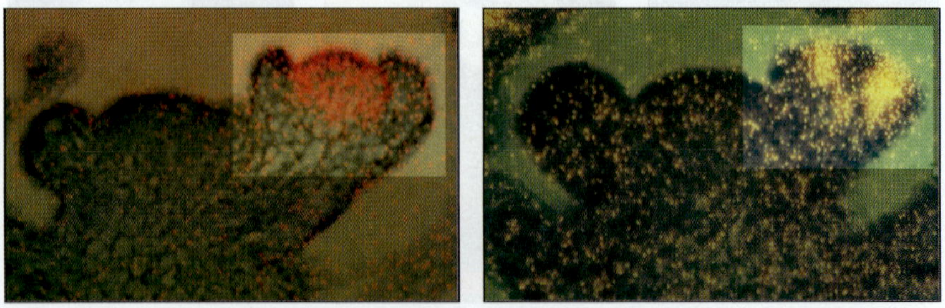

図 7.28 花の発生中における *APETALLA3* 遺伝子と *AGAMOUS* 遺伝子の発現
in situ ハイブリダイゼーションの結果，*AGAMOUS* は中央の環状場に（左パネル），*APETALLA3* はその外側の花弁や雄蘂となる環状場で（右パネル）発現していることがわかる。

裂組織アイデンティティ遺伝子である *LFY* 遺伝子によって誘導され，花芽分裂組織の中央領域では，*AP1* は *AGAMOUS* によって積極的に抑制される。A 機能遺伝子の *APETALA2*（*AP2*）は翻訳レベルで miRNA によって抑制されるので，AP2 タンパク質のレベルは低く抑えられている。*APETALA3* と *PISTILLATA* は，B 機能遺伝子と同様のパターンで花芽において発現する *UNUSUAL FLORAL ORGANS*（*UFO*）という分裂組織アイデンティティ遺伝子のはたらきで活性化されると考えられている（図 7.29）。*UFO* はユビキチンリガーゼをコードしており，花の発生に対するその効果は，特定のタンパク質を標的にして分解することを通して発揮されると思われる。β-catenin の分解制御に関して動物でみてきたように（第 4 章と第 6 章），タンパク質の制御された分解は，発生メカニズムにおいて強力な仕組みとなりうる。花芽分裂組織の中央では，*AGAMOUS* の発現は *WUS* によって部分的に制御される。先にみてきたように，*WUS* は栄養成長期のシュート頂分裂組織の形成中心で発現するものだが，花芽分裂組織でも引き続き発現するのである。

花器官原基のパターン形成を助けるその他のグループの遺伝子としては，細胞分裂を制御する遺伝子がある。*SUPERMAN* はその一例で，雄蕊と心皮の原基，そして胚珠での細胞分裂を制御する。この遺伝子の変異体は，第 4 環状場に心皮のかわりに雄蕊を持つ。*SUPERMAN* は第 3 環状場で発現し，第 3 と第 4 の環状場の境界を維持するのである。

様々な種間において花は，非常に大きな多様性を持つにもかかわらず，その発生の背景にある仕組みは非常によく似ているようである。例えばシロイヌナズナとキンギョソウとでは，その花の最終形態は大きく異なるにもかかわらず，花の発生を制御する遺伝子の間に際だった類似性がある。シロイヌナズナの発達中の花では，キンギョソウで見られるような環状場に対する細胞系譜の限定とよく合致するような，対応する遺伝子活性のパターンが見られる。

7.15 キンギョソウの花は放射軸と共に背腹軸に対してもパターン形成する

シロイヌナズナの花と同じくキンギョソウの花は 4 つの環状場を持つが，シロイヌナズナと違ってキンギョソウの場合は 5 枚の蕚片，5 枚の花弁，4 本の雄蕊，そして 2 枚の合着した心皮を持つ（図 7.30 左）。シロイヌナズナと同様にキンギョソウの場合も花のホメオティックな変異があり，花の器官アイデンティティも同様

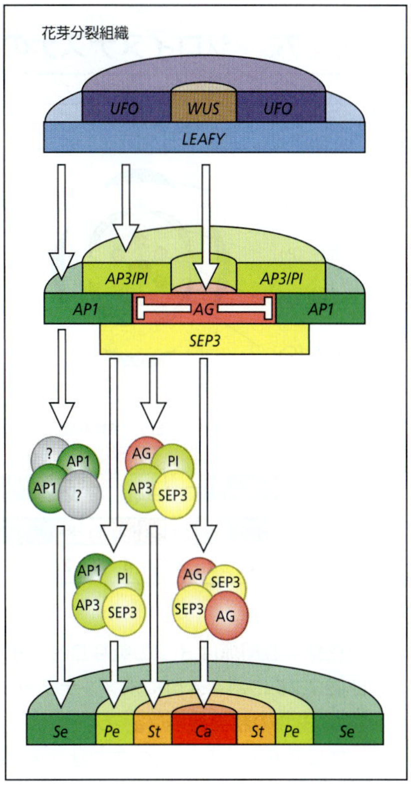

図 7.29 花器官のアイデンティティに関する ABC モデルの現在の理解
LEAFY, WUSCHEL（*WUS*），*UNUSUAL FLORAL ORGANS*（*UFO*）といった制御遺伝子は花芽分裂組織の特定の領域で発現し，*AGAMOUS* による *APETALA1* の抑制と共に，ABC 機能のパターンを形成する。ABC タンパク質群とその共役因子の SEP タンパク質群は結合して，異なる器官アイデンティティを指定する複合体を形成する。
Lohmann, J.U., Weigel, D.: 2002 より改変

図 7.30 *CYCLOIDEA* 遺伝子の変異はキンギョソウの花を相称にする
野生株の花では（左），背腹軸に沿って花弁のパターンが異なる。変異体では（右），花は放射相称である。全ての花弁が野生株における最も腹側の花弁に似たものとなって，後方に反り返る。
写真は E. Coen 氏の厚意により Coen, E.S., et al.: 1991 から

Box 7C シロイヌナズナの花のパターン形成に関する基本モデル

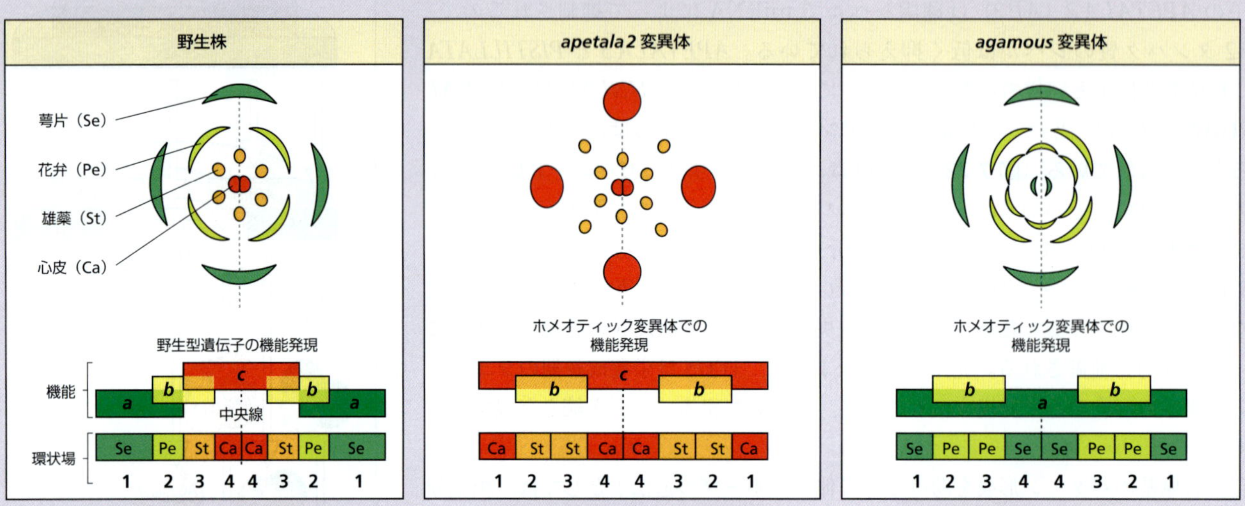

花芽分裂組織は３つの重なり合う領域A，B，Cに分けられる。それぞれの領域は図 7.26 に示すようにホメオティック変異の特定のクラスに対応する（本文を参照）。３つの制御機能（*a*，*b*，*c*）は上パネルに示すように，それぞれ領域A，B，Cではたらく。野生株の花では（上パネル左），*a* は第１と第２の環状場で，*b* は第２と第３の環状場で，そして *c* は第３と第４の環状場で発現すると仮定されている。加えて，*a* 機能は第１と第２の環状場で *c* 機能を抑制し，*c* 機能は第３と第４の環状場で *a* 機能を抑制する。つまり *a* と *c* は相互排他的である。*a* 単独では萼片を，*a* と *b* が共にあれば花弁を，*b* と *c* とで雄蕊を，そして *c* 単独では心皮を指定する。

ホメオティック変異は *a*，*b*，*c* のいずれかの機能を失ったもので，分裂組織の中で特定の機能が発現する領域範囲を変更させる。*apetala 2* のような *a* 変異（上パネル中央）は，*a* 機能の喪失を生むので，*c* が花芽分裂組織全体に広がり，結果として半分の花のパターンしか持たない，心皮，雄蕊，雄蕊，心皮の順の花を生む。*apetala 3* のような *b* 変異の場合は（図 7.26），第１，第２環状場には *a* 機能しか存在せず，第３，第４環状場には *c* 機能しかない状態を生むので，萼片，萼片，心皮，心皮という結果になる。*c* 遺伝子の変異（*agamous* のような）では全環状場で *a* 機能が働くので，表現型としては 萼片，花弁，花弁，萼片となる（上パネル右）。

これまでにシロイヌナズナで見つかっている花のホメオティック変異は全て，このモデルで十分説明でき（他の種では遺伝子の数や発現パターンに小さな違いがあるので，シロイヌナズナでは見られない変異の表現型もあるが），それぞれの制御機能に特定の遺伝子を割り当てることができる。*a* 機能に対応するのは *APETALA 2* のような遺伝子の活性であり，*b* は *APETALA 3* と *PISTILLATA*，*c* は *AGAMOUS* である。また，このモデルは，*apetala 2* と *apetala 3*，あるいは *apetala 3* と *pistillata* のような二重変異体の表現型も右パネルに示すように説明ができる。

このシステムは動物のホメオティック遺伝子と，花の器官アイデンティティの制御遺伝子との間における機能的な類似性を強調するものであるが，遺伝子そのものは完全に異なっている。さらにシロイヌナズナにおいて，ショウジョウバエの Hox 複合体との機能の類似は，ホメオティック遺伝子活性の安定的な維持に必要な *CURLY LEAF* 遺伝子の機能に見ることができる。*CURLY LEAF* はショウジョウバエの *Polycomb* ファミリー遺伝子のホモログで，これと同様にホメオティック遺伝子の安定的な発現抑制に必要である。

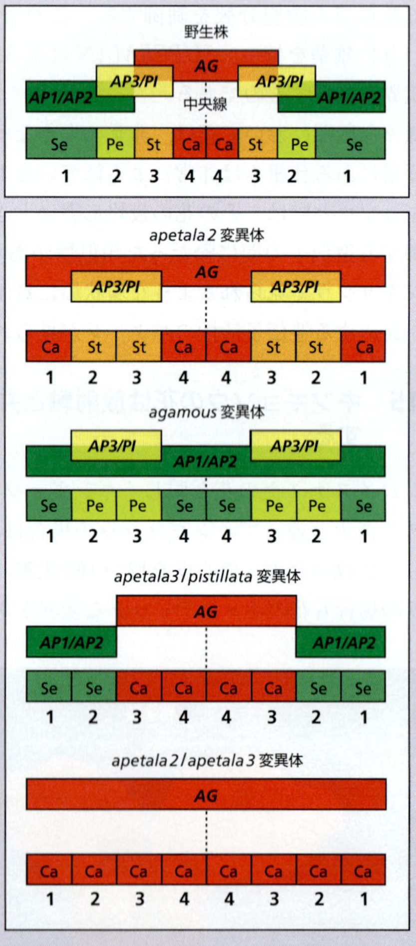

の方法で指定されている。キンギョソウのホメオティック遺伝子はシロイヌナズナのものと高い類似性を持ち，とくに MADS ボックスはよく保存されている。

加えてキンギョソウの花の場合には，もう 1 つのパターン形成が見られる。それは左右相称性で，これがあらゆる花に共通した放射相称性に重ねて与えられている。第 2 環状場では，上の 2 枚の花弁の舷部は下の 3 枚とは大きく異なった形をしていて, そのことが花に金魚のような[訳注8]見かけを与えている。第 3 環状場では，一番上に位置すべき雄蕊が早期にその発達を止めるため存在しない。キンギョソウの花はこのように明確な背腹軸を持つ。花器官のアイデンティティを支配するものとは異なるグループのホメオティック遺伝子が，この背腹性に関わっているようである。例えば花の背側で発現する *CYCLOIDEA* 遺伝子の変異体は，花の背腹極性を失い，より放射相称の花をつくる（**図 7.30** 右)。

訳注 8：原文では「snapdragonのような」外見。キンギョソウの通称名 snapdragon は，日本や中国の竜に比べて胴が短く太い英国のドラゴンに由来する名前。この喩えは日本人にはピンとこないと思うが，和名のキンギョソウは，花の見かけが金魚に似ているところからきているので，ここでは，喩えとしては和名のほうで置き換えた。花弁に膨らみがあって全体に背腹性を示すために，寸胴な動物の体に見えるという意味では，共に同じ趣旨のことである

7.16 花芽分裂組織の内層は分裂組織のパターン形成を指定できる

花芽分裂組織の 3 つの層（**図 7.31**）は全て器官形成に関与しているが，それぞれの層が特定の構造に関わる程度は様々である。ある層の細胞が他の層の一部になっても正常な形態を崩すことがないという事実からは，分裂組織の中での細胞の位置が，その将来の振る舞いを決める主要な決定要因だということが示唆される。花芽分裂組織における位置情報やパターン形成に関する手がかりは，異なる遺伝子型を持ち，異なる形の花をつくる細胞からなる周縁キメラ（第 7.7 節参照）をつくることで，得ることができる。そうしたキメラからは，細胞は自身の遺伝子型にしたがって自律的に発生するのか，あるいはその振る舞いは他の細胞からのシグナルによって制御されるのかを見極められるのである。

キメラは，突然変異によってだけでなく，異なる遺伝子型を持つ 2 つの植物間の接ぎ木によってもつくることができる。その接ぎ木面から新たなシュート頂分裂組織ができると，時として両方の遺伝子型からそれぞれの細胞が持ち込まれることがある。そうしたキメラを，野生型のトマトと，環状場 1 つあたりの花器官の数が多い花をつくる *fasciated* 変異を持つトマトの間でもつくることができる。この変異の表現型は，L3 層だけが *fasciated* の細胞を持つキメラのときにも見られる（**図 7.32**)。花器官数の増加は花芽分裂組織のサイズが全体に増加することと相関しているが，これはキメラの場合，L3 層の *fasciated* の細胞が野生型の L1 層の細胞を通常よりも活発に分裂させるよう誘導しない限り，実現しないことである。L3 層と L1 層との間の細胞間シグナル伝達のメカニズムはまだ知られていない。キンギョソウでは，どれか 1 層で *FLORICAULA* 遺伝子が発現してしまえば，花の発生が起きうる。これらの結果は，花の発生における層間のシグナル伝達の重要性を示すものである。

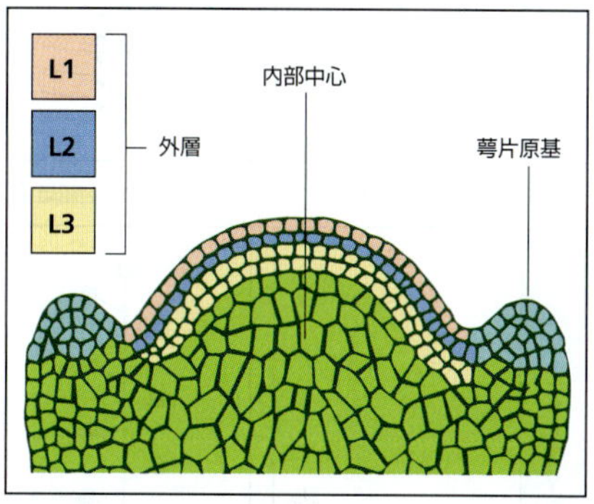

図 7.31 花芽分裂組織
分裂組織は L1，L2，L3 層からなる。内部中心の細胞は L3 に由来する。萼片の原基がちょうど発達し始めた段階の様子。
Drews, G.N., et al.: 1989 より

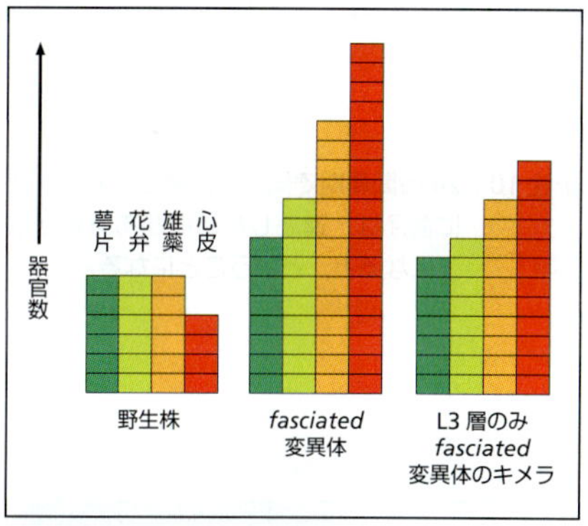

図 7.32 野生株と *fasciated* 変異体のキメラトマトにおける花器官数
fasciated 変異体では野生株に比べて花の器官の数が多い。花芽分裂組織の L3 層のみが *fasciated* 変異細胞を持つキメラでは，依然として花あたりの器官数が増加しており，このことは L3 層が分裂組織のその外層の細胞の振る舞いを制御できることを示している。

7.17 シュート頂分裂組織から花芽分裂組織への相転換は，環境および遺伝的制御下にある

顕花植物は最初，栄養成長期をすごし，その間に頂端分裂組織は葉をつくる。その後，日長の増加のような環境シグナルに刺激されて，植物は生殖成長期にスイッチし，そこから頂端分裂組織は花のみをつくるようになる[訳注9]。栄養成長期から花成への転換には 2 つのタイプがある。有限成長型のタイプでは，花序分裂組織は末端に 1 個の花をつくるが，無限成長型のタイプでは，花序分裂組織は数多くの花芽分裂組織を生む。シロイヌナズナは無限成長型である（**図 7.33**)。シロイヌナズナにおいて花芽誘導への最初の反応は，*LEAFY* のような花芽分裂組織アイデ

訳注 9：花は多くの場合，腋芽が変形したものである。シロイヌナズナでは生殖成長期になると葉の発生が抑圧されて，腋芽の変形した花のみが発達するようになるが，顕花植物一般としては，花をつくるようになっても，それに伴う葉をつくり続けるほうが普通である

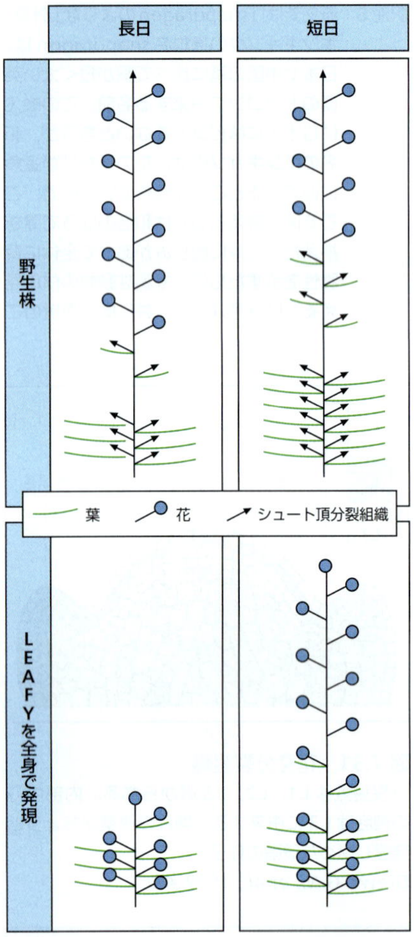

図 7.33 花成は日長と LEAFY の発現で制御される
上段で示されているように，野生株のシロイヌナズナが長日条件下で育てられると（左），シュート頂分裂組織が花芽分裂組織をつくり始める前に，数本の側枝が形成される。短日条件下では，花成は遅延し，結果としてより多くの側枝ができる。*LEAFY* 遺伝子は通常，花序と花芽の分裂組織でのみ発現しているが，もし植物体全体で発現させせると（下段），どちらの日長であれ，全てのシュート頂分裂組織が花芽分裂組織に転換する。

ンティティ遺伝子や，二重の機能を持つ *AP1* 遺伝子（第 7.14 節参照）の発現であり，これらの遺伝子は，この相転換に必要十分である。*LEAFY* は分裂組織全体に *AP1* の発現を活性化させることが可能だが，花の中心部では *AGAMOUS* をも活性化させる。そのあとで *AGAMOUS* は中心部で *AP1* の発現を抑制し，その花器官アイデンティティ機能を領域 A のみに限定することを助ける（図 7.27）。花芽分裂組織アイデンティティ遺伝子の変異は，花を部分的にシュートに変える。LEAFY 機能を欠く *leafy* 変異体では，花は茎の周りにらせん状に並ぶ萼片様の器官群に変形してしまう。その一方で，植物体全体での *LEAFY* の発現は，腋芽のシュート頂分裂組織に花の運命を与え，花として発生させるのに十分である（図 7.33 の下段パネル）。

シロイヌナズナでは，花成は，冬の終わりと春夏の始まりを示す日長の増加によって促進される（図 7.33）。このような振る舞いを**光周期性（photoperiodism）**という。系統によっては，冬が過ぎたという手がかりとして，長期の低温にさらされた後にも花成が促進される。この現象は**春化（vernalization）**として知られる。接ぎ木実験から，日長はシュート頂分裂組織それ自身では感知されておらず，葉で感知されていることが示されている。連続した明期がある長さに達すると[訳注 10]，花成を誘導する拡散性のシグナルがつくられて師管に移行し，シュート頂分裂組織へと移行する。花成の開始過程には，植物の**概日時計（circadian clock）**が関与している。概日時計とは，多くの代謝や生理的過程，遺伝子群の発現に，1 日の間で変化をもたらす内生の 24 時間の時計である。概日時計で制御されている遺伝子の 1 つに *CONSTANS*（*CO*）があり，これには花成のスイッチを制御し，植物の日長感受の仕組みと花を咲かせるシグナルの生成との間をつなぐはたらきがある。*CO* の発現は概日時計の制御下で 24 時間周期で振動しており，午後遅くに向けてその発現のピークが来るようになっている。このことはつまり，長日条件では，ピーク時の発現は光のもとで起こるが，短日条件では，この時点では既に暗くなっているということを意味する。暗所下では CO タンパク質は分解されるので，CO が花成のプロセスを開始させるのに十分なほど高いレベルに達するのが，光条件が適切なときに限られるよう，概日時計が保っているということになる（図 7.34）。

CO は，*FLOWERING LOCUS T*（*FT*）として知られる遺伝子を活性化する転写因子である。*FT* の翻訳産物は FT タンパク質で，これが花成シグナルとしてはたらくようである。FT タンパク質は葉から師管を通ってシュート頂分裂組織に移行すると考えられていて，シュート頂分裂組織で発現する転写因子の FLOWERING LOCUS D（FD）と複合体の形ではたらき，花成を促進する *AP1* のような遺伝子の発現をオンにすると考えられている（図 7.35）。1 枚の葉

訳注 10：24 時間周期で固定した場合の表現。逆に言えば，連続した暗期がある長さ以下になると，ということになる

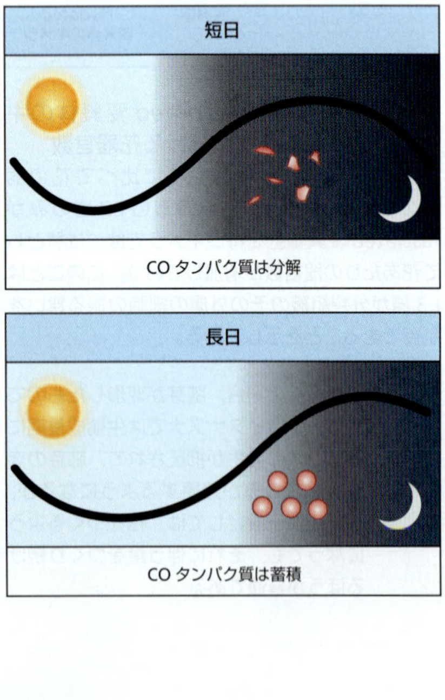

図 7.34 花成の開始は日長と概日時計の二重の制御下にある
転写因子の CONSTANS（CO）が花成シグナルの合成に必要であり，その発現は概日時計の制御下で行われる。短日条件では，*CO* 遺伝子の発現のピークは暗期にあるので，その翻訳産物は速やかに分解される。長日条件では，発現のピークは光のもとにあるので，CO タンパク質が蓄積する。

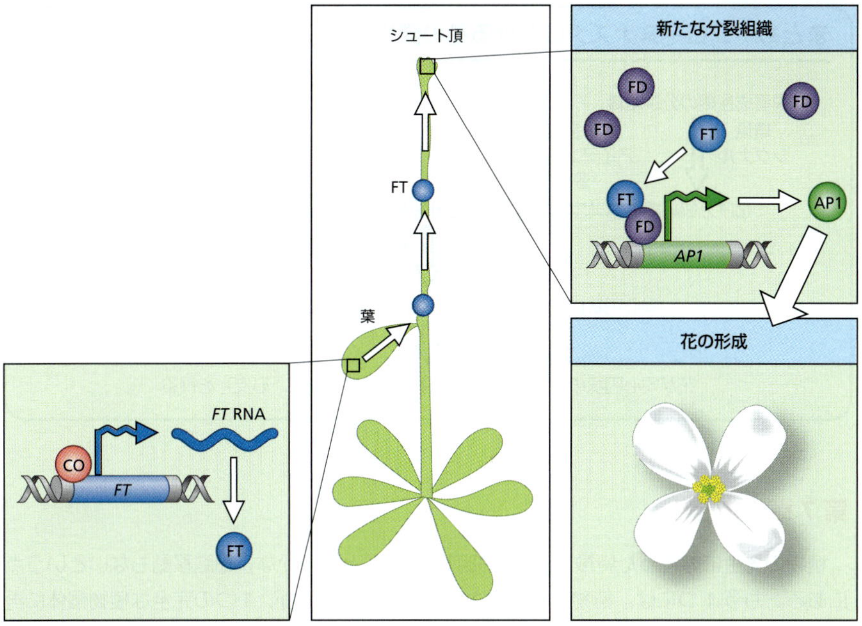

図 7.35 シロイヌナズナで花成を開始するシグナル群
冬の後で日長が長くなると，転写因子の CO が葉に蓄積し，それが葉の師管の細胞での *FT* の転写を活性化する。FT タンパク質は師管からシュート頂へと移動する。FT は転写因子の FD と相互作用して複合体を形成し，転写因子 LEAFY（これ自身のシュート頂での発現も FT によって正に制御される）と共にはたらいて，栄養成長期の分裂組織を花芽分裂組織をつくり出すものへと転換させる *AP1* のような，鍵となる花芽分裂組織アイデンティティ遺伝子を活性化させる。

でも *FT* が活性化されれば，花成を誘導するのに十分である。花成の誘導には，*FLOWERING LOCUS C*（*FLC*）のような花成抑制遺伝子の負の制御も必要である。これらの遺伝子は，花が咲くのに対して正のシグナルが感知されるまで，栄養成長期から花成期への相転換を抑制する。*FLC* は FT に結合してその活性を抑えるタンパク質をコードしている。例えば低温にさらされた後には FLC の活性は低く，そのため FT はその抑制が解除されるのである。

まとめ

日長のような環境条件でスイッチを入れられると，花成の前に，栄養成長期のシュート頂分裂組織は花序分裂組織に転換する。これは単一の花になるか，そのひとつひとつが花に発達する一連の花芽分裂組織をつくるようになる。花成の開始や花のパターン形成に関与する遺伝子は，シロイヌナズナとキンギョソウにおいて同定されてきた。花成は，日長と共に，植物内生の遺伝子発現の概日時計が葉においてある遺伝子の発現をオンにすることで，シュート頂分裂組織に運ばれる花成シグナルがつくり出される結果，誘導される。このシグナルは，栄養成長期のシュート頂分裂組織が花序分裂組織に，そして花序分裂組織から花芽分裂組織へと転換するのに必要な，分裂組織アイデンティティ遺伝子の発現をオンにする。花の中に認められるさまざまな器官タイプを指定するホメオティック花器官アイデンティティ遺伝子は，花の一部を他の部分に転換させてしまう変異体から同定されてきた。これらの変異体をもとに，花芽分裂組織が同心円状に重なり合う 3 つの領域に分かれ，それぞれにおいて特定の花器官アイデンティティ遺伝子が，環状場それぞれに組合せ方式で適切な器官タイプを指定するというモデルが提唱されてきた。キメラ植物の研究から，花の発生の間，分裂組織の異なる層の間で互いにコミュニケーションがなされていること，そして転写因子が細胞間を移動できることが示されている。

まとめ：シロイヌナズナにおける花の発生

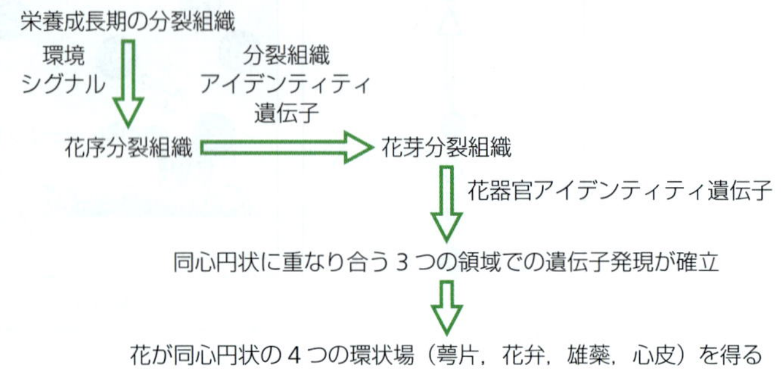

第 7 章のまとめ

植物の発生に際だった特徴は，堅い細胞壁の存在と，いかなる細胞移動もないという点にある。もう 1 つには，植物から単離された単一の体細胞が，1 つの完全な植物個体に再生できることである。初期の胚発生は受精卵の非対称分裂で特徴づけられ，それによって将来の頂端と基底の領域が指定される。顕花植物の初期発生の間，非対称分裂と細胞間相互作用が共に，ボディプランのパターン形成に関与する。この間，シュート頂分裂組織と根端分裂組織とが指定され，これらの分裂組織が植物の全ての器官――茎，葉，花，根――をつくり上げる。シュート頂分裂組織は決められた位置に葉を生み出すが，その過程にはモルフォゲンとしてはたらくオーキシンの秩序だった輸送が関わる。シュート頂分裂組織は最終的には花序分裂組織に転換し，それはさらに花芽分裂組織（有限性の花序の場合），あるいはシュート頂分裂組織のアイデンティティを無限に保ったまま一連の花芽分裂組織をつくり出す（無限性の花序の場合）。そのそれぞれが 1 つの花に発生する花芽分裂組織では，ホメオティックな花器官アイデンティティ遺伝子群が，特定の組合せによって花器官のタイプを指定していく。日長の増加は葉における花成シグナルの合成を促し，そのシグナルはシュート頂分裂組織に輸送されて，花の形成を促す。

●章末問題

記述問題

1. どのような特性が，シロイヌナズナを植物の発生のモデル種として普及させたのか。

2. 植物の次の部位を区別して記述せよ：シュート，根，節，葉，分裂組織，萼片，花弁，雄蕊，心皮。

3. シロイヌナズナの胚発生の 32 細胞期以前における，オーキシンの役割は何か。一般に，どのような仕組みでオーキシンの濃度の違いが生み出されるのか。オーキシンはどのような仕組みで遺伝子発現に影響するのか。

4. 遺伝子導入植物をつくる過程を記述せよ。ただしアグロバクテリウムや Ti プラスミドの役割を含めて述べること。

5. 分裂組織とは何か。シロイヌナズナのシュート頂分裂組織の構造を記せ。

6. シュート頂分裂組織の形成と維持に関して，ホメオボックス遺伝子の *WUSCHEL*（*WUS*）と *SHOOT MERISTEMLESS*（*STM*）の役割を比較せよ。

7. 植物の胚発生過程における細胞指定に関して，周縁区分キメラの解析からどのようなことが判明したか。例えば動物の胚において背側の中胚葉として細胞が指定されるのと同様の仕組みで，植物の胚の中の細胞は葉や花をつくるものとして指定されるのか。

8. 葉の上面と下面に対しては，シュートの放射軸に対する相対的な関係として，どういう言葉が使われるか。転写因子の PHAB，PHAV，REV はどのようにして上面に限定されるのか。

9. オーキシンはどのようにして葉原基の位置を制御するのか。答えには輸送タンパク質の PIN の役割と，側方抑制の概念を含めること。

10. SHORT ROOT とは何か。それはどのようにして内皮の細胞に存在するようになるのか。原形質連絡は関与するか。トウモロコシの KNOTTED-1 のオーソログである SHOOT MERISTEMLESS に関する過程と同じようなものが関わっているか。

11. シロイヌナズナで起きうるホメオティック変異の性質はどのようなものか。どの遺伝子が関わっているか。

12. 花の発生に関するABCモデルとは何か。ABCモデルは，細胞のアイデンティティを決める組合せによる制御をどのように説明しているか。

13. MADSボックスは，それとして見つかった最初のタンパク質群のMCM1（出芽酵母），AGAMOUS（シロイヌナズナ），DEFICIENS（キンギョソウ），そしてSRF（ヒト）に由来した名前を持っている。タンパク質としてのMADSボックスの機能は何か（MADSボックス遺伝子はSMADSとは関係ないことに注意：**図4.33**参照）。

14. シロイヌナズナの研究から得られたABCモデルは，キンギョソウの花の発生を説明するうえでどのような修正が必要か。

15. 日長周期は，どのような仕組みを通してシロイヌナズナの花の発生を開始させるのか。

選択問題
それぞれの問題で正解は1つである。

1. ヒト，キイロショウジョウバエ，線虫（*C. elegans*），シロイヌナズナにはそれぞれいくつの遺伝子があるか（本文中にヒトの遺伝子の数はまだ示されていないが，他の生物の遺伝子の数は既に述べた）。
a) 19,000-27,000-14,000-19,000
b) 21,000-14,000-19,000-27,000
c) 27,000-21,000-19,000-14,000
d) 14,000-19,000-21,000-27,000

2. 植物の胚発生が起きる場所を指しているのはどれか。
a) 胚珠の中，種子が受精して植物を離れてから
b) 発芽後の種子の中
c) 受精後の種子の中
d) 胚珠の中，植物から種子が離れる前

3. 細胞の分化全能性に関して正しいものはどれか。
a) 全ての動植物の細胞は分化全能である
b) 植物では，多くの細胞が分化全能であるが，動物では，受精卵だけが分化全能である
c) 哺乳類の胚性幹細胞は分化全能である
d) 動物では幹細胞のみ，植物では分裂組織の細胞のみが分化全能である

4. シロイヌナズナの発生の最初期のできごとは，____の濃度勾配に応じた____軸の形成である。
a) サイトカイニン，向背
b) オーキシン，頂端-基底
c) PINタンパク質，頂端-基底
d) miRNA，背腹

5. 心臓型胚のシロイヌナズナの予定運命図が示すものとして正しいものはどれか。
a) 成植物の構造はいずれもできていないが，成植物の構造をつくり出すことになる分裂組織を予定する領域は認められる
b) 植物の発生は非常に無限性が強いので，正確な予定運命図は描くことができない
c) 葉，茎，根の原基が既にできている
d) 根，茎，葉にそれぞれなるであろう3つの胚葉が形成されている

6. *agamous* 変異によって形成されるものはどれか。
a) 花弁と萼片のみの花
b) 萼片と心皮のみの花
c) 雄蘂と心皮のみの花
d) 花を完全に欠く植物

7. シロイヌナズナの成植物においてシュート頂分裂組織を維持する仕組みは，次のどれに依存しているか。
a) *WUSCHEL* 遺伝子にコードされるホメオボックス転写因子が形成中心で発現し，その上にある細胞に，幹細胞として振る舞うよう促すシグナルを生む
b) *SHOOT MERISTEMLESS* 遺伝子にコードされる転写因子がシュート頂分裂組織の細胞で発現し，その未分化な状態を維持する
c) *CLAVATA* 遺伝子群にコードされるタンパク質をシュート頂分裂組織の細胞が分泌し，それがWUSCHELの発現に拮抗することで，シュート頂分裂組織のサイズを制限する
d) 上の全てがシュート頂分裂組織の形成と維持に関わっている

8. "環状場" という語が花芽分裂組織の議論に関して意味するものはどれか。
a) 花は4つの異なるタイプの器官を持ち，それらは同心円状の環で "環状場" と呼ばれる位置に生じる
b) 花芽分裂組織は花形成の間に回転するので，その過程を "環状場" という
c) シロイヌナズナの花は，"環状場" と呼ばれるパターンに沿って茎が伸びるにしたがって生じる
d) シロイヌナズナのような双子葉植物の花の中の6本の雄蘂は環を成しているので，これを花の "環状場" という

9. 顕花植物のホメオティック遺伝子は，どのような点でショウジョウバエやその他の動物のホメオティック遺伝子と似ているか。
a) すべてのホメオティック遺伝子は，ホメオボックス・クラスの転写因子をコードしている
b) 植物も動物も，ホメオティック遺伝子はMADSボックスタイプの転写因子をコードしている
c) 花のホメオティック遺伝子の変異は，1つの器官を他の器官に形質転換させる
d) 花のホメオティック遺伝子は，動物で使われているのと同じ祖先遺伝子から進化した

10. シロイヌナズナの花のアイデンティティに関するABCモデルは，ショウジョウバエの研究から得られたホメオティック遺伝子のはたらきのモデルとどういう点で似ているか。
a) どちらの生物でも，それぞれのホメオティック遺伝子は成体の異なる領域のアイデンティティを指定している
b) どちらの生物でも，1つのホメオティック遺伝子はからだの両端で発現し，2番目の遺伝子は最初のものより内側で発現し，3番目の遺伝子はさらにその内側に，と発現することで，生物の全ての領域に確かなアイデンティティを与えるのに寄与する
c) どちらの生物でも，遺伝子の組合せが，成体の構造を間違いなく指定するうえでしばしば決定的な役目を果たす

d) どちらの生物でも，ホメオティック遺伝子の鍵となる責務は，前後軸のアイデンティティのパターン形成にある

選択問題の解答

1:b, 2:d, 3:b, 4:b, 5:a, 6:a, 7:d, 8:a, 9:c, 10:c

● 本章の理解を深める参考文献

Meyerowitz, E.M.: ***Arabidopsis*-a useful weed.** *Cell* 1989, **56**: 263–264.

Meyerowitz, E.M.: **Plants compared to animals: the broader comparative view of development.** *Science* 2002, **295**: 1482–1485.

● 各節の理解を深める参考文献

7.1 モデル植物シロイヌナズナは生活環が短く，二倍体ゲノムのサイズが小さい & 7.2 植物の胚は複数の段階を追って発生する

Lloyd, C.: **Plant morphogenesis: life on a different plane.** *Curr. Biol.* 1995, **5**: 1085–1087.

Mayer, U., Jürgens, G.: **Pattern formation in plant embryogenesis: a reassessment.** *Semin. Cell Dev. Biol.* 1998, **9**: 187–193.

Meyerowitz, E.M.: **Genetic control of cell division patterns in developing plants.** *Cell* 1997, **88**: 299–308.

Torres-Ruiz, R.A., Jürgens, G.: **Mutations in the *FASS* gene uncouple pattern formation and morphogenesis in *Arabidopsis* development.** *Development* 1994, **120**: 2967–2978.

7.3 シグナル分子オーキシンの勾配が胚の頂端 - 基底軸を確立する

Breuninger, H., Rikirsch, E., Hermann, M., Ueda, M., Laux, T.: **Differential expression of *WOX* genes mediates apical-basal axis formation in the *Arabidopsis* embryo.** *Dev. Cell* 2008, **14**: 867–876.

Friml, J., Vieten, A., Sauer, M., Weijers, D., Schwarz, H., Hamann, T., Offringa, R., Jürgens, G.: **Efflux-dependent auxin gradients establish the apical-basal axis of *Arabidopsis*.** *Nature* 2003, **426**: 147–153.

Jenik, P.D., Barton, M.K.: **Surge and destroy: the role of auxin in plant embryogenesis.** *Development* 2005, **132**: 3577–3585.

Jürgens, G.: **Axis formation in plant embryogenesis: cues and clues.** *Cell* 1995, **81**: 467–470.

Long, J.A., Moan, E.I., Medford, J.I., Barton, M.K.: **A member of the knotted class of homeodomain proteins encoded by the *STM* gene of *Arabidopsis*.** *Nature* 1995, **379**: 66–69.

Szemenyei, H., Hannon, M., Long, J.A.: **TOPLESS mediates auxin-dependent transcriptional repression during *Arabidopsis* embryogenesis.** *Science* 2008, **319**: 1384–1386.

7.4 植物の体細胞は胚や芽生えになることができる

Zimmerman, J.L.: **Somatic embryogenesis: a model for early development in higher plants.** *Plant Cell* 1993, **5**: 1411–1423.

7.5 分裂組織は自己複製する幹細胞からなる小さな中央領域を持つ

Byrne, M.E., Kidner, C.A., Martienssen, R.A.: **Plant stem cells: divergent pathways and common themes in shoots and roots.** *Curr. Opin. Genet. Dev.* 2003, **13**: 551–557.

Grosshardt, R., Laux, T.: **Stem cell regulation in the shoot meristem.** *J. Cell Sci.* 2003, **116**: 1659–1666.

Ma, H.: **Gene regulation: Better late than never?** *Curr. Biol.* 2000, **10**: R365–R368.

7.6 分裂組織中の幹細胞領域の大きさは，形成中心からのフィードバックループによって一定に保たれる

Brand, U., Fletcher, J.C., Hobe, M., Meyerowitz, E.M., Simon, R.: **Dependence of stem cell fate in *Arabidopsis* on a feedback loop regulated by *CLV3* activity.** *Science* 2000, **289**: 635–644.

Carles, C.C., Fletcher, J.C.: **Shoot apical meristem maintenance: the art of dynamical balance.** *Trends Plant Sci.* 2003, **8**: 394–401.

Clark, S.E.: **Cell signalling at the shoot meristem.** *Nat Rev. Mol. Cell Biol.* 2001, **2**: 277–284.

Lenhard, M., Laux, T.: **Stem cell homeostasis in the *Arabidopsis* shoot meristem is regulated by intercellular movement of CLAVATA3 and its sequestration by CLAVATA1.** *Development* 2003, **130**: 3163–3173.

Reddy, G.V., Meyerowitz, E.M.: **Stem-cell homeostasis and growth dynamics can be uncoupled in the *Arabidopsis* shoot apex.** *Science* 2005, **310**: 663–667.

Schoof, H., Lenhard, M., Haecker, A., Mayer, K.F.X., Jürgens, G., Laux, T.: **The stem cell population of *Arabidopsis* shoot meristems is maintained by a regulatory loop between the *CLAVATA* and *WUSCHEL* genes.** *Cell* 2000, **100**: 635–644.

Vernoux, T., Benfey, P.N.: **Signals that regulate stem cell activity during plant development.** *Curr. Opin. Genet. Dev.* 2005, **15**: 388–394.

7.7 分裂組織の層ごとの細胞運命は，位置を変えることで変更することができる

Castellano, M.M., Sablowski, R.: **Intercellular signalling in the transition from stem cells to organogenesis in meristems.** *Curr. Opin. Plant Biol.* 2005, **8**: 26–31.

Gallagher, K.L., Benfey, P.N.: **Not just another hole in the wall: understanding intercellular protein trafficking.** *Genes Dev.* 2005, **19**: 189–195.

Laux, T., Mayer, K.F.X.: **Cell fate regulation in the shoot meristem.** *Semin. Cell Dev. Biol.* 1998, **9**: 195–200.

Sinha, N.R., Williams, R.E., Hake, S.: **Overexpression of the maize homeobox gene *knotted-1*, causes a switch from determinate to indeterminate cell fates.** *Genes Dev.* 1993, **7**: 787–795.

Turner, I.J., Pumfrey, J.E.: **Cell fate in the shoot apical meristem of *Arabidopsis thaliana*.** *Development* 1992, **115**: 755–764.

Waites, R., Simon, R.: **Signaling cell fate in plant meristems: three clubs on one tousle.** *Cell* 2000, **103**: 835–838.

7.8 胚のシュート頂分裂組織の予定運命図は，クローン解析で導き出すことができる

Irish, V.F.: **Cell lineage in plant development**. *Curr. Opin. Genet. Dev.* 1991, **1**: 169–173.

7.9 分裂組織の発生は，植物の他の部分からのシグナルに依存する

Doerner, P.: **Shoot meristems: intercellular signals keep the balance**. *Curr. Biol.* 1999, **9**: R377–R380.

Irish, E.E., Nelson, T.M.: **Development of maize plants from cultured shoot apices**. *Planta* 1988, **175**: 9–12.

Sachs, T.: *Pattern Formation in Plant Tissues*. Cambridge: Cambridge University Press, 1994.

7.10 遺伝子発現が，シュート頂分裂組織から発生する葉の基部-先端部軸と向背軸をパターン形成する

Bowman, J.L.: **Axial patterning in leaves and other lateral organs**. *Curr. Opin. Genet. Dev.* 2000, **10**: 399–404.

Kidner, C.A., Martienssen, R.A.: **Spatially restricted microRNA directs leaf polarity through *ARGONAUTE1***. *Nature* 2004, **428**: 81–84.

Waites, R., Selvadurai, H.R., Oliver, I.R., Hudson, A.: **The *PHANTASTICA* gene encodes a MYB transcription factor involved in growth and dorsoventrality of lateral organs in *Antirrhinum***. *Cell* 1998, **93**: 779–789.

7.11 茎上の葉の規則的配置は，オーキシンの制御された輸送によって生まれる

Berleth, T., Scarpella, E., Prusinkiewicz, P.: **Towards the systems biology of auxin-transport-mediated patterning**. *Trends Plant Sci.* 2007, **12**: 151–159.

Heisler, M.G., Ohno, C., Das, P., Sieber, P., Reddy, G.V., Long, J.A., Meyerowitz, E.M.: **Patterns of auxin transport and gene expression during primordium development revealed by live imaging of the *Arabidopsis* inflorescence meristem**. *Curr. Biol.* 2005, **15**: 1899–1911.

Jönsson, H., Heisler, M.G., Shapiro, B.E., Meyerowitz, E.M., Mjolsness, E.: **An auxin-driven polarized transport model for phyllotaxis**. *Proc. Natl. Acad. Sci. USA* 2006, **103**: 1633–1638.

Mitchison, G.J.: **Phyllotaxis and the Fibonacci series**. *Science* 1977, **196**: 270–275.

Reinhardt, D.: **Regulation of phyllotaxis**. *Int. J. Dev. Biol.* 2005, **49**: 539–546.

Scheres, B.: **Non-linear signaling for pattern formation**. *Curr. Opin. Plant Biol.* 2000, **3**: 412–417.

Schiefelbein, J.: **Cell-fate specification in the epidermis: a common patterning mechanism in the root and shoot**. *Curr. Opin. Plant Biol.* 2003, **6**: 74–78.

Smith, L.G., Hake, S.: **The initiation and determination of leaves**. *Plant Cell* 1992, **4**: 1017–1027.

7.12 シロイヌナズナの根の組織は，根端分裂組織から高度に固定化されたパターンでつくられる

Costa, S., Dolan, L.: **Development of the root pole and patterning in *Arabidopsis* roots**. *Curr. Opin. Genet. Dev.* 2000, **10**: 405–409.

Dello Ioio, R., Nakamura, K., Moubayidin, L., Perilli, S., Taniguchi, M., Morita, M.T., Aoyama, T., Costantino, P., Sabatini, S.: **A genetic framework for the control of cell division and differentiation in the root meristem**. *Science* 2008, **322**: 1380–1384.

Dolan, L.: **Positional information and mobile transcriptional regulators determine cell pattern in *Arabidopsis* root epidermis**. *J. Exp. Bot.* 2006, **57**: 51–54.

Grieneisen, V.A., Xu, J., Marée, A.F.M., Hogeweg P., Scheres, B.: **Auxin transport is sufficient to generate a maximum and gradient guiding root growth**. *Nature* 2007, **449**: 1008–1013.

Sabatini, S., Beis, D., Wolkenfeldt, H., Murfett, J., Guilfoyle, T., Malamy, J., Benfey, P., Leyser, O., Bechtold, N., Weisbeek, P., Scheres, B.: **An auxin-dependent distal organizer of pattern and polarity in the *Arabidopsis* root**. *Cell* 1999, **99**: 463–472.

Scheres, B., McKhann, H.I., van den Berg, C.: **Roots redefined: anatomical and genetic analysis of root development**. *Plant Physiol.* 1996, **111**: 959–964.

van den Berg, C., Willemsen, V., Hendriks, G., Weisbeek, P., Scheres, B.: **Short-range control of cell differentiation in the *Arabidopsis* root meristem**. *Nature* 1997, **390**: 287–289.

Veit, B.: **Plumbing the pattern of roots**. *Nature* 2007, **449**: 991–992.

7.13 根毛は位置情報と側方抑制の組合せにより指定される

Kwak, S.-H., Schiefelbein, J.: **The role of the SCRAMBLED receptor-like kinase in patterning the *Arabidopsis* root epidermis**. *Dev. Biol.* 2007, **302**: 118–131.

Schiefelbein, J., Kwak, S.-H., Wieckowski, Y., Barron, C., Bruex, A.: **The gene regulatory network for root epidermal cell-type pattern formation in *Arabidopsis***. *J. Exp. Bot.* 2009, **60**: 1515–1521.

7.14 ホメオティック遺伝子が花の器官アイデンティティを制御する

Bowman, J.L., Sakai, H., Jack, T., Weigel, D., Mayer, U., Meyerowitz, E.M.: **SUPERMAN, a regulator of floral homeotic genes in *Arabidopsis***. *Development* 1992, **114**: 599–615.

Breuil-Broyer, S., Morel, P., de Almeida-Engler, J., Coustham, V., Negrutiu, I., Trehin, C.: **High-resolution boundary analysis during *Arabidopsis thaliana* flower development**. *Plant J.* 2004, **38**: 182–192.

Coen, E.S., Meyerowitz, E.M.: **The war of the whorls: genetic interactions controlling flower development**. *Nature* 1991, **353**: 31–37.

Irish, V.F.: **Patterning the flower**. *Dev. Biol.* 1999, **209**: 211–220.

Krizek, B.A., Meyerowitz, E.M.: **The *Arabidopsis* homeotic genes *APETALA3* and *PISTILLATA* are sufficient to provide the B class organ identity function**. *Development* 1996, **122**: 11–22.

Krizek, B.A., Fletcher, J.C.: **Molecular mechanisms of flower development: an armchair guide**. *Nat Rev. Genet.* 2005, **6**: 688–698.

Lohmann, J.U., Weigel, D.: **Building beauty: the genetic control of floral patterning**. *Dev. Cell* 2002, **2**: 135–142.

Ma, H., dePamphilis, C.: **The ABCs of floral evolution**. *Cell* 2000, **101**: 5–8.

Meyerowitz, E.M., Bowman, J.L., Brockman, L.L., Drews, G.M., Jack, T., Sieburth, L.E., Weigel, D.: **A genetic and molecular model for flower development in *Arabidopsis thaliana*.** *Development Suppl.* 1991, **1**: 157–167.

Meyerowitz, E.M.: **The genetics of flower development.** *Sci. Am.* 1994, **271**: 40–47.

Sakai, H., Medrano, L.J., Meyerowitz, E.M.: **Role of *SUPERMAN* in maintaining *Arabidopsis* floral whorl boundaries.** *Nature* 1994, **378**: 199–203.

Vincent, C.A., Carpenter, R., Coen, E.S.: **Cell lineage patterns and homeotic gene activity during *Antirrhinum* flower development.** *Curr. Biol.* 1995, **5**: 1449–1458.

Wagner, D., Sablowski, R.W.M., Meyerowitz, E.M.: **Transcriptional activation of *APETALA 1*.** *Science* 1999, **285**: 582–584.

7.15 キンギョソウの花は放射軸と共に背腹軸に対してもパターン形成する

Coen, E.S.: **Floral symmetry.** *EMBO J.* 1996, **15**: 6777–6788.

Luo, D., Carpenter, R., Vincent, C., Copsey, L., Coen, E.: **Origin of floral asymmetry in *Antirrhinum*.** *Nature* 1996, **383**: 794–799.

7.16 花芽分裂組織の内層は分裂組織のパターン形成を指定できる

Szymkowiak, E.J., Sussex, I.M.: **The internal meristem layer (L3) determines floral meristem size and carpel number in tomato periclinal chimeras.** *Plant Cell* 1992, **4**: 1089–1100.

7.17 シュート頂分裂組織から花芽分裂組織への相転換は，環境および遺伝的制御下にある

An, H., Roussot, C., Suarez-Lopez, P., Corbesier, L., Vincent, C., Pineiro, M., Hepworth, S., Mouradov, A., Justin, S., Turnbull, C., Coupland, G.: **CONSTANS acts in the phloem to regulate a systemic signal that induces photoperiodic flowering of *Arabidopsis*.** *Development* 2004, **131**: 3615–3626.

Becroft, P.W.: **Intercellular induction of homeotic gene expression in flower development.** *Trends Genet.* 1995, **11**: 253–255.

Blázquez, M.A.: **The right time and place for making flowers.** *Science* 2005, **309**: 1024–1025.

Corbesier, L., Vincent, C., Jang, S., Fornara, F., Fan, Q., Searle, I., Giakountis, A., Farrona, S., Gissot, L., Turnbull, C., Coupland, G.: **FT protein movement contributes to long-distance signaling in floral induction of *Arabidopsis*.** *Science* 2007, **316**: 1030–1033.

Hake, S.: **Transcription factors on the move.** *Trends Genet.* 2001, **17**: 2–3.

Jaeger, K.E., Wigge, P.A.: **FT protein acts as a long-range signal in *Arabidopsis*.** *Curr. Biol.* 2007, **17**: 1050–1054.

Kobayashi, Y., Weigel, D.: **Move on up, it's time for change-mobile signals controlling photoperiod-dependent flowering.** *Genes Dev.* 2007, **21**: 2371–2384.

Lohmann, J.U., Hong, R.L., Hobe, M., Busch, M.A., Parcy, F., Simon, R., Weigel, D.: **A molecular link between stem cell regulation and floral patterning in *Arabidopsis*.** *Cell* 2001, **105**: 793–803.

Putterill, J., Laurie, R., Macknight, R.: **It's time to flower: the genetic control of flowering time.** *BioEssays* 2004, **26**: 363–373.

Sheldon, C.C., Hills, M.J., Lister, C., Dean, C., Dennis, E.S., Peacock, W.J.: **Resetting of *FLOWERING LOCUS C* expression after epigenetic repression by vernalization.** *Proc. Natl. Acad. Sci. USA* 2008, **105**: 2214–2219.

Valverde, F., Mouradov, A., Soppe, W., Ravenscroft, D., Samach, A., Coupland, G.: **Photoreceptor regulation of CONSTANS protein in photoperiodic flowering.** *Science* 2004, **303**: 1003–1006.

8

形態形成：初期胚における形態変化

●細胞接着
●卵割と胞胚形成
●原腸形成の動態
●神経管形成
●細胞移動
●方向性膨張

動物胚の形態変化は，細胞分裂，細胞形状の変化，組織内の細胞の再配置，胚の一方から他方への細胞の移動といった様々な方法により生じる細胞の力によりもたらされる。これらの細胞の力は最も多くの場合，上皮シート内における細胞内細胞骨格の収縮により生じる。これらの力に拮抗するのは，細胞自身の構造，および組織において細胞同士をつないでいる細胞間接着の相互作用である。構造内の静水圧の発生，細胞分裂，細胞移動もやはり形態形成過程の一端を担っている。初期動物胚における最も顕著な形態形成事象は，ボディプランの大規模な再編成が行われる原腸形成である。この章では形態形成のこの他の例として，脊索および神経管形成と，特定の位置への神経堤細胞の移動についても述べる。植物は，細胞分裂と細胞の伸長により成長する。

ここまでは主に，個体発生におけるパターン形成と細胞運命の割り当てという視点から，初期発生について述べてきた。この章では胚発生を，形状の創出，すなわち形態形成（morphogenesis）といった異なる視点から見てみることにする。全ての動物胚は，初期発生において形態をダイナミックに変化させる。この変化が生じるのは基本的に，二次元的な細胞シートから複雑な三次元的な動物のからだへの変換が行われる，原腸陥入（原腸形成）と呼ばれる過程である。原腸形成は細胞層の広範囲の再編成と，ある位置から他の位置への方向性を持った細胞移動を伴う。

もしパターン形成が色を塗るようなものであるとするならば，形態形成は形のないひと塊の粘土を，はっきりとした形へつくり変えるようなものである。形状変化は主として細胞力学の問題である。これを理解するためには，細胞の形状変化と細胞移動をもたらす機械的な力，これらを生み出す機構と個体発生におけるその制御の理解が必要である。動物胚の形態変化には，細胞接着性（cell adhesiveness）と細胞移動性（cell motility）という重要な2つの細胞特性が関与している。動物細胞は，細胞膜表面のタンパク質を介して，互いに，あるいは細胞外マトリックスに接着している。そのため細胞表面の細胞接着タンパク質の変化は，細胞接着の強さや特異性を決定している。この細胞接着の相互作用は，細胞膜表面の張力に影響を及ぼす。張力は，原腸形成において3つの異なる胚葉を生み出す細胞の再配置機構に関連する特性である。水と油といった2つの混じらない液体を分けて保つのは表面張力の違いであるが，胚発生学者はずっと以前から，独立した胚葉がどのように形成され，互いに区別されたまま滑りあい，広がり，胚葉内での再配置を行って胚を形作るのかを観察し，原腸陥入中のカエル胚の組織が“液体のような”振る舞いを示すことに気づいていた。現代の差次的接着性仮説（differential adhesion hypothesis）はこの液体と類似した組織の動態を，互いに結合しようとするが同時に細胞形態を変え，移動することができる細胞の性質がつくり出す，細胞表面の張力と細胞間張力の結果であると説明している。

第2の重要な細胞特性である細胞の移動性は，個々の細胞の移動性と，組織を構成しながらも細胞が形状を変えることができる移動性という，2つの面を持っている。例えば，細胞シートの折りたたみ（胚発生において非常に一般的に行われる）は，細胞の形状変化により生じる。細胞は細胞骨格，特に細胞の一部を狭窄したり収縮したりできる細胞骨片系の要素を再構築することで，移動または形状を変化させる。細胞収縮は，モータータンパク質であるミオシンとアクチンフィラメントが筋肉において形成している構造に似た，しかしもっと簡単な収縮性の構造により生じる。非筋細胞において収縮するアクチン-ミオシン複合体（アクトミオシン）は，細胞表層――細胞膜のすぐ内側の領域――に集中して存在している。細胞移動を促す細胞の形状変化は，アクチンを主体にした構造，例えば糸状仮足や葉状仮足の移動方向での伸展を含む（**Box 8A**）。形態形成中に働く他の力としては，特に植物で用いられている浸透性と液体の蓄積により生じる静水圧があるが，この静水圧は，動物の胚発生のいくつかの事象においても用いられている。第7章で述べたように，植物の成長に細胞移動は関与せず，方向性のある細胞分裂と細胞伸長により形状が変化する。

胚の形の変化は，細胞接着，細胞の移動性，方向性のある細胞分裂，そして静水圧を調節するタンパク質の精密な時空間的発現の結果である。先に行われるパターン形成過程において，適切な力を生み出して利用するために必要なタンパク質をどの細胞が発現するのかが決定され，形状の変化が引き起こされているらしい。例えばHox遺伝子といったパターン決定遺伝子がこのようなタンパク質の発現を調節する遺伝子を活性化するという仮説は魅力的であり，また，この仮説に合ういくつかの証拠もある。

この章では，動物のボディプランの発達中に起きる形態変化を主に検討する。最初に，受精卵の卵割がどのように初期胚の単純な形を生み出すのかをみる。中でも球状のマウス胚胚盤胞，ウニや両生類の胞胚は良い例である。次に，細胞シートの折りたたみと細胞層の再配置による原腸形成と神経管形成――脊椎動物における神経管の形成――において生じる細胞の動きについて考える。脊椎動物では，神経管形成後の神経堤細胞の移動により，頭部と体幹部において様々な構造が生み出される。どのようにしてこれらの細胞が正しい位置に移動するのかについても考える。最後に方向性膨張についてみていくが，ここでは静水圧が形の変化をもたらす力である。細胞の成長，細胞分裂，細胞死といった他の形態形成機構については，特定の器官の発生や，生物全体のからだの成長に関連して考察する（第11，12，13章を参照）。

まず，細胞がどのようにして互いに結合するのか，そして接着性の違いと接着特異性の違いがどのように組織間の境界の維持に関与しているか考察することから始めよう。

細胞接着

発生後期胚と成体は，互いに集合して皮膚，軟骨，筋肉といった組織を形成して

Box 8A 細胞の形状変化と細胞移動

個体発生において細胞は活発に形状を大きく変化させる。細胞移動と上皮シートの内側への折り込みには2つの主要な形状変化が関連している。形状変化は，細胞の移動も制御している細胞骨格という細胞内タンパク質骨格により引き起こされる。細胞骨格には3つの基本タイプのタンパク質重合体――**アクチンフィラメント（actin filament）**すなわち**ミクロフィラメント（microfilament）**，**微小管（microtubule）**そして**中間径フィラメント（intermediate filament）**――と，これらと相互作用するその他多くのタンパク質がある。アクチンフィラメントと微小管は，必要に応じて重合，脱重合する動的な構造である。中間径フィラメントはより安定で，ロープのような構造をとっていて，機械的な力を伝え，機械的応力を分散し，細胞に機械的な安定性をもたらす。微小管は細胞の非相称性や極性の維持に重要な役割を持ち，モータータンパク質が他の分子または細胞小器官を載せて運ぶ道筋にもなっている。微小管は体細胞分裂および減数分裂において，染色体を分離する紡錘糸を構成する。細胞の先導端でのアクチンフィラメントの重合と脱重合は，細胞の形状変化と細胞移動に関与する。また，アクチンフィラメントはモータータンパク質であるミオシンと共に，機械的な力により生じる細胞収縮の主要な役者である**アクトミオシン（actomyosin）**収縮線維束を形成する。

アクチンフィラメントは，球状のタンパク質アクチン（アクチンサブユニット）の重合で形成された直径約7 nmの細いタンパク質のヒモである。アクチンフィラメントは，線維束や，ほとんどの細胞で細胞膜の直下に存在するゲル状の細胞表層を形成する三次元的なネットワークを形成している。アクチンフィラメントには数えきれないほど多数のアクチン結合タンパク質が結合して，アクチンフィラメント束の形成やネットワーク形成に関与し，また，アクチンサブユニットの重合や脱重合を助けている。アクチンフィラメントはアクチンサブユニットの重合で素早く形成され，同程度に素早く脱重合することもできる。この性質によって細胞は，必要に応じて多様な方法で様々な場所にアクチンフィラメントを組み立てるための，非常に用途の広い仕組みを持つことができる。真菌由来の薬品であるサイトカラシンDはアクチンの重合を阻害するので，アクチンフィラメントのネットワークの働きを解析するために有用な化学物質である。アクチンフィラメントはミオシンと共に，ミニチュアの筋肉のように働く収縮性の構造を形成することもできる。例えば動物細胞は，細胞分裂において細胞表層に形成される環状に配置されたアクトミオシンフィラメント束である**収縮環（contractile ring）**の収縮によって二分される（図参照，左パネル）。細胞の頂端の周囲における同様なアクトミオシン環の収縮により頂端が狭窄し，細胞が伸長する（図参照，中央パネル）。

多くの胚性細胞は細胞外マトリックスなどの固体の基質上を移動することができる。それらは葉状仮足と呼ばれるシート状の薄い細胞質（図参照，右パネル），または糸状仮足と呼ばれる細い細胞質の突起を伸長することで移動する。これら2つの一過的な構造は，アクチンフィラメントが集合することによって細胞体から外側に押し出される。細胞の先端と後端でのアクトミオシンネットワークの収縮によって細胞は前進する。前進するためには，基質上で収縮システムの力が働くことが必要であり，フォーカルコンタクト（focal contact）がこの力が働く場である。フォーカルコンタクトとは，前へと伸びている糸状仮足や葉状仮足が，移動している細胞の下にある基質の表面にしっかりと固定されている場である。フォーカルコンタクトにおいてはインテグリン（**Box 8B**, p. 309 参照）が，細胞外領域で細胞外マトリックス分子と結合し，細胞内領域では他のタンパク質を介してアクチンフィラメントとつながり，アクチンフィラメントが膜を通して固定される場を形成している。インテグリンは細胞外マトリックスからのシグナルをフォーカルコンタクトにおいて細胞膜を越えて細胞内に伝え，これにより細胞は自分がその上を移動している環境を感知でき，動きを正しく調整できるのである。

Rhoファミリー GTP分解酵素として知られている，Rho, Rac, Cdc42などの小分子GTP結合タンパク質は，アクチン細胞骨格調節において重要な役割を持つ。例えばRacは葉状仮足の伸展に重要であるし，Cdc42は細胞極性の維持に必須である。Rhoは平面内細胞極性のシグナル伝達において機能している（**Box 8C**, p. 324 参照）。細胞の存在する環境からのシグナルは，細胞内のRhoファミリータンパク質により細胞骨格へと伝えられ，細胞移動が調節されているのである。

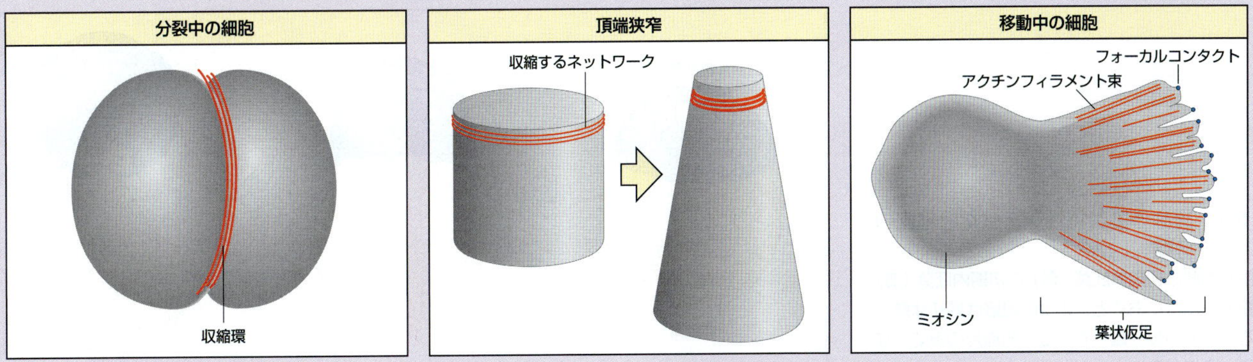

いる様々なタイプの分化細胞から構成されている。組織の統合性は，細胞間または細胞-細胞外マトリックス間の接着による相互作用によって維持されていて，細胞接着性の違いも，異なる組織間や構造間の境界の維持に役立っている。細胞は互いに**細胞接着分子（cell-adhesion molecule）**で結合している。細胞接着分子とは，細胞膜表面に局在し，他の細胞の表面あるいは細胞外マトリックスに存在するタンパク質と強力に結合するタンパク質である（**Box 8B**）。細胞で発現している特定の細胞接着分子が，その細胞がどの細胞に結合できるのかを決定し，発現している細胞接着分子の変化は，多くの発生現象に関係している。私たちがここで最も着目する上皮組織では，隣り合う細胞は，細胞接着分子が働く**接着性細胞結合（adhesive cell junction）**と呼ばれる特定の構造により互いに結合している。この章では，細胞内でアクチン骨格と連結している細胞接着分子のカドヘリンが働く場である**接着結合［アドヘレンス・ジャンクション（adherens junction）］**と，上皮細胞をしっかりシール（密着）し，上皮の内外環境間に浸透性の障壁をつくる構造である**密着結合［タイト・ジャンクション（tight junction）］**について述べる。

8.1 解離細胞の選別は，異なる組織で細胞接着性が異なることを示す

細胞接着性の違いは，異なる組織が互いに接するような人工的な条件下の実験によってよく説明できる。両生類胞胚の初期内胚葉の小片2つを接しておくと，なめらかな球形に融合する。これに対して，初期内胚葉と初期外胚葉の組合せでは，はじめは融合するが，やがて内胚葉と外胚葉の細胞は分かれ，この2つのタイプの組織は非常に狭いつながりを残すだけになる（**図 8.1**）。

別の実験では，異なる組織由来の細胞を解離してから混合し，再集合させる。両生類の予定表皮組織と予定神経板の細胞を解離・混合・再集合させると，細胞は選別（sorting out）を行い，2つの異なる組織を再構築する（**図 8.2**）。表皮細胞は次第に細胞塊の表面に集まり，神経細胞集団を包むようになる。つまり，同じタイプの細胞が互いに結合するようになるのである。混合された外胚葉と中胚葉の細胞も同様に互いを選別し，外胚葉細胞が外側に，中胚葉細胞が内側に位置する細胞塊を形成する。

この選別は，細胞の動きと細胞接着性の違いが組合わされた結果である。はじめに細胞は混合細胞塊の中でランダムに動き，弱い細胞間結合を強い結合へと切り替える。細胞間接着の相互作用は，細胞選別の動きを生じさせるのに十分な表面張力の差異を生み出す。これは例えば，水と油のような2つの互いに混ざり合わない液体が，混ぜ合わされたときに分離するようなものである。組織を構成する細胞が互いに安定した接触を保つようになると，組織は再構築されて，このシステム全体

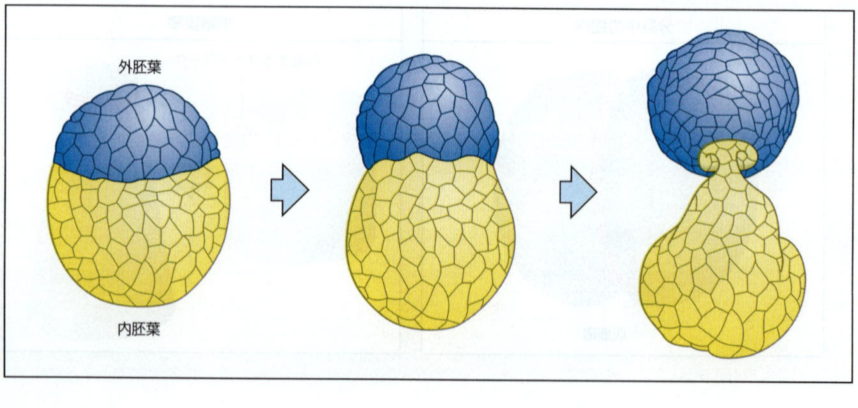

図 8.1 異なる接着特性を持った胚組織の分離
両生類胞胚の初期外胚葉（青）と初期内胚葉（黄）を接するようにおくと，2つの組織は最初は融合するが，その後分離して，細い組織片のみでつながるようになる。

Box 8B 細胞接着分子と細胞接着装置

発生においては，3 つのクラスの接着分子が特に重要である（図参照）。カドヘリン（cadherin）は膜貫通タンパク質で，カルシウムイオン（Ca^{2+}）存在下で隣りの細胞の表面に存在するカドヘリンと接着する。カルシウム非依存性細胞間接着には，構造的に異なるクラスのタンパク質――大きなファミリーである免疫グロブリンスーパーファミリー（immunoglobulin superfamily）――に属するタンパク質が関与する。神経組織から初めて単離された神経細胞接着分子（N-CAM）は，このファミリーに属する典型的な分子である。例えば N-CAM といった免疫グロブリンスーパーファミリーに属するいくつかの分子は，他の細胞表面に存在する似た分子に結合する。他の免疫グロブリンスーパーファミリーに属する分子には，異なるクラスの細胞接着分子であるインテグリン（integrin）に結合するものもある。インテグリンは細胞外マトリックス分子とも結合して，細胞外マトリックス分子の受容体としても働き，細胞と細胞基質間の接着を担っている。

脊椎動物においては，約 30 種類の異なるタイプのカドヘリンが同定されている。カドヘリンは，細胞外アミノ末端の 100 アミノ酸内にある 1 つまたは複数の結合部位により互いに結合する。一般にカドヘリンは，もう 1 つの同じタイプのカドヘリンにのみ結合する。しかし，他の分子にも結合することができるカドヘリンもある。カドヘリンは接着結合（adherens junction）――多くの組織に存在する細胞-細胞間接着――と，デスモソーム（desmosome）――主に上皮に存在する細胞-細胞間接着――の構成分子である。ヘミデスモソーム（hemidesmosome）はインテグリンが細胞接着分子として働く接着構造で，基底膜の細胞外マトリックスにしっかりと上皮細胞を固定する。

細胞が近づいて互いに接触する際に，カドヘリンは細胞接触部位においてクラスターを形成する。カドヘリンは細胞質側末端でカテニン（catenin）や他のタンパク質と結合し，細胞内の細胞骨格と相互作用し，細胞接着のシグナルを細胞骨格へと伝えることができるのである。この接着と，そのシグナルを伝える α-，β-，γ-catenin の働きは，β-catenin の遺伝子調節タンパク質としての役割とは別のものである（第 4.2 節など参照）。

通常の強い細胞-細胞間接着には，細胞骨格との相互作用が必要である。接着結合には細胞骨格のアクチンフィラメントが連結しており，デスモソームとヘミデスモソームには，ケラチンなどの中間径フィラメントが連結している。免疫グロブリンスーパーファミリー分子の 1 つであるネクチンは，哺乳類組織の接着結合でクラスターを形成し，アクチン細胞骨格と連結している。

コラーゲン，フィブロネクチン，ラミニン，テネイシン，プロテオグリカンといった分子を含む細胞外マトリックスへの細胞の接着は，インテグリンがこれら細胞外マトリックス分子へ結合することによるものである。インテグリンは，α サブユニットと β サブユニットという 2 つのサブユニット分子からなるヘテロ二量体である。脊椎動物ではこれまでのところ，18 の α サブユニットと 8 つの β サブユニットの組合せからなる，24 の異なるインテグリンが知られている。複数種類のインテグリンにより，多種類の細胞外マトリックス分子が認識されている。

インテグリンは細胞外領域で他の分子と結合するばかりでなく，その細胞質領域に結合するタンパク質の複合体を介して，細胞骨格のアクチンフィラメントや中間径フィラメントと連結する。この連結によりインテグリンは，細胞外マトリックスの組成や細胞間接着のタイプといった細胞外環境の情報を，細胞内に伝達することができる。インテグリンはこのようにして，細胞の形，移動，代謝，細胞分裂に影響を及ぼすマトリックスからのシグナルを細胞内に伝達することができる。インテグリンは免疫グロブリンスーパーファミリー分子に結合するか，他の細胞の表面にあるインテグリンとリガンドを共有することにより，細胞間接着にも関与する。

上皮組織に存在する第 3 のタイプの細胞接着は，上皮細胞間を水や他の分子が通り抜けることを阻害するシールを形成する密着結合（tight junction）である。隣接する細胞膜においてクローディンとオクルーディンという膜貫通タンパク質が複数の列をつくるように並び，細胞の頂端側の周囲に連続したシールを形成する（図 8.12 参照）。

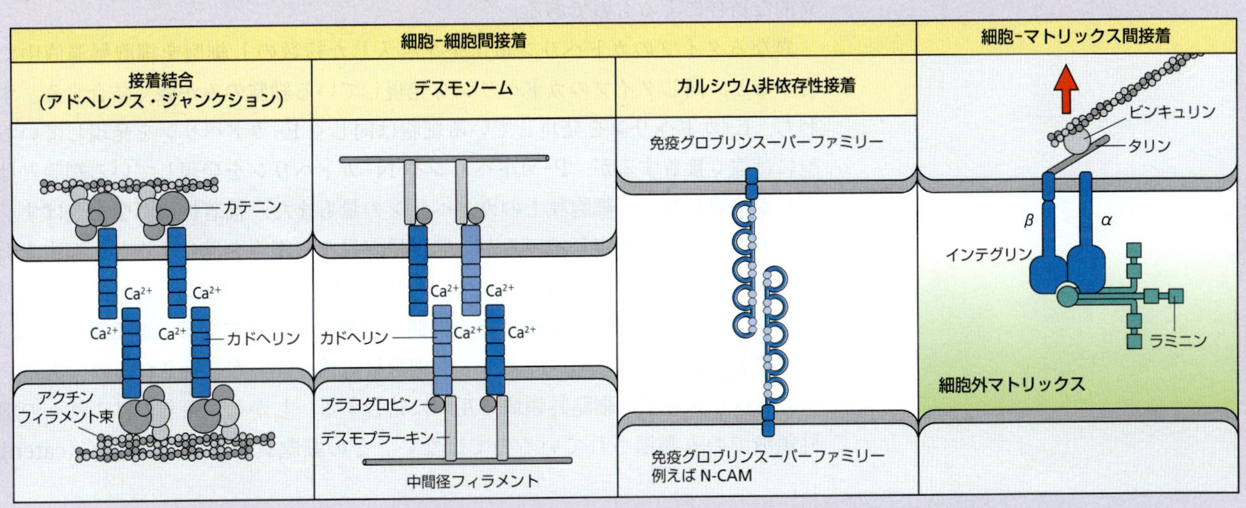

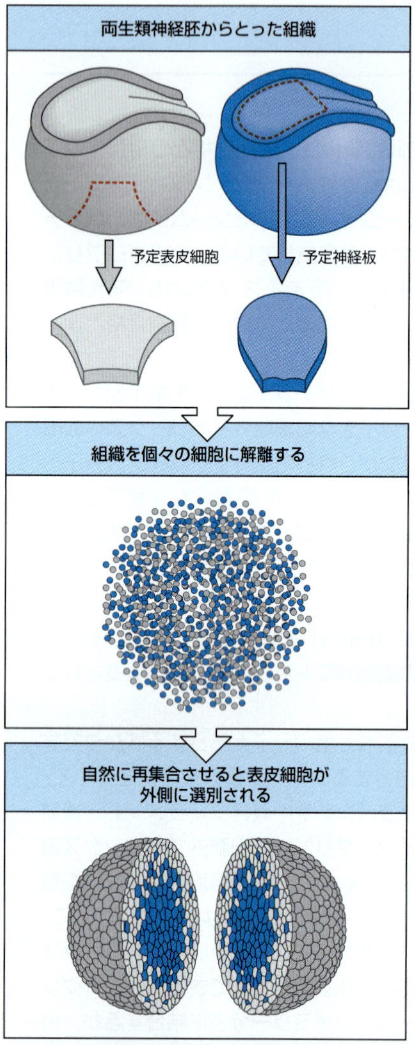

図 8.2 異なるタイプの細胞の選別 (sorting out)
初期両生類胚の予定表皮（灰色）と，予定神経板（青）の外胚葉は，アルカリ溶液処理により，個々の細胞に解離できる。これらの細胞を混合すると，細胞塊の中で表皮の細胞が外側にくるような細胞選別が起こる。

における細胞間結合力は最も強くなる。一般に，異なる細胞間の細胞接着力が同種の細胞間における細胞接着力よりも弱ければ，細胞はタイプによって分離し，接着性の高いほうの組織が，接着性の低い組織によって包まれる傾向がある。細胞表面張力に関して言うと，細胞表面張力が高いほうの細胞群が，細胞表面張力が低いほうの細胞群により覆われるのである。

特筆すべき重要な点は，単離してきた細胞を用いた *in vitro* での上述の実験は，異なる組織が異なる接着性を持つことを単に示すだけであり，胚の中でそれらがからだの外側に位置するか内側に位置するかを決めるものではないということである。実際の胚においては，組織はその形成以前の発生過程による制約を受けているからである。胚において最も接着性の高い組織は外胚葉であり，これは最も外側の細胞に由来し，連続したシートを構成するため，胚の外側に位置し続ける。一方，比較的接着性の低い中胚葉と内胚葉は，内側に存在する。しかし，ゼブラフィッシュの外胚葉と中胚葉の細胞を単離し，*in vitro* で混合すると，接着性の高い外胚葉が内側へと再配置される。

in vitro の実験は，異なる細胞接着力が基本的にどのようにして組織の境界を保持することができるのかということも示している。我々はすでに第5章で，後脳におけるロンボメアの境界に関し，これとは少し異なる機構によって境界がつくられる例をみてきた。すなわち，ロンボメアの境界を挟んだ ephrin と ephrin 受容体（Eph）間での反発的な相互作用が，異なるロンボメアの細胞が互いに混ざり合うことを阻害している一方で，ロンボメア内では，接着性の Eph-ephrin 相互作用により，細胞接着が促進される（第5.11節参照）。

8.2 カドヘリンが細胞接着特異性をもたらす

細胞間の接着性の違いは，細胞表面の細胞接着分子のタイプと数の違いにより生じる。それぞれ異なるタイプのカドヘリン分子を発現させている細胞の以下のような混合実験により，カドヘリン分子が細胞接着特異性を担うということが証明された。マウスの線維芽細胞であるL細胞株はカドヘリンを発現しておらず，互いに強く接着することはできない。しかし，E-カドヘリンをコードする遺伝子を導入（トランスフェクト）し，E-カドヘリンを発現させせると，E-カドヘリンが細胞膜上に局在して互いに結合し，E-カドヘリンを発現した細胞は互いにしっかりと結合した上皮様構造をとるようになる。この接着はカルシウム依存性であり（すなわちカドヘリンによる接着であることを示す），遺伝子導入された細胞はカドヘリンを細胞表面に持たない元のL細胞に接着しないため，この接着はカドヘリン分子の特異的な結合によるものである。

異なるタイプのカドヘリン遺伝子を導入した複数のL細胞を細胞懸濁液中で混合すると，同じタイプのカドヘリンを発現している細胞のみが強く結合する。すなわち，E-カドヘリンを発現している細胞は同じくE-カドヘリンを発現している細胞には強く接着するが，P-カドヘリンやN-カドヘリンを発現している細胞とは弱くしか接着しない。細胞膜上のカドヘリンの量もまた，接着性に影響を及ぼす。同種のカドヘリンを発現しているが，発現量が異なる細胞を混合すると，細胞表面により多くのカドヘリンを発現している細胞が細胞塊の内側に，より少ない量のカドヘリンを発現している細胞はその外側に位置するようになる（図8.3）。つまり，細胞接着分子の量的な違いによっても細胞接着性の違いが維持されるのである。

カドヘリン分子は細胞外領域で互いに結合する。しかし，接着力はこれらの細胞外領域でのみ調節されているのではない。その細胞質領域はカテニン（catenin）

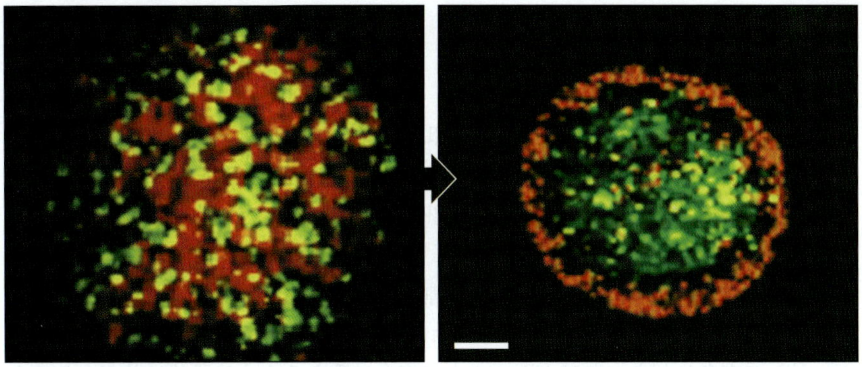

図 8.3　細胞表面に異なる量の細胞接着分子を持つ細胞における選別
異なる量のN-カドヘリンを発現している2種類の株細胞を混合すると，N-カドヘリンの発現量が多い株細胞（緑色に染色された細胞）が内側に集まった形に再編成される。
写真はM. Steinberg氏の厚意によりFoty, R.A., Steinberg, M.S.: 2005から

を含むタンパク質複合体によって細胞骨格のアクチンフィラメントと結びついていて（**Box 8B**, p. 309 参照），この連結が上手くいかないと弱い接着しかできない。例えば，アフリカツメガエル初期胞胚において，E-カドヘリンは原腸形成の直前に外胚葉で発現し，N-カドヘリンは予定神経板で発現し始める。もし細胞外領域を欠いた変異型E-カドヘリンmRNAを顕微注入により胞胚で発現させると，変異型カドヘリンはアフリカツメガエル胚でもともと発現している完全長カドヘリンと細胞骨格連結領域を競合する。この変異型カドヘリンは細胞外領域を持たないので，細胞接着には影響を及ぼさないが，完全長カドヘリンの細胞骨格への連結を阻害するのである。その結果，細胞接着力が弱まり，原腸形成時に外胚葉の崩壊が起きる。このことは，安定した細胞接着を生じさせるためには，カドヘリン分子が相手側細胞のカドヘリンと細胞外で結合することに加え，細胞質領域で細胞骨格へ連結していることが必要であることを示している。カドヘリンが細胞外領域ではじめに結合し，それが細胞骨格へ伝わると，細胞接着の相互作用が安定化するのである。

まとめ

細胞同士の接着と，細胞-細胞外マトリックス間の接着が，組織の統合性や組織間境界を維持している。細胞間接着は，細胞表面に発現している細胞接着分子により決定される。異なる細胞接着分子を発現している細胞や，同じ細胞接着分子でもその量が異なる細胞は，異なる組織へと選別される。これは，細胞間接着性が細胞膜表層の細胞骨格に影響を及ぼし，これによって細胞表面の張力及び組織間の界面張力が変化することによって起きる。細胞間接着は主に2種類の細胞表面の分子により担われている。1つめはカドヘリンであり，この分子は相手側細胞の表面にある同じタイプのカドヘリンとカルシウム依存的に結合する。2つめは免疫グロブリンスーパーファミリーの分子である。このファミリーに属する分子には，相手側の細胞の表面に存在する同じタイプの分子に結合するものと，インテグリン分子のように異なるタイプの分子に結合するものがある。免疫グロブリンスーパーファミリーに属する細胞膜分子は，カルシウム非依存的に結合する。細胞外マトリックスへの結合は，3つめの細胞接着分子――インテグリン――により担われている。カドヘリンによる安定した細胞間接着は，カドヘリン分子の細胞外領域の物理的接触と，細胞質領域部分でのcateninを含んだタンパク質複合体を通じた細胞骨格への結合により生じている。

卵割と胞胚形成

動物胚発生の最初のステップは，受精卵の卵割による，より小さい多数の細胞（割球）への分裂である。多くの動物ではそれに続いて胞胚（第3章参照）と呼ばれる中空の球状構造が形成される。多くの胚において卵割は，細胞成長期なしに細胞質分裂と有糸分裂が連続して起こる，短い細胞分裂周期で行われる。したがって卵割の間，胚の容積は増加しない。初期の卵割様式は動物グループにより大きく異なっている（図8.4）。放射卵割（radial cleavage）では，はじめの数回の卵割は卵表面に対して直角に起き，割球が互いの上に完全に重なるように段状に並ぶ。このタイプの卵割は，例えばウニや脊椎動物といった新口（後口）動物に特徴的である。旧口（前口）動物である軟体動物と環形動物の卵で連続して起こる卵割は，水平面上で互いにやや傾いた角度で行われ，螺旋状に割球が並ぶ螺旋卵割（spiral cleavage）と言われる別の卵割様式である。放射卵割と螺旋卵割のどちらにおいても，いくつかの卵割は不等割である。例えばウニのはじめの3回の卵割は同じ大きさの割球を生み出すが，その後の小割球を生み出す卵割は不等割であり，娘細胞の一方が他方よりも小さい（図6.19参照）。線虫では，一番はじめの卵割が，大きさの異なる割球を生み出す不等割である（図8.4参照）。初期のショウジョウバエ胚では，細胞質分裂なしに核のみが連続して分裂し，合胞体（複数の核を含んだ細胞）を形成する。核の間に細胞膜が成長し，合胞体が個々の細胞へ分けられるのは，のちになってからである（第2.1節参照）。

卵に含まれている卵黄の量も卵割様式に影響を及ぼす。卵黄の多い卵は，上述の2つの卵割様式とは異なるタイプの等卵割を行う。分裂溝は卵黄が最も少ない位置にまず発達し，次第に卵全体に広がるが，この進行速度は卵黄の存在によって遅くなり，時には止まってしまう。このため，ある場合には卵割が完全には進まない。鳥類やゼブラフィッシュのような非常に卵黄の多い卵では，この卵黄による影響が

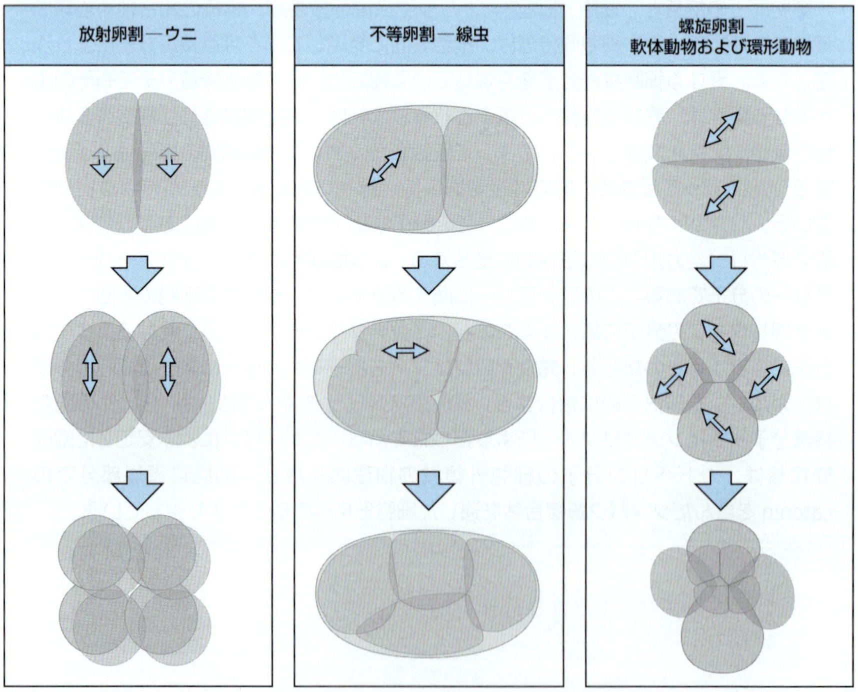

図8.4　様々な動物グループの初期卵割様式
放射卵割（例：ウニ）は，互いに積み重なった割球を生み出す。不等卵割（例：線虫）は，一方の娘割球が他方の娘割球よりも大きい。螺旋卵割（例：軟体動物と環形動物）では，体細胞分裂装置が割球の長径に対してわずかに傾いた角度に位置するため，螺旋状に割球が並ぶことになる。

顕著であり，卵の一方の端では卵割が最後まで完了せず，卵黄の上に細胞がキャップ状に乗った形の胚が形成される（**図 3.11, 図 3.13** 参照）。両生類のようにそれほど卵黄が多くない卵においても，卵黄の存在は卵割に影響を及ぼす。例えばカエルの卵では，後期の卵割は不等割かつ非同調的で，そのため動物極側半球は小型の多くの細胞からなり，卵黄の多い植物極側半球は動物極側に比べて少数の大型の細胞からなる胚が生じる。

初期の卵割に関して，重要な問題は以下の 2 つである。卵割面の位置はどのように決まるのか？　そして，卵割がどのようにして明らかな内側-外側の極性がある中空の胞胚（または胞胚に相当するもの）を形成するのか？

8.3　紡錘体の方向が卵割の分裂面を決定する

卵割における分裂面の方向は，胚発生において非常に重要である。これは娘細胞の互いの空間的配置や，娘細胞の大きさが等しくなるか，大小異なるようになるかを決定するだけでなく，娘細胞への様々な細胞質決定因子の配分，すなわち娘細胞の発生運命をも決定する。すでに，線虫初期発生において，非対称卵割が細胞に異なる発生運命を与える仕組みを学んできた（第 6 章参照）。卵割面は，のちの形態形成や成長にも非常に重要である。例えば卵割面により，上皮シートが単層のままであるか多層になるかが決まる。

細胞分裂は常に，紡錘体の 2 つの極の間で起こる。なぜ紡錘体の極の間で分裂するのかという問題に対する説明のひとつは，細胞骨格の収縮力による細胞表層全体における張力の上昇である。張力の上昇により細胞が丸くなる。そして紡錘体の極にある星状体が細胞表層と相互作用し，星状体のすぐ近傍領域で張力を弱め，その結果中間領域に収縮環が形成され，細胞質が 2 つに分裂するというものである。卵割溝の位置は紡錘体の存在に依存せず，星状体のみで指定され得るということを示す以下の実験がある。ウニの受精卵にガラスビーズを挿入することで第一卵割の卵割溝を阻害して卵の形を変えると，第一卵割で形成された 2 つの核が馬蹄型の 2 つのアーム部分にそれぞれ分かれて位置するような細胞ができる（**図 8.5**）。次の分裂では，紡錘体は通常通り 2 つのアームそれぞれで形成され，その間に卵割溝が形成される。しかしその際に第三の卵割溝が，馬蹄型の上部分の，隣り合っているが間に紡錘体が形成されていない 2 つの星状体の間にも形成されるのである。

星状体は，**中心体（centrosome）**と呼ばれる細胞の微小管成長の形成中心構造から放射状に伸びた微小管で形成されている。有糸分裂前には，細胞に 1 つあった中心体が倍加し，生じた娘中心体が核を挟んで対称的な場所に位置して星状体を形成する。星状体と細胞表層の微小管との相互作用が，のちに紡錘体をつなぎ止め，

図 8.5　卵割溝の位置は紡錘体の星状体により決定される
ウニの受精卵の第一卵割のときガラスビーズで有糸分裂装置を受精卵の一方に押しやると，卵割溝は有糸分裂装置がある側でのみ形成される。次の卵割では，予想通りそれぞれの紡錘体は分裂溝で二分されるが，青三角で図に示した隣り合う星状体の間には，紡錘体が形成されていないにもかかわらず，そこに余分な卵割溝が形成される。単純化するため染色体は省略している。

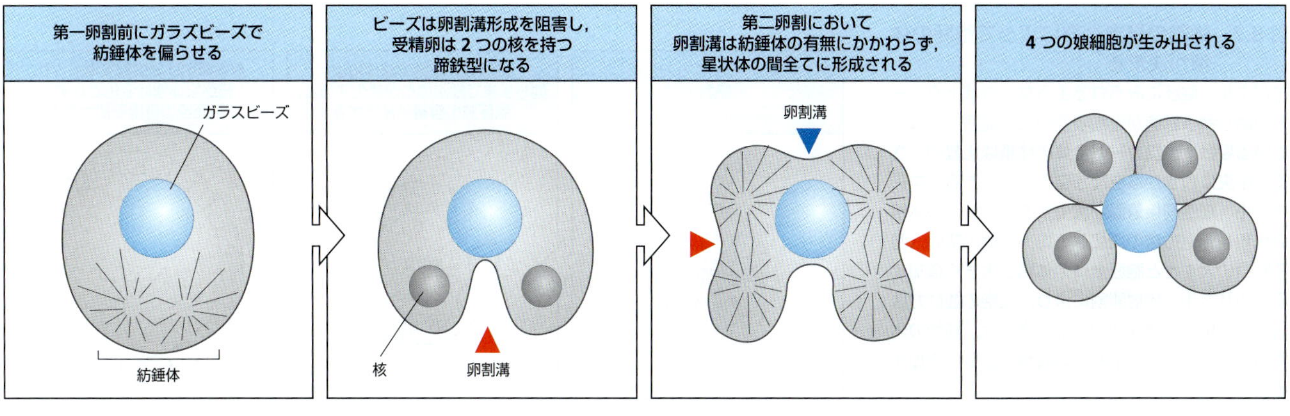

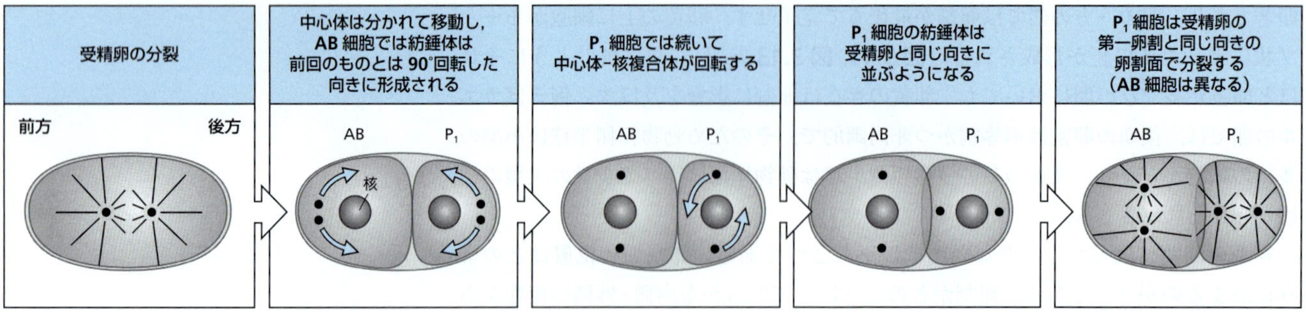

図 8.6 様々な細胞の多様な卵割面は，中心体の振る舞いにより決定される
線虫受精卵は第一卵割により，前方の AB 細胞と後方の P_1 細胞に分かれる。次の卵割の前に，AB 細胞において倍加した中心体は，次の卵割の分裂面が第一卵割の分裂面と直行するような位置に移動する。P_1 細胞では，倍加した中心体ははじめに AB 細胞と同様に移動するが，分裂前に P_1 細胞の核と核に結びついている 2 つの中心体が 90°回転し，そのため第一卵割と同様の分裂面で卵割する。
Strome, S.: 1993 より

その配置の維持を補助している。通常，中心体の倍加と移動により，一連の細胞分裂面は互いに直角となる。このような分裂の例は，線虫の受精卵の最初の卵割により生じる細胞の片方，AB 細胞に見られる。分裂中の AB 細胞での紡錘体は，受精卵の紡錘体に対しておよそ直角である（**図 8.6**）。しかし第一卵割により生じたもう一方の細胞である P_1 細胞では，中心体は始めに AB 細胞と同様の位置に移動するが，その後，核と核に結びついている中心体が細胞の前方に 90°回転し，その結果 P_1 細胞の卵割面は受精卵の第一卵割と同じ方向になる。AB 細胞と P_1 細胞の卵割面の違いは基本的に，PAR タンパク質などの，第一卵割において分布が異なっていて，紡錘体の配置に影響を及ぼすような細胞質因子によって制御されている（第 6.1 節参照）。

植物では，茎，根，葉，および花の形態を決める主な要素は，連続する細胞分裂とその後の細胞伸長である（第 7 章参照）。植物細胞の分裂では，細胞は収縮するアクトミオシンの環により半分にくびり切れるのではない。そのかわりに，新しい細胞膜と細胞壁が，紡錘体の両極の中間に形成される。植物細胞の分裂面は，将来細胞が分かれる位置の細胞膜直下に一過的に形成される微小管とアクチンフィラメントの円周状のバンドとして，細胞分裂が始まる以前に決定されているようである。

初期の動物胚に共通の形態は，中空球状の胞胚である。胞胚は液体で満たされた内部を囲む上皮のシートによって形成されている。受精卵からこのような中空球状の形態をつくる発生過程は，**図 8.7** にあるように，特定の卵割のパターンと，細胞をどのように空間に詰めるかの両方に依存している。もし分裂面が常に表面に直交する（放射状）のであれば，細胞は単層の上皮のままである。卵割が進むにつれ個々の細胞は小さくなり，細胞シートの表面は大きく，そして胞胚腔と呼ばれる空間が内部に形成される。この胞胚腔の容積は，卵割のたびに増大する（**図 8.7** 参照）。これがウニ胞胚の基本的な形成様式である。

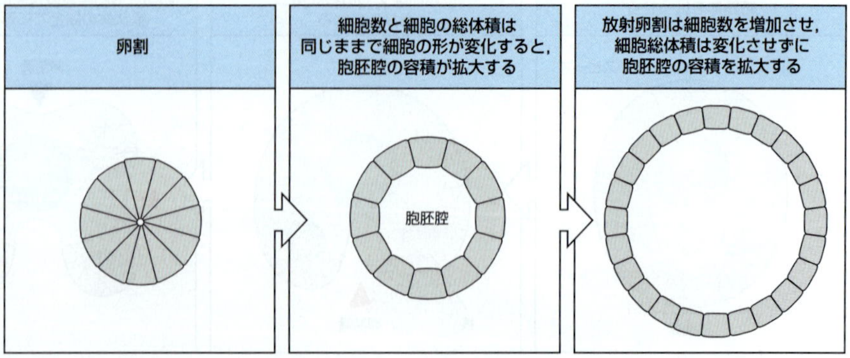

図 8.7 細胞の詰まり方によって胞胚の体積が決まる
左パネル：胞胚にみられるような，球状上皮シートの隣り合う細胞が細胞表面の広い範囲で接着している場合，上皮シート全体の体積は比較的小さく，中央にわずかな空間が空くだけである。中央パネル：細胞間接着面が減少すると，細胞の体積の総和や細胞の数の増加なしに，内側の空間（胞胚腔）の大きさと胞胚全体の体積が大きく増加する。右パネル：放射卵割により，細胞の並び方は同じまま細胞の数が増加した場合には，細胞の体積の総和は同じまま胞胚腔の容積がさらに増加する。

8.4 ウニ胞胚とマウス桑実胚において，細胞は極性を持つようになる

微絨毛に覆われているウニ卵の表面は前述の卵割パターンの結果，胞胚の外側表面になる。ヒアリンとエキノネクチンというタンパク質でできている透明層と呼ばれる細胞外マトリックスの層が外側表面に分泌され，細胞はこの層に結合している。隣り合う割球の間に細胞間接着が形成され，割球は上皮組織を形成するようになり，細胞のゴルジ装置は頂端（外側）に位置するなど細胞内容物が頂端-基底方向で偏るようになる。細胞は，カドヘリンを主とした接着結合と，中隔結合［セプテート・ジャンクション（septate junction）］を形成することで，しっかりと側面で結合する。中隔結合とは，無脊椎動物に見られ，脊索動物には無い細胞間接着構造の1つで，脊椎動物の密着結合と同様の透過障壁——上皮細胞の間で水や小分子やイオンが浸透するのを阻む障壁——として働いていると考えられている。上皮組織の内側（基底側）の表面には，基底層（秩序立った構造の細胞外マトリックスの層）が広がっている。胞胚が発生するにつれ，胞胚の外側表面に繊毛が形成される（図 8.8）。

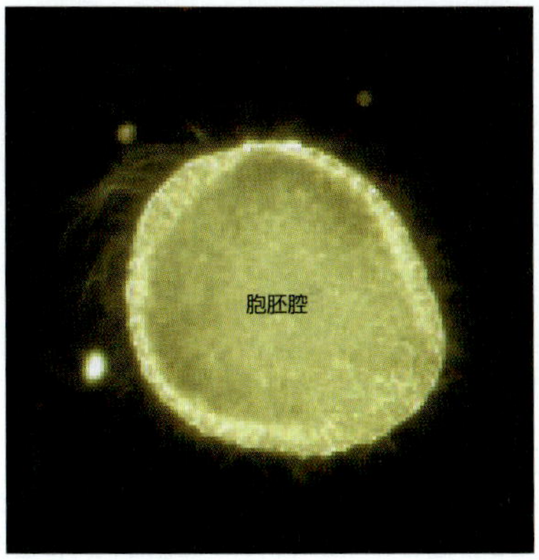

図 8.8 ウニ（*Lytechinus pictus*）の胞胚
中空の胞胚腔は単層の細胞層により覆われている。
写真は Raff, E.C. et al.: 2006 より

マウス胚では，構造的な分化の最初の徴候は，8細胞期に桑実胚のコンパクション（compaction）と呼ばれる過程に見られる（図 8.9）。そのときまで割球は，それぞれの細胞表面が微絨毛で均一に覆われ，ゆるく結合したボール状である。コンパクションにおいて，割球は互いに対して平らになって細胞接触面を最大にし，微絨毛が頂端に限定されて細胞極性を持つようになる（図 8.10）。放射卵割は極性を持った2つの細胞を生み出すが，一部の卵割は接線方向（表面に平行な方向）に起こり，それらの卵割はそれぞれ極性を持つ外側の1つの細胞と，内側の1つの非極性細胞を生み出す。胚盤胞の分化過程が進むにつれて，非極性細胞は将来胚自身になる内部細胞塊（inner cell mass：ICM）となり，一方外側の細胞は密着結合を発達させ，胚盤胞の外側上皮である栄養外胚葉を形成する（図 3.22，最初のパネル参照）。

カドヘリンが主に働く割球間の接着結合の形成（Box 8B, p. 309 参照）が，コンパクションを起こす主要な仕組みである。2細胞期と4細胞期には，E-カドヘリンは割球の表面に均一に分散しており，細胞間接着はあまり強くない。しかし8細胞期には，E-カドヘリンが細胞接触領域に限定して局在するようになり，ここで初めて細胞接着分子として働くようになる。E-カドヘリンの接着性の変化は，β-catenin を通じて細胞表層の細胞骨格要素とつながることによる。接着結合形成には，プロテインキナーゼ C-α の働きが必要である。もしこのキナーゼを8細胞期よりも前に活性化させると，正常よりも早い時期にコンパクションが起きる。

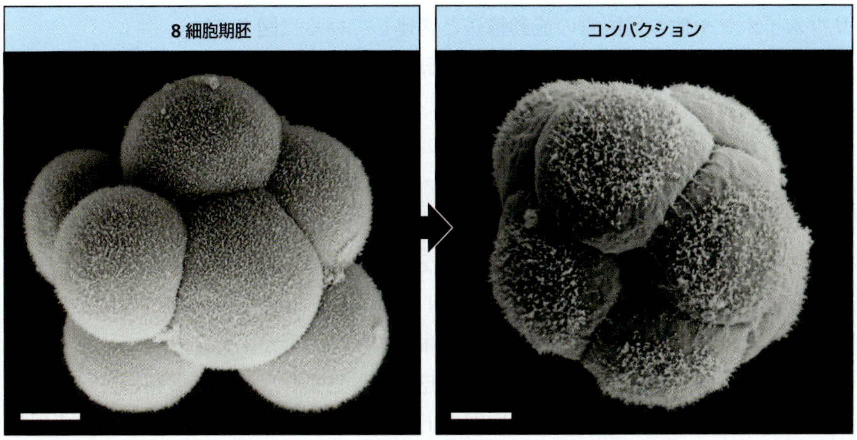

図 8.9 マウス胚のコンパクション
8細胞期の割球は比較的平滑な表面を持ち，微絨毛は表面全体に一様に分布している。コンパクション時に，微絨毛は外側表面にのみ局在するようになり，割球は互いの接触面積を増加させる。スケールバー＝10 μm。
写真は T. Bloom 氏の厚意により Bloom, T.L.: 1989 から

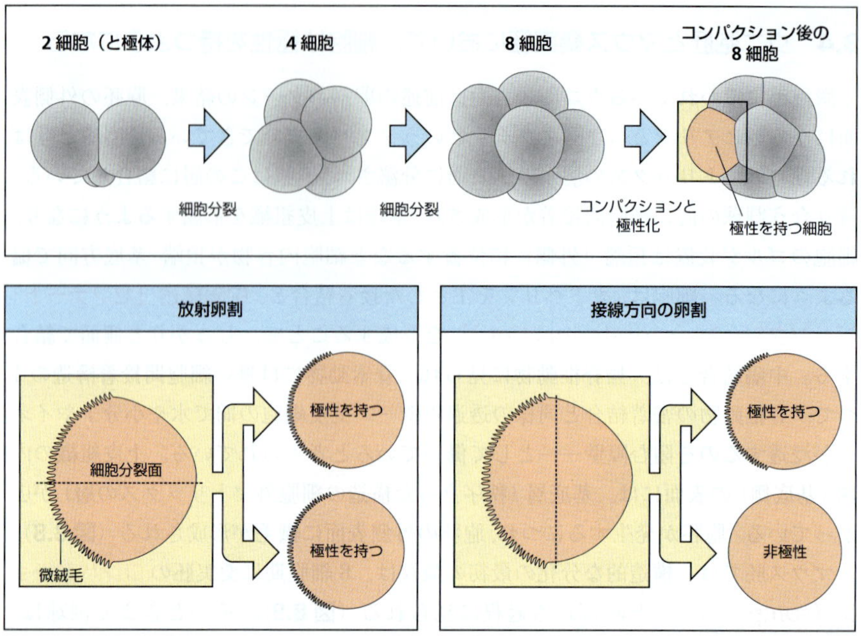

図 8.10 マウス胚卵割中の細胞の極性化
8細胞期に細胞が互いに強く接着するコンパクションが起きる（上パネル）。細胞は同時に極性を持つようになる。例えば，もともとは細胞表面に一様に分布していた微絨毛は，細胞の外側表面に限定されるようになる。このため，この後の卵割では極性を持つ2つの細胞が生み出される（放射卵割，下段左パネル）か，または極性を持つ細胞と内側の非極性細胞が生み出される（接線方向の分裂，下段右パネル）。接線方向の分裂は将来内部細胞塊となる細胞を生み出す。

反対にこのプロテインキナーゼC-αの活性を阻害すると，コンパクションは起こらない。β-cateninなどの細胞接着構造構成分子のキナーゼによるリン酸化が，接着活性を持つカドヘリン-catenin複合体形成には必要なようである。

コンパクションには細胞表層の細胞骨格の大がかりな再構成が関与している。この再構成はおそらくE-カドヘリンの再局在化と微絨毛の再分配を伴って行われるのだろう。細胞骨格タンパク質のアクチン，スペクトリン，およびミオシンは，細胞間接触領域から除かれ，極性を持つようになった細胞の頂端の周囲にバンド状に再濃縮する。細胞の平坦化と細胞表層構成分子の再分布はどちらも，細胞表層構成分子を頂端極側に集めるアクチンフィラメントの収縮によって引き起こされるのではないかと考えられている。

8.5 密着結合形成およびイオン輸送の結果として液体が蓄積し，哺乳類の胚盤胞の胞胚腔が形成される

胚盤胞または胞胚の内部空間，すなわち胞胚腔内への液体の蓄積により，胞胚の壁に外向きの力が加わる。この静水圧は，球状の形状を形成・維持している力の1つである。哺乳類の着床前胚では，発生中の胚盤胞内に液体が蓄積して空洞をつくる過程によって胞胚腔が形成される。水の流入は，細胞外空間（胞胚腔）へのナトリウムイオンや他の電解質の能動輸送と関連している（**図 8.11**）。

哺乳類桑実胚の8細胞期において**密着結合（tight junction）**が，極性化した割球の間に形成され始める。密着結合は上皮組織に典型的な接着構造であり，水分子，イオン，および小分子の細胞間への浸透を阻むシールを形成する（**図 8.12**）。32細胞期までには，この密着結合によるバリアが完全に形成される。同時に，Na^+/K^+-ATPアーゼ・ナトリウムポンプ，およびその他の膜輸送タンパク質が外側の細胞の側底膜において活性を持つようになり，胞胚腔にナトリウムとその他の電解質を輸送する。このようにして細胞内ナトリウムは，胚盤胞の周囲の液体からのナトリウムに置き換えられる。胞胚腔の液体のイオン濃度が上昇するので，細胞膜のアクアポリン水チャネルにより水が胞胚腔に引き込まれ，液体の蓄積によって引き起こされる静水圧の増加により，周囲の上皮層が伸展する。イオン輸送による同様

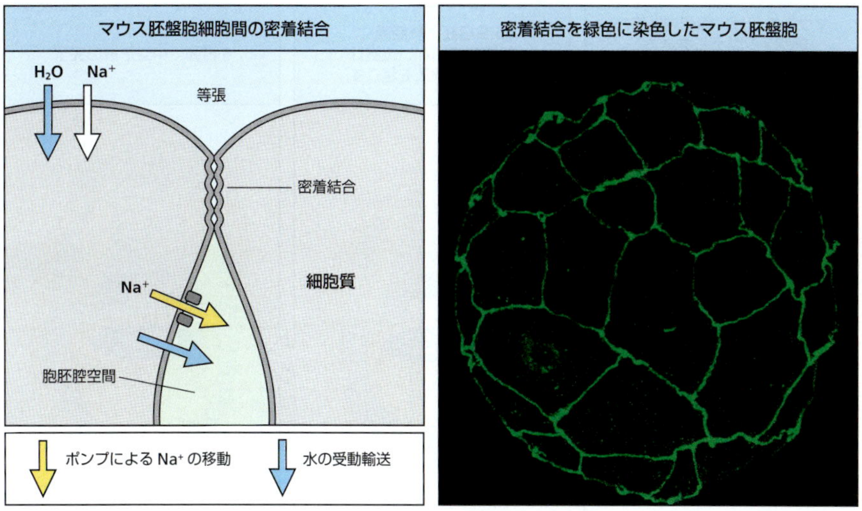

図 8.11　哺乳類の胚盤胞の胞胚腔は，液体が満ちた内部の中空をつくり出す水の流入によって形成される

左パネル：マウス胚盤胞の栄養外胚葉細胞の側底面細胞膜を通過する，胞胚腔へのナトリウムイオン（Na^+）の能動輸送は，細胞外溶液のイオン濃度を上昇させ，胚の周囲の等張液から水の流入を生じさせる。胞胚腔は栄養外胚葉細胞の間の外側縁に形成されている密着結合によって，胚外の溶液との間をシールされており，水の流入は胞胚腔を拡大する静水圧を生じさせる。右パネル：上皮細胞間の密着結合を示すマウス胚盤胞表面の像。
写真は Eckert, J.J., Fleming, T.P.: 2008 より

同様の機構が，アフリカツメガエルの胞胚において，胞胚腔に液体を引き込むためにも働いているようである。アフリカツメガエルの場合，最も早い時期としては2細胞期ですでに，非常に小さい卵割腔（のちに拡大したものを胞胚腔という）が電子顕微鏡により観察できる。

8.6　内部中空は細胞死によってつくられる場合がある

空洞構造は，初期胚発生過程において複数の方法で形成される。例えば本章後半でみてゆくように，哺乳類の神経管の場合には，上皮シートの折り畳みの結果，管状構造がつくられる。前節では，水の流入により内部のスペースが拡大される空洞構造形成過程によって，胞胚腔が形成される様子をみてきた。この他の中空形成の例には，マウスの上皮状のエピブラストの発生過程において見られる細胞死によるものがある。

マウス胚を形成するエピブラストは，内部細胞塊（第 3.5 節参照）由来である。最初，エピブラストは円柱状の細胞集団であるが，液体が詰まった空洞を包み込む上皮層へと発達する。この中空の形成は，エピブラスト中央部分の細胞のプログラム細胞死――アポトーシス――の結果である（**図 8.13**）。エピブラストを囲む細胞層――臓側内胚葉――が，細胞死シグナルをエピブラストに送り，エピブラスト細胞の外側に位置しているものだけが，基底膜との結合により生き残る。この生存シグナルは，基底膜の構成因子と相互作用する細胞膜上のインテグリンにより伝えられる。プログラム細胞死という現象と，発生におけるその役割は，さらに後の章で議論する。

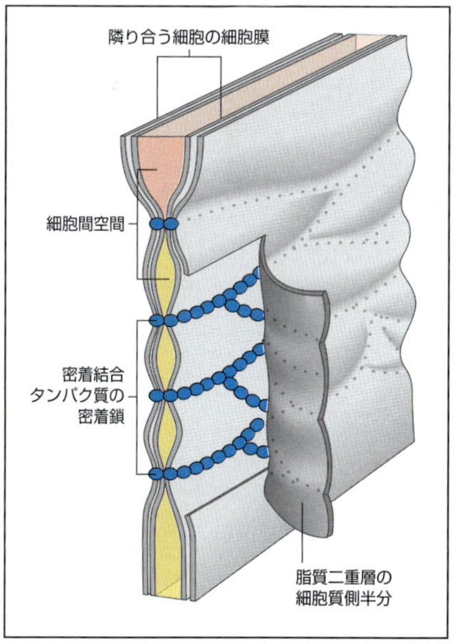

図 8.12　密着結合の構造

隣り合う上皮細胞の向かい合う細胞膜は，密着結合により密接している。密着結合は細胞の頂端近くに位置し，細胞外環境と細胞間環境をシールして分けている。互いに密接に結合する膜タンパク質（オクルーディンとクローディン）の水平方向の列（密着鎖）により，細胞膜は密接に結合している。
Alberts, B., et al.: 2008 より改変

まとめ

多くの動物で受精卵は，卵を多数の小さな細胞（割球）に分け，最終的には中空の胞胚を形成する卵割期を経る。様々な動物グループにおいて様々な卵割パターンが見られる。例えば線虫や軟体動物では，卵割面は，胚内の特定の割球の位置の決定と，細胞質決定因子の分布に重要である。動物細胞における卵割面は，星状体の最終的な位置により決まる紡錘体の方向によって決定される。植物細胞では，細胞分裂面は細胞分裂が始まる前に決定されているようである。卵割期の終わりに胞胚は基本的に，液体の詰まった胞胚腔を覆う極性を持つ上皮で構成されている。胞胚腔に液体が蓄積

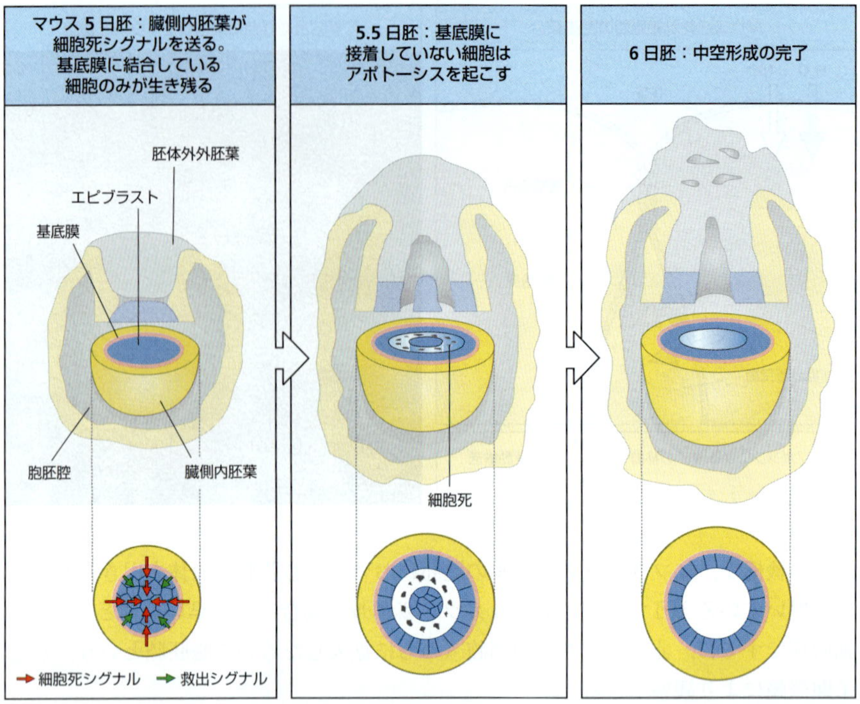

図 8.13　マウス胚のエピブラストにおける中空形成

左パネル：内部細胞塊の細胞は分裂し，中空のないエピブラスト（青色）を形成する。エピブラストは臓側内胚葉（黄色）によって囲まれている。中央パネルと右パネル：エピブラスト内のプログラム細胞死（アポトーシス）によって，中空（白色）が形成される。左パネルの下図に示されているように，細胞死のシグナルは臓側内胚葉からくると考えられる。直接基底膜に結合しているエピブラスト細胞だけが救出シグナルを受け取れ，生き残ることができる。
Coucouvanis, E., et al.: 1995 より

する理由の 1 つは，イオンの能動輸送により生じた浸透圧によって胞胚腔に水が流れ込むからである。初期マウスエピブラストにおける中空の形成は，細胞死によって引き起こされる。

まとめ：胞胚形成

分裂中の細胞における星状体の位置が分裂面を決定する
↓
上皮シートの形成

マウス
↓
上皮組織における接線方向の分裂が，予定内部細胞塊と，外側の栄養外胚葉を生み出す
↓
ナトリウムイオンが胞胚腔に汲み上げられ，浸透圧により胚盤胞が膨張する
↓
胚盤胞は，内部細胞塊と，液体で満ちた胞胚腔を取り囲む，単層の栄養外胚葉からなる

ウニ
↓
放射卵割のみ
↓
放射卵割による内部体積の膨張
↓
胞胚は，液体が満ちた胞胚腔を取り囲む，単層の上皮からなる

原腸形成の動態

原腸形成では個々の細胞や細胞シートの動きにより，胞胚（またはそれに相当する発生段階）のほとんど全ての組織がボディプランに即した適切な位置へと動いて

ゆく。原腸形成過程が必要であることは，例えばウニや両生類の胞胚の予定運命図を見るとよくわかる。これらの動物の原腸形成前の予定運命図では，予定内胚葉，予定中胚葉，予定外胚葉領域は上皮シート上に隣り合って並んでいる。したがって，内胚葉と中胚葉は，初期胚の外側から内側に移動する必要がある（第4～6章参照）。原腸形成後，これらの組織は互いの位置関係を大きく変える。例えば，内胚葉はからだの内部に位置する腸へと発達し，中胚葉の層を間にして，外側の外胚葉からは完全に分離する。このように原腸形成は，胚の全体構造の劇的な変化を伴い，胚を複雑な三次元構造へと変換する。原腸陥入中の細胞の形状と接着性を制御する細胞活動のプログラムが胚の構造を改変し，内胚葉と中胚葉がからだの内部に移動し，外胚葉だけがからだの外側に残るようになる。原腸形成を引き起こす基本的な力は，細胞の形状の変化と，さらに個々の細胞の移動の力である（**Box 8A**, p. 307 参照）。このような改変が，ある特定の胚では，細胞数の増加や細胞塊全体の体積の変化をほとんど，あるいは全く伴わないで行われる。

本節では，まず，比較的単純なウニと昆虫の原腸形成のメカニズムを考察する。次のアフリカツメガエルは，脊椎動物におけるより複雑な原腸形成過程を理解するための，良いモデル系である。

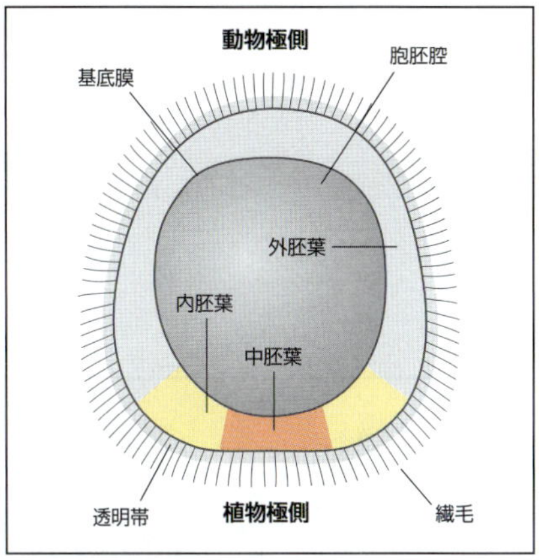

図 8.14　原腸形成前のウニ胞胚
予定内胚葉（黄）と予定中胚葉（オレンジ）は植物極側の領域に位置する。胞胚の残りの部分は将来の外胚葉（グレー）である。細胞外の透明帯と胞胚腔を縁取る基底膜がある。胞胚の表面は繊毛で覆われている。

8.7　ウニの原腸形成は，細胞移動と陥入を伴う

原腸形成が始まる直前，ウニ後期胞胚は，液体で満たされた中央の腔を囲む単層の繊毛上皮である。予定中胚葉はこの単層上皮のうち最も植物極側の領域を占め，その隣に予定内胚葉領域がある（**図 8.14**）。胚の残りの部分は外胚葉となる。上皮細胞は頂端-基底方向に極性化している。すなわち上皮細胞の頂端表面に透明層があり，胞胚腔に面している基底側の表面には基底膜がある。上皮細胞は中隔結合と接着結合によってお互いに側面で接している。

原腸形成は，最も植物極側の中胚葉細胞が遊走化して間充織細胞の形態をとるようになる**上皮-間充織転換（epithelial-mesenchymal transition）**に始まる。中胚葉細胞はお互いの結合を失い，透明層との結合も無くして，上皮としての極性も直方体の形態も失った，単一細胞になって胞胚腔へと潜り込む（**図 8.15**）。こうなったこれらの細胞は一次間充織と呼ばれる（第6.7節参照）。一次間充織への転換と胞胚腔への進入は，これらの細胞がまだ上皮の一部であるときに内側表面が激

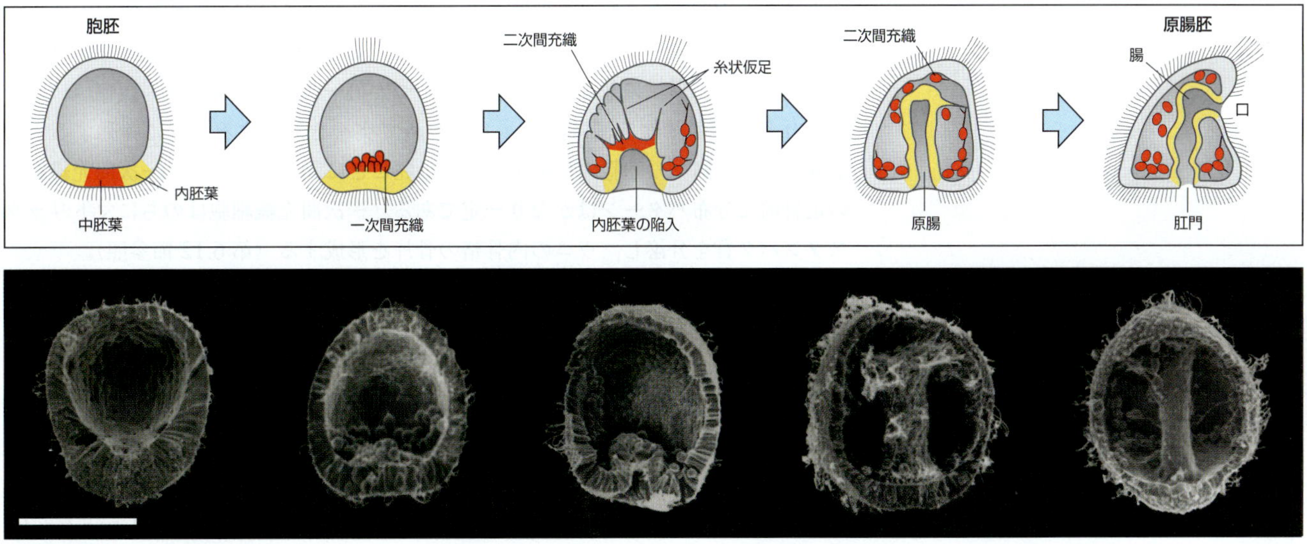

図 8.15　ウニの原腸形成
植物極側の予定中胚葉が一次間充織細胞へと転換し，植物極で胞胚腔に進入する。これに続いて，内胚葉の陥入が起こる。内胚葉は胞胚腔内を動物極側に伸長し，明確な原腸を形成する。陥入中の内胚葉の先に位置する二次間充織から糸状仮足が伸びて胞胚腔の壁と結合し，将来口になる位置への陥入を進める。将来の口の位置の外胚葉と陥入してきた内胚葉は融合し，内胚葉は腸を形成する。スケールバー＝50 μm
写真は J.Morrill 氏の厚意による

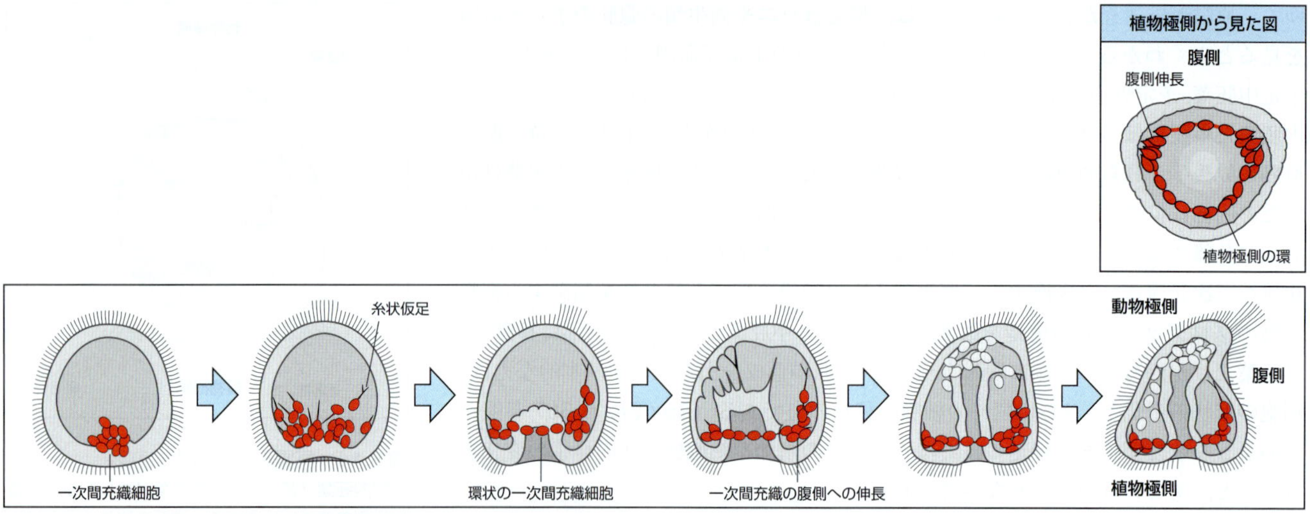

図 8.16 初期のウニ胚発生における一次間充織の移動

一次間充織細胞は，植物極で胞胚腔に進入し，胞胚腔の壁上を糸状仮足を伸長，収縮させることにより移動する。数時間以内にこれらの細胞は，植物極側領域で腹側に向かって突起を伸ばしている特定の環状のパターンに並ぶ。

しく脈打つ動きや，時にはまだ細胞移動がきちんと始まる前の胞胚で起こる小さく一時的な内側への折りたたみ，または陥入といった動きで予測できる。細胞が胞胚腔に落ち込むためには，細胞接着性を失うことが必要であり，この際には，カドヘリンの発現の抑制，エンドサイトーシスによる細胞表面からのカドヘリンの除去，および α-catenin と β-catenin の消失が関係している。

上皮-間充織転換は，ウニの *snail* 遺伝子によって部分的に制御されている。*snail* は他の多くの発生遺伝子と同様に，ショウジョウバエにおいて最初に同定された遺伝子である（第 2.19 節参照）。アンチセンス・モルフォリノを用いて初期ウニ胚で *snail* 遺伝子発現をノックダウンする実験の結果から（**Box 6A**, p. 231 参照），上皮-間充織転換において *snail* がカドヘリンの発現抑制とエンドサイトーシスに必要であることが示唆されている。こういったタイプの細胞形態変化において転写因子 Snail ファミリーが働くことは，動物界において非常によく保存されていて，本章でそれを学んでゆく。Snail タンパク質とその関連転写因子 Slug の働きは，医学的にも関心を持たれている。同様の上皮-間充織転換は癌細胞でも起こり，癌細胞が転移し，元の癌の場所から離れてからだのどこかに二次癌を形成するためである。転移型の癌細胞では，通常低い *snail* と *slug* の遺伝子発現が高くなっている。

ウニの一次間充織細胞は胞胚腔へ進入後，胞胚腔内を移動し，胞胚腔の内側表面上で特徴的なパターンを形成する。一次間充織はまず，内-外胚葉境界の植物極側で原腸の周りに環状に並ぶ。その後，いくつかの一次間充織細胞は，腹側（口が形成される側）の動物極側に向かって 2 ケ所で突起を形成するように移動する（**図 8.16** 参照）。個々の細胞の移動する道筋は胚ごとに大きく違うが，一次間充織細胞の最終的な分布パターンはかなり一定である。一次間充織細胞はのちにマトリックスタンパク質を分泌し，ウニの内骨格の骨片を形成する（第 6.12 節参照）。

一次間充織細胞は，細かい糸状仮足を用いて胞胚腔の内壁上を移動する。糸状仮足は 40 μm の長さにもなり，複数の方向に広がる。糸状仮足には架橋されたアクチンフィラメントの束が含まれていて，糸状仮足先端を押し出す迅速なアクチンフィラメントの集合によって，前方に伸長する。どの時点でも各細胞は，大抵は枝分かれした平均 6 つの糸状仮足を持っている。糸状仮足は胞胚腔の壁を覆う基底膜と接触・結合すると収縮し，糸状仮足が接触している位置に向かって細胞体を引き寄せる。各細胞は複数の糸状仮足を伸ばしており（**図 8.17**），糸状仮足のいくつか，または全てが壁との接触で収縮するので，糸状仮足間に競争があり，細胞は糸状仮足が最も安定して接着した領域に向かって引き寄せられるのだと考えられる。したがって一次間充織細胞の動きは，最も安定した接触部位のランダムな探索を反映しているのである。細胞が移動する際，複数の細胞の糸状仮足は束になり，ケーブル様の突起となる。

もし，一次間充織系細胞を動物極側に人工的に注入すると，一次間充織細胞は植物極側領域の通常の位置に，方向性をもって移動する。これは，濃度勾配を持つ細胞誘導の手がかりが基底膜に分布しているのだろうということを示唆している。既に移動してしまった細胞であっても，より若い胚内に注入されると，再び移動して，同様なパターンを形成する。糸状仮足と胞胚腔の壁との間の接触の安定性は，細胞移動パターンを決定する1つの要因である。移動中の細胞の動画解析によって，細胞が最終的に集まる領域，すなわち植物極側のリングと2つの腹側側方クラスターの位置で，最も安定した接着が形成されることが示唆されている（**図 8.16** 参照）。シグナル分子である線維芽細胞増殖因子A（FGFA）および血管内皮増殖因子（VEGF）が，ガイダンスキュー分子である可能性も示唆されている。胚では，FGFAは一次間充織細胞が移動するはずの外胚葉領域で発現されており，FGF受容体は一次間充織細胞において発現している。もしFGFAによるシグナル伝達が阻害されると，細胞移動と骨片形成が阻害される。脊椎動物における研究で，FGFは移動中の間充織細胞を引き寄せることができることが示されており，ウニ胚においてもFGFAは同様に一次間充織細胞を引き寄せる働きがあるだろうと考えられる。VEGFは，間充織細胞が向かう先の，最も腹側の予定外胚葉の細胞で発現し，VEGF受容体は予定一次間充織細胞で特異的に発現している。FGFの場合と同様に，VEGFやその受容体が欠けている場合，一次間充織細胞は正しい位置に到達せず，骨片も形成されない。

一次間充織の進入に引き続き，胚の腸（原腸）を形成するための内胚葉の陥入と伸長が起こる。内胚葉は連続的な細胞シートとして陥入する（**図 8.15** 参照）。腸の形成には2段階ある。最初の段階で，内胚葉は陥入して胞胚腔の半分まで伸びる短いずんぐりした円筒を形成する。短い休止があった後，原腸の伸長が続行される。第2段階では，陥入しつつある腸の先端の，将来二次間充織として原腸の上皮から離れる細胞が，胞胚腔の壁と接触する長い糸状仮足を出す。糸状仮足の伸長と収縮によって，伸長中の原腸は胞胚腔の反対側に引っ張られ，胚の腹側に小さな陥入を形成する口の領域に最終的に接し，融合する（**図 8.15** 参照）。この過程中に陥入する細胞の数が2倍になるが，これは陥入している領域の周りの後腸になる細胞も陥入するためである。

どのようにして内胚葉の陥入が開始されるのだろうか。その最も簡単な説明は，内胚葉細胞の形態変化が生じて細胞シートが屈曲し，まずはじめはこの屈曲が維持されているというものである（**図 8.18**）。陥入部位では立方体の細胞が細長く伸び，外側（頂端側）が狭いくさび型になる。この細胞の形状の変化は，細胞表層のアクトミオシンが収縮し，細胞が頂端で狭窄した結果である（**Box 8A**, p. 307 を参照）。このような細胞形状の変化は，細胞シートの外表面を内側に引っ張り，陥入を維持するのに十分であろう。細胞の頂端狭窄が植物極全体に広がるというモデルのコンピューターシミュレーションでも，陥入が起きるという結果が得られている（**図 8.19**）。

最初の陥入は，その最終的な陥入の約1/3しかない。続く原腸陥入の第2段階では2つの機構が働いている。すなわち，上述した将来の口領域と接する糸状仮足の収縮と，糸状仮足とは独立した機構である。糸状仮足の胞胚腔の壁への接着を

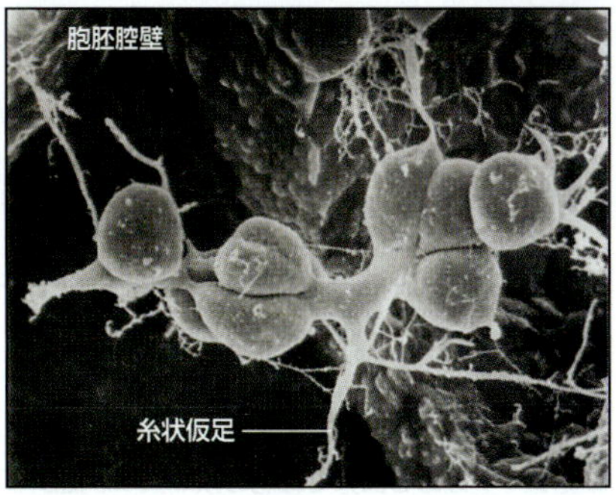

図 8.17　ウニ胚間充織細胞の糸状仮足
一群の一次間充織細胞の走査型電子顕微鏡写真。一次間充織細胞のうちいくつかは互いにしっかりと結合しており，伸長・収縮することができる多数の糸状仮足を用いて胞胚腔の壁を移動している。

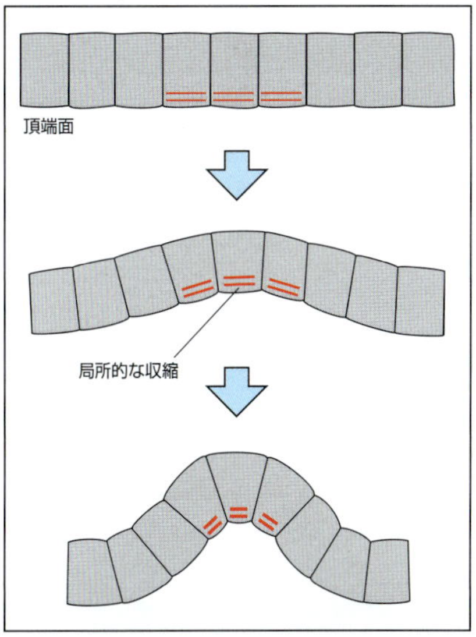

図 8.18　少数の細胞の形状の変化により，内胚葉細胞の陥入を引き起こすことができる
アクチンフィラメントとミオシンフィラメントからなる収縮線維の束が，隣り合う少数の細胞の外側の縁で収縮すると，それらの細胞はくさび型になる。細胞シートにおいて細胞が機械的に互いに隣の細胞に連結しているので，この局所的な細胞形状の変化により，細胞シートのこの部分がへこむことになる。

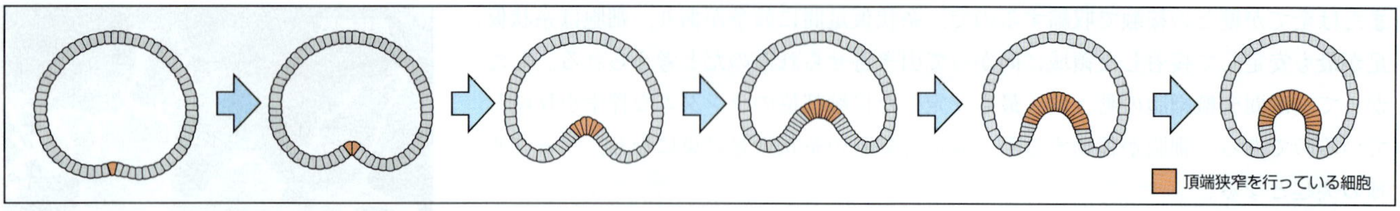

図 8.19 陥入における頂端狭窄の役割のコンピューターシミュレーション

細胞シートのある部分で細胞の頂端狭窄が拡がるコンピューターシミュレーションは，頂端狭窄がどのように陥入を導くのかを示している。

イラストは Odell, G.M. et al: 1981 より

妨げる処理をすると，原腸は最後までは伸びることができないが，約 2/3 の長さにはなる。この糸状仮足非依存的な伸長は，内胚葉シート内での細胞の活発な再配置によるものである。原腸陥入前に植物極側中胚葉の一部の領域の細胞を蛍光色素で標識すると，原腸が伸長するにつれて，その部分の中胚葉は細長く帯状になることが観察される（**図 8.20**）。シートの細胞は幅を狭めながら一方向に延びている。収斂伸長（convergent extension）と呼ばれるこのタイプの細胞再配置については，両生類とゼブラフィッシュにおける同様の現象と関連づけて，この章で後に詳しく学ぶ（**Box 8C**, p. 324 参照）。

何が腸の先端を将来の口領域に導くのだろうか。原腸の先端の細胞の長い糸状仮足は，はじめに胞胚腔の壁を探っているときには動物極側の壁により安定して結合し，その後，将来口が形成される場所に安定して結合する。糸状仮足は，胞胚腔の壁の他の場所に結合したときよりも 20 ～ 50 倍長くそこに結合し続ける。ウニ胚の原腸陥入は，細胞形状の変化や細胞接着性の変化，および細胞移動がどのようにして協調して作用し，胚の形態に大きな変化を引き起こすのかを明確に示している。

8.8 ショウジョウバエの中胚葉の陥入は，その背腹軸のパターンを決める一連の遺伝子によって制御される，細胞の形状変化によって行われる

原腸形成開始時のショウジョウバエの胚は，胚の表面に単層の細胞層を形成している約 6000 細胞からなる胞胚葉で構成されている（第 2.1 節を参照）。原腸形成は，胚の腹側で縦方向に沿った細い（8 ～ 10 細胞の幅の）帯状の予定中胚葉領域が陥入して，腹側溝（ventral furrow）を形成し，その後体内に管状構造を形成することで始まる。この管は個々の細胞へと解離し，外胚葉の内側表面に並ぶ単層の中胚葉となる（**図 8.21**）。しばらく後に腸が，胚の前端と後端に近い予定内胚葉の陥入により形成される（**図 2.3** 参照）。この過程はこの章では考察しない。

中胚葉の陥入は，2 段階で行われる。最初に，胚の帯状部分の中央の細胞が平坦になり頂端表面を狭め，それらの細胞の核が頂端側から離れた位置に移動する。この細胞の形状の変化の結果として溝が形成されると，その溝が胚の内側へ入り込んで管が形成される。中央の細胞が管そのものを形成し，周りの細胞が“柄”を形成する（**図 8.21** 中央パネル）。この最初の段階は約 30 分で行われる。約 1 時間かかる第 2 段階中に，管は個々の細胞へと解離し，増殖し，側面方向に広がる。陥入時にはこれらの細胞が細胞分裂周期へ入ることが遅れるが，この遅延は細胞形状の

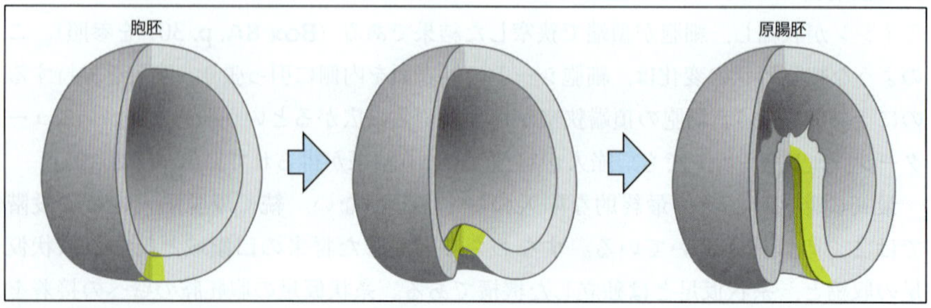

図 8.20 ウニ胚の原腸陥入中の原腸の伸長

胞胚の植物極領域の細胞を標識（緑）すると，原腸伸長は内胚葉中での細胞再配置を伴い，標識された細胞が長くて幅の狭い帯状に並ぶことが示される。

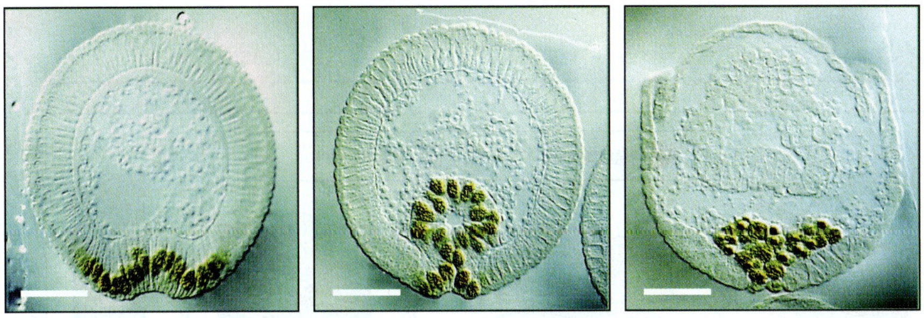

図 8.21 ショウジョウバエの原腸形成
原腸陥入中のショウジョウバエの胚の横断切片。中胚葉細胞（茶色に染色されている細胞）は，胚の腹側表皮において縦方向に長い帯状に存在する。立方体からくさび形へのそれらの細胞の形状変化は，腹側溝（左パネル）へと発達する陥入を生み出す。さらに細胞の頂端狭窄が進むと，胚の内側に管が形成される（中央パネル）。その後中胚葉細胞はそれぞれ様々な場所へと移動する（右パネル）。スケールバー＝ 50 μm。
写真は M. Leptin 氏の厚意により Leptin, M., et al.:1992 から

変化が発生するために不可欠である。

腹側化または背側化している遺伝子変異ショウジョウバエの胚（第 2.12 節参照）の解析から，中胚葉細胞のこの振る舞いはウニ胚と同じく（第 8.7 節参照）自律的であり，隣接組織の影響を受けないことがわかっている。全く中胚葉がない背側化している胚では，核の移動や頂端狭窄を行う細胞はない。腹側化している胚においては，ほとんどの細胞が中胚葉であり，核の移動や頂端狭窄が背腹軸全体を通じて起きる。

ショウジョウバエの原腸形成は，からだのパターンを決める遺伝子の働きを形態形成と直接結びつけることができるという可能性を最初に示した。この場合，パターン形成遺伝子は細胞形状と細胞接着の変化に関与している。背腹軸のパターン形成の一部として原腸陥入前に予定中胚葉に発現している *twist* 遺伝子と *snail* 遺伝子の変異によって（第 2.19 節参照），中胚葉の陥入が正常に行えなくなる。緑色蛍光タンパク質を用いて細胞膜を標識して細胞の輪郭を視覚化することで，予定中胚葉の頂端狭窄は連続したパルス様の収縮により起こることが観察できた。ミオシンとアクチンの標識により，この収縮が頂端細胞の表面の下に形成されたアクトミオシンネットワークのパルス様の収縮によるものであるとわかってきた。*snail* 遺伝子の機能喪失型変異体では，この収縮するネットワーク自体が全く形成されない。一方，*twist* の変異体ではこのパルス様の収縮は起きるが，頂端狭窄を起こすことができない。さらに研究が進み，Snail はこの過程全体の開始に必要であり，Twist はパルスの間に収縮状態を保つために必要であることがわかった。Twist の働きがない場合には，各収縮パルスの間に細胞表面が弛緩して元の状態に戻ってしまうのである。

Twist と Snail は，中胚葉が胚の内側へと落ち込む次の段階をも制御する。中央部分の中胚葉が充分に内側に湾曲すると，中胚葉細胞は外胚葉と接触するようになる。Snail の働きの 1 つの結果として胞胚葉細胞で形成されていた接着結合が失われ（第 8.7 節参照），中胚葉は上皮-間充織転換を行い，個々の細胞へと解離して外胚葉の上を単層の細胞として覆う。注目すべきことに，ウニ胚における状況と同様，ここでも外胚葉からの FGF シグナルが中胚葉細胞膜上の FGF 受容体に伝搬することが，陥入していた細胞が拡散するために必要である。FGF シグナル伝達を活性化できないと，中胚葉細胞は陥入した場所の近傍に留まったままとなる。中胚葉での FGF 受容体の発現は Twist と Snail によって誘導されるが，Snail は中胚葉での FGF の発現を抑制し，そのため FGF の発現は外胚葉に特化することとなる。

中胚葉細胞の拡散は，細胞が外胚葉性の E-カドヘリンから N-カドヘリンへの発現の切り替えを行い，もはや外胚葉細胞に接着できなくなるという現象を含んでいる。この E-カドヘリンから N-カドヘリンへの切り替えもまた，Snail と Twist の制御下にある。Snail の働きで中胚葉における E-カドヘリンの産生が抑えられ，

Box 8C 収斂（コンバージェント）伸長

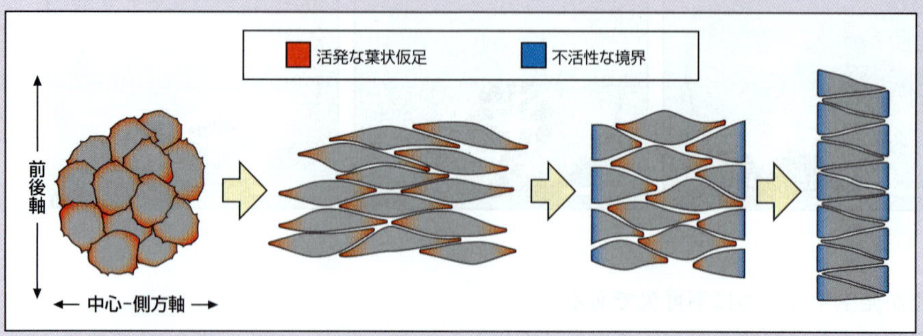

収斂伸長（convergent extension）は，原腸形成および他の形態形成過程において鍵となる重要な役割を果たしている。これは細胞シートを一方向に伸長させながら同時にその幅を狭める機構であり，細胞の移動や細胞分裂の働きというよりは，シート内の細胞の再配置により行われる（上図参照）。これは例えば，両生類胚において前後軸方向に伸びる中胚葉の伸長中に作用している機構である（**図 8.27** 参照）。収斂伸長が起きるためには，細胞が互いに挿入して組織が伸びる軸方向がすでに決定されている必要がある。細胞はまずはじめに前後軸に直角方向，すなわち中心-側方方向に伸びる。細胞は組織が伸長する方向に垂直な方向に平行して並ぶようになる（上図参照）。活発な動きは主に，活発な細胞突起や糸状仮足を伸ばすこれら伸長した双極性の細胞の各末端に限られる。それらの細胞が，両側の隣接する細胞の上や基質の上で引きあい，常に中心 - 側方軸に沿って，ある細胞は中心側に，ある細胞は側方に動いて，互いに入れ替わる――挿入する――ことができる。この再配置は**中心-側方挿入（medio-lateral intercalation）**として知られている。細胞の前方および後方表面にも小さな突起がいくつか生じるが，これらの突起は細胞運動に関与しているというよりも，並列した細胞表面を結びつけているらしい。組織の境界においては，細胞の一方の端は固定されて動きが失われるが，細胞はまだ互いに引きあい，境界を近くに引き寄せる。

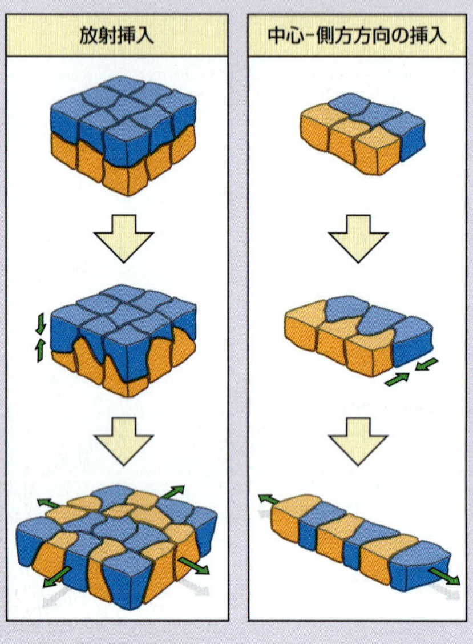

収斂伸長を行っている組織の境界は，境界に位置する細胞の挙動により維持されている。活発な細胞の先端が組織の境界にあるときには，その先端の動きは失われ，組織の内側に面している端のみが活発となり，細胞は単極性になる（上図参照）。これはまるで，境界に届いた細胞の先端がそこで固定されたかのようである。何が境界を定めているのかの詳細は不明である。しかし，中胚葉，外胚葉，内胚葉の境界は，原腸形成が開始する以前に指定されているようである。

これと機序的に似た**放射挿入（radial intercalation）**と呼ばれる過程では（左図参照），カエルやゼブラフィッシュの原腸形成におけるエピボリー（覆いかぶせ運動）で見られるように（**図 8.24** など参照），多層細胞層が薄いシートとなり，その結果として組織の辺縁方向への伸長が起きる。放射挿入はアニマルキャップの多層の外胚葉において起こり，細胞は表面に垂直方向に挿入し，1 つの細胞層からそのすぐ上の層へと移動する。この動きにより細胞シートの表面積が増し，層は薄くなる。これはエピボリーの原因の 1 つである。

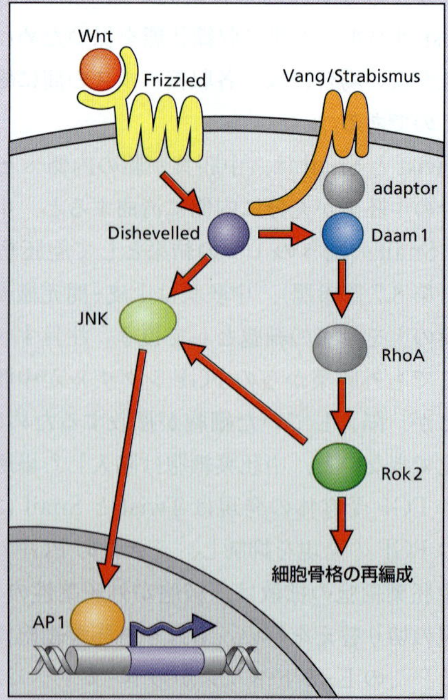

脊椎動物において収斂伸長を調節する分子機構は，ショウジョウバエにおいて平面内細胞極性を調節する分子機構と関連しており（**Box 2F**, p. 83 参照），Frizzled を通じた非標準 Wnt 平面内細胞極性シグナル経路を介する Wnt シグナル含む（右図参照）。ここで示した非常に単純化した経路は，様々な生物における経路を一般的に表したものである。受容体 Frizzled（Fz）を介した Wnt のシグナルは，Dishevelled を経由して RhoA および Rho キナーゼ Rok2 を活性化し，これが細胞のアクチン細胞骨格系を変化させる。ショウジョウバエにおいて同定された細胞膜貫通型タンパク質である Van Gogh（Vang あるいは Strabismus とも呼ばれる）やその他のタンパク質は，脊椎動物のシグナル経路の構成タンパク質でもある。ただし，これら全てがどのように相互作用しているかはまだ明らかではない。Vang は Dishevelled と相互作用し，転写因子 AP1 を活性化できるもう 1 つのプロテインキナーゼ，Jun N 末端キナーゼ（JNK）の活性化を促進すると考えられている。

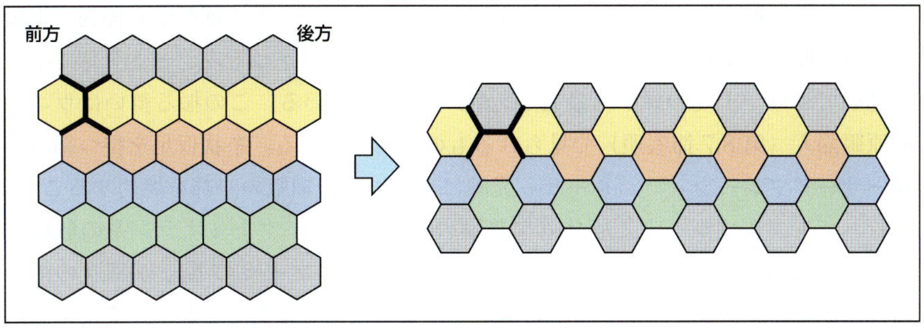

図 8.22　接着構造の再構築によって，ショウジョウバエの胚帯伸長における細胞挿入が起きる
胚帯上皮における細胞間接着の脱構築と再構築は組織を前後軸方向に伸長させ，背腹軸方向に狭める。太い黒線で示した輪郭は左図で互いに接していた 4 つの細胞が，接着構造の再構築の後にどのように接するようになるかを示したものである（右図）。
Bertet, C., et al.: 2004 より改変

一方 Twist の発現により，N-カドヘリンの産生が誘導される。

8.9　ショウジョウバエの胚帯伸長は，ミオシン依存的な細胞間結合再構築と細胞の挿入（インターカレーション）を伴う

ショウジョウバエ胚で起こるもう 1 つの劇的な形状の変化は胚帯伸長である（**図 2.4** 参照）。これにより胚の胸部と腹部を形成する上皮層はおよそ 2 倍の長さになる。この伸長を起こすのは細胞分裂や細胞形状の変化ではなく，上皮の腹側領域での収斂伸長である。隣接する細胞がからだの正中線に向かって互いの側面に挿入（intercalate）し，組織は狭まって前後軸方向に伸長する。この再構築は腹側上皮全体にわたって起こるが，これは通常細胞を強固に結合させているカドヘリンを含む接着結合の，制御された変化によるものである。

胚帯伸長の初め，表皮細胞は**図 8.22** に示すような，互いの境界が背腹軸に平行か 60° 傾いている規則的な六角形のパターンで並んでいる。伸長が始まると，背腹軸に平行な面での接着結合は縮小・消失して，細胞は菱形になる。その後再び前後軸に平行な新たな結合面がつくられて六角形の細胞境界が形成され，前後軸に沿って細胞が互いに入り込み，これにより前後軸方向に組織が伸長する。この前後軸に沿った収斂伸長が起こり得るのは，上皮シートにおいて細胞が前後軸に沿ってすでにパターン形成されているからである。

胚帯における挿入のメカニズムは，ミオシンの制御された局在と活性に関連している。ミオシンは接着結合（**Box 8B**, p. 309 参照）において β-catenin－E-カドヘリン－アクチン複合体と共働し，縮んでゆく結合部位に豊富に存在する。結合部位での制御されたミオシン収縮が E-カドヘリンによる細胞の結合を妨げ，それにより細胞挿入を起こす新たな接触が可能になるというメカニズムの存在が提起されている。

8.10　ショウジョウバエの背側閉鎖と線虫の腹側閉鎖は，糸状仮足の作用によりもたらされる

ショウジョウバエの胚発生開始の約 11 時間後，原腸形成が完了し，胚帯が再び縮んで戻るときには，胚の背側表面の胚体外羊漿膜（amnioserosa）はまだ上皮によって覆われてはいない。この間を埋めるため表皮は移動し，開口領域を両端からファスナーのように閉じる（**図 8.23**）。この過程が始まってから約 2 時間後に，上皮の 2 つの先端は融合し，背側正中線で体節パターンが左右正確に合うよ

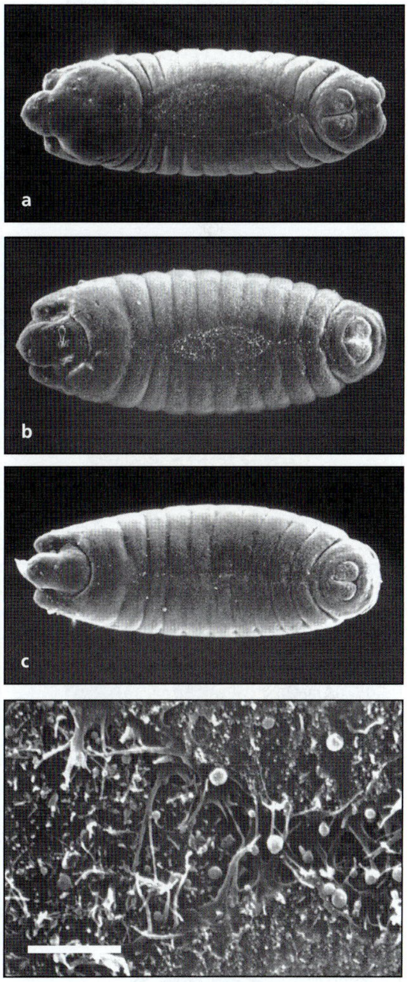

図 8.23　ショウジョウバエにおける背側閉鎖
背側正中線に沿った約 2 時間かかる上皮の閉鎖の様子をパネル a ～ c に示す。開口部の両端から始まって，表皮の縁は次第に羊漿膜（a と b に見られる中央楕円形領域）の上を両側から覆い，両側の体節パターンがきちんと合うように，正中線上に閉じ目を形成する。一番下のパネルはこの閉じ目でファスナーのような役割を果たす糸状仮足を示す。
写真は A. Jacinto 氏の厚意により Jacinto, A., et al.: 2002 から

うに閉じ目を形成する。表皮の動きは，上皮シートの縁に並ぶ細胞から伸長・退縮する糸状仮足と葉状仮足の働きによって生じる。糸状仮足は上皮シート全体で活発に動いており，上皮の縁から最大 10 μm も伸長している。この振る舞いはウニ胚の原腸陥入（第 8.7 節参照）で見られるものと同様である。糸状仮足を持つ細胞のレーザーアブレーション（レーザー光線により細胞や細胞の一部を焼灼すること）を行っても，表皮シートと胚体外羊漿膜の先導端でのアクトミオシン系の収縮によって起こるこの閉鎖は阻害されない。低分子 GTP アーゼの Rac が細胞の前端面におけるアクチンフィラメントの編成に重要な役割を果たしており，また細胞形状の変化や細胞融合に，Jun N 末端キナーゼ（JNK）の細胞内シグナル伝達経路が関与している。背側閉鎖は，ほぼ 1 細胞レベルの解像度で非常に正確に行われる。これは両側の縁の細胞が同じ遺伝子を発現して互いに識別し，融合しているためのようである。例えば *engrailed* という遺伝子は，各体節の後方区画に対応する位置で，胚の長軸に直交してストライプ状に発現している（第 2.23 節参照）。閉じてゆく表皮の一方の端に位置する *englailed* を発現している細胞は，他方の端の同じく *englailed* を発現している細胞とのみ相互作用し，それらとは異なるストライプで *patched* 遺伝子を発現している細胞は，他方の縁の *patched* を発現している細胞とのみ結合する。このようにして，巧みに閉じ目の両側で遺伝子発現のストライプがきちんと合わされるのである。

C. elegans（線虫）胚でもこのショウジョウバエ胚での背側閉鎖と同様の過程が，ただし，腹側で行われる。原腸形成の終わりには，表皮は背部のみを覆い，腹側はまだ閉じていない。その後，表皮は腹側正中線上で両端が最終的に出会うまで，胚の周囲を広がってゆく。タイムラプス解析によれば，腹側への最初の移行は，糸状仮足を腹側正中線上に延ばす，両側 2 細胞ずつの合計 4 つの細胞が主導する。レーザーアブレーションか，アクチンフィラメントの形成を阻害するサイトカラシン D 処理により糸状仮足の活動を妨害すると腹側閉鎖が阻害されるので，糸状仮足が腹側閉鎖の駆動力であると示されている。閉鎖はおそらくショウジョウバエにおけるものと同じく，ファスナーのように表皮が閉じてゆく機構により行われている。

8.11 脊椎動物の原腸形成は，いくつかのタイプの組織運動を伴う

脊椎動物の原腸形成は複雑なボディプランを生み出す必要があるため，ウニ胚よりもはるかに劇的で複雑な組織の再配置を伴う。両生類，魚類，鳥類では，大量の卵黄の存在という付加的な複雑さもある。しかし結果は皆同様である。つまり，二次元的な細胞のシートから，外胚葉・中胚葉・内胚葉がその後の体構造の発生のための正しい領域に位置する三次元的な胚へと変形する。ここで議論する原腸形成の主な動きは，巻き込み（involution）——アフリカツメガエル胚におけ

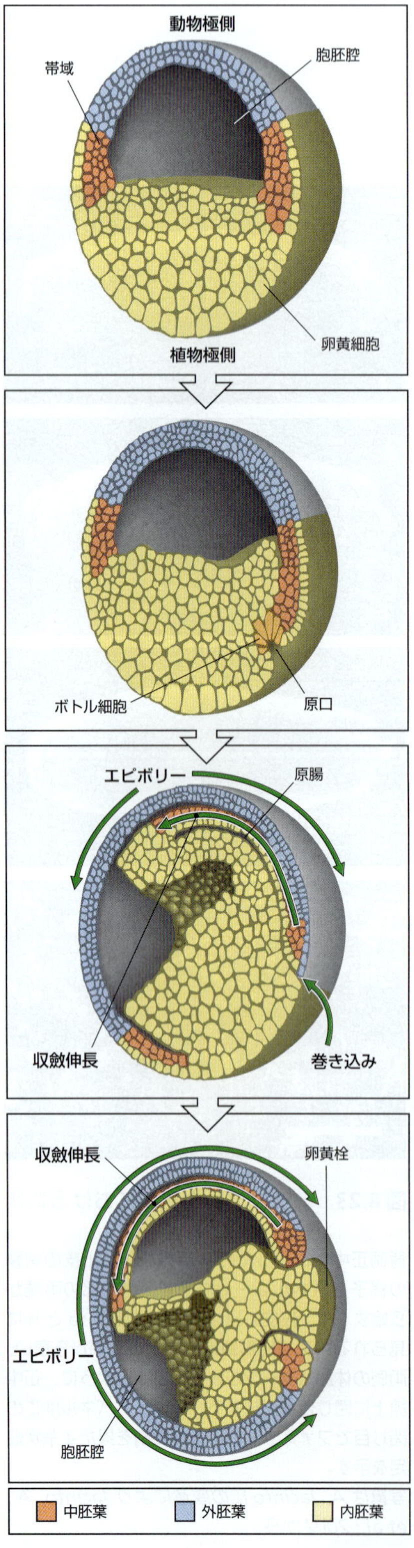

図 8.24 アフリカツメガエルの原腸形成中の組織の動き
後期胞胚において予定中胚葉（赤）は帯域に存在し，予定内胚葉（黄）によって覆われている。外胚葉は青で示す。原腸陥入は原口領域におけるボトル細胞の形成によって始まり，原口背唇部の中胚葉の巻き込みがそれに続く。帯域の内胚葉と中胚葉は原口背唇部で内部に移動する（この事象はさらに詳細に図 8.25 に示す）。胞胚の表面に位置していた帯域の内胚葉は，これにより中胚葉の腹側に位置するようになり，原腸または将来の腸の屋根側を形成する。同時にアニマルキャップの外胚葉が下方に広がる。中胚葉は前後軸に沿って収斂，伸長する。この巻き込み領域はさらに内胚葉を取り込むように腹側に広がり，卵黄の多い植物極側細胞の栓の周りに環を形成する。外胚葉は，エピボリーにより広がる。
Balinsky, B.I.: 1975 より

るように，互いに接している内胚葉と中胚葉が原口で巻き込まれる動き（**図 8.24**）——，エピボリー［覆いかぶせ運動（epiboly）］——カエルやゼブラフィッシュの原腸形成において観察できる，内胚葉と中胚葉が内側に入り込むにしたがって，外胚葉が薄くなり広がる動き——，そして**収斂伸長（convergent extension）**（**Box 8C**, p. 324）——体軸を伸長する動き——である。哺乳類と鳥類における原腸陥入は原条（primitive streak）において起こり（第 3，4 章参照），正中線のエピブラストまたは胚盤葉上層細胞の収斂，それに続く個々の細胞への解離すなわち**層間剥離（delamination）**，そして**移入（ingression）**を伴う。これらに続いて内部への移動や収斂伸長が起こる。それでは，アフリカツメガエルの原腸形成からみてみよう。

アフリカツメガエル後期胞胚において予定内胚葉は，最も植物極側から，予定中胚葉を覆う領域にまで広がっている。原腸陥入中に予定内胚葉は，原口から胚内へ腸を裏打ちするように入り込む。帯域に存在していた中胚葉の細胞全ては内側に入り込み，外胚葉を内側から裏打ちする細胞層を形成し，胚の背側正中線に沿って前後方向に広がる（**図 8.25**）。

原腸形成は胞胚の背側で始まり，植物極に向かって進む。目に見える原腸陥入の最初の徴候は，いくつかの予定中胚葉細胞によるボトル形をした細胞の形成である（ボトル細胞，**図 8.25**，2 番目のパネル参照）。細胞の頂端狭窄により，細胞はボトル型になる（**Box 8A**, p. 307 参照）。ウニやショウジョウバエの場合と同じく，この細胞の形状変化によって，胞胚の表面にへこみが形成される。アフリカツメガエルでは，これは小さな溝（原口）として始まる。この原口の背唇部（背側部分）が，シュペーマンオーガナイザーである。中胚葉と内胚葉の層は原口の周囲で巻き込みを開始し，層の下側表面に対して回り込むように，胚の内側に移動する（**図 8.25** 参照）。原腸形成が進むにつれて巻き込みの領域は側方と腹側に広がって，植物極側の内胚葉を巻き込み，原口は次第に卵黄の多い細胞の栓を囲む環を形成するようになる（**図 8.24** 参照）。やがて原口が収縮して卵黄の多い細胞を内側へと押しこみ，それらは腸の底部分を形成する。

最初に内側に巻き込まれる中胚葉は上皮としてではなく，個々の細胞として胞胚

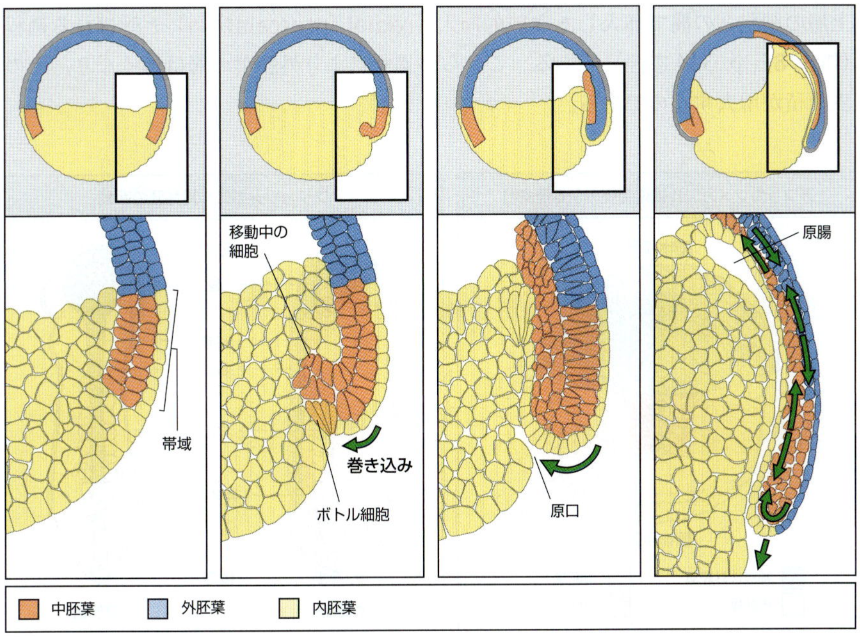

図 8.25 アフリカツメガエルの原口形成と原腸形成における背側領域の組織の動き

1 番目のパネル：原腸陥入前の後期胞胚。帯域において，予定内胚葉（黄）は予定中胚葉（赤）の上を覆っている。2 番目のパネル：原口の位置にあるボトル細胞が頂端狭窄を行って伸長し，周囲の細胞の巻き込みと，原口の背唇部分を規定する溝の形成をおこす。3 番目のパネル：原腸形成が進むにつれて，予定内胚葉と予定中胚葉は内側に巻き込まれ，外胚葉（青）の下を胚の前方に移動する。4 番目のパネル：原腸——内胚葉に裏打ちされた将来の腸——が形成され始め，中胚葉が胚の前後軸に沿って収斂し，伸長する。中胚葉の先端は移動性の細胞で，最終的に頭部に寄与する中胚葉となる。外胚葉はエピボリーにより胚の下方へ移動し続け，胚全体を覆うようになる。
Hardin, J.D., et al.: 1988 より

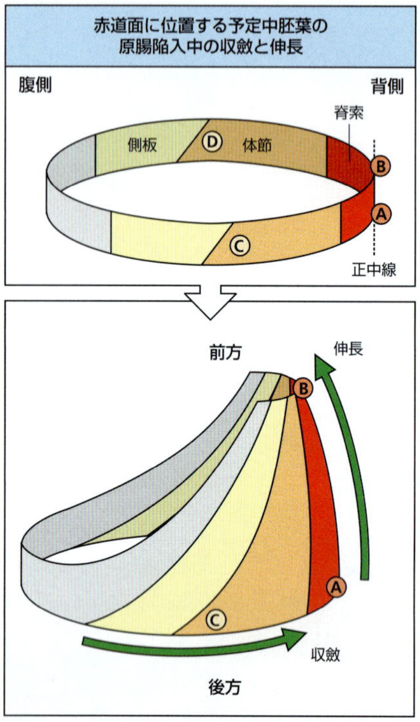

図 8.26 中胚葉の収斂伸長
初めに中胚葉（赤，オレンジと黄色）は，赤道面に環状に存在する。しかし，原腸陥入中に収斂し，前後軸方向に伸長する。図中のA～Dは，収斂伸長の間どれだけ移動したかを示すための基準点である。下のパネルにおいて，DはCの後ろに隠れている。

腔の屋根部分を移動し，頭部の最も前方の中胚葉構造を形成する。それらに続いて中胚葉がその上を覆っている内胚葉と共に1枚の多層細胞シートとして入り込む。この細胞シートにとって，狭い原口を経由することは漏斗を通ってゆくようなもので，このとき細胞は原腸形成の重要な特徴である収斂伸長により再配置される。中胚葉は初めには胚の赤道面に環状に存在しているが，原腸形成中に収斂・伸長して前後軸に沿って伸びる（**図 8.26**）。したがって，最初に胚の反対側にあった細胞集団が互いに隣り合うようになる（**図 8.27**）。一方，胚の長軸に沿って互いに分離されてゆく細胞集団もある。移動中の中胚葉細胞は動物極方向に極性を持ち，移動する方向は，胞胚腔の屋根の内側を覆う細胞外マトリックス中のフィブロネクチン原線維との相互作用によって決まる。マトリックス中のフィブロネクチン原線維は，胞胚腔の屋根の上皮の表面における細胞間接着に起因する張力により，会合する。このフィブロネクチンの会合体の情報は，フィブロネクチンと相互作用する細胞膜上に存在するインテグリンを介して細胞内に伝達されている。

アフリカツメガエルでは，収斂伸長は中胚葉と内胚葉が内側に巻き込まれるときに起こり，また，のちに脊髄となる将来の神経外胚葉においても起きている。脊索の伸長と合わせ，これらは全て，胚を前後軸方向に伸長させる過程である。原口から初期原腸胚を見ると，収斂伸長の劇的な性質を理解することができる。将来の中胚葉は *Brachyury* 遺伝子の発現によって識別することができ，原口周辺に幅の狭い環状に存在することがわかる（**図 8.28**）。*Brachyury* を発現しているこの環状領域は，原腸胚に入り込むにしたがって胚の背側正中線に沿って前後軸方向に伸び，幅の狭い帯へと収斂する。そして最終的に正中線上の予定脊索中胚葉のみが *Brachyury* を発現し続けるようになる。

原腸形成が進むにつれて，中胚葉は外胚葉の直下に位置するようになり，一方で中胚葉の直下に位置する内胚葉は，将来腸になる原腸の屋根側に並ぶようになる（**図 8.25** 参照）。中胚葉と外胚葉は接していても互いの接着はなく，そのため互いに独立して移動し続けることができる。中胚葉と内胚葉が胚の内側に移動すると，アニマルキャップ領域の外胚葉は植物極側に向かってエピボリーにより広がり，最終的に胚全体を覆うようになる。エピボリーは細胞自身が引き伸ばされることと，細胞再配置の両方を伴う。この細胞再配置とは，外胚葉層において起こる，細胞がすぐ上層の細胞との間で挿入しあう**放射挿入（radial intercalation）**と呼ばれる過程（**Box 8C**, p. 324 参照）である。これらの過程により外胚葉の層は薄くなり，その表面積が増大するのである。

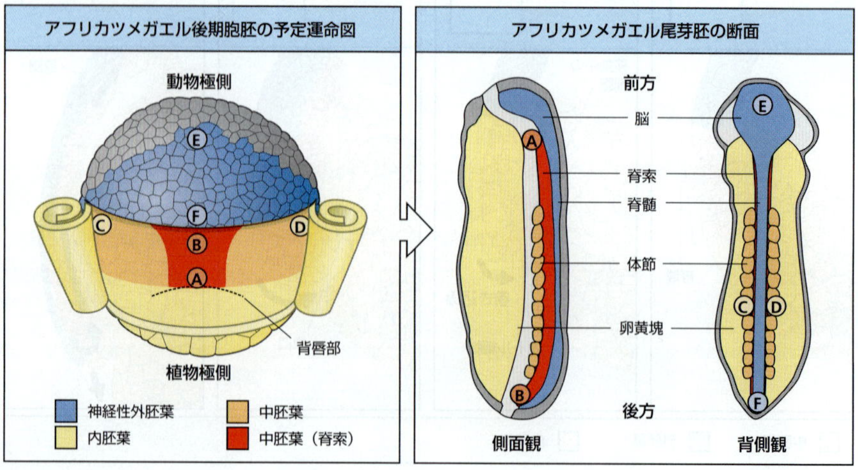

図 8.27 アフリカツメガエル原腸形成における中胚葉と内胚葉の再配置
予定中胚葉（赤とオレンジ）は，図ではがしたように描いている内胚葉（黄）の下に，胞胚周囲に環状に存在する。原腸形成中にこれらの組織は両方とも原口を通じて内部に移動し，細胞の形を全く変え，前後軸方向に収斂し伸長してゆく。このため，図のAとBのポイントは離れてゆく。またこれにより，もともとは胞胚の反対側に位置していたCとDのポイントは隣り合うようになる。神経外胚葉（青）においてもポイントE，Fで示したように，収斂伸長が起きる。この発生段階では細胞分裂や細胞の成長はほとんどなく，これら全ての変化は組織内の細胞の再配置により生じていることに注意しよう。

ゼブラフィッシュの原腸形成には，アフリカツメガエルの原腸形成と類似している点と異なる点がある。ゼブラフィッシュの原腸陥入は動物極の胚盤で始まり，卵黄細胞の上を植物極側に広がってゆく。多層細胞層のディープレイヤー（深層細胞層）と呼ばれる組織の細胞が，アフリカツメガエル胚と同様に放射挿入を行うエピボリーによって組織が拡張し，この細胞層が薄くなり，表面積を増加させる（**図 8.29**，左パネル）。胚盤の周縁部が卵黄細胞のおよそ半分まで広がるまでには，ディープレイヤーの細胞は胚盤の端の周辺に蓄積し，胚環（germ ring）と呼ばれる肥厚を形成し，外側表面の被覆層（enveloping layer: EVL）の下に 2 層の細胞層——中内胚葉とそれに被さる予定外胚葉——を形成する。中内胚葉性の細胞は胚環の端で内側に入り込み，外胚葉の下を胚の将来の前方端に向けて上側に移動し，胚盤下層（hypoblast）と呼ばれる細胞層を形成する（**図 8.29**，中央パネル）。この時点では胚盤上層とも呼ばれる外胚葉は，エピボリーを続け下方へと広がってゆく。次の段階は，中内胚葉性および外胚葉性の細胞層が背側正中線に向かって，また前後軸に沿って行う収斂伸長である。これにより胚が伸長する（**図 8.29**，右パネル）。

両生類やゼブラフィッシュの原腸形成において，前後軸に沿って収斂伸長を起こしている細胞は，中心-側方（medio-lateral）方向に極性を持っている（**Box 8C**, p. 324 参照）。細長く伸びた細胞の先端で発生する収縮力は，正中線に向かって細胞を移動させ，組織を伸長させる。この収斂伸長は，伸長する方向と直角にお互いを引っ張り合う細胞の列として見ることができる。境界の細胞は一方の端を固定されているので，引き合う力により組織は幅が狭くなり，したがって前方に伸長する。魚類胚における収斂伸長は，側方から正中線への方向性を持つ個々の細胞の初期の

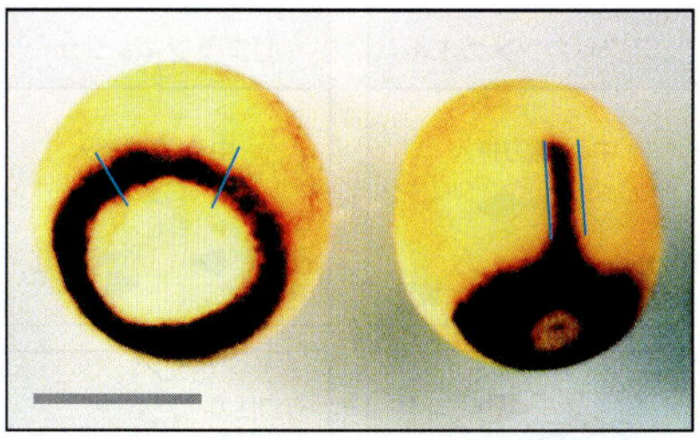

図 8.28 アフリカツメガエルの原腸形成における Brachyury の発現は，収斂伸長をよく表している
左：原腸形成以前，Brachyury の発現（濃い染色）は，植物極側からみると環状に赤道面に存在している予定中胚葉を示す。右：原腸陥入が進むと，脊索を形成する中胚葉（青い線で示した範囲）が正中線上で収斂伸長する。スケールバー＝1 mm
写真は J.Smith 氏の厚意により Smith, J.C., et al.: 1995 から

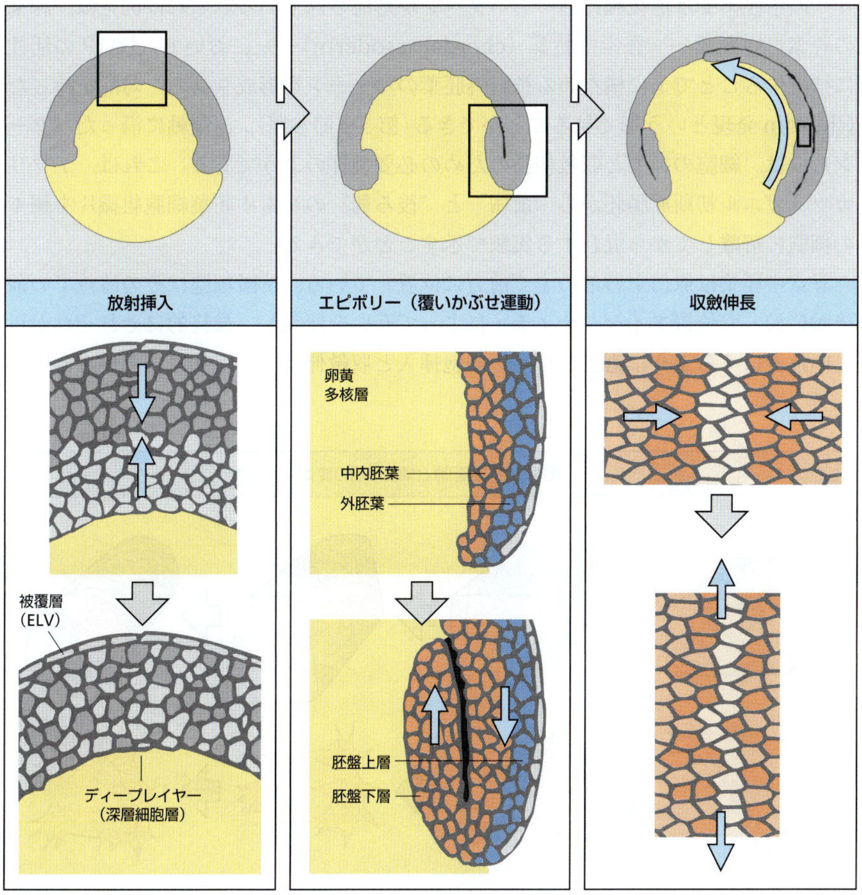

図 8.29 ゼブラフィッシュの原腸陥入の動態
左パネル：ゼブラフィッシュ胚における原腸陥入の最初の兆しは，胚盤が卵黄細胞の表面上を覆いながら広がることである。エピボリーは，放射挿入によりディープレイヤーが薄くなることによって生じる。中央パネル：胚盤が卵黄細胞のおよそ半分を覆うようになると，予定中内胚葉（茶色）と外胚葉（水色）の個別の細胞層が形成され，中内胚葉は内側に進入し始める。外胚葉は内側に入り込まず下方に移動し続け，卵黄細胞全体を覆う。最終的には外胚葉は胚全体を覆うようになる。右パネル：中内胚葉の背側正中線へ向かった収斂伸長（青い矢印）が胚の伸長を促す。
Montero, J.A., et al.: 2004 より

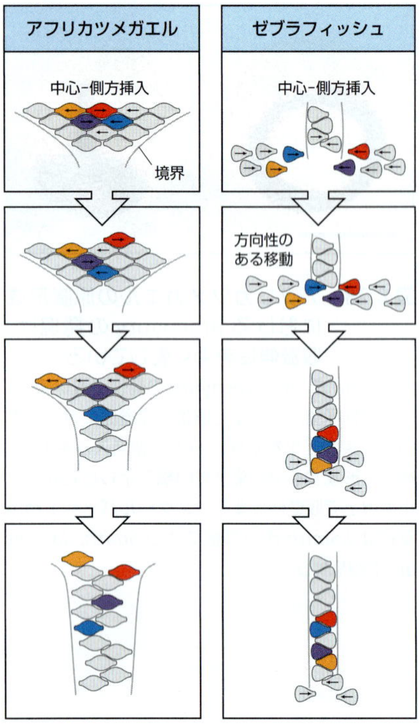

図 8.30 アフリカツメガエルとゼブラフィッシュにおける収斂伸長

左のパネルはアフリカツメガエルにおける脊索形成時の中胚葉の収斂伸長を示す。この収斂伸長は密着した組織シート内での中心-側方方向の細胞挿入によって発生する。右のパネルはゼブラフィッシュにおける収斂伸長による脊索形成を示す。この収斂伸長は，ゆるく詰まった間充織中胚葉細胞の側方領域から正中線への方向性を持った移行，そして将来の脊索への組み込みと脊索境界内での中心-側方挿入により起こる。

Wallingford, J.B., et al.: 2002 より

移行――**背側収斂（dorsal convergence）**と呼ばれる動き――を伴い，続いて中胚葉細胞が正中線において将来の脊索に組み込まれてゆく中心-側方挿入が起きる（図 8.30）。

予定脊索中胚葉は，原腸形成中に最初に胚の内部に入り込む組織である。そして両生類では，背側構造として初めに分化する組織でもある。初期の脊索中胚葉を隣接する体節中胚葉と区別するものは，細胞の詰まり具合と，この2つの組織の間の境界となるわずかな隙間である。この隙間はおそらくは細胞接着力の差により生じると考えられる。脊索は伸長し，一切れのピザのような形をした薄くて平らな細胞の積み重ねで形成された，内腔を持たない棒状構造へと発達する。

中心-側方挿入と収斂伸長による初期の伸長の後に，アフリカツメガエル胚の脊索はさらに劇的に幅を縮小し，高さを増加させる（図 8.31）。細胞は主軸である前後軸に直角の方向に細長く伸び，のちの一切れのピザ状の細胞配置を窺わせるようになる（図 8.31，下段の図参照）。細胞は再び隣接する細胞との間に入り込み，さらに収斂伸長を行う。脊索形成の後期には，棒状の中胚葉をより固く，さらに伸長させる方向性膨張と呼ばれる過程が行われるが，これに関しては本章で後に議論する（第 8.14 節）。

個々の細胞の中心-側方方向の極性化は，脊椎動物型 Wnt シグナルを介した平面内細胞極性経路が必要である（Box 8C, p. 324 参照）。この経路が機能できないようにすると，アフリカツメガエルの中胚葉細胞は細長くならず，極性を持った葉状仮足を発達させることもできない。しかし，脊椎動物の体軸の収斂伸長においては別の極性化システムも機能していて，継続的に再配置し移動する，体軸を形成する中胚葉細胞集団の正しい伸長の方向は維持される。原腸形成の前に，オーガナイザーの中胚葉では前後軸に沿ってパターンが形成されている。これは例えば，将来の脊索の中胚葉――脊索中胚葉（chordamesoderm）――において，BMP の活性に拮抗することで上に横たわる神経外胚葉のパターンを形成させる，勾配を持った Chordin 発現という形で見ることができる（第 5.2 節参照）。前後軸に沿ったパターン形成は，細胞の挿入と収斂伸長のための必要条件のようである。これは，アフリカツメガエル初期原腸胚から“前側”と“後ろ側”の脊索中胚葉細胞組織片を個々の細胞に解離してから混合する実験で示すことができる。

脊索中胚葉は原口上唇部のすぐ前方に位置している。解離細胞はその時点での前後軸に沿った位置アイデンティティによって互いを認識し，最終的にそれぞれが正しい位置にくるように選別を行う。細胞挿入と収斂伸長は，前部と後部の脊索中胚

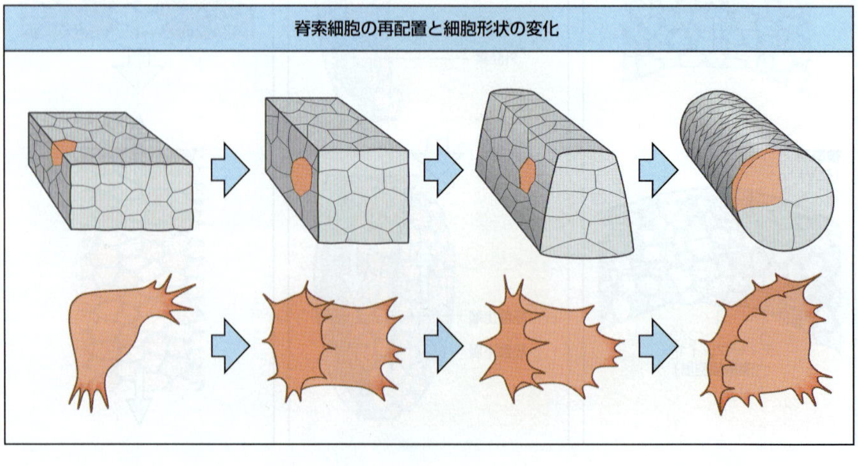

図 8.31 アフリカツメガエル脊索形成における細胞配置と細胞形状の変化

脊索の収斂伸長時に脊索の高さは増し，同時に細胞は伸長する。下段の図は段階的な細胞の形状変化と，最終的な一切れのピザ状の形状である。

Keller, R., et al.: 1989 より

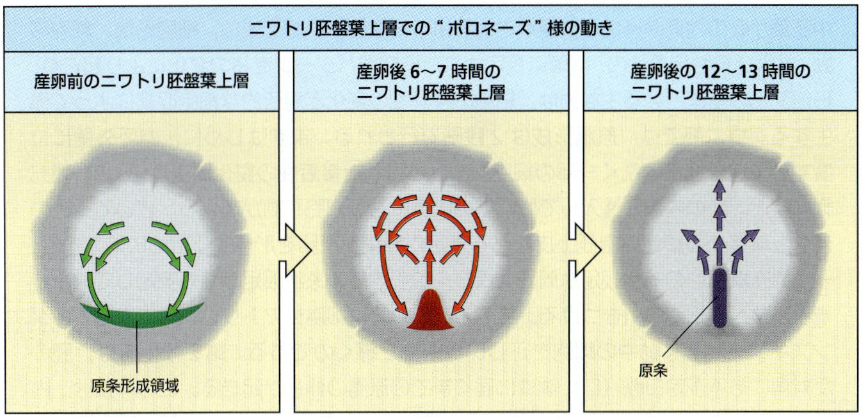

図 8.32　原条形成におけるニワトリ胚盤葉上層での“ポロネーズ”様の動き
左パネル：産卵前に起こる胚盤葉上層での細胞の動きは，細胞を原条が将来形成される部位へと運ぶ。2 番目のパネル：産卵後 6 ～ 7 時間（ステージ 2 の胚）の胚盤葉上層細胞は，正中線上から外側へ向けて，そして原条の開始点へ戻るという特徴的で活発な“ポロネーズ”様の動きを行う。原条を形成する領域は中心-側方挿入により収斂と伸長を開始する（図 8.30 および Box 8C, p. 324 参照）。3 番目のパネル：産卵後 12 ～ 13 時間（ステージ 3）において，原条は最終的な長さの約半分まで伸長する。伸長するにつれて，原条の前に存在する胚盤葉上層細胞がさらに前方に動く。
Voiculescu, O., et al.: 2007 より改変

葉細胞の組合せのみで起こり，全て前部由来の細胞，あるいは全て後部由来の細胞の組合せでは起こらないことがわかっている。これらの実験は，前後軸に沿ったパターン形成が個々の細胞の中心-側方極性を確立するために必要であり，これにより個々の細胞が挿入を行うことを示唆している。どのようにして細胞が前後軸極性化機構と Wnt を介した平面内細胞極性機構から受けるシグナルを統合するのかについては，まだ解明されていない。

ニワトリとマウス（およびヒト）での原腸形成は，第 3 章で記述したように，原条形成である。原条が前方に移動するにつれ，胚盤葉上層（マウスやヒトではエピブラスト）細胞は原条領域で解離し，個々の細胞として胚の内側に入り込む。上皮状の胚盤葉上層――将来の外胚葉――は外胚葉ばかりでなく，中胚葉と内胚葉をも生み出す。胚盤葉上層（またはエピブラスト）の細胞は原条において中胚葉細胞と内胚葉細胞へと指定され，胚の内側に移動するのである。

原条の形成，胚盤葉上層（エピブラスト）の細胞の動き，層間剥離の機構は，アフリカツメガエルの巻き込み運動ほどはっきりとは解明されていない。1 つの説は，原条の後端における収斂が原条伸長を起こす主な力であり，原条の細胞の収縮と層間剥離が側方の胚盤葉上層細胞を原条へと引き寄せるというものである。ニワトリの胚盤葉上層においては原条形成に先立って，前方の胚盤葉上層細胞が正中線から外側へ，そして原条が始まる地点である後方端へ戻るという，活発で左右対称な細胞移動が行われる（図 8.32）。これらの動きは 18 世紀のフォーマルなダンスの動きに似ていることから，“ポロネーズ（ポーランドのダンス）”と呼ばれている。ニワトリ胚盤葉上層の高解像度のタイムラプスビデオ撮影により，収斂伸長が，この細胞の動きを生み出している可能性が最も高いメカニズムであることが示唆されている。原条に近い細胞の挿入により，上皮内に胚盤葉上層の他の場所の細胞の動きを引き起こす力が発生する。両生類やゼブラフィッシュの体軸伸長と同様に，ニワトリ胚におけるこの収斂伸長においても，Wnt を介した平面内細胞極性経路が働いており，この経路を阻害すると原条形成が阻止される。

まとめ

動物胚は卵割終了後に，多くの場合球状で内部に液体を含む，基本的に閉じた細胞シートとなる。原腸形成によりこの細胞シートが，細胞が密につまった三次元的な動物胚へと変換される。原腸形成中に，細胞は胚の外側から内側へと移動し，内胚葉と

中胚葉が胚の内側の適切な位置を占めるようになる。原腸形成は，細胞形状，細胞移動，および細胞接着性の，明確に規定された時空間パターンを持つ変化により起こり，形態変化の基礎となる主な力は，細胞の移動性の変化と局所的な細胞収縮によって発生する。ウニ胚では，原腸形成は2段階で行われる。まずはじめに，胞胚外壁に位置する予定中胚葉のごく一部の細胞における形状と接着性の変化により，上皮-間充織転換と，胚の内部に進入して胞胚壁の内側に沿う細胞移動が起きる。続いて，この部分と隣接する領域の胞胚上皮である予定内胚葉が原腸を形成するために陥入する。一次間充織細胞の糸状仮足は周囲を探り，胞胚内壁の糸状仮足が最も安定して結合できる部位へと細胞を引きつける。このようにして，細胞外マトリックスによるガイダンスキューが，移動中の細胞を正しい場所へと導くのである。第2段階では，胚の反対側にある予定口腔（口）領域に届くまでの原腸の伸長が起きる。この伸長は，内胚葉において，組織の幅が狭まり縦に長く延びる（収斂伸長）という細胞の再配置と，原腸の先端から伸びて胞胚腔の壁に接している糸状仮足の退縮で起こる。ショウジョウバエにおける中胚葉の陥入もウニと同様の機構で起きる。一方，ショウジョウバエの胚帯伸長は，ミオシンにより駆動される細胞接着の再構築と，細胞の挿入によりおきる収斂伸長による。ショウジョウバエの背側閉鎖は糸状仮足の伸縮によって駆動される。脊椎動物の原腸形成は細胞と細胞シートの複雑な移動を伴い，結果として前後軸に沿って胚が伸長する。アフリカツメガエルの原腸形成には3つの過程がある。内胚葉と中胚葉の2重の細胞シートが原口を通って胚の内側へと入り込む過程である巻き込み；原腸の屋根部分や，脊索中胚葉と体節中胚葉をそれぞれ形成するために，内胚葉と中胚葉が前後軸方向に行う収斂伸長；そして，最終的に胚全体の外側表面を覆うアニマルキャップ領域からの外胚葉の拡張であるエピボリー（覆いかぶせ運動）である。収斂伸長とエピボリーはどちらも細胞挿入により起きるが，この際に，細胞は周囲の細胞に対して再配置される。原腸形成で起こる前後軸の収斂伸長は，脊椎動物型のWntを介した平面内細胞極性シグナル経路と，前後軸に沿ったパターンがすでに決まっている中胚葉からのシグナルの両方を用いて起こる。ニワトリとマウスの原腸形成は，胚盤葉上層（エピブラスト）からの個々の細胞の層間剥離と，原条を通じて胚の内側へそれらが進入する動きを伴う。胚の内側でそれらは内胚葉と中胚葉を形成する。

まとめ：ウニとアフリカツメガエルの原腸形成

ウニ	アフリカツメガエルとゼブラフィッシュ
原口の形成：中胚葉細胞は胚の内部に個々に移動する 内胚葉は上皮シートの陥入により胚の内部に進入する	原口の形成：中胚葉と内胚葉が陥入や巻き込みによって内部へ移動する
⇩	⇩
	前後軸に沿った中胚葉の収斂伸長
	⇩
内胚葉の収斂伸長と糸状仮足の牽引により，腸の伸長が完了する	エピボリーによって，外胚葉が拡張し，胚表面全体を覆う

神経管形成

脊椎動物では神経管形成により，脳や脊髄へと発達する神経管——背側外胚葉由来の上皮の管——が形成される（第5.10節参照）。原腸形成における中胚葉誘導に続いて，まず神経管となる外胚葉が肥厚した板状の組織——神経板——となる。隣接する外胚葉細胞と比べると，神経板の細胞はより高さのある柱状構造をとっている。

脊椎動物の神経管は，からだの領域によって異なる2つの機構によって形成される。前方神経管は脳と体幹部の中枢神経を形成し，基本的に神経板の折りたたみによって形成される。神経管形成において，神経板の両端は胚の表面から盛り上がり，間のへこんだ部分——神経溝——を挟んで平行に走る2本の神経褶を形成する（**図8.33**）。神経褶は最終的に胚の背側正中線に沿って近づき，その両端が融合して神経管を形成する。そして神経管は隣接する外胚葉から切り離される。胚表面層の外胚葉は表皮となる。これに対して腰部・尾部領域の後方神経管は細胞が密につまった棒状構造から発達し，後から内部空洞や内腔を形成する。以上が基本的な神経管形成であるが，様々な脊椎動物で様々なバリエーションがある。例えばゼブラフィッシュや他の魚類では，神経管全体がまず細胞による密な棒状構造として形成され，後にそれが中空となる。

8.12 神経管形成は，細胞の形状変化と収斂伸長により駆動される

神経板の湾曲と神経褶の形成には，細胞形状の変化が関与している。神経板の端の細胞は頂端で収縮し，くさび型になる（**図8.34**）。原則的にこの細胞形状の変化は，神経板の端を持ち上げて折りたたむのに十分な力を生む。体軸中胚葉と同様に，神経管も形成過程で収斂伸長を行い，これにより神経管が前後軸方向に伸び，また，神経褶が近づき融合する。神経板の細胞は，脊索などの正中線構造からのシグナルに反応して，収斂伸長のために方向性をもって並ぶようである。中胚葉の収斂伸長と同様，神経管の収斂伸長と両端の融合による管の閉鎖にも，機能的なWnt平面内細胞極性経路を必要とする（**Box 8C**, p. 324参照）。このWnt平面内細胞極性シグナル経路が機能不全であると，神経管の閉鎖が完了できない。Dishevelled, Flamingo，または脊椎動物のVangタンパク質であるVang-like 1やVang-like 2を欠損しているマウス胚では，中脳から脊椎にかけて神経管が開いたままの頭蓋脊椎被裂になる。

神経管形成は，神経板の全体で同時に起こるのではなく，中脳領域で始まり，前後方向に進行する。神経溝の細胞の形状変化がニワトリ胚で観察されているが，それらが神経板の折りたたみの原因であるのか，あるいはその結果であるのかはまだ明らかでない。細胞形状の変化の根底にある詳細な細胞機構はまだ解明されていないが，ニワトリでは，神経板の外側の組織が神経板が持ち上がるのを補助する力を発揮していることを示す証拠がいくつかある。ニワトリ神経板の正中線上，いわゆるヒンジポイント［蝶番点（hinge point）］に位置する細胞は，くさび形になる。後に，ヒンジポイントが溝の両側にも見られるようになり，そこがさらに曲がって管をつくるようになる（**図8.34**参照）。折り目が出会うと非常に近接してファスナーのように閉まるので，内腔はほとんどなくなる。その後，神経板の縁が融合して初めて再び内腔が開くのである。他の多くの場合と同様に，神経溝とヒンジポイントの細胞の頂端収縮は，**Box 8A**, p. 307に示されているようなアクトミオシンの収縮による巾着を絞るような機構であると考えられている。

最初に外胚葉の一部であった神経管は，ファスナーのように閉まった後に細胞接着性の変化の結果，予定表皮から分離する。ニワトリにおいて，神経板細胞は他の外胚葉と同様，はじめはL-CAMという細胞接着分子をその細胞表面に発現している。しかし，神経褶が発達するにつれてN-カドヘリンとN-CAMの両方を発

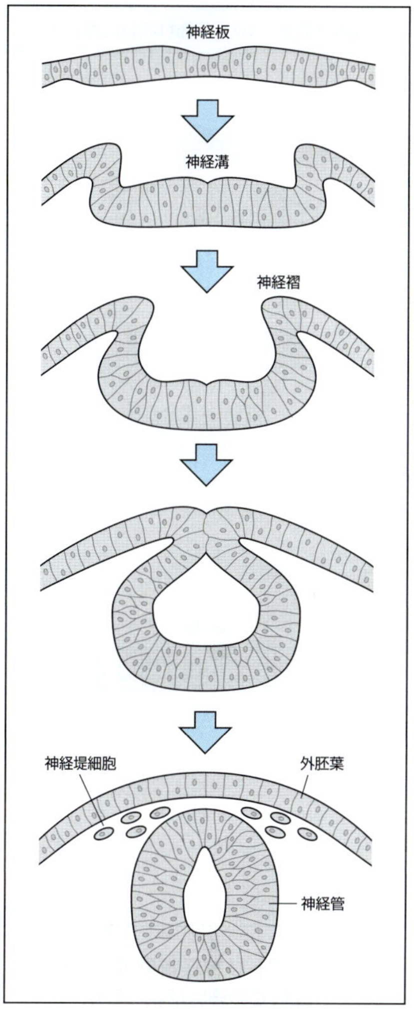

図8.33　神経褶の形成と融合の結果，神経管が形成される
神経板の両端の内側方向への湾曲により，両端に神経褶を持つ神経溝（neural groove）が形成される。神経褶は近づき融合して，上皮の管——神経管——が形成される。神経管は表皮を形成する残りの外胚葉から切り離される。神経堤細胞は背側神経管から解離し，そこから離れて移動していく。

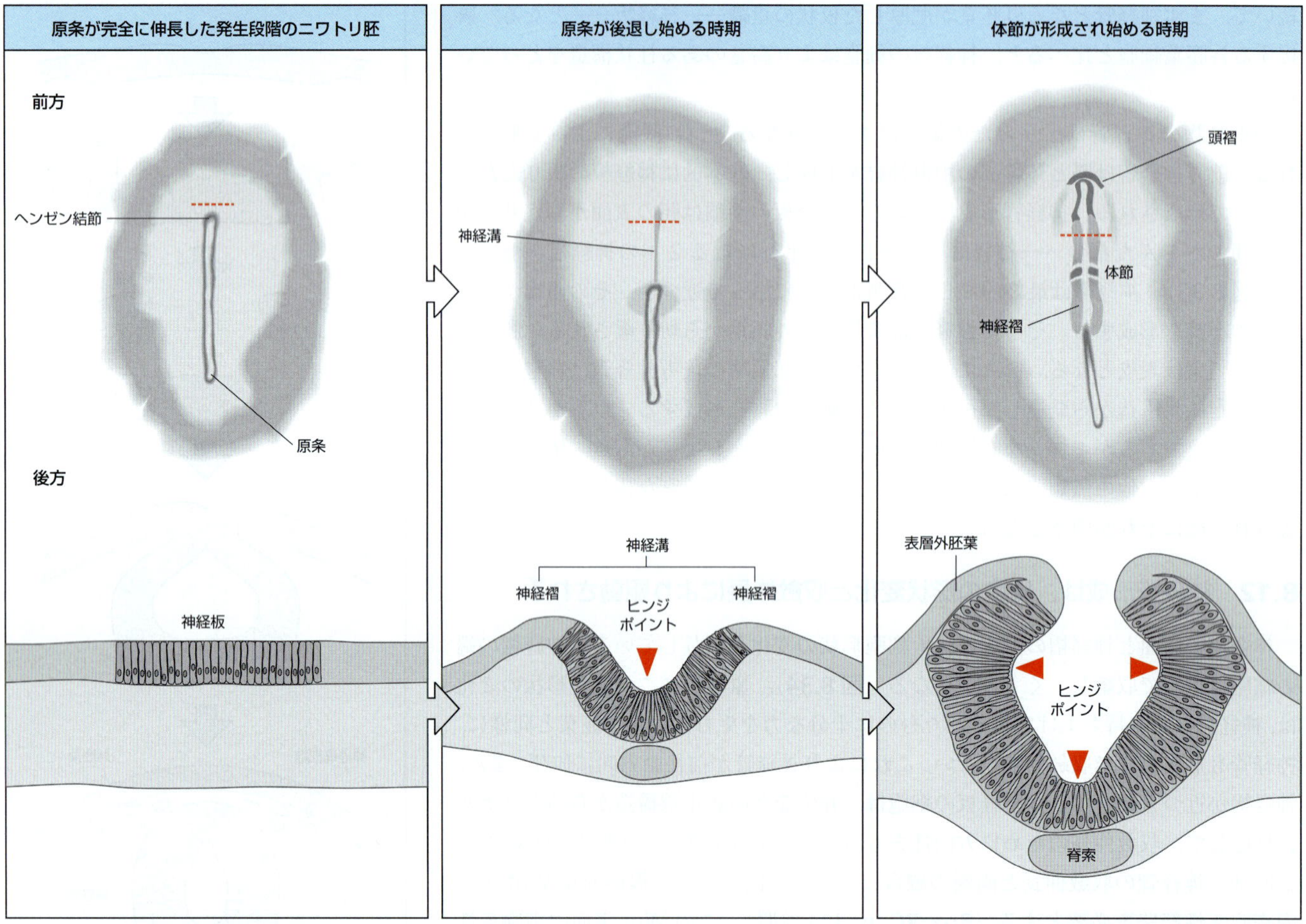

図 8.34　ニワトリ神経管形成における神経板での細胞形状の変化

上段：ニワトリ胚盤葉上層の表面の様子。下段：上段図に破線で示した位置で胚盤葉上層を切って得られた横断面。ヘンゼン結節の前方の細胞が細長く伸びて神経板を形成する。神経板の中央に位置する細胞がくさび形になって，神経板が曲がる位置を明確にしている。溝の両側に付加的なヒンジポイント（蝶番点）が形成される。

Schoenwolf, G.C., et al.: 1990 より

現し始める。一方，隣接している外胚葉はE-カドヘリンを発現する。おそらくこれらの細胞接着分子の違いによって神経管が周囲の外胚葉から分離し，外胚葉の残りの部分によって連続した細胞層として再構築されたからだの表面の下に神経管が沈むことができるのだろうと考えられている。接着性の変化はさらに第8.1節に記述したような細胞選別の方法で，神経管形成機構の一端を担っているのだろう。

まとめ

脊椎動物では，原腸形成中に中胚葉によって神経組織が誘導されるのに続いて，管状の神経を形成する神経管形成が起きる。神経管は最終的に脳と脊髄を形成する。哺乳類，鳥類，両生類の神経管形成では，（頭部と体幹部における）神経板の管状構造への折り畳みと，（尾部における）細胞の詰まった棒状構造の内部での空洞形成の両方が起きる。神経褶の形成とその端が神経管を形成するために正中線でつながる動きは，管内の細胞形状の変化と収斂伸長によって駆動されるだけでなく，周囲の組織からの力も関与している。神経管がその上を覆う外胚葉から解離するためには，細胞接着性の変化が必要である。

細胞移動

細胞がある位置から別の位置へと比較的長い距離を移動するという細胞移動は，動物の形態形成時に起こる特に特徴的な事象の1つである。ここで例として考察するのは，顔面の軟骨，皮膚のメラノサイト，末梢自律神経系の神経細胞を含む，最終的に非常に多様な細胞を生み出す，脊椎動物胚の神経堤細胞の移動である。神経系の形態形成に欠かせない未成熟な神経細胞の移動については，第12章で述べることにする。本書の別の章で取り上げる細胞移動の他の重要な例としては，生殖細胞の移動（第9章参照）と脊椎動物四肢での筋細胞の移動（第11章参照）がある。

8.13 神経堤の移動は，周囲組織からのキュー（手がかり）によって制御される

脊椎動物の神経堤細胞は，神経板の端に由来し，神経管形成中に初めて識別できるようになる（第5.4節参照）。脊椎動物胚の神経管閉鎖後，神経堤細胞は正中線の両側に見ることができる（**図8.35**）。神経堤細胞はもともとは神経管の一部であるが，上皮-間充織転換を行い，正中線を離れ，からだの両側に分かれて移動する。前述のように，上皮-間充織転換には，非運動性細胞を移動性細胞へと転換する過程を制御する転写因子であるSlugとSnailが働いている（第8.7節参照）。

神経堤細胞は，頭部の軟骨，真皮の色素細胞，副腎の髄質細胞，シュワン細胞，そして体性感覚神経系と末梢自律神経系の両方の神経細胞といった，非常に多種多様な細胞種へと分化する。神経堤細胞の分化に関しては第10章で解説する。ここでは，ニワトリ胚体幹部領域での神経堤細胞の移動経路に焦点を当てる。鰓弓を形成する神経堤細胞の神経管の後脳領域からの移動についてはすでに論じている（第5.13節参照）。

神経堤細胞の移動を追跡するために，様々な方法が用いられてきた。例えばウズラの細胞は核の形態によりニワトリ細胞と識別できるので，ニワトリ胚にウズラ胚から神経管を移植し，ニワトリ胚におけるウズラ神経堤細胞の移動経路を追うことができる（**図8.35**参照）。あるいは標識したモノクローナル抗体によって認識したり，DiIなどの蛍光色素で標識したり，または神経管で光活性化緑色蛍光タンパク質（pa-GFP）を発現させることなどにより，移動するニワトリ神経堤細胞を同定することもできる。非常に精巧に焦点を絞った光線を当てることにより，必要なときにpa-GFPが蛍光を発するようにすることができ，少ない細胞数の神経堤細胞の移動パターンを追跡することができる。ゼブラフィッシュ胚の神経堤細胞の移動は**Box 1D**（p. 21）に示している。

ニワトリ胚の体幹部の神経堤細胞には2つの主な移動経路がある（**図8.36**）。1つは，外胚葉の下と体節の上を，背側から側方に移動するものである。この経路で移動する神経堤細胞は主に色素細胞となり，皮膚と羽毛に存在するようになる。もう1つの経路は，1つめの経路より腹側のもので，主に交感神経と感覚神経節細胞を生み出す。神経堤細胞の一部は体節の中に入り，後根神経節を形成する。体節を通って移動し，交感神経節や副腎髄質細胞となる神経堤細胞もあるが，これらは脊索の周囲の領域を避けるようである。体幹神経堤細胞は選択的に体節の前方半分を通って移動し，後方半分を通ることはない。各体節において，神経堤細胞が体節の後方半分に隣接する神経管の領域に由来するとしても，それらは体節の前方半分にのみ存在する。この振る舞いは，1つめの背側経路をとる神経堤細胞が体節の背側

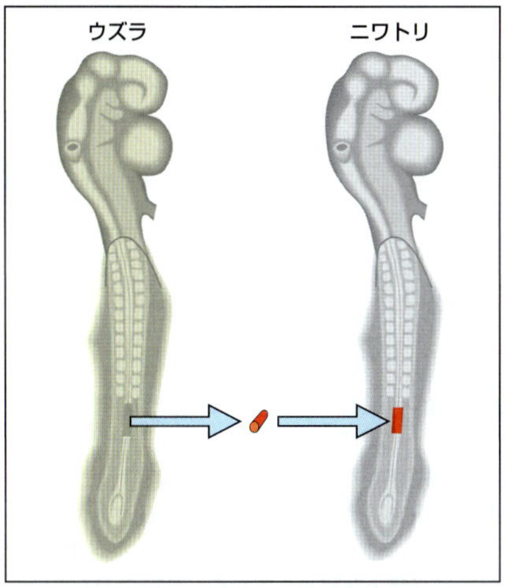

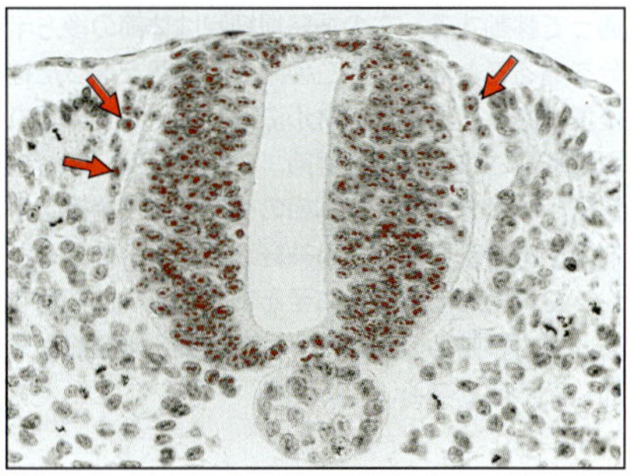

図8.35　ニワトリの宿主胚にウズラ胚の神経管の一片を移植することにより，細胞移動経路を追う

ウズラ神経管の一片を，ニワトリの宿主胚の同様の位置に移植した。写真はウズラ神経堤細胞（赤の矢印）の移動を示している。ウズラの細胞が核のマーカーを持つためにニワトリの細胞から区別することができるので，その移動が追跡可能である。

写真はN. Le Douarin氏の厚意による

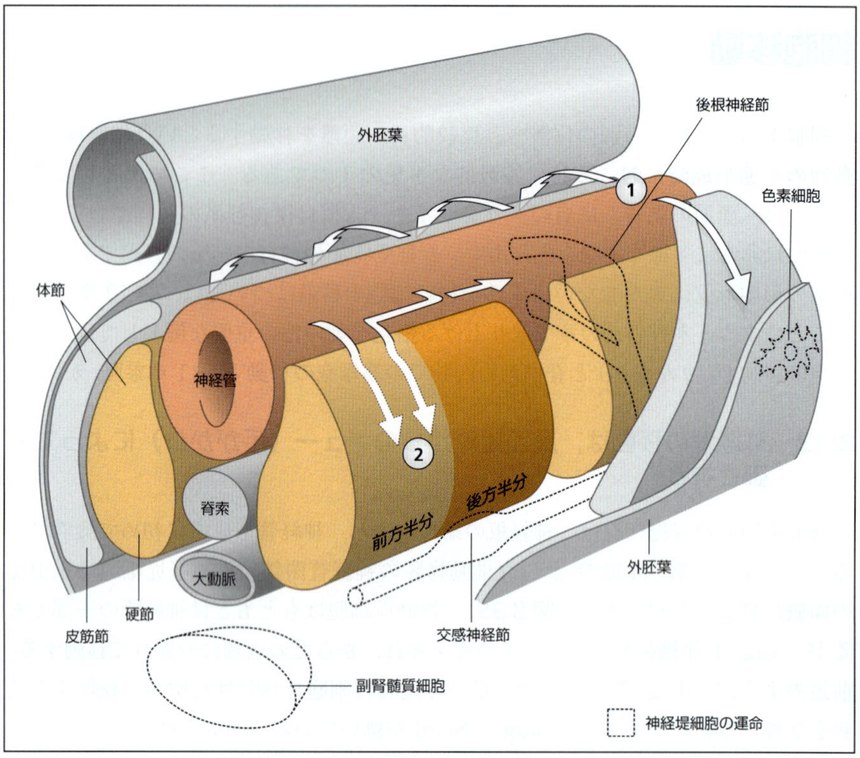

図 8.36 ニワトリ胚体幹部での神経堤細胞の移動
第一の経路をたどる神経堤細胞集団（1）は，外胚葉の下を移動して色素細胞を生み出す（破線で示した）。第二の経路をたどる神経堤細胞集団(2)は，神経管上を移動してから，体節の前方半分を通って移動する。この神経堤細胞は体節の後方半分を通ることはない。この第二の経路を通った神経堤細胞は，将来，パネルに破線で示してある位置に形成される後根神経節，交感神経節，副腎髄質細胞へと分化する。体節の後方半分に隣接する位置の神経管に由来する神経堤細胞は，神経管に沿って体節の前方半分に至るまで両方向に移動する。この移動の分節パターンの結果，神経節が分節して形成される。

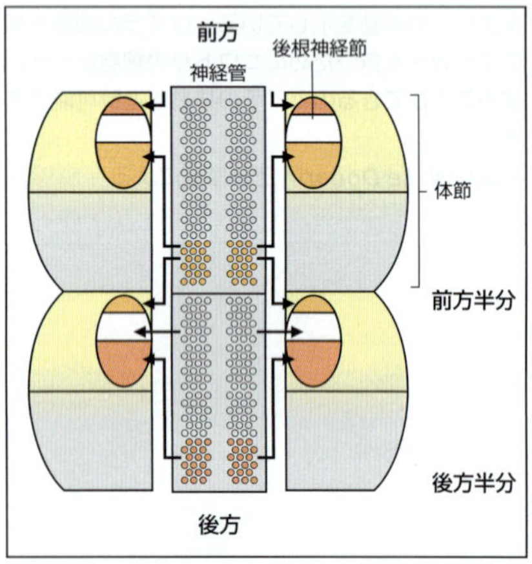

図 8.37 後根神経節の分節的な配置は，体節の前方半分のみを通る神経堤細胞の移動に由来する
神経堤細胞は体節の後方半分（灰色）を通って移動することはできないが，神経管に沿って，または体節の前方半分（黄）を通るといういずれかの方向に移動することができる。したがって，ある体節の後根神経節は，その前方に位置する体節の後方半分から移動してきた神経堤細胞，そして隣接する神経堤細胞（白），およびそれ自身の体節後方から移動してきた神経堤細胞で構成されている。

-側方面全体を移動する振る舞いとは異なっている。2つめの経路では，神経堤細胞が各体節の前方半分を移動することで，1組の体節に対して1組の神経節が形成されるという，脊椎動物における脊髄神経節の明確な分節配置を生み出している(**図 8.37**)。神経堤細胞移動の分節パターンは，各体節の前後2つの部分で異なるガイダンスキューがあるために生じる。前後軸が反転するように体節を180°回転させた場合でも，神経堤細胞はやはりもともと前方半分だった体節部分を通って移動する。

ephrinとEph（ephrin受容体）間の相互作用が，体節の後方半分からの神経堤細胞の排除に貢献している可能性が高い。ニワトリ胚において，ephrin B1は体節の後方半分に局在しており，神経堤細胞表面のEphB3と相互作用し，反発性のガイダンスキューとして働いている。一方，神経堤細胞が移動する残りの前方半分の体節では，EphB3が発現している。セマフォリン（semaphorin）と呼ばれる膜タンパク質もまた，体節の後方半分からの神経堤細胞の排除に関与している。このような細胞間相互作用が脊髄神経節の分節的な配置の分子基盤である。

神経管と脊索も神経堤細胞の移動に影響を及ぼしている。もし神経堤細胞が移動し始める前の初期神経管を，背側表面が腹側表面になるように背腹方向に180°反転させたとすると，通常は腹側に移動する神経堤細胞は彼らの目的地に近づいた場所に位置することになり，そのまま腹側を移動するのではないかと予想するかもしれない。しかし，そのようなことは起きない。この場合，神経堤細胞の多くは各体節の前方半分の範囲の硬節を通って上方に，つまり腹側から背側方向に移動するのである。この結果は，神経管が何らかの形で神経堤細胞の移動方向に影響を与えていることを示唆している。脊索もまた，約50 μmの距離内で神経堤細胞の脊索方向への移動を阻害している。

神経堤細胞の移動方向の調節には，特定の化学的なキューに向かうという何らかの走化性も働いている。特定の方向に向かう神経堤細胞の移動の流れは，移動方向への細胞の極性化の結果であり，この細胞極性化はおそらくは Wnt シグナルを介した平面内細胞極性経路の作用によるものである（**Box 8C**, p. 324 参照）。例えば Wnt や Frizzled などこの経路の構成分子の機能阻害により，神経堤細胞の移動は阻害される。

神経堤細胞は，細胞間相互作用によって特定の方向にガイドされると同時に，移動の足場となる細胞外マトリックスとの相互作用によってもガイドされている。神経堤細胞は細胞表面のインテグリンによって細胞外マトリックス分子と相互作用することができる（**Box 8B**, p. 309 参照）。*in vitro* で培養した鳥類の神経堤細胞は，フィブロネクチン，ラミニン，および様々なコラーゲンに接着し，その上を効率良く移動する。*in vivo* で神経堤細胞のインテグリン β_1 サブユニットをブロックし，フィブロネクチンやラミニンへの接着を阻害すると，体幹部での神経堤細胞の移動には影響がないが，頭部領域では重大な欠陥が起きる。したがって，これら 2 つの領域の神経堤細胞は異なる機構（おそらくは別のタイプのインテグリンによる）で細胞外マトリックスに結合していると考えられている。胚における細胞外マトリックス分子の細胞のガイダンスにおける役割は依然として明らかにされていないものの，培養した神経堤細胞がいかに選択的にフィブロネクチンの跡に沿って移動するか，その様子は非常に印象的である。

まとめ

神経堤細胞は，からだの様々な部分で多種多様な組織を形成するために，背側神経管の両側を移動する。その移動は，他の細胞からのシグナルと，細胞外マトリックスとの相互作用によってガイドされる。体幹部を移動する神経堤細胞では，体節の後方半分に発現している ephrin と神経堤細胞で発現している Eph 受容体との間の反発的相互作用により，体節後方半分を通る移動が阻害されている。そのため，末梢神経系の後根神経節となる神経堤細胞は各体節の前方半分の隣に蓄積し，その結果，前後軸に沿って神経管をはさんだ，からだの左右で組になった神経節の分節的な配置が生じる。

まとめ：脊椎動物の神経堤細胞の方向性を持った細胞移動

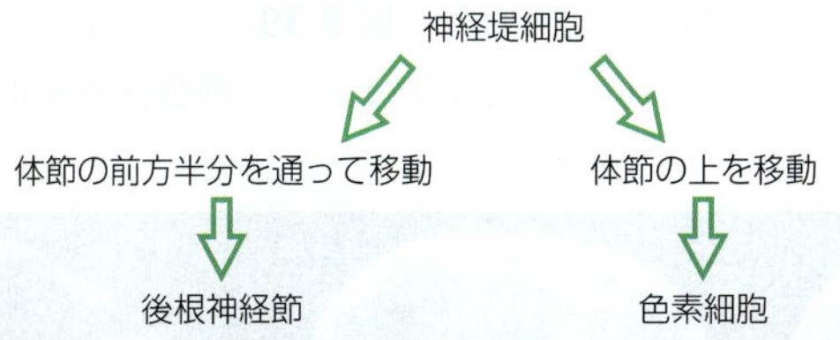

方向性膨張

静水圧は，さまざまな状況での形態形成に関与する。すでに，哺乳類の胚盤胞の内部静水圧の増加が胚盤胞の容積の増加を引き起こし，ほぼ球状の形を維持することを学んだ（第 8.5 節参照）。ここでは，内部静水圧の増加が，その構造に固有の性質の結果として，形状に明確な非対称的な変化を引き起こす，方向性膨張

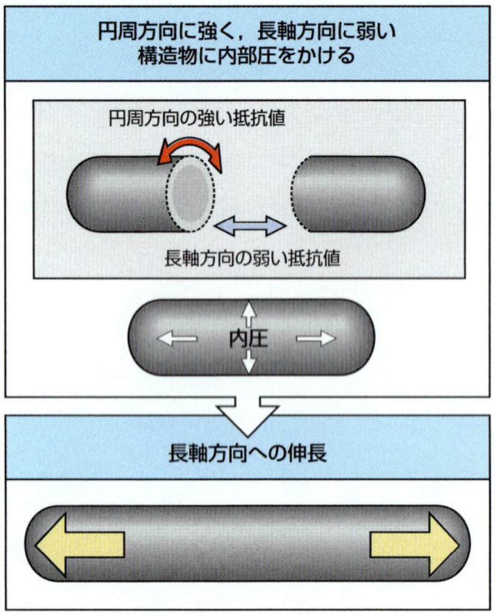

図 8.38　方向性膨張
制約のある鞘または膜の内部の静水圧は，その構造を伸長させる。円周方向の抵抗が長軸方向の抵抗よりもはるかに大きい場合，脊索鞘で見られるように，鞘内の細胞の棒状構造は伸長する。

(directed dilation) について考える。例えば伸縮性のあるチューブの内圧に対して円周方向の抵抗値が長軸方向の抵抗値よりもはるかに大きい場合，内部圧力が上昇すると，チューブが長軸方向に伸びることに似た仕組みである（図 8.38）。

8.14　脊索の後期伸長と硬度の強化は方向性膨張により生じる

アフリカツメガエルの脊索は形成後，容積が3倍も増加し，ゆがみを矯正しながら硬度も増して，さらに大きく伸長する。この発生段階で脊索は，細胞外物質の鞘（シース）に囲まれている。この鞘は円周方向の拡張は制限するが，前後方向の拡張は制約しない。脊索内の細胞は液体で満たされた液胞を形成し，その結果容積を増加させる。このようにして脊索鞘に静水圧がかかり，方向性膨張が発生するのである。鞘の抵抗によって脊索の円周方向の拡張は抑えられているので，容積の増加（膨張）は脊索の長軸方向に方向づけられるのである。

脊索細胞の液胞はグリコサミノグリカンで満たされており，糖質含有量が高いため，浸透圧により液胞の中に水を引き込む働きが生じる。このことで脊索の細胞容積が増加し，その結果，脊索の強化やゆがみを矯正するまっすぐな伸長を引き起こす静水圧が生じるのである。脊索が伸長する間の鞘の構造変化は，提唱されている静水圧機構とよく一致する。脊索鞘には，わずかな張力強度しか持たないグリコサミノグリカンと，高い張力強度を持つ線維状タンパク質のコラーゲンの両方が含まれている。実際，脊索膨張の間にコラーゲン線維の密度が増し，円周方向の膨張への耐性を与えている。鞘を分解して除いてしまうと脊索はよじれて折りたたまれ，脊索の細胞は平板にならずに丸くなる。この事実は，膨張と伸長において鞘が重要な役割を果たしていることを示している。

8.15　皮下組織細胞の円周方向の収縮が線虫胚を伸長させる

線虫胚の初期発生においては，たとえ原腸形成中であっても，卵形の受精卵からからだの形状はほとんど変化しない。受精から約5時間に起こる原腸形成後，胚は前後軸に沿って急速に伸長し始める。約2時間かかるこの伸長の間に，胚は円周方向には1/3に減少し，体長は4倍となる。

この伸長は，胚の最外層を構成する角皮組織（表皮）の細胞の形状変化によって起こる。このため，レーザーアブレーションによってこの角皮組織を破壊すると，伸長は阻害される。胚の伸長時には，角皮細胞は円周方向には伸長せずに，前後軸に沿って伸長するという細胞形状変化を行う（図 8.39）。この伸長を通じて角皮細胞は，細胞間接着によって相互に接着したままである。細胞接着を担う細胞接着分

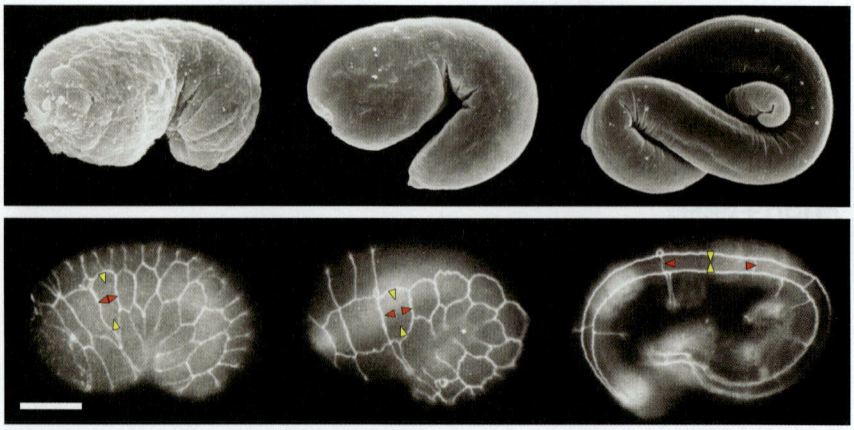

図 8.39　方向性膨張による線虫の体長の増加
2時間あまりの間での形状変化の様子を上段パネルに示す。体長の増加は角皮組織細胞の円周方向収縮によるものであることを下パネルに示す。単一細胞の形状変化は，矢印でマークされた細胞に見ることができる。スケールバー＝10 μm
写真は J. Priess 氏の厚意により Priess, J.R., et al.: 1986 から

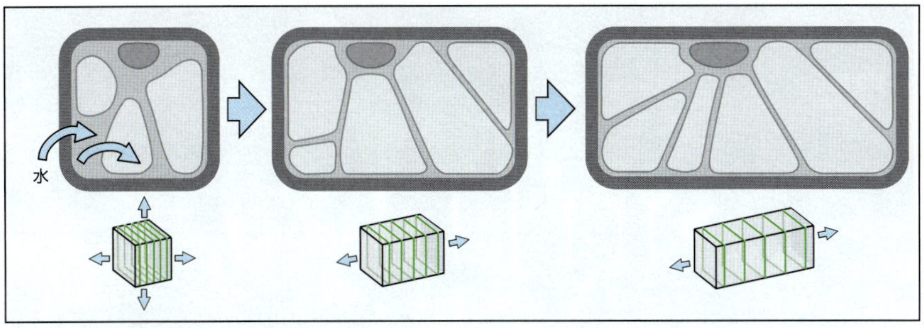

図 8.40　植物細胞の肥大
植物細胞は水が細胞の液胞に入ることで拡大し，これにより細胞内の静水圧の上昇を招く。細胞は，細胞壁中のセルロース線維の配向に垂直方向に伸長する。

子は，円周方向に走っているアクチンを含む線維と細胞内でつながっていて，細胞が伸長するにしたがってこの線維は短くなることが観察されている。サイトカラシン D 処理によってアクチンフィラメントを崩壊させると，胚の伸長が阻害される。つまり，アクチンフィラメントの収縮が細胞の形状変化をもたらしている可能性が非常に高い。角皮組織細胞の円周方向の収縮は，胚内静水圧の上昇を招き，胚の前後方向の伸長を促す。円周方向に配向している微小管もまた，先述したアフリカツメガエル脊索鞘での働きと同様に，線虫の拡張を制約する機械的な役割を持つと考えられる。このように，線虫の体長の伸長は，方向性膨張のもう 1 つの例である。

8.16　細胞肥大の方向は，植物の葉の形を決定する

細胞肥大は植物の成長と形態形成における主要な過程であり，これは組織の体積を 50 倍にまでも増加させることができる。拡大の原動力は静水圧――膨圧――で，これは浸透による液胞への水の侵入の結果としてプロトプラストが膨潤し，細胞壁に対して生じる力である（**図 8.40**）。植物細胞の拡大には新しい細胞壁の材料の合成と堆積が伴うが，これは方向性膨張の例でもある。細胞成長の方向は，細胞壁のセルロース線維の方向によって決定される。細胞の肥大は，最も細胞壁の弱い，線維に直角の方向に主に発生する。細胞壁のセルロース線維の方向は，細胞壁にセルロースを合成する酵素が集合する位置の決定に関与する，細胞骨格系の微小管によって決められていると考えられている。エチレンやジベレリンなどの植物成長ホルモンは，これらの線維の配向を変え，それによって細胞拡大の方向を変えることができる。オーキシンは細胞壁の構造を緩めることによって細胞拡大を補助している。

葉の成長には，葉身（leaf blade: 柄を除いた葉の部分のこと）の拡大に中心的な役割を果たす細胞伸長と，複雑なパターンの細胞分裂が関与している。細胞伸長の方向に影響を与え，葉身の形状に影響が生じる 2 つの遺伝子変異が同定されている。シロイヌナズナ *angustifolia* 遺伝子変異体の葉は，長さは野生型と同様であるが，幅がはるかに狭い（**図 8.41**）。対照的に *rotundifolia* 遺伝子変異体は，幅に比べて長さのほうが短くなっている。これらの突然変異のいずれも葉の細胞数に変化はない。成長途上の葉の細胞の解析により，これらの遺伝子の変異は細胞の伸長方向に影響を与えていることがわかった。

まとめ

方向性膨張は構造内部の静水圧の上昇，および圧力に対する周囲の抵抗力が方向により異なることにより生じる。脊索の伸長は方向性膨張によって起きるが，この方向性膨張の例は，脊索の内側は容積が増加するのに対し，円周方向への拡張が脊索鞘に

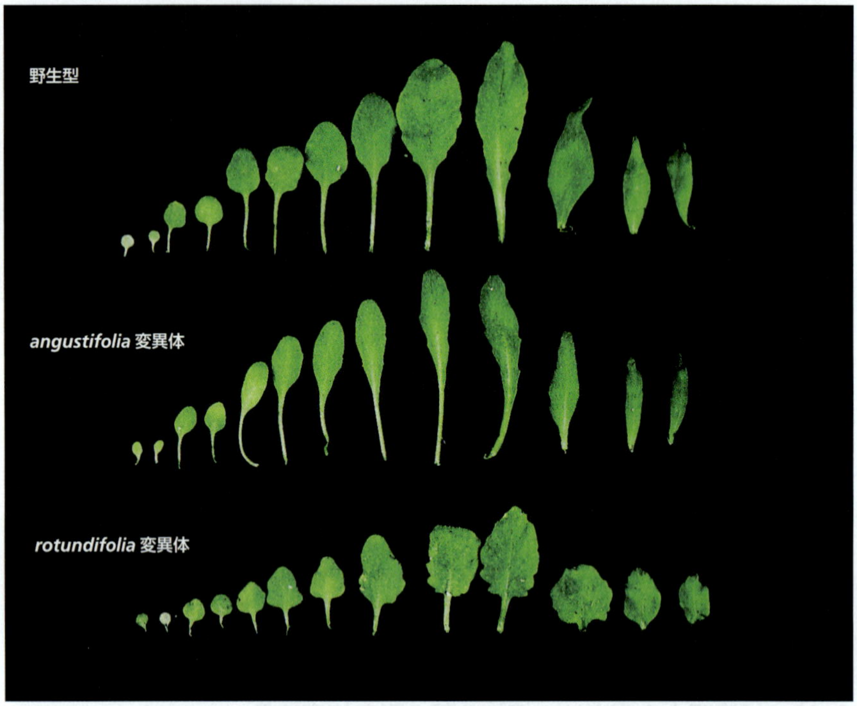

図 8.41 シロイヌナズナの葉の形状は，細胞の伸長に関与する遺伝子突然変異に影響を受ける
angustifolia 遺伝子変異により葉は幅が細くなり，*rotundifolia* 遺伝子変異によって葉は短く太くなる。
写真は H. Tsukaya 氏の厚意により Tsuge, T., et al.: 1996 から

より制約されているために起こる縦方向への強制的な伸長である。同様に線虫胚は原腸形成後に伸長するが，これは胚の外側の角皮細胞の円周方向の収縮によって内部の細胞への圧力が高まる結果起きる，胚体の前後軸方向への強制的な伸長である。植物において葉の形状は，細胞壁のセルロース線維の配向によって規定されている，細胞拡大の方向によって決定される。内圧の結果として生じる方向性膨張は，細胞壁の最も弱い部分で細胞を伸長させる。

まとめ：方向性膨張

鞘（シース）による円周方向への膨張の拘束
⇩
脊索伸長

植物の細胞壁による円周方向への膨張の拘束
⇩
細胞伸長

円周方向への膨張の拘束
⇩
静水圧
⇩
線虫のからだの伸長

第 8 章のまとめ

発生中の動物の胚の形の変化は主に，細胞の形状，細胞の運動性，および細胞接着性の変化によって生じる力によって起きている。中空で球状の胞胚または胚盤胞の形成は，特定のパターンを持つ細胞の分裂，細胞の空間的配置や細胞極性の結果であり，球状の形は内部への液体の流入とそれにより生じる静水圧によって維持されている。原腸形成は，予定内胚葉と予定中胚葉が内部に入り込み，ボディプランに従って胚内の適切な位置へと移動するという細胞の大規模な移動である。収斂伸長は，多くの発生過程において重要な役割を担っている。例えば脊椎動物の原腸形成中の前後軸方向の伸長，神経管の伸長と閉鎖，ショウジョウバエの胚帯伸長などがその例である。脊椎動物の神経板からの神経管形成では，神経板の端を上へ湾曲させ，最終的に融合させる細胞形状の変化が起きる。形態形成における細胞移動の役割の例として，この章では，神経堤細胞が神経管を離れ，体中の様々な組織を生み出すという現象に関して述べた。静水圧を含む方向性膨張は，後期脊索伸長，線虫胚の体長の伸長，および植物細胞の肥大の方向に関与している。

● 章末問題

記述問題

1. 細胞間および細胞-細胞マトリックス間の4つのタイプの接着性相互作用の名前を挙げよ。これらの接着相互作用のそれぞれを特徴づける膜貫通タンパク質は何か。接着結合に特徴的な性質は何か：どのような細胞接着分子が働いているのか，どのような細胞骨格構成要素が含まれているのか，そして何が接着分子を細胞骨格に連結させているのか。

2. 両生類神経胚の表皮と神経板を取り出して個々の細胞に解離したのち，混合し再集合させた実験の結果を記述せよ。この実験は，これら2つの組織の自己接着性の相対強度という観点からどのように解釈されるか。この結果は，胚におけるこれらの組織の自然な組織形成を，どのように反映しているのだろうか。

3. “放射卵割” を定義せよ。ウニのような胚の放射卵割では，最初の卵割時に中心体は動物-植物極軸に対して，どのように配置されるか。第二，第三卵割においてはどうか。

4. マウス胚のコンパクションとは何か。続いて起きる胞胚腔の形成，および内部細胞塊の形成というマウス胚発生における2つの重要な事象に，コンパクションはどのように関与するか。

5. 間充織組織の性質と上皮組織の性質を比較せよ。カドヘリンはどのように上皮-間充織転換に関与するか。この転換はどのように調節され，引き起こされるのか。（Snail の働きについて考えよ）

6. ウニ（**図 8.14**）とアフリカツメガエル（**図 8.24**）の予定運命図を参照せよ。ウニでは，中胚葉が最も植物極側に位置し，内胚葉が中胚葉と外胚葉の間に位置している。アフリカツメガエルでは，内胚葉が最も植物極側に位置し，中胚葉が内胚葉と外胚葉の間に位置している。これらの2つの生物におけるこのような異なる配置を説明する原腸形成の違いを，簡潔に説明せよ。

7. エピボリーと収斂伸長を比較せよ。これら2つの過程は，アフリカツメガエルの原腸形成時にどのように使われているか。

8. 平らなシートを構成している細胞の一方の面（頂端）が狭窄した場合，シートはその領域でへこむ。ウニ，ショウジョウバエ，アフリカツメガエルの原腸形成を開始するために，このメカニズムがどのように使われているかの実例を記せ。

9. 神経管形成において，細胞の形状変化と細胞接着性の変化はどのように協調しているか。

10. 後根神経節を形成する神経堤細胞の移動経路を説明せよ。ephrin と ephrin 受容体は，この移動経路にどのような役割を果たしているか。

11. 脊索形成に対し，方向性膨張はどのように影響を及ぼしているか。糖（グリコサミノグリカン）はこの過程でどのような役割を果たしているのか。

12. 原口が初めて観察されるときから神経褶が初めて観察されるまでの間の，原腸形成において行われる細胞の動きを，あなた自身の言葉で説明せよ。まずはじめにアフリカツメガエルの原腸形成に関して記述し，その後ニワトリとゼブラフィッシュで見られる主な相違点を記述せよ。

選択問題
それぞれの問題で正解は 1 つである。

1. 接着結合は発生において重要な役割を果たす。これは以下の分子から構成されている。
a) 細胞外で他のカドヘリンに結合し，細胞内でアクチンフィラメントに連結しているカドヘリン
b) 細胞外で他のカドヘリンに結合し，細胞内で中間径フィラメントに連結しているカドヘリン
c) 細胞外で他の免疫グロブリンスーパーファミリー（IgSF）と結合し，細胞内で細胞骨格に連結している IgSF
d) 細胞外で細胞外マトリックス分子に結合し，細胞内で細胞骨格と連結しているインテグリン

2. 胚を化学物質やタンパク質分解酵素で個々の細胞に解離し，それらの細胞を混合して培養した場合どうなるか。
a) 細胞はランダムに互いに結合する
b) 細胞はしばしば似た細胞が結合するような選別を行う
c) 細胞は再集合し，その後も発生を続けることが可能な正常な胚を形成する
d) 細胞は 1 つまたは複数の正常な胚を形成するようになる

3. カエル胚で行われる卵割様式はどれか。
a) 放射卵割
b) 螺旋卵割
c) 表割
d) 盤割（部分割）

4. ウニ胚の内胚葉細胞はどのように原腸形成中に腸を形成するか。
a) 細胞の形状変化が陥入を開始させ，収斂伸長が胞胚腔に細胞のシートを広げ，最終的には糸状仮足が将来の口領域と接触し，その部分まで腸の先端を引き出す
b) 内胚葉細胞は胞胚腔の内部に動き回って入り込み，内腔のない棒状構造を形成，その後内腔ができて開き，腸管が形成される
c) 内胚葉細胞は胞胚腔の内部に移動し，成体のウニのからだを支える骨格構造を形成する
d) 内胚葉細胞は間充織細胞として胞胚腔に移動し，腹側に動き回って移動し，将来の口の位置を決める

5. カエルの原腸形成中に，非常に初期に原口を通じて胚内部に入

り込む細胞は，帯域の細胞の表面層に由来する。のちにそれらの細胞が形成する組織はどれか。
a) 外胚葉
b) 内胚葉
c) 中胚葉
d) 卵黄

6. ウニ，ショウジョウバエ，アフリカツメガエルの原腸陥入はすべて，上皮シートの頂端面が収縮する細胞の形状変化によって開始される。この過程はどれか。
a) 収斂伸長
b) エピボリー
c) 陥入
d) 巻き込み

7. アフリカツメガエルにおいて中胚葉は，背唇の周囲で折り返し，原口を通って内部に入り込む。この過程はどれか。
a) 収斂伸長
b) エピボリー
c) 陥入
d) 巻き込み

8. アフリカツメガエルにおいて，中胚葉は細胞の挿入により，からだの前方に伸長する。この過程はどれか。
a) 収斂伸長
b) エピボリー
c) 陥入
d) 巻き込み

9. ニワトリにおいて神経管形成はどのような細胞生物学的過程によって行われているか。
a) 将来の神経管細胞と予定外胚葉との間の接着性の変化だけが，神経管形成に必要である
b) 神経板における細胞形状の変化と，神経管における接着分子の発現の変化が神経管形成に必要である
c) 神経板における細胞形状の変化が，神経管形成に必要な唯一の過程である
d) 神経管の形成は，脊索の収斂伸長の受動的な副産物として行われる

10. 背側-側方経路をとる神経堤細胞は以下の細胞となる。
a) 副腎髄質
b) 後根神経節
c) 色素細胞（メラノサイト）
d) 交感神経節

選択問題の解答

1:a, 2:b, 3:a, 4:a, 5:b, 6:c, 7:d, 8:a, 9:b, 10:c

● 本章の理解を深めるための参考文献

Alberts, B. *et al.*: *Molecular Biology of the Cell* (5th edn). New York: Garland Science, 2008.

Aman, A., Piotrowski, T.: **Cell migration during morphogenesis**. *Dev. Biol.* 2010, **341**: 20–33.

Engler, A.J., Humbert, P.O., Wehrle-Haller, B., Weaver, V.M.: **Multiscale modeling of form and function**. *Science* 2009, **324**:208–212.

Mattila, P.K., Lappalainen, P.: **Filopodia: molecular architecture and cellular functions**. *Nat. Rev. Mol. Cell Biol.* 2008, **9**: 446–454.

Stern, C. *et al.*: *Gastrulation: From Cells to Embryos*. New York: Cold Spring Harbor Laboratory Press; 2004.

● 各節の理解を深めるための参考文献

8.1 解離細胞の選別は，異なる組織で細胞接着性が異なることを示す

Davis, G.S., Phillips, H.M., Steinberg, M.S.: **Germ-layer surface tensions and 'tissue affinities' in *Rana pipiens* gastrulae: quantitative measurements**. *Dev. Biol.* 1997, **192**: 630–644.

Steinberg, M.S.: **Differential adhesion in morphogenesis: a modern view.** *Curr. Opin. Genet. Dev.* 2007, **17**: 281–286.

Box 8B 細胞接着分子と細胞接着装置

Hynes, R.O: **Integrins: bidirectional allosteric signaling mechanisms**. *Cell* 2002, **110**: 673–689.

Tepass, U., Truong, K., Godt, D., Ikura, M., Peifer, M.: **Cadherins in embryonic and neural morphogenesis**. *Nat Rev. Mol. Cell Biol.* 2000, **1**: 91–100.

Thiery, J.P.: **Cell adhesion in development: a complex signaling network**. *Curr. Opin. Genet. Dev.* 2003, **13**: 365–371.

8.2 カドヘリンが細胞接着特異性をもたらす

Duguay, D., Foty, R.A., Steinberg, M.S.: **Cadherin-mediated cell adhesion and tissue segregation: qualitative and quantitative determinants**. *Dev. Biol.* 2003, **253**: 309–323.

Levine, E., Lee, C.H., Kintner, C., Gumbiner, B.M.: **Selective disruption of E-cadherin function in early *Xenopus* embryos by a dominant negative mutant**. *Development* 1994, **120**: 901–909.

Takeichi, M., Nakagawa, S., Aono, S., Usui, T., Uemura, T.: **Patterning of cell assemblies regulated by adhesion receptors of the cadherin superfamily**. *Proc. Roy. Soc. Lond. B* 2000, **355**: 885–896.

8.3 紡錘体の方向が卵割の分裂面を決定する

Backues, S.K., Konopka, C.A., McMichael, C.M., Bednarek, S.Y.: **Bridging the divide between cytokinesis and cell expansion**. *Curr. Opin. Plant. Biol.* 2007, **10**: 607–615.

Galli, M., van den Heuvel, S.: **Determination of the cleavage plane in early *C. elegans* embryos**. *Annu. Rev. Genet.* 2008, **42**: 389–411.

Glotzer, M.: **Cleavage furrow positioning**. *J. Cell Biol.* 2004, **164**: 347–351.

Gönczy, P., Rose, L.S.: **Asymmetric cell division and axis formation in the embryo**. In *WormBook* (ed. The *C. elegans* Research Community) (October 15, 2005). doi/10. 1895/wormbook. 1. 30. 1, http://www.wormbook.org (date accessed 21 May 2010).

8.4 ウニ胞胚とマウス桑実胚において，細胞は極性を持つようになる

Pauken, C.M., Capco, D.G.: **Regulation of cell adhesion during embryonic compaction of mammalian embryos: roles for PKC and beta-catenin**. *Mol. Reprod. Dev.* 1999, **54**: 135-144.

Sutherland, A.E., Speed, T.P., Calarco, P.G.: **Inner cell allocation in the mouse morula: the role of oriented division during fourth cleavage**. *Dev. Biol.* 1990, **137**: 13-25.

8.5 密着結合形成およびイオン輸送の結果として液体が蓄積し，哺乳類の胚盤胞の胞胚腔が形成される

Barcroft, L.C., Offenberg, H., Thomsen, P., Watson, A.J.: **Aquaporin proteins in murine trophectoderm mediate transepithelial water movements during cavitation**. *Dev. Biol.* 2003, **256**: 342-354.

Eckert, J.J., Fleming, T.P.: **Tight junction biogenesis during early development**. *Biochim. Biophys. Acta* 2008, **1778**: 717-728.

Fleming, T.P., Sheth, B., Fesenko, I.: **Cell adhesion in the preimplantation mammalian embryo and its role in trophectoderm differentiation and blastocyst morphogenesis**. *Front. Biosci.* 2001, **6**: 1000-1007.

Watson, A.J., Natale, D.R., Barcroft, L.C.: **Molecular regulation of blastocyst formation**. *Anim. Reprod. Sci.* 2004, **82-83**: 583-592.

8.6 内部中空は細胞死によってつくられる場合がある

Coucouvanis, E., Martin, G.R.: **Signals for death and survival: a two-step mechanism for cavitation in the vertebrate embryo**. *Cell* 1995, **83**: 279-287.

8.7 ウニの原腸形成は，細胞移動と陥入を伴う

Davidson, L.A., Oster, G.F., Keller, R.E., Koehl, M.A.R.: **Measurements of mechanical properties of the blastula wall reveal which hypothesized mechanisms of primary invagination are physically plausible in the sea urchin *Strongylocentrotus purpuratus***. *Dev. Biol.* 1999, **209**: 221-238.

Duloquin, L., Lhomond, G., Gache, C.: **Localized VEGF signaling from ectoderm to mesenchyme cells controls morphogenesis of the sea urchin embryo skeleton**. *Development* 2007, **134**: 2293-2302.

Ettensohn, C.A.: **Cell movements in the sea urchin embryo**. *Curr. Opin. Genet. Dev.* 1999, **9**: 461-465.

Gustafson, T., Wolpert, L.: **Studies on the cellular basis of morphogenesis in the sea urchin embryo. Directed movements of primary mesenchyme cells in normal and vegetalized larvae**. *Exp. Cell Res.* 1999, **253**: 288-295.

Mattila, P.K., Lappalainen, P.: **Filopodia: molecular architecture and cellular functions**. *Nat. Rev. Mol. Cell Biol.* 2008, **9**: 446-454.

Miller, J.R., McClay, D.R.: **Changes in the pattern of adherens junction-associated *β*-catenin accompany morphogenesis in the sea urchin embryo**. *Dev. Biol.* 1997, **192**: 310-322.

Odell, G.M., Oster, G., Alberch, P., Burnside, B.: **The mechanical basis of morphogenesis. I. Epithelial folding and invagination**. *Dev. Biol.* 1981, **85**: 446-462.

Raftopoulou, M., Hall, A.: **Cell migration: Rho GTPases lead the way**. *Dev Biol.* 2004, **265**: 23-32.

Röttinger, E., Saudemont, A., Duboc, V., Besnardeau, L., McClay, D., Lepage, T.: **FGF signals guide migration of mesenchymal cells, control skeletal morphogenesis and regulate gastrulation during sea urchin development**. *Development* 2008, **135**: 353-365.

8.8 ショウジョウバエの中胚葉の陥入は，その背腹軸のパターンを決める一連の遺伝子によって制御される，細胞の形状変化によって行われる

Martin, A.C., Kaschube, M., Wieschaus, E.F.: **Pulsed contractions of an actin-myosin network drives apical contraction**. *Nature* 2009, **457**: 495-499.

8.9 ショウジョウバエの胚帯伸長は，ミオシン依存的な細胞間結合再構築と細胞の挿入（インターカレーション）を伴う

Bertet, C., Sulak, L., Lecuit, T.: **Myosin-dependent junction remodeling controls planar cell intercalation and axis elongation**. *Nature* 2004, **429**: 667-671.

8.10 ショウジョウバエの背側閉鎖と線虫の腹側閉鎖は，糸状仮足の作用によりもたらされる

Chin-Sang, I.D., Chisholm, A.D.: **Form of the worm: genetics of epidermal morphogenesis in *C. elegans***. *Trends Genet.* 2000, **16**: 544-551.

Jacinto, A., Woolner, S., Martin, P.: **Dynamic analysis of dorsal closure in *Drosophila*: from genetics to cell biology**. *Dev. Cell* 2002, **3**: 9-19.

Peralta, X.G., Toyama, Y., Hutson, M.S., Montague, R., Venakides, S., Kiehart, D.P., Edwards, G.S.: **Upregulation of forces and morphogenic asymmetries in dorsal closure during *Drosophila* development**. *Biophys. J.* 2007, **92**: 2583-2596.

Woolner, S., Jacinto, A., Martin, P.: **The small GTPase Rac plays multiple roles in epithelial sheet fusion-dynamic studies of *Drosophila* dorsal closure**. *Dev. Biol.* 2005, **282**: 163-173.

8.11 脊椎動物の原腸形成は，いくつかのタイプの組織運動を伴う

Adams, D.S., Keller, R., Koehl, M.A.: **The mechanics of notochord elongation, straightening, and stiffening in the embryo of *Xenopus laevis***. *Development* 1990, **100**: 115-130.

Dzamba, B.J., Jakab, K.R., Marsden, M., Schwartz, M.A., DeSimone, D.W.: **Cadherin adhesion, tissue tension, and noncanonical Wnt signaling regulate fibronectin matrix organization**. *Dev. Cell.* 2009, **16**: 421-432.

Goto, T., Davidson, L., Asashima, M., Keller, R.: **Planar cell polarity genes regulate polarized extracellular matrix deposition during frog gastrulation**. *Curr. Biol.* 2005, **15**: 787-793.

Heisenberg, C.P., Solnica-Krezel, L.: **Back and forth between cell fate specification and movement during vertebrate gastrulation**. *Curr. Opin. Genet. Dev.* 2008, **18**: 311-316.

Keller, R.: **Cell migration during gastrulation**. *Curr. Opin. Cell Biol.* 2005, **17**: 533-541.

Keller, R., Cooper, M.S., D'Anilchik, M., Tibbetts, P., Wilson, P.A.: **Cell intercalation during notochord development in *Xenopus laevis*.** *J. Exp. Zool.* 1989, **251**: 134–154.

Keller, R., Davidson, L.A., Shook, D.R.: **How we are shaped: the biomechanics of gastrulation**. *Differentiation* 2003, **71**: 171–205.

Montero, J.A., Carvalho, L., Wilsch-Brauninger, M., Kilian, B., Mustafa, C., Heisenberg, C.P.: **Shield formation at the onset of zebrafish gastrulation**. *Development* 2005, **132**: 1187–1198.

Montero, J.A., Heisenberg, C.P.: **Gastrulation dynamics: cells move into focus**. *Trends Cell Biol.* 2004, **14**: 620–627.

Ninomiya, H., Winklbauer, R.: **Epithelial coating controls mesenchymal shape change through tissue-positioning effects and reduction of surface-minimizing tension**. *Nat. Cell Biol.* 2008, **10**: 61–69.

Shih, J., Keller, R.: **Gastrulation in *Xenopus laevis*: involution-a current view**. *Dev. Biol.* 1994, **5**: 85–90.

Voiculescu, O., Bertocchini, F., Wolpert, L., Keller, R.E., Stern, C.D.: **The amniote primitive streak is defined by epithelial cell intercalation before gastrulation**. *Nature* 2007, **449**: 1049–1052.

Wacker, S., Grimm, K., Joos, T., Winklbauer, R.: **Development and control of tissue separation at gastrulation in *Xenopus***. *Dev. Biol.* 2000, **224**: 428–439.

Wallingford, J.B., Fraser, S.E., Harland, R.M.: **Convergent extension: the molecular control of polarized cell movement during embryonic development**. *Dev. Cell* 2002, **2**: 695–706.

Box 8C 収斂（コンバージェント）伸長

Keller, R., Davidson, L., Edlund, A., Elul, T., Ezin, M., Shook, D., Skoglund, P.: **Mechanisms of convergence and extension by cell intercalation**. *Proc R. Soc. Lond. B* 2000, **355**: 897–922.

Ninomiya, H., Elinson, R.P., Winklbauer, R.: **Antero-posterior tissue polarity links mesoderm convergent extension to axial patterning**. *Nature* 2004, **430**: 364–367.

Simons, M., Mlodzik, M.: **Planar cell polarity signaling: from fly development to human disease**. *Annu. Rev. Genet.* 2008, **42**: 517–540.

Torban, E., Kor, C., Gros, P.: **Van Gogh-like2 (Strabismus) and its role in planar cell polarity and convergent extension in vertebrates**. *Trends Genet.* **20**: 570–577.

Zallen, J.A.: **Planar polarity and tissue morphogenesis**. *Cell* 2007, **129**: 1051–1063.

8.12 神経管形成は，細胞の形状変化と収斂伸長により駆動される

Colas, J.F., Schoenwolf, G.C.: **Towards a cellular and molecular understanding of neurulation**. *Dev. Dyn.* 2001, **221**: 117–145.

Davidson, L.A., Keller, R.E.: **Neural tube closure in *Xenopus laevis* involves medial migration, directed protrusive activity, cell intercalation and convergent extension.** *Development* 1999, **126**: 4547–4556.

Greene, N.D.E., Stanier, P., Copp, A.J.: **Genetics of human neural tube defects**. *Hum. Mol. Genet.* 2009, **18**: R113–R129.

Haigo, S.L., Hildebrand, J.D., Harland, R.M., Wallingford, J.B.: **Shroom induces apical constriction and is required for hingepoint formation during neural tube closure**. *Curr. Biol.* 2003, **13**: 2125–2137.

Kibar, Z., Capra, V., Gros, P.: **Toward understanding the genetic basis of neural tube defects**. *Clin. Genet.* 2007, **71**: 295–310.

Rolo, A., Skoglund, P., Keller, R.: **Morphogenetic movements during neural tube closure in *Xenopus* require myosin IIB.** *Dev. Biol.* 2009, **327**: 327–338.

Torban, E., Patenaude, A.M., Leclerc, S., Rakowiecki, S., Gauthier, S., Andelfinger, G., Epstein, D.J., Gros, P.: **Genetic interaction between members of the Vangl family causes neural tube defects in mice.** *Proc. Natl. Acad. Sci. USA* 2008, **105**: 3449–3454.

Wallingford, J.B., Harland, R.M.: **Neural tube closure requires Dishevelled-dependent convergent extension of the midline**. *Development* 2002, **129**: 5815–5825.

8.13 神経堤の移動は，周囲組織からのキュー（手がかり）によって制御される

Bronner-Fraser, M.: **Mechanisms of neural crest migration**. *Bio-Essays* 1993, **15**: 221–230.

Holder, N., Klein, R.: **Eph receptors and ephrins: effectors of morphogenesis**. *Development* 1999, **126**: 2033–2044.

Kuan, C.Y., Tannahill, D., Cook, G.M., Keynes, R.J.: **Somite polarity and segmental patterning of the peripheral nervous system**. *Mech. Dev.* 2004, **121**: 1055–1068.

Kuriyama, S., Mayor, R.: **Molecular analysis of neural crest migration**. *Philos. Trans. R. Soc. Lond. B Biol. Sci.* 2008, **363**: 1349–1362.

Nagawa, S., Takeichi, M.: **Neural crest emigration from the neural tube depends on regulated cadherin expression**. *Development* 1998, **125**: 2963–2971.

Poliakoff, A., Cotrina, M., Wilkinson, D.G.: **Diverse roles of Eph receptors and ephrins in the regulation of cell migration and tissue assembly**. *Dev. Cell* 2004, **7**: 465–480.

Thevenean, E., Marchant, L., Kuriyama, S., Gull, M., Moeppo, B., Parsons, M., Mayor, R.: **Collective chemotaxis requires contactdependent cell polarity**. *Dev. Cell* 2010, **19**: 39–53.

Tucker, R.P.: **Neural crest cells: a model for invasive behavior**. *Int. J. Biochem. Cell Biol.* 2004, **36**: 173–177.

Xu, Q., Mellitzer, G., Wilkinson, D.G.: **Roles of Eph receptors and ephrins in segmental patterning**. *Proc. Roy. Soc. Lond. B* 2000, **353**: 993–1002.

8.14 脊索の後期伸長と硬度の強化は方向性膨張により生じる

Adams, D.S., Keller, R., Koehl, M.A.: **The mechanics of notochord elongation, straightening and stiffening in the embryo of *Xenopus laevis***. *Development* 1990, **110**: 115–130.

8.15 皮下組織細胞の円周方向の収縮が線虫胚を伸長させる

Priess, J.R., Hirsh, D.I.: ***Caenorhabditis elegans* morphogenesis: the role of the cytoskeleton in elongation of the embryo**. *Dev. Biol.* 1986, **117**: 156–173.

8.16 細胞肥大の方向は，植物の葉の形を決定する

Jackson, D.: **Designing leaves. Plant morphogenesis**. *Curr.*

Biol. 1996, **6**: 917–919.

Tsuge, T., Tsukaya, H., Uchimiya, H.: **Two independent and polarized processes of cell elongation regulate leaf blade expansion in *Arabidopsis thaliana* (L.) Heynh.** *Development* 1996, **122**: 1589–1600.

9

生殖細胞，受精，性決定

●生殖細胞の発生　●受精　●性決定

動物の胚は，精子と卵の融合によって形成された単一の受精卵から発生する。これまでの章で我々は主に，体細胞が発生し，三胚葉へ配置されることにより，動物のボディプランがどのように構築されていくかを学んだ。一方，受精卵は，次世代に遺伝子を伝える精子および卵を生み出す生殖系列細胞――生殖細胞――も形成する。本章で議論するように，動物において，機能的に成熟した精子や卵は成体で形成されるが，その最初の指定は発生の非常に早い時期に起こる。生殖細胞の重要な性質は，多くの細胞に分化する全能性を保持するということである。しかし，哺乳類の卵および精子には，ゲノムインプリンティングと呼ばれる特殊な機構により抑制されている遺伝子があるので，その発生における意義を議論する。胚発生は受精により開始される。ここではウニおよび哺乳類において，卵に侵入する精子が1つに制限される機構について議論する。この章ではまた，異なった種の生物がどのように性決定を行い，性染色体数の差を補正しているか，その機構に関しても議論を行う。

有性生殖を行う生物は，基本的に**生殖系列細胞［germline cell（生殖細胞 germ cell）］**と体細胞の区別がある（第1.2節参照）。前者は**配偶子（gamete）**――動物ではすなわち精子と卵――をつくり，体細胞は次世代への遺伝子の伝達には寄与しない。生殖細胞は，遺伝情報を保全し，次世代に伝えるための次の3つの重要な機能――生殖系列における遺伝情報の老化の防止，遺伝的多様性の形成，遺伝情報の次世代への伝達――を持つ。

これまで我々は，主にモデル生物における体細胞の発生をみてきたが，多くの動物や植物の生物学的研究が生殖や性分化に注がれてきたのは驚くべきことではない。本章では主に，マウス，ショウジョウバエ，そして線虫における生殖細胞の形成，受精，そして性決定機構に関してみていくことにする。生殖細胞は次世代を生み出す細胞であるので，その発生は極めて重要であり，動物の発生過程においては発生の非常に早い段階に，体細胞とは別に指定される。植物は有性生殖を行うが，動物と異なり生殖細胞の指定は発生初期には起こらず，花の形成過程で起こる（第7章参照）。ヒドラのような単純な構造を持つ刺胞動物が酵母のような無性生殖を行うことや，カメ等のある種の脊椎動物の卵が受精なしに単為発生することも重要な知見である。

まず本章では，動物の初期発生過程でどのように生殖細胞が指定されるか，そしてどのように卵や精子に分化するかを考察する。そして実際に精子と卵がどのように受精（fertilization）して活性化され，発生を開始するかをみる。最後に，どのように雄と雌が異なるものになるのかという性決定（sex determination）に関して学ぶ。本章で扱うすべての動物において，性は性染色体（sex chromosome）の数やその種類により遺伝的に決定される。雄と雌の胚は最初は全く同様に発生し，性の違いは性染色体にのっている性決定遺伝子の活性の結果として初めて現れる。

生殖細胞の発生

非常に単純な動物を除くほとんどの動物で，生殖系列細胞が次世代を生み出す唯一の細胞である。ゆえに，最終的には死んでしまう体細胞と異なり，生殖細胞はある意味では個体よりも長生きする。したがって，非常に特殊な細胞ともいえる。生殖細胞の分化の結果，雄性配偶子（精子）または雌性配偶子（卵）が形成される。特に卵は，究極的に個体のすべての細胞を生み出すことのできる驚くべき細胞である。受精後，胚発生の過程で母体から栄養の得られない種においては，精子は染色体と中心体のみしか与えないため，発生過程で必要なすべてを卵が供給する必要がある。

動物の生殖細胞は，体細胞と異なり発生の初期過程であまり分裂しない。後に生殖細胞は減数分裂（meiosis）を行い，半数体の染色体を持つ配偶子を生み出す。したがって減数分裂で半減した染色体数は，2つの配偶子が接合体になる受精に際して，二倍体構成を回復することになる。もし生殖細胞の形成で減数分裂を行わないと，染色体の数は各世代の体細胞において常に倍加していくことになる。

生殖細胞は，生殖巣（gonad）と呼ばれる特殊な器官［雌では卵巣（ovary），雄では精巣（testis）］で減数分裂し，卵あるいは精子に分化する。しかしショウジョウバエおよび脊椎動物を含む多くの動物では，生殖細胞は将来の生殖巣とは全く異なった場所で指定され，そこから移動して生殖巣に入っていく。生殖系列細胞が最初に指定され，生殖巣に入るまでの生殖細胞前駆体は，始原生殖細胞（primordial germ cell）と呼ばれる。多くの動物で，始原生殖細胞は体細胞の発生運命を決定する誘導シグナルから守られた場所で分化し，体細胞分化プログラムが停止状態におかれる。例えば線虫の始原生殖細胞では，転写が大規模に抑制されている証拠が得られている。他の種の生殖系列では，突然変異を抑制し，遺伝情報を保全する別の機構が働くものもある。例えばショウジョウバエでは，挿入変異をもたらす原因となるゲノム中のトランスポゾンの移動が，piRNA（Piwi-interacting RNA）と呼ばれる小さなRNAの関与するRNAサイレンシング機構により抑制されている。

哺乳類以外の動物の中には，卵の中にある細胞質因子により生殖細胞が非常に初期に指定されるものがある。まずはこのような例，すなわち卵の中に既に存在する特殊な細胞質——生殖質（germ plasm）——による始原生殖細胞の指定に関して論じよう。

9.1 生殖細胞の発生運命が，卵の中にある特殊な生殖質によって指定される場合

ハエ，線虫，魚類そしてカエルにおいては，卵の中に局在する因子が生殖細胞の指定に関与する。最も明瞭な例はショウジョウバエに見られる。始原生殖細胞は，細胞膜の形成により体細胞の細胞化が起こる1時間以上前の受精後約90分に，卵の後端に極細胞（pole cell）として認識できる（図2.2参照）。胚の後極の細胞質

は極細胞質（pole plasm）と呼ばれ，タンパク質とRNAを含む大きな細胞小器官である極顆粒が判別できる。2つの重要な実験が，後方の細胞質の特殊性を証明した。まず，卵の後端をUV照射すると，体細胞に影響はないが極細胞質の活性が失われ，生殖細胞が発生しないということである。次に，極細胞質を他の卵の前方に移植すると，極細胞質によって取り囲まれた核が生殖細胞の核として指定されることである（図9.1）。そして，もしこの細胞を第3の胚の後極に移植すると，それらの細胞は機能を持つ生殖細胞として分化する。

第2章で我々は，ショウジョウバエの卵の軸が卵巣の濾胞細胞によってどのように指定され，BicoidやNanosのようなタンパク質のmRNAがどのようにして卵に局在するかをみてきた（第2.14節参照）。極細胞質も同様に，濾胞細胞によって卵の後極に局在するようになる。いくつかの母性遺伝子もまた，ショウジョウバエの極細胞質の形成に関与している。少なくとも8個の遺伝子でいずれかがホモ変異体になると，“孫なし”の表現型を示す。すなわち，この変異体の子孫は極細胞質を欠損するため，見た目には正常な個体発生を行うが，生殖細胞の欠損により不妊になる。それら8個の遺伝子の1つに，極細胞質，あるいはその形成に関わる遺伝子の凝集や構成に中心的機能を果たす*oskar*がある。そして*oskar*は，そのmRNAが後極に局在している唯一の遺伝子である。その局在に必要なシグナルは，mRNAの3′非翻訳領域にある。Staufenタンパク質が*oskar* mRNAの局在に必要であり，これは前後軸に沿って配置されている微小管と*oskar* mRNAの連結に関与している可能性がある（第2.14節参照）。もし*oskar*の3′局在化シグナルコード領域を，*bicoid*の3′局在化シグナルと変換した遺伝子を持ったトランスジェニックのハエを作製すると，*oskar* mRNAは卵の前極に局在するようになる（図9.2）。

線虫において，生殖細胞系列は4回目の卵割後に確立し，P_4割球由来の細胞から生じる（第6.1節参照）。P_4細胞は，P_1細胞の3回の幹細胞的分裂から生じる。すなわち，それぞれの分割において一方の娘細胞は体細胞を生じ，もう1つの細胞は再び分裂したあと体細胞とP細胞を生じる。卵はP顆粒を含んでいるが，これは卵割の際に不等分配され，結果としてP細胞系譜にのみ受け継がれる（図9.3参照）。P顆粒と生殖細胞系列との関連は，それらP顆粒が生殖細胞の指定に関与することを示唆しており，少なくともP顆粒の構成成分である*pgl-1*遺伝子の産物は，生殖細胞の形成に必須であることが示されている。PGL-1タンパク質はmRNAの代謝を制御することにより，生殖細胞の指定を行っている可能性がある。

ハエおよび線虫の両者において，転写の抑制は生殖細胞の指定に必須である。線虫では，*pie-1*がP割球の幹細胞様の特性の維持に関係している。これは核タンパク質をコードする母性因子で，P顆粒の構成成分ではない。しかしPIE-1タンパク質は生殖系列の割球にのみ存在し，およそ100細胞期になりなくなるまで，新たな胚性遺伝子の転写を抑制する機能がある。この抑制機構が，体細胞への分化を促す転写因子の働きから生殖細胞を守っているのかもしれない。胚における新たな転写がなくても，母性RNAから生殖細胞因子がつくられる。

アフリカツメガエルとゼブラフィッシュもまた生殖質を持っている。受精後のアフリカツメガエルの卵には，通常は卵黄に富んだ植物極において細胞質が凝集した卵黄の少ない部分がつくられる。植物極で卵割が起こるとき，この細胞質は不均等に分配され，将来生殖細胞を生み出す最も植物極側に位置する娘細胞にのみ受け継がれる。植物極へのUV照射は生殖細胞の形成を阻害するが，他の卵の植物極から取った細胞質を移植すると，生殖細胞形成能は回復する。原腸形成過程で生殖質は，将来内胚葉を形成する胞胚腔の底部に局在している。しかし，生殖質を含むそ

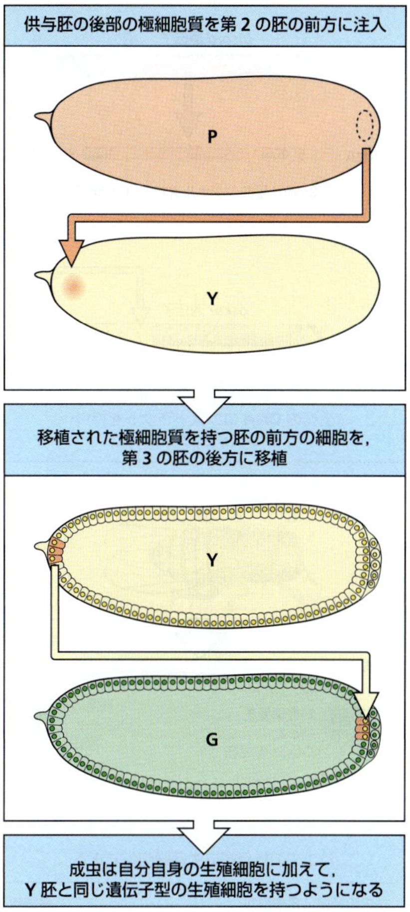

図9.1 ショウジョウバエでは，極細胞質の移植により，生殖細胞形成が誘導できる

遺伝子型P（ピンク）の受精卵から卵割初期段階の遺伝子型Y（黄）胚の前方に極細胞質を移植する。細胞化した後，胚Yの前方に誘導された極細胞質を含む細胞を，別の遺伝子型G（緑）の胚の後端（生殖細胞が将来の生殖巣へ移動を開始する場所）に移植する。胚Gから発生するハエは，Gの生殖細胞のみならず遺伝子型Yの生殖細胞を持つ。

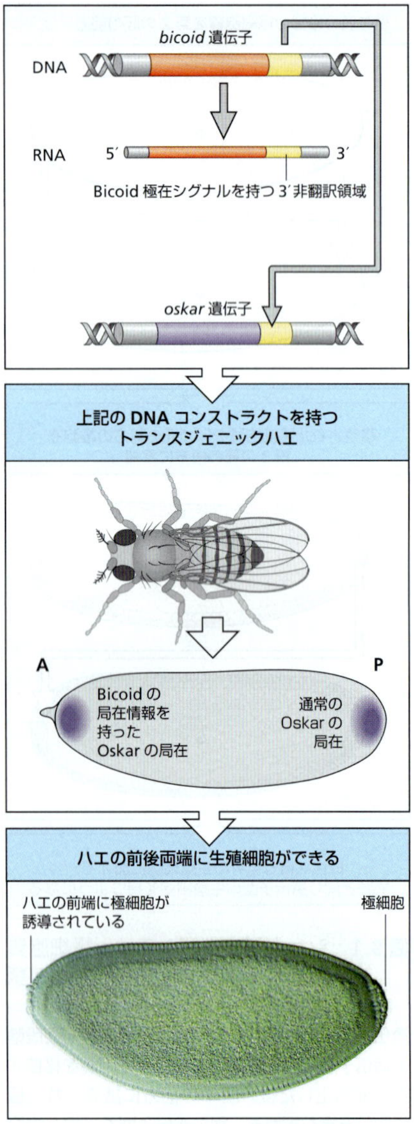

図 9.2 ***oskar* 遺伝子はショウジョウバエの生殖質の指定に関与する**
通常の卵では，*oskar* mRNA は胚の後端に局在し，一方 *bicoid* mRNA は前端に局在する。*bicoid* と *oskar* の mRNA の局在化のシグナルは，その 3′ 非翻訳領域にある。遺伝子操作により，*oskar* の局在化シグナルを *bicoid* のものに置き換え（一番上のパネル），その遺伝子を持つトランスジェニックのハエをつくることができる。その卵では，*oskar* が前端に局在するようになる（中央のパネル）。それゆえ，卵は前端と後端に *oskar* の mRNA を持ち，生殖細胞が両端で形成される（一番下のパネル）。このように *oskar* は，単独で生殖細胞の指定を開始させることができる。
写真は R. Lehmann 氏の厚意による

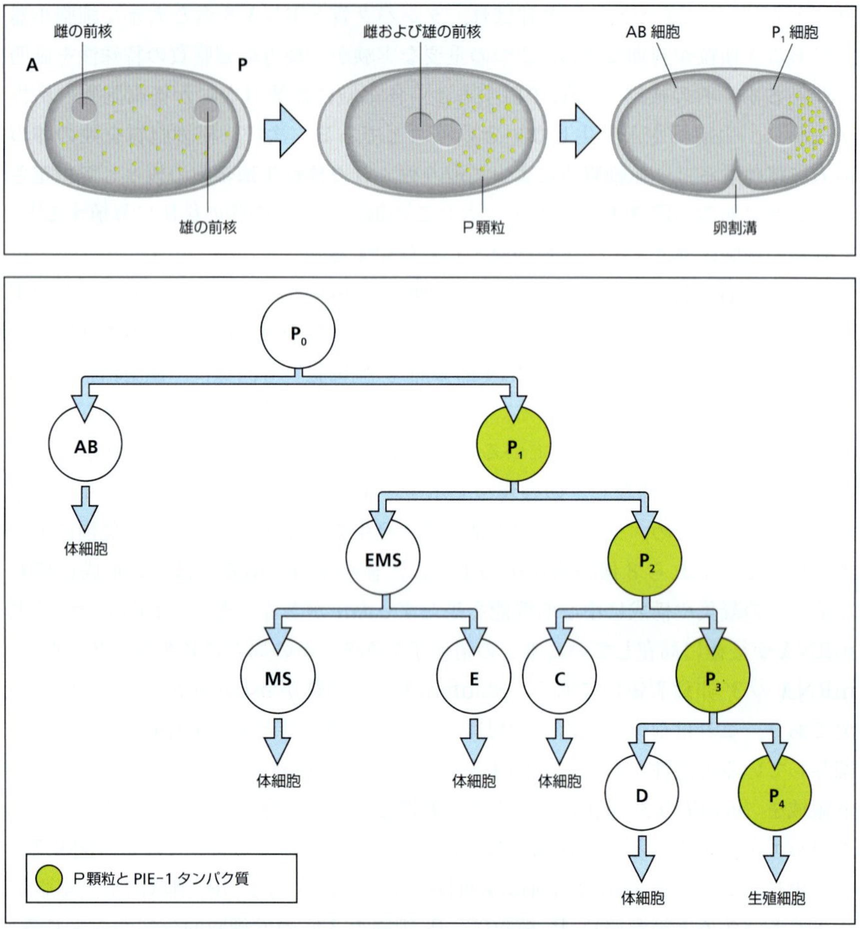

図 9.3 **線虫卵の卵割の際，P 顆粒と PIE-1 タンパク質は非対称的に生殖細胞に分配される**
受精する前には，P 顆粒は卵全体に分布している。受精した後，P 顆粒は卵の後端に局在する。最初の卵割時にそれらは P_1 細胞に入り（上段パネル），その後も P 細胞系列のみに受け継がれる。PIE-1 タンパク質は，P 細胞にのみ存在する。すべての生殖細胞は 4 回目の分裂で形成される P_4 から生じる。

れらの細胞はまだ生殖細胞になる決定は受けておらず，胚の他の場所に移植すると，どのような細胞にもなりうる。原腸形成の終了時には始原生殖細胞は決定されており，予定内胚葉から移動して，腹腔を裏打ちする中胚葉から発生して将来生殖巣を形成する**生殖堤［生殖隆起（genital ridge）］**へと移動していく。しかしながら，両生類の中でも生殖細胞の起源に関してはかなり大きな違いがある。イモリなどの有尾両生類では生殖質の細胞質局在の証拠はなく，生殖細胞は側板中胚葉に由来する。このような差異の進化的意義に関しては不明である。

ゼブラフィッシュでは，多くの母性 mRNA を含む生殖質は，受精卵のいくつかの場所に散らばって存在しており，最初の何回かの分裂のときに，卵割溝の末端部に局在するようになる。その運命は，母性 RNA の 1 つである *vasa* を指標にして初期発生の間，追うことができる（**図 9.4**）。32 細胞期までに，生殖質は 4 つの細胞に局在するようになる。それらの細胞はその後不等分裂を続けるが，生殖質はどちらかの娘細胞にしか受け継がれず，512 細胞期になってもたった 4 個の細胞しか生殖系列にのっていない。胞胚期の胚（受精後約 3.8 時間）になると生殖質はそれぞれの細胞全体に拡散し，細胞は等分裂を開始して約 30 個の始原生殖細胞をつくり，それらは将来の精巣あるいは卵巣へと移動する。

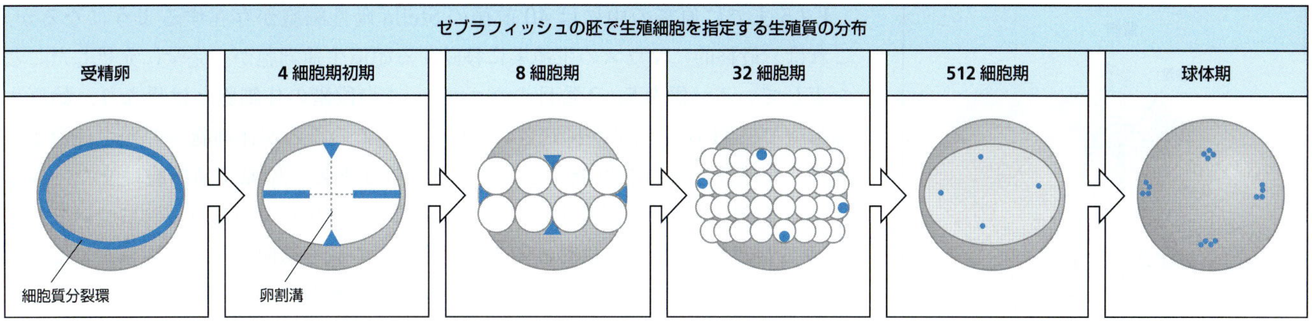

図 9.4 ゼブラフィッシュ胚の卵割時における生殖質の分布
動物極からの鳥瞰図。母性 *vasa* mRNA（青）が生殖質のマーカーである。*vasa* mRNA は 1 回目と 2 回目の分裂のときには卵割溝に局在する。分列が完了するころには *vasa* mRNA は密着した塊として分列溝の端で卵黄の細胞膜の下に位置するようになる。32 細胞期には，凝集体は隣接する 4 つの細胞へと分配される。その後も非対称的に分配され，512 細胞期の段階で遠く離れた 4 つの細胞が生殖質を持つことになる。球体期で（卵割サイクル 13）*vasa* mRNA は均等に細胞全体に分布し，その後の細胞分裂で，合計約 30 個の始原生殖細胞が 4 か所に分布することになる。
Pelegri, F.: 2003 より改変

9.2 哺乳類の生殖細胞は，発生過程で細胞間相互作用により誘導される

マウスを含む哺乳類やニワトリにおいては，生殖質が存在する証拠はない。実際には，いくつかのモデル生物には生殖質が存在するが，動物における生殖細胞の指定機構としては一般的ではないようである。マウスにおける生殖細胞の指定には細胞間相互作用が関与する。これは内部細胞塊に注入した ES 細胞から体細胞と生殖細胞の両者が生じることからも明らかである（**図 3.34** 参照）。哺乳類の生殖細胞は，かつてはアルカリホスファターゼの高い活性を指標として，組織染色によって同定されていた。現在では生殖細胞の指定に関与する遺伝子が同定されており，それらの発現を検出することで，もっと初期に始原生殖細胞を同定することが可能になった。

マウスで最も初期に識別できる始原生殖細胞は，原腸形成が始まる直前に近位エピブラストで同定される。それらは，体細胞発生プログラムに関連する遺伝子を特異的に抑制すると考えられている転写抑制タンパク質の Blimp1 を発現する，6 ～ 8 個の細胞からなるクラスターを形成する。Blimp1 を発現する細胞は最初，E6.25 の近位エピブラスト，すなわち細胞移動の後には原条の後端部分に近接することになる，将来の胚体外中胚葉領域で見ることができる（**図 9.5**）。Blimp1 陽性細胞は増殖し，隣接する体細胞と生殖細胞との境界を定めることを助ける膜タンパク質の Fragilis や，生殖細胞系譜を特徴づけるタンパク質の Stella を発現する。

図 9.5 マウスの生殖細胞形成
最初のパネル：少数の始原生殖細胞（白）は，受精後 6.25 日（E6.25）の近位エピブラストにおいて，Blimp1 発現細胞として検出可能となる。2 番目のパネル：原腸形成期，これらの細胞およびそれらを囲む将来の胚体外中胚葉は，胚後端の原条の上部に移動し，そこで始原生殖細胞は生殖細胞系譜特異的遺伝子 *stella* の発現を開始する。E7.25 までに，約 40 個の始原生殖細胞（オレンジ色）が原条に形成される。3 番目のパネル：E8.5 前後に，始原生殖細胞は生殖腺への移動を開始する。

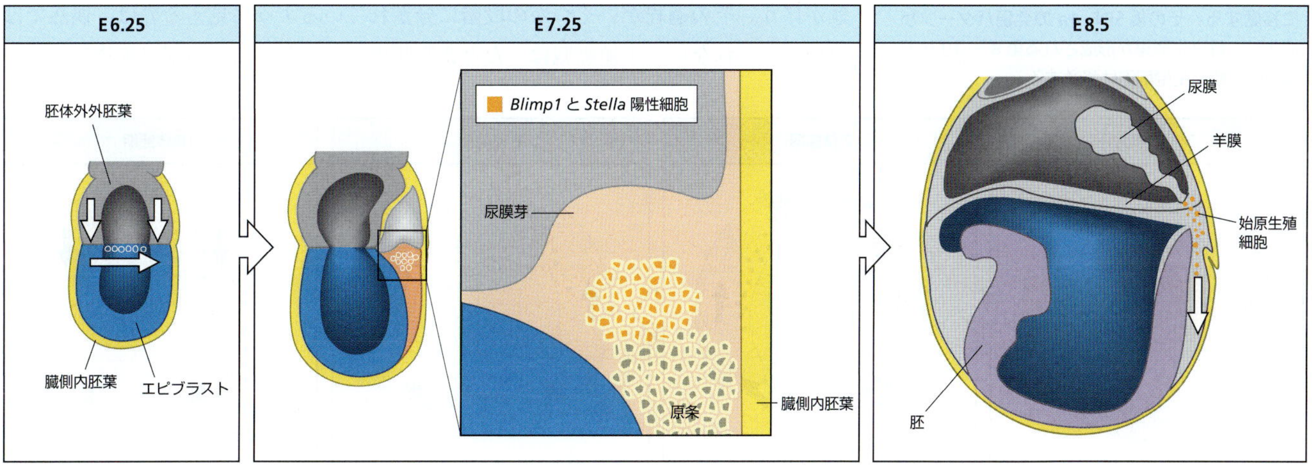

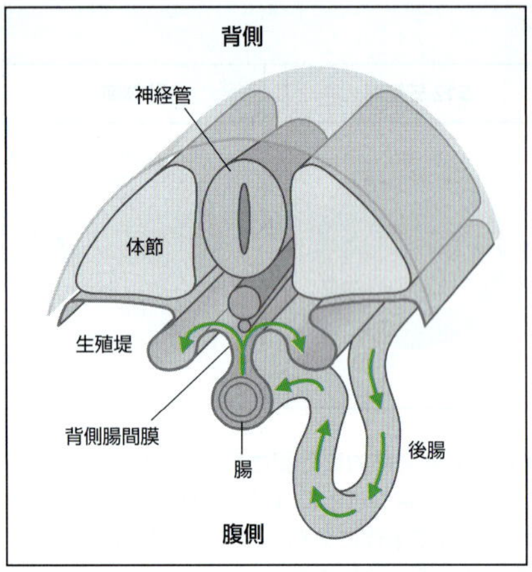

図 9.6 マウス胚における始原生殖細胞の移動経路
移動の最終段階で生殖細胞は腸管から出て，腸間膜を経て生殖堤に入る。
Wylie, C.C., et al.: 1993 より

E7.5 までに原条の中には 40 前後の Stella 陽性細胞が存在するようになるが，これは，最終的にマウスの生殖巣に移動する始原生殖細胞が，完全に充足したことを表している（**図 9.5**，3 番目のパネル）。この段階の体細胞とは異なり，始原生殖細胞では Hox 遺伝子が抑制されているが，このことが体細胞への発生運命から逃れ，全能性の維持を可能にしている可能性がある。始原生殖細胞はまた，幹細胞での多能性の維持に関連する転写因子 Oct4 を発現している（これについては第 10 章で後述する）。ヒトにおける生殖細胞確立の最も初期の事象は明らかになっていない。しかし，ヒト胚発生 4 週目において生殖細胞の移動が報告されている。

9.3 生殖細胞は形成された場所から生殖巣へ移動する

多くの動物で始原生殖細胞は，精子や卵に実際に分化する場所である生殖巣とは離れた場所でつくられる。この理由はよくわかっていないが，このことは，発生過程でボディプランに沿って起こる基本的な体細胞の構造変化に生殖細胞が巻き込まれないようにする機構，あるいは最も健康な――すなわち細胞移動に生き残った――生殖細胞を選別する機構であるのかもしれない。始原生殖細胞の移動経路は環境によって制御されている。例えばアフリカツメガエルでは，胞胚期に始原生殖細胞を別の場所に移植すると，生殖巣に移動できなくなる。

脊椎動物の生殖巣は，生殖堤と呼ばれる腹腔を裏打ちする中胚葉から発生する。アフリカツメガエルでは，始原生殖細胞は胞胚腔の底部に由来し，腸と生殖堤をつないでいる細胞層に沿って将来の生殖巣へと移動する。ほんのわずかの細胞がこの旅を開始するが，到着までに 3 回の分裂を行うので，約 30 個の生殖細胞が生殖巣に入る（ゼブラフィッシュとだいたい同じ数である）。一方マウスでは，初期胚に原腸の後端で形成された約 40 個の細胞が生殖堤に到達するころには，約 8000 個にまで増えている（**図 9.5**）。マウスでは，始原生殖細胞は後腸に入り，背側の壁を通って生殖堤に到達する（**図 9.6**）。

ニワトリ胚ではその移動形態は異なる。生殖細胞は胚盤葉上層から生じ，胚の頭側の末端部に移動する。その多くは血流に乗って移動し，後腸で血管から出て上皮層を移動して最終目的地である生殖巣に入る。

ゼブラフィッシュでは，始原生殖細胞の小さな塊が胚軸に対して 4 つの離れた場所で指定される（**図 9.4**）。それらの細胞は，受精の約 6 時間後には体節の 1～3 レベルの両脇に 2 本の線状に並び，約 12 時間後には最終的な位置である体節 8～10 レベルに達し，そこで体細胞に囲まれて生殖巣を形成する（**図 9.7**）。ゼブラフィッシュの始原生殖細胞は，4 か所の離れた場所に由来するので，その旅には困難が伴う。その過程がいくつかの段階に分かれているように見えるのは，偶然ではないかもしれない。生殖細胞は，たとえ胞胚中期に同じ時期の頭部（動物極）に移

図 9.7 ゼブラフィッシュの始原生殖細胞は 2 段階を経て，生殖巣へ移動する
図は胚を背側から観察したものである。誘引物質である SDF-1a（黄）は，最初は始原生殖細胞（青）が形成される場所を含む広い範囲で発現している（**図 9.4** 参照）。始原生殖細胞は SDF-1a の濃度のもっとも高いところ，最初は第 1 体節あたりに移動する。その後 SDF-1a の発現パターンが変化し，将来生殖巣が形成される第 8 ～ 10 体節領域へと始原生殖細胞は移動する。

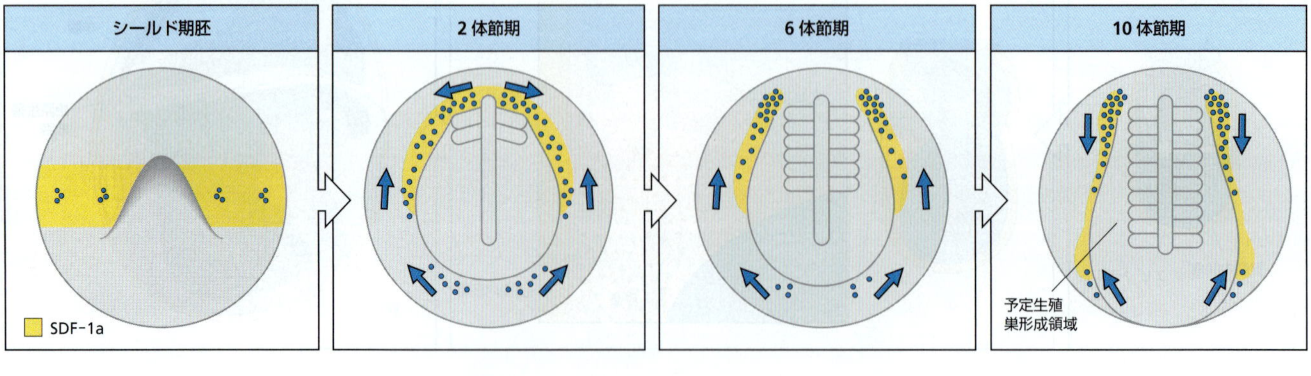

植されても，生殖巣への道を見つけることができる。

9.4 生殖細胞は化学的なシグナルによって最終到達地までガイドされる

すべての移動中の生殖細胞は，周囲の細胞から常に，移動のガイダンス・生存・増殖に必要なシグナルを受けている。その中のいくつかの分子は同定されており，もしそのような分子がないと，生殖細胞は欠損あるいはその数が著しく減少する。ゼブラフィッシュおよびマウスに共通な主なガイダンスキューは，化学誘引物質であるタンパク質SDF-1である。ゼブラフィッシュでは，SDF-1は移動経路の細胞から細胞外マトリックスへと分泌され，多くの異なった場所に由来する生殖細胞を最終目的地へと誘導する遠隔誘引分子として機能する（図9.7）。SDF-1発現の空間的分布を変化させるような変異体では，生殖細胞の移動パターンも変化する。また，SDF-1，あるいは生殖細胞に発現しているその受容体であるCXCR4をアンチセンスRNAでノックダウンすると，移動が阻害される。

マウスでは，始原生殖細胞は原条から前方に移動して後腸に入っていくが，それらの細胞は生殖堤に達すると腸から外にでてくる（図9.6）。マウスにおいてのSDF-1は，生殖細胞の旅の最終段階におけるガイダンスキューとして機能するようである。というのも，SDF-1あるいはその受容体を欠損するマウスでは，生殖細胞は後腸からでていかないのである。また同様に，移動中の生殖細胞の細胞表面に発現しているKitおよび移動経路の組織から産生されるリガンドSteelタンパク質は，ガイダンスというよりむしろ生殖細胞の生存や増殖に必要なようである。SDF-1やCXCR4は発生中の胚のみならず，多くの浸潤性のヒトの腫瘍でも発現しており，腫瘍細胞の体内での拡大に加担しているようである。

ショウジョウバエでは，始原生殖細胞は胚の後部の中腸に隣り合った部分で形成され，原腸の形成にあたって腸の前駆細胞と行動を共にする。その後，中腸の背側を通り中胚葉と混ざり合い，一緒に生殖巣を形成していく。生殖細胞の移動に影響を与える変異体のスクリーニングにより，細胞の挙動に必要ないくつかの遺伝子が同定された。その中で *wunen* という遺伝子の機能が明らかにされた。この遺伝子は，生殖細胞が生殖巣を形成する中胚葉に達する前に分散してしまわないように機能するらしい。また，将来の生殖巣におけるHMG-CoA還元酵素の発現が，生殖細胞を引き寄せるのに必要であることがわかった。しかし，この酵素が何らかの誘引物質の産生に関わっているのか，あるいはそれ以外の機能を持つのかは，まだわかっていない。

9.5 生殖細胞の分化は減数分裂による染色体の半減に関与する

2つの染色体コピーを持つ二倍体（diploid）の体細胞と異なり，精子および卵は半数体（haploid）である。したがって，受精によって二倍体の染色体に戻る。前節で述べた始原生殖細胞は二倍体である。よって生殖細胞は生殖巣に入ったあと，染色体の数を半分にする減数分裂を行わなければならない（図9.8）。減数分裂は

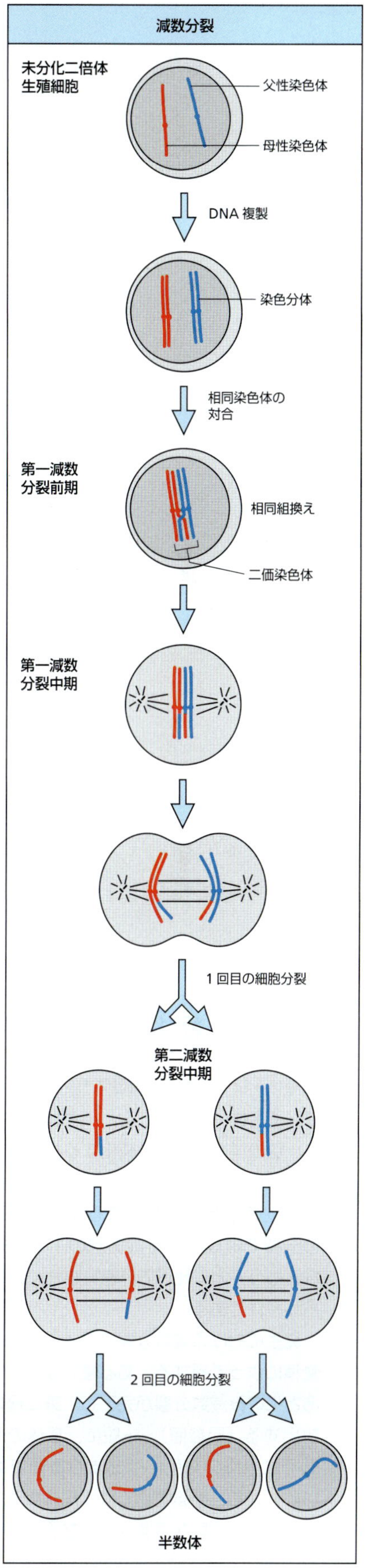

図 9.8　減数分裂が半数体細胞をつくる
減数分裂では染色体の数を二倍体から半数に減らすことができる。単純化のためにここには1組の相同染色体のみを示す。減数分裂前にDNAは複製し，減数分裂に入る染色体は，2つの同一の染色分体から構成される。ペアの相同染色体（二価染色体として知られている）は相同組換えを行い，第一減数分裂の中期で紡錘体上に並ぶ。相同染色体はその後分離し，第一分裂でそれぞれが娘細胞へ分配される。第二減数分裂の前にDNAの複製はない。それぞれの染色体の娘染色分体が第二の細胞分裂で分離する。その結果，娘細胞の染色体数は半分になる。

2 回の細胞分裂によって構成される。染色体は最初の分裂の前に複製するが，2 回目の分裂の際には複製しない。よって，染色体の数は半減する。減数分裂のときの細胞は不等分裂により，**極体（polar body）**と呼ばれる小さな細胞を生じることがある（**Box 9A**）。

第一減数分裂前期に，複製した相同染色体は対合し，相同染色体間で対応する DNA 配列が交換される**組換え（recombination）**を行う（**図 9.8**）。相同染色体は多くの遺伝子に関して違い――異なる**アレル（allele）**――を持ち，組換えにより新しいアレルの組合せが生じる。したがって，減数分裂は親と異なった多くの新しい遺伝子座を生み出し，受精によってどちらの親とも異なった遺伝子を持つ個体を生み出すことになる。我々は，親に似てはいても決して同じではない。減数分裂は，ヒトを含めた有性生殖を行う多くの脊椎動物において，多様性を生み出す主な原動力になる。

卵および精子はどちらも減数分裂を行うが，それぞれの性に従った異なった過程を経る。卵の発生は**卵形成（oogenesis）**として知られ，その主なステージを**図 9.9** の左パネルに示した。哺乳類では，生殖細胞は生殖巣への移動中にはあまり体細胞分裂は行わない。発生中の二倍体の卵は**卵原細胞（oogonia）**と呼ばれ，卵巣に入ったあと多少分裂する。減数分裂に入った後は，**第一卵母細胞（primary oocyte）**と呼ばれる。卵巣において個々の卵は，**濾胞細胞（follicle）**と呼ばれる体細胞に囲まれる。哺乳類の第一卵母細胞は胎生期に減数分裂に入るが，相同染色体が対合し組換えを起こした第一減数分裂の前期の状態で停止する（**図 9.8**）。この停止状態は，G タンパク質共役受容体を介したシグナル系の下流で，卵母細胞内の cAMP の濃度が高くなることによる。第一減数分裂は個体が成熟して排卵が起こるまで完了せず，第二減数分裂は受精後に起こる。

卵母細胞は減数分裂に入った後は決して再び増殖しない。したがって，基本的に胚で形成された卵母細胞の数が，哺乳類の雌が持つ最大数であると考えられている。ヒトでは，多くの卵母細胞は思春期になる前に失われ，最初にあった 600 ～ 700 万個のうち 40 万個ぐらいしか残らない。この数も加齢とともに減少し，30 代

Box 9A 極体

極体とは，減数分裂過程で卵母細胞が卵になるときに形成される，小さな細胞である。この模式図では単純化するため，一対の染色体しか描かれていない。減数分裂では 2 回の細胞分裂が起こるが，それぞれの分裂で形成される娘細胞の 1 つは卵になるもう一方に比べて非常に小さく，これらが極体である。

発生における減数分裂のタイミングは動物種によって異なる。ある種では受精したあとにのみ減数分裂が完了し，第二極体を放出する（図参照）。一般に，極体の形成はそれ以降の発生にはあまり重要ではない。しかし，ある動物では，極体が形成される場所が胚軸を示す目印になる。

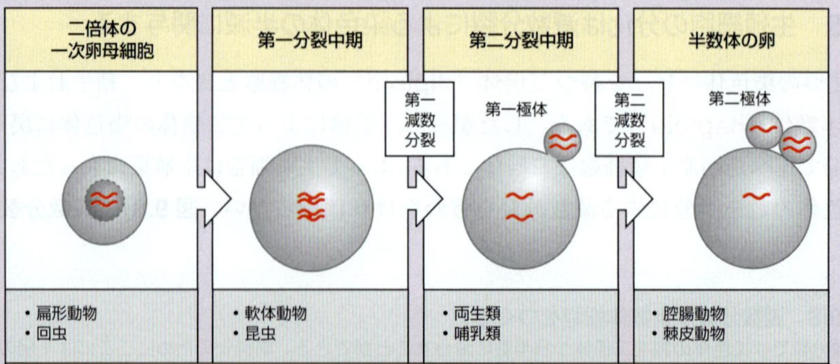

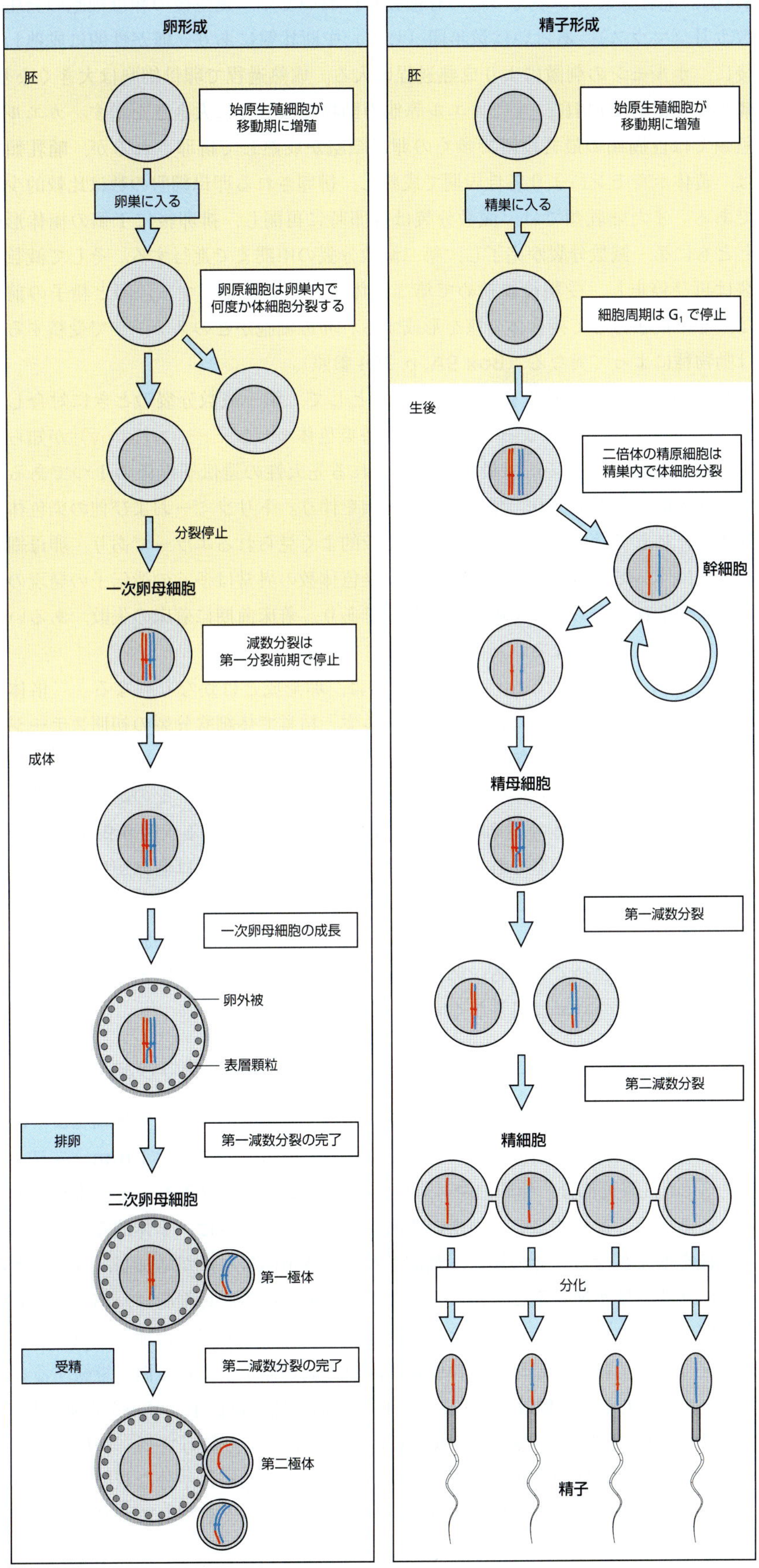

図 9.9　哺乳類における卵形成と精子形成
左パネル：将来卵母細胞を形成する生殖細胞が卵巣に入ったあと，それらは体細胞分裂を数回行い，その後，減数分裂の前期に入る。そして，それ以上は細胞増殖しない。その後の発生は，性的に成熟した雌の胎内で起こる。その間に細胞体は約 10 倍に成長し，卵の外側には卵外被，卵母細胞の細胞膜直下には表層顆粒層が形成される。各性周期で，いくつかの濾胞細胞が成長し，続いて卵母細胞が成長し，成熟していくが，排卵されるのはそのうちわずかの卵で，それ以外のほとんどの卵母細胞は退化する。排卵された卵は卵巣の中でホルモンによって成熟するが，第二分裂中期でブロックされており，減数分裂は受精後に完了する。極体は減数分裂の結果として形成される（Box 9A, p. 354 参照）。右パネル：精子へと成長する生殖細胞は精巣に入ったあと，細胞周期の G_1 期で停止する。生後に生殖細胞は体細胞分裂を再開し，幹細胞の集団（精原細胞）を形成する。それらの細胞がその後減数分裂を行い，精子に分化していく。精子は永続的に形成される。

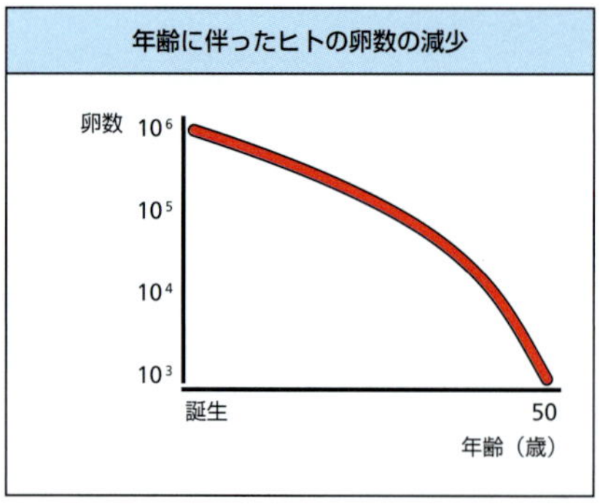

図 9.10 加齢によるヒトの卵の減少
グラフは加齢に伴うヒト卵巣内の卵数の減少を示す。ピークは胎児期で 600 ～ 700 万あるが，その後細胞死によって失われていく。思春期にはまだ 40 万ほど残っているが，女性の人生において排卵されるのは，わずか 400 ～ 500 個である。

の後期以降，そして閉経する 50 歳ぐらいまではさらに加速度的に失われる（**図 9.10**）。哺乳類および多くの他の脊椎動物においては，誕生後の卵母細胞の発生は数カ月（マウス），あるいは数年間（ヒト）中断状態にあり，雌が性的に成熟した後に，ホルモンの刺激により成熟過程に入る。成熟過程で卵母細胞は大きくなり，哺乳類では約 10 倍に，またカエル等他の動物ではさらに大きさを増す。カエルや魚類では性周期の最終段階で多くの卵母細胞が成熟して排卵されるが，哺乳類では，黄体ホルモンにより各性周期で成熟し，排卵される卵母細胞の数は比較的少数である。また哺乳類では，減数分裂は排卵時に再開し，排卵後に 1 個の極体形成とともに第一減数分裂が完了し，第二減数分裂の中期まで進行する。そして減数分裂は再び停止し，受精後に初めて第二極体を放出して完了する。卵と精子の前核は，その後融合して接合体の核を形成する。卵母細胞がどのステージで受精するかは動物種によって異なる（**Box 9A**, p. 354 参照）。

ヒト卵母細胞の減数分裂の主なエラーとして，第一減数分裂のときに対合した 21 番染色体の不分離によって起こる 21 番染色体トリソミー（trisomy）が知られている。このトリソミーは最もよく見られる先天性の遺伝子疾患の 1 つであるダウン症候群の原因であり，学習能力の欠損を伴う。トリソミーおよび他の染色体不分離は，ヒトでは精子に較べると卵で比較的よく見られるエラーであり，卵母細胞の老化に伴って指数関数的に増加する。染色体数の異常は多くの遺伝子の発現のバランスが乱れるため，多くの場合致死的であり，着床前期に着床の失敗，あるいは妊娠中に自然流産となる。

精子形成（spermatogenesis）の戦略は，卵形成とはかなり異なる。二倍体の雄性生殖細胞は胎生期には減数分裂に入らず，精巣で体細胞分裂の初期ステージで停止している。それらの細胞は生後に体細胞分裂を再開する。成熟した雄の精巣には精子幹細胞があり，その幹細胞は分化した精母細胞を生み，その細胞が減数分裂に入って 4 個の半数体の精細胞を生み，成熟した精子をつくる（**図 9.9**, 右パネル）。したがって，卵の数が限られている哺乳類の雌と異なり，雄は個体が生存する限り精子を形成し続ける。

ショウジョウバエにおいては，卵巣にも精巣にもそれぞれ幹細胞があるので，卵も精子も継続的につくられる。卵形成も幹細胞の分裂によって開始されるので（**図 2.16** 参照），雌のハエは限りなく卵をつくり続ける。

9.6 卵母細胞の形成には，遺伝子増幅や他の細胞の関与がある

卵のサイズは動物種によって大きく異なるが，すべてのケースで体細胞よりは大型である。典型的な卵の直径は，哺乳類で約 0.1 mm，カエルで 1 mm，ニワトリで約 3 cm（卵黄部分，卵の白身は細胞外物質）である（**図 3.2**）。そのような大きさになるには，進化的にいくつかの要因がある。ある場合は，全体的な遺伝子のコピー数を増大させる。その場合，翻訳されるべき mRNA 量が増加し，合成できるタンパク質の量が増えることによる。例えば脊椎動物の卵母細胞は，第一減数分裂の前期で分裂を停止している。そのため通常の二倍体に較べて倍加した遺伝子を持つことになる。転写や卵母細胞の成長は減数分裂が停止している間も継続する。

加えて，昆虫や両生類は，卵の成長に必要なある種の遺伝子コピーを過剰に持つ。両生類の卵母細胞の発生過程で rRNA 遺伝子は数百から数万コピーに増大し，卵母細胞の成長や初期の発生に必要なタンパク質合成のために十分な量のリボソームタンパク質を合成することになる。昆虫では，卵膜タンパク質であるコリオンをコードする遺伝子が，卵を取り囲む濾胞細胞で増幅する。

卵母細胞が持つ別の戦略として，他の細胞の合成活性に依存するという方法がある。昆虫では，卵母細胞の周りの保育細胞が多くの mRNA やタンパク質を合成し，卵母細胞に与える（図 2.16）。鳥類や両生類の卵黄タンパク質は肝臓でつくられ，血流を介して卵巣に運ばれる。そこでタンパク質はエンドサイトーシスによって卵母細胞に取り込まれて卵黄小板となる。卵黄タンパク質は線虫では腸で，ハエでは脂肪体でつくられ，卵母細胞に輸送される。両生類の卵では，卵母細胞は発生初期から極性を持ち，卵黄小板は植物極に蓄積される。初期発生を母性決定因子に依存する動物では，それら mRNA は母体で合成されて卵に運ばれ，卵の微小管の輸送によって適切な場所に局在するようになる。

9.7 卵の全能性を維持する細胞質因子

身体の多くの細胞のように，成熟した配偶子は，分化プログラムを経て特殊化された細胞である。第 10 章でさらに詳細に学ぶように，非常に稀な場合を除いて細胞分化には DNA の配列や量的な変異は伴わないが，かわりにエピジェネティック（epigenetic）な変化が起こる。これは，DNA や染色体タンパク質に化学的修飾を与えて染色体の構造を局所的に変化させ，その結果として他の遺伝子の活性に影響を与えないで，特定の遺伝子を選択的に不活性化する仕組みのことである。筋肉や神経のような体細胞は，ひとたび分化を完了すると二度と分裂しない。ところが，肝細胞や結合組織の線維芽細胞のように分裂能力を維持する細胞では，その細胞種に特異的なエピジェネティックな変化は分裂のたびに娘細胞に受け継がれる。ゆえにそれらの子孫細胞も，肝細胞，あるいは線維芽細胞となる。ひとたび分化を開始すると，それらの体細胞の分化能は制限され，まったく異なる細胞種，ましてや新しい個体をつくるのに必要なすべての細胞腫を生み出すことはできない。

分化した体細胞と異なり，成熟した配偶子は全能性を有し，その結果，受精後に一緒になった受精卵ゲノムは完全な個体の発生を導くことができる。卵には，卵のゲノムの全能性を維持する細胞質因子がある。このことは，未受精卵の細胞質に分化した体細胞の核を導入すると，その核がリプログラムされて全能性を回復し，完全な個体をつくる能力を発揮することによって証明されている。これが基盤となり，核移植によるクローン動物作製技術が確立された。第 10 章で紹介するように，この技術はカエルでまず確立され，マウスやいくつかの哺乳類ですでに成功をおさめている。

9.8 哺乳類では，胚発生を制御するいくつかの遺伝子が“インプリンティング”されている

哺乳類のクローン化は他の種より非常に困難であることがわかっているが，これはおそらくゲノムインプリンティング（genomic imprinting）という現象のせいである。これは，発生の過程で卵あるいは精子の特定の遺伝子がオフになり，そのオフの状態が初期発生過程でも維持される現象をいう。哺乳類におけるインプリンティングの証拠は，母性と父性のゲノムが胚発生に異なる寄与率を持つことが証明されたことによりもたらされた。

核移植によりマウス卵に 2 つの母性核，あるいは 2 つの父性核を持たせることができ，それらを発生させることができる。その結果発生した胚はそれぞれ，雄核発生（androgenetic）および雌核発生（gynogenetic）胚と呼ばれる。両方の胚は二倍体の染色体を持っているが，発生が異常になる。2 つの父性ゲノムを持つ胚はよく発達した胚体外組織を持つが，胚発生が異常になり，いくつかの体節を形

成したのち発生が停止する。対して，2つの母性ゲノムを持った胚は比較的正常な胚発生をするが，胎盤や，卵黄嚢などの胚体外組織の発生が未熟となる（**図9.11**）。これらの結果は，母性および父性由来の両方のゲノムが正常発生に必要であり，それぞれのゲノムは胚や胚体外組織の形成に異なった機能を持つことを示している。これが，哺乳類の場合で，未受精卵の活性化によって**単為発生（parthenogenesis）**を行わせることができない理由である。

これらの観察結果は，母性および父性のゲノムが生殖細胞の形成過程でエピジェネティックな修飾を受けているに違いないことを示唆している。これらのゲノムは同じ構成を持っている。しかしインプリンティングによって，卵および精子のある遺伝子がオン・オフの修飾を受け，発生過程を通じてそれらの遺伝子発現がオンあるいはオフになるのである。すなわちインプリンティングとは，遺伝子に，精子と卵のどちらに由来したかの“記憶”を与えることである。

インプリンティングは可逆的な過程である。これは重要で，なぜなら，次の世代にはどの染色体も，雄雌のどちらの生殖細胞にもなりうるからである。遺伝的に受け継いだインプリンティングはおそらく生殖細胞の形成過程の初期で消去され，後の生殖細胞分化の過程で新たに確立されなければならない。哺乳類のクローン化には，いろいろな体細胞からの核を移植に使用することができる。しかしそれらの核は生殖細胞の形成過程で起こる正常なリプログラミングやインプリンティングを受けていないはずである。これが多くのクローン胚での異常や，クローン化の失敗につながるものと考えられる。

インプリンティングされる遺伝子（インプリント遺伝子）は初期発生のみならず，発生過程の後期にも影響する。インプリント遺伝子が胚の成長に関与しているという証拠は，正常胚と雄核発生あるいは雌核発生胚とを組合せて行ったキメラ解析によってもたらされた。雌核発生した内部細胞塊を正常な胚に移植すると，成長が約50％遅れる。しかし，雄核発生の内部細胞塊を正常胚に移植すると，キメラの成長は50％増加する。雄核由来のインプリント遺伝子が，胚の成長を有意に増加させるのである。

哺乳類では少なくとも約80のインプリント遺伝子が同定されており，そのうちのいくつかがノンコーディングRNA（ncRNA）をコードする。いくつかのインプリント遺伝子は成長制御に関与する。インスリン様増殖因子IGF-2は胚の成長に関与しており，その遺伝子*Igf2*は母性ゲノムでインプリンティングされて遺伝

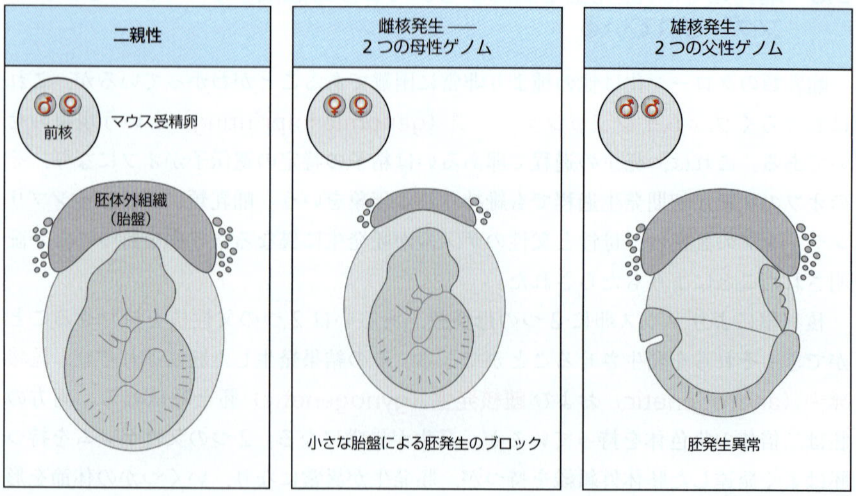

図9.11 父性および母性遺伝子の両方が正常発生には必要である
通常，正常な胚は受精によって父母両者の核を受け継いでいる（左パネル）。核移植により父性あるいは母性の核を2つ持つ胚をつくることができる。母方からのゲノムを2つ持った卵から発生した胚（雌核発生）は，未発達な胎盤を持つ（中央パネル）。その結果，胚自体の発生は比較的正常であるが，発生は途中で停止する。父方からのゲノムを2つ持った胚（雄核発生）は正常な胎盤を持つが，胚の発生は2～3個の体節を持つ発生段階で停止する（右パネル）。

子発現はオフになっており，父性遺伝子のみで発現している（図 9.12）。*Igf 2* 遺伝子がインプリンティングされているという証拠は，*Igf 2* の欠損変異を持っている精子が正常な卵と受精したときに，小さな個体が生まれるという観察結果から得られた。これは，インプリンティングされている母性遺伝子からは非常にわずかな量の IGF-2 しか産生されないので，父性遺伝子からの IGF-2 の欠損を補うことができないからである。逆に，もしこの変異が卵のゲノムにあった場合は，必要な IGF-2 の活性が正常な父性遺伝子から供給されるため，正常な発生が起こる。

マウスの 7 番染色体の *Igf 2* 遺伝子に非常に近い場所に機能不明な *H19* 遺伝子がのっており，この遺伝子は逆方向にインプリンティングされている。すなわち，この遺伝子は母性染色体から発現し，父性染色体からは発現しない（図 9.12）。卵の染色体を操作することにより，2 本の母性ゲノムを持ち，そのうち一方のゲノムは正常のインプリンティングされた *Igf 2* と *H19* を持つが，もう一方のゲノムの *Igf 2* が雄の生殖細胞のようにインプリンティングされていない状態をつくることができる（このゲノムでは *H19* は欠損している）。この卵は，2 つの母性ゲノムを持つ胚とは異なり，正常に発生することができる。

成長を調節する遺伝子の相反的なインプリンティングの進化的な意味を説明するものとしては，父と母では生殖戦略が異なるという母父性競合説（parental conflict theory）というものがある。例えば，父方のインプリンティングは胚の成長を促し，母からのインプリンティングは抑制する。父親は，その遺伝子が生存し，次世代に受け継がれる機会を高めるために，彼の子孫の最大限の成長を望む。これは IGF-2 によって刺激される成長ホルモン産生の結果，大きな胎盤を保持することによって可能になる。一方で母親は，他の雄とも交配し，彼女の子孫がより多く生まれるようにするため，1 つの胚があまり大きく成長することを抑制したいとする。よって胚の成長を促す遺伝子は母親側ではオフになる。このように，子供に発現する父方の遺伝子は，母親からより多くの資源を引き出すように進化の中で選択されてきたのだろう。なぜなら，ある子供が持つ父方の遺伝子が，同じ母親の他の子供にも存在する可能性は非常に低いからである。しかし，インプリンティングされた遺伝子は，成長以外にも多くの影響を与える。

インプリンティングは生殖細胞の分化過程で起こるため，インプリンティングされた状態を発生過程で維持する一方で，生殖細胞の次のサイクルの間ではそれを書き直す機構が必要である。インプリンティング維持機構の 1 つは，エピジェネティック修飾の機構として知られる，DNA のシトシンにメチル基を付加する DNA のメチル化である。第 10 章でみるように，DNA のメチル化は遺伝子のサイレンシングに関与している。インプリンティングに DNA のメチル化が必要である証拠は，メチル化異常を示すマウスの解析から得られた。それらのマウスでは *Igf 2* 遺伝子がインプリンティングされておらず，母方からの遺伝子が父方からの遺伝子同様に発現する。DNA のメチル化に加えてインプリンティングに関与していることが知られている他の因子として，ノンコーディング RNA（ncRNA）やポリコーム抑制タンパク質，染色体の中で DNA の折りたたみに関与するヒストンの化学的修飾などがある。いくつかのノンコーディング RNA は近接する遺伝子のインプリンティングに関与する。例えばノンコーディング RNA の 1 つである *Air* は，インプリント遺伝子の Igfr クラスター領域にコードされており，それらの遺伝子の父方でのインプリンティングに必須である。

多くのヒトの発生異常にインプリント遺伝子が関与している。その中の 1 つであるプラダー・ウィリ症候群（Prader-Willi syndrome）は，15 番染色体の遺伝

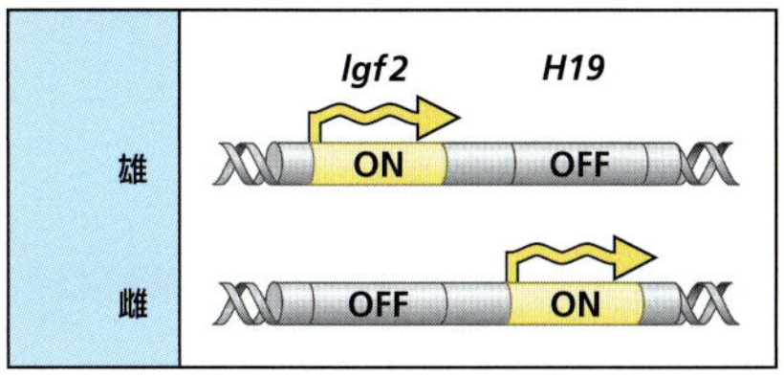

図 9.12　遺伝子のインプリンティングは胚の発生を調節する
マウス胚では，インスリン様増殖因子 2 の遺伝子（*Igf2*）は父からの遺伝子のみ発現し，母からの染色体での遺伝子はオフである。一方，その隣の遺伝子である *H19* 遺伝子は母性遺伝子のみ発現し，父性遺伝子はオフである。

子の発現欠失が，通常は遺伝子を含む染色体領域の小さな欠損の結果，父方由来の染色体に起こることが原因であり，その子供は幼少時には成長不良を示すが，のちには重度の肥満になる。彼らはまた精神遅滞を持ち，強迫性障害のような精神症状を持つ。同様な領域の欠損が母方の遺伝子に起こると，アンジェルマン症候群（Angelman syndrome）と呼ばれる症状を示す。この場合は重度な運動・精神症状を示す。ベックウィズ・ヴィーデマン症候群（Beckwith-Wiedemann syndrome）は7番染色体のインプリンティングの異常が原因で起こる。胎児に過度の成長が見られ，癌の発生の素因となる。

まとめ

多くの動物において，生殖細胞は，卵の中に局在した細胞質決定因子によって指定されるが，その局在は卵をとり囲む細胞によって調節されている。対して，哺乳類の生殖細胞は母性因子によって決まるのではなく，胚の中での細胞間相互作用によって指定される。ひとたび生殖細胞が決定を受けると，その細胞は，そこから将来の生殖巣へと移動し，生殖巣の中で分化する。生殖巣内で二倍体の生殖細胞前駆細胞は減数分裂を行い，半数体の精子および卵となる。哺乳類の卵母細胞の数は生まれる前に決定しているが，精子形成は雄の成体において一生続く。卵は常に体細胞より大型であり，実際ある種の動物の卵は非常に巨大である。そのようなサイズの増大のために，成長中の卵母細胞を取り囲む特殊な体細胞が卵黄のような物質を供給する。加えて，卵母細胞に必要な分子をコードする遺伝子が増幅されることもある。

哺乳類胚の正常発生には，母性および父性遺伝子が両方とも必要である。二倍体であっても，母方あるいは父方の遺伝子のみを持つ胚の発生は異常をきたす。卵あるいは精子からの特定の遺伝子がインプリンティングされており，それらの遺伝子の発現は，その遺伝子が父母のどちらに由来したかによって異なっている。いくつかのインプリント遺伝子が胚の成長に関与しており，インプリンティングが不適切に行われると，ヒトの発生異常を引き起こすことが知られている。

まとめ：生殖細胞の指定

生殖質による生殖細胞の指定

⇨ **ショウジョウバエ**
卵の後端で *oskar* によって生殖質が指定される

⇨ **線虫**
生殖細胞は極顆粒と PIE-1 タンパク質を持ち，
卵割の際 P_4 細胞へ分配される

⇨ **アフリカツメガエル**
生殖質は卵の植物極に局在する

⇨ **ゼブラフィッシュ**
生殖質は卵割面にある

哺乳類は生殖質を持たない

受精

受精──卵と精子の融合──が発生を開始させる。ウニのような多くの海生動物では，雄によって水中に放出された精子は，卵から放出された化学物質の濃度勾配を感知して卵に誘引される。卵と精子の膜は融合し，精子の核が卵の細胞質に入り，精子の**前核（pronucleus）**になる。哺乳類や他の動物では，受精が卵の減数分裂の完了を誘導する。卵に残った1組の母性染色体が卵の前核になり，もう一組は第二極体となる（**Box 9A**, p. 354）。精子と卵の前核（**図1.1**）は融合して接合体の核となり，卵は卵割を開始し，発生プログラムが進行する。受精にはカエルのように体外で行われる場合と，ショウジョウバエや哺乳類，鳥類のように体内で行われる場合がある。雄から放出された精子のうちたった1つだけが卵と受精する。哺乳類を含む多くの動物では，精子の侵入が，卵にそれ以上の精子を侵入させない抑制機構を発動させる。これは1つ以上の精子が卵に入り，染色体や中心体が余分に存在することによる発生異常を抑制するために必要である。ヒトではそのような異常があると発生は停止する。本章でみていくように，何重もの機構により確実に単一の精子核が接合体の形成に関わるようになっている。

卵も精子も受精に特化した構造を持っている。卵は1つ以上の精子が入るのを防ぐ仕組みを持っているし，精子は卵に貫入できる構造を持つ。未受精卵は通常，細胞膜の外側にいくつかの保護層を持っているが，多くの生物の卵は細胞膜直下に表層顆粒（cortical granule）の層を持ち，その内容物が受精の際に放出されて多精子受精をブロックする。これらの障壁が，卵が1つ以上の精子の侵入を防ぐ機構となっている。

9.9 受精には卵と精子間の細胞表層の相互作用が関わる

精子は可動性の細胞であり，卵を活性化し，同時に卵の細胞質に核を送り込むために特異化した構造を持つ。精子は基本的には核，エネルギーを供給するミトコンドリア，そして移動に必要な鞭毛を持つ（**図9.13**）。その先端部は貫入に必要な高度に特殊化した構造を持っている。線虫やいくつかの無脊椎動物の精子は例外的に普通の細胞に似た構造を持ち，アメーバ運動によって移動する。

精子が哺乳類の雌の生殖管に入ったあと受精能獲得（capacitation）と呼ばれる一連の反応が起こり，これにより受精を阻害するある種の因子が除かれ，精子は受精可能になる。成熟した卵の数はヒトにおいては1つあるいは2つ，マウスにおいてもおよそ10個と非常に少ないが，これに対して実に10億もの精子が放出されており，到達する精子の数は少なくはなるが，それでも卵の数にくらべるとずっと多い。

精子は卵に貫入する前に多くの物理的障壁を越えていく必要がある（**図9.14**）。哺乳類の卵の最初の障壁はヒアルロン酸に富んだ粘着性の高い層と，そこに埋め込まれている多くの濾胞細胞であり，これらは排卵のときに卵と一緒についてくる。それらの細胞は卵丘細胞（cumulus cell）と呼ばれ，低倍率の顕微鏡下では排卵された卵を囲む“雲”のように見える。最初にクローン化されたマウスはCumulinaと呼ばれているが，これは卵丘細胞の核を使って作製されたからである（第10章参照）。精子の頭部の表層にあるヒアルロニダーゼの活性が卵の顆粒細胞層の貫通を助ける。精子は次に，卵母細胞によって分泌された透明帯（zona pellucida）と呼ばれる線維質に富んだ糖タンパク質の層に遭遇する。この層は物

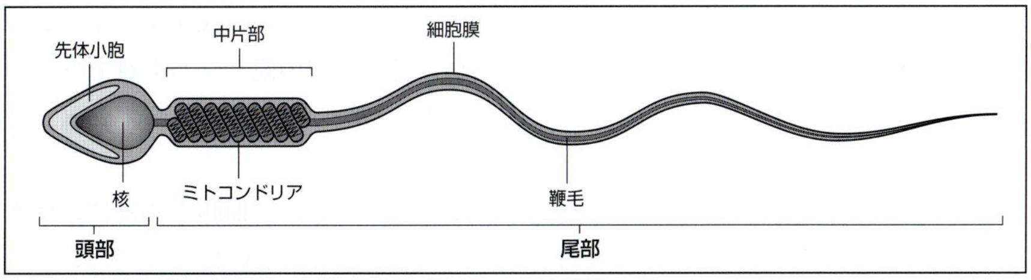

図9.13 ヒトの精子
精子の頭部にある先体小胞は，卵の周囲にある膜を分解するのに必要な酵素を含む。また，精子の頭部の細胞膜には多くの特異的なタンパク質があり，受精の際に卵外被に結合し，その通過を助ける。精子はミトコンドリアのエネルギーを用いて一本の鞭毛で泳ぐ。その全長は約60 μm である。

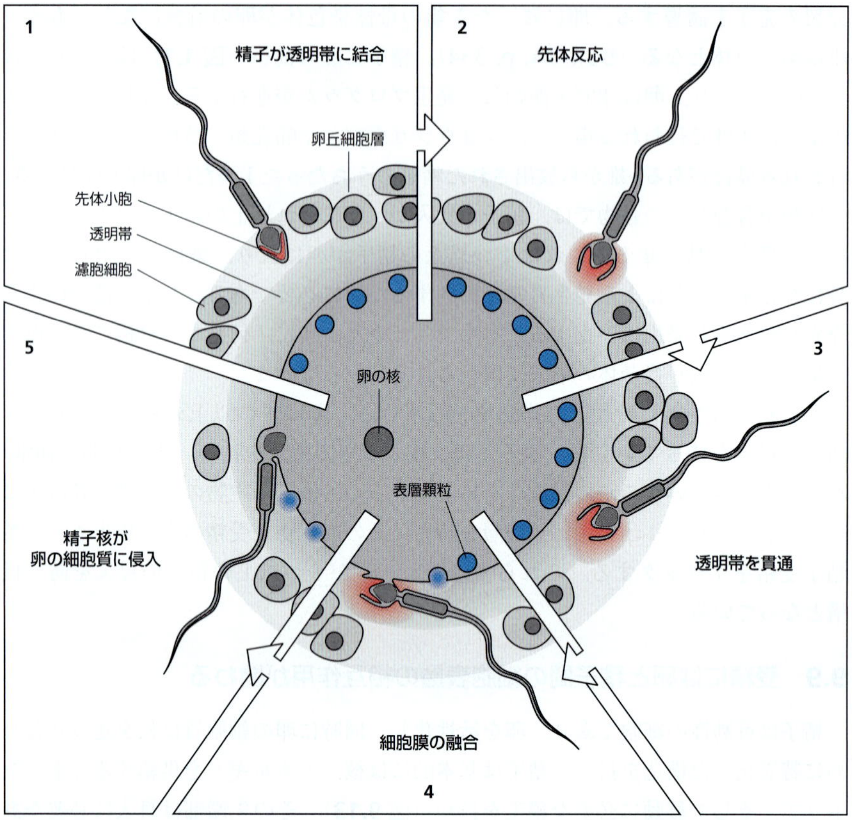

図 9.14 哺乳類の卵の受精
精子が濾胞細胞由来の卵丘細胞層を通過すると，透明帯に結合する（1）。これが先体反応を誘起し（2），先体小胞から酵素が放出され，透明帯を分解する。そして精子は透明帯を通過し（3），卵の細胞膜に結合する。精子の頭部の細胞膜が卵の細胞膜と融合する（4）。これが卵を活性化して表層顆粒の放出を引き起こし，精子の核がミトコンドリアとともに卵へと侵入する（5）。
Alberts, B., et al.: 1989 より

理的障壁ではあるが，精子は先体反応（acrosomal reaction）として知られている反応，つまり，精子の頭部にある先体小胞（acrosomal vesicle）すなわちアクロソーム（acrosome）に含まれている酵素を放出することにより，その層を突き進むことができる（**図 9.13**）。

哺乳類の精子は多くの細胞表面タンパク質を持っており，それらは透明帯に結合し，それを通過するために働く。その中のタンパク質の 1 つに SED1 という接着分子がある。精子は精巣上体を通過するときに，精巣上体の上皮細胞が分泌するこのタンパク質で覆われる。SED1 を欠損する精子は透明帯に結合できない。SED1 や他のタンパク質を介した最初の結合の後，精子頭部の細胞膜が透明帯の糖タンパク質 ZP3 に結合したときに先体反応が活性化される。ZP3 への結合は精子のシグナル系を活性化し，アクロソームの内容物がエキソサイトーシスを介して放出される。アクロソームの酵素は透明帯の糖タンパク質の糖鎖を分解し，透明帯に穴をあけ，精子は卵の細胞膜にアプローチできるようになる。ウニのような多くの無脊椎動物の精子においては，先体反応は円柱状の先体突起の伸長を促す。これは精子の細胞質のアクチンの重合によって形成され，卵膜との接着を促す。

先体反応は，卵膜との結合やその後の膜の融合に必要なタンパク質を，精子の表層に露出させる。そのタンパク質の 1 つに Izumo がある。このタンパク質は精子と卵の融合に必須であることがマウスで示されている。卵側の Izumo のリガンドに相当する分子はまだ同定されていない。融合に必要な卵の膜タンパク質で唯一知られているのは CD9 である。しかしこの受容体の場合は，精子側のリガンドがまだわかっていない。

ヒトや他の哺乳類の卵は培養系で受精させることができ，初期胚を子宮に移植すると着床し，正常に発生する。この操作は体外受精（IVF）と呼ばれ，いろいろな理由で妊娠が困難な夫婦に恩恵をもたらしている。ヒトの卵は培養条件下で精子の核を直接，卵に注入し，受精させることができる。この技術は卵細胞内精子注入法あるいは顕微授精（ICSI）と呼ばれ，精子が卵に貫入できないことで不妊になる場合に有効な手段になっている。

9.10 多精子受精を抑制する卵膜の変化

多くの精子が卵の周りにとりつき，卵膜に達するが，1つ以上の精子核が入った場合には染色体異常が胚の死亡を誘起するため，ここで1つの精子核だけが卵に入ることが重要である。様々な生物が色々な機構で多精子受精を阻止している。例えば鳥類では多くの精子が卵に入るが，1つの精子核しか卵の核と融合できない（他の精子核は細胞質で分解される）。この場合は精子が卵に入る位置が重要で，卵の染色体を含む卵核胞に直接入った精子が受精できるようである。この領域以外に入った精子は卵の細胞質に含まれるDNA分解酵素に分解されることが，ウズラの卵で知られている。ウニや哺乳類の場合は，1つ以上の精子は卵に入らないようになっている。この機構は多精拒否（block to polyspermy）と呼ばれる。哺乳類以外の多くの種でこの多精拒否は，最初の非常に速い反応，そしてその後の緩やかな反応の2段階で起こる。

ウニやカエルの卵は2段階の多精拒否を行う。これらの種は体外で受精を行うため，哺乳類よりさらに多くの精子を放出する。よって，1つの精子が卵膜に融合したことを知らせる非常に速いシグナルがのぞましい。ウニの速い多精拒否（rapid block to polyspermy）は，精子と卵の膜が融合した数秒以内に卵膜の一時的な脱分極によってもたらされる。この膜電位変化は，精子の侵入の数秒以内に−70 mVから+20 mVへの変動として記録される（図 9.15）。膜電位はその後緩やかに元のレベルに戻る。脱分極が阻害されると多精子受精が起こるが，脱分極がどのようにして多精子受精を阻害しているのかは不明である。同様な電気的な速い多精拒否が，アフリカツメガエルでも起こる。

膜が再分極した直後に卵の周りに形成される膜を受精膜（fertilization membrane）という。これは，多精子受精の阻止に必要な緩やかな多精拒否（slow block to polyspermy）の結果であり，精子の侵入の結果起こるカルシウムの波によって引き起こされ，膜の外に表層顆粒の内容物がエキソサイトーシスにより放出されることで受精膜ができる。このタイプの反応はウニやカエル同様に，哺乳類の卵においても受精の際に起こる。次節でみるように，カルシウムの波は発生の活性化にも重要である。ウニの未受精卵は哺乳類の透明帯に相当する卵黄膜（vitelline membrane）でおおわれている。細胞膜と卵黄膜の間のスペースに顆粒が放出されると，卵黄膜は押し上げられる。表層顆粒の内容物は卵黄膜の分子と架橋して非常に強固な受精膜を形成し，加えてその受精膜と卵の細胞膜の間にゼ

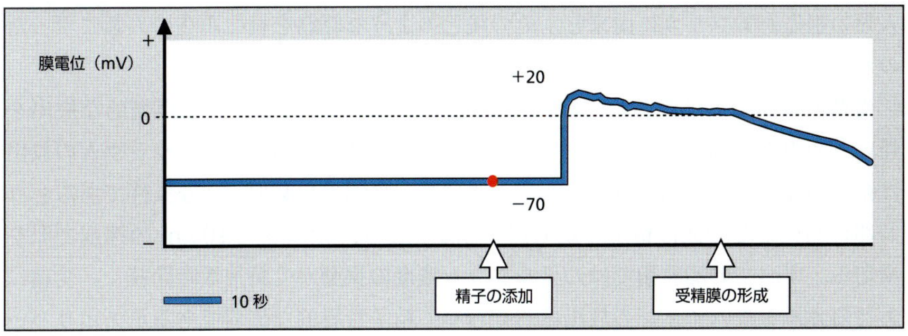

図 9.15 ウニ卵の受精時における膜の脱分極

受精前のウニの膜電位は−70 mVである。これは受精のとき急激に+20 mVまで上昇し，その後緩やかにもとのレベルに戻る。この脱分極は，速い多精拒否の機構である。

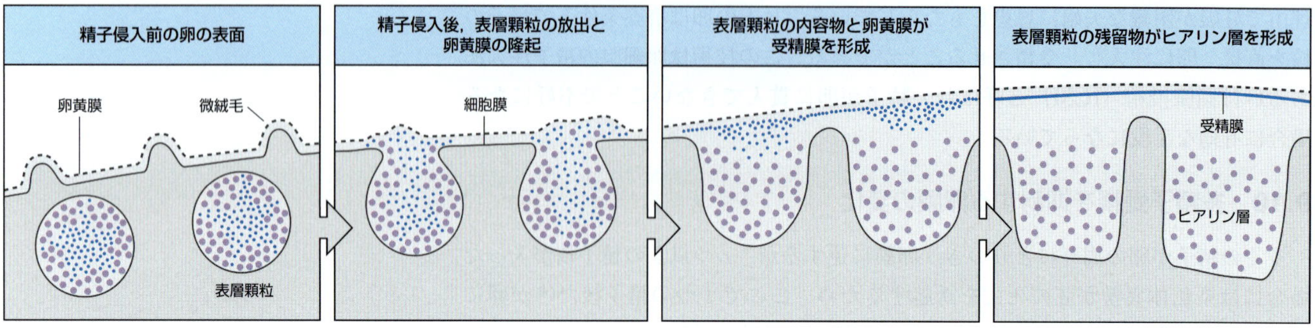

図 9.16　ウニの受精時に見られる表層反応

卵は細胞膜の外側を卵黄膜に囲まれており，卵の細胞膜直下には膜に結合した表層顆粒がある。受精のとき表層顆粒は膜と融合し，そのいくらかの内容物がエキソサイトーシスによって放出される。それらは卵黄膜と一緒になって卵の表面から持ち上がって，かたい受精膜を形成し，その後の精子の侵入を防ぐ。他の表層顆粒は受精膜の下層のヒアリン層を形成する。

リー状のヒアリン層を形成する（**図 9.16**）。放出された酵素の中には，精子結合タンパク質を分解するものも含まれる。それらの変化の総合的な結果として，余分な精子が卵にアクセスすることを抑制する。ウニの受精膜は胞胚期に分解され，胞胚が膜の外に出る。

哺乳類における多精子受精の阻止はいくつかの機構によって行われる。その中には，卵へ到達する精子の数を制御する方法や，卵に 1 つの精子が侵入すると起こる透明帯や卵膜の変化がある。哺乳類では多精子受精を阻止する速い電気的阻止機構はないが，ウニで起こるのとよく似た緩やかな阻止機構が受精後 30 分から 1 時間で観察される。最初に精子が卵膜と融合した後に，卵の表層から顆粒がエキソサイトーシスにより分泌され，それらが卵膜のすぐ外側に 1 つの層を形成する。この分子が透明帯の化学的組成を変化させ，精子が透明帯に結合できなくなる。哺乳類の卵は，透明帯反応と同じぐらいの時間経過で，膜による多精子受精の阻害を起こす。膜によるこの阻害は，*in vitro* で受精の前に透明帯を除いたマウス胚を受精させることで証明されている。すなわち，最初の受精の後に 2 倍量の精子を入れても，卵に入る精子はほとんどない。しかしこの哺乳類の膜ブロックのメカニズムは不明である。

9.11　精子と卵の融合は，卵の活性化に必要なカルシウム波を引き起こす

受精時の卵の活性化が，発生を開始させる一連の事象を引き起こす。例えばウニ卵では，タンパク質の合成が数倍に上昇し，カエル卵で見られる表層回転のような卵構造の変化も引き起こす（第 4.2 節参照）。第二減数分裂で停止している両生類および哺乳類の卵は減数分裂を完了し，その後，卵と精子の前核が融合して二倍体の接合体ゲノムを構成し，受精卵は体細胞分裂を開始する（**Box 9A**, p. 354 参照）。マウスやヒトでは，前核の融合が起こる前にそれらの核膜は消失する。哺乳類では精子のミトコンドリアは破壊され，受精卵のすべてのミトコンドリアは母親由来になる。したがって，ミトコンドリアの DNA は突然変異による塩基変異でも起きない限り，安定的に母性遺伝することになる。このことからミトコンドリア DNA は，人類の祖先がアフリカに由来し，その後どのような経路を経て現在の人類に至ったのかということを研究するための非常に有用な材料となっている。

受精および卵の活性化は，卵内での遊離カルシウム（Ca^{2+}）の爆発的な放出を伴い，卵の中を通過するカルシウム波をつくり出す（**図 9.17**）。カルシウムの放出は精子の侵入により開始されるが，これは発生の開始に必要十分な条件である。ウニ卵においてその波は精子の侵入点からはじまり，秒速 5 ～ 10 μm の速度で卵を横切る。すべての哺乳類では，カルシウム濃度の振動が受精後数時間続く。受精におけるカルシウムイオンの放出はおそらく，精子特異的な酵素であるホスホリパー

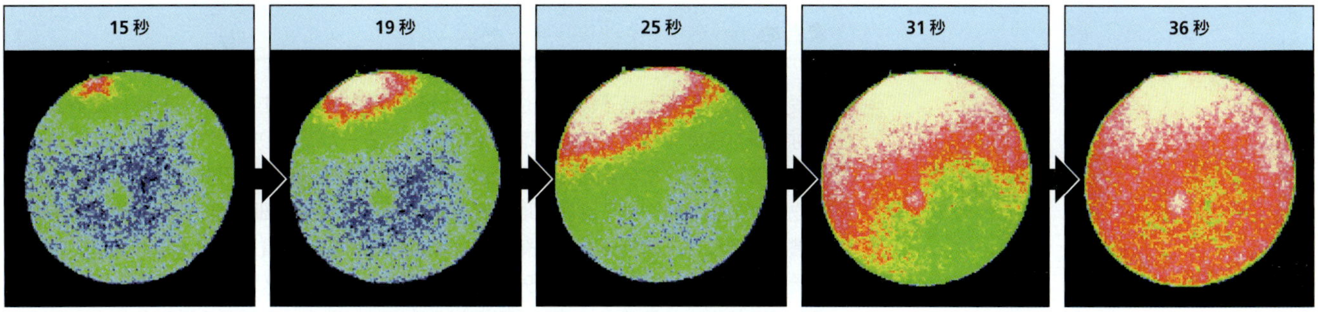

図 9.17 受精時に起こるカルシウム波
この一連の写真はウニの受精時に細胞内で起こるカルシウム波を示す。卵の左上に侵入した精子の融合によってこの波が誘起される。カルシウムイオンの濃度は，カルシウム感受性の蛍光色素を共焦点蛍光顕微鏡を使ってモニターした。カルシウム濃度は疑似カラーによって示されており，赤が最も高く，順に黄，緑，青となる。時間は精子侵入後のものである。
写真は M. Whitaker 氏の厚意による

ゼ C-ζ によって引き起こされる。これが二次メッセンジャーであるイノシトール 1,4,5-三リン酸を産生させるシグナル経路を開始させ，さらにこれが細胞内膜にある受容体に作用して，小胞体などに蓄えられているカルシウムを放出させる。

遊離カルシウムイオンの急激な増加が卵の活性化には必須である。多くの動物の卵はカルシウム濃度が上昇しさえすれば，例えば人工的にカルシウムを直接注入するなどした場合でも活性化する。逆に，カルシウムをキレートする EGTA のような分子を注入すると，その活性化を阻害できる。アフリカツメガエル卵は針でつつくだけで活性化することはよく知られているが，これは針を刺した部分で局所的なカルシウムの流入によりカルシウムの波が起こるからである。

カルシウムが細胞周期を調節するタンパク質に機能することにより，受精卵は減数分裂の完了に向けて動き出す。アフリカツメガエルの未受精卵は，サイクリン依存性キナーゼ（cyclin-dependent kinase：Cdk）とそのパートナーである cyclin との成熟促進因子（MPF）と呼ばれるタンパク質複合体のレベルが高いため，第二減数分裂の中期で止まっている。MPF の効果は，そのキナーゼ活性を介した多くのタンパク質のリン酸化による。卵が減数分裂を完了するためには，MPF 活性のレベルが低くならなければならない（**図 9.18**）。同様な Cdk-cyclin 複合体は，体細胞分裂の細胞周期も調節している（第 13.2 節参照）。カルシウム波はカルモジュリン依存性プロテインキナーゼⅡを活性化する。このキナーゼの活性は，MPF の cyclin を間接的に分解し，卵は減数分裂を完了する。そして前核が融合し，接合体は発生の次の段階である卵割に入る。

図 9.18 アフリカツメガエルの初期発生における成熟促進因子（MPF）活性の挙動
アフリカツメガエルの未成熟な卵母細胞の細胞周期は停止している。ホルモンのプロゲステロンで刺激されると卵は周期を再開し，第一減数分裂を完了し，極体を放出する。卵は第二減数分裂に入るがその中期で再び停止する。排卵はこのときに起こる。受精するとカルシウムの波が起こり，これが減数分裂を完了に導き，第二極体が放出される。そして受精卵は体細胞分裂による卵割を開始する。成熟促進因子（MPF）活性はそれぞれの分裂の直前に上昇し，分裂の間は高いレベルを維持する。その後急激に減少し，一連の体細胞分裂の間期では低いレベルを維持する。

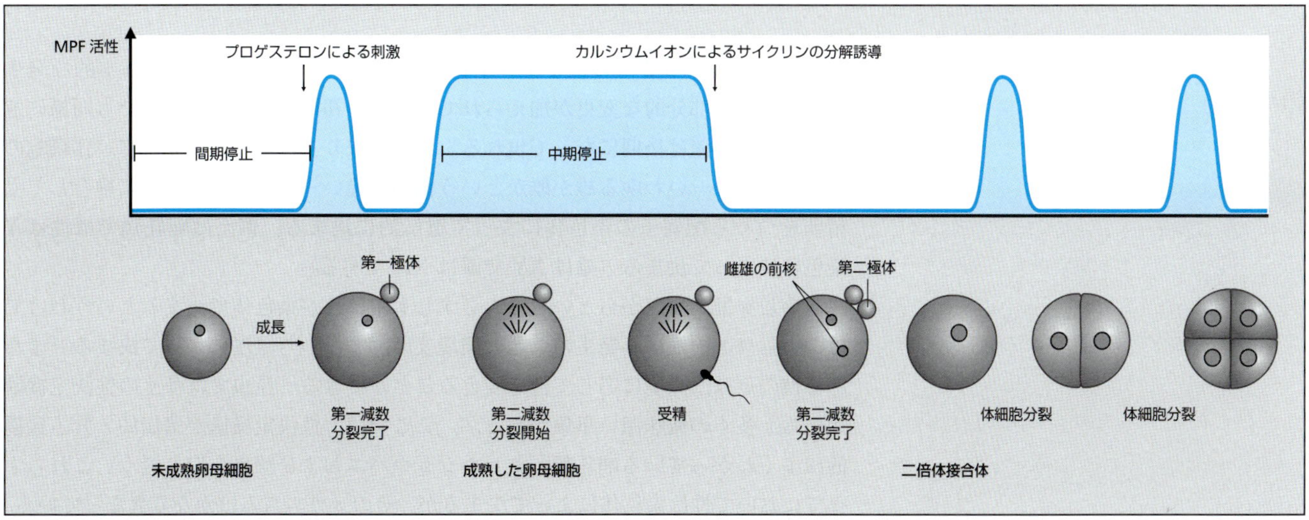

まとめ

受精によって卵と精子は融合し，卵は分裂・発生を開始する。精子も卵も受精に必要な特殊な装置を持っている。哺乳類の卵への精子の最初の結合は，透明帯（ウニでは卵黄膜に相当）に含まれる分子によって制御される。精子のアクロソームに含まれる物質が放出され，精子は卵を取り囲む層を通過し，卵の細胞膜に到達する。多精拒否機構により単一の精子が卵と結合し，その核を卵の細胞質に放出する。ウニにおいてその最初の阻止機構は速いが完全なものではなく，次のステップで卵の表層顆粒が細胞外へ放出されることにより受精膜がつくられ，その後の精子の侵入を防ぐ。受精後の卵の活性化のもっとも重要な役割は，カルシウムイオンの細胞質内への流入によって担われる。それは精子が融合した場所から波のように広がる。哺乳類および他のほとんどの脊椎動物では，受精によって第二減数分裂が完了し，半数体である精子と卵の核は融合して接合体の核が形成され，分裂を開始する。

まとめ：哺乳類の受精

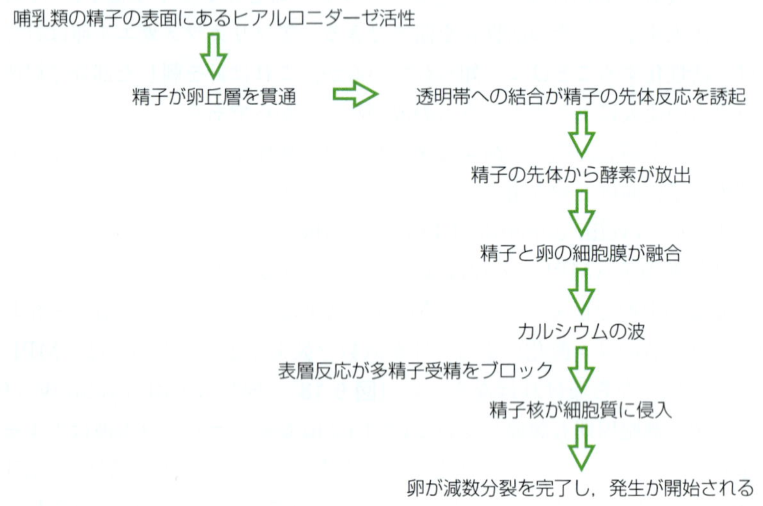
哺乳類の精子の表面にあるヒアルロニダーゼ活性
精子が卵丘層を貫通
透明帯への結合が精子の先体反応を誘起
精子の先体から酵素が放出
精子と卵の細胞膜が融合
カルシウムの波
表層反応が多精子受精をブロック
精子核が細胞質に侵入
卵が減数分裂を完了し，発生が開始される

性決定

表現型の異なる2つの性を持つ生物において，性的な発生過程は基本的な発生プログラムに部分的な変更が加えられて起こる。初期発生は雄でも雌でも同様に進行し，雌雄の差は後期になって現れる。ここで取り上げる生物において，体細胞の性的表現型——いわゆる雄か雌かという個体の違い——は，受精の際に融合して受精卵をつくる配偶子の染色体によって遺伝的に決まる。例えば哺乳類では性はY染色体によって決まる（雄はXYで雌はXXである）。

しかし脊椎動物だからといって，必ずしも常に性が染色体で決まるというわけではない。ワニの性は胚発生のときの環境要因，すなわち温度によって決まる。またある種の魚は，環境に応じて性を変えることができる。昆虫では多くの性決定機構がある。多くの興味深い事象があるが，ここでは，性決定機構が遺伝的・分子機構的によくわかっている哺乳類，ショウジョウバエおよび線虫を取り扱う。これらすべてにおいて性は染色体によって決まるが，そのメカニズムはかなり異なっている。

我々はまず，体細胞の性決定機構について考える。その後，生殖細胞が卵になるか精子になるかの性決定に関して考える。そして最後に，雄と雌の胚はどのようにして染色体の量的な違いを補正しているかについて考える。

9.12 哺乳類における性決定遺伝子はY染色体にのっている

哺乳類の遺伝的な性は，精子がXあるいはY染色体のどちらを卵に導入するかということにより，受精の瞬間に決まる（**図9.19**）。卵は1つのX染色体を持つので，精子がX染色体を導入すると雌に，Y染色体を導入すると雄になる。Y染色体の存在は精巣を発達させ，そこでつくられるホルモンがすべての体細胞組織の発生様式を雄に特徴的な方向に向かわせ，雌化を阻止する。Y染色体がないと体細胞の発生は雌化の経路をとる。生殖巣を精巣として指定するのは，Y染色体にのっている1つの性決定遺伝子 *SRY*（sex determining region of the Y chromosome）による制御であり，この遺伝子が精巣決定因子であることが知られている（ヒトでは *SRY*，マウスでは *Sry* と記述する）。

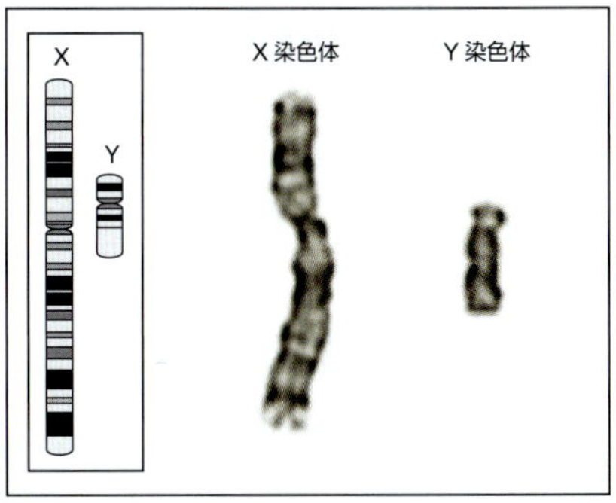

図9.19 ヒトの性染色体
X染色体が2本（XX）あれば雌に，Y染色体があると雄になる。枠内は染色体のバンドパターンを模式的に示したもので，黒い部分は染色体のクロマチンが凝集した部位である。

Y染色体のある領域が雄の決定に関与することの最初の証拠は，2つのヒトの疾患から得られた。1つはクラインフェルター症候群（Klinefelter syndrome）で，この患者は2本のX染色体と1本のY染色体を持ち（XXY），雄となる。そしてもう1つがターナー症候群（Turner syndrome）で，この患者はX染色体を1本しか持っておらず（XO），雌になる。これらの患者は両者とも性的な異常がみられ，前者では精巣は小さくなり不稔である。後者も卵をつくることができない。また，稀に染色体がXYであっても雌になったり，XXであっても外見上は男性であるというケースも報告された。これはY染色体の一部を欠損していたり（XYで女性），あるいはY染色体の一部がX染色体に転座（XXで男性）していたりすることが原因である。これは減数分裂のときにX染色体とY染色体が対合でき，組換えを起こすことによる。非常に稀であるが，この組換えによって *SRY* 遺伝子がY染色体からX染色体に転座し，性転換を誘導することがある（**図9.20**）。

この性決定領域が雄の誘導に十分であることは，この遺伝子のマウスホモログ *Sry* をXXの卵に導入することによって示された。それらのトランスジェニックマウス胚は，Y染色体の他の領域をまったく持っていないにもかかわらず，雄として発生する。転写因子をコードする *Sry* 遺伝子の存在は，XX胚に卵巣ではなく精巣を発達させる。それらの胚では正常の雄のように発生中の生殖巣で *Sry* 遺伝子が発現し，その結果，卵巣の濾胞細胞ではなく，精巣特異的なセルトリ細胞の分化を誘導するのである。しかしながら，*Sry* トランスジェニックマウスは完全な雄ではない。というのはY染色体には精子の形成に必要な他の遺伝子ものっているからである。したがってXX+*Sry* の雄に生殖能力はない。

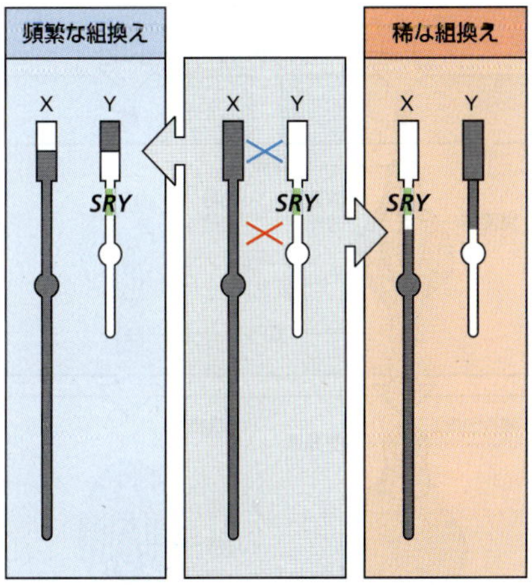

図9.20 ヒトに見られる染色体の転座による性転換
雄の生殖細胞の減数分裂のとき，X染色体とY染色体が対合する（中央パネル）。この際に末端部分で組換えが起きても（青い×）性分化には影響しないが（左パネル），稀に *SRY* 遺伝子を含む大きな部分で組換えが起こると（赤い×）X染色体が *SRY* 遺伝子を持つようになる（右パネル）。*Goodfellow, P.N., et al.: 1993 より*

9.13 哺乳類の性的な表現型は，生殖巣から分泌されるホルモンによって制御される

すべての哺乳類は，遺伝的な性がどちらであろうが，まずは中性的な発生過程を経る。Y染色体の存在が胚の生殖巣を卵巣でなく精巣に誘導するように，生殖巣の性は遺伝的に決まる。精巣はミュラー管阻害物質を分泌し，雌の生殖器官の発達を阻害する。それはまたライディッヒ細胞を誘導し，この細胞が雄のホルモン，テストステロンを分泌し，雄の生殖器官の発達を促す。XX個体では，Y染色体がないということが卵巣の発達を保証し，雌の過程を進行させる。

哺乳類の性分化においてホルモンの役割が非常に大きいことは，たとえ生殖巣が

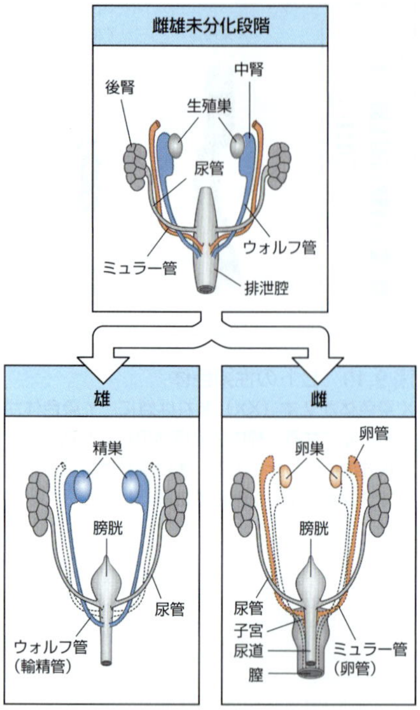

図 9.21　哺乳類における生殖腺およびその関連構造の発生
上パネル：発生の初期では，生殖巣とその関連器官に寄与する構造に雌雄の差はない。将来の生殖巣は，成体では機能しない中腎の隣に発生する（機能的な腎臓は後腎から発生し，ここから尿管が尿を膀胱に送る）。ここには2種類の管系が存在し，1つはウォルフ管で，これは中腎とつながっている。もう1つがミュラー管である。これらは共に排泄腔につながっている。左下パネル：雄で精巣が発達した後，ミュラー管阻害物質が分泌され，ミュラー管は細胞死により退化する。一方でウォルフ管が精巣から精子を運ぶ輸精管になる。右下パネル：雌ではウォルフ管がやはり細胞死によって消失し，ミュラー管が卵管になり，その末端に子宮が形成される。
Higgins, S.J., et al.: 1989 より

遺伝的に決定されていても，哺乳類の他の細胞は染色体の性にかかわらず中立的であるということからも明らかである。これは，XX であろうが XY であろうが，それらの中立的な細胞で起こる性特異的なイベントはすべて，ホルモンによって制御されるということである。雄の発生における精巣の重要な役割は最初，ウサギの初期胚から将来の生殖巣組織を切除する実験によって証明された。染色体の性にかかわらず，すべての個体は雌として発生した。したがって，雄として発生するには精巣が存在する必要がある。そして精巣が体細胞を性的に分化誘導するためには，テストステロンが分泌される必要がある。

哺乳類の生殖巣は胚発生における腎臓である**中腎（mesonephros）**と一緒に発生してくる。これは将来的には雄においても雌においても生殖管の形成に寄与する。中腎に付随して体の両側を**ウォルフ管（Wolffian duct）**が未発達の排泄腔に向けて下方に伸びている。もう一対の管系が**ミュラー管（Müllerian duct）**で，これはウォルフ管と並行して伸び，やはり排泄腔につながっている。哺乳類の初期発生において，生殖巣の分化前には両方の管系が存在する（**図 9.21**）。精巣がない雌ではミュラー管は卵を子宮に運ぶ**卵管（oviduct）**（Fallopian tube）になり，ウォルフ管は退化する。

雄では *Sry* の発現が精巣の形成およびその後の精子形成に必須な体細胞であるセルトリ細胞の分化を誘導し，セルトリ細胞は生殖巣に入ってきた生殖細胞を包み込む。セルトリ細胞の発生は転写因子 Sox9 の上昇を誘導し，Sox9 が，**ミュラー管抑制因子（Müllerian-inhibiting substance）**の産生，分泌を誘導する。このタンパク質性のホルモンは，主にアポトーシスによるミュラー管の退化を誘導する。精巣内の間質系細胞はライディッヒ細胞に分化し，これがテストステロンを分泌する。テストステロンの影響下で，ウォルフ管は精子を陰茎に運ぶ**輸精管（vas deferens）**になる。細胞外シグナル分子である Wnt-4 が未分化の生殖巣では，テストステロンの産生を抑制するという証拠がある。そして *Sry* 遺伝子の機能の1つに，セルトリ細胞の分化誘導とともに Wnt-4 の発現抑制がある。FGF-9 もまたセルトリ細胞の分化に必須で，*Fgf-9* 遺伝子を欠損した雄マウスは雌として発生する。

雄と雌を区別する主な二次性徴は，雄における乳腺の小型化と，雌の陰核や陰唇のかわりに雄の陰茎や陰嚢が発達することである（**図 9.22**）。これはテストステロンの働きによる。胚の初期発生段階では，雄と雌の生殖腺領域は区別できない。その違いは雄におけるテストステロンの機能により，生殖巣の発生後に初めて明らかになる。例えばヒトでは，交接器のふくらみは雌では陰核になり，雄では陰茎の先端部になる。

性分化におけるホルモンの役割は，稀に見られる異常な性発生から明らかにされている。XY の男性で，精巣とテストステロンの分泌があるにもかかわらず，外部

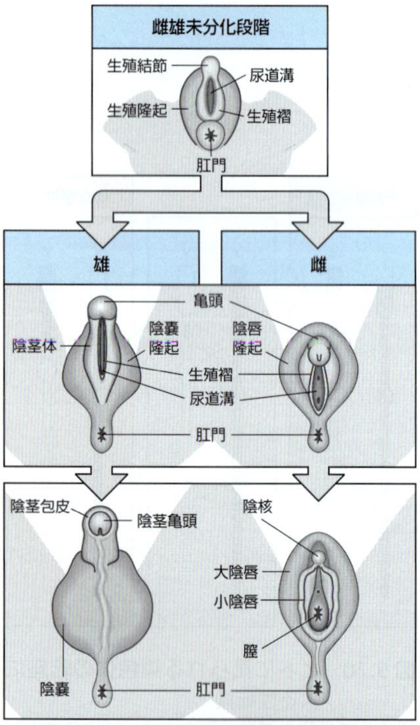

図 9.22　ヒトにおける外部生殖器の形成
胚発生初期には生殖器に雌雄差はない（上パネル）。雄で精巣が形成された後に，生殖結節と生殖褶が陰茎をつくる。対して雌では陰核と小陰唇をつくる。生殖隆起からは，雄では陰嚢，雌では大陰唇が形成される。

生殖器が雌の様相を呈する人がいる。彼らは遺伝的変異によって体中に発現すべきテストステロンの受容体が欠損しているために，テストステロンに反応できなくなっている。逆に，完全に正常なXXを持った遺伝的には雌の個体でも，胚発生時に雄のホルモンにさらされると外部生殖器は雄のようになる。

ホルモンは脳機能を通して性特異的な行動にも影響する。例えば，出生後に去勢されたラットの雄は，遺伝的な雌のような行動をとる。

9.14 ショウジョウバエの主要な性決定シグナルはX染色体の数であり，それは細胞自律的に機能する

ショウジョウバエの雌雄はいくつかの外見的な違い（剛毛のパターンや色）を持ち，雄は第一脚に性櫛（sex comb）と呼ばれる構造があるが，主な違いはその生殖器の構造である。ハエでは体細胞の性決定は細胞自律的で——すなわち細胞レベルで指定され——，ホルモンの影響はない。体細胞の性決定は最初の性シグナルによって開始される一連の遺伝的カスケードの結果であり，雄か雌かの二者択一的である。最終的には，いくつかの遺伝子の活性により，その後の体細胞の雌雄分化が制御される。

哺乳類同様，ショウジョウバエもサイズの異なるXおよびYという2つの性染色体があり，雄はXYで雌がXXである。しかし，この類似性は誤解を生む。というのも，ハエではY染色体の存在によって性が決定されるわけではなく，X染色体の数によって決まる。したがって，XXYのハエは雌であり，Xを1本持つハエは雄である。それぞれの体細胞の染色体の構成が性的発生を決める。これは，左半分がXXで右半分がXの遺伝的モザイクを作製すると，それぞれが雌と雄に発生することにより見事に示されている（**図9.23**）。

ハエでは，2本のX染色体の存在が，X染色体にのっている遺伝子にコードされているSex-lethal（Sxl）タンパク質の発現を誘導する。これがその後の雌としての発生過程を制御する一連の遺伝子の発現を引き起こすことで，雌の表現型となる。性を決定づけるカスケードの最終点には *transformer*（*tra*）遺伝子があり，この遺伝子が *doublesex*（*dsx*）のmRNAのスプライシングパターンを決定する。*dsx* は最終的に体細胞の性を決定づける転写因子である。*dsx* 遺伝子は雄でも雌でも活性化されているが，性特異的RNAスプライシングの結果として，異なったタンパク質がつくられる（**図9.24**）。すなわち，雄と雌は似ているが異なるDsxタンパク質を発現し，これがそれぞれの体細胞において性特異的な遺伝子を活性化するとともに，もう一方の性特異的遺伝子を抑制する。雄型のタンパク質が基本形であり，Sxlがあると *tra* mRNAがRNAスプライシングを受け，その結果できる

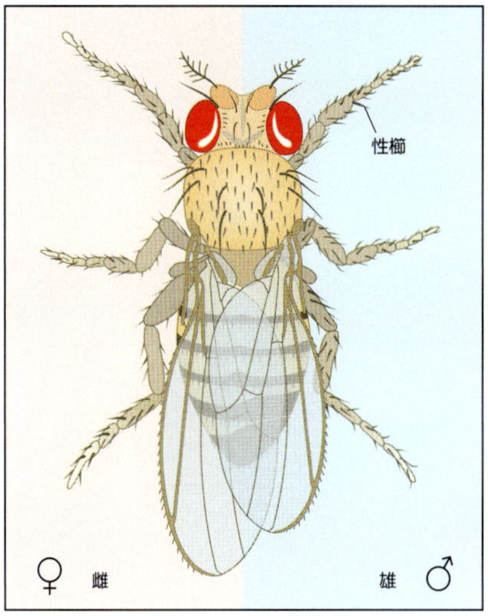

図9.23 ショウジョウバエの雌雄キメラ
ハエの左側はXX細胞によって構成されており，雌として発生する。一方で右側はX細胞によって構成されており，雄として発生する。雄のハエは小型の翅を持ち，第一脚に性櫛と呼ばれる特殊な構造を，腹部の末端には外部生殖器を持つ（図では見えない）。

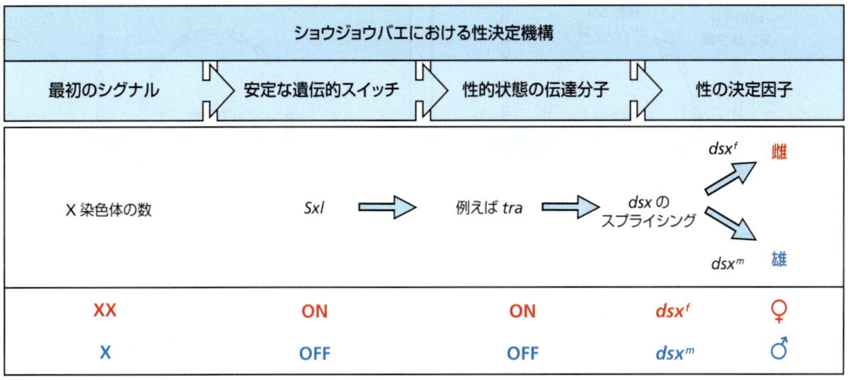

ショウジョウバエにおける性決定機構
最初のシグナル
安定な遺伝的スイッチ
性的状態の伝達分子
性の決定因子
X染色体の数
Sxl
例えば tra
dsx の スプライシング
dsx^f
雌
dsx^m
雄
XX
ON
ON
dsx^f
♀
X
OFF
OFF
dsx^m
♂

図9.24 ショウショウバエにおける性決定経路の概略
X染色体の数が性決定の最初のシグナルとして働く。雌では2本のX染色体の存在により，*Sex-lethal*（*Sxl*）遺伝子が活性化し，Sex-lethalタンパク質をつくるが，X染色体を1本しか持たない雄ではこのタンパク質はつくられない。*Sex-lethal* の活性は *transformer* 遺伝子（*tra*）を介して伝達され，*doublesex* RNA（*dsx*）の雌性特異的スプライシングを引き起こし（dsx^f），細胞は雌の発生経路をとる。Sex-lethalタンパク質がないと，*doublesex* RNAのスプライシングが雄型 dsx^m になり，雄として発生する。

Transformer-2タンパク質の機能により雌型のDsxタンパク質がつくられ，雌の発生が始まる。

Sex-lethal（*Sxl*）遺伝子は，2本のX染色体がある雌においてのみ発現する。この初期の*Sxl*遺伝子の発現がないと，雄として発生する。ひとたび*Sxl*が雌で活性化すると，自己制御機構により持続的に発現が維持され，その結果として，雌においては発生過程を通じてSxlタンパク質が合成される。雌における初期の*Sxl*遺伝子発現は，多核性胞胚葉形成期にP_eプロモーターによって活性化される。Sxlタンパク質は雌の胚で合成され，蓄積する。細胞性胞胚葉期になると，*Sxl*のP_mプロモーターが雄と雌の両方で活性化し，P_eプロモーターは活性を失うが，そのときにはすでに性決定は終了している。P_mによって転写されたRNAを機能的なmRNAとするスプライシングを行うためには，Sxlタンパク質が既に存在している必要があり，よって，雌でのみタンパク質はつくられる（**図9.25**）。

どのようにしてX染色体の数がこのような性決定遺伝子を制御しているのだろうか？　ショウジョウバエにおいてその機構には，X染色体の数を知らせるいわゆる“numerator遺伝子”と常染色体上の遺伝子との相互作用と，母性因子の関与が知られている。本質的には，雌においてはX染色体からの2倍量のnumerator遺伝子産物がP_eプロモーターに結合することが*Sxl*の活性化に必要とされており，これが，雄で起こる常染色体からの*Sxl*遺伝子の抑制を回避する仕組みと考えられる（**図9.25**）。

図9.24に示した経路は非常に簡略化されており，ショウジョウバエの体細胞の性分化のすべてを*dsx*が制御しているわけではない。*tra*の下流には他の性分化経路があり，それらが神経系の性分化や性行動を制御している。この経路には，雄の性行動に必要な*fruitless*遺伝子が含まれる。

他の双翅類の昆虫でも，同様な性決定機構が働いているが，分子レベルではかなり異なっている。ショウジョウバエとはかなり離れた双翅類では，*dsx*遺伝子のみが発見されており，*Sxl*遺伝子はそれらの昆虫にもあるが，性決定には関与していないようである。

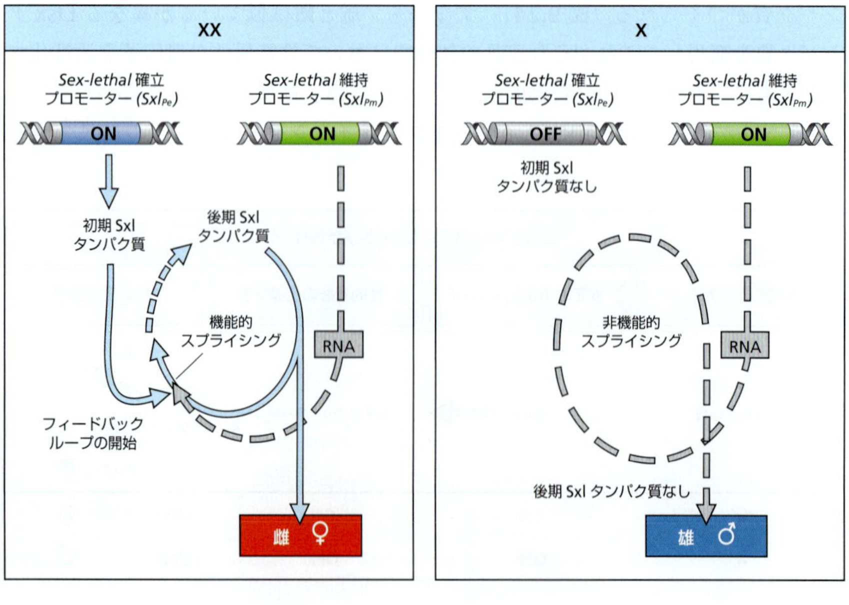

図9.25　ショウジョウバエの性決定におけるSex-lethalタンパク質の産生
2本のX染色体が存在する場合，*Sxl*の初期確立プロモーター（P_e）が将来の雌では多核性胞胚葉期で活性化されるが，雄ではその活性化は起こらない。この結果，雌でのみSxlタンパク質が産生される。より後期の胞胚葉期には，*Sxl*の維持に必要なプロモーター（P_m）が雌雄両者で活性化し，P_eはオフになる。*Sxl* RNAはSxlタンパク質が既に存在しているとき（雌の場合）にのみ正常にスプライシングされる。よって雌では，Sxlタンパク質を産生する正のフィードバックが形成される。この恒常的なSxlタンパク質の存在が，雌の発生を促す遺伝子カスケードを開始させる。Sxlタンパク質がなければ，雄としての発生が開始される。
Cline, T.W.: 1993より

9.15 線虫の体細胞の性分化は X 染色体の数によって決まる

線虫 *C. elegans* における性というのは，自家受精をする雌雄同体（本質的には雌の改変型）と雄であるが（**図 9.26**），他の線虫では雄と雌がある。雌雄同体は発生の初期に限られた数の精子を産生し，その後，生殖細胞は卵母細胞をつくる。*C. elegans* および他の線虫の性は X 染色体の数によって決まる。すなわち，雌雄同体(XX) は X 染色体を 2 本持っており，1 本の X 染色体を持つ個体 (XO) は雄になる。雌雄同体の発生に必要な性シグナルの 1 つに SEX-1 タンパク質がある。このタンパク質をコードする遺伝子は X 染色体上にのっており，X 染色体の数の“カウント”に必要である。SEX-1 は核内ホルモン受容体であり，やはり X 染色体にのっている性決定遺伝子である *XO-lethal*（*xol-1*）を抑制する。2 本の X 染色体から 2 倍量の SEX-1 がつくられると *xol-1* の発現は抑制され，雌雄同体として発生する。X 染色体が 1 本しかない場合は *xol-1* が高レベルで発現し，雄個体へと発生する。

xol-1 の発現を反映して働く一連の遺伝子カスケードが体細胞の性を決める（**図 9.27**）。ショウジョウバエと異なり，線虫の性決定には，細胞間相互作用が必要である。そして少なくとも 1 つの分泌性のタンパク質が関与している。その遺伝子カスケードの終わりには転写因子をコードする *transformer-1*（*tra-1*）遺伝子がある。TRA-1 タンパク質の発現は，雌雄同体の体細胞の発生には必要かつ十分であることが，XO 個体における *tra-1* 遺伝子の機能獲得型変異体において証明されている。すなわち，通常 *tra-1* 遺伝子の発現を制御している上流遺伝子の状態にかかわらず，*tra-1* が発現すると雌雄同体になることが証明されている。*tra-1* 遺伝子を不活性化する変異は，XX 雌雄同体個体を完全に雄化する。

動物が生殖細胞の性をどのように決定しているのか，また，X 染色体遺伝子の発現不均衡をどのように補正しているかに関して議論する前に，顕花植物の性決定機構に関して少し述べておこう。

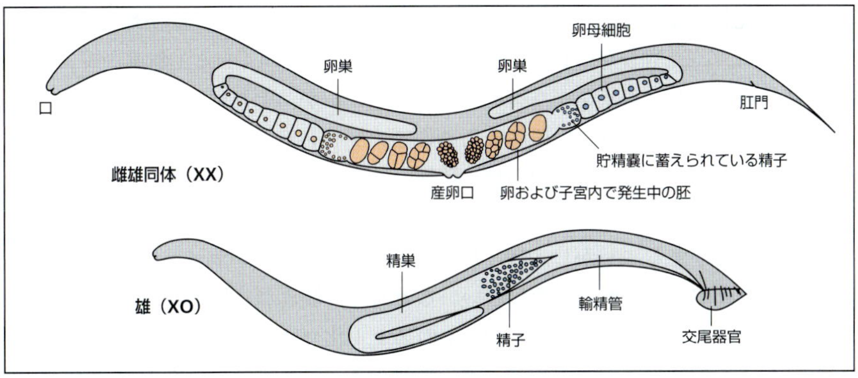

図 9.26　雌雄同体および雄の線虫
雌雄同体の個体は 2 つの生殖腺を左右に持っており，最初は精子をつくり，それらは貯精嚢に蓄えられる。その後，卵をつくるようになり，卵は個体内で自家受精する。雄個体は精子のみを産生する。

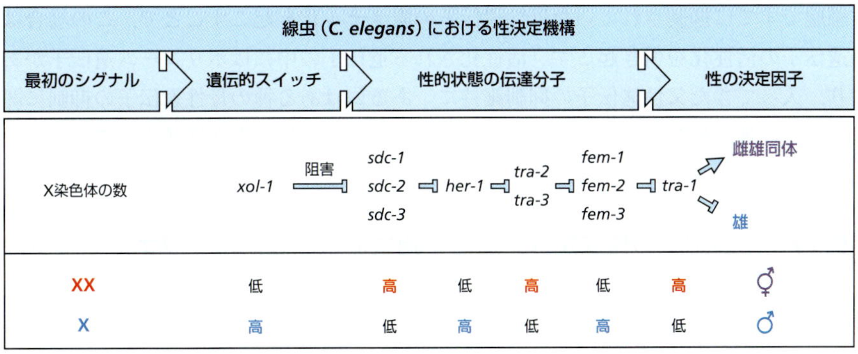

図 9.27　線虫における個体の性決定経路の概略
性決定の最初のシグナルは X 染色体の数である。X 染色体が 2 本ある場合には，*XO-lethal*（*xol-1*）遺伝子の発現が低く，その個体は雌雄同体へと発生する。*xol-1* の発現が高い場合は雄になる。*xol-1* は一連の遺伝子カスケードを開始させ，最終的に転写因子をコードする *transformer-1*（*tra-1*）遺伝子が活性化すると雌雄同体となり，その発現が低いと雄になる。*hermaphrodite-1*（*her-1*）遺伝子産物は分泌性のタンパク質であり，*transformer-2*（*tra-2*）にコードされている受容体に結合し，その機能を阻害しているものと考えられている。

9.16 多くの顕花植物は雌雄同体だが，いくつかは雌雄別の花を持つ

動物と違って，植物は胚の中に生殖細胞を維持しているわけでなく，生殖細胞は花をつくるときにのみ生じる。分裂組織と呼ばれる成長点の細胞は，原則として雌雄どちらの生殖細胞もつくることができる。そして，性染色体はない。多くの被子植物は，雌雄両方の性器官を持ち，減数分裂を行う。雄性生殖器官は雄蕊で，動物の精子に相当する雄性核を持つ花粉をつくる。雌性の生殖器官は心皮と呼ばれ，それは融合して子房をつくる（**Box 7A**, p. 273）。心皮は胚珠をつくる場であり，胚珠が卵細胞をつくる。

シロイヌナズナのような被子植物はいわゆる“重複受精”をおこなう。すなわち，個々の花粉は2つの精子核を持ち，それらは花粉管を通って胚珠に達する。そこで1つの核は半数体の卵と融合して接合体となり，胚体を形成する。もう1つの核は，胚珠の中にある二倍体の中央細胞と融合し，三倍体の細胞を形成して増殖し，胚乳という貯蔵器官となる。シロイヌナズナのようないくつかの植物では，胚乳が胚の増殖を助けるが，他の植物では胚乳は発芽の際に分解され，種子形成の際の栄養となる。

多くの顕花植物は雌雄同体で，シロイヌナズナのように，花は雄性と雌性の生殖器官を持っている。しかし，約10％ほどの顕花植物の花は，どちらか一方の性を持つ。異なった性を持つ花は1つの個体にある場合もあれば，異なる個体に限られる場合もある。雄花や雌花の発生は一般に，雄蕊や雌蕊が指定され，成長し始めた後にそれらの片方が選択的に吸収されることによる。例えばトウモロコシでは，雄花と雌花は茎のきまった場所につく。主な幹の上のほうには雄蕊を持った雄花を持ち，側枝先端の“雌穂”の部分には雌蕊のある雌花を持つ。性の決定は花がまだ小さいときに明らかになる。雄花では雄蕊原基が大きくなり，雌花では雌蕊が長く伸びてくる。小さいほうの器官は最終的に退化する。ジベレリンの濃度が異なる生殖器官では異なっていることから，植物ホルモンであるジベレリン酸が性決定に関与している可能性がある。トウモロコシの雄穂ではジベレリンの濃度が雌穂に比べて100分の1になる。もしジベレリン酸の濃度が雄穂の中で高くなると雌蕊が成長する。

顕花植物ではゲノムインプリンティングが起こるが，それは胚の中ではなく，胚乳においてのみ観察されている。またこのインプリンティングは，中央細胞および精細胞ゲノムで起こる。哺乳類同様，植物のインプリンティングにはDNAのメチル化，ヒストンの修飾，ポリコームタンパク質やノンコーディングRNAによる遺伝子抑制が関与する。しかし，哺乳類と異なり，インプリンティングは次の世代をつくるときに取り除かれる必要はない。なぜなら，胚乳は一時的な構造であり，胚の形成に寄与しないからである。DNAのメチル化やヒストンの修飾による精子での父性ゲノムの抑制と同じように，被子植物のインプリンティングの特徴は，中央細胞ですでに抑制されていた母性遺伝子の脱メチル化を起こすことで，この場合は遺伝子の活性化を引き起こす。活性化される遺伝子の中にはポリコーム遺伝子があり，入ってきた父性遺伝子の抑制維持に，あるいはある種の母性遺伝子の抑制に関与する。被子植物のインプリンティングは，受精なしに胚乳が増殖することを抑えるための仕組みである重複受精とともに進化してきたのかもしれない。

9.17 生殖細胞の性決定は，遺伝子組成および細胞間シグナルの両者に依存する

動物の生殖細胞の性決定，すなわち，ある細胞が精子になるか卵になるかは，生

殖巣に入ってから受け取るシグナルに大きく依存する。例えばマウスでは，生殖細胞の運命はそれらを取り囲む生殖巣の性によって決まり，生殖細胞の染色体構成には依存しない。実際には染色体の構成と生殖巣からのシグナルは概ね一致するが，もし雄のマウス胚に由来する生殖細胞を雌の胚の生殖巣に移植すると，これは精子ではなく卵になること，またその逆も示されている。

哺乳類の雄と雌では減数分裂に入るタイミングが異なる。雄のマウス胚では，二倍体の生殖細胞は生殖巣に入ったときに体細胞分裂を停止し，G_1 期にとどまる。そして生後に体細胞分裂を再開し，生後 7 ～ 8 日目に減数分裂に入る。雌のマウス胚では始原生殖細胞は生殖巣に入った後，何日か増殖を続ける（第 9.4，9.5 節参照）。二倍体の生殖細胞は生殖巣内で何度か体細胞分裂したあと，第一減数分裂の前期に入る。そこで分裂を停止して第一卵母細胞としてとどまり，生後約 6 週になって性成熟すると，性周期にともなって，選ばれた卵母細胞が第一減数分裂を終了し，第二減数分裂に入る（**図 9.28**）。減数分裂は受精後にのみ完了する。

生殖細胞の発生は通常は周囲の環境に強く影響されるが，もし外的要因がない場合，生殖細胞は内在的に決まった分化経路をとる。すべてのマウスの生殖細胞は，生まれる前に減数分裂に入ると卵として発生し，生まれる前に減数分裂に入らない場合は精子として発生する。XX，XY に限らず，生殖巣に入れず，近くの組織，例えば中腎や副腎に入ってしまった生殖細胞は減数分裂に入り，雄でも雌でも卵として発生し始める。したがって，生殖細胞のデフォルトの性は雌である。XX および XY の 4 細胞期の胚を混合して作製したキメラマウス胚では，精巣の細胞に囲まれた XX 生殖細胞は精子形成過程に入るが，後に発生は異常になる。ある種の Y/XX マウス系統では精巣ではなく卵巣を持つようになり，XY 生殖細胞は比較的正常に卵母細胞として発生するが，受精のあとの第二減数分裂の際に紡錘体がうまく形成されず，結局発生できない。XY 卵母細胞核を正常の XX 卵母細胞に移植する実験では，健康な子供をつくることができる。よって XY の細胞質に異常があるようである。

ショウジョウバエにおいて XX と XY の生殖細胞の差は，体細胞同様に，最初は X 染色体の数に依存する。そして，他の多くの因子は体細胞の性決定とは異なるものの，*Sxl* 遺伝子が再び重要な役割を担う。染色体および細胞間相互作用の両者が，生殖細胞の性的発生に関与する。遺伝的に標識された極細胞（第 9.1 節参照）を逆の性のショウジョウバエの胚に移植すると，雌の XX 胚内において雄の XY 生殖細胞は，卵巣に入り精子になる。すなわち細胞は，染色体の組成から考えると細胞自律的ということになる。一方，XX 生殖細胞は，精巣の中では精子として発生しようとする。すなわち，環境のほうが優位である。しかしながら，どちらの場合も機能的に正常な精子はつくられない。

線虫の雌雄同体では同じ生殖巣のなかで精子も卵も形成されるので，生殖細胞の性分化を考えるうえで非常に興味深い例である。細胞系譜およびその数も決まっている体細胞とは異なり，成体でつくられる生殖細胞の数は決まっていないが，片

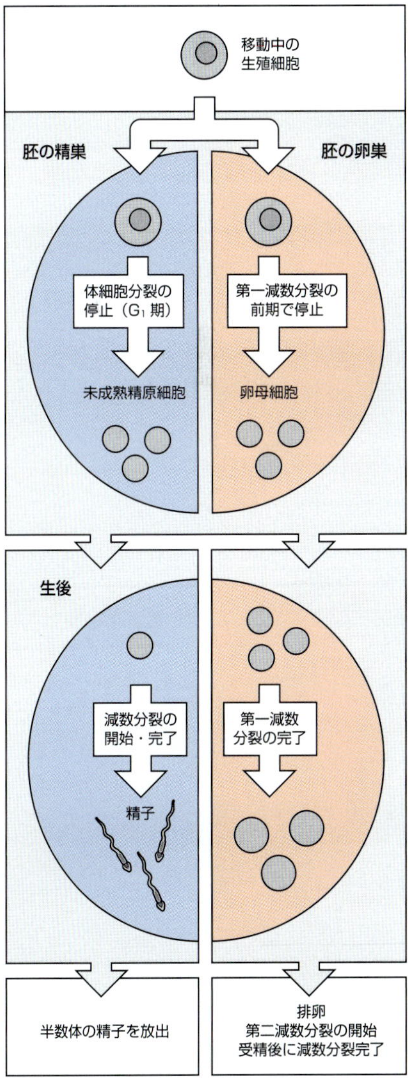

図 9.28　哺乳類においては雄と雌では生殖細胞の減数分裂開始のタイミングが大きく異なる

上パネル：移動中の生殖細胞は XX，XY にかかわらず，精巣に入らない限りは減数分裂前期に入り，卵形成を開始する。精巣で生殖細胞は，細胞分裂をブロックし，減数分裂の開始を阻害するシグナルを受ける。下パネル：生後の雄のマウスでは，精巣内の二倍体の未分化精原細胞が減数分裂を開始・完了し，成熟した半数体の精子を産生する（左）。生後の雌のマウスでは，卵は卵巣内で第一減数分裂を完了するが，排卵されるまでは第二減数分裂には入らない。卵は受精後に減数分裂を完了する。

側の生殖巣でおよそ1000個ぐらいである。1齢幼虫が孵化するころには，生殖細胞のもとになる細胞はたった2つしかない。それらの細胞は遠端細胞（distal tip cell）と呼ばれる細胞のそばに位置し，遠端細胞からのシグナルによりその増殖が制御されている。そのシグナルは，Notch リガンド Delta のホモログである LAG-2 タンパク質である。これに対する受容体は，生殖細胞にある GLP-1 であり，産卵口の形成に関与する LIN-12（第6.6節参照）や Notch と似ている。GLP-1 が初期胚の細胞運命の決定に関与することはすでに学んだ（第6.3節参照）。

線虫では，生殖細胞は3齢幼虫期から減数分裂に入るが，このタイミングは遠端細胞からのシグナルに制御される。このシグナルの存在下では細胞は増殖し，シグナルから解放されると減数分裂に入り，精子になる（**図9.29** 上段）。雌雄同体の生殖巣では，最初に遠端細胞の制御下から離れた細胞は精子形成を行い，後期に増殖領域を去って減数分裂に入った細胞は卵母細胞を形成する（**図9.29** 下段）。卵は子宮へ移動するときに，貯蔵されていた精子と受精する。雄の生殖巣には同様な増殖および減数分裂領域があるが，すべての細胞は精子になる。

線虫の生殖細胞の性決定はある面では体細胞の場合と似ていて，染色体の構成が主な性決定因子であり，多くの同様な遺伝子カスケードが遺伝子発現に関与する。最終的に精子形成を制御する遺伝子は *fem*，*fog* と呼ばれる。雌雄同体では，いくらかの XX 生殖細胞で *fem* 遺伝子を活性化する機構があるはずであり，それがそれらの細胞が精子に発生することを可能にする。

9.18 X連鎖遺伝子の遺伝子量補正にはいろいろな方法が使われている

我々がこの章で扱ったすべての動物には，X連鎖遺伝子に性による不均衡がある。一方の性は2本のX染色体を持ち，もう一方には1本しかない。両方の性で遺伝子発現量を一定にするために，この不均衡は補正されなければならない。ここに関わる機構を**遺伝子量補正（dosage compensation）**と呼ぶ。この不均衡の補正に失敗すると，発生の異常や停止などが起こる。動物によってその補正の方法

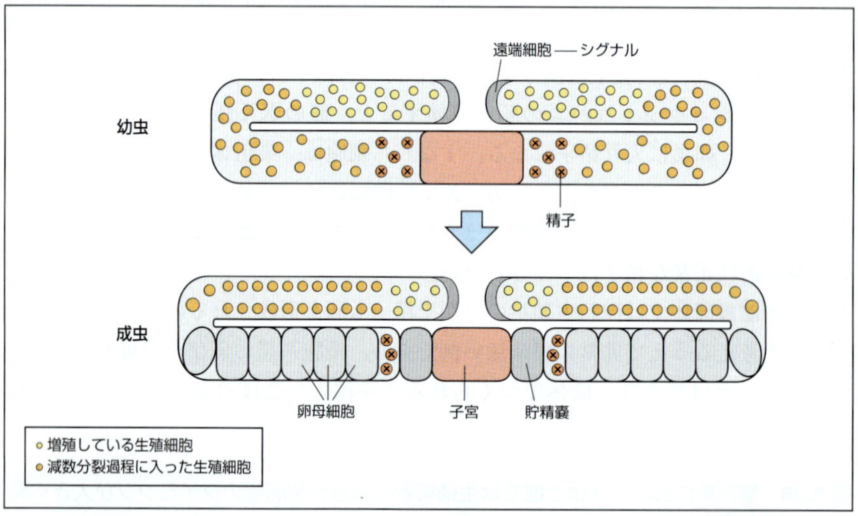

図9.29 雌雄同体線虫の生殖巣における生殖細胞の性決定機構
上図：幼虫の間，生殖巣の先端に近い領域の生殖細胞は分裂を繰り返す；幼虫期では，細胞はこの部分から離れると減数分裂を開始し，精子になる。下図：成虫では，増殖領域から抜け出た細胞は卵母細胞へと発生する。卵は子宮に入る際に受精する。
Clifford, R., et al.: 1994 より

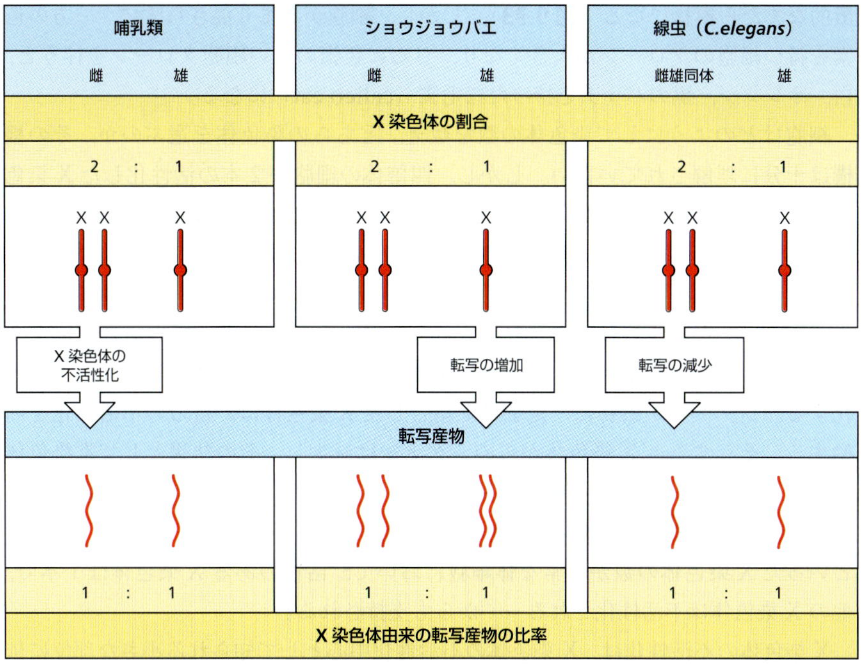

図 9.30　遺伝子量補正の機構
哺乳類，ショウジョウバエ，線虫においては，1 つの性は 2 本の X 染色体を持ち，もう一方の性は 1 本の X 染色体を持つ。哺乳類の雌は 1 本の X 染色体を不活性化し，ショウジョウバエの雄は 1 本の X 染色体からの転写を増加させ，線虫においては雌雄同体での X 染色体からの転写を減少させる。これら異なる遺伝子量補正機構により，雄と雌における X 染色体からの転写レベルはほぼ同じになる。

は異なる（**図 9.30**）。

マウスやヒトのような哺乳類では，胚盤胞が子宮に着床したあとに，雌は 2 本ある X 染色体の一方を不活性化する。いったん X 染色体が不活性化されると，その系列の体細胞は不活性化状態を一生維持する（**図 9.31**）。不活性化した X 染色体は細胞分裂のときに複製するが，転写活性としては不活性化状態であり，細胞周期の間も他の染色体とは異なった状態をとる。有糸分裂では，すべての染色体は高度に凝縮する。細胞周期の間期では他のすべての染色体は凝縮が解除され，DNA とタンパク質の複合体である**クロマチン（chromatin）**構造は緩まって伸びて，光学顕微鏡下では検出できなくなる。しかしながら，不活性化した X 染色体は凝縮したままであり，ヒトの細胞の場合はバー小体（Barr body）として検出できる（**図 9.32**）。どちらの X 染色体が不活性化されるかはランダムに決まるので，哺乳類の雌個体は X 染色体に関してはモザイクになっている。

X 染色体不活性化のモザイク効果は，雌の個体の皮膚の色に関しては視認することができる。X 染色体上に毛色の遺伝子を持つ雌マウスのヘテロ個体では，毛色に関する X 染色体上の遺伝子が活性化した皮膚細胞集団がパッチ状に存在することになる。それ以外の部分は X 染色体上の遺伝子が不活性状態の細胞である。三毛猫の毛色のパターンもまた，X 染色体に連鎖した遺伝子のモザイクによるものである。三毛猫は *orange*（X^O）と *black*（X^B）という 2 つの共優性の遺伝子座を X 染色体に持つ。これらの遺伝子はオレンジと黒の色素をつくる遺伝子である。色素遺伝子は，皮膚に移動する神経堤細胞由来の色素細胞で発現する。X^O 遺伝子が不活性化された染色体を持つ細胞は X^B を発現し，逆の場合は X^O を発現する。2 色のサビ猫（tortoiseshell cat）では，2 種類の細胞がよく混ざった状態になり，特

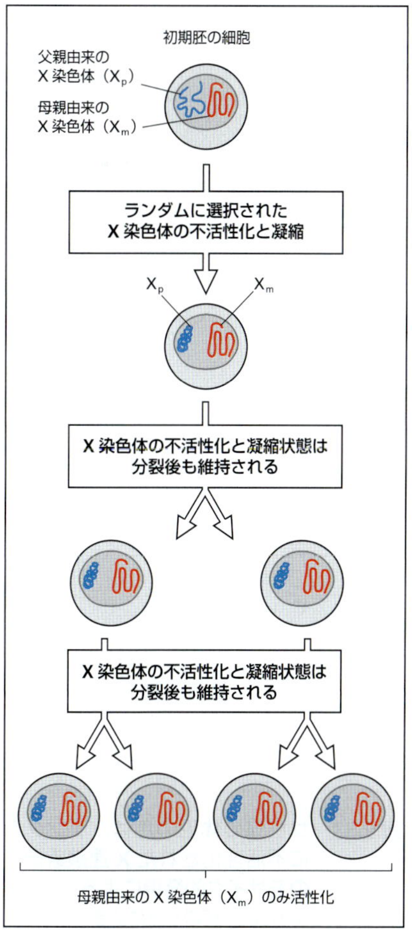

図 9.31　不活性化された X 染色体の継承
哺乳類の雌の初期胚では，2 本の X 染色体のうち父方由来（X_p），あるいは母方由来（X_m）の染色体がランダムに不活性化される。図においては父親からの X 染色体が不活性化されており，この状態はその後の細胞分裂においても維持される。不活性化された染色体は高度に凝縮する。
Alberts, B., et al.: 2002 より

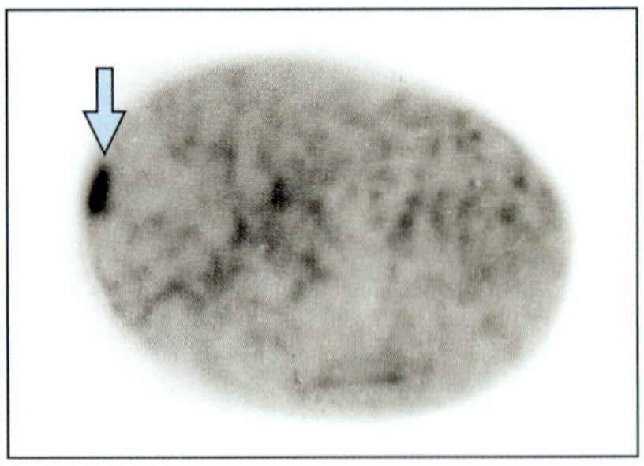

図 9.32 不活性化されたX染色体（バー小体）
写真は雌の口腔細胞の間期核におけるバー小体（矢印）を示す。
写真は J. Delhanty 氏の厚意による

徴的なまだら模様になる（**図 9.33**）。しかし，細胞があまり混ざらずに，一方の色素を持つ細胞のクローンが大きくなり，さらに色素のない細胞クローンを伴うと，白，オレンジ，黒のパッチを持った三毛猫（calico cat）になる。

細胞はどのようにして染色体の数を数え，どちらの染色体を選ぶのか，その機構は十分に理解されていない。しかし，四倍体の細胞が2本の活性化したX染色体を持つことから，以下の仮説が支持されている。すなわち，X染色体自体からつくられるシグナルの量が，常染色体とX染色体の間に負のフィードバックをつくるというものである。不活性化の前には，X染色体は他の染色体に結合するシグナル（RNAかタンパク質かは不明）をつくっている。そのすべての結合部位が占められると今度は常染色体がシグナルを出し，それはX染色体に結合し，不活性化する。シグナルが最初に一定量以上結合したX染色体は，自らの不活性化を開始する。そうするとX染色体からのシグナルは減少し，その結果として常染色体からの不活性化シグナルも減少する。そして二倍体ゲノムにつき1本のX染色体が不活性化される。この機構はこれまでに観察されている結果——XXY，XXXYといったX染色体の数が異常な体細胞において，活性のあるX染色体は1本で，他のX染色体は不活性化される——からも支持される。

X染色体の不活性化は，X染色体の不活性化中心として知られる小さな部位に依存していることが知られており，ここは *Xist* と *Tsix* という名前が示すように，うら・おもての関係にある一対のオーバーラップしたノンコーディングRNAをコードする遺伝子を含む。これらのRNAの競合活性が，X染色体の不活性化を制御している。不活性化の前には，これらのRNAは両方のX染色体から低いレベルで転写されている。*Xist* の発現はその後どちらか一方のX染色体で著しく上昇し，もう一方からの転写がなくなる。どうしてこのようなことが起こるのかそのメカニズムは不明だが，その候補として，先に述べた仮想的な常染色体からのシグナルがある。*Xist* の転写産物はその合成部位からX染色体に巻きつき始め，次第にX染色体全体を覆い，*Tsix* を含むその全体の転写を抑制し，X染色体の不活性化を実現する。不活性化されなかったX染色体では *Tsix* の転写はその後少し維持される

図 9.33 サビ猫の体毛の色は，ランダムに不活性化されたX連鎖遺伝子のモザイク的発現による
写真は Bruce Goatly 氏の厚意による

が，X 染色体の不活性化が完了すると，*Xist* と *Tsix* 両者の発現は活性のある X 染色体において完全に停止する。*Xist* RNA は，不活性化された X 染色体では細胞分裂を経ても維持され，不活性状態の維持に貢献する。不活性化された X 染色体は活性のある染色体とは異なった DNA のメチル化パターンを示し，このメチル化が不活性化状態の維持を助けているようである。DNA のメチル化は哺乳類の遺伝子発現を長期間にわたって抑制する機構のひとつであり，我々はその例として，すでに，この機構が母性および父性の遺伝子発現に差を生じるゲノムインプリンティングの機構として働くことを学んだ（第 9.8 節参照）。DNA のメチル化およびエピジェネティック制御の詳細に関しては，**Box 10A**（p. 393）で述べる。

ショウジョウバエにおける遺伝子量補正の方法は，マウスやヒトとは異なっている（**図 9.30** 参照）。雌における過剰な X 染色体を抑制するのではなく，雄の X 染色体の活性を約 2 倍に増加させるのである。ある雄特異的遺伝子群――MLS 遺伝子座――が遺伝子量補正を担っている。これは雌では Sxl タンパク質によって抑制されており，X 染色体の過剰な転写を防いでいる。雄におけるこの遺伝子活性の増加は，Sxl タンパク質がないことによって可能になる。したがって Sxl タンパク質が発現している雌では，遺伝子量補正機構自体が機能しないようになっている。マウスの場合と同様に，この機構にはノンコーディング RNA が関与している。

線虫での遺伝子量補正は，XX 個体における X 染色体からの遺伝子発現を，X 染色体が 1 つの XO 固体と同じレベルにまで減少させることによって行われている（**図 9.30**）。X 染色体の数は，X 染色体にのっているマスター遺伝子である *xol-1* の発現を抑制する遺伝子群によって伝達される。線虫で遺伝子量補正を開始させる鍵となる現象は，雌雄同体でのみ起こる SDC-2 タンパク質の発現である。このタンパク質は X 染色体と特異的に結合し，遺伝子量補正複合体と呼ばれるタンパク質複合体の集合を引き起こす。この複合体は X 染色体の特異的な領域に結合して，転写を減少させる。

まとめ

発生初期過程で雌雄の差はほとんどない。性決定のシグナルが，雌雄どちらかへの発生を開始させる。哺乳類，ショウジョウバエ，線虫において，このシグナルは受精卵の染色体構成によって決まる。哺乳類では，Y 染色体にのっている *Sry* 遺伝子が，胎児期の生殖巣を精巣へと誘導し，雄の性成熟を促すホルモンを分泌させる。体細胞の性的特徴は，生殖巣から分泌されるホルモンにより決まる。線虫やショウジョウバエにおける最初の性決定シグナルは，X 染色体の数である。ショウジョウバエではその結果，雌でのみ *Sex-lethal* 遺伝子が活性化され，雌雄両者で性特異的 RNA スプライシングが関与するその後の遺伝子カスケードが開始される。線虫では，*XO lethal* 遺伝子が雌雄同体の個体ではオフ，雄個体ではオンになる。その結果，遺伝子 *transformer-1* の性特異的な発現を引き起こす。ショウジョウバエの体細胞の性決定は細胞自律的であり，これは X 染色体の数によって制御される。線虫では加えて細胞間相互作用が関与する。哺乳類では生殖巣からのシグナルが，生殖細胞が精子になるか卵母細胞になるかの決定をする。ショウジョウバエの雄の生殖細胞は卵巣内でも精子形成を行うが，雌の生殖細胞は精巣内では精子形成を行う。線虫の成虫の多くは雌雄同体であり，同じ生殖巣から精子と卵の両方をつくる。

X 染色体の雌雄の不均衡を補正するために，いろいろな遺伝子量補正機構が使われている。哺乳類の雌は 1 本の X 染色体を不活性化する。ショウジョウバエの雄は 1 本の X 染色体の活性を増加させる。そして線虫では，雌雄同体の XX は X 染色体の活性を減少させ，1 本の X 染色体を持つ雄と同程度にしている。植物は基本的にすべての細胞が卵と精子を生み出すことができるので，生殖系列は存在しない。ほとんどの植物は雌雄同体の花をつけるが，単一個体に雌雄別の花をつくるものや，雌雄別の個体を持つものもある。植物もインプリンティング機構を持ち，これは精子や胚乳で機能している。

まとめ：性の決定機構

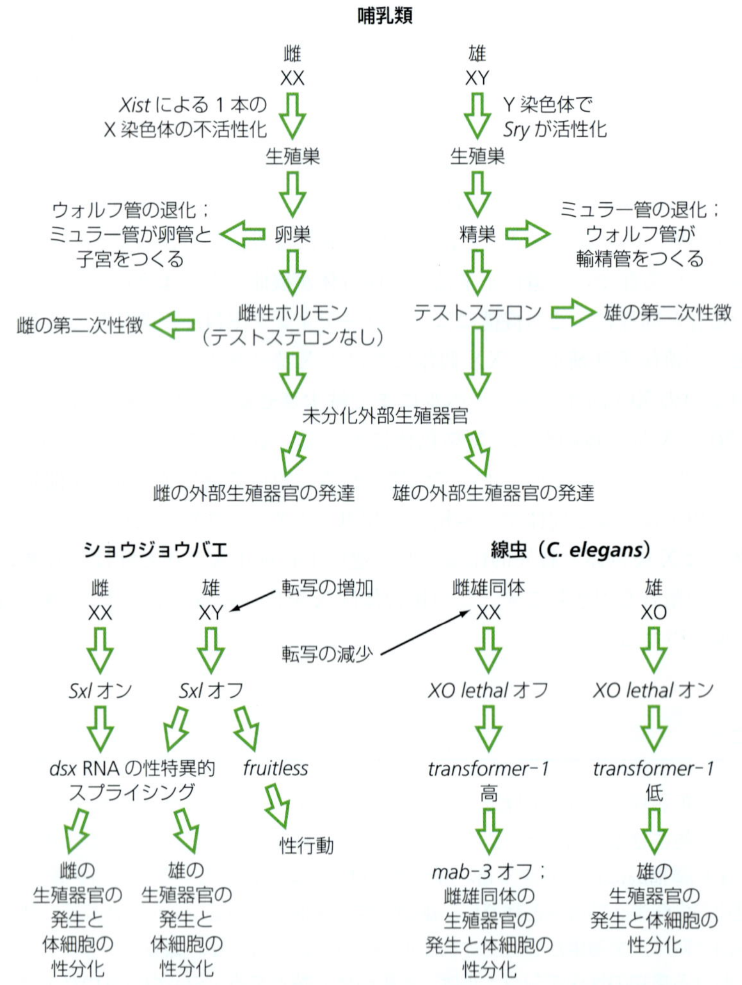

第 9 章のまとめ

多くの動物は，卵の中に含まれる細胞質因子の局在によって，将来の生殖細胞を指定する。哺乳類の場合は例外的で，生殖細胞は細胞間相互作用により指定される。動物では生殖細胞が精子や卵になる過程で，染色体の構成や生殖巣内での体細胞との相互作用が重要な意味を持つ。受精時に卵と精子の融合が発生を開始させるが，単一の精子のみが卵と融合できるような仕組みがある。母性および父性のゲノムが正常発生には必要である。というのは，いくつかの遺伝子はインプリンティングされており，発生過程におけるそれらの遺伝子の発現は，その遺伝子が精子と卵のどちらに由来したかによって決まるからである。多くの動物では，染色体の構成が胚の雌雄の発生を決定する。哺乳類では Y 染色体が雄の決定因子である。これが精巣の発生を決定づけ，精巣がつくるホルモンが雄の性的特徴の発生を誘導する。Y染色体がないと，胚は雌として発生する。ショウジョウバエや線虫では性はX染色体の数で決まり，これがその後の遺伝子カスケードを開始させる。線虫では体細胞の性的特徴は細胞間相互作用によって決まる。ショウジョウバエでは，体細胞の性分化は細胞自律的である。動物は雌雄のX染色体の不均衡を補正するために，いろいろな遺伝子量補正戦略を使っている。

●章末問題

記述問題

1. 生殖系列細胞，配偶子，体細胞の違いを説明せよ。生殖細胞の重要な機能は何か。

2. ショウジョウバエおよびアフリカツメガエルにおいて，特異的な生殖質の存在を示す証拠をまとめよ。動物の発生において生殖質の存在は普遍的な性質か否か。

3. ショウジョウバエの生活環を2世代にわたって図示せよ：*oskar* 遺伝子の機能喪失型劣性変異のヘテロ接合体の雄と雌のペアから開始せよ。それらを交配させて *oskar* のホモ接合体の雄と雌をつくれ。それらの *oskar* 変異体と野生型のハエを交配せよ。それらの変異がどうして“孫なし”と呼ばれるのかわかるように図示せよ。*oskar* のホモ変異体が雄であっても雌であっても同じことが起こるかどうか説明せよ。

4. 生殖細胞の移動における SDF-1/CXCR4 と STEEL/KIT の役割の違いを示せ。

5. 減数分裂の次の観点に関して議論せよ：(1) なぜ“減数”分裂（第一減数分裂）が重要なのか。(2) 有性生殖における相同組換えの意義を述べよ。(3) 精子形成においては減数分裂の結果4つの精子が形成されるのに，卵形成においてはなぜ1つの卵しか形成されないのか——他の卵はどこへ行ったのか。

6. ヒトの発生過程において，一次卵母細胞はいつ形成されるのか。その形成と受精可能な卵が形成される間には何が起こるのか。受精の際に卵は減数分裂のどの状態にあるのか。

7. エピジェネティックな機構とは何を意味するのか。ゲノムインプリンティングとは何か。そしてこれらの関係はどういったものか。

8. 精子の核が卵に入る過程を記述せよ。回答には SED1，ZP3，およびアクロソーム酵素を入れること。

9. ウニの受精は卵全体に広がるカルシウム波を引き起こす。このカルシウムの由来は細胞内か細胞外か。このカルシウムの上昇の結果起こることを2つ答えよ。

10. MPF とは何か。細胞周期における MPF 様分子の機能を要約せよ。

11. 以下の現象は染色体のどのような異常から証明できるか。(1) ヒトの雄の性決定は2本のXではなくY染色体の存在によって制御されている。(2) ショウジョウバエの雌の性決定は1本のY染色体ではなく，2本のX染色体の存在によって制御されている。(3) ヒトにおける1本のX染色体はヒトの雌の性決定に十分である。(4) 1本のX染色体はショウジョウバエの雄の決定に十分である。(5) *SRY* はヒトの雄性決定の責任遺伝子である。

12. 哺乳類における雄の決定は *SRY* によってどのように引き起こされるか：Sox9，セルトリ細胞，ライディッヒ細胞，ミュラー管抑制因子およびテストステロンを解答に含めよ。

13. 哺乳類における生殖巣とその関連構造の発生を，ウォルフ管とミュラー管に着目して要約せよ。

14. ショウジョウバエの性の決定がいかにして細胞自律的に起こるかを，図 9.24 と図 9.25 の情報を用いて要約せよ。単に2つの図をコピーするのでなく，ひとつのスキームとして完成させよ。

15. 線虫 *C.elegans* の性は他のモデル生物の性とどこが違うのか。これは生殖の方法にどのように影響するか。

16. ショウジョウバエと線虫の性決定機構を比較し，その違いを簡単に述べよ。用いられている戦略に共通性はあるか。関与している機構に違いはあるか。

17. X染色体の不活性化による遺伝子量補正は，ヒトの染色体構成が XY，XX，XXY，XXX の場合ではどのように機能するかを述べよ。

18. 哺乳類において，*Xist* はどのようにX染色体の不活性化に寄与するか。なぜこのプロセスに関与するもう1つの遺伝子が *Tsix* と命名されたか推測せよ。

選択問題
それぞれの問題で正解は1つである。

1. ショウジョウバエの生殖質を指定するものはどれか。
a) *bicoid*
b) Hox 遺伝子
c) *oskar*
d) 精子の侵入点

2. マウスにおいて生殖細胞は最も初期にどのようにして同定されるか。
a) 近位エピブラストの中胚葉予定領域に Blimp1 発現細胞として
b) 生殖巣を形成する中胚葉のなか
c) 胚の後端に極細胞質を持つ細胞として
d) 生殖隆起に Oct-4 発現細胞として

3. 体細胞分裂と比較して，配偶子の形成に最も重要となる減数分裂の特徴はどれか。
a) 相同染色体は第一減数分裂のとき分離し，姉妹染色分体は体細

胞分裂で分離する
b) 減数分裂は半数体産物をつくるが，体細胞分裂は二倍体の娘細胞を生む
c) 減数分裂では相同染色体の組換えの可能性があるが，体細胞分裂にはない
d) 一般に，雌の減数分裂過程で形成される4つの細胞のうち3つは卵にならないが，体細胞分裂は2回の分裂のあと，4つの機能的な細胞を生む

4. 出生時に哺乳類の卵母細胞は，どのタイプの分裂のどのようなステージにあるか。
a) 体細胞分裂の G_1 期
b) 第二減数分裂の中期
c) 第一減数分裂の前期
d) 体細胞分裂の中期

5. 哺乳類の卵の透明帯とは何か。
a) 卵黄膜と表層顆粒の中身によって形成される多精子受精を物理的にブロックする堅い膜
b) 卵丘細胞と呼ばれる濾胞細胞由来の層
c) 糖タンパク質からなる細胞外層
d) 卵の細胞膜

6. 哺乳類の卵管の由来はどれか。
a) 中腎
b) ミュラー管
c) 尿管
d) ウォルフ管

7. ショウジョウバエのSxlタンパク質の分子活性はどれか。
a) X染色体の数を数える numerator
b) 転写因子
c) RNAスプライシングの制御
d) Tra受容体へのシグナル

8. ヒトの遺伝病であるアンジェルマン症候群は，母親由来の15番染色体の特定の場所に小さな欠損があることによる。なぜこの欠損が劣性遺伝子座として機能しないのか，すなわち，なぜ父親から由来する正常領域によってこの欠損が補填されないのか。
a) 欠損を持つ染色体は正常な細胞分裂ができない。よって細胞分裂をするたびに，染色体異常を持つ細胞が生じ，これらの細胞が個体の発生に正常に寄与できない
b) 父親からの15番染色体では，母親からの染色体が変異を持つ部分がインプリンティングされている，すなわち不活性化されている。このため欠損部分の遺伝子の活性がなく，発生が正常に進まない
c) 15番染色体の該当部分の遺伝子は，正常発生に2つのコピーが必要である。したがって一方に欠損があると正常な発生ができない
d) 発生にはゲノムのすべての遺伝子において2コピーあることが必要である。ゆえにこの領域の1コピーの欠損でも発生異常を起こす

9. 表層反応とは何か，なぜ重要なのか。
a) 表層反応とは，精子が侵入した後に起こる膜の脱分極のことである。これによって多精子受精をブロックする
b) 表層反応とは，表層を通って卵にカルシウムイオンが入ることである。これによって発生が開始される
c) 表層反応とは，卵の表層と卵の細胞膜との融合反応のことである。これによって精子の侵入が可能となる
d) 表層反応とは，精子の侵入のあとに表層顆粒が放出されることである。これによって卵黄膜が受精膜に変換され，多精子受精をブロックする

10. 線虫のGLP-1タンパク質は哺乳類のどのシグナルタンパク質に似ているか。
a) BMP
b) Delta
c) Notch
d) テストステロン受容体

選択問題の解答

1:c，2:a，3:b，4:c，5:c，6:b，7:c，8:b，9:d，10:c

● 本章の理解を深めるための参考文献

Chadwick, D., Goode, J.: *The Genetics and Biology of Sex Determination 2002*. Novartis Foundation Symposium 244. New York: John Wiley, 2002.

Cinalli, R.M., Rangan, P., Lehman, R.: **Germ cells are forever.** *Cell* 2008, **132**: 559–562.

Crews, D.: **Animal sexuality**. *Sci. Am.* 1994, **270**: 109–114.

Zarkower, D.: **Establishing sexual dimorphism: conservation amidst diversity?** *Nat. Rev. Genet.* 2001, **2**: 175–185.

● 各節の理解を深めるための参考文献

9.1 生殖細胞の発生運命が，卵の中にある特殊な生殖質によって指定される場合

Extavour, C.G., Akam, M.: **Mechanisms of germ cell specification across the metazoans: epigenesis and preformation**. *Development* 2003, **130**: 5869–5884.

Matova, N., Cooley, L.: **Comparative aspects of animal oogenesis**. *Dev. Biol.* 2001, **231**: 291–320.

Mello, C.C., Schubert, C., Draper, B., Zhang, W., Lobel, R., Priess, J.R.: **The PIE-1 protein and germline specification in *C. elegans* embryos**. *Nature* 1996, **382**: 710–712.

Micklem, D.R., Adams, J., Grunert, S., St. Johnston, D.: **Distinct roles of two conserved Staufen domains in *oskar* mRNA localisation and translation**. *EMBO J.* 2000, **19**: 1366–1377.

Ray, E.: **Primordial germ-cell development: the zebrafish perspective**. *Nat. Rev. Genet.* 2003, **4**: 690–700.

Williamson, A., Lehmann, R.: **Germ cell development in *Drosophila***. *Annu. Rev. Cell Dev. Biol.* 1996, **12**: 365–391.

9.2 哺乳類の生殖細胞は，発生過程で細胞間相互作用により誘導される

Kurimoto, K., Yamaji, M., Seki, Y., Saitou, M.: **Specification of the germ cell lineage in mice: a process orchestrated by the PR-domain proteins, Blimp1 and Prdm14.** *Cell Cycle* 2008, **7**: 3514–3518.

McLaren, A.: **Primordial germ cells in the mouse.** *Dev. Biol.*

2003, **262**: 1–15.

Ohinata, Y., Payer, B., O'Carroll, D., Ancelin, K., Ono, Y., Sano, M., Barton, S.C., Obukhanych, T., Nussenzweig, M., Tarakhovsky, A., Saitou, M., Surani, M.A.: **Blimp1 is a critical determinant of the germ cell lineage in mice**. *Nature* 2005, **436**: 207–213.

Saitou, M., Barton, S.C., Surani, M.A.: **A molecular programme for the specification of germ cell fate in mice**. *Nature* 2002, **418**: 293–300.

Saitou, M., Payer, B., Lange, U.C., Erhardt, S., Barton, S.C., Surani, M.A.: **Specification of germ cell fate in mice**. *Philos. Trans. R. Soc. Lond. B Biol. Sci.* 2003, **358**: 1363–1370.

9.3 生殖細胞は形成された場所から生殖巣へ移動する

Deshpande, G., Godishala, A., Schedl, P.: **Gγ1, a downstream target for the *hmgcr*-isoprenoid biosynthetic pathway, is required for releasing the Hedgehog ligand and directing germ cell migration**. *PLoS Genet.* 2009, **5**: e1000333.

Doitsidou, M., Reichman-Fried, M., Stebler, J., Koprunner, M., Dorries, J., Meyer, D., Esguerra, C.V., Leung, T., Raz, E.: **Guidance of primordial germ cell migration by the chemokine SDF-1**. *Cell* 2002, **111**: 647–659.

Knaut, H., Werz, C., Geisler, R., Nusslein-Volhard, C., Tubingen 2000 Screen Consortium: **A zebrafish homologue of the chemokine receptor Cxcr4 is a germ-cell guidance receptor**. *Nature* 2003, **421**: 279–282.

Molyneaux, K., Wylie, C.: **Primordial germ cell migration**. *Int. J. Dev. Biol.* 2004, **48**: 537–544.

Pelegri F.: **Maternal factors in zebrafish development**. *Dev. Dyn.* 2003, **228**: 535–554.

Raz, E.: **Guidance of primordial germ cell migration**. *Curr. Opin. Cell Biol.* 2004, **16**:169–173.

Santos, A.C., Lehmann, R.: **Germ cell specification and migration in *Drosophila* and beyond**. *Curr. Biol.* 2004, **14**: R578–R589.

Weidinger, G., Wolke, U., Köprunner, M., Thisse, C., Thisse, B., Raz, E.: **Regulation of zebrafish primordial germ cell migration by attraction towards an intermediate target**. *Development* 2002, **129**: 25–36.

Wylie, C.: **Germ cells**. *Cell* 1999, **96**: 165–174.

9.5 生殖細胞の分化は減数分裂による染色体の半減に関与する

De Rooij, D.G., Grootegoed, J.A.: **Spermatogonial stem cells**. *Curr. Opin. Cell Biol.* 1998, **10**: 694–701.

Hultén, M.A., Patel, S.D., Tankimanova, M., Westgren, M., Papadogiannakis, N., Jonsson, A.M., Iwarsson, E.: **The origins of trisomy 21 Down syndrome**. *Mol. Cytogenet.* 2008, **1**: 21–31.

Mehlmann, L.M.: **Stops and starts in mammalian oocytes: recent advances in understanding the regulation of meiotic arrest and oocyte maturation**. *Reproduction* 2005, **130**: 791–799.

Pacchierottia, F., Adler, I.-D., Eichenlaub-Ritter, U., Mailhes, J.B.: **Gender effects on the incidence of aneuploidy in mammalian germ cells**. *Environ. Res.* 2007, **104**: 46–69.

Vogta, E., Kirsch-Volders, M., Parry, J., Eichenlaub-Rittera, U.: **Spindle formation, chromosome segregation and the spindle checkpoint in mammalian oocytes and susceptibility to meiotic error**. *Mutat. Res.* 2008, **651**: 14–29.

9.6 卵母細胞の形成には，遺伝子増幅や他の細胞の関与がある

Browder, L.W.: *Oogenesis*. New York: Plenum Press, 1985.

Choo, S., Heinrich, B., Betley, J.N., Chen, A., Deshler, J.O.: **Evidence for common machinery utilized by the early and late RNA localization pathways in *Xenopus* oocytes**. *Dev. Biol.* 2004, **278**: 103–117.

de Rooij, D.G, Grootegoed, J.A.: **Spermatogonial stem cells**. *Curr. Opin. Cell Biol.* 1998, **10**: 694–701.

9.7 卵の全能性を維持する細胞質因子

Gurdon, J.B.: **Nuclear transplantation in eggs and oocytes**. *J. Cell Sci. Suppl.* 1986, **4**: 287–318.

9.8 哺乳類では，胚発生を制御するいくつかの遺伝子が“インプリンティング”されている

Ideraabdullah, F.Y., Vigneau, S., Bartolomei, M.S.: **Genomic imprinting mechanisms in mammals**. *Mutat. Res.* 2008, **647**: 77–85.

Morison, I.M., Ramsay, J.P., Spencer, H.G.: **A census of mammalian imprinting**. *Trends Genet.* 2005, **21**: 457–465.

Reik, W., Walter, J.: **Genomic imprinting: parental influence on the genome**. *Nat. Rev. Genet.* 2001, **2**: 21–32.

Wood, A.J., Oakey, R.J.: **Genomic imprinting in mammals: emerging themes and established theories**. *PLoS Genet.* 2006, **2**: e147.

Wu, H-A., Bernstein, E.: **Partners in imprinting: noncoding RNA and Polycomb group proteins**. *Dev. Cell* 2008, **15**: 637–638.

9.9 受精には卵と精子間の細胞表層の相互作用が関わる

Ensslin, M.A., Lyng, R., Raymond, A., Copland, S., Shur, B.D.: **Novel gamete receptors that facilitate sperm adhesion to the egg coat**. *Soc. Reprod. Fertil. Suppl.* 2007, **63**: 367–383.

Jungnickel, M.K., Sutton, K.A., Florman, H.M.: **In the beginning: lessons from fertilization in mice and worms**. *Cell* 2003, **114**: 401–404.

Ohelndieck, K., Lennarz, W.J.: **Role of the sea-urchin egg receptor for sperm in gamete interactions**. *Trends Biochem. Sci.* 1995, **20**: 29–33.

Rubinstein, E., Ziyyat, A., Wolf, J.P., Le Naour, F., Boucheix, C.: **The molecular players of sperm-egg fusion in mammals**. *Semin. Cell Dev. Biol.* 2006, **17**: 254–263.

Shur, B.D., Ensslin, M.A., Rodeheffer, C.: **SED1 function during mammalian sperm-egg adhesion**. *Curr. Opin. Cell Biol.* 2004, **16**: 477–485.

Singson, A.: **Every sperm is sacred: fertilization in *Caenorhabditis elegans***. *Dev. Biol.* 2001, **230**: 101–109.

9.10 多精子受精を抑制する卵膜の変化

Gardner, A.J., Evans, J.P.: **Mammalian membrane block to polyspermy: new insights into how mammalian eggs prevent fertilization by multiple sperm**. *Reprod. Fertil. Dev.* 2005, **18**: 53–61.

Hedrick, J.L.: **A comparative analysis of molecular mechanisms for blocking polyspermy: identification of a**

lectin-ligand binding reaction in mammalian eggs. *Soc. Reprod. Fertil. Suppl.* 2007, **63**: 409–419.

Tian, J., Gong, H., Thomsen, G.H., Lennarz, W.J.: ***Xenopus laevis* sperm-egg adhesion is regulated by modifications in the sperm receptor and the egg vitelline envelope**. *Dev. Biol.* 1997, **187**: 143–153.

Wong, J.L., Wessel, G.M.: **Defending the zygote: search for the ancestral animal block to polyspermy**. *Curr. Top. Dev. Biol.* 2006, **72**: 1–151.

9.11 精子と卵の融合は，卵の活性化に必要なカルシウム波を引き起こす

Knott, J.G., Gardner, A.J., Madgwick, S., Jones, K.T., Williams, C.J., Schultz, R.M.: **Calmodulin-dependent protein kinase II triggers mouse egg activation and embryo development in the absence of Ca^{2+} oscillations**. *Dev. Biol.* 2006, **296**: 388–395.

Swann, K., Yu, Y.: **The dynamics of calcium oscillations that activate mammalian eggs**. *Int. J. Dev. Biol.* 2008, **52**: 585–594.

Whitaker, M.: **Calcium at fertilization and in early development**. *Physiol. Rev.* 2006, **86**: 25–88.

Yu, Y., Halet, G., Lai, F.A., Swann, K.: **Regulation of diacylglycerol production and protein kinase C stimulation during sperm- and PLCzeta-mediated mouse egg activation**. *Biol. Cell* 2008, **100**: 633–643.

9.12 哺乳類における性決定遺伝子はY染色体にのっている

Capel, B.: **The battle of the sexes**. *Mech. Dev.* 2000, **92**: 89–103.

Koopman, P.: **The genetics and biology of vertebrate sex determination**. *Cell* 2001, **105**: 843–847.

Schafer, A.J., Goodfellow, P.N.: **Sex determination in humans**. *BioEssays* 1996, **18**: 955–963.

9.13 哺乳類の性的な表現型は，生殖巣から分泌されるホルモンによって制御される

Swain, A., Lovell-Badge, R.: **Mammalian sex determination: a molecular drama**. *Genes Dev.* 1999, **13**: 755–767.

Vainio, S., Heikkila, M., Kispert, A., Chin, N., McMahon, A.P.: **Female development in mammals is regulated by Wnt-4 signalling**. *Nature* 1999, **397**: 405–409.

9.14 ショウジョウバエの主要な性決定シグナルはX染色体の数であり，それは細胞自律的に機能する

Brennan, J., Capel, B.: **One tissue, two fates: molecular genetic events that underlie testis versus ovary development**. *Nat. Rev. Genet.* 2004, **5**: 509–520.

Hodgkin, J.: **Sex determination compared in *Drosophila* and *Caenorhabditis***. *Nature* 1990, **344**: 721–728.

MacLaughlin, D.T., Donahoe, M.D.: **Sex determination and differentiation**. *New Engl. J. Med.* 2004, **350**: 367–378.

9.15 線虫の体細胞の性分化はX染色体の数によって決まる

Carmi, I., Meyer, B.J.: **The primary sex determination signal of *Caenorhabditis elegans***. *Genetics* **152**: 999–1015.

Meyer, B. J.: **X-chromosome dosage compensation**. In WormBook (June 25, 2005) (edited by The C. elegans Research Community). doi/10.1895/wormbook.1.8.1, http://www.wormbook.org (date accessed 21 May 2010).

Raymond, C.S., Shamu, C.E., Shen, M.M., Seifert, K.J., Hirsch, B., Hodgkin, J., Zarkower, D.: **Evidence for evolutionary conservation of sex-determining genes**. *Nature* 1998, **391**: 691–695.

9.16 多くの顕花植物は雌雄同体だが，いくつかは雌雄別の花を持つ

Irisa, E.N.: **Regulation of sex determination in maize**. *BioEssays* 1996, **18**: 363–369.

Huh, J.H., Bauer, M.J., Hsieh, T.-F., Fischer, R.L.: **Cellular programming of plant gene imprinting**. *Cell* 2008, **132**: 735–744.

9.17 生殖細胞の性決定は，遺伝子組成および細胞間シグナルの両者に依存する

Childs, A.J., Saunders, P.T.K., Anderson, R.A.: **Modelling germ cell development *in vitro***. *Mol. Hum. Reprod.* 2008, **14**: 501–511.

McLaren, A.: **Signaling for germ cells**. *Genes Dev.* 1999, **13**: 373–376.

Obata, Y., Villemure, M., Kono, T., Taketo, T.: **Transmission of Y chromosomes from XY female mice was made possible by the replacement of cytoplasm during oocyte maturation**. *Proc. Natl Acad. Sci. USA* 2008, **105**: 13918–13923.

Seydoux, G., Strome, S.: **Launching the germline in *Caenorhabditis elegans*: regulation of gene expression in early germ cells**. *Development* 1999, **126**: 3275–3283.

9.18 X連鎖遺伝子の遺伝子量補正にはいろいろな方法が使われている

Akhtar, A.: **Dosage compensation: an intertwined world of RNA and chromatin remodeling**. *Curr. Opin. Genet. Dev.* 2003, **13**: 161–169.

Avner, P., Heard, E.: **X-chromosomes inactivation: counting, choice and initiation**. *Nat. Rev. Genet.* 2001, **2**: 59–67.

Csankovszki, G., McDonel, P., Meyer, B.J.: **Recruitment and spreading of the C. elegans dosage compensation complex along X chromosomes**. *Science* 2004, **303**: 1182–1185.

Latham, K.E.: **X chromosome imprinting and inactivation in preimplantation mammalian embryos**. *Trends Genet.* 2005, **21**: 120–127.

Panning, B.: **X-chromosome inactivation: the molecular basis of silencing**. *J. Biol.* 2008, **7**: 30.

Starmer, J., Magnuson, T.: **New model for random X chromosome inactivation**. *Development* 2009, **136**: 1–10.

10

細胞分化と幹細胞

●遺伝子発現の制御　●細胞分化のモデル　●遺伝子発現の可塑性

未分化細胞から数多くの異なるタイプの細胞への分化は，まず胎児期に起こり，誕生後も，大人になってからも継続して起こる。血液細胞や骨格筋細胞のような分化した細胞の特性は，それらの細胞が遺伝子発現の固有のパターンをとる結果，そこで産生されるタンパク質が決まることによって生じるものである。したがって，このような固有の遺伝子発現パターンがどのようにして生じるのか，これが細胞分化の中心的な問題である。この章では，血液細胞・骨格筋細胞・神経堤細胞を含む，よく研究されているいくつかのモデル系について，この問題を議論する。転写因子の働きや DNA の化学修飾，そしてクロマチンタンパク質の翻訳後修飾など，遺伝子発現は一連の複合的な制御を受けていることがわかるだろう。外的なシグナルが分化の鍵となって細胞内のシグナル経路を誘発し，これが遺伝子発現を左右する。また，発生におけるもうひとつの重要な問題は，分化した細胞の可塑性，つまり，分化状態を変える能力の問題である。通常の状態では，あるタイプに分化した細胞が他のタイプの細胞に変わることは滅多にないが，このような変化は起こりうるものだということがわかるだろう。分化細胞から取り出した核を脱核した卵に移植すると，その核はリプログラミング（プログラムの初期化）が可能で，胚発生を起こしうる。このようなクローニングができることは，すでに充分に立証されている。多能性胚性幹細胞および多分化能を有する成体幹細胞は，細胞の分化状態の柔軟性や逆行性をもたらすメカニズムに対する洞察を与えてくれるとともに，再生医療に役立つ可能性がある。

胚の細胞は，最初は互いに同じような形をしているが，やがて違いが生じ，異なるアイデンティティと特異的な機能を獲得する。前章までにみてきたように，初期胚の胚葉形成など多くの発生プロセスでは，細胞の形や遺伝子活性，産生されるタンパク質などに一過的な変化が起こる。これに対して**細胞分化（cell differentiation）**では，神経細胞，赤血球細胞，あるいは脂肪細胞のような，成体において明瞭なアイデンティティを有する細胞タイプが徐々に出現してくる（**図 10.1**）。哺乳類には 200 種類以上の明瞭に識別しうる分化細胞がある。異なるタイプの細胞へと運命づけられた胚細胞は最初，主に遺伝子活性のパターンとそれによって生ずるタンパク質だけが互いに異なっている。細胞が何度か分裂する間に分化が起こり，それらの細胞は徐々に新たな構造的特徴を獲得しながら，予定運命が次第に狭められていく。

分化細胞は特異的な機能を発揮し，最終状態，しかも通常は安定した状態をとるようになる。これは，発生初期の多くの細胞に特徴的にみられる，一時的な性質と

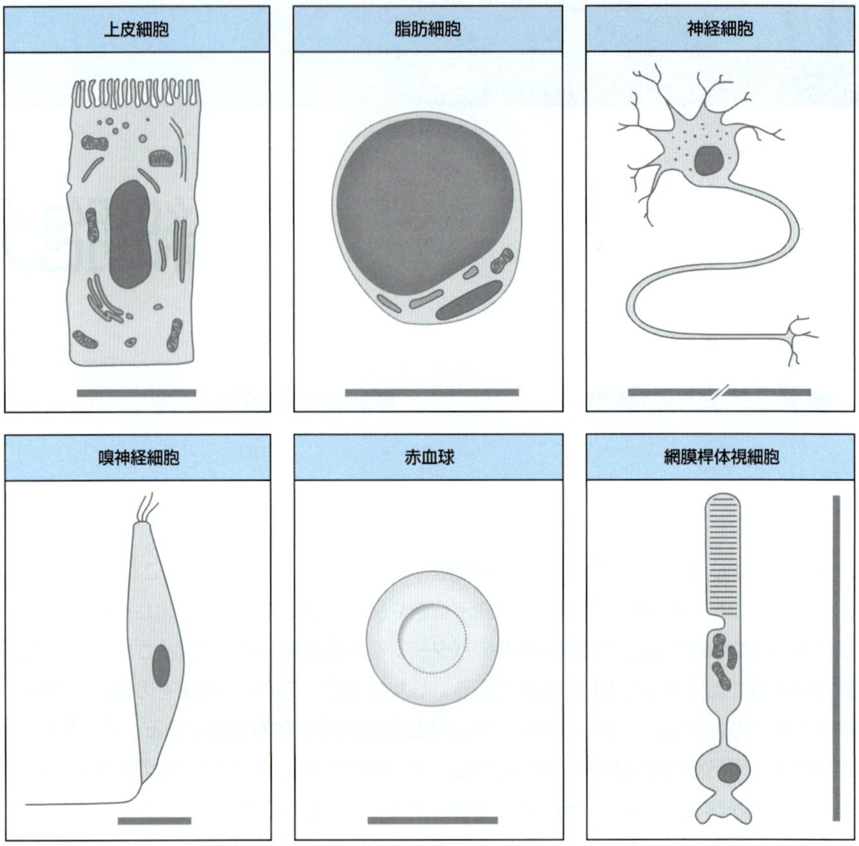

図 10.1 分化した細胞のタイプ
哺乳類の細胞は様々な形，大きさをとる。スケールバー：上皮細胞，15 μm；脂肪細胞，100 μm；神経細胞，100 μm ～ 1 m；嗅神経細胞，8 μm；赤血球，8 μm；網膜桿体視細胞，20 μm。

は対照的なものである。軟骨と骨格筋の前駆細胞は互いに明瞭な構造的違いが見られず，むしろ同じに見えるので，未分化と記述されるかもしれない。しかし，それらを適切な条件で培養してやれば，それぞれ軟骨や骨格筋へと分化するであろう。同様に，分化初期においては白血球の前駆細胞は赤血球の前駆細胞と形の区別ができないが，それらの細胞が発現するタンパク質には違いがある。初期段階における前駆細胞同士の違いは，遺伝子活性の違いと細胞に含まれるタンパク質の違いを反映しており，それがその後の発生を制御するのである。

発生の初期過程と同様に，細胞分化の中心的な特徴は遺伝子発現の変化にある。ある分化細胞で発現する遺伝子には，エネルギー代謝に関わる解糖系の酵素などの幅広い“ハウスキーピング”タンパク質の遺伝子（細胞の生存維持に関わる遺伝子全般をさす）だけでなく，完全に分化した細胞を特徴づける細胞特異的タンパク質をコードする遺伝子が含まれている。赤血球のヘモグロビン，皮膚の上皮細胞のケラチン，骨格筋特異的なアクチンやミオシンなどがそれである。ある時期の胚の，ある細胞の中で，いくつの異なる遺伝子が発現しているのかということを認識しておくことは重要である。それは数千のオーダーであるが，その中のほんの少数だけが細胞の運命決定や分化に関与しているだろう。ある特定の組織や，特定の発生段階において発現するすべての遺伝子は，DNA のマイクロアレイ技術によって検出することができる（**Box 3A**, p. 121 参照）。

分化細胞は，そこに含まれるタンパク質によって特徴づけられる。異なるタンパク質の存在は，かなりの構造的変化をもたらしうる。例えば，哺乳類の成熟赤血球は脱核して両面がくぼんだ円盤型になり，そこにはヘモグロビンが詰まっているが，それに対して白血球の一種である好中球は，多葉型の核と分泌顆粒の詰まった細胞質を持っている。しかしこれらの細胞は，細胞系譜上，初期においては似た細胞なのである。一方，ひとつのタンパク質の発現が，細胞の分化状態を変化させることができる。例えば，線維芽細胞に *myoD* 遺伝子を導入すると，その線維芽細胞は骨格筋細胞になる。これは，*myoD* 遺伝子が筋分化のマスター転写制御因子をコードしているからである。この章の後半では，胚性幹細胞（ES 細胞）で発現する 4 つの転写因子をコードする遺伝子を線維芽細胞に導入すると，非常に劇的な効果が得られることが示される。その線維芽細胞は，多能性を獲得する。つまり，ES 細胞のように，三胚葉いずれに由来する組織の細胞にも分化誘導することができるようになるのである。

分化の初期段階では，細胞同士の差は容易には見つからず，おそらく 2 〜 3 の遺伝子活性が異なることによる，わずかな変化がある程度であろうと思われる。このような初期段階において，細胞の発生のポテンシャルが**決定（determined）**，あるいは拘束される（第 1.12 節参照）。例えば体節の中胚葉は，正常な発生過程では，骨格筋，軟骨，真皮および血管組織に含まれる細胞を生じ，他のタイプの細胞を生ずることはない。最終的な発生運命が決定された細胞は，胚内の異所に移植しても，然るべきタイプの細胞のみをつくる。つまり，それらの細胞は，自らのアイデンティティを持っているのである（**図 1.21** 参照）。細胞は，いったんある系譜への運命決定がなされると，全ての子孫細胞に決定された状態を伝えていく。

細胞分化は，細胞表面タンパク質から分泌型ポリペプチドのサイトカインや細胞外基質の分子まで，広範な外的シグナルにより制御される。これらのあらゆるシグナルの例がこの章には出てくるが，ここで覚えておくべきことは，分化を刺激する外的シグナルは“教示的”であると言われることがよくあるが，それらは実際にはある時期の細胞の発生における分化の選択肢の数が限られているという意味で，一般には“選択的”と表現すべきものであるということである。これらの選択肢は，細胞の内的状態によって設定され，発生学的な経歴（系譜）を反映している。例えば外的シグナルは，内胚葉細胞を筋細胞や神経細胞に変えることはできない。それにもかかわらず，既に脊椎動物の初期発生でみてきたように，Wnt や FGF および TGF-β ファミリーの因子のような同じ外的シグナルが，前段階までの発生を混乱させることなく，繰り返し異なる状況の中で使われている（**Box 4A**, p. 140 参照）。

細胞分裂と細胞分化の間には，対立するところがありそうにみえる。細胞が完全に分化するためには細胞増殖の停止が必要である。細胞増殖は，分化の最終段階の前に最も顕著に見られるが，ほとんどの最終分化した細胞はまれにしか分裂しない。骨格筋細胞や神経細胞などいくつかのタイプの細胞は，完全に分化したあとは全く分裂しない。分化後に分裂する細胞においては，分化後の状態は，決定後の状態と同じように，続いて起こるすべての細胞分裂の後にも引き継がれる。遺伝子活性のパターンは，細胞分化の鍵となる特性である。したがって，どのように遺伝子活性の特定のパターンが最初に確立され，それがどのように娘細胞に引き継がれるのかという問題が提起される。

この章ではまず，遺伝子活性のパターンが確立され，維持され，細胞分裂の際に受け継がれる，一般的なメカニズムを考察するところから始める。それから，骨格筋細胞，血球および神経堤細胞を主な例として，主たる問題，すなわち細胞分化の特異性の分子基盤へと進む。最後に，分化状態の逆行性や可塑性に目を向ける。特に，幹細胞の持つ特性および卵母細胞内での分化細胞の核のリプログラミングについて考察する。これはいくつかの動物のクローン化，つまり，その核が由来する動物と遺伝的に同じ動物を作製するということを可能にするものである。さらに，成体から採取された完全に分化した細胞から多能性が誘導されうるという，エキサイティングな最近の発見についても議論しよう。第7章にあったように，植物は恒久的に決定された状態というものを持たず，1個の体細胞から植物個体全体が生じうる。

遺伝子発現の制御

多細胞生物のからだの核はいずれも，1個の受精卵の接合体核に由来する。しかし，分化細胞の遺伝子活性のパターンは，細胞ごとに非常に異なっている。卵自身の遺伝子活性のパターンは，そこから生ずる胚細胞のそれとは異なっている。これは，分化細胞の遺伝子活性のパターンがどのように指定され，そして受け継がれるかという問題を提起するものである。

細胞分化の分子基盤を理解するためには，まず，遺伝子がどのように細胞特異的に発現するのかを知る必要がある。なぜ，ある遺伝子のスイッチがある細胞ではオンになり，別の細胞ではそうならないのだろうか。ここではまず，遺伝子発現の最初の（そして一般的には最も重要な）ステップである**転写（transcription）**の制御に焦点をあてることにする（第1.10節参照）。しかし，タンパク質合成の制御は転写後も起こり得る。例えば，タンパク質を産生するmRNAの**翻訳(translation)**がそれである。ショウジョウバエの初期発生において，Nanosタンパク質が母由来の*hunchback* RNAの翻訳を阻害することによって，Hunchbackタンパク質の産生を制御するという翻訳制御の例（第2.9節参照）や，線虫（*Caenorhabditis elegans*）ではmiRNAが，*lin14* RNAからLIN14タンパク質への翻訳を阻害する例などをすでにみてきた（第6.5節参照）。アフリカツメガエルでは，母体由来の多くのmRNAが卵の中に貯蔵されているが，受精後まで翻訳されない。

10.1 転写調節には，基本転写因子および組織特異的転写因子が関与する

発生において重要な遺伝子の多くは最初不活性状態にあり，これを活性化するためには活性化転写因子，すなわち**アクチベーター（activator）**が必要である。これらのアクチベーターは，遺伝子の周辺DNA上のシス調節領域に結合する。この制御領域はしばしば**エンハンサー（enhancer）**と呼ばれる。組織特異的な遺伝子発現におけるこれらの領域の重要性は，ある組織特異的遺伝子の制御領域を他の制御領域に置き換える実験によって，はっきりと証明された（**図10.2**）。すでにみてきたように，このような置換は，実験発生生物学においては日常的に利用されている。すなわち，遺伝子をある特定の組織で強制発現させたり，異所発現させたり，あるいは特定の遺伝子を発現する細胞を標識して，その発生学的な機能を調べたり

図10.2 組織特異的遺伝子発現は制御領域によって制御される
マウスのエラスターゼI遺伝子制御領域を，ヒト成長ホルモンをコードするDNA配列につなげる。このDNAコンストラクトをマウス受精卵の核へと注入し，マウスのゲノムに挿入する。このマウスが発生すると，ヒト成長ホルモンは膵臓で産生される。成長ホルモンを膵臓で発現させるには，エラスターゼIプロモーターと他の制御領域を含む213bpのDNA断片で十分である。成長ホルモンは正常な状態では下垂体でのみ産生され，エラスターゼIは膵臓でのみ産生される。

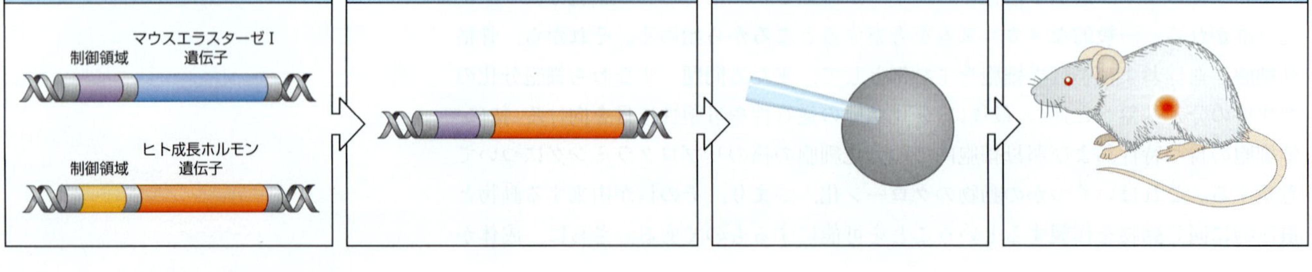

している（**Box 1D**, p. 21 および **Box 2D**, p. 65 参照）。

真核細胞では，制御を受けるタンパク質コード遺伝子の多くは，RNA ポリメラーゼⅡによって転写される。転写開始のためのプロモーターへの RNA ポリメラーゼの結合は，ひとそろいのいわゆる**基本転写因子（general transcription factor）**の協調的な働きを必要としていて，それがプロモーター上でポリメラーゼと開始複合体を形成し，ポリメラーゼが正しい位置で転写を開始するのを助ける。発生過程に関わるような高度に制御される遺伝子では，この複合体を形成し，活性化するためには，さらに因子が必要である。基本転写因子とポリメラーゼを引き寄せて，プロモーターに正確に配置することを促進するためには，シス調節領域へのアクチベータータンパク質の結合が必要となる（**図 10.3**）。

どんな遺伝子においても，その活性の特異性は，制御領域の個々の部位に結合する遺伝子制御タンパク質の特異的な組合せによって生ずる。これらの結合部位は一般に 7 ～ 10 塩基である。ショウジョウバエおよび線虫では少なくとも 1000 種の転写因子がゲノムにコードされており，ヒトにおいてはその数は 3000 種にも及ぶ。制御領域では平均 5 個の異なる転写因子が共に働くが，それ以上の転写因子が働くこともある。これら遺伝子制御タンパク質の連携した働きは遺伝子発現制御の重要な原理であり，発生過程を進める複雑かつ精緻な遺伝子発現制御の基礎を担っている。アクチベーターの結合部位と同様に，制御領域には遺伝子発現を抑制する**リプレッサー（repressor）**の結合部位もある。リプレッサーは，遺伝子が誤った時間や場所で発現するのを防止するものである。このように複雑な遺伝子発現の制御領域が，胚発生過程における遺伝子の時間的･空間的な発現を制御する例を，ショウジョウバエの *even-skipped*（*eve*）ペアルール遺伝子については**図 2.34** に，ウニのカルシウム結合性細胞外マトリックスタンパク質をコードする *Endo-16* 遺伝子については**図 6.26** に示している。ショウジョウバエ胚の 7 つのストライプのう

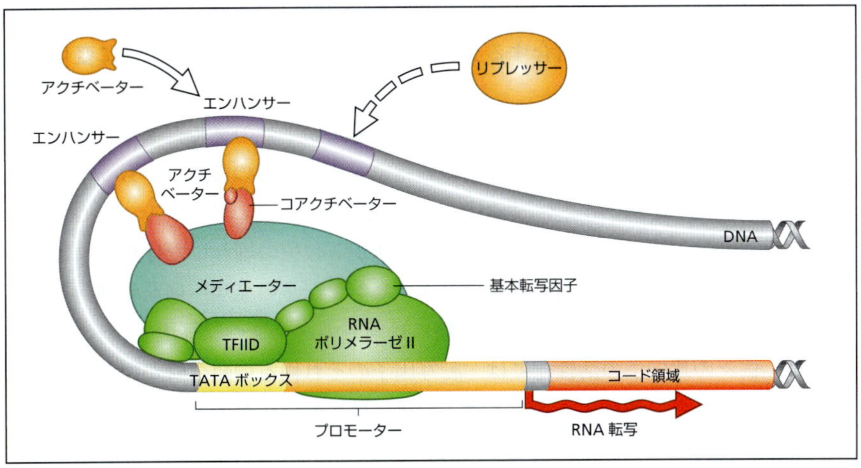

図 10.3　遺伝子発現は，DNA 内の制御領域に結合する遺伝子制御タンパク質の協調的な働きにより制御される

高度に制御されたあらゆる発生関連の遺伝子を含め，タンパク質をコードする真核生物遺伝子のほとんどは，RNA ポリメラーゼⅡにより転写される。ポリメラーゼとそれと結合する基本転写因子からなる転写装置（コア転写装置）自体は，TATA ボックスなどの結合部位を持つプロモーターに結合する。これは RNA ポリメラーゼⅡで転写される多くの遺伝子に共通する機構である。TATA ボックスは，基本転写因子 TFⅡD に含まれる TATA ボックス結合タンパク質（TBP）により認識される。エンハンサーなど他の制御部位に，特異的アクチベーターやそれと結合するコアクチベーターが結合すると，転写が開始される。これらの部位はプロモーターに隣接しているか，より上流，時にはコード領域の下流にも存在する。高度に制御された遺伝子の制御領域には，例えば間違った組織や発生時期での転写を防ぐ，リプレッサータンパク質の結合部位もある。これらの制御部位は，転写開始点から何 kb も離れた場所にも存在しうる。このような離れた部位に結合したタンパク質は，DNA をループさせることにより転写装置に接近する。メディエータータンパク質複合体は大きな多タンパク複合体として RNA ポリメラーゼⅡ開始複合体内に存在し，これには遺伝子制御タンパク質とコア転写装置をリンクさせる役割がある。この完全な開始複合装置が RNA ポリメラーゼを活性化し，転写を開始させる。

ち2番目のストライプでの空間的に区切られた*eve*の発現には，4種の遺伝子制御タンパク質が関わっている。その中にはアクチベーターもリプレッサーも含まれていて，それらは11の部位で働いている。ウニの胚発生期における*Endo-16*の発現は，13の遺伝子制御タンパク質が2.3kbにおよぶ制御領域にある56の制御モチーフに働くことで正確に制御されている。

いくつかの制御部位はプロモーター領域内にあり，タンパク質をコードするほとんどの遺伝子で似たような場所に存在している。TATAボックスなどのこれらの部位には，基本転写因子とRNAポリメラーゼが結合する（**図10.3**）。組織特異的または発生段階特異的な発現は，組織特異的な遺伝子制御タンパク質が働く部位のように，近接するプロモーター領域の外にある部位で制御されている。このような部位の構造と位置は遺伝子によって実に多様で，転写開始点から何千塩基対も離れた距離に位置することもある。このような遠位にあっても，遺伝子活性を制御することができるのである。なぜならDNAはループ状の形をとることができ，これにより距離の離れた部位やそれらに結合したタンパク質を，プロモーターの近傍に持ってくることができるからである。遠位に結合したタンパク質はこのようにしてプロモーター領域のタンパク質と結合し，完全に活性型の転写開始複合体を形成する（**図10.3**参照）。

もう1つの重要な制御タンパク質として**コアクチベーター（co-activator）**と**コリプレッサー（co-repressor）**がある。これらは，それ自体はDNAに結合できないが，転写装置とDNA結合アクチベーターやリプレッサーを結びつける機能を持つ（**図10.3**参照）。前述のβ-cateninはコアクチベーターの1つで，Wntシグナル経路の最終産物である。このβ-cateninは転写因子であるTCF/LEFファミリーに結合する（**Box 1E**, p. 26参照）。Wntシグナル非存在下では，Wntシグナル経路の標的遺伝子の制御部位に結合したTCFには，ショウジョウバエのGrouchoやヒトのTLEと呼ばれるコリプレッサーが結合し，転写は抑制されている。Wntシグナルの活性化によってβ-cateninが核内に蓄積し，これがGrouchoにとってかわってTCFと結合すると，TCFは転写のアクチベーターに変化する（**Box 1E**, p. 26参照）。

転写制御因子は主に2つのグループに分けられる。1つのグループは，広範な遺伝子の転写に必要とされ，様々な種類の細胞に見られるものである。もう一方のグループは，ある特別な遺伝子や，組織限定的あるいは**組織特異的（tissue-specific）**に発現する一連の遺伝子に必要なもので，1種から数種の細胞にだけ見られるものである。次節では，赤血球前駆細胞でのグロビン遺伝子の発現，筋前駆細胞での筋遺伝子の発現制御を紹介するが，その際には両方のタイプの転写因子が登場する。一般に，個々の遺伝子の活性化には，転写因子のそれ固有の組合せが関わると考えられている。さらに注目すべきことは，分化には比較的少数の遺伝子のみが関わっているようであるが，個々の細胞では数千の遺伝子がアクティブで，そのほとんどはハウスキーピング機能に関わっているので，その数を確定するのは難しい。

10.2 細胞外からのシグナルが遺伝子発現を活性化できる

発生過程において細胞間シグナルとして働く分子のほとんどはタンパク質であり，発生において重要なシグナル分子の場合には，その効果は遺伝子発現の変動を誘導することである。シグナルタンパク質は細胞膜上の受容体に結合し，細胞内シグナル伝達経路によりシグナルは核内へと伝達される。これまで示してきたWnt, Hedgehog, TGF-β，FGFなどがこのようなシグナル分子にあたる（**Box 1E**,

p. 26, 図 **2.40**, 図 **4.33**, **Box 5B**, p. 193 参照)。非タンパク質性, 脂溶性シグナル分子であるレチノイン酸などは, そのまま細胞膜を通り抜け, 同様に細胞内のシグナル伝達経路を活性化する (**Box 5D**, p. 204〜205 参照)。細胞内に取り込まれると, レチノイン酸は受容体タンパク質に結合する。レチノイン酸と受容体の複合体はそのまま転写因子として働き, レチノイン酸反応配列として知られる DNA 上の制御部位に直接結合して, 転写の活性化 (場合によっては転写の抑制) を引き起こす。類似の細胞内受容体を介して作用する他の脂溶性シグナル分子に, 哺乳類ではテストステロンやエストロゲンなどのステロイドホルモンがある。第 9 章でみてきたように, 精巣で産生されるテストステロンは, 哺乳類の雄雌に差を生み出す第二次性徴に関与している。昆虫では, ステロイドホルモンであるエクダイソンが変態 (第 13 章参照) に関わり, 様々な種類の細胞の分化を誘導する。これらすべての場合において, ホルモンはその細胞内受容体を介して, ホルモンに反応する一連の遺伝子すべてに存在する制御配列に働くことによって, それらの遺伝子群全体のオン/オフを制御する。

組織特異的遺伝子発現の古典的な例のひとつとして, エストロゲンは, ニワトリの卵管細胞において卵白の主要成分オボアルブミンタンパク質の産生を誘導する。オボアルブミン遺伝子の転写には, エストロゲンの継続的な存在が必要である。エストロゲンが除かれると, オボアルブミンの mRNA およびタンパク質は消失する。血中のエストロゲンは卵管細胞のオボアルブミン遺伝子のみを活性化させ, 肝臓などその他の細胞のオボアルブミン遺伝子には作用しない。実際, オボアルブミン遺伝子の発現はとても限局的であることが知られているが, 何十年と研究がなされているものの, そのような組織特異的制御の厳密なメカニズムはいまだによくわかっていない。卵管細胞においては, エストロゲンはオボアルブミン遺伝子を含む染色体領域の構造に影響を与え, ホルモン-受容体複合体が遺伝子制御領域に入ることを可能にするが, ほかの細胞ではそのようなことが起こらないことが報告されている。このようなエストロゲンの組織特異的な効果は, 他の組織特異的アクチベーターやリプレッサー, 共役調節因子の存在を暗示するもので, それがエストロゲン刺激に際して卵管におけるオボアルブミンの遺伝子発現の誘導と, 他の組織での阻害をもたらしているのではないかと考えられる。

10.3 遺伝子活性パターンの維持と継承は, クロマチンの化学的・構造的修飾, そして遺伝子制御タンパク質に依存する

一般に発生の, 特に細胞分化の中心的な特徴として, いくつかの遺伝子は活性状態に維持され, 他の遺伝子は抑制されて不活性状態にあるということがある。線維芽細胞, 肝細胞, 筋芽細胞 (筋細胞を生み出す細胞) を含む多くの分化した細胞では, 分化後も細胞分裂が続き, 分化状態を特徴づける特有の遺伝子活性パターンが, 多くの細胞分裂を経ても確実に受け継がれる。発生に関係する遺伝子は一般に, 一連の活性化型あるいは抑制型の転写因子の結合部位を含む複雑な制御領域を持っており, 遺伝子が活性化されるかどうかは, これらの転写因子と, それに連携するコアクチベーターやコリプレッサーの正確な組合せと発現レベルに依存する。特定の遺伝子制御タンパク質は, 数個あるいは多数の他の遺伝子の活性にも影響を及ぼし, ある遺伝子を活性化し, 別の遺伝子を不活性化して, 数多くの遺伝子の発現を効率的な方法で統合している (図 **10.4**)。

遺伝子活性の特定のパターンを維持するためには, 分化後の細胞やその子孫細胞において, 特異的な遺伝子制御タンパク質の継続的な産生を確実に行うことが重要

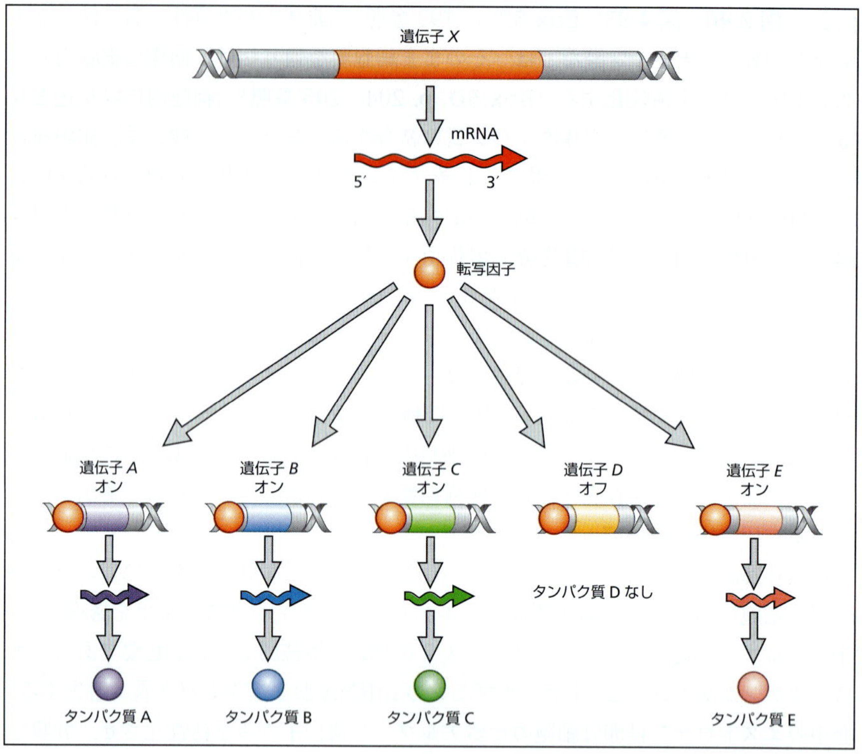

図 10.4　転写因子をコードする遺伝子は，他の遺伝子活性を制御しうる
遺伝子 *X* の転写因子は他の遺伝子の制御領域に結合して，それらを活性化したり抑制したりする。この図では，転写因子をコードする遺伝子 *X* が活性化されると，最終的に4つの新たなタンパク質（A，B，C，E）の産生をもたらし，タンパク質Dの産生を抑制する。
Alberts B., et al.: 2002 より

である。遺伝子産物そのものが正の制御タンパク質であれば，遺伝子活性のパターンを維持するには，最初にその遺伝子の活性化が起こればよい。一度スイッチが入ると，遺伝子活性はそのまま維持される（**図 10.5**）。このような遺伝子発現の正のフィードバックは，筋細胞の分化で起こっており，そこではMyoDタンパク質は *myoD* 遺伝子自身のアクチベーターとして働く。ショウジョウバエのセレクター遺伝子である *engrailed* は，胚発生期，幼虫期，成虫期にわたって体節の後方区画において発現が維持されている（第2章参照）。その発現は，少なくとも部分的に

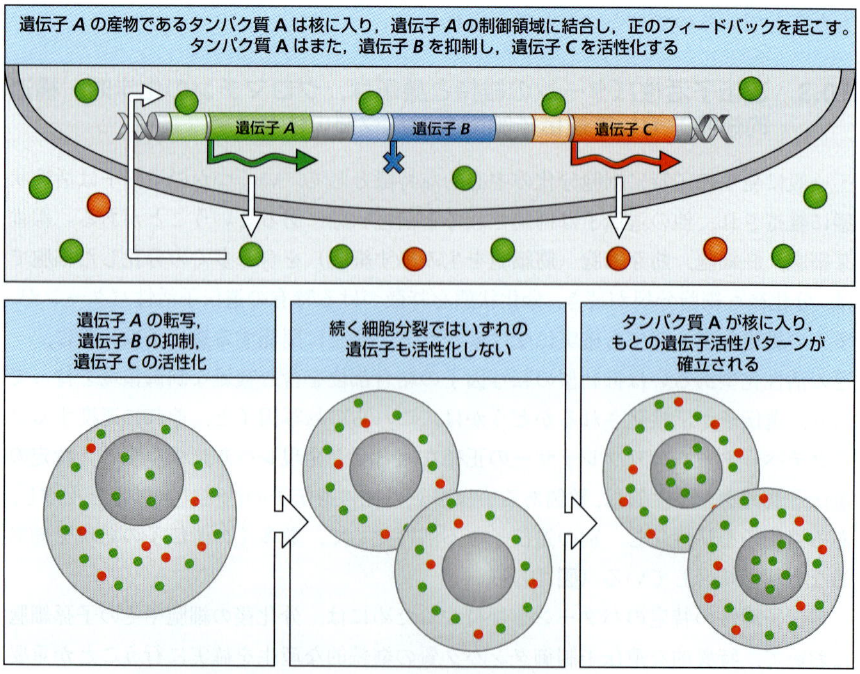

図 10.5　遺伝子制御タンパク質の継続的な発現は，分化の遺伝子活性パターンを維持しうる
上パネル：遺伝子 *A* により産生される転写因子Aは，それ自身の制御領域に対して正の制御因子として働く。したがって，いったん活性化されると遺伝子 *A* はスイッチが入ったままとなり，細胞は常にAを持っている。転写因子Aは，遺伝子 *B* と *C* の制御領域にも働き，それらをそれぞれ抑制・活性化して，細胞特異的な遺伝子発現パターンをつくり出す。下段パネル：細胞分裂後，両方の娘細胞は *A* を再び活性化するのに十分量のタンパク質Aを有し，こうして遺伝子 *B*，*C* の発現パターンを維持する。

は同様の正のフィードバックによって，Engrailed 転写因子がその遺伝子自身に働くことによって維持される。これは，胚発生期において *engrailed* の発現を開始させるペアルール転写因子が消失した後，長い時間が経ってからのことである。

遺伝子の活性および不活性パターンを維持・継承するもうひとつのメカニズムは，**クロマチン（chromatin）** の化学的，構造的変化である。クロマチンは，DNA，ヒストン，染色体を形作るその他のタンパク質の複合体である。一続きの染色体が転写可能かどうかは，転写因子や RNA ポリメラーゼ，その他の必須タンパク質などが接近可能なクロマチンとして折り畳まれているかどうかに依存している。例えば，分裂期にクロマチンの圧縮が起こると，凝縮した染色体が光学顕微鏡により確認でき，染色体の転写は不活性化される。局所的に起こったこのような構造変化が，細胞周期を通して維持され，細胞分裂後も元の状態に戻ることで，長期間の遺伝子シャットダウンすなわち **サイレンシング（silencing）** がもたらされる。実際これは，ハエにおいては，必要のない領域での *engrailed* 遺伝子の発現を防止するひとつの方法となっている。このように転写が行われない構造へと圧縮されたクロマチンを，**ヘテロクロマチン（heterochromatin）** と呼ぶ。

クロマチンの圧縮状態の変化が多くの細胞分裂を通して受け継がれ，遺伝子の不活性状態を長期間にわたって維持しうるという証拠は，哺乳類の雌の X 染色体の不活性化現象により最初にもたらされた。雌では，胚発生初期において各々の体細胞内の 2 つの X 染色体のうちの片方が高度に圧縮されて不活性となり，この状態は個体の中で一生涯維持される。X 染色体不活性化は，X 染色体の遺伝子発現量を雄と雌で同等量にするための遺伝子量補正メカニズムである。サイレンシングのメカニズムは染色体を覆うノンコーディング RNA の産生に関与しており，これについては第 9.17 節で触れた。しかし，不活性化は不可逆的な機構ではない。不活性化された X 染色体は，生殖系列において 1 つの X 染色体のみを持つ卵母細胞が形成される時期に，再度活性化される。

クロマチン構造と染色体のタンパク質組成の局所的な変化は，長期的な遺伝子不活性化の一般的機構と考えられる。活性および不活性な遺伝子間のクロマチン構造の差は，ある活性遺伝子では高感受性部位（hypersensitive site）と呼ばれる部位が，DNase I 酵素による消化に対する高い感受性を示すことに反映されている。これは，活発に転写される遺伝子においては，クロマチンがより“開いた”構造となり，酵素や転写に関わるその他のタンパク質が，DNA に到達しうる状態であることを表している。一方，クロマチンがヘテロクロマチン構造をとっている場合は，DNase I は DNA に接触不可能なため，DNA は消化をまぬがれる。

クロマチンの転写特性にこのような変化をもたらすものは，DNA 自身とそこに結合するヒストンタンパク質の化学修飾である（**Box 10A**, p. 393 参照）。脊椎動物において，DNA の特定部位のシトシンのメチル化は，それらの領域の転写の欠如と相関している。さらにこのメチル化のパターンは DNA 複製後も忠実に受け継がれ，遺伝子活性のパターンが娘細胞に受け継がれることになる（**図 10.6**）。DNA 複製後，DNA メチル化酵素はシトシンのメチル基を認識し，対応するもう一方の DNA 鎖のシトシンをメチル化する。DNA メチル化は，ゲノムインプリンティングという現象において，ある遺伝子の母方ゲノムに由来するものは不活性に，父方由来のものは不活性にしない，といったことを担う機構のひとつとなっている（第 9.8 節参照）。不活性型の X 染色体にも，活性型の X 染色体とは異なる DNA メチル化パターンがあり，そのようなメチル化が，染色体の不活性状態を保つ役割を担うようである。

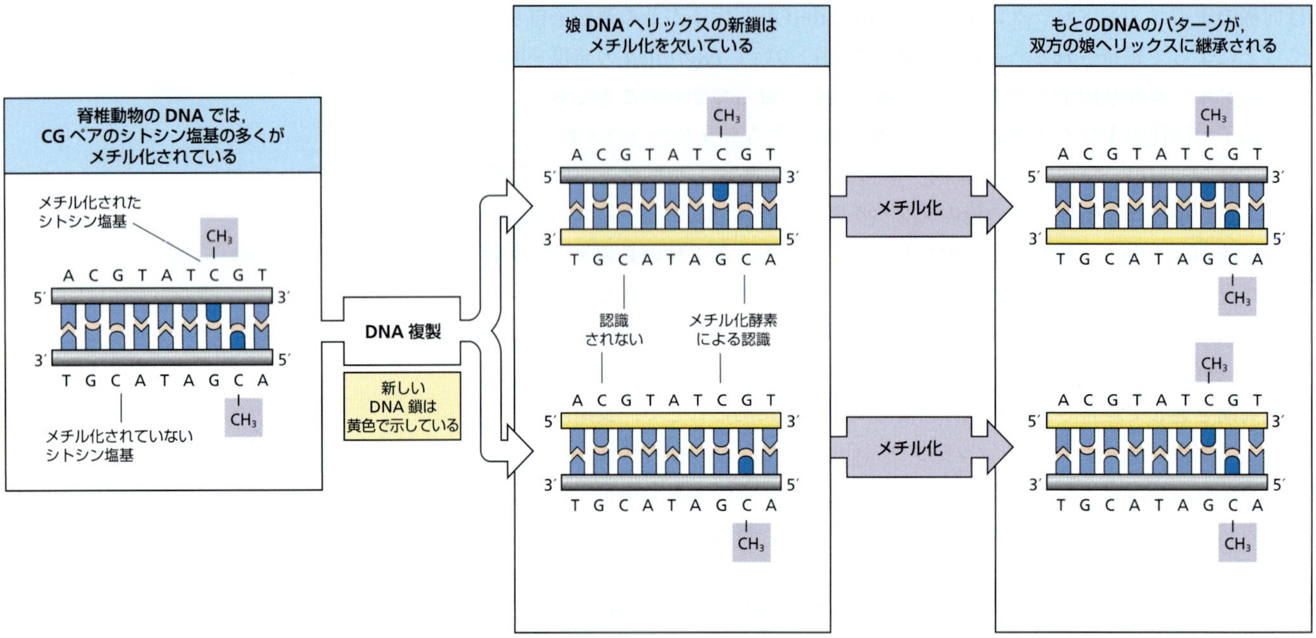

図 10.6 DNA のメチル化パターンの継承
脊椎動物の DNA 上，シトシン-グアニン（CG）ペアで並んでいるシトシン塩基の多くはメチル化されている［メチル基（CH_3）が付加されている］。DNA が複製されると，新たにできる相補鎖はメチル化されていないが，メチル化酵素が古い DNA 鎖上の CG ペアのメチル化シトシンを認識し，新しい鎖上の対応する CG ペアのシトシンをメチル化すると，新しい鎖にもこのパターンが復活する。
Alberts, B., et al.: 2002 より

ヒストンタンパク質の翻訳後修飾も，遺伝子活性制御と密接な関係にある。クロマチンのヒストンは，ある特定アミノ酸残基においてメチル化，アセチル化，リン酸化などの修飾を受けており，これによりクロマチンの状態を変化させる（**Box 10A**）。

まとめ

転写制御は細胞分化の鍵を握っている。真核生物の遺伝子の組織特異的な発現は，遺伝子に隣接するシス調節領域内の制御部位に依存している。これらの部位は，RNA ポリメラーゼが結合する転写開始部位に隣接したプロモーター配列と，組織特異的あるいは発生時期特異的な遺伝子発現を制御する，より離れた部位から構成される。シス調節領域に結合する制御タンパク質の組合せにより，遺伝子が活性状態にあるかどうかが決まる。これにより，遺伝子間の制御領域のわずかな差が，遺伝子発現のパターンに多大な影響を与えうるのである。ある場合には，細胞特異的な発現は，その細胞にのみ存在する制御タンパク質の正しい組合せに依存し，別の場合には，遺伝子が折り畳まれた状態にあって，転写因子や RNA ポリメラーゼが接近できないために遺伝子発現が阻害される。遺伝子制御タンパク質は DNA に結合するだけでなくタンパク質同士でも結合し，これにより転写複合体を形成して，RNA ポリメラーゼによる転写開始を担う。タンパク質性の増殖因子などの細胞外シグナルは，それ自身は細胞内に侵入しないが，細胞表面の受容体に働きかけて細胞内へシグナルを伝達し，遺伝子発現に特異的な影響を及ぼす。それに対して，レチノイン酸やステロイドホルモンなど細胞膜を通過・拡散するシグナル分子は，細胞内の受容体タンパク質と複合体を形成する。そしてこのホルモン-受容体複合体は，DNA の特異的制御部位に結合し，転写因子として働いて遺伝子発現に影響をおよぼす。

分化した細胞の遺伝子活性パターンは，ひとたび形成されると長期間維持され，子孫細胞へと受け継がれる。遺伝子活性パターンを維持するメカニズムには，遺伝子制御タンパク質の継続的な作用と産生や，DNA とヒストンの化学修飾によるクロマチンの構造と性質の長期にわたる局所的な変化などがある。

まとめ：外部因子による特異的遺伝子発現の制御

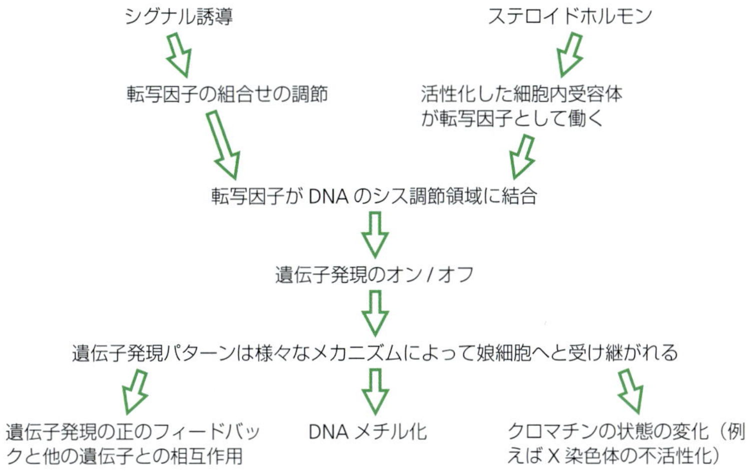
シグナル誘導
ステロイドホルモン
転写因子の組合せの調節
活性化した細胞内受容体が転写因子として働く
転写因子が DNA のシス調節領域に結合
遺伝子発現のオン / オフ
遺伝子発現パターンは様々なメカニズムによって娘細胞へと受け継がれる
遺伝子発現の正のフィードバックと他の遺伝子との相互作用
DNA メチル化
クロマチンの状態の変化（例えば X 染色体の不活性化）

Box 10A　ヒストンと Hox 遺伝子群

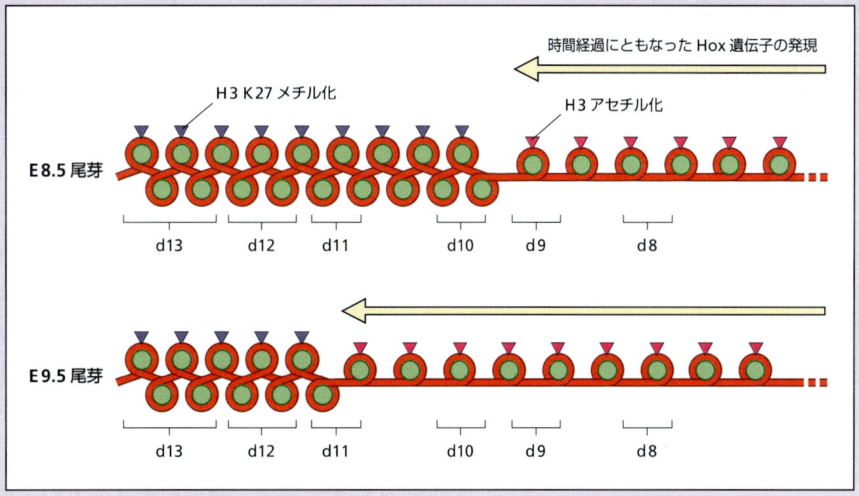

ヒストンの翻訳後修飾は，遺伝子活性制御と非常に密接な関係にある。クロマチンのヒストンタンパク質が，ある特定アミノ酸残基，特にリシン残基においてメチル化，アセチル化，リン酸化などの修飾を受けると，これによってクロマチンの状態が変化しうる。例えばヒストンのアセチル化は，転写が起こるクロマチン領域と密接に結びついている傾向があるのに対し，特定のリシン残基のメチル化は，転写的にサイレントなヘテロクロマチンの特性である。他のアミノ酸残基の場合は，メチル化を受けても転写可能である。DNA のメチル化やヒストンアセチル化，およびヒストンメチル化などの変化はすべて，タンパク質をそれらの部位にリクルートすることによって，クロマチン構造と遺伝子発現に影響を与えると考えられている。

クロマチン状態の変化はしばしば自己増幅する。というのは，アセチル化 / 脱アセチル化，またはメチル化 / 脱メチル化などのヒストン修飾は，それらをもたらすクロマチン修飾酵素をリクルートすることによって，そのクロマチン構造の変化を染色体に沿って自動的に増幅する“ドミノ効果”を引き起こすからである。

Hox 遺伝子群に典型的に見られる連続的な活性化が，遺伝子クラスター内の順番にしたがって起こるのも，このような効果のためであるらしい（**Box 5E**, p. 207，**図 5.24** 参照）。発生段階ごとに連続的に切除したマウスの尾芽を用いて，クロマチン免疫沈降（ChIP）により修飾ヒストンタンパク質を検出し，ChIP-chip で標的遺伝子を探索することにより（第 3.11 節参照），ヒストン修飾と Hoxd クラスターの遺伝子発現の関係が確認されている。胚発生 8.5 日において，*Hoxd 1* ～ *9* 遺伝子はすでに発現しており，これらのクロマチンは高度にアセチル化されているが，*Hoxd 10* ～ *13* はほとんどアセチル化されていない。*Hoxd 10* のアセチル化は始まっているが，この時期 *Hoxd 10* ～ *13* はまだ発現していない。12 時間後，*Hoxd 10* はより高度にアセチル化され，その発現が始まる。胚発生 9.5 日になると，ヒストンアセチル化は残りの Hoxd 遺伝子群全体に広がり，それらの遺伝子すべての発現が始まる。H3 リシン 27 の抑制性のメチル化を追うと，逆の現象が見られる。この場合活性化された遺伝子はあまりメチル化されず，まだ発現していない遺伝子は強くメチル化されている。

細胞分化のモデル

細胞分化は胚に限って起こることではない。血球細胞や皮膚，腸上皮層などの多くの成体組織では，絶えず未分化幹細胞から新しい細胞が生まれてくる。また，これら成体組織は胚よりずっと研究しやすいので，細胞分化の分野においてもっともよく研究されているモデルである。骨格筋について考えてみた場合でも，その分化は主に胚発生時期に起こるが，必要があれば成体においても幹細胞から新しい細胞を生み出すことが可能である。第 8 章でその移動について述べた胚性神経堤細胞は，広範で多様な構造をつくり出す。ここではそれらの分化について，いくつかの側面から見てみることにしよう。そして最後に，アポトーシスまたはプログラム細胞死について考える。胚発生，成体の両方で，数多くの細胞がこの運命をたどるのである。

10.4 すべての血球細胞は多分化能幹細胞に由来する

造血（hematopoiesis），すなわち血球新生は，とりわけよく研究されている分化の系である。それはひとつには，動物成体ですべての分化段階の細胞が比較的取得しやすく，培養系で増殖させることができるからであり，また，医学的な重要性からでもある。造血に関しては，多分化能（multipotent）幹細胞の分化をみてみよう。この幹細胞は，ある限られた範囲の分化細胞を生ずる細胞である（第 1.17 節参照）。まず，一般的な造血過程と，その過程に影響を及ぼす細胞外シグナルに注目する。そして，ひとつの細胞タイプとして赤血球の発生における遺伝子発現制御について考察する。

哺乳類成体のすべての血球は，骨髄に局在する造血幹細胞に由来する。造血幹細胞は，初期胚の中胚葉に由来し，卵黄嚢の血島内に現れる。その後，自己増殖する造血幹細胞が，大動脈内のある領域，それから胎児肝臓や成体の骨髄を含む，いくつかの二次造血（definitive hematopoiesis）組織内に見いだされる。幹細胞は自己増殖するとともに，後に血球系譜内の個々の系譜に分化するように拘束された祖先細胞（progenitor）の，前駆細胞（precursor）である。したがって，造血は，完全なる発生体系の縮図のようなものである。その中では，多分化能を持った 1 つの細胞が，多数の異なるタイプの血球を産生する。血球細胞は常に入れ換わっており，したがって造血は終生続く必要がある。造血の複雑さを示すものとして，胎児肝臓由来の造血幹細胞は少なくとも，200 種類の転写因子，同じぐらいの数の膜タンパク質，そして 150 種類ぐらいのシグナル分子を発現している。

哺乳類の血球細胞には完全に分化した多くの種類の細胞と，未分化で様々な分化段階にある細胞が含まれる（**図 10.7**）。これは主に，赤血球系，リンパ球系，ミエロイド系という，3 つの系譜の細胞に分けられる。赤血球系は，赤血球および血小板を生ずる巨核球を産生する。リンパ球系は，リンパ球を産生し，これには抗原特異性を持つ 2 種の免疫系細胞である B リンパ球と T リンパ球が含まれる。哺乳類では，B リンパ球は骨髄で発生するのに対し，T リンパ球は胸腺で発生する。後者は，骨髄内の多分化能幹細胞に由来する前駆細胞が，血流から胸腺内に移動して生ずるものである。B リンパ球，T リンパ球はともに，抗原に出会うとさらなる最終分化を果たす。最終分化した B リンパ球は抗体を産生する形質細胞となり，それに対して T リンパ球は最終分化によって機能的に区別しうる少なくとも 3 つのエフェ

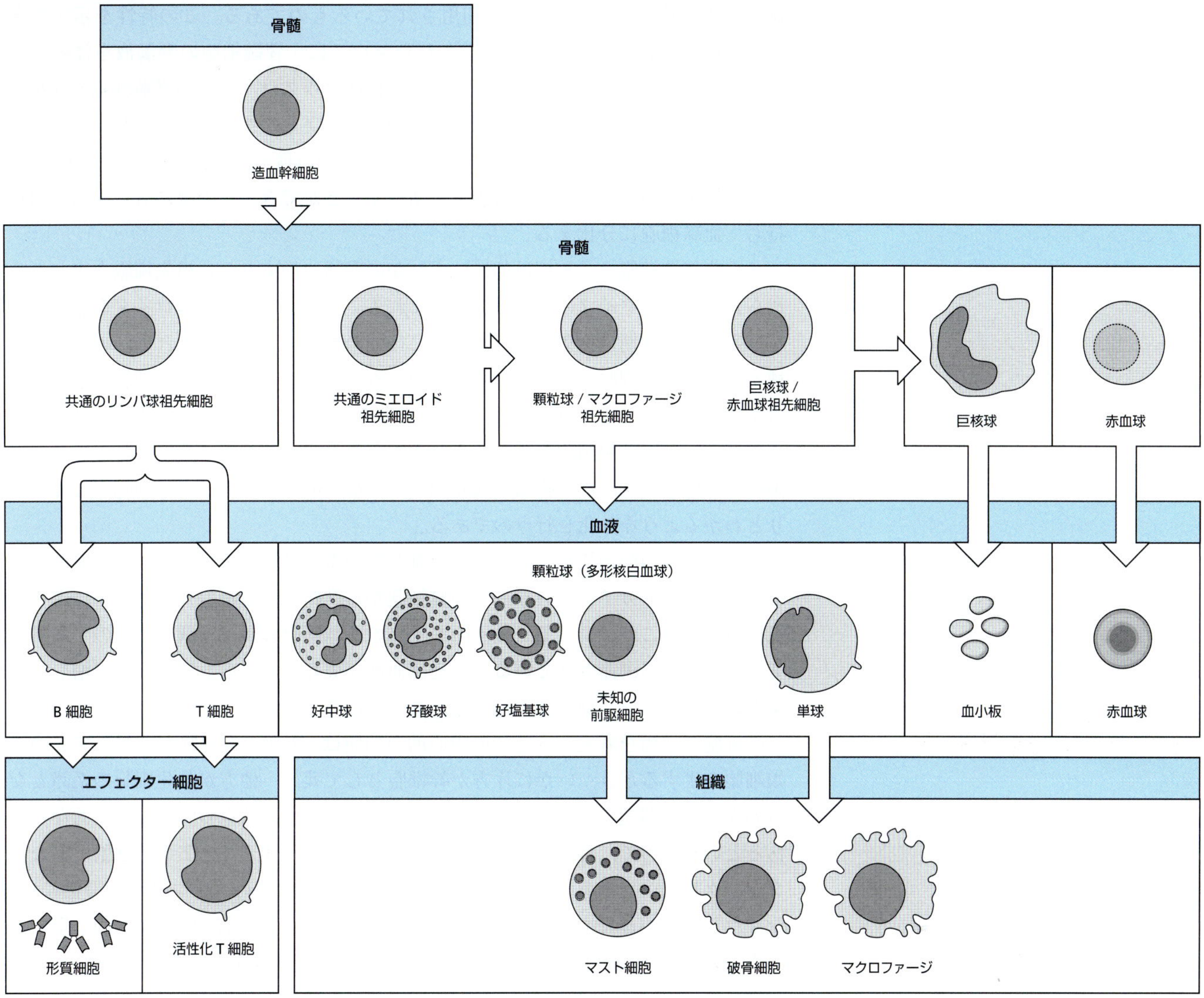

図 10.7 多分化能幹細胞からの血球細胞の生成

骨髄内の多分化能幹細胞から，すべての血球細胞およびマクロファージ，マスト細胞，破骨細胞が生ずる。幹細胞は，自己複製するとともに拘束されていない祖先細胞を産生し，それらからミエロイド（骨髄球）や赤血球，リンパ球などの，より拘束された前駆細胞へと分化する。そしてこれらが種々の血球細胞を生ずる（最終分化したすべての細胞が示されてはいない）。造血因子が種々の系譜の増殖と分化に影響を及ぼす。
Janeway, C.A., et al.: 2005 より

クターT細胞となる。免疫系のBリンパ球とTリンパ球は，脊椎動物の中で唯一，分化細胞のDNAが不可逆的に変化する例として知られるものである。ミエロイド系譜は，リンパ球以外の残りの白血球（leukocyte）を生ずる。これらには，好酸球，好中球，好塩基球（これらはひとまとめに顆粒球あるいは多形核白血球として知られる），そしてマスト細胞，単球が含まれる。単球は，骨髄を離れて組織に移動した後，分化してマクロファージとなる。マスト細胞も組織に分布する。

骨髄内で，種々の血球細胞とそれらの前駆細胞は，結合組織の細胞である骨髄間質細胞と密に混在している。自己複製を行いつつ種々のタイプの細胞に分化するという幹細胞の両方の性質は，それらの間近な環境にある細胞や分子によってしっかりと制御されている。この環境は，幹細胞が住みついている“ニッチ（niche）”と呼ばれる。造血の場合，**幹細胞ニッチ（stem-cell niche）**は，骨髄間質細胞から供給されている。Wntファミリーや BMPファミリーの分泌シグナル分子（**Box 4A**, p. 140 参照），レチノイン酸，プロスタグランジン E_2，およびNotchシグナルが，幹細胞の増殖や自己複製の維持に関与していることが示唆されている。多分化能幹細胞の存在は，骨髄を壊された人にそれが移植されたとき，骨髄が完全な血液細胞と免疫系を再構築しうることから推定された。この特性は，血液や免疫系の疾患に対する骨髄移植を用いた治療に利用されているものである。この特性を示す鍵となったのは，致死量のX線を照射されたマウスに，骨髄細胞の懸濁液を注射するという実験であった。移植を行わなかった標準マウスは，ほかの増殖細胞と同様に放射線照射にとりわけ感受性の高い血球細胞が欠乏したために死んでしまった。しかし，骨髄細胞を注入したマウスでは，造血系が再構築され，マウスは回復した。多分化能を持つ造血幹細胞は培養系で増やすことができ，その際に著しい増殖力を持ち，血球細胞に分化する。

多分化能幹細胞は，不可逆的にいずれかの系譜に拘束される祖先細胞を生じ，それらから様々なタイプの血球細胞が生まれる。例えば，まずミエロイド系譜かリンパ球系譜への初期の拘束がなされ，次に後期の拘束によって，それぞれの系譜から種々のタイプの細胞が産生される。このように造血は，多分化能幹細胞を頂点とする階層構造をなすものとみなすことができる（**図10.7**参照）。幹細胞はまず，拘束されていない前駆細胞を生み，それが主たる系譜へと拘束され，それからさらに幾度かの増殖とさらなる拘束を繰り返して，最終的に，さまざまな細胞へとはっきりとわかるような分化を行うのである。

このような細胞の活動はすべて，骨髄間質の微小環境の中で行われ，造血因子やその他のサイトカインという形で間質細胞から供給される細胞外シグナルによって制御される。これによって，種々のタイプの血球細胞の数は，個人個人の生理的な必要性に応じて調節されている。例えば血液が失われると赤血球の産生が増し，感染が起きるとリンパ球や他の白血球が増加することになる。

幹細胞の挙動を考えるうえでの中心的な問題は，1個の幹細胞が分裂して2つの娘細胞を生ずるとき，いかに片方が幹細胞として残り，他方が分化細胞の系譜となるのかという問題である。ひとつの可能性は，2つの娘細胞の間には内在的な差があるというもので，幹細胞が非対称分裂をすることによって，2つの細胞が異なるタンパク質を受け取るからであるとするものである。このメカニズムの好例には，ショウジョウバエにおける神経芽細胞の発生があり，これに関しては第12章で述べる。2つめの可能性は，外的なシグナルが娘細胞に相違を生むというものである。幹細胞ニッチに残る娘細胞は，自身の自己複製を続ける。それに対してもうひとつの娘細胞は，ニッチの外に出て分化する。造血の場合は，両方のメカニズムが働いているのであろう。一方では，ヒトの造血細胞を，ニッチを供給する骨髄の間質を入れずに培養しても，細胞分裂の際には4つのタンパク質が非対称に分離されることが見いだされている。他方，骨髄間質で産生される，幹細胞の自己複製制御因子も同定されている。

10.5 コロニー刺激因子と内在的変化が血球系譜の分化を制御する

造血は階層的な転写因子の作用により特徴づけられ，この重複を持った発現パターンが多様な細胞系譜の特徴を指定する。ある転写因子は未成熟な細胞でのみ発現し，細胞系譜特異的ではない（例えば癌原遺伝子産物c-Mybは，これに分類される）。驚いたことに，造血幹細胞は，のちにミエロイド系譜と赤血球系譜で発現するいくつかの遺伝子を低レベルで発現している。したがって，細胞がある系譜に拘束されるときには，遺伝子の活性化と同様に，遺伝子の抑制が起こる必要がある。造血幹細胞が赤血球系譜とミエロイド系譜へと分化する際に起こるいくつかの転写因子の相互作用を**図10.8**に示した。そこには活性化，抑制，そしてより複雑な相互作用が含まれている。

血球細胞の前駆細胞では，例えば転写因子GATA1は赤血球系譜の分化に必須

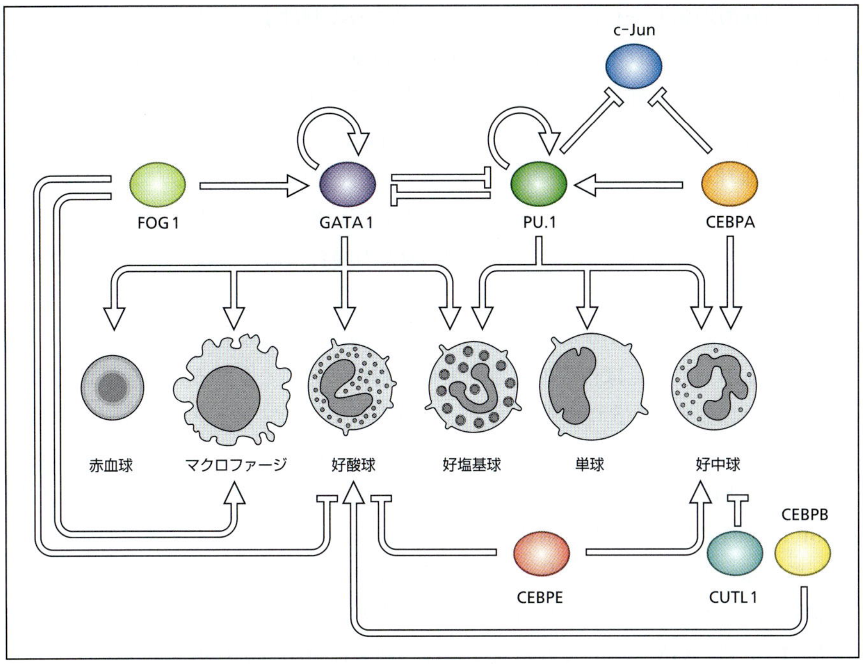

図 10.8　血球細胞分化において重要な，いくつかの転写因子
いくつかの遺伝子制御の相互作用は，血球細胞系譜の赤血球と骨髄球の分化に関わる。マクロファージ，好酸球，好塩基球，単球，好中球はミエロイド系譜に属し，赤血球は赤血球系譜に属する。矢印は転写因子が系譜の分化を刺激することを示し，棒線は抑制を示す。例えば，好中球の分化は転写因子 CEBPE，PU.1，CEBPA の活性化と CUTL1 の抑制を必要とする。c-Jun と CEBP は普遍的な転写因子であるのに対し，PU.1 は白血球分化に限定して作用する。

であるのに対し，鍵となる別の転写因子 PU.1 はミエロイド系譜の分化を進める。GATA1 と PU.1 はお互いに結合し，それぞれの系譜特異的遺伝子の転写制御能力を抑制している。これら 2 つのタンパク質の相対的な濃度が，細胞運命を決定する。GATA1 の濃度が低いとき，PU.1 がミエロイド分化プログラムを活性化し，PU.1 の濃度が低いとき，GATA1 が赤血球分化プログラムを活性化する。いずれのタイプの細胞においても，ある特定の転写因子ではなく，それらの組合せが特異的な遺伝子発現パターンをもたらし，定められたタイプの細胞への分化につながるのである。

それでは，これらすべての転写因子の活性はどのように制御されているのだろうか？　増殖因子および分化因子といった細胞外タンパク質からもたらされるシグナルが，鍵となる役割を担っている。培養系における血球細胞分化の研究によって，一般に**コロニー刺激因子（colony-stimulating factor）**あるいは**造血因子（hematopoietic growth factor）**と呼ばれる，少なくとも 20 種類の細胞外タンパク質が同定されており，それらが造血のさまざまな段階における細胞増殖や分化に影響を及ぼすことがわかっている（**図 10.9**）。なお，これらには刺激因子と抑制因子の両方がある。血球細胞の産生を制御している因子は，必ずしも血球細胞や間質細胞によって産生されるわけではない。例えば，赤血球系譜に拘束された前駆細胞の分化を誘導するタンパク質エリスロポエチンは，赤血球の枯渇を示す生理的シグナルに応答して主に腎臓で産生される。

いくつかの造血因子とそれらの標的細胞

増殖因子のタイプ	応答する造血細胞
エリスロポエチン（EPO）	赤血球系祖先細胞
顆粒球コロニー刺激因子（G-CSF）	顆粒球，好中球
顆粒球-マクロファージコロニー刺激因子（GM-CSF）	顆粒球，マクロファージ
インターロイキン-3	多分化能前駆細胞
幹細胞因子（SCF）	幹細胞
マクロファージコロニー刺激因子（M-CSF）	マクロファージ，顆粒球

図 10.9　造血因子とそれらの標的細胞

血球細胞の増殖と分化におけるこれらの因子の役割はよくわかっているにもかかわらず，細胞がミエロイド系譜のどの経路に拘束されるのかは，増殖因子が特定の細胞系譜の生存を単純に促進している結果として，偶然に決まるのかもしれないという証拠も示されている。この証拠というのはどんな実験かというと，（ある範囲の異なる血球細胞の産生能がある）単一の初期前駆細胞から生じた2つの娘細胞を別々に，しかし同じ条件で培養すると，たいていの場合は同じ組合せの細胞のタイプがそれらから産生されてくるが，約20％の場合においては，異なる組合せの細胞のタイプが生じてくるというものである。

かなり多くの造血因子がある中で，それらの因子が分化に特異的に効果を及ぼすのか，ある単一もしくは複数の系譜の生存や増殖に必要とされるのかを区別することは難しい。しかし，3つの造血因子――顆粒球マクロファージコロニー刺激因子（GM-CSF），マクロファージコロニー刺激因子（M-CSF），顆粒球コロニー刺激因子（G-CSF）――の対照的な機能は，かなり明らかになっている。一般に，GM-CSFは，同定しうる最初の前駆細胞からのほとんどのミエロイド細胞の発生に必要とされる。しかし，G-CSFとの組合せでは，顆粒球-マクロファージ共通の前駆細胞から，顆粒球（主に好中球）形成のみを刺激する傾向がある。これと対照的にM-CSFは，GM-CSFとの組合せでは，同じ前駆細胞から単球（マクロファージ）の分化を刺激する傾向がある（**図10.10**）。

これらの増殖因子や分化因子には，1種類の細胞や標的細胞にだけ特異的な効果を及ぼすというような，厳密な意味での活性の特異性はない。むしろそれらは標的細胞に異なる組合せで作用することによって異なる結果を導くのであり，また，得られる結果は，標的細胞の発生上の経歴にも依存している。

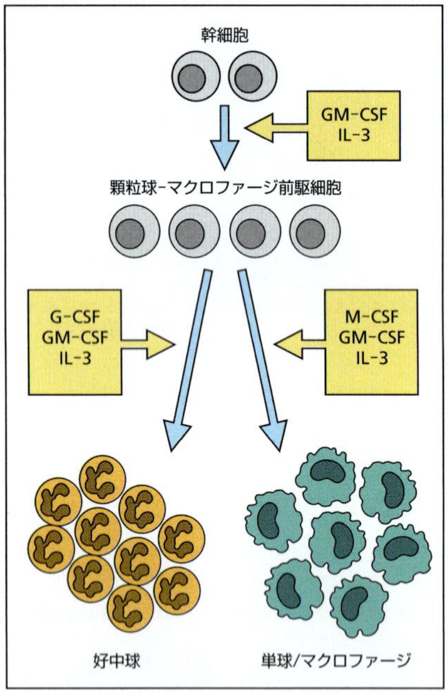

図10.10 コロニー刺激因子は好中球とマクロファージの分化を方向づけることができる
好中球とマクロファージは共通の顆粒球-マクロファージ前駆細胞に由来する。分化経路の選択は例えば増殖因子のG-CSFとM-CSFにより決定される。増殖因子のGM-CSFとIL-3の組合せも，広く骨髄系譜細胞の生存と増殖を促進するのに必要とされる。
Metcalf, D.: 1991より

10.6 発生過程で制御されるグロビン遺伝子の発現は，コーディング領域から離れた制御配列により調節されている

ここでは血球細胞の1つである赤血球に焦点をあて，それらの分化の際に活性化する転写因子や，それらの細胞に特異的な遺伝子の発現を制御する転写因子について考える。赤血球分化の主な特徴は，酸素運搬タンパク質ヘモグロビンの大量合成で，これには異なる2組のグロビン遺伝子の協調的な制御が関わっている。完全に分化した赤血球に含まれるヘモグロビンのすべては，最終分化の前に産生される。最終分化した哺乳類の赤血球は核を失うが，鳥類の赤血球は転写不活性な状態で核を保持している。赤血球産生のプログラムは最初にDNA結合転写因子であるGATA2とGATA1により開始され，これらはグロビン遺伝子に結合し，他の遺伝子制御タンパク質を引き寄せる。

脊椎動物のヘモグロビンは，2つの同じαタイプのグロビン鎖と，2つの同じβタイプのグロビン鎖の四量体である。α-グロビン遺伝子とβ-グロビン遺伝子は異なる多重遺伝子ファミリーに属する。それぞれのファミリーは遺伝子クラスターをなしており，これら2つのファミリーは異なる染色体上に位置する。哺乳類では，それぞれのファミリーの異なるメンバーが発生の様々な段階で発現するため，異なるヘモグロビンが胚生期，胎生期，成体期に生成される。ヘモグロビンのタイプの変化は，異なる発生段階において酸素輸送に対する要求性が異なることに対する，哺乳類の適応である。例えば，ヒトの胎生期のヘモグロビンは，大人のものより酸素に対して高い親和性を持っている。そのため，胎盤内で母親のヘモグロビンから放出された酸素を効率的に取り込むことができる。逆に成体ヘモグロビンの酸素親和性は，酸素が相対的に豊富な肺の環境下で酸素を取り込むのに十分である。ここ

では，特定の細胞に特異的な遺伝子の例というだけではなく，発生過程で制御される遺伝子の例として，β-グロビン遺伝子の発現制御を取り上げる。

ヒトのβ-グロビン遺伝子クラスターは，ε，γ_G，γ_A，δ，βの5つの遺伝子を含む（**図 10.11**）。発生のあいだ，これらの遺伝子は異なる時期に発現する。εは早期の胚において胚性卵黄嚢で発現し，1個のアミノ酸だけが異なるタンパク質をコードする2つのγ遺伝子は，胎児肝臓内で発現する。そしてδとβは，成体骨髄の赤血球前駆細胞において発現する。これらすべての遺伝子で産生されるタンパク質は，α-グロビン複合体によりコードされるグロビンと合わさって，3つの発生ステージのそれぞれにおいて，生理的に異なるヘモグロビンを形成するのである。

グロビン遺伝子の変異は，比較的よく知られたいくつかの遺伝性血液疾患の原因となっている。その1つである鎌状赤血球貧血は，β-グロビンをコードする遺伝子の点変異により生じる。この突然変異のホモ接合型の人々の異常ヘモグロビン分子は線維状に凝集し，細胞を無理矢理鎌状の形態にしてしまう。これらの細胞は容易には微小血管を通り抜けることができず，詰まる傾向にあるため，多くの症状を引き起こす。また，これらは正常な血液細胞よりも生存期間がとても短い。これらの影響により，貧血，すなわち機能的な赤血球の欠損という状態を引き起こす。鎌状赤血球貧血は，変異とそれに引き続いておこる健康に対する影響との関連が十分解明されている数少ない遺伝性疾患の1つである。

β-グロビン遺伝子クラスターの発現を制御する調節領域は，複雑かつ広い範囲に及ぶ。それぞれの遺伝子は転写開始点の上流(5′側)すぐのところにプロモーターと調節部位を持っており，クラスター内の最後の遺伝子であるβ-グロビン遺伝子の下流（3′側）にはエンハンサーもある（**図 10.12**）。しかし，これらの局所調節配列は赤血球特異的な転写因子結合部位を含んでおり，より広範な他の転写活性化因子の結合部位も含んでいるのだが，β-グロビン遺伝子の発現を正しく制御するには十分ではない。

発生の間に異なるグロビン遺伝子が連続的なオン/オフのスイッチによって切り替わっていくさまは，グロビン遺伝子発現の興味深い特色である。この発生過程におけるβ-グロビン遺伝子クラスターの発現制御は，ε遺伝子からかなり離れた上流領域に依存している。これが**遺伝子座調節領域（locus control region：LCR）**

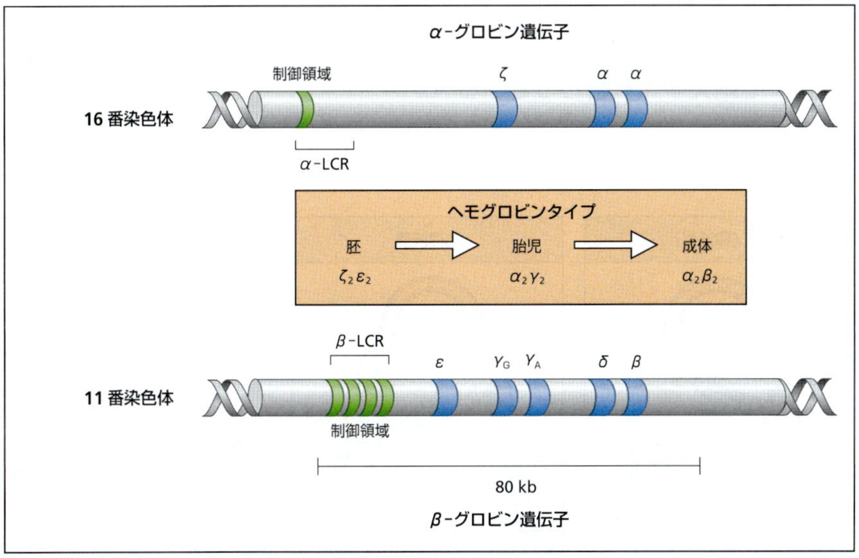

図 10.11 ヒトグロビン遺伝子
ヒトヘモグロビンは，2つの同一のα-タイプグロビンサブユニットと2つの同一のβ-タイプグロビンサブユニットから構成され，これらはそれぞれ染色体16番と11番にあるα-ファミリーとβ-ファミリーによりコードされる。ヒトヘモグロビンの組成は，発生過程で変化する。胚においてはζ（α-タイプ）とε（β-タイプ）のサブユニットからなり，胎児肝臓ではαとγのサブユニットから，そして成体ではほとんどのヘモグロビンはαとβのサブユニットからなる。しかし低い割合でαとδのサブユニットからもつくられる。制御領域のα-LCRとβ-LCRは，種々の発生段階でヘモグロビン遺伝子のスイッチングに関与する遺伝子座制御領域である。

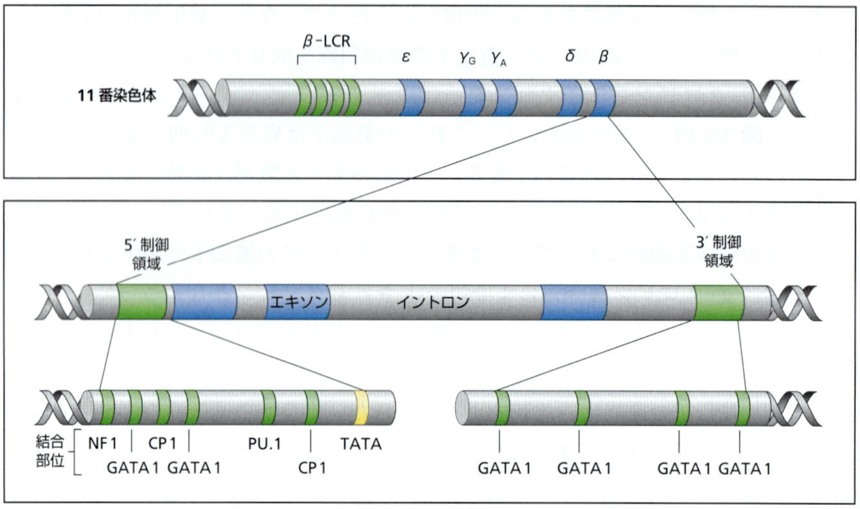

図 10.12 β-グロビン遺伝子の調節領域
β-グロビン遺伝子はβ-タイプグロビン遺伝子複合体の一部で，成体にのみ発現する。調節領域には，赤血球に比較的特異的な転写因子 GATA1の結合部位や，NF1とCP1のような組織特異性のない転写因子の結合部位がある。β-グロビンクラスター全体の上流の遺伝子座調節領域（LCR）にはさらに，β-グロビン遺伝子群の高発現と発生制御全体に必要な制御領域がある。

であり（**図 10.12** 参照），ε遺伝子の5′末端の5000塩基ぐらい上流から数万塩基対以上続くものである。LCRは，そこにつながっているあらゆるβ-グロビンファミリー遺伝子を高レベルで発現させ，また全β-グロビン遺伝子クラスターを発生的に正しい順序で発現させることにも関与している。例えばβ-グロビン遺伝子自体もLCRの5′末端から50,000塩基対くらい離れた位置にあるが，その発現にも関与している。同じような調節領域は，α-グロビン遺伝子クラスターの上流にも見つかっている。

グロビン遺伝子のスイッチング調節に関する魅力的なモデルは，LCR結合タンパク質と，連続して存在するグロビン遺伝子プロモーターに結合するタンパク質との相互作用を予想するものである（**図 10.13**）。LCR領域とグロビン遺伝子の間のDNAは，LCRに結合するタンパク質が，グロビン遺伝子のプロモーターに結合するタンパク質と物理的に結合できるように，ループを形成すると考えられる。このようにしてLCRは，胚性卵黄嚢内の赤血球前駆細胞においてはεプロモーターと相互作用し，胎児肝臓においては2つのγプロモーターと相互作用し，そして成体骨髄ではβ遺伝子プロモーターと相互作用するのであろうと考えられる。少なくともβ-グロビン遺伝子座に関しては，RNAポリメラーゼによる転写の開始から転写伸長への移行をLCRが促進するという証拠が報告されている。

10.7 哺乳類成体の皮膚と腸の上皮は，幹細胞から分化した細胞によって絶えず入れ替わっている

哺乳類の皮膚は2つの細胞層からなる。主に線維芽細胞を含んでいる**真皮**

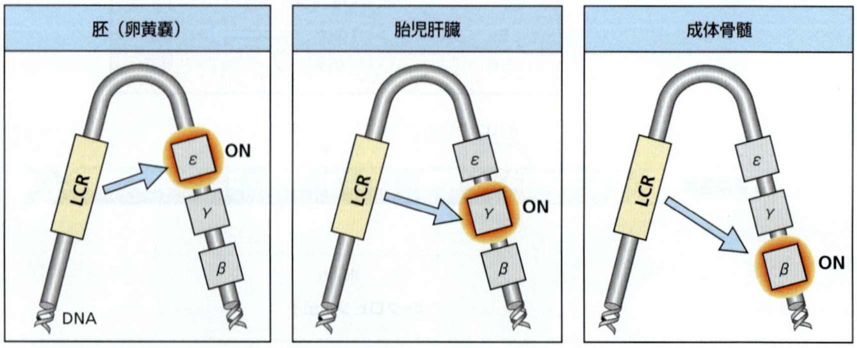

図 10.13 発生過程における，β-ファミリーグロビン遺伝子のLCRによる連続的な活性化メカニズム
LCRは異なる発生段階でそれぞれの遺伝子プロモーターに次々に接触して，それらの一過的な発現を調節している。
Crossley,M., et al.: 1993 より

(dermis) と，ケラチノサイト (keratinocyte) と呼ばれるケラチンで満たされた細胞を主に含み，外側を保護する表皮 (epidermis) である。細胞外マトリックスからなる基底板 (basal lamina) あるいは基底膜 (basal membrane) が，上皮の表皮を真皮から隔てている。ここでとりあげる表皮は，ケラチノサイトの多層上皮と，付随する毛包，皮脂腺，汗腺からなる (図 10.14)。毛の間の表皮は，毛包間表皮として知られている。表皮の保護機能のために，細胞は絶えず外側の表面から失われるので，それらは新しい細胞と置き換えられなければならない (私たちは 4 週間ごとに新しい表皮を持つ)。そしてこれは，表皮基底層にあって基底膜と接触している幹細胞と，毛包の基部にある幹細胞により，一生を通じて維持される。

基底層の細胞は，真皮内の線維芽細胞から受ける刺激と，基底膜の細胞外分子に依存して，増殖性を保つ。ひとたび細胞が幹細胞ニッチから離れると，細胞は分化へと拘束される。基底細胞の非対称分裂が，どのようにして基底層に 1 つの娘細胞を残しながら，もうひとつの娘細胞を分化へと拘束させることができるのかを説明する，いくつかの仮説が提唱されている (図 10.15)。拘束された細胞は，基底層を離れたあと分化する。最終分化経路を経てケラチノサイトが産生され，それらは皮膚を保護する最も外側の角化上皮層を形成する。毛包間表皮では，分化しているケラチノサイトは成熟するにしたがって皮膚内を移動し，それらが最外層に到着するときまでに，線維状タンパク質であるケラチンで完全に満たされ，細胞膜はインボルクリンタンパク質で強化される。死んだ細胞は，最終的に表面からはがれる (図 10.15 参照)。対照的に，皮脂腺の最終分化細胞は脂質に満たされた皮脂腺細胞であり，これは最終的に破裂して，皮膚の表面へ内容物を放出する。毛包の分化はより複雑で，8 つの異なる細胞系譜からなる。

生きた表皮細胞において，ケラチンは細胞骨格成分として必須であり，中間径フィラメントを形成してそれにより表皮が接着し合い，皮膚に弾力性や伸縮性を与える。基底細胞は 5 型と 14 型のケラチンを発現し，これらのケラチンをコードする遺伝子の変異は，上皮がきわめて脆弱となり容易に水疱ができる表皮水疱症という疾患の患者の多くに見いだされる。ケラチン 1 と 10 を発現する有棘細胞は表皮

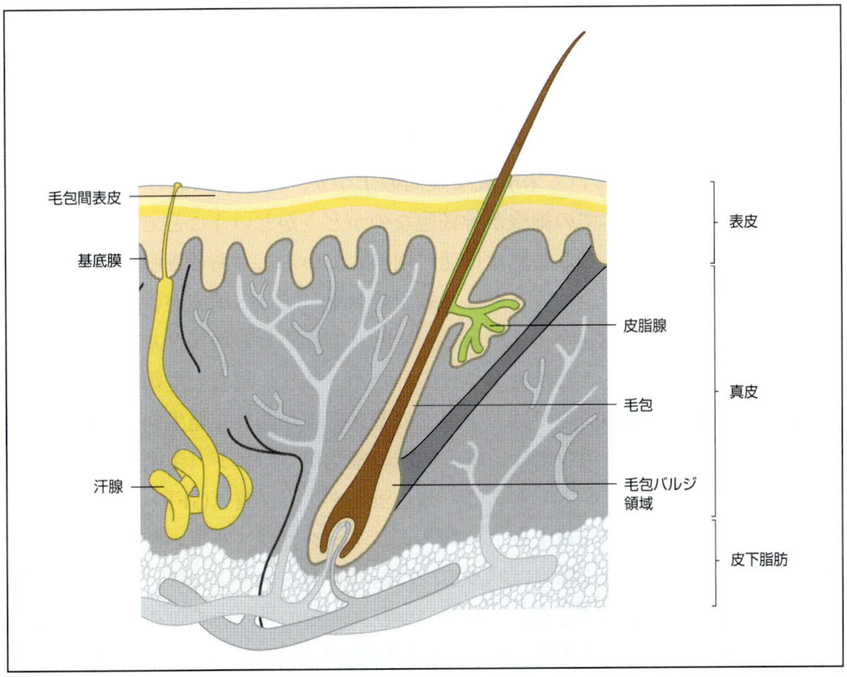

図 10.14 ヒトの皮膚切片の表皮構造
皮膚は，基底膜によりその下の真皮と隔てられた外側の表皮 (薄橙色) よりなる。表皮由来組織は色付きで示し，真皮構造は灰色で示した。

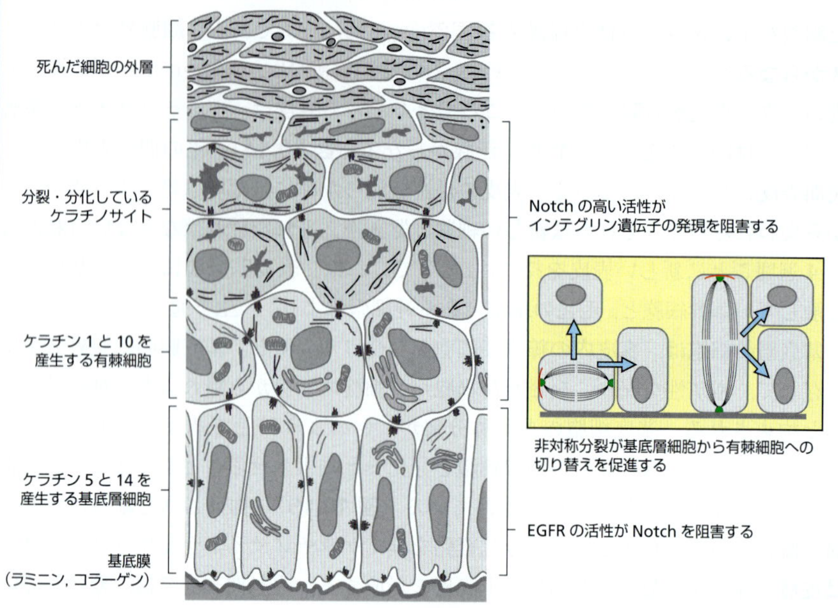

図 10.15 ヒト表皮におけるケラチノサイトの分化
基底層細胞の子孫細胞は表皮のケラチノサイトとなり，基底膜から離れ，数回分裂し，分化し始める。基底層細胞は，中間径フィラメントタンパク質のケラチン14とケラチン5を発現する。ケラチノサイトに分化すると，発現するケラチン遺伝子が変化し，多量のケラチン1とケラチン10を産生する。中間層において細胞はまだ大きく，代謝的に活性化された状態にある。それに対し，表皮の外層の細胞は核を失いケラチンフィラメントで満たされ，それらの膜はインボルクリンタンパク質の沈着のために不溶性となる。死んだ細胞は，最終的に皮膚の表面から脱落する。

の基底上層に局在し，ケラチン5と14から，ケラチン1と10への発現のスイッチは，細胞が最終分化へと拘束されたことの信頼性の高い指標となる。今では，いくつかのシグナルがこのスイッチを制御していることが知られている。Notchシグナリングの活性化は基底層細胞の分化を促進するが，基底層細胞では，そのシグナルは，上皮増殖因子受容体（EGFR）を介するシグナリングを含む種々のメカニズムにより抑制を受け，このことが結果として基底細胞の発生運命の維持に寄与している（**図10.15**参照）。細胞接着分子にもまた，鍵となる働きがある。基底細胞層は，インテグリンを含有するヘミデスモソームと，フォーカルコンタクトを含む特殊な細胞結合構造により，基底膜に付着している（**Box 8B**参照，p. 309）。基底細胞は，ヘミデスモソーム形成や，細胞外マトリックスのコラーゲンやラミニンとの結合に必要なインテグリン$\alpha_6\beta_4$を発現し，ラミニンの受容体であるインテグリン$\alpha_3\beta_1$も高レベルに発現している。上皮ヘミデスモソームに結合するコラーゲンの変異が，表皮水疱症の一部の患者に見出されている。基底膜から細胞が解離すると，Notchシグナリングが活性化される結果，細胞表面上のインテグリンの量が減少する。

表皮の細胞生物学において未解決な疑問の1つが，基底層における幹細胞の位置と，基底層にあるすべての細胞が幹細胞なのかどうかということである。基底表皮細胞は不均一であり，ある細胞は迅速に増殖しているし，ある細胞は非常に低い頻度でしか分裂していない。ゆっくりと細胞分裂をしている細胞が幹細胞で，その周りのTA細胞（transit-amplifying cell）として知られる増殖性基底細胞が最終分化へと拘束されていることが提案されていたが，個々の基底表皮細胞を標識してその運命を追跡した他の研究では，すべての基底細胞が同等な発生能力を持ちうることが示唆されている。毛包では，多分化能幹細胞が，バルジ（毛隆起部）として知られる領域に位置している。例えば，緑色蛍光タンパク質（GFP）をケラチン5プロモーターの調節下で発現するトランスジェニックマウスを用いた系譜追跡実験では，新しい毛包を生じる細胞はバルジ内にあり，ある条件下では，バルジの細胞は皮脂腺や表皮にもなることが示された。マウス表皮の単一の毛包のバルジ細胞の子孫細胞を実験室で培養する際，真皮の線維芽細胞と共培養して皮膚へ移植すると，毛包，皮脂腺，表皮ができる。

腸管内壁の上皮細胞も，つねに幹細胞によって置き換えられている。小腸では，上皮細胞は単層上皮を形成し，折り畳まれて腸管内腔に突出する絨毛と，上皮の下にある結合組織に入り込む腸陰窩（いんか）を形づくる。細胞は絶えず絨毛の先端から剥がれ落ち，一方ではそれらに置き換わる細胞を産生する幹細胞が陰窩の基底部に位置している。幹細胞により生み出された新しい細胞は，絨毛の先端に向かって上向きに移動する。その途中，それらは陰窩の下半分において増殖し，TA 細胞集団（transit-amplifying population）を構成する（**図 10.16**）。哺乳類の小腸の細胞のターンオーバーは約 4 日である。

マウス小腸の 1 つの陰窩には，主に 4 種類の分化細胞から構成される，約 250 個の細胞が含まれている。パネート細胞，杯細胞，腸管内分泌細胞が分泌細胞であるのに対し，小腸上皮の主要な細胞タイプである腸細胞は，腸管内から栄養を吸収する。約 150 個の陰窩細胞は増殖性で，1 日に約 2 回分裂するため，陰窩は毎日 300 の新しい細胞を産生することになる。そして毎時約 12 個の細胞が陰窩から絨毛へ移動する。

標準 Wnt シグナリングはコアクチベーターである β-catenin により TCF を活性化するシグナルであり（**Box 1E**, p. 26 参照），幹細胞の増殖，TA 細胞集団の増殖，パネート細胞の最終分化に必須である。マウス小腸では，個々の陰窩の基底部の幹細胞ニッチ内に 2 種類の幹細胞が見つかっている。もともと遅いペースで分裂することから同定された 1 つめのタイプは，幹細胞ニッチの端で，個々の陰窩の基底部から少し距離をおいたところに見つかっている。もう 1 つの幹細胞は，かなり増殖性の高い細長い円柱状の細胞で（陰窩あたり 4 〜 6 細胞ある），パネート細胞とともに陰窩の底部に散在する（**図 10.16** 参照）。この 2 組の幹細胞は，異なる遺伝子発現パターンを持つ。ゆっくり分裂するほうの幹細胞は，Polycomb 複合体の成分である Bmi1 を高発現し，LacZ をマーカーとして用いたトランスジェニックマウスで Bmi1 発現細胞の系譜追跡を長期間行ったところ，12 カ月後には陰窩と絨毛全体が標識された。もう一方の幹細胞集団は，Wnt の標的のひとつでリガンド未知の，G タンパク質共役型受容体 Lgr5 をコードする遺伝子を発現する。*Lgr5* 発現細胞とそれらの子孫細胞を LacZ の発現により不可逆的に標識した実験によって，これらの円柱細胞が 2 カ月後には陰窩全体と，隣接する絨毛上で帯状に連なる細胞集団を生ずることが示された（**図 10.17**）。このように，ゆっくり分裂を繰り返す細胞同様，Lgr5 を発現する円柱細胞は，確かに多分化能幹細胞なのである。これら 2 つの幹細胞集団が異なる機能を果たすかどうかはまだ明らかではない。1 つはおそらく正常な組織の恒常性に関与し，一方は再生のために幹細胞の保持をするのかもしれない。

Lgr5 発現細胞が多分化能を有することは，それらを単離し，培養することにより確認された。適切な条件下で培養すると，1 つの *Lgr5* 発現細胞は，4 種の分化細胞をすべて含む，腸の絨毛-陰窩組織を構築することができる。他の上皮構造で

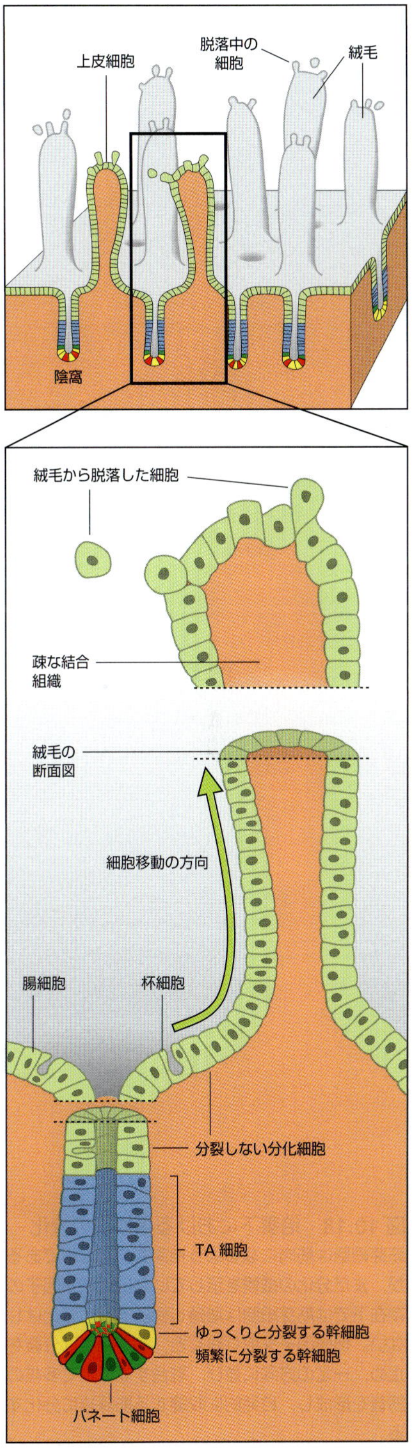

図 10.16　哺乳類の腸の輪郭をなす上皮細胞は絶えず置換されている
上パネルは，絨毛──小腸壁を覆っている伸長した上皮組織──を示している。下パネルは，陰窩と絨毛の詳細である。腸上皮を再生する幹細胞は，陰窩の基部に見られる。1 つめのタイプ（黄）の幹細胞は分裂速度が遅く，陰窩の底からいくらか離れたところにある。2 つめのタイプ（赤）の幹細胞は，陰窩の基部にあるパネート細胞間に散在する。こちらの幹細胞は最初のタイプより頻繁に分裂し，大部分が日常的な上皮の再生に関与している。幹細胞は，増殖して上向きに移動する細胞を生じる。幹細胞は，陰窩を離れるまでに種々の上皮細胞へと分化する。それらの細胞は突出している絨毛を上向きに移動し続け，最終的に先端から脱落する。総移動時間は約 4 日である。

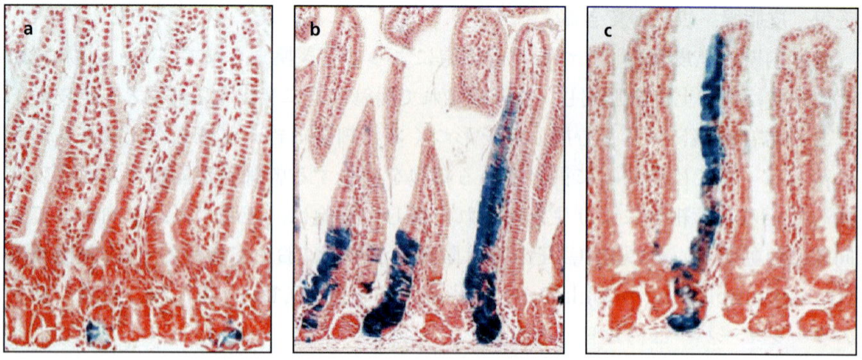

図 10.17 マウス小腸における Lgr5 発現細胞の細胞系譜追跡
Lgr5 プロモーターにより LacZ を発現するトランスジェニックマウスを用いて，Lgr 発現細胞の起源と移動が追跡された。写真は，小腸における LacZ 活性（青い染色細胞）の組織学的解析を示す。(a)誘導後1日，(b)誘導後5日，(c)誘導後60日。*Barker, N., et al.: 2007 より*

ある乳腺も，幹細胞から生まれることが示されている。ミルクを産生する能力のある完全なマウス乳腺が，1つの幹細胞から増殖してできたのである。

小腸の陰窩における，吸収細胞あるいは分泌細胞としての指定も，Notch シグナリングに依存する。Notch シグナリングが減少した条件下では，増殖性陰窩細胞はすべて杯細胞に変わる。ところが Notch シグナリングが活性化している場合は，幹細胞の増殖性が増し，分化した分泌性細胞（杯細胞，腸管内分泌細胞，パネート細胞）の著しい減少が見られる。4つの細胞系譜のそれぞれで働く，いくつかの転写因子の詳細が明らかになり始めている。

10.8 MyoD ファミリーが筋肉への分化を決定する

第4章で，脊椎動物の体節において筋細胞の指定に関わるシグナルを考察してきた。ここでは，既に骨格筋に指定された細胞の分化に焦点を当てる。ちなみに，心筋の分化には異なる転写因子が関与している。脊椎動物の横紋骨格筋の分化に関する研究は，培養細胞を用いることができ，細胞分化の研究には価値あるモデル系である。骨格筋細胞は，体節の筋節由来である。筋肉を形成するように拘束された細胞である**筋芽細胞（myoblast）**は，ニワトリやマウスの胚から単離することができ，マウスの細胞ではクローン化して，単一の筋芽細胞由来の培養細胞を作製することが可能である。それらの細胞は，培養液から増殖因子が取り除かれるまで増殖し続ける。増殖因子が取り除かれると細胞増殖をやめて，明らかな筋細胞への分化が始まる。次に，筋分化を始めた細胞は，収縮装置の一部であるアクチン，ミオシンⅡ，トロポミオシンなどのような筋特異的タンパク質や，クレアチンリン酸キナーゼのような筋特異的酵素を合成し始める。筋芽細胞は分化するうちに，構造変化も起こす。筋芽細胞はまず，細胞骨格微小管が再編される結果，双極性の形態になり，次に融合して多核の**筋管（myotube）**を形成する（**図 10.18**）。生体内における融合には，細胞膜上のインテグリン β_1 が必要である。増殖因子を取り除いておよそ20時間以内に，典型的な横紋の**筋線維（muscle fiber）**が観察されるよ

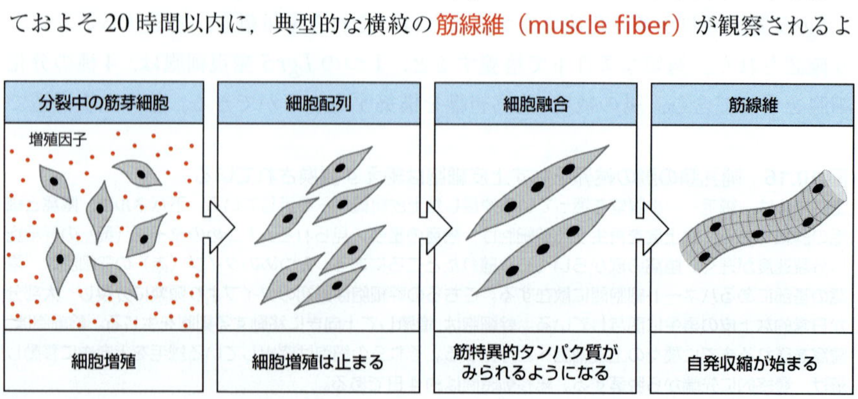

図 10.18 培養下における横紋筋の分化
筋芽細胞は筋肉になるよう拘束された細胞であるが，まだ分化の徴候を示していない。増殖因子の存在下では筋芽細胞は増殖し続けるが，分化はしない。増殖因子を取り除くと，筋芽細胞は分裂を止め，一定の方向に並び，融合することで多核の筋管を形成し，自発的に収縮する筋線維に分化する。

うになる。

myoD 遺伝子は，筋前駆細胞や筋細胞でのみ発現する basic helix-loop-helix 転写因子ファミリーのメンバーの 1 つである。このファミリーの遺伝子は，筋分化の鍵となる制御遺伝子群とみなされている。これらの遺伝子を活性化すると，筋特異的遺伝子や細胞分化のスイッチが入る。*myoD* はさらに，通常は MyoD タンパク質あるいは筋特異的構造タンパク質や酵素を発現していない線維芽細胞に導入されると，筋肉への分化を誘導することすらできる。*myoD* と同様に，このファミリーの 3 つの遺伝子 *mrf4*，*myf5*，*myogenin* も，線維芽細胞や筋細胞ではない細胞に筋分化を誘導することができる。*mrf4*，*myf5*，*myoD* は，哺乳類では筋前駆細胞でスイッチが入るべき最初の遺伝子であり，筋決定遺伝子として働く（**図 10.19**）。それらの遺伝子は，筋細胞の前駆細胞に限定して発現するようになった転写因子 Pax3 によって活性化される（第 5.9 節参照）。それらの遺伝子は一度活性化すると，正のフィードバックにより，自身の発現を維持する。Mrf4，Myf5，MyoD はさらに，筋分化と筋成熟に関わる *myogenin* を活性化する。*myoD* と *myf5* は増殖性の未分化な筋原性細胞で発現しているが，*myogenin* は分裂していない分化細胞でのみ発現する。Mrf4 は筋線維の成熟において再び役割を果たす。

MyoD と Myf5 の筋決定における効果は示されたものの，マウスを用いて遺伝子をノックアウトした場合（第 3.9 節および **Box 3B**, p. 126 参照），*myf5* に活性があれば，*myoD* を欠損させてもそのマウスは正常に骨格筋を形成する。このことは，MyoD と Myf5 の機能が重複していることを示唆している。明らかな重複性が見られることは発生過程では珍しいことではなく，おそらく遺伝子発現の変動に直面した場合，発生を継続させるためのバックアップ機構として進化したのだろうと考えられる（第 1.19 節参照）。*myoD* 欠損マウスにおいては *myf5* の発現量が上昇していることから，通常，*myoD* の発現は *myf5* の発現を抑制し，Myf5 タンパク質は MyoD の欠損を補償することが示唆される。Myf5 欠損マウスも骨格筋を形成し，最も明らかな異常として肋骨短縮が認められること以外に異常は確認されていない。Myf5 と MyoD の両方を欠損したマウスでは，*mrf4* を発現しているため，いくつかの筋肉を形成するものの，生まれる前に死んでしまう。このような実験結果は，それらのタンパク質が筋決定因子として機能することを示している。実際，活性化されてもタンパク質として機能のある Myf5 や MyoD タンパク質をつくらない変異を有する *myf5* と *myoD* 遺伝子を持つ胚では，筋細胞になることが予想される細胞は本来とは異なる領域に局在しており，軟骨や骨のような他の分化経路に統合されるものと思われる。一方，*myogenin* 欠損マウスでは，ほとんどの骨格筋を欠くが，筋芽細胞は存在する。このように，Myogenin は筋決定

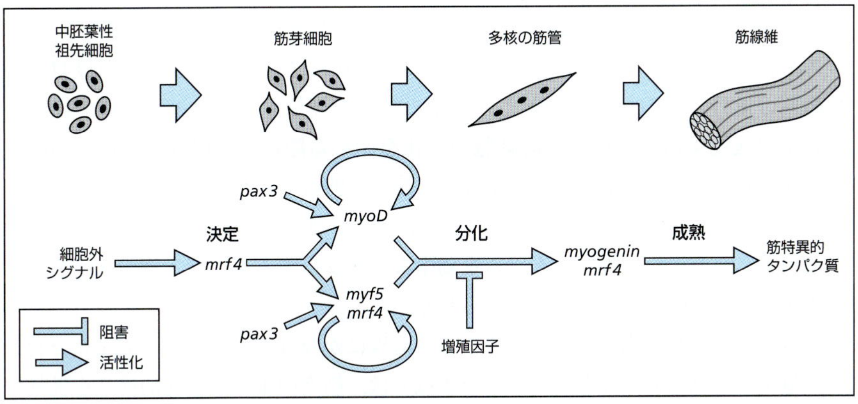

図 10.19 脊椎動物の骨格筋分化の特徴
細胞外シグナルは，*mrf4*，*myoD*，*myf5* 遺伝子を活性化することにより筋分化を開始させる。（種によって）それらの遺伝子のうち 1 つが優位に発現する傾向があり，それらの活性は互いに抑制的であり，自己維持にも働く。*mrf4*，*myf5*，*myoD* によってコードされる転写因子は *myogenin* のような筋分化遺伝子を活性化し，次に筋分化遺伝子は，筋細胞の収縮装置を構成する筋特異的タンパク質などの発現を活性化する。

に必須のタンパク質というよりは，筋分化因子と考えられている。

MyoD ファミリーの転写因子は，筋特異的遺伝子の調節領域やプロモーター領域にある E-Box と呼ばれる塩基配列に結合して，それらの遺伝子を活性化する。MyoD は E_{12} のような E2.2 遺伝子産物とヘテロダイマーを形成し，E-Box に結合する。MyoD とその関連因子の活性化が筋分化に必須であることから，ここで MyoD の活性化がどのように制御されているかをみてみよう。

10.9　筋細胞の分化は細胞周期からの離脱を伴うが，それは可逆的である

筋芽細胞の増殖と分化は互いに排他的な活性である。培養下で増殖している骨格筋芽細胞は分化しないが，増殖が止まると分化を開始する。増殖因子の存在下で MyoD と Myf5 タンパク質の両方を発現している筋芽細胞は増殖し続け，筋肉に分化しない。このことは，MyoD と Myf5 の存在だけでは筋分化には不十分であり，ほかの因子が必要であることを意味する。培養下において分化への刺激は，培養液から増殖因子を取り除くことにより供給される。そして筋芽細胞は細胞周期から離脱し，細胞融合が起こり，そして筋分化が行われる。

細胞周期の進行を制御するタンパク質と，筋決定因子や筋分化因子の間には，密接な関係がある。細胞周期の要所において活性化されるサイクリン依存性タンパク質キナーゼは，MyoD と Myf5 をリン酸化する（**図 13.2** 参照）。リン酸化されると MyoD と Myf5 は分解されやすくなるため，それらの活性が影響を受ける。それゆえ，活発に増殖している細胞において，筋決定因子の発現レベルは低い状態に保たれる。ほかのいくつかのタンパク質も，筋原性因子や筋原性因子と共に働く E_{12} のような活性化因子と相互作用し，それらの活性を抑制する。転写因子 Id は増殖細胞において高発現しており，早すぎる筋特異的遺伝子の活性化を抑制すると考えられている。

筋原性因子自身も，細胞周期を妨げて細胞周期の停止を引き起こす。Myogenin や MyoD は，細胞周期の進行を抑制する p21 ファミリーの転写を活性化させることにより，細胞を細胞周期から離脱させ，分化させる。細胞周期の進行を抑制するもうひとつの重要なタンパク質に，網膜芽細胞腫タンパク質（retinoblastoma protein：RB）がある。RB は増殖細胞においてサイクリン依存性キナーゼ 4（Cdk4）によりリン酸化されるが，RB の脱リン酸化は，細胞周期からの離脱と筋分化の両方に必須である。MyoD は，Cdk4 と強く特異的に結合することで RB のリン酸化を抑制し，細胞周期の停止を引き起こしやすくする。

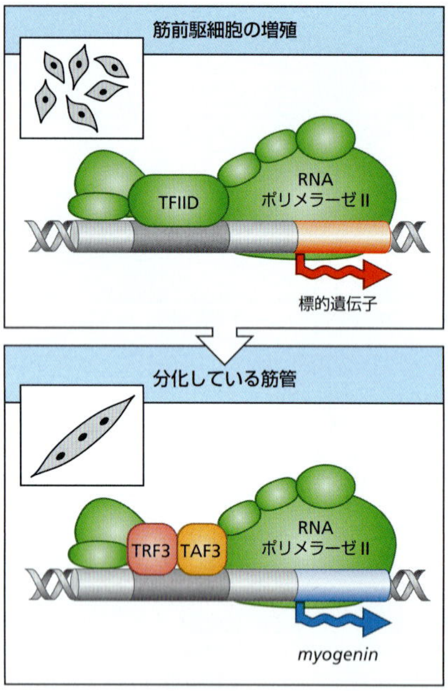

図 10.20　筋芽細胞の増殖停止と筋細胞の分化の開始は，基本転写複合体の変化を伴う
他の多くの細胞同様，筋芽細胞では，基本転写複合体は基本転写因子 TFIID（プロモーター領域に位置する TATA ボックスを認識する）を含む。分化している筋管では，TFIID は解体され，TRF3 と TAF3 を含む複合体により置き換わると考えられている。特異的アクチベーターとともに，この複合体は *myogenin* 遺伝子のプロモーターを認識し，その転写を開始する。

細胞増殖に関わる遺伝子の発現を停止する，より一般的な機構が筋細胞においても見出されている。予想外にもその機構は，コアとなる転写装置（core transcriptional machinery）の構成要素を変えることである。**図 10.3** に描かれている基本プロモーター認識複合体における基本転写因子の 1 つは，TATA ボックスを認識するマルチサブユニット型タンパク質の TFIID である。TFIID は，細胞周期の進行と細胞分裂に関わる遺伝子の発現を調節するプロモーター認識複合体の中で機能する。しかし，筋細胞が分化を始める際には TFIID は取り除かれ，*myogenin* のような分化遺伝子の発現を調節する別のタンパク質複合体に置き換えられる（**図 10.20**）。このスイッチの切り替えは，細胞内で，ある転写プログラムを選択的にオンに，別のプログラムを効率よくオフにするもので，細胞増殖抑制と分化開始の一般的機構であると考えられる。

細胞増殖と最終分化の対立は，発生上の道理にかなうものである。完全に分化した細胞がこれ以上分裂できないような組織では，筋肉のような機能的構造を構築す

るためには，分化が始まる前にあらかじめ多くの細胞を産生することが不可欠である。細胞外シグナルに依存して分化を誘導する，あるいは分化の準備が既に整っている細胞だけに分化を開始させることにより，細胞分化は適切な条件下でのみ起こることが保証されている。

筋細胞分化が明らかに最終分化の性質を示しているにもかかわらず，筋細胞は，分化細胞が脱分化（dedifferentiation）──分化した性質を失い，細胞周期に再び入る現象──したり，分化転換（transdifferentiation）──培養条件下で手を加えることにより，ほかの細胞種になる現象──を起こしたりする例のひとつとなっている。*Msx1* 遺伝子は，ホメオドメインを持つ転写リプレッサーをコードしており，これは肢の発生過程において，運命決定はされているが未分化な筋芽細胞と，肢芽の先端部の他の未分化細胞で発現している。培養下でマウスの筋管に *Msx1* を導入すると，5 ～ 10% の筋管は脱分化し，小さな多核の筋管と，さらに重要なことに単核細胞にまでなって，細胞分裂を起こすようになる。分裂している単核の細胞を適切な培養条件下で培養したところ，単一の筋管由来の子孫細胞の中には，軟骨細胞や脂肪細胞のような他種の細胞マーカーを発現している細胞もあった。以前は，両生類の肢の再生においても同様の分化転換により筋細胞が多種類の細胞を生ずると考えられていたが，アホロートルの場合にはそれは起こらないことが示されている（第 14 章参照）。

10.10　骨格筋と神経細胞は，成体の幹細胞から新たにつくられる

いったん骨格筋細胞が形成されると，骨格筋細胞は分裂ではなく細胞の成長（細胞の容積が増すこと）により大きくなる。しかし骨格筋細胞は，新しい筋細胞と置き換わることもできる。成体の哺乳類の筋肉には衛星細胞［サテライト細胞（satellite cell）］と呼ばれる細胞が存在し，この細胞は筋損傷が生じた際に，増殖・分化して新たな筋細胞をつくる。筋損傷により活性化すると，衛星細胞は増殖し，筋芽細胞になる。

衛星細胞は筋幹細胞である。衛星細胞は，成熟した筋線維の基底膜と細胞膜の間に位置し，細胞表面タンパク質 CD34 や転写因子 Pax7 のような特徴的なマーカーの発現により見分けることができる（図 10.21）。至適条件下で，放射線照射したマウスの筋肉に 1 本の筋線維に結合した衛星細胞（1 本の筋線維におよそ 7 個の衛星細胞）を移植すると，100 以上もの新しい筋線維が形成され，自己複製も行われる。この場合，放射線照射によりマウス自身の衛星細胞は死滅するため，自己の衛星細胞が筋再生を起こした可能性はない。放射線照射したマウスに筋幹細胞を 1 個移植するだけで，筋線維と衛星細胞の両方を産生しうる。

Pax7 の機能は，遺伝子の起源が近縁の Pax3 と重複するようである。先に述べたように，Pax3 は筋前駆細胞の初期決定に必須である。それとは対照的に Pax7 は，出生時の衛星細胞集団の維持に必要であり，成体の筋肉にも発現している。しかし，マウスが生後 2 ～ 3 週齢になってから *Pax7* を欠損させても，驚いたことに肢の骨格筋の増殖と再生には何の影響もなく，衛星細胞はもはや *Pax7* 遺伝子を発現していないのに，新しい筋肉を形成することができる。

第 12 章では，ニューロンをはじめとする神経系の細胞が，胚性神経幹細胞からどのように発生するかをみるつもりである。しかし，哺乳類の脳内のニューロンは分裂しないし，長年，脳の新しいニューロンは成体の哺乳類では産生されないと考えられてきた。しかし近年，成体の脳において新しいニューロンの産生，すなわち神経新生（neurogenesis）が，通常の出来事として起きていることが実証され

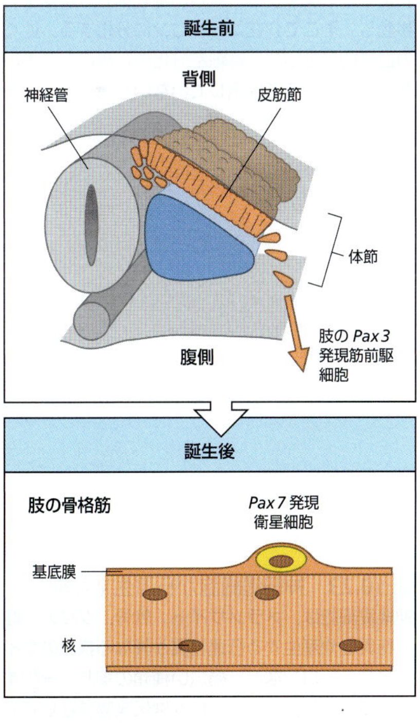

図 10.21　筋衛星細胞
胚発生過程において，*Pax3* 発現筋前駆細胞は，皮筋節から四肢に移動する。生後の肢の筋肉では，筋幹細胞は衛星細胞として筋肉に付着して残り，*Pax7* を発現する。

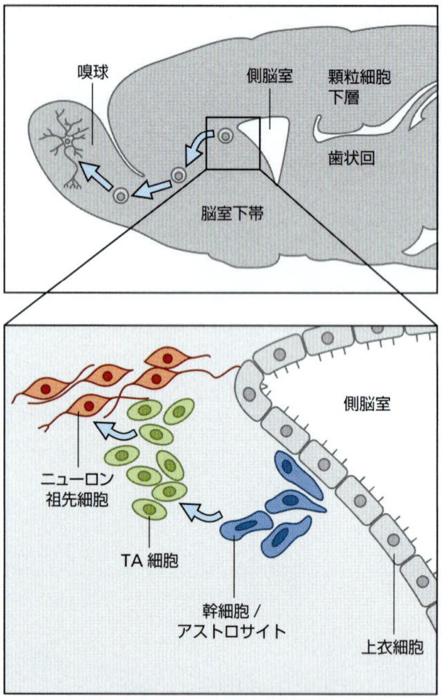

図 10.22　脊椎動物の成体の脳における神経新生部位
神経新生は主に，海馬歯状回の顆粒細胞下層および脳室下帯前方（下パネルに詳細図を示している）で行われている。アストロサイト様の神経幹細胞は，急速に分裂するTA細胞を生み，それらがニューロンに分化する。歯状回において産生された新しい神経細胞は，顆粒層に移動する。一方，脳室下帯で産生された新しい神経細胞は嗅球まで移動し，そこで介在ニューロンに分化する。近くの血管内皮細胞も，幹細胞分化のためのシグナルを与える（ここでは示していない）。

た。また，成体の哺乳類で神経幹細胞が同定され，それは培養条件下でニューロン，アストロサイト，オリゴデンドロサイトを産生しうる。成体の哺乳類における神経新生は2つの領域でのみ起こる。側脳室の脳室下帯と，海馬の歯状回の顆粒細胞層下部である。脳室下帯において産生された新しいニューロンは移動して，嗅球で介在ニューロンとなる。それに対して海馬の幹細胞は，海馬の歯状回顆粒層の新しいニューロンを生む。アストロサイト特異的遺伝子を発現し，ゆっくり増殖する放射状グリア細胞は，成体神経幹細胞として機能する。側脳室の脳室下帯において，それらの幹細胞は，神経前駆細胞へと成熟する前に増殖性のTA細胞を生むのに対し（**図 10.22**），海馬では，放射状グリア細胞は直接ニューロンを生じうる。それらの領域内で隣接する他のグリア細胞は幹細胞ニッチを形成し，神経幹細胞の挙動を制御するシグナルを産生する。神経幹細胞においてWntシグナルは，β-catenin経路を通じて成体の神経新生を調節する重要な役割を担っている。Notchシグナルは幹細胞の数を決定し，Sonic hedgehogシグナルを調節することで，幹細胞の生存を促進する。成体の脳における他のシグナル源には，脳室を覆う脳室上衣細胞，血管，血球成分などが含まれ，それらが供給するいくつかのシグナル分子が同定されている。

10.11　胚性神経堤細胞は幅広い種類の細胞に分化する

今度は，胚の神経堤細胞に話題を転じよう。これは，著しく多様な種類の細胞を生み出す細胞である。第5章で述べたように，神経堤細胞は背側神経管由来であり，神経上皮から出現して分離してくる細胞として認められる。哺乳類の脳領域では，神経堤細胞は，盛り上がってくる神経褶が閉鎖して神経管になる前に出現し始める。神経板の縁（へり）で，神経管と隣接する組織――神経外胚葉とその下方の間充織組織――の誘導的な相互作用の結果，拘束されていない前駆細胞から神経堤細胞が運命決定される。古典的モデルでは神経堤細胞の誘導は，中程度レベルのBMPシグナルに対する外胚葉の応答と説明されてきた（第5章参照）。現在は，多くの種における研究から，それに加えてWntやFGFシグナルも神経堤細胞の誘導に重要であることが報告されている。神経堤細胞は，いったん神経管から離れると，第8章で述べたように多くの場所に移動を始める。

ここでは神経堤細胞の分化能力について論じよう。神経堤細胞は，末梢神経系（感覚神経系と自律神経系を含む）のニューロンとグリア，副腎髄質のクロマフィン細胞のような内分泌細胞，そして皮膚やその他の組織に見られる色素細胞であるメラノサイトを生む（**図 10.23**）。哺乳類と鳥類の頭部では，神経堤細胞は顔面骨，軟骨，真皮などの中胚葉タイプの組織にもなる。外胚葉に由来する組織のみならず

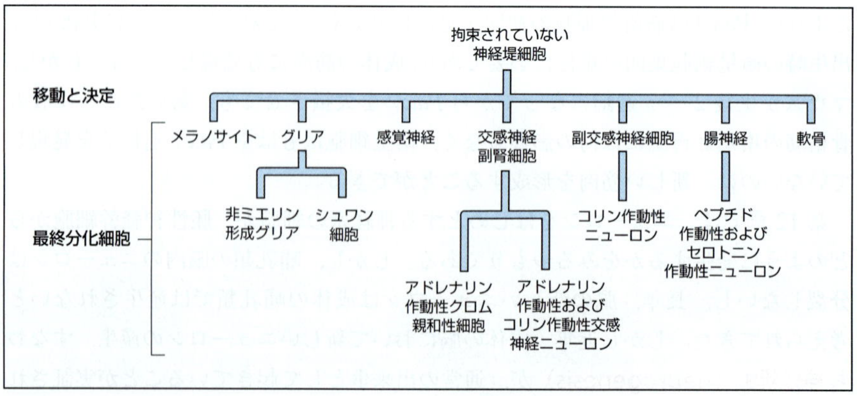

図 10.23　神経堤細胞から派生する細胞
神経堤細胞は，メラノサイト，軟骨，グリア，機能特異性や産生する伝達物質が異なる様々のタイプのニューロンなど，幅広い種類の細胞に分化する。コリン作動性ニューロンは伝達物質としてアセチルコリンを，アドレナリン作動性ニューロンは主にノルアドレナリン（ノルエピネフリン）を，ペプチド作動性およびセロトニン作動性ニューロンはそれぞれペプチド性伝達物質とセロトニンを用いる。

中胚葉性組織の形成能をも持つ神経堤細胞は，中外胚葉（mesectoderm）と呼ばれている。

神経堤細胞の驚異的な分化能力はもともと，両生類の胚から神経褶を取り除いて，発生しない組織がどれかを調べることによって明らかとなっていた。これは，後にウズラの神経堤細胞をニワトリ胚に移植する一連の詳しい実験により確かめられた。ウズラの細胞は，ニワトリの細胞と区別できる特徴的な核を有する（図 5.6 参照）。それ故，移植したウズラの細胞を追跡し，その細胞がどの組織に寄与するのか，またはどの細胞種に分化するのかを確認できる。神経堤細胞の予定運命図を作成するために，神経堤細胞が移動する前の時期に，ウズラの背側神経管の小さな領域が，同じ発生段階のニワトリ胚に移植された。予定運命図は，前後軸に沿った神経堤細胞の位置と，神経堤細胞が生むであろう細胞や組織の軸上の位置が，全般的に一致することを示していた（図 10.24）。例えば，顔面と咽頭の組織は体節の 5 番目より前方の神経堤細胞に由来し，自律神経交感神経系の神経節細胞は，体節の 5 番目より後方の神経堤細胞由来である。

神経堤細胞が移動する前，神経堤細胞の運命はどの程度決定されているのであろうか？　神経堤細胞の中には疑いなく多分化能を有するものがある。神経堤細胞が神経管を離れた直後，トレーサーとともに神経堤細胞を 1 つずつ移植したところ，神経細胞，非神経細胞の両方の多種類の細胞が生じた。また，神経堤細胞が移動を始める前に神経堤細胞の位置を変更することにより，神経堤細胞の発生能力は，それらが普通たどる運命から推定されるよりも多様であることが示された。神経堤細胞から，ニューロン，グリア，平滑筋になり得る多分化能を有する幹細胞が同定された。同様の多分化能を有する細胞は，神経堤細胞が移動した後においても，哺乳類胚の末梢神経からも同定された。神経堤細胞が生み出すほとんどすべての細胞は，組織培養下で分化することも可能であり，神経堤細胞の発生能力はこの方法で研究されている。移動中に採取された神経堤細胞から発生する多くのクローンは 2 つ以上の細胞種を含んでおり，それらの神経堤細胞が，採取されたときに多分化能を有していたことを示す。しかし，神経堤細胞が移動するにつれて，その分化能は徐々に減少する。培養されたクローンの大きさはだんだん小さくなり，生ずる細胞の種類も少なくなっていく。このように，移動の直後から神経堤細胞は，多分化能を有する細胞と，既に分化能が限定された細胞とが混ざった状態になっている。

変異マウスや細胞培養実験により，神経堤細胞の分化と増殖に影響を与える多くの細胞外シグナルタンパク質が同定されてきた。例えば，メラノサイトの生存と分

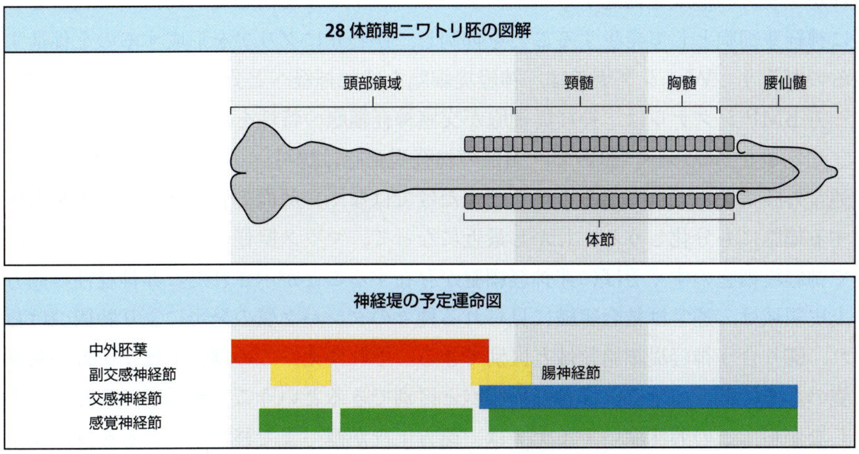

図 10.24　神経堤細胞の発生運命と発生能力

神経堤細胞の予定運命図（下パネル）は，前後軸に沿った神経堤細胞の位置と，それらの細胞が生み出す構造の位置（上パネル）が一般にほぼ一致していることを示している。例えば，頭部の中外胚葉を生む神経堤細胞は前側由来である。しかし，中外胚葉性の細胞は例外としても，神経堤細胞は推定される運命よりもずっと広い発生能力を持っている。

化は，Wnt やサイトカインの endothelin や幹細胞因子（SCF）によって，グリア細胞の産生は neuregulin（グリア増殖因子とも呼ばれる）によって制御され，一方，BMP は自律神経の発達に必要である。神経管における標準 Wnt/β-catenin 経路の活性化は，神経堤細胞からの他の細胞への分化能を抑制して，感覚神経の形成を促進させる。神経管により産生される脳由来神経栄養因子（Brain-derived neurotrophic factor：BDNF）は，感覚神経の生存に関与することが示唆されている。神経板との境界領域や，移動前および移動初期の神経堤前駆細胞で発現する転写因子も多数同定されている。それらには Sox9 のような SoxE ファミリーの転写因子も含まれている。Sox9 は，マウスとゼブラフィッシュ胚の両方において神経堤細胞の生存に重要であることが示されている。一方 Sox10 は，移動中の神経堤細胞において発現し（**Box 1D**, p. 21 参照），ニューロンやメラノサイトの最終分化を制御している。

メラノサイトは，外胚葉の下を通る背側の移動経路をとる神経堤細胞に由来する。*white spotting*（*W*）あるいは *Steel* という変異（もともと毛色の異常で同定された遺伝子）のホモ接合体マウスは，皮膚や他の組織においてメラノサイトを欠損している。この 2 つの遺伝子の変異は全体として同じ効果が認められ，まったく異なる 2 つのタンパク質をコードする遺伝子であるが，同じ経路で機能している。*white spotting* は，SCF の受容体である細胞表面タンパク質 Kit をコードしている。Kit は，皮膚のメラノサイトの未分化な前駆細胞，すなわち発生中のメラノブラストで発現している。対照的に *Steel* は，メラノブラストを囲む線維芽細胞やケラチノサイトにより産生される SCF をコードしている。どちらかの遺伝子に変異が生じるとメラノサイトの分化が抑制されることから，SCF と Kit の相互作用により生成されるシグナルが分化に必須であることが示唆される（**図 10.25**）。ヒトにおける稀な疾患として，からだの局所――頭皮や前頭部（白髪になる）や胴体の腹側や肢など――においてメラノサイトが発達しない限局性白皮症が知られている。今では，この症状は，*KIT* 遺伝子の変異によることがわかっている。

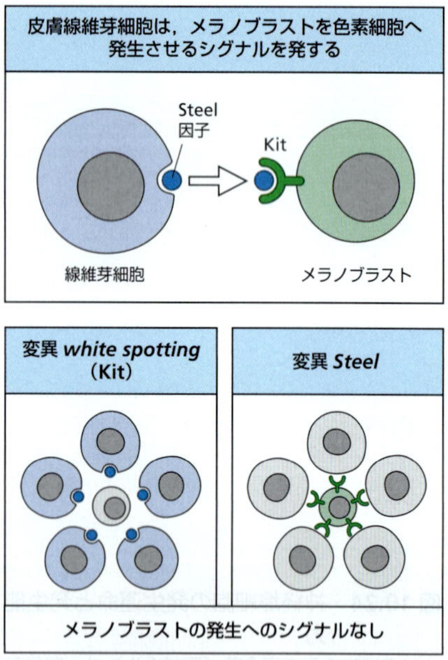

図 10.25　受容体 Kit とそのリガンド Steel 因子は，メラノブラストの分化に関わる
Kit をコードする遺伝子（*white spotting* または *W* 遺伝子）もしくは *Steel* 遺伝子のどちらかに変異が生じたメラノブラストは，メラノサイトに分化することができない。

神経堤細胞は，末梢神経系の感覚後根神経節と自律神経節を生ずる。これらの神経節はニューロンとグリアの両方を含み，まず，ニューロンが分化する。神経堤細胞がニューロンとグリアのどちらに分化するかを決めているのは何であろうか？神経堤幹細胞における Notch の活性化はニューロン形成を抑制し，グリアへの分化を促進するという証拠がある。また，Delta のような Notch リガンドは，ニューロンの前駆細胞である神経芽細胞で発現している。したがって，いったん神経芽細胞が BMP-2 のような神経形成性シグナルの影響下で神経分化を始めると，それがグリアの形成を促進するフィードバックシグナルを出して，周辺の細胞がさらに神経芽細胞として発生することを抑制し，かわりにグリアを形成するのを促進するのだろう。Wnt シグナルは，神経堤細胞を感覚神経へと分化させる方向に働き，一方 BMP シグナルは，神経堤細胞が交感神経細胞の特性を持つように働く。

哺乳類と鳥類の胚において，頭部の神経堤細胞は鰓弓へ移動し（**図 5.37** 参照），通常外胚葉からできてくるような細胞だけではなく，顔面の骨，軟骨や真皮を形成する細胞にも分化しうる。しかし最近になって，マウス胎仔の頭部では，神経褶内で神経堤細胞のすぐそばに非神経細胞が存在することが示された。非神経性の側方上皮領域は，通常は結合組織に見られる種々のタンパク質の発現により特徴づけられ，隣り合う神経堤細胞領域と区別できる。それゆえ，この側方上皮が中外胚葉細胞の起源であって，それは神経堤細胞と区別できるということが示唆された。しかしながら，この興味深いアイデアは，側方上皮が鰓弓まで移動することを証明することにより確認すべきだが，その確認はまだなされていない。

頭部神経堤細胞の Hox 遺伝子の発現は，神経堤細胞の分化能の決定因子である（第 5.13 節参照）。例えば，頭部神経褶の前方領域では Hox 遺伝子は発現しておらず，これらは顔面の骨を形成する細胞を生ずるのに対し，前方 Hox 遺伝子はより後方領域の頭部神経堤細胞において発現している。ニワトリ胚の前方の頭部神経堤細胞において異所的に *Hoxa2*，*Hoxa3* や *Hoxb4* を発現させた場合は，顔面の骨格の分化が起こらない。そして，後方の頭部神経堤細胞において *Hoxa* 遺伝子のクラスター全てを同時に不活性化したトランスジェニックマウス胚では，それらの細胞は今度は本来 Hox 遺伝子を発現していない細胞によってつくられる前方構造を生ずる。

10.12 プログラム細胞死は遺伝的制御を受ける

正常な発生の中では，選択的な細胞死が起こる。厳密には細胞分化とは違うが，ここではその角度から細胞死を考えてみたい。例えば，細胞死は脊椎動物の四肢の形態形成に関わっており，指と指の間を分離するのに必須である（第 11 章参照）。また，脊椎動物の神経発生では，多数の神経細胞死が見られる。あらかじめ死ぬことが予定されているプログラム細胞死は，線虫の発生においてはとりわけ重要である（第 6 章参照）――959 個の体細胞が卵細胞より産生され，発生過程で 131 細胞が死ぬ――。これらすべての場合，死んでいく細胞は**アポトーシス（apoptosis）**と呼ばれる一種の自殺を遂げるが，このプロセスは RNA およびタンパク質合成を必要とし，傷害による損傷の結果として細胞が死ぬ場合とは全く異なるものである。アポトーシスでは細胞質中のカルシウム濃度が上がり，エンドヌクレアーゼの活性化が起こり，クロマチンを断片化する。細胞内容物は，たとえ細胞が断片化しても，細胞膜によって全体がつなぎ止められて残っている。そして死んでいく細胞は，最終的には清掃細胞の貪食作用によって取り込まれる（**図 10.26**）。このような特徴によりアポトーシスは，傷害による細胞死とは区別されるものである。傷害による細胞死では，細胞全体が膨張し，最終的に破裂（溶解）するものがあり，このタイプの細胞死は**壊死［ネクローシス（necrosis）］**として知られる。

線虫におけるアポトーシスでは多くの種類の細胞が死ぬが，その細胞死は，**カスパーゼ（caspase）**と呼ばれる一種のプロテアーゼ CED-3 の作用を中心とする共通機構を介して開始される。CED-3 は，アポトーシスによる細胞死を引き起こす細胞の変化を誘発する。線虫のカスパーゼ活性化経路を**図 10.27** に示した（左パネル）。この経路の CED-4 は，CED-3 を活性化するアダプタータンパク質である。*ced-3* 遺伝子か *ced-4* 遺伝子が不活性化された変異を持つ線虫では，通常ならば死ぬ運命にある 131 個の細胞が 1 個も死ななくなり，かわりにそれらの姉妹細胞と同様に分化するようになる。そのような線虫はよく生き残り，通常の寿命である数週間で死ぬようである。

線虫の細胞死のプログラムは，別のタンパク質 CED-9 の制御を受ける。これは，CED-4 による CED-3 活性化を阻害することにより，細胞死のブレーキとして働く。*ced-9* が変異によって不活性化されると，通常は死なない細胞が死ぬようになる。そして *ced-9* が変異によって異常に活性化されると，細胞死が起こらなくなる。アポトーシスは，EGL-1 というタンパク質が働いて，CED-9 によるアポトーシスの抑制が解除されたときに起こる。EGL-1 は，アポトーシス促進シグナルに反応して産生される。同様の経路はハエや哺乳類にもある（**図 10.27**，中央および右側のパネル）。*Bcl-2* 遺伝子は，*ced-9* 遺伝子と配列の相同性がとても高く，線虫に

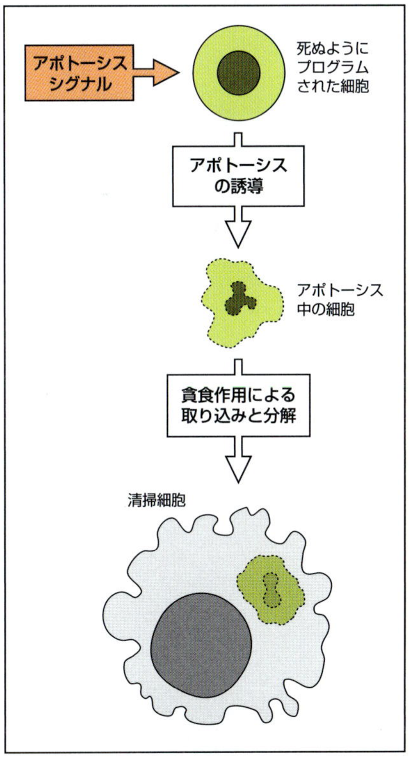

図 10.26 プログラム細胞死
発生過程では，多くの細胞がプログラム細胞死，つまりアポトーシスを起こす。アポトーシスは（ここで示すように）外的シグナルにより開始されるか，細胞が特定の生存シグナルを受け取らないときに死ぬようにプログラムされていると起こる。

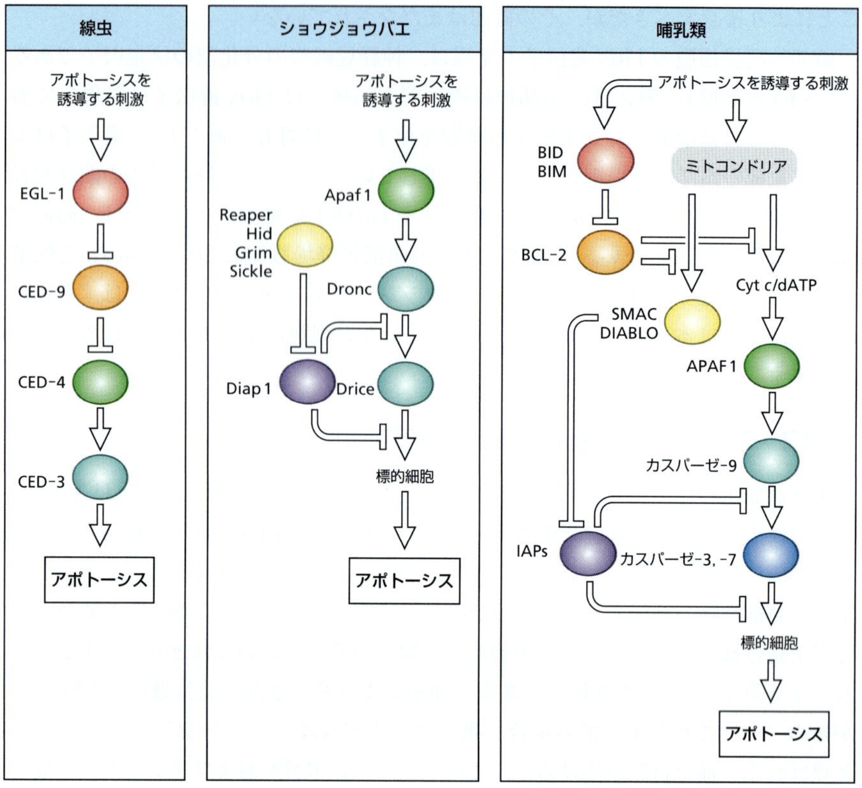

図 10.27 線虫，ショウジョウバエ，および哺乳類におけるアポトーシスの経路
左パネル：線虫では，発生過程におけるプログラム細胞死は，タンパク質 CED-4 によるカスパーゼ CED-3（プロテアーゼのひとつ）の活性化をもたらす経路の稼働を必要とする。CED-3 は，細胞死につながる細胞の変化を引き起こす。CED-3 と CED-4 の作用は，CED-9 によって抑制される。CED-9 が活性化されていると，細胞はアポトーシスを起こさない。CED-9 の抑制は EGL-1 の作用によってもたらされ，その EGL-1 はアポトーシス促進因子に反応して発現する。中央パネル：ショウジョウバエにも同様の経路があるが，第二のカスパーゼ（Drice）を必要とする。Diap 1 はカスパーゼの負の制御因子で，線虫には存在しない。この阻害は，Reaper や Sickle などのタンパク質の作用により取り除かれる。右パネル：哺乳類のアポトーシスの経路はさらに複雑であるが，主要な分子は同じである。アポトーシスのシグナルは，EGL-1 ホモログの BIM や BID により伝達され，それによってアポトーシス促進因子がミトコンドリアから放出される。そのひとつがシトクロム *c* で，これがカスパーゼの活性化経路を開始させる。アポトーシスシグナルがないときは，細胞死は CED-9 のホモログ BCL-2 によって阻害される。図は，タンパク質のホモロジーを示すように色分けされている。

導入された *Bcl-2* は *ced-9* のかわりに機能することができる。哺乳類は CED-3 と相同のカスパーゼも持っていて，細胞死に至るプロテアーゼカスケードを開始させる。

動物におけるプログラム細胞死は，稀な現象ではない。すべての組織の細胞が本質的には細胞死を受け入れるべくプログラムされており，隣り合う細胞からの正の制御シグナルによって死を免れているだけである。細胞死は増殖を制御し，癌を防ぐという重要な役割も担っている。

まとめ

血球や皮膚などいくつかの成体組織は，幹細胞から分化した新しい細胞により置き換えられている。造血は，多分化能幹細胞である 1 個の祖先細胞がどのように自己複製をしつつ，ある範囲の様々な系譜の細胞を産生できるのかを示す良い例である。種々の系譜の血球細胞の分化は，外的シグナルに依存する。多様化の方向性が内在的に存在することもわかっているが，特定のタイプの血球の生存と増殖には，外的シグナルが必須である。哺乳類の成体の皮膚や腸管の上皮も，自己複製する幹細胞によって置換される。多分化能幹細胞からの血球の分化誘導は，細胞が異なる細胞系譜へと拘束されるにつれて，その分化能が連続的に限定されていく性質を持つ。胚性神経堤細胞の分化においても，同様のプロセスが見られる。神経堤からの移動前には，神経堤細胞にはまだ幅広い分化能を持つものがあり，周囲からのシグナルが神経堤細胞の分化を制御するとともに，特定タイプの細胞の生存を促進する。

一般に，細胞分化は，転写因子の複雑な組合せによって制御されており，その転写因子の発現と活性は外的なシグナルの影響を受ける。転写因子には多くのタイプの細胞に共通するものもあれば，非常に限局的な発現を示すものもある。例えば骨格筋分化は，MyoD のような筋系譜に特異的な転写因子の発現によってもたらされる。それらの転写因子が分化プログラムを開始させ，筋特異的遺伝子の制御領域に結合する。プログラム細胞死は細胞に共通する運命である。特に発生過程においてはそうで，一般に正に作用するシグナルが，プログラム細胞死の抑制と，細胞の生存に必要である。

まとめ：細胞分化のモデル

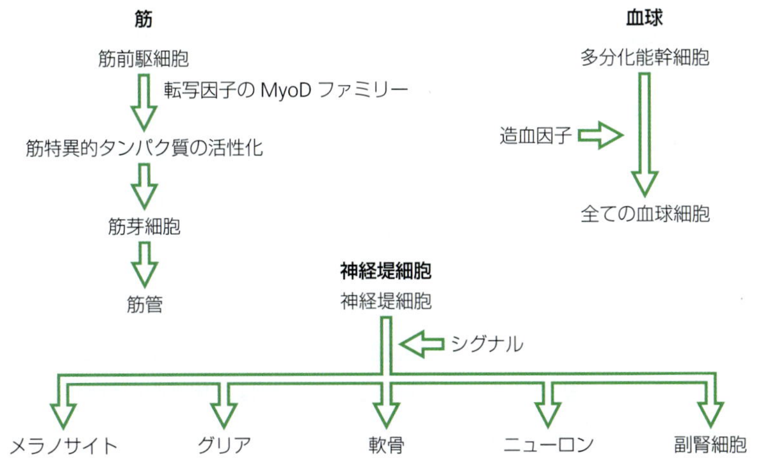

遺伝子発現の可塑性

本章の前半では，発生過程における遺伝子の活性化や不活性化の種々の例を示し，そこで働くいくつかの機構について考察した。これらの機構には，主に遺伝子制御領域への様々な組合せの遺伝子制御タンパク質の結合が関係している。このような遺伝子制御の変化，そしてそれによってもたらされる細胞分化には，どれだけの可逆性があるのだろうか？　これまでに，自己複製と，ある範囲の多様な種類の細胞の産生という 2 つの性質をあわせ持つ多分化能幹細胞のいくつかの例を挙げてきた。もしこれらの細胞を再現性よく，しかも十分な量を確保することができるならば，病気や怪我によって失われた細胞と置き換えることが可能であろう。これは再生医学（regenerative medicine）領域における主要な目標のひとつである。幹細胞を治療に利用できるかどうかはまさに，幹細胞の遺伝子活性をいかに制御して目的とする細胞を得ることができるか，そして幹細胞にはどれほど可塑性があるのかを理解することにかかっている。例えば，血液幹細胞は適切な条件下では神経細胞へと分化できるのか？　遺伝子活性のパターンは容易に変化させることができるのか？　分化細胞から多能性幹細胞をつくることはできるのか？ というようなことの理解である。

ここでは，細胞の可塑性について，分化細胞における遺伝子活性のパターンから，どの程度受精卵のパターンに逆戻りすることができるのかを検証するところから議論を始めよう。実際に遺伝子発現パターンが逆行しうるかどうかを試すひとつの方法は，分化した細胞の核を，異なる組合せの遺伝子制御タンパク質を含む細胞質の環境に移すことである。

10.13 分化細胞の核は発生を支えることができる

分化に逆行性があるかどうかを最も劇的に示す実験は，異なる分化段階の細胞から単離した二倍体の核を卵細胞の核と置き換え，正常な発生を行う能力があるかを調べたものであった。正常に発生が可能である場合，それは分化過程におけるゲノムには，不可逆的な変化が無いことを示していることになるだろう。さらに，核内の遺伝子活性の特有のパターンは，どのような転写因子その他の制御タンパク質であれ，細胞質内で合成されるものによって決定されることを示していることになる。このような実験は最初両生類の卵において行われた。それが実験操作に対してとりわけ丈夫だからである。

ツメガエルの未受精卵では，核は動物極の表面直下に位置する。その動物極へ紫外線を直接照射して核内の DNA を損傷させると，効率的に核の全ての機能を除去することができる。この操作によって得られた除核卵に，発生後期の細胞の体細胞核を移植すると，不活性化された核のかわりにそれらが機能できるかを検証することができる。結果は驚くべきものである。初期胚や，幼生期や成体の分化細胞（腸や皮膚の上皮細胞など）から取り出した核は，卵核にかわってオタマジャクシの段階まで発生を進めることができ（**図 10.28**），少数ではあるが成体にまで発生させることができる。この結果によって生み出された生物は，体細胞の核が取り出された動物と同一の遺伝子構造を持つため，その動物の**クローン（clone）**となる。このクローンをつくる過程を**クローニング（cloning）**と呼ぶ。

アフリカツメガエルの成体の皮膚，腎臓，心臓，肺の細胞，あるいはオタマジャクシの腸管の細胞や筋節から得られた核は，除核卵に移植すると発生を進めることができる。この技術は**体細胞核移植（somatic cell nuclear transfer）**として知られる。しかし，成体の体細胞の核からのクローニングの成功率は非常に低く，ほんの数パーセントの核移植胚のみしか卵割段階を過ぎたところまで発生できない。一般に，核が由来する生体の発生段階が後期になるにつれて，発生を進める能力が低くなるようである。胞胚の細胞から得られた核の移植成功率はより高く，同じ胞胚の細胞からの核をいくつかの除核卵に移植すると，遺伝的に同一のカエルのクローンが得られる（**図 10.29**）。そしてこの処理を，クローン胚の胞胚期から得られた核で繰り返し行うと，さらに成功率が高くなる。これらの結果により，少なく

図 10.28 核移植
ツメガエルの未受精卵の半数体核を紫外線照射により機能阻害する。オタマジャクシの腸管の上皮細胞，または培養した成体の皮膚細胞からとった二倍体核を除核細胞に移植すると，少なくともオタマジャクシのステージまでの胚発生が行われる。

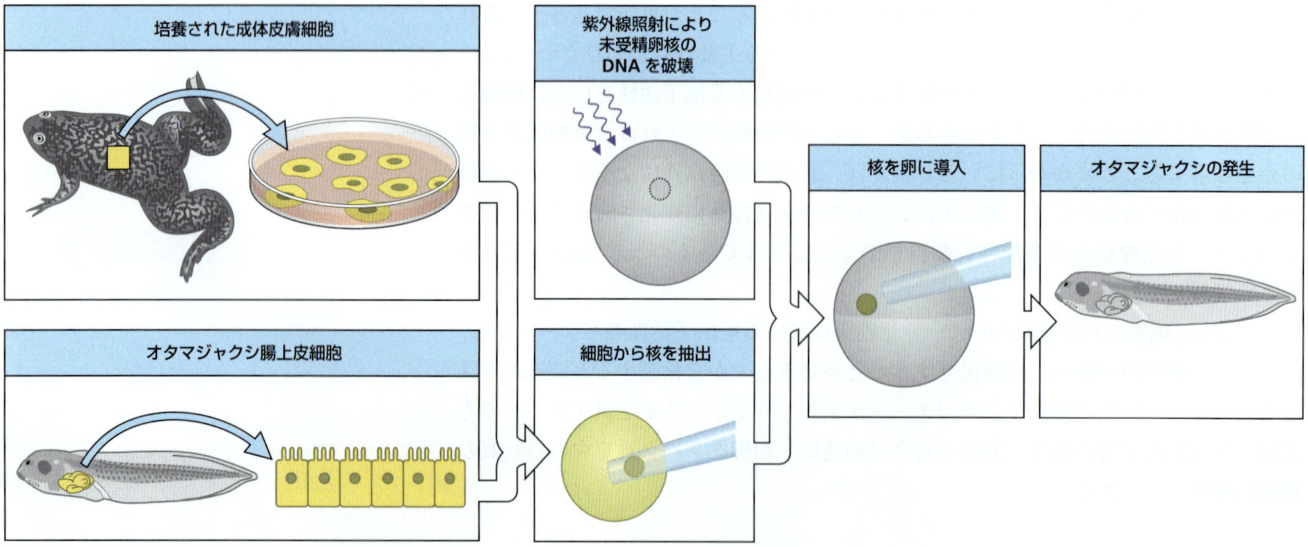

ともこれまで試された分化細胞においては，発生に必要とされる遺伝子は不可逆的な変化はしていないことがわかる。さらに重要なことは，それらの分化細胞核内の遺伝子が，卵の細胞質に含まれる因子にさらされると，受精卵の核内にある遺伝子のように振る舞うことである。少なくともこのような意味では，多くの胚と成体の核は同等であり，それらの振る舞いは，完全に細胞内に存在する因子により決定されることがわかる。

では，その他の生物ではどうなのだろうか？ 同様の結果が昆虫においても得られており，胞胚葉期の核を卵へと移植すると，幅広く様々な種類の組織形成に関与することが知られている。ホヤ類でも，異なる発生段階の核は遺伝的に同一であることが示された。植物では，1 個の体細胞から繁殖能力のある成体の植物を生ずる能力があり，これは細胞レベルにおける分化の完全な可塑性を証明するものである（第 7.9 節参照）。体細胞核移植によって初めてクローニングされた哺乳類はかの有名な仔ヒツジ，ドリーである。ドリーの場合，核は乳腺由来の細胞株から取り出された。マウスにおいても，例えば排卵されたばかりの卵を取り囲む卵丘細胞からの核を用いて同様にクローニングが行われ，このクローニングの過程を繰り返すことで，数世代のマウスがつくり出された。

一般に，哺乳類の体細胞核移植によるクローニングの成功率は極めて低いが，その理由はよくわかっていない。核移植によりクローニングされた哺乳類の多くは生まれる前に死んでしまい，生き残った個体には通常何らかの異常がある。障害が起きるのは主に，先に述べた細胞の分化状態の決定や維持に関わる DNA のメチル化やヒストンの修飾など，ドナー核のエピジェネティックな変更を取り除くリプログラミングが不完全で，それによって受精したばかりの卵母細胞に似た DNA の状態へと復元できないことに起因するようである。異常の原因のひとつには，クローニングの際の遺伝子のリプログラミングが，生殖細胞の発生過程において両親の雄と雌の中で異なる遺伝子がサイレンシングを受けるという，正常なインプリンティング過程を経ないことが関連している可能性がある（第 9.8 節を参照）。クローン胚から発生した成体に起こる異常には，短命，ウシに見られる高血圧や四肢の変形，マウスでの免疫機能の障害などがあり，これらあらゆる異常は，クローニング過程に起因する遺伝子発現の異常によるものと考えられている。ヒツジのドリーは 5 歳で関節炎を起こし，進行性の肺疾患を発症した。ドリーに発症した疾患がクローニングによるものであるという証拠はないのだが，発症後 6 歳（ヒツジにしては寿命が短い）で，配慮によって安楽死させられている。これまでの研究で，クローンマウスのおよそ 5%の遺伝子が正常に発現しておらず，インプリンティング遺伝子の半数近くが不正確に発現していることが示されている。

最近，成体の体細胞核の移植によるクローン胚盤胞細胞の樹立が，他の動物で使われた核移植方法を少し変えることによって，サルとヒトにおいても成功した。これらの例では，成体の皮膚細胞からの核が除核卵母細胞へと移植され，その後，多くは卵割し，そのうちの少数が胚盤胞を形成した。マウスや他の哺乳類をクローニングする理由のひとつとして，クローン胚盤胞の内部細胞塊から**胚性幹細胞（ES cell）**が得られることが挙げられる（第 3.9 節を参照）。サルのクローン胚盤胞からの胚性幹細胞の作製は成功しているが，ヒトにおいてはまだ達成できていない。核移植による霊長類の成体のクローンはまだつくられておらず，こうした方法でのヒトのクローニングは，たとえ可能であれ，多くの国において実用性や倫理的な考えに基づいて禁止されている。ヒトのクローニングに成功したとの情報が報道されているが，どの報告においても実証はされていない。

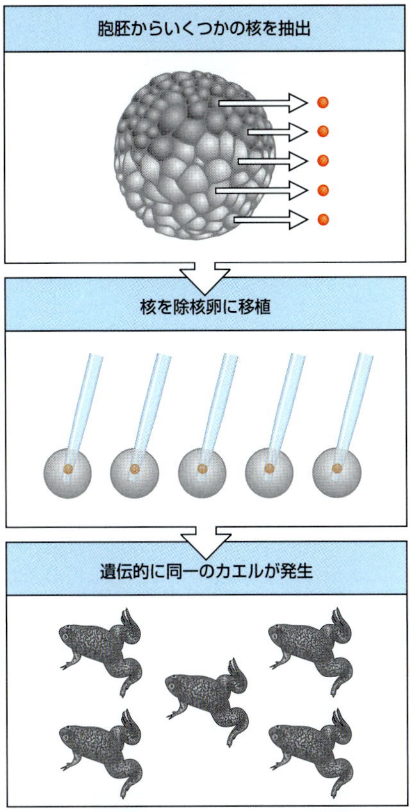

図 10.29 核移植によるクローニング
同じ胞胚からの細胞の核をツメガエルの除核未受精卵に移植する。発生してくるカエルはすべて，遺伝的に同じクローンである。

10.14 分化細胞における遺伝子活性のパターンは，細胞融合により変化しうる

卵への核移植は，とりわけカエルの卵においては，その大きさと大容量の細胞質のために容易である。これに対して，他の種類の細胞，特に分化した細胞では，他の細胞質への核移植は不可能である。しかし，ある種類の細胞の核を，他種の細胞の細胞質にさらすことは，2 つの細胞の融合により可能となる。ある化学物質やウイルスで処理することによって，細胞膜が融合し，異なる細胞からの核が細胞質を共有し合う。細胞分裂阻害剤を用いると，2 つの核を分離した状態に保つことができる。

細胞融合後の遺伝子活性の可逆性を示した印象的な例として，ニワトリの赤血球とヒトの癌細胞の融合が挙げられる。哺乳類の赤血球とは異なり，成熟したニワトリの赤血球には核が存在する。しかし，その核における遺伝子は完全に不活性化されており，それ故に mRNA は産生されない。ニワトリの赤血球をヒトの癌細胞と融合させると，赤血球の核における遺伝子発現は再び活性化され，ニワトリ特異的タンパク質を発現するようになる。このときに見られるニワトリ特異的タンパク質の発現は，ヒトの細胞質にニワトリの核内での転写開始を可能にする因子が含まれていることを示している。

異なる種に由来する分化細胞と横紋筋細胞の融合により，分化細胞における遺伝子発現の可逆性に関してさらなる証拠を得ることができる（**図 10.30**）。多核の横紋筋細胞は，その大きさと，筋細胞特異的タンパク質の同定が容易であることから，細胞融合による研究をするうえで有用である。三胚葉それぞれを代表する分化をしたヒト細胞を，マウスの多核の骨格筋と融合させると，ヒトの細胞核はマウスの筋細胞質にさらされる。その結果，筋特異的な遺伝子の発現がヒトの核内で起こるようになる。例えば，ヒトの肝細胞核はマウス筋細胞質内において，もはや肝細胞特異的な遺伝子を発現しない。かわりに，筋細胞特異的遺伝子の発現が活性化され，ヒトの筋タンパク質が産生されるようになる。さらに，筋分化を開始させる *myoD* のような遺伝子の発現が活性化される。これは，マウス筋細胞質内における肝細胞核のリプログラミングが，筋細胞分化で見られるのと同様の段階を経て進むらしいことを示している。

以上の結果から，分化した細胞における遺伝子の発現パターンは変化し得ること，また，遺伝子発現は細胞質に存在する因子により制御可能であることがわかる。次にみていくように，これら制御を受ける因子のいくつかは転写因子であることから，少なくとも部分的には，分化状態は転写因子の継続的な作用により維持されていると結論できる（第 10.3 節）。

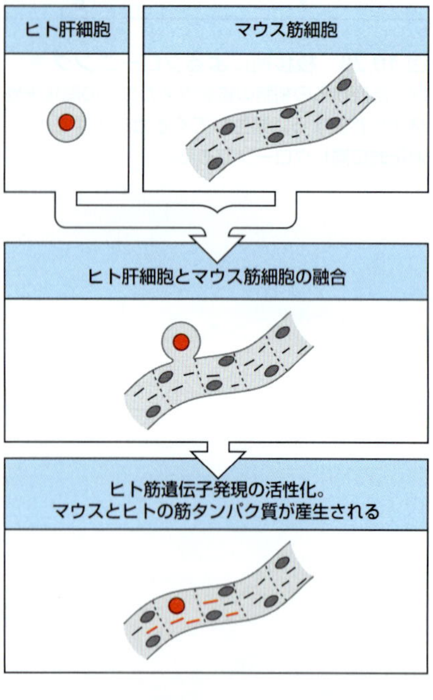

図 10.30　細胞融合から，分化過程での遺伝子の不活性化は可逆的であることがわかる
ヒトの肝細胞とマウスの筋細胞を融合させる。ヒトの核（赤）をマウス筋細胞の細胞質にさらすと，ヒトの核内で筋特異的な遺伝子の活性化が起こり，肝特異的遺伝子は抑制される。ヒトの筋タンパク質が，マウスの筋タンパク質と共につくられる。このことは，ヒトの肝細胞における筋特異的遺伝子の不活性化は，不可逆的ではないことを示している。

10.15 細胞の分化状態は，分化転換によって変化しうる

完全に分化した細胞の状態は一般に安定で，これは動物の成体において特異的な機能を果たすうえで重要なことである。それらの細胞が分裂能力を備えている場合，細胞の分化状態は子孫細胞に受け継がれる。分化後には分裂しない神経細胞などのいくつかの寿命の長い細胞においては，分化状態は長年にわたって安定でなければならない。植物細胞は植物体内では分化状態を維持するものの，培養下に置かれるとそれを維持できない（第 7 章参照）。ある条件下では，分化した動物細胞は不安定であり，このことは，遺伝子活性パターンの可逆性を示すもう 1 つの証明となる。ある分化細胞が他の種類の分化細胞になることを，分化転

換（transdifferentiation）という。それと同様の現象として，分化の方向性は定まっているが分化していない前駆細胞が異なる系譜へ進むことを，決定転換（transdetermination）と呼ぶ。決定転換の好例として，再生中のショウジョウバエの成虫原基が挙げられる。そこでは，稀に起こる決定転換によりホメオティック・トランスフォーメーションが起こり，成体のある構造が異なる構造へと変化する。

分化転換は，正常な発生過程では非常に稀にしか起こらないが，脊椎動物の再生時や，ある種の病的状態では比較的普通にみられる（第14章で議論する）。また，無脊椎動物では，正常な発生過程でもいくつかの例がある。個々の細胞の運命をたどることのできる線虫では，数個の細胞が分化転換を行うようである。Y細胞として知られる上皮細胞は腸管の一部をなすものであるが，胚でつくられ，形態的および分子的に分化した上皮細胞の特徴を持つ。2齢幼虫期では，この細胞は腸管上皮を脱して移動し，今度は軸索突起を持ちシナプス結合をつくる運動ニューロン（PDAとして知られる）を形成する。このように，神経の特徴が全く見られない完全に分化した上皮細胞が，上皮細胞の特徴を残すことなくニューロンへと分化転換を行うのである。Y細胞が脱分化してPDA細胞として再分化するのか，あるいは脱分化と再分化が同時期に起こるのかはまだわかっていない。

クラゲの横紋筋に起こる分化転換というきわめて興味深い例により，細胞分化状態の決定における細胞外マトリックスの役割が示唆されている。これらの細胞は，連続した分化転換により2つの違った種類の細胞になる。横紋筋の小片を，それに付着した細胞外マトリックス（mesogloea）と共に培養すると，横紋筋の状態が保たれる。しかし，細胞外マトリックスを分解する酵素で処理すると，細胞は凝集体を形成し，いくつかの細胞は1～2日の間に異なる細胞形態を持つ平滑筋へと分化転換する。それに引き続いて，2つめの種類の細胞――神経細胞――が現れる。この例は，横紋筋の分化状態維持における細胞外マトリックスの役割を示すものである。

脊椎動物の分化転換の古典的な例は，成体イモリの水晶体の再生である（図10.31）。水晶体を外科的に完全に取り除くと，その約10日後に虹彩の色素上皮の

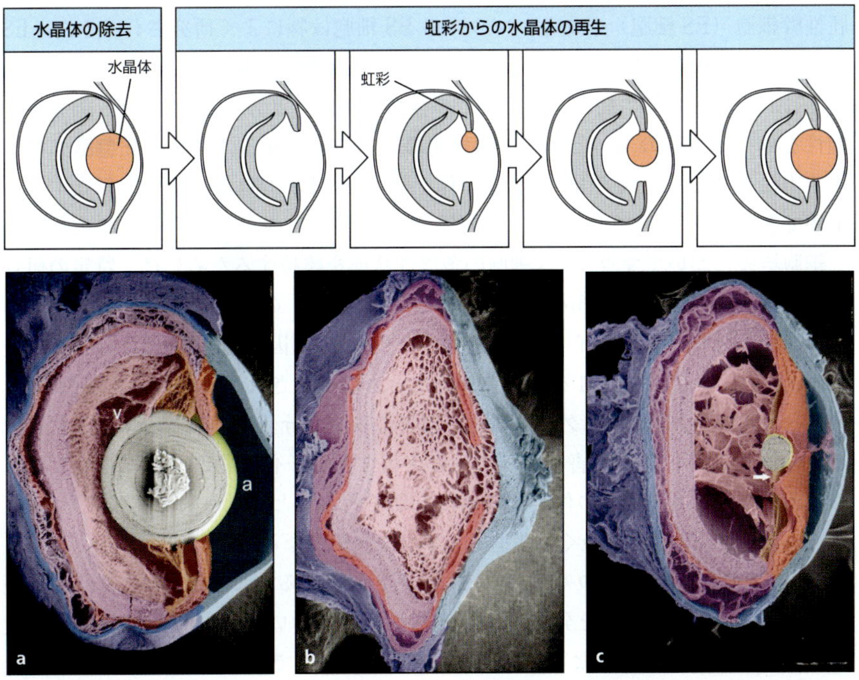

図10.31　成体イモリにおける水晶体の再生
上段パネル：イモリの眼の水晶体を取り除くと，虹彩の背側の色素上皮組織から新しい水晶体が再生される。下段パネル：走査型電子顕微鏡で見たイモリの無傷な眼と再生中の眼。(a) 無処理の眼の切片。眼房（a）は透明であるのに対し，硝子体腔（v）は細胞外基質（ピンク色）の詰まった層によって占められている。水晶体は灰色，角膜は水色，網膜は紫色，そして水晶体に結合した靭帯とマトリックスは茶色で示されている。(b) 水晶体を除いてから5日目の切片。眼房には細胞外マトリックスが浸潤し，虹彩が厚くなっている。(c) 水晶体切除から25日目の切片。眼房が次第に透明になってきており，虹彩の背側の縁から発生した水晶体は腹側の虹彩に結合している（矢印）。硝子体腔の細胞外基質は再編成されつつある。倍率×50。
顕微鏡写真は Tsonis, P. A., et al.: 2004 より

背側領域から新しい水晶体の形成が始まる。虹彩の細胞はまず脱分化して色素を失い，平たい形態から円柱状の上皮に変化し，そして増殖を開始する。その後，再分化して新たな水晶体を形成する。成体の哺乳類や鳥類の水晶体は個体内では再生しないが，ニワトリ胚の網膜の色素上皮細胞には，培養下で分化転換を誘導できることがある。胚の網膜から単離された1個の色素細胞を培養すると，増殖して単層の色素細胞層となる。これをさらに，ヒアルロニダーゼ，血清，フェニルチオ尿素存在下で培養すると，これらの細胞は色素細胞や網膜細胞の特徴を失う。高濃度のアスコルビン酸存在下で培養すると，これらの細胞は水晶体の構造的特徴を持ち始め，水晶体特異的なタンパク質であるクリスタリンを産生するようになる。イモリとニワトリ胚の例では共に，分化転換は発生学的に関連した種類の細胞で起こることに注目すべきであろう。網膜と虹彩の色素細胞および水晶体細胞は全て，外胚葉由来である（脊椎動物の眼の発生については第11章を参照）。

分化転換は，ヒトでは組織の損傷と修復などにおいてよくみられ，稀に異所的に分化した細胞が組織内に現れることがある。これらの例として，膵臓に肝細胞が，あるいはその逆が異所的に発現する例や，胃型上皮が食道の重層扁平上皮内に現れるなどの例がある。後者の例はバレット上皮化生と呼ばれ，この変化によって患者には食道癌ができやすくなり，分化転換の臨床的な重要性を示している。より楽観的なことを言うなら，分化転換のプロセスを利用して，再生医療のために特定の分化細胞をつくり出すことが可能となるであろう。これに関しては後述する。

10.16 胚性幹細胞は培養下において，増殖と多様な細胞への分化が可能である

組織再生に寄与する成体の多分化能幹細胞は，分化可能な細胞の種類が限られており，造血幹細胞を維持する骨髄間質のような，幹細胞の状態を保つための幹細胞特異的なニッチ（niche）を必要とする（第10.4節参照）。それに対して，初期の多能性の胚細胞は，三胚葉全ての種類の細胞に分化することができ，特異的なニッチを必要としない。

哺乳類における多能性幹細胞の主な例として，胚盤胞の内部細胞塊から得られる胚性幹細胞（ES細胞）があり，マウスのES細胞は特によく研究されてきた。ES細胞は，長期または無限に培養できるとされ，胚盤胞に移植して子宮に戻すと，その胚において胚体外の組織を除く全ての種類の細胞へと分化しうる。ES細胞の多能性を調べる方法の1つとして，胎盤組織のみを形成する四倍体の胚盤胞へ移植する方法がある（**Box 10B**）。この操作を行うと，ES細胞は胚全体を形成することができる。

細胞培養においてマウスES細胞の多能性状態を維持するためには，特定の組合せの転写因子（特にOct3/4，Sox2，c-Myc，Klf4）の発現が必要である。これらの遺伝子の転写は，サイトカインである白血病抑制因子［leukemia inhibitory factor（LIF）］とBMP-4を培地に加えたときに維持されることが見いだされた。最近になって，MAPKシグナル経路の阻害によって分化を抑制する低分子化合物と，GSK3シグナルの阻害によって生存を促す低分子化合物が，マウスやラットの胚盤胞からのES細胞の作製，増殖に有効であることが示された。この手法は，今後，多能性ES細胞をつくる普遍的なアプローチとなるだろう。

ヒトES細胞が初めてつくられたのは1998年である。ヒトES細胞は，マウスES細胞と同じ転写因子を発現するが，細胞培養において自己複製を促すシグナル経路が異なっていた。ヒトES細胞を維持するうえでは，LIFではなくFGFや

Box 10B 四倍体胚盤胞における ES 細胞の可能性テスト

マウスをクローニングする１つの理由は，クローニングされた胚盤胞の内部細胞塊細胞から，胚性幹細胞（ES 細胞）を産生することである。これらの細胞は培養して増やすことができるので，例えば，ヒト疾患のモデルマウスのような遺伝的構成がわかっている多能性幹細胞を培養して，その後の実験に大量に供給することができる。培養 ES 細胞が本当に多能性を持っており，胎児の完全な発生を支えることができるのかどうかを決定するために，２つの二倍体胚の割球を融合して得られた四倍体胚盤胞に，ES 細胞を培養下で注入し（図参照），キメラ胚盤胞を代理母マウスの子宮に導入した。四倍体細胞は胎盤を形成することしかできないので，そのような胚に ES 細胞を注入することによって，その ES 細胞に十分な発生能力があるかを確認したり，研究したりすることができるのである。多くの胚は正常なマウスへと発達し，すべての組織は注入した ES 細胞に由来していた。

activin/Nodal シグナルが必要で，マウス ES 細胞への影響とは逆に，BMP シグナルは分化を促進させる。これまでに，世界中で何百というヒト ES 細胞株が樹立されている。

ES 細胞は，細胞培養の条件，特に増殖因子の条件などを操作することによって，特定の細胞へと分化させることができる。ES 細胞は，浮遊培養下におかれると自然に凝集して，多くの細胞種に分化可能な胚様体と呼ばれる塊になる。まだわかっていない成分も多いものの，増殖・分化を促す多くの因子を含んでいる血清を含まない培地中では，ES 細胞は神経細胞へと分化する。別の条件下では，ES 細胞は心筋，血島，神経，色素細胞，上皮，脂肪細胞，マクロファージ，あるいは生殖細胞にまで分化する。例えば，FGF-2 や EGF および血小板由来増殖因子（PDGF）の特定の組合せの培地で培養し続けると，ES 細胞の凝集体は，それらの増殖因子が存在する限り増え続ける。しかし，それらの因子が取り除かれると，それらはアストロサイトもしくはオリゴデンドロサイトのどちらかのグリア細胞へと分化する。細胞の形も，幹細胞の分化を制御しうる。ヒト間充織幹細胞は，培養時に平たくなると骨細胞へと分化し，丸みを帯びたまま残ったなら脂肪細胞になる。神経幹細胞の有用性に関して勇気づけられるのは，レチノイン酸処理によって特異的な神経前駆細胞へと分化させたマウス ES 細胞は，マウス胚の神経管に移植されると，新しい環境に適した神経へと分化しうることである。

10.17 幹細胞は再生医療への鍵となる

再生医療の目標は，損傷組織あるいは病変組織の構造と機能の回復にある。幹細胞は，増殖とともに様々な種類の細胞への分化が可能なので，新たな健常細胞の導入によって組織の機能を回復する，**細胞補充治療（cell-replacement therapy）**実現への有望な候補である。この治療法は，最終的にはこれまで行われてきたドナーからの臓器移植にかわり，拒絶反応や移植臓器の不足といった付随した問題を解決し，さらには脳や神経といった組織の機能回復にも寄与できると考えられる。ES細胞と成体幹細胞は共に，細胞補充治療を念頭において研究されてきた。特異的な細胞を作製する別の選択肢として，分化転換手法も提示されたが，近年の**iPS細胞（induced pluripotent stem cell：誘導多能性幹細胞）**（**Box 10C**）の開発は，最もエキサイティングかつ新たな可能性をもたらすものである。

ES細胞は，広い範囲にわたる異なる種類の細胞に分化できる点で成体幹細胞よりも有利であり，理論上はどのような組織の修復にも利用しうる。しかし，非血縁関係のドナー胚からの幹細胞は，免疫拒絶反応を引き起こし，さらには増殖能と多能性を持つES細胞は，胚芽腫（胚細胞由来の腫瘍）を形成する可能性が高い。培養ES細胞を他の胚に導入すると，発生は正常に行われるが，ES細胞を遺伝的に同じ成体マウスの皮下に移植すると，**奇形癌腫［(テラトカルシノーマ) teratocarcinoma］**として知られる腫瘍が形成される（**図10.32**）。これらの異常な腫瘍は，様々な分化細胞が混ざったものである。

患者由来のES細胞を作製するために，体細胞核移植による**治療用クローニング**

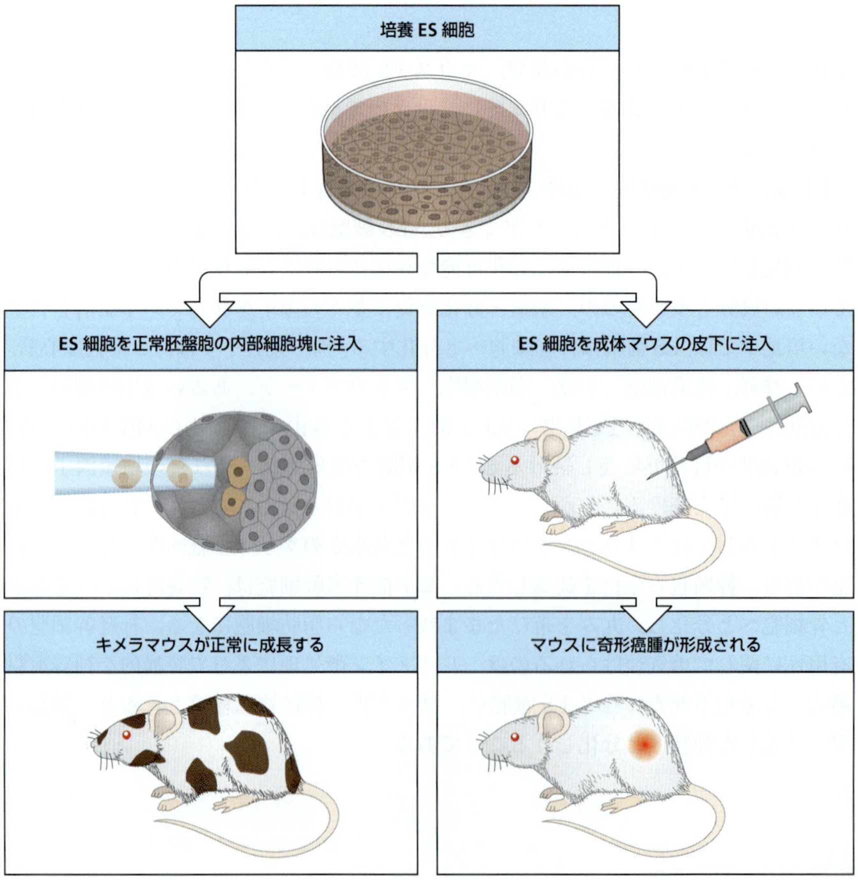

図10.32 胚性幹細胞（ES細胞）は周囲から受け取るシグナルによって正常に発生することもあれば腫瘍を形成することもある
マウスの内部細胞塊から得られた培養ES細胞は，初期胚に移植すると健常キメラマウスに寄与するが（左下パネル），成体マウスの皮下に移植すると，同じ細胞にもかかわらず奇形癌腫を形成する（右下パネル）。

Box 10C iPS 細胞（誘導多能性幹細胞）

成体の分化細胞のリプログラミングのもっともドラマチックな例として，胚性幹細胞（ES 細胞）様細胞の作製がある（図を参照）。これは誘導多能性幹細胞（iPS 細胞）として知られるもので，多能性と関連のある 4 つの転写因子の遺伝子の導入によって得られた。成体の分化した体細胞を ES 細胞と融合させると，体細胞は多能性細胞となることが知られていたので，ES 細胞の細胞質因子が，分化した細胞に ES 細胞様の特性を与えうることが示唆されていた。しかしながら，たった数個の因子により多能性を誘導できることは驚きであった。

最初の iPS 細胞は，多能性に関係する遺伝子 *Oct3/4* と *Nanog* の発現にリンクして薬剤選択マーカーを発現するトランスジェニックマウスの，皮膚線維芽細胞から作製された。ES 細胞において多能性と関連のある 4 つの転写因子，Oct3/4，Sox2，Klf4 と c-Myc をコードする遺伝子が，レトロウイルスベクターを用いて成体の線維芽細胞に導入された。次に，それらの遺伝子が導入された細胞に，適切な薬剤処理を施し，稀に生ずる iPS 細胞を選択した。導入された細胞の多くは *Oct3/4* あるいは *Nanog* を発現せず，それゆえ薬剤耐性が無く死んでしまった。生き残った細胞のコロニーは ES 細胞様であり，単離が可能で，培養下で増殖した。iPS 細胞に導入された遺伝子は，いったんリプログラミングを完了すると自分自身の発現をオフにし，細胞は自身の多能性遺伝子を再活性化して多能性を維持した。まもなく，同じセットの転写因子が成体のヒトの線維芽細胞をリプログラムすることが見いだされたが，ヒト iPS 細胞集団を増殖させる条件は異なっていた。マウスの細胞では LIF が，ヒトの細胞では FGF が必要であった（第 10.16 節参照）。

マウス iPS 細胞の多能性は，iPS 細胞を正常マウスの胚盤胞に注入し，それらを代理出産用マウスに移すことによってテストされた。その結果得られた胚において，iPS 細胞は，生殖系列を含むすべての細胞種に寄与していた。iPS 細胞キメラマウスを正常マウスと交配したところ，iPS 由来の配偶子は受精に成功し，生きたマウスが生まれてきた。最近，線維芽細胞由来の iPS 細胞が導入された四倍体胚盤胞から，完全に iPS 細胞由来で繁殖力のある成体マウスが得られた（**Box 10B** 参照。多能性をテストするための，この決定的な方法を記述している）。しかしながら，この操作による iPS 細胞由来の健康なマウスの作製効率はまだとても低く，多くは生後すぐに死亡する。

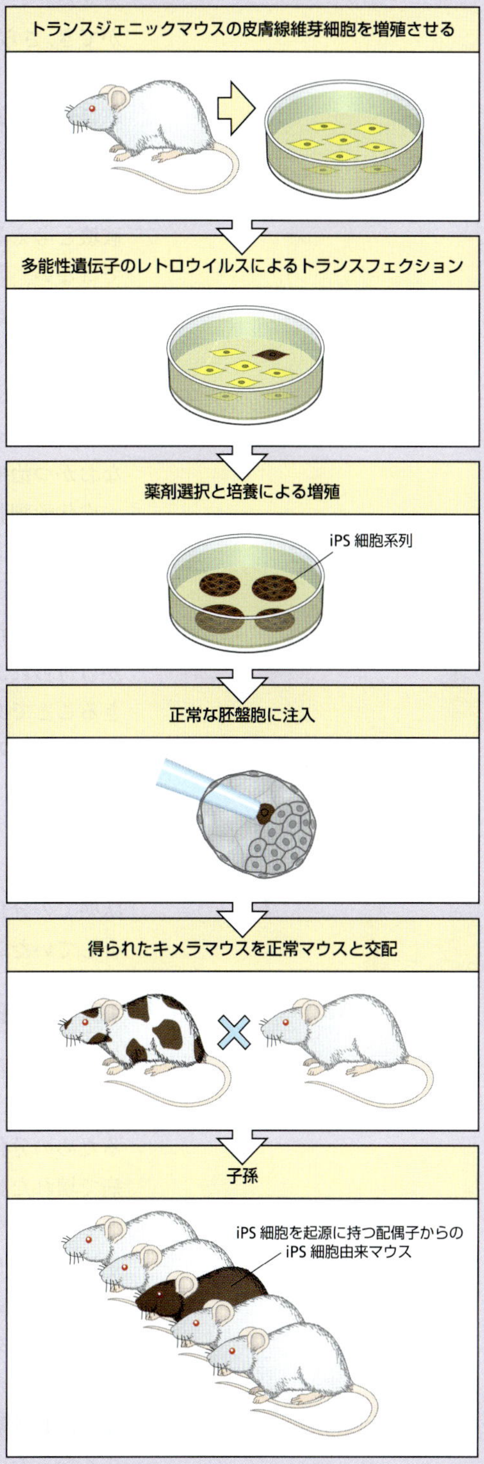

ここ数年間の進展は，細胞内で存続するウイルスベクターを用いることなく，多能性の誘導が可能になったことである。これは，細胞補充治療における iPS 細胞の臨床応用に必須であろう。トランスポゾンを用いたベクターは，多能性獲得のための形質転換が完了した後，自身のベクターと遺伝子を切り取る。他の方法として，細胞の持つ多能性遺伝子の活性化を促すための低分子薬剤を探す試みも行われている。

同じような努力として，導入に必要な遺伝子の数を減らすことも行われている。成体の神経幹細胞は，転写因子 Oct4 を細胞導入するだけでリプログラミングされる。成体の神経幹細胞は，すでに Sox2 と c-Myc を高発現しているので，Oct4 のみの導入で多能性を誘導するのに十分なのである。

(therapeutic cloning) を行うことができれば非常に有用である（第10.13節参照）。患者由来の体細胞の核を，除核したヒト卵母細胞に移植し，胞胚期まで発生させる。こうして得られた胚盤胞は，培養可能なES細胞のソースとして使うことができ，さらにそれらは患者へ移植したときに免疫拒絶を起こさないと考えられる。しかし，ヒトの胚盤胞は，体細胞核の移植により樹立はできたものの，その作製効率は非常に低く，いまだにそれらの細胞からES細胞は樹立されていない。

幹細胞と治療用クローニングを用いることについては，倫理的問題が挙げられている。ヒトES細胞をつくるためには胚盤胞を壊さねばならず，この過程を生命の破壊と考える人もいるのである。胚盤胞が必ずしも初期段階の個体を意味するものではない，という証拠もある。胚盤胞の後期においてもまだ双子ができうるからである。それに実際には，広く受け入れられている医療行為である体外受精（IVF）による生殖補助においても，多くの初期胚が失われている。IVFが承認されていることとES細胞使用の拒絶は矛盾するように思われる。分化転換やiPS細胞を用いるなど，それにかわる新規の方法は，患者組織と同じタイプの細胞を産生でき，なおかつ治療用クローニングに関連する倫理問題を回避できるものである。

成体幹細胞もまた，細胞補充治療に有用であると考えられてきた。ドナーからの骨髄移植による成体の造血幹細胞の移植は，移植片とホスト間の拒絶反応などの問題があるものの，特定の免疫疾患や癌などにおいては長年行われ，成功している。また，他の状況では，成体幹細胞を用いる利点がある。それは，患者の非損傷領域から得られた細胞を，免疫拒絶などの問題を起こすことなく必要な部位に再移植できることである。この方法は，患者由来の皮膚を用いた皮膚移植においては既に報告されている。しかし，患者由来の幹細胞を用いた修復可能な細胞の種類や組織は限定される。例えば，脳の幹細胞の単離は可能ではないだろう。成体の造血幹細胞は，他のタイプの組織に移植したとき，正常時の分化の範囲とは全く異なる細胞へと分化することが長年にわたり報告されてきた。しかしその後，造血幹細胞は通常状態での分化能力範囲を超える細胞を生ずることはなく，かわりに既存の細胞と融合していたことが示された。

10.18 細胞補充治療のための分化細胞をつくるには種々の方法がある

細胞補充治療が直面する課題のひとつは，ES細胞や成体幹細胞を利用するにせよ，あるいは既存の細胞からの分化転換にせよ，修復に必要な特定の細胞を作製するための分化プロトコールの樹立である。インスリン産生細胞を作製し，1型糖尿病で壊れた膵臓のβ細胞をそれらに置き換えることは，きわめて重要な医療目標である。これを例にとって，広く細胞補充治療に向けて開発されようとしている実験手法を説明しよう。

1型糖尿病では，膵臓の内分泌系のインスリン産生β細胞が自己免疫反応により壊され，結果としてインスリンを産生できなくなり，ひいては致死的となりうるまでに血糖量が増大してしまう。血液や筋肉と違い，膵臓には再生に繋がる幹細胞がなく，1型糖尿病の患者は生涯にわたりインスリン注射を行わなければならない。亡くなったドナーからの膵臓や膵島細胞の移植は，過去にいくつかの成功例が報告されているが，移植できる組織は不足しており，また移植による拒絶反応を抑えるために強力な免疫抑制が必要である。患者由来のインスリン分泌可能なβ細胞を移植し，さらにはこれらの細胞への免疫寛容性を誘導できれば，長期的解決策を打ち出すことができるのではないかと考えられている。

膵臓細胞などの内胚葉系細胞を産生するようES細胞を分化させる方法を見つけ

るのはとりわけ難しいとされてきた。また，細胞補充治療に利用するために作製されたインスリン産生細胞には，必要に応じてインスリン産生を作動させる，グルコースなどのシグナルに対する応答性が要求される。それでも，マウス胚における内胚葉誘導や膵臓発生に関与するシグナルの知見を利用して，ヒト ES 細胞から膵臓前駆細胞への誘導法の開発が進められている。異なるシグナル分子を段階的に 9 日間与えるプロトコールにより，ヒト ES 細胞を内胚葉へと分化させることができ，これは内胚葉特異的な転写因子 FoxA2 を発現する。しかし，この培養では，ごくわずか（5％程度）の細胞しか膵臓発生に欠かせない転写因子 Pdx1 を発現していない。したがって次の段階は，膵臓前駆細胞への分化を高める手法を見つけることである。5000 個の有機化合物ライブラリーの中からスクリーニングを行った結果，indolactam V と呼ばれる化合物が，Pdx1 陽性細胞の分化を促進することがわかった。indolactam V に加えて，胚での膵臓発生に関わるシグナル分子として知られる FGF-10 を，ヒト ES 細胞から内胚葉細胞に分化させたものに添加すると，Pdx1 陽性細胞は 45％ にまで増えた。それら Pdx1 陽性細胞をマウスの腎被膜に移植すると，引き続き分化してインスリン分泌型の細胞にまで分化した（**図 10.33**）。

iPS 細胞は，患者組織由来の多能性細胞による細胞補充治療に大きく貢献すると考えられる。**Box 10C**（p. 421）に示したように，iPS 細胞は初め，マウスの線維芽細胞に ES 細胞の多能性に結びついている転写因子，Oct3/4，Sox2，c-Myc および Klf4 を導入することによって樹立された。糖尿病に関しては，1 型糖尿病患者から採取した線維芽細胞から iPS 細胞が作製された。この線維芽細胞はヒトの遺伝子 *OCT4*，*SOX2*，および *KLF4* によってリプログラムされ，さらにインスリン分泌細胞へと再分化した（**図 10.33** 参照）。近い将来，これらの細胞は，い

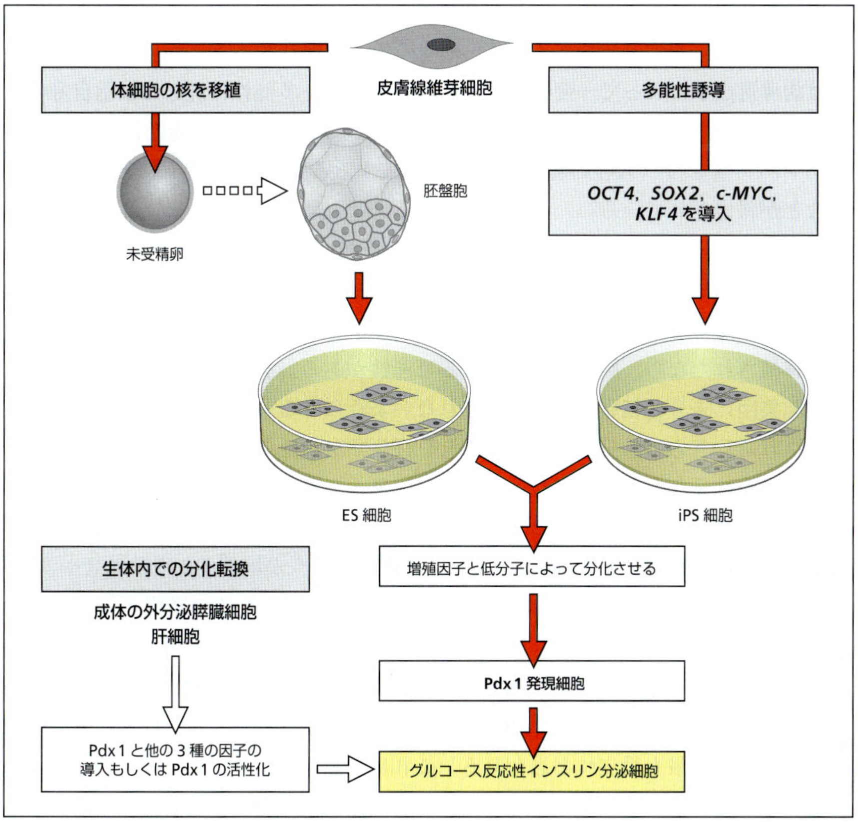

図 10.33　核リプログラミングによりインスリン分泌細胞をつくり出すための 3 つの実験方法
2 つの方法は，皮膚線維芽細胞からスタートするものである。体細胞の核移植では，線維芽細胞の核を未受精卵に移植し，それにより発生した胚盤胞から胚性幹細胞（ES 細胞）を単離する。もうひとつの方法は，培養した線維芽細胞に多能性の転写因子（Oct4，Sox2，c-Myc，および Klf4）をコードする遺伝子を導入して，多能性幹細胞（iPS 細胞）をつくるというものである。そのあとこれらの ES 細胞や iPS 細胞を，培養下でインスリン分泌細胞に分化させることができる。そして 3 番目の方法として，成体の外分泌膵臓細胞あるいは肝細胞に，内分泌膵臓細胞への分化に必要とされる遺伝子（Pdx1 などの転写因子）を導入し，生体内でインスリン分泌細胞に分化転換させるという方法がある。赤色で示したステップは，ヒトの細胞で成し遂げられたものである。グルコースに反応し，インスリンを分泌する細胞は，正常な胚盤胞に由来するヒト ES 細胞からもつくることができ，培養下で分化させることができる。
Gurdon, J.B., Melton, D.A.: 2008 より改変

まだほとんど知られていない 1 型糖尿病における細胞上あるいは分子上の欠陥を研究するのに用いられるであろう。

分化転換は，発生的に関連しあう細胞タイプに限られるものの，移植細胞を作製するもう 1 つの手法となるかもしれない。肝細胞や膵臓外分泌細胞からインスリンを産生する内分泌細胞をつくり出すというアプローチは，実現可能であることが実験的に示されている。肝臓と膵臓は共に内胚葉に由来し，胚の内胚葉で隣接する領域から発生するが，膵臓発生に必要な転写因子 Pdx1 は肝臓では発現しない。しかし，アフリカツメガエルのオタマジャクシの肝臓内で活性型の Pdx1 を肝臓特異的プロモーターの制御下で一過的に発現させると，肝臓の一部あるいは全部が膵臓外分泌・内分泌組織に転換され，転換した部位の細胞では，分化した肝臓に特異的なタンパク質の消失が見られた。他の分化転換の例では，ウイルスベクターの感染により膵臓の別の転写因子である neurogenin を肝臓に導入したところ，成体マウスの肝前駆細胞から膵島細胞に似たインスリン分泌細胞への分化が誘導された。

膵臓の外分泌細胞から内分泌 β 細胞への分化転換も，成体マウスで成し遂げられている。膵臓内分泌細胞への分化に必要とされる Pdx1 を含む 3 つの転写因子の組合せが，遺伝的に改変されたアデノウイルスにより膵臓へと導入された。内分泌細胞が誘導され，膵島内には誘導されたこれらの細胞は見られないものの，正常の β 細胞に似ており，インスリン分泌能力を持っていた。分化転換の効率は約 20% と高く，インスリン陽性細胞の出現が始まるのは処理後 3 日目と比較的早い。

しかしながら，ES 細胞や iPS 細胞，分化転換細胞を用いた技術を臨床で生かすには，克服すべき多くの障害がある。現在最も効率的な iPS 細胞または分化転換細胞の作製法では，ウイルスベクターを用いて多能性遺伝子を導入している。ウイルスベクターはランダムにゲノムに挿入され，癌を引き起こす遺伝子を活性化させてしまったりする懸念があることから，臨床応用の実現に向けては，目的とする転写因子の発現を誘導する別の方法が必要であろう。幸い，細胞の多能性を引き出した後にベクターを取り除いても，iPS 細胞の形質を保持することが可能である。これは誘導遺伝子によって一度多能性が誘導されると，多能性に関わる細胞自身の遺伝子が活性化されるからである。さらに，遺伝子にかわり，多能性に必要な 4 つのタンパク質をマウス胚の線維芽細胞に導入することにより iPS 細胞が樹立できたことが報告されている。

しかし，ウイルスを用いない手法によって多能性が誘導されたとしても，ES 細胞や iPS 細胞を用いた細胞補充治療を受ける患者における腫瘍形成の危険性は回避できないだろう。もし，分化後に未分化な多能性細胞が残っていて，それが患者へと移植されたなら，腫瘍が形成される可能性がある。腫瘍形成回避には，移植する細胞集団に未分化細胞が確実に含まれないようにする厳格な細胞選択の処理が必要とされる。さらに，分化した ES 細胞や iPS 細胞が長期にわたりどれほど安定しているのかはまだわかっていない。最後に，無視できない克服すべき問題は，効果的な治療に求められる十分量の細胞を産生する方法を見つけることである。現在のところ，成体幹細胞や iPS 細胞よりも，ES 細胞のほうが培養下で増殖させやすい。

この章では，医療目的の 1 つである 1 型糖尿病治療のための膵臓インスリン産生細胞の作製に焦点を当てた。同様の治療戦略は他の疾病にも応用できる。神経変性疾患であるパーキンソン病も細胞補充治療のターゲットとされ，患者由来の iPS 細胞作製が成功している。近い将来，患者由来の iPS 細胞は，おそらくヒトの細胞での病態解明に最も役立つと思われる。これは，動物モデルがヒトの病態を完全に再現できるとは限らないからである。例えば，遺伝的に脊髄性筋萎縮症と診断された子供の皮膚線維芽細胞から iPS 細胞が作製され，これらの細胞から運動神経がつくられた。患者由来の iPS 細胞からの神経細胞の産生は，その健常な母親の iPS 細胞からの神経細胞の産生に比べて，つくられる運動神経の数と大きさが時間を経るにつれ減少していくという点で異なることがわかった。これらの培養系は，新規の治療法の確立につながる薬剤効果をテストするのに利用できる。さらに一般化するなら，ヒト iPS 細胞は，創薬開発における化合物の毒性や催奇形性のスクリーニングに有用と考えられる。

まとめ

分化した動物細胞核の受精卵への移植や細胞融合の研究は，分化細胞核内の遺伝子発現パターンが後戻りしうることを示している。これは，その遺伝子発現パターンが細胞質から供給される因子によって決まっており，遺伝物質が失われていないことを示唆している。動物生体内での分化細胞の状態は通常きわめて安定であるが，ある場合には分化は後戻りできる。再生時や培養細胞内では，ある分化した細胞タイプから別の細胞タイプへの分化転換が起こることが示された。両生類や哺乳類のあるものでは，成体の体細胞から除核した卵へ核を移植することによって，クローンを得ることが可能である。幹細胞は自己複製とともに，広範な種類の細胞に分化することができる。これらは，細胞補充治療への展望を持って研究されている。胚性幹細胞で発現する 4 つの転写因子を成体の分化細胞に導入すると，それらの細胞に多能性を誘導できることが見いだされた。この誘導多能性幹細胞（iPS 細胞）と分化転換は，細胞補充治療に使う細胞を産生するためにとりうる 2 つのアプローチである。

第 10 章のまとめ

細胞分化は，区別可能な多様な細胞タイプをつくり出す。それらの細胞の特徴的な性質や個性は，遺伝子活性のパターンと，それによりつくられるタンパク質の発現によって決定されている。分化細胞における遺伝子活性のパターンは，長期にわたって維持され，子孫細胞へと受け継がれる。遺伝子活性のパターンの維持と継承は，おそらく，遺伝子制御タンパク質の連続した作用や，クロマチンの圧縮状態の変化や，DNA の化学修飾などを含むいくつかの機構の組合せによって起こると考えられる。

分化は，遺伝物質の欠失ではなく，特定の遺伝子発現パターンの樹立を反映するものである。リンパ球は例外で，その DNA は分化過程において不可逆的に変化する。生体内における動物細胞の分化状態は一般的には非常に安定であるが，ある場合，例えば組織の再生過程では，あるタイプの細胞から別のタイプの細胞への分化転換が起こりうる。両生類や哺乳類の体細胞核を除核卵へ移植することによるクローニングを行うと，分化細胞の核はリプログラミングを起こして，胚発生を行う状態にまで戻りうることがわかる。成体の体細胞も，胚性幹細胞での多能性に関連する 4 つの転写因子を発現させることによって，多能性細胞へと誘導することができる。多能性細胞は増殖が可能で，三胚葉の細胞全てに分化可能であり，再生医療の鍵となるだろう。

遺伝子制御の普遍的な機構は別として，異なる細胞種の分化の詳細なメカニズムにはほとんど類似点がないようである。どの分化経路を理解するにも，外部からのシグナルや，細胞内のシグナル伝達経路，遺伝子制御タンパク質，それぞれの場合に作用する遺伝子産物などの詳細を知る必要がある。増殖因子などのシグナル分子により細胞分化を誘導するには，細胞内イベントの複雑なプログラムが実行されなければならない。異なる刺激，あるいは異なる発生段階における同一の刺激でも，同じ細胞内シグナル経路が活性化されうるが，異なる細胞では異なる遺伝子が活性化される。これは，細胞それぞれが独自の発生の歴史を持っているためである。細胞膜におけるシグナル伝達に始まり，細胞内でいくつもの事象がなだれのように起こると，例えばリン酸化や転写因子の活性化を引き起こし，結果的に遺伝子発現のオン/オフの切り替えが行われる。プログラム細胞死は発生過程において細胞によく見られる運命であり，一般に正に働くシグナルが，それを阻止して細胞を生存させるのに必要であるという証拠がある。

章末問題

記述問題

1. 用語解説を参照して，発生運命（fate），指定（specification），決定（determination）について復習せよ。それらの細胞の状態は，この章のトピックである分化（differentiation）とどう違うか。

2. “ハウスキーピング”遺伝子（およびタンパク質）の概念を，分化した細胞を特徴づけ規定する細胞特異的遺伝子（およびタンパク質）と比較せよ。骨格筋細胞および神経細胞において，組織特異的な遺伝子発現と，ハウスキーピング遺伝子を区別するマイクロアレイ実験を提案せよ（DNAマイクロアレイの原理は **Box 3A**，p. 121に記載）。

3. 遺伝子の機能は，そのタンパク質の胚体内での異所的な発現や，成体内での異なる組織での発現などの効果を見ることによって調べることができる。異なる部位での発現を実験的に可能にする転写装置の本質的な特徴は何か（シスDNA制御配列および転写因子を含めて述べよ）。

4. ペプチド性のシグナル分子のリスト，および脂溶性のシグナル分子のリストの2つを作成せよ。それらの作用機構はどのように異なるか。それらが転写因子を活性化する様式に関してどのように一般化できるか。

5. 細胞分裂は，DNA複製過程におけるDNA二本鎖の分離を伴い，それは細胞内ですでに樹立された遺伝子発現のパターンを壊すものである。それにもかかわらず，2つの娘細胞はどういうわけか，親細胞の分化状態を“記憶”していると思われる。細胞の分化状態はどのように記憶されているのか，転写因子，クロマチン構造，およびDNAのメチル化を用いて議論せよ。

6. 造血には，骨髄細胞からのリンパ球（B細胞とT細胞），赤血球，マクロファージ，破骨細胞（他のタイプの血液細胞もある）の発生が含まれる。それらすべてが由来する細胞の名前を挙げて，上記それぞれのタイプの細胞の産生をもたらす一般的な段階に関して概説せよ。

7. “幹細胞ニッチ”とはどういう意味で，その役割は何か。本文に述べられた幹細胞ニッチのひとつについて，その役割を果たせるように働くシグナル分子の例を挙げよ。

8. 赤血球系譜の分化には，赤血球が枯渇したときに腎臓で産生されるペプチド性のシグナル分子であるエリスロポエチン（Epo）が必要である。Epoの標的のひとつはGATA-1という転写因子であり，Epoそれ自体もGATA-1の標的となっている。β-グロビンもまた，GATA-1の標的である。これらの事実を用いて，より多くの赤血球を生理的に必要とするところから始めて，多分化能幹細胞を経て，グロビンを発現する赤血球への分化に至る経路を提示せよ。

9. 好中球への分化とマクロファージへの分化の選択について，関与する転写因子のレベルで述べよ。同選択について，関与するシグナル分子のレベルで述べよ。

10. M-CSFをコードするマウスの遺伝子は*op*と命名されている。これは，その遺伝子変異マウスが，骨が異常に硬くもろくなってしまう病気である大理石骨病（osteopetrosis）を発症するからである。血球系譜に関して概説し，この変異がなぜ骨に影響を与えるのか説明せよ。

11. なぜ，異なるグロビンが異なる発生段階で必要とされるのか。グロビンのタイプの切り替えはどのように制御されているのか。

12. 腸管上皮が幹細胞集団によって入れ替わっていく過程について述べよ。この過程におけるWntシグナルの役割は何か。

13. *myoD*は筋分化のマスター制御因子としての働きを持つにもかかわらず，そのノックアウトマウスは生存可能である。**図10.19**を参照して，*myoD*が必須でない理由を提案せよ。それに対して，*myoD*および*myf5*の両方をノックアウトした場合は致死となる。*mrf4*のノックアウトも同様に致死である。この結果をどう解釈すればよいか。

14. 筋細胞分化は細胞周期からの離脱を必要とする。筋芽細胞の増殖と分化に関して，次の点について詳述せよ。(1) 培養系において，増殖因子の除去は筋前駆細胞を分化させる。(2) MyoDはp21を活性化する。(3) Rbの消失は，筋芽細胞を再び細胞周期に入らせる。

15. **図10.23**を参照して，また**図10.9**で血液細胞に関して記載されているように，神経堤細胞の多様な分化を促進する細胞外シグナルタンパク質を記入せよ。

16. 幹細胞因子（SCF）とは何か。なぜ受容体であるKitの欠失によるSCFシグナルの欠損は，マウスに“white spotting（白斑）”と呼ばれる表現型をもたらすのか。

17. アポトーシスとネクローシスを比較せよ。アポトーシスにおけるカスパーゼの役割は何か。

18. 核移植によるクローニングと呼ばれる過程について記述せよ。このプロセスの成功は，ある細胞に存在する転写因子の補充の重要性をどのように示すものであるか。反対にこの過程が困難な場合，それは発生におけるエピジェネティックな機構の重要性をどのように示すものであるか。

19. ES細胞とiPS細胞は両方とも多能性幹細胞であるが，異なる方法で得られる。それぞれがどのように得られたか，記述せよ。

20. 治療目的で用いる場合，iPS 細胞のほうが ES 細胞より有利と考えられるのはどういった点か。そして，不利なところはどこか。幹細胞様の細胞を得るには，他にどのようなアプローチが考えられるか。そして，それぞれはどのような問題を回避するのか。

選択問題
それぞれの問題で正解は 1 つである。

1. 哺乳類の成体にみられる多様な血液細胞の由来はどれか。
a) 骨髄に見られる一種類の多分化能幹細胞
b) 最初に胎児肝臓で発生した分化細胞が，骨髄に定着したもの
c) 血液循環しながら分裂する細胞
d) 幹細胞が胚発生においてそれぞれ特異的な血球へと拘束されたもの

2. G-CSF のノックアウトマウスを作製すると得られる結果はどれか。
a) マウスは顆粒球を産生できない
b) マウスはマクロファージを産生できない
c) マウスには赤血球がない
d) マウスは造血幹細胞集団を完全に失う

3. 皮膚の角化細胞の幹細胞は，表皮のどの層に見いだされるか。
a) 基底膜
b) 基底層
c) 真皮
d) ケラチノサイト層

4. *myoD* を線維芽細胞に導入すると起こることはどれか。
a) アポトーシスが誘導される
b) ミエロイド系譜への拘束
c) 筋細胞に分化する
d) 赤血球になる

5. 骨格筋の運命決定ではなく分化が依存しているのはどれか。
a) Mrf4
b) Myf5
c) MyoD
d) myogenin

6. 衛星細胞とは何か。
a) 血液中を“回って”循環している細胞
b) 骨格筋幹細胞
c) 神経におけるグリア細胞と同様な，骨格筋にくっついている支持細胞
e) 神経幹細胞

7. 神経堤細胞から生ずるのはどれか。
a) 顔の軟骨
b) 副交感神経
c) 感覚神経節
d) 上記のすべて

8. 線虫の Ced-9 と相同な，ヒトのアポトーシス抑制タンパク質はどれか。
a) BCL-2
b) カスパーゼ-9
c) CED-3
d) DIABLO

9. 成体の眼の水晶体を取り除くと，虹彩の細胞から分化転換によって新しい水晶体を生み出すことのできる生物はどれか。
a) ニワトリ
b) ヒト
c) マウス
d) イモリ

10. ES 細胞の説明として正しいものはどれか。
a) 奇形癌腫（テラトカルシノーマ）から単離された細胞
b) 哺乳類の胚の内部細胞塊に由来する胚性幹細胞
c) 表皮基底層にある表皮幹細胞
d) 成熟した細胞を特定の組合せの転写因子を用いて処理することによりつくられたヒト幹細胞

選択問題の解答
1:a，2:a，3:b，4:c，5:d，6:b，7:d，8:a，9:d，10:b

● 各節の理解を深めるための参考文献

10.1 転写調節には，基本転写因子および組織特異的な転写制御因子が関与する

Cheung, W.L., Briggs, S.D., Allis, C.D.: **Acetylation and chromosomal functions**. *Curr. Opin. Cell Biol.* 2000, **12**: 328–333.

Levine, M., Tjian, R.: **Transcription regulation and animal diversity**. *Nature* 2003, **424**: 147–151.

Mannervik, M., Nibur, Y., Zhang, H., Levine, M.: **Transcriptional coregulators in development**. *Science*, 1999, **284**: 606–609.

10.2 細胞外からのシグナルが遺伝子発現を活性化できる

Brivanlou, A.H., Darnell, J.E.: **Signal transduction and control of gene expression**. *Science* 2002, **295**: 813–818.

Dougherty, D.C., Park, H.M., Sanders, M.M.: **Interferon regulatory factors (IRFs) repress transcription of the chicken ovalbumin gene**. *Gene* 2009, **439**: 63–70.

10.3 遺伝子活性パターンの維持と継承は，クロマチンの化学的・構造的修飾，そして遺伝子制御タンパク質に依存する

de Laat, W., Grosveld, F.: **Spatial organization of gene expression: the active chromatin hub**. *Chromosome Res.* 2003, **11**: 447–459.

Ho, L., Crabtree, G.R.: **Chromatin remodelling during development**. *Nature* 2010, **463**: 474–484.

10.4 すべての血球細胞は多分化能幹細胞に由来する

Ema, H., Nakauchi, H.: **Self-renewal and lineage restriction of hematopoietic stem cells**. *Curr. Opin. Genet. Dev.* 2003, **13**: 508–512.

Phillips, R.L., Ernst, R.E., Brunk, B., Ivanova, N., Mahan, M.A., Deanehan, J.K., Moore, K.A., Overton, G.C., Lemischka, I.R.: **The genetic program of hematopoietic stem cells**. *Science* 2000, **288**: 1635–1640.

Zon, L.I.: **Intrinsic and extrinsic control of haematopoietic stem-cell renewal**. *Nature* 2008, **453**: 306–313.

10.5 コロニー刺激因子と内在的変化が血球系譜の分化を制御する

Anguita, E., Hughes, J., Heyworth, C., Blobel, G.A., Wood, W.G., Higgs, D.R.: **Globin gene activation during haemopoiesis is driven by protein complexes nucleated by GATA-1 and GATA-2**. *EMBO J.* 2004, **23**: 2841–2852.

Kluger, Y., Lian, Z., Zhang, X., Newburger, P.E., Weissman, S.M.: **A panorama of lineage-specific transcription in hematopoiesis**. *BioEssays* 2004, **26**: 1276–1287.

Metcalf, D.: **Control of granulocytes and macrophages: molecular, cellular, and clinical aspects**. *Science* 1991, **254**: 529–533.

Orkin, S.H.: **Diversification of haematopoietic stem cells to specific lineages**. *Nat. Rev. Genet.* 2000, **1**: 57–64.

10.6 発生過程で制御されるグロビン遺伝子の発現は，コーディング領域から離れた制御配列により調節されている

Engel, J.D., Tanimoto, K.: **Looping, linking, and chromatin activity: new insights into β-globin locus regulation**. *Cell* 2000, **100**: 499–502.

Tolhuis, B., Palstra, R.J., Splinter, E., Grosveld, F., de Laat, W.: **Looping and interaction between hypersensitive sites in the active beta-globin locus**. *Mol. Cell* 2002, **10**: 1453–1465.

10.7 哺乳類の成体の皮膚と腸の上皮は，幹細胞から分化した細胞によって絶えず入れ替わっている

Barker, N., van Es, J.H., Kuipers, J., Kujala, P., van den Born, M., Cozijnsen, M., Haegebarth, Andrea, Korving, J., Begthel, H., Peters, P.J., Clevers, H.: **Identification of stem cells in small intestine and colon by marker gene Lgr5**. *Nature* 2007, **449**: 1003–1008.

Coulombe, P.A., Kerns, M. L., Fuchs, E.: **Epidermolysis bullosa simplex: a paradigm for disorders of tissue fragility**. *J. Clin. Invest.* 2009, **119**: 1784–1793.

Fuchs, E.: **The tortoise and the hair: slow-cycling cells in the stem cell race**. *Cell* 2009, **137**: 811–819.

Fuchs, E.: **Finding one's niche in the skin**. *Cell Stem Cell* 2009, **4**: 499–502.

Fuchs, E., Nowak, J.A.: **Building epithelial tissues from skin stem cells**. *Cold Spring Harb. Symp. Quant. Biol.* 2008, **73**: 333–350.

Sato, T., Vries, R.G., Snippert, H.J., van de Wetering, M., Barker, N.,Stange, D.E., van Es, J.H., Abo, A., Kujala, P., Peters, P.J., Clevers, H.: **Single Lgr5 stem cells build crypt villus structures *in vitro* without a mesenchymal cell niche**. *Nature* 2009, **459**: 262–265.

Shackleton,M., Vaillant,F., Simpson, K.J., Stingl, J., Smyth, G.K., Asselin-Labat, M-L., Wu, L., Lindeman, G.J., Visvader, J.E.: **Generation of a functional mammary gland from a single stem cell**. *Nature* 2006, **439**: 84–88.

Van der Flier, L.G., Clevers, H.: **Stem cells self-renewal and differentiation in the intestinal epithelium**. *Annu. Rev. Physiol.* 2009, **71**: 241–260.

10.8 MyoD ファミリーが筋肉への分化を決定する

Kassar-Duchossoy, L., Gayraud-Morel, B., Gomes, D., Rocancourt, D., Buckingham, M., Shinin, V., Tajbakhsh, S.: **Mrf4 determines skeletal muscle identity in Myf5: Myod double-mutant mice**. *Nature* 2004, **431**: 466–471.

Tapscott, S.J.: The circuitry of a master switch: **Myod and the regulation of skeletal muscle transcription**. *Development* 2005, **132**: 2685–2695.

10.9 筋細胞の分化は細胞周期からの離脱を伴うが，それは可逆的である

Deato, M.D., Tjian, R.: **An unexpected role of TAFs and TRFs in skeletal muscle differentiation; switching of core promoter complexes**. *Cold Spring Harb. Symp. Quant. Biol.* 2008, **73**: 217–225.

Novitch, B.G., Mulligan, G.J., Jacks, T., Lassar, A.B.: **Skeletal muscle cells lacking the retinoblastoma protein display defects in muscle gene expression and accumulate in S and G_2 phases of the cell cycle**. *J. Cell Biol.* 1996, **135**: 441–456.

Odelberg, S.J., Kolhoff, A., Keating, M.: **Dedifferentiation of mammalian myotubes induced by *msx1***. *Cell* 2000, **103**: 1099–1109.

10.10 骨格筋と神経細胞は，成体の幹細胞から新たにつくられる

Collins, C.A., Partridge T.A.: **Self-renewal of the adult skeletal muscle satellite cell**. *Cell Cycle* 2005, **4**: 1338–1341.

Dhawan, J., Rando, T.A.: **Stem cells in postnatal myogenesis: molecular mechanisms of satellite cell quiescence, activation and replenishment**. *Trends Cell Biol.* 2005, **15**: 663–673.

Lepper, C., Conway, S.J., Fan, C.M.: **Adult satellite cells and embryonic muscle progenitors have distinct genetic requirements**. *Nature* 2009, **460**: 627–631.

Lie, D-C., Colamarino, S.A., Song, H-J., Desire, L., Mira, H., Consiglio, A., Lein, E.S., Jessberger, S., Lansford, H., Dearier, A.R., Gage, F.H.: **Wnt signalling regulates adult hippocampal neurogenesis**. *Nature* 2005, **437**: 1370–1375.

Ninkovic, J., Gotz, M.: **Signaling in adult neurogenesis: from stem cell niche to neuronal networks**. *Curr. Opin. Neurobiol.* 2007, **17**: 338–344.

Sacco, A., Doyonnas, R., Kraft, P., Vitorovic, S., Blau, H.M.: **Self-renewal and expansion of single transplanted muscle stem cells**. *Nature* 2008, **456**: 502–506.

Relaix, F., Rocancourt, D., Mansouri, A., Buckingham, M.A.: **pax3/ pax7 dependent population of skeletal muscle progenitor cells**. *Nature* 2005, **435**: 948–953.

10.11 胚性神経堤細胞は幅広い種類の細胞に分化する

Anderson, D.J.: **Genes, lineages and the neural crest**. *Proc. R. Soc. Lond. B* 2000, **355**: 953–964.

Breau M.A., Pietri, T., Stemmler, M.P., Thiery, J.P., Weston, J.A.: **A non-neural epithelial domain**. *Proc. Natl Acad. Sci. USA* 2008, **105**: 7750–7757.

Bronner-Fraser, M.: **Making sense of the sensory lineage**. *Science* 2004, **303**: 966–968.

Dorsky, R.I., Moon, R.T., Raible, D.W.: **Environmental signals and cell fate specification in premigratory neural crest**. *BioEssays* 2000, **22**: 708–716.

Le Douarin, N.M., Creuzet, S., Couly, G., Dupin, E.: **Neural crest cell plasticity and its limits**. *Development* 2004, **131**: 4637–4650.

Lee, H.Y., Kleber, M., Hari, L., Brault, V., Suter, U., Taketo, M.M., Kemler, R., Sommer, L.: **Instructive role of Wnt/beta-catenin in sensory fate specification in neural crest stem cells**. *Science* 2004, **303**: 1020–1023.

Meier, P., Finch, A., Evan, G.: **Apoptosis in development**. *Nature* 2000, **407**: 796–801.

Minoux, M., Antonarakis, G.S., Kmita, M., Duboule, D., Rijli, F.M.: **Rostral and caudal pharyngeal arches share a common neural crest ground pattern**. *Development* 2009, **136**: 637–634.

Morrison, S.J., White, P.M., Zock, C., Anderson, D.J.: **Prospective identification, isolation by flow cytometry, and *in vivo* self-renewal of multipotent mammalian neural crest stem cells**. *Cell* 1999, **96**: 737–749.

Morrison, S.J., Perez, S.E., Qiao, Z., Verdi, J.M., Hicks, C., Weinmaster, G., Anderson, D.J.: **Transient Notch activation initiates an irreversible switch from neurogenesis to gliogenesis by neural crest stem cells**. *Cell* 2000, **101**: 499–510.

Sauka-Spengler, T., Bronner-Fraser, M.: **A gene regulatory network orchestrates neural crest formation**. *Nat. Rev. Mol. Cell Biol.* 2008, **9**: 557–568.

10.12 プログラム細胞死は遺伝的制御を受ける

Jacobson, M.D., Weil, M., Raff, M.C.: **Programmed cell death in animal development**. *Cell* 1997, **88**: 347–354.

Raff, M.: **Cell suicide for beginners**. *Nature* 1998, **396**: 119–122.

Riedl, S.J., Shi, Y: **Molecular mechanisms of caspase regulation during apoptosis**. *Nat. Rev. Mol. Cell Biol.* 2004, **5**: 897–907.

Sancho, E., Batlle, E., Clevers, H.: **Live and let die in the intestinal epithelium**. *Curr. Opin. Cell Biol.* 2003, **15**: 763–770.

Vaux, D.L., Korsmeyer, S.J.: **Cell death in development**. *Cell* 1999, **96**: 245–254.

10.13 分化細胞の核は発生を支えることができる

Eggan, K., Baldwin, K., Tackett, M., Osborne, J., Gogos, J., Chess, A., Axel, R., Jaenisch, R.: **Mice cloned from olfactory sensory neurons**. *Nature* 2004, **428**: 44–49.

Gurdon, J.B.: **Nuclear transplantation in eggs and oocytes**. *J. Cell Sci. Suppl.* 1986, **4**: 287–318.

Gurdon, J.B., Melton, D.A.: **Nuclear reprogramming in cells**. *Science* 2008, **322**: 1811–1815.

Humpherys, D., Eggan, K., Akutsu, H., Friedman, A., Hochedlinger, K., Yanagimachi, R., Lander, E.S., Golub, T.R., Jaenisch, R.: **Abnormal gene expression in cloned mice derived from embryonic stem cell and cumulus cell nuclei**. *Proc. Natl Acad. Sci. USA* 2002, **99**: 12889–12894.

Rhind, S.M., Taylor, J.E., De Sousa, P.A., King, T.J., McGarry, M., Wilmut, I.: **Human cloning: can it be made safe?** *Nat. Rev. Genet.* 2003, **4**: 855–864.

Wilmut, I., Taylor, J.: **Primates join the club**. *Nature* 2007, **450**: 485–486.

10.14 分化細胞における遺伝子活性のパターンは，細胞融合により変化しうる

Blau, H.M.: **How fixed is the differentiated state? Lessons from heterokaryons**. *Trends Genet.* 1989, **5**: 268–272.

Blau, H.M., Baltimore, D.: **Differentiation requires continuous regulation**. *J. Cell Biol.* 1991, **112**: 781–783.

Blau, H.M., Blakely, B.T.: **Plasticity of cell fates: insights from heterokaryons**. *Cell Dev. Biol.* 1999, **10**: 267–272.

Pomerantz, J.H., Mukherjee, S., Palermo, A.T., Blau, H.M.: **Reprogramming to a muscle fate by fusion recapitulates differentiation**. *J. Cell Sci.* 2009, **122**: 1045–1053.

10.15 細胞の分化状態は，分化転換によって変化しうる

Horb, M.E., Shen, C.N., Tosh, D., Slack, J.M.: **Experimental conversion of liver to pancreas**. *Curr. Biol.* 2003, **13**: 105–115.

Jarriault, S., Shwab, Y., Greenwald, I.A.: ***Caenorhabditis elegans* model for epithelial-neuronal transdifferentiation**. *Proc. Natl Acad. Sci. USA* 2008, **105**: 3790–3795.

Slack, J.M.W.: **Metaplasia and transdifferentiation from pure biology to the clinic**. *Nat. Rev. Mol. Cell Biol.* 2007, **8**: 369–378.

Tsonis, P.A., Madhavan, M., Tancous, E.E., Del Rio-Tsonis, K.: **A newt's eye view of lens regeneration**. *Int. J. Dev. Biol.* 2004, **48**: 975–980.

10.16 胚性幹細胞は培養下において，増殖と多様な細胞への分化が可能である

Ho, A.D.: **Kinetics and symmetry of divisions of hematopoietic stem cells**. *Exp. Hematol.* 2005, **33**: 1–8.

Loebel, D.A., Watson, C.M., De Young, R.A., Tam, P.P.: **Lineage choice and differentiation in mouse embryos and embryonic stem cells**. *Dev. Biol.* 2003, **264**: 1–14.

McBeath, R., Pirone, D.M., Nelson, C.M., Bhadriraju, K., Chen, C.S.: **Cell shape, cytoskeletal tension, and RhoA regulate stem cell lineage commitment**. *Dev. Cell* 2004, **6**: 483–495.

Molofsky, A.V., Pardal, R., Morrison, S.J.: **Diverse mechanisms regulate stem cell self-renewal**. *Curr. Opin. Cell Biol.* 2004, **16**: 700–707.

Plachta, N., Bibel, M., Tucker, K.L., Barde, Y.A.: **Developmental potential of defined neural progenitors derived from mouse embryonic stem cells**. *Development* 2004, **131**: 5449–5456.

West, J.A., Daley, G.Q.: ***In vitro* gametogenesis from embryonic stem cells**. *Curr. Opin. Cell Biol.* 2004, **16**: 688–692.

Ying, Q.L., Nichols, J., Chambers, I., Smith, A.: **BMP induction of Id proteins suppresses differentiation and sustains embryonic stem cell self-renewal in collaboration with STAT3**. *Cell* 2003, **115**: 281–292.

10.17 幹細胞は再生医療への鍵となる

Jaenisch, R.: **Human cloning—the science and ethics of nuclear transplantation**. *N. Engl. J. Med.* 2004, **351**: 2787–2792.

McClaren, A.: **Ethical and social considerations of stem cell research**. *Nature* 2001, **414**: 129–131.

Okita, k., Ichisaka, T., Yamanaka, S.: **Generation of germline-competent induced pluripotent stem cells**. *Nature* 2007, **448**: 313–317.

Pera, M.F., Trounson, A.O.: **Human embryonic stem cells: prospects for development**. *Development* 2004, **131**: 5515–5525.

Pomerantz, J., Blau, H.M.: **Nuclear reprogramming: a key to stem cell function in regenerative medicine**. *Nat. Cell Biol.* 2004, **6**: 810–816.

Rolletschek, A., Wobus, A.M.: **Induced human pluripotent stem cells: promises and open questions**. *Biol. Chem.* 2009, **390**: 845–849.

Wurmer, A.E., Palmer, T.D., Gage, F.H.: **Cellular interactions in the stem cell niche**. *Science* 2004, **304**: 1253–1255.

Yechoor, V., Liu, V., Espiritu, C., Paul, A, Oka, K., Kojima, H., Chan, L.: **Neurogenin 3 is sufficient for transdetermination of hepatic progenitor cells into neo-islets *in vivo* but not transdifferentiation of hepatocytes**. *Dev. Cell* 2009, **16**: 358–373.

10.18 細胞補充治療のための分化細胞をつくるには種々の方法がある

Chen, S., Borowiak, M., Fox, J.L., Maehr, R., Osafune, K., Davidow, L., Lam, K., Peng, L.F., Schreiber, S.L., Rubin, L.L., Melton, D.: **A small molecule that directs differentiation of human ESCs into the pancreatic lineage**. *Nat. Chem. Biol.* 2009, **5**: 258–265.

Maehr, R., Chen, S., Snitow, M., Ludwig, T., Yagasaki, L., Goland, R., Leibel, R.L., Melton, D.A.: **Generation of pluripotent stem cells from patients with type 1 diabetes**. *Proc. Natl Acad. Sci. USA* 2009, **106**: 15768–15773.

Zhou, Q., Brown, J., Kanarek, A., Rajagopal, J., Melton, D.A.: ***In vivo* reprogramming of adult pancreatic exocrine cells to beta-cells**. *Nature* 2008, **455**: 627–632.

11

器官形成

●脊椎動物の肢
●昆虫の翅と脚
●脊椎動物と昆虫の眼
●内臓器官：気管系，肺，腎臓，血管，心臓，歯

動物の基本的なボディプランが構築されると，昆虫の翅や，脊椎動物の眼のような様々な器官発生が始まる。問題は，ここで全く新しい発生機構や発生原理が持ちこまれるのか，それとも器官形成は初期発生で使われたのと同じ基本的な機構によるのかということである。器官形成には非常に多数の遺伝子が関わっており，その複雑さゆえに一般原理を見いだすのは非常に困難である。それでもなお，器官形成で使用される多くの機構は，位置情報のように初期発生と似ており，そこでは同じシグナルが何度も何度も使われることが多い。

我々は今までのところ，様々な生物の基本的ボディプランの確立に関わる発生の様相，そして初期形態形成と細胞分化にほとんど完全に話を絞ってきた。本章では，特定の器官や構造の発生——器官形成（organogenesis）——に目を向ける。器官形成は，胚が完全に機能し，個々で生きることができる生物へと最終的に変化するという発生過程で決定的に重要な段階である。

個々の器官の発生は詳細に研究され，パターン形成，位置情報の決定，誘導，形の変化，そして細胞分化などの発生過程を考えるうえで，極めて優れたモデルを提供している。本章ではまず，それら古典的なモデル系のうちのいくつか——脊椎動物の肢，ショウジョウバエの翅と脚，そして脊椎動物と昆虫の眼——の発生について検討する。その後，内臓器官にもいくつか触れる。多くの内臓器官の基本構造は管であり，これは肺，血管系，腎臓などでみられる。ここでは管が形成されるときの様々な方法について紹介してゆく。それから，中胚葉性の管から発生する心臓の初期パターン形成と領域化について手短に触れた後，最後に歯の誘導とパターン形成を紹介する。他の主要な臓器，例えば腸や肝臓，膵臓などは，新たな原理が関わってこないので，ここでは触れない。肝臓は再生可能な哺乳類の器官として興味深いので，その成長と再生をいくつかの面から第 13，14 章で議論している。

器官形成に関わる細胞内の分子機構は，基本的に初期発生のときに見られたものと同様であり，単に異なる空間と時間的パターンで使われているだけである。ここに関わる多くの遺伝子やシグナル分子は，既に前の章でみたものになるだろう。しかしながら，器官形成機構はずっと複雑で，位置情報を用いるなどの一般原則は見いだせるものの，多くの細かい点が追加されており，統一原則はなく，ある方法はある特定の器官でのみ働いているということに気づくことになるはずである。

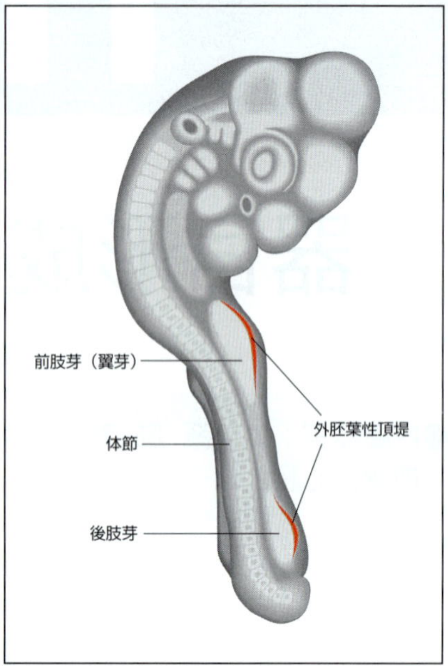

図 11.1 ニワトリ胚の肢芽
肢芽は3日胚の脇腹に生じる（ここでは右側の肢芽のみが示されている）。肢芽は中胚葉と，それを外側から覆う外胚葉からなる。各肢芽の先端に沿って，肥厚した外胚葉である外胚葉性頂堤が走っている。

脊椎動物の肢

脊椎動物胚の肢は，初期には基本パターンが非常に単純であること，3つの体軸全てに沿って分化する構造パターンが簡単に区別できることなどの理由で，パターン形成を研究するのにとても優れた系である。肢は，多数の細胞を含んだ構造内での細胞間相互作用を研究し，発生中の細胞間シグナルの役割を解明するのにもよいモデル系である。マウスも，主に自然突然変異体と人為的な遺伝子欠損を用いて肢の研究に使われたが，肢パターン形成の基本原則の研究は，ほとんどニワトリ胚を用いて研究されてきた。ニワトリ胚では，発生中の肢への顕微鏡下手術操作が簡単にできるためである。卵殻に穴をあけ,胚を卵内にとどめたまま,操作を加える（図3.28 参照）。手術後は接着テープで穴をふさぎ，胚をそのまま発生させて，肢発生への操作の影響を評価できる。

ニワトリ胚において肢発生の最初の徴候は，産卵後3日ほどたち，胚本体の体軸が既にでき上がっているころに見られる。小さな突起──肢芽（limb bud）──が体壁から生じる（図 11.1）。10日までには肢の主な特徴がよく発達する。図 11.2 は骨格を形作る構成要素のパターンを示している。骨格はまず軟骨がつくられ，後に骨に置き換わる（骨がどう成長するかは第13.8節に記載してある）。羽毛原基などの表面上皮の構造も見ることができる。この段階の四肢には，筋肉や腱もある。四肢には3つの軸が存在し，基部-先端部軸（proximo-distal axis）は肢芽の根元と先端を通っている軸で，前後軸（antero-posterior axis）は体軸と平行である［人の手の場合親指（前方）と小指（後方）を通る軸，ニワトリの翼の場合は第2指と第4指を通る軸］。背腹軸（dorso-ventral axis）が3つめの軸で，ヒトの手の場合は，手の甲と手のひらを通る軸である。

11.1 脊椎動物の肢は肢芽から発生する

初期肢芽は2つの構成要素，側板中胚葉由来の間充織細胞がゆるく詰まっているコアと，その外側の外胚葉性の上皮細胞からできている（図 11.3）。肢の骨格および結合組織はこれらの間充織細胞から発生するが，肢の筋肉を生み出す中胚葉細胞は違う系譜である。それらは体節に由来し，肢芽へと移動してくる（第5.9節を

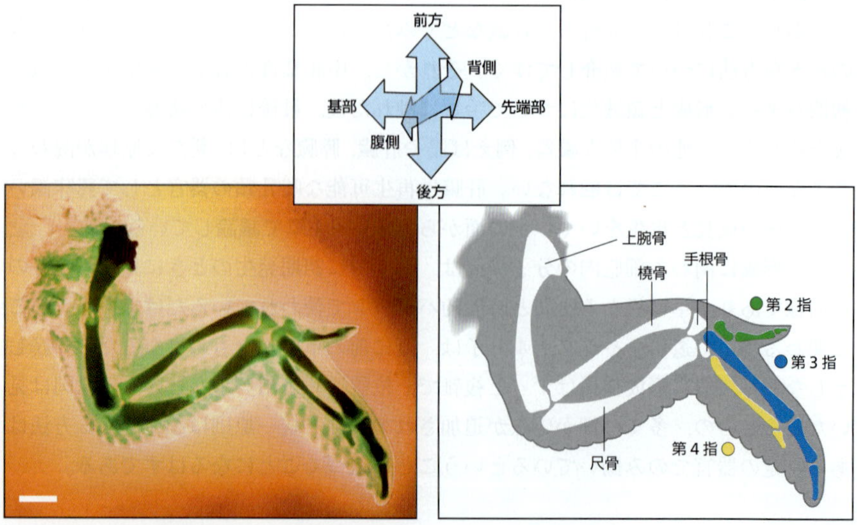

図 11.2 ニワトリ胚の前肢（翼）
写真は産卵後10日のニワトリ胚の染色した翼全体を示している。この時までには主な軟骨構造（例えば上腕骨，橈骨，尺骨）はすでにできている。これらは後に硬骨化して骨になる。筋肉や腱もこのステージではよく発達しているが，ここでの処理では見えない。羽毛原基が特に肢の後方の縁でよく見える。一番上のパネルにあるように，肢の発生中の3つの軸は，基部-先端部，前後，背腹軸である。ニワトリの翼には3本しか指がなく，第2，3，4指と呼ばれてきたことに注意。スケールバー＝1 mm。

参照)。肢の血管系は，少なくともその一部は体節由来の細胞から形成される。肢の一番先端部には外胚葉の肥厚，外胚葉性頂堤（apical ectodermal ridge）または頂堤（apical ridge）があり，これが背腹の境界に沿って走っている（図 11.4）。外胚葉性頂堤のすぐ下には，急速に増殖している未分化間充織からなる領域が存在している。細胞は，この領域を抜け出て初めて分化する。肢芽が成長するに従って，細胞は分化し，軟骨性の構造が間充織の中に現れる。肢芽の基部側，つまりからだに近い側が初めに分化し，肢の伸長とともにより先端側に分化が進む。発生中の肢の構造のうち，軟骨のパターン形成は，胚の肢芽全体で簡単に染色・観察できるため，最もよく研究されている（図 11.2 参照)。それに対して，筋肉や腱の配置はさらに内側であるため，組織特異的タンパク質に対する抗体を用いた染色によって肢全体でも解析できるものの，連続切片を用いた組織学的な解析が必要である。

軟骨形成における最も早い徴候は，一群の細胞が固まってくることで，これは凝集（condensation）として知られる過程である。ニワトリの翼では，軟骨は基部から先端部に沿って連続して並んでおり，すなわち上腕骨，橈骨と尺骨，手首の軟骨（手根骨），そして非常に簡単に見分けることができる 3 本の指──第 2 指，第 3 指，第 4 指[訳注1]──からなる（図 11.2 参照)。図 11.5 では，発生中のニワトリの翼での軟骨の形成過程と，発生中のマウス前肢の軟骨の形成過程を比較している。

3 日胚のニワトリ肢芽はだいたい幅 1 mm，長さ 1 mm くらいだが，10 日胚では長さに関してはほぼ 10 倍になる。基本的なパターンは，そのずっと前に成立している。しかし，10 日胚でも肢は，孵化した後のニワトリの肢に比べ小さい。外胚葉性頂堤は，肢芽の基本構造が全てできしだい消失し，そのあとの肢の発生では，孵化前でも孵化後でも成長が主となる。この後期成長期に，軟骨構造はほとんど骨に置き換わる。神経は，軟骨ができた後になって初めて，だいたい 4.5 日ころ肢に入ってくる。これについては第 12 章で議論する。肢のパターン形成に関する課題は，どのようにして軟骨，筋肉，そして腱などの基本要素が正しい場所に生じるのか，そしてどのようにしてお互いが正しく結合するのかを理解することである。しかしまず最初は，肢芽がいかにしてからだの正しい場所に発生するのかということから考えていこう。

11.2 側板中胚葉で発現する遺伝子が，肢芽の位置と種類を指定するのに関わる

脊椎動物の前肢と後肢は，からだの前後軸に沿って，正確に決まった場所に生じる。移植実験から，肢芽間充織になる側板中胚葉は，肢芽が現れるずっと前に，正確な位置に肢をつくるように決定されていることがわかっている。第 5 章で触れた未分節中胚葉のように，胴部の側板中胚葉は前後軸に沿った Hox 遺伝子の発現によって領域化されるため，Hox 遺伝子コードが将来の前肢，後肢の領域を決定し，肢芽の位置および種類を指定すると考えることができる。これは，昆虫において，それぞれの胸部体節とその付属肢が指定されるやり方（第 2 章参照）と類似している。ホメオドメイン転写因子 Pitx1（ホメオドメインタンパク質 Otx と関連している）が後肢領域に発現し，後肢と前肢の違いの決定に鍵となる働きをしている。

線維芽細胞増殖因子（FGF）ファミリーのタンパク質が，脊椎動物の前肢，後肢両方の発生開始に最も重要なシグナル分子であるようである。ニワトリ胚の脇腹，つまり翼芽と脚（後肢）芽の間に FGF-4 を局所的に加えると，異所的な肢芽が誘導される。脇腹前方からは翼芽が発生し，一方で脇腹後方からは後肢芽が

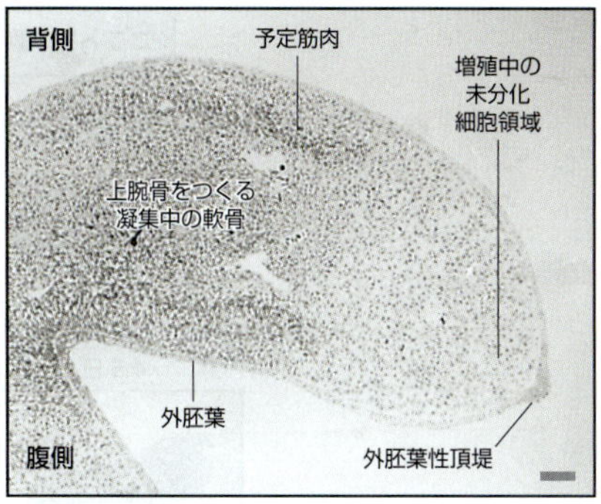

図 11.3　発生中の肢芽の横断切片
肥厚した外胚葉性頂堤が先端にある。頂堤のすぐ下に，増殖中の未分化細胞の領域がある。この領域の基部側では，間充織は凝集して軟骨へと分化する。予定筋細胞は隣の体節から肢芽に入り込み，背側と腹側に筋肉の塊をつくる。スケールバー＝0.1 mm。

訳注 1：最近の研究では，ニワトリの翼の指は恐竜などと同様に第 1，2，3 指であると報告されている
(*Tamura, K. et al., 2011*)

図 11.4　産卵後 4.5 日のニワトリ肢芽の走査型電子顕微鏡写真。外胚葉性頂堤が見える
スケールバー＝0.1 mm。

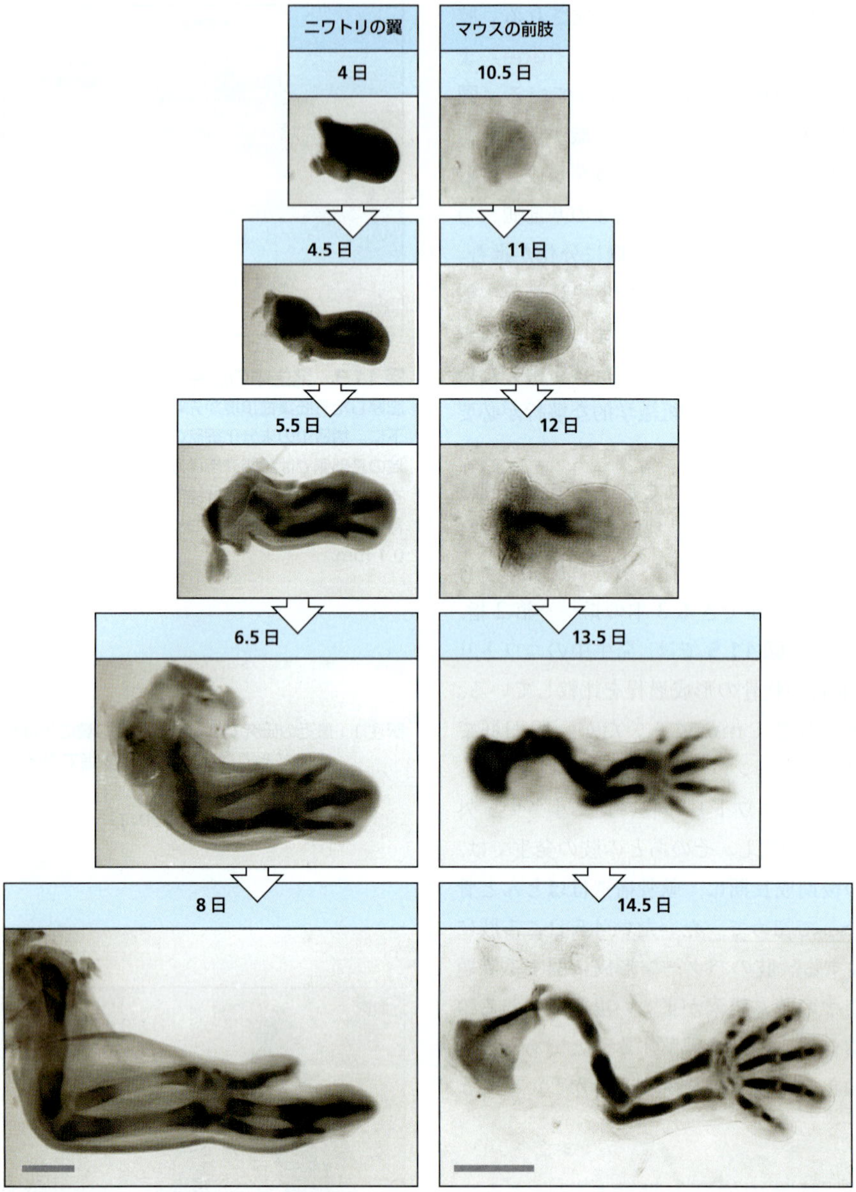

図 11.5 ニワトリの翼とマウスの前肢の発生は似ている

骨構造は軟骨として，肢芽が成長するにしたがって基部-先端部の順につくられる。上腕骨の軟骨が最初につくられ，橈骨と尺骨，手根骨，指と続く。スケールバー＝1 mm。

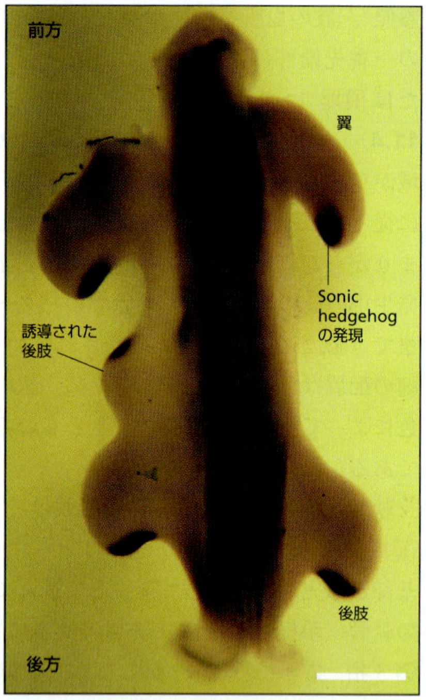

図 11.6 FGF-4 をニワトリ胚の脇腹に局所的に加えた結果

FGF-4 を後肢芽の近くに加えたところ，その場所に過剰な後肢芽の成長が誘導された。黒い部分は *Sonic hedgehog* の転写産物を示す。*Sonic hedgehog* は過剰後肢芽の前方に発現しているため，この肢は正常のものと逆の極性を持つ肢に発生する。なぜ過剰後肢芽で *Sonic hedgehog* がこのように発現するのかはわかっていない。スケールバー＝1 mm。

写真は J-C. Izpisúa-Belmonte 氏の厚意により Cohn, M.J., et al.: 1995 から

発生する（**図 11.6**）。T ボックス転写因子である Tbx5 と Tbx4 は，中胚葉マーカー Brachyury（第 4.18 節を参照）に関連する転写因子だが，それぞれ前肢，後肢に発現し，FGF を介して肢芽の発生開始に必要である。ヒトでは，T ボックス関連遺伝子である *Tbx5* の突然変異はホルト－オーラム症候群（Holt-Oram syndrome）に関係し，その最もよく見られる症状は，手の親指の異常と心疾患である。

FGF は，肢芽の 2 つの主要なオーガナイザー領域の成立と維持に関わっている。1 つめは外胚葉性頂堤で，これは肢芽の成長および基部-先端部軸に沿った正しいパターン形成に必須である。もう 1 つは中胚葉性の極性化領域で，肢芽の後方にあり，本章で後ほど議論するが，肢芽の前後軸に沿ったパターン形成にきわめて重要である。極性化領域の細胞はシグナルタンパク質である Sonic hedgehog（Shh）

を発現しており，**図 11.6** で示すように，*shh* mRNA の染色は，肢芽での正常および異所的な極性化領域を表すのに使われている。*Fgf10* 遺伝子が肢芽形成領域で発現しており，ニワトリ胚と違って遺伝子組換えによる遺伝子ノックアウトが可能なマウス胚において，*Fgf10* 遺伝子またはその受容体をコードする遺伝子をノックアウトすると，肢芽がない胚になる。

ニワトリ胚では，中胚葉から合成・分泌される Wnt タンパク質が，FGF がどこで発現し，維持されるかの決定に重要な働きをする。よって，中胚葉における Hox 遺伝子コードは，どこに Wnt，そしてその結果 FGF が発現するかを指定することにより，どこに頂堤と極性化領域を発生させるかを決め，それゆえ肢芽がどこにできるかを決定することになる。前後軸に沿って前肢芽の位置を決定するのに Hox 遺伝子群が複合的に作用することを示した証拠は，*Hoxb5* 発現のないノックアウトマウスによってもたらされた。そのマウスでは，前肢芽はより前方で発生する。からだの前後軸に沿った異なる位置での異なるパターンの Hox 遺伝子の発現が，肢芽が前肢になるのか後肢になるのかという指定にも関わっていると考えられる。

11.3 肢の成長には外胚葉性頂堤が必要である

次に，肢芽がどのようにして成長と発生を始めるのかをみていこう。外胚葉性頂堤は肢芽における極めて重要なシグナル領域であり，この存在が肢芽の成長と発生に必須である。外胚葉性頂堤は，密に詰まった柱状上皮から成っており，それらの細胞はお互いにギャップ結合によって直接繋がっている。これらの細胞がしっかり密着することで頂堤は物理的に強くなり，おそらくこのために，肢芽は背腹軸に沿って平たい形を維持できるのだろうと考えられる。肢芽の成長ははじめ，外胚葉性頂堤のすぐ下にある未分化間充織の増殖によっている。おそらく驚くと思うが，初期肢芽ができるのは，肢芽内での細胞分裂が局所的に活性化されるためではなく，どちらかというと，胚の肢芽以外の脇腹部分で，それまでは高かった細胞増殖の割合が下がるために起こる。

外胚葉性頂堤の重要性は，ニワトリ胚肢芽の頂堤を微小手術で取り除く実験で示された。その結果，肢の成長は著しく減少し，先端部が欠損する解剖学的に不完全な形になる。基部-先端部軸に沿った肢の欠損レベルは，頂堤が切除されたタイミングに依存する（**図 11.7**）。早く除去するほどその影響は大きい。つまり，遅い発

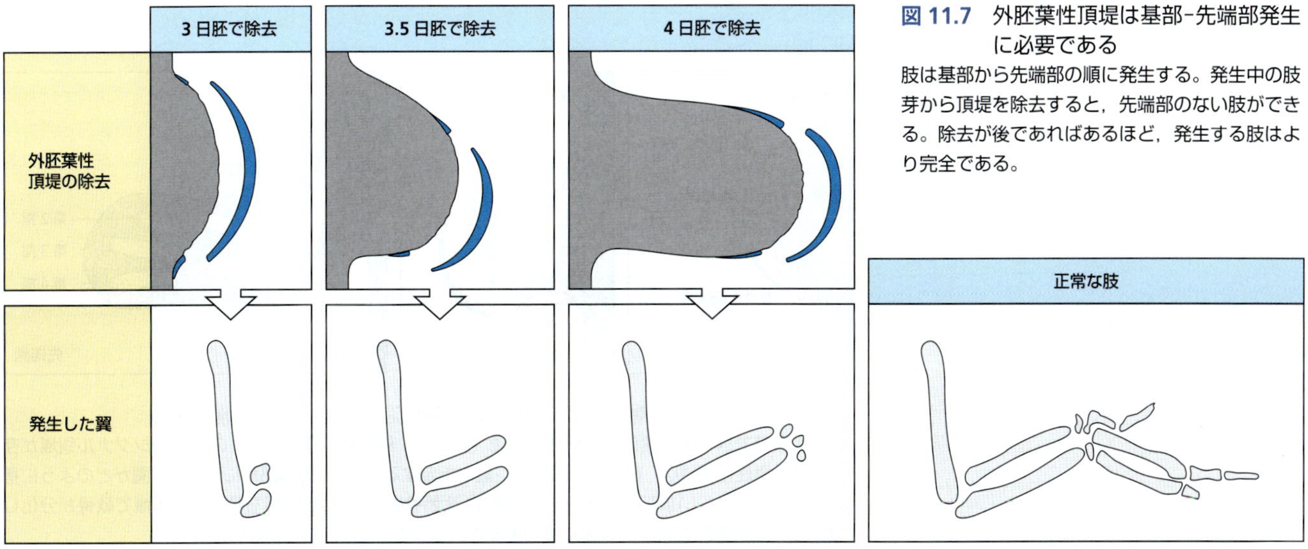

図 11.7 外胚葉性頂堤は基部-先端部発生に必要である
肢は基部から先端部の順に発生する。発生中の肢芽から頂堤を除去すると，先端部のない肢ができる。除去が後であればあるほど，発生する肢はより完全である。

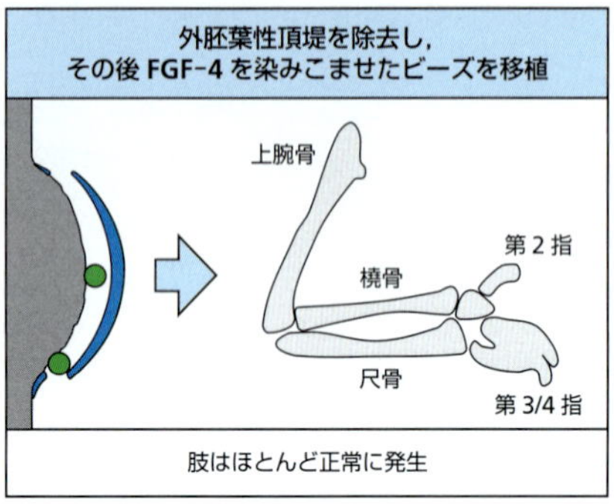

図 11.8 増殖因子 FGF-4 は外胚葉性頂堤を代替できる
頂堤を除去後，FGF-4 を放出するヘパリンビーズを肢芽に移植すると，ほとんど正常な肢が発生する。

生段階で切除すると指の先の欠損のみが見られるが，頂堤が早い段階で切除されると，肢のほとんどがなくなってしまう。外胚葉性頂堤を除去すると，肢芽の先端での細胞増殖が大きく低下し，かつこの領域での細胞死も起きる。外胚葉性頂堤によるシグナルが成長に重要であることは，単離した頂堤をニワトリの初期翼芽の背側表面に移植する実験でも示されている。その結果，異所的な成長が起き，軟骨成分および指の形成すら見られるようになる。

頂堤から発せられるシグナルで鍵となるのは FGF である。FGF-8 が頂堤全体で発現し，FGF-4 および他の 2 つの FGF が頂堤後方で発現している。ニワトリ翼芽での実験により，FGF-8 は頂堤を機能的に代替できることが示されている。頂堤を切除後，この増殖因子を発するビーズを翼芽前端に移植すると，おおよそ正常な肢が成長する。十分量の FGF-8 が成長中の細胞に供給されれば，ほとんど正常な肢が発生する。FGF-4 についても同様な結果が得られている（**図 11.8**）。外胚葉性頂堤特異的に *Fgf* 遺伝子群をノックアウトしたトランスジェニックマウスの実験でも，FGF シグナルが肢芽の成長と正常発生に必要であることが示されている。外胚葉性頂堤には 4 種類の *Fgf* 遺伝子が発現しているため，遺伝子組換え実験では FGF シグナルを完全に欠損させることは難しい。完全な肢の欠損がみられるのは，このうち 3 つの *Fgf* を欠損させたときのみである。これらの証拠を全て合わせると，頂堤からのシグナルは，脊椎動物肢の正常な発生に必須であることがわかる。

11.4 肢芽のパターン形成には位置情報が関わっている

いままで外胚葉性頂堤が肢の成長をどのようにコントロールするかをみてきたが，骨格および他の構成要素はいかにして正しい位置につくられるのだろうか？
脊椎動物の肢発生のいくつかの側面は，位置情報を元にしたパターン形成モデルで説明できる。発生中のニワトリ肢芽では，細胞がまだ肢芽の先端の未分化領域にいるときに肢芽の主な軸に対してどの位置にいるかによって，その細胞の将来の発生が決定されるようである（**図 11.9**）。

位置情報の概念の重要な点は，位置指定とその解釈は区別されることにある。細胞は初めに位置情報を得る。その後，その位置価を発生の経歴に応じて解釈する。つまり，発生の経歴が違うことで，位置情報シグナルが同様でも，翼と後肢の差異が生まれる。肢のパターン形成においては，単一の三次元的位置情報フィールドが

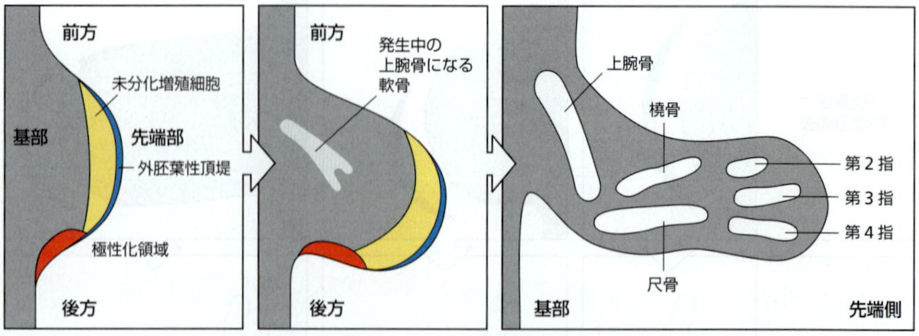

図 11.9 細胞は前後軸および基部-先端部軸に沿った位置情報を獲得する
初期の肢芽では，後方端にある極性化領域（赤）と，外胚葉性頂堤（青）の 2 つのシグナル領域が存在する。極性化領域は，前後軸に沿った位置を指定する。基部-先端部軸に沿った位置がどのように指定されるのかは，いまだに議論がある（第 11.5 節参照）。はじめは最も基部側の領域で軟骨が分化しはじめ，軟骨構造は基部-先端部の順で形成される（手根骨は載せていない）。

中胚葉性の要素の全て，つまり軟骨，筋肉，腱を生じる細胞の発生をコントロールしているという非常に魅力的な仮説が提唱されている。これから詳細をみていくが，3つの軸——基部-先端部軸，前後軸，背腹軸——の指定は，肢芽の違う場所から放出される分子シグナルによって相互に関係している。

11.5 肢芽の基部-先端部軸に沿った位置がどのように指定されるかは，いまだに議論の余地がある

ではまず，肢芽の中でも極めて重要な基部-先端部軸，つまり肩から指先を通る軸に沿ったパターン形成から始めよう。軟骨構造は基部から先端部まで続いて並んでいるが，基部要素がはじめに発生を開始する。基部-先端部軸のパターン形成の機構はいまだに議論の余地があり，今のところいくつかの仮説が提唱されている。簡単にするために，本章では最も長く提唱されているモデルについて主に議論したい。そのモデルはニワトリ胚の肢の研究から提唱されたもので，基部-先端部軸に沿ったパターン形成は，細胞が肢先端の未分化細胞領域にどれだけ長い時間いたかによって指定されるというものである。その領域はそれゆえに**進行帯（progress zone）**と呼ばれ，本モデルを“時間計測モデル”と名付けることにする。基部-先端部パターン形成のもう1つの機構は，より最近になってニワトリとマウスで新たに行われた実験を元に提唱されたもので，こちらは“2シグナルモデル”と呼ぶことにする。それぞれのモデルを支持する証拠が存在するものの，どちらも知られている全ての事実と合致することはないことから，基部-先端部方向にどのようにしてパターンが形成されるかについて，もっと多くのことを学ぶ必要があることは明らかである。

肢芽が成長するにしたがって，先端の未分化細胞帯からは，細胞が常に離脱してゆく。肢芽は基部から先端に伸長するため，一番はじめに離脱する細胞は上腕骨になり，最後に離脱した細胞は指先を形成する。時間計測モデルによると，もし細胞が未分化細胞帯で過ごした時間を，例えば細胞分裂回数を数えるなどで計ることができるならば，これによって細胞は基部-先端部軸に沿った位置価を得ることができる（**図 11.10** 上段パネル）と仮定している。このモデルと同様に，体節幹細胞領域で細胞が過ごした時間が，前後軸に沿った体節の位置指定に大きな役割を果たしていることが示唆されている（第5.8節参照）。肢芽におけるこのような時間計測機構は，外胚葉性頂堤の除去によって先端欠損が生じるという実験観察に合致している（**図 11.7** 参照）。時間計測モデルによると，外胚葉性頂堤の除去によって進行帯にいる細胞がそれ以上増殖できないために，それ以上先端の構造が形成できないということになる。

時間計測機構を支持する別の証拠は，ニワトリ翼芽の進行帯の細胞を，初期の段階で（例えばX線照射などで）殺したりその増殖を抑えると，基部構造の欠損が見られるが，先端部構造は存在し，ほぼ正常であるというものである。照射された進行帯の細胞の多くは分裂しないため，単位時間あたり，正常よりも少数の細胞しか進行帯から離脱しない。肢芽が伸びると，進行帯は生き残った細胞が増殖することによって細胞数は戻るが，その細胞は正常なときにくらべ，進行帯に長くいることになる。そのため細胞は先端の位置価を得，正常な先端部，例えば指を形成する。他のモデルによれば，基部側の構造の欠損が強く起こるのは，照射後すぐに離脱した細胞は，分子的には基部として指定されているが，軟骨構造をつくるには十分な数がないためであるとされる。1950年代末から1960年代初めに，つわりを緩和する薬剤であるサリドマイドを摂取した母から生まれた子の肢芽基部構造が欠損し

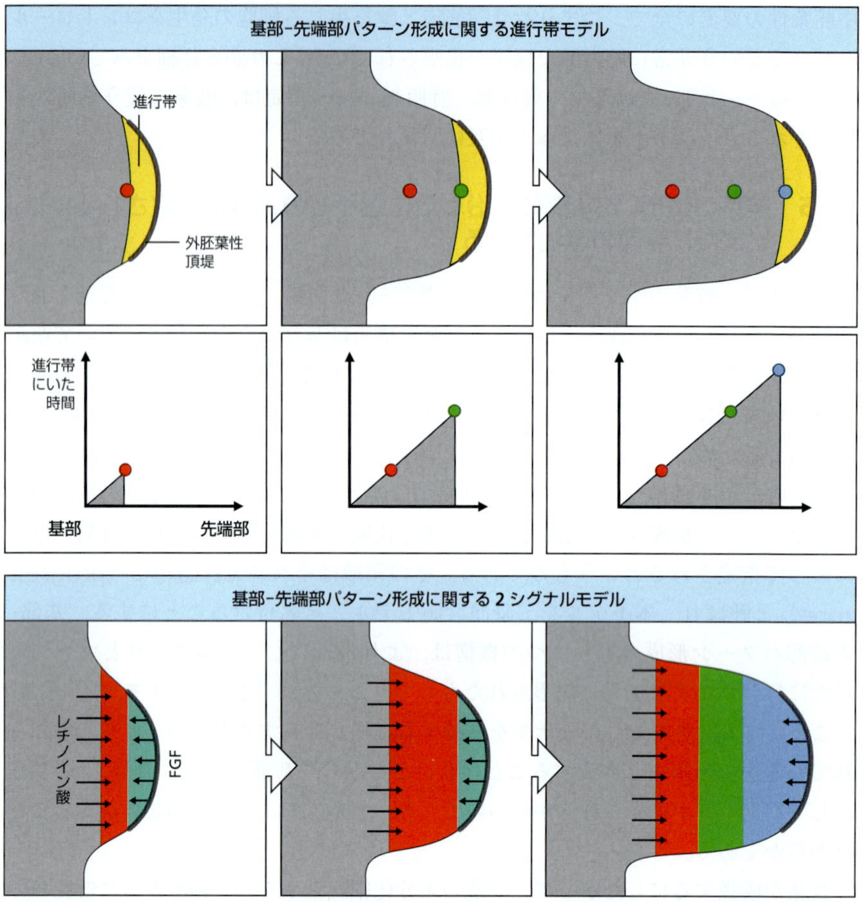

図 11.10 ある細胞の基部-先端部の位置価は，"進行帯"で過ごした時間によるかもしれないし，初期肢芽での逆向きのシグナル勾配によって指定されるかもしれない

上の2つのパネルは"時間計測モデル"を示している。細胞は絶えず進行帯から去ってゆく。もし，細胞がどれだけ進行帯にいたかを計ることができたら，これによって基部-先端部軸に沿ったその細胞の位置を指定できる。進行帯を早いうちに去った細胞（赤）は基部構造をつくり，最後に出た細胞（青）が指の先端をつくる。下のパネルは"2シグナルモデル"を示す。初期肢芽で細胞は，2つの逆向きの勾配の存在によって位置価を獲得する。勾配の1つはレチノイン酸で，最も基部側の領域（灰色）から分泌され，基部側を指定する(赤)。もう1つは外胚葉性頂堤からのFGFで，先端（はじめは青緑，後に青）を指定する。肢が成長するとともに，両方のシグナル源の届かないところの細胞が"中間"の位置価(緑)を獲得する。
Zeller, R., et al.: 2009 より改変

たことを説明するのに，同様の議論が行われた。サリドマイドは血管発生を阻害することが知られており，その結果，初期肢芽全体に大規模な細胞死が起こる。サリドマイドの影響は，これまでにも示唆されてきたように，基部領域が形成され，かつ先端部の分化はまだ始まっていないときに，軟骨前駆細胞が単になくなってしまうことで起こると説明できるかもしれない。

外胚葉性頂堤で産生されるFGFが肢芽の発生の鍵となるシグナルであることはすでに触れたが，それでは，FGFは基部-先端部のパターン形成においてどんな特別な役割を担っているのだろうか？ 時間計測モデルによると，FGFシグナルの機能は進行帯の維持で，細胞はFGFに曝されている時間の長さで時間を計っている可能性がある。しかしながら，肢芽の基部および隣接する胴体の細胞で産生されるレチノイン酸が，肢芽の基部としての性質の指定に働いているかもしれないという証拠もある。レチノイン酸は，ホメオドメイン転写因子をコードする*Meis*ファミリーの遺伝子群を標的としており，ニワトリの翼において*Meis*遺伝子群を異所的に発現させると，先端部の異常または欠損が見られる。レチノイン酸シグナルと*Meis*の発現は，正常では，外胚葉性頂堤からのFGFシグナルによって，肢芽の基部領域に限定されている。このFGFとレチノイン酸の相互作用は，発生中の肢芽のみで見られるのではない。レチノイン酸とFGFの拮抗する勾配は，からだの成長および軸形成における前後軸のパターン形成に作用し，また脊髄の分化を制御するといわれている（第5.5節参照）。肢では，この2つのシグナルによって完全な基部-先端部軸が初期段階で指定されており，時間計測モデルで提唱されているように，軸が時間をかけて次第に構築されるわけではないということが提案されている。そしてこの新しいモデルは“2 シグナル”モデルとして知られているものである（**図 11.10** 下段パネル）。

マウスを使った最近の遺伝学的なデータについて，2 シグナルモデルによる解釈がなされている。そのデータは，頂堤で発現する *Fgf* 遺伝子群を一つ一つ遺伝的に欠損させて，マウス肢芽における FGF シグナルを徐々に減少させたときの，肢芽のパターン形成が元になっている。提唱されているのは，以下のようなものである。すなわち，肢芽のパターンの基部および先端部の構成要素は，発生初期にそれぞれレチノイン酸，FGF で指定される。続いて，外胚葉性頂堤でつくられる FGF に制御されて肢の成長が起こり，基部シグナルと先端部シグナルの両方の影響範囲から外れる領域が出現する。その結果，この領域は“中間の”運命を選ぶ。つまり，橈骨と尺骨を形成する。しかしながら，中間の運命を生み出すこの機構が普遍的であるかどうかは明らかでない。肢先端の構成要素をつくるはずの発生の進んだニワトリ翼芽の先端を，基部要素をつくるはずの初期のニワトリ翼芽の基部に移植すると，それが成長，発生した前肢では橈骨と尺骨が欠損する。このような，混成ニワトリ翼芽が中間構造の形成に失敗することは，このモデルでは説明することが難しい。

11.6 極性化領域が肢の前後軸に沿った位置を指定する

肢芽の前後軸に沿ったパターンの指定は，よく理解されており議論も少ない。前後軸に沿ったパターン形成とは，何が個々の指を指定し，そのアイデンティティを与えるかということである。本節および次の 2 節では，いかにして標準的な指のセットが指定されるか，前後軸パターン形成をつかさどるシグナル分子は何か，そして最後にいかにして各指がそれぞれのアイデンティティを獲得するかを議論してゆく。前後軸のオーガナイザー領域は，肢芽の後端にある中胚葉領域で，これは**極性化領域（polarizing region）**または**極性化活性帯（zone of polarizing activity：ZPA）**として知られている（**図 11.11**）。

脊椎動物の極性化領域のオーガナイザーとしての特性は，両生類のシュペーマンオーガナイザーにほぼ匹敵するほど顕著である。ニワトリ胚の初期翼芽の極性化領域を，別のニワトリ胚の初期翼芽の前端に移植すると，鏡像対称のパターンを持つ翼が発生する。つまり，正常な 2-3-4 の指パターンのかわりに，4-3-2-2-3-4 のパターンになるのである（**図 11.12** 中央パネル）。肢の筋肉および腱のパターンも，同様に鏡像対称に変わる。極性化領域は前方にもう 1 本尺骨を指定するので，先端から肘または膝までの領域全体の前後軸に影響を与えることがわかる。

この過剰指は移植片でなく宿主の肢芽からできることから，移植した極性化領域は，宿主の肢芽前方領域の細胞の発生運命を変えたということになる。肢芽は極性化領域の移植によって広くなり，過剰指を収容することが可能になる。肢芽の巨大化は，外胚葉性頂堤の範囲が広がることと関連する。

極性化領域が前後軸に沿った位置を決定する方法の 1 つが，後から前への勾配を持つモルフォゲンを産生することである（**Box 11A**, p. 441）。極性化領域は肢芽の後端に存在していることから，モルフォゲンの濃度が前後軸に沿った細胞の位置を指定できる。そして細胞は，モルフォゲンの特定の閾値濃度の場所に特異的な構造を発生させることで，その位置価を解釈する。例えば第 4 指は高い濃度で，第 3 指は低い濃度，第 2 指はさらに低い濃度で発生すると考えられる（**図 11.12** 上段パネル参照）。このモデルによると，余分な極性化領域を前端に移植すると，モルフォゲンは鏡像対称の勾配となり，実験で見られるような 4-3-2-2-3-4 の指パターンをつくる（**図 11.12** 中央パネル参照）。

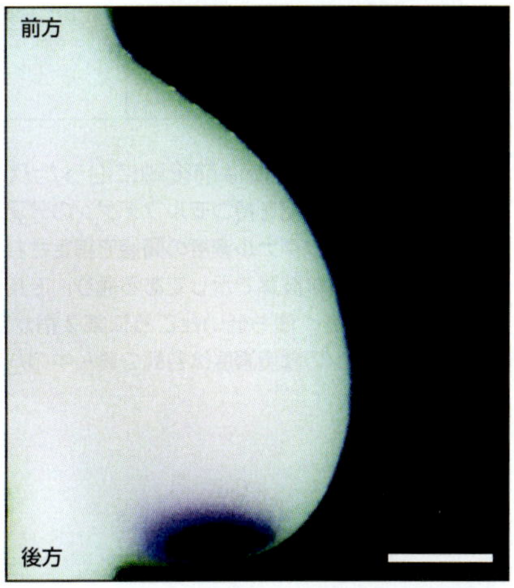

図 11.11　ニワトリの肢芽の極性化領域または極性化活性帯（ZPA）は，肢芽後方縁にある

極性化領域は *Sonic hedgehog*（*Shh*）RNA の発現によって検出できる（青い染色）。スケールバー＝0.1 mm。

写真は C. Tabin 氏の厚意による

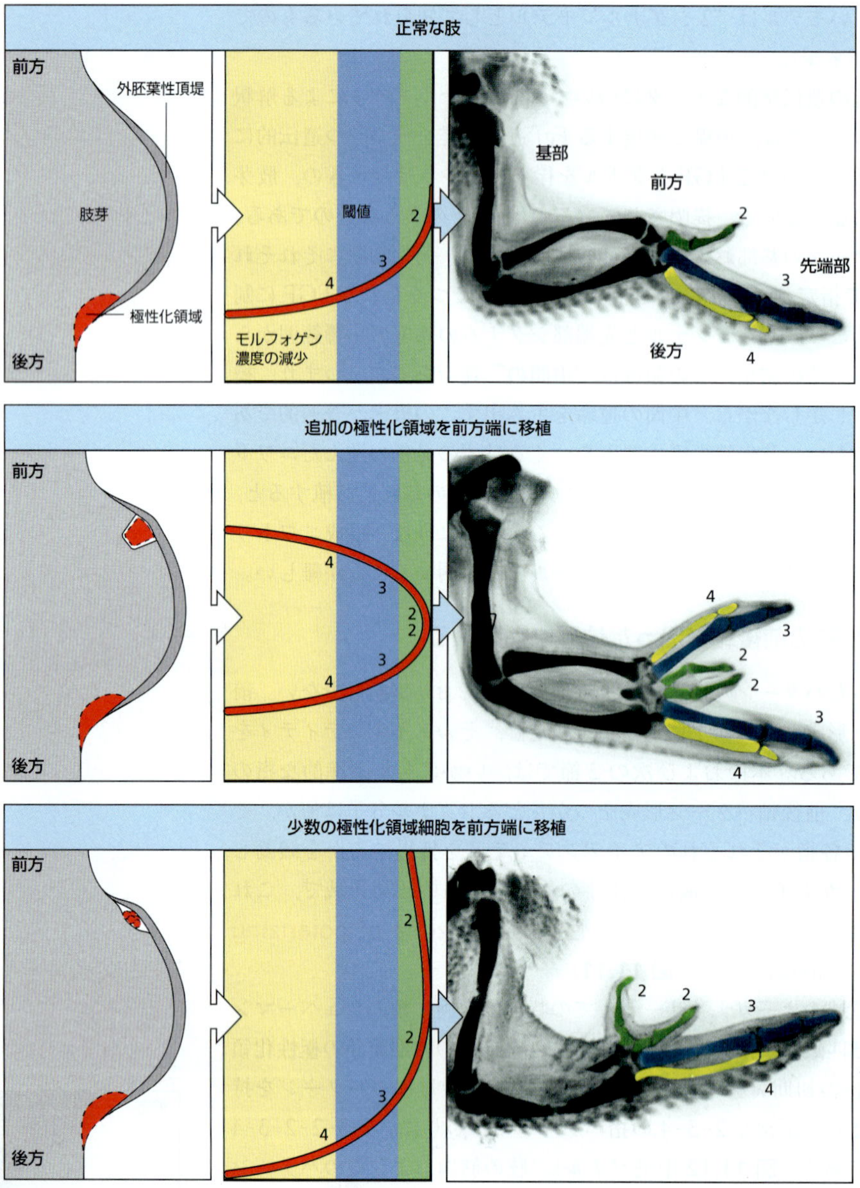

図 11.12　極性化領域は前後軸に沿ったパターンの指定ができる
もし極性化領域が勾配を持つモルフォゲンの分泌源であるなら，それぞれの指は，それぞれのシグナル濃度の閾値で指定されるはずである。その濃度は上段パネルの正常な肢芽で示してある通り，モルフォゲンの濃度が高いところに第4指ができ，最も低いところに第2指ができる。それぞれの指をつくるモルフォゲンの閾値濃度は各列の真ん中のパネルに示しており，右側のパネルの指の色と対応している。極性化領域をもう1つ肢芽の前方端に移植すると（中段パネル），シグナルの勾配は鏡像対称になり，そのために鏡像対称な過剰指が観察される。少数の極性化領域の細胞を肢芽の前方端に移植しても弱いシグナルしかつくり出せず，つくられる過剰指は第2指だけである（下段パネル）。

もし極性化領域の作用によって，指の特性がシグナルのレベルで決まるとしたら，シグナルを弱めたときの指のパターンの変化は予想できるはずである。極性化領域の細胞を少しだけ肢芽に移植すると，第2指のみが過剰に発生する（**図 11.12** 下段パネル参照）。極性化領域を移植後，少し時間が経ったらそれを除去してしまっても，類似の結果が得られる。移植片を15時間後に除去すると，過剰な第2指が形成され，24時間後ではさらに第3指も発生した。

マウス，ブタ，フェレット，カメ，さらにはヒトを含む多くの脊椎動物の肢芽には，極性化領域があることが示されている。これらの動物胚の肢芽の後端を切り出し，ニワトリ翼芽の前端に移植すると，過剰指が形成される。誘導される過剰指は

Box 11A 位置情報とモルフォゲンの勾配

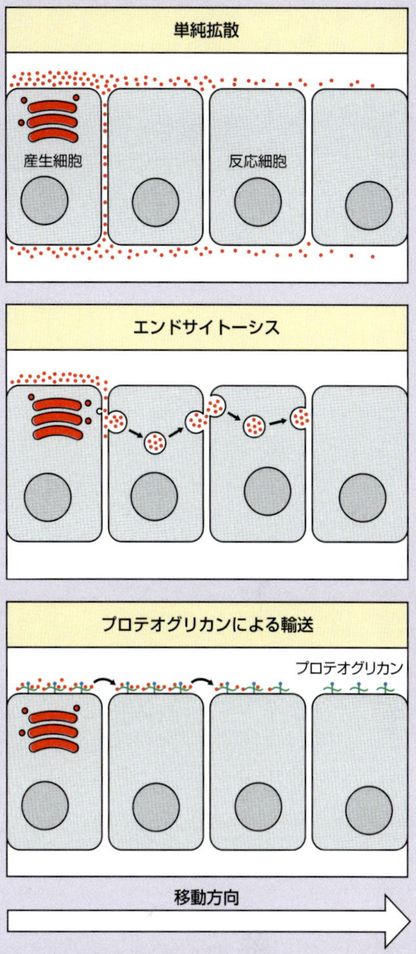

発生中のパターン形成は，位置情報，言い換えるとある物質がつくる勾配によって指定されるといえる。基本的な考え方はフランス国旗問題と同様で（**図 1.25** 参照），これからパターン形成される特定領域の一方の境界で，特異化された一群の細胞がある分子を分泌し，その源からの距離が離れると濃度が低くなるような勾配をつくり，これが勾配を持った情報を形成する。細胞はそれぞれに勾配に沿ったその場所での濃度を“読み”，これを解釈して，その位置に適した方法で反応，例えば特別な遺伝子発現パターンのスイッチを入れる。細胞運命にこのような変化を誘導できる分子はモルフォゲンと呼ばれている。位置情報の勾配は，発生において様々な用途に使われる。例えば，昆虫における前後および背腹の軸の領域化と成虫原基や体節のパターン形成，脊椎動物の中胚葉パターン形成，脊椎動物の肢のパターン形成，そして脊椎動物の神経管の背腹軸に沿ったパターン形成などである。

どのようにして位置情報の勾配が形成されるか，特にモルフォゲンの拡散と細胞間相互作用の関連についてはいまだにわかっていないが，様々なモルフォゲン分子が勾配をつくっている証拠が示されている。位置の勾配についてはまだ解決されていない問題がいくつかある。直径が 20 細胞を超えるような距離で，位置情報はどのように決まるのか？ 位置のアイデンティティを決めているのは，細胞外と細胞内のどちらのモルフォゲン濃度なのか？ エンドサイトーシスは重要なのか？

モルフォゲンは細胞外間隙を通って単純拡散で移動することもできるし，ショウジョウバエの背腹パターン形成における Decapentaplegic タンパク質でいわれているように（第 2.20 節参照），その勾配は，モルフォゲンと様々な他のタンパク質，つまり細胞外分泌タンパク質と細胞表面受容体の両方との相互作用によりつくられることもある。また，モルフォゲンは，細胞内をエンドサイトーシス小胞によって運搬されることもある（図参照）。他の例では，受容体依存性エンドサイトーシスが起こり，そしてすぐにそれらが分解を受けることで，タンパク質活性が鋭い勾配になるという説が提唱されている。最もあり得るのは，細胞は特定のモルフォゲンの濃度を，どれだけ多くの受容体にモルフォゲンが結合しているか，つまり受容体から伝達されるシグナルの強さで測っているという可能性である。この問題に対して何年も研究されてきたが，拡散するモルフォゲンの分泌を元にした機構が，パターン形成を説明するのに十分信頼できるものなのかどうかはわかっていない。さらにいえば，拡散しているモルフォゲンの細胞外間隙での濃度は，時間によって常に変化している。単純拡散に変わる説は，平面内細胞極性（**Box 8C**, p. 324 参照）で起こっているような短距離での細胞間相互作用によって活性勾配を形成するような機構が，位置情報を指定しているというものである。

ニワトリの翼のものであることから，極性化領域シグナルは脊椎動物間で保存されているが，何をつくるかは反応する細胞次第であることが示されている。

11.7 極性化領域でつくられる Sonic hedgehog が，肢の前後軸パターン形成を行う主要なモルフォゲンであると思われる

分泌タンパク質である Sonic hedgehog（Shh）がモルフォゲンとして作用し，Shh タンパク質の勾配が生体内での極性化シグナルの鍵となる因子であることを示す説得力のある事例がある。*Sonic hedgehog* 遺伝子（*Shh*）は，ニワトリ胚，マウス胚，さらに研究されている他の多くの脊椎動物胚の肢芽の極性化領域で発現しているうえに（**図 11.11** 参照），抗 Shh 抗体を使って，勾配をもって分布する Shh タンパク質が，肢芽後方領域で，産生細胞から離れた細胞において検出されている。脊椎動物の発生において Shh タンパク質は，別の場所でも数えきれない

ほどのパターン形成に関わっている。例えば，体節形成（第5.9節参照），体内での左右非相称性の確立（第4.7節参照），神経管のパターン形成（第12章で後述）などである。ショウジョウバエ胚でHedgehogタンパク質は，胚の体節のパターン形成（第2.24節参照），さらに本章で後ほど議論することになるが，脚や翅のパターン形成の鍵となるシグナル分子である。

*Shh*遺伝子を含んだレトロウイルスを感染させたニワトリ培養線維芽細胞は，極性化領域の活性，つまり，翼芽の前端に移植すると鏡像対称の翼をつくり出す活性を獲得する。Shhタンパク質に浸したビーズでも，同様の結果になる。過剰肢が指定されるには，ビーズは16～24時間は移植しておかなければならず，指のパターンはビーズを浸すShhタンパク質の濃度に依存する。例えば，第4指の形成には，第2指の形成に比べ高濃度のタンパク質が必要である。さらに，Shhタンパク質は，細胞周期の調節因子をコードする遺伝子の発現を調節することで，直接的に間充織細胞の増殖に影響し，これが極性化領域の移植後，肢芽の幅が広くなることの原因となることも示されている。

シグナル分子であるレチノイン酸（**Box 5D**, p. 204～205参照）が，ニワトリの翼の極性化領域のシグナルを代替し，ニワトリ翼芽前端に供給すると鏡像対称の重複肢を誘導する化学物質として最初に同定された。しかし後になって，レチノイン酸は前方組織で*Shh*の発現を誘導することが示され，それによって重複指の形成が起こることがわかった。レチノイン酸シグナルが肢芽の基部側のパターン形成に関わることは前述したが，これが*Shh*発現の誘導とどのように関係するのかは明らかでない。

マウスや，ヒトを含む他の動物において，**軸前多指症（preaxial polydactyly）**の原因となる突然変異が見つかっている。「多指症」は過剰な指を持つ肢を意味し，「軸前」とは過剰指が前方に，特徴としては親指が過剰にできることを意味している。これらの突然変異は極性化領域に影響することから，指のパターンの指定にShhが必須な役割を果たすことの証拠となっている（**Box 11B**, p. 443）。

次の疑問は，Shhはいかにして肢芽の発生に影響を及ぼすかである。Shhに反応して活性化される細胞内シグナル経路には，Gli転写因子であるGli1，Gli2，Gli3が関わっている。GliはショウジョウバエのHedgehogシグナル経路におけるCiのホモログである（**図2.40**参照）。脊椎動物のShhシグナル経路を**Box 11C**（p. 444～445）に示す。Shhシグナル存在下では，Gliタンパク質は転写活性化因子として働き，一方非存在下では，Gli2，Gli3は短い形に加工され，Gli3は転写抑制因子として働く。マウスの*Gli*遺伝子群の突然変異体の解析によって，Gli3が肢のパターン形成の鍵となる調節因子であることが示されている。さらにヒトのGli3のいくつかの突然変異体が，肢芽の異常に関連していることも示されている。*Gli3*のノックアウトマウスは多指症を示すが，指はすべて同じ形で，パターン形成されていないものとなる。このことから，正常な環境下では抑制型のGli3が肢芽の前方，すなわちShhタンパク質がない領域で指の形成を抑えており，一方正常な肢芽後方では，Shhタンパク質の勾配によって活性型Gli3と抑制型Gli3が前後軸に沿って様々な割合で存在し，これによって指のパターンが決定されることが示唆される。

逆に*Shh*遺伝子ノックアウトマウスでは，肢芽全体で抑制型Gli3が高濃度でつくられ，すべての指形成が抑制されてしまう。しかし，*Shh*と同時に*Gli3*もノックアウトしてしまうと，肢は*Gli3*のノックアウトマウス胚と似た形になる。これらを合わせると，これらの実験は，肢芽におけるShhシグナリングの主な機能

Box 11B　多すぎる指：前後パターンに影響する突然変異は多指症の原因である

マウスでは，極性化領域の機能に影響し，軸前多指症（preaxial polydactyly）の原因となる突然変異が見つかっている。「多指症」とは過剰指を持った肢を意味し，「軸前」とは過剰指が前方にできることである。Sasquatch 突然変異体などのこれらのマウスの突然変異体は，Shh が指のパターンの決定に必須な役割を果たしていることのさらなる証拠である。というのも，Sasquatch の前方の過剰指は，肢芽で *Shh* 遺伝子が前方にも発現するために形成されることが示されているからである。Sasquatch 突然変異は，マウスゲノムでかなり離れたシス調節領域にマップされ，この領域は ZRS（極性化活性帯調節配列）として知られることとなった。ZRS は *Shh* 遺伝子からは 1 Mb も離れているにもかかわらず，Shh の肢特異的発現に影響している。このような長距離の調節の例は，β-globin の発生時の赤血球での発現調節が，遺伝子座制御領域により調節されているのと似ている（第 10.6 節で議論）。

ZRS での突然変異は，過剰な前方指を持つ多指症のネコでも見つかっており，小説家ヘミングウェイのフロリダ州キーウエストにある昔の家で飼われている有名な一族（写真）もこれである。この一族は，ヘミングウェイがある船長からもらった多指症のネコの子孫で，すべての多指症個体では ZRS に同じ 1 塩基置換が生じている。ZRS の突然変異または重複によるヒトの遺伝病もある。軸前多指症の患者も，ヒト *SHH* 遺伝子上流の ZRS に突然変異を持つ。他のいくつかのヒト多指症は，この調節領域のなかで微小重複が起こることが原因である。

前方での付加的な *Shh* 遺伝子発現によって，肢芽から過剰指が発生するのと反対に，*Shh* 遺伝子をノックアウトしたマウス胚の肢では，基部構造は存在するにもかかわらず，先端構造が欠失する。一番良く発生しても，後肢に非常に小さな指が発生するだけである。*Shh* 遺伝子欠損マウス胚には他の異常も見られ，全前脳症のような頭蓋顔面異常（**Box 1F**, p. 28）や，神経管のパターン形成異常などがある。ZRS を完全に欠損したマウス胚でも，肢芽の後方での Shh 発現がなくなり，*Shh* 欠損胚と同様に肢の先端消失が起こる。しかし，ZRS 欠損胚では，Shh の機能が欠失するのは肢芽のみであるため，他の組織は影響を受けない。肢の先端構造の欠損は，ヒトの非常に珍しい遺伝病である無手足症（acheiropodia）でもみられ，肘や膝より先の構造は発生しないが，他の欠損は見られない。無手足症は ZRS 近傍の染色体欠損が原因なので，ヒトゲノムでもこの場所にシス調節領域が存在し，極性化領域での *SHH* の発現を調節していることが示唆される。

モルフォゲン勾配モデルがニワトリの翼を使った多くの実験結果と一致するというだけでは，他の脊椎動物の肢の指が全てこの機構で指定されるという証明には十分ではない。例えばマウスの肢で Shh を発現している細胞の系譜を解析したところ，後方の 2 本の指は極性化領域自身の細胞から生じていることが示されており，この 2 つの指のアイデンティティは，これらの細胞が極性化領域内で過ごした時間の長さによって決まることが示唆されている。

写真は Lettice, L.A., et al.: 2008 より

は，肢芽後方領域で抑制型 Gli3 の機能を抑えることであることを示している。抑制型 Gli のレベルが下がり多指症を示すマウスの突然変異体には，Shh やそのシグナル経路の因子をコードするタンパク質には欠損がなく，かわりに一次繊毛（primary cilium）と呼ばれる細胞構造の形成に必須な遺伝子の突然変異を持つものがある。**Box 11C**（p. 444～445）で示すように，この動かない，微小管でできた構造は，Shh シグナルおよび Gli3 の加工過程に必須である。しかし，Shh と Gli3 の両方が欠損したとき，前後軸パターンはないものの多くの指ができるということは，肢芽には，固有なアイデンティティを与えることはできないものの，指様構造のセットを組み上げることができるような，自己組織化機構が存在することを示唆している。この機構は，例えばエンゼルフィッシュの縞様パターン形成に関わっていることが提唱されている反応-拡散の原理（**Box 11D**, p. 453 参照）をもとにしている可能性もある。

Box 11C Sonic hedgehog シグナルと一次繊毛

細胞間シグナルタンパク質である Sonic hedgehog は，ショウジョウバエ胚のパターン形成で主要な役割を果たしている Hedgehog タンパク質（第 2 章参照）の脊椎動物ホモログである。マウスとヒトでは，3 つの hedgehog タンパク質——Sonic hedgehog（Shh），Indian hedgehog（Ihh），Desert hedgehog（Dhh）——に対する遺伝子がある。ゼブラフィッシュにはゲノム重複の結果，4 つめの hedgehog である，Tiggywinkle がある。Shh および他の脊椎動物の hedgehog タンパク質によるシグナル経路は（図参照），ショウジョウバエの Hedgehog シグナル経路とよく似ている（**図 2.40** 参照）。膜タンパク質である Patched と Smoothened の脊椎動物ホモログが存在し，hedgehog シグナルの有無を感知している。ショウジョウバエの転写因子 Cubitus interruptus（Ci）に対応するのは，脊椎動物では Gli 転写因子の Gli 1，Gli 2，Gli 3 である。Gli という名前は，この遺伝子の 1 つがヒトの神経膠腫（glioma）で増幅され，非常に多く発現していることからきている。Ci と同様に，Gli 3 や Gli 2 はプロセシングされることで，hedgehog シグナルが存在しているときには転写活性化因子として働き，存在しないときには転写抑制因子として働く。ショウジョウバエの Cos2 と Su（fu）と相同なタンパク質が Gli タンパク質と複合体をつくり（**図 2.40** 参照），Gli タンパク質を不活性状態に保っている。

脊椎動物の hedgehog シグナル経路とショウジョウバエの Hedgehog シグナルの主な違いは，脊椎動物の Gli のプロセシングが，細胞構造の先端にある一次繊毛と呼ばれるところで起こることである。ほとんどの脊椎動物細胞は一次繊毛を持つが，一次繊毛は他の全ての繊毛と同様に微小管からなり，中心体からつくられる基底小体から伸びている。他のほとんどの繊毛と違い，一次繊毛は不動毛である。

hedgehog リガンドである Shh などがないときには，Patched が Smoothened の活性を抑え，繊毛の膜へと移動する。このとき Smoothened は移動しない。Gli 3 と Gli 2 タンパク質はリン酸化され，繊毛の基部にあるプロテアソームと出会うと分解の標的となる。分解によって短い型になると，これらは転写抑制因子として働く。転写抑制型 Gli 3 と Gli 2 は核に入り，Shh の標的遺伝子の転写を抑制する。Shh が存在すると，Shh は Patched と結合し，Smoothened を活性化する。Patched と結合した hedgehog リガンドは膜小胞にとり込まれて細胞内に入り，これ以上シグナルには関わらない。活性化した Smoothened を含んだ膜小胞は繊毛の膜を標的にして融合し，Smoothened を膜に運ぶ。繊毛の先端では，Smoothened が，結合タンパク質による Gli タンパク質の不活性化に拮抗し，Gli 3 と Gli 2 のリン酸化を抑制する。活性化 Gli タンパク質は次に微小管に沿って繊毛から細胞体へ運ばれ，核に入り標的遺伝子を活性化する。

Shh シグナル伝達に一次繊毛が重要であることの初めの手がかりは，エチルニトロソ尿素（ENU）を使った突然変異誘発（**図 3.30** 参照）に続く胚のパターン形成突然変異の遺伝的解析からもたらされた。2 つの突然変異が神経管の Shh シグナル伝達の異常として同定され，そのうちの 1 つは肢の多指症がわかるくらいまで生き延びた。データベースを探したところ，予想もしなかったことに，これらの胚で突然変異を起こした遺伝子は，鞭毛（繊毛の長いもの）内の物質輸送に関わるタンパク質をコードしているものと類似していることが明らかになった。そして，その遺伝子は，単細胞藻類であるクラミドモナス（*Chlamydomonas*）の鞭毛の成長と維持に必須であった。続いて，鞭毛内ダイニンおよびキネシンモータータンパク質をコードする遺伝子の突然変異も，Shh シグナル伝達の異常の原因として見つかった。こうして，脊椎動物の hedgehog シグナル伝達に繊毛が必須の働きをしているということが確認された。

一次繊毛の形成を阻害する突然変異として今までに知られている全ての突然変異は，肢と神経管のパターン形成の異常を引き起こす。一次繊毛がないと，転写抑制型の Gli も転写活性型の Gli も働くことができない。Gli の転写抑制機能は肢の前後パターン形成に重要なため，これが起こると多指症となるが，神経管では Gli の転写活性化機能が背腹パターン形成に重要なため（第 12.6 節参照），背側化が起こる。

11.8 転写因子が指のアイデンティティを指定している可能性がある

いくつかの転写因子が指の形成に関わり，それぞれの指にアイデンティティを与えているが，そのなかには *Hoxd 13*, *Hoxa 13*（本章で後述），*Sall*, *Tbx* 遺伝子が含まれている。ニワトリの後肢の 4 本の趾のそれぞれは，異なる数の骨（指骨）からできており，そのために簡単に区別できる。このため，指のアイデンティティ指定の研究には優れた研究系となっている。ニワトリの肢では，*Tbx 2* と *Tbx 3* が最も後方の指間領域で発現しており，第 4 指（最も後方の指）を指定する。一方，*Tbx 3* は単独でその隣の指間領域に発現し，第 3 指の指定に関わる。この結果は，*Tbx 2* と *Tbx 3* をニワトリの後肢芽に異所的に発現させると，ある指が別の指に

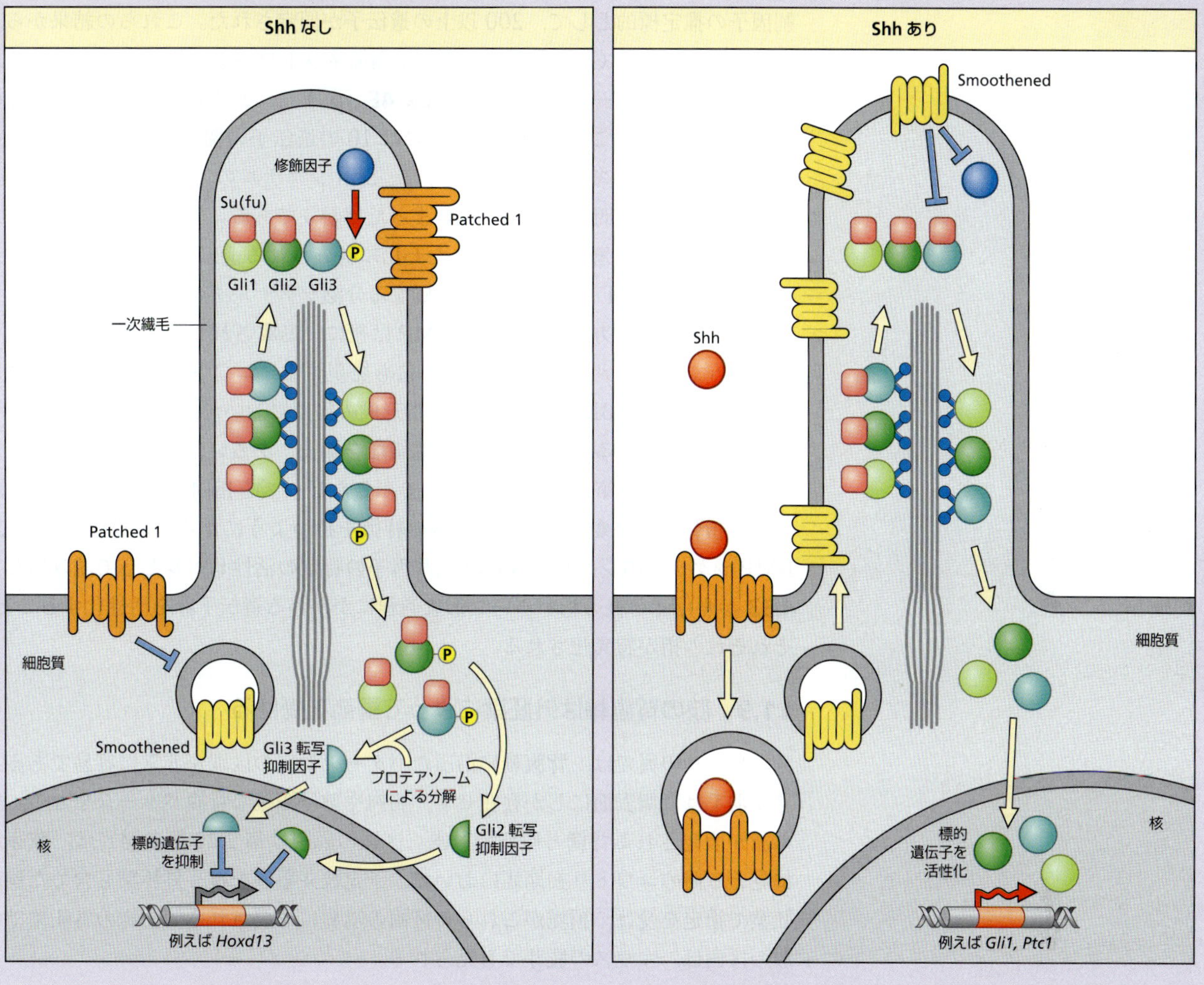

繊毛および基底小体の形成異常は，何十ものヒトの遺伝病と関係しており，これらは**繊毛病（ciliopathy）**として総称されている。例えば，バルデ・ビードル症候群（Bardet-Biedl syndrome：BBS）の患者では，一次繊毛に異常があり，多指症，多嚢胞性腎，聴力障害など多岐にわたる障害が見られる。11ある遺伝子のどれに突然変異が入ってもBBSの原因となり，その遺伝子の中には，基底小体や中心体の一部をなすタンパク質をコードするものもあり，これが繊毛形成の異常の原因と考えられる。

変わるという実験から導き出された。ヒトでも，*TBX3* の突然変異（尺骨-乳房症候群）や，*SALL1* の突然変異［タウンズ-ブロックス症候群（Townes-Brocks syndrome）］に関連した遺伝病で肢の変異がみられる。*Tbx*，*Sall* 遺伝子はそれぞれ，ショウジョウバエの翅の前後軸パターン形成に関わる *Omb*，*Spalt* 遺伝子のホモログである（本章で後述）。

Sal1, *Tbx2*, *Hoxd13* は，Gli3転写抑制因子に調節を受ける遺伝子を探すための，マウスの肢芽での全ゲノムにわたる遺伝子発現解析によって最近同定された遺伝子群に属する。この解析では，Gli3転写抑制因子にFLAG標識（特異的な抗体によって検出できる）を付け，トランスジェニックマウスの発生中の肢で発現させた。そして，標識されたGli3転写抑制因子が結合しているゲノム部位を，クロマチン免

疫沈降（第3.11節参照）によって同定した。これらの結果と，DNAマイクロアレイ解析による正常発生中のマウス胚およびShhシグナル欠損マウス胚の肢前後領域の転写因子のプロファイリング結果を合わせ，肢の発生におけるGli3転写抑制因子の推定標的として，200以上の遺伝子が同定された。これらの結果から，発生中の肢におけるGli3を介する遺伝子調節ネットワークが構築されつつある［遺伝子調節ネットワークの他の例は**Box 4E**（p. 172）と第6.12節を参照］。今のところ，マウス肢のこのネットワークには10の遺伝子の関与が挙げられているが，最終的にはもっと多くが加わるだろう。Shhシグナルの下流にある指パターン形成の分子基盤の解明は，今まさに始まったばかりである。

マイクロアレイ解析で同定されたGliに制御される遺伝子の1つに*Bmp2*がある。*Bmp2*はTGF-βファミリーに属する分泌シグナルタンパク質をコードしており，初期肢芽の後方に発現する。BMPは後に，形成されつつある指と指の間である**指間領域（interdigital region）**にも発現する。ニワトリ胚を使った実験によると，指間組織のBMPシグナルは，指形成の後期において，指のアイデンティティの制御も行っているようである。指間組織を除去，あるいはBMPアンタゴニストであるNoggin（第4.17節参照）をまぶしたビーズを指間領域に移植すると，隣の指の指骨の数が変わり，より前方の特徴を持つようになる。形成中の肢芽では，BMPシグナルのレベルをSmad転写因子の特定の活性レベルとして読み出し（**図4.33**参照），その後の指パターン形成過程にかかわる遺伝子群を活性化することで，それぞれの指が特異化される。

11.9 肢の背腹軸は外胚葉によって調節を受ける

ニワトリの翼では，背腹軸に沿ったパターン形成の区別が非常に容易である。大きな羽毛は背側表面にしか存在せず，筋肉や腱は複雑な背腹パターンをとる。細胞系譜が限定される背側と腹側の区画（区画の説明は第2.23節参照）は，肢芽が目に見える前のニワトリ初期胚において，予定肢芽領域を覆う外胚葉も含めた胴部外胚葉で指定を受け，頂堤がこれらの区画の境界に形成される。同様の外胚葉での背腹の区画は，マウスの肢芽でも見られる。

中胚葉における背腹軸に沿ったパターン形成は，左の肢芽からとった外胚葉を，前後軸方向はそのままに，右の肢芽の中胚葉に背腹軸が逆転するように再結合させることで研究された。ニワトリ胚から左右の翼芽を取り出し，低温度でのトリプシン処理後，外胚葉をひっぱり，手袋を脱がすように芯となる中胚葉からはがした。左からとった外胚葉を右の中胚葉に再結合させると，外胚葉の背腹軸は中胚葉に対して逆転する。つまり，左手用手袋を右手にはめたときと全く同じである（**図11.13**）。このような再構成肢芽を，宿主胚の脇腹に移植して発生させた。一般的に，

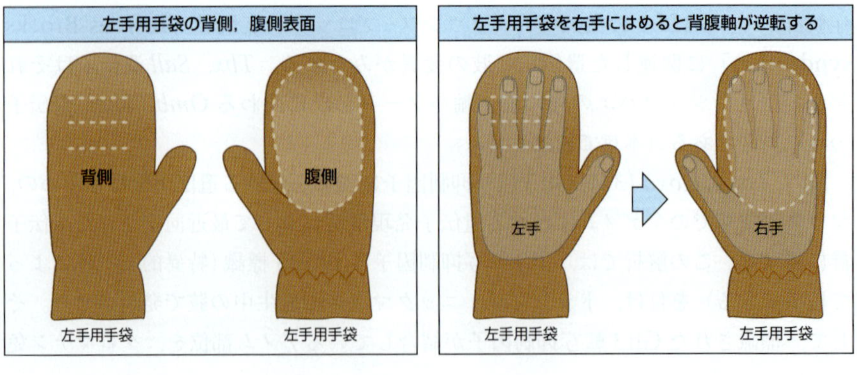

図11.13 肢芽外胚葉の背腹軸の逆転
左手用の手袋（左の肢芽の外胚葉を意味する）を右手（右の肢芽の中胚葉）にはめるには，ひっくり返して腹側である手のひら側（網掛けをつけた側）を上に持ってくるしかない。いまや手袋の背腹極性は，手の背腹軸に対して逆になっている。前後関係はそのままである。

肢の基部領域は中胚葉の背腹軸に対応した背腹極性を示したが，先端領域，とくに“手（手首から先）”の領域では背腹軸の逆転が見られ，筋肉や腱のパターンが逆転し，外胚葉の背腹軸に対応していた。このように，肢芽の側方を覆う外胚葉は，肢の背腹パターンを指定できる。

脊椎動物の肢の背腹軸を調節する遺伝子は，マウスの突然変異体を使って同定された。マウス肢も背腹パターンは簡単に見てとれ，手足の腹側表面にはふつう毛がなく，背側表面には毛が生えている。指の背側表面にはかぎ爪（ヒトでは爪）もはえている。例えば *Wnt-7a* 遺伝子が不活性な突然変異体では，多くの背側組織が腹側の運命を選び，両腹側で鏡像対称な肢となる（**図 11.14**）。このことから，基底状態は腹側パターンであり，背側の外胚葉より分泌された Wnt-7a タンパク質が拡散し，背側パターン形成の鍵となる役割を果たすことで，背側に修正されていることが示唆される。腹側外胚葉では，ホメオドメイン転写因子をコードする（第 2.23 節参照）*Engrailed-1*（*En-1*）遺伝子が特異的に発現している。*En-1* の機能を喪失させた突然変異体では，*Wnt-7a* が背側だけでなく腹側にも発現し，両背側肢を形成する。*En-1* の発現は腹側外胚葉の BMP シグナルによって誘導される。

Wnt-7a の機能の 1 つは，LIM ホメオボックス転写因子 Lmx1b をコードする遺伝子の発現を，中胚葉で誘導することである（**図 11.14**）。最近，マウスの肢芽で標識細胞のクローン解析がなされ，背側の細胞の子孫は肢芽の背側半分にとどまり，腹側の細胞の子孫は腹側にとどまるという，間充織中の背腹区画の存在が示された。これは，細胞系譜の限定が間充織組織で示された初めての例である。今までに発見された他の区画は，脊椎動物でも無脊椎動物でも，例えばショウジョウバエの表皮（第 2 章参照），脊椎動物の後脳ロンボメア（第 5 章参照）のように，上皮に限られている。この間充織の区画化が，遺伝子発現の調節に寄与している可能性がある。例えば *Lmx1b* は，正確に間充織の背側区画のみで発現する。ニワトリ胚では，Lmx1b は中胚葉の背側パターンの指定に関わることが示されている。ニワトリ肢芽の腹側間充織に Lmx1b を異所的に発現させると，細胞は背側運命を選択し，鏡像対称な背側化肢ができる。ヒトの *LMX1B* 遺伝子の機能喪失型突然変異では，爪膝蓋骨症候群と呼ばれる遺伝病を引き起こし，背側構造（爪や膝頭）が奇形になったり欠失したりする。

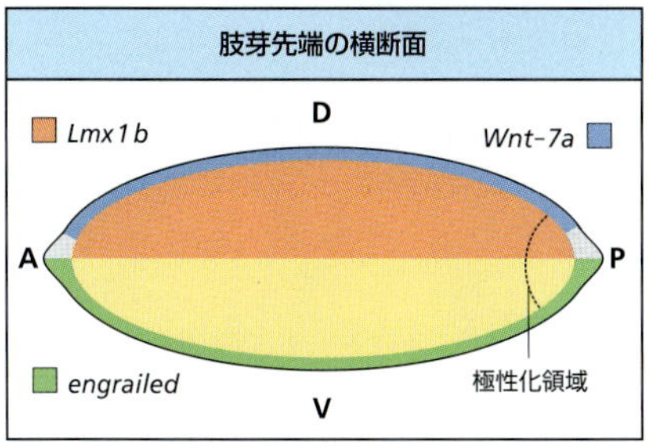

図 11.14　発生中の肢では外胚葉が背腹パターンを制御している
分泌シグナル Wnt-7a の遺伝子は背側外胚葉に発現し，*engrailed* 遺伝子は腹側外胚葉に発現している。転写因子 Lmx1b をコードする遺伝子は，Wnt-7a シグナルによって背側中胚葉に誘導され，Lmx1b は背側構造の指定に関わる。

11.10　シグナルセンター同士の相互作用により，肢の発生は統合的に調節される

肢の正しい生体構造をつくり出すためには，肢の 3 つの軸のすべてのパターン形成が統合されることが重要である。パターン形成の統合のために，背側外胚葉からの Wnt-7a，外胚葉性頂堤からの FGF，極性化領域からの Shh などのシグナル同士が相互作用している。*Wnt-7a* の機能喪失型突然変異体の多くのマウスでは，後方の指がなくなる。このことから *Wnt-7a* は正常な前後パターン形成にも必要であることが示唆される。これらのマウスでは，極性化領域での Shh の発現が弱くなっている。ニワトリ胚で前肢芽の背側外胚葉を除去したときも，似たような結果が得られている。

極性化領域と外胚葉性頂堤の間に正のフィードバックループがあり，これが基部-先端部軸および前後軸に沿った発生を結びつけていることがわかっている。Shh シグナルによって，頂堤での *Fgf* 遺伝子の発現が維持されており，逆に FGF シグナルにより，極性化領域の *Shh* 遺伝子の発現が維持されている。このフィードバックループには，前後軸のパターン形成に必要なもう 1 つの分子である BMP も関

わっている（第11.7節参照）。最低限のBMPシグナルは，肢芽の成長の維持に必要であるが，このレベルが高すぎてしまうと頂堤は退縮してしまう。初期肢芽のBMPシグナルのレベルは，BMPアンタゴニストであるGremlinによって調節されている。*Gremlin*の発現は，はじめ肢芽中胚葉でBMP-4により誘導される。その後すぐにGremlinがBMP活性を抑制することで負のフィードバックループが立ち上がり，BMP活性は低く抑えられる。その結果，頂堤において*Fgf*発現が維持され，まわりまわって，肢芽発生の最初期における極性化領域の*Shh*の発現が維持される。続いて，Shhシグナルは*Gremlin*の発現を維持し，そのために肢芽中胚葉でのBMP活性が低いレベルで維持され，頂堤のFGFシグナルと極性化領域のShhシグナルの間での正のフィードバックループが強化される。この上皮-間充織の正のフィードバックループは，完成されるまでに12時間かかり，BMP-4とGremlinの間の急速な負のフィードバックと関連している。この自己調節システムは，フィードバックによる調整メカニズムによって，堅固かつ確実な発生が可能になるという非常によい例である（第1.19節参照）。

11.11 同じ位置情報シグナルが異なる解釈をされることで，異なる肢ができる

FGFやShhのような肢芽の成長とパターン形成をつかさどるシグナルは，ニワトリの翼（前肢）と後肢で同じであるにもかかわらず，それらは異なった解釈をされる。例えば，翼芽の極性化領域を後肢芽の前端に移植すると，鏡像対称の過剰指ができる。しかし，シグナルが後肢芽の細胞に解釈された結果，ここでできる指は趾（足指）であり，翼の指ではない。同様に，シグナルは脊椎動物間で保存されており，例えばマウスの外胚葉性頂堤は，ニワトリ胚の外胚葉性頂堤と置き換えて移植すると，ニワトリ肢芽の初期発生に必要な適切なシグナルを供給する。しかし，シグナルは反応側の細胞の種に依存して解釈されるため，マウスの肢芽の極性化領域をニワトリの翼芽の前端に移植すると，マウスのものではなく，ニワトリの翼の構成要素が過剰にできる（第11.6節参照）。このことから，異なる動物種の極性化領域からのシグナルは同じものであり，これは異なる動物種の頂堤からのシグナルも同様であることがわかる。肢ごとに違う構造ができるのは，シグナルがどう解釈されるのか，遺伝的な性質と，発生の経歴に依存する。

さらに，位置情報シグナルの互換性は，肢芽組織を肢芽の基部-先端部軸に沿って違う位置へと移植することからも示されている。普通なら大腿部を生じる組織を初期ニワトリ後肢芽の基部側から取り，初期前肢芽の先端に移植すると，その組織からは爪を持った趾（足指）ができる（**図11.15**）。この組織は移植後，より先端の位置価を得たが，この位置価を自分自身の発生プログラムに沿って解釈することで後肢の構造をつくった。後肢特異的なタンパク質の1つに転写因子Pitx1がある。*Pitx1*は後肢芽のみに発現し，ニワトリ前肢芽に異所的に発現させると，趾（足指）と爪のような，後肢様の先端構造ができる。

11.12 Hox遺伝子により極性化領域が成立し，肢のパターン形成の情報も提供される

Hox遺伝子によって，脊椎動物のからだの前後軸に沿った位置が指定される（第5.6節参照）。初期肢芽ではHox遺伝子によって極性化領域が成立し，発生後期ではHox遺伝子は肢パターンの位置価を与えることとなる。少なくとも23種類のHox遺伝子が，マウスやニワトリの肢発生の間に発現する。これまで主に，

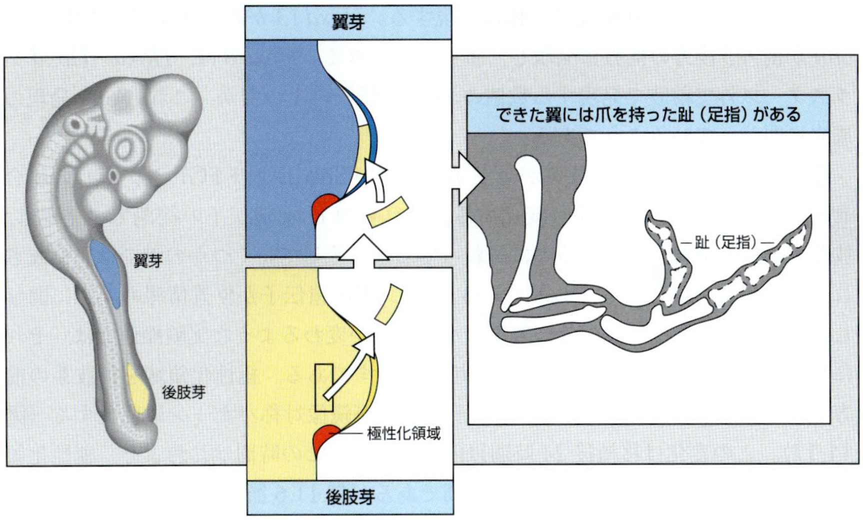

図 11.15 ニワトリ後肢芽の基部側の細胞を翼芽の先端に移植すると，先端の位置価を獲得する
正常なら大腿部へと発生する後肢芽の基部組織を，翼芽の先端，外胚葉性頂堤の直下に移植する。組織はより先端の位置価を獲得し，これを後肢構造として解釈し，翼の先に爪を持った趾（足指）ができた。

Hoxa, *Hoxd* 遺伝子クラスター上の遺伝子が注目されてきた。これらはショウジョウバエの *Abdominal-B* 遺伝子（**Box 5E**, p. 207 参照）と類似しており，これらのクラスターのうち 5′ 領域にある遺伝子は，前肢，後肢の両方で発現している。

肢発生中の *Hoxa*, *Hoxd* 遺伝子群の発現は非常にダイナミックであり，肢の発生にしたがって変化する。後期肢芽でその発現パターンは，極性化領域によるシグナルおよび，それに協調する外胚葉性頂堤からのシグナルに反応して変化する。しかし，初期では *Hoxd 9*, *Hoxd 10* 遺伝子が，肢芽が肥厚し始めるのにともなって側板中胚葉に発現する。その直後に *Hoxd 11*, *Hoxd 12*, *Hoxd 13* 遺伝子が発現を開始するが，その発現は前肢芽，後肢芽ともに，後方先端領域を中心としたより限定された領域に見られる。**図 11.16**（上パネル）で示したニワトリ翼芽の例のように，これらの領域は肢芽の成長にともなって肢芽全体に広がる。*Hoxa 9*〜*13* も同様の時期に，基部-先端部軸に沿って重なり合う似たような領域で発現を開始するが，後方に偏ることはない。そしてこれらの領域も，肢芽の成長にしたがって肢芽全体に広がってゆく。**図 11.16**（下パネル）の発生段階では，*Hoxa 9* の発現は，すべての *Hoxa* 発現領域に完全に広がっており，遺伝子の番号が大きくなると，より先端部側で発現している。肢発生の後期では，*Hoxa 11* の発現は肢の中程の領域に限定され，*Hoxd 11* もそこに発現している。*Hoxd 13* と *Hoxa 13* は，指骨が形成される肢の先端領域全体に発現する一方，*Hoxd 10* 〜 *12* は先端部にも発現するが，肢芽の最も前方領域では発現しない。

マウスを使った精巧な遺伝学的実験によって，肢芽における *Hoxd* 遺伝子の発現を駆動するシス調節領域が特定されている。遺伝子クラスターの 3′（下流）に位置するエンハンサーが，初期肢芽での *Hoxd* 遺伝子の入れ子状の発現を駆動し，5′（上流）100 kb にある別のエンハンサーが，指を形成する組織での *Hoxd* 遺伝子発現を駆動している。*Hoxd 13* が先端部全体に（他の *Hoxd* 遺伝子に比べて）特に強く発現するのは，おそらくこの遠位エンハンサーが最初に接する遺伝子だからであろう。

肢芽での *Hox* 遺伝子の初期の発現は，極性化領域の成立に関わっている。遺伝的にすべての *Hoxa* と *Hoxd* 遺伝子を前肢芽で欠損させたマウスでは，*Shh* の発現がなくなり，肢の大規模な欠失が見られる。逆に，*Hoxd* クラスターを逆位させる，または下流の調節領域の広い領域を欠失させるような遺伝子操作を行うと，*Hoxd* の 5′ 側の遺伝子群が 3′ 側の遺伝子群のように発現するようになり，*Hoxd 13* は後

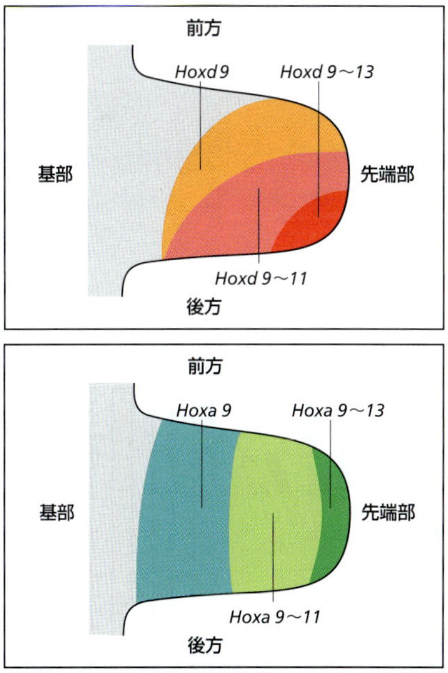

図 11.16 ニワトリ翼芽における Hox 遺伝子の発現パターン
Hoxd 遺伝子（上パネル）は，翼芽の後方を中心とした入れ子状の発現パターンを示す。*Hoxd 13* が最も後方かつ先端部に発現する。*Hoxa* 遺伝子は（下パネル），基部-先端部軸に沿った，似たような入れ子状の発現パターンを示す。*Hoxa 13* が最も先端部に発現する。

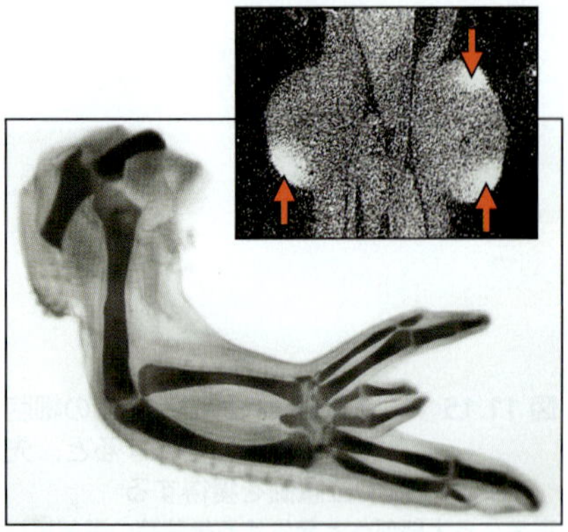

図 11.17 極性化領域の移植後の，Hoxd 遺伝子の発現の変化

極性化領域を肢芽の前方縁へ移植すると，*Hoxd13* 遺伝子の発現が鏡像対称になり，鏡像対称の過剰指が形成される（大きなパネル）。小さなパネルは *Hoxd13* の発現（矢印）を示し，正常の肢芽では後方端にある（小パネル内，左）。手術した肢芽では（小パネル内，右），*Hoxd13* は前方端と後方端の両側で発現する。

方に限定されずに，初期肢芽全体に発現する。*Hoxd13* が限定せずに発現すると，*Shh* が前方 / 後方の両方に発現し，重複肢ができる。*Hoxb8* は，*Hoxa*，*Hoxd* クラスター以外で前肢で発現する数個の Hox 遺伝子の 1 つだが，これも *Shh* 発現の成立に関わっているようである。

Hox 遺伝子の発現は，肢芽が発生するに伴い Shh および FGF シグナルの組合せに反応して維持され，かつ変化する。これらの Hox 遺伝子の後期での発現は，肢芽での位置情報を記録するのに関わっており，そしていくつかの例では，形成された軟骨構造の成長にも関わっている。もし Hox 遺伝子が位置情報の記録に関与しているのであれば，肢の骨格要素のパターンが変わるような実験操作では，それに相当する Hox の発現の変化を引き起こすはずである。極性化領域を前肢芽の前方端に移植すると，実際に Hox 遺伝子の発現が鏡像対称パターンに変化する（**図 11.17**）。この変化は移植後 24 時間以内に起こり，この時間はおおよそ，極性化領域がその効果をあらわすのに必要な時間である（第 11.6 節参照）。

ここまでを簡単に要約すると，*Hoxa*，*Hoxd* 遺伝子の基部-先端部に沿った連続的な発現は最終的に，肢の基部-先端部の 3 つの領域に一致するようになる。*Hoxa9* と *Hoxd9* は前肢の上部，上腕骨が形成される部分に発現する。*Hoxa11* と *Hoxd11* は橈骨と尺骨（または脛骨と腓骨）が発生する下肢部に発現し，*Hoxa13* と *Hoxd13* は手首（かかと）と指ができる領域に発現する。前肢と後肢では，Hox パラロガスサブグループ 9 ～ 13 の発現にいくつか違いが見られる。後肢では Hox9 パラログの発現はないが，他のグループでは発現パターンの違いは比較的小さい。

発現パターンからは遺伝子の機能は推察することしかできず，その機能を証明するためには突然変異実験の必要がある。肢で Hox 遺伝子の発現を変化させると，Hox 遺伝子を欠失させた際に脊椎で見られるのと同様に，ホメオティック変異が起きるかどうかという疑問に対する答えを得なければならない（第 5.7 節参照）。マウス肢での Hox 遺伝子ノックアウトの結果は非常に解釈が難しいものの，各 Hox 遺伝子がマウス肢の基部-先端部軸に沿った異なる領域のパターン形成に明らかに影響を及ぼしていることが示されている（**図 11.18**）。この結論は，マウスの同じパラロガスサブグループの遺伝子に対する突然変異の表現型から導かれた。例えば，Hox10 のパラロガスサブグループは基部要素の発生を制御していて，Hox11 は前肢では橈骨と尺骨（後肢では脛骨と腓骨）のパターン形成に関わる。Hox13 サブグループの遺伝子を不活性化すると指の形成が乱されるが，これは，*Hoxa13* と *Hoxd13* が肢の先端領域に発現していることから予測される通りである。肢の発生にともなう Hox 遺伝子の発現が動的であるために，これらの結果から肢の基部-先端部のパターン形成が，進行帯モデルなのか，2 シグナルモデルなのか，解釈するのは難しい（第 11.5 節参照）。肢先端の *Hoxd13* 発現領域が肢芽の成長時に FGF シグナルによって維持されるという事実は，2 シグナルモデルに

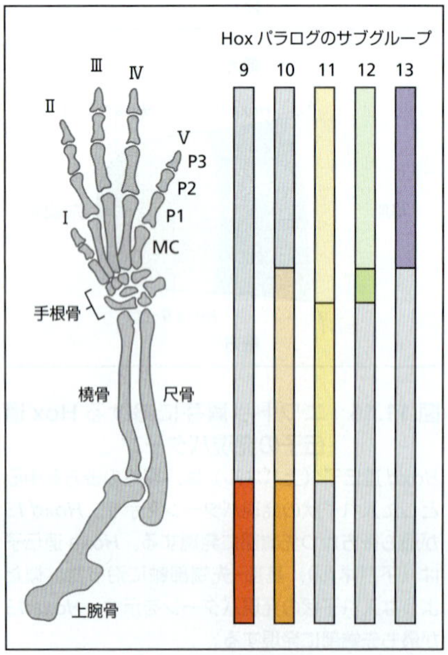

図 11.18 マウス前肢芽のパターン形成における Hox 遺伝子発現の機能領域

色のついた領域は，遺伝子ノックアウト実験からわかった Hox 遺伝子がパターン形成へ影響を及ぼす領域を示す。Hox9（赤）と Hox10（オレンジ）パラログは合わせて前肢上部（上腕骨）のパターン形成に働く。薄いオレンジで示すように，Hox10 パラログは前肢中部（橈骨と尺骨）にも影響する。Hox11 パラログ（黄）は主に中部領域のパターン形成に関わるが，手首と手の領域のパターン形成にもいくらかの影響を及ぼす（薄い黄）。Hox12 パラログ（緑）は，主に手首のパターン形成に関わる。一方で Hox13 パラログは（紫），主に手のパターン形成に関わる。MC＝中手骨，P＝指骨。

Wellik, D.M. and Capecchi, M.R.: 2003 より改変

合っているが，*Hoxd13* を早い時期に発現する細胞が既に指を形成することを指定されているかどうかは明らかでない。

Hox タンパク質の標的遺伝子のうち，どれが続いて基部-先端部軸に沿ったパターンをつくり出すために働いているのかはほとんどわかっていないが，ephrin 受容体の Eph A7 と Eph A3 が，*Hoxa13* や *Hoxd13* によって調節されていることが示されてきた。ephrin とその受容体は様々な細胞生物学的過程，例えば領域境界の形成（第 5.11 節参照），細胞選別，そして細胞移動のガイダンス（第 12 章）などに関わっている。

Hox 遺伝子の突然変異は，肢の異常が見られるヒトの遺伝病の原因であることが知られている。*Hoxd13* の突然変異は指の融合およびある種の多指症の原因であるし，*Hoxa13* の突然変異は手足生殖器症候群の原因であるが，患者に見られる実際の表現型は我々の今の知識では説明しがたい。

11.13 自己組織化が肢芽の発生に関わっている可能性がある

極性化領域からのシグナルは，肢の前後軸に沿って一連の軟骨構造が発生するために必要な唯一の手段ではなく，肢芽はある程度自己組織化の能力を持つように見える。解離した肢芽の細胞は，極性化領域がなくとも，再集合させると指を形成する。初期ニワトリ肢芽の間充織を解離させ完全に混ぜ合わせて，極性化領域を消散させるか，または肢芽前方半分だけから極性化領域のない中胚葉をとる。これらを解離した細胞を外胚葉の皮（第 11.9 節で使ったものと同じ）の中に詰め込み，血液供給を受けられるが極性化シグナルに関しては“中立”な場所，例えば発生の進んだ肢の背側表面などに移植する。すると，極性化領域が全くないにもかかわらず，移植した再集合肢からは，肢様構造が発生してくる。何本かの長い軟骨構造がこの異常肢の基部側に発生するが，これらの基部構造を，正常構造と比較し特定することは容易ではない。しかしながら，より先端側では，再集合後肢芽から趾（足指）として識別可能な構造ができる（**図 11.19**）。このように極性化領域なしでもきちんとした軟骨構造をつくることができるという事実は，肢芽はかなりの自己組織化能力を持つことを示している。

これらの結果から，肢は同じような軟骨構造からなる基本的な**プレパターン（prepattern）**をつくり出すことができることが示唆される。プレパターンとは，胚が自動的につくり出す基本構造のことで，後の発生でつくられる同様のパターン構造に先んじて確認できる。最終的に発生する構造は，必ずしもプレパターンを完全に踏襲する必要はなく，プレパターンに修飾を加えたもののこともある。肢のプレパターンとなる軟骨構造は最初は同じような構造を持つが，Shh や，Hox 遺伝子とその下流の標的のようなシグナル（第 11.7 節と第 11.12 節参照）が関わる位

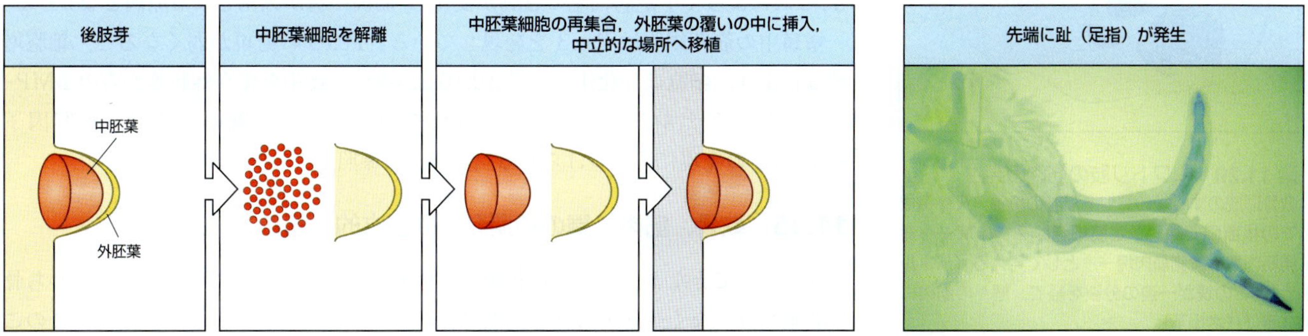

図 11.19 再集合した肢芽細胞は，極性化領域が局在しなくても指をつくる

ニワトリ後肢芽の中胚葉細胞を解離し，極性化領域を含めて散り散りになるように混ぜ合わせてから再集合させ，外胚葉の覆いの中に入れ，中立的な場所に移植した。よく発達した趾（足指）が先端にできた。

置情報に反応してアイデンティティを付加され，さらに洗練された構造になるのであろう。このプレパターンをつくり出す機構は，反応-拡散機構（reaction-diffusion mechanism：Box 11D, p. 453）をもとにしているのかもしれない。例えば翼では，反応-拡散またはそれに関連する機構によって，あるモルフォゲンの濃度が肢の基部領域で1カ所だけピークをつくり，これにより上腕骨のプレパターンが指定される。より先端側では，基部-先端部の位置情報の変化によって反応-拡散の条件が変わり，モルフォゲン濃度のピークが3つでき，翼の3本の指の軟骨構造ができる。これらのプレパターンは，前後または背腹の位置情報を指定するシグナルによって修正されるのだろう。

この反応-拡散モデルからは，多指症は単に肢芽が大きくなったことの結果にすぎないとも考えられる。もし反応-拡散機構によって，指を形成するときに肢を横切るような周期的なパターンで軟骨要素が生み出されるのであれば，ほんの小さな事故によって肢芽が広くなるだけで，過剰指が形成されうる。

11.14 肢の筋肉は結合組織によってパターン形成される

肢の筋細胞は，筋肉関連結合組織細胞を含む肢の結合組織細胞とは起源が違う。もし，ウズラの体節をニワトリ胚の翼芽と相対する場所に移植して発生させると，その翼の筋肉はウズラ由来であるが，他のすべての細胞はニワトリ由来となる。肢の筋肉となる細胞は，非常に早い発生段階で体節から筋芽細胞として肢芽に移動してくる（第5.9節参照）。移動後，筋芽細胞は増殖し，はじめは背側と腹側に予定筋肉の塊ができる（図11.20）。この塊が何回か分割されて，個々の筋肉ができる。最初の移動は限定されており，細胞は背側または腹側のどちらかの領域に入る。細胞は，背側に発現する転写因子Lmx1bによって規定される背腹区画（図11.14参照）の境界を越えることができない。予定筋細胞は少なくとも最初は，軟骨や結合組織のようには位置価を獲得することはなく，すべて同等である。しかしながら筋芽細胞が肢に入ると，おそらく周りの間充織からの誘導によって，*Hoxa11*を発現する。背側および腹側の細胞塊の後方領域では，*Hoxa13*が発現する。どちらの場合も，筋芽細胞のHox遺伝子の発現パターンは，周りの間充織とは異なっている。

初期ニワトリ胚の将来の頸部の体節と，翼の位置の体節とを入れ替える移植実験によって，筋芽細胞が等価である証拠があげられている。翼に移動してきた筋芽細胞は，この場合，頸部体節に由来しているが，正常な肢筋肉パターンが形成される。このことから，筋肉のパターンは筋芽細胞自身というより，移動した先の結合組織によって決まると言える。例えば，筋肉と結合する予定結合組織に，筋芽細胞によって認識され，接着できるような表面や接着性があるとすると，筋肉パターンの形成がうまくいくと考えられる。結合組織の接着性が時間とともに変化すると仮定すると，これによって予定筋細胞の移動が変化し，筋肉の塊が分割される原因となりうる。

増殖中の筋芽細胞はPax3を発現している。*Pax3*の発現が弱くなると，細胞増殖は止まり，細胞は分化する（第10.10節参照）。肢芽を覆う外胚葉からのBMP-4を含むシグナルが，時期尚早の分化を防いでいる。腱の発生は，転写因子Scleraxisの発現に特徴づけられる（第5.9節参照）。

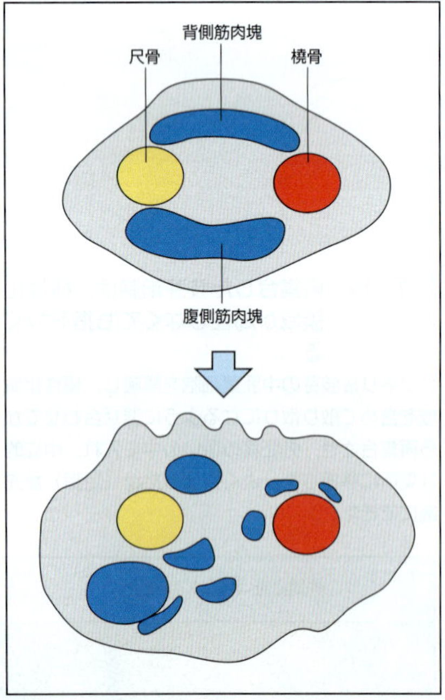

図11.20 ニワトリ肢の筋肉の発生
軟骨形成のすぐ後のニワトリ肢の橈骨・尺骨領域での横断面では，予定筋細胞は2つの塊──背側筋肉塊と腹側筋肉塊──として見える（パネル上）。この塊が一連の分裂を経て，個々の筋肉になる（パネル下）。

11.15 軟骨，筋肉，腱の初期発生は自立的に起こる

今までみてきたように，極性化領域の移植により，肢の全ての要素，すなわち骨格要素だけでなく，筋肉も腱も鏡像対称のパターンで発生するようになる。このこ

Box 11D 反応-拡散機構

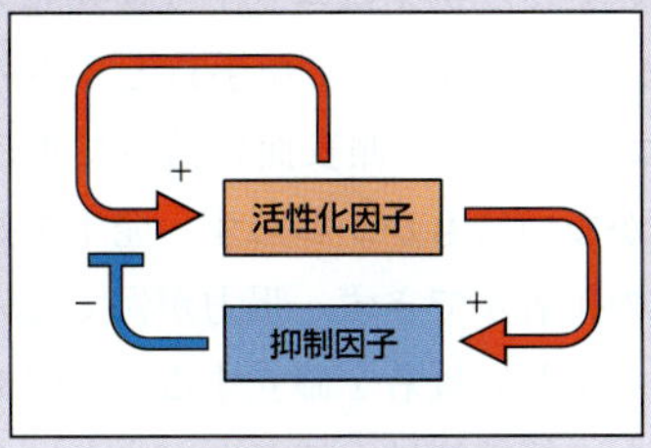

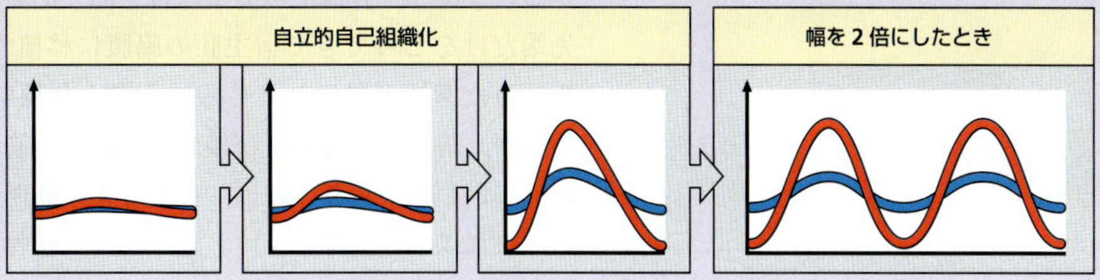

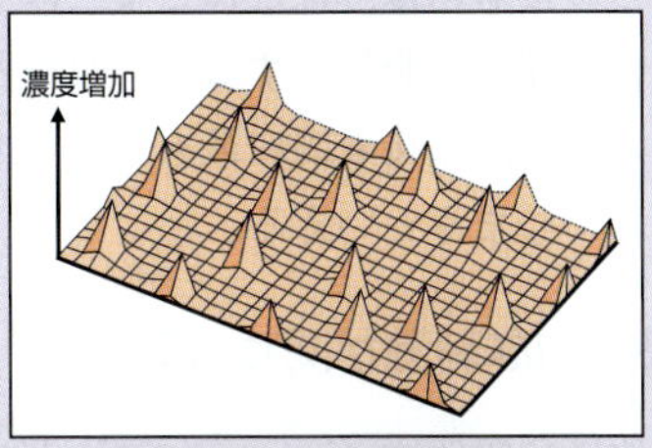

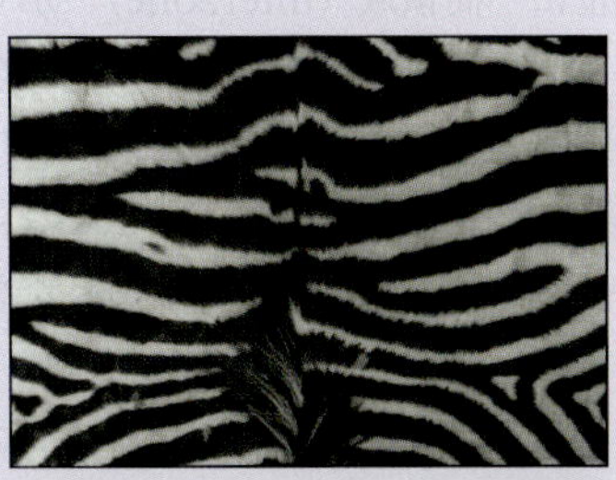

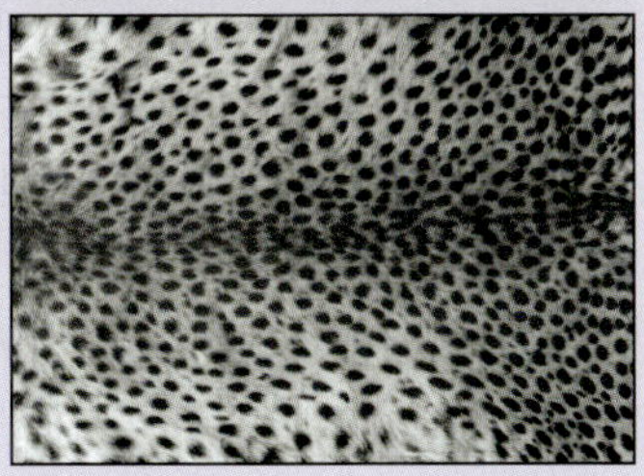

構成要素である分子が，位置によって異なる濃度パターンを自発的につくり出すような，自己組織化する化学系がいくつかある。はじめ分子の分布は均一であるが，時間が経つと，この系では波状のパターンができる（図参照）。このような自己組織化系では，2 つかそれ以上の種類の分泌性分子がお互いに相互作用するという基本的な特徴を持つ。このため，このような系は**反応-拡散系（reaction-diffusion system）**として知られている。例えばもしある系で，ある活性化因子が，自分自身の合成と，その活性化因子の合成を阻害するような抑制因子の合成の両方を促進すると，一種の側方抑制が起こり，活性化因子の合成はある領域に制限される（左上の上図参照）。

構成要素の反応速度と拡散定数が決まっているある状況下では，ある大きさの閉じた系内で活性化因子が自立的に 1 つだけ濃度のピークを持つような空間配置になる。系が大きくなると 2 つの濃度ピークが現れ，そしてこのような関係が続いていく。このような系では理論的には，周期的なパターン，例えば指の配置や花の萼片，花弁の配置をつくり出すことができる。化学物質が二次元的に拡散すると，この系は不規則な間隔を持った多数の濃度ピークをつくり出すことになる（左上の下図参照）。

このような系は，動物界を通して共通ないくつかの色素パターン，例えばシマウマやチーターの斑点や縞模様の基礎になっているのだろうと考えられる（左写真参照）。どのようにしてこれらのパターンができるのかはわかっていないが，1 つの可能性として反応-拡散機構が考えられる。ある活性化因子に反応して色素合成が起き，そしてこの合成は高濃度の活性化因子のある場所でのみ起こると仮定すると，いくつかの動物の色のパターンは反応-拡散系としてコンピューターシミュレーションで代替できる。

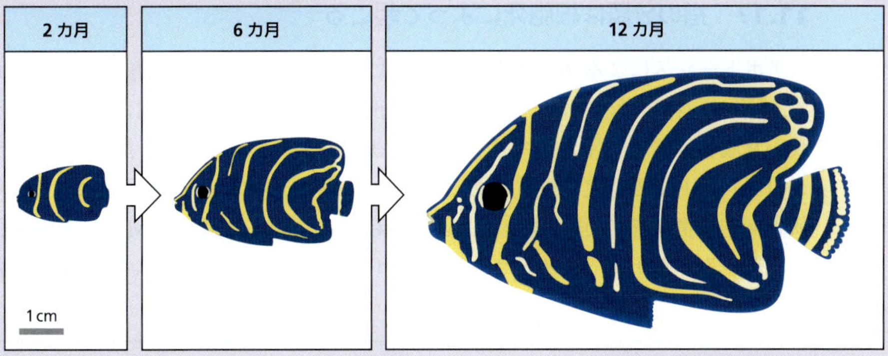

反応-拡散パターンの特徴は，系のサイズが大きくなると，新たなピークが既存のピークの中間に現れることである。サザナミヤッコ（*Pomacanthus semicirculatus*）は，反応-拡散機構でつくられたと考えられる縞模様の素晴らしい例である（下図参照）。*P. semicirculatus* の幼魚は 2 cm 以下の長さで，3 本の縦縞しかない。魚が成長するにつれ，縞模様の間隔は，魚がだいたい 4 cm 長になるまで広がってゆく。次に，新たな縞が既存の縞の間にでき，縞の間隔は魚長が 2 cm だった頃に戻る。さらに魚が大きくなると，この過程が繰り返される。このようなダイナミックなパターン形成は，反応-拡散機構から予想されるものである。反応-拡散機構のコンピューターシミュレーションでは，軟体動物の殻の様々なパターンもつくり出すことができる。とは言っても，反応-拡散機構が発生中の生物のパターン形成に関わっているという直接の証拠はいまだに全くない。

上段図は Meinhardt,H., et al.: 1974 より

とから，肢では軟骨，腱，筋肉のパターン形成は全て同じシグナルセットによって指定されており，お互いのコミュニケーションがほとんどまたは全くないことがわかる。つまり，各構造の発生は自立的であるといえる。例えばニワトリ初期翼芽の先端だけをとってきて宿主胚の脇腹に移植すると，最初は正常な手首と3本の指を持った構造が発生してくる。正常な状態では第3指の腹側表面に沿って走る長い腱が，基部側の端および接着するはずの筋肉がないにもかかわらず，発生を始める。しかしながらこの腱は，必要とする筋肉との接着ができず，張力が保てないため，これ以上発生はしない。腱，筋肉，軟骨間の正しい接着を確立するための機能はいまだに明らかにされていない。しかしこれらの接着には，ほとんどまたは全く特異性がないことは明らかである。発生中の肢の先端を背腹逆にすると，腹側と背側の腱が間違った筋肉や腱と接続する。それらは単に，未接着端に最も近い筋肉や腱に接着するのである。つまり，見境なく接着してしまうといえる。

11.16 関節形成には分泌性シグナルと機械的な刺激が関わっている

関節形成で起こる最初の事象は，予定関節部位に“間領域（interzone）”ができることである。ここでは軟骨形成細胞が線維芽細胞様になり，軟骨基質の産生をやめるため，1つの軟骨構造が別の軟骨から分離する。このとき予定関節領域では，Wnt-14とBMP関連タンパク質GDF-5が発現する。異所的なWnt-14の発現は関節形成の最初の段階を誘導し，GDF-5欠損マウスではいくつかの関節がなくなる。これらの遺伝子発現の少し後に筋組織が機能し始め，筋肉の収縮が起こる。この時点で高いレベルのヒアルロン酸――関節表面を滑りやすくするためのプロテオグリカンの1つ――が間領域の細胞によってつくられる。ヒアルロン酸は小胞に包まれて分泌され，それが融合して関節腔がつくられることで，関節の間部表面がお互いに離れる。この表面を裏打ちする細胞のヒアルロン酸合成は，筋肉の収縮による機械的刺激に依存しており，この腔所ができないと，関節は融合してしまう。間領域から単離した培養細胞は，細胞が接着している基質を伸長させると，その機械的刺激に反応してヒアルロン酸の分泌量を増加させる。

11.17 指の分離は細胞死によって起こる

アポトーシスによるプログラム細胞死は，ニワトリおよび哺乳類の肢形成において，成形――特に指の成形――の鍵となる役割を果たしている。指ができる領域は，肢が背腹軸に沿って平たくなるので，初めはプレート状である。指の軟骨構造は，このプレート中の特定の位置にある間充織から形成される。指の分離は，これらの軟骨構造の間の細胞が死ぬことによって起こる（**図11.21**）。BMPがこの細胞死に関連するシグナルであるとされ，発生中のニワトリの後肢においてBMP受容体

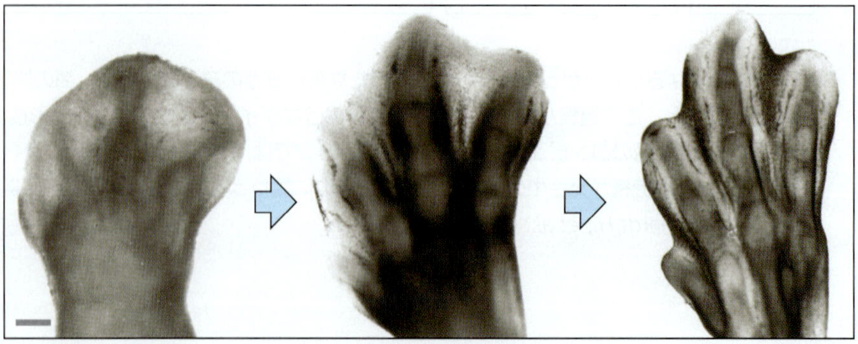

図11.21 ニワトリ後肢形成中の細胞死
指間領域でのプログラム細胞死のために，趾（足指）が分離する。スケールバー＝1μm。
写真はV. Garcia-Martinez氏の厚意により Garcia-Martinez, V., et al.: 1993から

の機能を抑えると細胞死が起こらず，指には水かきができる。

プログラム細胞死は，正常なパターン形成と細胞分化の一部である（第10章参照）。アヒルやその他の水鳥の後肢に水かきがあるのにニワトリにないのは，単に水鳥の指間では細胞死が少ないためである。ニワトリの肢中胚葉をアヒルの肢中胚葉に置き換えると，指間の細胞死が減り，ニワトリの後肢に水かきができる（図11.22）。中胚葉およびそれを覆う外胚葉の両方の細胞死のパターンを決定しているのは，中胚葉である。両生類では指の分離は細胞死によらず，指が指間領域より成長するために分かれる。

プログラム細胞死は発生中の肢の他の領域でも起こり，例えば肢芽の前端や橈骨と尺骨の間，または後期では翼の極性化領域などで起こる。実は，ニワトリの翼芽の細胞死の研究のために，この領域をニワトリ翼芽の前端に移植したところ，極性化領域として働くことが見つかったのである。この極性化領域の細胞死の役割の1つは，Shhを発現する細胞数を調節するためと考えられている。

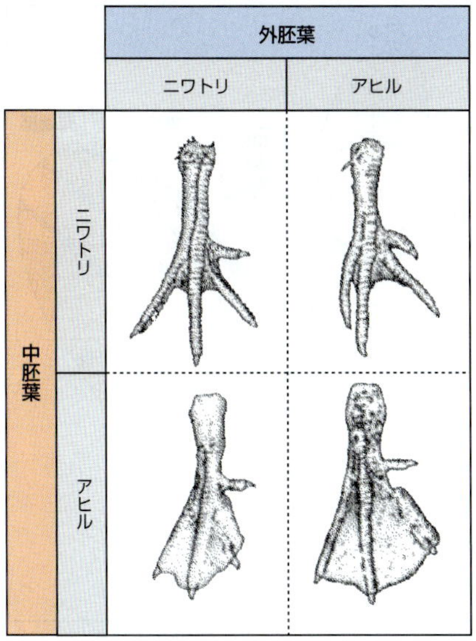
外胚葉
ニワトリ
アヒル
中胚葉
ニワトリ
アヒル

図 11.22 中胚葉が細胞死のパターンを決める

アヒルその他の水鳥の水かき足の発生では，水かき足でない鳥に比べ，指間での細胞死が少ない。ニワトリ胚とアヒル胚の肢芽の中胚葉と外胚葉を交換すると，アヒルの中胚葉が存在するときにだけ水かきができる。

まとめ

脊椎動物の肢の位置決定およびパターン形成は，主に細胞に位置情報を与える細胞間相互作用によって起こる。からだの前後軸に沿った肢芽の位置決定には，Hox遺伝子の発現が関わっていると考えられる。肢芽内部には，2つの鍵となるシグナル領域が存在する。1つは外胚葉性頂堤で，肢芽の成長に必要である。2つめは肢の後方端にある極性化領域で，前後軸に沿ったパターンを指定する。外胚葉性頂堤からのシグナルは線維芽細胞増殖因子（FGF）で，肢の成長に必須である。極性化領域で産生されるShhタンパク質は，肢芽の前後軸に沿って勾配を持った位置情報を提供し，指の数とパターンの決定に極めて重要である。背腹軸を横断するパターンを指定するのは外胚葉である。Hox遺伝子は，肢芽において特定の時空間パターンで発現し，位置特異的なアイデンティティを決める分子的基盤となっている。肢の筋肉は肢内で生まれるのではなく，体節から移動し，肢の結合組織によってパターン形成される。軟骨構造のパターン形成には自己組織化機構が関わる。鳥類と哺乳類では，指の分離はプログラム細胞死によって起こる。

まとめ：脊椎動物の肢の発生

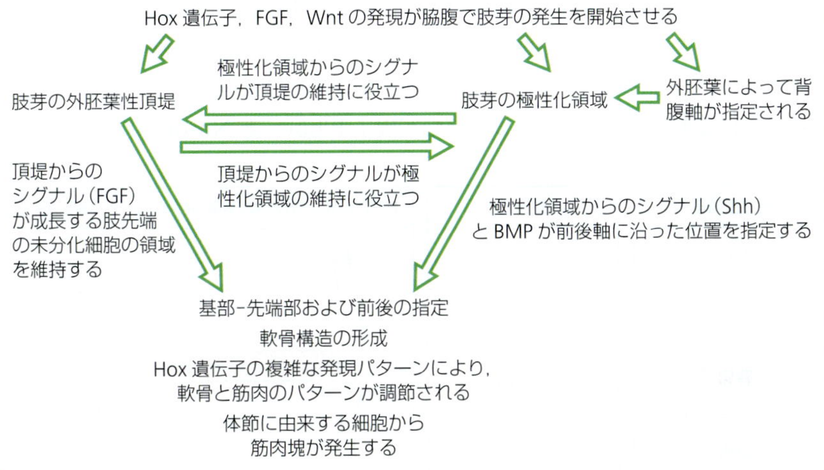
Hox遺伝子，FGF，Wntの発現が脇腹で肢芽の発生を開始させる
肢芽の外胚葉性頂堤
極性化領域からのシグナルが頂堤の維持に役立つ
肢芽の極性化領域
外胚葉によって背腹軸が指定される
頂堤からのシグナルが極性化領域の維持に役立つ
頂堤からのシグナル（FGF）が成長する肢先端の未分化細胞の領域を維持する
極性化領域からのシグナル（Shh）とBMPが前後軸に沿った位置を指定する
基部-先端部および前後の指定
軟骨構造の形成
Hox遺伝子の複雑な発現パターンにより，軟骨と筋肉のパターンが調節される
体節に由来する細胞から筋肉塊が発生する

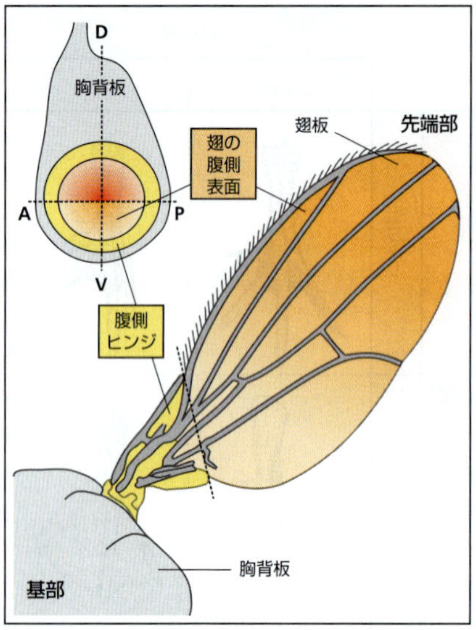

図 11.23 ショウジョウバエの翅成虫原基の予定運命図

変態前の翅原基は卵形の上皮シートで，前方（A）および後方（P）区画の境界によって2つに分けられる。また，将来の翅表面の腹側（V），背側（D）の境界もある。変態時には，腹側表面が背側表面の下に折れ曲がる（図 11.24 参照）。原基は第2胸部体節の背側の一部を含んでおり，翅の体への接合部分になる。

French, V., et al.: 1994 より

昆虫の翅と脚

ショウジョウバエ成虫の器官や付属器官，例えば翅，脚，眼，触角などは成虫原基から発生するが，この成虫原基はパターン形成を解析する非常によい実験系である。成虫原基は発生期に胚の外胚葉が陥入し，単純な上皮の小嚢として形成されるが，これは変態するまではそのまま保たれる（**図 2.3**）。全ての成虫原基は一見やや似ているが，それぞれの成虫原基の発生方式は，それがどの体節に位置するかによる。胸部体節の成虫原基が胚の上皮中で翅または脚として指定され，基本的なパターンを形成するのは，体節がパターン形成し，アイデンティティを得たときである。翅と脚の成虫原基は初め，20 ～ 40 細胞のクラスターとして指定され，幼虫発生の間に約 1000 倍成長する。ショウジョウバエ成虫の複眼は，胚の前端にある成虫原基から発生する。成虫原基は，細胞が取り除かれたり壊されたりしても，再び正常サイズまで成長し，正常に発生するという性質を持つ。この現象の原因となる機構はわかっていないが，その1つの仮説として，**Box 13A**（p. 538）で器官のサイズを決める勾配機構について説明している。

昆虫の翅と脚は一見全く違うが，ほぼ相同な構造であり，パターン形成の戦略は似ている。さらに，パターン形成機構や関与する遺伝子まで，脊椎動物の肢と驚くほど似ている。まず，翅原基のパターン形成および成虫の翅への発生について議論し，次いで脚原基のパターン形成と比較する。ショウジョウバエの眼については本章後半で議論する。

11.18 区画境界からの位置情報シグナルによって，翅成虫原基のパターン形成が起きる

成虫原基は本質的には上皮性のシートであり，翅と脚の原基の場合には成虫の表皮へと分化する。体節の表皮およびそれに由来する翅や脚の表皮は，前方および後方の区画——細胞系譜が限定される領域（第 2.23 節参照）——に分かれている。これは，成虫原基が発生する体節における区画境界と一致している。翅原基の上皮では，2 齢幼虫期の間に，第 2 の区画境界が背腹領域間にできる（**図 11.23**）。翅および脚原基の基部側は，胸部体壁の一部となる。

成虫の翅は主に表皮性の構造で，2 層の表皮，背および腹側表面がぴったり結合している。変態期までに成虫原基のパターン形成はほぼ完了しているが，変態期には翅原基と脚原基は一連の大規模な解剖学的な変化を受ける。つまり細胞が分化し，形を変えることによって，くぼんだ上皮性の嚢が裏返る。翅の場合は，上皮嚢が伸びて折れ曲がることで，1 層の細胞の表面が別の層の下に接し，2 層の翅構造ができる（**図 11.24**）。ジンクフィンガー型転写因子 Elbows と No-ocelli が，翅原基と

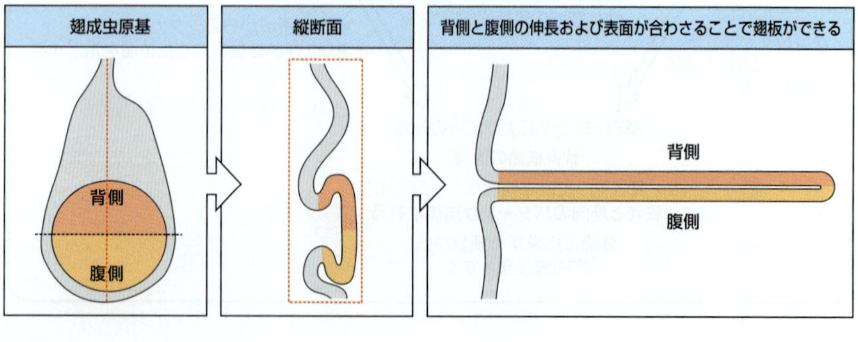

図 11.24 成虫原基からの翅板の発生を示した図

はじめ，背側および腹側の表面は，同じ平面上にある。変態のときに，陥入していた袋が裏返って伸長するため，背側および腹側の表面が合わさる。

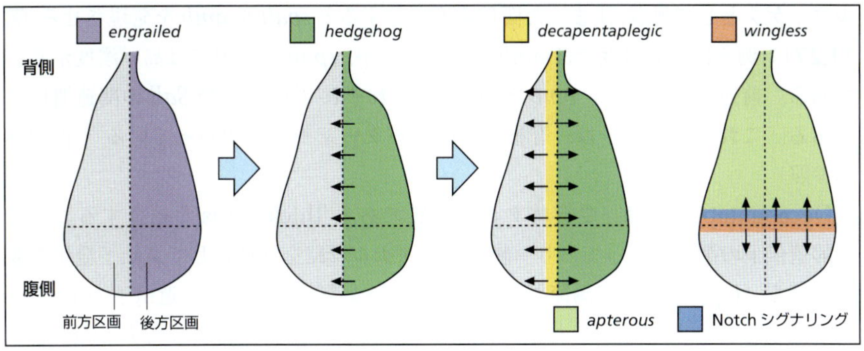

図 11.25　翅原基の区画境界でのシグナル領域の確立
原基は前方および後方区画に分かれており，発生後期には背側および腹側区画にも分かれる。*engrailed* 遺伝子は後方区画に発現するが，ここでは *hedgehog* 遺伝子も発現し，Hedgehog タンパク質を分泌する。Hedgehog タンパク質が前方区画の細胞と相互作用するところで *decapentaplegic* 遺伝子が活性化し，Decapentaplegic タンパク質が両方の区画に分泌される（この様子は黒い矢印で示してある）。背腹区画境界では *wingless* 遺伝子が活性化し，シグナル分子は Wingless タンパク質である。

脚原基の両方で成虫原基が体壁に分化するのを抑え，付属器官が発生するように働いている。

翅原基でのパターン形成では，シグナル領域が区画境界に沿ってできる（**図 11.25**）。はじめに，前後区画境界に存在するシグナルセンターによってつくられる，前後パターン形成をみてゆく。この境界の細胞は，翅の前後軸に沿ったパターンを指定するシグナル領域になる。前後軸のシグナルセンター形成のために，一連の事象が順序よく起こる。まず，原基の後方区画に *engrailed* 遺伝子が発現することから始まるが（**図 11.25**），この発現は，原基が発生してきた胚の擬体節での遺伝子発現パターンを反映している。翅や脚の原基がどのようにして特異的性質を得るのかという疑問に関しては，後ほど戻ってこよう。

ショウジョウバエ胚の区画の成立に関してふれたときと同様に，*engrailed* を発現する細胞は，*hedgehog* 遺伝子も発現する（第 2.24 節参照）。翅の区画境界の維持には，部分的に，区画間のコミュニケーションが関わる。前後区画境界では，分泌性の Hedgehog タンパク質が直径約 10 細胞という短距離でのモルフォゲンとして働き，前方区画の隣接した細胞に *decapentaplegic*（*dpp*）遺伝子の発現を誘導する（**図 11.25**）。**Box 11A**（p. 441）で記したように，Hedgehog タンパク質は単純拡散またはエンドサイトーシスで運搬されるのではなさそうである。Hedgehog シグナルは，前方細胞で，Patched や Smoothened といった受容体複合体を介して働いている（**図 2.40** 参照）。

Decapentaplegic タンパク質は前後区画境界で分泌され（**図 11.25**），おそらく前後軸に沿った前方および後方区画のパターン形成の位置シグナルを担っている。Dpp は翅原基全体にわたって濃度勾配をつくって分布し，長距離シグナルとして，転写因子 Spalt（Sal），Omb，Brinker の翅原基での局所的な発現を制御し（**図 11.26**），これらが翅のパターン形成を次の段階に進める。Decapentaplegic はモ

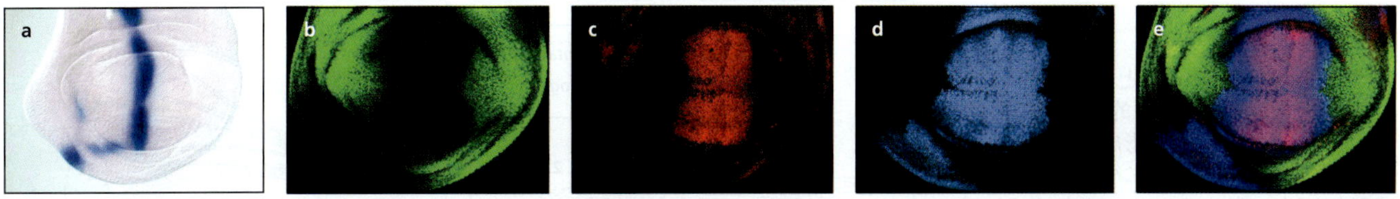

図 11.26　Dpp シグナルによって起動する，ショウジョウバエの翅原基のパターン形成に関わる遺伝子発現領域
パネル（a）は *decapentaplegic*（青）の翅板の前後区画境界における発現を示す。Dpp シグナルが *brinker* 遺伝子［緑，パネル（b）］の発現を抑えるため，*brinker* 遺伝子は *dpp* 発現領域の両側の 2 つの領域でのみ発現する。翻って，*brinker* は *sal*［赤，パネル（c）］や *omb*［青，パネル（d）］の発現を抑制するので，これらの遺伝子は *brinker* の発現のない，前後境界にまたがって幅の広い帯状に発現する。パネル（e）は，（b），（c），（d）を重ねたものである。
(a) K. Basler 氏の厚意により Nellen, D., et al.: 1996 から。(b〜e) は Moser, M., Campbell, G.: 2005 から

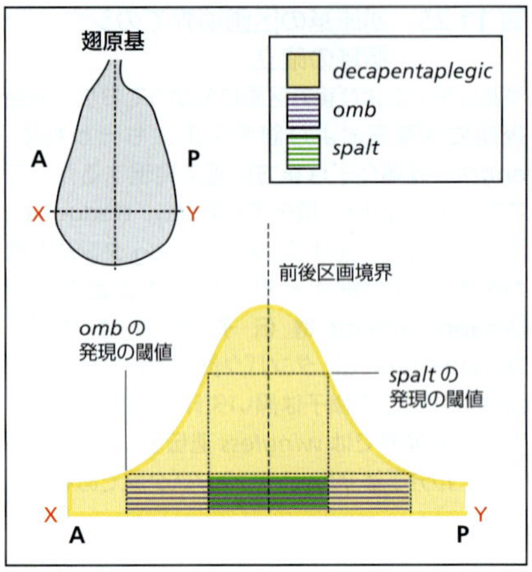

図 11.27 翅原基の前後軸のパターン形成のモデル
Decapentaplegic タンパク質が区画境界でつくられる。翅原基の前後軸に沿った（X-Y）横断面の図は，前方および後方区画で推定される Decapentaplegic の勾配が，いかに *spalt* と *omb* をそれらの閾値濃度で活性化するかを示している。

ルフォゲンとして働き，決まった閾値濃度に達すると *spalt* や *omb* を発現させる（**図 11.27**）。例えば低い濃度では *omb* を誘導するが，*spalt* の誘導には高い濃度が必要である。前述したように，*omb* と *spalt* はそれぞれ *Tbx* および *Sall* の関連遺伝子である。これらの遺伝子は，脊椎動物の肢パターン形成に関わっている（第 11.8 節参照）。

Decapentaplegic は，受容体タンパク質である Thick veins と結合することで標的遺伝子の調節を行っており，細胞内シグナル経路を活性化して遺伝子発現を変化させる。Dpp によって調節される翅のパターン形成の鍵となる遺伝子の 1 つが，転写因子をコードしている *brinker* である。Dpp シグナルによって *brinker* 遺伝子の発現が下方制御されるため，核内 Brinker タンパク質の勾配は Dpp 勾配と逆になる（**図 11.26** 参照）。Brinker は Dpp の標的遺伝子のいくつか，例えば Omb を抑制するため，Dpp による *brinker* 遺伝子の抑制は，Dpp が標的遺伝子のいくつかを活性化するために必須である。つまりこれらの遺伝子は，Dpp による活性化，Brinker による抑制に対する感受性を反映して発現パターンが決まる（**図 11.26** 参照）。さらに，*brinker* は細胞の成長を抑え，Dpp は促進する。

Dpp が翅原基におけるモルフォゲンであるという証拠は，何種類かの実験で示されている。まず，Dpp シグナルに反応できない細胞クローンは，*spalt* 遺伝子や *omb* 遺伝子を発現しない。次に，*dpp* 遺伝子を，*spalt* 遺伝子や *omb* 遺伝子を発現しない場所に異所的に発現させると，*dpp* 遺伝子発現細胞の周りでこれらの遺伝子が局所的に活性化する。翅原基における Dpp の長距離にわたる勾配形成のしくみは非常に複雑で，完全にはわかっていない。エンドサイトーシス小胞が内部に入るのに必要な細胞内タンパク質のダイナミンの働きを抑制すると勾配ができないことから，受容体依存性エンドサイトーシスが関わっているようである。グリピカンである Dally は細胞表面に存在し，Dpp の勾配形成および，Dpp 受容体である Thick veins を介したシグナル伝達の両方に関わる。

Hedgehog と Dpp の活性による，翅原基の前後パターン形成の最終的な結果のひとつは，成虫の翅板の翅脈パターンとしてあらわれる（**図 11.28**）。これは，翅原基内にランダムにつくった遺伝的に標識された細胞クローンで，*hedgehog* 遺伝子を異所的に発現させた結果によって示されている。このようなクローンが後方区画に生じた場合にはほとんど影響がなく（*hedgehog* は正常でも成虫原基の後方区画全体で発現しているためである），翅の発生はほとんど正常である。しかし，*hedgehog* を発現するクローンが前方区画にあると，鏡像対称の重複したパターンの翅ができる（**図 11.28** 参照）。異所的な *hedgehog* の発現によって，翅原基の前方区画に新たに *dpp* を発現する部位が生まれ，新たな Dpp タンパク質の勾配がつ

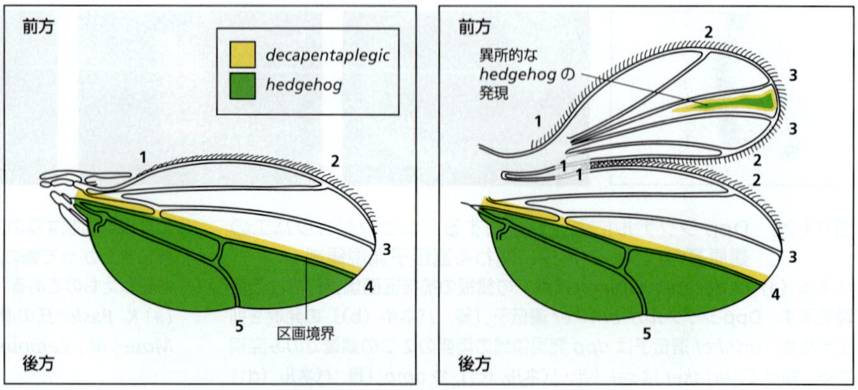

図 11.28 *hedgehog* と *decapentaplegic* の異所的な発現による翅のパターン形成の変化
前方区画のなかの細胞クローンで *hedgehog* を発現させると，新たな Decapentaplegic タンパク質の発生源が生じる。左パネル：正常な翅では Decapentaplegic は，Hedgehog が発現している区画境界でつくられる。右パネル：前方区画での異所的な *hedgehog* の発現により，新たな Decapentaplegic の発生源が生じ，新たな発生源に依存して新しい翅のパターンができる。

くられる。

モルフォゲンである Hedgehog や Dpp が翅脈のパターンを指定するのは，単一の，あるいは単純な経路ではない。それぞれの翅脈の位置は，様々な因子の組合せによって指定されているようであり，これには Dpp や Hedgehog のレベル，細胞がどの区画にいるか，特定の転写因子群の誘導および抑制などが関係している。例えば，後方区画にある側方の翅脈 L5 は，*omb* 遺伝子と *brinker* 遺伝子の発現部位の境界に発生する。このように，Dpp と Hedgehog はこの翅脈のパターンに直接関わらず，一連の細胞間相互作用を築き上げ，翅原基全体にまたがる——おそらく 1 細胞レベルでの——位置情報の決定に関わっているようである。ハエの両方の翅を比較すると，翅脈のパターンがいかに正確かがわかるだろう。

11.19 背腹区画の境界のシグナルセンターは，ショウジョウバエの翅の背腹軸に沿ったパターン形成を行う

翅原基上皮は背側と腹側の区画にも分かれ（**図 11.25** 参照），これらは，成虫の翅の背側および腹側の表面に相当する（**図 11.23** 参照）。これらの区画は翅原基が形成された後，2 齢幼虫期の間にできる。背側と腹側の区画はもともと細胞系譜の研究で発見されたが，これはホメオティックセレクター遺伝子である *apterous* の発現によっても示され，この遺伝子によって背側区画は限定され，背側の特性が決まる。Apterous タンパク質は，マウスの Lmx1b と構造が似ている。*Lmx1b* は，マウス肢芽の中胚葉の背側パターンを決める遺伝子である（第 11.9 節参照）。

前後区画境界と同様，背腹区画境界もシグナルセンターとして作用しており，この境界においては Wingless がシグナル分子である（**図 11.25** 参照）。Wingless は分泌因子の大きなファミリーである Wnt ファミリーの一員であり，ショウジョウバエの胚発生における作用については既にみてきた（第 2.24 節参照）。*wingless* 機能を減少させると翅構造の消失が見られ，この成虫の表現型から遺伝子名がつけられた。Apterous は，背側細胞において Notch リガンドである Serrate の発現を誘導し，別の Notch リガンドである Delta の発現を腹側細胞に限局する。区画境界における Notch シグナリングによって，Wingless の発現が誘導される。翻って，Wingless は境界に Delta と Serrate の発現を誘導し，それによって自分自身の発現を維持する。翅原基の発生初期に，Apterous は，背側細胞に糖転移酵素である Fringe も誘導する（**Box 5C**, p. 202 参照）。Fringe は，Delta に反応して Notch シグナルを促進し，Serrate に反応して Notch シグナルを抑制する。これにより，Notch シグナル，さらには Wingless 発現を区画境界に限局するのを助ける（**図 11.25** 参照）。Apterous はまた，細胞表面タンパク質の発現を誘導し，このタンパク質が Fringe に調節される Notch シグナルと併せて，Apterous が発現しなくなっても細胞系譜を限定する境界を維持するとも考えられる。Wingless の背腹パターン形成における役割は，前後パターン形成における Dpp と似ており，特定の閾値で様々な遺伝子の発現を活性化し，それが翅のさらなるパターンを決め，翅の成長に関わっている。それらの遺伝子の 1 つが，翅の発生と成長に必須な転写コアクチベーターをコードしている *vestigial* で，背腹境界の中心に 1 本の広い帯状に誘導される（**図 11.29**）。

翅板の基部-先端部軸がいかにしてパターン形成されているかはショウジョウバエではいまだにわかっていないが，翅板では Wingless によって，短距離および長距離の遺伝子活性化が起きているという証拠が示されている。本章で後ほど，チョウの翅のカラフルなパターンが，基部-先端部パターンの現れであることをみてゆ

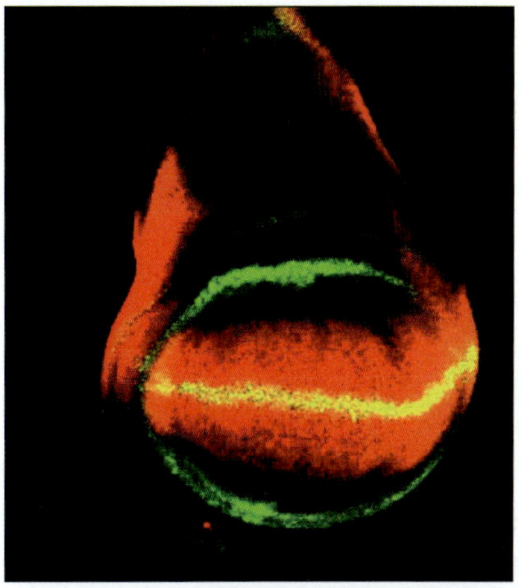

図 11.29　翅原基における *wingless* と *vestigial* の発現
wingless の発現は緑で，*vestigial* の発現は赤で示してある。*wingless* と *vestigial* は両方とも背腹境界に発現している（黄色の帯で示されている）。
写真は K. Basler 氏の厚意により Zecca, M., et al.: 1996 から

く。

Dpp と Wingless がモルフォゲンとして働き，その濃度勾配が細胞に位置情報を与える際，これらの勾配は単純拡散によってつくられるのではない。活性の勾配は別の方法によっても修飾され，例として Dpp も Wingless も，その受容体の発現を調節している。例えば Dpp は，それ自身の受容体である Thick veins の発現を抑制しており，Dpp が高濃度で存在するところには受容体が少ししか存在しない。翅原基の細胞では，細いアクチンでできた突起であるサイトニウム（cytoneme）と呼ばれる構造が，前後シグナル境界に突き出している。これらの突起が，長距離の細胞間相互作用に関わっている可能性もある。

様々な軸に沿ったパターン形成の結果として，翅構造は一般的に非相称であると同時に，成虫のショウジョウバエ翅表皮の個々の細胞は，基部-先端部方向に極性を持っている。これは，翅表面の翅毛のパターンに反映されている。各翅にはだいたい3万個の細胞があり，1本の毛が先端を向いて生えている（**図 11.28** 参照。翅の縁で見える毛だけを示している）。これは平面内細胞極性の例であり，これまでに知られている原因となる機構は **Box 2F**（p. 83）に概略を示している。

11.20 脚原基は，基部-先端部軸を除いて，翅と同様の方法でパターン形成される

昆虫の脚は基本的には表皮の管が連結したものであり，脊椎動物のものとは構造がかなり違う。表皮細胞は外側に堅いクチクラを分泌し，外骨格をつくる。内部には，筋肉，神経，結合組織がある。脚原基を成虫の脚と結びつける最も簡単な方法は，足原基を円錐がつぶれたものと考えることである。原基を上から見ると，いくつもの同心円でできていることに気づくが，各同心円は基部-先端部軸に沿った脚の分節を形成する。上皮細胞の形の変化によって，変態のときに脚が外側に伸びる。この過程は靴下を裏返すのに似ており，原基の中心部が脚の末端部，つまり先端になる（**図 11.30**）。最も外側の輪は脚の基部になって，からだに接着するのに対し，中心に近い輪はより先端の構造となる（**図 11.31**）。

脚原基は，初め形成されたときには30細胞ほどであるが，3齢幼虫期までには10,000細胞を超えるまでに成長する。脚原基の前後軸に沿ったパターン形成の最初のステップは，翅のものと同じである。*engrailed* 遺伝子が後方区画で発現し，*hedgehog* の発現を誘導する。Hedgehog タンパク質は，前後区画境界にシグナル領域を誘導する。脚原基の背側領域で *decapentaplegic* が誘導されるのも，翅と同様である。しかしながら腹側領域では，Hedgehog は *decapentaplegic* 遺伝子のか

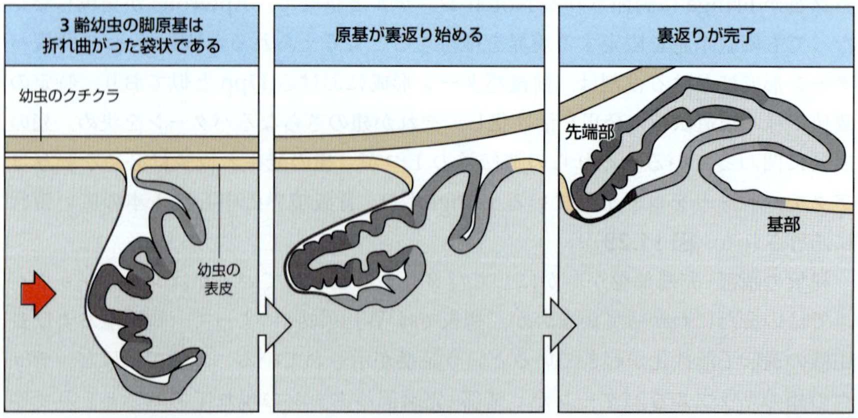

図 11.30 ショウジョウバエの変態時の脚原基の伸長
原基上皮は体壁上皮の延長であるが，はじめはからだの内側で折り畳まれている。変態のとき，これが外側に向かって靴下を裏返すように伸長する。最初のパネルの赤い矢印は，**図 11.31** で示す同心円状のリングの観測点である。

わりに境界に沿って *wingless* 遺伝子を誘導し，Wingless タンパク質が位置シグナルとして働く（図 11.32）。

基部-先端部軸のパターン形成に関しては，翅原基に比べ脚原基のほうが遥かに理解が進んでいる。これにもまた，Wingless と Decapentaplegic 間の相互作用が関わっている。基部-先端部軸の先端部で Wingless と Decapentaplegic の発現が出会い，この場所でホメオドメイン転写因子 Distal-less の発現が見られる。これにより，脚の末端部が特徴づけられる。Distal-less は，ショウジョウバエの翅発生では使われない。

基部-先端部軸に沿ったパターン形成は連続的に起こり，脚原基では二次元的なパターンがつくられるが，これは変態するときに三次元的な管状の脚に変換される。初期の *Distal-less* の発現は，遺伝子調節領域の中のある特定のモジュールによって制御され，ほんの数時間しかその発現は続かない。後に *Distal-less* は将来の先端領域で発現するが，これは別のシス調節モジュールによって制御される。別のホメオドメイン転写因子 Homothorax は，Distal-less を囲む周辺領域，すなわち将来の基部領域に発現する（図 11.33）。これらの作用により，これも転写因子をコードする *dachshund* 遺伝子が，*Distal-less* と *homothorax* の間の輪領域に発現し，最終的に *Distal-less* と *homothorax* と少し重なって発現する。これらの各々の遺伝子は，脚の特定の領域の形成に関わるが，発現領域は脚節と完全に一致するわけではない。例えば *dachshund* 遺伝子の発現は，腿節，脛節，そして跗節の基部側に相当する。基部-先端部区画の境界がある証拠は全くないが，*homothorax* 発現細胞と *Distal-less* 発現細胞は，2 つの領域の接点で混ざらないようになっている。

脚のさらなるパターン形成には，先端から基部側への EGF 受容体活性の勾配が関わっている。3 齢幼虫期に，EGF 受容体のリガンドである Vein と，シグナル経路の構成因子 Rhomboid が，原基の中心部で発現する。また，転写因子 Bric-a-brac と Bar をコードする遺伝子が跗節で異なるレベルで発現し，跗節のアイデンティティを決定している。これらの遺伝子の活性化レベルは，EGF 受容体活性の勾配によって決まっている。脚の関節形成には，Notch シグナリングが必要である。Notch リガンドの Delta と Serrate が各脚節でリング状に発現し，それによる Notch の活性化によって，関節形成細胞の指定が起きる。

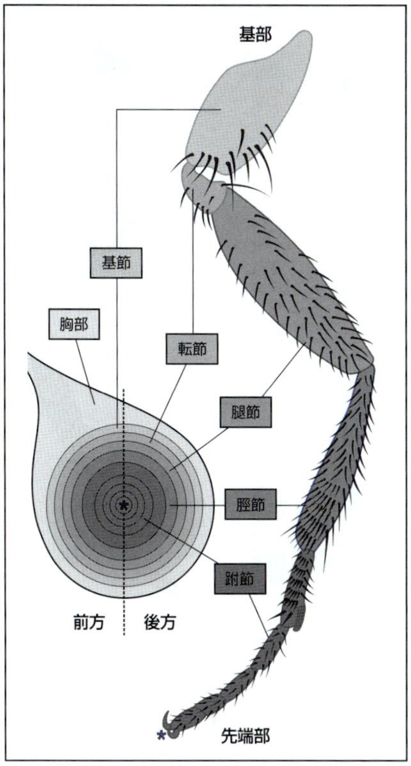

図 11.31　ショウジョウバエの脚成虫原基の予定運命図
原基はほぼ丸い上皮のシートで，変態のときに管状の脚へと変形する。原基の真ん中が脚の先端となり，周辺部が脚の根元になる。つまりこれにより，基部-先端部軸が決まっている。跗節は 5 つの節に分かれている。例えば脛節などの成虫の脚の予定領域は，将来の先端を中心とする何重もの円として配置される。区画境界によって脚原基は前後領域に分かれる。
Bryant, P.J.: 1993 より

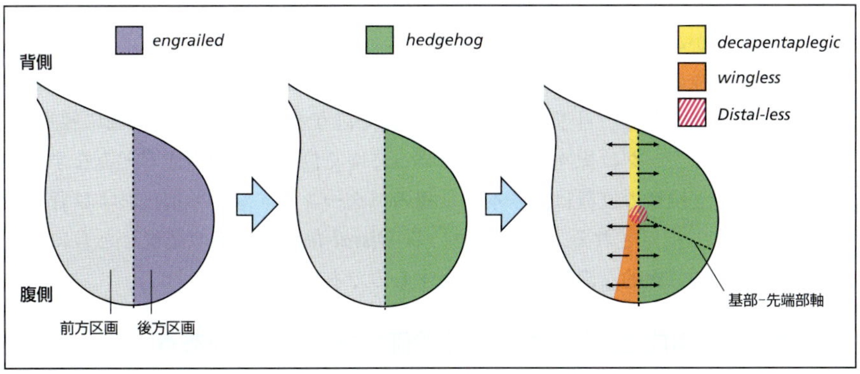

図 11.32　脚原基の前後区画でのシグナルセンターの確立と，先端の指定
engrailed が後方区画で発現し，*hedgehog* の発現を誘導する。Hedgehog タンパク質が前方区画の細胞と接してシグナルを送る場所では，背側領域で *decapentaplegic* 遺伝子が発現し，腹側領域で *wingless* が発現する。両方の遺伝子ともに分泌タンパク質をコードしている。基部-先端部軸を指定する *Distal-less* 遺伝子の発現が，Wingless と Decapentaplegic タンパク質が出会う場所で活性化される。

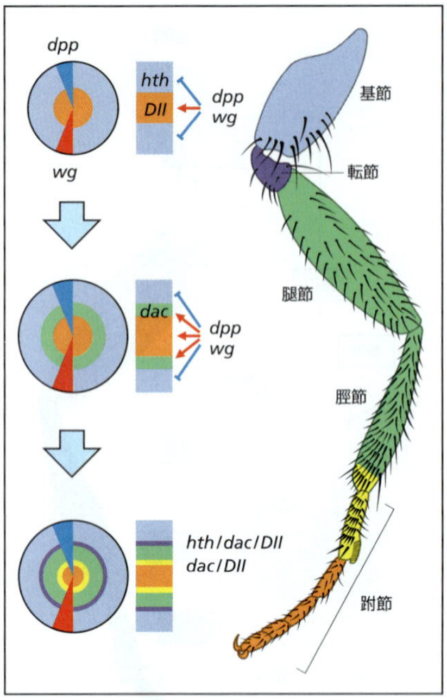

図 11.33 基部-先端部軸に沿ったショウジョウバエの脚の局所的な再分割
脚における遺伝子発現パターンは右に示している。段階的な遺伝子発現を左の 2 列で示しているが，これは原基を見下ろすような図である。原基からの脚の伸長の方法ゆえに，原基の中心は将来の脚の先端に相当し，より基部側の領域は周辺のリングからできる。*decapentaplegic*（*dpp*）と *wingless*（*wg*）は，はじめ前後区画境界に沿って勾配をもって発現し，あわせて中心で *Distal-less*（*Dll*）を誘導し，外側に発現する *homothorax*（*hth*）を抑制する。次に *dachshund*（*dac*）を，*Dll* と *hth* の間のリングに誘導する。さらなるシグナリングによって，これらの領域が重なる。*hth* の発現は基部側領域に，*Dll* の発現は先端部領域に一致しているが，その他の遺伝子と脚の分節との関係は，単純ではない。
Milan, M. and Cohen, S.M.: 2000 より

11.21 チョウの翅の模様は，さらに付加的な位置フィールドによってつくられる

チョウの翅の模様の多様性は著しい。17,000 以上の種が模様によって区別されている。多くの模様パターンは，帯模様または同心円状の目玉模様でできた基本的な“原案”に変化を持たせたものになっている（**図 11.34**）。翅は重なり合うクチクラ性の鱗粉で覆われているが，これは裏打ちする表皮細胞が色素を合成し，沈着させることで色がつく。このようなパターンはどのようにして決められるのか？チョウの翅はショウジョウバエの翅と同様に，芋虫の成虫原基からできる。外科的操作から，目玉模様は翅原基の発生後期に指定され，そのパターンは目玉模様の中心から発せられるシグナルに依存していることが明らかになっている。ショウジョウバエで翅発生を調節している遺伝子の数多くは──例えば *apterous* がそうであるが──，チョウでもハエと同様の時空間パターンで発現する。そのためショウジョウバエと同様に，チョウの翅の形や構造は，位置情報の場（フィールド）によってパターン形成される。しかし，色素パターンにはさらに別の位置情報の場の成立が関与している。

ショウジョウバエの翅と違って，チョウの翅の発生には *Distal-less* の発現が関わり，さらなる次元のパターンを生み出す。チョウの翅原基における *Distal-less* の発現パターンからは，チョウの翅に色のパターンをつくるのに必要な機構は，昆虫の脚の基部-先端部軸に沿った位置情報決定に必要な機構と似ていると考えられる。チョウの翅で *Distal-less* は目玉模様の中心に発現するのに対し，ショウジョウバエで *Distal-less* は，将来の脚の先端部に相当する脚原基の中心部に発現する。このため，目玉模様の発生と，脚の先端のパターン形成には，同様の機構が関与している可能性がある。ただしチョウの翅では，Notch は Distal-less より先に発現する。目玉模様は，基部-先端部パターンを二次元的な翅表面に重ね焼きしたものと考えることができる。目玉模様の中心は，脚で言うと最も先端の位置価に相当し，それを取り囲むリングは徐々に基部側に移ってゆく位置価に相当するとみなすことができる。目玉模様の位置は，基本的な翅のパターン（すなわち前後および背腹区画）を反映して指定される。中心を決める *Distal-less* 遺伝子の発現とともに，目玉模様の中心に二次的な調節機構が確立するのであろう。

図 11.34 チョウの翅のパターン
アフリカのチョウ *Bicyclus anynana* の雌を腹側から見たところ。翅の色のパターンと，目立つ目玉模様が見える。スケールバー＝5 mm。
写真は V. French 氏と P. Brakefield 氏の厚意による

11.22 異なる成虫原基でも同じ位置価を持つ可能性がある

脚と翅のパターン形成には，Decapentaplegic タンパク質のような，よく似たシグナルが使われているが，実際に発生してくるパターンはかなり違う。翅と脚では，位置シグナルに対して違う解釈の仕方をしているということになる。この解釈の違いには Hox 遺伝子が関わっており，脚と触角に関してはうまく説明がついている。Hox 遺伝子である *Antennapedia* は，正常発生において擬体節 4 と 5 に発現

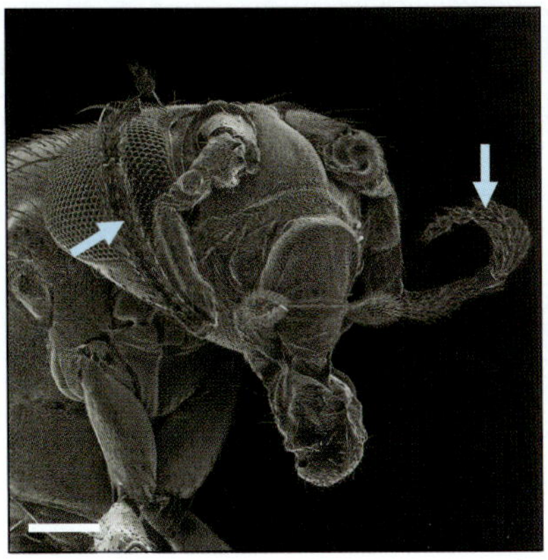

図 11.35 *Antennapedia* 突然変異を持つショウジョウバエの走査型電子顕微鏡写真
この突然変異を持つハエは，触角が脚に変わっている（矢印）。スケールバー＝0.1 mm。
写真は D. Scharfe 撮影, Science Photo Library より

し（第 2.27 節参照），2 対目の脚の原基の指定に関わるが，これを頭部で発現させると触角が脚になる（**図 11.35**）。触角原基には，通常ではホメオティック遺伝子は発現していない。有糸分裂組換え法（**Box 2E**, p. 76）を使うと，*Antennapedia* 発現細胞のクローンを触角原基につくることができる。これらの細胞は脚の一部をつくるが，脚のどの部分になるのかは，その細胞が基部-先端部軸に沿ってどの位置にあるのかによる。例えば，先端にある細胞は爪をつくる。まるで触角と脚では細胞の位置価が同じで，異なる構造になるのは位置価の解釈の違いであり，その違いは *Antennapedia* 遺伝子を発現するかしないかによって生み出されるように見える。これはフランス国旗と英国国旗を使って説明できる（**図 11.36**）。細胞はその位置と発生経歴の両方にしたがって発生し，これらのことが特定時期に発現する遺伝子を決める。この原理は翅原基と平均棍原基にも応用される。つまり我々は，昆虫と脊椎動物で，発生戦略における類似性を発見したわけである。どちらも脚（後肢）や翅（翼）といった付属器官では同じ位置情報が使われるが，解釈の方法を変えているということである。Antennapedia のような，たった 1 つの転写因子がいかにして触角を脚に換えるのかという疑問は，いまだに解決できていない。これには下流の標的分子を知る必要がある。これまでのところ Antennapedia は，脚において触角の性質を，例えば腿節領域で *homothorax* と *Distal-less* が共発現するのを抑制することで抑えていることがわかっている。これらの遺伝子は触角原基では共発現するが，脚原基では共発現せず，重なりを持たずに隣り合って発現する（**図 11.33**）。進化の観点では，触角の状態が脚発生の基底型であると考えられる。

つまり，成虫原基の特性と，位置価がどのように読み取られるかは，Hox 遺伝子の発現パターンによって（触角の場合は Hox 遺伝子が発現しないことによって）決められている。昆虫の脚は 3 つの胸部体節からのみ発生し，腹部体節からは発生しない。また，ショウジョウバエでは翅は第 2 胸部体節からのみ発生する。これらの成虫構造は，特定の種類の成虫原基が特定の擬体節からのみ形成されることから，体節特異的であるといえる。ショウジョウバエでは，脚や翅の形成に必要な遺伝子が腹部で抑制されているために，腹部体節では付属器官ができない。特定の胸部体節でつくられる成虫原基のタイプは，たいていその体節で発現する Hox 遺伝子の 1 つによって指定される。例えば，*Antennapedia* と *Ultrabithorax* 遺伝子の発現が，それぞれ 2 番目，3 番目の脚を指定する。

脚原基は擬体節 3 ～ 6 の外胚葉細胞の小さな塊からできるが，これらの擬体節は将来，胚の胸部体節に寄与する（**図 11.37**）。胚では，各々の成虫原基は初め 25 細胞ほどで，胚体の成長の間につくられる。成虫原基は擬体節の境界に生じ，隣り合う擬体節の前方および後方区画がそれぞれ 1 つの成虫原基に寄与する。将来の第 2 胸部体節では，原基発生の初期に，脚原基からもう 1 つの原基が分離し，これが翅原基となる。同様に，将来の第 3 胸部体節ではもう 1 つの原基がつくられ，平均棍，つまりバランスをとるための器官に発生する。

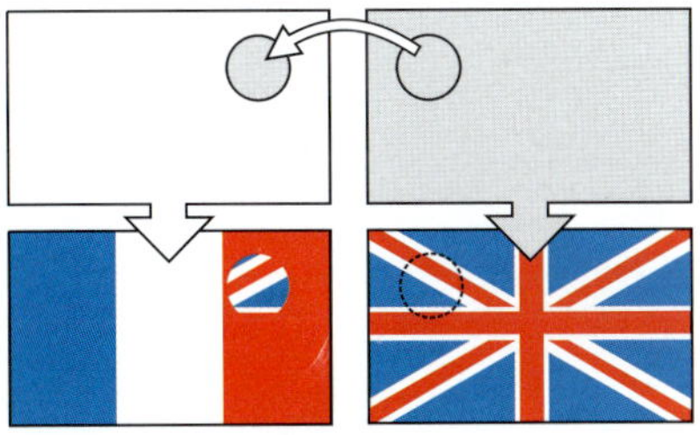

図 11.36 細胞はその位置を，発生してきた経歴と遺伝的な性質にしたがって解釈する
例えば，同じ位置情報を使うが，違うパターンをつくり出す 2 つの国旗があったとする。一方から他方に移植された移植片は内在性のパターンにしたがって発生するが，それは新しい位置に対応したものとなる。これが成虫原基で起きていることである。

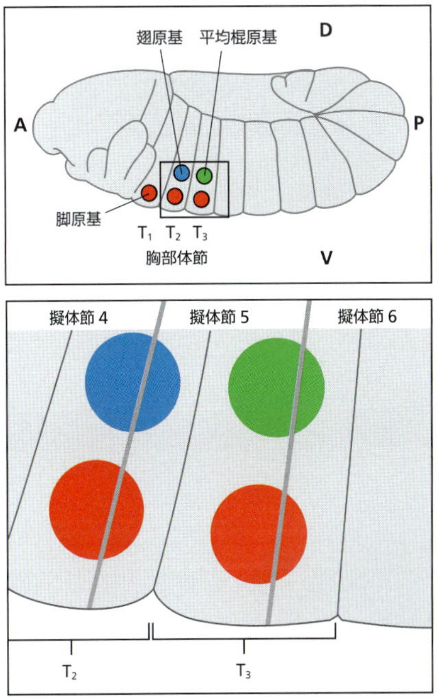

図 11.37 胸部付属器官を生じる成虫原基の，後期ショウジョウバエ胚での位置
脚，翅，平均棍の成虫原基は，胸部体節の擬体節にまたがっている。翅と平均棍原基が下パネルで示してある。

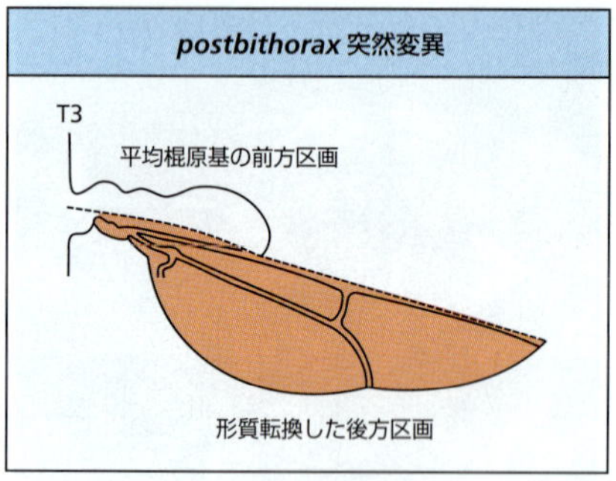

図 11.38 ショウジョウバエの *postbithorax* 突然変異の影響
postbithorax 突然変異は平均棍の後方区画に作用し，後方半分を翅に変える。

成虫原基は擬体節境界にまたがって形成されるため，ショウジョウバエ胚の Hox 遺伝子突然変異が起こると，区画特異的に平均棍が翅に変わるホメオティック・トランスフォーメーションが起きる。正常なショウジョウバエ成虫は，第2胸部体節には翅を，第3胸部体節には平均棍を持つ。これらの器官はそれぞれ擬体節 4/5，5/6 の境界に由来する成虫原基から生じる（**図 11.37** 参照）。正常胚では，bithorax 複合体遺伝子（**図 2.46** 参照）の一員である *Ultrabithorax* 遺伝子が擬体節 5 と 6 に発現し，それぞれの擬体節のアイデンティティを指定している。*bithorax* 突然変異（*bx*）は，*Ultrabithorax* 遺伝子が異所的に発現する原因になり，平均棍ができる第3胸部体節の前方区画が第2胸部体節の前方区画に転換し，平均棍の前半半分が翅になる（**図 2.47** 参照）。*postbithorax* 突然変異（*pbx*）では，*Ultrabithorax* 遺伝子の調節領域が影響を受け，平均棍の後方区画が翅に転換する（**図 11.38**）。もし一個体のハエが両方の突然変異を持つとすると，その作用は相加的となり，そのハエは4枚の翅を持つが，飛ぶことはできない。別の突然変異である *Haltere mimic* では，逆のホメオティック・トランスフォーメーションが起こり，翅が平均棍になる。

触角や脚と同様，成虫原基に *Ultrabithorax* 突然変異（例えば *bithorax* 変異）を持つ細胞の小さなクローンをつくることで，モザイク状の平均棍をつくることができる。クローン細胞は，翅での同等の位置にできる翅構造と正確に対応した構造をつくる。平均棍と翅の原基の位置価は全く同じであり，突然変異によって変わったのは，この位置情報の解釈の方法だけであるように見える（**図 11.38**）。実際ほかの成虫原基も，同様の位置情報フィールドを持つようである。

まとめ

ショウジョウバエの脚や翅は，胚の側方にできる上皮のシートである成虫原基から発生する。擬体節で発現する Hox 遺伝子は，どの種類の付属器官が形成されるのかを指定し，位置情報の解釈方法を調節している。発生初期に，脚と翅の成虫原基は前後区画に分かれる。区画の境界はパターン形成中心となり，成虫原基のパターン形成に関わるシグナルの分泌源となる。翅原基では，Hedgehog タンパク質によって前後区画境界での *decapentaplegic* の発現が活性化され，Decapentaplegic と Hedgehog タンパク質が，前後パターン形成シグナルとして働く。翅原基には背腹区画もあり，背腹境界でつくられる Wingless が，パターン形成シグナルとして働く。脚原基では，前後区画境界は同様にして確立されるが，Hedgehog は腹側領域では *decapentaplegic* ではなく *wingless* を活性化し，Wingless タンパク質がこの領域のパターン形成シグナルとして働く。脚原基においては背腹区画が存在する証拠はない。脚の基部-先端部軸は，Decapentaplegic と Wingless タンパク質の相互作用によって指定され，これらのタンパク質が *dachshund* や *homothorax* を，脚のそれぞれの部位に相当する同心円状の領域で活性化する。チョウの翅の色鮮やかな目玉模様は，昆虫の脚の基部-先端部軸を形成するのに使われるのと同様な機構でパターン形成されるようである。

まとめ：ショウジョウバエの脚および翅成虫原基でのパターン形成

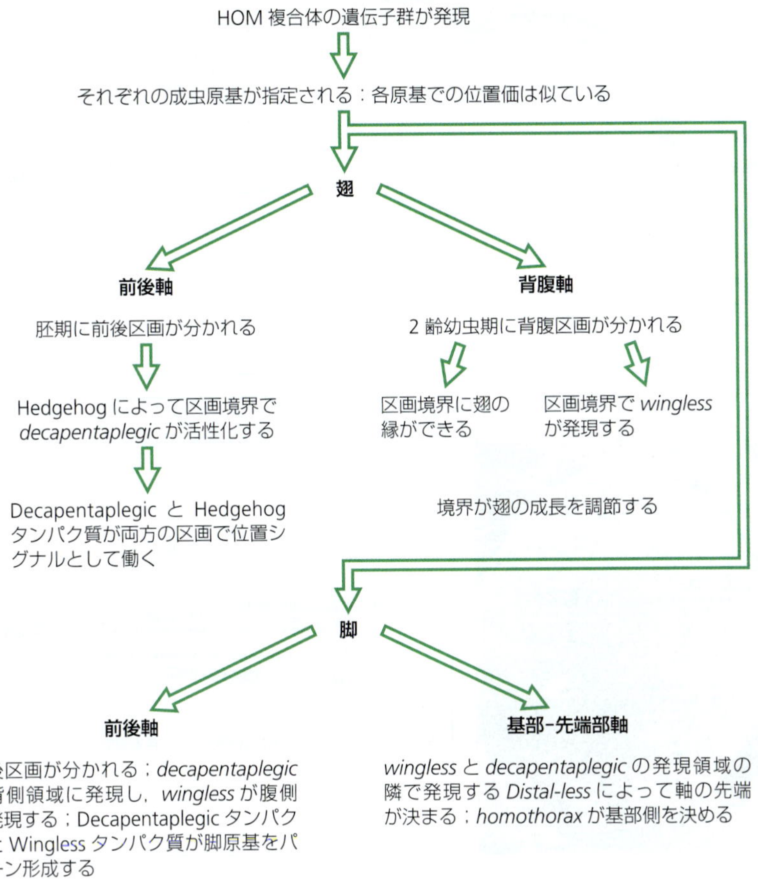
HOM 複合体の遺伝子群が発現
それぞれの成虫原基が指定される：各原基での位置価は似ている
翅
前後軸
背腹軸
胚期に前後区画が分かれる
2 齢幼虫期に背腹区画が分かれる
Hedgehog によって区画境界で *decapentaplegic* が活性化する
区画境界に翅の縁ができる
区画境界で *wingless* が発現する
Decapentaplegic と Hedgehog タンパク質が両方の区画で位置シグナルとして働く
境界が翅の成長を調節する
脚
前後軸
基部-先端部軸
前後区画が分かれる；*decapentaplegic* が背側領域に発現し，*wingless* が腹側に発現する；Decapentaplegic タンパク質と Wingless タンパク質が脚原基をパターン形成する
wingless と *decapentaplegic* の発現領域の隣で発現する *Distal-less* によって軸の先端が決まる；*homothorax* が基部側を決める

脊椎動物と昆虫の眼

昆虫の複眼や脊椎動物のカメラ眼のような複雑な構造は，進化によって達成された素晴らしい成果といえる（**図 11.39**）。カメラ眼と複眼は基本的に似ている。両方とも，光の焦点を合わせるためのレンズ，光を感知する光受容体細胞でできた網膜，散乱光を吸収して光受容体のシグナル伝達に干渉するのを抑える色素層を持っている。そして完成した眼の構造の大きな違いにもかかわらず，いくつかの同じ転写因子が，昆虫と脊椎動物の眼の形成の指定に関わる。ここでは，本質的には前脳の派生物と考えられる脊椎動物のカメラ眼の発生から始めよう。脊椎動物の眼では，光は眼の正面の瞳孔を通って入り，透明な凸レンズを通過し，眼球の後ろ側を裏打ちしている光感受性の網膜に焦点を結ぶ（**図 11.39** 参照）。網膜の光受容細胞——桿体細胞と錐体細胞——が，入ってきた光の粒子を検出し，シグナルを神経細胞に伝達する。そのシグナルは視神経を通って脳に伝えられ，そこで解読される。

11.23 脊椎動物の眼は，神経管と頭部外胚葉から発生する

発生生物学的には，脊椎動物の眼は基本的に前脳の延長であり，それを覆う外胚葉と，移動してきた神経堤細胞に由来する細胞が合わさって形成される。眼の発生は，マウスでは E8.5，ヒト胚では 22 日ごろから，前脳後方の間脳と呼ばれる領域

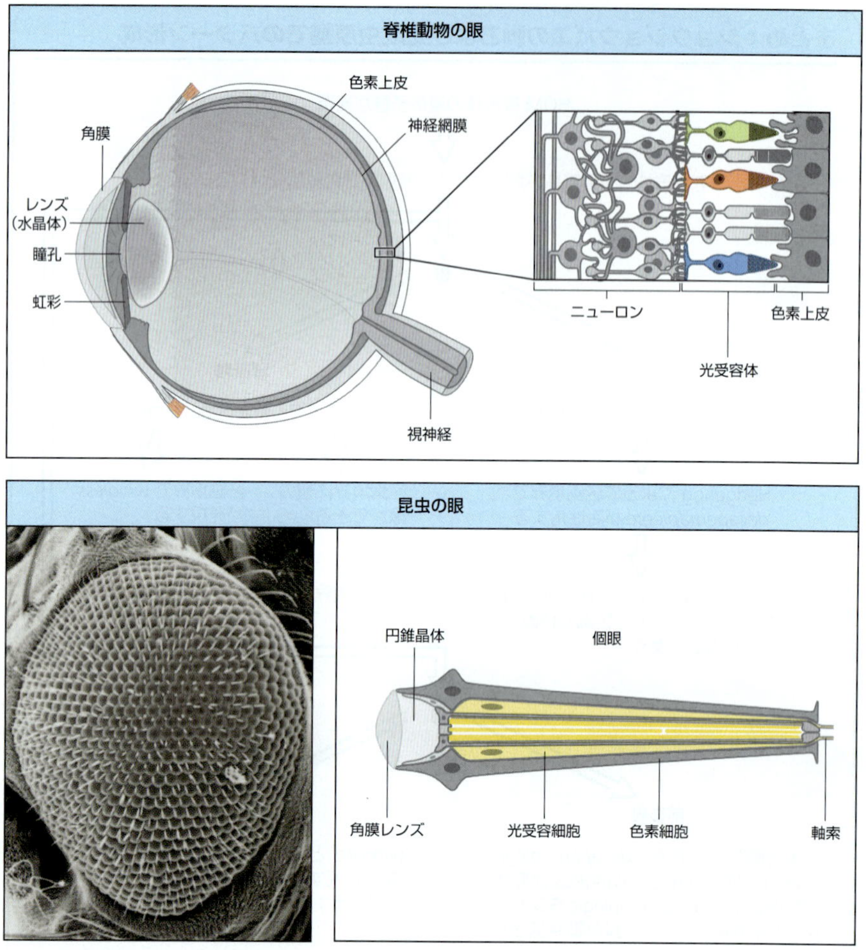

図 11.39 脊椎動物と昆虫の眼
脊椎動物の眼（上パネル）は単一のレンズを持つカメラ眼であり，レンズが光の焦点を眼球の後側を裏打ちしている神経網膜の中の光受容細胞に合わせる。光受容細胞は網膜のニューロンにつながっており，ニューロンの軸索は視神経を形成し，眼と脳を結んでいる。ショウジョウバエの複眼（下パネル）は，個眼と呼ばれる多数の個別の光感受構造からできている。右に示すのは個眼の断面である。それぞれの個眼にはレンズがあり，これを通って光が光受容体を活性化する。光受容体は色素細胞に囲まれている。

の上皮壁が隆起または膨出して始まる。膨出したものは眼胞と呼ばれ，これが頭の両側に形成され，表層の外胚葉に接触するまで伸長する（**図 11.40**）。眼胞は外胚葉と相互作用して，将来レンズができる，外胚葉の肥厚したレンズプラコードと呼ばれる領域を誘導する。レンズプラコードは，頭部外胚葉において，他の感覚器官の上皮性プラコードを生じる大きな領域の一部である。他のプラコードには，三半規管，蝸牛，内耳の内リンパ管を生じるプラコードや，鼻の嗅上皮をつくるプラコードがある。

レンズプラコードの誘導の後，眼胞の先が陥入して，プラコードのすぐ横に 2 層構造の杯である眼杯ができる。眼杯の内側の上皮層は神経網膜を，外側の層が網膜色素上皮を形成する。次にレンズプラコードが陥入し，表面外胚葉から切り離され，上皮でできた小さな中空の胞をつくり，これがレンズへと分化する。レンズは，レンズ胞の前方側の上皮細胞が増殖して形成され，新しくできた細胞はレンズの中央に移動し，クリスタリンタンパク質の合成を始める。最終的に細胞は，核，ミトコンドリア，内側の膜を失い，クリスタリンが詰まった完全に透明なレンズ線維となる。レンズ線維の更新は生まれた後も続くが，胚期にくらべてずっと遅くなる。ニワトリ成鳥では，上皮細胞がクリスタリンの詰まった線維になるまで 2 年かかる。

角膜は眼の前面を密封している透明な上皮である。内層と外層からできており，それぞれ発生起源が違う。内層は間充織性の神経堤細胞からできており，前眼房に移動してきた神経堤細胞がレンズを覆う薄い層をつくる。神経堤細胞は眼の前方の他の構造にも寄与している。角膜の外層は，眼と隣り合う表面外胚葉からできてい

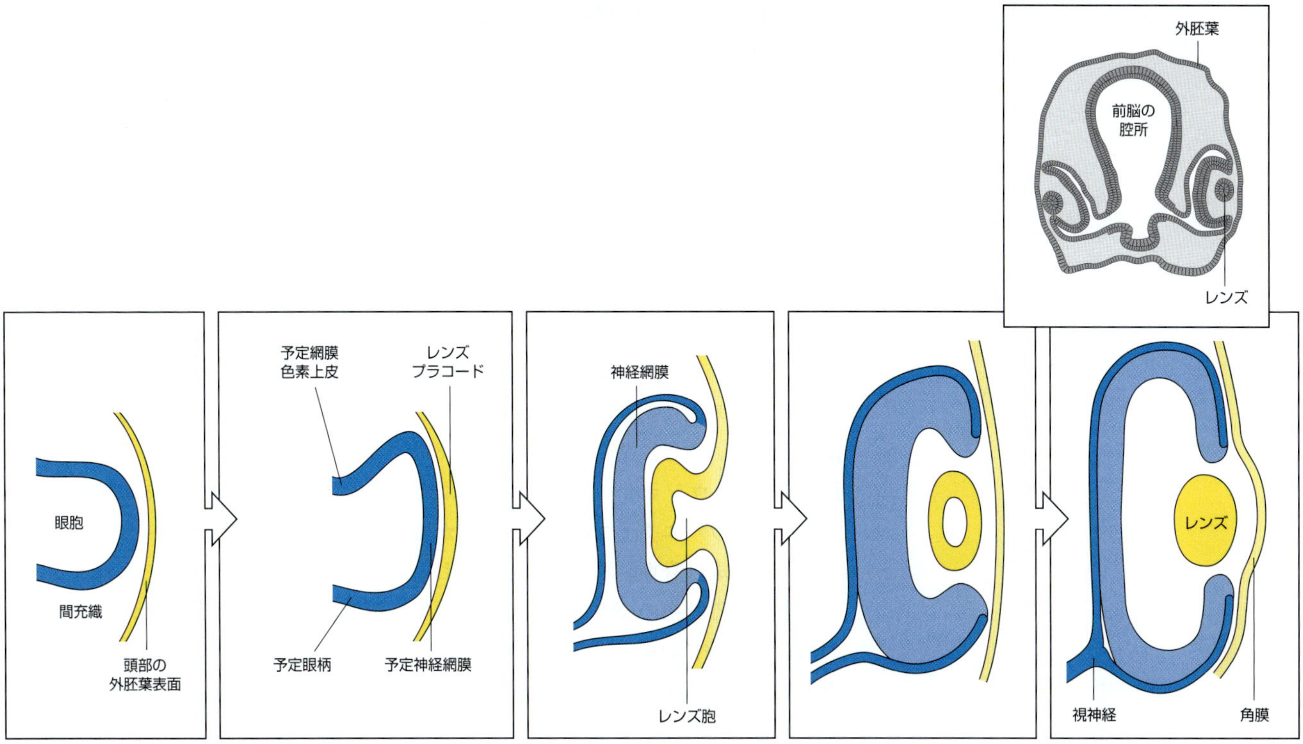

図 11.40　脊椎動物の眼の主な発生段階
前脳が伸びて眼胞（青）が形成され，頭部外胚葉表面にレンズプラコードを誘導する。眼胞は陥入して，発生中のレンズの周りに2層でできた杯状の構造，眼杯をつくる。眼杯の内側の層は神経網膜となり，外側の層は網膜を裏打ちする色素上皮層になる。レンズ胞は表面外胚葉からくびり切れ，レンズをつくり，残った被覆外胚葉は角膜になる。虹彩は眼杯の縁からできる。
Adler, R. and Valeria Canto-Soler, M.: 2007 より改変

る。虹彩のほとんどは眼杯のへりから発生し，前方の虹彩には神経堤細胞が寄与している。

脊椎動物の神経網膜は，最も奥側に光受容細胞が形成され，その上に神経節細胞や双極細胞の層があるという独特な細胞層に発生する。この構造は，神経網膜の表面に光受容細胞が並ぶタコやイカのカメラ眼とは異なっている。視覚信号は眼から脳へ視神経を通って伝えられるが，視神経は神経節細胞の軸索からできている。第12章では，視神経のニューロンがいかにして脳の視覚情報処理センターの正確な場所に接続され，網膜の“地図”がつくられるのかをみてゆく。

眼胞の膨出は，神経管の閉鎖がほぼ終わるまで起こらないが，予定眼細胞の指定は，もっとずっと前に神経板で起こる。鍵となるよく保存された眼特異的転写因子であるPax6，Six3，Otx2などが，後期原腸胚期の前方神経板に発現し，神経板の最初の前後パターン形成の一部を担っている。これらの遺伝子は眼胞上皮やレンズプラコード，さらに他の感覚器官の原基，例えば嗅プラコードでも発現し続ける。網膜前駆細胞は，はじめ前方神経板の中心にまたがる1つの“眼形成フィールド”として指定される。眼形成フィールドは，最終的に側方の2つの領域に分かれ，神経管形成の後に眼胞になる。この分離は，正中に沿ったPax6や他の眼特異的転写因子の発現の下方調節によって起こる。分離が失敗すると，眼が1つだけ正中にできる異常を持った，単眼症の新生児が生まれる。正常発生における前脳正中でのPax6や他の転写因子の発現低下は，Shhシグナルを介していると言われている。Shhシグナルは，腹側正中構造の指定に必須であることが知られている。第1章でみたように（**Box 1F**, p. 28参照），Shhシグナリングの不具合によって全前脳症が生じ，最も重篤な場合には前脳が右半球と左半球に分かれず，顔の正中構造が欠損し，単眼症になる。

動物界全体を通して，眼の形成には同じセットの転写因子が必須である。保存された基本機能を持った遺伝子の典型的な例が*Pax6*であり，すべての左右相称動

物（左右相称性を持つ動物）の光感受構造，つまりプラナリアの単純な光感受器から昆虫の複眼（本章で後述），そして脊椎動物や頭足類のカメラ眼まで，すべての発生に必要である。*Pax6* は最初，マウスとヒトの眼の発生異常の原因となる突然変異の遺伝的解析で同定されたもので，ショウジョウバエの遺伝子 *eyeless* と相同である。マウス胚で *Pax6* の機能が決失すると，眼が正常より小さくなるか，全くなくなる。*Pax6* 突然変異をヘテロ接合で持つヒトには様々な種類の眼の異常形成が見られ，虹彩の一部または全部が欠損するため，これらは総称して無虹彩症（aniridia）として知られている。これらの患者には認知障害も見られ，*Pax6* は眼の形成以外にも脳の発生において多くの機能があることがわかる。アフリカツメガエルでは，16 細胞期に動物極側の割球に *Pax6* の mRNA を注射すると，オタマジャクシの頭に，よく発達したレンズと上皮性の眼杯を持つ眼様構造が異所的に誘導される。さらに驚くべきことに，マウス，アフリカツメガエル，ホヤ，イカの *Pax6* をショウジョウバエの成虫原基に異所的に発現させると，例えば触角の上にショウジョウバエタイプの複眼の個眼が発生する（**図 11.41**）。

レンズ形成は脊椎動物の眼の発生において非常に重要なステップである。このことは多くある証拠のなかでも特に，水面生息型の魚で眼のある形態と，洞窟生息型の洞窟魚と呼ばれる盲目の形態の両方を持つ硬骨魚 *Astyanax mexicanus* を使った実験で見事に示された（**図 15.18** 参照）。洞窟魚でも，眼杯とレンズを持つ小さな眼原基が胚期につくられるが，レンズにはその後，大規模なアポトーシスが起こる。洞窟魚胚の正中に沿った Shh シグナルの拡張が，レンズのアポトーシスに関係があるとされる。レンズが発生しなかった結果，角膜や虹彩，眼の前方の他の構造が発生できない。水面生息型の *A. mexianus* のレンズを胚発生期に洞窟魚の眼杯に移植すると，レンズの分解が起こらなくなったことから，レンズの欠損が洞窟魚の眼がないことの少なくとも一部を担っていると言える。Shh シグナルの拡張が眼の形成に及ぼす影響は，成魚で眼ができる水面生息型 *Astyanax* の胚において，*Shh* の発現を増加させる実験で調べられた。*Shh* の mRNA を卵割期の胚の片側に注射すると，発生中の眼領域での眼遺伝子 *Pax6* の発現が片側だけ低下し，片側の眼がない幼魚が発生した。

11.24 ショウジョウバエの眼のパターン形成には細胞間相互作用が関わっている

ショウジョウバエの複眼は，構造面では脊椎動物の眼とは大きく異なっている。

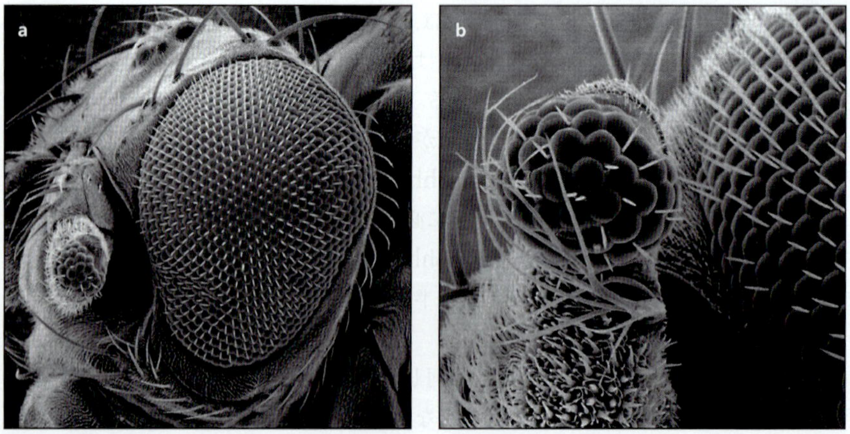

図 11.41 *Pax6* は眼の発生のマスター遺伝子である
マウスの *Pax6* をショウジョウバエの触角原基に異所的に発現させると，触角に複眼構造が発生する。
写真は Gehring, W.J.: 2005 より

これはおよそ800の個眼（ommatidia：単数形 ommatidium）と呼ばれる光受容器からなり，規則正しい六角形配列になっている（図11.42）。完成した各個眼は20ほどの細胞からなり，8つの光受容ニューロン（R1～R8），これを覆う4つの錐体細胞（レンズを分泌する），そして8つの色素細胞（図11.42の昆虫では示していない）からできている。個眼の発生は遺伝的解析により，少数の細胞グループによるパターン形成の研究では最も研究の進んだモデル系となっている。細胞系譜実験から，各個眼のパターンが細胞系譜ではなく，細胞間相互作用によって指定されるということがかなり早くから発見されていることは重要である。

眼は，幼虫の前方端にある眼成虫原基の1層の上皮シートからできる。個眼の細胞の指定とパターン形成は，3齢幼虫期半ばに始まる。パターン形成は眼原基の後方から始まり，2日かけて前方へと進むが，その間に原基は8倍に成長する。眼形成において最も早く起こるのが，1つの溝である形態形成溝（morphogenetic furrow）の形成で，この溝は，眼原基の細胞が個眼に分化を開始するのに必要なシグナルの波に反応して，後から前へと眼原基全体を通り過ぎる。溝が後から前へと上皮の上を動いていくのにともなって，個眼を生み出す細胞のクラスターが，溝の後ろに六角形の配置で現れる（図11.43）。溝はゆっくりと原基上を動き，その速さは2時間で1列の個眼細胞クラスター分である。形態形成溝が前へ動くと，その後ろの細胞から規則正しい間隔で個眼がつくられ始める。個眼は何列にも配置され，前列と半分だけずれて配列する。このため，六角形に詰まった特徴的な配列ができあがる。初めに分化する細胞は，R8光受容ニューロンである。R8は規則的に並んだ細胞の各列に，だいたい8細胞ごとに離れて生じる。これによって，個眼同士の間隔が決まる。

形態形成溝の通過は個眼分化に必須であり，溝の進行を阻害するような突然変異体では個眼の新たな列の分化が抑えられ，異常に小さな眼を持つ個体となる。眼原基には前後区画は存在しないが，溝のすぐ後ろの細胞は後方細胞に類似していると考えてよく，翅原基の後方区画の細胞と似た状況にある（第11.18節参照）。この細胞はHedgehogタンパク質を分泌し，これがDecapentaplegicの発現を引き起こし，ひるがえってDecapentaplegicの発現によって，細胞が神経細胞を形成する応答能を得る。*wingless*遺伝子も眼原基のパターン形成の一部を担っている。*wingless*は眼原基の側方の縁に発現し，これらの領域に溝が発生しないようにし

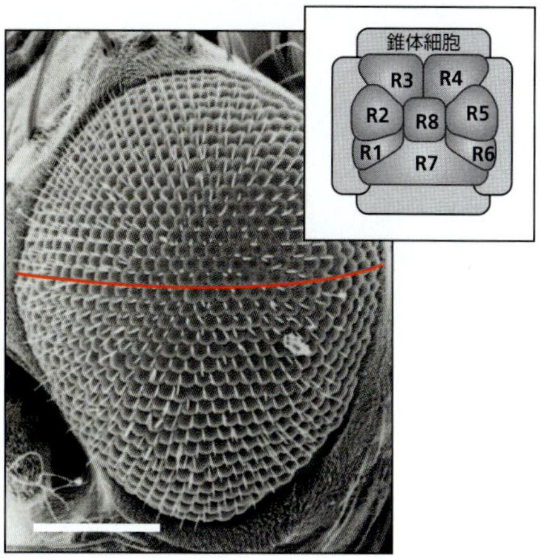

図11.42 ショウジョウバエ成虫複眼の走査型電子顕微鏡写真

個眼が構成単位になっている。3齢幼虫期に，8つの光受容ニューロン（R1～R8）と4つの錐体細胞でできた，個眼の細胞塊が形成される（右上パネル）。赤線は眼の赤道を示す。スケールバー＝50μm。

図11.43 ショウジョウバエ複眼での個眼の発生

複眼は眼成虫原基から形成されるが，これは触角にも寄与するより大きな原基の一部である。3齢幼虫の間に形態形成溝が眼原基内にでき，後方から前方へ眼原基内を横切る。溝の後ろで個眼が発生し，図で示すように，R8が最初でR7が最後という順番で，光受容ニューロンが指定される。個々の個眼は六角格子状に規則正しく間隔をあけて形成される。

Lawrence, P.: 1992より

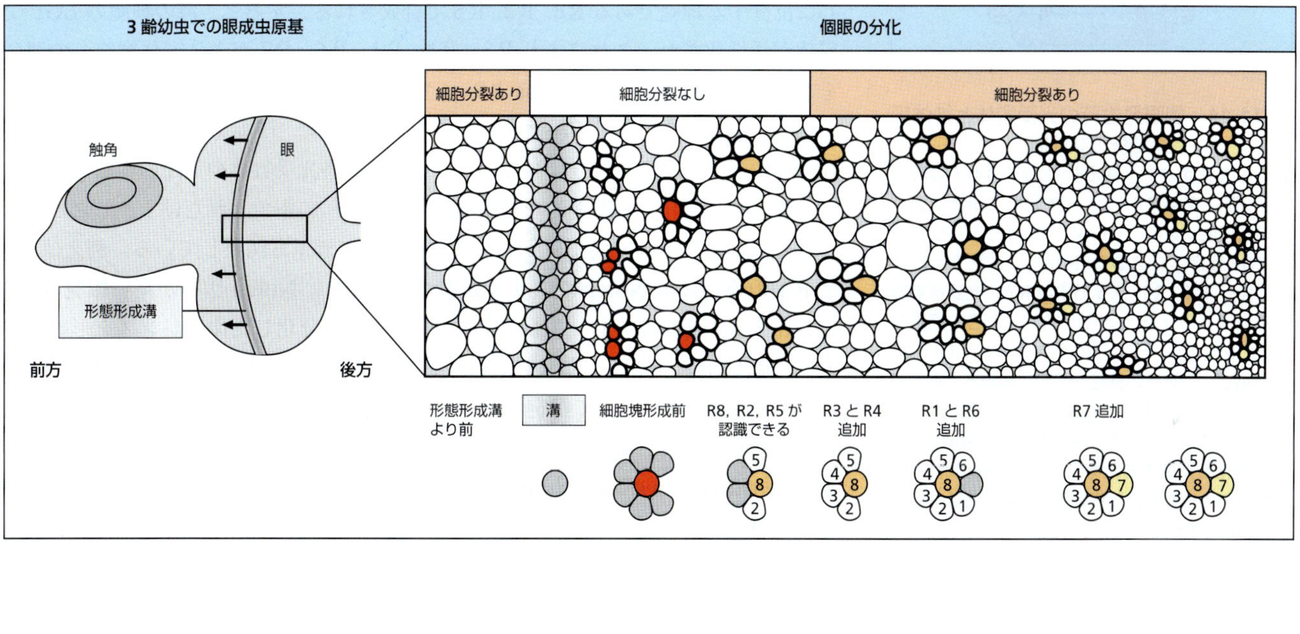

ている。つまり，それぞれの成虫原基は全く違う構造をつくり出すにもかかわらず，脚，翅，眼のパターン形成の鍵となるシグナルは似ており，しかし各原基で違う働きをしているということが見て取れる。

いったん各R8細胞が指定されると，シグナルカスケードを起動し，最終的に20個の細胞を集め，成熟した個眼が形成される。最初につくられるのが予定光受容細胞，つまり感覚ニューロンである。R2とR5は，R8の両側で分化し，機能的に同等のニューロンになる。R3とR4は少し違うタイプの光受容体だが，これらが次に指定される。これらの細胞はすべて，R8を中心とした半円状に配置される。次にR1とR6が分化することで円がほとんど完成し，最後にR8の隣にR7が分化し，円が閉じる（図11.43参照）。

この細胞クラスターは90°回転するため，R7は原基の赤道面にもっとも近く，R3が遠くになる。この回転は眼の背側と腹側では逆方向となる。つまり，眼の背側-腹側領域は区別され，違う極性を持ち，背側と腹側にある個眼は赤道面に対して鏡像対称である（図11.42参照）。個眼の極性は，平面内細胞極性（**Box 2F**, p. 83参照）のもう1つの例であり，R4に比べてR3でFrizzledシグナルが高いことが関係している。

眼の赤道面の決定は，*Iroquois*遺伝子複合体のメンバーが，眼原基の背側領域を指定することで決まる。その後，赤道面そのものが指定されるが，それにはNotch, その受容体SerrateとDelta, そして分泌タンパク質Fringeの作用が関わっており，これは翅の背腹区画境界の指定とよく似ている（第11.19節参照）。

眼の個眼の規則的な間隔形成には，R8細胞の間隔を決める**側方抑制（lateral inhibition）**機構が関わっている。眼原基の全ての細胞ははじめ，R8細胞として分化する潜在能力を持っており，形態形成溝が通過するとすぐR8への分化を始めようとする。しかし，必ずどれかの細胞が進んで分化し，3細胞分の直径の範囲で他のR8細胞の分化を抑制できる。R8となる細胞は，*atonal*遺伝子を発現する。*atonal*を抑制し，R8細胞同士の間隔をあけるのは，分泌されたScabrousタンパク質とNotchである。

眼の細胞運命は，グループごとではなく細胞1つずつ指定され，決定される。個々の個眼のパターン形成に必須な2つのタンパク質が，EGF受容体とそのリガンドであるSpitzである。個眼のパターン形成のモデルには，EGF受容体の活性化と，細胞の年齢の両方が関わっている（図11.44）。Spitzは最も初期に指定され，中心に位置する細胞であるR8，R2，R5で合成される。すると，隣の細胞のEGF受容体が活性化され，これによりR3，R4，R1，R6，R7が光受容体細胞への運命をとる。反応した細胞はArgosタンパク質を分泌する。これが拡散し，より遠くの細胞がSpitzによって活性化されるのを防ぐことで，予定個眼細胞クラスターの他の細胞が，光受容体に分化しないようにする。各光受容体の実際の性質は，細胞が，連続的に変化する潜在的な発生運命の“状態”の中でどれだけすごしたかで示される，細胞の年齢で決まる。もちろん他のシグナルも関係している。例えばR3とR4の違いにはNotchシグナルが関わっており，Notch活性が高い細胞はR3に分化するのを抑えられ，R4になる。光受容体が分化した後，レンズを形成する4つの錐体細胞が分化し，最後にこれらをリング状に取り囲む付属細胞が発生する。

R7が光受容細胞として指定される過程は，個々の細胞レベルで細胞運命が指定される過程の中で，最も理解が進んでいる。この過程には，予定R7で*sevenless*，R8で*bride-of-sevenless*（*boss*）が発現することが必要である。どちらの遺伝子が不活性化しても表現型は同じで，R7は発生せず，過剰な錐体細胞が分化する。

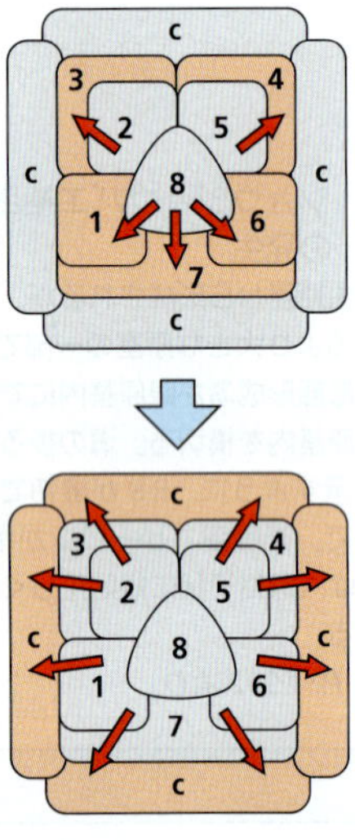

図11.44　個眼発生時の光受容体と錐体細胞の連続的な補充

最も早く指定され，中心に並んでいる3つの光受容細胞であるR8，R2とR5が，Spitzタンパク質を産生する。これによってショウジョウバエのEGF受容体であるDERが隣の細胞で活性化し，R3，R4，R1，R6およびR7に光受容細胞の運命をとらせる（上図）。次にこれらの細胞もSpitzを産生し，予定錐体細胞（c）のDERと相互作用し，これらの細胞を個眼へ集める。細胞が運命決定されると，Argosタンパク質を分泌する。これは拡散し，より遠くの細胞のSpitzによる活性化を抑制するため，予定個眼細胞塊では，これ以上の細胞が光受容細胞になることはない。
Freeman, M.: 1997より改変

Sevenless タンパク質は膜貫通型の受容体型チロシンキナーゼであり，Boss はそのリガンドである。Sevenless タンパク質は，R7 だけでなく，個眼の他の細胞，例えばレンズ細胞でもつくられる。したがって，R7 の指定には Sevenless は必要であるが，十分ではない。遺伝的なモザイク解析によると，R7 の発生には R8 が Boss タンパク質を発現するだけでよく，Boss タンパク質が，R8 が R7 を誘導するシグナルであることが示されている。Boss も膜タンパク質であり，R8 細胞の，R7 と接触している頂端表面に存在している。R7 分化に必要な 2 つめのシグナルは R1/R6 の 2 つの細胞から産生され，これが R7 細胞の Notch を活性化している。

11.25 ショウジョウバエの眼の発生は，脊椎動物の眼前駆細胞の指定のときと同じ転写因子の作用によって開始される

Pax6 のショウジョウバエ版は *eyeless* と呼ばれ，この遺伝子の突然変異によって，複眼が縮小したり，完全に欠損したりする。*eyeless* は眼原基において，形態形成溝の前方領域で発現している（**図 11.43**）。*eyeless* 遺伝子を他の成虫原基で異所的に発現させると，翅，脚，触角，平均棍で異所的な眼形成が誘導される。これらの異所的に形成された眼は見事に正常と同じで，きれいな個眼も存在しているが，神経系には接続されていない。*eyeless* の活性化によって，最終的に 2000 ほどの遺伝子が活性化されると試算されており，その全てが眼の形態形成に必要である。ショウジョウバエの *eyeless* の作用のモデルは，Hox 遺伝子のものと似ていると考えられ，異所的に発現させると原基での位置情報の解釈を変えるようである。

前述のように，*Pax6/eyeless* の機能の見事な保存性は，マウス *Pax6* が *eyeless* を代替できること，そして，それを触角原基に発現させると異所的なショウジョウバエの眼を誘導できることから示されている（**図 11.41** 参照）。*Pax6* 遺伝子の供給源が何であっても，誘導される構造は常にショウジョウバエの個眼であり，*Pax6* 遺伝子を単離した動物のものではない。*Pax6* は，ショウジョウバエ自身の眼形成プログラムのスイッチを入れるマスター遺伝子として働いている。

ある遺伝子の基本的な機能が保存されているということの発見は，今では異なる動物グループの全く異なる眼は，同じ遺伝的回路で細胞を指定しており，この遺伝子回路は全ての左右相称動物の祖先，あるいはもっと古くから存在し，状況に合わせて平行進化してきたことを示す 1 つの例を，多くの生物学者に示唆している。動物は，単細胞の，おそらく鞭毛を持つ原生生物によく似た生物（第 15.2 節で議論する）から進化してきたと考えられ，現生の鞭毛虫が持つ眼点に似た光感受性細胞小器官を持っていたと考えられる。眼点がシグナルを鞭毛へと伝えることで，細胞は光に向かって移動できる。多細胞化と細胞種の分化という進化を経て最終的に，単純なタイプの光受容細胞——現生のクラゲの幼生にある，個々の光受容体が外胚葉内に存在するようなもの——ができてきた。クラゲの光受容細胞は，光受容タンパク質としてのオプシンだけでなく，全ての動物といくつかの単細胞生物で使われているメラニン色素をも含んでいる。メラニンは，脊椎動物の眼の色素網膜上皮の色素である。色素の機能は，光受容層を通過してきた全ての光を吸収することで，光受容体に光が反射することを防ぎ，不正確なシグナル発生を抑えることである。

眼の進化の次のステップは，単細胞由来の光受容細胞が，2 つのタイプに分かれることであろう。すなわち，光感覚受容細胞と色素細胞である。眼の起源がこの 2 つの細胞に関連するというアイディアは，ダーウィン（Charles Darwin）までさかのぼる。彼は，脊椎動物の眼の進化を，進化を考えるうえでの最大の難問である

とした。2 細胞でできた単純な“色素の杯”を持つ光受容器官は，多くの左右相称動物の幼生で見られるが，ナメクジウオ（頭索類）の幼生では，色素の杯と 2 列の光受容細胞がニューロンによって中枢神経系と繋がった，もっと複雑な眼をからだの正面に持っており，脊椎動物の眼の前兆となっている。Pax6 がいつどのように眼の発生においてこれほどまでに重要な因子になったのかはまだわかっていない。

まとめ：ショウジョウバエの個眼の発生

eyeless 遺伝子の発現が眼の発生に必要である。形態形成溝が，Hedgehog と Decapentaplegic シグナルに関連して眼原基を横切って動く

⇩

溝の後側で将来の個眼の 8 つの光受容体が発生をはじめ，R8 が最初で R7 が最後にできる。個眼は側方抑制によって間隔をあけてできる

⇩

光受容体は，DER 活性化，他のシグナル，時間によって指定される。R7 の指定は，R8 からのシグナルに依存して起こる

まとめ

脊椎動物の眼は，前脳の延長として発生する。前脳の側方壁の膨出により眼胞がつくられ，眼胞によって表面外胚葉からレンズが誘導される。眼胞の先端の陥入によって 2 層の眼杯ができ，これがレンズを取り囲み，眼球を形成する。内側の上皮層は神経網膜を，外側の上皮は網膜の奥にある色素上皮に分化する。レンズの形成がそれ以降の眼の発生に必須である。転写因子 Pax6 は，脊椎動物からショウジョウバエまでの，多様な動物で眼の発生に必須である。ショウジョウバエの複眼には 800 個の個眼があり，個眼は規則的な六角形パターンに並んでいる。複眼は成虫原基からできる。個眼の規則正しい間隔は，R8 光受容ニューロンによる側方抑制によってできる。各個眼の 8 つの光受容ニューロンは，局所的な細胞間相互作用によってパターン形成され，最初の R8 から始まって，光受容細胞は厳密な順番で指定され，分化する。

内臓器官：昆虫の気管系，脊椎動物の肺，腎臓，血管，心臓，歯

これまで議論してきたすべての構造は外部にあり，比較的研究しやすいと言える。ここからはいくつかの，主に脊椎動物の内臓器官について考えてゆく。これらの器官の発生からは，これまでみてきたことのない発生現象，例えば管状の上皮の形成や分枝，緩くまとまっていた間充織が上皮を形成するような現象が明らかになる。

上皮は動物では最もよく見られる種類の構築組織で，肺や肝臓，血管などの多くの器官はほとんど，機能的に特殊化した上皮からなる。上皮細胞は互いに固く接着し，細胞シートをつくる。これは，毛細血管の内皮（endothelium）や腎管のように 1 層でできていることもあるが，皮膚のように多層のこともある。初めにここで議論する器官の共通の性質は，上皮が分枝する管になることである。

11.26 ショウジョウバエの気管系は分枝形態形成のモデルである

多細胞動物のからだには，血管，腎管，哺乳類の肺の分枝した気道など，多数の上皮性の管や小管がある。これらの管系の多くは発生中に盛んに枝分かれするが，これは分枝形態形成（branching morphogenesis）と呼ばれる現象である。ショウジョウバエの気管系の発生は，分枝形態形成の素晴らしいモデルとなり，この過程を調節し，かつ脊椎動物の肺の形態形成にもはたらく多くの遺伝子が同定されてきた。

ショウジョウバエの幼虫では，気門と呼ばれるからだの穴を通って空気が入り，酸素は 10,000 本程度の非常に細い管で組織に供給される。この管は，胚発生期に 20 個の外胚葉性のプラコード(片側 10 個ずつ)から発生する。それぞれのプラコードが幼虫の 1 つの metamere（体節の片側半分）の気管系を形成する。胚発生も終わりになり胚帯退縮が始まると（第 2.2 節参照），プラコードの外胚葉が陥入して 80 細胞ほどでできた中空の袋をつくり，これが絶え間なく枝分かれして何百もの細い末梢枝をつくる。驚くべきことに，袋が伸びて分枝した管をつくるのに，これ以上細胞分裂はせず，分枝は，方向性をもった細胞移動，挿入による細胞の再配置および細胞の形の変化によって起こる。発生が進むと，異なるプラコードからできた枝が融合し，からだ全体に行き渡る，つながった管のネットワークがつくられる。

気管プラコードの陥入の開始には，細胞の頂端膜側の収縮と，細胞の形の変化が関わっており，これはショウジョウバエの中胚葉が内部へ入り込むときと非常に似ている（**図 8.21** 参照）。袋の壁の細胞のいくつかに糸状仮足ができ，化学誘引物質の源に対して移動し，その後ろに伸長した管の細胞を引きずることで，最初の管がつくられる（**図 11.45**）。この管は，細胞挿入と，細胞間結合の再編成との組合せによって分枝し，細胞が丸まって単一細胞の端と端が結合し，細胞自身で管の腔所をつくった二次気管枝が形成される。管の伸長に必要な化学誘引物質は Branchless タンパク質で，これは哺乳類 FGF のショウジョウバエ版である。Branchless は，それ以前に胚の前後および背腹パターン形成によって決められた，

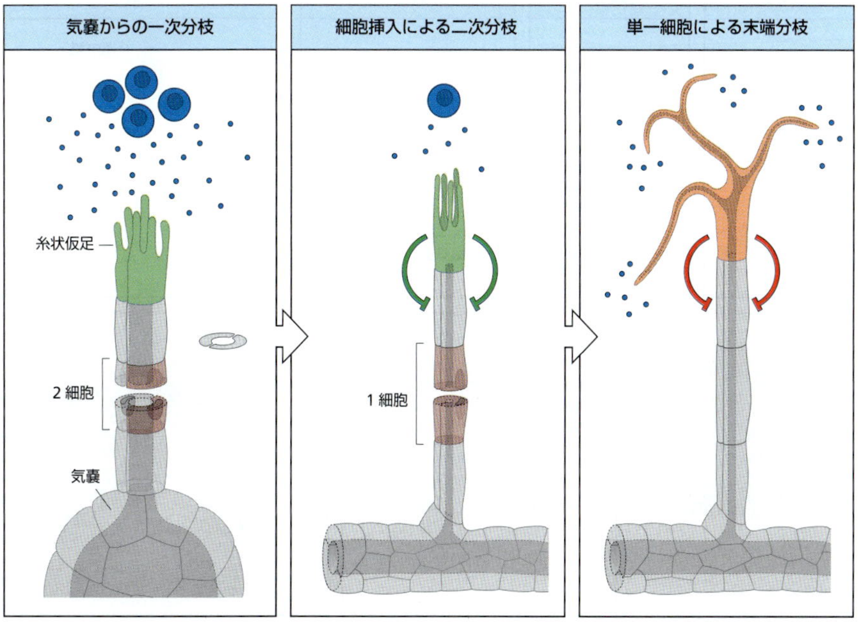

図 11.45　ショウジョウバエ気管系の分枝は，細胞の再配置とリモデリングによってのみ起こる

気管発生の最初の段階では，Branchless タンパク質（青）が局所的に分泌されることによって，気嚢の細胞が糸状仮足をつくり，Branchless の発生源へ向かって動くことで一次分枝をつくる（左パネル）。二次分枝は，互いに挿入した細胞が丸まって単一細胞の管をつくり，その端と端が接続してできる。そのため内腔は，細胞の真ん中を通る（中央パネル）。二次分枝の先端の細胞では *sprouty* 遺伝子が誘導され，Sprouty タンパク質（緑）が，Branchless の源から遠いところで分枝が起こるのを抑えている。末端分枝を起こす先端細胞は次に，Notch - Delta シグナリングによって指定される。先端細胞は内腔を発達させ，激しく分枝する細い細胞性の枝を延ばす（右パネル）。先端より後ろの細胞は，先端細胞からの Notch シグナリングによって（赤線），先端への運命を抑制されている。

あるパターンの間充織細胞のクラスターに発現する。Branchlessは，ショウジョウバエ版のFGF受容体であるBreathlessを介して作用する。Breathlessは気管細胞に発現し，分枝の開始に関わっている。*branchless*や*breathless*遺伝子は，気管形態形成が乱れるような——これが名前の由来だが——突然変異体から同定された。気管の形態形成に関わる他の遺伝子として*sprouty*があり，これは気管細胞に発現する。Sproutyタンパク質は，Breathlessシグナルと拮抗して過剰な分枝を抑える。特に，より基部側の細胞の分枝形成を抑える。Sproutyを欠損すると，正常に比べ非常に多くの二次分枝が起こる。

幼虫のからだの中を管が伸びてゆくにしたがって，低酸素状態が間充織でのBranchlessの局所的な発現を誘導する。それに反応したBreathlessシグナルによって，二次分枝の先端の細胞が急に伸長して，気管系の細い末端分枝を形成する。それぞれの先端細胞は，たくさんの枝を持つ単細胞性の芽のようになり，細胞の中に管の腔所をつくる（**図11.45**参照）。Notch-Deltaシグナルが末端分枝の過剰形成を抑えており，これによって先端細胞の運命が与えられ，より基部側の細胞が先端細胞になって末端分枝をつくることを防いでいる。

11.27 脊椎動物の肺も，上皮性の管の分枝によって発生する

脊椎動物の一対の肺は，胚の気管の両側の端にできた2つの肺芽からできる。気管は成長し，気管支をつくる。肺は左右非相称性を持つ内臓器官の1つで（第4.7節参照），これは発生初期からよく見てとれる。それぞれの肺芽は上皮性の管として成長し，将来気管支となるが，ヒトでは右にはもう1つ，左にはさらに3つの分枝をつくり，細気管支をつくる（**図11.46**）。これらがどんどん細い枝分かれになり，最終的に，薄い壁を持つ上皮性の袋である肺胞をつくり，ここでガス交換——酸素が血管に取り込まれ，二酸化酸素が放出される——が起こる。

ショウジョウバエの気管と違い，脊椎動物の肺の管の成長および分枝は，細胞移動というよりも，成長中の管の先端の細胞増殖によって起こる。それにもかかわら

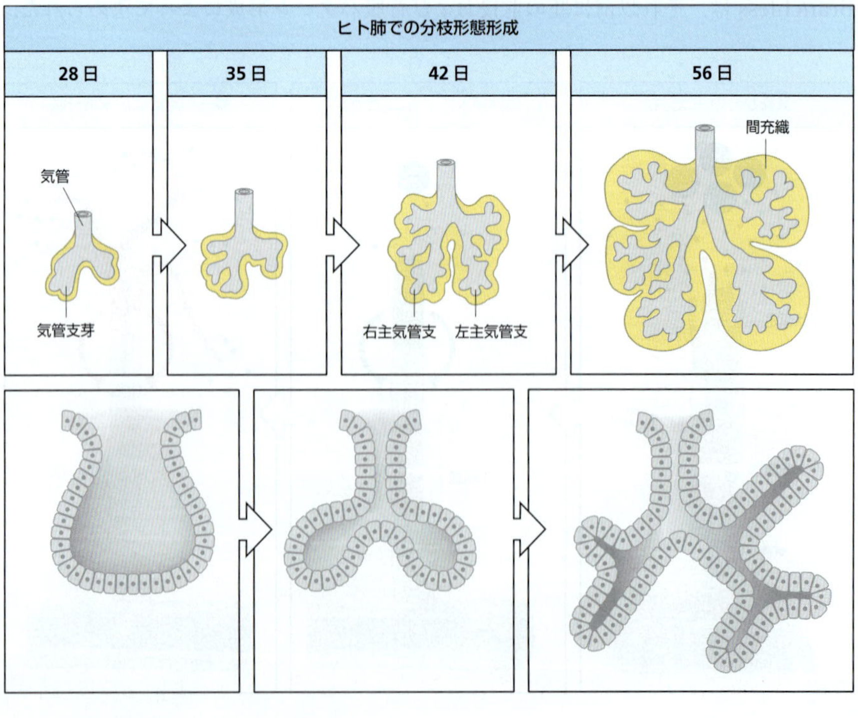

図11.46 哺乳類肺の気管支芽の成長および分枝には，細胞増殖と上皮の変形が関わる

上段パネル：肺上皮は，周りの間充織からのシグナルに反応して，気管支芽が絶え間なく分枝することで発生する。下段パネル：初めは袋状だった上皮が，細胞増殖にともない，狭い区域で上皮シートの変形を起こす。この過程が繰り返され，絶え間ない分枝が起こる。発生中の哺乳類肺の分枝には，細胞増殖が必要である。

ず，主管から新たな管が芽吹いて伸びるには，ハエと同様に，管の上皮と，周りを取り囲む間充織からのシグナルとの相互作用が必要である。また，多くのシグナルはハエと同じものである。肺上皮に隣接する臓側中胚葉から分泌されるFGF-10は，受容体であるFGFR2bと相互作用するが，FGFR2bはショウジョウバエのBreathlessと相同で，肺上皮細胞に発現する。ハエと同様に，FGFR2bの活性化により肺の細胞に*sprouty*の発現が誘導され，負のフィードバックとして，主管のより基部側の細胞が分枝しないように作用している。

肺発生に重要なもう1つのシグナルタンパク質がShhで，末端枝の先端細胞で発現する。Shh機能をホモ接合で欠損したマウスでは，気管と食道がうまく分離せず，一次肺芽は成長・分枝しないため，痕跡的な袋状の肺ができる。Wntシグナル伝達が，平面内細胞極性経路を介して（**Box 8C**, p. 324参照），発生中の管の基部-先端部極性の調節に関わる。Wnt5aを欠損したマウスでは，過剰に分枝した不完全な気管ができる。

11.28 腎管の発生には，尿管芽とそれを取り囲む間充織の相互誘導が関与する

哺乳類の腎臓は主にひとそろいの入り組んだ管からできており，そこで血管から水分と塩分を吸収し，その組成を調整し，最終産物である尿を尿管に運搬し，からだの外へと放出する。この管の一方の端は糸球体で終わる。ここは，毛細血管から水分と塩分が放出され，小管へと入ってゆく場所である。もう一方の端は尿管につながっている。腎臓は，尿管芽と後腎間充織（哺乳類の腎臓は後腎とも呼ばれる）という2つの中胚葉性の領域からできている。尿管芽はウォルフ管から枝分かれしたもので，ウォルフ管は原始的な形の腎臓である前腎からできる。前腎は，両生類や魚類では成体の腎として働いている[訳注2]。哺乳類の雄では，ウォルフ管は輸精管に分化する（第9.13節参照）。

訳注2：円口類以外では，両生類，魚類においても幼生以降は中腎が（腎として）使われる

尿管芽は，ウォルフ管の後方領域で，隣り合う後腎間充織により誘導されてできる。間充織の影響下で尿管芽は枝分かれし，尿を運ぶ管の基部側である集合管として知られる管を形成する。尿管芽によってその周りの間充織は凝集し，腎管またはネフロンに発生する上皮構造をつくる。それぞれの管は伸長し，片方の端には糸球体を形成して将来血液の濾過を行い，もう一方の端は集合管と結合し，尿管とつながる（**図11.47**）。管の中間部分は複雑に折れ曲がり，上皮細胞は尿からイオンを再吸収するように特殊化する。哺乳類の腎臓は器官培養で発生させることができるので，研究するのによい発生系となっている。器官培養では，外植片の後腎間充織が約6日間，血管供給なしでも数多くの糸球体と管をつくる。

尿管芽と間充織の発生には相互の誘導作用が必要で，どちらがなくても発生できない。尿管芽の成長を誘導するために，間充織は，グリア細胞由来神経栄養因子（GDNF）およびFGFファミリーの2種類の因子を分泌する。GDNFを発現する部位が，尿管芽の発生する位置およびそれを1つに制限するのに非常に重要である。GDNFの発現位置は，Slit2タンパク質およびその受容体であるRobo2タンパク質によって調節されている。第12章で触れるように，これらのタンパク質は，神経系の発生において軸索のガイダンスにも関わっている。間充織でのGDNFは尿管芽の分枝を主に調節しており，その受容体であるRetは，尿管芽に発現する。分枝の細胞生物学的基盤は，前述の肺発生（第11.27節参照）に似ている。Retの活性化は*sprouty*の発現を活性化し，肺と同様，管先端以外の領域での分枝を抑制する。GDNFかRetのどちらかを欠損させると，尿管芽の成長が見られない。

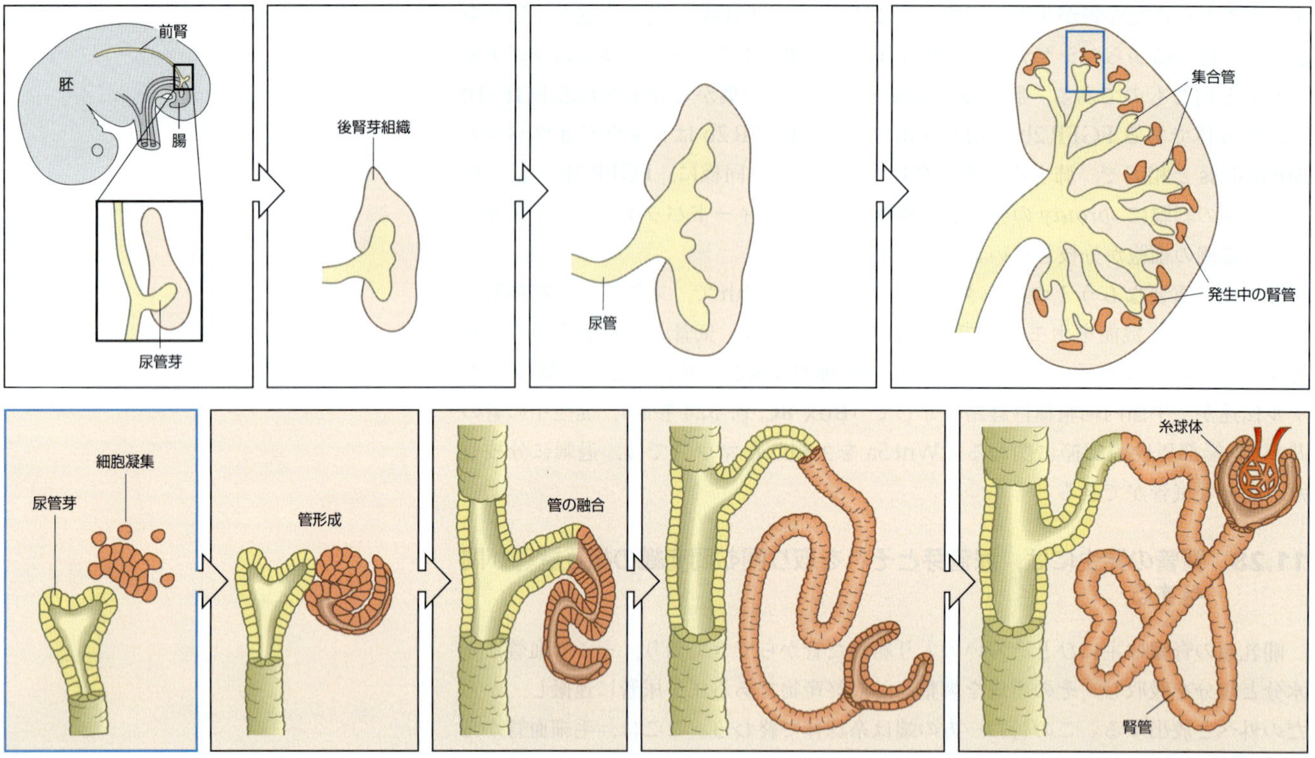

図 11.47 腎臓発生は，間充織-上皮転換の例である

腎臓は緩く集まった間充織塊である後腎芽細織から発生し，後腎芽細織は尿管芽から誘導され，管をつくる。尿管芽自体は間充織によって誘導され，成長して分枝し，集合管を形成して尿管とつながる。間充織は細胞凝集をつくり，これが上皮性の管となり，尿管芽からできた集合管に開口する。それぞれの管は糸球体をつくり，血管から老廃物をこしとる。

尿管芽が分枝してゆくにしたがって，先端部を覆っていた間充織が凝集し，上皮になり，ネフロンを形成する。尿管芽が分泌し，ネフロンの誘導に関わる増殖因子は，FGF-2，白血病抑制因子（LIF），および TGF-β2 である。間充織に発現し，管形成にかかわる鍵タンパク質は，ジンクフィンガー転写因子 WT1 である。*WT1* 遺伝子の機能喪失型突然変異体は，子供の腎臓癌であるウィルムス腫瘍（Wilms' tumor）の原因であるため，この遺伝子はウィルムス腫瘍抑制遺伝子として知られている。

誘導に対する非常に早い反応は，間充織での転写因子 Pax2 の発現で，これはおそらく自身の GDNF の発現を誘導することを通して，この後起こる管形成に必須である。*WT1* の発現が次に増加し，ゆるく固まっていた間充織細胞が凝集し，細胞はその表面に細胞外マトリックス糖タンパク質である Syndecan の発現を始める。この凝集期のあと，異なる種類の細胞集合体の形成が始まる。つまり，間充織細胞が極性を持ち，上皮の性質を獲得し，シグナル分子 Wnt-4 を分泌するようになる。細胞塊は S 字型の管になり，これが伸長・分化することで，腎管と糸球体の機能単位を形成する。この転換の間，細胞が分泌する細胞外マトリックスの組成は変わってゆく。間充織性のⅠ型コラーゲンは，基底膜タンパク質であるⅣ型コラーゲンやラミニンに変わるが，これらは通常，上皮細胞が分泌するものである。発現する細胞接着分子（**Box 8B**, p. 309 参照）も変化する。例えば間充織細胞に発現する N-CAM は，上皮細胞の E-カドヘリンに置き換えられる。インテグリンも，上皮-間充織相互作用に関わっている。

腎臓に含まれるネフロンの数は多様で，230,000 から 1,800,000 までいろいろである。ネフロンの数は尿管芽の分枝の数によって決まるが，どのようにして分枝が止まるのかはよくわかっていない。多くの種類のタンパク質が，ネフロンの数を決めるのに関わっているようである。

11.29 血管系は，脈管形成とそれに続く血管新生によってできる

脊椎動物の発生において，はじめにできてくる器官系が，血管と血球を含む血管系であることは驚くべきことではない。これによって，酸素や栄養を急速に発生する組織に供給することができるからである。血管系で特徴的な細胞は内皮細胞で，心臓，静脈，動脈を含むすべての循環系を裏打ちしている。血管の発生は，中胚葉性の細胞である**血管芽細胞（angioblast）**から始まる。これは内皮細胞の前駆体である（図 11.48）。血管芽細胞は間充織-上皮転換を起こし，脈管構造の主血管に組み込まれてゆくが，この過程を**脈管形成（vasculogenesis）**という。このはじめにできた血管を，からだ中に枝分かれして広がる血管系へと仕上げてゆく過程が**血管新生（angiogenesis）**である。ここでは血管が伸長し，枝分かれして，小静脈，細動脈，毛細血管の広大なネットワークを形成する。

血管芽細胞が内皮細胞に分化するには，増殖因子 VEGF（血管内皮増殖因子）とその受容体が必要である。VEGF は，血管内皮細胞のタンパク質性分裂促進因子であり，血管内皮細胞の増殖を促進する。背大動脈や大静脈のような一次血管は，側方中胚葉にできる血管芽細胞から生じる。体節をはじめとした軸側構造から VEGF が分泌され，また，その発現は脊索からの Shh シグナルによって誘導される。*Vegf* 遺伝子の発現は酸素の欠乏または低酸素状態により誘導されるため，酸素を使い果たす活発な器官が，それ自身の血管新生を引き起こす。

新たな毛細血管は，既に存在している血管から芽を出すことで形成される（図 11.48 参照）。毛細血管は，芽の先端で細胞外マトリックスを分解し，先端細胞が分裂することで成長する。先端の細胞は糸状仮足様の突起を延ばし，これが芽のガイダンスと伸長に関わる。VEGF に反応して，先端の細胞は Notch のリガンドである Delta-like 4 を発現し，隣の基部側の細胞の Notch を活性化する。Notch シグナルは VEGF 受容体の発現を抑制することで，管の先端の成長を制約する機構の 1 つとなっている。これはショウジョウバエの気管発生で使われた Delta-Notch のフィードバック機構を彷彿とさせる（第 11.26 節参照）。

発生の間，血管はそのターゲットに向かって，特別な経路に沿って舵を取られながら進む。これを引っ張っている先端の糸状仮足は，他の細胞や細胞外マトリックスからの誘引および反発のキュー（合図）の両方に反応している。細胞外環境からのキューには，netrin および semaphorin ファミリーのタンパク質が使われ

図 11.48 脈管形成と血管新生
最初のパネル：脈管形成によって，血管芽細胞が，血管内皮細胞の単純な管へと集合する。2 番目，3 番目のパネル：血管新生で管は伸長する。血管新生には血管内皮細胞での糸状仮足形成が関わり（3 番目のはめこみパネル），これによって細胞は化学誘引物質（緑の丸）の源に向かって移動し，血管の伸長，分枝，および成長が起こる。

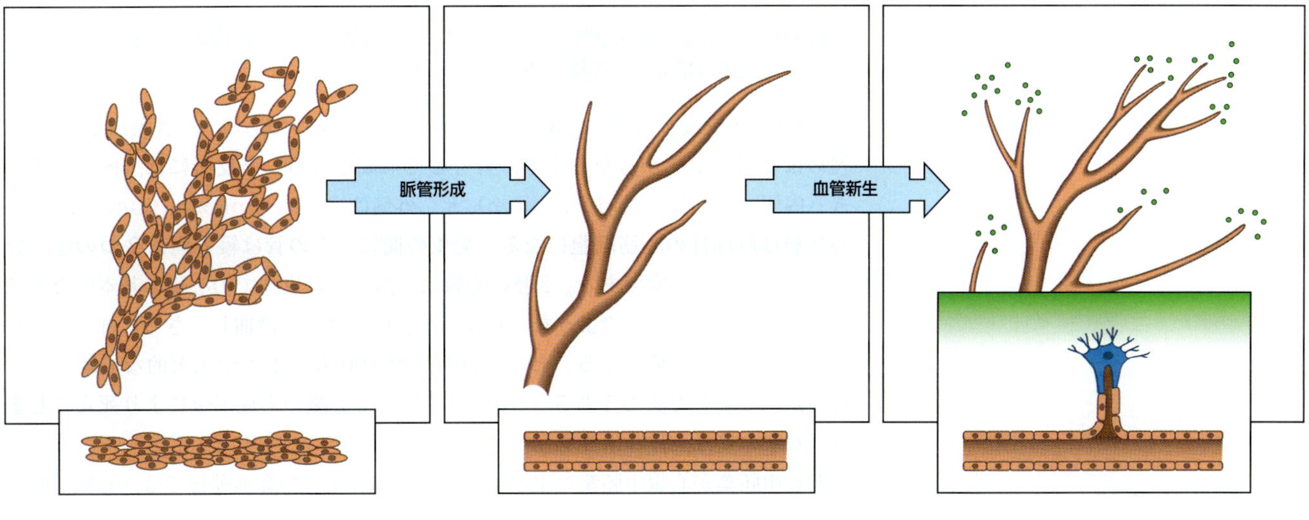

ており，これらは成長中の血管の先端の糸状仮足の活性を抑えている。netrin や semaphorin は軸索ガイダンスにも関わっており（第 12 章で議論する），発生中の血管と神経のガイダンスのシグナルや機構は驚くほど類似している。血管の形態形成には，内皮細胞と細胞外マトリックス，また内皮細胞同士の接着を修飾することも必要である。ここでは，フォーカル・コンタクトを介した，インテグリンを使った細胞外マトリックスとの細胞接着の変化が特に重要である。

VEGF は，内皮細胞がそれを取り囲む基底膜マトリックスを分解し，移動，増殖するのを促進する。マウスの皮膚では，胚の神経系が鋳型をつくり，それによって血管成長が導かれている。神経は VEGF を分泌するが，これが血管を引きつけ，それらを動脈として指定する。多くの固形腫瘍は VEGF や他の増殖因子を産生して血管新生を促進しているため，あらたな血管の形成を阻害することは，腫瘍の成長を抑える方法の 1 つとなる。モノクローナル抗体ベバシズマブ[bevacizumab（アバスチン Avastin）] は，VEGF を標的とする抗血管新生薬で，直腸結腸癌の治療に対して，化学療法と併用しての臨床使用が認可されている。

脈管構造における最初の管構造は内皮細胞でつくられるが，これらの血管はつづいて周皮細胞や平滑筋細胞によって覆われる。動脈と静脈は血液の流れの方向で規定されるが，構造的，機能的な違いも見られる。細胞系譜の実験から，血管芽細胞が動脈になるか静脈になるかは，血管新生よりも前に指定されることがわかっているが，そのアイデンティティはまだ決定されておらず，異なる性質へと切り替わることができる。動脈性毛細血管と静脈性毛細血管は，毛細血管床でお互いに繋がり，動脈系と静脈系の交差する部分を形成する。細胞選別とガイダンスにかかわる分子である ephrin B2 が動脈に発現し，一方でその受容体である EphB4 は静脈に発現しており，一次毛細管網目構造でのそれらの相互作用が，内皮細胞を選別し，動脈や静脈を区別するのに必要なのであろう。リンパ管は発生学的には血管系の一部であり，静脈から出芽して形成される。ホメオボックス遺伝子 *Prox1* の発現が，リンパ系譜への運命決定の早い時期でのマーカーである。

血管新生は胚にだけ起こるのではない。一生涯きちんと調節されて起こることが可能であり，傷害を負った血管を修復するのに使われる。しかしながら，過剰または異常な血管新生は，多くのヒトの疾患の顕著な特徴である。このような疾患には，癌，肥満，乾癬，アテローム性動脈硬化症，関節炎などがある。脈管系の異常によるヒトの疾患で神経系に関するものには，脈管系の閉塞が症状の主原因となるアルツハイマー病や，運動ニューロン疾患がある。

11.30 脊椎動物の心臓の発生には，中胚葉性の管の長軸に沿ったパターンの指定が必要である

心臓は，胚で最も初期に形成される大きな器官の 1 つである。中胚葉由来であり，初めは 2 層の上皮からなる 1 本の管として形成される。上皮層には，内皮からできる内側の心内膜（endocardium）と，外側の心筋層（myocardium）があり，心筋層は収縮性の心筋細胞になる。発生の間に，この管は縦方向に 2 つの腔に分かれる。心房と心室である。2 腔の心臓は，魚類では成体での心臓の基本的な形であるが，鳥類や哺乳類のようなより高等な脊椎動物では湾曲し，さらに部域化されるため，4 腔の心臓となる。ヒトでは新生児 100 人に 1 人が先天的な心臓疾患を持つが，受胎した胚のうち 5 ～ 10% は子宮内で心臓の形成不全により死んでしまう（数字の差は，違う研究を反映している）。

側板中胚葉が心臓中胚葉の主な供給源である。全ての脊椎動物では，心臓前駆細

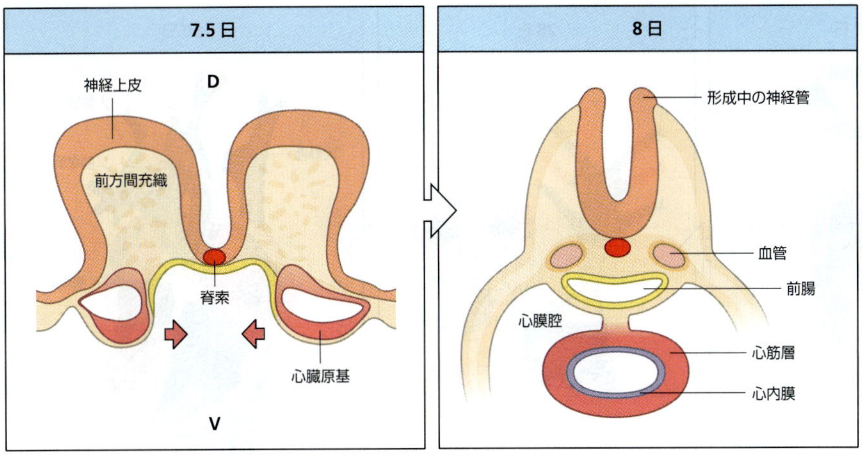

図 11.49　マウスでの初期心臓発生
左パネル：マウス 7.5 日胚での心臓付近での横断面図。腹側正中の両側の側板中胚葉から，1 対の心臓原基が形成される。消化管内胚葉は黄色で示している。右パネル：8.5 日までには胚の腹側表面が折れ曲がって前腸と体腔を形成し，2 つの心臓原基は融合して 1 本の管構造となる。管は将来心筋に分化する心筋層と，内表面を裏打ちする心内膜上皮からなる。心臓は心膜腔にかこまれている。

胞は，側板中胚葉の正中をはさんだ両側に，2 つのパッチ状に並んでいる。その後，複雑な形態形成過程を経て，これらの細胞は正中へと移動し，融合して心筒をつくる（**図 11.49**）。ゼブラフィッシュでは，この過程が阻害されて側方に 2 つの心臓が並ぶ二叉心臓と呼ばれる状態を示す，数多くの突然変異体が見つかっている。そのうちの 1 つの原因遺伝子は *miles apart* と呼ばれており，リゾスフィンゴ脂質に結合する受容体をコードしている。ここでのリガンドはスフィンゴシン-1-リン酸のようである。*miles apart* は移動中の心臓細胞自体には発現せず，正中の両側の細胞に発現する。このため，予定心臓細胞の移動の指揮に関わるものと思われる。

第 4 章でみたように，アフリカツメガエルの心臓中胚葉は最初に，中胚葉誘導および背腹パターン形成の一般的な過程において，オーガナイザーからのシグナルで指定される。ニワトリやマウスでは，最終的に心臓細胞になる細胞は原条から移入し，側板中胚葉の一部となる。ニワトリ胚で予定心臓細胞は，最終的に心臓ができる前後軸のおおよその位置で原条に移入するが，この時点では心臓細胞として決定されていないし，予定心臓中胚葉の前後パターンも決まっていない。移入の数時間後，細胞は心臓細胞として拘束され，単離しても心筋細胞へと分化するようになる。予定心臓中胚葉の前後パターンは，その後すぐ，心筒ができる直前に決まるようである。

心臓がモジュール組み立て式に発生し，各解剖学的領域は別々の転写プログラムによって調節されているという証拠がいくつかある。その領域とは心筒に沿った区画で，哺乳類の心臓では，心房，左心室，右心室，心室流出路である（**図 11.50**）。これらの領域の前駆細胞は，前後軸に沿ったその位置によって，特別な遺伝子発現パターンを獲得するように見える。例えばホメオボックス転写因子の Nkx2.5 は心臓発生に必要で，初期心臓細胞の最も早いマーカーの 1 つである。マウスおよびヒトの *Nkx2.5* 遺伝子突然変異体は，心臓に異常が見られる。*Nkx2.5* は，発生中の心臓において非常に複雑な発現パターンを見せる。*Nkx2.5* の調節領域には，7 つの活性化領域と 3 つの抑制領域が同定されている。活性化領域には，心筒全体で発現させるもの，また右心室と流出路のみで発現させるものなどがある。心臓発生での前後の位置価のシグナルとしては，レチノイン酸が考えられている。

マウスでは，初期心臓領域の細胞系譜の追跡実験から，発生の非常に初期に共通の前駆体から由来する，2 つの系譜の心臓前駆細胞があることがわかった。1 つの系譜の細胞は左心室と流出路になり，他のすべての心臓領域は両方の系譜にまたがっている。

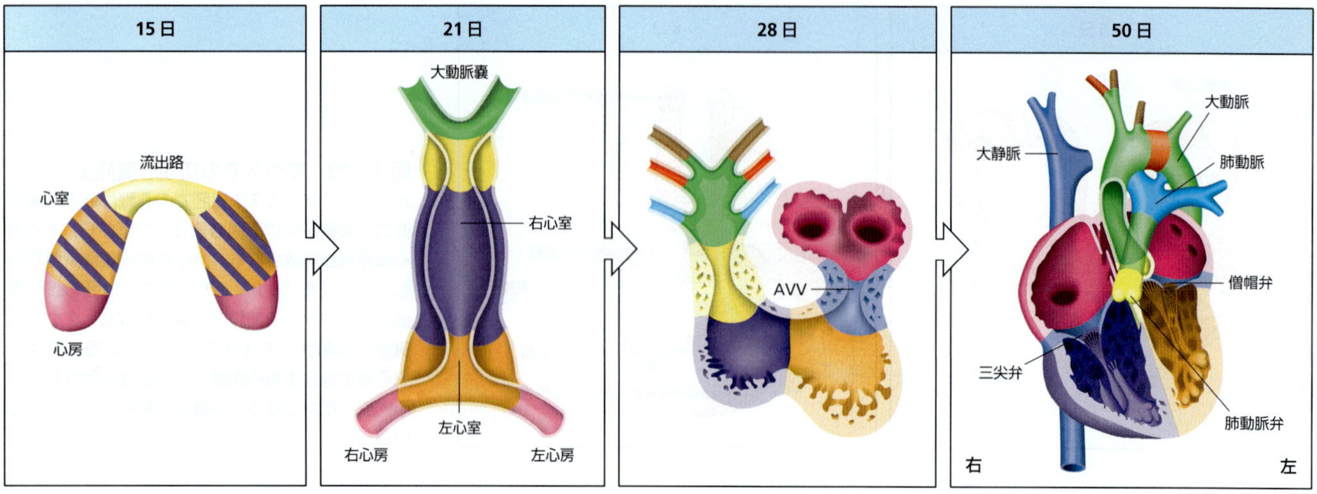

図 11.50 ヒトの心臓発生の図
ヒト15日胚までには，最初のパネルで示すように，心臓形成前駆体が三日月状に形成され，心臓の主な領域はすでに指定されている。三日月の2つの腕が正中で融合し，まっすぐな心臓の管ができるが，この管では前後軸に沿って，成熟した心臓域や心腔の領域がパターン形成される（2番目のパネル）。ループ形成が完了すると（3番目のパネル），これらの領域は最終的なおおよその配置にしたがって並ぶ。後期発生でさらにパターン形成されて（4番目のパネル），例えば心室と心房の間の弁の形成が起こる。AVV，房室弁領域。
Srivastava, D. and Olson, E.N.: 2000 より

心臓の後期発生は，心筒が左右非相称に湾曲することで起こる。これについてはよく理解されていないが，胚の左右非相称性が関与していることがわかっている（第4.7節参照）。細胞外マトリックスタンパク質のplectinは右よりも左で早く発現しているが，これは左側でのPitx2の発現の結果である可能性がある。次に心臓は，別々の腔——哺乳類の場合は4腔——に分かれる。さらに，神経堤細胞由来の細胞が流出路に寄与する。これは，例えば1つの流出路から肺動脈と大動脈を形成するのに必須である（**図 11.50** 参照）。この領域での不具合が，ヒトの先天性心疾患の30%にのぼり，そのうちのいくつかは発生中の神経堤細胞の指定や移動の不具合によって起こる。

ショウジョウバエと脊椎動物の心臓発生に関わる遺伝子は非常によく似ているが，我々はもう驚かないであろう。ホメオボックス遺伝子である *tinman* はショウジョウバエの心臓形成に必須であるが，その脊椎動物のホモログは *Nkx2.5* である。脊椎動物の *tinman* 様遺伝子群をショウジョウバエに発現させると，ショウジョウバエの *tinman* を代替し，正常の *tinman* 機能の欠損による異常のいくつかが救済される。ショウジョウバエでは *dpp* が *tinman* の背側中胚葉での発現を維持しているが，脊椎動物ではBMP群（Decapentaplegicの関連分子）が *Nkx2.5* を誘導し，心臓細胞分化も誘導できることが示されている。Nkx2.5やTinmanは，GATA転写因子と一緒に働いて心臓特異的な遺伝子の発現を開始させるが，GATA転写因子の発現は心臓前駆体に限られるものではない。

11.31 ホメオボックス遺伝子コードが歯のアイデンティティを指定する

歯の発生は，口腔上皮と神経堤細胞由来の顎間充織との一連の相互作用によって起こることがよく研究されている。歯は，歯プラコードと呼ばれる肥厚した口腔上皮からできる。上皮が陥入し，周りを取り囲む間充織が凝集することで，歯原基すなわち歯胚を形成する（**図 11.51**）。各原基では，特殊化された一群の細胞であるエナメル結節が後期発生のシグナルセンターとなり，咬頭形成などに関わる。間充織は歯乳頭をつくり，これは歯髄と歯質を生じる。一方，エナメル質は上皮細胞が分泌する。歯原基からは，門歯や臼歯など異なるタイプの歯が正確な位置に指定され，つくられる。このパターン形成に関してここで議論しよう。

歯の初期発生は，口腔上皮とその下に広がる間充織の間での，分泌シグナルのやり取りによる相互作用によって調節されている。歯形成の場所は最初，上皮がつく

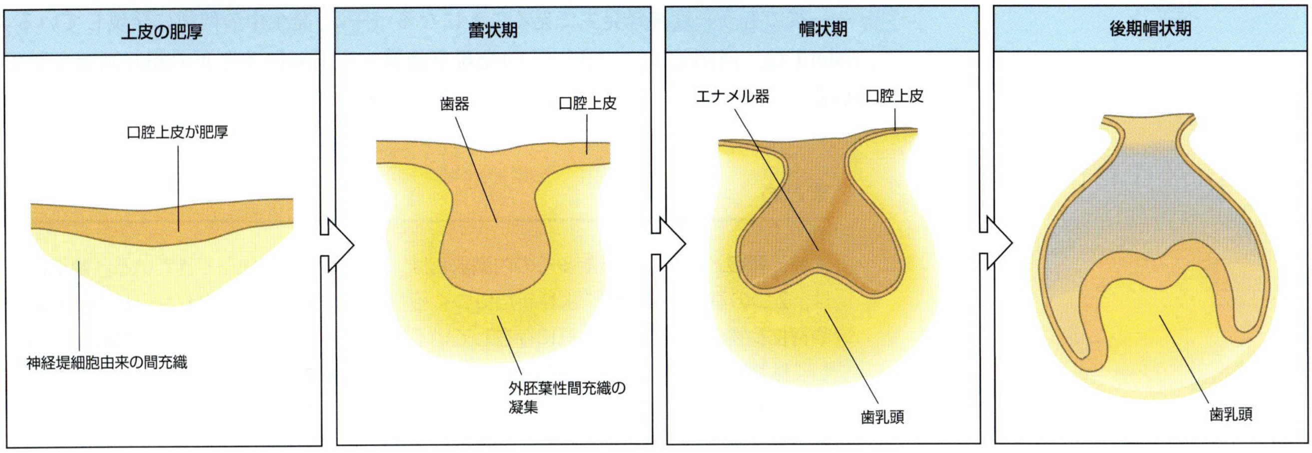

図 11.51　歯の発生段階の図

るシグナルによって決まる。BMP-4 は歯をつくる全ての場所の上皮で発現し，下に広がる間充織でのホメオドメイン転写因子である Msx1 の発現を誘導し，維持している。FGF シグナルも同様に働いている。Shh は歯が形成される場所の上皮で歯の発生を通して発現している一方，Wnt-7b は歯がつくられる場所以外の口腔上皮で発現する。過剰な歯の形成は，Shh シグナルの増加によって過剰につくられた歯芽の細胞死が抑えられたり，また，Wnt シグナルを増加させた結果，口腔上皮からできる歯芽の数が増えたりすることで起こるようである。

後者 2 つのシグナル分子の相補的な発現により，口腔上皮と，陥入して歯をつくる上皮との間に境界ができる。歯芽の発生が進むとシグナルの方向が変わり，間充織から分泌されるシグナルが上皮の分化，例えばエナメル器の発生を誘導する。

げっ歯類では，どの種類の歯，つまり門歯ができるか臼歯ができるかは，間充織に発現する Hox 遺伝子が決定することがわかっている。*Barx1*，*Dlx1*，*Dlx2*，*Msx1* および *Msx2* やその他のホメオボックス遺伝子は，顔中胚葉に空間的なコードを与えており（**図 11.52**），これは，からだの前後軸に沿った Hox 遺伝子コードと似ている。*Dlx2* と *Barx1* を発現する間充織細胞は臼歯をつくり，*Msx1* と *Msx2* を発現する細胞は門歯をつくる。*Dlx2* と *Dlx1*（発生中は *Dlx2* で代替できる類似遺伝子）の両方を欠損させたマウス突然変異体では，臼歯はできず，臼歯があるはずの場所に異所的な軟骨構造ができる。ホメオドメイン転写因子 Islet1

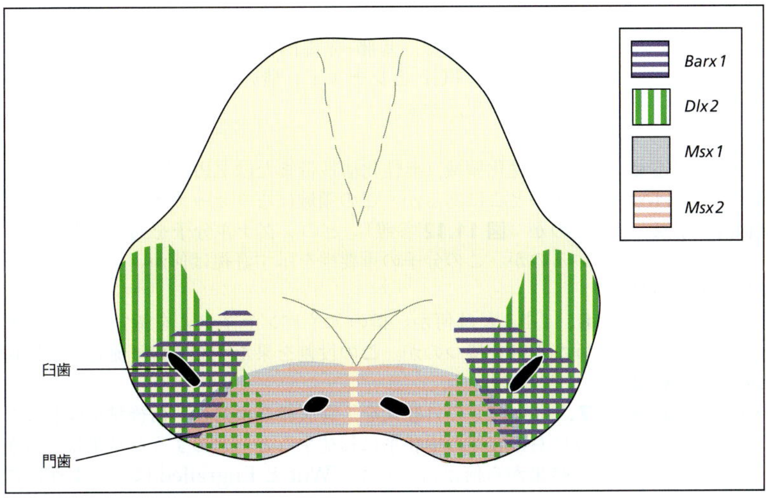

図 11.52　歯原基形成前の下顎中胚葉での 4 つのホメオボックス遺伝子の発現領域
門歯と臼歯が発生する場所が黒で示してある。
Ferguson, C.A., et al.: 2000 より

——後でもう一度神経発生で見ることになる——は，発生中の門歯に発現している。Islet1は，門歯領域での *Msx1* の発現を誘導するBMP-4と正の相互調節をしている。

まとめ

肺，腎臓，血管といった多くの内臓器官は，管状上皮構造からできている。管構造は，2つの基本的な機構により新たにつくられる。すなわちショウジョウバエの気管や脊椎動物の肺のように，既に存在している上皮の陥入と再配置でつくられるか，もしくは腎管や血管の形成開始のときのように，間充織細胞の凝集が管の上皮を形成するかである。ショウジョウバエの気管系や脊椎動物の肺の気道の分枝は，それを取り囲む間充織でつくられる，保存されたシグナルによって調節されている。血管系は間充織由来の内皮細胞から発生し，これが脈管形成の間に管状の上皮構造へと集合し，大きな血管の前駆体となる。次に血管新生の過程でこの管が伸長，分枝し，細い血管を形成する。哺乳類の腎臓の発生には，間充織-上皮転換と，相互誘導の両方が関わる。予定腎臓間充織によって，尿管芽の成長および分枝が誘導される。一方，尿管芽によって間充織細胞の凝集が誘導され，管ができる。脊椎動物の心臓は最初，内側が心内膜，外側が心筋層でできたまっすぐな管として形成される。その後期発生は，おそらくモジュール式で，ショウジョウバエの心臓形成を調節する遺伝子と類似した遺伝子によって制御されている。歯は，陥入した口腔上皮とその下に広がる間充織から発生する。その位置決定とそれに続く発生は，上皮と間充織の間の相互的なシグナル伝達によって調節されている。間充織のホメオボックス遺伝子コードが，それぞれの歯のアイデンティティを指定している。

第11章のまとめ

器官発生には，初期発生とよく似た過程，時には同じ遺伝子が関わる。脊椎動物の肢は，それぞれに直交した3つの軸に沿って指定される。シグナル分子が位置情報を与え，その情報を読み取るのにHox遺伝子が関わる。ショウジョウバエの翅と脚は成虫原基から発生し，区画境界でつくられる位置シグナル依存的に発生する。これらのシグナル分子のいくつかは，脊椎動物の肢のパターン形成に使われているものと類似している。血管，肺，歯のような内臓器官の発生には，上皮の形態形成および，いくつかの例では管構造の分枝が関わっている。

章末問題

記述問題

1. FGFが肢芽形成の開始に必須であることを示す実験を記述せよ。何がFGFを発現させるのか。これらの事実に基づいて，Hox遺伝子の発現から肢芽形成までの遺伝子発現経路を直線的に示せ。

2. 外胚葉性頂堤の形成位置と範囲について，肢の主な3つの軸に対して記述せよ。

3. 肢芽形成中の異なる時期に頂堤を除去すると，どのような結果が得られるか。この結果はどう解釈できるか。解釈の元となる証拠を引用せよ。

4. 発生中の肢で，基部-先端部軸に沿ったアイデンティティの指定に関して，FGFとレチノイン酸の間にどのような関係が提起されているか記述せよ。

5. 極性化領域（極性化活性帯またはZPAとしても知られる）は，肢芽のどこにあるか。この領域はなぜオーガナイザー領域として働くのか（図11.12参照）。どのシグナル分子を通して影響を与えているのか。この分子の重要性を示す証拠は何か。

6. Gli3とは何か。指のアイデンティティを指定するのにどのような役割を持つのか。この役割を果たすための下流遺伝子は何か。

7. 左の肢芽の外胚葉を，背腹軸を反対に，前後軸を同じになるように右の肢芽の中胚葉に移植すると，どのような結果になるか。この結果から何が言えるか。WntとEngrailedはどのようにこれに関わるか。また，それはどのようにしてわかったか。

8. 極性化領域での Shh 発現の維持には，背側外胚葉および外胚葉性頂堤からのどのようなシグナルが必要か。逆に Shh は外胚葉性頂堤からのシグナルの維持にどう関わるか。

9. 肢の筋肉は何に由来するか。肢の間充織が筋肉のパターン形成に関わることで，肢の筋肉組織が正しく分化するという証拠は何か。

10. ショウジョウバエ胚において，それぞれ違う成虫原基のアイデンティティがいかにして確立されるのか。例えば，どのようにして成虫原基が，翅，脚や他の構造をつくることが決定されるのか。*Antennapedia* の頭部での異所的な発現はこれをどのように説明するのか。

11. *engrailed* 遺伝子は，幼虫の翅原基の後方区画と，胚の体節の後方区画で発現する。翅原基と体節の後方区画での *engrailed* の発現の下流にあるシグナルについて比較し，違いを述べよ（体節に関しては第 2 章を参照）。

12. ショウジョウバエの遺伝子 *wingless*，*apterous*（Pteron はギリシャ語で「翅」のことである），*vestigial* はすべて，突然変異を起こすと翅の形成が不全になるか完全に消失する。翅原基でのこれらの遺伝子の機能を元にして，これらの突然変異が翅の欠損をもたらす機構について述べよ。

13. *Pax6* 遺伝子はどのようなタンパク質をコードしているか。また，眼の発生におけるその機能について議論せよ。ヒトで *Pax6* の正常な機能または発現が異常になるとどうなるか。

14. 脊椎動物胚における眼のレンズ形成を導く発生イベントを記述せよ。硬骨魚の *Astyanax* 属を使った実験で，眼の発生におけるレンズの重要性ついて，どのようなことがわかったか。

15. ショウジョウバエの個眼の細胞クラスターの発生で，EGF 受容体を介したシグナル，DER はどのような役割を持つか。

16. 脊椎動物の血管新生に関わる一般的な過程を要約せよ。VEGF の血管新生における役割は何か。

選択問題
それぞれの問題で正解は 1 つである。

1. 脊椎動物の肢の軟骨（骨形成組織）と結合組織が由来する組織はどれか。
a) 体節から肢芽に移動してきた中胚葉細胞
b) 肢芽の中胚葉性間充織
c) 外胚葉性頂堤
d) 進行帯

2. 肢芽の外胚葉性頂堤の除去によって導かれるものはどれか。
a) 基部構造は発生を続けるが，これ以上先端の構造ができない
b) 肢芽が分解してしまう
c) 隣の表皮組織から新たな外胚葉性頂堤が再生する
d) 下に広がる中胚葉から肢芽全体が再生する

3. 別の極性化領域を肢芽の前方に移植すると何が起こるか。
a) 正常の指に対して鏡像対称の過剰指が形成される
b) 移植箇所に 2 つめの肢芽が形成される
c) 特性を持たない新たな指が形成される
d) 前方の特徴を持つ新たな指のみが形成される

4. 指を分けるプログラム細胞死は，次のどのシグナル経路によっているか。
a) BMP
b) FGF
c) Shh
d) Wnt

5. ショウジョウバエの *apterous* 遺伝子は，マウスの *Lmx1b* 遺伝子に類似している。双方の遺伝子が関わるのはどれか。
a) 前後軸に沿った体節の調節
b) 翼（翅）をつくるかどうかの決定
c) それぞれの付属器官での背側アイデンティティの指定
d) ある体節からできる構造の指定

6. チョウの翅の目玉模様形成は，原基における＿＿＿遺伝子の発現が必要で，これはショウジョウバエの翅原基では発現していない。
a) *Distal-less*
b) *Engrailed*
c) *Hedgehog*
d) *Wingless*

7. マウスの *Pax6* をショウジョウバエの脚原基で発現させると何が起こるか。
a) マウスの遺伝子は昆虫では働かないので，何も起こらない
b) 脚にマウス型の眼ができる
c) 脚原基が翅原基へと転換する
d) 脚にショウジョウバエ型の眼ができる

8. VEGF を阻害するような薬剤は，何のために使われるか。
a) 出生異常を治癒
b) マウスでの肢形成を阻害
c) ショウジョウバエの眼の発生の研究
d) 癌の治療

9. 心臓はどこからできるか。
a) 前腸内胚葉
b) 外胚葉性上皮の陥入
c) 側板中胚葉
d) 中胚葉性血管芽細胞

10. 顎の異なる場所に異なるタイプの歯ができるのを調節しているのはどれか。
a) BMP の発現
b) ホメオボックス遺伝子の発現
c) 側方抑制
d) 既にパターン化された中胚葉

選択問題の解答
1:b，2:a，3:a，4:a，5:c，6:a，7:d，8:d，9:c，10:b

● 各節の理解を深めるための参考文献

11.1 脊椎動物の肢は肢芽から発生する

Delaurier, A., Burton, N., Bennett, M., Baldock, R., Davidson, D., Mohun, T.J., Logan, M.P.: **The Mouse Limb Anatomy Atlas: an interactive 3D tool for studying embryonic limb patterning**. *BMC Dev. Biol.* 2008, **8**: 83–89.

Tickle, C.: **The contribution of chicken embryology to the understanding of vertebrate limb development**. *Mech. Dev.* 2004, **121**: 1019–1029.

11.2 側板中胚葉で発現する遺伝子が，肢芽の位置と種類を指定するのに関わる

Kawakami, Y., Capdevila, J., Buscher, D., Itoh, T., Rodriguez Esteban, C., Izpisua Belmonte, J.C.: **WNT signals control FGF-dependent limb initiation and AER induction in the chick embryo**. *Cell* 2001, **104**: 891–900.

Minguillon, C., Buono, J.D., Logan, M.P.: **Tbx5 and Tbx4 are not sufficient to determine limb-specific morphologies but have common roles in initiating limb outgrowth**. *Dev. Cell* 2005, **8**: 75–84.

11.3 肢の成長には外胚葉性頂堤が必要である

Fernandez-Teran, M., Ros, M.A.: **The apical ectodermal ridge: morphological aspects and signaling pathways**. *Int. J. Dev. Biol.* 2008, **52**: 857–871.

Mariani, F.V., Ahn, C.P., Martin, G.R.: **Genetic evidence that FGFs have an instructive role in limb proximal-distal patterning**. *Nature* 2008, **453**: 401–405.

Niswander, L., Tickle, C., Vogel, A., Booth, I., Martin, G.R.: **FGF-4 replaces the apical ectodermal ridge and directs outgrowth and patterning of the limb**. *Cell* 1993, **75**: 579–587.

11.4 肢芽のパターン形成には位置情報が関わっている

Niswander, L.: **Pattern formation: old models out on a limb**. *Nat. Rev. Genet.* 2003, **4**: 133–143.

Towers, M., Tickle, C.: **Growing models of vertebrate limb development**. *Development* 2009, **136**: 179–190.

11.5 肢芽の基部-先端部軸に沿った位置がどのように指定されるかは，いまだに議論の余地がある

Galloway, J.L., Delgado, I., Ros, M.A., Tabin, C.J.: **A reevaluation of X-irradiation-induced phocomelia and proximodistal limb patterning**. *Nature* 2009, **460**: 400–404.

Summerbell, D., Lewis, J.H., Wolpert, L.: **Positional information in chick limb morphogenesis**. *Nature* 1973, **244**: 492–496.

Tabin, C., Wolpert, L.: **Rethinking the proximodistal axis of the vertebrate limb in the molecular era**. *Genes Dev.* 2007, **21**: 1433–1442.

Therapontos, C., Erskine, L., Gardner, E.R., Figg, W.D., Vargesson, N.: **Thalidomide induces limb defects by preventing angiogenic outgrowth during early limb formation**. *Proc. Natl Acad. Sci. USA* 2009, **106**: 8573–8578.

Wolpert, L., Tickle, C., Sampford, M.: **The effect of cell killing by X-irradiation on pattern formation in the chick limb**. *J. Embryol. Exp. Morph.* 1979, **50**: 175–193.

Zeller, R., Lopez-Rios, J., Zuniga, A.: **Vertebrate limb bud development: moving towards integrative analysis of organogenesis**. *Nat. Rev. Genet.* 2009, **10**: 845–858.

11.6 極性化領域が肢の前後軸に沿った位置を指定する

Litingtung, Y., Dahn, R.D., Li, Y., Fallon, J.F., Chiang, C.: **Shh and Gli3 are dispensable for limb skeleton formation but regulate digit number and identity**. *Nature* 2002, **418**: 979–983.

Riddle, R.D., Johnson, R.L., Laufer, E., Tabin, C.: ***Sonic hedgehog* mediates polarizing activity of the ZPA**. *Cell* 1993, **75**: 1401–1416.

te Welscher, P., Zuniga, A., Kuijper, S., Drenth, T., Goedemans, H.J., Meijlink, F., Zeller, R.: **Progression of vertebrate limb development through SHH-mediated counteraction of GLI3**. *Science* 2002, **298**: 827–830.

Tickle, C.: **Making digit patterns in the vertebrate limb**. *Nat. Rev. Mol. Cell Biol.* 2006, **7**: 1–9.

Towers, M., Mahood, R., Yin, Y., Tickle, C.: **Integration of growth and specification in chick wing digit-patterning**. *Nature* 2008, **452**: 882–886.

Box 11A 位置情報とモルフォゲンの勾配

Kerszberg, M., Wolpert, L.: **Specifying positional information in the embryo: looking beyond morphogens**. *Cell* 2007, **130**: 205–209.

11.7 極性化領域でつくられる Sonic hedgehog が，肢の前後軸パターン形成を行う主要なモルフォゲンであると思われる

Riddle, R.D., Johnson, R.L., Laufer, E., Tabin, C.: **Sonic hedgehog mediates the polarizing activity of the ZPA**. *Cell* 1993, **75**: 1401–1416.

Yang, Y., Drossopoulou, G., Chuang, P.T., Duprez, D., Marti, E., Bumcrot, D., Vargesson, N., Clarke, J., Niswander, L., McMahon, A., Tickle,C.: **Relationship between dose, distance and time in Sonic Hedgehog-mediated regulation of anteroposterior polarity in the chick limb**. *Development* 1997, **124**: 4393–4404.

Box 11B 多すぎる指：前後パターンに影響する突然変異は多指症の原因である

Ahn, S., Joyner, A.L.: **Dynamic changes in the response of cells to positive hedgehog signaling during mouse limb patterning**. *Cell* 2004, **118**: 505–516.

Harfe, B.D., Scherz, P.J., Nissim, S., Tian, H., McMahon, A.P., Tabin, C.J.: **Evidence for an expansion-based temporal Shh gradient in specifying vertebrate digit identities**. *Cell* 2004, **118**: 517–528.

Hill, R.E., Heaney, S.J., Lettice, L.A.: **Shh: restricted expression and limb dysmorphologies**. *J. Anat.* 2003, **202**: 13–20.

Lettice, L.A., Hill, A.E., Devenney, P.S., Hill, R.E.: **Point mutations in a distant Shh *cis*-regulator generate a variable regulatory output responsible for preaxial polydactyly**. *Hum. Mol. Genet.* 2008, **17**: 978–985.

Box 11C Sonic hedgehog シグナルと一次繊毛

Eggenschwiler, J.T., Anderson, K.V.: **Cilia and developmental signaling**. *Annu. Rev. Cell Dev. Biol.* 2007, **23**: 345–373.

Huangfu, D., Anderson, K.V.: **Cilia and Hedgehog responsiveness in the mouse**. *Proc. Natl Acad. Sci. USA* 2005, **102**: 11325-11330.

Huangfu, D., Liu, A., Rakeman, A.S., Murcia, N.S., Niswander, L., Anderson, K.V.: **Hedgehog signalling in the mouse requires intraflagellar transport proteins**. *Nature* 2003, **426**: 83-87.

11.8 転写因子が指のアイデンティティを指定している可能性がある

Dahn, R.D., Fallon, J.F.: **Interdigital regulation of digit identity and homeotic transformation by modulated BMP signaling**. *Science* 2000, **289**: 438-441.

Suzuki, T., Takeuchi, J., Koshiba-Takeuchi, K., Ogura, T.: ***Tbx* genes specify posterior digit identity through Shh and BMP signaling**. *Dev. Cell* 2004, **6**: 43-53.

Suzuki, T., Hasso, S.M., Fallon, J.F.: **Unique SMAD1/5/8 activity at the phalanx-forming region determines digit identity**. *Proc. Natl Acad. Sci. USA* 2008, **105**: 4185-4190.

Vokes, S.A., Ji, H., Wong, W.H., McMahon, A.P.: **A genome-scale analysis of the *cis*-regulatory circuitry underlying Shh-mediated patterning of the mammalian limb**. *Genes Dev.* 2008, **22**: 2651-2663.

11.9 肢の背腹軸は外胚葉によって調節を受ける

Altabef, M., Clarke, J.D.W., Tickle, C: **Dorso-ventral ectodermal compartments and origin of apical ectodermal ridge in developing chick limb**. *Development* 1997, **124**: 4547-4556.

Arques, C.G., Doohan, R., Sharpe, J., Torres, M.: **Cell tracing reveals a dorsoventral lineage restriction plane in the mouse limb bud mesenchyme**. *Development* 2007, **134**: 3713-3722.

Geduspan, J.S., MacCabe, J.A.: **The ectodermal control of mesodermal patterns of differentiation in the developing chick wing**. *Dev. Biol.* 1987, **124**: 398-408.

Riddle, R.D., Ensini, M., Nelson, C., Tsuchida, T., Jessell, T.M., Tabin, C.: **Induction of the LIM homeobox gene *Lmx1* by *Wnt-7a* establishes dorsoventral pattern in the vertebrate limb**. *Cell* 1995, **83**: 631-640.

11.10 シグナルセンター同士の相互作用により，肢の発生は統合的に調節される

Bénazet, J.D., Bischofberger, M., Tiecke, E., Goncalves, A., Martin, J.F., Zuniga, A., Naef, F., Zeller, R.: **A self-regulatory system of interlinked signaling feedback loops controls mouse limb patterning**. *Science* 2009, **323**: 1050-1053.

Niswander, L., Jeffrey, S., Martin, G.R., Tickle, C.: **A positive feedback loop coordinates growth and patterning in the vertebrate limb**. *Nature* 1994, **371**: 609-612.

Pizette, S., Niswander, L.: **BMPs negatively regulate structure and function of the limb apical ectodermal ridge**. *Development* 1999, **126**: 883-894.

Zeller, R., Lopz-Rios, J., Zuniga, A.: **Vertebrate limb development: moving towards integrative analysis of organogenesis**. *Nat. Rev. Genet.* 2009, **10**: 845-855.

11.11 同じ位置情報シグナルが異なる解釈をされることで，異なる肢ができる

Krabbenhoft, K.M., Fallon, J.F.: **The formation of leg or wing specific structures by leg bud cells grafted to the wing bud is influenced by proximity to the apical ridge**. *Dev. Biol.* 1989, **131**: 373-382.

Logan, M.: **Finger or toe: the molecular basis of limb identity**. *Development* 2003, **130**: 6401-6410.

Logan, M., Tabin, C.J.: **Role of Pitx1 upstream of Tbx4 in specification of hindlimb identity**. *Science* 1999, **283**: 1736-1739.

11.12 Hox 遺伝子により極性化領域が成立し，肢のパターン形成の情報も提供される

Charité, J., De Graaff, W., Shen, S., Deschamps, J.: **Ectopic expression of *Hoxb-8* causes duplication of the ZPA in the forelimb and homeotic transformation of axial structures**. *Cell* 1994, **78**: 589-601.

Goodman, F.R.: **Limb malformations and the human HOX genes**. *Am. J. Med. Genet.* 2002, **112**: 256-265

Kmita, M., Tarchini, B., Zàkàny, J., Logan, M., Tabin, C.J., Duboule, D.: **Early developmental arrest of mammalian limbs lacking *HoxA/HoxD* gene function**. *Nature* 2005, **435**: 1113-1116.

Nelson, C.E., Morgan, B.A., Burke, A.C., Laufer, E., DiMambro, E., Muytaugh, L.C., Gonzales, E., Tessarollo, L., Parada, L.F., Tabin, C.: **Analysis of Hox gene expression in the chick limb bud**. *Development* 1996, **122**: 1449-1466.

Wellik, D.M., Capecchi, M.R.: **Hox10 and Hox11 genes are required to globally pattern the mammalian skeleton**. *Science* 2003, **301**:363-367.

Zakany, J., Kmita, M., Duboule, D.: **A dual role for Hox genes in limb anterior-posterior asymmetry**. *Science* 2004, **304**: 1669-1672.

Zakany, J., Duboule, D.: **The role of Hox genes during vertebrate limb development**. *Curr. Opin. Genet. Dev.* 2007, **17**: 359-366.

11.13 自己組織化が肢芽の発生に関わっている可能性がある

Hardy, A., Richardson, M.K., Francis-West, P.N., Rodriguez, C., Izpisúa-Belmonte, J.C., Duprez, D., Wolpert, L.: **Gene expression, polarising activity and skeletal patterning in reaggregated hind limb mesenchyme**. *Development* 1995, **121**: 4329-4337.

11.14 肢の筋肉は結合組織によってパターン形成される

Amthor, H., Christ, B., Patel, K.: **A molecular mechanism enabling continuous embryonic muscle growth—a balance between proliferation and differentiation**. *Development* 1999, **126**: 1041-1053.

Hashimoto, K., Yokouchi, Y., Yamamoto, M., Kuroiwa, A.: **Distinct signaling molecules control *Hoxa-11* and *Hoxa-13* expression in the muscle precursor and mesenchyme of the chick limb bud**. *Development* 1999, **126**: 2771-2783.

Robson, L.G., Kara, T., Crawley, A., Tickle, C.: **Tissue and cellular patterning of the musculature in chick wings**. *Development* 1994, **120**: 1265-1276.

Schweiger, H., Johnson, R.L., Brand-Sabin, B.: **Characteri-**

zation of migration behaviour of myogenic precursor cells in the limb bud with respect to Lmx1b expression. *Anat. Embryol.* 2004, **208**: 7–18.

11.15 軟骨，筋肉，腱の初期発生は自立的に起こる

Kardon, G.: **Muscle and tendon morphogenesis in the avian hind limb**. *Development* 1998, **125**: 4019–4032.

Ros, M.A., Rivero, F.B., Hinchliffe, J.R., Hurle, J.M.: **Immunohistological and ultrastructural study of the developing tendons of the avian foot**. *Anat. Embryol.* 1995, **192**: 483–496.

Box 11D 反応–拡散機構

Kondo, S., Asai, R.: **A reaction-diffusion wave on the skin of the marine angelfish *Pomacanthus***. *Nature* 1995, **376**: 765–768.

Meinhardt, H., Gierer, A.: **Pattern formation by local self-activation and lateral inhibition**. *BioEssays* 2000, **22**: 753–760.

Murray, J.D.: **How the leopard gets its spots**. *Sci. Am.* 1988, **258**: 80–87.

11.16 関節形成には分泌性シグナルと機械的な刺激が関わっている

Khan, I.M., Redman, S.N., Williams, R., Dowthwaite, G.P., Oldfield, S.F., Archer, C.W.: **The development of synovial joints**. *Curr. Top. Dev. Biol.* 2007, **79**: 1–36.

Spitz, F., Duboule, D.: **The art of making a joint**. *Science* 2001, **291**: 1713–1714.

11.17 指の分離は細胞死によって起こる

Garcia-Martinez, V., Macias, D., Gañan, Y., Garcia-Lobo, J.M., Francia, M.V., Fernandez-Teran, M.A., Hurle, J.M.: **Internucleosomal DNA fragmentation and programmed cell death (apoptosis) in the interdigital tissue of the embryonic chick leg bud**. *J. Cell. Sci.* 1993, **106**: 201–208.

Zuzarte-Luis, V., Hurle, J.M.: **Programmed cell death in the embryonic vertebrate limb**. *Semin. Cell Dev. Biol.* 2005, **16**: 261–269.

11.18 区画境界からの位置情報シグナルによって，翅成虫原基のパターン形成が起きる & 11.19 背腹区画の境界のシグナルセンターは，ショウジョウバエの翅の背腹軸に沿ったパターン形成を行う

Baeg, G.H., Selva, E.M., Goodman, R.M., Dasgupta, R., Perrimon, N.: **The Wingless morphogen gradient is established by the cooperative action of Frizzled and heparan sulfate proteoglycan receptors**. *Dev. Biol.* 2004, **276**: 89–100.

Blair, S.S.: **Notch signaling: Fringe really is a glycosyltransferase**. *Curr. Biol.* 2000, **10**: R608–R612.

Crozatier, M., Glise, B., Vincent, A.: **Patterns in evolution: veins of the *Drosophila* wing**. *Trends Genet.* 2004, **20**: 498–505.

Entchev, E.V., Schwabedissen, A., González-Gaitán, M.: **Gradient formation of the TGF-β homolog Dpp**. *Cell* 2000, **103**: 981–991.

Fujise, M., Takeo, S., Kamimura, K., Matsuo, T., Aigaki, T., Izumi, S., Nakato, H.: **Dally regulates Dpp morphogen gradient formation in the *Drosophila* wing**. *Development* 2003, **130**: 1515–1522.

Han, C., Belenkaya, T.Y., Wang, B., Lin, X.: ***Drosophila* glypicans control the cell-to-cell movement of Hedgehog by a dynamin-independent process**. *Development* 2004, **131**: 601–611.

Kruse, K., Pantazis, P., Bollenbach, T., Julicher, F., González-Gáitan, M.: **Dpp gradient formation by dynamin-dependent endocytosis: receptor trafficking and the diffusion model**. *Development* 2004, **131**: 4843–4856.

Lawrence, P.: **Morphogens: how big is the picture?** *Nat. Cell Biol* 2001, **3**: E151–E154.

Lawrence, P.A., Struhl G.: **Morphogens, compartments, and pattern: lessons from *Drosophila*?** *Cell* 1996, **85**: 951–961.

Matakatsu, H., Blair, S.S.: **Interactions between Fat and Daschous and the regulation of planar cell polarity in the *Drosophila* wing**. *Development* 2004, **131**: 3785–3794.

Milán, M., Cohen, S.M.: **A re-evaluation of the contributions of Apterous and Notch to the dorsoventral lineage restriction boundary in the *Drosophila* wing**. *Development* 2003, **130**: 553–562.

Morata, G.: **How *Drosophila* appendages develop**. *Nature Rev. Mol. Cell Biol.* 2001, **2**: 89–97.

Moser, M., Campbell, G.: **Generating and interpreting the Brinker gradient in the *Drosophila* wing**. *Dev. Biol.* 2005, **286**: 647–658.

Muller, B., Hartmann, B., Pyrowolakis, G., Affolter, M., Basler, K.: **Conversion of an extracellular Dpp/BMP morphogen gradient into an inverse transcriptional gradient**. *Cell* 2003, **113**: 221–233.

Piddini, E., Vincent, J.P.: **Interpretation of the Wingless gradient requires signaling-induced self-inhibition**. *Cell* 2009, **136**: 296–307.

Rauskolb, C., Correia, T., Irvine, K.D.: **Fringe-dependent separation of dorsal and ventral cells in the *Drosophila* wing**. *Nature* 1999, **401**: 476–480.

Strutt, D.I.: **Asymmetric localization of Frizzled and the establishment of cell polarity in the *Drosophila* wing**. *Mol. Cell* 2001, **7**: 367–375.

Tabata, T.: **Genetics of morphogen gradients**. *Nat. Rev. Genet.* 2001, **2**: 620–630.

Teleman, A.A., Strigini, M., Cohen, S.M.: **Shaping morphogen gradients**. *Cell* 2001, **105**: 559–562.

Zecca, M., Basler, K., Struhl, G.: **Sequential organizing activities of engrailed, hedgehog and decapentaplegic in the *Drosophila* wing**. *Development* 1995, **121**: 2265–2278.

11.20 脚原基は，基部–先端部軸を除いて，翅と同様の方法でパターン形成される

Emerald, B.S., Cohen, S.M.: **Spatial and temporal regulation of the homeotic selector gene *Antennapedia* is required for the establishment of leg identity in *Drosophila***. *Dev. Biol.* 2004, **267**: 462–472.

Kojima, T.: **The mechanism of *Drosophila* leg development along the proximodistal axis**. *Dev. Growth Differ.* 2004, **46**: 115–129.

McKay, D.J., Estella, C., Mann, R.S.: **The origins of the**

Drosophila leg revealed by the cis-regulatory architecture of the Distalless gene. *Development* 2009, **136**: 61–71.

11.21 チョウの翅の模様は，さらに付加的な位置フィールドによってつくられる

Brakefield, P.M., French, V.: **Butterfly wings: the evolution of development of colour patterns.** *BioEssays* 1999, **21**: 391–401.

French, V., Brakefield, P.M.: **Pattern formation: a focus on Notch in butterfly spots.** *Curr. Biol.* 2004, **14**: R663–R665.

11.22 異なる成虫原基でも同じ位置価を持つ可能性がある

Carroll, S.B.: **Homeotic genes and the evolution of arthropods and chordates.** *Nature* 1995, **376**: 479–485.

Morata, G.: **How *Drosophila* appendages develop.** *Nat. Rev. Mol. Cell Biol.* 2001, **2**: 89–97.

Si Dong, P.D., Chu, J., Panganiban, G.: **Coexpression of the homeobox genes *Distal-less* and *homothorax* determines *Drosophila* antennal identity.** *Development* 2000, **127**: 209–216.

11.23 脊椎動物の眼は，神経管と頭部外胚葉から発生する

Chow, R.L., Lang, R.A.: **Early eye development in vertebrates.** *Annu. Rev. Cell Dev. Biol.* 2001, **17**: 255–296.

Donner, A.L., Lachke, S.A., Maas, R.L.: **Lens induction in vertebrates: Variations on a conserved theme of signaling events.** *Semin. Cell Dev. Biol.* 2006, **17**: 676–685.

Gehring, W.J.: **New perspectives on eye development and the evolution of eyes and photoreceptors.** *J. Hered.* 2005, **96**: 171–184.

Streit, A.: **The preplacodal region: an ectodermal domain with multipotential progenitors that contribute to sense organs and cranial sensory ganglia.** *Int. J. Dev. Biol.* 2007, **51**: 447–461.

Takahashi, S., Asashima, M., Kurata, S., Gehring, W.J.: **Conservation of *Pax6* function and upstream activation by Notch signaling in eye development of frogs and flies.** *Proc. Natl Acad. Sci. USA* 2002, **99**: 2020–2025.

11.24 ショウジョウバエの眼のパターン形成には細胞間相互作用が関わっている

Baonza, A., Casci, T., Freeman, M.: **A primary role for the epidermal growth factor receptor in ommatidial spacing in the *Drosophila* eye.** *Curr. Biol.* 2001, **11**: 396–404.

Bonini, N.M., Choi, K.W.: **Early decisions in *Drosophila* eye morphogenesis.** *Curr. Opin. Genet. Dev.* 1995, **5**: 507–515.

Chou, W.H., Huber, A., Bentrop, J., Schulz, S., Schwab, K., Chadwell, L.V., Paulsen, R., Britt, S.G.: **Patterning of the R7 and R8 photoreceptor cells of *Drosophila*: evidence for induced and default cell-fate specification.** *Development* 1999, **126**: 607–616.

Frankfort, B.J., Mardon, G.: **R8 development in the *Drosophila* eye: a paradigm for neural selection and differentiation.** *Development* 2002, **129**: 1295–1306.

Freeman, M.: **Cell determination strategies in the *Drosophila* eye.** *Development* 1997, **124**: 261–270.

Strutt, H., Strutt, D.: **Polarity determination in the *Drosophila* eye.** *Curr. Opin. Genet. Dev.* 1999, **9**: 442–446.

Tomlinson, A., Struhl, G.: **Decoding vectorial information from a gradient: sequential roles of the receptors Frizzled and Notch in establishing planar polarity in the *Drosophila* eye.** *Development* 1999, **126**: 5725–5738.

Tomlinson, A., Struhl, G.: **Delta/Notch and Boss/Sevenless signals act combinatorially to specify the *Drosophila* R7 photoreceptor.** *Mol. Cell* 2001, **7**: 487–495.

11.25 ショウジョウバエの眼の発生は，脊椎動物の眼前駆細胞の指定のときと同じ転写因子の作用によって開始される

Gehring, W.J., Kazuho, I.: **Mastering eye morphogenesis and eye evolution.** *Trends Genet.* 1999, **15**: 371–377.

Halder, G., Callaerts, P., Gehring, W.J.: **Induction of ectopic eyes by targeted expression of the eyeless gene in *Drosophila*.** *Science* 1995, **267**: 1788–1792.

11.26 ショウジョウバエの気管系は分枝形態形成のモデルである

Affolter, M., Caussinus, E.: **Branching morphogenesis in *Drosophila*: new insights into cell behaviour and organ architecture.** *Development* 2008, **135**: 2055–2064.

Ribeiro, C., Neumann, M., Affolter, M.: **Genetic control of cell intercalation during tracheal morphogenesis in *Drosophila*.** *Cell* 2004, **14**: 2197–2207.

11.27 脊椎動物の肺も，上皮性の管の分枝によって発生する

Chuang, P-T., McMahon, A.P.: **Branching morphogenesis of the lung: new molecular insights into an old problem.** *Trends Cell Biol.* 2003, **13**: 86–91.

Hogan, B.L.M., Kolodziej, P.A.: **Molecular mechanisms of tubulogenesis.** *Nat. Rev. Genet.* 2002, **3**: 513–523.

Horowitz, A., Simons, M.: **Branching morphogenesis.** *Circ. Res.* 2008, **103**: 784–795.

Pepicelli, C.V., Lewis, P.M., McMahon, A.P.: **Sonic hedgehog regulates branching morphogenesis in the mammalian lung.** *Curr. Biol.* 1998, **8**: 1083–1086.

11.28 腎管の発生には，尿管芽とそれを取り囲む間充織の相互誘導が関与する

Barasch, J., Yang, J., Ware, C.B., Taga, T., Yoshida, K., Erdjument- Bromage, H., Tempst, P., Parravicini, E., Malach, S., Aranoff, T., Oliver, J.A.: **Mesenchymal to epithelial conversion in rat metanephros is induced by LIF.** *Cell* 1999, **99**: 377–386.

Gao, X., Chen, X., Taglienti, M., Rumballe, B., Little, M.H., Kreidberg, J.A.: **Angioblast-mesenchyme induction of early kidney development is mediated by Wt1 and Vegfa.** *Development* 2005, **132**: 5437–5449.

Grieshammer, U., Le, Ma, Plump, A.S., Wang, F., Tessier-Lavigne, M., Martin, G.R.: **SLIT2-mediated ROBO2 signaling restricts kidney induction to a single site.** *Dev. Cell* 2004, **6**: 709–717.

Kuure, S., Vuolteenaho, R., Vainio, S.: **Kidney morphogenesis: cellular and molecular regulation.** *Mech. Dev.* 2000, **94**: 47–56.

Schedl, A., Hastie, N.D.: **Cross-talk in kidney development.** *Curr. Opin. Genet. Dev.* 2000, **10**: 543–549.

Shah, M.M., Sampogna, R.V., Sakurai, H., Bush, K.T., Nigam,

S.K.: **Branching morphogenesis and kidney disease**. *Development* 2004, **131**: 1449–1462.

Shakya, R., Watanabe, T., Costantini, F.: **The role of GDNF/Ret signaling in ureteric bud cell fate and branching morphogenesis**. *Dev. Cell* 2005, **8**: 65–74.

Vainio, S., Muller, U.: **Inductive tissue interactions, cell signaling, and the control of kidney organogenesis**. *Cell* 1997, **90**: 975–978.

11.29 血管系は，脈管形成とそれに続く血管新生によってできる

Carmeliet, P.: **Angiogenesis in health and disease**. *Nat. Med.* 2003, **9**: 653–660.

Carmeliet, P., Tessier-Lavigne, M.: **Common mechanisms of nerve and blood vessel wiring**. *Nature* 2005, **436**: 193–200.

Coultas, L., Chawengsaksophak, K., Rossant, J.: **Endothelial cells and VEGF in vascular development**. *Nature* 2005, **438**: 937–945.

Harvey, N.L., Oliver, G.: **Choose your fate: artery, vein or lymphatic vessel?** *Curr. Opin. Genet. Dev.* 2004, **14**: 499–505.

Hogan, B.L.M., Kolodziej, P.A.: **Molecular mechanisms of tubulogenesis**. *Nat Rev. Genet.* 2002, **3**: 513–523.

Jain, R.K.: **Molecular recognition of vessel maturation**. *Nat Med.* 2003, **9**: 685–692.

Larrivée, B., Freitas, C., Suchting, S., Brunet, I., Eichmann, A.: **Guidance of vascular development: lessons from the nervous system**. *Circ. Res.* 2009, **104**: 428–441.

Lu, X., Le Noble, F., Yuan, L., Jiang, Q., De Lafarge, B., Sugiyama, D., Breant, C., Claes, F., De Smet, F., Thomas, J.L., Autiero, M., Carmeliet, P., Tessier-Lavigne, M., Eichmann, A.: **The netrin receptor UNC5B mediates guidance events controlling morphogenesis of the vascular system**. *Nature* 2004, **432**: 179–186.

Nelson, K.S., Beitel, G.J.: **More than a pipe dream: uncovering mechanisms of vascular lumen formation**. *Dev. Cell* **17**: 435–436.

Rafii, S., Lyden, D: **Therapeutic stem and progenitor cell transplantation for organ vascularization and regeneration**. *Nat. Med.* 2003, **9**: 702–712.

Reese, D.E., Hall, C.E., Mikawa, T.: **Negative regulation of midline vascular development by the notochord**. *Dev. Cell* 2004, **6**: 699–708.

Roman, B.L., Weinstein, B.M.: **Building the vertebrate vasculature: research is going swimmingly**. *BioEssays* 2000, **22**: 882–893.

Rossant, J., Hirashima, M.: **Vascular development and patterning: making the right choices**. *Curr. Opin. Genet. Dev.* 2003, **13**: 408–412.

Strilić, B., Kučera, T., Eglinger, J., Hughes, M.R., McNagny, K.M., Tsukita, S., Dejana, E., Ferrara, N., Lammert, E.: **The molecular bases of vascular lumen formation in the developing mouse aorta**. *Dev. Cell* 2009, **17**: 505–515.

Wang, H.U., Chen, Z-F., Anderson, D.J.: **Molecular distinction and angiogenic interaction between embryonic arteries and veins revealed by ephrin-B2 and its receptor Eph-B4**. *Cell* 1998, **93**: 741–753.

11.30 脊椎動物の心臓の発生には，中胚葉性の管の長軸に沿ったパターンの指定が必要である

Brand, T.: **Heart development: molecular insights into cardiac specification and early morphogenesis**. *Dev. Biol.* 2003, **288**: 1–19.

Carmeliet, P.: **Angiogenesis in health and disease**. *Nat Med.* 2003, **9**: 653–660.

Driever, W.: **Bringing two hearts together**. *Nature* 2000, **406**: 141–142.

Harvey, R.P.: **Patterning the vertebrate heart**. *Nat. Rev. Genet.* 2002, **3**: 544–556.

Kelly, R.G., Buckingham, M.E.: **The anterior heart-forming field: voyage to the arterial pole of the heart**. *Trends Genet.* 2002, **18**: 210–216.

Linask, K.K., Yu, X., Chen, Y., Han, M.D.: **Directionality of heart looping: effects of Pitx2c misexpression on flectin asymmetry and midline structures**. *Dev. Biol.* 2002, **246**: 407–417.

Meilhac, S.M., Esner, M., Kelly, R.G., Nicolas, J.F., Buckingham, M.E.: **The clonal origin of myocardial cells in different regions of the embryonic mouse heart**. *Dev. Cell* 2004, **6**: 685–698.

Moorman, A.F., Christoffels, V.M.: **Cardiac chamber formation: development, genes and evolution**. *Physiol. Rev.* 2003, **83**: 1223–1267.

Rosenthal, N., Xavier-Neto, J.: **From the bottom of the heart: anteroposterior decisions in cardiac muscle differentiation**. *Curr. Opin. Cell Biol.* 2000, **12**: 742–746.

Srivastava, D., Olson, E.N.: **A genetic blueprint for cardiac development**. *Nature* 2000, **407**: 221–226.

Stainier, D.Y.R.: **Zebrafish genetics and vertebrate heart formation**. *Nat. Rev. Genet.* 2001, **2**: 39–48.

11.31 ホメオボックス遺伝子コードが歯のアイデンティティを指定する

Cobourne, M.T., Sharpe, P.T.: **Making up the numbers: the molecular control of mammalian dental formula**. *Semin. Cell Dev. Biol.* 2010, **21**: 314–324.

Ferguson, C.A., Hardcastle, Z., Sharpe, P.T.: **Development and patterning of the dentition**. *Linn. Soc. Symp.* 2000, **20**: 188–201.

Mitsiadis, T.A., Angeli, I., James, C., Lendahl, U., Sharpe, P.T.: **Role of Islet1 in the patterning of murine dentition**. *Development* 2003, **130**: 4451–4460.

Sarkar, L., Cobourne, M., Naylor, S., Smalley, M., Dale, T., Sharpe, P.T.: **Wnt/Shh interactions regulate ectodermal boundary formation during mammalian tooth development**. *Proc. Natl. Acad. Sci. USA* 2000, **97**: 4520–4524.

Tucker, A., Sharpe, P.: **The cutting-edge of mammalian development: how the embryo makes teeth**. *Nat. Rev. Genet.* 2004, **5**: 499–508.

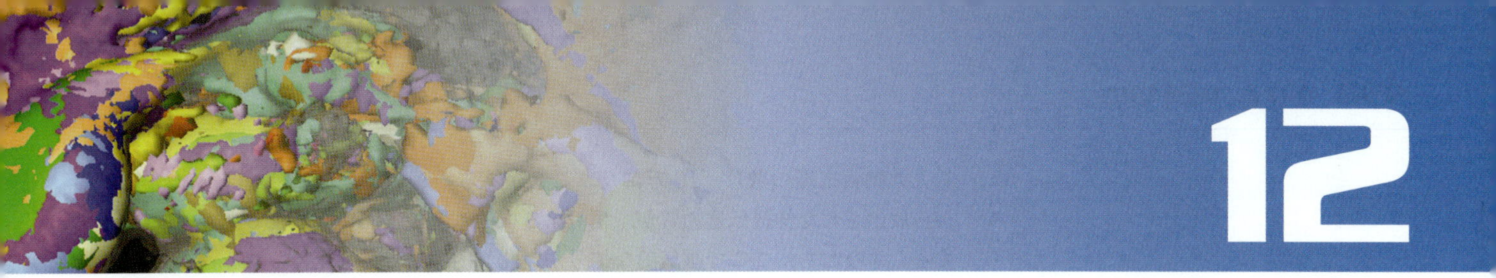

12

神経系の発生

●神経系における細胞の個性獲得

●軸索はどのように導かれるのか

●シナプス結合とその“リファインメント”

神経系は，動物胚のいろいろな器官の中でも複雑さに関して際立っている。例えば，哺乳類では何十億もの神経細胞（ニューロン）がそれぞれに秩序だったパターンの配線をなしとげ，脳やそれ以外の神経系の機能を担うネットワークを築いている。ニューロンは一見どれも似ているが，実はさまざまな個性を有し，配線パターンも違う。神経系を成り立たせるために働く発生の仕組みには，いろいろな要素がある。ニューロンについて言えば，まず，どう運命が決まり，特有の形を持ち，移動するのかという問題がある。また，ニューロンの細胞体部分から伸びる長い突起（軸索）がうまく標的に行き着くように，いかにガイドされるかという問題がある。そして，いったん築かれた配線パターンがニューロンの興奮性に基づいて「磨きをかけられる」（リファインされる）ということも重要である。

脊椎動物にせよ無脊椎動物にせよ，すべての神経系というものは，電気的に興奮する特性を有し，大きさ・形・機能に関して多様な細胞——すなわち**ニューロン（neuron）**——のネットワークによる機能的な連絡網を成立させている（**図12.1**）。神経系にはグリア（glia）と総称される非ニューロン細胞もあり，さまざまな機能を担っている。**グリア細胞（glial cell）**には，末梢神経系のシュワン細胞，中枢神経系のオリゴデンドロサイトやアストロサイトなどがある。個々のニューロンはお互いに，そして筋肉などの標的細胞と，**シナプス（synapse）**と呼ばれる特殊な接合によって連絡している。ニューロンは，自身の**樹状突起（dendrite）**と呼ばれる箇所において，他のニューロンからの電気的な入力を受ける。入力が充分に強ければ，受け手ニューロンの**細胞体（cell body）**で新しいインパルス（活動電位）が生じ，それがそのニューロンの**軸索（axon）**を伝わり，やがて**軸索末端（axon terminal）**あるいは神経終末に達する。末端部は，別のニューロンの樹状突起や細胞体，あるいは筋肉細胞の表面との間でシナプスを形成している。樹状突起と軸索は共に枝分かれが著しいため，中枢神経系で1つのニューロンが受け取

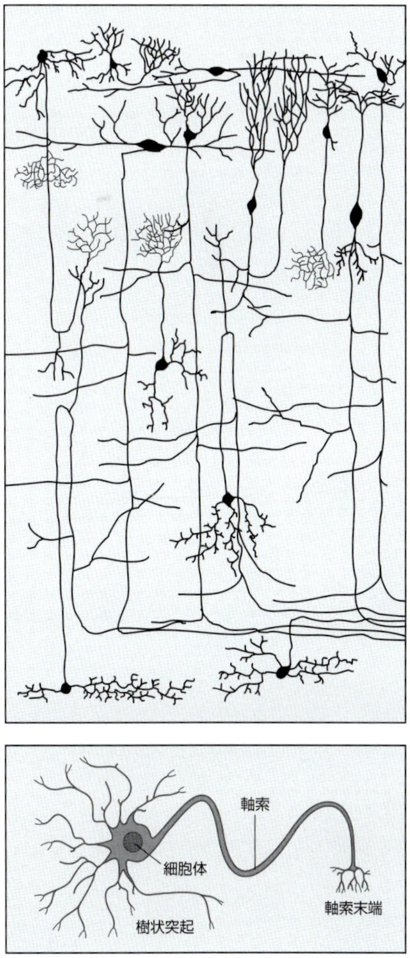

図 12.1　ニューロンの形態
上パネル：鳥類の脳の視覚中枢に存在するいろいろなタイプ（形・サイズの異なる）のニューロンのモンタージュ図。脳内には，ここで図示する以上に神経連絡網が満ちている。下パネル：単一ニューロンの様子。核を含有する細胞体部分と，そこから発せられる数多く分枝した樹状突起群および１本の長い軸索とが示されている。他のニューロンからの信号は樹状突起で受けとられ，処理され，細胞体部分へもたらされる。そして，出力信号（神経インパルス）が細胞体に生じ，軸索を下る。ニューロンがいかに信号を発し，相互にやりとりし合うのかについては本章の後半で学ぶ。

る入力軸索末端の数は，10万に及ぶことがある。シナプスにおいては，神経終末から放出された神経伝達物質が，相対する標的細胞の表面に存在する受容体に結合する。すなわち，ここで電気的な信号が，化学的な信号へと変換される。その結果として，標的細胞において新たな電気信号が生じる，もしくは抑えられることになる。中枢神経系は，ニューロン同士が適切に結合できていないと機能を発揮できない。したがって，神経系の発生に関する最重要課題の1つとして，いかにしてニューロン同士の適切な連結が果たされるのかが問われることになる。ヒトの脳にあるニューロンの数は1000億といわれるが，そのうちのどれほどが固有のタイプであり，どれほどが同じ特徴を持つかなど，ニューロンの個性についてはまだよくわかっていない。

本章では無脊椎動物と脊椎動物の中枢神経系を取り上げるつもりであるが，そうするにあたり，それぞれの神経系が共通の祖先から分かれたものなのか，それとも進化上異なる起源を有するのかという疑問が湧く。中枢神経系は，解剖学的には，一定の空間的範囲を占める神経組織のことを指し，そこでは機能的に特殊化したニューロンが整然と軸索の束を介して互いに結びついている。中枢神経系は，からだからの感覚情報を受け取り，処理し，中央で統合することを通じて，からだの動きを制御するなど行動上の出力をもたらすという役割を持つ。こうした「中央で統合」という特徴を持つ神経系が，環形動物から哺乳動物にまで及ぶ幅広い動物種において認められ，中枢神経系と定義される。一方で，刺胞動物（ヒドラやイソギンチャクなど）が持つ散在神経系（または神経網）は，受け取った感覚情報を中央での統合を行わないままに処理するという点において，中枢神経系とは大きく異なっている。

脊椎動物と無脊椎動物に共通して中枢神経系の発生過程の1ステップとして重要なのが，外胚葉が“非神経系”の部分と，“神経系”の部分――神経外胚葉（neuroectoderm）――とに分かれるということである（第5.2節参照）。左右相称動物では，神経外胚葉は胚の前端に位置し，そこから脳や感覚器が発生する。発生期間中について言えば，脊椎動物の中枢神経系と，より単純な無脊椎動物の中枢神経系との間には類似点がある。例えば，環形動物であるゴカイ類の胚では，神経外胚葉はからだの長軸に沿って部分的に重複するいくつかのドメインに分かれるが，そうしたドメイン化は脊椎動物胚の神経管にも認められ，しかも対応するドメインからつくられるニューロンのタイプも似ている。脊椎動物では，中枢神経系をパターン形成する遺伝子群は，骨形成タンパク質（BMP）ファミリーの影響を受けるが（本章で後述），このことは，ゴカイ類にも当てはまる。こうした事実は，左右相称動物の共通の先祖において，既に中枢神経系構造が存在したであろうことを示唆しており，脊椎動物および無脊椎動物の中枢神経系は，共通の起源に由来するという可能性を支持するものである。

その複雑さにもかかわらず，神経系の形成は，他の器官の発生に関わるのと同じ細胞学的・発生学的過程によって行われる。神経系の発生は，大きく4つのステップに分けることができる。すなわち，(1)「神経細胞（ニューロンやグリアなど）が個性を獲得する」ステップ，(2) ニューロンが移動し，軸索が標的めがけて伸びる「組み立て」ステップ，(3) 軸索先端での「シナプス形成（相手は他のニューロン，筋肉，あるいは腺細胞など）」ステップ，(4) 軸索の刈り込みや細胞死を通じての「シナプス結合の洗練・磨き上げ（リファインメント）」ステップ，である。

本書では，神経誘導（第5章），神経管の形成（第8章），後根神経節の分節的・周期的な配置（第8章），神経堤細胞の分化（第10章）など，脊椎動物の神経系の発生過程について，これまでの章で部分的に取り上げてきた。これらの事象のうちのいくつかは，本章で神経細胞の指定を論じる際に再び取り上げることになる。紙面の都合で神経系発生のすべての局面をカバーすることはできないので，本章では，神経系における細胞の個性獲得を制御するメカニズムと，シナプス結合について注目することにする。

神経系における細胞の個性獲得

神経系組織のもととなる神経外胚葉は，発生初期のパターン形成過程において，外胚葉のその他の部分とは別の存在として区別できるようになる。このことは脊椎動物，無脊椎動物に共通である（第2章，第5章参照）。本章は，その次のステップを考えるところから始めることにする。すなわち，神経外胚葉を構成する個々の細胞が，どのようにまず神経幹細胞——すなわち**神経芽細胞（neuroblast）**——としての個性を獲得するのか，そしてどのように引き続いて起こるニューロンおよびグリアの形成に寄与するのか(第10章参照)という問題である。まず，ショウジョウバエにおける**ニューロン形成［ニューロジェネシス（neurogenesis）］**を取り上げる。この動物を対象とした研究によって，ニューロン形成の鍵となる発生過程がかなりわかってきた。その後，脊椎動物の神経管におけるニューロン形成という，さらに複雑な過程を考察する。神経上皮細胞が分裂してニューロンに分化するにつれて，ニューロンが外側に向けて移動することにより，神経管の壁は多層化していく。こうした層状構造の形成については，哺乳類の大脳皮質（神経管の前脳部分から生じる）を題材に考えることにする。

脊椎動物，無脊椎動物ともに，神経系にはおびただしい数のグリア細胞がニューロンとともに存在する。グリア細胞も，やはり神経外胚葉の幹細胞から生じる。しかし本章では，グリア細胞の個性化機構については詳細には取り上げない。

12.1 ショウジョウバエ胚でニューロンは前神経クラスターから生じる

ショウジョウバエ幼虫の中枢神経系を生み出すことになる細胞は，胚発生の初期に，胚の背腹軸および前後軸に沿ってのパターン形成・区画化の一環として指定される（第2.19節参照）。昆虫では主たる神経索は腹側を走るが（脊椎動物の脊髄が背側を走るのとは逆である），ショウジョウバエ胚における中枢神経系予定域は，腹側に2つの縦長の神経外胚葉領域として，中胚葉のすぐ上に指定される。ニューロン産生領域の神経外胚葉には，神経系細胞（ニューロンおよびグリア）あるいは表皮細胞のどちらかを生み出すことになる細胞が存在する。原腸形成および中胚葉の内部移行の後，神経外胚葉細胞は，胚の外側に残り，腹側正中部を挟んで左右に並ぶ（図12.2）。この神経外胚葉域で神経芽細胞として個性化した細胞は，外胚葉上皮から離れて深部へともぐり込み，そこでさらに分裂する。この神経芽細胞がニューロンおよびグリアに分化し，結果として，腹側正中を挟んで左右に縦長に走る神経軸索の束が形成される。この左右の縦走神経束は，正中を越えて投射するニューロンによって，一定の間隔で（ハシゴ状に）連結性を有する。

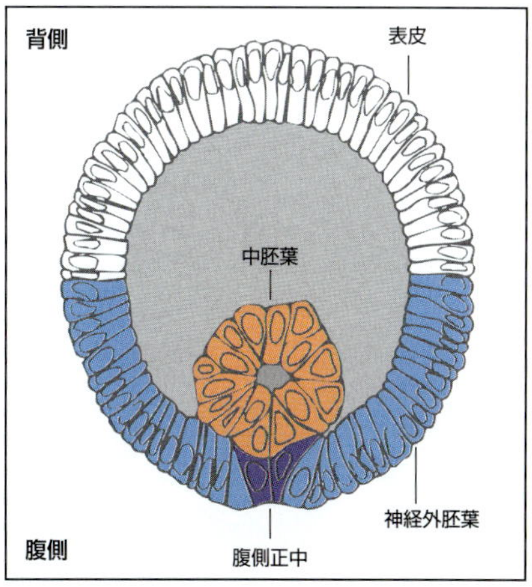

図12.2 ショウジョウバエ初期原腸胚の横断面図
受精後約3時間時点で，神経外胚葉（青）は腹側正中を挟んで両側に位置する。はじめ腹側正中上にあった中胚葉（赤）は，すでに胚の深部へもぐり込んでいる。

昆虫の中枢神経系と脊椎動物のそれとは色々な点で大きく異なりはするが，一方で，発生初期に両者をパターン形成する遺伝子が類似性を持つことは興味深い。まず，ショウジョウバエの神経芽細胞は，胚の正中線の両側に3本ずつ長軸方向の細胞カラムとして並ぶことが知られており，カラムの細胞のアイデンティティは，細胞がまだ神経外胚葉のうちに決定される（図12.3）。すなわち，*rhomboid* のよ

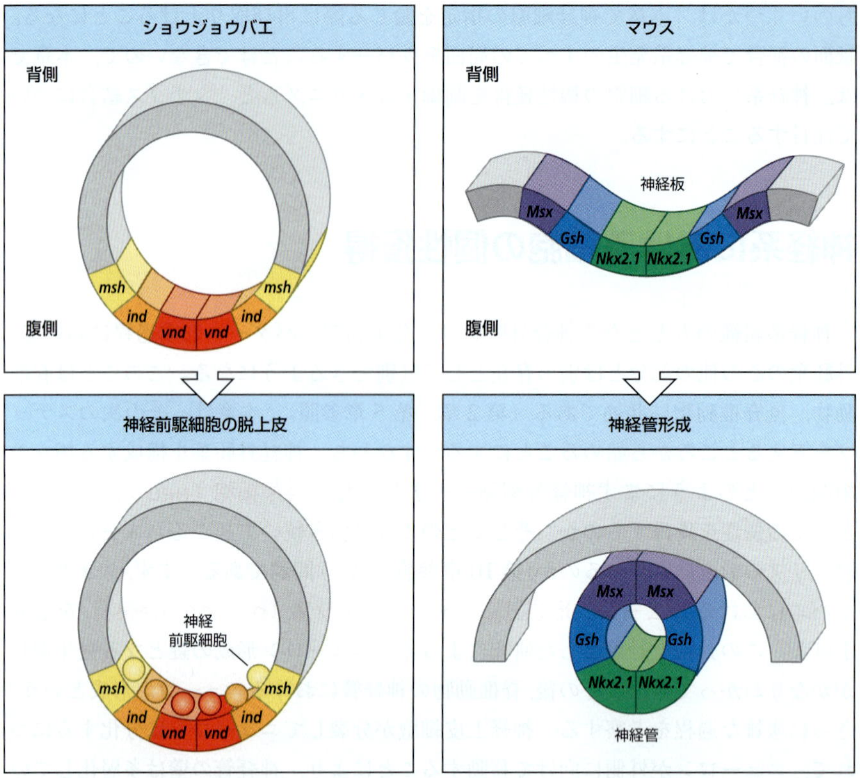

図 12.3 ショウジョウバエおよび脊椎動物の神経上皮にみられる正中線両側の3つのカラム構造

ショウジョウバエ胚の中枢神経系（左）も脊椎動物の神経板（右）も，正中線を挟んで左右に3つずつの縦長カラム状の遺伝子発現パターンを示す。カラムそれぞれにはある特定のホメオボックス遺伝子を発現する細胞が並ぶが，それは神経胚に至る前(上段)ですでに認められる。ショウジョウバエと脊椎動物の両方で，類似する遺伝子セットが同様の内側-外側パターンを示しつつ発現する。すなわち，*vnd* および *Nkx2.1* が最も中心となる正中線近く，*ind* および *Gsh* が中間区域，そして *msh* および *Msx* が最も外側である。

うな背腹軸のパターン形成に関わる遺伝子群の発現（第2.19節参照）およびEGFシグナル経路の活性化に応答して，ホメオドメイン転写因子の遺伝子である *msh*, *ind*, *vnd* の3つが，神経外胚葉で背→腹（外側→内側）の順に発現する。一方で脊椎動物の神経板にも，将来の神経細胞の3つの縦走ドメインがあり（**図 12.3**），そこでは *Msx*, *Gsh*, *Nkx2* という，ショウジョウバエの3つに相同である遺伝子群が，やはり背→腹の順に発現する。これは，領域決定のメカニズムが進化的に保存されていることを示す特記すべき例である。

先行するパターン形成に基づいて，ショウジョウバエの神経外胚葉の中に，**前神経クラスター（proneural cluster）**と称される細胞集合構造が，前後軸および背腹軸に沿った平面上のパターンを示しつつ現れる。個々のクラスターは3～5個の細胞からなるが，これらの細胞は，**前神経遺伝子（proneural gene）**を発現することで，周囲の細胞と区別される（**図 12.4**）。はじめはクラスター中のどの細胞も神経前駆細胞，すなわち神経芽細胞になるポテンシャルを有するが，やがて1つの細胞から（これはランダムに選ばれるようである），自らを神経芽細胞になるように促し，隣接する他のクラスター構成細胞には同じ発生運命を取ることを阻害するシグナルが発せられる。その結果，当該細胞はクラスター中で唯一の神経芽細胞として残り，例えば *achaete* のような前神経遺伝子の高いレベルの発現によって識別される。一方，周囲の細胞はもはや *achaete* を発現せず，表皮になる（**図 12.4** 参照）。

この将来の神経芽細胞のシングルアウト（選抜）現象は側方抑制の例であり（**図 12.5**），神経芽細胞になろうとする細胞と，その周囲の細胞との間における，膜貫通タンパク質Notchとその膜貫通リガンド分子Deltaを介する相互作用によるものである（Notch-Deltaシグナル経路については **Box 5C**, p. 202 参照）。前神経クラスター中の細胞は，はじめいずれもがNotchとDeltaの両方を発現し得る。

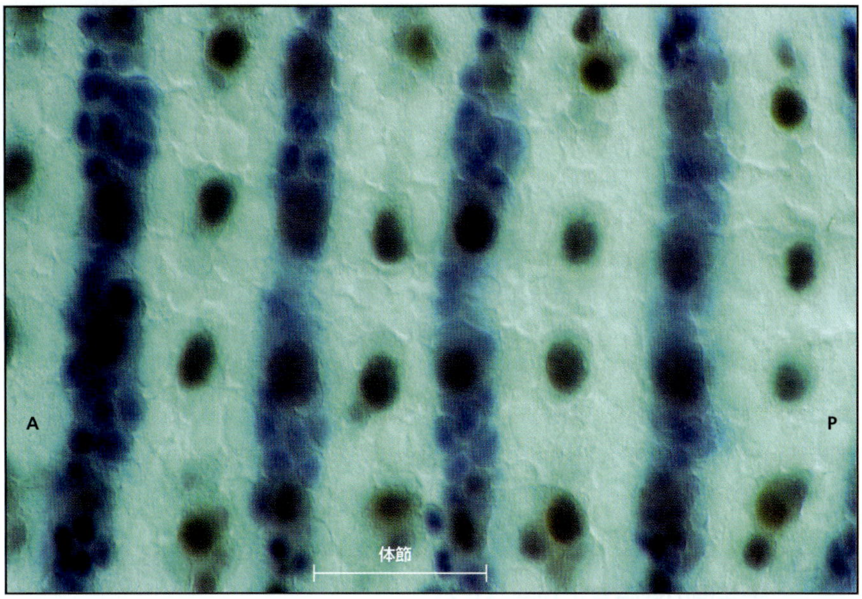

図 12.4 ショウジョウバエ胚の神経外胚葉における前神経クラスター
ここで示す発生ステージにおいて，体節予定域あたり 8 つの前神経クラスター（*achaete* 遺伝子を発現，黒）が認められる。クラスター群のうちの半分は engrailed を発現する分節の後ろの区域（青紫）にでき，残りの半分が前側に形成されている。一部のクラスターでは，すでに将来の神経芽細胞の選抜が起きている。写真は胚を腹側から見たものであり，腹側正中線が写真真ん中付近を水平方向に走っている。
写真は Skeath, J.B., et al.: 1996 より

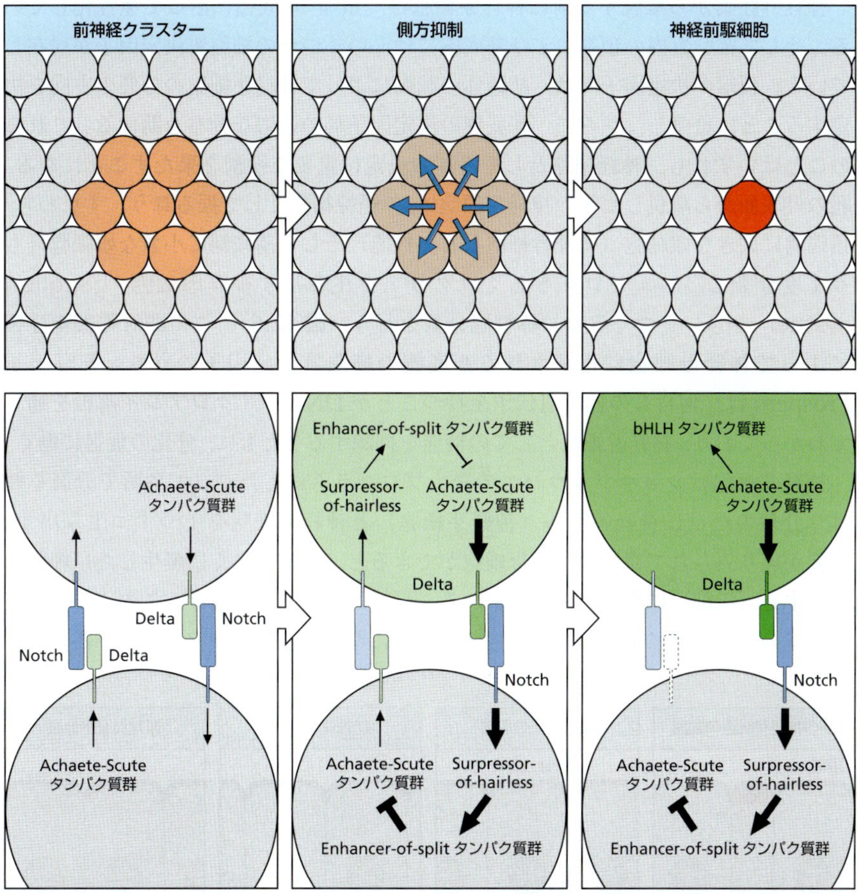

図 12.5 ショウジョウバエ神経系発生における側方抑制に Notch シグナリングが果たす役割
上段：側方抑制によって，前神経クラスターは 1 つの神経芽細胞または感覚器前駆細胞（SOP 細胞）を生み出し，クラスター中の残りの細胞は表皮あるいは支持細胞となる。下段：前神経クラスターにおいて，はじめは Notch シグナリングの状況はどの細胞でも同様であり，すべてに前神経特性を保持させている。クラスター構成細胞のいずれかが Notch のリガンドである Delta を高いレベルで発現すると，近接細胞における Notch の活性化を促すことになり，クラスター中での均衡が破れる。この不均衡はたちまちのうちに増幅されるが，増幅をもたらすフィードバック経路には，Suppressor-of-hairless および Enhancer-of-split という 2 つの転写因子が関与している。両転写因子の活性化は，当該細胞（選抜されつつある神経芽細胞にとっての近接細胞）の中での前神経タンパク質（Achaete および Scute），Delta タンパク質の発現を抑制することを通じて，その細胞がニューロンの運命を獲得することを阻止し，また，選抜途上の神経芽細胞に対して Delta を提示することのないように働く。bHLH＝ベーシック・ヘリックス・ループ・ヘリックス。
Kandel, E.R., et al.: 2000 より

しかし，1 つの細胞が Delta を他の細胞よりもすばやく，あるいは強く発現するようになる。その Delta 発現細胞は，隣接細胞（Delta 発現に関して既に遅れをとっている）の Notch 受容体に対する作用（自身が提示する Delta 分子の結合）を介して，隣接細胞の神経細胞としてのさらなる発生を阻害し，それらの細胞の Delta の発現も抑制する（**図 12.5** の下段参照）。このような側方抑制によって，当初は同様の性質を有していた前神経クラスター構成細胞の中から，1つの神経芽細胞の選抜が行われる。クラスターの残りの細胞は，前神経遺伝子およびDeltaの発現をやめ，表皮になる。ショウジョウバエ外胚葉において，もしNotchかDeltaの機能が失われると，神経外胚葉部分には本来よりも多くの神経芽細胞が生じてしまい，表皮細胞は減ってしまう。

上記のようにして決定された神経芽細胞は大きくなり，次いで外胚葉上皮から胚の深部方向へと抜け出す。そしてそこで繰り返し分裂し，ニューロンとグリアを繰り返し産生し続ける（次節で後述）。ショウジョウバエにおいては，神経芽細胞の指定と神経外胚葉からの離脱は約90分間にわたって5回繰り返され，その結果，片側体節あたり約30個の神経芽細胞が，3つの縦長カラムを構成して並ぶ。各神経芽細胞は，属する体節の胚内での位置，体節内での位置，そして形成のタイミングに基づいた固有のアイデンティティを持っており，幼虫期においてニューロンとグリア細胞が個性をもってつくられることに寄与する。

12.2 ショウジョウバエのニューロン発生には，非対称細胞分裂と遺伝子発現の適時変化が関与する

神経外胚葉から離脱する前に神経芽細胞は，頂端-基底軸に沿って極性化している。そして細胞質内の頂端および基底端には，いくつかの細胞質決定因子が局在している。頂端の決定因子群は，紡錘体の制御によって神経芽細胞の分裂の方向を決定することに貢献し，さらに，基底側の決定因子群の適切な分布を助ける。これらのことはいずれも，神経細胞としての運命決定に重要な役割を果たすことになる。胚の外表面から離脱した後の神経芽細胞は，神経幹細胞として振る舞う。すなわち，頂端側に大きな娘細胞（神経幹細胞として機能），そして基底側に小さな娘細胞［もう1度分裂し，ニューロンもしくはグリアを生み出す**神経母細胞（ganglion mother cell）**］をつくる非対称細胞分裂を行う（**図12.6**）。この非対称細胞分裂によって神経母細胞に相続される基底側の細胞質決定因子のうち，転写因子Prosperoは，何百もの標的遺伝子を持つことがDNAマイクロアレイ解析を通じてわかっており，神経幹細胞としての機能を抑制するとともに，分化の促進に働く。

神経芽細胞はショウジョウバエの発生プログラムにしたがって各所で分裂を続け，分裂のたびに神経幹細胞（神経芽細胞）と神経母細胞を1つずつ生み出す。分裂が繰り返されて複数の神経母細胞ができると，古い（早くに誕生した）細胞は胚の中心（深部）に向けて押し込まれる。最終的な腹側神経束は，このような神経母細胞の多層構造に由来して形成されることになる。神経芽細胞の分裂が繰り返さ

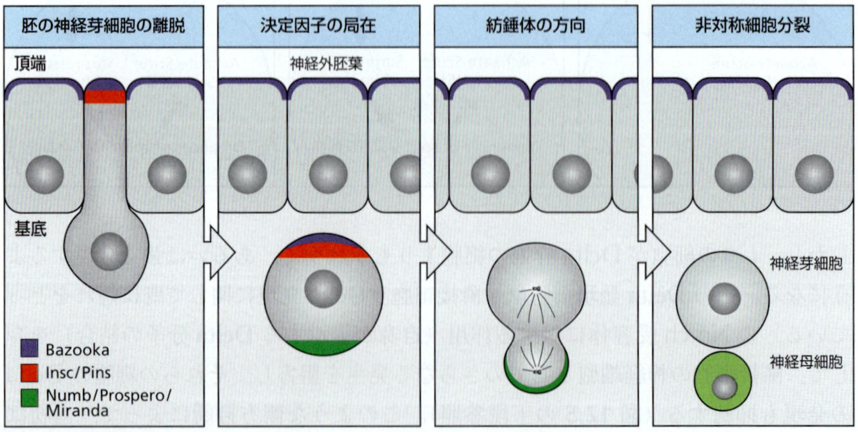

図12.6 ショウジョウバエ神経芽細胞の非対称分裂によるニューロンの産生
ショウジョウバエ胚の神経芽細胞が非対称分裂して中枢神経の神経母細胞を生み出す様子を示す。個性を獲得した神経芽細胞は，神経外胚葉の上皮を離脱し，上皮下で神経幹細胞として振る舞う。神経芽細胞それぞれは，非対称に分裂して頂端側の大きな娘細胞（幹細胞としての神経芽細胞）と，基底側の小さな娘細胞（神経母細胞）を生み出す。神経芽細胞の分裂方向の制御と娘細胞の細胞運命は，決定因子タンパク質の局在によってもたらされる。Numbタンパク質は分裂前の神経芽細胞片端（基底端）に偏っており，基底側の娘細胞（ニューロンを生み出す神経母細胞）がそれを相続する。ProsperoとMirandaは，Numbの適切な局在に必要である。そして，Inscuteable（Insc）とPinsは，分裂が正しい方向で起こるために必要である。

れるうちに，神経芽細胞内で発現する転写因子のセットが次第に変わっていく。このことが，子孫ニューロンが誕生するタイミングに応じて，様々なアイデンティティが付与されることに貢献している。

したがって，いろいろな機能を持つニューロンが正しい位置取りを果たし，腹側神経束が正常に形成されるには，神経芽細胞が転写因子の発現を適切に変えていくことが重要である。転写因子発現の最初の変化は，神経芽細胞の分裂にリンクして起きるようであるが，後の変化は，分裂には依存しない内在性メカニズムが適時的な遺伝子発現をもたらすことで果たされる。

ショウジョウバエ胚の中で起きる神経芽細胞の分裂とニューロン形成は，1 齢幼虫に機能的な中枢神経系をもたらす。しかし，1 齢幼虫におけるニューロンの数は，最終的に成虫で使われるニューロン数の 10% でしかない。さらなるニューロン形成が変態の前に行われて，残りの 90% が揃うことになる。

もうひとつショウジョウバエのニューロン形成系として非常によく知られるのが，成虫原基で指定された神経細胞から感覚剛毛が形成される過程である（**Box 12A**, p. 496）。

12.3 脊椎動物のニューロン前駆細胞の個性獲得にも側方抑制が関与する

脊椎動物における神経系の初期の指定機構には，ショウジョウバエの機構といろいろな点で類似性がある。第 5 章でみたように，脊椎動物の神経系は，神経板および感覚器プラコードからつくられる。神経板は，原腸形成の際に背側表面に位置する外胚葉から誘導されてくる。プラコードは頭部の感覚性神経節や，眼，耳，鼻の感覚受容細胞を生み出すことになる（第 11 章参照）。原腸形成の終わりごろまでに神経板は V 字型に折れ，神経管となっていく（**図 5.17** 参照）。神経堤細胞が神経管の背側部分からこぼれ出し，感覚性の末梢神経ニューロンや自律神経ニューロン，またシュワン細胞（末梢神経系のグリア）を生み出す（神経堤細胞の移動機構については第 8 章参照）。神経管にとどまる細胞はやがて脳と脊髄，すなわち中枢神経系を形成する。

ニューロン前駆細胞は，神経板や神経管のすべての場所で同時に生じてくるわけではない。ニューロン前駆細胞は，ショウジョウバエと同様に，神経板の正中線を挟んだ両側に 3 本のカラムとして現れる（**図 12.3**）。アフリカツメガエルの脊髄原基では，最も内側（正中寄り）の帯が脊髄の腹側域を形成し，運動ニューロンをつくることになる。それよりも外側の 2 本の帯からは脊髄の側方部分および背側部分がつくられ，介在ニューロンおよび感覚ニューロンを形成することになる。

神経板の中で最初に“カラム”が指定される過程には，側方抑制が関わっている。ショウジョウバエにおけるのと同様に，近接し合う細胞間で Delta-Notch シグナリングに担われたフィードバックループが機能して，神経芽細胞特異的な前神経遺伝子発現細胞が限定されていく（**図 12.5**）。3 本の帯のそれぞれにおいて，ある細胞（やがてニューロンを形成することになる細胞）が他の細胞よりも若干強く Delta を発現するようになると，その結果として近接細胞で Notch の活性化が起き，それが近接細胞中での前神経遺伝子の発現停止（および Delta 発現低下）をもたらし，将来の神経芽細胞のみが（近隣から Delta の提示を受けないため）前神経遺伝子の発現をさらに続ける。脊椎動物の前神経タンパク質（転写因子 neurogenin など）は，ショウジョウバエの前神経転写因子の相同分子である。一方，脊椎動物において神経細胞の個性獲得に対して抑制的に働くタンパク質は，ショウジョウバエにおいて Notch で活性化される転写因子として知られる Su（H）およびその標

Box 12A ショウジョウバエ成体の感覚器の個性獲得

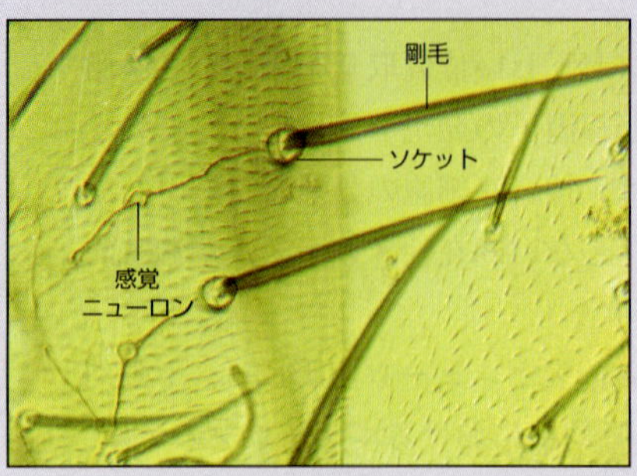

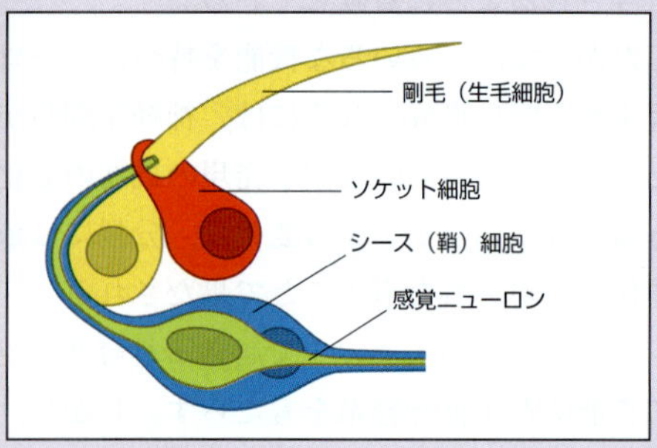

ショウジョウバエ成体の感覚器は，上皮が感覚器を生じさせるパターン形成機構と，感覚器前駆細胞がいかにしてニューロンと非ニューロンを非対称分裂（細胞質決定因子の非対称な局在による）によってつくり出していくかという問題を研究する絶好の系として用いられてきた。成体のショウジョウバエには主に2つのタイプの感覚器がある。1つは表皮にある外感覚器であり，これは感覚剛毛（体表の毛）を含む構造物であり，機械受容器（mechanoreceptor）と化学受容器（chemoreceptor）として働く（上の図）。もう1つは内部の弦音器官（chordotonal organ）であり，組織の伸展度合いを感知する組織である。それぞれの感覚器は感覚ニューロン1つを含む4つの細胞からなるが，これらの細胞は1つの**感覚器前駆（sensory organ precursor：SOP）細胞**に由来する。このSOP細胞は，表皮および幼虫の成虫原基から，所定のパターンで選ばれて決定される。

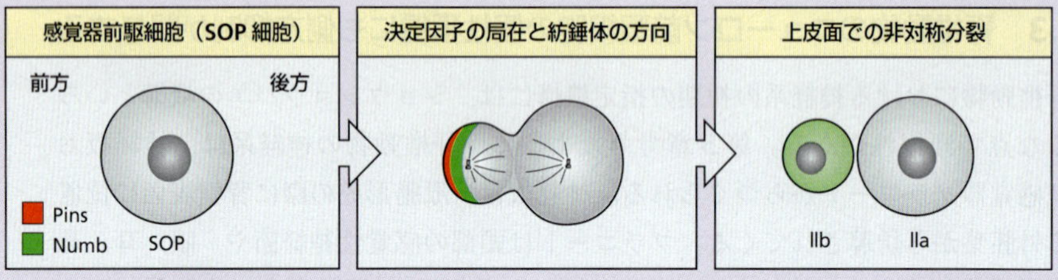

SOP細胞の分裂は，神経外胚葉にある神経芽細胞（**図12.6**）とは異なり，生じる2つの娘細胞がともに表皮内に残るような方向で起きる（右の図）。これは細胞分裂面の方向づけに関係するPinsタンパク質のSOP細胞内での局在に基づく（**図12.6**と比較のこと）。Numbタンパク質もSOP細胞の中で非対称に局在しており，分裂後に生じる娘細胞のうちの片方のみにしか受け継がれない。Numb相続細胞（IIb）は，次の非対称分裂において，Numbを受け継ぐ娘細胞（感覚ニューロンになる）とそうでない細胞［シース（鞘）細胞になる］を生み出す。SOP細胞の分裂の結果Numbタンパク質を受け継がなかった娘細胞（IIa）は，次の分裂で剛毛細胞とソケット細胞（いずれも非ニューロン細胞）のペアを生み出す。Notchシグナルはニューロン分化にも必要であり，もしNotchシグナルがないと，ニューロンのかわりにシース細胞が生じてしまう。

成体の翅の表皮中にある感覚剛毛のパターンは，幼虫の成虫原基中でのSOP細胞のパターン形成時に決まる。1つのSOP細胞は1つの感覚器を形成する。このSOP細胞のパターン形成は，胎生期の神経外胚葉（第12.1節）と同様に，前神経遺伝子（このケースでは*achaete-scute*複合体）の発現（すなわち前神経クラスターの出現）が，空間的に規則正しく起きることによる。遺伝学的な解析の結果，成虫原基中の特定の領域だけで遺伝子発現が起きるように，*achaete-scute*複合体DNAの中の異なるシス制御モジュールが用いられていることがわかった。この*achaete-scute*複合体は，遺伝子発現の空間的パターンが正確にもたらされるために，遺伝子複合体制御域がいかに巧みに働くかを示す良い例である（下の図参照）。下図の上段パネルは，*achaete*遺伝子および*scute*遺伝子の位置特異的な発現を決定する制御モジュール群の場所を示している。これらのモジュール群は，両遺伝子自身（黒）の上流と下流に位置している。下段パネルは，成虫原基中での前神経クラスターの場所（左）と，それに対応する成虫の翅と隣接する胸部体節中の感覚剛毛の位置（右）を示しており，それぞれの色は，発現領域特異的な遺伝子発現に関わるエンハンサー領域の色と対応している。

写真はY. Jan氏の厚意による
図はCampuzano, S., et al.: 1992より

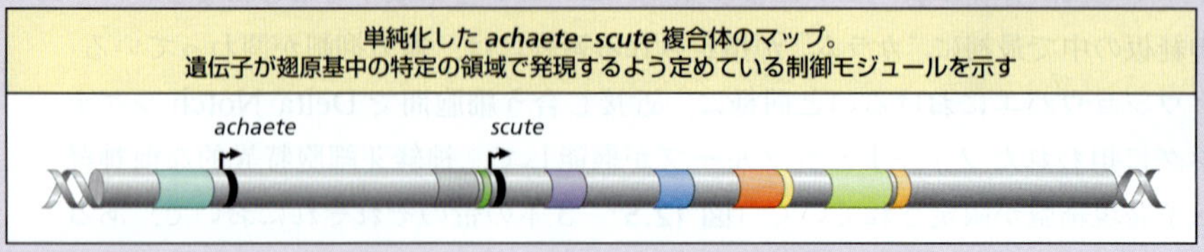

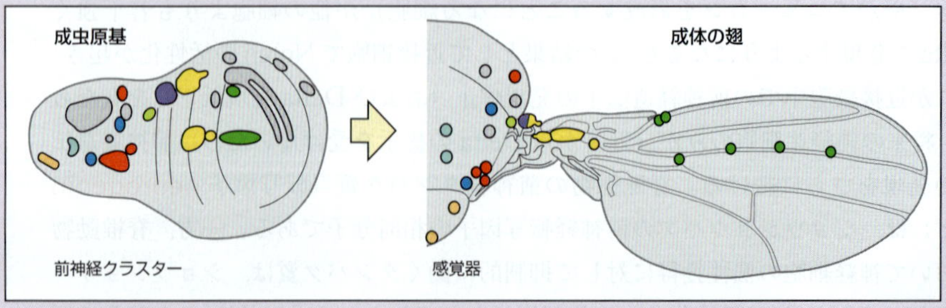

的である Enhancer of split（**図 12.5** 参照）の相同分子である。neurogenin 発現細胞は，ニューロンへの分化に特徴的な遺伝子群（*NeuroD* のような）を発現するようになる。脊椎動物における Notch および Delta の果たす役割は，神経板で強制的に Delta を過剰発現させる，あるいはシグナルを伝え続けるように改変された Notch を発現させるという両実験において，生じてくるニューロンの数が減ることから確かめられた。一方で Delta 発現を抑えると，neurogenin の強制発現によって起きるようなニューロンの過剰発生に至る。

神経管の中には，neurogenin を発現する拘束された（コミットされた）神経前駆細胞と，*neurogenin* 遺伝子が抑制された細胞とが共存している。前者は発生初期に細胞分裂をやめて分化に進むが，後者（未分化神経前駆細胞）がそうした状況に至るのはもっと後である。このため，ニューロン形成が一瞬ではなく，しばらくの発生期間にわたって続くことになる。

12.4 脊椎動物のニューロンは，神経管の増殖帯で生まれた後に外に向けて移動する

脊椎動物では，脳と脊髄のニューロンおよびグリアは，神経管の脳室帯（ventricular zone）と呼ばれる細胞産生区域から生じる。この区域には，神経管の管腔に面して並ぶ神経上皮細胞の一群がある（頂端-基底軸に沿って一定の長さを有する神経前駆細胞が束になっており，同時に，それらの核・細胞体部分が重層状に見える）。最初期の神経管は，背丈の低い細胞による単層の上皮構造をとっている（第 5 章と第 8 章）が，神経管中で細胞分裂が進むにつれて，神経上皮細胞の背丈が高くなり，かつ核・細胞体部分の積み重なりが現れつつ，一定の厚みのある脳室帯が構成されるようになる。細胞分裂は脳室帯の管腔に面する箇所で起きる。誕生したニューロンは脳室帯を離れて移動し，外側に自らの層を築く。つまり同心円状に神経組織形成が進む。このようにして，中空の神経管はやがて，中空の脊髄，および液体で満たされた脳室を囲むようにして成り立つ脳という構造体になるように発生を進めていく。これらの構造は神経管の管腔の名残りをあらわすものである。

脳室帯には多分化能，すなわちさまざまなニューロンおよびグリアを生み出す能力を有する神経幹細胞が存在する。前脳の背側域の脳室帯においては，“放射状グリア細胞（radial glial cell）[訳注 1]” と称される細胞が，分裂して自らと同じ放射状グリアと複数のタイプのニューロンをつくること，つまり神経幹細胞として振る舞うことが知られている。放射状グリアのニューロン移動に関する働きは次に述べる。他の幹細胞系と同様に，神経幹細胞は，神経幹細胞自身とそれ以外の細胞とを生み出す。神経系の発生過程においていろいろな細胞がつくられるうえで，ニューロン産生のモードには 2 通りがある。すなわち，1 度の細胞分裂によって 2 つの神経幹細胞あるいは 2 つのニューロンが生じるような分裂（対称分裂）と，片方の娘細胞が幹細胞で片方がニューロン（ないし分化傾向にある前駆細胞）となるような分裂（非対称分裂）である[訳注 2]。

幼若ニューロンは，神経管内部から外表面に向けて移動する。以下に，ニューロンの産生・誕生と，ニューロンの移動・配置との関係性について，哺乳類の大脳皮質を題材に考える。大脳皮質は，胎生期に前脳の背側域に形成される。成体の大脳皮質は 6 つの層（外側から順にⅠ層，Ⅱ層，…最深部がⅥ層）を有し，それぞれの層には形態および配線パターンの異なるニューロンが存在する。例えば，第Ⅴ層は大型の錐体形をしたニューロンで満たされているが，第Ⅳ層には小さく星形を呈

訳注 1：「放射状グリア」については，20 世紀には細胞産生能のないニューロン移動のガイド役としての機能が欧米で主張され，藤田哲也の説くニューロン産生の機能は否定され続けたが，21 世紀になって幹細胞としての機能――ショウジョウバエの系で言うならば神経芽細胞に相当するような――がようやく明らかになった。「グリア」という一見「分化」すなわち「未分化」とは対極にあるように思える名詞を含有してはいるが，(1) 歴史的な経緯（呼び名の有名さ）と，(2) 成体における神経幹細胞がグリアの性格を強く保有している（後述）との 2 つの理由により，哺乳類を対象とする欧米の研究者を中心に，胎生中期以降の神経幹細胞の呼称として現在愛用されている。しかし，脊椎動物全般を意識しての互換性，および発生ステージにかかわらない用いやすさに基づいて言葉を選ぶなら，むしろ神経幹細胞，神経前駆細胞，神経上皮細胞などのほうがふさわしいと考える

訳注 2：原文には，細胞分裂の方向性と娘細胞産生のモードの強い関係性があるとの説（1990 年代後半から 10 年ほどにわたって唱えられた）を掲げていたが，その説の紹介に不備があった（分裂の方向とモードの関係性について本来の説とは逆の説明をしていた）うえ，最近の多くの研究によって，その説自体が否定されている（非対称分裂が分裂の方向性だけで説明できるわけではない）ので，訳版には含めなかった

するニューロンが多い。これらのニューロンはみな脳室帯に由来し，放射状グリアに沿って外向きに移動し，最終的な層の位置に達する。放射状グリアは脳原基（神経管）の壁の端から端を結ぶ線維状の形態をしているが（図 12.7），その線維と，それに沿って放射方向に移動中のニューロンについての入念な形態描写が，1960年代から70年代にかけて，胎生期サルにおける大脳原基の連続切片の電子顕微鏡観察に基づいて行われた。

あるニューロンがどの層にまで移動するかということと，そのニューロンがいつ誕生したのかということには関係性がある。ニューロンのアイデンティティは，移動の前に獲得されると考えられている。哺乳類の中枢神経系では，いったんニューロンとして個性化した細胞は分裂をしない（そのことがpost-mitotic neuronと表現される理由である[訳注3]）。あるニューロンがいつ誕生したかは，その細胞の親・前駆細胞がいつ体細胞分裂をしたのかということと同義である。ニューロンの誕生期とその配置場所との関係性を明らかにした実験については **Box 12B**（p. 501）に示した。生まれたてのニューロンは未成熟であり，追って軸索や樹状突起（図 12.1）を伸ばし，成熟型になる。

大脳皮質の早い発生ステージで生まれたニューロンは，その誕生地に最も近くにある皮質の最深部への移動を行うが，遅いステージで生まれたものはより遠く，すなわちより表層にまで移動する（図 12.8）。つまり遅生まれニューロンは，早生まれニューロンを追い越す(これを“インサイドアウト”パターンと称する)。こうして，

訳注3：post-mitoticという英語表現の日本語訳として，「最終分裂を終えたニューロン」というような表現を昔からよく見かける。この表現は「ある時まではニューロンは分裂をするのだが，ある時に分裂をやめる」という印象（科学的に間違い）を与える恐れがある。ニューロンは分裂しない（分裂しないことをもって定義されるとすら言える）。「分裂する」という仕事は，前駆細胞・幹細胞によるものであり，その主語としてニューロンを用いるのは誤りである

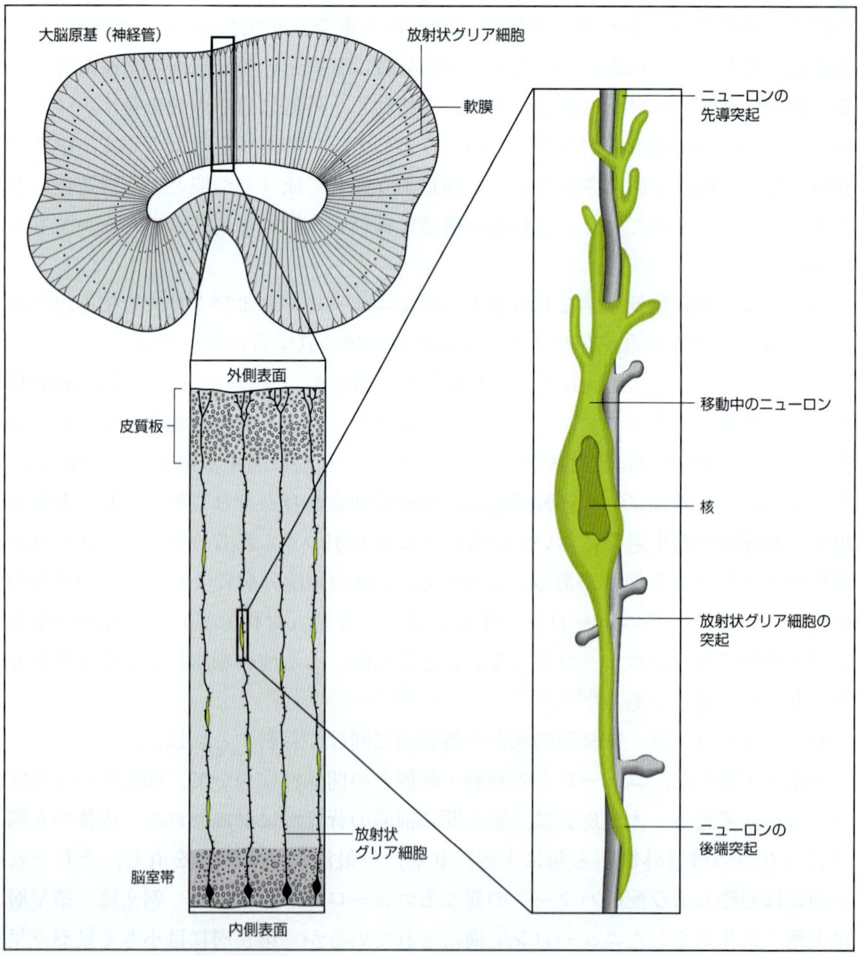

図 12.7 大脳皮質ニューロンは放射状グリアに沿って移動する
脳室帯で生まれたニューロンは，大脳原基（神経管）壁の両端を結ぶ形態の放射状グリアの線維に沿って移動し，最終目的地を目指す。
Rakic, P.: 1972 より

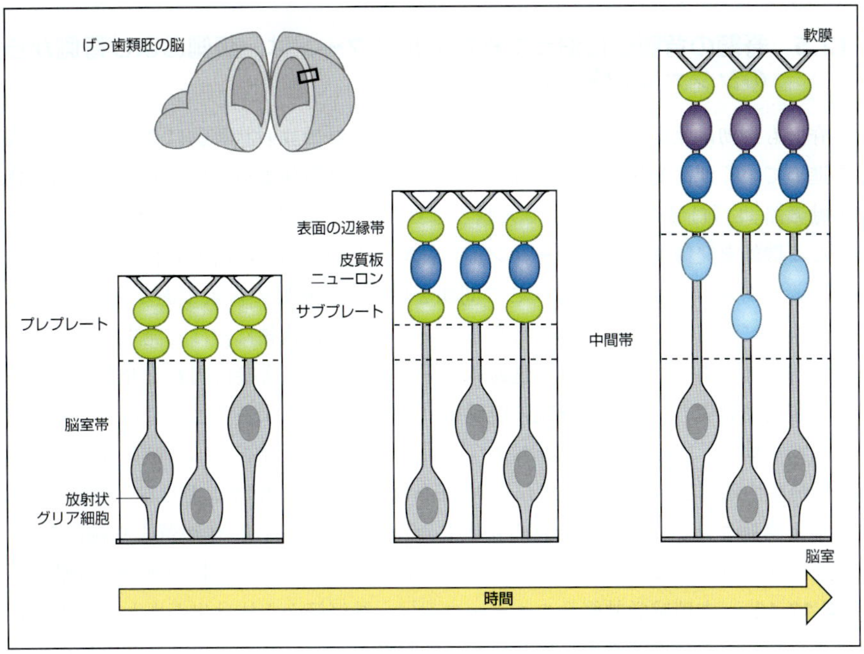

図 12.8　哺乳類大脳皮質におけるニューロン層の形成
左：大脳皮質の形成は，最初に誕生したニューロン群（緑）が脳壁の外側に配置される［プレプレート（pre-plate）と呼ばれる中間産物的な層を脳室帯の外側に形成する］ところから始まる。中：次に誕生したニューロン群（青）が，早生まれのプレプレートニューロンを追い越して並ぶ（皮質板と呼ばれる層を形成し始める）。プレプレートニューロン群のうちの一部（最も外側のニューロン）は最外層に辺縁帯として残り，後の皮質I層となる（外側から深層に向けて層を表す数字が増える）。右：第三のニューロン群（紫）が移動し，既存のものの外側に新しい皮質板の層を形成する。後続のニューロン群もそれぞれの層をさらに外側に築いていく。中間帯をさらに若いニューロン（薄青）が通過中である。
Honda, T., et al.: 2003 より改変

細胞体が順に積み重なって，ニューロン層が形成される（ちなみにこのルールの例外が最初にできる層であり，これは最外層に位置し続ける）。皮質ニューロンの移動に異常を引き起こすマウスの突然変異例が，この皮質形成のメカニズムについて大きなヒントを与えてきた。リーラー（reeler）マウスは，その名称が示唆するように協調運動ができずふらつくのだが，その大脳皮質では，大まかに言ってニューロンの並び順が逆になってしまっている（早生まれが表層，遅生まれが深部）。リーラーマウスに欠損する遺伝子（*reelin* と命名された）は細胞外マトリックス分子をコードし，この分子は通常，最初に形成される最外層において発現する。*reelin* を欠くリーラーマウスでは，遅生まれニューロンが早生まれニューロンを追い越すことができず，放射移動に乱れが生じる。ところで，発生中の脳におけるニューロンの実際の移動は，ここで概説する以上に複雑である。本章で述べた放射方向移動に加えて，接線方向に――神経管の外表面に沿うように，放射状線維には依存することなく――移動するニューロンもある。

哺乳類の大脳皮質形成過程においてはインサイドアウトパターンでニューロンの移動が進むことを反映して，成体の大脳皮質では，ニューロンの細胞体の集積箇所（すなわち灰白質）は外表面に位置する。一方で，軸索の走行位置が胎生期には深部の中間帯であることを反映して，白質は深部に位置する。もしインサイドアウトでなくアウトサイドインであったならば，細胞体と軸索を交互に重ねることになり，外に細胞体を集積させるということはできない。このインサイドアウトの達成が，哺乳類の大脳皮質に外側への規模拡大という進化的な大きなポテンシャルを与えたのかもしれない。

哺乳類成体の脳ではニューロンの新生はないと長い間考えられていたが，一方で鳴禽類，爬虫類，両生類，魚類では，ニューロン形成が成体脳でも起きることが知られていた。現在では，哺乳動物成体の脳の一部の場所に確かに神経幹細胞が存在し，ニューロンおよびグリアを新生していることがわかっている（第 10.10 節参照）。成体脳の神経幹細胞はグリア細胞としての特性を有し，きわめてゆっくりと細胞周期を進行させている。

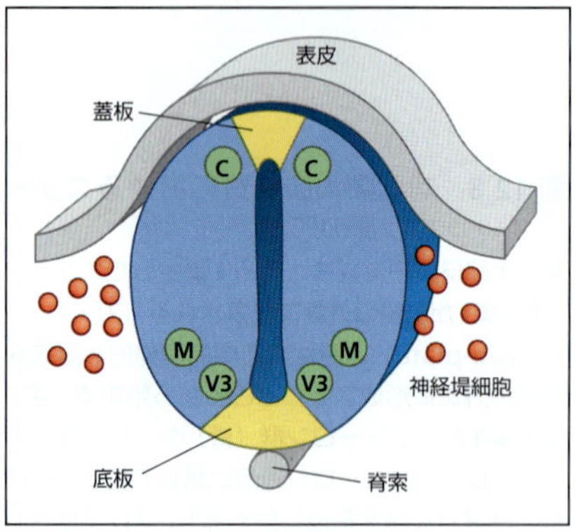

図 12.9 脊髄原基（神経管）における背腹パターン形成
将来脊髄となる神経管では，ニューロン非産生域として，底板が腹側正中部に，蓋板が背側正中部にそれぞれ生じる。交連ニューロン（C）は蓋板近くの背側区域に，運動ニューロン（M）とV3介在ニューロンは底板近くに発生する（図 12.12 参照）。

12.5 脊髄の背腹軸に沿った細胞分化パターンは，腹側および背側からのシグナルに依存する

脊髄も最初は大脳皮質で述べたようなニューロンの放射状移動によってその形成を進めていくが，脊髄の最終形は，ニューロンの細胞体集積部位（灰白質）の外側を軸索路（白質）が取り囲む点で大脳とは異なる。神経系がきちんと働くうえでは，異なる機能を発揮すべきニューロンが，神経管上の適切な場所で分化を果たすことが重要である。脊髄の原基は，この問題を研究する絶好の対象である。すなわち，その全長にわたって，機能的に異なるニューロンの背腹軸に沿った発生パターンが見られるのである（図 12.9）。運動ニューロンとそれに密接に関わる介在ニューロンは腹側に発生し，将来の脊髄の腹側根（前根）を形成することになる。一方，交連ニューロン，感覚ニューロンおよびそれらに関与する介在ニューロンは主に，背側に発生する。どの細胞タイプも，正中部をはさんで左右相称に生じる。運動ニューロンと感覚ニューロンは，それらが生じた側の脊髄に細胞全体が留まり続けるが，交連ニューロンの軸索は正中を越え，脊髄レベルでの左右の情報の連絡に貢献する（図 12.10）。末梢感覚神経系のニューロンは，神経管から抜け出たあとその外側にまで移動した神経堤細胞から生じ，やがて脊髄の両脇に並ぶ後根神経節を形成する（図 12.10，図 8.36，図 8.37）。脳と同様に，脊髄内のニューロンとグリアは，神経管の中心管腔に面する細胞産生域でつくられる。

ここで，脊髄の背腹パターンができるメカニズムとして，発生期の神経管が特定の種類のニューロンの分化を適切な位置で起こすために，どのようなシグナルを受け取っているのかについて考える。神経管には，神経系細胞の前駆細胞に加えて，非神経系細胞――腹側正中部の**底板（floor plate）**と呼ばれる小区域を構成する細胞，そして背側の正中部の**蓋板（roof plate）**と呼ばれる小区域を構成する細

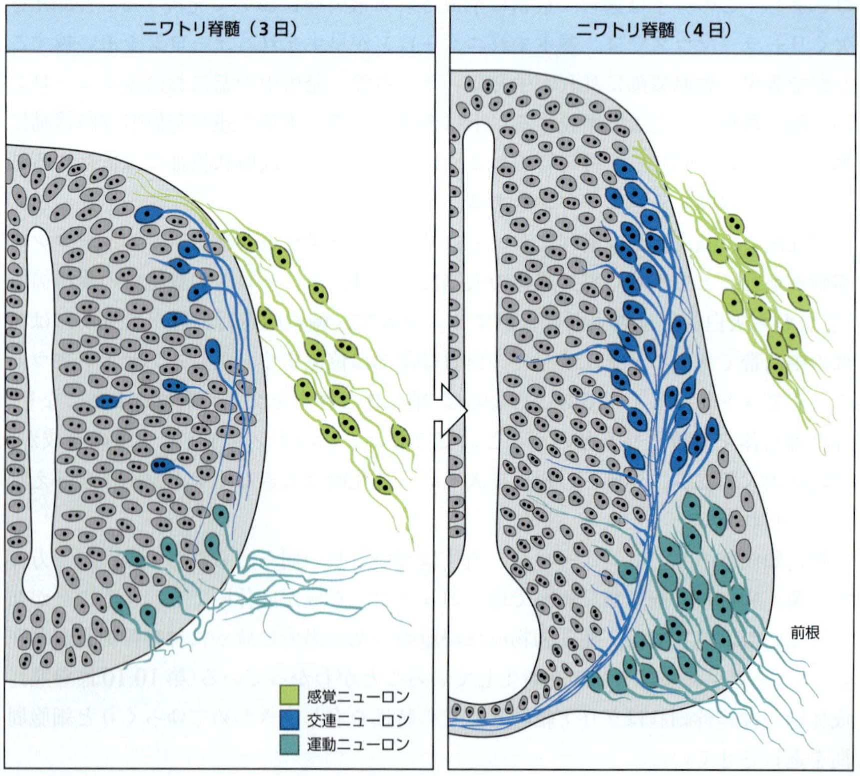

図 12.10 ニワトリ脊髄における感覚ニューロンと運動ニューロンの発生
孵卵3日目時点のニワトリ胚の神経管で，運動ニューロンが発生し始める。翌日には運動ニューロンは軸索を伸ばし，それが前根を形成するに至る。神経管の背側端から移動してきた神経堤細胞に由来する感覚ニューロンは，分節的に後根神経節を形成する（第10.11節参照）。交連ニューロンは，その軸索を腹側正中線に向けて，そしてさらに正中線を越えて反対側にまで伸ばす。

Box 12B 大脳皮質ニューロン誕生のタイミング

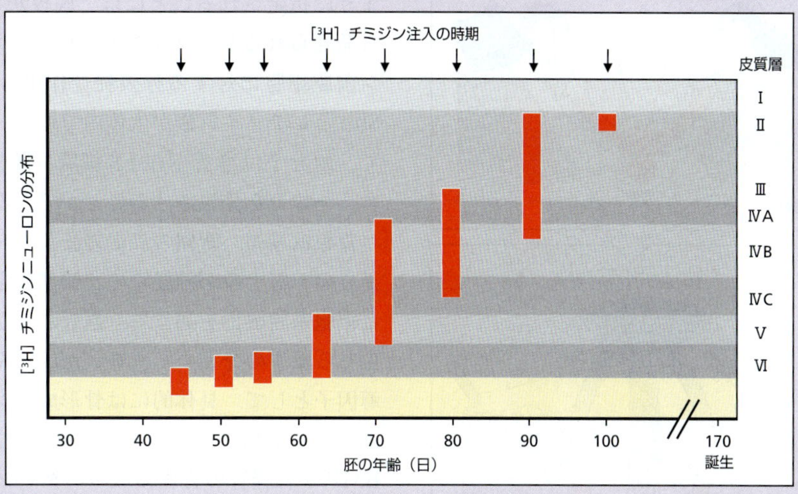

大脳皮質のニューロンがどの層に配置されるかは，そのニューロンがいつ誕生するかにかかっている。ニューロンは，細胞周期を進行させず分裂もしないので，脳原基中のある細胞が細胞周期から離脱したと判定できることをもって，その細胞がニューロンになった（ニューロンが誕生した）と定義される。ニューロン標識の最初の実験は1960年代から1970年代にかけて放射性同位元素を用いて行われ，ニューロンの移動の様子を把握することができた。その「標識」の原理は以下の通りである。

ある前駆細胞が細胞周期のS期において，一過性に投与された化合物をDNAに取り込んだ（「パルス標識」された）場合，その細胞が直後のM期において行う分裂によって生じた娘細胞それぞれには，「前駆細胞による取り込み量」の半分が相続される。もし娘細胞が，細胞周期を進行させない（DNA複製も細胞分裂も行わない）ならば，前駆細胞から相続した標識化合物がまるごと，それ以上希釈されることなく残り続ける。しかし，もし娘細胞が細胞周期を進行させ分裂を行うならば，次世代の細胞において標識化合物は希釈されてしまう。細胞周期の進行と分裂が世代を超えて繰り返されれば希釈がさらに進む。こうしてパルス標識からの一定の待ち時間を経て「誕生してから一度も希釈を体験しなかった（すなわちDNA複製・細胞分裂を行わなかった）細胞」としてニューロンが，その他の細胞と区別できる。標識のタイミングを変えることにより，ニューロンの誕生時期と最終配置場所との関連性を調べることができる。

図には，このような方法によってサルの大脳皮質視覚野のニューロンの配置場所と誕生した日の関係を調べた最初の研究結果を示す。放射性同位元素を含有するチミジン（[³H] チミジン）が胎生期のいくつかの異なるタイミングで投与された。このトリチウムチミジンは，それぞれの投与期にS期であった（DNA複製中であった）細胞（脳原基中の神経前駆細胞）に取り込まれたはずである。

そして，その胎生期の各投与段階に誕生した（トリチウムチミジンを取り込んだ前駆細胞の分裂によって生じた）ニューロンが成体の大脳皮質においてどの位置に存在するか，層内の分布が赤いバーでグラフ中に示されている。成体大脳皮質では，各々の層に対して，外側（脳膜に近い側）から内側（深部，すなわち脳室に近い側）に向けて順に番号が与えられている。最も早くに誕生したニューロンは，大脳皮質の中で最深部（第VI層）に位置する。一方，遅くに誕生したニューロンは，グラフ上で高い位置，すなわち，大脳皮質の外側（脳膜に近い側）に分布する。

今日では，放射性同位元素を用いるかわりに，例えば複製能のないレトロウイルスを介して *lacZ* のようなマーカー遺伝子を導入し，組織化学的に標識細胞を検出するなど，新しい方法が用いられている。

胞――が存在する。これらの2区画が，神経管の背腹軸に沿ったパターン形成をもたらすシグナル分子を発する。

底板は，神経管直下の脊索という中胚葉組織から分泌されるシグナル分子によって誘導される。脊索が神経管における誘導能を持つということは，脊索を本来の位置ではない神経管側方や背側に移植する実験で確かめることができる（移植実験系については体節形成に関連して**図 5.30** に示されている）。移植脊索に接する箇所に，第二の底板が形成される。そこでは，本来その神経管領域に生じるはずの背側細胞のマーカーの発現は抑えられ，本来腹側領域に生じるはずの運動ニューロンが異所的に生じる。*in situ* での遺伝子発現染色解析および異所的遺伝子発現実験を通じて，脊索から分泌される誘導シグナル分子が Sonic hedgehog（Shh）タンパク質であることがわかった。脊索由来の Shh は底板細胞に対して Shh の分泌を促し，今度は底板由来の Shh が神経管の腹側から背側に向けて濃度勾配をもって存

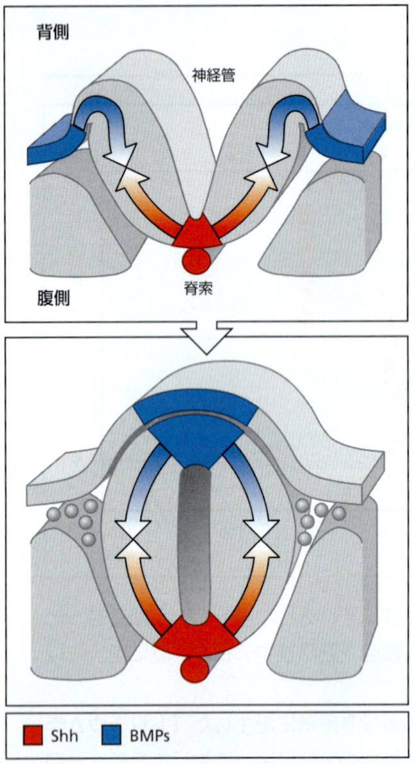

図 12.11 脊髄における背腹パターン形成には，背側および腹側からのシグナルが関与している
神経管が形成されると（上パネル），背側化および腹側化シグナルが作動する。底板からの腹側化シグナルは Shh タンパク質（赤）であり，背側化シグナルには BMP-4（青）などがある。BMP-4 は，神経管の形成中に隣接する外胚葉から発せられる。腹側化シグナルと背側化シグナルはお互いに拮抗的に働く。

在することになり，これが腹側誘導因子として働く（**図 12.11**）。

神経管腹側領域に存在する前駆細胞（神経上皮細胞）が運動ニューロンをつくるように指定されることには，底板から発せられる Shh に加えて，近隣の中胚葉から発せられるレチノイン酸も関与している。一方，Wnt シグナルによるニューロン前駆細胞に対する分裂促進作用も，ニューロン数の制御のために重要である。Shh とレチノイン酸が生体内でニューロン分化促進効果を示すことと整合性をもって，両分子は培養下の ES 細胞（胚性幹細胞）から，運動ニューロンおよび介在ニューロンを発生させることができる。

蓋板は最初，背側の表皮外胚葉から発せられるシグナルによって指定され，蓋板からのシグナルが神経管の背側部分をパターン形成する。遺伝子ノックアウト実験と細胞系譜解析を通して，蓋板が除かれたマウス胚の神経管では，背側領域に本来生じるはずの介在ニューロンがほとんど発生しないということがわかった。背側誘導因子として，具体的には骨形成タンパク質 BMP が知られている。外胚葉から分泌される BMP 分子群（第 5 章参照）は蓋板を指定し，次いで蓋板で産生された BMP が神経管の背側領域のパターンを誘導する。こうした BMP シグナルの背側化作用は腹側からのシグナルと拮抗して，つまり両者による共同作業の結果として，神経管の背腹軸がパターン形成されるようである（**図 12.11**）。

神経管背側での BMP の発現パターンが，腹側化シグナルによって強く影響され得るという機構は，ショウジョウバエ胚における背腹軸形成の過程において見られる機構ととてもよく似ている。その場合，*decapentaplegic*（*dpp*）遺伝子がハエ胚の背側領域に限局して発現されるが，それは腹側領域においては *dpp* の発現が転写因子 Dorsal によって抑えられているためである（第 2.12 節参照）。Dpp タンパク質も BMP 同様に，TGF-β ファミリーに属する分泌性シグナル因子である。ショウジョウバエ胚同様に，脊髄原基でも，BMP と Shh が背腹軸の両端から拮抗的に作用し合い，位置シグナルを与えている。

12.6 脊髄腹側のニューロンサブタイプは，Shh の「腹→背」勾配によって指定される

脊髄腹側には 5 つの異なるクラスのニューロンが発生する。すなわち運動ニューロンと，4 つのクラスの介在ニューロンである。介在ニューロンは，それぞれに特異的な遺伝子発現に基づいてクラス識別できる。培養実験によって，こうしたニューロンのサブタイプは，脊索と底板によってつくられる Shh の濃度依存的な作用によって指定されることが示された。実験では，ニワトリ胚の神経管の組織片に対して Shh を 2 倍ないし 3 倍に濃度を変化させて添加すると，濃度に応じて異なるタイプのニューロンが生じた。Shh 濃度が高いと転写因子 Gli3（Shh シグナルによって活性化されることで知られる：**Box 11C**, p. 444～445 参照）の活性も高まる。Gli3 は Shh の濃度勾配に依存した活性勾配を示しつつ，細胞内の重要なシグナル因子として働く（**図 12.12**）。

Shh シグナルに反応して，神経管腹側の前駆細胞では，ホメオボックスを有する転写因子群の遺伝子が多く制御されている。こうした遺伝子は 2 つのタイプに大別できる。1 つは Shh によって抑制を受けるもの（クラスⅠ），もう 1 つは Shh によって活性化されるもの（クラスⅡ）である（**図 12.12**）。どれくらいの Shh 濃度で発現が調節されるかが遺伝子ごとに異なるので，Shh の神経管中での濃度勾配に応じて，神経管の背腹軸に沿って少なくとも 5 つ，それぞれに個性の異なる前駆細胞によって構成される領域群が現れる。領域間の境界は，クラスⅠタンパク質

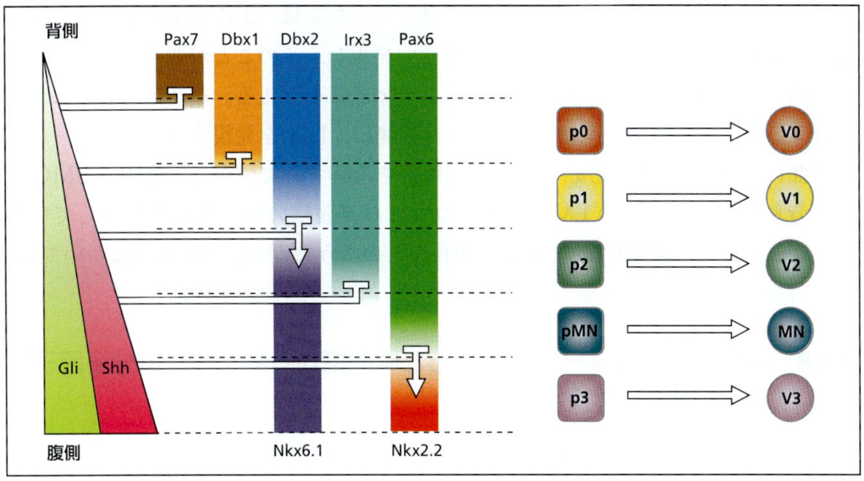

図 12.12 神経管腹側におけるニューロンサブタイプの決定
底板から発せられるShhの濃度勾配に応じて，神経管の背腹軸に沿って異なるニューロンサブタイプ（異なる色で示す）が指定される。Shhの濃度勾配は，細胞内の転写因子Gli3の活性勾配をもたらす。Shhシグナルは，クラスⅠホメオドメインタンパク質遺伝子（*Pax7, Pax6, Dbx1, Dbx2, Irx3*）の抑制に関わる一方，クラスⅡホメオドメインタンパク質遺伝子（*Nkx2.2, Nkx6.1*）の発現活性化にあずかる。クラスⅠ因子とクラスⅡ因子との相互作用が，さらに遺伝子発現をパターンづける。5つのドメインから5種類のサブタイプのニューロンが産生される。MNは運動ニューロン。
Jessell, T.M.: 2000より改変

とクラスⅡタンパク質の相互作用によって明確になる。生体内でShhがどのようにGliの活性勾配を指定するかについては不明な点がある。モルフォゲンについて一般論として議論されるように（**Box 11A**, p. 441参照），Shhの勾配形成には単なる拡散以外のメカニズムも関わっていると思われる。細胞外の拡散性分子は時間と共に変化し，また他の細胞外分子の影響も受けるので，細胞外における拡散のみではこのような濃度勾配を安定的に維持することは難しいと考えられるからである。

12.7 脊髄の運動ニューロンは，背腹軸に沿った位置に応じて体幹および四肢の筋へ固有の投射パターンを示す

脊髄の腹側で発生する運動ニューロン群は，その細胞体が脊髄背腹軸上のどのレベルに位置するか，そしてそのニューロンがどういった筋に投射するかに基づいて，さらに2つに分類することができる。ニワトリの場合，運動ニューロンは，正中線の両側で長軸に沿ったカラムとして分けられる。正中に最も近いカラム（正中カラム）は脊髄の全長を貫くが，外側運動カラム（LMC）は，前肢と後肢が発生するレベルの脊髄領域にのみ現れる（**図 12.13**）。正中カラム内の運動ニューロンは，背骨周りの筋と体壁の筋に対して軸索を投射するのに対して，外側カラムの運動ニューロンは四肢の筋を支配する。外側カラムはさらに，外側と内側の小区域に分けることができる。

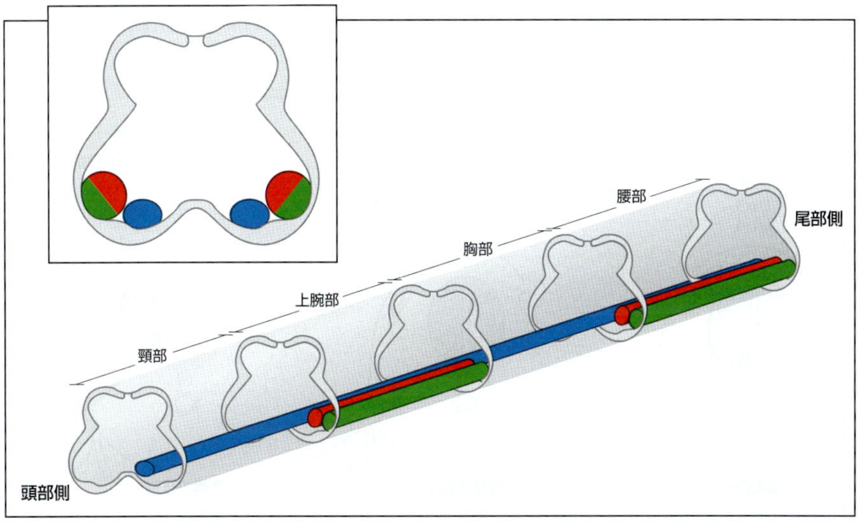

図 12.13 発生期ニワトリ脊髄における運動ニューロンカラムの構成
ステージ28～29のニワトリ胚の脊髄の長軸に沿って走る運動ニューロンカラム。正中運動カラムを青，外側運動カラム（LMC）の内側区域を赤，そしてLMCの外側区域を緑で示す。LMCは，肢が形成される位置である上腕部および腰部レベルの脊髄にのみ存在する。

いったん指定された各サブタイプの運動ニューロンは，LIM ホメオドメインファミリーに属する転写因子群を特有の組合せで発現し，そのことが運動ニューロンに脊髄内での位置に応じたさらなるアイデンティティを与える。例えば LMC においては，Lim1 を発現する運動ニューロンは外側に，Isl1 を発現する運動ニューロンは内側に存在する。LMC からの軸索の伸長を追跡する実験から，外側の LMC は肢芽背側の筋に，内側の LMC ニューロンは肢芽腹側の筋に軸索を伸ばしていることがわかった（**図 12.14**）。軸索の伸長がどのようにガイドされるかについては，本章の後半で詳しく述べる。

12.8 脊髄の前後パターンは，結節と中胚葉から発せられる分泌因子によって決定される

背腹軸に沿って区画化が進むのと同様に，脊髄の前後軸に沿っても，位置に応じたニューロンの機能の獲得が起きる。この問題については 40 年ほど前に印象的な移植実験が行われた。その実験では，ニワトリ胚の前肢（翼）の筋肉を支配するレベルの脊髄のスライスが，別のニワトリ胚の腰のレベル（後肢を支配するレベル）に移植された。すると，移植を受けた胚から成長したニワトリは，その後肢を，本来歩行のために行うであろう左右交互にというやり方ではなく，左右同時に（まるで羽ばたきのために前肢を動かすように）動かしたのである。この結果は，移植実験が行われた発生時点において，移植に用いられた運動ニューロンは既に前後軸上の位置に沿った特性を得ていた（後肢支配域に移植されようが，すでに獲得されていた前肢支配のアイデンティティが生き続けた）ということを示している。

脊髄の前後軸上の位置に応じたニューロンの運命選択には，初期にはオーガナイザー（結節），後期には神経管に隣接する沿軸中胚葉（第 5 章）から分泌されるシグナル分子が関与しているが，それは最初，以下のような移植実験によって明らかにされた。すなわち，前肢レベルのウズラの沿軸中胚葉を，神経管閉鎖が進行中の

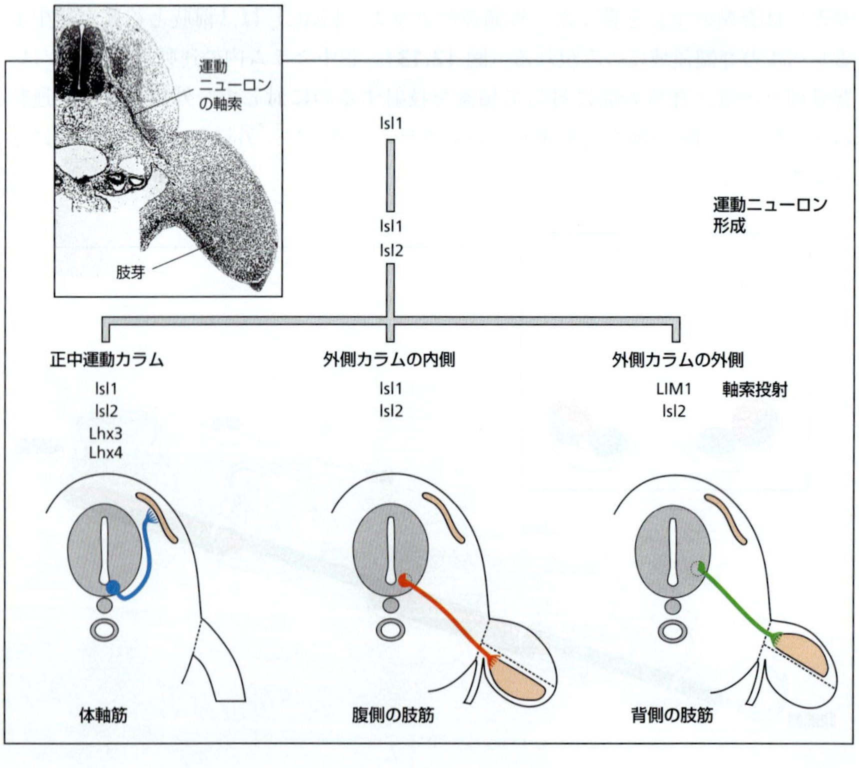

図 12.14 ニワトリ脊髄において，機能的に異なる運動ニューロンは，異なる LIM ホメオドメインタンパク質を発現する

挿入写真はニワトリ胚の翼（前肢）レベルにおける横断面である。運動ニューロンの軸索の束が肢芽に侵入しようとする様子がわかる。はじめはどの運動ニューロンも LIM タンパク質の Isl1 と Isl2 を発現するが，軸索伸長の時期には，別の筋肉を支配するニューロンは転写因子の発現（Isl1, Isl2, Lim1, Lhx3, Lhx4 の組合せ方）が異なる。*写真は K. Tosney 氏の厚意による*

時期のニワトリ胚の胸のレベルに移植すると，被移植ニワトリ胚の脊髄で本来は胸のレベルの支配をするはずのニューロンが，前肢レベルの支配にあずかる性格を獲得した。結節および中胚葉から分泌されるシグナル分子は前後軸に沿って勾配を形成し，それがHox遺伝子の発現パターンを制御する。そして結果としてニューロンに，それらの発生運命を決定する前後軸に沿った位置アイデンティティをもたらす。そのようなシグナル分子群としては，FGF，GDF［増殖分化因子（growth/differentiation factor），TGF-βファミリーに属する］，そしてレチノイン酸が知られる（**図 5.21** 参照）。FGFは後方から前方にかけて濃度勾配を示す。レチノイン酸は脊髄の前端に浅い勾配があり，GDFの場合は似たような勾配が脊髄の後端付近にある。

脊髄は，発現するHox遺伝子群の組合せに基づいて，前後軸に沿っていくつかに区切られる。例えば*Hoxc6*は前肢レベルの運動ニューロンにおいて発現するが，*Hoxc9*は胸レベルの運動ニューロンで発現する。いくつかのニューロンサブタイプにおいては，異なる濃度の転写因子FoxP1がHoxタンパク質群と共に働いて，ニューロンのアイデンティティを指定する。つまり，前節で述べたような背腹軸上のアイデンティティ決定に加えて，こうした前後のアイデンティティを指定する遺伝子発現もあるということである。

典型的な脊椎動物の肢には50を超える筋肉群があり，ニューロンは，それらとそれぞれ正確に結びつかなければならない。各ニューロンは特定の組合せでHox遺伝子を発現するが，このことが，それぞれのニューロンがどの筋肉を支配するかということを決定する。外側運動カラム（LMC）の中で外側領域と内側領域が異なる投射パターンをとるということ（**図 12.14** 参照）に加えて，四肢の筋を担当する運動ニューロンは，さらに背腹軸および前後軸に沿っていわゆる“プール（pool）”にまで細分化できる。各プールの運動ニューロン群は1つの標的筋肉に投射するので，運動ニューロンのプール数は，肢の筋の数に対応する。プールごとのニューロンのアイデンティティは，Hox遺伝子発現の組合せに応じて指定される。例えばニワトリでは，前肢支配運動ニューロンの分布域の後端は，Hox6が発現する後端と一致するが，その前端は*Hoxc6*発現の前端と一致する。ニワトリ翼のどの筋肉がどの運動ニューロンプールで支配されるかは，Hox8，Hox7，Hox6，Hox5，Hox4のパラロガスサブグループの発現の相互作用を通じて指定されている（**図 12.15**）。

このように，背腹軸上の位置，前後軸上の位置に応じた遺伝子発現によってニューロンにアイデンティティが与えられ，それらが脊髄の中で特定の機能を担うことになる。

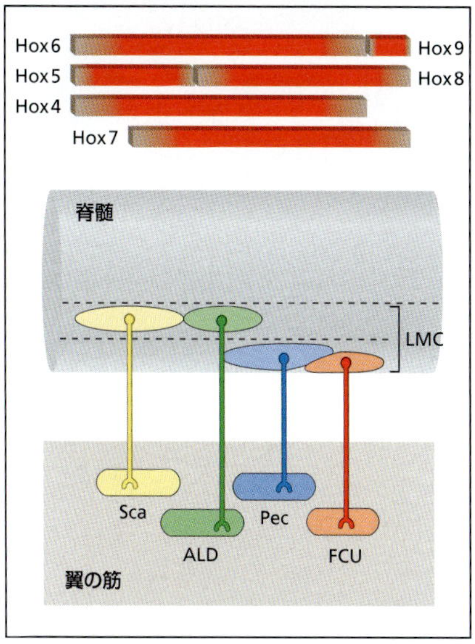

図 12.15 脊髄における運動ニューロンのプールは，特定の四肢の筋への投射を果たす

発生期ニワトリ脊髄（前肢レベル）の運動ニューロンの外側運動カラムは，多くの小グループ，すなわちプールから構成されている。それぞれの運動ニューロンプールからは，前肢（翼）の特定の筋への結合がなされる。個々のプールのニューロンのアイデンティティは，脊髄原基中のHox遺伝子群の発現の組合せによって決まる。LMC＝外側運動カラム（**図 12.13** 参照）。Sca＝後肩甲上腕筋，Pec＝大胸筋，ALD＝前広背筋，FCU＝尺側手根屈筋。

Dasen, J.S., et al.: 2005より改変

まとめ

ショウジョウバエの予定神経組織は，発生過程の初期に，胚の背腹軸に沿った神経外胚葉の帯として決定される。神経外胚葉の中では，前神経遺伝子の発現が，細胞クラスターに神経系細胞をつくるポテンシャルを与える。クラスターの中で，Notch-Deltaが関与する側方抑制が作用し，1つの細胞のみが神経芽細胞としてのアイデンティティを獲得する。神経芽細胞はそれぞれ，神経芽細胞とニューロン形成能を有する娘細胞とを生み出す非対称分裂を行い――すなわち神経幹細胞として振る舞い――，中枢神経系の形成に寄与する。

脊椎動物の神経系は，脳，脊髄，および神経堤由来の末梢神経系からなるが，このいずれもが原腸形成期に現れる神経板に由来する。神経板の中でニューロン形成にあずかる細胞は，ショウジョウバエにおけるのと同様に，側方抑制機構によって決定される。神経管の内表面近くの増殖帯で誕生したニューロンは，形成中の脳や脊髄など様々な場所へと移動する。脊髄の背腹軸に沿ったニューロンのパターン形成は，背側および腹側からのシグナルによって促される。脊索および底板から分泌される Shh の濃度勾配によって，脊髄腹側領域でのニューロンサブタイプの決定がなされる。前後軸に沿ったニューロンのアイデンティティ獲得は，Hox 遺伝子発現の組合せによって行われる。

まとめ：ニューロンのアイデンティティの獲得

ショウジョウバエ

achaete-scute 複合体が，ショウジョウバエ神経外胚葉の前神経クラスターで発現

⇩

Delta（リガンド）と Notch（受容体）の側方抑制によって，クラスター中の1つの細胞が神経幹細胞に選ばれる

⇩

成虫原基の感覚器前駆体における細胞分裂時の Numb タンパク質の非対称な局在によって，感覚ニューロンと周囲細胞が生じる

脊椎動物

側方抑制によって指定された神経板の中の神経芽細胞で *neurogenin* が発現

⇩

脳および脊髄

⇩

幹細胞による非対称分裂（Numb タンパク質）でニューロン産生

⇩

ニューロンの移動

⇩

腹側シグナル（Shh）と背側シグナル（BMP-4 など）による神経管の背腹パターン形成

⇩

体節が，脊索，神経管，外胚葉からシグナルを受ける

軸索はどのように導かれるのか

さて，ここからは，軸索の伸長と標的へのガイダンスについてみていくことにする。これは神経系に固有な発生現象であり，主に移動を終えた若いニューロンによって示される分化現象である。個々のニューロンは，細胞体から軸索と樹状突起を伸ばし，将来は，軸索によってシグナルを送り，樹状突起でシグナルを受け取るようになる。神経系の働きは，回路がきちんとできているか，すなわち，いかにニューロンが密に，しかも正確に連絡しているかにかかっている（図 12.16）。本章の後

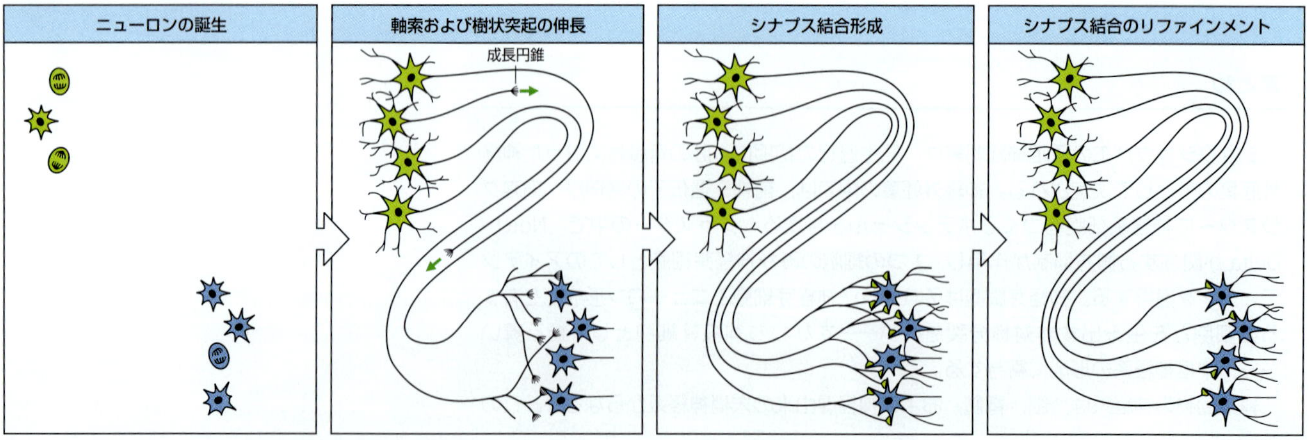

図 12.16　ニューロンは標的に対して正確に配線する
ニューロン（緑）とその標的細胞は，通常，別々の場所で発生する。両者の間の結合は，ニューロンからの軸索の伸長によってもたらされる。軸索の先端（成長円錐）の動きが配線を先導する。多くの場合，初期に築かれた比較的非特異的なシナプス結合は，やがてより正確な結合へとリファインされる。
Alberts, B., et al.: 2002 より

半では，ニューロン間の連絡が様々な状況においてどのように築かれるかを取り上げる。何が軸索の伸長と他の細胞への接触を制御するのか？ その正確な結合はどうやって成し遂げられるのか？ そこでまずは軸索の伸長，そして伸長している軸索の標的へのガイド機構について考えてみよう。

12.9　成長円錐が軸索の伸びる経路を制御する

ニューロンの分化の初期過程の1つとして，軸索が伸長する。軸索先端の成長円錐（growth cone）が，軸索の伸びを駆動する（図 12.17）。成長円錐は，移動のため，そして環境中のガイダンス・キューを受け取るために特殊化されている。移動が可能な各種の細胞（例えばウニの一次間充織細胞，第 8.7 節参照）のように，成長円錐は，その先端部において糸状仮足を伸ばし引っ込めしつつ，下の基質面との接触を得てはまた無くしということを繰り返し，軸索を前方に牽引することに貢献する。糸状仮足の間にはラメリポディア（葉状仮足）という薄いヒダ状の部分があり，移動する線維芽細胞が先端部分で示す様子と似ている（Box 8A, p. 307）。実際に，超微細構造や動きのメカニズムでも，成長円錐は基質表面上を移動する線維芽細胞の先端の様子と似ている。しかし，軸索は，伸長を続けることでその細胞膜表面積が増え続け，サイズそのものが増加するという点で，移動している線維芽細胞とは異なる。ここで必要になる新たな細胞膜の添加は，細胞内小胞の細胞膜への融合によって供給される。

軸索伸長をガイドする成長円錐は，糸状仮足と他の細胞あるいは細胞外マトリックスとの接触によって影響を受ける。普通，成長円錐は，糸状仮足が最も安定に接触を持った方向に動く。加えて，成長円錐の動く方向は，成長円錐上の受容体に結合する拡散性の細胞外シグナル分子によっても影響される。そのような細胞外シグナル分子のあるものは軸索の伸長を促し，またあるものは糸状仮足の退縮，さらには成長円錐の“虚脱（collapse）”を通じて軸索伸長を阻害する。糸状仮足や葉状仮足の伸長・退縮には，アクチン細胞骨格の重合・脱重合が関与している。そして，軸索ガイダンスに関与するとされる細胞外シグナル分子の多くは，細胞内シグナルタンパク質である Ras 関連 GTPase ファミリーを通してアクチン細胞骨格に影響を与えることが知られている。しかし，成長円錐がどのようにして細胞外シグナルを糸状仮足の伸長・虚脱へと変換しているのかについては，まだ完全にはわかっていない。

軸索の成長円錐は，2種類のキュー，すなわち誘引因子と反発因子によってガイ

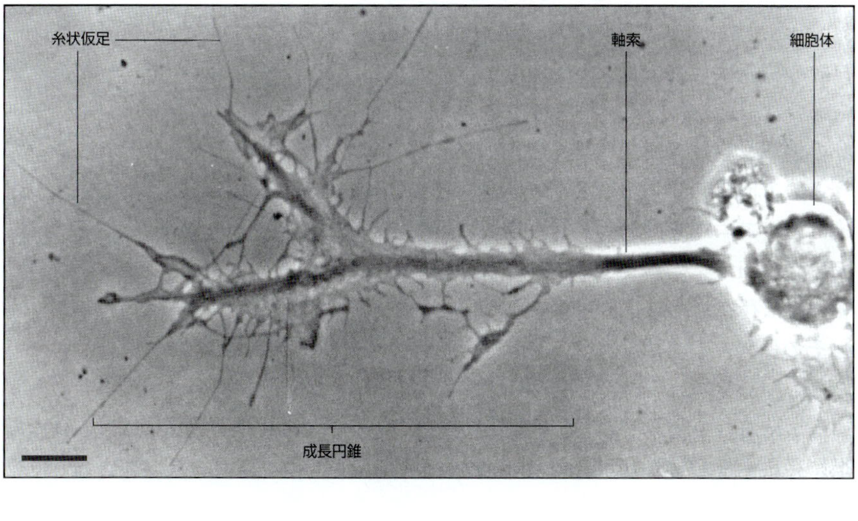

図 12.17　発生中の軸索と成長円錐
ニューロンの細胞体部分から伸び出した軸索の先端部分は，成長円錐と呼ばれる可動性に富む構造である。成長円錐からは多くの糸状仮足が周囲環境を探るように絶えず伸ばされ，また引っ込められている。スケールバー＝10 μm。
写真は P. Gordon-Weeks 氏の厚意による

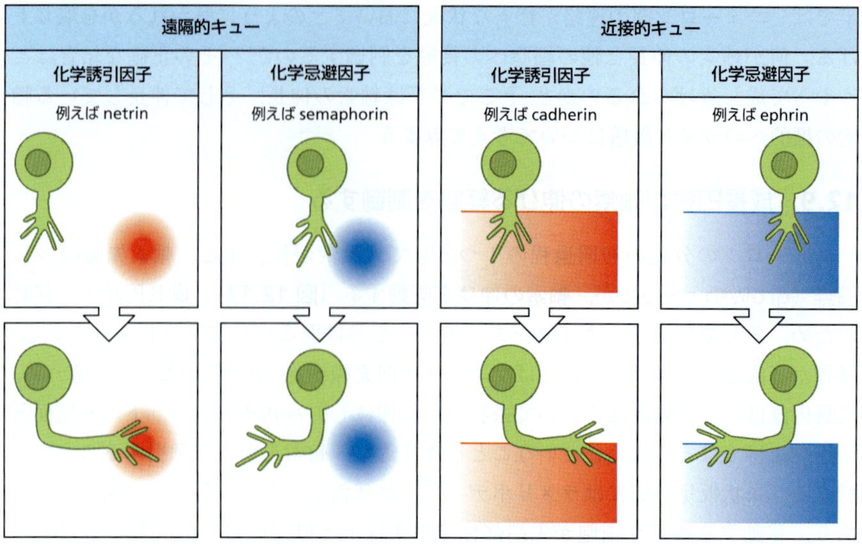

図 12.18　軸索ガイド機構
成長円錐の動く方向の制御には，遠隔的誘引，遠隔的忌避，近接的誘引，近接的忌避という4通りの機構が関与する。遠隔的誘引は，netrin や semaphorin など細胞外マトリックス中で濃度勾配を持つような分泌性分子によってもたらされる。近接的なキューは，膜貫通型のタンパク質によることが多い。例えば，ephrin やその受容体 Eph，そして cadherin 分子群である。

ドされる。キューは，遠隔的に働くことも近接的に働くこともある。よって，成長円錐のガイドには都合4つのパターンがあることになる（**図 12.18**）。遠隔的（長距離）誘引には，軸索にとっての目的地・標的となる細胞から発せられる拡散性分子の**化学誘引因子（chemoattractant）**が関与する。逆に，**化学忌避因子（chemorepellent）**は，移動細胞や軸索に対する反発効果を発揮する分子である。発生中の神経系には，誘引因子と反発因子がどちらも見つかっている。近接的（近距離）ガイダンスは細胞接触依存的な機構によるものであり，周囲細胞や細胞外マトリックスなどに結合する分子群が関わっている。近接的ガイダンスにも，誘引性と反発性の2種類がある。そして，細胞や発生過程の経緯に応じて，同じ分子が誘引因子として働くことも，反発因子として働くこともある。

軸索をガイドする細胞外分子として多くのものが見つかっている。**セマフォリン（semaphorin）**は，保存されている軸索ガイド分子ファミリーの中でもっとも代表的なものである。semaphorin ファミリーには7つのサブファミリーがあるが，うち3つは分泌性であり，残り4つが膜結合型である。ニューロンには2つのクラスの semaphorin 受容体がある（plexin と neuropilin）。semaphorin の主要な機能は，軸索の反発である。ただし，幾種かの semaphorin 分子は，ニューロンの特性やニューロンが細胞膜上に持つ semaphorin 受容体のタイプに応じて，成長円錐を誘引したり逆に反発したりする。1つのニューロンの異なる部域が，semaphorin に対して別々の反応を示すこともある。すなわち，大脳皮質錐体ニューロンの樹状突起部分は semaphorin 3A に向けて伸びるが，同じニューロンの軸索部分は忌避されて反対側に向けて伸びるとされる。このようにニューロンは，自身の情報受容域（樹状突起）と情報発信域（軸索）を，単一のシグナルによって真逆の方向に形成することができる。このニューロン内の部域ごとの反応性の相違は，グアニル酸シクラーゼの有無に基づくとされる。グアニル酸シクラーゼは，semaphorin シグナルの伝達経路の因子として知られるが，樹状突起中に存在し，軸索には存在しない。

その他のクラスの軸索ガイドタンパク質，例えば分泌性の**ネトリン（netrin）**なども，あるニューロンの軸索に対しては誘引的に，そして別のニューロンの軸索には反発的というように，2つの機能を発揮する。netrin の誘引作用は，成長円錐上に存在する DCC（deleted in colorectal cancer）ファミリー受容体を通じて発揮される。Slit タンパク質（Slit protein）は，反発作用を有する分泌性糖タンパク質であり，Robo ファミリー受容体への結合によってさまざまな種類のニューロンの軸索を反発させる。しかし Slit は一方で，感覚ニューロンの軸索を伸長させたり枝分かれさせたりする作用も有する。

近距離で細胞同士の接触依存的に働く軸索ガイド分子としては，まず，いずれも膜貫通型である ephrin とその受容体 Eph（Box 5F, p. 218 参照）がある。ephrin および Eph 受容体は，神経系において主には反発的な作用をもたらす。一方カドヘリン（cadherin）は，隣接する細胞が提示する cadherin に結合し，近接的誘引因子として作用する（Box 8B, p. 309 参照）。次節において，脊髄の運動ニューロンが肢の標的筋肉に正確な投射を果たすために ephrin が機能しているということを紹介する。

12.10 ニワトリ四肢筋に向かう運動ニューロンの軸索は，ephrin-Eph 相互作用によってガイドされる

筋肉系によって動物がさまざまな運動を行うことができるのは，脊髄の運動ニューロンが正しい経路を伸び，適切な標的筋に正しく結合しているためである。例えば，ニワトリの前肢（翼）への神経支配は，正確に同一のパターンをとっている（図 12.19）。第 12.7 節および第 12.8 節でみたように，肢の特定の筋を支配することになる運動ニューロンの“プール”は，LIM 遺伝子および Hox 遺伝子の発現パターンの組合せに応じて脊髄内の時点で区別できる。しかし，運動ニューロンの軸索が正しい標的に達するためには，局所のガイダンス・キューが必要である。肢の組織がこのガイダンス・キューの出し主である。

ニワトリ胚では，運動ニューロンの軸索は，孵卵 4.5 日時点，すなわち軟骨成分や背側および腹側の筋塊が生じ始めた後に，肢芽に到達する。脊髄を出た運動ニューロン軸索が肢芽の付け根に最初に到達する時点では，多くの軸索は寄せ集まって 1 つの束をなしている。しかし，肢芽基部において軸索群はいくつかに分かれ，特定の筋を支配する軸索のみが神経束として新たに集まる。

こうした軸索群の選別（sorting out）には肢の局所キューが重要であるということが，ニワトリ胚を用いた次のような実験で明らかになった。すなわち，本来後肢の筋を支配することになるはずのレベルの脊髄の横断スライスを，軸索が伸び出す直前のタイミングで前後に逆転させるという実験である。実験後，本来は後肢の前方半分の部域を走行するはずの軸索（腰髄・仙髄セグメント 1 ～ 3 のレベルの

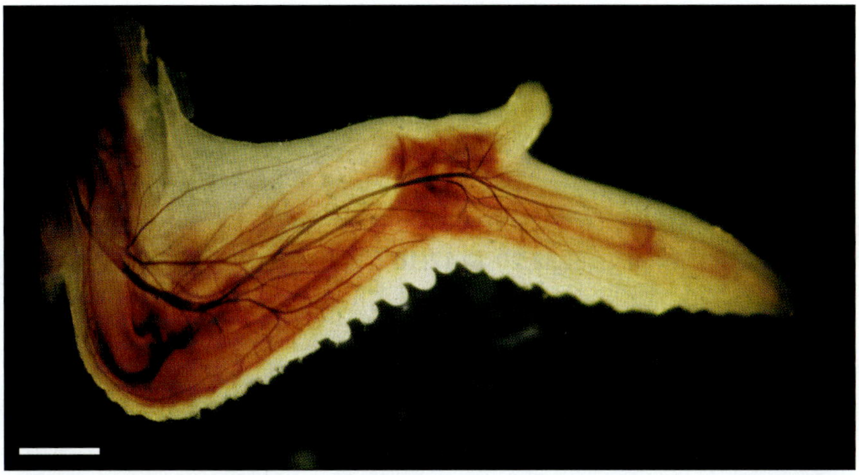

図 12.19 ニワトリ胚前肢の神経支配
茶色に染色されている神経群には，運動ニューロンと感覚ニューロンが共に含まれている。スケールバー＝1 mm。
写真は J. Lewis 氏の厚意による

運動ニューロン）が，後肢に入ったばかりの付近では（本来の前方半分ではなく）後方半分に認められたが，それ以降の後肢先端部分においては，前方半分を走って正しい筋を支配した。つまり，肢への入り口においては前後軸上で誤った位置に存在した軸索が，その後の走行によって筋と適切な関係性を取り戻すことができたわけである。この実験では，運動ニューロンの肢芽に対する相対位置の改変は比較的小規模であったが，もっと大規模に配置が変えられてしまうと，運動ニューロンは適切な標的を見つけられなくなってしまう。肢芽を背腹軸に関して完全にひっくり返すと，軸索はもはや本来の標的筋に達することができない。そのような間違った走行が生じた実験例においては，特定の群のニューロンの軸索が，本来なら別の軸索群の通るべきルートに存在してしまっている。このように，肢の中胚葉組織は運動ニューロンの軸索をガイドする局所キューを提供しており，運動ニューロンにはそうしたキューに応じて正しい道を選ぶためのアイデンティティが備わっている。

このような局所キューとして，膜貫通シグナル分子の ephrin 群などがある。脊髄の外側運動カラム（LMC）の内側領域にある運動ニューロンは（**図 12.14** 参照），肢の腹側の筋を支配する。一方，LMC の外側領域の運動ニューロンは，肢の背側の筋を支配する。この外側領域運動ニューロンが肢で背側経路をとるための大きな要因の 1 つが，運動ニューロンの持つ Eph A4 を通じての反発作用である。肢腹側の間充織は Eph A4 リガンドの ephrin A を提示し，これと Eph A4 が反発的に作用すると考えられている。内側領域運動ニューロンが腹側の間充織に入り込むのは，同様に背側間充織からの反発作用によると考えられている。外側領域運動ニューロンにおける Eph A4 の発現は，LIM ホメオドメインタンパク質（第 12.7 節）によって制御されている。すなわち，LMC 外側領域の運動ニューロンにおける Lim1 の発現が Eph A4 の高いレベルでの発現を促し，LMC 内側領域における Isl1 の発現が Eph A4 発現の低下をもたらす。一方で肢の側では，背側の間充織における ephrin A の濃度は，その領域に LIM タンパク質の Lmx1b が発現することを通じて，そうではない腹側に比べて低レベルに維持されているようである（**図 11.14** 参照）。

12.11 正中で交叉する軸索の走行には誘引と反発の両方が関与する

神経系の発生現象は，おおむね正中線を挟んで左右相称に，しかも片側ごとに独立して進行する。しかし，からだの半分が，もう半分で行われていることを把握するのは大切である。そこで，いくつかのニューロンがその全体を左右どちらかの側に完全にとどめ置く一方で，多くのニューロンの軸索が腹側正中部を越えて反対側に伸びる。化学誘引因子と反発因子がこの正中交叉現象に関与している。

脊椎動物の脊髄では，交連ニューロンが両サイドの間の連結役として働く。交連ニューロンの細胞体は脊髄の背側域にあるが，その軸索は腹側に向け，脊髄側方縁に沿うようにして伸びる。蓋板から発せられるシグナルが，交連ニューロン軸索が背側に向けて伸びるのを防ぐ。経路の中程で，交連軸索は急な進路変更を見せる。すなわち，脊髄側方縁から離れ，運動ニューロン分布域を通らずに，脊髄腹側正中の底板に向けて走行する（**図 12.20**, **図 12.10** も参照）。正中を越えると，交連ニューロンの軸索は再び進路変更し，今度は脊髄の前後軸に沿って前方（頭側）に向けて走行するような鋭いターンを見せる。これらは正中を再度越えることはない。腹側正中にある誘引因子と反発因子の両方が，交連ニューロン軸索に対して，正中を越えさせ，いったん越えた後には再び戻らせないように作用している。netrin-1 は，正中の底板で発現される重要な誘引因子である。*netrin-1* 遺伝子あるいは受容体

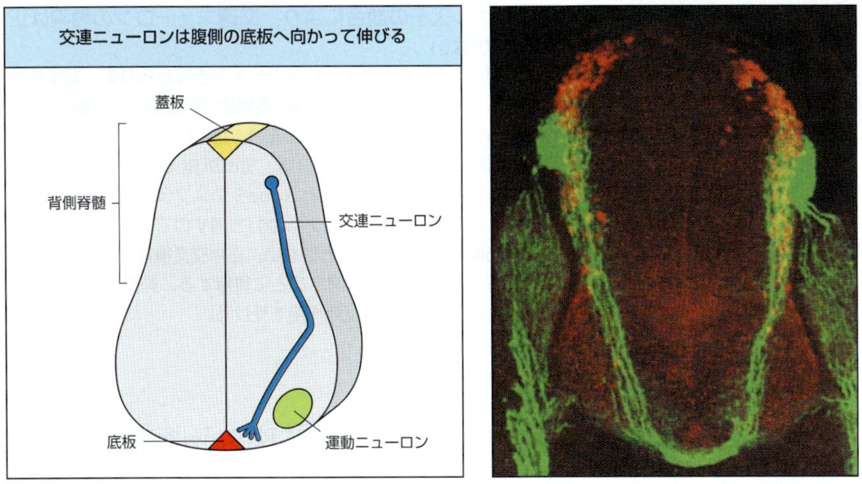

図 12.20　脊髄交連ニューロン軸索をガイドする走化性機構
脊椎動物の脊髄では，交連ニューロンの軸索はまず腹側に向けて，次いで底板細胞に向けて伸びる。そして，底板において正中を越え，その後，脊髄の前後軸に沿って前（頭側）へと伸長する。写真はラット脊髄の切片であり，交連ニューロンの軸索が緑に（脊髄内の緑の部分が該当），また細胞体部分が赤に染色されている。
写真は Samantha Butler 氏の厚意による

DCC をコードする遺伝子のノックアウトマウスにおいては，交連ニューロン軸索は異常な走行パターン（正中線を越えることができない）に陥る（**図 12.21**）。

脊髄の正中に近寄っていく交連軸索の様子は，遠隔的な誘引と反発の好例である。脊椎動物の交連ニューロンの軸索は，netrin-1 によって腹側正中の底板に誘引される。この誘引効果は，受容体である DCC に仲介される。ショウジョウバエでも脊椎動物でも，軸索を正中部分から遠ざけることには，細胞外タンパク質である Slit が関与している。Slit の受容体 Robo は，軸索の成長円錐に存在する。Slit は脊髄の正中部に存在し，もし成長円錐上の受容体分子 Robo1 および Robo2 に結合すると，反発効果を発揮することになる。ただし，正中に近づく交連ニューロン軸索では，Slit による反発作用は，成長円錐上にある Robo receptor-related protein Robo3 によって打ち消されている。Robo3 には，Robo1 および Robo2 を通じての Slit シグナリングを抑制する作用がある（**図 12.22**）。交連ニューロンの軸索が正中にさしかかると Robo3 は発現されなくなり，成長円錐は Slit によって正中から反発され，再び戻ることはない。哺乳類の交連ニューロンの軸索は，正中を越えると急なターンを行い前方（頭側）に向かうが，これは底板に Wnt タンパク質の勾配（前方に高いレベル）があるためだと考えられている。

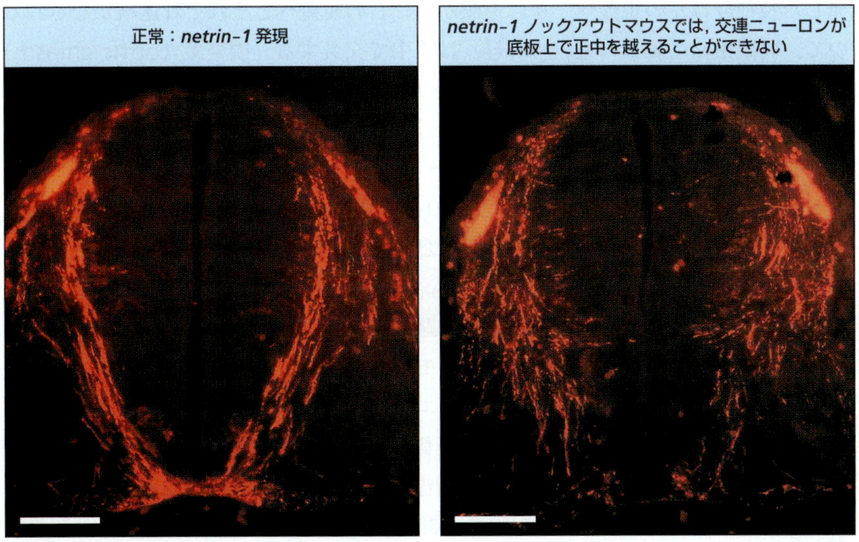

図 12.21　マウスにおける *netrin-1* 遺伝子ノックアウトの結果
netrin-1 ノックアウトマウスでは，交連ニューロンの軸索は底板を目指してきちんと伸びることができない（**図 12.20** 中の写真とも比較のこと）。スケールバー=0.1 mm。
写真は M. Tessier- Lavigne 氏の厚意により Serafini, T., et al.: 1996 から

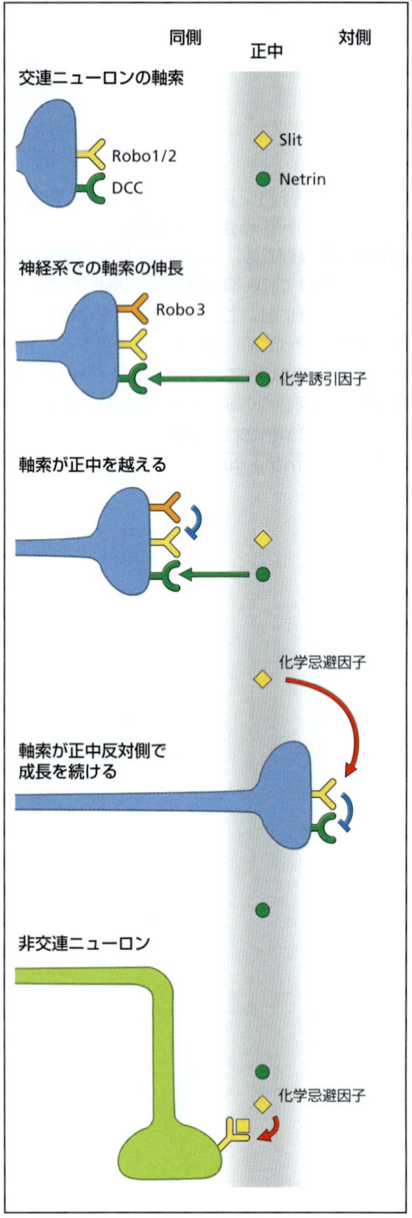

図 12.22 誘引的および反発的なシグナル因子の競合により，交連ニューロンの軸索は正中部を越え，かつ戻ることがない

交連ニューロン軸索は誘引因子であるNetrin（緑の丸）によって正中へと引き寄せられる。軸索先端にはNetrin受容体であるDCC（緑）がある。軸索が正中に向けて伸びる間は，反発因子Slit（黄の菱形）に対する受容体であるRobo 1およびRobo 2（黄）の発現レベルは低い。正中に向かう際には軸索は細胞表面にRobo 3分子（オレンジ）も発現するが，このRobo 3は，SlitがRobo 1およびRobo 2を通じて発揮する反発作用を打ち消す。交連軸索が正中を越えるとRobo 3のスプライスバリアントがつくられるが，このRobo 3アイソフォームはSlitの反発作用をもはや打ち消すのではなく，それに反応する。よってSlitによって軸索は正中から離れ，再び戻ることはない。正中交叉後にRobo 1およびRobo 2の発現が上昇することも，Netrinによる誘引を打ち消すことに貢献する。非交連ニューロンの軸索はRobo 3を発現しないため，Slitによる正中からの反発作用を受ける。

12.12 網膜のニューロンは脳の視覚中枢との間に秩序だった連絡を果たす

発生期の神経系にとってきわめて複雑な達成課題として，体外の情報をとらえた感覚受容細胞の情報を，脳の適切な標的部位までいかにして伝えるのかという問題がある。脊椎動物の脳に特徴的なこととして，トポグラフィックマップの存在がある。トポグラフィックマップとは，神経系のある場所のニューロン群から別のある場所への投射・配線が秩序だった形式で果たされるということで，具体的には，起点と終点との間でニューロン同士の近傍関係性が維持されるということを意味する。脊椎動物の視覚系が，この問題に関して精力的に研究されてきた。眼から脳へ向けての視神経のきわめて秩序だった投射は，トポグラフィックな神経投射というものがどのように果たされるかを示す最適なモデル系の1つである。ヒトの場合，網膜には1億2600万程度，夜間視力に優れる例えばフクロウなどではそれ以上の数の光受容細胞が存在する。これら光受容細胞のそれぞれは，眼全体が担当する視野のごくごく一部を担当して連続的に記録するが，網膜はそうして得られたおびただしい信号群を，全体として一貫性のある状態で脳へと届ける必要がある。近接し合う光受容細胞のセットは，セットごとに別々のニューロン（網膜神経節細胞）を興奮させる。神経節細胞の軸索は束となり，視神経として網膜を出る（眼そのものの発生の概説は第11.23節参照）。ヒトの場合，1本の（片側の）視神経には，100万本以上の軸索が束ねられている。

鳥類および両生類において視神経は，網膜から**視蓋（optic tectum）**と呼ばれる中脳のなかの視覚中枢までをつなぐ。鳥類と両生類の幼生では，右の眼球から発した視神経は左の視蓋へ，逆に左眼からは右の視蓋へとそれぞれ連絡がなされるので，両眼由来の軸索の束（視神経）は正中で交叉する［**視交叉（optic chiasm）**と呼ばれる，**図 12.23**の左パネル］。一方，哺乳類では，網膜由来の軸索は主に**外側膝状核（lateral geniculate nuclei：LGN）**と呼ばれる前脳の中にある部域に投射し，そこからさらに次のニューロンが情報を大脳皮質の**視覚野（visual cortex）**にまで伝え，そこでほとんどの視覚情報処理が行われる。哺乳類におけるマイナーな投射路として，網膜から，鳥類・爬虫類の視蓋に類似する中脳にある**上丘（superior colliculus）**への連絡もあり，感覚刺激に応じて眼球と頭の向きを変えるのを助ける。この上丘への投射路のマップは，外側膝状核への投射路マップに比べて単純であり，視蓋同様のよいモデル系としてよく研究される。

ほとんどの哺乳類（および変態後のカエル）では，片側網膜由来の軸索がすべて同一のLGNに投射するのではない。腹側-耳側の網膜に由来する軸索群は，起点眼球と同じ側のLGNに投射する［**同側性（ipsilateral）**，**図 12.23**の右パネル］。そして残りの（背側-鼻側の）網膜軸索群が，反対側のLGNに投射する［**対側性**

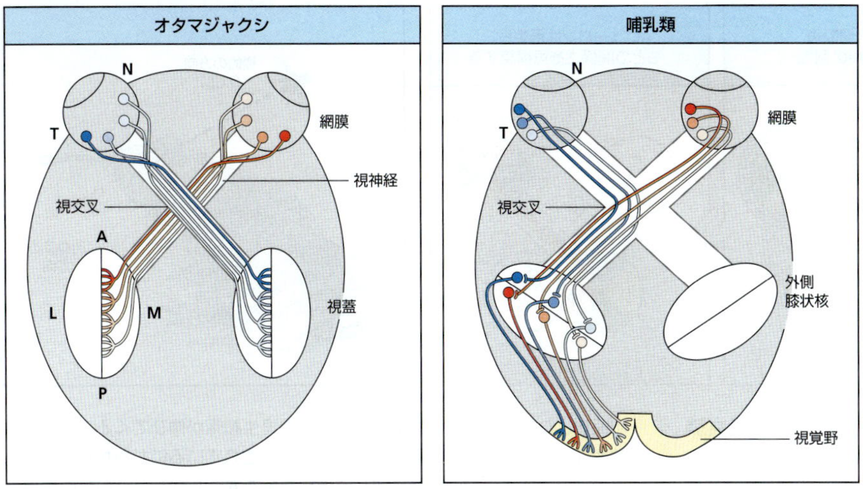

図 12.23　両生類視覚系と哺乳類視覚系の比較
左パネル：オタマジャクシでは，網膜のニューロンは直接に視蓋に投射する。左網膜のニューロンは右の視蓋へ，右網膜からは左視蓋へ，それぞれ視交叉で正中を越えて走行する。右パネル：うまく両眼視・立体視をすることができる哺乳類においては，網膜から外側膝状核（LGN）に，そしてそこから大脳皮質視覚野へと向かうというのが主たる視覚路である。網膜の半分のニューロン群は眼と同じ側のLGN に投射するが，もう半分のニューロンは視交叉を経て反対側の LGN に投射する。見やすくするために，眼球ごとに半分側のニューロンのみを図示してある。N＝鼻側，T＝耳側，L＝外側，M＝内側，A＝前方，P＝後方。
Goodman, C.S. and Shatz, C.J.: 1993 より

(contralateral)]。このようにして出力の分離が視交叉レベルで起き，脳内での視覚情報の処理に空間的な連続性を担保する。これは，前方に向く眼球を保有する哺乳類（すなわち霊長類，ヒトなど）が両眼視をうまく行えることに大きく貢献している。多くの鳥類もまた，優れた両眼視能力を持つが，各眼球からの視覚シグナルは，別の方法で統合されている。

視交叉において，網膜神経節細胞の軸索は，正中を越えるのか，それとも避けるのかという選択をしなければならない。その機構はまだ完全には理解されていないが，ephrin やその受容体 Eph など近接的ガイド分子群が関与しているようである。例えばマウスでは，同側性（非交叉性）の投射を見せる軸索は網膜の腹側-耳側のニューロン群から発せられる（**図 12.23** 右パネル）が，このニューロン群はガイド分子受容体である Eph B1 を発現する（**Box 5F**, p. 218 参照）。この Eph B1 は，視交叉部位の放射状グリアが発現する ephrin B2 と作用し合い，軸索は正中から遠ざけられ，投射は同側性となる。

網膜のニューロンは，標的の構造体において高度に秩序だった投射マップを築くが，これは網膜上のある点と視蓋上のある点とを対応づける形式で果たされる。**図 12.23**（左パネル）は，オタマジャクシの網膜の鼻-耳軸（前後軸に対応）に沿って異なる位置のニューロンから発せられる軸索が，視蓋では前後軸に沿って逆転したパターンで投射マップを築くということを示している。このような，軸索の起点（ニューロンの細胞体）での並び順と終点（投射先）での並び順とが逆転するという現象は，網膜の背腹軸に沿って異なる位置にあるニューロンに注目した場合にも，同様に認められる。網膜背側のニューロンは視蓋の外側に投射するが，網膜腹側のニューロンは視蓋の内側に投射する（**図 12.24**）。

興味深いことに，脊椎動物の一部（魚類や両生類）では，視神経が切断されても，それらは再生し，かつ投射パターンも正確に再現される。切断端より先端の軸索は

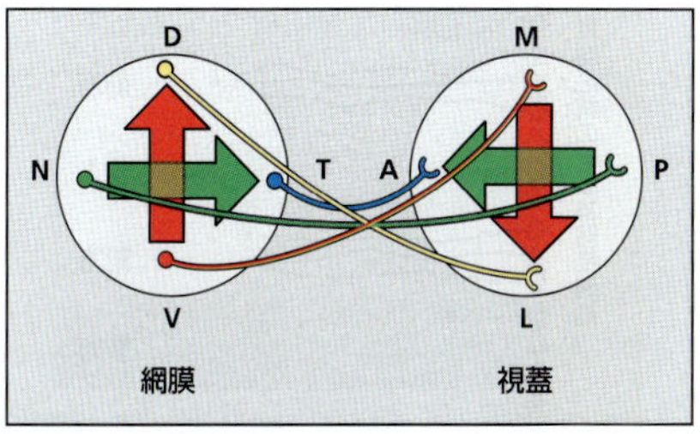

図 12.24　視蓋上に形成される網膜地図
両生類では，網膜の背側部（D）のニューロンは視蓋の外側部分（L）に投射し，網膜腹側部（V）のニューロンは視蓋の内側部分（M）に投射する。法則性はもう 1 つの軸にもあり，網膜耳側（T：後方とも認識される）のニューロンは視蓋の前方部（A）へ，網膜の鼻側（N：前方）のニューロンは視蓋の後方（P）へと投射する。

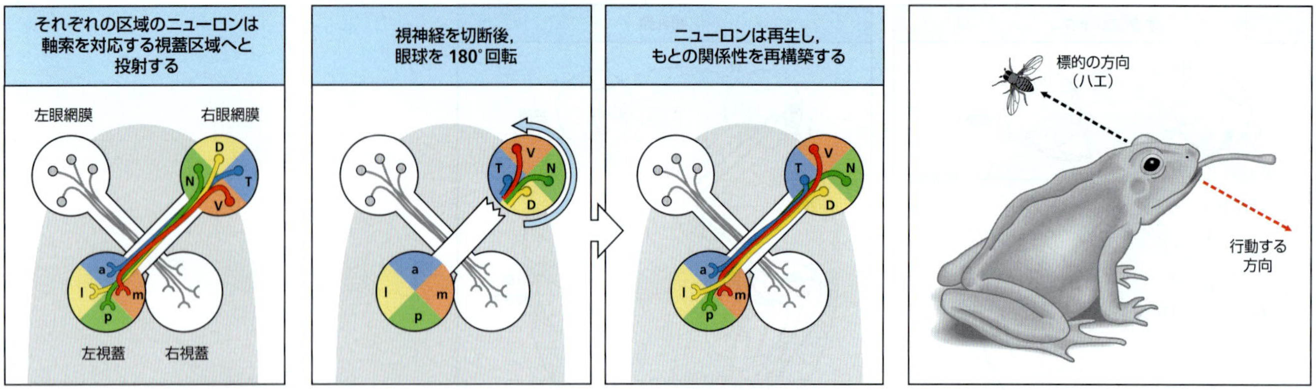

図 12.25 両生類の網膜-視蓋連絡は，視神経切断・眼球回転実験の後に見事な（しかし悲しい）再生を見せる
左端パネル：左の眼球からの視神経は右の視蓋へ，右眼からの視神経は左視蓋に投射する。網膜の各小区域（鼻側，耳側，背側，腹側）から，視蓋の区域群（後方，前方，外側，内側）に，それぞれ列記する順の通りに点と点を結ぶかのような対応性を持って連絡がなされている。中央 2 つのパネル：もし視神経を切断ののち眼球を背腹軸に沿って（上下に）180° 逆転させると，切断端よりも遠位の軸索は消失し，その後再生軸索が伸びてくる。この再生軸索は，その供給源である眼球・網膜が反転されているにもかかわらず，視蓋のなかで本来の投射区域に対して連絡を果たす。しかし，この投射再現性と眼球反転のせいで，手術を受けたカエルの視蓋には本来とは上下逆さの像がもたらされることになる。もし頭上にハエを見つけても，捕食のためにそのカエルは頭上ではなく，足もとに身を寄せようとしてしまう（右端パネル）。

消失するが，新しい成長円錐が生じ，新生軸索は視蓋に対する結合を再構築する。カエルでは，視神経の切断とともに眼球を 180° ひっくり返すような実験をしても，視神経軸索は再生し，視蓋への投射が“元の位置（網膜の背側・腹側と視蓋の内側・外側との関係性，すなわちトポロジーを維持して）”に起きる（**図 12.25**）。このため，軸索再生後のカエルは，視野が逆転してしまったかのように振る舞う。すなわち，ある視覚刺激（例えば捕食すべきハエ）が上方から「反転眼」に入った場合，カエルは頭を上にではなく下に向けて捕食しようとしてしまい，決してエサにありつくことはできない。

このような実験から，個々の網膜ニューロンには何か化学的な標識のようなものがあって，そのおかげで視蓋内のやはり化学的に標識された細胞と確かに結合することができるのであろうことが示唆された。これは，神経結合の**化学的親和説（chemoaffinity hypothesis）**として知られる。具体的には，網膜-視蓋投射では，視蓋上に存在する比較的少ない種類の因子群が勾配をもって分布することによって視蓋内の空間情報を提供し，それを網膜由来ニューロンの軸索が感知する。そして網膜側には，別のセットの因子がやはり空間的な勾配をもって発現し，それが網膜ニューロン軸索に固有の空間情報を付与する。網膜-視蓋の神経投射は，このような 2 種類の化学的な勾配の組合せによって成立するのではないだろうかとする説である。

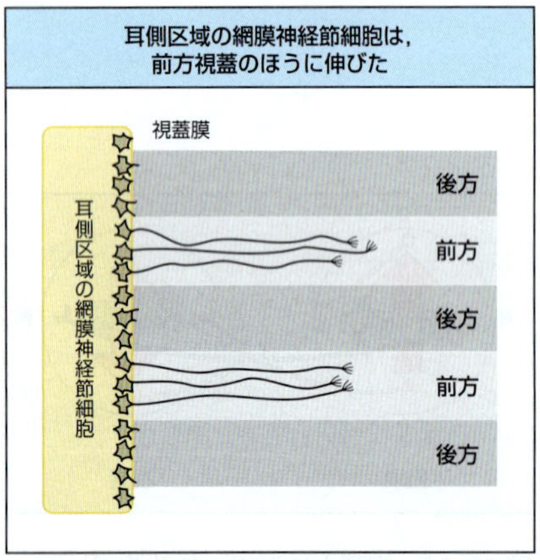

図 12.26 網膜ニューロン軸索の好き嫌いを調べた培養実験
視蓋前方の細胞の膜と，視蓋後方の細胞の膜をそれぞれストライプ（90 μm 幅）状に交互に敷き詰めた「しましま絨毯」の脇に網膜耳側区域の小片を置き，軸索がどこを伸びるか調べた。軸索は，前方視蓋由来膜成分のある区画を伸びた。

そのような「勾配」はまず，ニワトリ胚の視覚系発生過程で見つかった。反発作用に基づいて軸索をガイドする活性が，ニワトリ視蓋の前後軸に沿って見つかったのである。生体内では，網膜の耳側（後方）半分のニューロンの軸索は視蓋の前方に投射し，網膜鼻側（前方）の軸索は視蓋の後方に投射する。そこで，耳側の網膜片の培養を行って，軸索が前方視蓋細胞のシート上と後方視蓋細胞シート上の，どちらを好んで伸長するのかを調べたところ，耳側網膜ニューロンの軸索は前方の視蓋細胞を好んだ（**図 12.26**）。そしてさらに，この選択が，軸索の反発に基づくことがわかった。視蓋後方の細胞表面に存在する因子によって，耳側網膜軸索の成長円錐が虚脱したのである。このような反発機構を担うのが，網膜と視蓋で逆の勾配をもって発現する ephrin とその受容体であることがわかってきた。

マウスにおいては，網膜と上丘との間の投射に関して，ephrin と Eph の投射マップ形成に対する貢献が研究され，EphA ファミリー受容体とそのリガンドである ephrin A 群を介する細胞間の反発作用が，上丘における前後軸上の投射マップのパターンを形成することがわかった。上丘における網膜マップ形成は，視蓋におけるそれと似ていて，網膜鼻側のニューロンは上丘の後方に，網膜耳側のニューロンは上丘の前方にそれぞれ投射する。EphA はマウス網膜において，鼻側に少なく耳側に多いという勾配を示して発現する。そして上丘における ephrin A 群の発現には，前方で少なく後方で多いという勾配が見られる。網膜ニューロンのうち EphA を最も高発現するものが，上丘の ephrin A 群が最も少ない箇所に投射する。すなわち，Eph 受容体発現レベルの低い網膜ニューロンの軸索は，ephrin リガンドの多い箇所にも投射しているが，Eph 受容体を多く持つ網膜ニューロンの軸索は，高 ephrin A 域には入っていない（**図 12.27**）。このような網膜ニューロン軸索の挙動をうまく説明する機構は，ephrin リガンドが受容体 Eph に結合すると，軸索に対する反発シグナルが惹起され，そのシグナルの強度が閾値を超えると軸索は伸びるのをやめるというものである。そうしたシグナルの強さはリガンドの量と受容体の量に依存するであろう。リガンドと受容体の両方が多ければ，閾値に達して反発効果が発揮されるが，もし受容体が少なければ，たとえリガンドが多くても反発には至らない。

網膜地図がその背腹軸に沿ってどのように上丘あるいは視蓋に内側-外側として投射マップされるのかということについても，Eph 群と ephrin 群の濃度勾配が関与している。EphB は，網膜の腹側には多いが背側には少ない。そして視蓋では，内側（正中寄り）で ephrin B が多く，外側では ephrin B が少ない。この EphB と ephrin B の組合せは，反発ではなく，接着および誘引のために働くという事実が説明を難しくしている。もし仮にこの組合せのみがこの軸におけるマップ形成分子セットだとしたら，網膜軸索は皆が ephrin B 濃度が最高である箇所に集まろうとして，視蓋全体に分布することにはならないだろうからである。存在の可能性の高いこの軸における他の関与分子の候補として，視蓋上で濃度勾配を示す Wnt3 と，受容体である Ryk（網膜ニューロン軸索上に存在）が考えられている。

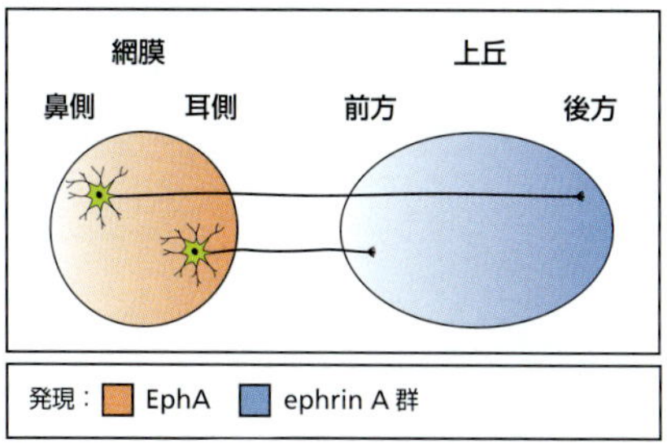

図 12.27 ephrin 分子群とその受容体分子群は，相補的な発現を通じてマウスの網膜-上丘投射に関与する
上丘は哺乳類中脳にあり，網膜からの投射を受ける（両生類や鳥類の視蓋に相当する）。受容体分子 EphA はチロシンキナーゼ活性を有し，そのリガンドは ephrin A 群である。網膜耳側のニューロンは EphA を強く発現するが，その軸索は ephrin A の豊富な視蓋後方から反発され，視蓋前半分に結合する。網膜鼻側のニューロンは EphA 発現度は低く，視蓋後ろ半分に投射できる。

まとめ

伸長する軸索の先端にある成長円錐が，軸索の進路を決める。成長円錐にある糸状仮足の動態は，細胞外マトリックスや周囲細胞などの環境因子から影響を受ける。糸状仮足は化学走化性原理でガイドされる。ガイダンスには，誘引と反発（忌避）の 2 通りがある。脊髄動物の四肢の筋を支配する運動ニューロンの発生中，成長円錐は，運動ニューロンが特定の筋に正確に到達できるよう働く。そうしたガイド作用は，四肢への入口付近が実験的に乱されても発揮される。それらのサブタイプを規定する転写因子発現の組合せが，運動ニューロンがどの筋に向かうかを決定するアイデンティティを与えている。ショウジョウバエでも脊椎動物においても，軸索の正中を越える走行は，誘引と反発とが制御している。脊髄の交連ニューロンの軸索の走行は，拡散性の分子が濃度勾配をもって存在することで説明できる。網膜のニューロンが視蓋に対して適切な投射を果たすことができるのは，空間的に連続的な強弱をもって細胞表面分子が発現することに基づく。網膜ニューロン軸索と視蓋細胞に存在する細胞表面分子の作用を介して成長円錐の動きの促進・抑制が起こり，そして軸索の侵入あるいは反発に至る。

まとめ：軸索ガイダンス

成長円錐に導かれる軸索の伸長

⇩

短距離あるいは長距離の誘引性または反発性のキュー

⇩

運動ニューロンは肢の中で特有の投射路をとる
⇩
肢の中での神経走行は EphA シグナリングによる制御を受ける

ショウジョウバエおよび脊椎動物での軸索の正中越えを，誘引と反発が制御

網膜ニューロン軸索は視蓋に投射し，網膜-視蓋マップを形成する
⇩
投射・結合は勾配によってガイドされる；網膜での EphA 勾配と視蓋での ephrin 勾配

シナプス結合とその“リファインメント”

ここまでは軸索の投射・ガイダンスについてみてきたが，ここからは，軸索がその標的との間に築く特殊な結合様態であるシナプス（synapse）に焦点を当てよう。シナプスは，ニューロンから標的細胞への信号伝達に不可欠である。適切なパターンでのシナプス形成は，発生中の神経系にとって必須要件となる。ニューロンによるシナプス結合は，他のニューロン，筋細胞，あるいは腺組織に対して形成される。ここでは主に，脊椎動物の運動ニューロンと筋細胞との間，すなわち神経筋接合部（neuromuscular junction）と呼ばれる間隙にシナプスが形成され，また安定化される様子に注目する。ニューロンにはきわめて多くの（数百か，それすら上回るかもしれないほどの）種類があるので，そのタイプごとにシナプスをどうやって正しく形成するのかという問いは重要かつ難題である。まだその分子メカニズムはごく一部が理解され始めたにすぎない。脊椎動物の神経筋接合部に対するこれまでの研究は，シナプス形成の機構に関するとてもよい教材である。

脊椎動物の神経系がその複雑な構成を築く方法として，ひとまずあまり精密ではない初期構成をつくっておき，大規模な細胞死を通じてそれをリファインするというやり方がある（第 10.12 節参照）。ニューロンとその標的細胞との間の結合の確立は，神経系の機能のためだけではなく，多くのニューロンの生存のためにも必須なようである。ニューロンの死は脊椎動物の神経発生過程においてありふれた現象である。まずは過度に多くのニューロンがつくられ，それらの中で適切な結合を確立したものだけが生き残る。この生存は，例えば神経成長因子（NGF）のような神経栄養因子によっている。栄養因子は標的組織から産生され，ニューロンはそれを目指して競合する。

シナプス結合の微調整は，個体と環境との関係性，そしてその結果としてのニューロンの活性に依存する。これは，神経系の発生に固有な特徴である。この活性に依存したシナプス結合微調整は，脊椎動物の視覚系にもよくあてはまる。個体出生直後に網膜からやってくる感覚入力は，シナプス結合の様態を改変させ，個体の視覚認識力を高める。このリファインメントにも，神経成長因子を求めての競合が関与するようである。この論題には，まずはシナプス形成を論じた後に戻ってこよう。

12.13 シナプス形成には両方向性の相互作用が関与する

シナプス形成についての考察を，神経筋接合部に注目して始めよう。これは，これまでに最も精力的に研究が進められてきたシナプス形成部位の1つであり，理解度も高い。完成型の神経筋接合部は，神経終末と筋細胞膜がそれぞれ特殊化しており，複雑な様相を呈している（**図 12.28**）。軸索は，接合部のわずかに手前の箇所で，網状に分岐する。軸索の分岐端のそれぞれは膨らんでおり，筋線維表面の“終

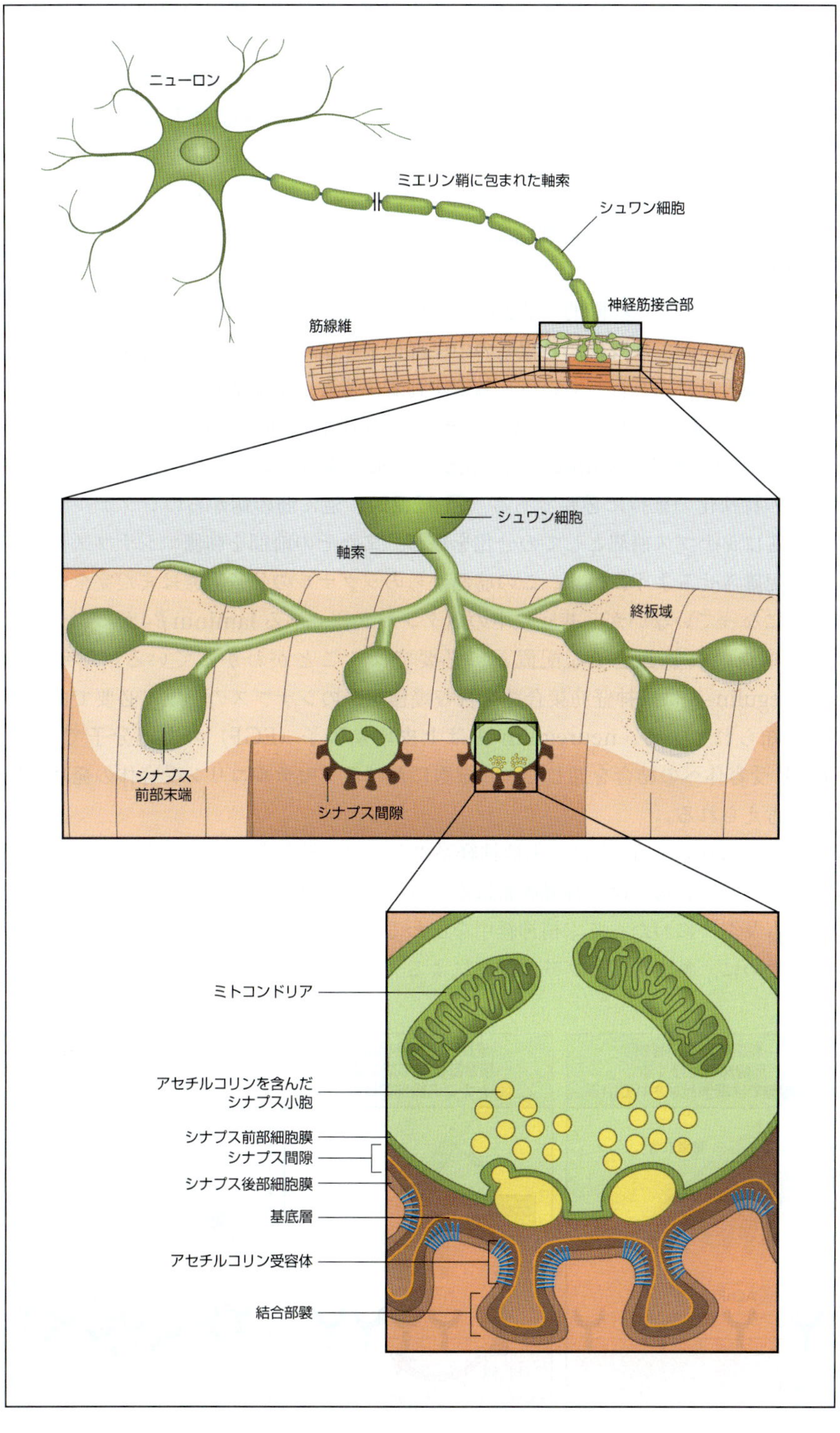

図 12.28 脊椎動物の神経筋接合部
運動ニューロンの軸索は，シュワン細胞というグリアのつくるミエリン鞘によって包まれている。神経筋接合部と呼ばれる箇所において，軸索は先端で分岐し，終板域と呼ばれる筋表面区域との間でシナプス結合を形成する。神経から筋への情報伝達は，神経終末中の小胞からアセチルコリンという神経伝達物質がシナプス間隙に放出されることによる。アセチルコリンは，間隙中を拡散し，筋細胞表面のアセチルコリン受容体に結合する。
Kandel, E.R., et al.: 1991 より

板域（endplate region）”と呼ばれる区域に付着している。軸索端の細胞膜と筋細胞の細胞膜は狭いすき間——シナプス間隙（synaptic cleft）——で隔てられている。シナプス間隙には，ニューロンと筋のそれぞれから分泌された細胞外マトリックスが充填されている。筋細胞表面には，細胞外マトリックスからなる基底膜（基底板）がある。シナプスとは，軸索先端の細胞膜，相対する筋の細胞膜，そして両者の間隙，これら3者から成る構造物である。

電気的な信号は，シナプス間隙を越えて進むことができない。そこでニューロンから筋への信号伝搬のためには，軸索を伝わってきた電気的インパルスが，終末部において化学的な信号に変換される必要がある。これが，軸索末端部からシナプス間隙中に放出される神経伝達物質である。軸索末端において神経伝達物質は，シナプス小胞（synaptic vesicle）に入っている。小胞から放出された伝達物質はシナプス間隙を拡散していき，筋細胞膜上の受容体に結合する。そして，その結合が筋の収縮をもたらす。筋に投射している運動ニューロンの伝達物質はアセチルコリンである。神経から筋へという信号の流れのなかで，軸索末端はシナプス前部（pre-synaptic），そして筋細胞はシナプス後部（post-synaptic）と呼ばれる（**図12.28**）。

神経筋接合部は，段階的・漸進的に形成される。運動ニューロンの軸索が到着する前に，筋の側では既に，筋線維の中央部にアセチルコリン受容体を集中させるという準備的な営みを行っている。軸索が到着すると，末端部からプロテオグリカンのアグリンが基底膜に向けて放出されて，筋細胞表面の筋特異的キナーゼ分子MuSKに結合する。MuSKの活性化が，アセチルコリン受容体の密集化および筋表面の特殊化の維持に必要である（**図12.29**）。逆に筋の側からのシグナルが，軸索末端にシナプス前部としての分化を促し，またその前部を筋側のシナプス後部の上に配置させるように働く。この筋側からのシグナルの分子実態はまだ完全には明らかになっていないが，基底膜中の糖タンパク質であるlaminin β_2 が，シナプス前部構造の成熟と適切な配置とに必要であることがわかっている。増殖因子neuregulin-1は，神経筋接合部を含む幾種類かのシナプスの形成に必要であることが知られている。neuregulin-1は上皮増殖因子（EGF）の関連分子であり，ErbB受容体への結合を通じて，筋細胞におけるアセチルコリン受容体の発現を促すと考えられる。

一方，neuregulin-1は，末梢神経系のシュワン細胞などグリア細胞の発生も制御する。脊椎動物では，神経興奮はかなりの長い距離（大型動物の場合は数メートルにも及ぶ）にわたって末梢神経中を伝わるが，そのような長距離におよぶ興奮伝搬のために，軸索を囲むグリア細胞によるミエリン形成が重要な役割を果たしてい

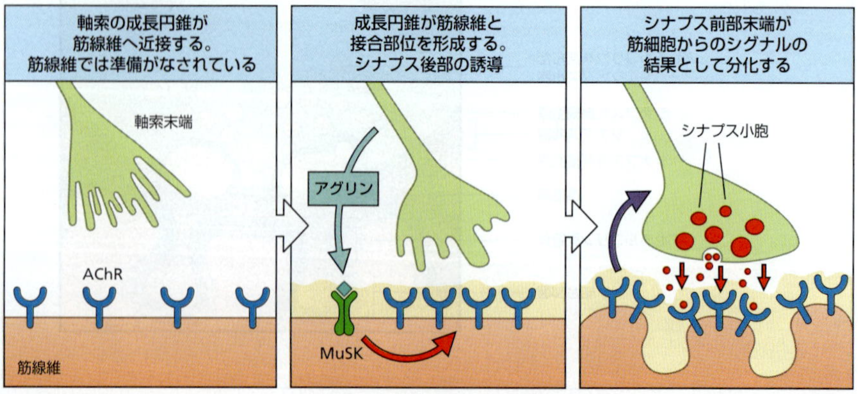

図12.29 神経筋接合部の形成
運動ニューロンの軸索が接触するよりも前に，筋線維の中央部にはアセチルコリン受容体（AChR）が分布している。軸索先端が筋に接触すると，成長円錐からプロテオグリカンのアグリンが放出される（薄青矢印）。アグリンは，筋細胞表面に存在するキナーゼ分子MuSKに結合し，それを活性化する。このことがAChRをさらに密集分布させ，シナプス後部の特殊化を保証する。逆に筋からの未知のシグナル（紫矢印）が，小胞の形成など，シナプス前部の成熟を促す。こうした過程を経て，アセチルコリン（赤い小さな丸）がシナプス小胞から放出されるようになり，シナプス伝達が始まる。

る。末梢神経のシュワン細胞と中枢神経系のオリゴデンドロサイト（希突起神経膠細胞）は共に軸索を巻き包み，脂質膜層による軸索の絶縁を行っている。ニューロンの膜の脱分極（興奮）は，ミエリンによる絶縁区画と絶縁区画の間の狭い箇所でのみ起き得るので，興奮が絶縁区画を飛び越えて先へ進むことになり，信号強度を失うことなく効率的な伝搬が果たされる。多発性硬化症と呼ばれるヒトの疾患では，ミエリンが失われることにより，筋肉の制御も含めた神経機能全般が大きく侵される。

神経筋接合部は高度に特殊化したタイプのシナプスであるものの，中枢神経系にあふれる回路網におけるシナプス群の形成も，神経筋接合部と似た原理で行われる。中枢神経系においてシナプスは，ニューロンと別のニューロンとの間に，具体的には軸索と樹状突起，軸索と細胞体，まれには軸索と軸索の間に形成される。例えば，それぞれの脊髄運動ニューロンは，その樹状突起部分および細胞体部分で，数千にも及ぶ数のニューロンからの入力を受けている。ニューロン同士によるシナプスも，神経筋接合部のように，軸索（前）と樹状突起（後）との間で交わされる両方向性のシグナリングを通じて形成されるようである。ニューロン間のシナプスは，約1時間といった単位で非常に素早く形成される。観察からは，樹状突起上の糸状仮足が軸索に伸びることによってシナプス形成が開始されることが示されている（**図12.30**）。神経伝達物質を含む軸索からのシグナルは，最初は樹状突起の糸状仮足をガイドするようである。さらに，細胞接着分子や Wnt シグナルなど他にも多くの因子がシナプス形成を促進していることが示されている。シナプス形成に関わる細胞接着因子には，**neuroligin** が含まれている。これはシナプス後部にある膜タンパク質で，シナプス前部の軸索表面にある **β-neurexin** と呼ばれるタンパク質に結合する。これにより neurexin がクラスター化し，シナプス前部末端での分化を誘導する。neuroligin は，シナプスの抑制よりむしろシナプスの興奮性機能を促進する。カドヘリン，プロトカドヘリン，そして免疫グロブリンスーパーファミリー（**Box 8B**, p. 309 参照）のメンバーも，シナプスでの局在が見られている。

ショウジョウバエでは，免疫グロブリンスーパーファミリーに属する細胞接着分子 Dscam が，胚における軸索ガイダンスと特異的シナプス結合それぞれに重要な役割を果たしている。Dscam を起点とするシグナル経路は，Rho ファミリー低分子量 G タンパク質を活性化し，アクチン細胞骨格の制御を通じて軸索の動きをコントロールする。*Dscam* 遺伝子は，オルタナティブ（選択的）スプライシングによって推定 38,000 もの異なる受容体タンパク質をつくり得る点でユニークである。異

図 12.30　ニューロン同士によるシナプス形成
樹状突起（図中下）から糸状仮足が伸びだして，軸索の成長円錐に接触する。両方向性の作用（赤矢印）を通じて，細胞間接着を介するシナプス形成が始まる。軸索では，シナプス前部のアクティブゾーンを構成することになるタンパク群が，小胞の前駆体と共に，樹状突起との接触部位付近に集まり始める。樹状突起では，神経伝達物質の受容体が合成され，足場（裏打ち）タンパク質と共にシナプス後部域の細胞膜に密集分布するようになる。シナプス後部を含む樹状突起部分は，スパイン（棘）と呼ばれる構造へと成長する。

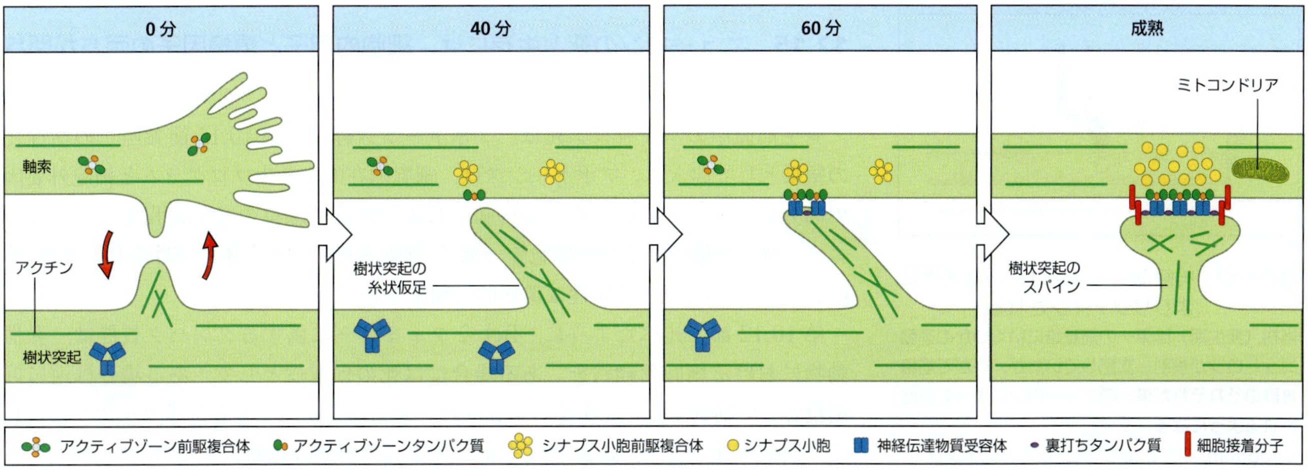

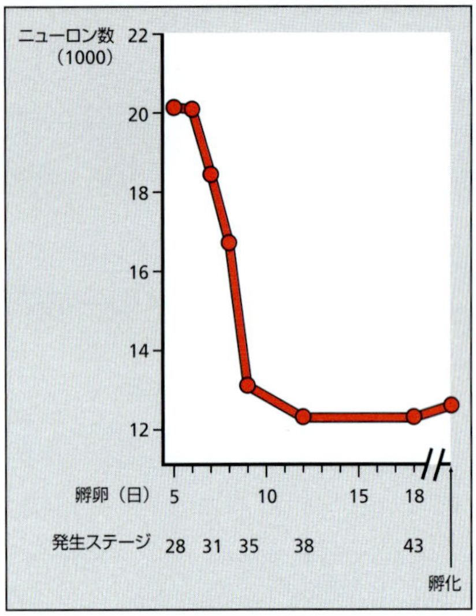

図 12.31 運動ニューロンの死は，ニワトリ脊髄の正常な発生過程として起きる
ニワトリの四肢を支配する脊髄の運動ニューロンは，プログラム細胞死によって発生期間中にかなりのものが死に，ひなが生まれる時点までに半分近くにまでに減る。ほとんどのニューロン死は最初の4日間に起きる。

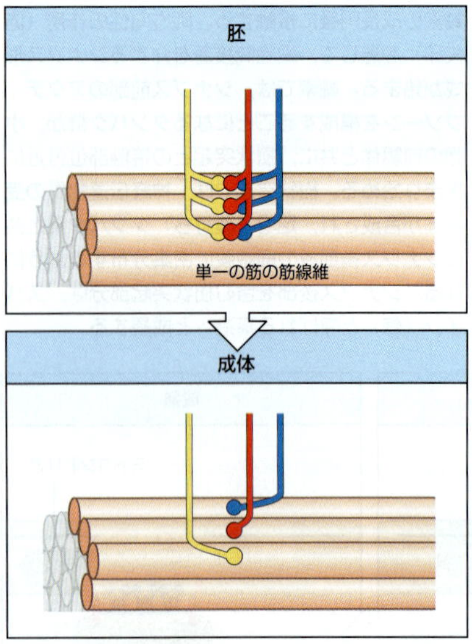

図 12.32 神経筋間の結合は，神経活性によりリファインされる
当初（発生期）は単一の筋線維にいくつかの運動ニューロンが投射・支配していたが，やがて筋線維群のそれぞれが単一のニューロンによって支配されるようになる（成体）。
Goodman, C.S. and Shatz, C.J.: 1993 より

なるニューロンごとに異なる受容体分子が使われ，それが特異的なシナプス結合に貢献している可能性もある。

12.14 正常発生過程で多くの運動ニューロンが死ぬ

ニワトリの後肢を支配することになる脊髄区画では，20,000ほどのニューロンが当初発生してくるが，その半分ほどはすぐに死ぬ（**図 12.31**）。ニューロン死は，細胞体から軸索が伸び出し，さらに肢へと侵入し始めた後に起きる。このタイミングはおおむね，軸索の末端部が標的とすべき肢の骨格筋に到着するころに相当する。標的の筋にニューロン死を防ぐ働きがあるということが，2つの実験によって示された。まず，後肢原基（後肢芽）を除去すると，生き残る運動ニューロンが明確に減ったことである。そして，逆に移植により過剰な肢芽，すなわち標的をつくると，生き残るニューロンが増えたのである。

運動ニューロンの生存は，筋細胞との接触に依存する。あるニューロンが筋細胞に接触すると，その運動ニューロンは相手の筋を活性化する。そして，この筋の活性化に引き続いて，その筋を目指してやってくる他のニューロンの死が起きる。ニューロンによる筋の活性化はクラーレという薬剤によって神経筋シグナル伝達を阻止することで抑えることができるが，こうした筋活性化の抑制の結果，生き残るニューロンが増えた。

神経筋結合が果たされた後に死ぬ運動ニューロンもある。発生初期に筋線維のそれぞれは，いくつかの運動ニューロンに由来する軸索末端によって投射を受けている。やがて，こうした初期投射末端群のうちの大半は除去され，最終的に1つの筋線維は，1つのニューロンに由来する軸索末端のみに支配されるようになる（**図 12.32**）。この現象は，シナプス群の中で競合が起きた結果である。すなわち，標的筋に対して最も強力な入力を行ったものが，入力強度に劣る他のものを不安定化し，除去に至らしめる。こうした除去過程および神経筋接合部の成熟には，ラットの場合では3週間ほどを費やす。

ニューロンの数と支配すべき標的の数とがこのような機構によってうまく一致しているということから，脊椎動物の神経系における結合性全般に共通するルールが示唆される。すなわち，まず過剰なニューロンが産生され，適切な結合性を得たものだけが生き残る。ニューロン集団の規模を標的の規模とうまく合致させることによって，細胞数の調節が果たされるわけである。引き続き，ニューロンの生存にあずかる栄養因子について，そして神経筋シナプスの除去に対する神経活性の役割を順にみていくことにしよう。

12.15 ニューロンの死と生存には，細胞内因子と環境因子の両方が関与する

発生期間中のニューロン死は，アポトーシス経路（第10.12節参照）の活性化の結果として起きる。アポトーシスは，細胞内在的な発生プログラムと細胞外要因の両方によって，惹起あるいは抑制される。例えば線虫の発生過程では，特定のニューロンや他のタイプの細胞の一部は，細胞内在的に死を運命づけられており（第6章参照），細胞死の特異性は遺伝的に制御されている。

第10.12節で述べたように，Bcl-2ファミリーに属するタンパク質群は，脊椎動物における細胞死経路を，ある場合には死の促進役として，ある場合は逆に抑制役として制御する。発生期のニューロン死にあずかる主要な分子ファミリーとして，Baxが知られる。Baxを欠くマウスは，顔面部の運動ニューロンの数が多い。

Survivinというタンパク質は，初期ニューロン形成過程でのアポトーシス抑制効果を持つ。Survivinが胎生12.5日以降に失われるマウスは，出生時に脳サイズが小さく，脳・脊髄に多くの細胞死域が見られ，まもなく死亡する。

さまざまな発生状況において，細胞は，所定の生存因子を得られない場合に死を迎えるようになっているようである。脊椎動物では，ニューロンの生存には細胞外因子が大きく貢献している。最初に見つかったのが神経成長因子NGFである。NGFの発見は，偶然の発見からもたらされた。マウスの腫瘍をニワトリ胚に移植したとき，腫瘍に向けて多数の神経が伸びたのである。このことから，腫瘍が何らかの軸索伸長促進因子を発していると考えられ，軸索の伸長度合いをテストする培養実験などによる探索の結果，NGFが見つかった。NGFは多くのニューロンの生存に貢献しているが，とくに感覚神経系と交感神経系のニューロンに対する役割が有名である。

NGFは，神経栄養因子［ニューロトロフィン（neurotrophin)］と称されるタンパク質ファミリーに属す。ニューロンはその種類に応じて別々の神経栄養因子を生存のために必要とする。また，神経栄養因子に対する依存性は，発生の進行に応じて変化することもある。それぞれの神経栄養因子がいろいろなタイプのニューロンに作用する証拠が次々に得られている。例えばGDNFは，頭部においては顔面神経ニューロンが細胞死を免れるために必要であるが，一方で肢芽でも発現し，脊髄ニューロンの生存に貢献する。

12.16 眼から脳への投射マップは神経活性によりリファインされる

神経系の発生と機能発揮は，シナプスをつくるということだけで果たされるわけではない。いったん築いたシナプス結合を適切に除去するということも重要である。我々は既に軸索ガイダンスにおいて，網膜由来の軸索がどのように視蓋に対して投射し，網膜-視蓋マップを形成するかについて学んだ。この結合マップは，初めかなり“粗い”状態にある。具体的には，網膜で隣り合うニューロンが，視蓋においてかなり広汎に結合域の重なりを持っている。この発生初期マップでの支配域のサイズに比べて，後のマップにおける軸索の支配域はずいぶん狭くなっている。神経筋と同様に，網膜-視蓋マップの微調整過程でも，軸索末端が当初の結合域から離脱するということが起きる。この軸索離脱によるマップの洗練には神経活性が必要であり，この神経活性要求性は，哺乳類の視覚系の回路形成過程で顕著に認められる。ヒトを含む哺乳動物が，もし視覚刺激を臨界期というステージ中に奪われると，視力が著しく損なわれる。細かい解像度が得られなくなるのである。

サルやヒトのように両眼視・立体視の得意な哺乳類では，視覚系軸索は網膜から外側膝状核へと投射し，まずそこで秩序だったマップが形成される。眼球の半分への入力は反対側の脳に伝えられるが，残り半分への入力は同側の脳へと伝えられる（図12.23右パネル）。

大脳皮質のように，外側膝状核でニューロンは層を形成している。各層には，両眼から同時にではなく，右眼もしくは左眼どちらかのみの軸索が入力している。つまり，外側膝状核レベルでは，左右からの入力は分離されている。そして外側膝状核ニューロンは，視覚野へと投射する（図12.23，右パネル）。眼に視覚刺激があったとき，網膜軸索による入力は外側膝状核ニューロンを興奮させ，次いで対応する視覚野のニューロンが興奮する。成体の大脳皮質視覚野は6層構造をしているが，ここでは第4層に注目しよう。外側膝状核からの入力軸索がこの層に多く投射しているからである。外側膝状核の右眼由来の入力を受ける層と，左眼からの投射先である層とから，それぞれ視覚野に対して連絡がなされる。そして，視野上の対応関係にある左右の眼球・網膜（図 12.23 右パネルでは左網膜の耳側域と右網膜の鼻側域）から発せられた信号は，最終的には大脳皮質の同じ部域（図 12.23 右パネルでは左半球の視覚野）に到達する。

出生時点では，両眼に由来する投射軸索末端は大脳皮質においてかなり重なり合っている。しかし，徐々に右眼由来の入力と左眼由来の入力とが占める区域が分離されていく。最終的には，それぞれの投射が 0.5 mm 程度の幅のストライプ状の区域に限局されてくる。このストライプ状の構造群が**眼優位性カラム（ocular dominance column）**として知られるものである（図 12.33）。任意の隣接カラムペアにおいて，一方は右眼から，もう一方は左眼からの入力にあずかるが，どちらも視野の中の単一箇所への刺激に反応して大脳皮質を興奮させることになる。この投射パターンが，両眼視・立体視を可能にしている。カラム群は，電気生理学的な記録を通じて検出・マップできるが，放射性プロリンのようなトレーサーを片眼に注入することによって直接観察することもできる。トレーサーは，まず網膜ニューロンに取り込まれ，視神経を通って外側膝状核に到達し，さらに大脳皮質視覚野に至るので，それをオートラジオグラフィーによって検出する。片眼からの入力部位を示す見事な縞の並びがよく見える（図 12.33 写真）。

神経活性および視覚入力は，眼優位性カラムの形成と維持に必須である。感覚入力が重要なのは間違いないが，一方で，自発的な活動性も大切である。ヒト以外の霊長類においては，「縞」の形成は視覚体験の前に始まる。そうした視覚体験以前の「縞」形成は，網膜での自発的に形成された活動電位の波が関与している。この網膜での「波」の大脳皮質における「縞」形成への貢献は，神経栄養因子の放出を介している可能性がある。神経栄養因子にはシナプス結合をリモデルする作用が知られている。発生期中にテトロドトキシンの注入によって神経活性が遮断されると，大脳皮質においてカラムは現れず，両眼からの投射域は重なり合ったままである。片眼からの入力のみがブロックされると，反対側の眼球に由来する投射が大脳皮質視覚野を占拠し，ブロック側の眼由来の投射域は失われる。臨界期の開始には，抑制性の神経伝達物質であるγ-アミノ酪酸（GABA）が必要とされる。

眼優位性カラムの形成は，入力軸索同士の競合で説明される（図 12.34）。初期投射期において大脳皮質には左右両眼からの入力を重ねて受け取っている区域があり，個々の皮質ニューロンが両眼からの入力を受け取り得る。その状態がやがてどう解消されるのかが問題である。隣接する細胞が共に同じ眼からの入力を運ぶ場合，それらの細胞は同時に興奮する傾向にある。つまり，そのような隣接細胞セットが同じ1つの標的細胞に投射する場合は，その標的細胞を興奮させることに両細胞が協力し合うということになる。筋におけるのと同様に，標的細胞における電気活動的な刺激は，アクティブなシナプスを強め，そうでないシナプスを弱める効果を持つ。つまり，同時に興奮するものは，結合性を強固なものにしていきやすい。このような仕組みが，ニューロン群中に標的を求めての競合がある状況において，皮質に片眼からの入力にのみ反応するニューロンが分布する区域と，反対の眼からの入力にのみ反応するニューロンの分布域とを形成するのではないかと考えられている。この考え方によれば，実験的に生後に連続的なストロボ閃光刺激を繰り返した際に，眼優位性カラムが形成されなくなるという結果も，両眼のニューロンに対して全く同時の興奮が促されるため，上記のような片眼入力のみによる協力が成立しなくなるからだと説明できる。

両生類の視蓋では，変態期を過ぎるまで両眼の入力を受け取ることはないため，

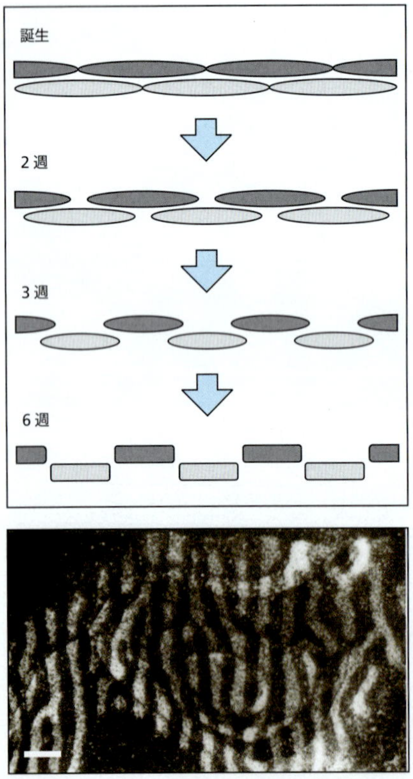

図 12.33 サル大脳皮質視覚野における眼優位性カラムの可視化
放射性トレーサーを片眼に注入すると，やがてトレーサーがニューロンの投射経路を経て大脳皮質に運ばれる。出生時点での注入と皮質解析では，トレーサーは視覚野に広く分布していたが，のちの注入・解析では，写真のような交互の縞状パターンが現れた。スケールバー＝1 mm。
Kandel, E.R.: 1995 より

眼優位性カラムはできない。しかし，第三の眼を胚へ移植するという方法で，2つの眼からの入力を発生期間中ずっと視蓋に対して与え続けられるような実験的状況をつくり出すことができる。すると，2つの眼に由来する網膜軸索群は，視蓋においてネコや霊長類の眼優位性カラムに似た，交互の「縞」形成を見せた。この実験視蓋では，視蓋ニューロンの樹状突起が，「縞」の境界に対応した変化（方向転換や停止）を示していることがわかった。こうした「縞」の境界付近で示されるニューロンの挙動は，脊椎動物を通じて共通であることもわかってきた。シナプス前部の入力軸索と，シナプス後部の樹状突起との間の局所的な相互作用を介して，左右分離性の高いトポグラフィカルな皮質の構成がなされるわけである。

神経活性に依存して結合性がリファインされる機構のひとつとして，局所的な神経栄養因子の放出が考えられる。一定レベルの強度での刺激（2本の軸索による同時刺激も含む）が，標的細胞からの神経栄養因子の放出を促し，ごく最近に活動した軸索のみがその神経栄養因子に反応できるという可能性がある。ニワトリおよび両生類の胚で，ニューロンの興奮を抑えるような薬剤によって神経活性をブロックすると，きめの細かな網膜-視蓋マップは形成されなくなる。

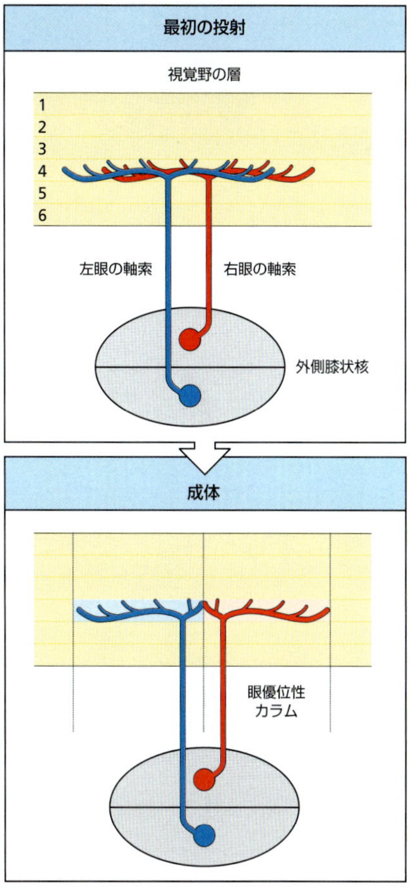

図 12.34　眼優位性カラムの形成
初めは，左右の眼からの入力それぞれを受け継いだ外側膝状核ニューロンが，大脳皮質視覚野の同じ場所に投射している（簡略のため第4層への投射のみを示す）。視覚刺激によって，片側の網膜由来の情報を伝える外側膝状核ニューロンと反対側の担当ニューロンとが，投射先を分離するような交互性のカラム（ストライプ）状の結合性を築く。視覚刺激がブロックされると，眼優位性カラムは形成されない。

まとめ

ニューロンは，ニューロン同士で，また筋肉などの標的細胞に対して，シナプスと呼ばれる特殊化した接合構造を通じて連絡する。神経筋接合部の形成は，接触に依存して起きるシナプス前部（ニューロン側）の膜と，シナプス後部（筋細胞側）の膜の変化を伴っており，ニューロンと筋細胞との間で両方向性に起きるシグナリングに依存している。両方向性の作用は，軸索と樹状突起との間のシナプス形成過程にも起き，細胞接着因子が関与しているようである。哺乳類の筋線維群は当初2つないし3つの異なる運動ニューロンに由来する軸索によって多重に支配されているが，神経活性に基づいてシナプス群のなかで競合が起き，1本の筋線維が1つの運動ニューロンのみによって支配されるようになる。発生過程に産生されるニューロンの多くが死ぬ。四肢支配域の脊髄では半分ほどの運動ニューロンが細胞死を起こすが，筋との間に機能的な結合を確保した運動ニューロンが生き残る。多くのニューロンは，神経成長因子（NGF）などの神経栄養因子に依存している。異なるクラスのニューロンごとに，生存のために必要とする神経栄養因子は異なる。脳の機能発揮には，シナプス結合を単につくるだけではなく，それを正しく外すことも重要である。眼と脳との間の投射回路のリファインメントには，神経活性が大きな役割を果たしている。哺乳類では，両眼からの入力が視覚野における眼優位性カラムの形成をもたらす。隣接するカラムには，同じ視覚刺激に対して右眼と左眼のそれぞれで反応したニューロンに由来する入力を受け持った大脳皮質ニューロンが，それぞれ区域性を持って存在している。眼優位性カラム形成は，両眼視に不可欠である。カラム形成は，両眼由来の入力軸索の間で，大脳皮質の標的を求める競合が起きた結果である。

まとめ：シナプス形成とリファインメント

神経筋接合部	ニューロン間のシナプス
運動ニューロンの軸索が筋との接合部でアグリンを放出	樹状突起が糸状仮足を伸ばして軸索末端と結合 細胞接着分子が樹状突起と軸索の初期接触を仲介
⇩	⇩
アセチルコリン受容体が接合部で密集化し，受容体の局所合成	シナプス前部のアクティブゾーン形成 神経伝達物質受容体がシナプス後部に集積
⇩	
筋の電気的活動が他での受容体合成を抑える	
神経栄養因子がニューロンの生存に必要 — 四肢を支配する運動ニューロンの 50% は死ぬ	網膜-視蓋マップの神経活性によるリファインメント，眼優位性カラムの形成

第 12 章のまとめ

神経系の発生過程は，膨大な神経回路の形成も含めて，他の系における発生との共通点がある。神経組織予定域は発生の初期，すなわち脊椎動物であれば原腸形成のころに，ショウジョウバエでは胚の背腹軸が確定するころに，それぞれ指定される。神経外胚葉の中で，ニューロン形成に貢献する細胞の指定には側方抑制が関わる。そして神経前駆細胞によるニューロンの産生には，非対称細胞分裂と細胞間のシグナリングが関与する。脊椎動物脊髄中でのニューロンの個性化は，背側および腹側シグナル分子群による。ニューロンは成長するにつれて，軸索と樹状突起を伸ばす。軸索は先端の成長円錐によって方向付けられるが，誘引性あるいは反発性シグナルに対する反応に基づいて成長円錐はガイドされる。ガイダンス分子は拡散性のことも結合性のこともある。ガイダンス分子の濃度勾配が，脊椎動物における網膜-視蓋システムのように，軸索の投射パターン決定に貢献する。神経系の機能発揮は，軸索と標的との間のシナプス結合に依存する。シナプス結合の特異性は，初めは過剰に生まれて競合的であったニューロンの死を通じて達成される。シナプス結合のリファインメントには，軸索末端部でのさらなる競合が関与している。神経活性は，眼と脳を結ぶ連絡回路において見られるようなリファインメントに重要である。

● 章末問題

記述問題

1. ショウジョウバエでは中枢神経系は腹側にあるのに対し，脊椎動物では背側にある。この違いにもかかわらず，両者が進化的に共通の起源であることを示す類似点にはどのようなものがあるか。

2. ショウジョウバエの前神経クラスターにおいて，ある細胞で Delta が発現すると，隣接する細胞では Delta の発現が抑えられる。この側方抑制のメカニズムについて概説せよ。また，それを脊椎動物での機構と比較せよ。

3. Numb タンパク質と Pins タンパク質は，どのように共働して (a) ショウジョウバエ胚での神経芽細胞の分裂で，(b) ショウジョウバエ成体での SOP 細胞（感覚器前駆細胞）の分裂で，生じる娘細胞のうちの片方だけをニューロンにしているのか。

4. 放射状グリアとは何か。それが見られる胎生期の組織構造と，その構造中で放射状グリアがある場所，神経発生における役割 2 つを含めて答えよ。

5. 成体の哺乳類の脳は一般的にはニューロンを新生しないが，側脳室の壁は例外である。この観察結果を，胎生期の神経管におけるニューロンの起源に関連させて説明せよ。

6. 脊髄の発生において，運動ニューロンの形成は Shh タンパク質の濃度勾配に依存する。この Shh タンパク質濃度勾配の源は何か。運動ニューロン前駆細胞（pMN）が運動ニューロン（MN）として決定されるためには，Shh の正確な勾配レベルが必要であるが，それに反応して活性化する Class I および Class II ホメオドメインタンパク質遺伝子は何か。また，LIM ホメオドメインタンパク質が運動ニューロンとしてのアイデンティティ獲得に果たしている役割は何か。

7. netrin, semaphorin, cadherin, ephrin を比較せよ。netrin と cadherin はどこが似ていて，どこが違うか。semaphorin と ephrin はどこが似ていて，どこが違うか。

8.「網膜が視蓋上にマップをつくる」という言葉は何を意味しているか（**図 12.26**）。化学的親和説（chemoaffinity hypothesis）はどのようにこの現象を説明しようとしたか。ephrin とその受容体は，この仮説にどのように適合するか。

9. カエルの眼に対して，視神経を切断して 180° 眼球を回転させるという実験を行った場合の結果について述べよ。視覚刺激に対するカエルの反応はどのようになるか。

10. ニューロンと標的の間の結合をリファインするうえで，NGF のような神経栄養因子にはどのような役割があるか。作用の具体例を挙げよ。

11. シナプスの模式図を描いて，シナプス前部細胞，シナプス後部細胞を記し，シグナル伝達の方向を示せ。シナプス間隙を示したうえで，なぜそれによってニューロン同士が電気刺激を直接伝達するのを防ぐ必要があるのかを述べよ。ニューロンはシナプス間隙を介してどのようにコミュニケートしているか。

12. ニューロンの成長円錐からのアグリンシグナルによって開始される，神経筋接合部の形成過程について述べよ。

13. 神経系発生過程における細胞死（アポトーシス）は，細胞内在的因子および細胞外要因の影響を受ける。神経発生過程におけるアポトーシスを制御する，細胞内在的および細胞外のタンパク質について例を挙げよ。

14. 網膜からの入力について，哺乳類の脳における外側膝状核（LGN）と，両生類の脳における視蓋とを比較せよ。

選択問題
それぞれの問題で正解は 1 つである。

1. achaete-scute 複合体遺伝子がコードするタンパク質のタイプはどれか。
a) 細胞間接着分子
b) 細胞骨格タンパク質
c) 膜輸送タンパク質
d) 転写因子

2. 脊椎動物の中枢神経系（脳と脊髄）が由来するのはどれか。
a) 神経管の細胞
b) 背側路に沿って移動する神経堤細胞
c) 体節の前半部を移動する神経堤細胞
d) 体節中胚葉

3. 発生過程の脊椎動物の神経管において Delta の発現を減少させると起こるのはどれか。
a) Delta が減少すると，近隣の細胞でのニューロン産生の抑制作用が阻害されるので，ニューロンが過剰に産生される
b) Delta の減少が neurogenin の発現を増加させるので，ニューロンが過剰に産生される
c) ニューロン形成には Delta シグナルが必要なので，ニューロンの数が減少する
d) Delta の発現が完全になくならない限り，ニューロン形成には変化は見られない

4. 発生運命がすでにニューロンとして固定された細胞はどれか。
a) 移動前の（premigratory）神経堤細胞
b) 底板細胞
c) 交連細胞
d) 蓋板細胞

5. 大脳皮質ニューロンは何に沿って移動して，皮質中の目的とする層にたどり着くか。
a) アストロサイト
b) 交連ニューロン
c) 放射状グリア
d) 蓋板細胞

6. ニワトリ胚の脊髄の運動ニューロン外側運動カラム（LMC）からの軸索が支配するのはどれか。
a) 体壁の筋肉
b) 肢芽の筋肉
c) 脊椎骨に付着する筋肉
d) 腸壁内の筋肉

7. 軸索の成長時に，主に軸索を引きつける作用を示す細胞表面接着分子はどれか。
a) neurotrophin
b) cadherin
c) netrin
d) semaphorin

8. *netrin-1* 遺伝子のノックアウトマウスの表現型が似ているのは，以下のどの遺伝子のノックアウトか。
a) DCC 受容体
b) Robo1 受容体
c) semaphorin シグナル分子
d) Slit シグナル分子

9. 右側の前部（鼻側）領域網膜のニューロンが軸索を投射するのはどれか。
a) 左視蓋の前部
b) 右視蓋の前部
c) 左視蓋の後部
d) 右視蓋の後部

10. 運動ニューロンと筋肉の間で形成されるシナプスのことを何と呼ぶか。
a) 筋板
b) 神経筋接合部
c) ニューコープセンター（オーガナイザー）
d) 網膜視蓋路

11. シュワン細胞の説明として正しいものはどれか。
a) グリア細胞である
b) 末梢神経系の髄鞘化に関係する
c) 中枢神経系でのオリゴデンドロサイトに関連する
d) 上記の全てが該当する

12. 運動ニューロンと筋肉の間の伝達に使われる神経伝達物質はどれか。
a) セロトニン
b) ドーパミン
c) エピネフリン
d) アセチルコリン

選択問題の解答

1:d, 2:a, 3:a, 4:c, 5:c, 6:b, 7:b, 8:a, 9:c, 10:b, 11:d, 12:d

● 本章の理解を深めるための参考文献

Denes, A.S., Jékely, G., Steinmetz, P.R., Raible, F., Snyman, H., Prud'homme, B., Ferrier, D.E., Balavoine, G., Arendt, D.: **Molecular architecture of annelid nerve cord supports common origin of nervous system centralization in bilateria**. *Cell* 2007, **129**: 277–288.

Kandel, E.R., Schwartz, J.H., Jessell, T.H.: *Principles of Neural Science* (4th edn). New York: McGraw-Hill, 2000.

Kerszberg, M.: **Genes, neurons and codes: remarks on biological communication**. *BioEssays* 2003, 25: 699–708.

● 各節の理解を深めるための参考文献

12.1 ショウジョウバエ胚でニューロンは前神経クラスターから生じる

Cornell, R.A., Ohlen, T.V.: **Vnd/nkx, ind/gsh, and msh/msx: conserved regulators of dorsoventral neural patterning?** *Curr. Opin. Neurobiol.* 2000, **10**: 63–71.

Gibert, J.M., Simpson, P.: **Evolution of *cis*-regulation of the proneural genes**. *Int. J. Dev. Biol.* 2003, **47**: 643–651.

Skeath, J.B.: **At the nexus between pattern formation and cell-type specification: the generation of individual neuroblast fates in the *Drosophila* embryonic central nervous system**. *BioEssays* 1999, **21**: 922–931.

Weiss, J.B., Von Ohlen, T., Mellerick, D.M., Dressler, G., Doe, C.Q., Scott, M.P.: **Dorsoventral patterning in the *Drosophila* central nervous system: the intermediate neuroblasts defective homeobox gene specifies intermediate column identity**. *Genes Dev.* 1998, **12**: 3591–3602.

12.2 ショウジョウバエのニューロン発生には，非対称細胞分裂と遺伝子発現の適時変化が関与する

Brody, T., Odenwald, W.: **Regulation of temporal identities during *Drosophila* neuroblast lineage development**. *Curr. Opin. Cell Biol.* 2005, **17**: 672–675.

Carmena, A.: **Signaling networks during development: the case of asymmetric cell division in the *Drosophila* nervous system**. *Dev. Biol.* 2008, **321**: 1–17.

Grosskortenhaus, R., Pearson, B.J., Marusich, A., Doe, C.Q.: **Regulation of temporal identity transitions in *Drosophila* neuroblasts**. *Dev. Cell* 2005, **8**: 193–202.

Jan, Y-N., Jan, L.Y.: **Polarity in cell division: what frames thy fearful asymmetry?** *Cell* 2000, **100**: 599–602.

Karcavich, R.E.: **Generating neuronal diversity in the *Drosophila* central nervous system: a view from the ganglion mother cells**. *Dev. Dyn.* 2005, **232**: 609–616.

12.3 脊椎動物のニューロン前駆細胞の個性獲得にも側方抑制が関与する

Chitins, A., Henrique, D., Lewis, J., Ish-Horowitcz, D., Kintner, C.: **Primary neurogenesis in *Xenopus* embryos regulated by a homologue of the *Drosophila* neurogenic gene *Delta***. *Nature* 1995, **375**: 761–766.

Ma, Q., Kintner, C., Anderson, D.J.: **Identification of *neurogenin*, a vertebrate neuronal determination gene**. *Cell* 1996, **87**: 43–52.

Box 12A ショウジョウバエ成体の感覚器の個性獲得

Gómez-Skarmeta, J.L., Campuzano, S., Modolell, J.: **Half a century of neural prepatterning: the story of a few bristles and many genes**. *Nat. Rev. Neurosci.* 2003, **4**: 587–598.

Knoblich, J.A.: **Asymmetric cell division during animal development**. *Nat. Rev. Mol. Cell Biol.* 2001, **2**: 11–20.

Modolell, J., Campuzano, S.: **The achaete-scute complex as an integrating device**. *Int. J. Dev. Biol.* 1998, **42**: 275–282.

12.4 脊椎動物のニューロンは，神経管の増殖帯で生まれた後に外に向けて移動する

D'Arcangelo, G., Curran, T.: ***Reeler*: new tales on an old mutant mouse**. *BioEssays* 1998, **20**: 235–244.

Gage, F.H.: **Mammalian neural stem cells**. *Science* 2000, **287**: 1433–1438.

Kriegstein, A., Alvarez-Buylla, A.: **The glial nature of embryonic and adult neural stem cells**. *Annu. Rev. Neurosci.* 2009, **32**: 149–184.

Lee, S.K., Lee, B., Ruiz, E.C., Pfaff, S.L.: **Olig2 and Ngn2 function in opposition to modulate gene expression in motor neuron progenitor cells**. *Genes Dev.* 2005, **19**: 282–294.

Lyuksyutova, A.I., Lu, C.C., Milanesio, N., King, L.A., Guo, N., Wang, Y., Nathans, J., Tessier-Lavigne, M., Zou, Y.: **Anterior-posterior guidance of commissural axons by Wnt-frizzled signaling**. *Science* 2003, **302**: 1984–1988.

Maricich, S.M., Gilmore, E.C., Herrup, K.: **The role of tangential migration in the establishment of the mammalian cortex**. *Neuron* 2001, **31**: 175–178.

Sauvageot, C.M., Stiles, C.D.: **Molecular mechanisms controlling cortical gliogenesis**. *Curr. Opin. Neurobiol.* 2002, **12**: 244–249.

Wichterle, H., Lieberam, I., Porter, J.A., Jessell, T.M.: **Directed differentiation of embryonic stem cells into motor neurons**. *Cell* 2002, **110**: 385–397.

12.5 脊髄の背腹軸に沿った細胞分化パターンは，腹側および背側からのシグナルに依存する

Jacob, J., Hacker, A., Guthrie, S.: **Mechanisms and molecules in motor neuron specification and axon pathfinding**. *BioEssays* 2001, **23**: 582–595.

Jessell, T.M.: **Neuronal specification in the spinal cord: inductive signals and transcriptional controls**. *Nat. Rev. Genet.* 2000, **1**: 20–29.

Megason, S.G., McMahon, A.P.: **A mitogen gradient of dorsal midline Wnts organizes growth in the CNS**. *Development*

2002, **129**: 2087–2098.

Box 12B 大脳皮質ニューロン誕生のタイミング

Rakic, P.: **Neurons in rhesus monkey visual cortex: systematic relation between time of origin and eventual disposition**. *Science* 1974, **183**: 425–427.

12.6 脊髄腹側のニューロンサブタイプは，Shh の「腹→背」勾配によって指定される

Dessaud, E., McMahon, A.P., Briscoe, J.: **Pattern formation in the vertebrate neural tube: a sonic hedgehog morphogen-regulated transcriptional network**. *Development* 2008, **135**: 2489–2503.

Stamataki, D., Ulloa, F., Tsoni, S.V., Mynett, A., Briscoe, J.: **A gradient of Gli activity mediates graded Sonic Hedgehog signaling in the neural tube**. *Genes Dev.* 2005, **19**: 626–641.

12.7 脊髄の運動ニューロンは，背腹軸に沿った位置に応じて体幹および四肢の筋へ固有の投射パターンを示す

Kania, A., Jessell, T.M.: **Topographic motor projections in the limb imposed by LIM homeodomain protein regulation of ephrin-A: EphA interactions**. *Neuron* 2003, **38**: 581–596.

Kania, A., Johnson, R.L., Jessell, T.M.: **Coordinate roles for LIM homeobox genes in directing the dorsoventral trajectory of motor axons in the vertebrate limb**. *Cell* 2000, **102**: 161–173.

12.8 脊髄の前後パターンは，結節と中胚葉から発せられる分泌因子によって決定される

Dasen, J.S., Jessell, T.M.: **Hox networks and the origins of motor neuron diversity**. *Curr. Top. Dev. Biol.* 2009, **88**: 169–200.

Ensini M., Tsuchida T.N., Belting, H.G., Jessell, T.M.: **The control of rostrocaudal pattern in the developing spinal cord: specification of motor neuron subtype identity is initiated by signals from paraxial mesoderm**. *Development* 1998, **125**: 969–982.

Sockanathan, S., Perlmann, T., Jessell, T.M.: **Retinoid receptor signaling in postmitotic motor neurons regulates rostrocaudal positional identity and axonal projection pattern**. *Neuron* 2003, **40**: 97–111.

12.9 成長円錐が軸索の伸びる経路を制御する

Carmeliet, P., Tessier-Lavigne, M.: **Common mechanisms of nerve and blood vessel wiring**. *Nature* 2005, **436**: 193–200.

Lowery, L.A., Van Vactor, D.: **The trip of the tip: understanding the growth cone machinery**. *Nat. Rev. Mol. Cell Biol.* 2009, **10**: 332–343.

Tear, G.: **Neuronal guidance: a genetic perspective**. *Trends Genet.* 1999, **15**: 113–118.

Tessier-Lavigne, M., Goodman, C.S.: **The molecular biology of axon guidance**. *Science* 1996, **274**: 1123–1133.

12.10 ニワトリ四肢筋に向かう運動ニューロンの軸索は，ephrin-Eph 相互作用によってガイドされる

Dasen, J.S., Tice, B.C., Brenner-Morton, S., Jessell, T.M.: **A Hox regulatory network establishes motor neuron pool identity and target-muscle connectivity**. *Cell* 2005, **123**: 477–491.

Lance-Jones, C., Landmesser, L.: **Pathway selection by embryonic chick motoneurons in an experimentally altered environment**. *Proc. R. Soc. Lond. B* 1981, **214**: 19–52.

Tosney, K.W, Hotary, K.B., Lance-Jones, C.: **Specifying the target identity of motoneurons**. *BioEssays* 1995, **17**: 379–382.

12.11 正中で交叉する軸索の走行には誘引と反発の両方が関与する

Giger, R.J., Kolodkin, A.L.: **Silencing the siren: guidance cue hierarchies at the CNS midline**. *Cell* 2001, 105: 1–4.

Long, H., Sabatier, C., Ma, L., Plump, A., Yuan, W., Ornitz, D.M., Tamada, A., Murakami, F., Goodman, C.S., Tessier-Lavigne, M.: **Conserved roles for Slit and Robo proteins in midline commissural axon guidance**. *Neuron* 2004, **42**: 213–223.

Simpson, J.H., Bland, K.S., Fetter, R.D., Goodman, C.S.: **Short-range and long-range guidance by Slit and its Robo receptors: a combinatorial code of Robo receptors controls lateral position**. *Cell* 2000, **103**: 1019–1032.

Williams, S.E., Mason, C.A., Herrera, E.: **The optic chiasm as a midline choice point**. *Curr. Opin. Neurobiol.* 2004, **14**: 51–60.

Woods, C.G.: **Crossing the midline**. *Science* 2004, **304**: 1455–1456.

Zou, Y., Lyuksyutova, A.I.: **Morphogens as conserved axon guidance cues**. *Curr. Opin. Neurobiol.* 2007, **17**: 22–28.

12.12 網膜のニューロンは脳の視覚中枢との間に秩序だった連絡を果たす

Feldheim, D.A., Kim, Y-I., Bergemann, A.D., Frisen, J., Barbacid, M., Flanagan, J.G.: **Genetic analysis of ephrin A2 and ephrin A5 shows their requirement in multiple aspects of retinocollicular mapping**. *Neuron* 2000, **25**: 563–574.

Hansen, M.J., Dallal, G.E., Flanagan, J.G.: **Retinoic axon response to ephrin-As shows a graded concentration-dependent transition from growth promotion to inhibition**. *Neuron* 2004, **42**: 707–730.

Klein, R.: **Eph/ephrin signaling in morphogenesis, neural development and plasticity**. *Curr. Opin. Cell Biol.* 2004, **16**: 580–589.

Löschinger, J., Weth, F., Bonhoeffer, F.: **Reading of concentration gradients by axonal growth cones**. *Phil. Trans. R. Soc. Lond. B* 2000, **355**: 971–982.

McLaughlin, T., Hindges, R., O'Leary, D.D.: **Regulation of axial patterning of the retina and its topographic mapping in the brain**. *Curr. Opin. Neurobiol.* 2003, **13**: 57–69.

Petros, T.J., Shrestha, B.R., Mason, C.: **Specificity and sufficiency of EphB1 in driving the ipsilateral retinal projection**. *J. Neurosci.* 2009, **29**: 3463–3474.

Reber, M., Bursold, P., Lemke, G.: **A relative signalling model for the formation of a topographic neural map**. *Nature* 2004, **431**: 847–853.

Schmitt, A.M., Shi, J., Wolf, A.M., Lu, C-C., King, L.A., Zou, Y.: **Wnt-Ryk signalling mediates medial-lateral retinotectal topographic mapping**. *Nature* 2006, **439**: 31–37.

Wilkinson, D.G.: **Topographic mapping: organising by repulsion and competition?** *Curr. Biol.* 2000, **10**: R447–R451.

12.13 シナプス形成には両方向性の相互作用が関与する

Buffelli, M., Burgess, R.W., Feng, G., Lobe, C.G., Lichtman, J.W., Sanes, J.R.: **Genetic evidence that relative synaptic efficacy biases the outcome of synaptic competition.** *Nature* 2003, **424**: 430–434.

Chess, A.: **Monoallelic expression of protocadherin genes.** *Nat. Genet.* 2005, **37**: 120–121.

Goda, Y., Davis, G.W.: **Mechanisms of synapse assembly and disassembly.** *Neuron* 2003, **40**: 243–264.

Hua, J.Y, Smith, S.J.: **Neural activity and the dynamics of central nervous-system development.** *Nat. Neurosci.* 2004, **7**: 327–332.

Jan, Y-N., Jan, L.Y.: **The control of dendritic development.** *Neuron* 2003, **40**: 229–242.

Katz, L.C., Constantine-Paton, M.: **Relationships between segregated afferents and postsynaptic neurones in the optic tectum of three-eyed frogs.** *J. Neurosci.* 1988, **8**: 3160–3180.

Kummer, T.T., Misgled, T., Sanes, J.R.: **Assembly of the postsynaptic membrane at the neuromuscular junction.** *Curr. Opin. Neurobiol.* 2006, **16**: 74–82.

Levinson, J.N., El-Husseini, A.: **Building excitatory and inhibitory synapses: balancing neuroligin partnerships.** *Neuron* 2005, **48**: 171–174.

Li, Z., Sheng, M.: **Some assembly required: the development of neuronal synapses.** *Nat. Rev. Mol. Cell Biol.* 2003, **4**: 833–841.

Schmucker, D., Clemens, J.C., Shu, H., Worby, C.A., Xiao, J., Muda, M., Dixon, J.E., Zipursky, S.L.: ***Drosophila* Dscam is an axon guidance receptor exhibiting extraordinary molecular diversity.** *Cell* 2000, **101**: 671–684.

12.14 正常発生過程で多くの運動ニューロンが死ぬ

Oppenheim, R.W.: **Cell death during development of the nervous system.** *Annu. Rev. Neurosci.* 1991, **14**: 453–501.

12.15 ニューロンの死と生存には，細胞内因子と環境因子の両方が関与する

Birling, M.C., Price, J.: **Influence of growth factors on neuronal differentiation.** *Curr. Opin. Cell Biol.* 1995, **7**: 878–884.

Burden, S.J.: **Wnts as retrograde signals for axon and growth cone differentiation.** *Cell* 2000, **100**: 495–497.

Davies, A.M.: **Neurotrophic factors. Switching neurotrophin dependence.** *Curr. Biol.* 1994, **4**: 273–276.

Jiang, Y., de Bruin, A., Caldas, H., Fangusaro, J., Hayes, J., Conway, E.M., Robinson, M.L., Altura, R.A.: **Essential role for survivin in early brain development.** *J. Neurosci.* 2005, **25**: 6962–6970.

Pettmann, B., Henderson, C.E.: **Neuronal cell death.** *Neuron* 1998, **20**: 633–647.

Serafini, T.: **Finding a partner in a crowd: neuronal diversity and synaptogenesis.** *Cell* 1999, **98**: 133–136.

Šestan, N., Artavanis-Tsakonas, S., Rakic, P.: **Contact-dependent inhibition of cortical neurite growth mediated by Notch signaling.** *Science* 1999, **286**: 741–746.

12.16 眼から脳への投射マップは神経活性によりリファインされる

Del Rio, T., Feller, M.B.: **Early retinal activity and visual circuit development.** *Neuron* 2006, **52**: 221–222.

Horton, J.C., Adams, D.L.: **The cortical column: a structure without a function.** *Philos. Trans. R. Soc. Lond. B Biol. Sci.* 2005, **360**: 837–862.

Katz, L.C., Crowley, J.C.: **Development of cortical circuits: lessons from ocular dominance columns.** *Nat. Rev. Neurosci.* 2002, **3**: 34–42.

Katz, L.C., Shatz, C.J.: **Synaptic activity and the construction of cortical circuits.** *Science* 1996, **274**: 1133–1138.

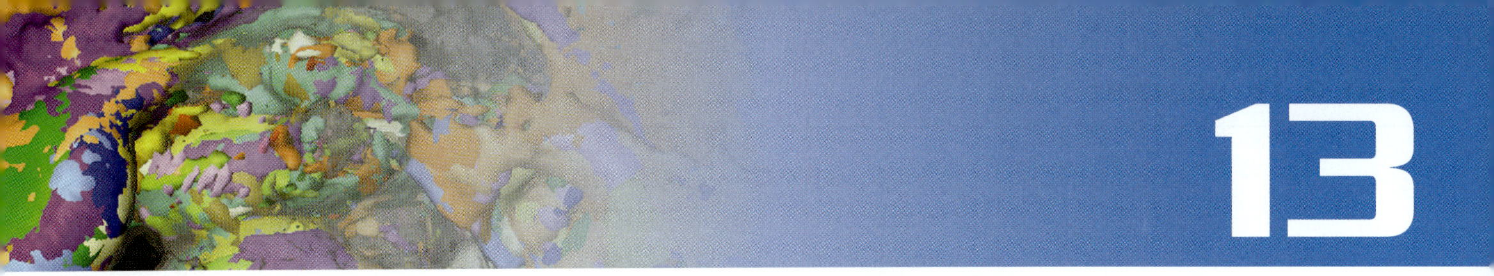

13

成長と後胚発生

●成長　●脱皮と変態　●加齢と老化

胚のパターン形成は小さな規模で起き，その後，胚は成長する。この成長，すなわちサイズ増大の制御は，発生を理解するための重要な鍵であり，その中心に細胞増殖の制御がある。制御不能な細胞増殖の結果である癌を防ぐために，成体においても細胞増殖の制御が重要である。本章では，胚生期における内在性の細胞増殖のプログラムと，ホルモンなどの循環性因子によって刺激される成長の均衡について考えてみたい。次に，多くの無脊椎動物の後胚発生で起きる変態について考える。変態では動物の形態がその前後で全く異なるものとなる。最後に個体の老化について考えるが，これは遺伝的にプログラムされていることではなく，細胞傷害によるものである。

発生は，胚生期が終了しても継続されるものである。つまり，動物でも植物でも，ほとんどの成長は胚生期終了後，すなわち基本的な形態やパターン形成が確立された後に起きる。基本的なパターン形成は，1 mm にも満たない小さな規模で起こる。多くの動物では，胚生期を終えると，自由生活性の幼虫や未成熟な成体期となる。一方，哺乳類などでは，まだ栄養供給を母体に依存している胚生期・胎生期の終わりにおける成長が著しい。そして，生後にも成長は続く。成長は，発生機構において，生物およびそのパーツのサイズや形態の決定に，中心的な役割を果たす。幼虫期を持つ動物の成長では，サイズが大きくなるだけでなく，変態（metamorphosis）を起こして幼虫から成体の形態に変化する場合もある。変態は多くの場合，形態の大きな変化と新たな器官の発生を伴う。

本章では，胚生期とその後に起きる成長について，内在性プログラムと成長ホルモンなどの因子の役割について考える。そして，成長制御の乱れによって起きる癌について，昆虫と両生類の変態について，そして最後に，後胚発生の異常過程としての老化について考える。

成長

成長（growth）は，組織および個体の容積や全体の大きさが増加することと定義され，細胞増殖，分裂を伴わない細胞の肥大，もしくは骨基質や水分などの細胞外基質の添加などによる基質分泌成長によって起きる（図 13.1）。動物では，基本的なからだのパターンは，発生の初期，すなわちからだのサイズが小さいときに決

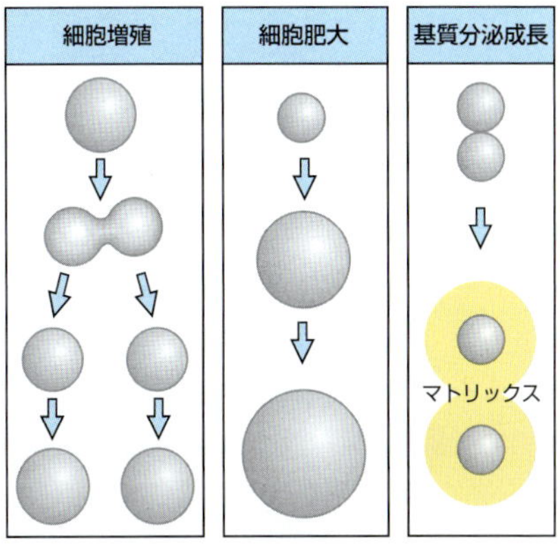

図 13.1　主要な 3 種類の成長手段
最も一般的なのは細胞増殖であり，細胞の成長の後に分裂する。2 番目が細胞肥大で，細胞は分裂せず，細胞自身のサイズが大きくなる。3 番目は基質の分泌などによってサイズが増大する。

定される。個体や器官がどれだけ成長したり，ホルモンなどに反応したりするかという成長プログラムも，発生初期に規定されると考えられる。個体全体の成長は，この基本的なからだのパターンが確立された後に始まるが，脊椎動物の肢芽の発生（第11章参照）や神経系の発生（第12章参照）などのように，器官形成の初期過程に局所的な成長を示す場合も多く認められる。発生の初期過程での，様々なからだのパーツあるいは時期における成長度合いの違いが，器官や個体の形態に大きな影響を与える。

胚が自由生活性の幼虫や成体のミニチュア形態になることが多い動物とは異なり，植物胚の形態は成体の形態と大きく異なっている。多くの植物の成体の形態は，継続的な成長能力のある頂端および根端分裂組織（第7章参照）によって発芽後につくられる。木本植物においては，幹や枝，根の形成層も増殖能力を保持しており，この形成層が軸を構成する主要組織を形成して，樹木の幹を年々太くする。

13.1 組織は，細胞増殖，細胞肥大，基質分泌成長によって成長する

多くの場合，成長は，細胞分裂によって細胞の数が増える細胞増殖（cell proliferation）によって起きるが，これは器官や個体のサイズを大きくする3つの手段のうちの1つにすぎない（**図13.1**参照）。成長している組織では，予定細胞死も起きており，全体的な成長度合いは，細胞死と細胞増殖の割合によって決定される。

第2の成長手段は細胞肥大（cell enlargement）である。すなわち，一つ一つの細胞がその容積を増加させ，大きくなる。この例として，ショウジョウバエの幼虫の成長があげられる（ショウジョウバエの成虫原基は，幼虫の間も細胞増殖するので除外される）。ショウジョウバエ近縁種の間でからだの大きさが異なる要因の1つとして，からだの大きい種では，個々の細胞が大きいことがあげられる。哺乳類では，骨格筋，心筋，そして神経細胞は，一度分化したら再び細胞分裂することはないが，細胞のサイズは大きくなる。神経細胞は軸索や樹状突起を伸長して成長するが，筋の成長はその体積が増加するとともに，衛星細胞が筋線維に新たに融合して核の数が増加し，細胞の容積の増加を支える。例えば眼の水晶体は，長期にわたる増殖領域の細胞が分裂することで形成されるが，その分化過程には，細胞肥大も必要である。また，細胞肥大は，植物の成長の主要な手段である。

第3の手段は基質分泌成長（accretionary growth）であり，細胞が大量の細胞外マトリックスを分泌して細胞外領域が増加することである。代表的なものは，組織の大部分が細胞外マトリックスである軟骨や骨である。

脊椎動物の血液（第10.4節参照）や上皮（第10.7節参照）などの組織は，個体の生涯にわたり，組織幹細胞の細胞分裂や分化によって持続的に補充されている。このような増殖システムの最終産物である赤血球や角化細胞は，さらに分裂することはなく最終的に死んでいく。

13.2 細胞増殖は，細胞周期の開始の制御によって支配されている

真核細胞は，細胞周期（cell cycle）という規定の過程を経る有糸分裂によって増殖する（**Box 1B**, p. 6参照）。細胞自身が大きくなってDNAが複製され（S期），そして複製された染色体が有糸分裂を起こし，2つの娘核に分離する。続いて，細胞質分裂が起きて2つの娘細胞となる。**Box 1B**に示したのは，細胞増殖している動物体細胞の標準的な細胞周期である。異なる発生時期や特殊な細胞では，細胞周期のそれぞれの時期の有無や，それぞれの時期を通過するのにかかる時間が変化す

る。例えば，両生類の卵割では G_1 期や G_2 期はほとんどなく，それぞれの細胞は分裂の間に大きくならない（第 4 章参照）。そのため，細胞分裂のたびに個々の細胞は小さくなっていく。ショウジョウバエの幼虫の唾液腺では M 期がなく，有糸分裂や細胞質分裂なしに DNA が繰り返し複製されるので，巨大な染色体となる。この染色体は**多糸染色体（polytene chromosome）**と呼ばれ，同一の DNA が多数束ねられている。

細胞周期におけるイベントのタイミングは，一連の“中心的”なタイミング機構によって支配されている（**図 13.2**）。**サイクリン（cyclin）**というタンパク質が，細胞周期の鍵となるポイントの通過を支配する。サイクリンの濃度は細胞周期の間に変動し，この変動が細胞周期の次の段階への移行と関連している。サイクリンは，**サイクリン依存性キナーゼ（Cdk）**と複合体をつくると共に，このリン酸化酵素の活性化を補助する。このキナーゼは，細胞周期の各々の時期，例えば S 期における DNA 複製や，M 期における分裂を惹起するタンパク質をリン酸化する。

細胞がいったん細胞周期に入り，G_1 中期～ G_1 後期にある“開始点”と呼ばれるポイントを過ぎると，それ以降は外界からのシグナルがなくても細胞周期は最後まで進行する。細胞周期のそれぞれの期を連続的に移行していくには，**細胞周期チェックポイント（cell-cycle checkpoint）**において，細胞が十分な大きさに達したか，DNA 複製が完了したか，そして DNA 傷害が修復されたかなどが確認される。このような条件が満たされていない場合，満たされるまで次の期への移行が延期されることとなる。そして，細胞が傷害を修復できない場合には細胞周期は停止し，通常はアポトーシスが誘導される。このメカニズムは正常な真核細胞にプログラムされており，DNA 傷害を持ったまま細胞が分裂しないようになっている。

細胞外因子は，細胞周期の開始を誘導することにより，細胞増殖を支配する。培養下にある動物細胞が増殖するためには増殖因子が必須であり，また，細胞の種類によって必要とされる増殖因子が異なっている。体細胞が増殖刺激を受けていない場合には，細胞分裂が終了した後に G_0 期に入っている（**Box1 B**, p. 6 参照）。増殖因子は細胞を G_0 期から離脱させ，細胞周期を開始させる。通常，成体内のほとんどの細胞は活発な細胞増殖をしておらず，細胞増殖を開始させるには外部からの刺激が必要である。細胞増殖を刺激したり，抑制したりする細胞外のシグナルタン

図 13.2　細胞周期の進行はサイクリンの濃度によって制御される
異なるサイクリンは，細胞周期の異なる時期（G_1/S，S，M）の進行を制御する。それぞれのサイクリンの発現レベルは，細胞周期の間に上下する。サイクリンタンパク質の発現レベルが高くなると，対応する不活性型のサイクリン依存性キナーゼ（Cdk）（ここでは示されていない）に結合して酵素を活性化する。この活性化したキナーゼは，DNA 複製（S 期）の開始や有糸分裂（M 期）開始といった細胞周期の進行に必須である。細胞周期にはいくつものチェックポイント（赤線）があり，ある期が無事終了しないと次の期に進行しないようになっている。有糸分裂の最後に残っているサイクリンは，プロテアソームによって破壊され，細胞分裂によって生み出された新しい細胞は G_1 初期の状態となる。
Morgan, D.O.: 2007 より改変

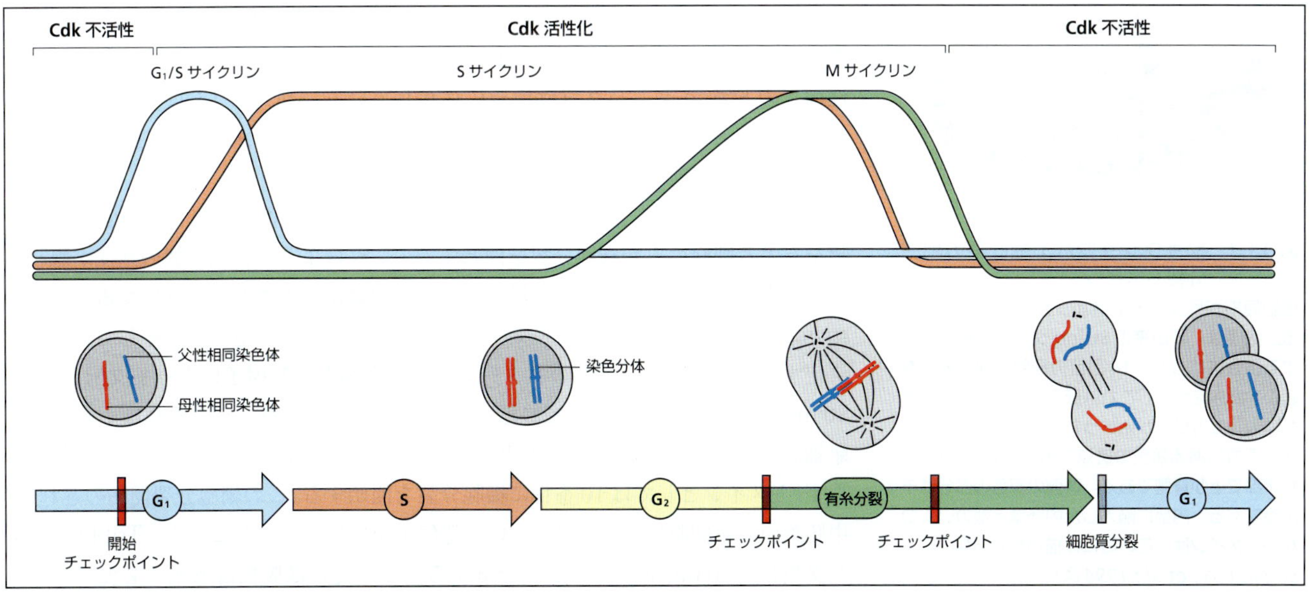

パク質は，これまでに数多く発見されている。これまでの章でパターン形成を制御するものとして紹介してきた線維芽細胞増殖因子（FGF）やTGF-βファミリーなどの細胞外シグナル分子は，細胞増殖を刺激する分子として発見されている。これらの分子は培養下にある細胞だけでなく，胚や胎仔，そして成体においても細胞増殖制御因子として機能する。他にも，特定組織の細胞増殖を刺激する増殖因子として機能するものがある。例えば，エリスロポエチンは，赤血球前駆細胞の増殖を刺激する（第10.5節参照）。

この20〜30年の間に，こうした増殖因子は細胞が増殖するためだけではなく，細胞が生存するためにも必要であることが明らかとなってきた。増殖因子がない状態では，細胞は内在性の細胞死プログラムを活性化して，アポトーシスを起こしてしまう（第10.12節参照）。成長している組織にはかなりの細胞死が認められ，一般的な成長速度は，細胞死と細胞増殖の割合に依存している。

13.3 発生初期の細胞分裂は，内在的な発生プログラムによって支配される

成体の細胞と比較すると，胚生期の細胞増殖には自由度があり，特に発生初期の細胞分裂は，細胞自律的なプログラムによって支配され，増殖因子などの刺激には依存しない。よく知られている例として，ショウジョウバエの初期発生では，胚のパターン形成に関与するタンパク質が細胞周期に関わる要素と作用して細胞周期を制御することが挙げられる。

ショウジョウバエの発生初期における細胞周期では細胞質分裂が伴わず，核分裂のみであり，結果として多核性胞胚葉となる（**図2.2**参照）。この時期にはG期がほぼ存在せず，DNA複製（S期）と有糸分裂が交互に起きる。14回目の細胞周期で細胞周期のパターンが変化するが，これはカエルの発生での中期胞胚遷移とよく似ている（第4.13節参照）。明らかなG_2期が14回目の細胞周期で出現し，胞胚に細胞膜形成が起きる。G_1期は16回目の細胞周期で出現する。そして17回目，もしくは18回目で表皮と中胚葉の細胞は増殖を停止して分化し始める。この増殖停止は，卵の段階で譲り受けた母性サイクリンEが枯渇するためである。

14回目の細胞周期で，ショウジョウバエの胞胚葉には，異なる細胞周期を持った細胞グループが見られるようになる（**図13.3**参照）。これは，サイクリン依存性キナーゼを脱リン酸化して活性化させることで細胞周期を制御をするホスファターゼ，Stringの産生と局在が変化することで引き起こされる。受精卵では，母性由来のStringタンパク質は均一に存在している。ゆえに13回の同調した核の分裂が起きるが，その後，母性由来のStringタンパク質が枯渇し，胚性のStringタンパク質が機能するようになる。

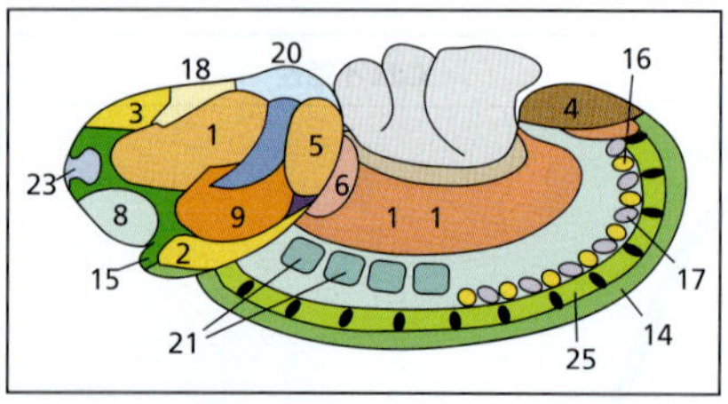

図13.3 ショウジョウバエ胞胚葉の細胞分裂ドメイン
細胞周期が同期するドメインが色分けされている。数字は，胚由来のStringタンパク質が発現するようになった，14回目の細胞周期で分裂を起こす順序を示す。これは胚の側面図で，中胚葉が陥入して分節化が始まった時期である（体節は胚の下方にある黒色の斑点で示されている）。左が頭部で上が背側である。背側の灰色の部分は羊漿膜である。内部に陥入した中胚葉と他のいくつかのドメインは，この図には描かれていない。
Edgar, B.A., et al.: 1994より

胚性の*string*遺伝子の転写は，場所および時期特異的に起き，*string*遺伝子産物を有する細胞のみが細胞分裂を開始する。これにより，細胞分裂の速度が胞胚葉の中で変化して，それぞれの組織に必要な細胞数が確保されるようになる。胚性の*string*遺伝子の発現調節は，ギャップ遺伝子やペアルール遺伝子，そして背腹軸を決定する遺伝子など，初期のパターン形成に必須な転写因子によって支配される。Stringタンパク質の産生が細胞増殖を誘導しない例外があり，それは中胚葉の前駆細胞である。中胚葉の前駆細胞では最初に胚性の*string*が発現するにもかかわらず，ドメインとしては10番目に細胞分裂を開始する。この細胞分裂開始の遅れは，中胚葉の前駆細胞には*tribbles*という遺伝子が発現することによる。Tribblesタンパク質は，Stringタンパク質を分解する。この遅延は腹側溝形成に必要で，これ

によって中胚葉が陥入する（第 8.8 節参照）。細胞分裂を阻害しないと，腹側溝の形成は起きない。中胚葉の前駆細胞は，腹側溝形成によって胚体内に取り込まれてから増殖を開始する。このように，ショウジョウバエの胚発生初期における細胞周期は，細胞分裂のパターンが遺伝的な制御を受けていることをよく示している。このような胚の内在性プログラムに対して，成虫原基における細胞増殖や成長は，それまでのパターン形成によって産生された細胞外シグナルによって調節され，細胞成長と細胞増殖および細胞死が協調して起きる。

哺乳類胚の初期発生過程では，細胞分裂にかかる時間は，発生時期および胚の部位によって異なる。マウス胚の最初の 2 回の卵割には 24 時間ほどかかるが，その後の分割にかかる時間は 10 時間ほどになる。着床後では，エピブラストの細胞は増殖が速く，原条の近傍に位置する細胞の細胞周期は約 3 時間である。

13.4 器官の大きさは，内在性の成長プログラムと細胞外からのシグナルによって支配されている

脊椎動物の器官のサイズは，内在性の発生プログラムと細胞外からの因子が，成長を刺激したり抑制したりすることで決定される。しかし，これらの 2 つの因子のどちらが優先的に働くかは，個々の器官によって大きく異なっている。例えば，肝臓は哺乳類では主として解毒器官として機能し，胚生期でも成体期においても再生が可能な器官であるが，一方で膵臓に再生能力はない。このような性質は，トランスジェニック技術を用いて，マウス胚生期で特定の器官の前駆細胞を消滅させることで検証できる。テトラサイクリンによって活性が抑制されるプロモーターの支配下にジフテリア毒素の導入遺伝子を持つ，改変マウスを作製する。このプロモーターの一部を，特定の組織でのみ活性化される遺伝子由来のものにしておくと，その組織でのみジフテリア毒素を発現させることができる。もし，このトランスジェニックの妊娠マウスにテトラサイクリンを継続投与すると，ジフテリア毒素は胚ではまったく発現しない。ところがテトラサイクリンの投与をやめると，ジフテリア毒素が標的の組織の前駆細胞で発現し，これらの細胞は死んでしまう。しかし他の組織は正常に発生する。

肝臓の再生能力を検討するために，妊娠時期のある特定時期に短期間テトラサイクリンの投与を止めると，一定の割合で肝臓の前駆細胞が除去される。テトラサイクリンが投与されない時期が長ければ長いほど，より多くの前駆細胞が失われることになる。しかし，このような処理の後でも，胚の肝臓は通常の大きさになることから，肝臓前駆細胞の数が最初から決定されているわけではないことがわかる。哺乳類の成体で肝臓の 3 分の 2 が除去されても，元の大きさまで再生することがわかっている。

一方，同様の方法を用いて膵芽が形成された後に膵臓の前駆細胞を失わせると，通常より小さな膵臓となる。このことから，胚の膵臓のサイズは，内在性プログラムの制御を大きく受けていると考えられる。このような内在性の成長制御を受けている器官には，他に胸腺がある。複数のマウス胚の胸腺組織をマウス胚一個体に移植しても，各々が通常の胸腺の大きさまで成長する。しかし，同様の移植を脾臓で行うと，移植された各々の脾臓は小さくなり，それぞれの脾臓の大きさを足したものが，通常の脾臓 1 つの大きさと同じになる。

肝臓と脾臓は，完成時のサイズを負のフィードバックによって制御している。発生もしくは再生中の肝臓は，細胞増殖を刺激したり，抑制したりする因子を分泌しており，これは成体の肝臓再生を用いて研究されてきた。成体の通常の肝臓の中で，

細胞増殖はほとんど認められないが，外科的に一部が切除されると，残された細胞のうちの95%が細胞周期を再び開始する。ヒトでは，例えば腫瘍を除去する目的で，全体の70%ぐらいまで切除することも可能であり，その場合でも通常の大きさまで回復する。しかしながら，75～80%以上切除されると再生しない。

ヒトの肝臓の再生過程では，肝細胞は外科的切除の1日後に分裂を開始する。残された肝組織からの増殖因子やサイトカインの放出が，再生に重要な役割を果たす。再生を開始させ，成長を促進する増殖因子として知られるのは，肝細胞増殖因子（HGF）や上皮増殖因子（EGF）で，さらに腫瘍壊死因子-α（TNF-α）とインターロイキン-6などの，成長を促進するサイトカインも関与する。血小板が産生するセロトニンも，肝細胞のHGF合成を刺激することで，間接的に再生を促進すると考えられている。トランスフォーミング増殖因子（TGF-β）は，肝臓の成長に抑制的に働くが，肝臓再生の終了に向けて，肝組織の適切な構築に必要であると考えられる。肝組織におけるTGF-β受容体の発現は，外科的切除の直後に減少し，再生の誘導に重要な時期におけるTGF-βによる肝臓成長の抑制を回避している。そして，再生の完了にあわせてTGF-βの発現量は増加して，それ以上の成長を抑制する。

肝臓がある一定の大きさになると，再生を抑制する因子の血流中の濃度が上昇し，成長が止まる。これは，器官の大きさを決める負のフィードバックメカニズムの例である。脾臓のサイズも同様なメカニズムで決定されている。先に紹介した実験のように，体内の脾臓組織の全容量は，脾臓で合成されて血中に流れる増殖抑制因子の量によって監視されている。

筋肉では，筋芽細胞（未熟な筋細胞）がmyostatinという成長抑制因子を合成し，筋肉のサイズと細胞数を制御している。この*myostatin*遺伝子に変異を持つマウスでは筋肉が有意に大きくなり，筋線維の数のみならずその大きさも増加する。細胞の数を負に制御するこのようなシグナルは，神経組織にも認められる。また，チョウでは，成虫原基同士の間で成長を制御する相互作用があり，後翅の原基を除去すると，前翅と前脚が大きくなる。

成体組織の細胞は，分裂する能力を持っていて，通常は分裂しないか，分裂の頻度が非常に低い。ところが，傷害や刺激を受けて組織の容量が減少した場合には，肝臓のように細胞分裂が誘導される。また，片方の腎臓が除去されると，残された腎臓は代償性に大きくなる。ただ，この場合の成長は細胞が分裂するのではなく，個々の細胞の肥大による。第14章では，両生類やある種の昆虫での成体の肢の切断に伴う完全な再生について取り上げる。

動物の発生期におけるパターン形成は，それぞれの器官がまだ小さいときに起きることがわかっている。例えば，ヒトの四肢の基礎的なパターンは，からだの全長が1 cmに満たない時期に決定される。そうして何年もかけて，少なくともその100倍の長さに成長する。このような成長はどのように制御されているのだろうか？ 胚生期の手足の軟骨原基は，それぞれに成長プログラムを持っているようである。例えばニワトリ胚の翼において，上腕骨や尺骨といった長管骨の原基である軟骨は，最初，手首の軟骨原基と大きさが変わらない（**図13.4**）。しかしながら，成長するにつれて，上腕骨と尺骨は手首の骨と比較してその何倍にも成長する。このような成長プログラムは，それぞれの軟骨要素が配置されたときに規定され，細胞増殖と基質分泌（accretion）を伴っている。それぞれの骨格構造は，発生の場として中立的な場所に移植された場合にも血液の十分な供給があれば，固有の成長プログラムに従って成長する。

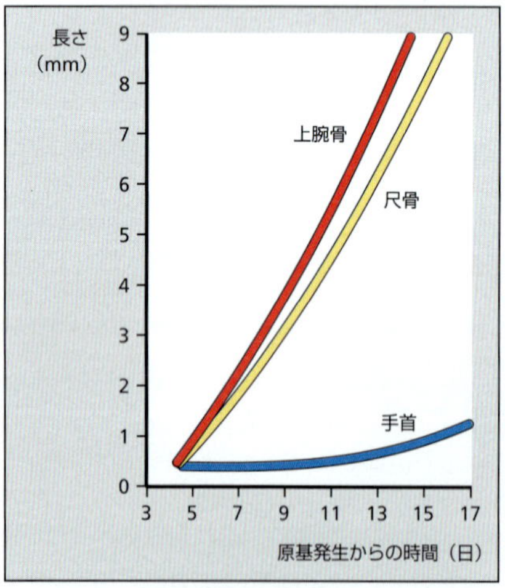

図13.4 ニワトリ胚の翼における軟骨構造の成長比較
上腕骨も尺骨も手首も，軟骨原基の出現時には同じ大きさであるが，上腕骨と尺骨は手首の原基よりも成長する。

内在性の成長プログラムの存在は，アンビストマ属（*Ambystoma*）のサンショウウオにおいて，大きい種と小さい種の間で肢を移植するという古典的な研究によって示されている。からだが大きい種から取った肢芽をからだが小さな種に移植すると，肢芽は最初ゆっくり成長するが，最終的には本来の大きさとなり，宿主の固有の肢のいずれよりも大きくなる（**図 13.5**）。これは，ホルモンのような血液中の成長に影響する因子がなんであれ，これらの因子に対する組織内在性の応答が優位であることを示すものである。循環しているホルモンは多くの場合成長に必要であるが，内在性に決定されている成長のパターンは，**図 13.6** に見られるように，その生物のからだ全体の形に影響を与える。からだのパーツごとの成長は均一ではなく，それぞれの器官が異なる成長速度を持っていることをこの図は示している。ヒトの発生 9 週では，胎児の頭はからだの全長の 3 分の 1 以上を占めており，それが出生時になると約 4 分の 1 となる。生後には頭部より体部が成長し，成人になると頭部は全体の約 8 分の 1 の長さとなる（**図 13.6** 参照）。

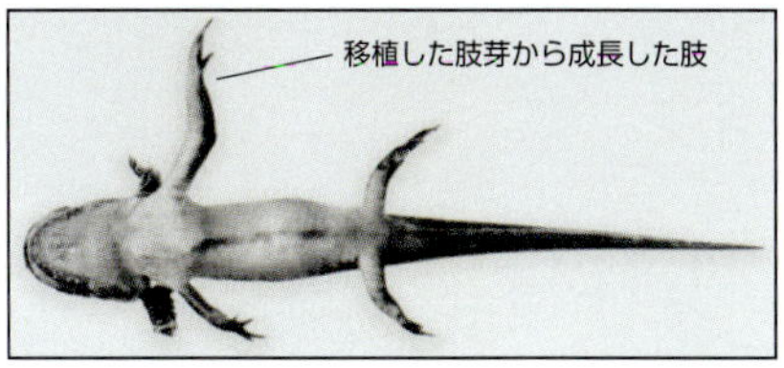

図 13.5 サンショウウオでは，遺伝的に肢のサイズがプログラムされている

からだが大きいサンショウウオ（*Ambystoma tigrinum*）の肢芽を胚から除去し，からだの小さいサンショウウオ（*Ambystoma punctatum*）に移植すると，肢芽は宿主固有の肢よりも大きくなり，ほぼ *Ambystoma tigrinum* の肢と同じ大きさになる。

写真は Harrison, R.G.: 1969 より

13.5 胚生期に受ける栄養量は，長期的かつ大きな影響を与える

どのような成長プログラムであれ，胚生期や生後の成長期に栄養が不足すると，十分な大きさにならない。哺乳類では，適切でない栄養状態や栄養不足があると，胚や胎児の成長に直接的に影響するだけでなく，生後や成人になってからも深刻で予期できない影響が認められることがある。英国などの先進国における統計では，誕生時（母体の栄養不足や早産による）や幼児期の初期に標準よりも小さかったりやせ型であった子供は，冠動脈疾患や脳卒中，および 2 型糖尿病を成人期に発症しやすい傾向にあるとする報告がある。発生初期に栄養不足があり，その後，発生後期や出生後に栄養状態が改善されると，“追い上げ（catch-up）”成長が起き，からだの“修復や維持”に使用されているエネルギーを成長に回さなければならない可能性がある。早産そのものは，胎齢に見合った成長があったかとは無関係に，思春期前のインスリンおよびグルコース不耐性と関連し，青年期になっても同様の状態が続いたり，将来的に高血圧を発症することもあり得る。“追い上げ”成長は，体重超過および肥満の素因となる危険性があり，これは胎生期や生後の栄養が，生活環の後期に影響をもたらす可能性を示している。胎生期における栄養不足への反

図 13.6 ヒトのからだの各部は異なる速度で成長する

胎生 9 週では頭部の比率が大きいが，出生して年齢が進むと，体部が頭部よりも成長する。

Gray, H.: 1995 より改変

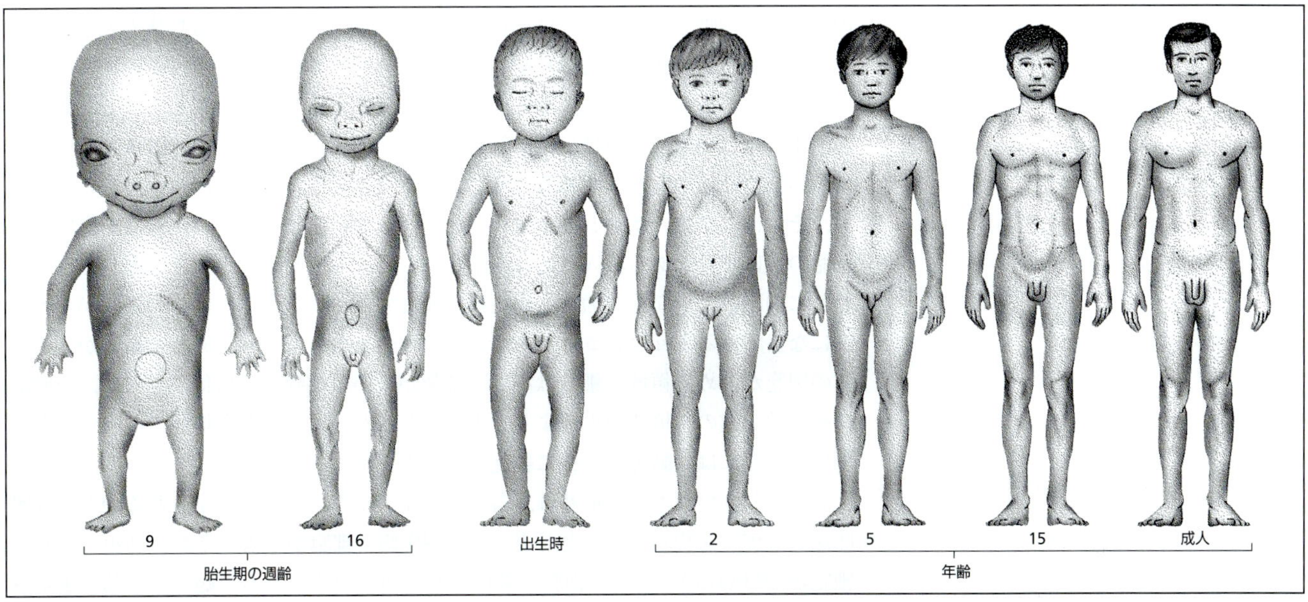

応として，胎児は予防措置としてより多くの脂肪細胞を発生させるのであろうと考えられる。これは，生後も食料が十分でない過酷な環境が待っている場合には，賢い戦術である。しかしながら，生後に十分な食料供給がある場合には，望ましくない結果となる可能性がある。

動物実験も，妊娠期の栄養不足やバランスの悪い食習慣が，生後の健康状態に影響を与えることを示唆している。胚が着床前期にある妊娠ラット（妊娠0日～4.5日）に，タンパク質は少ないが総カロリーは十分な食餌を与えると，その胚では多くの臓器の発生が影響を受ける。そのまま出生させると，新生仔は低体重であったり，生後に過成長が起きたり，成体で高血圧を発症したりする。

肥満は，2 型糖尿病や心臓病などの様々な疾病の罹患と関連している。子供や大人の肥満の多くは過食や運動不足によるものであるが，発生期の栄養状態や遺伝的背景が影響することも明らかになっている。ヒトの脂肪組織は約 400 億個の脂肪細胞から構成され，そのほとんどは皮下脂肪として存在する。肥満とは，より多くの脂肪細胞を持つこと，そしてこの脂肪細胞により多くの脂肪が蓄えられて，細胞が肥大しているという状態である。ヒトは，ある一定数の脂肪細胞を持って生まれ，その数は一般的に女性のほうが多い。脂肪細胞の数は幼年期の後半から思春期の初期にかけて増加して，その後はほとんど増えない。しかしながら，脂肪細胞は，肥満傾向にある子供では増えやすく，すなわち肥満傾向にある子供の脂肪細胞の数は多い。脂肪細胞は多少のターンオーバーはするものの，基本的には一生存在し，あまり死なない。1 カ月で約 1%の脂肪細胞が死んで新たに置き換えられる。よって，成人の肥満はしばしば子供時代の肥満との関連を指摘される。体重が過剰なヒトは脂肪細胞を多く持ち，適切な食生活と運動で余分な脂肪を燃焼させて，脂肪細胞を小さくして体重を減らすことはできるが，脂肪細胞がなくなるわけではないので，再び脂肪を蓄積する可能性がある。

13.6 器官の大きさの決定には，細胞の成長，細胞分裂，そして細胞死の協調が必要である

器官やからだが最終的な大きさに達したとき，細胞はどのように成長や増殖を停止するのだろうか？　器官やからだのサイズが，総細胞数や細胞分裂の回数ではなく，立体的かつ全体的な大きさの認識によって決定されるということは，いくつかの現象から示唆されている。染色体の数が二倍体よりも小さい倍数体や大きい倍数体，すなわち半数体（一倍体）や多倍体の個体がいる種の存在が，その一例を示している。ある種の細胞では，そのサイズは染色体の倍数性と比例している。すなわち，半数体の細胞の体積は二倍体細胞の約半分の大きさであり，四倍体の細胞は二倍体の細胞の倍の大きさである。サンショウウオのある種には四倍体のものが存在し，それは二倍体のサンショウウオと同じ大きさに成長するが，からだを構成する細胞の数は半分である。人工的に四倍体にしたマウス胚では，大きな細胞を持つかわりに細胞数は少なく，通常，出生前に死亡する。半数体と二倍体の細胞がモザイクになっているショウジョウバエでは，個体の大きさは通常と同じであるが，半数体の細胞が占める領域の細胞は小さくて数が多い。植物で多倍体のものは，一般的にその近交種の二倍体のものよりも大きくなるが，二倍体と多倍体の細胞が混在している場合には，動物と同様に細胞数の変異が起こる。

ショウジョウバエの翅原基は，器官のサイズがどのように決定されるかという興味深いモデルを提示する。翅原基は最初 40 個の細胞から構成され，幼虫の段階で細胞が 50,000 個となる。細胞分裂は原基のあらゆるところで起き，原基が予定さ

れたサイズになった時点で分裂が停止する。成虫の翅は，さらなる細胞分裂なしに，変態の際の細胞の形態変化によって形成される（**図 11.24** 参照）。過去の翅の成長を検討した実験では，翅の最終的なサイズは，その成虫原基内で決められた回数の細胞分裂が起きたとか，全部でいくつの細胞になったかということに依存するわけではなく，むしろ何らかのメカニズムによって翅原基全体の大きさを監視し，それによって細胞分裂や細胞のサイズが調節されることが示唆された。成虫原基の中の1 個の細胞が将来どれだけの部分の翅を形成できるかということについて制限はなく，1 細胞由来のクローンは，翅の 10 分の 1 からほぼ半分までを構成できることが実験的にわかっている。翅原基の成長と翅原基内の細胞増殖とは直接関係がなく，幼虫の翅原基の前方もしくは後方部位で細胞分裂を阻止しても，各々の細胞のサイズが大きくなり，最終的な翅のサイズは正常となる。

同様に，組織の部分的な領域や器官のサイズも，細胞分裂の速度で決定されるわけではない。これは，野生型の細胞と，ゆっくり細胞分裂する *Minute* 細胞（**Box 2E**, p. 76 参照）とのモザイクをつくることによって示すことができる。ある 1 つの区画では，野生型の細胞の分裂が速いために，野生型の細胞の数が *Minute* 細胞より多くはなる。しかし，その区画のサイズは，その区画がすべて野生型の細胞で構成される場合と同じ大きさとなる。

正常な成長において，翅の最終的なサイズは，細胞増殖と細胞死のバランスによって決まると考えられる。最近発見された Hippo シグナル経路は（**図 13.7**），ショウジョウバエや他の動物で細胞増殖を抑制し，不必要な細胞に細胞死を誘導することで，細胞成長や細胞分裂，そしてアポトーシスを調節する重要な経路と考えられている。Hippo シグナルはショウジョウバエで最初に発見され，その後，哺乳類などの脊椎動物でも相次いで発見された。Hippo シグナルは一般的に，成長している組織において，細胞増殖とアポトーシスを支配・協調させていると考えられている。この Hippo シグナル経路に関与する分子の変異が，ヒトの癌において発見されている。これは，最初にショウジョウバエの発生で発見された経路がヒトの疾患に重要性を持つという発見の例でもある。Hippo シグナルの経路は一連のプロテインキナーゼを含んでおり，Hippo 自身もその 1 つである。この一連の酵素の活性化は，細胞増殖に直接影響する Yorkie（Yki）という転写コアクチベーターを不活性化することになる（**図 13.7** 参照）。ショウジョウバエの翅原基における Hippo の機能不全や Yki の過剰発現は，細胞増殖を活性化してアポトーシスを減少させ，結果として翅は通常の約 8 倍の大きさになる。Hippo シグナルが活性化されると，Yki はプロテインキナーゼである Warts（Wts）によって直接リン酸化され，抑制される。そして，Wts は Hippo によってリン酸化されて活性化される。Hippo シグナルネットワークで Yki が抑制されることは，成長抑制のためのメカニズムであり，Hippo シグナル経路は器官が必要とされるサイズに達したときの成長停止を担うメカニズムの有力な候補である。

ショウジョウバエにおける Hippo 経路の標的として，*bantam* と呼ばれるマイクロ RNA（miRNA）がある。これは，アポトーシス促進タンパク質である Hid の合成を抑制することによって，細胞増殖を促進し，アポトーシスを抑制している。Hippo シグナル経路は *bantam* miRNA の合成を抑えることから，これが Hippo シグナル経路でアポトーシスを誘導して細胞増殖を抑えるメカニズムの一端を担っていると考えられている。

Hippo シグナル経路は成長を抑制するので，Hippo や Warts，それらに関連する因子は癌抑制因子とみなされている。癌抑制因子は，その因子が欠失したり不活

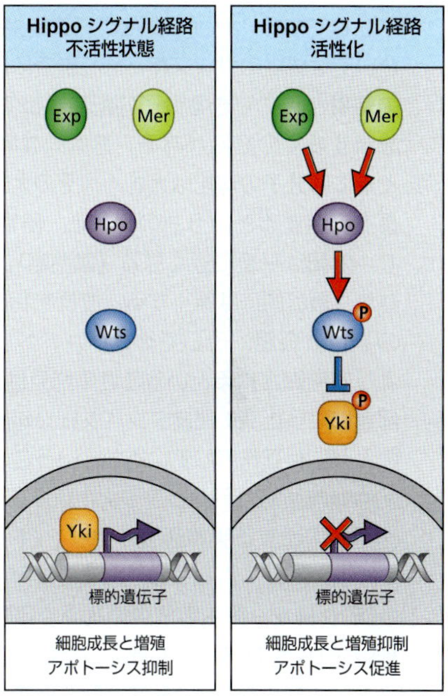

図 13.7 Hippo シグナル経路
Hippo シグナル経路の活性化は，転写コアクチベーターである Yorkie（Yki）の不活性化を引き起こす。シグナルがない状態（左パネル）では，Yki は，細胞成長や細胞増殖を促進し，アポトーシスを抑制する遺伝子を発現させる。シグナル経路が活性化されると，アダプタータンパク質である Expanded（Exp）と Merlin（Mer）がプロテインキナーゼである Hippo（Hpo）を活性化する。Hippo はプロテインキナーゼの Warts（Wts）をリン酸化して活性化し，これが Yki をリン酸化して不活性化する。このようにして，成長促進およびアポトーシス抑制に関与する遺伝子が発現しなくなる。

性化したりすると，細胞増殖が制御不能になったり，癌が発症するものと定義される（第13.10節参照）。一方で，*Yki* は強制発現させるとその組織の成長が制御不能となるために，これは癌遺伝子として分類されている。ショウジョウバエのHippoシグナルの経路は，非典型的なカドヘリンであるFatからのシグナルによって活性化される。しかしながら，哺乳類にとっては，Hippoシグナルが細胞外因子によって活性化されるのか，そうであるとすれば，どのような細胞外因子なのか，そしてHippoシグナル経路がどのように哺乳類の器官サイズの決定に結びつくのかはいまだ不明である。ショウジョウバエでは，Hippoシグナル経路は，成虫器官のサイズ決定における濃度勾配メカニズムに関与していると考えられる（**Box 13A**）。

13.7 昆虫と哺乳類では，からだのサイズは神経内分泌系でも支配される

からだのサイズは成長速度だけでなく，どれだけ成長が続くかということにも依存している。これは特に変態する昆虫で顕著であり，成長は幼虫の間にのみ起き，成虫のサイズは幼虫が蛹になる前に決定される。正常な発生状態においては，幼虫

Box 13A シグナル分子の濃度勾配は器官のサイズを決定できる

かねてから，ショウジョウバエ成虫原基の最終的な大きさ，ひいては成虫のサイズが，それまでに形成されていたパターンの結果としてできる分子勾配によって決定されるということを示す多くの証拠がある。基本的な考え方は，原基が小さいときには分子の勾配は大きく，その大きな勾配の傾きゆえに成長を促進するというものである。器官が成長するにしたがって，勾配は平坦に近くなる（図参照）。すると成長は緩やかになり，最終的には停止する。成長を制御するメカニズムとしてのHippo経路，そしてそれがカドヘリンの1つであるFatによって制御されるということの発見は，成虫原基の基部-先端部軸に沿ったFat関連タンパク質の勾配と，Hippo経路が，どのように相互作用しているかということへの関心を高めた。勾配は非典型的カドヘリンDachsous（Ds）と，DsやFatの相互作用を調節する膜貫通型のセリン/トレオニンキナーゼFour-jointed（Fj）によるものであることがわかってきた。

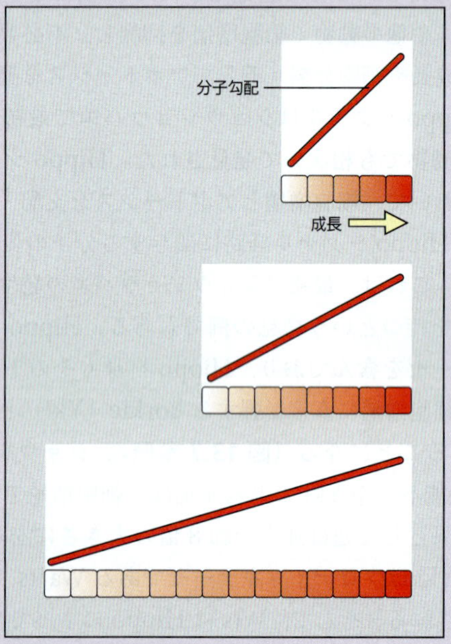

DsやFjを，野生型成虫原基中で過剰発現させると，近隣の細胞がDsやFjを大きく異なったレベルで発現している場所でのみ，すなわちDsやFjを過剰発現する細胞と野生型の細胞が隣接するところでHippo経路が抑制されることが示されている（このとき細胞は増殖する）。DsとFjを発現した一群の細胞は，その発現レベルにかかわりなく，Hippo経路が活性化された（細胞増殖は抑制される）。経路の抑制あるいは活性化は，経路の標的遺伝子が転写されたかどうかで判断された。

初期の成虫原基全体でのDsやFjの発現レベルの急勾配は，途中で原基の中での隣接した細胞におけるDsやFjの発現レベルの差が連続的に得られないとしても，原基の成長を促すと考えられる。成長は，原基が一定のサイズになると停止すると推定される。これは，勾配が平坦になり，Hippo経路を抑制するのに十分な細胞間でのDsやFjの発現レベルの差を維持できないからである。この効果は，何らかの方法でDs，FjやFatの相互作用を通してもたらされていると考えられているが，正確なところはわかっていない。DsやFjは，Fatシグナルを活性化もしくは抑制する単なるリガンドとしては機能できない。現在考えられているメカニズムは，ショウジョウバエの平面内細胞極性（**Box 2F**, p. 83参照）と類似するもので，細胞間のDsやFjの発現レベルの大きな違いにも関連している。同じ情報の勾配がどのようにして器官のサイズと細胞の方向性を決定するために読み出されるのかは，興味ある問題である。

はその種の通常の大きさに到達したところで食べることをやめて蛹化する。しかしながら，幼虫の時期を実験的に延長したり，短縮したりすると，成虫が通常より大きくなったり小さくなったりすることが知られている。この章の後半で詳しく述べるように，昆虫の蛹化と変態は，エクダイソン（ecdysone）というステロイドホルモンへの曝露によって開始される。エクダイソンは，神経ホルモンである前胸腺刺激ホルモン（prothoracicotropic hormone：PTTH）が前胸腺を刺激して放出される。

からだのサイズがどのように幼虫によって監視され，エクダイソンによる刺激の時期が決定されるかについては完全には解明されていないが，昆虫のそれぞれの目ごとにメカニズムが異なっているようである。例えばショウジョウバエでは，幼虫には臨界サイズがあり，そのサイズまで成長しないと次の変態の過程に進むことはできない。通常この臨界サイズには終齢の半ばに到達し，その時点から幼虫はさらに食べ続けて蛹化するまで成長する（**図 13.8**）。幼虫がこの臨界サイズに成長した後に飢餓状態に置かれた場合には，変態は起きるものの，からだのサイズは小さくなる。ショウジョウバエでは，栄養状態に応答して前胸腺におけるインスリンとラパマイシン標的タンパク質（TOR）の経路を介したシグナルがエクダイソンの合成量を決定するとともに，変態の時期を決定する。臨界サイズにまで成長した後に

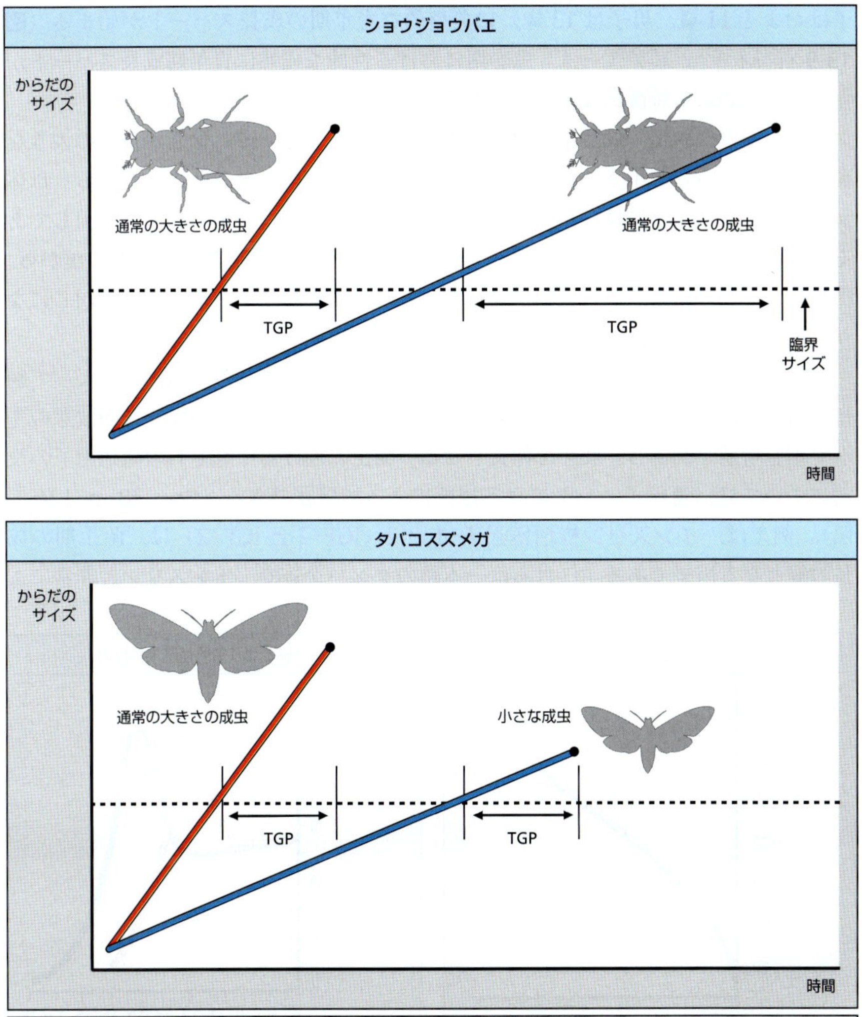

図 13.8　栄養状態に依存する昆虫のからだのサイズ
栄養状態は，成虫のからだのサイズを，昆虫ごとに異なる様式で制御する。上パネル：ショウジョウバエでは，いったん幼虫が臨界サイズになったあとでは，栄養状態が悪くなった場合でもその後の食餌期間（終盤成長期間）が長くなり，幼虫が標準のサイズになるまで続く。そして幼虫は変態して標準サイズの成虫となる。下パネル：タバコスズメガ（成虫は蛾である）では，幼虫の栄養状態によらず，臨界サイズになった後の終盤成長期間は変化しない。ゆえに，栄養状態が悪い場合には，からだの小さな成虫となる。
Nijhout, H.F.: 2008 より改変

低栄養に置くと蛹化が遅れ，これによって，幼虫が標準のサイズまで成長することを可能にする。この成長が遅延している間は前胸腺における TOR 経路が抑制されており，エクダイソンの合成量が低く抑えられている。ショウジョウバエの幼虫はいずれ蛹化して変態するので，一定期間低レベルのエクダイソンへ曝露されるのは，通常の蛹化のために一過性に上昇するエクダイソンへの曝露 1 回と同様な効果があるようである。

幼虫の成長速度は栄養の量と質によって左右され，他の動物と同様に，インスリン様増殖因子が細胞成長に直接関与する。先に述べたエクダイソンと PTTH は成長速度には直接影響を与えず，採餌期間に影響を与えることで成長に関与する。インスリン様増殖因子は，栄養状態や採餌期間を終了させるホルモンのシグナルと成長とを調和させていると考えられている。

ヒトの成長は，胚子期と胎児期，生後の期間に分けられるが，一般的に哺乳類でも同様に考えられる。ヒト胚子は着床の際には 150 μm ぐらいで，それから 9 カ月かけて約 50 cm まで成長する。受精後 8 週間は胎芽はそれほど大きくならず，将来のヒトのミニチュアのような形ができあがる。10 週を超えると胎芽は胎児と呼ばれるようになる。成長速度が最も速いのは 4 カ月の頃であり，1 カ月で 10 cm ほどずつ成長する。生後の成長パターンは特徴的で（**図 13.9** 左パネル），生後の 1 年は 1 カ月に 2 cm ずつ成長する。その時点から成長が緩やかになり，思春期（女子はおよそ 11 歳，男子は 13 歳）に典型的な青年期の成長スパートが始まる（**図 13.9** 右パネル）。ピグミーは，思春期における性的な成熟に青年期成長スパートが伴わないために，特徴的な低身長となる。

母体の環境は胎児の成長に重要な役割を果たしている。これは，からだの大きな農耕馬と，からだの小さなシェットランドポニーを交配させるとよくわかる。母体が農耕馬である場合には，出生時の馬のサイズは通常の農耕馬の新生仔と同じであるが，母体がシェットランドポニーである場合，新生仔は小さい。しかしながら，出生後の成長の結果，この交配によって生まれた子馬のサイズはみなほぼ同じになり，最終的には農耕馬とシェットランドポニーの中間のサイズになる。

哺乳類では，発生の初期段階の成長は，局所的に分泌される増殖因子によって制御される。例えば，第 11 章で述べたように，FGF は発生途中のマウスの肢芽の先端で細胞増殖を制御し，肢芽を伸長させる。発生におけるそれぞれの増殖因子の役割については，遺伝子ノックアウト技術によって確認できる（**Box 3B**, p. 126 参照）。例えば，**インスリン様増殖因子-1 と 2（IGF-1 と IGF-2）**は，胎生期の成長の鍵となる因子である。これらは一本鎖のタンパク質で，インスリンと非常によ

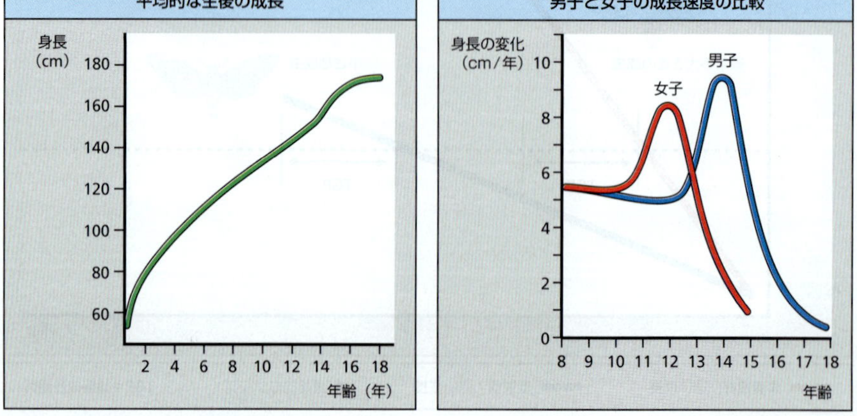

図 13.9　正常なヒトの成長
左パネル：標準的なヒト男子の生後の成長曲線。右パネル：ヒト男子と女子の成長率変化の比較。共に思春期に成長スパートが認められるが，女子のほうが男子よりも先にくる。

く似たアミノ酸配列を持ち，インスリンのシグナル経路を使用して細胞に効果を与える。*Igf2* 遺伝子を欠失したマウス新生仔は比較的正常な発生を認めるが，体重は野生型のおよそ 60% しかない。*Igf1* 遺伝子が不活性化しているマウスでも，成長遅延が起きる。この 2 つの増殖因子とその受容体の発現は，8 細胞期から検出される。*Igf2* は，哺乳類でインプリンティングを受けている遺伝子の 1 つである（第 9.8 節参照）。雌の生殖細胞で不活性化され，胚では父性由来の染色体のみから発現される。他の多くの増殖因子と同様に，IGF と FGF は生後の成長にも重要で，哺乳類の成体における細胞増殖を制御している。

成長ホルモン（growth hormone）は下垂体で合成され，血中を循環するペプチドホルモンで，ヒトや哺乳類の生後の成長に必須である。成長ホルモンは胚や胎児でも合成され，細胞外の増殖因子として細胞に直接的に働いていると考えられている。生後の最初の 1 年の間に，下垂体は成長ホルモンを分泌し始める。成長ホルモンが不足している子供は成長が悪いが，成長ホルモンの投与を定期的に受ければ正常な成長が見込まれる。このような場合，追い上げ現象が認められ，投与開始後に成長曲線を正常な曲線に戻すような急速な反応が起きる。

下垂体における成長ホルモンの合成は，視床下部で合成される 2 種類のホルモンによって制御されている。1 つは成長ホルモン放出ホルモン（growth hormone-releasing hormone）で，成長ホルモンの合成と分泌を促進する。もう 1 つはソマトスタチン（somatostatin）で，成長ホルモンの合成と分泌を抑制する。成長ホルモンは IGF-1 の合成を誘導することで，その効果を現す（図 13.10）。IGF-2 の合成も誘導するが，それほど顕著ではない。これら両方の IGF は，細胞に直接作用して細胞増殖を促進する。生後の成長は，胎生期の成長と同様に IGF に大きく依存しており，複雑なホルモン調節がその合成を制御している。

思春期には，視床下部の神経ネットワークの活動によって視床下部の神経細胞から周期的にゴナドトロピン放出ホルモン（gonadotropin-releasing hormone：GnRH）が放出されるようになって始まる。このタイミングを決定するメカニズムは明らかではない。GnRH の放出によって，下垂体からのゴナドトロピン（黄体形成ホルモンと濾胞刺激ホルモン）の分泌量が急に上昇し，エストロゲンやアンドロゲンなどのステロイド性ホルモンの合成が促進される。これらの結果として，成長ホルモンの合成や放出が刺激され，思春期の成長スパートを引き起こす。

13.8 長管骨の成長は成長板で起きる

脊椎動物の生後の成長の鍵となるのが，四肢の長管骨（上腕骨，大腿骨，橈骨，尺骨，脛骨，腓骨）の成長である。長管骨の発生では，軟骨原基が形成され（第 11.1 節参照），骨化していく。この軟骨原基の成長には，厳密に制御された細胞増殖や基質分泌が必要である。長管骨の端は骨端と呼ばれ，中間部分は骨幹と呼ばれる。胎児期そして生後の成長において，中心部から両端に向かって骨発生が起き，軟骨が骨に置換されていく（図 13.11）。これは軟骨内骨化（endochondral ossification）と呼ばれる。次に，二次骨化中心が両端に出現する。その結果として，成体の長管骨には骨の軸があり，その両端に軟骨よりなる関節面，そして関節面からやや内側に成長の場となる成長板（growth plate）が存在することとなる。成長板では，軟骨細胞（chondrocyte）は柱状に配列され，その中で軟骨のいろいろな分化段階が層として認識できる。骨端のすぐ骨幹側には狭い基底層が存在し，幹細胞を含む。その内側は細胞分裂が認められる増殖層で，その次は成熟した軟骨細胞，そして軟骨細胞が大きくなっている肥大軟骨細胞層が存在する。さらに，軟

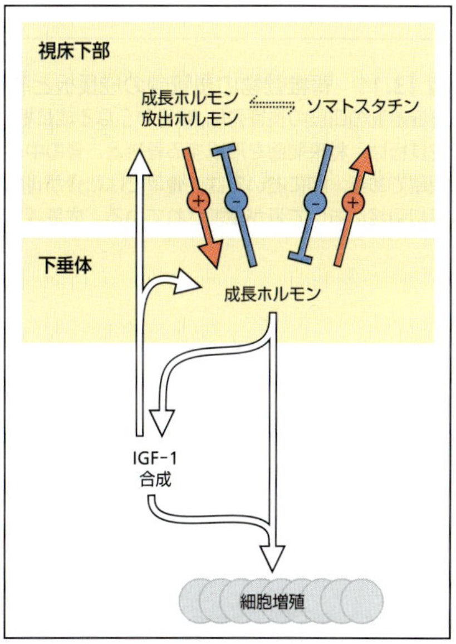

図 13.10 成長ホルモンの産生は，視床下部ホルモンによって制御される
成長ホルモンは，下垂体で産生されて分泌される。視床下部で合成される成長ホルモン放出ホルモンは，成長ホルモンの合成を促進し，一方でソマトスタチンはこれを抑制する。成長ホルモンは，視床下部への負のフィードバックによって自身の分泌を制御している。成長ホルモンはインスリン様増殖因子 IGF-1 の合成を誘導し，IGF-1 は成長ホルモンの合成を促進する。

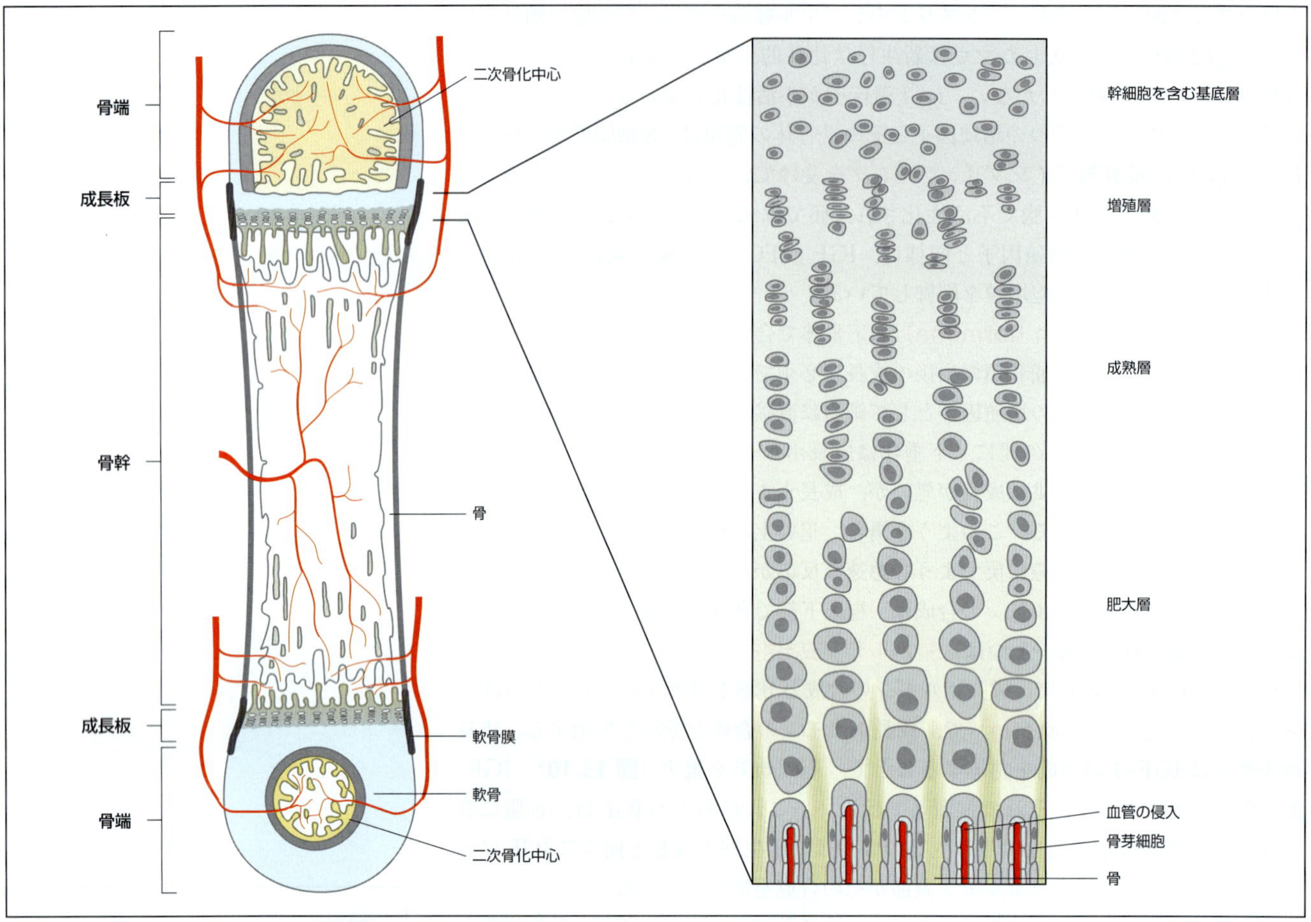

図 13.11 脊椎動物の長管骨の成長板と軟骨内骨化
脊椎動物の四肢の長管骨は，軟骨からなる成長板での成長によって伸長する。成長板は，将来関節を形成する骨端と，骨の中心となる骨幹の間にある軟骨領域である。図においては，骨幹では軟骨が骨によって置換されており，成長板領域において骨が添加されている。成長板領域では，軟骨は増殖層で増加し，成熟軟骨細胞となり，肥大する。そして肥大軟骨細胞は，骨芽細胞による骨基質の分泌によって骨に置換されていく。この骨芽細胞は，軟骨膜細胞と，血管とともに侵入してくる細胞から分化してくる。二次骨化中心は骨端部に存在する。
Wallis, G.A.: 1993 より

骨細胞が死んで，軟骨膜細胞由来の**骨芽細胞（osteoblast）**に置換され，骨基質が分泌されて骨が形成される層が存在する。この過程には Wnt シグナルが機能している。この骨形成の過程は，基底幹細胞が増殖して角化細胞へと分化し，最終的に細胞死を起こす皮膚の形成過程と非常に似ている（第 10.7 節参照）。

長管骨の両端に存在する軟骨細胞の細胞増殖と，その後の成長板における軟骨細胞の増殖は制御されていて，骨の端から一定の位置で細胞増殖は停止して肥大をはじめ，骨形成のための足場を提供する。マウスでは，軟骨細胞の増殖は分泌タンパク質である parathyroid-hormone-related protein（PHRP）と Indian hedgehog によって制御されている。Indian hedgehog は，Hedgehog シグナルタンパク質のファミリーの一員である。PHRP は骨原基の端に存在する軟骨細胞と軟骨膜から分泌され，軟骨細胞の増殖を刺激し，これらの細胞からの Indian hedgehog の発現を抑制する。軟骨細胞が PHRP の影響を受ける領域から外れると増殖を停止し，Indian hedgehog を発現するようになり，肥大軟骨となる（**図 13.12**）。Indian hedgehog は，増殖している軟骨細胞の領域へと拡散していき，いまだ明らかになっていないメカニズムで PHRP の発現を刺激する。さらに Indian hedgehog は近傍の軟骨膜細胞に作用して，骨芽細胞への分化を促している。Indian hedgehog

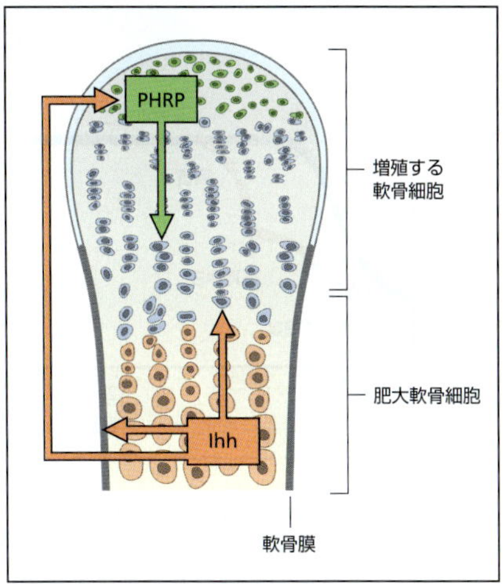

図 13.12 Indian hedgehog（Ihh）と parathyroid-hormone-related protein（PHRP）は，軟骨細胞の増殖と発生中の骨端での成長を維持するフィードバックループを形成する

PHRP は骨端に存在する軟骨細胞から分泌され，増殖している軟骨細胞（青）に作用して増殖を維持し，Ihh の発現を抑制している。骨端から離れた部位にある軟骨細胞（オレンジ）は，この PHRP の影響を受けずに，Ihh を発現する。この Ihh は近傍の軟骨細胞に作用して増殖速度を上げるとともに，軟骨膜細胞の骨芽細胞への分化を誘導する。詳細は明らかではないが，何らかの機構で，Ihh の合成は骨端の軟骨細胞での PHRP の産生を刺激し，PHRP の産生を維持するフィードバックループが形成される。
Kronenberg, H.M.: 2003 より改変

を欠失するマウスでは，軟骨細胞が肥大化する速度と骨芽細胞への分化の速度が加速し，短くてずんぐりした四肢となる。

成長ホルモンは，成長板に作用することで骨を成長させている。基底層にある細胞は成長ホルモンに対する受容体を発現しているので，成長ホルモンは，この層の幹細胞を増加させるのに必要であると考えられている。そこから先の成長は，成長ホルモンによる刺激で成長板が合成する IGF-1 に仲介されていると考えられている。甲状腺ホルモンも，成長ホルモンや IGF-1 の分泌を増加させたり，軟骨細胞を刺激して肥大軟骨化させることで骨の成長に関与している。FGF も骨の成長に重要である。軟骨形成不全症［小人症（short-limbed dwarfism）］を発症する遺伝子異常は FGF 受容体 3 型における優性変異で，これにより，正常な FGF 受容体 3 型は，骨形成を促進するというよりも抑制していることが示唆される。この変異があると，FGF に反応して異常に骨成長が制限される。

長管骨の成長速度は，それぞれの軟骨柱で新たに出現した細胞数に，肥大している軟骨細胞の長さの平均を乗じたものと同等である。新しい軟骨細胞の出現は，増殖層の細胞が細胞周期を一度回るのに必要な時間と，増殖層の厚みに依存している。それぞれの骨が異なった速度で成長する結果として，成長板の増殖層の厚さ，増殖速度，細胞の肥大傾向が異なっている。まれに過荷重などで骨の成長が阻害されることがあるが，その荷重がなくなったときは追い上げ成長が起きる。

成長板の複雑さの例として，ヒトの四肢の骨がある。これは生後 15 年もの間，体幹の両側で独立に成長し，それでもなお同じ骨では約 0.2％の長さの違いしか生じない。これは，成長板にたくさんの軟骨柱があり，それぞれの細胞の成長が平均化されるためだと考えられている。成長板の成長停止で成長板が骨化して骨の成長は停止するが，それぞれの骨によってその時期が異なっている。成長板の骨化の順番は厳密に決まっており，どの骨の成長板が骨化しているかで個人の生理的な年齢を推測することができる。成長板の成長停止は，ホルモンの影響というよりは成長板それ自身によって決定されているようである。成長の停止とはつまり細胞増殖が停止することで，この時期はあらかじめ細胞にプログラムされている。細胞老化による成長の停止は，もしかすると軟骨細胞の幹細胞が限られた分裂能しか持っていないからかもしれない。

13.9 脊椎動物の横紋筋の成長は張力に依存する

脊椎動物の横紋筋（骨格筋）の筋線維の数は，発生の間に決定されている。横紋筋細胞は一度分化すると，分裂する能力を失う。生後の筋組織では，筋線維の長さと太さが大きくなり，筋原線維の数は 10 倍以上になる。衛星細胞が筋線維と融合することで核が増え，大きくなった細胞の機能を助ける。衛星細胞は未分化な状態にあり，分化した筋の近傍に存在し，筋組織の幹細胞としてダメージを受けた筋の再生に関与している（第 10.10 節を参照）。

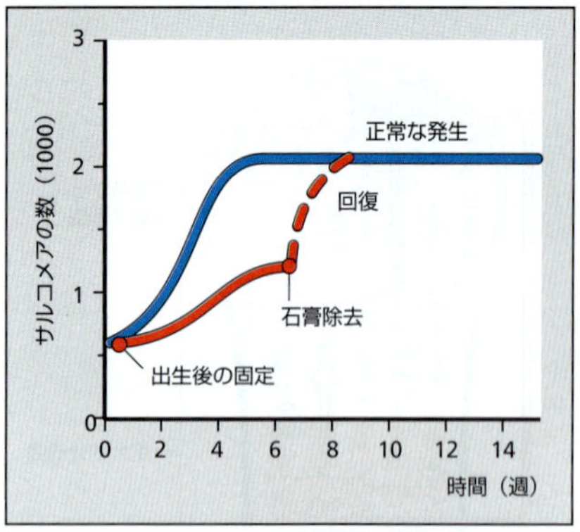

図 13.13 マウス後肢長管骨に付着する筋の伸長成長は，長管骨の成長による張力に依存する

筋肉の長さは，筋収縮の単位であるサルコメアの数と関連している。もし，肢を石膏で固めて張力が筋肉にかからないように固定すると，筋肉の伸長は石膏を除去するまでほとんど認められない。石膏除去後には急激な伸長が認められる。

筋線維の伸長は，筋収縮の単位であるサルコメアの数の増大と関連しており，例えばマウスのヒラメ筋では，生後3週間の間にサルコメアの数は700から2300個になる。この増加は，長管骨の伸長による腱の部分での張力の発生によって誘導されると考えられている。もし，出生と同時に足を石膏などで固めてヒラメ筋が機能しないようにすると，サルコメアの数は8週間の間ゆっくりとしか増加しないが，途中で石膏を外すと，一気に増える（**図 13.13**）。このことから，骨と筋の成長が力学的に協調していることがよくわかる。

13.10 癌は，細胞の増殖と分化に関わる遺伝子の変異によって起きる

癌は，体細胞の遺伝子変異によって正常な細胞動態が阻害されることであると考えることができる。組織構造の形成とその維持には，厳密な細胞分裂，分化および成長の制御が不可欠である。癌細胞はこの厳密な制御を逸脱し，無秩序な細胞の増殖と移動によって個体を死に至らしめる。通常，局所的に成長する良性腫瘍から，からだの様々な場所へ移動してさらに増殖する**転移（metastasis）**を起こす悪性の状態へと進行すると考えられている。ほとんどの場合，癌は複数の変異を持った1つの細胞に由来している。変異を持った1つの細胞が腫瘍形成細胞となることは腫瘍進行と呼ばれ，進化の過程とよく似ており，さらなる変異が起こるとともに，最も高い増殖能を持つ細胞が選択されていく。

癌となる細胞は，幹細胞のように増殖を継続する。このような細胞ではDNA複製が頻繁に起こり，その際に起きる複製のエラーが蓄積しやすいと考えられる。ほとんどの癌細胞では，複数の遺伝子に変異が認められている。例えば膵臓癌の細胞には，平均して63個の変異が見つかっている。近年，癌細胞における遺伝子回路が書き換えられようとしている。まず，ヒトやその他の哺乳類においては，変異が癌に結びつく遺伝子が同定されてきた。このような遺伝子は**癌原遺伝子（proto-oncogene）**として知られ，この遺伝子が変異を起こすと**癌遺伝子（oncogene）**となることがわかっている。中には，1つの癌遺伝子で細胞を癌化できる場合もある。哺乳類においては少なくとも70の癌原遺伝子が同定されている。

また，変異が起こると癌を引き起こす他のタイプの遺伝子群がある。**癌抑制遺伝子（tumor-suppressor gene）**と呼ばれるもので，これらの遺伝子の両コピーでの不活性化や欠失が，癌化を引き起こす。これまでに，Hippoシグナル経路の因子が，癌抑制因子として考えられていることを説明した（第13.6節参照）。このような遺伝子の欠失によって起きる古典的なヒトの癌の例としては，小児の網膜芽細胞腫を挙げることができる（これは網膜細胞の癌である）。網膜芽細胞腫は非常に稀な癌であるが，家族性に発症しやすい場合がある。この場合，1つの遺伝子が原因となっているので，この家族性のケースが責任遺伝子を同定するために使われた。このような家族では，2コピーある13番染色体の1コピーで，ある一定領域が欠失しているということが明らかになった。これ自体は細胞を癌化しないが，網膜細胞がさらに正常である1コピーでこの領域を欠失した場合，網膜の癌が発症する。この領域で網膜芽細胞腫への感受性の原因となるのは，*retinoblastoma*（*RB*）遺伝子である。癌化するには*RB*遺伝子の2つのコピーが欠失したり不活性化されることが必要で（**図 13.14**），ゆえに*RB*は癌抑制遺伝子と考えられている。*RB*遺伝子はRBというタンパク質をコードし，細胞周期の制御に関わっている。

癌抑制遺伝子である*p53*も，多くの癌において鍵となる分子である。ヒトの癌の約半分で*p53*の変異が認められている。この遺伝子自体は発生に必要ではないが，細胞がDNA傷害を起こす物質に曝露されたときに活性化され，細胞周期を停止さ

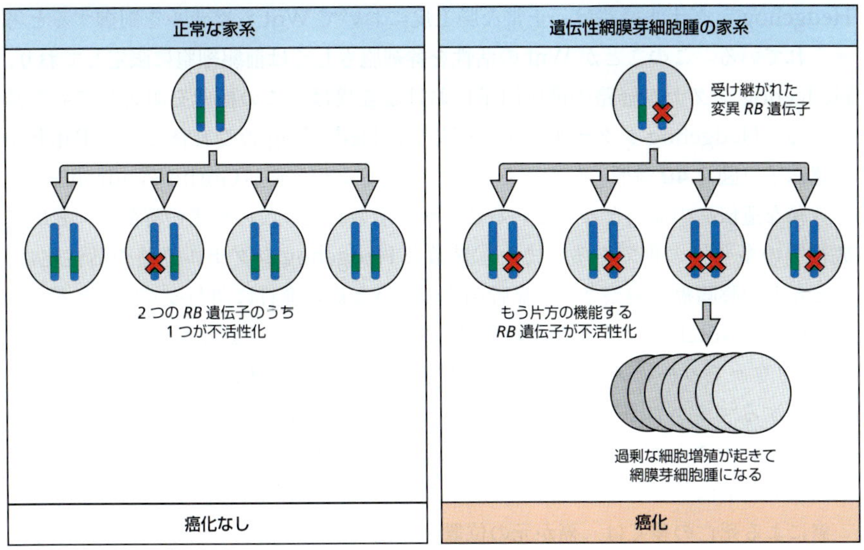

図 13.14 *retinoblastoma*（*RB*）遺伝子は癌抑制遺伝子である
*RB*遺伝子の1コピーだけが欠失したり不活性化された場合には，癌は発生しない（左パネル）。もし，家族性にすでに1コピーの*RB*遺伝子が変異を起こしている場合，さらに別のコピーに変異が起きた場合に網膜の癌となる（右パネル）。このような人は網膜芽細胞腫になりやすく，通常，若年期に発症する。

せて，細胞がDNAを修復する時間を与えている。つまりp53タンパク質は，傷害を受けたDNAが複製されて，変異細胞が増えることを抑制している。しかし一方で，DNAが修復できないほど傷害された場合には，p53はアポトーシスを誘導する。多くの癌に認められる*p53*の変異はアポトーシスを誘導せず，*p53*が変異している細胞は変異を蓄積しやすくなる。

癌の1つの大きな特徴は，細胞が正しく分化しないことにある。85%以上の癌は上皮に起きる。これは多くの上皮（表皮や腸管粘膜）は，幹細胞の分裂や分化によって常に更新されているからである（第10.7節参照）。正常な上皮では，幹細胞に由来する細胞が増殖しながら分化し，増殖を停止する。これと比較して，上皮癌細胞は，速度は必ずしも速いわけではないが分裂を続け，分化はできない。他に癌細胞の特徴としては，発生過程の細胞とは異なり，遺伝子が不安定で，細胞分裂の際に染色体の重複や欠失が起きることである。

癌細胞が分化できないというのは，白血球の癌である白血病にも認められる。全ての血球は骨髄の多分化能を持つ幹細胞から細胞増殖とともに分化するが，それぞれの血球タイプへの分化は様々な時期に起きる。この分化経路は，正常であれば最終的に細胞分化と細胞分裂の停止期を迎える（第10.4節参照）。白血病のいくつかのタイプは，分化せずに永遠に増殖を続ける細胞によって引き起こされる。これらの細胞は，発生過程のある未熟な分化段階に留まり続ける。これは，細胞表面に発現する分子で同定することができる。

これまでに紹介してきた発生に関わる遺伝子も癌と関連がある。多くの癌は組織幹細胞に由来するという考え方があり，HedgehogやWntのシグナル経路は幹細胞の更新を促進することで，癌の成長を促進するとも考えられている。例えば，哺乳類で最初に見つかったWntファミリーのメンバーは，癌遺伝子である（マウス*Int-1*遺伝子で，脳の発生に関係している）。Wnt遺伝子の異常な発現は，細胞分化を阻止する。Wntシグナル経路は腸上皮細胞の増殖に不可欠で，この経路の過剰な活性化は結腸直腸癌と関係している。これは，APC（adenomatous polyposis coli）をコードする遺伝子の変異によることが多い。正常では，APCはWntのシグナルが入らない状況でのWntシグナル経路の抑制を維持しており（**Box 1E,** p. 26参照），癌抑制性に働く。APCを不活性化する変異は，Wntシグナル経路を恒常的に活性化させることとなり，制御不能な細胞増殖を引き起こす。

Hedgehog シグナル経路は，正常な腸上皮において Wnt シグナルを制御すると考えられている。このことが Wnt の活性を幹細胞もしくは前駆細胞に限定しており，Hedgehog シグナル経路の構成因子における変異は，この機能を阻害して癌を誘導する。Hedgehog シグナルと癌の関係は，Hedgehog の受容体である Patched の遺伝子（**図 2.40** 参照）における変異がゴーリン症候群（Gorlin syndrome）という稀な遺伝病の原因となっていることから示された。この疾患の特徴は，表皮基底細胞の多発性の癌である。また，異常な Hedgehog シグナル経路の活性化は，ほとんどの膵臓癌で観察され，癌幹細胞の維持と癌の進行に関わっていると考えられている。Notch シグナル経路の変異も分化を阻止し，癌を引き起こす。一方で，TGF-β ファミリーのメンバーは癌抑制的に機能する。遺伝子発現調節 RNA として機能するマイクロ RNA（miRNA）における変異も，近年ある種のヒトの癌に関連していることが示されている。いくつかの miRNA は，異なる環境下で癌抑制因子や癌遺伝子としても機能する。

癌による死亡の多くは，癌が元の位置から他の組織に広がる転移による。ほとんどの癌は上皮組織由来なので，癌細胞が転移を起こすには上皮-間充織転換を起こすことが重要で，それにより癌細胞は組織構築を失い，間充織細胞として移動する。転移では，癌細胞が E-カドヘリンを介した上皮の細胞接着を失い，上皮を脱出してその下層にある組織に侵入する。そして，もし移動している癌細胞が血流に入ると，遠方にまで運ばれる。この上皮-間充織転換という現象は，発生の様々な過程で認められ，この制御については，第 8.7 節で詳しく述べた。

癌は，細胞の遺伝的因子に何も変化がなくても起きることがある。その良い例が**奇形癌腫［テラトカルシノーマ（teratocarcinoma）］**である。これは固形腫瘍であり，自然発症的に生殖細胞から発生するので，卵巣や精巣にできる。奇形癌腫は珍しい腫瘍であり，いろいろな分化した細胞がその中に混在している。マウスの卵巣では，未受精卵が偶然活性化されると，エピブラストの形成まで発生が進行し，このエピブラストが腫瘍となる。同様に，マウス胚のエピブラストをマウス成体の血液の供給が良い部位に移植すると，奇形癌腫が形成される。

上記を含めたこれまでの状況は，奇形癌腫は遺伝子の変異によって起こるわけではないことを示している。マウスの内部細胞塊を培養すると，胚性幹細胞（ES 細胞）となり，培養下において永遠に増殖させることができる（第 10 章参照）。そして，他の胚の内部細胞塊に戻されたとき，ES 細胞は通常，生殖細胞を含む様々な組織に分化し，キメラマウスとなる。しかしながら，同じ ES 細胞をマウス成体の皮下に移植すると奇形癌腫となる（**図 10.32** 参照）。すなわち，ES 細胞に由来する組織を持つトランスジェニックマウスは腫瘍をつくる可能性が特に高いわけではないが，マウス成体に移植されると腫瘍が形成される。これは，奇形癌腫は ES 細胞が誤った発生シグナルを受け取った結果であり，遺伝子の変化（変異）が起きているわけではないことを示している。そして，第 10 章で述べたように，ES 細胞の治療への応用に注意を喚起するものである。

13.11　ホルモンは植物成長の様々な段階を支配する

植物の成長は，分裂組織と器官原基で細胞分裂し，その後，細胞が不可逆的に肥大してサイズが増大することで起きる（第 7 章と第 8.16 節参照）。動物のペプチド成長ホルモンと異なり，植物のホルモンは小さな有機分子である。オーキシン（インドール-3-酢酸）は植物成長の主要な制御分子の 1 つで，胚の形成を含む様々な形成過程に関与しており（第 7.3 節参照），それには向日性，組織の軸形成，維管

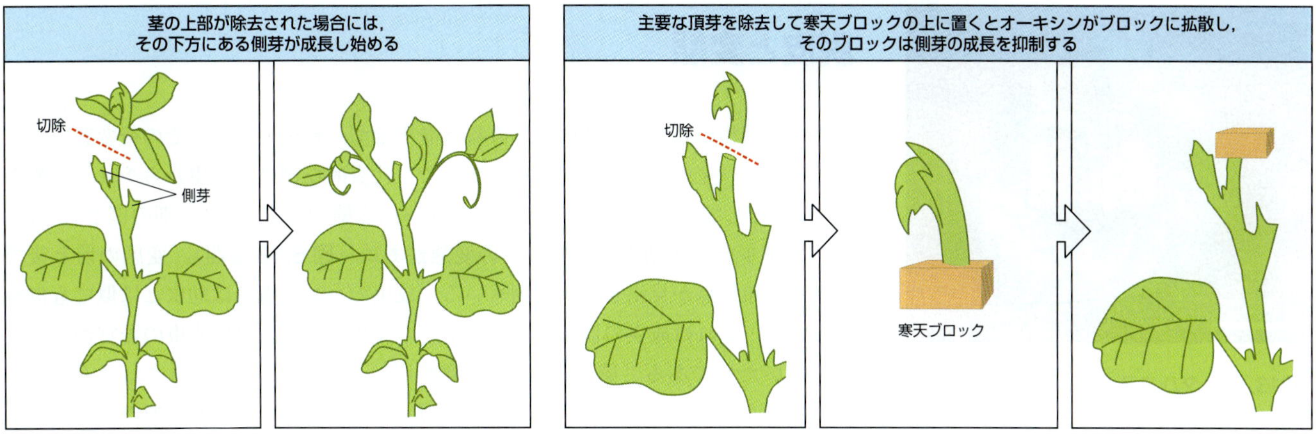

図 13.15　植物の頂芽優勢
左パネル：側芽の成長はその上方にある頂端分裂組織によって抑制されている。茎の上方部分が除去されると側芽は成長し始める。右パネル：頂芽優勢が，頂端領域から分泌される因子による側芽の成長の抑制であることを示す実験。この因子は植物ホルモンのオーキシンである。

束組織の分化，頂芽の直下に成育する側芽の成長を抑制する**頂芽優勢（apical dominance）**などがある。頂芽優勢は，栄養茎頂で合成される芽の成長の抑制因子が拡散することで起きる。これは，栄養茎頂を除去して寒天ブロックの上でインキュベートし，切除した部位にその寒天ブロックを置いても，側芽の成長抑制が起きることから示される。この抑制因子がオーキシンで，栄養茎頂で合成され，茎を下降していき，影響範囲の中にある芽の伸長を抑える。もし栄養茎頂が除去されると，頂芽優勢がなくなり，側芽が伸びてくる（**図 13.15**）。オーキシンを頂芽を除去した跡に作用させると，頂芽優勢の効果が得られる。

別の植物ホルモンとしてジベレリンがあり，茎の伸長を調節し，またオーキシンと似た効果を示す。サイトカイニンは培養下にある細胞の増殖を刺激するが，これはアデニンの誘導体である。植物のホルモンの化学的性質は，動物のものとかなり異なっているが，これらは特異的な受容体を介して細胞内シグナル伝達を刺激することで作用すると考えられている。

植物の成長は様々な環境要因，例えば気温，湿度，光などによって左右される。暗いなかで育った苗木は葉緑体が発達せずに白くなり，節間が長く，葉が広がらない。植物の成長に対する光の効果（光形態形成）は，赤い光に反応するフィトクロムと呼ばれる細胞内の受容体タンパク質を介して伝えられ，植物の発生や成長の様々な過程に関与する。

まとめ

動物と植物における成長は，基礎的なボディプランが決定された後，そして各器官がまだ非常に小さいときに開始される。最終的な器官のサイズは，外因的なシグナルとともに，内在性の成長プログラムによっても制御される。ある場合には，器官のサイズは細胞の数や大きさよりも，その器官全体の大きさによって決定される。動物における成長は，細胞増殖，細胞肥大，そして細胞外マトリックスの分泌によって起きる。植物の成長は，細胞増殖とそれに続く細胞肥大による。哺乳類では，インスリン様増殖因子が胎児の成長に必須であり，生後も成長ホルモンの効果を仲介する。ヒトの生後の成長の大部分は，下垂体で合成される成長ホルモンによってその多くが制御される。長管骨の成長は，骨の両端に存在する軟骨性の成長板が，成長ホルモンの刺激に反応することで起きる。癌は，成長と分化の制御が上手くいかなくなった結果である。植物の成長は，分裂組織における細胞分裂とそれに続く細胞肥大による。そしてこれはオーキシン，ジベレリンなどの成長ホルモンに依存する。

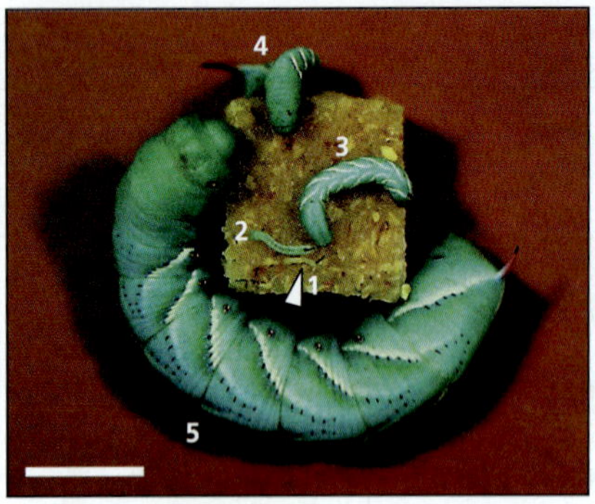

図 13.16 タバコスズメガの幼虫の成長と脱皮

タバコスズメガの幼虫は，脱皮を繰り返す。矢印で示されている孵化後の小さな幼虫（1）は，脱皮して青虫になる（2）。そして 3 回脱皮する（3, 4, 5）。それぞれの脱皮の間に大きさは約 2 倍となる。青虫は餌の上に置かれている。スケールバー＝1 cm。

写真は S.E. Reynolds 氏の厚意による

脱皮と変態

多くの動物は胚から成体の形に直接は発生せず，幼生となり，その後変態を経て成体となる。変態の間の変化は速く劇的で，代表的な例は，芋虫からチョウ，蛆からハエ，そしてオタマジャクシからカエルへの変態である。また，別の例としては，ウニのプルテウス幼生から成体への変態がある（**図 6.18** 参照）。変態の前と後でほとんど類似点が見出せない動物もいる。成虫のハエの構造は幼虫とは似ても似つかないが，これは成虫の器官が成虫原基から発生し，幼虫には成虫の器官が全く存在しないためである（第 2 章と第 11 章参照）。カエルでは，変態における明らかな外観の変化はオタマジャクシの尾の後退と四肢の発生であるが，他の構造物にも変化は起こる。ある種の昆虫では，幼虫の器官はそのほとんどが細胞死を起こして消失し，成虫の器官は成虫原基や組織芽細胞から形成されることで，変態の前後でボディプランが完全に変化する。節足動物と線虫は，幼虫期や成虫になる前の時期に大きくなるが，それには外側の固いクチクラ層の脱落が伴い，これは脱皮（molting）と呼ばれる。

脱皮・変態や他の後胚発生と，初期発生とは，いろいろな点で異なっている。発生初期に機能する典型的なシグナル分子は，小さな範囲に効果を現すタンパク質性の増殖因子である。一方で後胚発生で機能するシグナル分子は内分泌細胞から分泌され，タンパク質性のものと非タンパク質性のものがある。これらのホルモンの産生は環境状態に応答する中枢神経系によって調節され，内分泌腺とホルモン分泌には複雑なフィードバックシステムが働いている。

13.12 節足動物は脱皮を経て成長する

節足動物は表皮から分泌されるクチクラの固い外骨格を持つ。これは，その動物が徐々にサイズを大きくすることができないことを意味している。そこで，古い外骨格が失われて新しく大きな外骨格をつくることで，からだのサイズは段階的に大きくなる。この過程は脱皮（ecdysis）と呼ばれる。脱皮と次の脱皮の間の時期は齢と呼ばれる。ショウジョウバエの幼虫は，3 回脱皮と齢を繰り返す。脱皮の間の成長は**図 13.16** に示されるタバコスズメガのように著しい。

脱皮が始まるときに，表皮層がクチクラから分離するクチクラ分離（apolysis）という過程が起きる。そして，脱皮液がその隙間に分泌される（**図 13.17**）。表皮層が細胞分裂や肥大によって増え，折り畳まれる。表皮層は新しいクチクラを分泌し，古いクチクラは分解されたり崩壊したりして，脱落する。

脱皮はホルモンの制御を受けている。伸長受容器が，からだのサイズを感知しており，動物の成長で活性化され，前胸腺刺激ホルモン（prothoracicotropic

図 13.17 節足動物の脱皮と表皮の成長

クチクラは表皮によって分泌される。脱皮は，クチクラ分離と呼ばれるクチクラと表皮の分離から始まる。脱皮液がその間隙に分泌される。表皮は成長し，折り畳まれて新しいクチクラが分泌される。酵素が古いクチクラを分解し，古いクチクラは脱落する。

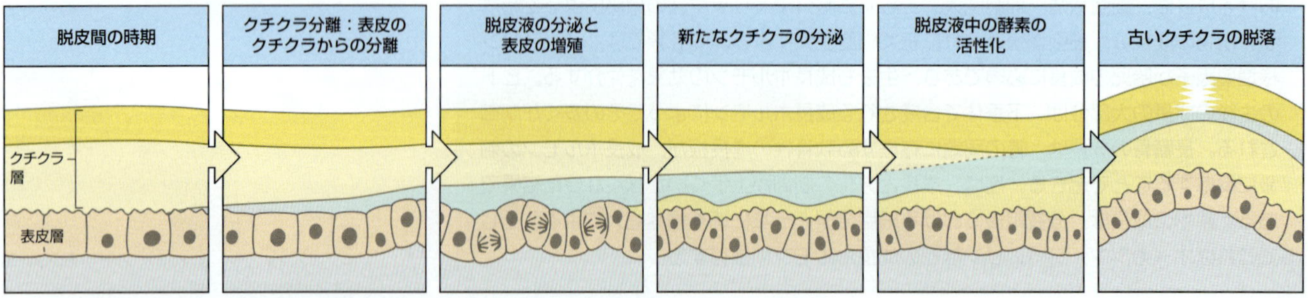

hormone：PTTH）を脳で分泌させる。これは，脱皮を引き起こすエクダイソンが前胸腺から分泌されるのを活性化する。同様なホルモンによる制御は変態にも認められ，これは次節で述べる。

13.13 変態過程は，環境と内分泌因子に支配される

昆虫の幼虫がある時期に達すると，さらなる成長や脱皮はなくなるが，成体の形態となるための変態によって劇的な変化を起こす。変態は節足動物以外でもいろいろな動物群に認められ，例えば両生類にも認められる。昆虫と両生類において，栄養，温度，光などの環境要因は，動物の内在性のプログラムと同様に，脳の神経分泌細胞に影響を与えて，変態を支配する。ホルモンの産生細胞には，変態を促進するものと抑制するものと 2 種類が存在する。例えば，変態は幼虫時には優先的に抑制されているが，変態を誘導する環境要因への反応がこの抑制よりも優位になったときに変態は起きる。この 2 種類の内分泌細胞群から産生されるシグナルは，変態に関与するすべての細胞を制御する。変態に際して，腸や唾液腺，そして筋肉といった幼虫の組織は，プログラム細胞死を起こす。成虫原基は未発達ながら，翅や脚，そして触角などへと発生する。神経組織もリモデリングを起こす。

昆虫では，温度と光が幼虫の中枢神経系で感知されて，それが脳にある神経分泌細胞に働きかけ，PTTH が分泌される。この PTTH は前胸腺に働き，ステロイドホルモンであるエクダイソンの合成を促進し，このエクダイソンが変態を促進する。エクダイソンが変態を促進することは，ショウジョウバエの幼虫に通常よりも早くに変態を起こすことができることから示されている。エクダイソンの作用は，脳の後方にある内分泌組織であるアラタ体から分泌される幼若ホルモンによって拮抗される。その名前の通り，幼若ホルモンは幼虫の状態を維持するために働く。チョウでは，最後の幼虫齢の時期におけるエクダイソンの一過性の刺激が蛹化を引き起こし，次の刺激が変態を引き起こす（**図 13.18**）。

エクダイソンは細胞膜を通過して，細胞内にあるステロイドホルモン受容体スーパーファミリーのメンバーであるエクダイソン受容体に結合する。このステロイドホルモン受容体は遺伝子発現を制御するタンパク質で，リガンドであるホルモンが結合すると活性化される（**Box 5D**, p. 204〜205 参照）。このホルモンと受容体が

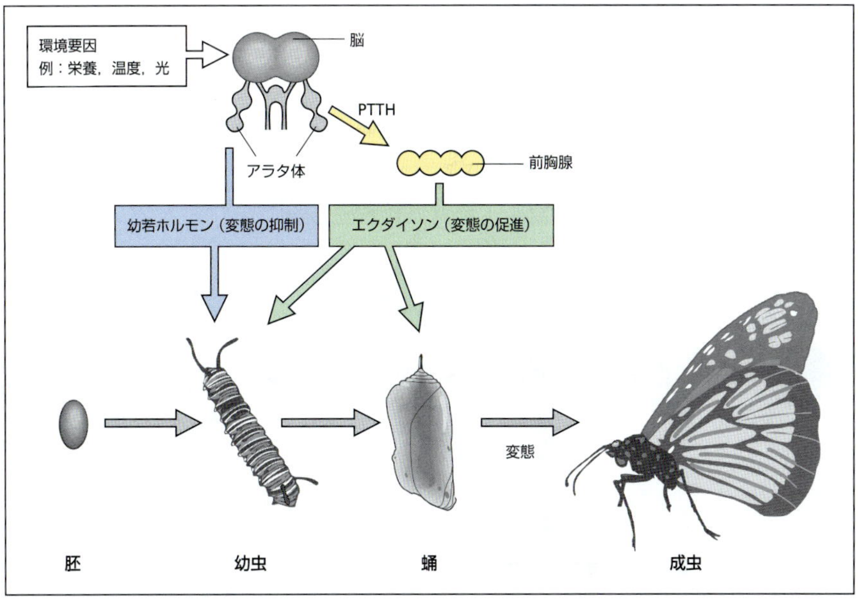

図 13.18　昆虫の変態
チョウの幼虫のアラタ体は，幼若ホルモンを分泌して変態を抑制している。光や温度などの環境の変化に応答して，脳の神経分泌細胞が前胸腺刺激ホルモン（PTTH）を分泌する。これが前胸腺を刺激して前胸腺はエクダイソンを分泌し，これが幼若ホルモンの作用よりも優位になると変態が起きる。
Tata, J.R.: 1998 より

結合した複合体は，様々な遺伝子の発現調節領域に結合し，結果として変態に必要な遺伝子発現を誘導する。

両生類では，栄養状態や温度や光などの環境因子への応答として，視床下部における神経分泌細胞が副腎皮質刺激ホルモン放出ホルモンを分泌して下垂体に作用し，下垂体が甲状腺刺激ホルモン（チロトロピン）を分泌する（この副腎皮質刺激ホルモン放出ホルモンの作用は哺乳類以外の脊椎動物に特異的であり，アフリカツメガエルでは，オタマジャクシの時期にのみ認められる。成体となったカエルでは哺乳類と同様，甲状腺刺激ホルモンは甲状腺刺激ホルモン放出ホルモンによって調節を受ける）。甲状腺刺激ホルモンは，甲状腺に作用して，変態を誘導する**甲状腺ホルモン（thyroid hormone）**の分泌を促す（**図 13.19**）。この甲状腺ホルモンは，ヨウ素化アミノ酸であるチロキシン（T_4）とトリヨードチロニン（T_3）である。両者とも，進化的に古いシグナル分子であり，植物にも存在する。これらはエクダイソンとは化学的構造が大きく異なるものの，やはり細胞膜を通過してレチノイン酸受容体やステロイドホルモン受容体のスーパーファミリーに属する細胞内受容体に結合する（**Box 5D**, p. 204〜205 参照）。下垂体はプロラクチンというペプチドホルモンを合成するが，これはもともと変態を抑制するホルモンと考えられていた。しかし，プロラクチンの過剰発現はオタマジャクシの時期を延長することはなく，尾ヒレの吸収を抑制する。

変態を刺激するホルモンの驚くべき性質は，様々な組織に影響すると共に，その影響の仕方が異なること，そして僅かな影響から大きな影響まで大きな幅を持つことである。例えば甲状腺ホルモンは，オタマジャクシの尾ヒレに細胞死を起こして退縮させるが，肢ではその発生と成長を促進する。尾ヒレの吸収では，速筋がまず影響を受け，その後脊索が失われる。しかしながら，甲状腺ホルモンは，肢でも尾ヒレでも同じ細胞内受容体に結合するにもかかわらず，異なる作用を発現する。この作用の違いは，ホルモン-受容体複合体が，異なる発生をしてきた組織の細胞に対しては，異なるセットの遺伝子の発現を誘導したり抑制したりすると考えれば説明できる。それぞれの組織は変態を引き起こすホルモンに対して異なる応答性を示

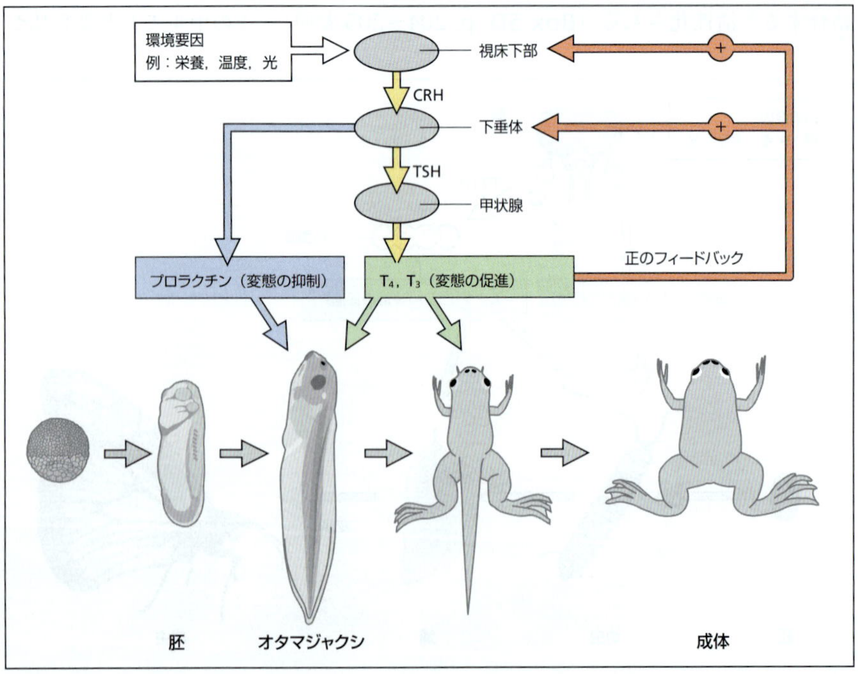

図 13.19 両生類の変態
高栄養などの環境の変化は，幼生の視床下部からの副腎皮質刺激ホルモン放出ホルモン（CRH）の分泌を誘導する。そして，CRH は甲状腺刺激ホルモン（TSH）を分泌させ，TSH は甲状腺からチロキシン（T_4）やトリヨードチロニン（T_3）を分泌させ，変態が起きる。甲状腺ホルモンが視床下部や下垂体に作用して，CRH や TSH の合成を維持する。
Tata, J.R.: 1998 より

すが，それらの一部は培養においても再現できる。培養下にあるアフリカツメガエルのオタマジャクシの尾ヒレに甲状腺ホルモンを作用させると，尾ヒレは細胞死を起こし，組織の退化を示す。変態はまた，他のシグナルに対する細胞の応答性を変化させる。例えばアフリカツメガエルでは，変態して性成熟を終えた後では，エストロゲンは卵黄タンパク質の1つであるビテロゲニンの合成のみを誘導する。

ショウジョウバエの変態期には，少なくとも数百の遺伝子の発現が変化する。ショウジョウバエが持つ多糸染色体の特徴的な形態によって，変態期に起きる遺伝子発現の変化を目で見ることができる。幼虫のある組織（唾液腺など）では，有糸分裂や細胞質分裂なしに何度もS期を経るので，細胞が非常に大きくなる。そしてその大きくなった細胞は，通常の細胞が持つ何倍ものDNA量を持つことになる。唾液腺の細胞では，それぞれの染色体のコピーがつながって大きな多糸染色体を構成している。ある遺伝子が発現していると，その遺伝子が存在する部位が“パフ”と呼ばれる膨隆した構造物として認められる（**図13.20**）。このパフは，クロマチンがほどけて転写活性があることを示している。遺伝子発現が活性化していないと，パフは認められなくなる。幼虫期の後期になると，エクダイソンが直接作用して多くのパフが一定の順序で現れる。

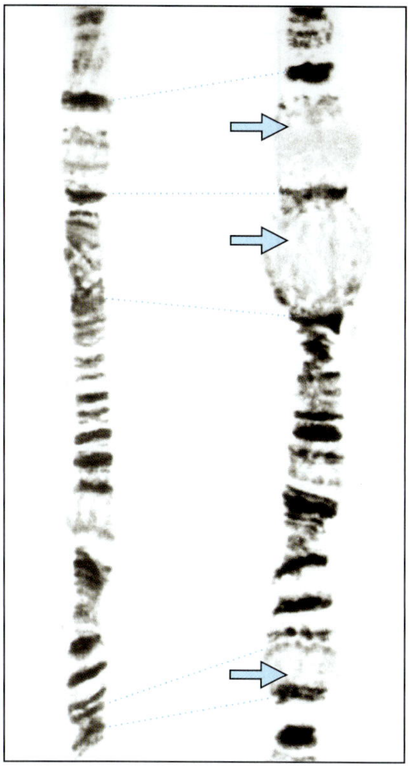

図13.20　ショウジョウバエ多糸染色体上のパフ構造として認められる遺伝子発現活性
三齢幼虫（左）と，それよりも発生が進んでエクダイソンによって3つのパフ（矢印）が誘導された幼虫（右）の染色体。
写真はM. Ashburner氏の厚意による

まとめ

節足動物はクチクラを脱落させる脱皮を繰り返して成長する。胚生期の後に起きる変態は，その個体の形態を劇的に変化させる。昆虫では，変態の前後でその形態は大きく異なるが，両生類では変化はそれほど大きくない。環境および内分泌因子が変態を制御する。昆虫，両生類共に，変態を抑制するホルモンと，変態を促進するホルモンの2種類の調節がある。甲状腺ホルモンは両生類の変態を誘導し，エクダイソンが昆虫の変態を誘導する。ショウジョウバエでは，変態期の遺伝子発現変化について，多糸染色体を用いて観察できる。

まとめ：脱皮と変態

節足動物の脱皮

節足動物の成長によるクチクラの伸張
↓ 脳の前胸腺刺激ホルモン（PTTH）
前胸腺への作用
↓ エクダイソンの放出
脱皮：古いクチクラの崩壊，新しいクチクラの形成

節足動物の変態

環境および内在性因子によるPTTHの分泌
↓
エクダイソン放出
↓
変態 ⊣ 幼若ホルモンによる抑制

両生類の変態

環境要因
↓
視床下部への作用
↓ 副腎皮質刺激ホルモン放出ホルモン
下垂体
↓ 甲状腺刺激ホルモン
甲状腺
↓ チロキシン
変態

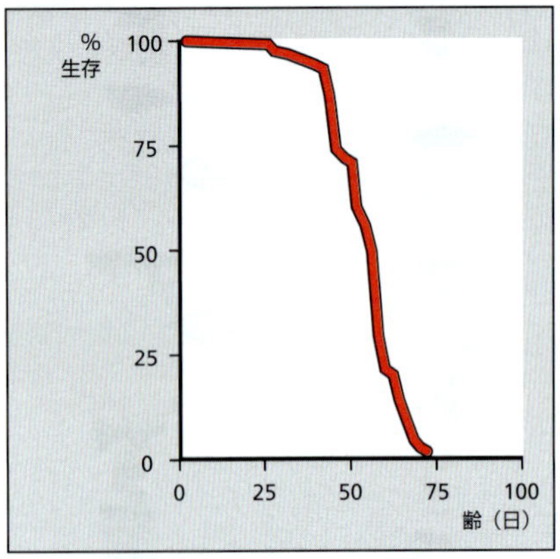

図 13.21　ショウジョウバエの加齢
加齢に伴って死亡率が急速に上昇する。

加齢と老化

生物には，疾病や事故を逃れたとしても必ず死が訪れる。加齢とともに個体の生理学的な機能は衰え，ストレスへの抵抗性が低下し，疾病への感受性が上昇する。このような加齢に伴う機能の低下は，老化（senescence）と定義される。加齢はほぼすべての多細胞動物に認められるが，特筆すべき例外がある。それは，刺胞動物（イソギンチャクやヒドラやその類縁種）とプラナリアである。つまり有性生殖を行う動物はすべて加齢するが，無性生殖する動物のほとんどは加齢しない。ヒドラの再生能力については次の章で紹介するが，ヒドラは性分化をしない限り加齢しない。老化という現象は，そのメカニズムについて様々な問題提起がなされているが，それらの多くはまだ解明されていない。しかし，老化が個体の生後の発達の延長であるのか，または単なる消耗の結果であるのかという概念的な問いについては議論が可能である。例えば生殖細胞は加齢しない。加齢してしまうとその種が維持されず，滅びてしまうだろう。

加齢に特徴的な変化がいつ認められるかは個体それぞれによって異なり，ヒトを含めたほとんどの動物において，加齢とともに様々な影響が蓄積され，個体死の可能性が高くなる。この生活環は，ショウジョウバエと同様（**図 13.21**），多くの動物に認められるものであるが，野生においては加齢と共に死亡率が上昇するという証拠はなく，実際，野生マウスの 90%以上は生後 1 年の間に死を迎えてしまう。しかしながら例外もあり，太平洋サケでは，死は加齢に伴って起きるのではなく，生活環の中の産卵という時期と関係している。

加齢の 1 つの捉え方として，からだが受ける損傷の蓄積が修復能力を超え，生存に必須な機能を喪失することと考えることができる。例えば，老齢なゾウは，歯牙の喪失によって餌が取れずに餓死することがある。線虫の一種である *C. elegans* の寿命は約 20 日であるが，加齢に伴って起きる細胞の変化は，筋肉の機能不全である。筋肉の機能不全は寿命に影響を与え，10 日〜 30 日の寿命となる。とはいっても，老化は異なる種において異なる速度で遺伝的制御を受けており，これは種によって異なる寿命を持つことからも示される（**図 13.22**）。例えばゾウは 21 カ月

哺乳類における寿命と，生殖可能となる思春期に至る時間			
	最長寿命（月）	妊娠期間（月）	思春期（月）
ヒト	1440	9	144
ナガスクジラ	960	12	–
インドゾウ	840	21	156
ウマ	744	11	12
チンパンジー	534	8	120
クマ	442	7	72
イヌ	408	2	7
ウシ	360	9	6
アカゲザル	348	5.5	36
ネコ	336	2	15
ブタ	324	4	4
リスザル	252	5	36
ヒツジ	240	5	7
ハイイロリス	180	1.5	12
アナウサギ	156	1	12
モルモット	90	2	2
ナンヨウネズミ	56	0.7	2
ゴールデンハムスター	48	0.5	2
ハツカネズミ	42	0.7	1.5

図 13.22　表は，様々な哺乳類の寿命，妊娠期間，および思春期の時期を示している

の胎生期間を経て生まれ，その出生時点で加齢はないが，21 カ月齢のマウスはすでに中年期にはいっており，老化の徴候を示す。

加齢の遺伝的制御は，"体細胞使い捨て説"という進化と同様の概念で理解される。この説は，自然選択は個体の生活史を調整して，少なくとも個体が繁殖して仔を育てるまでは，加齢を防ぐための修復メカニズムが維持されるように図っていると提唱している。マウスでは，生後 2 カ月ほどで生殖が可能となるが，修復能力の維持期間は，生後約 13 年で生殖を始めるゾウと比較するとかなり短い。野生の多くの動物は，明らかな老化の徴候を示して死ぬものはほとんどないが，いずれにせよ，老化は生殖期間が終わるまで認められない。細胞は加齢を遅らせる多くのメカニズムを持ち，これは形質転換による癌化を防ぐメカニズムとよく似ている。これらの細胞メカニズムは，生きている細胞ではたとえ分裂していなくとも起きている，反応性の高い化学物質や日常的に起こる DNA への傷害による損傷から細胞を守っている。このようなメカニズムは特に生殖細胞で活性化されている。

13.14 遺伝子は老化のタイミングを変化させる

動物によって，その最長寿命は異なる（**図 13.22** 参照）。ヒトは最長で 120 年ほど生きることができるが，フクロウの一種は 68 年，ネコは 28 年，アフリカツメガエルは 15 年，マウスは 3.5 年，そして線虫は 25 日が最長寿命である。寿命に影響を与える遺伝子の変異が，線虫，ショウジョウバエ，マウス，そしてヒトで発見されており，これらが寿命決定のメカニズム，すなわち DNA 傷害や酸素フリーラジカルへの耐性のメカニズムの解明への手がかりを与えてくれるかもしれない。

線虫の一個体は，一齢幼虫として孵化した後に，個体密度が低く十分な餌が与えられている環境に置かれると，成虫に成長して 25 日生存する。しかしながら，個体密度が高くて餌が十分でないときには，静止三齢虫，すなわち**耐性幼虫（dauer）**になり，幼虫は餌が再び食べられるようになるまで摂食せず，成長もしない。そして環境がよくなると，耐性幼虫は脱皮して四齢虫になる。耐性状態では 60 日生き続けることができ，耐性状態から抜けた後には，耐性状態に入る前に残っていた寿命を生きることができる。ゆえに，この耐性幼虫期に，幼虫は加齢しないと考えられる。インスリン/IGF-1 シグナルは，線虫だけでなくショウジョウバエにおいても，ストレスに対する応答としての耐性幼虫期への移行の制御，生殖や寿命，そして代謝の調節に深く関与している。インスリン/IGF-1 シグナルの低下は，寿命を長くする（**図 13.23**）。

線虫において，インスリンシグナル経路の受容体をコードする *daf-2* の発現が大きく減少する変異は，幼虫を耐性幼虫期へと留める。正常な状態の DAF-2 は，寿命を長くしてある種のストレスへの抵抗性を増加させる転写因子 DAF-16 のアンタゴニストとして働く。DAF-2 の機能を一部喪失すると，耐性幼虫期を脱した後の成虫期の時間が長くなるが，生殖能力とその子供の生存率が低下する。RNA 干渉によって幼虫期で DAF-2 の発現をさらに低下させると，耐性幼虫期の期間が短くならずにさらに寿命が延長する。生殖細胞の存在は，寿命の延長にとっては負の影響を与えると考えられる。*daf-2* 変異胚の生殖細胞前駆細胞を除去すると，胚に特に異常は認められず，寿命が平均で 125 日と長くなる。これはヒトで換算すると 500 歳に相当する。しかし，*daf-2* 変異体を野生型の個体と一緒に培養すると，生殖能力の低さから変異体は 2 ～ 3 世代で絶滅する。マイクロアレイ解析から，DAF-16 は，ストレス応答と抗微生物的に機能する遺伝子の発現を誘導することが示された。実験室の環境において，DAF-16 の機能が抑制されている個体は，

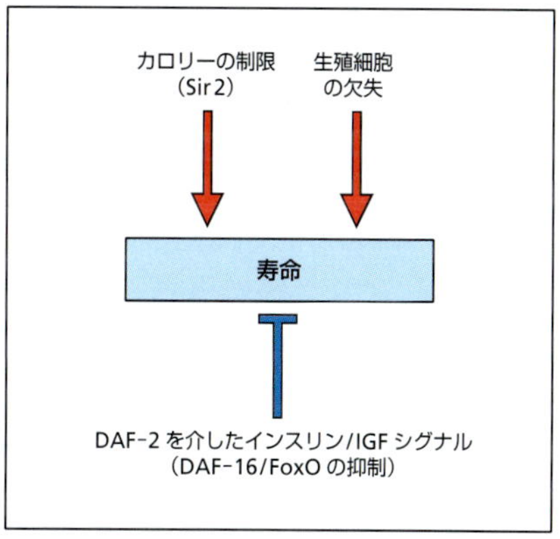

図 13.23 線虫とショウジョウバエにおいて加齢に影響し得る要因
カロリー摂取制限と生殖細胞の欠失は，線虫とショウジョウバエにおいて寿命を長くする。ショウジョウバエにおいてカロリー摂取制限の効果を表すのにはヒストン脱アセチル化酵素 Sir2 が必要であり，これは Sir2 が染色体を変化させて遺伝子発現変化を誘導することによると考えられる（**Box 10A**, p. 393 参照）。線虫では，インスリン/IGF シグナルが転写因子 DAF-16（FoxO 転写因子ファミリーのメンバー）の発現を抑制して寿命を制御することが明らかとなっている。

通常ではその餌となるはずの細菌によって死滅させられてしまう。

同様の機構がショウジョウバエの加齢を調節している。インスリン/IGF-1のシグナル経路が抑制される変異体では寿命がおよそ2倍になり，また，カロリー摂取制限も寿命を長くする。このシグナル経路の変異体では，耐性幼虫のように，生殖休止，または静止の状態になる。このような寿命の延長効果は，酸化ストレスへの抵抗性に依存すると考えられる。マウスの加齢は下垂体の活性の低下によって遅延し，1型IGF受容体（IGF-1とIGF-2の受容体）を欠損する雌マウスは，通常より33%ほど寿命が長くなる。

酸化傷害が加齢を促進し，活性酸素ラジカルが細胞傷害に大きく関与している。食餌量の低下が寿命を延長するのは，他の動物にも認められる。最低限の餌で生きるラットは，好きなだけ餌を食べられる状態にあるラットと比較すると，約40%寿命が延びる。これは，餌が酸化によって分解される際に出るフリーラジカルへの曝露の低下が，一部関係していると考えられている。フリーラジカルは反応性が非常に高く，DNAやタンパク質を傷害する。比較的寿命の長いげっ歯類は，実験用マウスと比較すると活性酸素の産生が少ない。また，酸化ストレスはミトコンドリアにも傷害を与える。

ウェルナー症候群（Werner syndrome）として知られる劣性遺伝子変異をホモで持つヒトは，早期に加齢を示す。思春期の成長スパートは認められず，20代前半までに白髪となり，老齢期に特徴的な心臓病などの疾病に罹患するようになる。そして50歳までにほとんどの患者は死を迎える。ウェルナー症候群の原因遺伝子は同定されており，DNAをほどくのに必要なタンパク質をコードしていることがわかっている。DNA複製やDNA修復，そして遺伝子発現の際にDNAはほどかれる。ウェルナー症候群の患者はDNA修復ができないために，遺伝子が正常なヒトよりもDNAが傷害されている。ウェルナー症候群とDNA傷害の関係は，加齢がDNA傷害の蓄積と関連している可能性を示している。そしてこれは，細胞の老化とも関係している可能性を示す。ハッチンソン・ギルフォード・プロジェリア症候群［Hutchinson-Gilford progeria syndrome（progeriaは早期老化を意味する）］は，さらに症状が重症である。この症候群に関係する遺伝子は，ラミンAという核内タンパク質をコードしている。変異ラミンAを持つと核膜の構造が不安定になり，細胞死が起きやすいと考えられる。

13.15 細胞の老化は細胞増殖を阻害する

細胞が動物個体から分離されて培養下に置かれ，適当な培地や増殖因子が供給された場合，ほぼ永久的に増殖を続けるであろうと予想する人もいるかもしれないが，実はそうではない。例えば，哺乳類の線維芽細胞，すなわち結合組織の細胞は，培養下では決まった回数しか分裂できない（**図13.24**）。正常な線維芽細胞が何回分裂できるかは，それが由来する個体の種や齢と関連する。ヒト胎児由来の線維芽細胞は約60回分裂し，80歳のヒトの線維芽細胞は約30回，そして成体マウスからの線維芽細胞は12〜15回分裂できる。細胞が分裂を停止しても細胞そのものは正常に見えるが，たいてい細胞周期のG_0期で停止している。これを細胞老化（cell senescence）と呼ぶ。加齢が促進されているように見えるウェルナー症候群の患者（第13.14節参照）から分離した線維芽細胞を培養すると，分裂できる回数が少ない。しかしながら，この培養された細胞の動態が個体の加齢とどれだけ関連しているのか，そして細胞の培養法とどのように関係しているのかは明らかでない。

培養下にある細胞と，実際の個体での老化細胞の共通点は，テロメア（telomere）

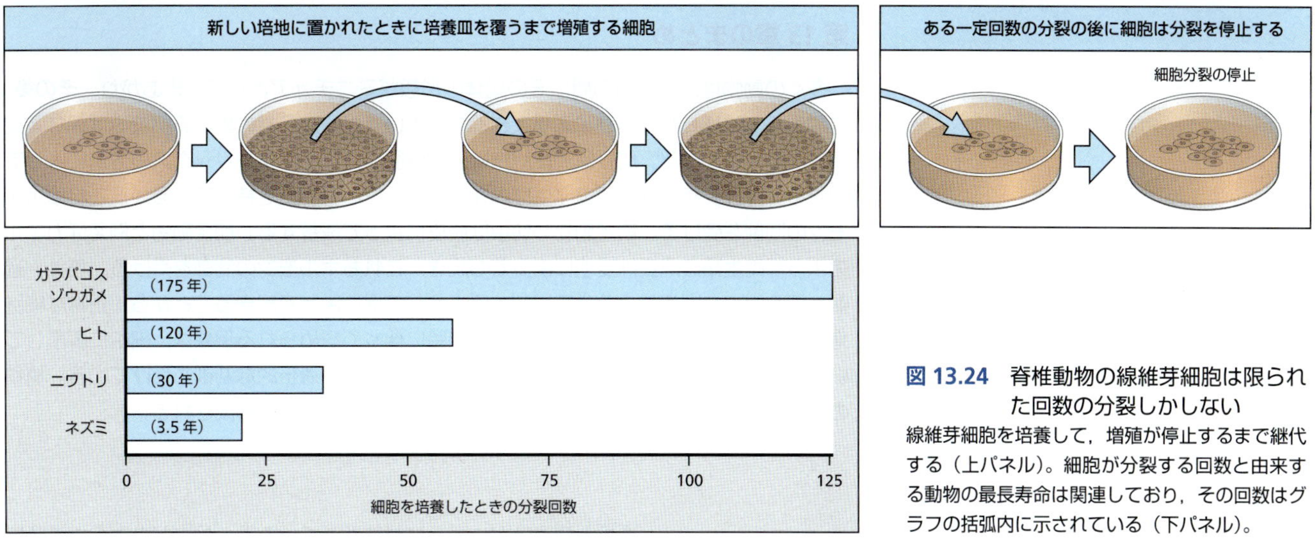

図 13.24　脊椎動物の線維芽細胞は限られた回数の分裂しかしない
線維芽細胞を培養して，増殖が停止するまで継代する（上パネル）。細胞が分裂する回数と由来する動物の最長寿命は関連しており，その回数はグラフの括弧内に示されている（下パネル）。

の短縮である。テロメアは染色体の末端にあるDNAの繰り返し配列で，染色体の構造を維持し，DNA複製を監視する。テロメアの長さは，ヒトの老化した細胞では短くなる。テロメアの長さはDNA複製の度に短くなることから，テロメア自身は複製の度に完全には複製されていないことを示しており，これが老化と関係している可能性が示唆される。テロメラーゼと呼ばれる酵素はテロメアの長さを維持するが，培養下にある細胞では発現しない。しかしながら，培養下で老化しない細胞には発現している。テロメアの短縮が体細胞の加齢の主要な原因であるかは不明である。なぜなら，げっ歯類のシュワン細胞などは，適切な状況下では永久に増殖し，この場合はテロメアの長さと細胞増殖には直接関係があるようには見えない。ES細胞もテロメラーゼを発現しており，永久的に増殖する。

老化した細胞は，分裂を停止して，細胞周期の調節に必要なタンパク質の発現を変化させる。p21とp16タンパク質は，DNA傷害に反応して活性化するp53やRBによる癌抑制因子の経路の構成要素であるが，老化した細胞ではこれらのタンパク質が発現するようになる（第13.10節参照）。これらのタンパク質は，サイクリン依存性キナーゼの抑制因子として機能し，DNA傷害を受けた細胞が次の細胞周期に入るのを防ぐ。これは，DNA傷害を持った老化細胞が癌化するのを防いでいる。

まとめ

加齢は細胞の傷害によって起き，特に活性酸素による傷害は老化を促進する。しかしながら，加齢は遺伝的な制御も受けている。多くの正常細胞は，培養下で決まった回数しか分裂できず，この回数はその細胞が分離された動物の齢やその動物の寿命と関連している。寿命を長くする遺伝子が線虫とショウジョウバエで同定されており，この遺伝子の機能は，酸化ストレスに対する耐性を上げることであると考えられている。

第13章のまとめ

多くの動物は，胚生期の間にその成体の形態がミニチュアとしてできあがり，その後，この形態を維持しながらサイズが大きくなっていくが，からだの異なる部位では異なる成長速度で大きくなる。成長は，細胞増殖，細胞肥大，細胞外マトリックスの分泌によって起きる。脊椎動物では，器官発生は内在性の成長プログラムを持っているが，これはホルモンの制御を受ける。節足動物の幼虫は脱皮によって成長する。節足動物と例えばカエルのような両生類の成長は変態によっても起き，これもホルモンの制御を受ける。癌は，過剰な細胞増殖を誘導し，分化を抑制するような変異によって起きることから，正常な細胞増殖からの逸脱と捉えることができる。加齢に伴って認められる現象は，細胞に蓄積している傷害によって主に引き起こされると考えられるが，遺伝的な制御も受けている。植物の成体構造は，分裂組織と呼ばれる特殊な領域の成長によって形成される。

● 章末問題

記述問題

1. “成長”について定義せよ。主な成長のメカニズムは何か。細胞死は成長にどのように関係するか。

2. 「細胞周期はM期の後に2つの娘細胞が誕生した後に始まる」と定義するのはなぜ正しくないのか。細胞周期の分子解析によれば，それぞれの細胞周期はどの時点から“開始する”と考えられるか。どのような分子の変化がこの開始時期に起きるか。（**Box 1B** にある細胞周期の図が助けとなるだろう）

3. 脊椎動物の成体では活発に細胞分裂をするタイプの細胞は少ないが，これらの分裂活性の低い細胞は細胞周期のどの時期にあると考えればよいか。そして，これらの細胞が再び細胞周期に入るには，どのような条件が必要か。また，成体中の分化した細胞で，再び分裂できる細胞と，再び分裂できない細胞の例をそれぞれ挙げよ。

4. ショウジョウバエの胚発生の最初の13回の細胞周期では，細胞分裂の速度を上げるために，通常の細胞周期と比較して何が異なっているか。それら初期の分裂に関与する母性のタンパク質は何か。そしてそのタンパク質の機能は何か。

5. 肝臓や脾臓などの器官の最終的なサイズは，細胞間のシグナルによって制御されている一方で，膵臓や胸腺のサイズは細胞に元々ある内在性の発生プログラムによって制御されている。このような器官の最終的なサイズの決定メカニズムを明らかにするための実験について説明せよ。

6. 妊娠中の母体の低栄養が及ぼす影響は何か。

7. ショウジョウバエにおいて，Hippo タンパク質と *bantam* miRNA は相反する機能を持つ。この2種類の調節因子の成長における機能を述べよ。細胞表面に局在するタンパク質が Hippo シグナルを活性化する経路と，*bantam* のシグナルを活性化する経路の概要を述べよ。

8. ヒトの成長ホルモンについての以下の質問に答えよ：成長ホルモンとは何か。また，成長ホルモンはどこで合成されるか。そして，合成と分泌はどのように制御されているか。他にどのような増殖因子が成長ホルモンによる細胞増殖を媒介しているか。

9. 脊椎動物の長管骨を例として，軟骨細胞と骨芽細胞の役割について比較せよ。

10. 以下に述べるシグナル伝達分子の軟骨細胞への影響についてまとめよ：PHRP，Indian hedgehog，甲状腺ホルモン，FGF。

11. この章において紹介された様々なシグナル伝達分子，シグナル伝達経路について，それを癌遺伝子と癌抑制因子に分類せよ。

12. 正常な細胞が転移を起こす癌細胞へと変化するのに，Wnt，APC，β-catenin，カドヘリンがどのように関係するか説明せよ。

13. オタマジャクシを水中でチロキシンに曝露させる実験を行う。そして，別の実験ではオタマジャクシの甲状腺を除去する。それぞれの実験でどのような結果が予想できるか。また，その予想にいたる根拠を示せ。

14. 以下の記述について，肯定と否定の根拠を考えよ：“加齢と共に起きる変化は，動物では遺伝子的に決定されている不可避の生後の発生プログラムである”。

選択問題
それぞれの問題で正解は1つである。

1. 母体から供給されるショウジョウバエの String は，次のいずれのタンパク質であるか。
a) キナーゼ
b) ホスファターゼ
c) シグナル分子
d) 転写因子

2. サンショウウオを用いて，からだの大きな *Ambystoma* の肢芽をより小さな種類の *Ambystoma* に移植した場合の結果はどれか。
a) 移植された肢芽は成長せず，いずれ排除される
b) 移植された肢芽は宿主に見合ったサイズに成長し，宿主の他の四肢と同じ大きさとなる
c) 移植された肢芽は，大きな *Ambystoma* の四肢と同じサイズに成長し，宿主の四肢よりも大きくなる

d) 移植された肢芽は，最初は宿主の四肢よりも大きくなるが，次第に宿主の四肢のサイズになる

3. 成長は次のどのシグナル分子によって刺激されるか。
a) インスリン
b) IGF-1 と IGF-2
c) FGF
d) 上記のすべて

4. 脊椎動物の長管骨の伸長が起きる部位はどれか。
a) 骨幹
b) 骨端
c) 成長板
d) 骨化中心

5. 正常な横紋筋の筋線維の生後の成長はどのようにして起こるか。
a) 筋線維のサイズは増大するが，筋線維の数は増加しない
b) 筋線維の数の増加による
c) 幹細胞から新たな筋線維が形成される
d) 筋細胞が分裂して筋細胞の数を増加させる

6. 以下の記述で正しいものはどれか。
a) 癌に関与する遺伝子はすべて癌遺伝子である
b) 癌に関与する遺伝子はすべて癌抑制遺伝子である
c) 癌遺伝子と癌抑制遺伝子は共に癌に関連する
d) 癌に関連する遺伝子群の統一された分類はない

7. ほとんどの癌が上皮に起きる理由はどれか。
a) 上皮組織は，幹細胞が分裂して分化することによって常に更新されているから
b) 他の組織と比較すると，上皮では一般的な成長の制御経路が使用されており，ゆえに他の組織よりもその制御から逸脱しやすいから
c) 上皮では細胞接着が強く，このような細胞では異常な成長が起きやすいから
d) 上皮の分化は複雑なために，他の組織と比較して異常が起こりやすく，その結果として癌化が起こるため

8. 昆虫や他の節足動物の脱皮を誘導するものはどれか。
a) オーキシン
b) エクダイソン
c) Hedgehog
d) 幼若ホルモン

9. 線虫からマウスまでの動物で，加齢に関与すると考えられているシグナル経路はどれか。
a) エクダイソン
b) FGF
c) Hippo
d) インスリン/IGF-1

10. 次のうち，DNA 傷害を引き起こすストレスが細胞老化を引き起こすというモデルに当てはまるものはどれか。
a) ウェルナー症候群は早老症であり，DNA 修復ができないために起きると考えられている
b) 哺乳類での食餌制限は，ミトコンドリアで DNA 傷害を起こすフリーラジカルの産生を低下させる
c) 培養下で細胞増殖が止まっている老化細胞は，通常は DNA 傷害によって誘導される p21 や p16 をしばしば発現している
d) 上記のすべてが DNA 傷害による老化モデルに当てはまっている

選択問題の解答
1:b，2:c，3:d，4:c，5:a，6:c，7:a，8:b，9:d，10:d

● 本章の理解を深めるための参考文献

Kirkwood, T.B.L.: **Understanding the odd science of aging.** *Cell* 2005, **120**: 437–447.

Nature Insight: **Cell division and cancer.** *Nature* 2004, **432**: 293–341.

Partridge, L.: **The new biology of ageing.** *Phil. Trans R. Soc. B* 2010, **365**: 147–154.

● 各節の理解を深めるための参考文献

13.1 組織は，細胞増殖，細胞肥大，基質分泌成長によって成長する

Goss, R.J.: *The Physiology of Growth.* New York: Academic Press, 1978.

13.2 細胞増殖は，細胞周期の開始の制御によって支配されている

Morgan, D.O.: *The Cell Cycle: Principles of Control.* Oxford: Oxford University Press, 2007.

13.3 発生初期の細胞分裂は，内在的な発生プログラムによって支配される

Edgar, B., Lehner, C.F.: **Developmental control of cell cycle regulators: a fly's perspective.** *Science* 1996, **274**: 1646–1652.

Follette, P.J., O'Farrell, P.H.: **Connecting cell behavior to patterning: lessons from the cell cycle.** *Cell* 1997, **88**: 309–314.

13.4 器官の大きさは，内在性の成長プログラムと細胞外からのシグナルによって支配されている

Amthor, H., Huang, R., McKinnell, I., Christ, B., Kambadur, R., Sharma, M., Patel, K.: **The regulation and action of myostatin as a negative regulator of muscle development during avian embryogenesis.** *Dev. Biol.* 2002, **251**: 241–257.

Shingleton, A.W.: **Body-size regulation: combining genetics and physiology.** *Curr. Biol.* 2005, **15**: R825–R827.

Stanger, B.Z.: **The biology of organ size determination.** *Diabetes Obes. Metab.* 2008, **10**: 16–26.

Stanger, B.Z., Tanaka, A.J., Melton, D.A.: **Organ size is limited by the number of embryonic progenitor cells in the pancreas but not in the liver.** *Nature* 2007, **445**: 886–891.

Taub, R.: **Liver regeneration: from myth to mechanism.** *Nat. Rev. Mol. Cell Biol.* 2004, **5**: 836–847.

13.5 胚生期に受ける栄養量は，長期的かつ大きな影響を与える

Barker, D.J.: The Wellcome Foundation Lecture. 1994: **The fetal origins of adult disease.** *Proc. R. Soc. Lond.* 1995, **262**:

37-43.

Gluckman, P.D., Hanson, M.A., Cooper, C., Thornburg, K.L.: **Effect of *in utero* and early-life conditions on adult health and disease**. *N. Engl. J. Med.* 2008, **359**: 61-73.

13.6 器官の大きさの決定には，細胞の成長，細胞分裂，そして細胞死の協調が必要である

de la Cova, C., Abril, M., Bellosta, P., Gallant, P., Johnston, L.A.: ***Drosophila* myc regulates organ size by inducing cell competition**. *Cell* 2004, **117**: 107-116.

Martin, F.A., Herrera, S.C., Morata, G.: **Cell competition, growth and size control in the *Drosophila* wing imaginal disc**. *Development* 2009, **136**: 3747-3756.

Pan, D.: **Hippo signaling in organ size control**. *Genes Dev.* 2007, **21**: 886-897.

13.7 昆虫と哺乳類では，からだのサイズは神経内分泌系でも支配される

Mirth, C.K., Riddiford, L.M.: **Size assessment and growth control: how adult size is determined in insects**. *BioEssays* 2007, **29**: 344-355.

Nijhout, H.F.: **Size matters (but so does time), and it's OK to be different**. *Dev. Cell* 2008, **15**: 491-492.

Sanders, E.J., Harvey S.: **Growth hormone as an early embryonic growth and differentiation factor**. *Anat. Embryol.* 2004, **209**: 1-9.

Stern, D.: **Body-size control: how an insect knows it has grown enough**. *Curr. Biol.* 2003, **13**: R267-R269.

Box 13A シグナル分子の濃度勾配は器官のサイズを決定できる

Lawrence, P.A., Struhl, G., Casal, J.: **Do the protocadherins Fat and Dachsous link up to determine both planar cell polarity and the dimensions of organs?** *Nat. Cell Biol.* 2008, **10**: 1379-1382.

Rogulja, D., Irvine, K.D.: **Regulation of cell proliferation by a morphogen gradient**. *Cell* 2005, **123**: 449-461.

Willecke, M., Hamaratoglu, F., Sansores-Garcia, L., Tao, C., Halder, G.: **Boundaries of Dachsous cadherin activity modulate the Hippo signaling pathway to induce cell proliferation**. *Proc. Natl Acad. Sci USA* 2008, **105**: 14897-14902.

13.8 長管骨の成長は成長板で起きる

Kember, N.F.: **Cell kinetics and the control of bone growth**. *Acta Paediatr. Suppl.* 1993, **391**: 61-65.

Kronenberg, H.M.: **Developmental regulation of the growth plate**. *Nature* 2003, **423**: 332-336.

Nilsson, O., Baron, J.: **Fundamental limits on longitudinal bone growth: growth plate senescence and epiphyseal function**. *Trends Endocrinol. Metab.* 2004, **8**: 370-374.

Roush, W.: **Putting the brakes on bone growth**. *Science* 1996, **273**: 579.

13.9 脊椎動物の横紋筋の成長は張力に依存する

Schultz, E.: **Satellite cell proliferative compartments in growing skeletal muscles**. *Dev. Biol.* 1996, **175**: 84-94.

Williams, P.E., Goldspink, G.: **Changes in sarcomere length and physiological properties in immobilized muscle**. *J. Anat.* 1978, **127**: 450-468.

13.10 癌は，細胞の増殖と分化に関わる遺伝子の変異によって起きる

Beachy, P.A., Karhadkar, S.S., Berman, D.M.: **Tissue repair and stem cell renewal in carcinogenesis**. *Nature* 2004, **432**: 324-331.

Hunter, T.: **Oncoprotein networks**. *Cell* 1997, **88**: 333-346.

Jones, S., Zhang, X., Parsons, D.W., Lin, J.C., Leary, R.J., Angenendt, P., Mankoo, P., Carter, H., Kamiyama, H., Jimeno, A., et al.: **Core signaling pathways in human pancreatic cancers revealed by global genomic analyses**. *Science* 2008, **321**: 1801-1806.

Shilo, B.Z.: **Tumor suppressors. Dispatches from patched**. *Nature* 1996, **382**: 115-116.

Taipale, J., Beachy, P.A.: **The hedgehog and Wnt signalling pathways in cancer**. *Nature* 2001, **422**: 349-353.

Van Dyke, T.: **p53 and tumor suppression**. *N. Engl. J. Med.* 2007, **356**: 79-92.

Vernon, A.E., LaBonne, C.: **Tumor metastasis: a new Twist on epithelial-mesenchymal transitions**. *Curr. Biol.* 2004, **14**: R719-R721.

13.11 ホルモンは植物成長の様々な段階を支配する

Cosgrove, D.J.: **Plant cell enlargement and the action of expansins**. *BioEssays* 1996, **18**: 533-540.

Hauser, M.T., Morikami, A., Benfey, P.N.: **Conditional root expansion mutants of *Arabidopsis***. *Development* 1995, **121**: 1237-1252.

Raven, P.H., Evert, R.F., Eichhorn, S.E.: *The Biology of Plants* (7th edn). New York: W. H. Freeman, 2005.

Sablowski, R.: **Root development: the embryo within**. *Curr. Biol.* 2004, **14**: R1054-R1055.

13.12 節足動物は脱皮を経て成長する & 13.13 変態過程は，環境と内分泌因子に支配される

Brown, D.D., Cai, L.: **Amphibian metamorphosis**. *Dev. Biol.* 2007, **306**: 20-33.

De Loof, A.: **Ecdysteroids, juvenile hormone and insect neuropeptides: Recent successes and remaining major challenges**. *Gen. Comp. Endocrinol.* 2008, **155**: 3-13.

Huang, H., Brown, D.D.: **Prolactin is not juvenile hormone in *Xenopus laevis* metamorphosis**. *Proc. Natl Acad. Sci. USA* 2000, **97**: 195-199.

Nijhout, H.F.: **Size matters (but so does time), and it's OK to be different**. *Dev. Cell* 2008, **15**: 491-492.

Tata, J.R.: *Hormonal Signaling and Postembryonic Development*. Heidelberg: Springer, 1998.

Thummel, C.S.: **Flies on steroids – *Drosophila* metamorphosis and the mechanisms of steroid hormone action**. *Trends Genet.* 1996, **12**: 306-310.

White, K.P., Rifkin, S.A., Hurban, P., Hogness, D.S.: **Microarray analysis of *Drosophila* development during metamorphosis**. *Science* 1999, **286**: 2179-2184.

Wu, H.H., Ivkovic, S., Murray, R.C., Jaramillo, S., Lyons, K.M., Johnson, J.E., Calof, A.L.: **Autoregulation of neurogenesis by GDF11**. *Neuron* 2003, **37**: 197-207.

13.14 遺伝子は老化のタイミングを変化させる

Arantes-Oliviera, N., Berman, J.R., Kenyon, C.: **Healthy animals with extreme longevity**. *Science* 2003, **302**: 611.

Campisi, J., d'Adda di Fagagna, F.: **Cellular senescence: when bad things happen to good cells**. *Nat. Rev. Mol. Cell Biol.* 2007, **8**: 729–740.

Finkel, T., Serrano, M., Blasco, M.A.: **The common biology of cancer and ageing**. *Nature* 2007, **448**: 767–774.

Harper, M.E., Bevilacqua, L., Hagopian, K., Weindruch, R., Ramsey, J.J.: **Ageing, oxidative stress, and mitochondrial uncoupling**. *Acta Physiol. Scand.* 2004, **182**: 321–331.

Kenyon, C.: **The plasticity of aging: insights from long-lived mutants**. *Cell* 2005, **120**: 449–460.

Kipling, D., Davis, T., Ostler, E.L., Faragher, R.G.: **What can progeroid syndromes tell us about human aging?** *Science* 2004, **305**: 1426–1431.

Kudlow, B.A., Kennedy, B.K., Monnat, R.J.: **Werner and Hutchinson-Gilford progeria syndromes: mechanistic basis of progerial diseases**. *Nat. Rev. Mol. Cell Biol.* 2007, **8**: 394–404.

Martinez, D.E.: **Mortality patterns suggest lack of senescence in hydra**. *Exp. Gerontol.* 1998, **33**: 217–225.

Murphy, C.T., Partridge, L., Gems, D.: **Mechanisms of ageing: public or private**. *Nat Rev. Genet.* 2002, **3**: 165–175.

Partridge, L.: **Some highlights of research on aging with invertebrates**. *Aging Cell* 2008, **7**: 605–608.

Tatar, M., Bartke, A., Antebi, A.: **The endocrine regulation of aging by insulin-like signals**. *Science* 2003, **299**: 1346–1351.

Weindruch, R.: **Caloric restriction and aging**. *Science* 1996, **274**: 46–52.

Yoshida, K., Fujisawa, T., Hwang, J.S., Ikeo, K., Gojobori, T.: **Degeneration after sexual differentiation in hydra and its relevance to the evolution of aging**. *Gene* 2006, **385**: 64–70.

13.15 細胞の老化は細胞増殖を阻害する

Shay, J.W., Wright, W.E.: **When do telomeres matter?** *Science* 2001, **291**: 839–840.

Sherr, C.J., DePinho, R.A.: **Cellular senescence: mitotic clock or culture shock**. *Cell* 2000, **102**: 407–410.

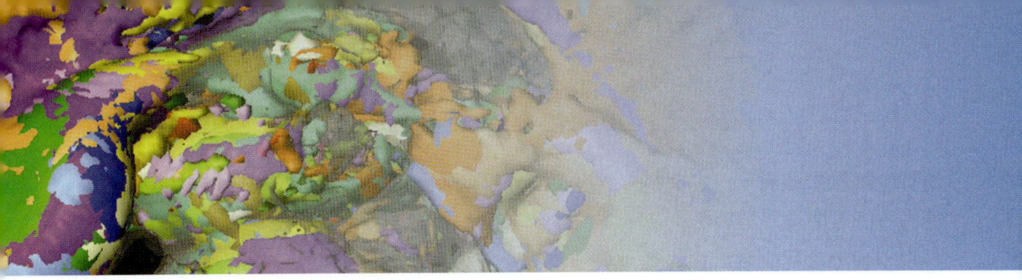

14

再生

●肢と器官の再生　●ヒドラの再生

動物にはイモリのように，肢や尾，眼のレンズを再生できるものがいる。肢では，この過程は分化細胞の前駆細胞への脱分化とその後の先端方向への再成長を伴い，そのとき新たに生じた先端の位置価によって発生が正確に導かれる。ヒドラは小さな刺胞動物であるが，その頭部は成長を伴わずに再生し，これには頭部がつくる，阻害因子と位置情報の勾配が関与している。

心筋や中枢神経系のほとんどのニューロンのような成体の細胞の多くは，胚発生の過程で最初に生じた細胞そのものである。しかし，血液や上皮などいくつかの組織は幹細胞によって継続的に置き換わっており，骨格筋などの別の組織では，組織が損傷を受けると静止していた幹細胞から再生が起こる（第 10.10 節の例を参照）。また，これまでに多くの例を挙げて示してきたように，胚には，その一部を切除あるいは他の場所に入れ替えても，自己調節をする能力がある（第 4.10 節の例を参照）。本章では，生物の成体でみられる**再生（regeneration）**に関連した現象について紹介する。再生とは，発生を終えた生物が体細胞の成長や再パターン形成によって，組織や器官，付属器を元通りに戻す能力である。植物はすぐれた再生能力を持ち，たった 1 つの体細胞から完全な新しい植物個体を生じさせることができる（第 7.4 節参照）。動物の中にもすばらしい再生能力を見せるものがあり，ヒトデやプラナリア（扁形動物），ヒドラ（*Hydra*）といった動物は，小さな断片から動物個体全体を形成できる（**図 14.1**）。これらの動物の再生能力はおそらく，それ

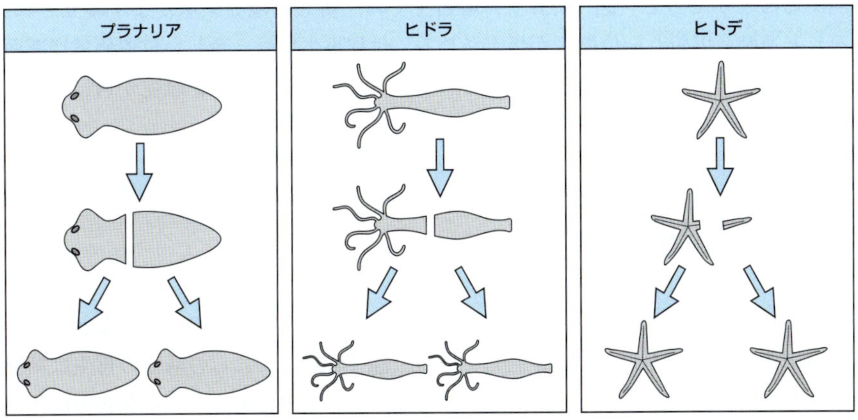

図 14.1　様々な無脊椎動物の再生
プラナリアやヒドラ，ヒトデはいずれも顕著な再生能力を示す。一部を除去したからだや，分離された小断片から，完全な個体が再生される。

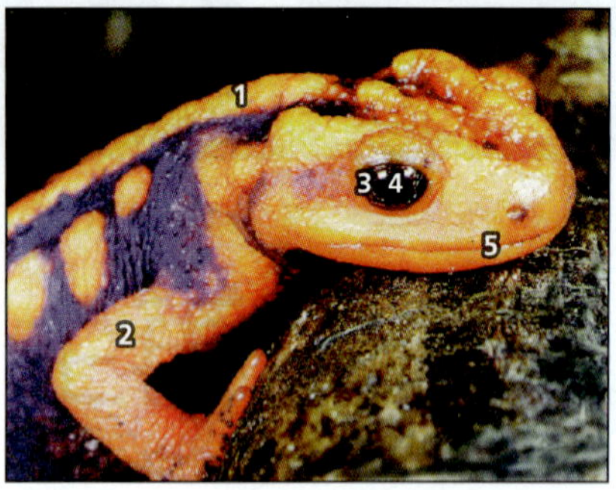

図 14.2 有尾両生類の再生能力
ミナミイボイモリは背稜（1），肢（2），網膜とレンズ（3，4），顎（5），尾（ここでは示していない）を再生できる。

らが持つ無性生殖能——すなわち，出芽や分裂によって完全な新しい個体を生み出す能力——と関連している。

昆虫や他の節足動物の中には，失った脚などの付属肢を再生できるものがいる。脊椎動物ではイモリや他の有尾両生類が驚くべき再生能力を持ち，いくつかの内部組織はもちろん，尾や肢も完全に再生できる（**図 14.2**）。たとえばイモリの眼のレンズは虹彩の色素上皮から再生するが，これは分化転換の例でもある（**図 10.31** 参照）。他の脊椎動物では，ゼブラフィッシュもすぐれた再生能力を持っており，心室の一部を切除してもその心臓を再生できる。哺乳類の再生力は，これらよりずっと限定的である。例えば哺乳類は心臓を再生できないので，遺伝学的操作が容易なゼブラフィッシュにこの能力があることは，医学研究にとっても大きな意味を持っている。脊椎動物の肝臓の細胞（肝細胞）は分裂能力を保持しており，もし肝臓の一部が切除されても再成長できる（第 13.4 節参照）。また，雄のシカの枝角は毎年再成長するし，骨折の治療は再生の過程を経る。しかし，哺乳類は，指先を元に戻す程度の限られた能力はあるものの，失われた四肢を再生することはできない。

再生について考えると，いくつかの大きな疑問が生じる。なぜ再生できる動物とできない動物がいるのか？　再生構造をつくる細胞は何に由来するのか？ どのようなメカニズムによって再生組織のパターンが形成され，またそのメカニズムは胚発生で起こるパターン形成過程とどのような関係にあるのか？　再生能力の欠如は必ずしも複雑性の増大とは関連しておらず，まったく再生力を持たない動物には，線虫やワムシも含まれている。この章では，重点的に再生研究が行われている 2 つの系に特に着目する。両生類（イモリとアホロートル）や昆虫における肢の再生と，淡水産刺胞動物ヒドラにおける動物個体全体の再生である。これらの系の再生を理解することは，哺乳類組織の再生に対する理解喚起を促し，心臓や脊髄のような組織の修復に対する医療技術の発展への一助となるだろう。幹細胞が再生に関わっているのか，そして損傷した組織の修復に幹細胞は活用できるのかという問題もある（第 10 章参照）。また，ゼブラフィッシュの心筋の再生と，哺乳類の末梢神経の再生についても簡単に言及したい。

再生には最低でも，成長・分化・パターン形成が制御されている細胞集団を生じることが必要である。再生は 2 つのタイプに区別される。その 1 つである**再編再生［形態調節（morphallaxis）］**では，細胞分裂と成長はほとんど起こらず，構造の再生は主に残存組織の再パターン形成と境界の再構築によって起こる。ヒドラの再生は，再編再生のよい例である。一方，イモリの肢の再生は正常なパターンを持った完全に新しい構造が成長することで起こり，これは**付加再生（epimorphosis）**として知られている。どちらのタイプの再生も，フランス国旗パターンを使って説明することができる（**図 14.3**）。再編再生では，新しい境界領域がまず確立され，それと連動して新しい位置価が指定される。付加再生では，新しい位置価は切断面からの成長と結びついている。どちらの場合も，再生組織の前駆細胞が何に由来するのかは重要な問題である。

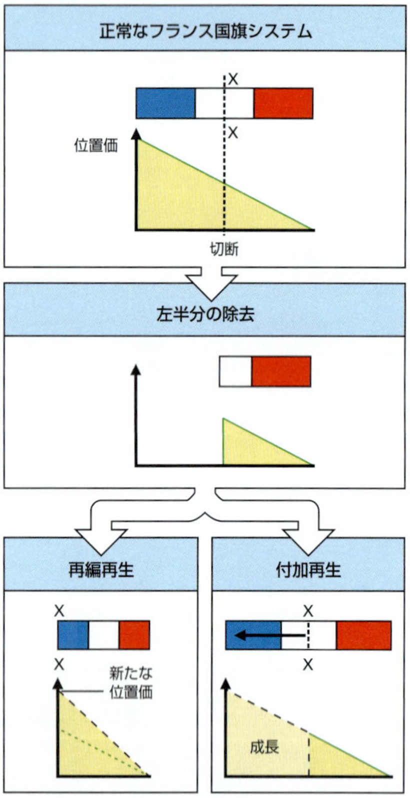

図 14.3 再編再生と付加再生
位置価によってフランス国旗のようなパターンが指定される（**図 1.25**）。システムが半分に切断された場合，2 通りの再生が可能である。再編再生による再生では切断部に新たな境界がつくられ，全体の位置価が変更される。付加再生による再生では，新たな位置価が切断面からの成長と結びついている。

肢と器官の再生

イモリやアホロートルなどの有尾両生類は，尾，肢，顎，眼のレンズなどのからだの構造を再生する非常に高い能力を持つ（**図 14.2**）。これらの構造の再生は細胞増殖と新たな成長を伴い，したがってこれは付加再生型である。脊椎動物の成体の肢のような，完全に分化した様々な種類の細胞が高度に組織化された配置で含まれている構造の再生では，再生構造の元となる細胞の起源が問題となる。分化細胞が脱分化して分裂を開始するのか？　特別に備蓄された細胞があるのか？　既存の細胞は脱分化後にその性質を変えるのか？　昆虫も損傷を受けた脚などの付属肢を再生することができる。昆虫の再生は比較的サイズが大きくて扱いやすいゴキブリの幼虫の脚で主に研究されており，この系についても簡単に議論する。

14.1　両生類の肢の再生は，細胞の脱分化と新たな成長を伴う

イモリの肢を切断すると，すぐに傷口の端から上皮細胞が移動して創傷面を覆う。この過程はその後の再生に不可欠であり，もし傷口の端同士を縫合してこれを阻害すると再生は起こらない。その後，覆っている上皮の下に**再生芽（blastema）**と呼ばれる未分化細胞の集団が現れ，これがのちに再生する肢の元となる（図14.4）。再生芽は，分化形質を失い分裂を開始した傷上皮の直下の細胞から形成され，やがて伸長して円錐形となる。四肢が再生をはじめてから数週間が過ぎると，

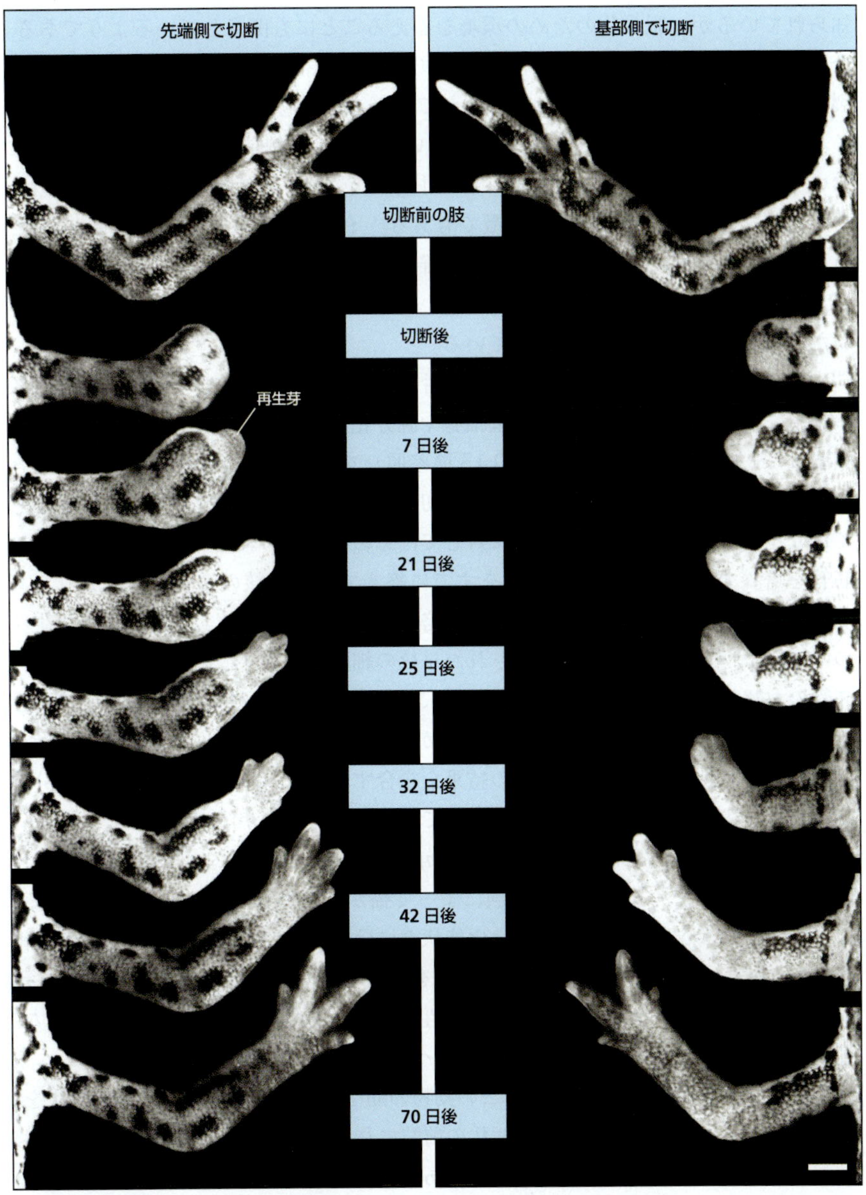

図 14.4　ブチイモリ（*Notophthalmus viridescens*）前肢の再生
左のパネルは先端部（前腕中央）で切断した後の前肢の再生を示す。右のパネルは基部（上腕中央）で切断した後の再生を示す。一番上は切断前の肢を示す。連続写真は切断してから図示した日数後にそれぞれ撮影した。再生芽から切断面より先端側の構造が生じることに注意。スケールバー＝1 mm。

再生芽細胞は軟骨，筋，結合組織に分化する。再生芽細胞は，切断部位近くに残された間充織組織から局所的に生じる。主に真皮に由来するが，軟骨や筋からも生じることが示されている。

脊椎動物の骨格筋細胞は，通常，最終分化後には分裂しないので，イモリの骨格筋細胞が脱分化し増殖する能力を持つことはとりわけ興味深い。脊椎動物の筋分化の一般的な特徴として，筋芽細胞が融合して筋管が形成されると，その細胞は細胞周期を離脱する。この離脱には細胞周期調節タンパク質 Rb［retinoblastoma protein（網膜芽細胞腫タンパク質）］の脱リン酸化を伴い（第 10.9 節参照），Rb を欠損したマウス培養筋細胞は細胞周期を再開できる。前述のイモリ再生肢の筋細胞では，Rb タンパク質がリン酸化により不活性化するため，細胞は細胞周期を再開し，分裂することができる。細胞周期の再開は，再生芽におけるトロンビンの活性化とも関係している。実際，おそらくトロンビンは様々な再生系において重要な因子であり，イモリのレンズが虹彩の背側端から再生するときにも，その領域におけるトロンビンの活性化が関係している。

トロンビンはタンパク質分解酵素であり，血液凝固カスケードの一員としてよく知られているが，脱分化のための環境を整えることにも関与しているようである。分裂が終わった多核のイモリ筋細胞をトロンビンを含む培養液中で培養すると，分裂する単核の細胞へと転換させることができる。筋細胞の脱分化には，ホメオドメイン転写因子 Msx1 の再発現も関わっている。この多機能な転写因子は哺乳類において筋分化を抑制することが知られており（第 10.9 節参照），Msx1 の発現は，再生可能な未分化間充織細胞の特徴でもある。イモリの再生筋の由来に関しては，衛星細胞（哺乳類成体において骨格筋線維を再生する細胞）と似た機能を持つ細胞が，これまでそのような細胞が存在しないと考えられていたイモリ成体でも同定されたことで，問題がより複雑化している。

次の問題は，イモリ再生肢において軟骨や筋に分化する細胞はそのまま同じ種類の細胞になるのか，それとも筋衛星細胞や脱分化した筋細胞はまったく別の種類の細胞に――分化転換の過程（第 10.15 節参照）を経て――再分化することができるのか，という問題である。例えば，肢切断部で脱分化した骨格筋細胞は軟骨として再分化できるのか？　この問いに対してはじめに試みられたのは，イモリ四肢の筋管を培養する実験である。分裂をすでに終えている多核の筋管をアルカリホスファターゼ発現レトロウイルスとともに培養して標識し，再生している肢の再生芽の中に戻す。一週間後，強く標識された単核の細胞が再生芽で観察され，移植した筋管の大部分は単核の細胞になっていた。この標識された単核の細胞は増殖した後，新たに筋ばかりでなく軟骨も生じたことから，分化転換が起こったと考えられた。イモリの再生肢を観察したこれらの結果を総合すると，再生芽細胞は均質な多分化能幹細胞の状態へと戻り，そこから改めて再分化することが示唆される。

しかし，アホロートル［*Ambystoma mexicanum*（メキシコサンショウウオ）］の再生肢を用いた，より最近の実験によって描かれた像はまったく異なっている。これらの実験は，再生芽細胞は多分化能状態には戻らずに，それが由来する元の細胞と同系譜のものに限定された発生能力を保持していることを示している。アホロートルの再生肢における各種組織の発生運命の追跡は，巧みな方法で行われた。まず，緑色蛍光タンパク質（GFP）をすべての細胞で発現するトランスジェニックアホロートルが作製された。次にこの動物の筋や上皮など特定の種類の組織片を，遺伝子導入していない同種の幼若個体の前肢に移植した。この幼若個体の前肢を移植部位で切断し，それから肢が再生するあいだ，緑色に光る移植細胞の発生運命を追跡した（**図 14.5**）。蛍光を持つ細胞の再分化後の組織の種類は，後で組織特異的マーカーによって同定した。

この実験によって，移植された筋組織から生じた再生芽細胞は，筋だけを形成することが示された。ただしこの実験法では，再生した筋が衛星細胞に由来するのか脱分化した筋細胞に由来するのか，それとも両者からかという問題を解決できない。というのは，両種の細胞が移植組織には含まれているからである。軟骨と上皮の細胞もその先の発生が限定されており，末梢神経線維のミエリン鞘を構成するグリアであるシュワン細胞も同様だった。ただ 1 つの例外は真皮の細胞であり，真皮の細胞は真皮と軟骨骨格のどちらにも寄与した。線維芽細胞の再分化能力についてはまだ明らかにされていない。また，この研究から，軟骨由来の再生芽細胞が基部-先端部軸に沿った元の位置のアイデンティティを“記憶”していることも明らかになった。元の肢で先端部にあった軟骨細胞は，移植された再生肢においても元の位置より基部側を形成しなかった。

再生芽の成長は，神経の供給（**図 14.6**）と再生芽を覆う傷上皮の両方に依存する。傷上皮は，四肢の発生における外胚葉性頂堤（第 11.3 節参照）とおそらく同様の役割を持つ組織である。肢切断前に神経を切っておいた両生類の肢では，再生芽は形成されるが成長しない。神経は再生した構造の性質やパターンには影響を与えない。影響を与えるのは神経の量であって神経の種類ではない。サンショウウオ成体の再生肢において，神経は，前勾配タンパク質（anterior gradient protein：nAG）と呼ばれる再生に必須の増殖因子を供給することが示されている。このタンパク質は，初期には進入してきたシュワン細胞から分泌され，のちに傷上皮の腺細胞から分泌される。除神経肢の再生芽を nAG で処理するだけで十分に完全な再生ができるようになる。

両生類の肢の再生に対する神経の影響を示す印象的な事例に，坐骨神経のような太い末梢神経を切って，その神経枝断端を肢あるいはその隣のわき腹につくった創傷表面に挿入すると，その部位から過剰肢が形成されるというものがある。この実験系を用いることで，肢の切断による細胞の損傷を考慮しなくてよい状態で，肢の再生を調べられるようになった。たとえば，創傷部位において上皮角化細胞が肢再生を支える上皮へと脱分化するためには，それらの細胞でジンクフィンガー転写調節因子 Sp9 の発現が必要であることがそうして見出された。

まだ解明されていない面白い現象に，イモリ胚の肢から発生のごく初期に神経を

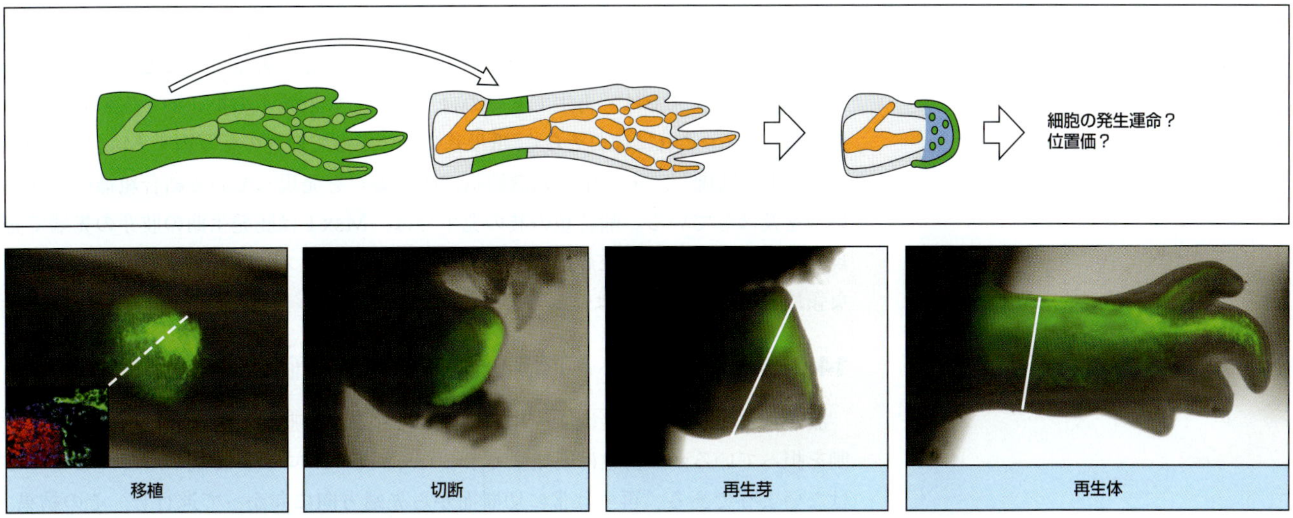

図 14.5 アホロートルの肢を再生する細胞が持つ発生能力は限定的である
上段には実験手順を，下段には様々な段階の肢の写真を示した。GFP を導入したアホロートル幼若個体の肢において，特定の位置にある特定の種類の組織（例えばここでは真皮）の細胞を，遺伝子導入していない個体の肢に移植したあと，移植片をまたぐように肢を切断した。その再生芽から成長した再生肢では，移植した細胞とその子孫細胞を緑色の蛍光によって検出できる。その後，それらの細胞の種類が調べられた。ここで図示した例では，移植した真皮細胞から新たに真皮と軟骨の骨格が生じたが，筋肉はできなかった。筋細胞を移植すると筋のみを生じた。肢の基部側から取った細胞は（図中で標識された細胞が指に存在するように）先端部の構造をつくることができたが，移植した軟骨細胞がより基部側の構造を生じることはなかった。
写真は *Kragl, M., et al.: 2009* より

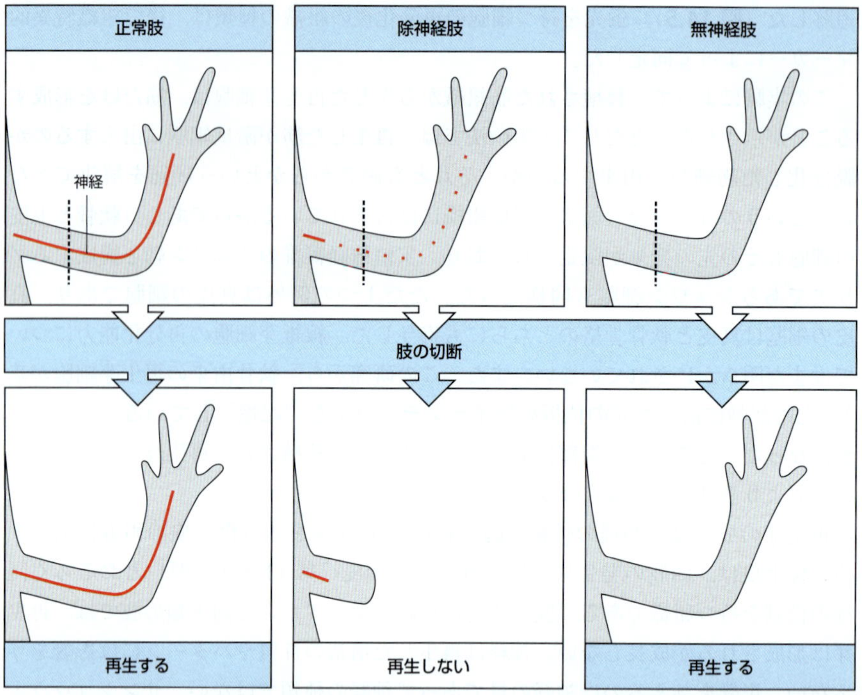

図 14.6 神経支配と肢の再生
正常肢が再生するためには，神経の供給が必要である（左列）。切断前に神経を除去すると再生しない（中列）。しかし，発生過程で神経を取り除いたために一度も神経支配を受けたことのない肢では，神経がなくても正常に再生できる（右列）。

除いて神経の影響を受けないようにすると，神経の供給がまったくなくても完全な再生ができるというものがある（**図 14.6** 右列参照）。しかし，この無神経肢に後に神経が進入すると，たちまち再生は神経に依存するようになる。これは，神経支配への依存性は，肢に神経が伸びた後に生じることを示唆している。

アフリカツメガエル（*Xenopus laevis*）のオタマジャクシは切断された肢を再生できるが，変態後の仔ガエルは再生できず，肢を切断すると釘状の組織だけが形成される。発生に重要な遺伝子のエピジェネティック制御を再生組織において調べる実験が行われ，ソニックヘッジホッグ遺伝子（*Shh*）の ZRS（ZPA 調節配列）（**Box 11B**, p. 443 参照）は仔ガエルでは高度にメチル化されているが，オタマジャクシではそうではないことが見出された。DNA のメチル化により，仔ガエルではこのエンハンサーを介する *Shh* の発現のサイレンシングが引き起こされていると考えられ，Shh は脊椎動物の肢の正常発生（第 11 章参照）と同様に再生においても重要な役割を果たしていることが示された。

哺乳類は肢全体を再生することはできないが，ヒトの幼児を含む多くの哺乳類は，爪をつくる組織──爪母基──が残っていれば，指先を再生することができる。ヒトの幼児やマウスでは，再生できるのは，爪あるいは鉤爪の根元から先のレベルの指に限られる。これにはおそらく，爪母基の下にあって前述の転写因子 Msx1（BMP-4 の発現を制御し，未分化間充織細胞に関わる）を発現している結合組織の存在が影響を及ぼしている。哺乳類の肢の発生では，Msx1 は胚発生期の肢芽の先端で発現し，マウスでは出生後も指先での発現が続く。マウスにおいて，指の再生が可能な領域と Msx1 の発現は一致している。

14.2 肢の再生芽は，切断部位より先端の位置価を持つ構造を形成する

肢が正常発生するときに活性化するタンパク質は，肢の再生においても一定の役割を担っているが，再生は胚発生とまったく同じメカニズムで起こっているわけではないようである。再生は常に切断面から先端方向に向かって進行し，その結果，

失われた部分が補われる。前肢を手首で切断すると手根部と指のみが再生し，上腕部中央で切断すると切断部から先端のすべて（上腕部の先端側を含む）が再生する。したがって，基部-先端部軸に沿った位置価は非常に重要であり，再生芽は少なくともその一部を記憶している（第14.1節参照）。再生芽の形態形成にはかなりの自律性がある。再生芽をイモリの幼生の背ビレや前眼房などの中立的な環境に移植して成長させると，その再生芽が採取された位置に相応しい構造が再生する。

再生芽の成長とそこから生じる構造の性質は切断部位によって決まり，切断部より基部側の組織の性質には依存しない。また，肢はただ単に欠損した部分を補おうとしているわけではない。それはある古典的な実験によって示された。その実験では，手首を切断したイモリの肢の先端部を，そこに血液が供給されるように同一個体の腹部に挿入した後，その肢を上腕部中央で切断した。すると，腹部と結合している側の肢には元々の橈骨と尺骨があるにもかかわらず，どちらの切断面も先端に向かって再生した（**図14.7**）。

再生芽は，胚発生期の肢芽よりもずっと——細胞数で10倍は——大きい。この大きさでは，再生芽を横断して拡散するシグナルは存在しないように思われる。そのかわり，成体の肢には胚発生期に確立された（第11.5節参照）基部-先端部軸に沿った位置価のセットが保持されていると考えると，再生を最もよく理解することができる。再生肢は何らかの方法で切断部位の位置価を読み取り，その後，そこから先端側の位置価のすべてを再生する。また付加再生では，たとえば新しい位置価の指定の仕方など，胚発生過程の記憶も必要である。

細胞が位置価の連続性の欠如を認識する能力があることは，基部側の切断部に先端側の再生芽を移植することで示された。この実験では，前肢につくられた切断部と再生芽はそれぞれ肩と手首という異なる位置価を持つ。結果として形成される正常な肢のうち，肩と手首の間は**挿入成長（intercalary growth）**によって主に基部側の切断部から生じ，手首の再生芽の細胞は主に掌と指を形成する（**図14.8**）。

パターン形成に関するどの議論でも根本的な問題となるのは，そこで提唱されている位置情報の分子基盤である。イモリの肢で基部-先端部軸に沿って勾配を持って発現する細胞表面タンパク質が同定されたことは，この点において大きな前進になった。次節で詳述するように，再生芽の基部-先端部軸方向のアイデンティティはレチノイン酸処理によって変化するが，この性質を利用して，基部-先端部軸のアイデンティティを変化させた再生芽における遺伝子発現が比較された。その結果，“基部”と“先端部”の再生芽において，Prod1と呼ばれる細胞表面タンパク質（哺乳類の細胞表面タンパク質CD59のイモリにおける相同分子）をコードする遺伝子の発現量に約2倍の違いがあることが見出された。つまり，Prod1は，

図14.7 肢の再生は常に先端側に向かって起こる
肢の先端部端を切断し，肢を腹部に挿入する。血管が連絡してから上腕部を切断する。再生してくる肢の片方はすでに先端側構造を持っているにもかかわらず，どちらの切断面も同じ先端側構造を再生する。

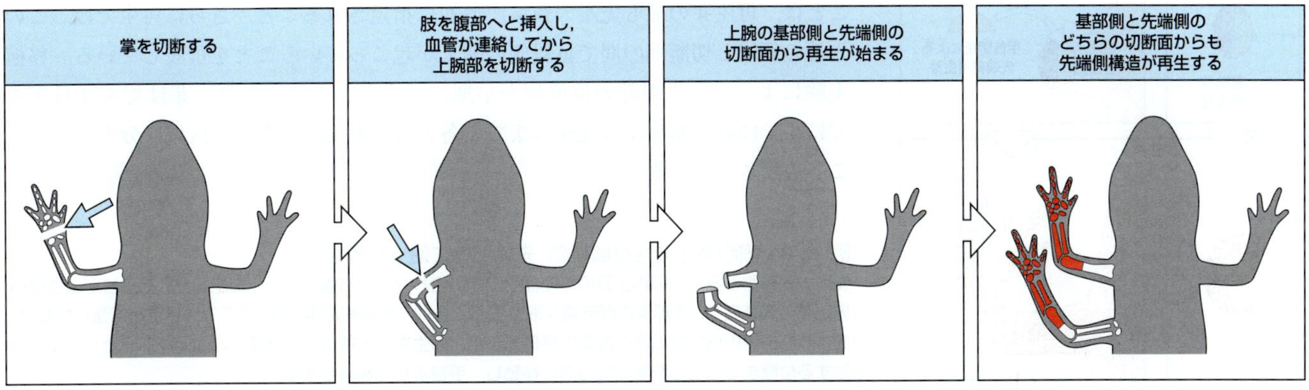

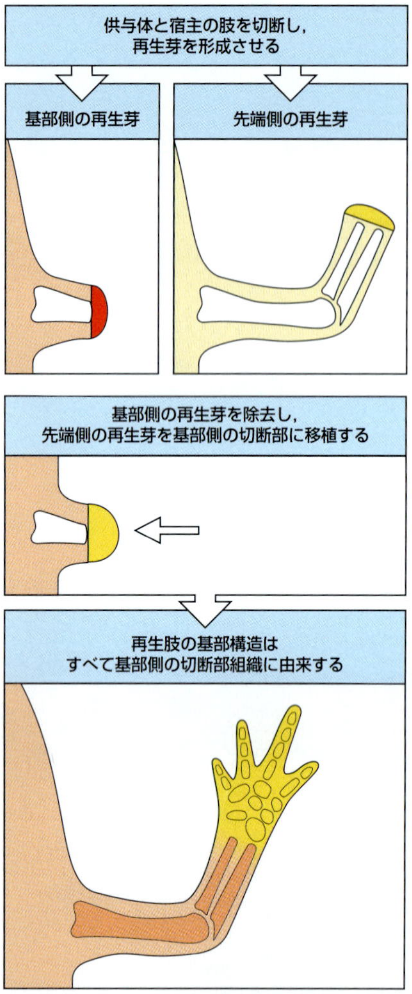

図 14.8 肢の再生における基部-先端部軸方向の挿入

先端側の再生芽を基部側の切断部に移植すると，先端側の再生芽よりも基部側にあるすべての構造が挿入される。挿入されたほとんどすべての領域は基部側の切断部に由来する。

短距離の細胞間相互作用による位置のアイデンティティの決定に使われている可能性がある。肢の再生に必須の増殖因子 nAG（第 14.1 節参照）は，Prod1 のリガンドの1つである。nAG は基部-先端部軸方向のパターン形成には作用しておらず，Prod1 を介して細胞分裂の促進に作用していると考えられている。

Prod1 が勾配を持つことは，細胞表面の性質が再生に関わっているという観察とよく合致する。基部-先端部軸方向の位置がほぼ同じ 2 つの再生芽から取った間充織を向き合わせて培養すると，その境界は安定して維持されるのに対して，位置が違う 2 つの再生芽を並べると，基部側の間充織が先端側の間充織を囲いこむ（**図 14.9**，左列）。この現象は，細胞接着性には軸に沿った段階的な違いがあり，先端部の接着性が最も高いことを示唆する。先端側の外植片の細胞は，基部側の再生芽の細胞よりも互いに固く接着し続けるので，基部側の細胞のほうがより広い範囲に分散する。接着性の違いは，基部由来の再生芽の背側表面に，先端部由来の再生芽を間充織細胞同士が接触するように移植したときの，先端側の再生芽の挙動からも示唆される。このような条件下で先端側の再生芽は，由来する元の位置と同じ位置に宿主の再生が到達するまで先端方向へ移動する（**図 14.9**，右列）。このことは，先端側の細胞は，それが移植された基部領域よりも，再生してきた手首領域により強く接着することを示唆している。肩レベルの再生芽を肩レベルの切断部に移植すると，切断部の組織を使わずに，移植した肩の再生芽から正常な先端方向への成長が起こる。これらすべての実験は，有尾両生類の肢の再生における基部-先端部軸方向の位置価は勾配特性として，おそらくその一部は細胞表面にコードされていること，成長，運動，接着という軸指定に関連する細胞の挙動は，隣接する細胞との関係において，この特性を発揮するのに機能していることを示唆する。

挿入による位置価の連続性の維持は，付加再生する系において基礎となる性質であり，この章でも後でゴキブリの脚に関してその性質を考察する。再生芽の成長による正常な再生でさえ，切断面のレベルにある細胞と，傷上皮によって最も先端の位置価を指定された細胞の間で起こる，挿入の結果とみなすことができる。すべての再生芽細胞が，その前身である分化細胞から特定の位置価をどの程度受け継いでいるのか，また，適切な位置価の発現を誘導するためのシグナルをどの程度受けるのかは明らかではない。**図 14.5** で説明したアホロートルの実験では，軟骨細胞は元々の位置価を保持していたが，シュワン細胞は保持していなかった。

Hox 遺伝子の発現と位置のアイデンティティとの関係は，肢の発生と再生のどちらにおいても正確にはわかっていない。第 11 章で述べたように，肢の発生のあいだ Hoxa 遺伝子群は，時空間的な共線性をもって基部-先端部軸に沿って発現する。しかしアホロートルの再生過程では，Hoxa 遺伝子群の 3′ 末端側と 5′ 末端側の 2 つの遺伝子は，切断後 24 ～ 48 時間で切断部の細胞に同時に発現する。このことは，再生芽の最も先端の領域が最初に指定されること，さらに再生では，この先端の領域と切断部の間で位置価の挿入が起こっていることを示唆している。移植実験によって，先端部の位置価が早期に確立されること，再生芽は切断 4 日後までにすでに肢の基部から先端部までの各領域を形成する明確な区域に分かれていることも示されている。

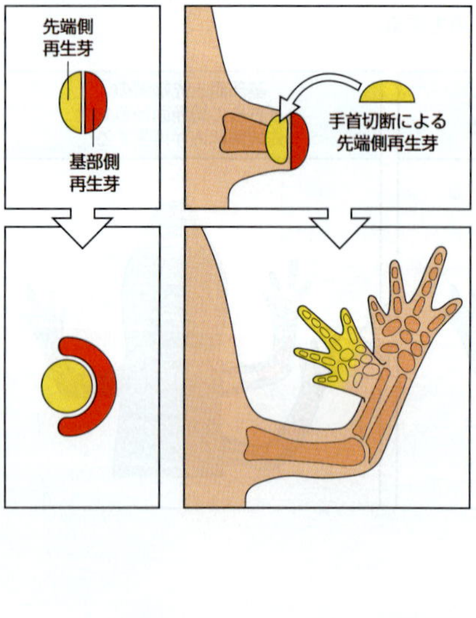

図 14.9 細胞表面の性質は基部-先端部軸に沿って異なる

左列：先端側と基部側の再生芽の間充織を向かい合わせて共培養すると，細胞同士の接着性がより強い先端側の間充織を，基部側の間充織が取り囲む。右列：先端側の再生芽（ここでは手首を切断したもの）をより基部側の再生芽の背側表面に移植すると，再生する手首の再生芽はそれが元々あったレベルに一致する位置まで宿主の肢を先端方向に移動し，手首より先を再生する。

14.3 レチノイン酸は再生肢の位置価を変更できる

レチノイン酸が発生中の脊椎動物の肢に存在すること，ニワトリの肢芽に実験的に添加されたレチノイン酸がどのように位置価を変更するのかについては，すでに述べた（第11.7節参照）。両生類の肢の再生においても，レチノイン酸は非常に強い作用を持つ。

再生している肢をレチノイン酸処理すると，再生芽が基部化する。すなわち，肢はそれが実際に切断された位置よりも基部で切断されたかのように再生をする。たとえば，肢を橈骨と尺骨のところで切断してレチノイン酸で処理すると，切断面より先端部だけでなく，完全な橈骨と尺骨が余分に再生する。レチノイン酸の効果は濃度に依存しており，高濃度で処理をすると，手首より先を切断しただけの肢であっても肩帯の一部を含む肢全体を余分に再生できる（**図 14.10**）。つまりレチノイン酸は，再生芽の基部-先端部軸方向の位置価を変更し，より基部側にしているのである。先端側の再生芽細胞に Prod1 を過剰発現させると，それらの細胞はより基部側へと移動することから考えると，レチノイン酸はおそらく，位置情報を指定する様々な経路に対して，特に Prod1 の発現の増加に影響を与えているのだろう（第14.2節参照）。またレチノイン酸は，ホメオボックス遺伝子である *meis*（基部のアイデンティティの指定に関わり，通常は先端部で発現が抑制されている）の活性化を介しても，再生芽の位置価を基部方向に動かしているようである。さらに実験条件によっては，レチノイン酸は前後軸に沿った位置価を後部方向にずらすこともできる。

レチノイン酸は種々の核内受容体を介して作用するが，肢の基部-先端部に沿った位置価の変更に関わるのは RARδ2 だけである。RARδ2 の DNA 結合部位とチロキシン受容体のホルモン結合部位を組合せたキメラ受容体を構築することで，チロキシンによってレチノイン酸受容体を選択的に活性化できるようになり，RARδ2 の活性化の効果を実験的に研究することが可能となる（**図 14.11**）。まず先端側の再生芽細胞にキメラ受容体遺伝子を導入し，その後，基部側の切断部にそれを移植してチロキシン処理する。すると遺伝子導入された細胞は，それらがまるでレチノイン酸処理されたかのような挙動を示す。その結果，遺伝子導入された再生芽細胞は，挿入再生をしている肢のなかでより基部側へと移動する。これは，レチノイン酸経路の活性化によって細胞の位置価が基部化され，細胞がそれに応じてより基部へと移動したことを示している。Prod1 の濃度を上げたときにも細胞が基部側へと移動することから，Prod1 はこの変化を伝達する分子の非常に有力な候補である。

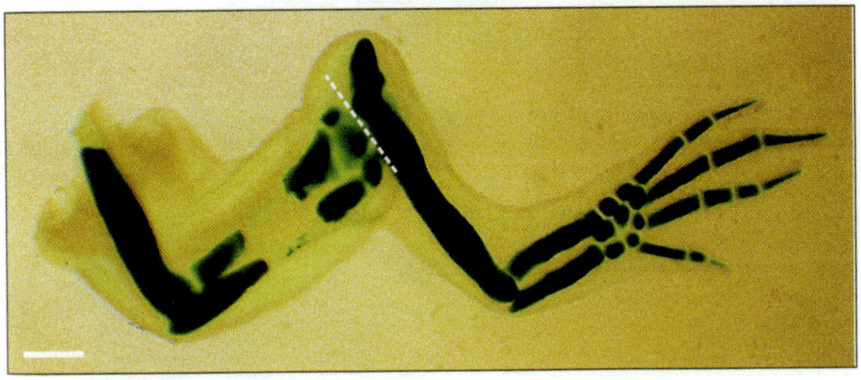

図 14.10　レチノイン酸は位置価を基部化できる
前肢を破線で示したように掌レベルで切断し，その後レチノイン酸処理をすると，上腕部の基部側で切断したときと同じ構造が再生する。スケールバー＝1 mm。

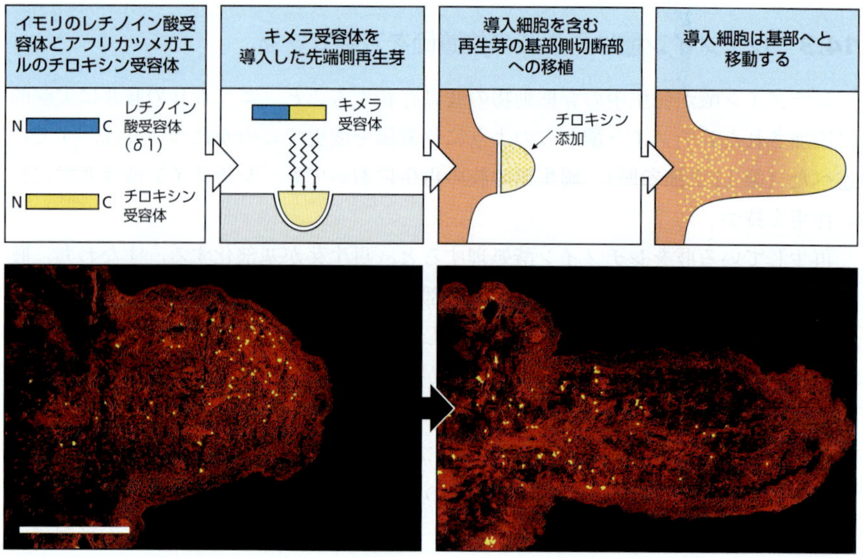

図 14.11 レチノイン酸は個々の細胞の位置価を基部化する
イモリの先端側の再生芽細胞に，チロキシンによってレチノイン酸受容体の機能が活性化するキメラ受容体を導入する。この再生芽を基部側の切断部に移植し，チロキシン処理する。レチノイン酸受容体の機能活性化により位置価が基部化しているため，挿入成長が起こる過程で，標識された導入細胞は基部方向へと移動する。写真は導入細胞の基部化を示す。スケールバー＝0.5 mm。
写真は Pecorino, L.T., et al.: 1996 より

レチノイン酸のもう1つの特筆すべき作用に，ヨーロッパアカガエル（*Rana temporaria*）のオタマジャクシの尾を，肢へとホメオティック・トランスフォーメーションさせる能力がある。オタマジャクシの尾は，切除すると再生する。しかし，後肢が発生している時期に尾を再生させてレチノイン酸処理すると，再生尾のかわりに過剰な後肢が現れる（**図 14.12**）。この結果を十分に説明することはまだできていないが，レチノイン酸は，再生している尾の再生芽が持つ位置価を，後肢が正常発生する位置のものへと，前後軸方向にずらしたのではないかと考えられている。

14.4 昆虫の脚では，基部-先端部軸方向と円周方向の成長によって位置価が挿入される

ゴキブリやコオロギなどの昆虫は，脚を再生できる。ショウジョウバエと異なり，これらの昆虫は完全変態を経ず，幼若期（ニンフ）はミニチュアの成虫に似ている。フタホシコオロギ（*Gryllus bimaculatus*）の3齢幼虫ニンフの脛節を切断すると，約40日で成虫に脚が再建される。Wingless と Decapentaplegic のシグナリングによって，コオロギの再生芽の先端から基部にかけて上皮増殖因子受容体（EGFR）シグナリングの活性の勾配がつくられ，それが再生している脚先端部のパターンを

図 14.12 レチノイン酸はカエルのオタマジャクシの再生尾に過剰肢を誘導できる
ヨーロッパアカガエルの幼生の尾を切断後，後肢が発生している時期に再生尾の切断部をレチノイン酸で処理する。すると，新たに尾ができるかわりに過剰な後肢が出現する。スケールバー＝5 mm。
写真は M. Maden 氏の厚意による

形成する。

第13章で述べたように，ショウジョウバエではカドヘリンのFatとDachsousおよびそれに関連するHippo経路を介したシグナリングが，成虫原基における細胞の増殖とアポトーシスを制御し，成虫原基の最終的な大きさとその後の成虫の翅や脚の大きさを決定する（第13.6節参照）。RNA干渉（RNAi）法を用いてコオロギの脚の再生におけるFatとDachsous，そしてHippo経路の役割を調べることで，脚が直接発生する昆虫でもそれが当てはまると思われる証拠が得られている。FatとDachsousのどちらかをノックダウンすると，正常な再生肢よりも短い再生肢が生じ，Hippo経路の他の遺伝子セットのノックダウンでは，正常より長い脚が形成される。Dachsous/Fatの勾配が脚に沿って存在し，その勾配の角度によって細胞増殖が制御されるという考えが提唱されており，この考えはショウジョウバエで示唆された器官の大きさの決定に対する勾配モデルを想起させる（**Box 13A**, p. 538参照）。

昆虫の脚の構造は脊椎動物のものとは多くの面で，特に上皮に由来する外骨格を持つという点で異なっているにもかかわらず，昆虫の脚は，両生類の肢の基部-先端部軸で述べたのと同様に（第14.2節参照），再生芽形成と欠損した位置価の挿入成長という付加再生過程をたどって再生する。つまり，位置価の挿入は付加再生系に普遍的な性質であると思われる。位置価が異なる細胞を隣り合わせに置くと，欠けている位置価を再生するために挿入成長が起こる。挿入は特にゴキブリの脚の再生で明確に示されており，また，ショウジョウバエの脚や翅の成虫原基を切除後の再生においても見られる。

ゴキブリの脚はたくさんの明瞭な節からつくられており，基部-先端部軸に沿って順に，基節，腿節，脛節，跗節と並んでいる。各節は基部-先端部軸方向と円周方向に節同士で類似した位置価のセットを持っているようで，再成長するときに欠けている位置価が挿入される。脛節を先端側で切断し，より基部側で予め切断しておいた宿主の脛節に移植すると，移植片と宿主の接合部で局所的に成長が起こり，欠けていた脛節の中央部分が挿入される（**図14.13**，左列）。両生類の再生とは対照的に，再生に寄与するのは主に先端側の断片である。しかし，両生類と同様に再生は局所的な現象であり，細胞は脛節全体のパターンには無関心である。したがって，基部側で切った脛節をより先端側の切断部に移植して正常よりも長い脛節をつくると，欠けている位置価が再生による挿入によって再び回復することで，脛節はいっそう長くなる（**図14.13**，右列）。剛毛の向きで示されるように，再生で生じた部分は残りの脚とは逆向きになっており，このことは，昆虫の体幹部の分節と同様に（第2章参照），位置価の勾配が細胞の極性も指定していることを示唆している。またこれらの結果は，位置価が連続していない細胞同士を隣り合わせると，位置価を連続したものにするために，欠けている位置価が成長によって挿入されることを示している。

脚の各節に存在する位置価のセットは互いに類似している。したがって，中央部で切断した脛節を，宿主の腿節中央部に移植すると，挿入は起こらずに傷が修復する。しかし，先端側で切断した腿節を基部側で切断した宿主の脛節に移植すると，主に腿節部分の挿入が起こる。節ごとの違いを生み出すのは，むしろ幼虫の分節の場合と同様に他の因子なのだろう。

挿入再生は円周方向にも起こる。ゴキブリの脚の上皮を長軸方向に帯状に除去すると，通常は隣接しない細胞が互いに接触するようになり，脱皮後に円周方向の挿入が起こる（**図14.14**）。細胞分裂は，円周上で不一致のある部位に集中して起こる。

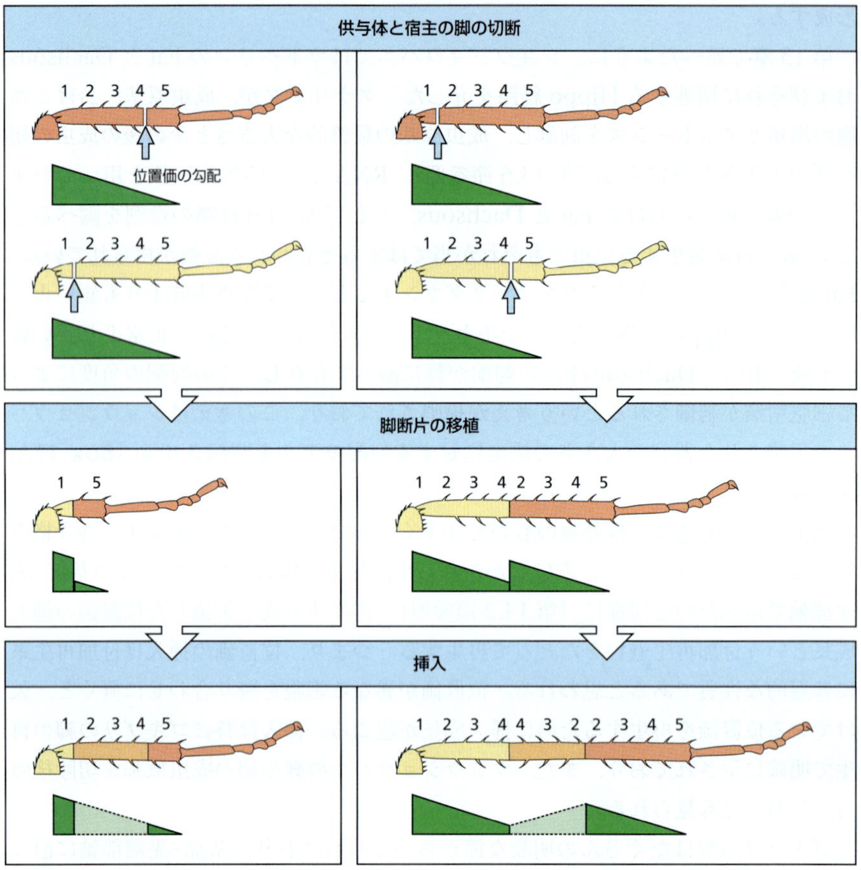

図 14.13　ゴキブリの再生脚における成長による位置価の挿入
左列：先端側の(5)で切断した脛節を基部側の(1)で切断した宿主に移植すると，2～4の位置価が挿入され，正常な脛節が再生する。右列：基部側の(1)で切断した脛節を先端側の(4)で切断した宿主に移植すると，再生した脛節は正常より長くなり，体表の剛毛の向きから判断して，再生部分は正常と逆向きになる。この逆向きの再生は位置価の勾配が逆であるために起こる。想定される位置価の勾配を各図の下側に示した。
French, V., et al.: 1976 より

円周方向の位置価は，値が 12，1，2，3... 6... 9... 11 と連続的に進む時計の文字盤として表すことができる。そこでは基部-先端部軸と同様に，欠けている位置価の挿入が起こる。

14.5　ゼブラフィッシュの心臓の再生は，心筋細胞の細胞分裂再開を伴う

哺乳類において代謝更新されない組織の1つに，心臓の筋肉，すなわち心筋がある。したがって，心臓は損傷しても他の筋肉のようには自身を修復することはない。もし哺乳類の心筋が損傷を受けると，線維性の瘢痕が形成される。しかし，心

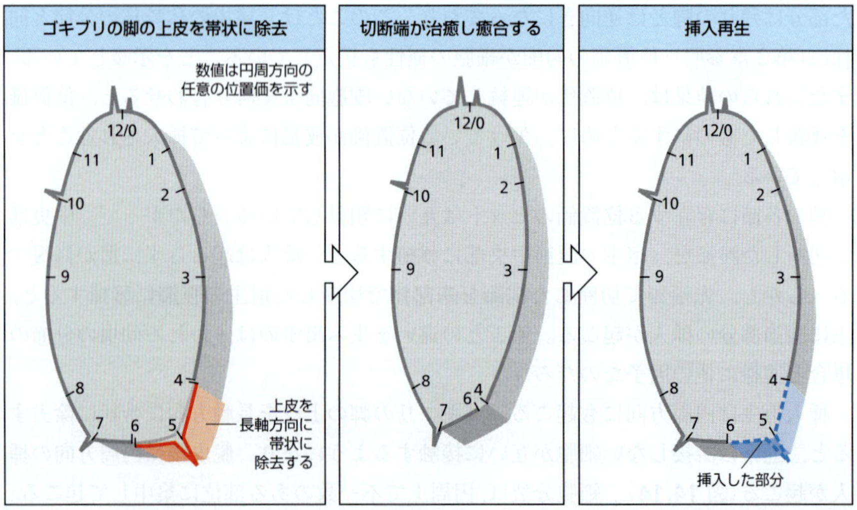

図 14.14　ゴキブリの脚における円周方向の挿入
図は脚の横断面を示す。ゴキブリの腹側の上皮断片を除去すると（左パネル），切断端が治癒して癒合する（中央パネル）。この個体が脱皮し，クチクラが再び成長するときに，円周方向の位置価が挿入される（右パネル）。位置価はちょうど時計の文字盤の数字のように，脚の円周方向に沿って並ぶ。
French, V., et al.: 1976 より

筋を構成する細胞である心筋細胞は本質的には分裂を再開する能力を持ち，脊椎動物の中には心筋を再生できるものもいる。ゼブラフィッシュ成体の心臓は，心室の20%を除去しても再成長する。この現象はイモリでも見られるが，特にゼブラフィッシュに関心が向けられるのは，このモデル生物が再生過程を遺伝学的に研究できるためである。

両生類の肢の再生における再生芽形成とは異なり，ゼブラフィッシュの心筋の再生には心筋細胞の脱分化は伴わないようである。そのかわり，傷口近辺の心筋細胞が分裂を開始し，新たな筋細胞が内部に向かって移動して心室壁を再生する。ゼブラフィッシュの心臓再生過程における遺伝子発現の解析によって，予定心臓細胞の初期マーカーである *Nkx2.5* など，心筋の正常発生にも関わる遺伝子群が発現することが示された（第11.30節参照）。しかし，再生している心筋で発現する *Nkx2.5* のレベルはごく低いことから，未分化の前駆細胞から心筋細胞の分化が起こる心臓の胚発生過程と同じ過程が，再生でも起こっているわけではないことが示唆される。さらに，ゼブラフィッシュでは，再生のあいだホメオドメインを含む転写因子のMsxBとMsxC（Msx1と近縁）の発現が増加するが，これらの因子は胚の心臓発生過程では発現しない。

14.6 哺乳類の末梢神経系は再生する

魚類や両生類と比べて哺乳類成体では，主要器官の完全な再生はより限定的にしか起こらない。第13章で述べたように，機能的組織を再成長させられる器官の1つは肝臓である。哺乳類の他の系で，成体において相当の再生力を持つものに，末梢神経系がある。しかし，肝臓と異なり，末梢神経の再生では軸索の再成長は起こるものの，分裂によって細胞自身が置き換わることはない。もし神経細胞体が損傷するとニューロンは再成長できず，また他から補充もされない。

脊椎動物成体において，脊髄と肢の末端をつなぐ運動神経や感覚神経のような末梢神経の軸索は，最大で数百センチメートルの長さになる。この軸索が切断されると，切断面に新たに成長円錐が形成され，それが元の神経幹の経路を下へと伸びて機能的な結合をつくり，ほとんど完全に機能が回復する。運動神経の場合，シナプス間隙を埋める基底層を認識することで，軸索末端は筋細胞にある元のシナプス部位を見つけ出す。軸索の再成長は，末梢神経を覆うミエリン鞘を形成するグリアであるシュワン細胞によって促進される。

対照的に，鳥類と哺乳類の成体の中枢神経系は，神経を損傷しても軸索や樹状突起の結合を正しく再生できない。これは，神経自身の能力が不足しているためではなく，むしろ環境が破壊されたためであり，破壊された環境は軸索の再生を促進せず，積極的に妨げさえする。残っている細胞体からの新たな伸長は見られるものの，それ以上は発達しない。軸索の再生が失敗する原因の一部は，中枢神経系のグリア細胞による阻害である。未成熟なニューロンを，中枢神経系のミエリン鞘の元となるグリア細胞であるオリゴデンドロサイトとともに培養すると，成長円錐の崩壊を引き起こすことができ，別型の中枢神経系グリア細胞であるアストロサイトもまた，損傷した灰白質において同様に抑制的に働く。それに対して，末梢神経系のミエリン鞘をつくるグリア細胞であるシュワン細胞を中枢神経系に移植すると，シュワン細胞はここでも軸索の再成長を促進し，再生した軸索がシュワン細胞に沿って移動する。損傷した中枢神経系で再成長が起こらないもう1つの理由は，末梢神経系に比べて壊死組織片の除去にかなり時間がかかるためである。高度に複雑な構造を持つ哺乳類の中枢神経系において，新しい軸索の伸長が総じて妨げられる理由を考えるのは難しくない。もし確かめもせずに軸索の伸長を許していたら，おそらく精巧な神経の結合パターンが乱れ，脳の機能が壊される可能性が高いだろう。

幹細胞は，中枢神経系の損傷領域に新たなニューロンとグリアを導入するための供給源として非常に有望である。たとえば胚性幹細胞（第10.16節参照）は，哺乳類の脳に移植するとニューロンに分化できる。このような実験は励みになるが，一方で，損傷後に正常な機能を回復することがこの方法で可能なのかを示すことが，これから必要とされる。

まとめ

有尾両生類は切断した肢や尾を再生できる。切断部の組織はまず脱分化して再生芽を形成し，その後，再生芽は成長して再生構造を形成する。再生芽の脱分化細胞は，再生肢に含まれる様々な種類の細胞の前駆細胞である。再生は一般に神経の存在に依存して起こるが，神経支配をまったく受けたことがない肢は再生が可能である。再生では常に切断部の位置価より先端の位置価を持つ構造が生じる。再生芽を異なる位置価を持つ切断部に移植すると，基部-先端部軸方向に沿って欠けている位置価の挿入が起こる。位置価は細胞表面タンパク質の基部-先端部軸方向の勾配と関連している可能性がある。レチノイン酸は再生芽細胞の位置価を変化させ，より基部側の位置価を付与する。昆虫の脚も，基部-先端部軸方向と円周方向の両方で，欠けている位置価の挿入を伴う再生が可能である。脊椎動物の内臓のうち，肝臓は哺乳類でも再生するが，両生類や魚類で再生する心筋は，哺乳類では再生しない。哺乳類や鳥類の成体では，中枢神経系のニューロンは損傷しても再生しないが，末梢神経では細胞体が損傷すると，かわりのニューロンはできないものの，軸索が再成長して再び結合をつくることができる。

まとめ：両生類の肢の再生

イモリの肢の切断

⇩

切断部の局所的な脱分化による再生芽形成

⇩

神経存在下で再生芽の成長による先端側構造の形成

⇩

先端側再生芽を基部側切断部に移植

⇩

切断部組織が成長して，欠けている基部-先端部軸方向の位置価を挿入

ヒドラの再生

ヒドラは約0.5 cmの長さの管状のからだを持つ淡水産の刺胞動物であり，一方の端（先端部端）に頭部領域を持ち，他方（基部端）にある基盤で地面に付着する（**図14.15**）。頭部にはヒドラがエサとする小動物を捕るために使う触手に囲まれた小さな円錐形の口丘があり，ここに口が開く。本書で取り上げるほとんどの動物が3つの胚葉を持つのと異なり，ヒドラの胚葉は2つだけである。体壁は，外胚葉に

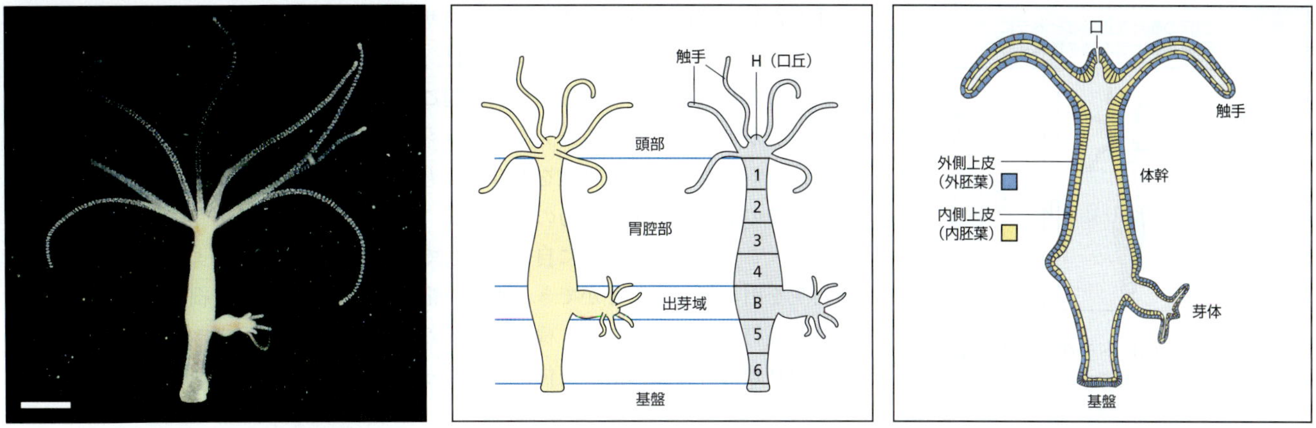

図 14.15　ヒドラ
この淡水産刺胞動物は一方の端に触手と口のある頭部を持ち，もう一方の端に粘着性の足部を持つ（左パネルの写真）。ヒドラは出芽により繁殖する。移植実験をするときには中央パネルに示した一連の領域に体幹を分割する。体壁は 2 層の上皮からなり，それらは本書で取り上げた他の生物で見られる外胚葉と内胚葉に相当する。スケールバー＝1 mm。
写真は W. Muller 氏の厚意により Muller, W. A.: 1989 から

相当する外側上皮と，内胚葉に相当し，胃腔を裏打ちする内側上皮からなる。これらの 2 層はゲル状基底膜（間充ゲル）によって隔てられている。ヒドラには約 20 種類の細胞があり，なかには神経や分泌細胞，獲物の捕獲に使われる刺細胞のように高度に特殊化したものもある。正常な成長では，間細胞と呼ばれる幹細胞から，これらの特殊化した細胞が生じる。ヒドラは中枢神経系を持たず，神経網がからだ全体に分布している。ヒドラのパターン形成や再生が注目されるのは，動物発生の進化初期に生じたオーガナイザー領域や発生における勾配に対する知見が得られるためである。他の動物の，より複雑なからだのパターンは，ヒドラのような単純なボディプランから進化したと思われる。

14.7　ヒドラは常に成長しているが，再生に成長は必要ない

栄養状態のよいヒドラは，継続的に成長とパターン形成を続ける動的状態にある。ヒドラは出芽により無性生殖をするが，環境が悪化すると有性生殖もできる。上皮層の細胞は 2 層とも絶えず増殖し，組織の成長とともに細胞は頭部と足部に向かって体幹に沿って移動する。ヒドラの成体が一定の大きさを維持するためには，余分な細胞が常に除かれなければならない。細胞の削減は触手の先端と足芽の基盤で起こる。また過剰につくられた細胞のほとんどは，体幹から新しいヒドラが無性的に出芽することで取り除かれる。出芽はからだの下側 2/3 ほどのところで起こる（**図 14.15**）。出芽域で局所的に起こる細胞形態の変化によって，体壁が膨出して先端に頭部を持つ新たな体幹が形成され，やがてそれが小さな新しいヒドラとして分離する。

ヒドラの継続的な成長は，細胞が常にその相対的な位置を変化させ，体壁を上や下に移動しながら新たな構造を形成していることを意味する。とすると，この動的な過程のなかで細胞の再パターン形成を行うメカニズムがあるはずである。これこそがヒドラに卓越した再生能力を与えているメカニズムである。ヒドラの体幹を横に切断すると，下側の断片は頭部を再生し，上側の断片は足部を再生する。このように，細胞が切断面にどの構造を再生するのかは，再生する断片における切断面の相対的な位置に依存する。元の頭部端に最も近い切断面からは頭部が形成される──これはヒドラがからだ全体にわたる明瞭な極性を持つことを示している。この極性はからだの小さな断片でもなお維持されており，体幹から短い断片を切り出したときにそれがわかる。すなわち，その先端部端は頭を再生し，基部端は基盤になる。

ヒドラの再生は細胞分裂や新たな成長を必要としないことから，これは再編再生の 1 つである。体幹の小断片が再生するとき，はじめはサイズの増加は見られず，

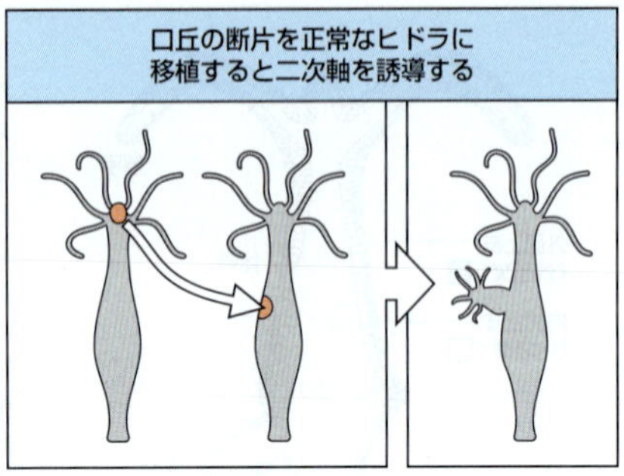

図 14.16　口丘はヒドラのからだに新たに頭部を誘導する

切り取った口丘の断片を他の正常なヒドラの胃腔部に移植すると，頭部と触手を持つ完全な二次軸の形成が新たに誘導される。

再生したヒドラは小さい個体となる。エサを摂った後でようやく個体は正常な大きさに戻る。再生に成長が必要ないことは，強い放射線を照射したヒドラを用いて示された。これらの個体では細胞分裂が起こらないが，それでもおおよそ正常に再生することができる。間細胞を欠くヒドラもまた正常に再生する。さらに驚くべきことに，解離したヒドラの細胞を混合したものからも個体が形成される。

ヒドラの並外れた再生能力の根底には，上皮細胞の持つ幹細胞に似た性質の存在がある。これらの細胞は常に自己複製しており，加齢もしないようで，そしてそれは再生を引き起こすことができる唯一の細胞である。また上皮細胞は，基盤の細胞や腸を裏打ちする細胞など，様々な種類の細胞になることができ，そのとき生じる細胞の種類は，体軸に沿った位置価によって決定される。

14.8　ヒドラの頭部領域は，オーガナイザー領域としても，不適切な頭部形成を防ぐインヒビターとしても機能する

20世紀初頭，ヒドラの口丘領域の小断片を他のヒドラの胃腔部に移植すると，完全な触手を持った新たな頭部と体軸が誘導されることが発見された（**図 14.16**）。同様に，基部の断片は，末端に基盤を持つ新たな体幹を誘導する。すなわち，ヒドラは2つのオーガナイザー領域を両端に持ち，それが個体にからだ全体の極性を付与している。口丘と基盤は（両生類のシュペーマンオーガナイザーや脊椎動物肢芽の極性化領域のように）オーガナイザー領域として作用する。頭部領域におけるオーガナイザーの機能は，それ自身が産生し，体幹に対して下方向に勾配をもって作用する2つのシグナルが担っている。片方のシグナルは頭部形成を阻害し，他方は位置価の勾配を指定する。

最初に移植実験によって示されたのは，口丘が頭部形成の阻害因子（インヒビター）を産生するということだった（**図 14.17**）。たとえば頭部直下の体幹の断片（**図 14.15** の領域 1）を胃腔部に移植しても，新たな頭部はほとんど形成されることはなく，多くはただ体内に吸収されてしまう。ところが，移植と同時に宿主の頭部を取り除いておくと，移植片は新たな体軸と頭部を誘導する。これは頭部の除去によって頭部形成を阻害する因子が失われたことを示唆している。阻害効果は頭部から離れるにつれて低下する。領域 1 を足部付近に移植すると，宿主の頭部が本来の位置に残ったままでも新たな頭部を誘導できる（**図 14.17**，下段参照）。これらの実験は，ヒドラでは，通常，頭部で最も高濃度となるような阻害シグナルの勾配を介して作用する，側方抑制メカニズム（第1.16節参照）によって，余分な頭部が不適切に形成されるのを防いでいることを示唆している。基盤では，足部の再生を阻害する正反対の勾配が生成されているようである。これらの勾配は動的であり，個体の成長に伴い，絶えず調整を受けているはずである。頭部を除去するとインヒビター濃度が低下するという事実がそれを示している。

頭部がつくり出す2つの勾配についての単純なモデルでは，頭部インヒビターは頭部によりつくられる分泌因子であり，それが体幹を下に向かって拡散して基盤で分解されると想定される。一方，位置価の勾配は細胞に内在する性質と思われ

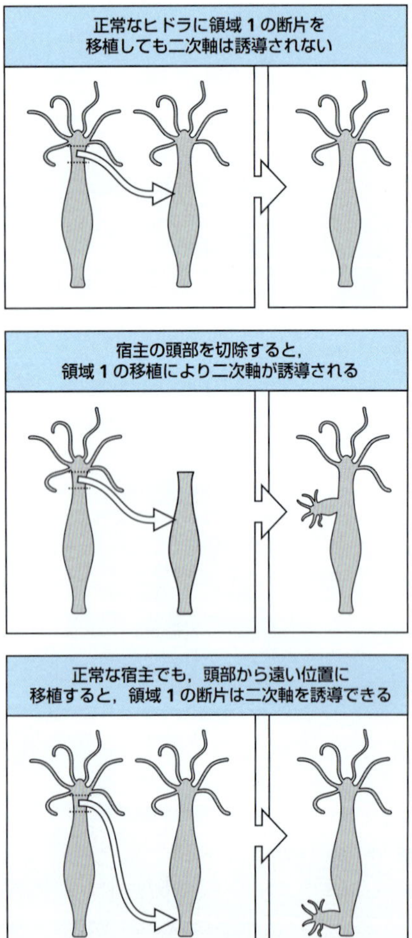

図 14.17　ヒドラの頭部領域は，距離が離れるにつれて低下する阻害シグナルを産生している

領域 1 は正常なヒドラの胃腔部に移植しても頭部を誘導できず，これは宿主に阻害シグナルがあることを示している（上段）。宿主の頭部を除去してから領域 1 を移植すると二次軸が誘導されることは，頭部領域が阻害シグナルの産生源であることを示す（中段）。阻害シグナルは頭部から離れるにつれて弱くなるので，領域 1 は正常なヒドラの足部には新たな体軸を誘導できる（下段）。

る。このモデルではどちらの勾配も直線的であり，その値は頭部から離れるとともに一定の割合で減少する。さらにここで，インヒビターのレベルが位置価によって設定された閾値よりも高いときは，頭部の再生が阻害されると仮定する。頭部を除去すると，インヒビターは分解されて補充もできないので，インヒビター濃度が低下する。インヒビター濃度の低下は切断端で最も激しく，位置価によって局所的に設定されている閾値濃度をインヒビターが下回ると，そこでの位置価が頭部端のレベルまで上昇する（**図 14.18**）。このように，この再編再生における最初の重要な段階は，頭部領域を除去したときに切断面において新しい頭部領域が指定されることである。

位置価が正常な頭部領域と同程度まで上昇すると細胞はインヒビターをつくり始め，からだの他の領域での頭部形成が妨げられる。インヒビターレベルが頭部を阻害するための閾値を最初に下回るのは常に位置価が最も高い場所なので，極性は維持される。ひとたび新たな頭部が指定され，阻害の勾配が再構築されると，位置価の勾配も正常に戻るが，これには 24 時間以上の時間がかかる。再編再生の結果，元よりも小さいヒドラが生じるが，エサを摂ることで最終的には正常な大きさに戻るまで成長する。

14.9 ヒドラの再生を調節する遺伝子群は，脊椎動物胚で発現するものと類似している

上皮細胞の体軸に沿った部域分化に関わり，頭部あるいは基盤を誘導できるいくつかの新規ペプチドがヒドラにおいて同定されている。また，脊椎動物の胚発生で重要なものとして同定された遺伝子も，ヒドラの発生に関わっているようである。広範に存在し，β-catenin の活性化を引き起こす標準 Wnt 経路（**Box 1E**, p. 26 参照）は，ヒドラの発生でも重要な役割を果たしている。ヒドラの Wnt ホモログである HyWnt の成体における発現は，頭部オーガナイザーである体軸の最上端部に限局していることが，*in situ* ハイブリダイゼーションを用いた実験によって明らかになった（**図 14.19**）。この領域を切断すると，1 時間以内に再生途中の先端部分でヒドラの β-catenin（Hyβ-Cat）と Wnt の両遺伝子が発現する。Hyβ-Cat は出芽の過程でも，膨出が始まる前の予定出芽帯域内のリング状の領域で発現が有意に上昇する。Wnt シグナル経路の重要性は，この経路の構成要素であるグリコーゲン合成酵素キナーゼ 3β（GSK-3β：**Box 1E**, p. 26 参照）の活性を阻害することで鮮やかに示されている。GSK-3β の阻害は体軸に沿った Hyβ-Cat の濃度上昇を引き起こし，各領域を別の個体に移植するとわかるように，すべての領域が頭部オーガナイザーの性質を獲得する。これらの結果は，Wnt シグナルがヒドラの体軸形成に関与することを示しており，Wnt シグナルは初期の多細胞動物における体軸分化の進化において重要な役割を担っていたという考えを支持する。Hyβ-Cat は高度に保存されており，8 細胞期のアフリカツメガエル腹側割球に

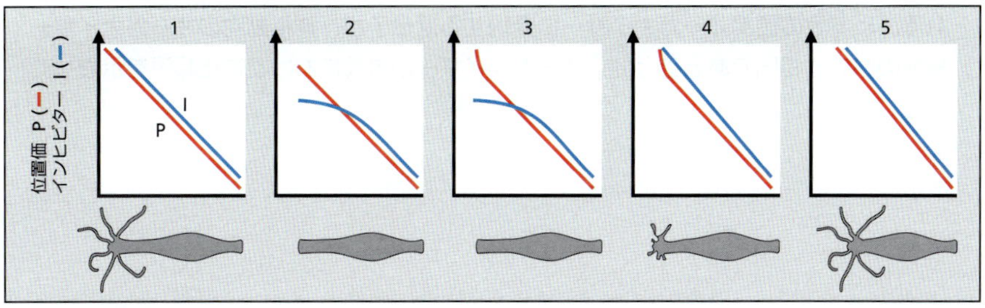

図 14.18 ヒドラの頭部再生についての単純化モデル
このモデルでは，頭部から足部に向かう 2 つの勾配があると仮定している。1 つは拡散性分子（I）で，頭部により産生され頭部形成を阻害する。もう 1 つは細胞に内在する性質である位置価（P）の勾配である。頭部を切除するとインヒビターの濃度が切断面で低下し（グラフ 2），位置価は上昇して閾値が頭部領域のレベルにまで達する（グラフ 3）。これによりインヒビターの勾配が再び確立される（グラフ 4）。位置価の勾配全体が正常に戻るには，さらに長い時間がかかる（グラフ 5）。

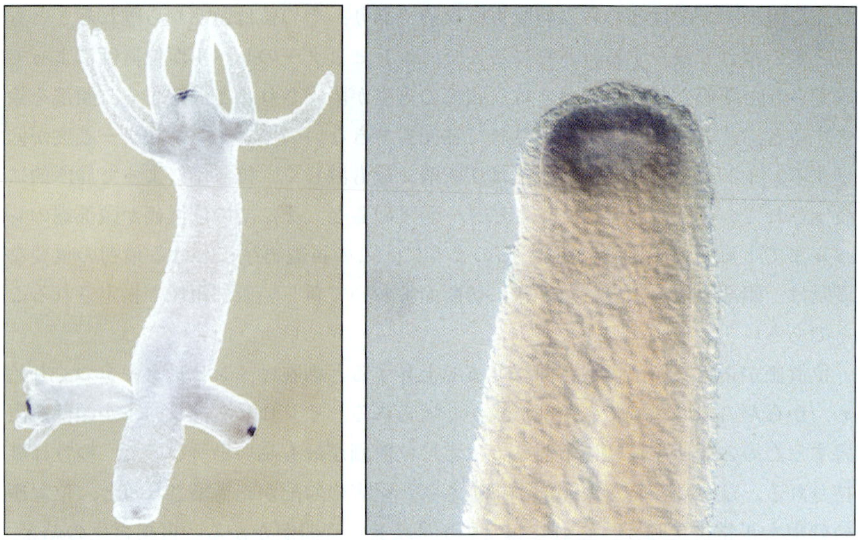

図 14.19 ヒドラ成体と再生端における Wntの発現
左パネル：Wntの発現部位を染色（黒）したヒドラ成体から，Wntは口丘の先端のみで発現することが示された。右パネル：口丘の切断から1時間後，Wntは切断部位全体で発現する。48時間後，発現は再び再生してきた頭部の最先端部のみに限局する（ここでは示していない）。
写真は T. W. Holstein 氏の厚意による

Hyβ-CatのmRNAを導入すると，完全なアフリカツメガエルの二次軸が誘導できる。この二次軸は眼やセメント腺などの最前部構造を持ち，アフリカツメガエルのβ-cateninによって誘導される二次軸と区別がつかない。

脊椎動物のオーガナイザーで発現する様々な遺伝子は，ヒドラのオーガナイザー領域でも発現している。脊椎動物のChordinに近縁のタンパク質がヒドラの再生部位や出芽部位で発現しており，脊椎動物の背腹軸の指定におけるのと同様に，おそらくBMPシグナルを阻害している。別のオーガナイザー特異的遺伝子である*goosecoid*のヒドラホモログは，後に触手が現れる部位の直上に発現する。ヒドラの*goosecoid*をアフリカツメガエル初期胚に導入すると，二次軸の一部が誘導される。これは，オーガナイザーの組織において，これらの遺伝子の役割が数億年の時を超えて保たれ続けていることを示唆している。

まとめ

ヒドラは，その両末端から，あるいは芽体形成により，細胞を削減しつつ，常に成長を続けている。頭部末端と基部末端にある2つのオーガナイザー領域は，からだのパターンを形成し，極性を維持する。頭部領域を他の部位に移植すると，新たな体軸と頭部を誘導できる。1匹のヒドラのからだを2つに切断すると，再成長を必要としない再編再生による再生が起こる。再生ではまず切断端を“頭部”とする細胞の再指定が起こり，それによってオーガナイザー領域が確立される。頭部領域は，他の領域の頭部形成を阻害するインヒビターを産生する。頭部から離れるほどインヒビター濃度は減少する。頭部により指定される位置価にも勾配があり，頭部形成阻害が起こる閾値を定めている。頭部を除去すると，残されたからだの中のインヒビターレベルが低下し，新たな頭部領域が位置価が最も高いところで発生するので，極性が維持される。ヒドラの頭部オーガナイザーに発現する遺伝子が，脊椎動物のオーガナイザー領域のものと相同であることは，オーガナイザーの古代における進化起源を示唆している。

まとめ：ヒドラの再生

ヒドラは常に成長し，その両末端から，あるいは出芽によって細胞を削減する

↓

頭部は他の頭部形成を阻害するインヒビターの勾配をつくり出す
頭部は位置価の勾配も指定する

↓

インヒビター濃度の局所的な低下

↓

位置価の局所的な上昇

↓

新たな成長なしに新しく頭部を形成

第 14 章のまとめ

再生は，生物の成体が失われたからだの一部を元に戻す能力である。再生能力は生物の分類群ごとにきわめて多様であり，同じ分類群のなかでさえ種によって異なっている。哺乳類の再生能力はごく限られているが，イモリは肢や顎，眼のレンズを再生できる。両生類の肢の再生は細胞の脱分化と再生芽の形成を伴い，再生芽は成長して再生体をつくる。再生には神経の存在が必要である。両生類や昆虫の肢において，通常は隣接していない位置価を並べておくと位置価の挿入が起こるのは，位置価に基部-先端部軸方向の勾配がある証拠である。ゼブラフィッシュの心臓は，哺乳類の肝臓や末梢神経系と同様，再生できる。刺胞動物のヒドラの再生には成長は必要ではない。頭部末端が，頭部形成を阻害するシグナルと，からだに沿った位置価を指定するシグナルを産生する。頭部を取り除くとインヒビター濃度が低下し，新たな頭部が形成される。ヒドラは初期発生システム進化のモデルとなるかもしれない。

● 章末問題

記述問題

1. 再編再生と付加再生を比較せよ。また，それぞれの例を挙げよ。

2. サンショウウオの肢の再生において，除神経はどのような効果があるか。神経の供給にはどのような役割があるか。神経にかわって再生を可能にするタンパク質は何か。

3. 図 14.7 を参照し，図示されている実験は何を調べようとしたものか，何が観察されたか，実験結果から何を考察できるか，自分の言葉で述べよ。

4. サンショウウオの再生芽の脱分化細胞は，切断部位より先端側の構造のみを再生するが，そのためには切断前の肢が基部-先端部軸方向の位置についてのある種の記憶を持っている必要がある。基部-先端部軸方向の位置を記録することに対する Prod1 の関与についての情報を要約せよ。Prod1 の発現に対するレチノイン酸処理の結果を必ず記載すること。

5. 再生におけるレチノイン酸の効果を述べよ。例えば，肢を手首レベルで切断してレチノイン酸処理をすると，処理しない場合と比較して再生はどのように変化するか。

6. ゴキブリの脚の再生では，2 つの脚断片を移植により並べると，挿入によって基部-先端部軸方向の位置価が回復する（図 14.13 参照）。この挿入の過程によって，図に示されている実験結果はどのように説明されるか。

7. ゴキブリの脚の再生における“円周方向の挿入”の意味を述べよ。基部-先端部軸方向の挿入とどのように違うのかについても述べること。

8. ゼブラフィッシュ成体の心臓が，その一部を再生できることの，生物医学的な重要性を考察せよ（第 3 章で取り上げたゼブラフィッシュのモデル生物としての利点を復習するとよい）。

9. ヒト成体の肝臓における再生の限界は何か。すなわち，どのくらい除去あるいは損傷しても肝臓は再成長するのか。どのようなシグナルが肝臓の再生を促進するのか。どのようなシグナルが個体が適切な大きさに達した後の肝臓のさらなる成長を制限しているのか。

10. 末梢神経系の再生におけるシュワン細胞の作用と，中枢神経系の再生におけるオリゴデンドロサイト（ともにグリア細胞）の作用

を比較せよ。

11. どのような方法でヒドラの口丘と基盤の各領域がオーガナイザーに相当することが示されたのか。この性質を示した実験を述べよ。

12. ヒドラの頭部再生における2勾配モデルを記述せよ。

選択問題
それぞれの問題で正解は1つである。

1. 付加再生による再生について正しいものはどれか。
a) ヒドラに見られるように，新たな成長を必要とせず残された細胞が再びパターンを形成する
b) サンショウウオに見られるように，新たな成長を必要とせず残された細胞が再びパターンを形成する
c) サンショウウオに見られるように，残された細胞が再び分裂を始めて新たな成長が起こり，その後にパターン形成をする
d) ヒドラに見られるように，残された細胞が再び分裂を始めて新たな成長が起こり，その後にパターン形成をする

2. イモリの眼の再生について正しいものはどれか。
a) イモリの眼をすべて除去すると，切断部の視神経から再生する
b) レンズを除去すると，それを覆っていた角膜から再生する
c) レンズを除去すると，分化転換を介して虹彩から再生する
d) イモリの眼は再生能力を持たない

3. Msx1の説明として正しいものはどれか。
a) 再生芽細胞に再生を引き起こす作用を持つ増殖因子である
b) 血液凝固カスケードに関わるタンパク質分解酵素である
c) 細胞周期の調節因子である
d) 未分化間充織細胞に発現する転写因子である

4. イモリの肢切断前に肢への神経の供給を断つと，再生にどのように影響するか。
a) 再生芽は形成されるが成長せず，再生できない
b) 再生は起こらず，哺乳類で見られるように切断部が治癒する
c) 成長は起こるが肢のアイデンティティは失われ，正常な基部-先端部軸方向のパターンは形成されない
d) ほとんどの組織で再生は正常に起こるが，神経の再生は起こらない

5. イモリの肢において，先端側を切断してできた再生芽を，基部側で切った切断部に移植したときの結果はどれか。
a) 先端側の再生芽はこの環境下では位置価を正常に読み取れず，再生できない
b) 先端側の再生芽が肢全体を再生し，その際にこの再生に必要なすべての細胞を供給する
c) 先端側の再生芽は先端側の切断により除去された肢領域を再生し，結果として基部側と先端側の切断部位の間の領域を欠く短い肢となる
d) 基部側と先端側の切断部位の間の領域が基部側の切断部からの挿入成長によって形成され，先端側の再生芽の切断面より先端の領域は先端側の再生芽から再生する

6. 切断したイモリの肢において，再生している切断部へのレチノイン酸処理は再生芽細胞の位置価に対してどのような効果を持つか。
a) 基部側の細胞が，切断前にあった位置よりも先端側にあるかのように振る舞う
b) レチノイン酸は再生に効果がない
c) 細胞が，より基部側の位置に再指定される
d) 細胞は位置価を失い，再生芽の中で脱分化したまま残る

7. 末梢神経系の再生は肝臓の再生とどのように違うのか。
a) 神経の再生では軸索は再び伸長できるが，残っている細胞の分裂によってニューロン自身を補充することはできない。しかし，肝臓の細胞はそれができる
b) 末梢神経系の再生では除去されたり損傷したりした細胞は幹細胞群から補充されるが，肝臓の細胞では分化した肝細胞から補充される
c) 肝臓では増殖因子が再生を誘起するが，末梢神経ではニューロンが絶えず分裂しているので増殖因子は必要ない
d) 損傷を受けると再生する能力がある肝臓とは対照的に，末梢神経系では再生は起こらない

8. 哺乳類の神経系における再生の特徴を述べた記述のうち正しいのはどれか。
a) 脳の細胞は損傷を受けても再生できるが，末梢神経系は再生できない
b) 末梢神経系の細胞が死ぬと幹細胞が分裂してそれと置き換わり，軸索を伸ばして標的との接続を回復する
c) 末梢神経は切断された軸索を再生でき，場合によっては筋肉あるいは他の標的と正しく接続する
d) 中枢神経系のグリア細胞は軸索の伸長と再生を促進するが，末梢神経系のグリア細胞は神経の再生を実際には抑制しているようである

9. ヒドラが発生や再生の研究に有用な動物である理由はどれか。
a) ヒドラには発生に関する様々な突然変異がすでに揃っているため，発生や再生の遺伝学的解析ができる
b) ヒドラからは動物進化のごく初期に生じたメカニズムに対する知見が得られる
c) ヒドラはオーガナイザー領域の存在や形態形成の勾配など，他の動物とは異なる独特のメカニズムを持つ
d) ヒドラは単純な生物であるにもかかわらず，哺乳類などもっと複雑な生物にある組織や細胞を全種類持っている

10. ヒドラの体軸形成に関わるシグナル経路で広く保存されているものはどれか。
a) FGF経路
b) インスリン経路
c) レチノイン酸経路
d) Wnt/β-catenin経路

選択問題の解答
1:c，2:c，3:d，4:a，5:d，6:c，7:a，8:c，9:b，10:d

● 本章の理解を深めるための参考文献

Birnbaum, K.D., Sánchez Alvarado, A.: **Slicing across kingdoms: regeneration in plants and animals.** *Cell* 2008, **132**: 697–710.

Brockes, J.P., Kumar, A.: **Principles of appendage regene-**

ration in adult vertebrates and their implications for regenerative medicine. *Science* 2005, **310**: 1919–1923.

Brockes, J.P., Kumar, A.: **Comparative aspects of animal regeneration**. *Annu. Rev. Cell Dev. Biol.* 2008, **24**: 525–549.

Galliot, B., Tanaka, E., Simon, A.: **Regeneration and tissue repair**. *Cell. Mol. Life Sci.* 2008, **65**: 3–7.

●各節の理解を深めるための参考文献

14.1 両生類の肢の再生は，細胞の脱分化と新たな成長を伴う

Brockes, J.P., Kumar, A.: **Plasticity and reprogramming of differentiated cells in amphibian regeneration**. *Nat. Rev. Mol. Cell Biol.* 2002, **3**: 566–574.

Han, M., Yang, X., Farrington, J.E., Muneoka, K.: **Digit regeneration is regulated by *Msx1* and BMP4 in fetal mice**. *Development* 2003, **130**: 5123–5132.

Imokawa, Y., Simon, A., Brockes, J.P.: **A critical role for thrombin in vertebrate lens regeneration**. *Phil. Trans. R. Soc. Lond. B Biol. Sci.* 2004, **359**: 765–776.

Kragl, M., Knapp, D., Nacu, E., Khattak, S., Maden, M., Epperlein, H.H., Tanaka, E.M.: **Cells keep a memory of their tissue origin during axolotl limb regeneration**. *Nature* 2009, **460**: 60–65.

Kumar, A., Godwin, J.W., Gates, P.B., Garza-Garcia, A.A., Brockes, J.P.: **Molecular basis for the nerve dependence of limb regeneration in an adult vertebrate**. *Science* 2007, **318**: 772–777.

Kumar, A., Velloso, C.P., Imokawa, Y., Brockes, J.P.: **The regenerative plasticity of isolated urodele myofibers and its dependence on MSX1**. *PLoS Biol.* 2004, **2**: E218.

Lee, H., Habas, R., Abate-Shen, C.: **Msx1 cooperates with histone H1b for inhibition of transcription and myogenesis**. *Science* 2004, **304**: 1675–1678.

Satoh, A., Graham, G.M.C., Bryant, S.V., Gardiner, D.M.: **Neurotrophic regulation of epidermal dedifferentiation during wound healing and limb regeneration in the axolotl *(Ambystoma mexicanum)***. *Dev. Biol.* 2008, **319**: 321–355.

Tanaka, E.M., Drechel, D.N., Brockes, J.P.: **Thrombin regulates S-phase re-entry by cultured newt myotubes**. *Curr. Biol.* 1999, **9**: 792–799.

Yakushiji, N., Suzuki, M., Satoh, A., Sagai, T., Shiroishi, T., Kobayashi, H., Sasaki, H., Ide, H., Tamura, K.: **Correlation between Shh expression and DNA methylation status of the limb-specific Shh enhancer region during limb regeneration in amphibians**. *Dev. Biol.* 2007, **312**: 171–182.

14.2 肢の再生芽は，切断部位より先端の位置価を持つ構造を形成する

Da Silva, S., Gates, P.B., Brockes, J.P.: **New ortholog of CD59 is implicated in proximodistal identity during amphibian limb regeneration**. *Dev. Cell* 2002, **3**: 547–551.

Echeverri, K., Tanaka, E.M.: **Proximodistal patterning during limb regeneration**. *Dev. Biol.* 2005, **279**: 391–401.

Garza-Garcia, A.A., Driscoll, P.C., Brockes, J.P.: **Evidence for the local evolution of mechanisms underlying limb regeneration in salamanders**. *Integr. Comp. Biol.* **2010**, doi: 10.1093/icb/icq022.

Han, M., Yang, X., Lee, J., Allan, C.H., Muneoka, K.: **Development and regeneration of the neonatal digit tip in mice**. *Dev. Biol.* 2008, **315**: 125–135.

Torok, M.A., Gardiner, D.M., Shubin, N.H., Bryant, S.V.: **Expression of HoxD genes in developing and regenerating axolotl limbs**. *Dev. Biol.* 1998, **200**: 225–233.

14.3 レチノイン酸は再生肢の位置価を変更できる

Maden, M.: **The homeotic transformation of tails into limbs in *Rana temporaria* by retinoids**. *Dev. Biol.* 1993, **159**: 379–391.

Mercader, N., Tanaka, E.M., Torres, M.: **Proximodistal identity during limb regeneration is regulated by Meis homeodomain proteins**. *Development* 2005, **132**: 4131–4142.

Nakamura, T., Mito, T., Miyawaki, K., Ohuchi, H., Noji, S.: **EGFR signaling is required for re-establishing the proximodistal axis during distal leg regeneration in the cricket *Gryllus bimaculatus* nymph**. *Dev. Biol.* 2008, **319**: 46–55.

Pecorino, L.T., Entwistle, A., Brockes, J.P.: **Activation of a single retinoic acid receptor isoform mediates proximodistal respecification**. *Curr. Biol.* 1996, **6**: 563–569.

Scadding, S.R., Maden, M.: **Retinoic acid gradients during limb regeneration**. *Dev. Biol.* 1994, **162**: 608–617.

14.4 昆虫の脚では，基部-先端部軸方向と円周方向の成長によって位置価が挿入される

Bando, T., Mito, T., Maeda, Y., Nakamura, T., Ito, F., Watanabe, T., Ohuchi, H., Noji, S.: **Regulation of leg size and shape by the Dachsous/Fat signalling pathway during regeneration**. *Development* 2009, **136**: 2235–2245.

French, V.: **Pattern regulation and regeneration**. *Phil. Trans. R. Soc. Lond. B Biol. Sci.* 1981, **295**: 601–617.

14.5 ゼブラフィッシュの心臓の再生は，心筋細胞の細胞分裂再開を伴う

Poss, K.D., Wilson, L.G., Keating, M.T.: **Heart regeneration in zebrafish**. *Science* 2002, **298**: 2188–2190.

Raya, A., Consiglio, A., Kawakami, Y., Rodriguez-Esteban, C., Izpisúa-Belmonte, J.C.: **The zebrafish as a model of heart regeneration**. *Cloning Stem Cells* 2004, **6**: 345–351.

14.6 哺乳類の末梢神経系は再生する

Case, L.C., Tessier-Lavigne, M.: **Regeneration of the adult central nervous system**. *Curr. Biol.* 2005, **15**: R749–R753.

Clavien, P.A.: **Liver regeneration: a spotlight on the novel role of platelets and serotonin**. *Swiss Med. Wkly.* 2008, **138**: 361–370.

Johnson, E.O., Zoubos, A.B., Soucacos, P.N.: **Regeneration and repair of peripheral nerves**. *Injury* 2005, **36**: S24–S29.

Taub, R.: **Liver regeneration: from myth to mechanism**. *Nat. Rev. Mol. Cell Biol.* 2004, **5**: 836–847.

14.7 ヒドラは常に成長しているが，再生に成長は必要ない

Bosch, C.G.: **Why polyps regenerate and we don't: towards a**

cellular and molecular framework for *Hydra* regeneration. *Dev. Biol.* 2007, **303**: 421–433.

Hicklin, J., Wolpert, L.: **Positional information and pattern regulation in *Hydra*: the effect of gamma-radiation**. *J. Embryol. Exp. Morph.* 1973, **30**: 741–752.

Otto, J.J., Campbell, R.D.: **Tissue economics of *Hydra*: regulation of cell cycle, animal size and development by controlled feeding rates**. *J. Cell Sci.* 1977, **28**: 117–132.

14.8 ヒドラの頭部領域は，オーガナイザー領域としても，不適切な頭部形成を防ぐインヒビターとしても機能する

Bosch, T.C.G., Fujisawa, T.: **Polyps, peptides and patterning**. *BioEssays* 2001, **23**: 420–427.

Brown, M., Bode, H.R.: **Characterization of the head organizer in hydra**. *Development* 2002, **129**: 875–884.

Müller, W.A.: **Pattern formation in the immortal *Hydra***. *Trends Genet.* 1996, **12**: 91–96.

Wolpert, L., Hornbruch, A., Clarke, M.R.B.: **Positional information and positional signaling in *Hydra***. *Am. Zool.* 1974, **14**: 647–663.

14.9 ヒドラの再生を調節する遺伝子群は，脊椎動物胚で発現するものと類似している

Broun, M., Gee, L., Reinhardt, B., Bode, H.R.: **Formation of the head organizer in *Hydra* involves the canonical Wnt pathway**. *Development* 2005, **132**: 2907–2916.

Galliot, B.: **Conserved and divergent genes in apex and axis development in cnidarians**. *Curr. Opin. Genet. Dev.* 2000, **19**: 629–637.

Rentzsch, F., Guder, C., Vocke, D., Hobmayer, B., Holstein, T.W.: **An ancient chordin-like gene in organizer formation of *Hydra***. *Proc. Natl Acad. Sci. USA* 2007, **104**: 3249–3254.

Takahashi, T., Fujisawa, T.: **Important roles for epithelial cell peptides in hydra development**. *BioEssays* 2009, **31**: 610–619.

15

進化と発生

●発生の進化

●胚発生の進化的変化

●発生プロセスのタイミングの変化

多細胞生物の進化は，基本的には胚発生と関連している。遺伝子変異による次世代に引き継がれるからだの構造の変化が，発生を経て生じているからである。このことから，進化と発生のプロセスがどのように関連しているかという重要な疑問が生じてくる。どのようにして発生そのものが進化していったのか。動物が進化する過程で，胚発生はどのように変化していったのだろうか。発生プロセスのタイミングの変化はどれくらい重要なものなのだろうか。本章では，動物進化の具体的な例を挙げて，これらの一般的な疑問を検証していく。

古生物学的な，そして分子レベル，細胞レベルの根拠から，多細胞生物――後生動物――は，それ自身が単細胞生物から進化した多細胞生物である 1 つの共通祖先に由来すると考えられている。動物と植物の進化を簡単な表にしたものが**図 15.1**である。進化の歴史は何十億年にもおよぶ年月を経ており，化石の研究や現存生物の比較によってのみ間接的にその情報を得ることができる。チャールズ・ダーウィン（Charles Darwin）が初めて示したように，進化は，生物における遺伝性を持った変化と，環境に最もよく適応した生物の淘汰の結果である（**Box 15A**, p. 586）。

発生は，進化の根本となっているプロセスである。多細胞生物の進化は，胚発生の変化によるものであり，さらにこれらの変化は全て，胚の中の細胞動態を調節する遺伝子における遺伝性の変化に起因する。しかしながら，進化生物学者のテオドシウス・ドブジャンスキー（Theodosius Dobzhansky）がかつて述べたように，生物学において進化を考えずに理解できることは何一つない。確かに，進化の観点なくして発生の多くの側面を理解することは，非常に難しい。例えば，これまでみてきた脊椎動物の発生を考えるに，ごく初期の発生の様々な様式にもかかわらず，あらゆる脊椎動物の胚はかなり類似した発生段階を経て発生し，その後再びそれらの発生は多様化する（**図 3.2** 参照）。この共通する発生段階とは，神経管形成と体節形成の後の胚発生段階であり，脊椎動物の遠い祖先も経験したものである。それ以後，この発生段階は全脊椎動物の発生の基盤的特徴として存続する一方，この前後の発生段階は，様々な生物で異なって進化してきた。

より成功した生殖様式やより環境に適応した成体の形態をつくりだした発生における遺伝子変化は，進化を通じて淘汰されてきた。脊椎動物の発生において神経胚形成前に生じた変化は，生殖における変化と頻繁に関連付けられる。一方，神経胚形成後に生じた変化は，動物の形態進化に関連付けられることが多い。突然変異，生殖，遺伝子組換えによる遺伝子の変動は，本書でみてきた全ての生物に存在して

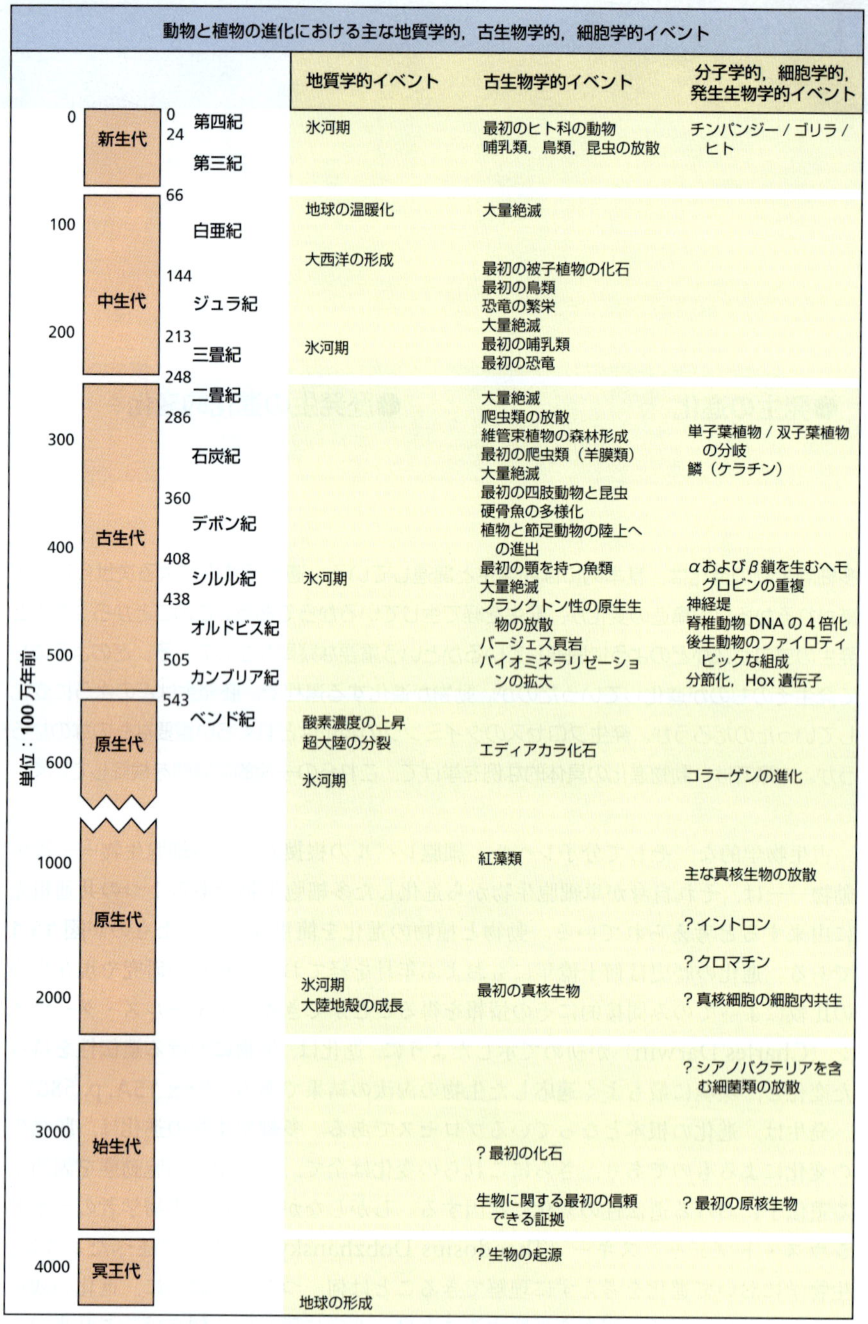

動物と植物の進化における主な地質学的，古生物学的，細胞学的イベント
地質学的イベント
古生物学的イベント
分子学的，細胞学的，発生生物学的イベント
0
新生代
0
24
第四紀
第三紀
氷河期
最初のヒト科の動物
哺乳類，鳥類，昆虫の放散
チンパンジー / ゴリラ / ヒト
66
100
白亜紀
地球の温暖化
大量絶滅
大西洋の形成
144
中生代
ジュラ紀
最初の被子植物の化石
最初の鳥類
恐竜の繁栄
大量絶滅
200
213
三畳紀
氷河期
最初の哺乳類
最初の恐竜
248
二畳紀
大量絶滅
286
爬虫類の放散
300
石炭紀
維管束植物の森林形成
最初の爬虫類（羊膜類）
単子葉植物 / 双子葉植物の分岐
鱗（ケラチン）
大量絶滅
360
デボン紀
最初の四肢動物と昆虫
古生代
硬骨魚の多様化
400
植物と節足動物の陸上への進出
408
シルル紀
氷河期
最初の顎を持つ魚類
αおよびβ鎖を生むヘモグロビンの重複
大量絶滅
438
オルドビス紀
プランクトン性の原生生物の放散
神経堤
脊椎動物 DNA の 4 倍化
バージェス頁岩
後生動物のファイロティピックな組成
500
505
カンブリア紀
バイオミネラリゼーションの拡大
分節化，Hox 遺伝子
543
ベンド紀
酸素濃度の上昇
超大陸の分裂
原生代
エディアカラ化石
600
氷河期
コラーゲンの進化
単位：100 万年前
1000
紅藻類
主な真核生物の放散
原生代
？イントロン
？クロマチン
氷河期
2000
大陸地殻の成長
最初の真核生物
？真核細胞の細胞内共生
？シアノバクテリアを含む細菌類の放散
3000
始生代
？最初の化石
生物に関する最初の信頼できる証拠
？最初の原核生物
4000
冥王代
？生物の起源
地球の形成

図 15.1　動物と植物の進化における主な地質学的，古生物学的，そして細胞学的イベント

Gerhart, J. and Kirschner, M.: 1997 より改変

おり，自然淘汰の起こりうる新しい表現型を生む。遺伝子発現のレベル，時期，または組織特異性を変化させる遺伝子調節領域における変異は，進化において特に重要だと考えられてきた。

遺伝子発現制御の変化と，新しい機能を生むタンパク質構造の変化の両方が，進化に貢献してきた。タンパク質構造の変化が，動物に直接的な生化学的影響をもたらし，重要な生理学的な違いを種間で生み出す大切な役割を担っていることを示す根拠は豊富に存在する。そして，ショウジョウバエの胚でみたように，遺伝子調節領域における変異は，パターン形成に関わる遺伝子の活性変化と明らかに関連している（第 2 章参照）。

本書全体を通して，遠縁の生物間においてもいくつかの発生メカニズムに，細胞・分子レベルでの保存性があることを強調してきた。Hox 遺伝子複合体や，少数の同じタンパク質シグナル分子のファミリーが広く使用されていることが，そのよい例である。分子メカニズム上のこれらの基本的な類似性によって，ここ数年で発生生物学は非常にエキサイティングなものになっており，ある動物での遺伝子の発見が，他の動物の発生を理解するうえで重要な意味を持つようになった。有用な発生メカニズムが生じた際には，非常に様々な生物間で，また同じ生物内においても，様々な時期や位置でそのメカニズムは保持され，うまく使われたようである。例えば，刺胞動物のように動物進化の初期に出現した単純な多細胞生物には，Wnt（Wingless）シグナル経路がすでに存在している。過去 10 年における主要な技術の進歩が，刺胞動物 *Hydra magnipapillata* や *Nematostella vectensis*（イソギンチャクの一種）のような非左右相称動物を含む多様な動物のゲノム配列同定の決め手となった。これらのゲノム配列が，発生学的に単純な生物の遺伝子に関する知識のギャップを埋め，多細胞生物全体の発生進化を解明する手がかりになっている。

動物界は，からだの基本構造の観点から，慣例的に 3 つの大きなグループ――左右相称の左右相称動物，放射相称の刺胞動物（と有櫛動物），そして側生動物（海綿動物）――に分かれる。刺胞動物と左右相称動物は“姉妹グループ”――つまり，両グループとも共通祖先から発生したと考えられている――であり，この 2 グループと非常に単純な平板動物を合わせると，後生動物となる（**図 15.2**）。側生動物（海綿動物）は，他の多細胞生物とはかなり離れたグループであると考えられており，ここでは考えないこととする。最も大きな動物グループは左右相称動物で，少なくともいくつかの発生段階で体幹の軸に対して左右相称になっており，Hox 遺伝子の特徴的な発現パターンが見られる。左右相称動物は，脊椎動物と他の脊索動物，（成体は明らかな放射相称であるが）棘皮動物，節足動物，環形動物，軟体動物，そして線形動物を含む。これらの動物は**三胚葉性（triploblast）**で，三胚葉すなわち内胚葉，中胚葉，外胚葉を有している。刺胞動物（サンゴ，クラゲ，ヒドラ，そしてその他の関連動物）は，有櫛動物（クシクラゲ）同様，**二胚葉性（diploblast）**である。これらの動物は二胚葉（内胚葉と外胚葉）しか持っておらず，一般的に放射相称を示す。しかし，*Nematostella* のようないくつかの刺胞動物では左右相称を示すものもあり，一部の研究者によるこれらの動物の Hox 遺伝子発現の研究により，左右相称動物と刺胞動物の共通祖先は左右相称であったことが示唆されている。

本書のこれまでの章では，非常に幅広く多様な生物における初期発生を取り上げながら，いくつかの類似点と同時に多くの相違点もみてきた。この章では，主に 2 つの門――脊索動物（脊椎動物を含む）と節足動物（昆虫や甲殻類を含む）――に注目する。脊椎動物や昆虫類のような，関連動物と共に大きなグループを形成するメンバーを互いに区別する相違点に焦点を絞る。そして個々の生物の発生［**個体発生（ontogeny）**］と，種や集団の進化の歴史［**系統発生（phylogeny）**］との関係についてみていく：例えば哺乳類の胚はなぜ，鰓孔に似た構造を持つ外見上魚に似た発生段階を経るのだろうか？　そして，基本的な分節的ボディプランに関して生じる多様な変化を議論する：様々な分節型生物における肢や翼のような有対肢の数や位置の違いを何が決めるのだろうか？　さらに，発生イベントが起こるタイミングや，どのようにして成長の違いが生物の形態や外観に大きな影響を及ぼすのかについて考える。あらゆる場合において，驚くほど多様な多細胞生物を生むことになった発生過程における変化や，それを制御している遺伝子について理解することが，最終的な目標である。これは，多くの問題が未解決のまま残っている興味深い研究分野であるが，まず，発生自体がどのようにして進化したのかを簡単に考え

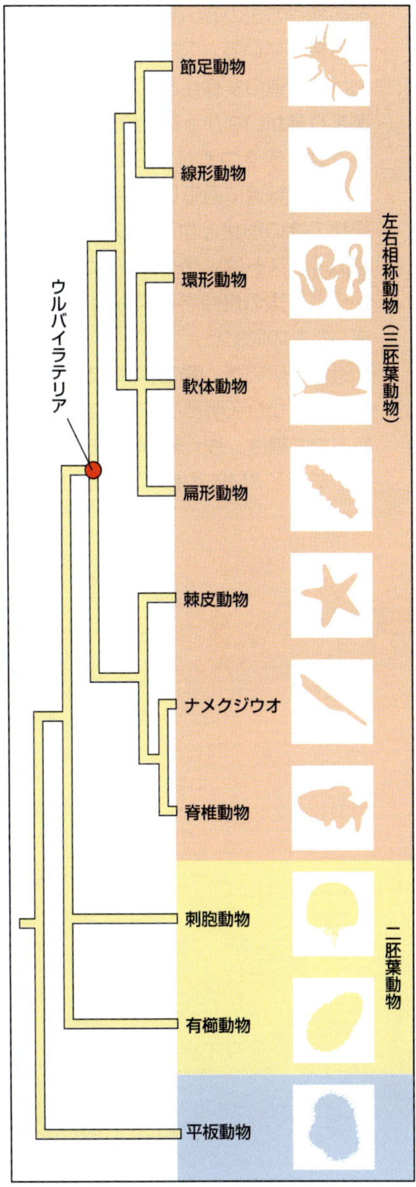

図 15.2　後生動物の系統樹
ここに示されている系統樹は，リボソーム DNA と Hox 遺伝子の塩基配列，そして全ゲノム配列の比較に基づいて作成されたものである。ウルバイラテリアの位置を赤い丸印で示す。

Box 15A ダーウィンフィンチ

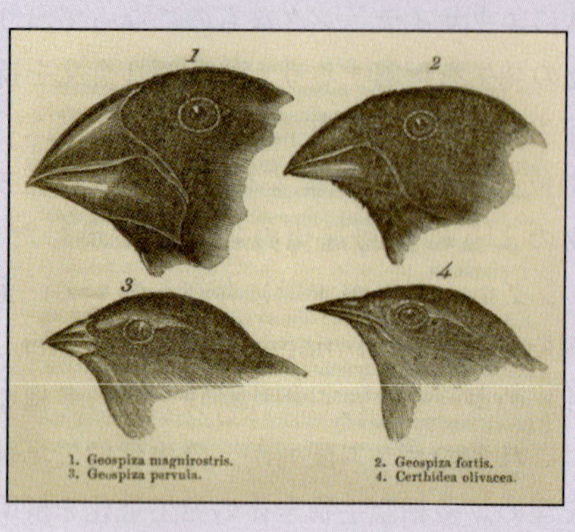

“ダーウィンフィンチ”は，発生と遺伝子発現の変化の進化的役割を示すよい例である。チャールズ・ダーウィンは1835年にガラパゴス諸島を訪れ，13種類の近縁種のフィンチを採集した。彼が見つけた際だった特徴は，その嘴の多様性であった。彼は『ビーグル号航海記』の中にこう書いている。“非常に印象的なのは，この一群の標本の嘴の形状に，最も大型の gros-beak の嘴よりも大きなものから，warbler とほとんど変わらないほど小さなものまで，完全に近いグラデーションが認められることである”。嘴の形状は，これらの鳥の食物および その獲得方法の違いを反映している。そしてダーウィンは後にこう言っている。“この小さな，そして密接に関連した一群における構造の多様性とグラデーションを見たならば，もともとあまり鳥がいなかったこの諸島に，ある一種の鳥が入ってきて様々な形態をつくり出したことが想像できるだろう”。図は，異なる食料源に適応した結果としての，ガラパゴスフィンチ近縁種の嘴の形状とサイズの大きな多様性を示したものである。このイラストは，ダーウィンがガラパゴス諸島で採取した標本から，英国の鳥類学者ジョン・グールド（John Gould）が作成したものである。

近年の研究が，嘴の形状におけるこれらの違いの発生学的基盤の手がかりを明らかにしてきた。長さに比べて幅が広く深い嘴を持つ種は，長く細い嘴を持つ種に比べて，嘴の成長領域で骨形成因子 BMP-4 を高レベルで発現している。ニワトリ胚に BMP-4 を注入する実験では，幅広で深い嘴が生じる。続いて行われた別種のフィンチの嘴における全 mRNA の発現レベルの違いを調べる DNA マイクロアレイ解析では，嘴の形状に関するもうひとつの鍵となるタンパク質の存在が示唆された。多くのタンパク質の制御サブユニットであるカルシウム結合性タンパク質 calmodulin がそれであり，短く幅広の嘴より，長く細い嘴において高レベルで発現している。さらに calmodulin は，ニワトリの上嘴を伸長させることができた。このように，嘴は，自然選択が働くことのできる形状や機能の違いを生む基本的な発生過程とシグナル経路が，どのように変化し得るかを示す素晴らしい例となっている。

ていく。卵の起源は何なのか，パターン形成や原腸形成といった過程はどのように進化していったのだろうか？

発生の進化

発生の起源をみるためには，多細胞生物の祖先について私達が何を知っているのかを考えなくてはならない。動物の祖先の起源が何であるかは難しい問題である。遺伝情報や最も単純な動物の研究結果から，左右相称動物の最後の共通祖先であるウルバイラテリア（Urbilateria）は，現存する左右相称動物が用いている発生の遺伝経路のほとんどを持っている複雑な生物であったに違いないと考えられる。ウルバイラテリアがどのような生きもので，どのように構築されていたのかは，今や進化発生学（evo-devo）分野の重要な疑問である。もう1つの中心的問題は，典型的な祖先にすでに存在し，保存されていた遺伝子ネットワークがどのように変化して，今日の地球上の動物のすばらしい多様性を生み出したのかということを説明することである。

15.1 ゲノム情報が後生動物の起源を解明しようとしている

現在，異なるボディプランを有する約35の動物門が存在しており，このうちほぼ30の動物門が左右相称動物である。左右相称動物は，伝統的に旧口動物

(protostome）と新口動物（deuterostome）に細分される。旧口動物は原口の近くに口を形成し，前腸が貫く腹部神経節と，“脳”として機能する背側神経節を持つ。この本で扱っている動物の中で，ショウジョウバエ（*Drosophila*）のような節足動物（第2章参照）や，*Caenorhabditis* のような線虫類（第6章参照）も旧口動物である。新口動物は，原口の近くに肛門を形成し，背側中枢神経系を持つ。新口動物には，脊椎動物（第3～5章参照）やホヤといった脊索動物，ウニといった棘皮動物が含まれる（ホヤとウニの発生は第6章で紹介されている）。5億2500万年前～5億3500万年前にかけての間，あるいはそれ以前のカンブリア紀に，左右相称動物の成体の化石が突如出現した。この時期は，非常に多様な生物が急に出現したことから“カンブリア爆発”と呼ばれている。

いまだ残存する非左右相称の後生動物は，ほとんどが刺胞動物門に属する（これらは，消化器官を持つ最も単純で最古の動物として知られている）。イソギンチャク *Nematostella* のゲノムは，ハエや線虫よりも脊椎動物に近い多数の遺伝子のレパートリーを有するが，これは全ての動物の祖先が持っていたゲノムが同じように複雑であったことを意味している。*Nematostella* のゲノム内の推定遺伝子のほぼ5分の1が，他の動物集団には知られていない新しいものであり，また，このゲノムには，細胞間シグナル，細胞接着，シナプス伝達といった動物性機能のための遺伝子が豊富である。

左右相称動物と刺胞動物の情報を全てあわせると，あらゆる現存動物の祖先はおそらく7億年前に生存し，鞭毛を持った精子，原腸形成を経る発生，複数の胚葉，基底膜を持つ真の上皮，裏打ちのある消化管，神経筋系および感覚系，そして決まった体軸を有していただろうと推測できる。*Nematostella* のゲノムは，タンパク質をコードする約18,000の遺伝子を持っており，この数字は *Caenorhabditis* のものと似ている。ホメオドメイン遺伝子調節タンパク質の56ファミリーに相当する遺伝子が *Nematostella* に存在し，左右相称動物における眼球形成，体節形成，そして神経のパターン形成といった，発生の数多くの局面に関与する Pax 遺伝子群の4つのクラスに対応する遺伝子も含んでいる。さらに注目すべきことには，二胚葉しか持たない動物であるのに，左右相称動物において中胚葉形成に関与している少なくとも7つの遺伝子が，*Nematostella* の発生中の内胚葉に発現する。このように，胚葉を指定する仕組みは，左右相称動物と刺胞動物の祖先にすでに存在していた。

Trichoplax と呼ばれる，非常に単純で原始形態の自由生活型海洋性動物がいるが，非常に特徴的な動物であるため，平板動物門としてそれ固有の動物門に分類されている。他の動物との関係はいまだにはっきりしていないが，ゲノムの比較から，非常に原始的な後生動物として位置づけられている。*Trichoplax* は，2層の上皮によって消化器官のない平たい円盤を構成し，たった4種類の細胞しか有していない。この動物は主に分裂増殖するが，それにもかかわらず，他の動物のゲノム同様 *Trichoplax* のゲノムには，タンパク質をコードする推定11,500の遺伝子が存在する。これらは一連の転写因子とシグナルタンパク質をコードしており，その中には，ホメオドメイン含有タンパク質，*Brachyury* に類似したT-box遺伝子，Wnt/β-catenin シグナル経路の構成要素が含まれる。

15.2 多細胞生物は単細胞の祖先から進化した

7億年前頃までに動物と認められる生き物が進化を遂げていたとしても，それらが単細胞生物からどのように進化したのかという疑問がまだ残る。ゲノムやその他の根拠から，この単細胞の祖先は，むしろ，現在の立襟鞭毛虫に似ている生物だったと考えられている。立襟鞭毛虫は，単細胞かつコロニーを形成する原生動物で，絨毛の“えり”で囲まれた単鞭毛を持っており，カイメンのえり細胞と形態が非常に似ている。多細胞性への移行のためには何がつくりだされなければならなかったのか？ そして，卵からの胚発生はどのようにして進化したのだろうか？ これまでみてきたように，遺伝子活性，細胞分化，シグナル伝達（細胞同士がお互いに情報交換できるように），そして細胞運動や接着のプログラム（全体の形状を変える）は，胚発生に必要な重要な要素である。

立襟鞭毛虫などの現存する単細胞の真核生物から判断すると，動物の祖先である単細胞生物は，原始的生物のあらゆる特徴を持ち，新しい特徴が生じる必要はなかった。しかし，多細胞生物に進化するためには，さらなる進化と異なる機能を獲得する必要があった。現存する立襟鞭毛虫の *Monosiga brevicollis* のゲノム配列が決定され，他では後生動物にしか存在しない細胞接着やシグナル伝達に関わるタンパク質のいくつかが発見された。単細胞の真核生物は，動くことも，接着することも，シグナルに反応することもできる。少なくとも多細胞生物の祖先は，遺伝子活性の複雑なプログラムや細胞分化能，受容体型チロシンキナーゼのシグナル伝達，そしてカドヘリン介在細胞接着を伴う，典型的な真核生物の細胞周期をすでに有していただろう。

それでは，多細胞性と胚の起源は何であったのだろうか？ 推測ではあるが，ひとつの可能性は，突然変異によって細胞分裂の後に分離しない単細胞生物の子孫が生じ，そこから時折，同等の細胞同士がばらばらになって新しい“個体”が生まれるという，結合のゆるいコロニーが生じたということである。コロニーを形成する元々の利点の 1 つは，食べ物が不足しているとき細胞が互いを食料とすることができ，コロニーが生き残ることができるということであったのかもしれない。このことは，多細胞性と，多細胞生物内での細胞死の必要性の両方の起源である可能性もある。卵はその後，他の細胞に栄養を与えられて進化したのかもしれない。例えば海綿動物では，卵は近隣の細胞を“食べる”。生物が単細胞——卵——から発生することの進化上の利点は，その生物の全細胞が同じ遺伝子を持つことである。これは，複雑なパターンとボディプランの発生には必須である。なぜなら，パターン形成は細胞間の情報伝達を必要とし，その細胞間の情報伝達は，同じ遺伝子指令の結果，細胞が同じ法則に従う場合にのみ信頼性があるからである。粘菌のように 1 つ以上の細胞から発生する“多細胞”生物があるが，これらの生物は複雑な形態に進化することはなかった。

いったん多細胞性が進化すると，様々な機能獲得のための細胞の特異化といった，あらゆる新しい可能性が生じた。例えば，運動能獲得のために特異化する細胞もあれば，ヒドラの内胚葉に見られるように摂食のために特異化する細胞もでてきた。パターン形成——つまり，空間的に組織された配置の中における細胞分化——の起源が何であるかはわかっていないが，内側と外側の差異のような，外部からの影響でつくりあげられた何らかの濃度勾配に依存していたのかもしれない。

原腸形成がどのように進化したのかも解明されていないが，全多細胞生物の共通祖先である凹んだ球状の細胞集団が，摂餌を支えるために形を変えたというシナリオも考えられる（**図 15.3**）。例えば，この祖先は海底で貪食作用により餌の粒を取り込んでいたのだろう。体壁の小さな陥入によって原始的な消化器官を形成し，摂餌を促進することができただろう。また，繊毛の動きにより，この陥入部分へより効率的に餌の粒を移動させ，貪食することができたであろう。いったん陥入が形成

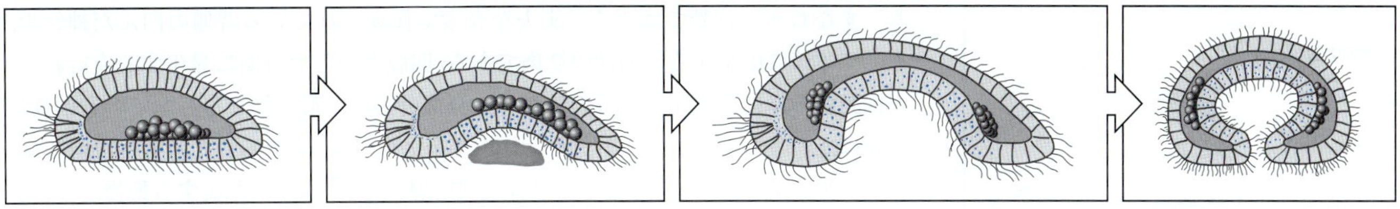

図 15.3 原腸胚発生の考えられるシナリオ
おそらくはコロニーを形成する原生動物に由来する細胞からなる凹んだ中空の球状体が海底に棲み，摂餌のために消化管様の陥入を形成したのであろう。
Jägersten, G.: 1956 に基づく

されれば，やがてそれが球体を横切って反対側と融合し，内胚葉となる連続的な消化器官が形成される様子を想像するのはさほど難しくない。進化の後期では，消化器官と外皮の間に細胞が移動することで，中胚葉が形成される。

原腸形成は，進化過程における発生変化のよい例である。多くの動物の原腸形成過程にはかなりの類似点がある一方，重要な違いもある。しかし，この違いがどのようにして進化し，何が中間体の適応的な性質となり得たのかは難しい問題である。

まとめ

胚は，胚発生に必要な細胞特性のほとんどを有している単細胞生物から，多細胞生物へ進化する過程で生じた。多細胞性は元来，飢餓時に細胞のコロニーが一部の細胞に食料源を提供できるように維持されてきたのかもしれない。卵は他の細胞から栄養を供給される細胞として進化し，複雑な構造の発生の基盤をもたらしたのだろう。胚発生は，動物の進化的起源を知るための手助けとなる。

胚発生の進化的変化

近縁種間の胚の比較は，発生に関する重要な概念を示唆する：ある動物種のグループの普遍的な特徴（つまり，グループ内の全ての動物種に共通する特徴）は大抵，特殊な特徴よりも先に胚に表れ，進化の過程でも先に出現する。脊椎動物では，脊索が普遍的な特徴の好例である。脊索は全ての脊椎動物に共通し，他の脊索動物の胚にも存在する。脊索動物門は3つの亜門から構成されている――脊椎動物，ナメクジウオなどの頭索類（**図 15.4**），そしてホヤなどの尾索類（第6章参照）である。これらの動物は全て，同じ胚発生段階で筋肉の横に脊索と背側神経管を有している。特にナメクジウオは，成体になっても初期の脊椎動物の特徴を多く持ってい

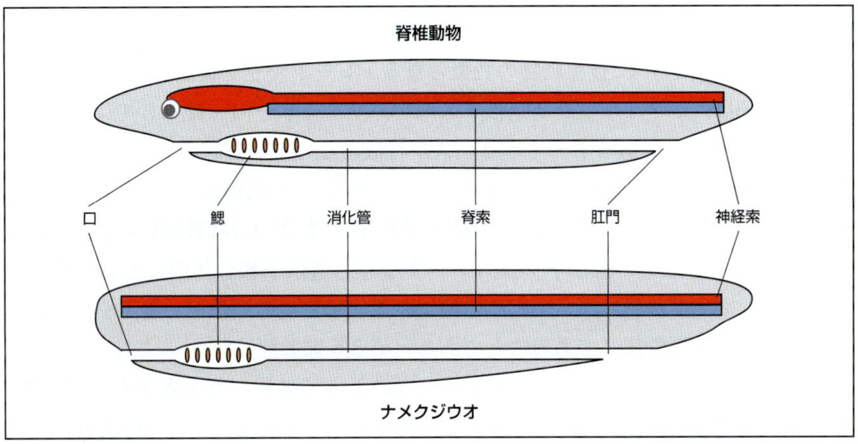

図 15.4 頭索動物ナメクジウオと，現存のヤツメウナギに似た仮想的な原始的脊椎動物の比較
この2つの生物の全体的な構造は非常に似ており，背側神経管，脊索として知られるより腹側の軸骨格，そして腹側消化管を有する。両動物は，食餌を捕らえ，水から酸素を取り込む構造である鰓を，咽頭領域に持つ。ナメクジウオでは脊索が最前端まで伸びるが，脊椎動物では脊索の伸びる先である前端に明瞭な頭部を持つ。より高等な脊椎動物では脊索は胚にしか存在せず，脊椎に置き換わる。
Finnerty, J.R.: 2000 より改変

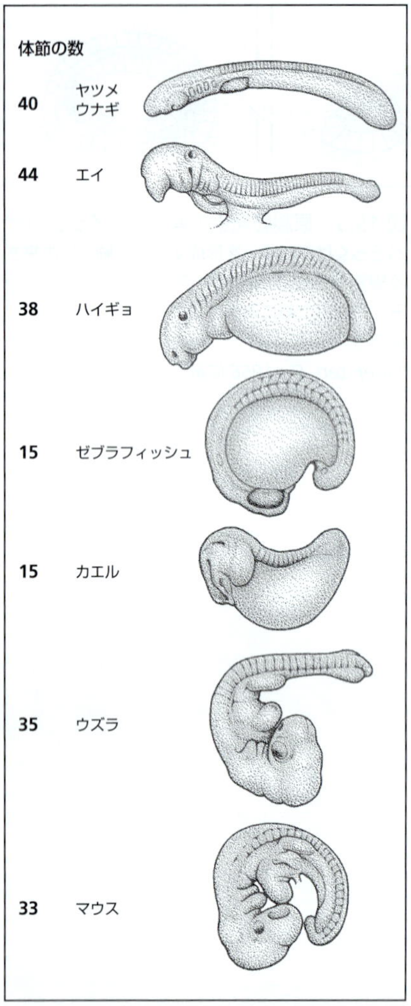

図 15.5 ファイロティピック段階（尾芽期）の脊椎動物胚は体節数が様々である
Richardson, M.K., et al.: 1997 より改変

る。すなわち，背骨ではなく，丈夫な脊索で保護されている背側の凹んだ神経索，そして体節に由来する分節性の筋肉である。四肢といった後期に発生する有対肢は，脊椎動物のみに発生する特有の特徴で，脊椎動物間で形が異なる。全ての脊椎動物の胚は，ファイロティピック段階（phylotypic stage）を経る。この発生段階では，多かれ少なかれ全ての脊椎動物が互いに似ており，それぞれが属する動物門に特有の胚の特徴を示す。ファイロティピック段階の後，脊椎動物の胚は多様化し，異なる脊椎動物綱の多様な形態が生じる。しかし，ファイロティピック段階自体は**図 15.5** で見られるように，体節数が大きく異なることや，あるいは肢芽のようないくつかの器官がこの段階で異なる発生段階にあるなど，いくらかの違いがある。生殖方法が大きく異なるため，様々な綱に属する脊椎動物のファイロティピック段階以前の発生も，高度に多様化している。哺乳類の栄養芽細胞や内部細胞塊の形成のように，ファイロティピック段階以前に出現する発生学的特徴には，進化上非常に発達したものもある。これは，脊椎動物の進化で後期に発生した固有の特徴の一例であり，卵黄嚢ではなく胎盤から栄養が供給されることと関係している。

脊椎動物の胚がなぜファイロティピック段階を経るのかは，この発生段階が，体軸に沿った全体的なパターン形成を制御する Hox 遺伝子が発現する段階であることと関係しているのかもしれない。また，この発生段階は，体節，脊索，そして神経管といった全脊椎動物の共通構造が形成される発生段階でもある。

それでは，進化の過程で，基本的なボディプランや四肢を含む多様な胚構造を生じた変遷をみていこう。

15.3 Hox 遺伝子複合体は，遺伝子重複によって進化した

Hox 遺伝子は，脊椎動物と昆虫の発生，またその他のほとんどの動物においても重要な役割を担う。昆虫や脊椎動物の Hox 遺伝子の構成や構造を比較することで，発生上重要な 1 セットの遺伝子が，進化の過程でどのように変化していったのかを突き止めることができる。進化的変化の主な普遍的メカニズムは，遺伝子の重複と分岐（変化）である。DNA 複製の際に様々なメカニズムで起こる遺伝子の縦列重複によって，新たな遺伝子のコピーを有する胚が生じる。このコピーはヌクレオチド配列と調節領域の両方で変化することが可能なため，元の遺伝子の生体機能を奪うことなく，遺伝子の発現パターンや下流標的を変化させることができる（**図 15.6**）。遺伝子重複の過程は，新しいタンパク質や，遺伝子発現の新しいパターンの進化の基盤となっている。例えば，ヒトの何種かのヘモグロビンが生じたのは，遺伝子重複の結果によるものであることが明らかとなっている。

Hox 遺伝子複合体は，発生の進化において遺伝子重複が重要であることを示す明確な例の1つである。これまでの章でみてきたように，Hox遺伝子は前後軸に沿ったパターンを指定する，後生動物の特徴となるトレードマーク遺伝子の1つである。この遺伝子は，ホメオボックス遺伝子スーパーファミリーの一員であり，180 塩基対の短いモチーフであるホメオボックスが特徴となっている。ホメオボックスは，転写制御に関連しているヘリックス・ターン・ヘリックス領域をコードする（**Box 5E**, p. 207 参照）。全ての脊椎動物の Hox 遺伝子には，2 つの特徴が見られる。個々の遺伝子は 1 つ以上の遺伝子クラスターすなわち遺伝子複合体内に配列していること，そして，前後軸に沿って起こる個々の遺伝子発現の順番が，遺伝子複合体内の配列の順番と通常同じであることである（第 5.6 節参照）。

Hox 遺伝子は，単一の祖先遺伝子の重複によって進化したと考えられている。最も単純な Hox 遺伝子複合体は無脊椎動物で見つかっており，1 つの染色体上に

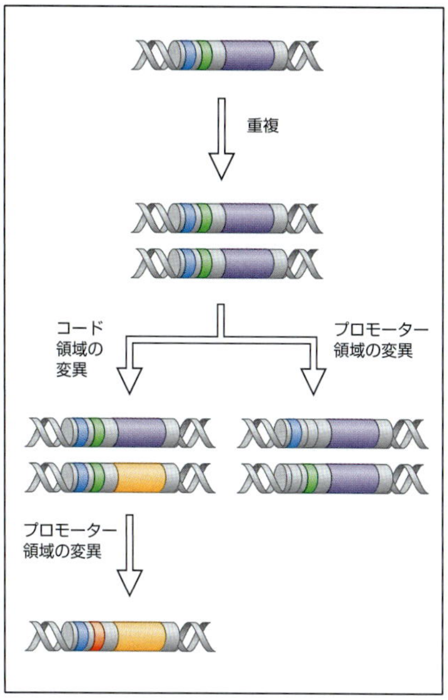

図 15.6　遺伝子重複と多様性
いったん遺伝子が重複すると，2 番目のコピーは，新しい機能と新しい発現パターンの双方もしくはその片方を進化させることができる。図は，2 つの異なる組織で発現する 2 つのシス調節モジュール（青と緑）を持った遺伝子（紫）の仮想例である。左の経路：完全な遺伝子とその調節領域の重複が生じた後，一方のコピーのコード領域に生じた突然変異が，自然選択の対象となる新しい有益な機能を持った遺伝子を生じる。両方のコピーが有益な機能を果たすために，ゲノム内に保たれる。その後の調節モジュールに生じた突然変異により，新しい発現パターンを獲得した新しい遺伝子が生じることもある。右の経路：左の経路に代わって，一方のコピーの片方の調節領域と，もう一方のコピーのもう片方の調節領域に生じた突然変異によって，元来の機能を保ちつつ，それぞれ 1 つの組織にのみ発現する 2 コピーの遺伝子が生じる。両方のコピーは，元来の遺伝子の機能を果たすためにどちらも必要であるため，ゲノム内に保たれる。これらの遺伝子重複と分岐の例はすべて，動物のゲノム内に見られる。

存在する塩基配列の似た少数の遺伝子から構成されている。脊椎動物は，一般的に 4 組の Hox 遺伝子群を 4 つの染色体上に有している。このことは，脊椎動物の進化の過程で大規模なゲノム重複が起きたという一般に認められている考えに合致して，祖先 Hox 遺伝子複合体に，2 回の大規模遺伝子重複が起きたことを示唆している。それぞれの複合体内では，Hox 遺伝子のさらなる重複も生じた。いくつかの魚類では，さらにもう 1 回ゲノム重複が生じている。すなわち，3 回のゲノム重複と，その後 1 クラスターを喪失した結果として，ゼブラフィッシュは 7 つの Hox クラスターを有している。日本のフグ *Fugu rubripes* は，4 つの Hox クラスターを有しているが，多くの遺伝子は失われ，1 クラスターは他の脊椎動物のものと関連性がほとんどない。脊椎動物が由来する祖先脊索動物では，染色体上の Hox 遺伝子の配列順と主な体軸に沿った遺伝子発現の空間的共線性は，外胚葉由来の神経管と，おそらくは表皮に制限されていたようである。そして，それは後に他の組織に広がり，ボディプランの複雑性が増していった。

様々な節足動物と脊索動物の Hox 遺伝子の比較により，節足動物と脊索動物の共通祖先は 7 つの遺伝子からなる単純な Hox 遺伝子複合体を持っていた可能性が非常に高いと考えられる（**図 15.7**）。脊椎動物に注目すると，頭索動物のナメクジウオは 14 の遺伝子を含む 1 つの Hox クラスターしか持っておらず，これが脊椎

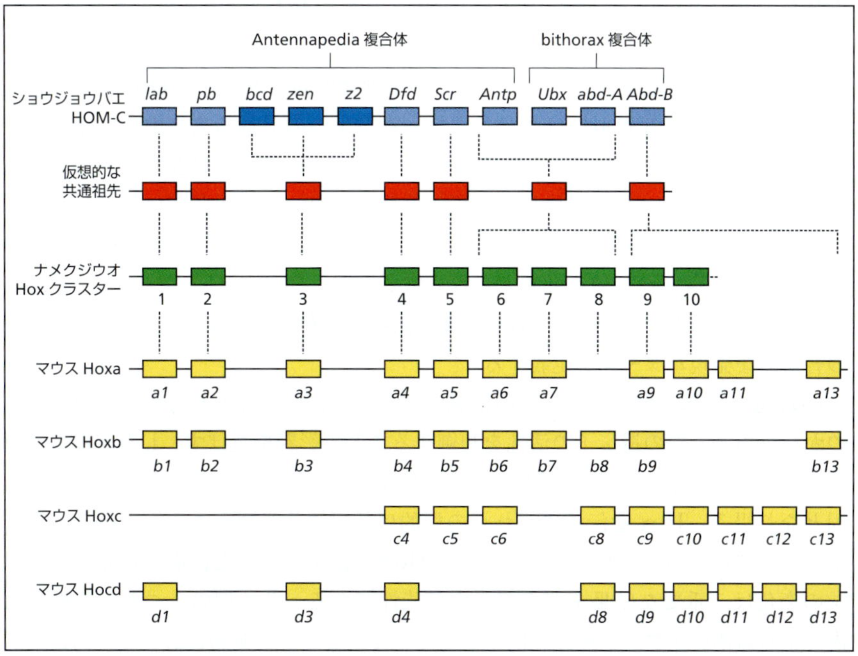

図 15.7　遺伝子重複と Hox 遺伝子の進化
仮想的な共通祖先と，ショウジョウバエ（節足動物），ナメクジウオ（頭索動物），マウス（脊椎動物）の各 Hox 遺伝子間の，提唱されている進化関係。先祖型セット（赤）の遺伝子重複により，ショウジョウバエとナメクジウオに新たな遺伝子が追加された可能性がある。脊椎動物の祖先である脊索動物における 2 回の全クラスター重複により，脊椎動物の 4 つの独立した Hox 遺伝子複合体が生じた。また，脊椎動物において重複した遺伝子のいくつかは失われた。ショウジョウバエでは，HOM-C 複合体を構成する 2 つの Hox 遺伝子クラスターは，Antennapedia 複合体と bithorax 複合体と呼ばれている。ナメクジウオについては後方の 4 つの遺伝子は表示していない。

動物の 4 つの Hox 遺伝子複合体，すなわち Hoxa，Hoxb，Hoxc，Hoxd の祖先型と最も似ているものと考えることができる（**図 15.7** 参照）。脊椎動物とショウジョウバエの両方の Hox 遺伝子複合体が，より単純な祖先の Hox 遺伝子複合体から遺伝子重複によって進化したであろう行程が復元されている。例えばショウジョウバエでは，*Antp* 様祖先型遺伝子の連続した縦列重複が，*abdominal*-A（*abd-A*），*Ultrabithorax*（*Ubx*），*Antennapedia*（*Antp*）の各遺伝子を生んだ可能性がある（**図 15.7** 参照）。*Antp* 様遺伝子は“元祖”Hox 遺伝子とされているが，これは *Antp* によって指定されるショウジョウバエなどの昆虫の第 2 胸体節が，“基底状態”の体節型を象徴していることを示した遺伝子実験によって示唆された。Hox 遺伝子の重複，突然変異，そして，その結果起こる基底状態に置かれていた Hox 遺伝子の発現の空間的・時間的パターンの変化の結果，この“基底状態”の体節型から他の体節が，前方にも後方にも多様化していった。もし，後期に進化した後方の bithorax 複合体の Hox 遺伝子――すなわち *Ubx*, *abd-A* そして *Abd-B*――をショウジョウバエで欠失させると，第 2 胸体節の後方にある全ての胸部および腹部体節は第 2 胸体節型に先祖返りし，*Antp* を発現する（**図 2.48** 参照）。

脊椎動物では，Hox 遺伝子群は 4 つの独立したクラスターに配置され，それぞれは異なる染色体上に存在する。この別々の Hox 遺伝子複合体は，おそらく全染色体領域の重複によって出現したが，これ以前にすでに縦列重複によって新しい Hox 遺伝子ができていた。例えば，塩基配列の比較により，ショウジョウバエの *Abd-B* 遺伝子の塩基配列に最も似ている複数のマウス Hox 遺伝子は，ショウジョウバエの HOM-C 複合体内に直接の相同遺伝子が存在しないことが示唆されている（**図 15.7** 参照）。おそらくこれらの遺伝子は，昆虫と脊椎動物が分岐した後，脊椎動物の全クラスターの重複よりも前に，祖先遺伝子から縦列重複によって生じたのであろう。遺伝子重複の利点は，胚が下流標的因子を制御するより多くの Hox 遺伝子を持つことであり，より複雑なからだをつくり上げることが可能になることであった。それでは，体軸に沿ったボディプランの進化における，これらの遺伝子の役割について考えていこう。

15.4 Hox 遺伝子群の変化が脊椎動物と節足動物の精巧なボディプランを生んだ

何億年も前に分岐進化した脊椎動物と節足動物の間にみられる Hox 遺伝子の発現パターンの広範な類似性は，全多細胞生物が 1 つの共通祖先に由来するという考えを支持する優れた根拠だと捉えられている。Hox 遺伝子は発生を制御する重要な遺伝子であり，左右相称動物の胚の前後軸に沿って発現している（第 2 章と第 5 章参照）。動物の発生における Hox 遺伝子群（およびその他の発生上重要な遺伝子）に保存されていると考えられる性質から，**ズータイプ（zootype）**という概念が生まれた。ズータイプは，全ての動物胚に存在するこれらの重要な遺伝子の普遍的な発現パターンを定義する。

Hox 遺伝子は，例えば，局所の細胞がどのようにして体節や付属肢に分化するのかを決める，他の遺伝子の活性を制御することで影響を及ぼす。したがって，これらの標的遺伝子の変異は，Hox 遺伝子自体の変異同様，進化における変化の主因となり得る。Hox 遺伝子のこれらの標的は特定する必要があるが，その大部分はいまだに同定されていない。さらに，Hox 遺伝子のからだに沿った発現パターンの変化は，重要な結果を引き起こす可能性がある。その例の 1 つが，脊椎動物内で生じるボディプランの比較的小さな変化である。脊椎動物において容易に区別できる前後軸に沿ったパターンの特徴の1つは，主要な解剖学的部位である頸部，胸部，腰部，仙骨部，尾部の椎骨の数と形である（**図5.26**参照）。特定の部位の椎骨の数は，脊椎動物の種類によってかなり異なる。哺乳類は，ほとんど例外なく7個の頸椎を持っているのに対して，鳥類は13～15個の頸椎を持っている。この違いはどのようにして生まれるのだろうか。マウスとニワトリの比較から，様々な領域における椎骨の数の変化と平行して，Hox遺伝子の発現領域が変化したことがわかる（**図5.26**参照）。例えば，マウスとニワトリの中胚葉における*Hoxc6*の発現の前方境界は，頸椎の数にかかわらず，常に頸部と胸部の境界にある。さらに，ニワトリよりも3つ頸椎が多いガチョウにおいても，*Hoxc6*の発現境界は頸部と胸部の境界にある。このように，*Hoxc6*の空間的発現の変化は，固定された椎骨の数よりもむしろ頸椎の数と特に相互関係を示す。他のHox遺伝子は前後軸のパターン形成に関係しており，それらの境界も解剖学的な変化と共に移動する。

Hox遺伝子のようなマスター調節遺伝子の標的に生じる変化は，おそらく動物の種間の違いを決定するのに重要な役割を果たしている。Hox遺伝子の下流標的因子は（おそらく非常に）多い可能性がある。例えばショウジョウバエでは，Hox遺伝子である*Ubx*の発現によって痕跡的な翅である平均棍の成長が妨げられ，隣接する付属肢である翅との違いが生じる。翅のパターン形成に関わることが知られる12の遺伝子のうち，6つの遺伝子が*Ubx*による制御を受けており，平均棍での発現が抑制されていることが実験により証明されている。しかし，チョウでは，これらの遺伝子のシス調節領域における変異により，これらの中のいくつかの遺伝子のみが*Ubx*によって発現が抑制され，その結果平均棍ではなく後翅が発生する。

ボディプランの微妙な違いがHox遺伝子によって制御されていることを示す別の例が，昆虫に見られる。ハエは約15万種類が存在しているが，全てのハエは発生におおよそ同じ遺伝子セットを用いている。形態の多様性は，遺伝子活性の異なるパターンを反映しているが，この場合の興味深い疑問は，同じタンパク質のセットがどのようにして微妙な形態の違いを生んでいるのかということである。*Drosophila*属では，第二脚の腿節上の非感覚性剛毛――トリコーム――が種によって異なるパターンを持つ。*Drosophila melanogatser*は，毛のない小さい領域がある一方，*D. simulans*には毛のない大きな領域があり，*D. virilis*は毛のない領域が全くない（**図15.8**）。*Ubx*はトリコームの発生を抑制し，毛のない領域の広がりやその有無は，この領域における*Ubx*の発現制御の微妙な違いによって決定されている。この違いは，*Ubx*の制御領域の種ごとの僅かな塩基配列の違いによって生じており，この多様性がパターンの多様性の進化的基盤をもたらしている。

Hox遺伝子の発現パターンの変化は，節足動物のボディプランの進化を説明するのにも役立つ。多かれ少なかれ均一な体節から構成されたからだを持っていたと考えられる共通祖先から進化した節足動物の中でも，昆虫と甲殻類は全く異なるグループになる。（昆虫の）バッタと（甲殻類の）ブラインシュリンプ*Artemia*それぞれの胚におけるHox遺伝子の発現パターンの比較により，祖先のボディプランからどのようにして異なるボディプランが進化したかがわかる。この比較から，Hox遺伝子の発現パターンと，特定のHox遺伝子が関係する成体のからだの部位の両方が，この2つのグループの進化の過程で変化したことが示される（**図15.9**）。

バッタは，ショウジョウバエに似たHox遺伝子の発現パターンを示す。Hox遺伝子*Antp*，*Ubx*，そして*abd-A*は，胸部と腹部の異なる体節を指定するが，これらは重複する領域で発現し，体節の型は発現の組合せによって決まる（第2.27節参照）。一方，ブラインシュリンプでは，均一の体節で構成されている胸部

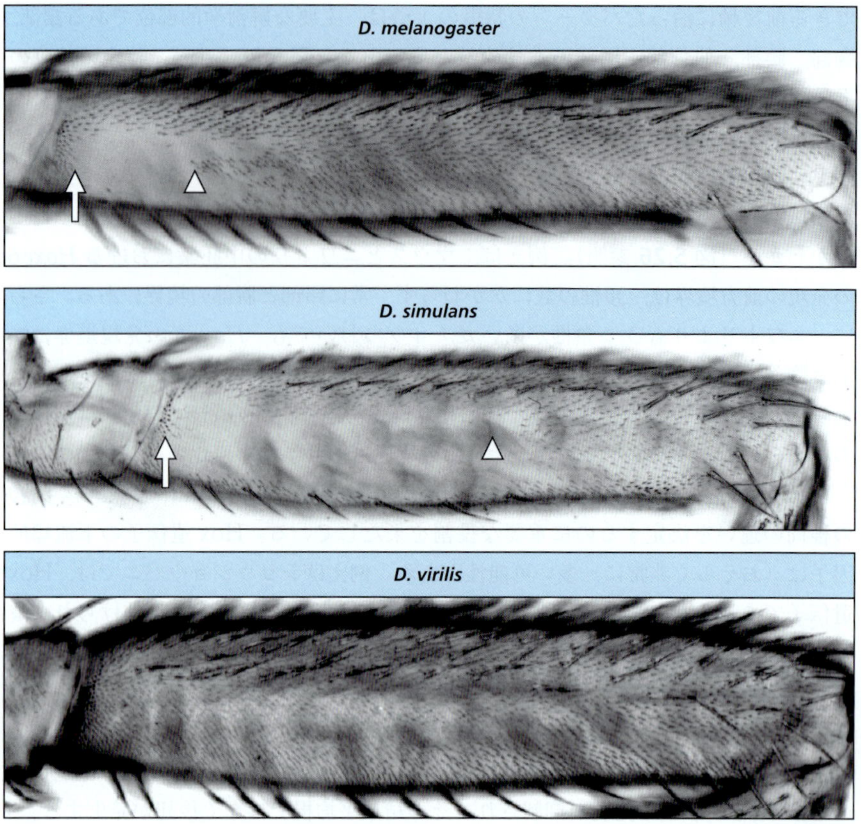

図 15.8 腿節の後方半分におけるトリコームのパターンは，ショウジョウバエの種間で異なる

上段パネル：*Drosophila melanogaster*，中段パネル：*D. simulans*，下段パネル：*D. virilis*。上の2つの写真における矢印と矢頭は，トリコームのない表皮領域の範囲を示す。

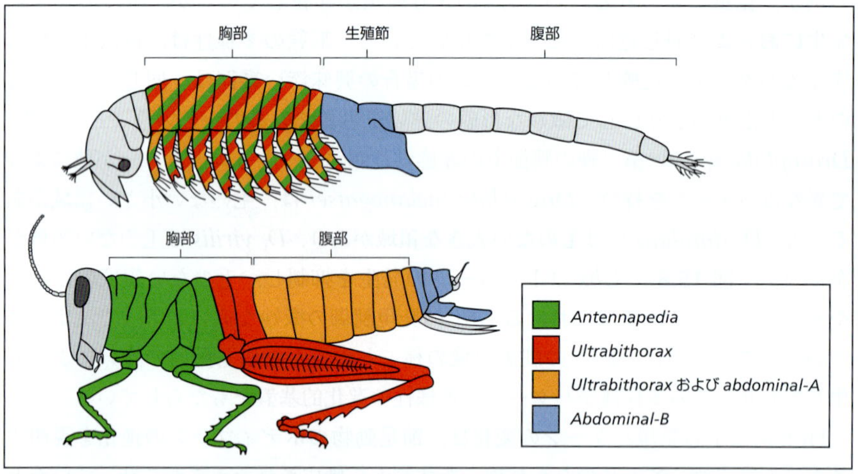

図 15.9 2種の節足動物におけるボディプランと Hox 遺伝子発現の比較

昆虫のバッタ（下段）と甲殻類のブラインシュリンプ *Artemia*（上段）の胚発生過程における Hox 遺伝子発現の比較から，Hox 遺伝子の発現パターンと，特定の Hox 遺伝子が関与する成体におけるからだの領域の両方が，共通祖先からこの2種の節足動物に進化する過程で変化したことがわかる。*Artemia* では，*Antennapedia, Ultrabithorax,* そして *abdominal-A* の3つの Hox 遺伝子全てが，類似した体節が並ぶ胸部全体に発現している。しかし，バッタの胸部と腹部におけるこれらの遺伝子の発現は異なる。これらの遺伝子は，昆虫の胸部領域の違いを反映した，重複したり異なったりする発現パターンを持っている。遺伝子 *Abdominal-B* は，両方の動物の生殖器に発現しており，このことから，これら2つの部位は相同であることがわかる。

Akam, M.: 1995 より

領域でこれら全ての遺伝子が一緒に発現する。このことから *Artemia* の胸部は，昆虫の胸部全体および腹部の大部分と相同であったことがわかる。ここでの**相同（homologous）**という言葉は，現在では同じ機能を持っていないとしても祖先が共通である，または発生上の起源が共通である構造を表す意味で用いている。バッタとブラインシュリンプの共通祖先からの進化において，ボディプランの変化は，特定の Hox 遺伝子の発現パターンの空間的変化に一部起因しているが，その下流標的における鍵となる変化も関係している。種間の比較により，Hox 遺伝子は特定の構造を指定するのではなく，単に領域の独自性を与えている，ということは明らかである。その独自性を解釈して特定の形態をつくるのは，Hox 遺伝子の下流で働く遺伝子の役割である。

Hox 遺伝子以外の遺伝子が，節足動物の頭部の基本的な特異化とパターン形成に関係している。異なるタイプの節足動物の頭部は非常に異なっており，例えばクモは頭を全く持たないように見える。クモのからだは，前部と背部に別れており，前部には，鋏角，脚鬚，そして 4 対の歩行肢がある体節が存在する。すなわち，前部は頭部と胸部が融合したように機能する。この違いにもかかわらず，典型的な“頭部”遺伝子は，クモと昆虫の両方で前方領域で発現している。この遺伝子には，ショウジョウバエで幼虫の頭部と前脳の指定に関与する Hox 遺伝子 *orthodenticle*（第 2.31 節参照）と，ショウジョウバエ成体の唇弁を形成する成虫原基で発現している Hox 遺伝子 *labial* が含まれる。これは，遺伝子の下流標的の変異によって形態がいかに変化するかを示している。

15.5 昆虫の有対肢の位置と数は，Hox 遺伝子の発現に依存している

領域指定における Hox 遺伝子の役割を示すよい例が，節足動物の付属肢である。昆虫の化石では，有対肢——原則的には脚と翅——の位置と数には様々なパターンが見られる。全ての体節ごとに脚を持っている化石もあれば，限定された胸部領域にしか脚を持たない化石もある。腹部の体節にある脚の数は様々であり，大きさや形も様々である。昆虫の進化において，翅は脚の後に生じる。翅様付属肢が全ての胸部と腹部の体節に存在する化石もあれば，胸部のみにしか存在しない化石もある。進化の過程で，このような様々な付属肢のパターンがどのようにして生まれたのかを理解するためには，現存の昆虫の 2 目，鱗翅目（チョウやガ）と双翅目（ショウジョウバエを含むハエ）において，付属肢の異なるパターンがどのように発生するかを見なければならない。

前後軸に沿った Hox 遺伝子の基本的な発現パターンは，研究されてきたすべての現存の昆虫に共通する。しかし，鱗翅目の幼虫は胸部と腹部に脚があり，成虫は 2 対の翅を持っている一方，後に進化した双翅目は，幼虫も成虫も腹部に脚はなく，2 対目の翅が平均棍に変化したため，1 対の翅しか持たない。この違いは，2 種類の昆虫における Hox 遺伝子の活性の違いとどのように関連しているのだろうか。

ショウジョウバエでは，bithorax 複合体（BX-C）の Hox 遺伝子は，*Distal-less* 遺伝子の発現を抑制することで，腹部における付属肢の形成を抑制している。このことから，ハエにおいても付属肢の発生の潜在能力は全ての体節に存在し，ハエの腹部ではそれが積極的に抑制されていることがわかる。したがって，昆虫の祖先の節足動物は，全ての体節に付属肢を持っていた可能性が高い。鱗翅目の胚発生の過程では，*Ubx* と *Abd-B* 遺伝子は腹部体節の腹側では発現していない。その結果，*Distal-less* 遺伝子が発現し，幼虫において腹部に脚が形成される。このように，腹部における脚の有無は，そこで特定の Hox 遺伝子が発現しているか否かによっ

て決まる。このことから，Hox 遺伝子の発現パターンの変化は，進化において重要な役割を担うことがわかる。しかし，基本的なことだが，下流標的はそれ以上に重要である。昆虫では，*Ubx* と *abd-A* 遺伝子の両方が発現すると，腹部における脚の発生が抑制されるが，甲殻類ではこれらの遺伝子が共に胸部で発現しても脚はそこに発生する。これは，標的遺伝子の違いによるものに違いない。

Hox 遺伝子は，付属肢の性質を決めることもできる。突然変異により脚が触角様の構造物に置き換わり，基部-先端部軸に沿った位置関係を維持したまま触角が脚に置き換わるのを既にみてきた（第 11.22 節参照）。Hox 遺伝子の DNA 結合ホメオドメインの外にあるコーディング配列は進化の過程で変化し，様々な種における体節のアイデンティティの構築と付属肢の形成に重大な影響を与えている。

15.6 節足動物と脊椎動物の基本的なボディプランは似ているが，背腹軸は反転している

節足動物と脊索動物のボディプランの比較により，興味深い違いが明らかになった。どちらも前方に頭部があり，前方から後方に向かって神経索が走行し，消化器官や付属肢を持っているなど基本的な体構造に類似点が多いにもかかわらず，脊椎動物の背腹軸は節足動物のものと比較すると反転している。これを最も明確に表しているのは，節足動物では神経索が腹側に走行し，脊椎動物では背側に走行することである（**図 15.10** の左パネル）。

これに対する 1 つの説明は，19 世紀に初めて提唱されたのだが，節足動物との共通祖先から脊椎動物が進化する過程で，背腹軸が逆さまになり，祖先の腹側の神経索が脊椎動物では背側になったというものである。最近，昆虫と脊椎動物では背腹軸に沿って同じ遺伝子が発現しており，それらは逆の方向に発現しているという分子的根拠によって，この驚くべき仮説を支持するいくつかの発見があった。この背腹軸の反転は，口の位置によって決められたようである。口のあるほうが腹側になるが，神経索側から口の位置を遠ざける変化が起こり，その結果として，口に対して背腹軸が反転したと考えられる。口の位置は原腸形成期に指定され，その位置がどのように移動したかは容易に想像できるが，からだの構造と神経系におけるその他の変化も関わっている。

第 2 章と第 4 章で，昆虫と脊椎動物における背腹軸のパターン形成は，細胞間

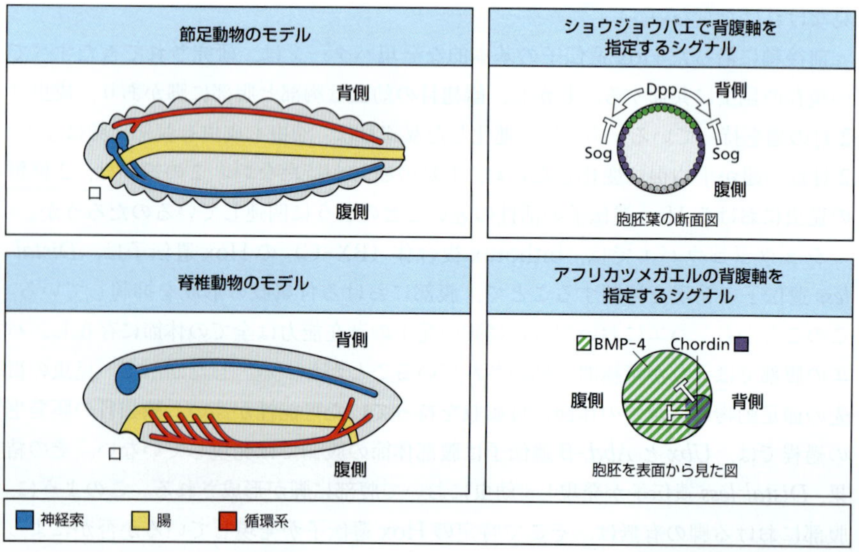

図 15.10 脊椎動物とショウジョウバエの背腹軸は関連しているが，反転している

節足動物では神経索は腹側にあるが，脊椎動物では背側にある。背側と腹側は，口の位置で決まる。ショウジョウバエとツメガエルでは，背腹軸を決定するシグナルは似ているが，反転した位置に発現している。脊椎動物の背側を指定するタンパク質 Chordin は，ショウジョウバエの腹側を指定する Sog と関連しており，脊椎動物の腹側を指定する BMP-4 は，背側を指定するショウジョウバエの Decapentaplegic（Dpp）と関連している。

Ferguson, E.L.: 1996 より

シグナル伝達が関与していることをみてきた。ツメガエルでは，Chordin タンパク質は背側領域を特異化するシグナルの 1 つである一方，増殖因子 BMP-4 は腹側領域の運命を指定する。ショウジョウバエでは，遺伝子の発現パターンは逆転している。BMP-4 と密接に関係する Decapentaplegic タンパク質は，背側領域のシグナルであり，Chordin と関係する short gastrulation タンパク質（Sog）は，腹側領域のシグナルである（**図 15.10** の右パネル参照）。これらのシグナル分子は，実験上，昆虫とカエルの間で相互に交換が可能である。Chordin がショウジョウバエで腹側領域の形成を促進し，Decapentaplegic がカエルで腹側領域の形成を促進することもできる。このように，この 2 グループの動物において，背腹軸を形成する分子やメカニズムは相同であり，節足動物と脊椎動物のボディプランの違いは，脊椎動物の進化の過程における口の移動によって背腹軸が反転したことと関係していることを強く示している。したがって，節足動物と脊椎動物の共通祖先のイメージは，前後軸と背腹軸の 2 つの主要な体軸形成が現存の動物と同様に行われる動物になる。

15.7 肢は鰭から進化した

四肢動物の肢は，ファイロティピック段階後に発生する四肢動物に独自の形質である。両生類，爬虫類，鳥類，そして哺乳類は肢を有している一方，魚類は鰭を持つ。最初に陸上に進出した脊椎動物の肢は，魚に似た祖先の腹鰭と胸鰭から進化した。前肢と後肢の間で，あるいは異なる脊椎動物の間での違いはあるものの，基本的な肢のパターンは全ての四肢動物の前肢・後肢の両方に高度に保存されている。肢は鰭から進化したが，どのようにして鰭が進化したのかはほとんど明らかになっておらず，複雑な問題である。しかし，これらの付属肢の発生には，Sonic hedgehog や線維芽細胞増殖因子（FGF）のようなシグナル分子，からだのパターン形成に既に用いられていた Hox タンパク質のような転写因子が利用されていた。

鰭から肢への移行は，3 億 6 千万年～ 4 億年前のデボン紀に起きたことが化石の記録からわかっている。この移行は，おそらく四肢動物の祖先の魚が浅瀬から陸に這い上がったときに生じた。パンデリクティス（*Panderichthys*）のようなデボン紀の総鰭類の鰭は，おそらく四肢動物の肢の祖先型であり，例えば，その初期の例は，デボン紀の四肢動物チュレルペトン（*Tulerpeton*）の肢である（**図 15.11**）。四肢動物の肢の上腕骨，橈骨，尺骨に相当する基部骨格要素は祖先の魚にも存在し，CT スキャンを使った *Panderichthys* の化石の最近の解析によると，以前の考えとは反対に，胸鰭の先端部には独立した骨格要素があること，そしてそれまで考えられていたこととは異なり，指は四肢動物の新奇構造ではないことが明らかとなった。

鰭から肢への移行をさらに知るために研究者らは，鰭の発生を詳細に追うことが可能で，鰭の形成に関与する遺伝子を特定できる現存の魚ゼブラフィッシュに目を向けた。ゼブラフィッシュ胚の鰭芽は，初めのうちは四肢動物の肢芽と似ているが，発生過程ですぐに重要な違いを生じる。鰭芽の基部が骨格要素を生じるが，この骨格要素は四肢動物の基部の骨格要素と相同なものと推定される。ゼブラフィッシュの鰭には 4 つの主な基部骨格要素があり，これらはシート状の軟骨から分離して生じる（**図 15.12**）。鰭と肢の発生における重要な違いは，先端部の骨格要素にある。ゼブラフィッシュの鰭芽において，外胚葉性の鰭膜が鰭芽の先端部末端に発生し，その中に明らかな骨性の鰭条が形成される。

四肢動物の肢芽（第 11 章参照）と同様に，重要な遺伝子である *Shh* がゼブラフィッ

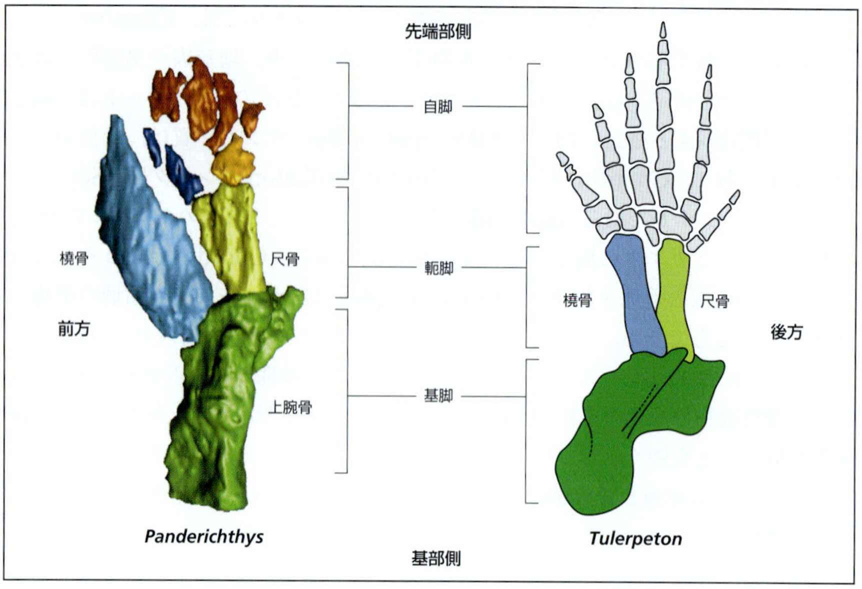

図 15.11　鰭から肢への変化
デボン紀の魚類 *Panderichthys* の葉状の鰭には，基部要素に相当する上腕骨（基脚），橈骨と尺骨（軛脚），そして先端部要素（自脚）が存在した。デボン紀の四肢動物 *Tulerpeton* は類似した基部要素を持っており，先端部要素は明らかな指を発達させていた。
Boisvert, C.A., et al.: 2008 より改変

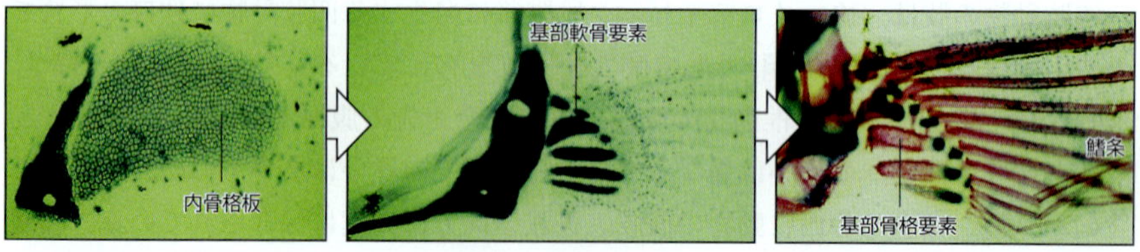

図 15.12　ゼブラフィッシュ *Danio* の胸鰭の発生
左パネル：肩帯と内骨格板。中央パネル：4 つの基部の軟骨要素と，先端部の鰭条。右パネル：成魚の先端部鰭条を支える 4 つの基部骨格要素。
写真は D. Duboule 氏の厚意により Sordino, P., et al.: 1995 から

シュの鰭芽の後縁で発現しており，Hoxd 遺伝子群と Hoxa 遺伝子群の発現パターンは四肢動物のものに似ている。ゼブラフィッシュの胸鰭における Hoxd 遺伝子群と Hoxa 遺伝子群の発現は，肢の発生においてもそうであるように，3 つの異なる相で生じる。最も先端部における，第 3 相は，先端部の鰭構造――フィンブレード――の発生と相互関係にある。この相での胸鰭における Hox 遺伝子の発現は，肢同様に Shh シグナルに依存している。このことは，鰭と肢において Hox 遺伝子発現の 3 つの相の基礎をなす調節メカニズムが，進化の過程で比較的変化せずに残っていることを示唆している。肢よりも構造がより単純であるにもかかわらず，真骨魚類の鰭は，四肢動物の肢の自脚部と比較可能と思われる先端部構造を有している。

もし，ゼブラフィッシュの鰭の発生が原始的な祖先のものを反映しているならば，より先端部の軟骨要素は，橈骨，尺骨，手根，そして指を形成する同じ発生メカニズムやプロセスが，先端部に付け加わることによって進化したのかもしれない。第 11 章で取り上げたように，指のような周期的な軟骨組織構造を形成するメカニズムが肢の中に存在する。このメカニズムは，胚の軟骨成分が形成される領域の拡大によって，より先端領域における Hox 遺伝子の新しい発現パターン形成と共に，指の進化に関係したのかもしれない。

前肢と後肢の発生の違いは，Hox 遺伝子の違いと関連している。Hox 遺伝子は，肢が発生する側板中胚葉の位置の違いを構築するのに関与している。肢の喪失はかなり一般的なことで，ニシキヘビはそのような発生上の変化の好例である。**図 15.13**（左パネル）のニシキヘビ胚の骨格に見られるように，ヘビ類は，背骨に数百ものよく似た椎骨を有する。ヘビに前肢はないが，ニシキヘビには肋骨を持つ胸椎と，分岐した短い肋骨を有する椎骨の接合部分に，1 対の後肢の痕跡がある。四

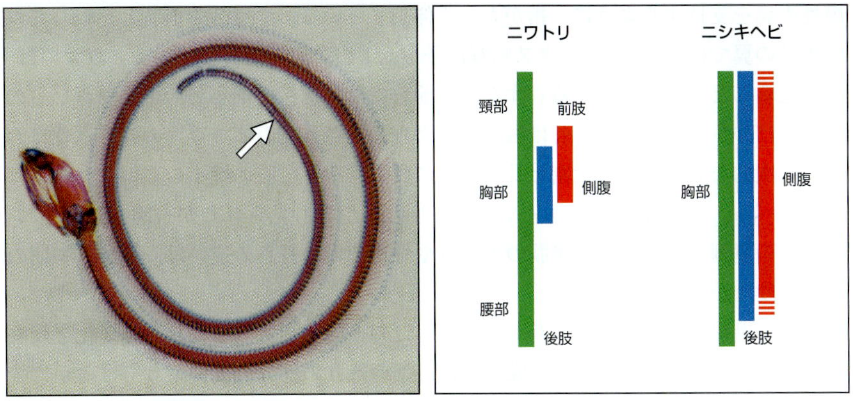

図 15.13 ニシキヘビ胚とニワトリ胚における Hox 遺伝子発現の比較
写真は，アルシアンブルーとアリザリンレッドで染色した，ニシキヘビの 24 日胚の骨格を示す。矢印は，この標本では取り除かれている後肢の痕跡の位置を指している。矢印より前方の脊椎の類似性に注目。右パネルは，ニワトリ胚とニシキヘビ胚の *Hoxb5*（緑），*Hoxc8*（青），*Hoxc6*（赤）の発現ドメインの比較を示す。ニシキヘビにおける *Hoxc8* と *Hoxc6* の発現ドメインの拡大は，軸骨格における胸部領域と，側板中胚葉における側腹領域の拡大に関連している。
Cohn, M.J. and Tickle, C.:1999 より改変

肢動物では，*Hoxb5* と *Hoxc8* の共発現は，体幹部の狭い領域に限局している。一方，ニシキヘビの胚では，これらの遺伝子は骨盤原基までのからだ全体にわたって発現している（**図 15.13** 参照）。これらの Hox 遺伝子の発現領域の拡大が，ヘビの進化における肋骨を有する椎骨の広がりと，前肢の喪失の根底にあると考えられている。後肢芽は成長し始めるが，頂堤と極性化領域のシグナル（第 11 章参照）は活性化されない。しかし，Hox 遺伝子の発現パターンはさらに複雑で，Hox コードの下流における異なる解釈が関係している可能性を示唆する証拠が存在する。

哺乳類の肢の解剖学的構造の様々な方向への特殊化（**図 15.14**）は，胚発生における肢のパターン形成と，肢の各部分の差次的な成長の両方の変化によるものであるが，その基本的な骨格要素は維持されている。これは，骨格要素のモジュール性を表す非常によい例である。コウモリとウマの前肢を比較すると，肢の骨の基本的なパターンは両者で維持されているが，特異的な機能を獲得するためにそれぞれが変化していることがわかる。コウモリでは，肢は飛行に適応している。すなわち，

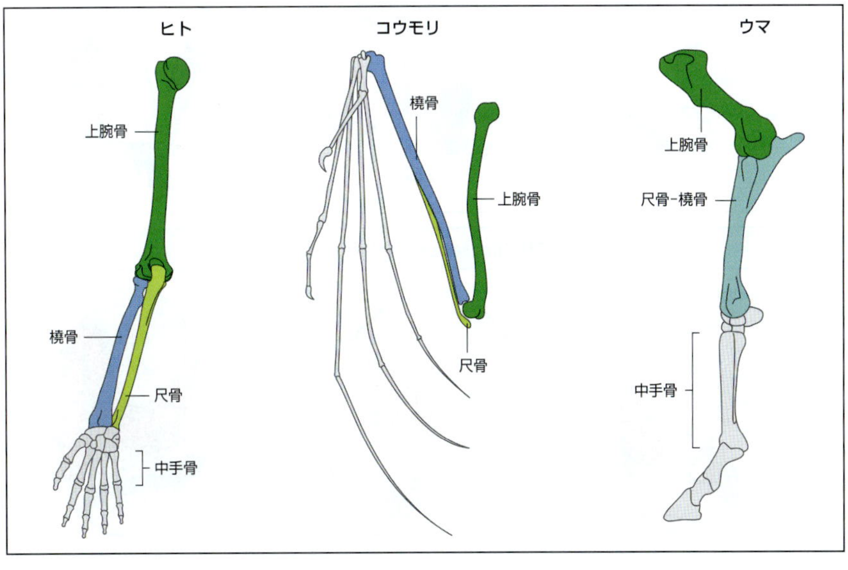

図 15.14 哺乳類の肢の多様化
前肢の骨の基本的なパターンは哺乳類を通して保存されているが，個々の骨の比率には変化があり，同様に骨の融合や喪失も起きている。これは特にウマの肢にみられ，橈骨と尺骨が融合して 1 つの骨になり，中央の中手骨（ヒトの掌骨）は非常に長くなっている。さらに，ウマでは指の喪失と縮小が起きている。対照的にコウモリの翼では，飛膜を支えるために指が非常に長くなっている。

膜性の翼を支持するように，指が大きく伸長している。マウスの前肢と比較してコウモリの翼では，ホメオボックス転写因子 Prx1 の発現が上昇している。ウマでは，肢は走ることに適応している。すなわち前肢では，側指は縮小し，中手骨（ヒトの掌骨）は伸長し，橈骨と尺骨は融合してより強化されている。ウマの肢の進化における差次的な成長速度の役割と骨格要素の喪失，そして肢の縮小の事例については後で述べる。飛べないキーウィやコウモリの発生でも見られるが（**図 15.15**），いくつかの事例では，前肢と後肢の大きさや骨格要素の長さの違いは，かなり初期の胚発生段階から観察できる。

進化の過程で生じる変化の多くは，からだの一部の相対的な大きさの変化を反映している。我々は既に，頭部の成長がからだの残りの部分の成長よりもはるかに少ないことによって，生後，ヒトの赤ちゃんの体型が成長につれて変わるのをみてきた（**図 13.6** 参照）。異なる系統のイヌにおける顔の形の多様性も――これらの系統は全てタイリクオオカミに由来する同種であるが――，生後の差次的な成長による効果を示すよい例である。全てのイヌは丸い顔で生まれる。この形を維持するイヌもいるが，その他は成長と共に鼻と顎の領域が伸長する。ヒヒの伸長した顔もこの領域の生後の成長によるものである。

骨のような個々の構造は異なる速度で成長できるため，生物の全体的な形は，成長持続時間の遺伝的変化によって，進化の過程で変わることが十分に可能で，このことは生物の全体的な大きさをも増大させる。例えばウマでは，その祖先の中指は両側の指よりも速く成長し，最終的に側指よりも長くなった（**図 15.16**）。進化の過程でウマの全体的なサイズが増大するにつれて，この成長速度の違いにより中指がはるかに長くなったために，相対的に小さな側指はもはや地面に触れなくなった。進化の後半では，独立した遺伝的変化により，今や不要になった側指はさらに縮小するようになった。

指の数の減少は散見される一方（ニワトリの翼には 3 本しかなく，トカゲでも減少がよくある），5 本以上の指を持つ種が非常に珍しいことは，指の進化の特徴

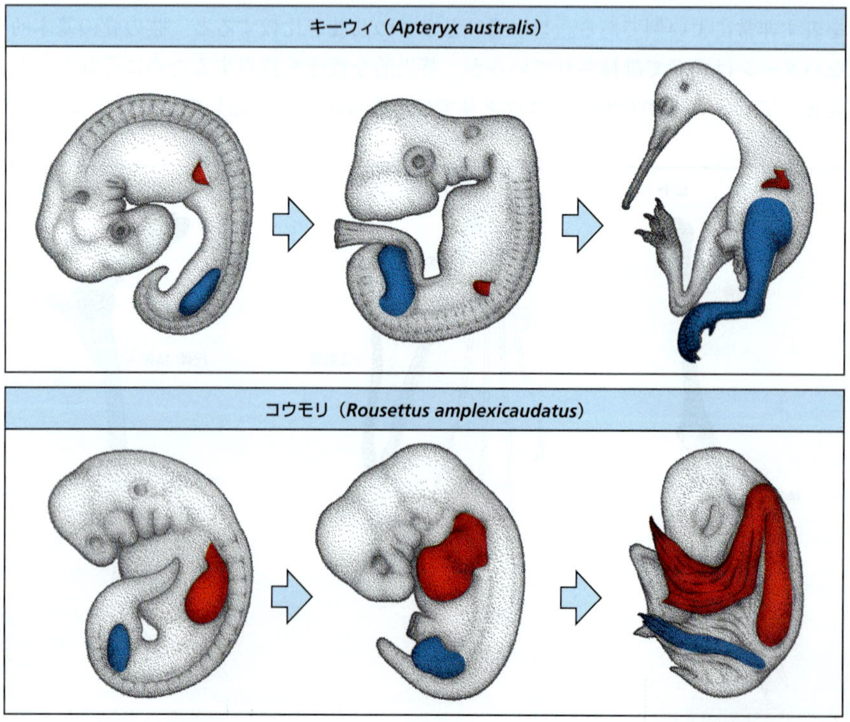

図 15.15　成体における肢のサイズと発生の様子
上パネル：飛べないキーウィ（*Apteryx australis*）は，全ての発生段階，初期胚においても，比較的短い前肢と長い後肢を持っている。下パネル：成体では大きな前肢と小さな後肢を持つコウモリ *Rousettus amplexicaudatus* においては，全ての発生段階で前肢は後肢と比べて大きい。
Richardson, M.K.:1999 より改変

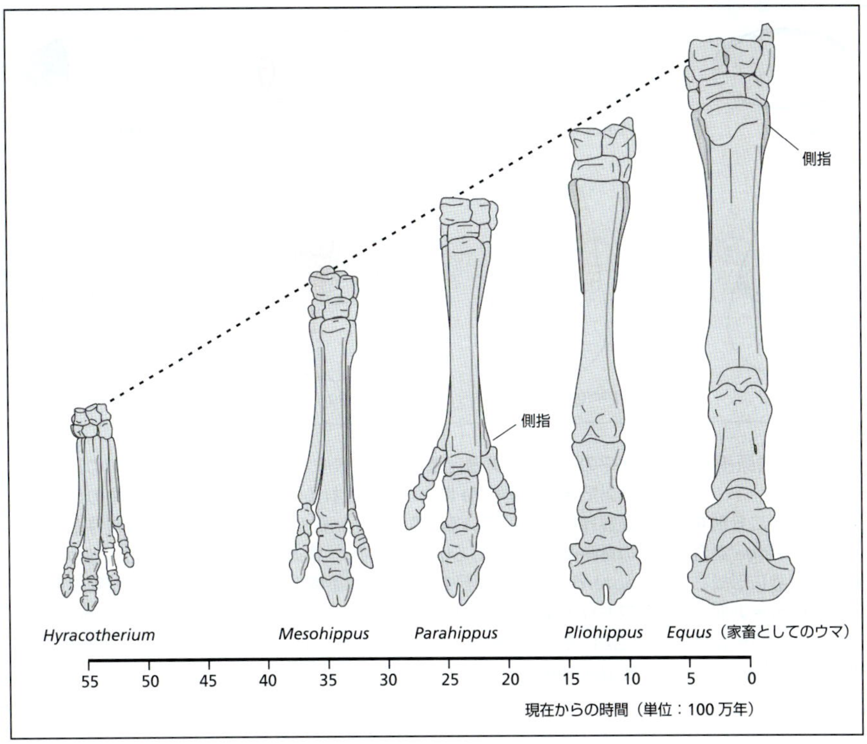

図 15.16 ウマの前肢の進化
最初のウマ *Hyracotherium* は，大きなイヌくらいの大きさであった。前肢には 4 本の指があり，そのうちの 1 本（解剖学的には 3 番目の指）が成長速度が速いため若干長く，全ての指は地面に接していた。ウマのサイズが大きくなるにつれて，第 3 中足骨（3 番目の指に連続する手の骨）が他のものよりも長さを増したため，側指は地面と接しなくなった。より後の進化段階では，別の遺伝的変化により側指はさらに短くなった。
Gregory, W.K.: 1957 より

である。5 種類以上の指の進化には，**発生の制約（developmental constraint）**がかかるようである。これは，肢の先端部におけるHox遺伝子が，指にアイデンティティを与えるための遺伝プログラムを 5 種類しか生じさせないためだと推測される。多指症では，少なくとも 2 つの指が同じであるため（**Box 11B**, p. 443 参照），5 種類の指しか存在しない。ジャイアントパンダの“親指”のように，特有のさらなる指様の要素を持った動物でも，実際にはその指は手根骨の変形であることは，このためであろうと考えられる。

15.8 脊椎動物の翼と昆虫の翅は，進化的に保存された発生メカニズムを利用している

脊椎動物の翼と昆虫の翅は相同ではないが，外見上の類似点がいくつかある。これらは似た機能を持っているが，構造は全く異なる。昆虫の翅は上皮の二層構造を示すが，脊椎動物の肢は外胚葉に囲まれた間充織の塊から主に発生する。しかし，これら大きな解剖学的な違いにもかかわらず，軸の確立や，昆虫の脚，翅，脊椎動物の肢のパターン形成に関与する遺伝子とシグナル分子には，顕著な類似性が存在する（**図 15.17** と第 11 章参照）。これらの全ての付属肢における前後軸に沿ったパターン形成は，例えばHedgehog関連シグナルや，Decapentaplegic（昆虫類）やBMP-2（脊椎動物）といったTGF-βファミリーに属する因子を用いている。昆虫の翅の背面は *apterous* 遺伝子の発現で特徴づけられている一方，関連遺伝子である *Lmx1* が脊椎動物の肢の背側間充織に発現していることは注目に値する。*fringe* 関連遺伝子は，昆虫の翅と鳥類の翼の両方で，背側領域と腹側領域の境界の特異化に関与している。

昆虫の付属肢の遺伝的仕組みが保存されていることを示す別の例が，*Distal-less* 遺伝子である。この遺伝子は，環形動物の疣足（いぼあし）やウニの管足を含む，様々な動物の様々な付属肢の発生において，基部-先端部軸に沿って発現している。さらにこの

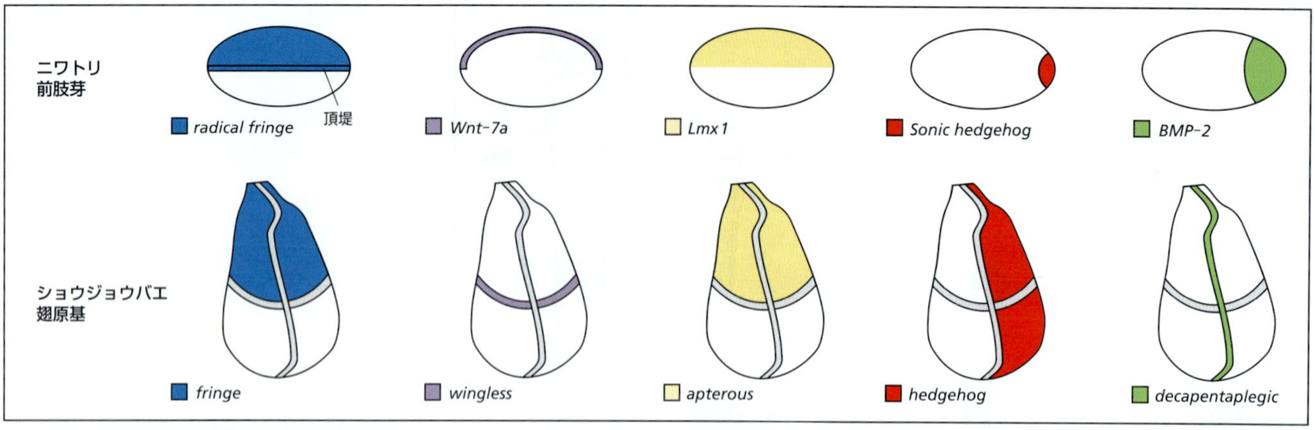

図 15.17 ニワトリの前肢芽とショウジョウバエの翅成虫原基における発生シグナルの比較
第1列：ニワトリの前肢芽（上段）の末端の表面を示す。それを二分割する二重線は頂堤を表す。ニワトリの外胚葉性頂堤は，*radical fringe* を発現する背側細胞と，*radical fringe* を発現しない腹側細胞の境界に形成される。昆虫の翅原基における背腹境界も，*fringe* 発現細胞と *fringe* 非発現細胞の境界に形成される（下段）。昆虫の翅成虫原基では，将来の背側領域と腹側領域は同じ平面に存在する。垂直の二重線は，前後区画の境界を表し，水平の二重線は背腹区画の境界を表す。第2列：ニワトリの翼の背側領域は外胚葉の *Wnt-7a* により指定される一方，*wingless* は昆虫の翅の背腹境界縁に発現している。第3列：*Lmx1* 遺伝子はニワトリ前肢芽の中胚葉の背側領域に発現しているのに対し，構造的に関連したショウジョウバエの *apterous* 遺伝子が昆虫の翅の背側領域を指定する。第4および第5列：ニワトリの翼の *Sonic hedgehog* とショウジョウバエの *hedgehog* は後部区画に発現しており，両者はそれぞれ TGF-β ファミリーに属する *BMP-2* と *decapentaplegic* の発現を誘導する。

遺伝子は，脊椎動物の肢の伸長期にも発現する。

これら全てのことは，進化において体軸を形成して位置価を指定するのに，驚異的な可変性システムが利用されてきたことを強調している。

15.9 発生学的相違の進化は，少数の遺伝子の変化に基づいていることがある

同じ種内で非常に異なる2つの形態が存在することから，真骨魚類 *Astyanax mexicanus* は，発生メカニズムの進化を研究するうえでよいモデル系となっている。*Astyanax mexicanus* は単一の種でありながら，全く異なる2種類の外見を持つ。すなわち視覚を持ち，色素を有し，水面近くに生息するものと，洞窟魚として知られる盲目で色素を持たず，洞窟で生息するものである（**図 15.18**）。*Astyanax* 洞窟魚の少なくとも30の異なる集団がメキシコの石灰岩の洞窟内に生息し，過去数百万年もの間，周辺流域から孤立して生息している。洞窟魚の成体では機能的な眼は欠如しており，胚は眼原基を形成し始めるものの，最終的には退縮してしまう。眼の退縮の主な原因は発生途中のレンズ細胞のアポトーシスであり，これにより網膜を含めた他の眼組織の成長も妨げられる。同様に，眼の発生欠如は，洞窟魚と水面生息型の魚における，他の頭顔面部の差異の原因となっている。水面生息型 *Astyanax* の胚と比較して，洞窟魚の胚では，正中線に沿った Shh シグナル系の活性が増加することによって，レンズのアポトーシスが引き起こされる（第11.23節参照）。

図 15.18 *Astyanax mexicanus* の2つの異なる形態
水面生息型の魚は眼を持ち，色素を有する（上段の写真）。洞窟生息型の魚（洞窟魚）では，眼は形成されず，色素も失われている。
写真は A. Strickle, Y. Yamamoto, and W. Jeffery 各氏の厚意による

驚いたことに，眼の退縮において細胞の増殖が止まることを示す証拠は全くない。最終的な成長が見られないのは，洞窟魚の幼生発生から成体までの間で，新しい細胞がアポトーシスによってすばやく取り除かれるためである。水面生息型の *Astyanax* のレンズが洞窟魚の胚に移植された場合，レンズにアポトーシスは起こらず，眼の形成において劇的な再建が起こる。通常では目の見える成体に成長する水面生息型 *Astyanax* の胚において Shh シグナルを増大させることで，洞窟魚

の眼の発生における増大したShhシグナルの役割が調べられた。*Shh* mRNAを卵割中の胚の片側に注射すると，“眼”の遺伝子である*pax6*の発現が，相当する眼の発生領域において抑制された。また，Shhを過剰発現させた胚から発生した幼生では，その片側頭部の眼が欠如した。言い換えれば，眼の退縮を起こすようにShhシグナルを操作することで，盲目の洞窟魚の表現型が模写されたのである。

洞窟に生息する全ての盲目の脊椎動物において，眼は初めのうちは形成されるが，その後，幼生または成体の発生中に退縮する。驚くべきことに，眼はとにかく形成され始めるのである。このような現象が起こるのは，眼の発生は他の重要な発生段階に必要であり，これらの段階を欠くことは致死的だからなのかもしれない。したがって，洞窟に棲む脊椎動物の胚に眼が形成されないのは，発生の強い制約によるものではなさそうである。では，どうして洞窟魚には眼がないのだろうか？　答えはわかっていないが，眼がもはや環境に適応的ではなくなると，エネルギーの保存に基づいた自然淘汰が生じるのかもしれない。

発生進化の非常に興味ある別の例は，トゲウオの個体群における腹鰭である腹棘の縮小または喪失である。トゲウオの個体群は，約2万年前の氷河期後に氷河が溶けてつくられた新しい湖や小川にコロニーを形成した際に隔離された。対をなす腹棘は，全ての海水棲およびほとんどの淡水棲の3棘トゲウオと9棘トゲウオ（この数は，魚の背中にある棘の数を意味している）の個体群に見られる。しかし，腹鰭の縮小の結果，いくつかの淡水棲の個体群では，腹棘が繰り返し喪失している（**図15.19**）。異なる個体群のトゲウオ間での遺伝学的交配により，腹棘の縮小の誘導が可能であり，その原因として，ホメオドメイン転写因子Pitx1の遺伝子制御領域に，個体群によって異なる突然変異が同定された。Pitx1は脊椎動物の後肢の形成に重要な役割を担っており（第11.2節参照），*Pitx1*と関連する*Pitx2*遺伝子をマウスでノックアウトすると，後肢の形成は抑制される。これらのトゲウオにおける適応突然変異では，からだの他の部分における*Pitx1*遺伝子の発生上の重要な役割は残したまま，腹鰭領域におけるPitx1の発現を限定的に喪失する。トゲウオの腹棘の喪失は，収束進化の興味深い例のひとつである。なぜなら，類似したシス調節領域の突然変異が，異なるトゲウオの個体群でそれぞれ独立に選択されてきたからである。

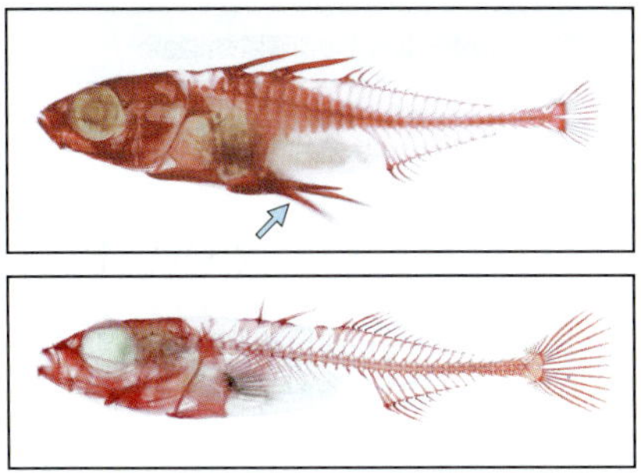

図15.19　3棘トゲウオ（*Gasterosteus aculeatus*）の腹棘の喪失

上パネル：3棘トゲウオの個体群のほとんどが有対の腹棘を有している（矢印）。下パネル：いくつかの淡水棲の個体群では，*Pitx1*遺伝子の突然変異により腹棘が喪失する。

写真はMike Shapiro and David Kingsley氏の厚意による

シス調節領域の変化によって生じたパターン形成の進化の別の例は，*Drosophila biarmipes*の雄の翅の色彩パターンである。*D. biarmipes*は標準的なモデル生物であるキイロショウジョウバエ（*D. melanogaster*）に近縁であるが，これらは約1500万年の進化を経て別種となった。*D. biarmipes*の雄には目立つ黒い斑点が翅の前面の端にあり，これは*D. melanogaster*の雄にはない（**図15.20**）。この違いは，黒い斑点を形成するのに必要な遺伝子*yellow*の発現が，2つの種の翅で異なることによる。*D. melanogaster*では，*yellow*は翅全体を通して弱く発現している。*D. biarmipes*の斑点は，*yellow*遺伝子のシス調節領域上の変化によって形成されたもので，翅のパターン形成に関わっている転写因子によって，特定の空間的パターンで*yellow*遺伝子が活性化される。例えば，Engrailedタンパク質は翅の後方区画に発現しており（第11.18節参照），翅の後方区画の先端部領域において*yellow*を抑制する。他の保存されている遺伝子調節タンパク質も，*yellow*遺伝子の調節領域内にこれらのタンパク質の結合部位が形成されたことで，*yellow*遺伝子を制御するようになった。

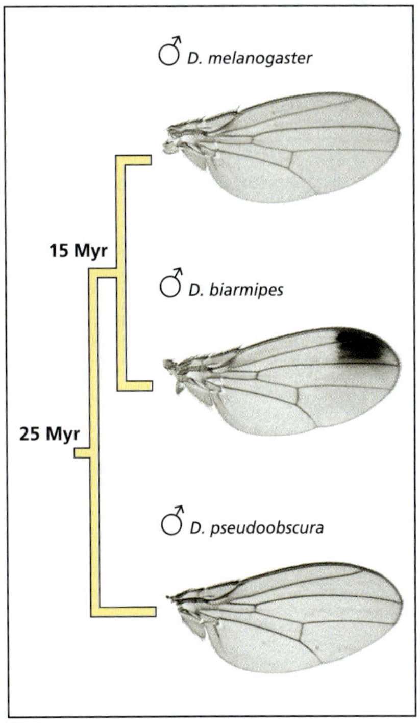

図15.20　ショウジョウバエの近縁種間における色素パターンの違いの進化

雄の*Drosophila biarmipes*の翅の端にある黒い色素斑は，*Drosophila*種間で比較的最近進化した形質である。これは，色素形成に必要な*yellow*遺伝子の調節領域に起こった変化から生じたものである。Myr：100万年前。

Gompel, N. et al.: 2005より

15.10　進化の過程で胚構造は新しい機能を獲得した

（魚類と哺乳類のように）成体の構造と習性が大きく異なる2種類の動物が，非

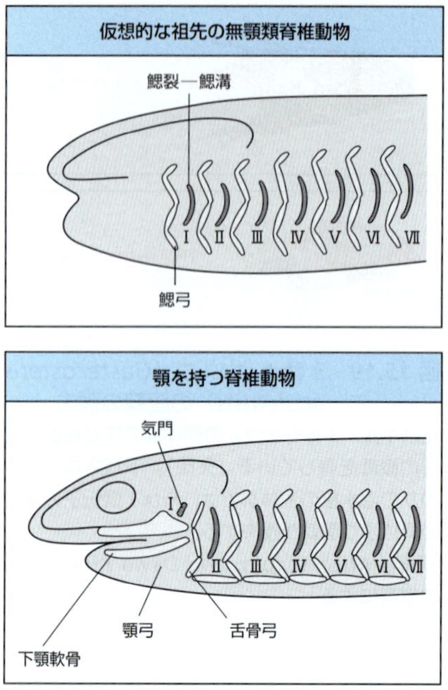

図 15.21 脊椎動物の顎の進化過程における鰓弓の変形

祖先の無顎類には，軟骨弓または骨弓で支えられた少なくとも7つの鰓裂（鰓溝）が連なって存在していた。顎は，最初の鰓弓の変形から，下顎の下顎軟骨とその後方の舌骨弓を伴い，顎弓を発達させた。

訳注1：原文では甲状腺となっていたが，副甲状腺の誤植と思われる

常によく似た胚発生段階を経る場合，その2種類の動物は同じ共通祖先に由来し，進化上近縁であることが示唆される。このように，胚発生は祖先の進化の歴史を反映する。からだが体節へと分割され，構造と機能が互いに異なって分化していくことは，脊椎動物と節足動物の進化における共通の特徴である。脊椎動物における分節構造の一例に，ヒトを含む全ての脊椎動物胚に存在する，頭部の後方両側に位置する鰓弓と鰓溝がある（図 5.33 参照）。これらの構造は魚様祖先の成体の鰓や鰓裂の遺残ではないが，鰓裂や鰓の発生上の前駆体として，脊椎動物の魚様の祖先の胚に存在していたと考えられる代表的な構造物である。進化の過程で鰓弓からは，原始的な無顎類の鰓と，後の変形を通してより後に進化した魚類の鰓や顎の構成要素の両方が生じた（図 15.21）。時間の経過と共に鰓弓はさらに変形を起こし，哺乳類の顔や首の様々な構造を生じるに至った（図 15.22）。その多くは発生初期に鰓弓へと移動する神経堤細胞に由来する（第5.13節参照）。第1鰓弓と第2鰓弓の間にある鰓溝からエウスタキオ管が開口し，鰓裂の内胚葉から副甲状腺[訳注1]や胸腺といった様々な腺構造が生じる。

進化によって完全に新しい構造が突然生じることはめったにない。新しい解剖学的特徴は通常，既存の構造の変形から生まれる。それゆえ，進化の大部分を，既存構造物の鋳掛け（ブリコラージュ）によって徐々に何か新しいものを創りだすこととして捉えることができる。これが可能なのは多くの構造物がモジュールであるからで，つまり動物は，解剖学的に区別される独立して進化可能な部位から成立しているからである。例えば，椎骨はモジュールであり，肢と同様，互いに独立して進化することができる。

既存の構造物の変形のよい例が，哺乳類の中耳の進化である。中耳は鼓膜から内耳へと音を伝達する3つの骨——ツチ骨，キヌタ骨，アブミ骨——からなる。哺乳類の爬虫類型祖先では，頭蓋と下顎の間の関節は，頭蓋骨の方形骨と下顎の関節骨の間にあり，これらの骨も音の伝達に関係していた（図 15.23）。脊椎動物の下顎は元来複数の骨で構成されていたが，哺乳類の進化の過程で，このうちの1つである歯骨が大きさを増して下顎の全体を構成するようになり，他の骨は失われていった。関節骨はもはや下顎に結合しておらず，発生の変化によって哺乳類の関節骨と方形骨は2つの骨，すなわちツチ骨とキヌタ骨にそれぞれに変化した。そし

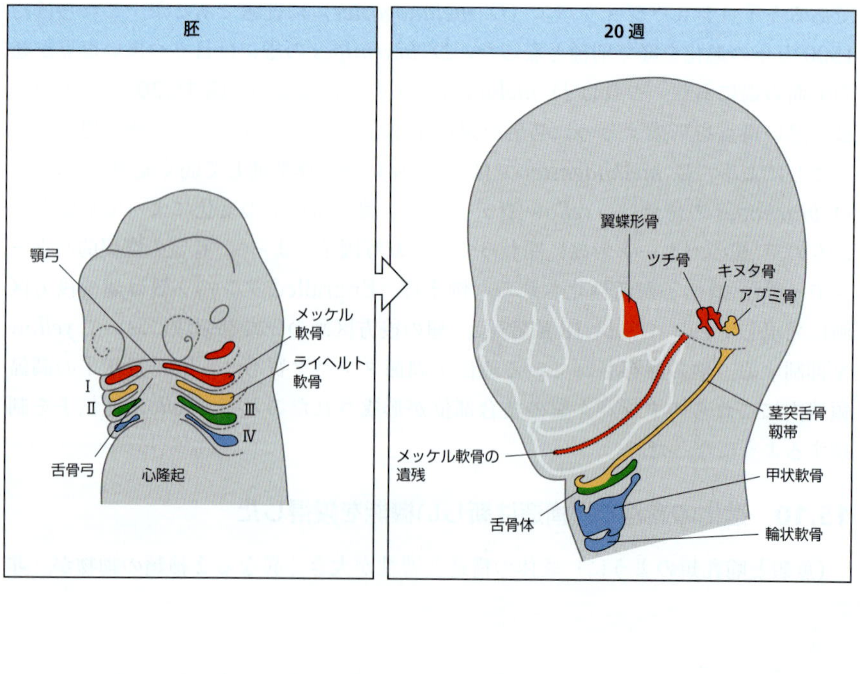

図 15.22 ヒトにおける鰓弓軟骨の発生運命

胚では，軟骨は鰓弓の中で発達し，3つの耳小骨，舌骨，そして咽頭骨格要素が生じる。様々な骨要素の発生運命は色別で示した。

Larsen, W.J.: 1993 より

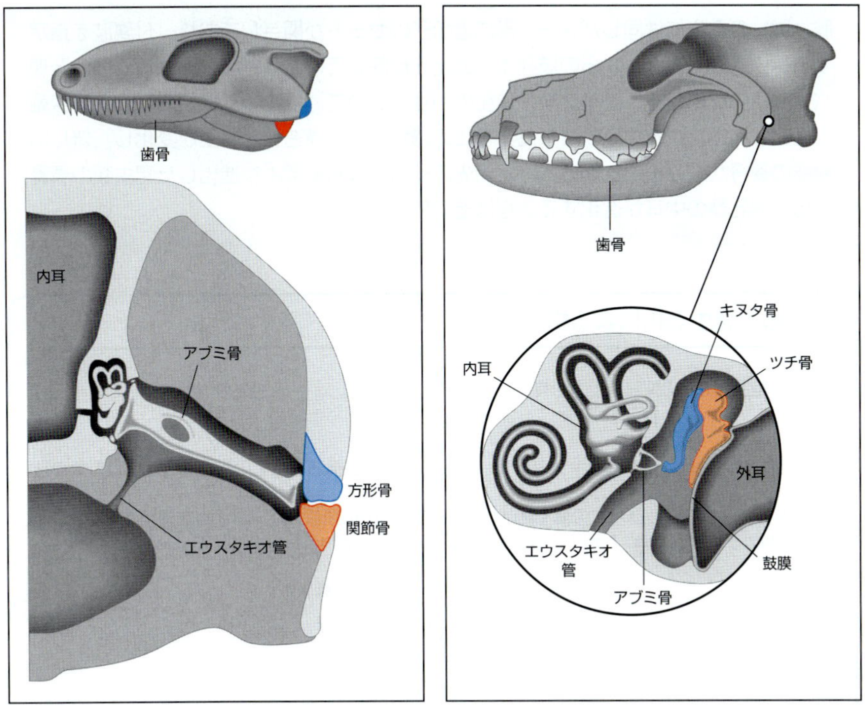

図 15.23 哺乳類の中耳骨の進化
原始的な爬虫類の関節骨や方形骨（左パネル）は，下顎関節の一部だった。音は，これらの骨とアブミ骨との結合を経由して内耳に伝えられていた。哺乳類の下顎が 1 つの骨（歯骨）になったとき，関節骨はツチ骨に，方形骨は中耳のキヌタ骨になり，鼓膜から内耳に音を伝えるという新しい機能を獲得した（右パネル）。エウスタキオ管は，第 1 鰓弓と第 2 鰓弓の間に形成される。
Romer, A.S.: 1949 より

てこの 2 つの骨の機能は，鼓膜からの音の伝達を助けることに変わった。方形骨は進化上および発生上，脊椎動物の祖先の第 1 鰓弓の背側軟骨と相同であり，アブミ骨は第 2 鰓弓の背側軟骨と相同である。

進化は，同じタンパク質をかなり異なる目的に適応させることができる。頭足類（タコやイカ）と脊椎動物の眼のレンズは，クリスタリンタンパク質を詰め込んだ細胞で構成されており，これがレンズに透明性を与える（第 11.23 節参照）。クリスタリンはレンズに特有なもので，この特別な機能のために進化したと元来考えられていたが，最近の研究から，これらは，レンズ機能のために構造的に特殊化したタンパク質ではなく，そのために他から選び出されたもので，別の場面では酵素として働くことが示されている。

これらの例は，進化と発生の重要な関係と，構造物が異なる形へと徐々に変化することの証拠を提供している。しかし多くの場合，中間体がどのようにして適応し，自然淘汰における有利性を動物に与えたのかについてはわかっていない。例えば，第 1 鰓弓から顎への移行における中間体について考えてみよう。この場合においては適応的に有利な点は何であったのだろうか。その答えはわからない。時間の経過と，太古の生物の生態に関する知識不足から，その答えを知ることは決してできないであろう。

まとめ

類似する胚発生段階を経る動物種は，共通祖先から生じ，遺伝子調節回路の変更を進化させてきた。あらゆる動物の基本的なボディプランは，位置のアイデンティティを与える Hox 遺伝子の発現パターンによって規定されており，その解釈は進化の過程で変化してきた。Hox 遺伝子そのものは，遺伝子重複や多様化により相当進化しており，ダーウィンが進化を「変化を伴う継承」と表現していることの好例である。四肢動物の肢は，新しい特徴としての指を伴い，鰭から進化した。脊椎動物と昆虫の肢（脚）の発生には同じパターン形成遺伝子のセットが関与しており，付属肢を指定する祖先的メカニズムからの肢発生の進化を反映している。背腹軸形成遺伝子の発現パターンの比較から，脊椎動物の進化の過程において，脊椎のない祖先動物の背腹軸が反転していたことが示唆された。進化の過程では，構造物の発生が変化し，新しい機能の獲得が起こることがあった。祖先の鰓弓の骨格要素より進化した爬虫類の顎骨から，哺乳類の中耳が進化する過程はその例である。

まとめ：発生変化による構造の進化

爬虫類の顎の関節骨と方形骨
⇩
哺乳類の中耳のツチ骨とキヌタ骨

祖先の魚の鰭
⇩
新しい構造としての指を備えた四肢動物の肢

ニワトリやショウジョウバエの翼（翅）は軸を確立するのに類似したシグナルを使用する：Sonic hedgehog—Hedgehog；Lmx 1—Apeterous；Wnt-7a—Wingless；BMP-2—Decapentaplegic

Hox 遺伝子の重複，多様化，解釈
⇩
異なるボディプラン

アフリカツメガエルとショウジョウバエの背腹軸のためのシグナルは相同であるが，体軸に対しては逆転している：BMP-4—Decapentaplegic；Chordin—Short gastrulation

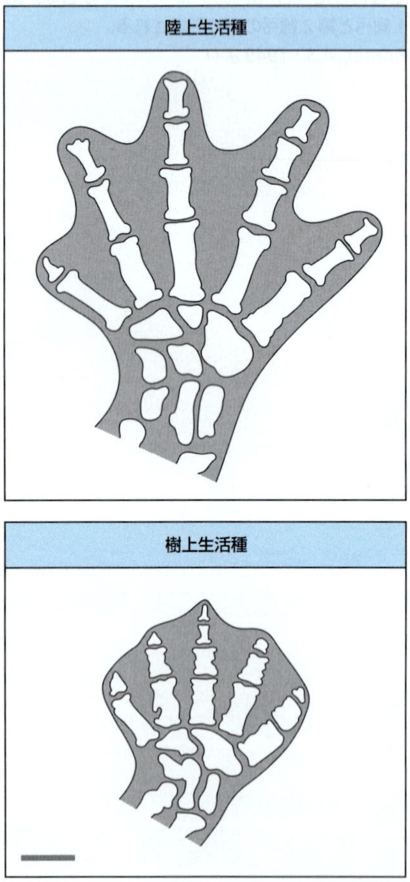

図 15.24 サンショウウオにおける異時性 陸上生活種のサンショウウオ *Bolitoglossa*（上パネル）は，樹上生活種（下パネル）よりも肢が大きく，より長い指を持ち，指間膜がさほど顕著でない。この違いは，より初期の発生段階で，樹上生活種の肢の成長が止まることで説明できる。スケールバー＝1 mm。

発生プロセスのタイミングの変化

ここまでは，進化の過程で起きた空間的パターンの変化に注目してきた。しかし，発生プロセスのタイミングの変化も重大な影響を及ぼし得る。ここでは，成長と性的成熟のタイミングの変化が，動物の形態や行動にどのように影響を与えるかに関していくつかの例をみていく。

15.11 進化は，発生イベントのタイミングの変化による場合がある

種間における発生プロセスの相対的な時期の違いや，祖先におけるそれらのタイミングの相対的な違いは，形態と行動に劇的な影響を及ぼし得る。熱帯地方に生息するサンショウウオのある属の種における足の違いは，異なる種の形態と生態の両方に対して発生時期の変化が影響を与えることを示唆している。サンショウウオの *Bolitoglossa* 属の多くの種は，一般的な陸上生活ではなく樹上生活をしており，彼らの足はすべりやすい表面をのぼるために変化している。樹上生活種の足は，陸上生活をする種よりも小さく，膜でつながっており，指も短い（**図 15.24**）。この違いは，陸上生活をする種よりも樹上生活する種では早い発生段階で足の発生と成長が止まることが主な原因のようである。このようなタイミングの違いを表すのに用いられる言葉が，**異時性（heterochrony）**である。

最もわかりやすい異時性の例は，幼生段階を有する生物における性成熟開始のタイミングの変化である。まだ幼生段階にある動物による性成熟の獲得が，**幼形成熟（neoteny）**と呼ばれるプロセスである。成長はこの限りではないが，動物の発生が生殖器の成熟に関連して遅らされる。これは，サンショウウオの一種であるメキシコのアホロートルに生じる。幼生は大きくなり性的に成熟するが，変態はしない。

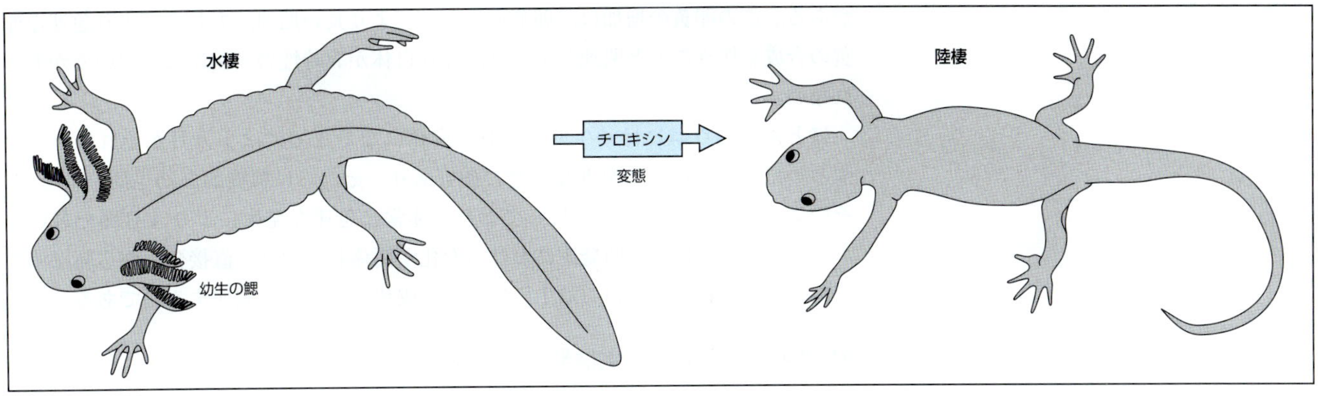

図 15.25 サンショウウオの幼形成熟
性成熟したメキシコアホロートルは，鰓などの幼生の形態を保持しており，水棲のままである。幼形成熟型は，この動物では産生されないチロキシンを投与すれば，典型的な陸棲のサンショウウオの成体に変態する。チロキシンは他の両生類に変態を引き起こすホルモンである。

性成熟したものは水棲のままであり，大きくなりすぎた幼生のように見える。しかしアホロートルをチロキシンで処理することで，変態を誘発することができる（図 15.25）。

多くの動物は拡散や摂餌に有利な自由遊泳型幼生を進化させ，その後，形態を劇的に変化させる変態により成体となる。発生の本質はゆるやかな変化である。しかし変態過程では，幼生と成体の間でゆるやかな連続性は見られない。おそらくは異時性により，直接発生を行う動物に先在した発生プログラムの中に幼生段階が組み込まれることによって，全ての幼生が進化したと推定すると，変態はより進化的な意味を持つ。多くの無脊椎動物で幼生は初め後期原腸胚に似ており，これが自由遊泳型幼生になったのかもしれない。幼生を性成熟した成体への発生プログラムに連れ戻す変態は非常に複雑な過程であるため，幼生段階がオリジナルの状態であったということはあり得ないし，幼生が再び発生経路に入らずに進化したとは考えにくい。

カエルのように変態する脊椎動物において，その祖先が成体に直接発生していたと仮定すると，後肢の発生を遅らせるなどの神経胚期後の事象のタイミングの変化が，機動性を獲得して摂餌するオタマジャクシ期を進化させた可能性がある。機動性を持つことは拡散が目的であったのだろうが，生殖可能な成体になるためには，幼生は通常の発生プログラムに戻らなければならなかった。本質的に変態はそのためにある。

幼生段階は，進化の過程で失われたり，生じたりすることがある。現存するカエルの中には，オタマジャクシ段階がなくなり，成体への発生が加速することで，成体への直接発生を再進化させたものもいる。典型的な両生類の *Rana* や *Xenopus* と異なり，*Eleutherodactylus* 属のカエルは成体に直接発生し，水棲のオタマジャクシ期を持たず，陸上で卵を産む。鰓やセメント腺のような典型的なオタマジャクシの特徴は形成されず，神経管の形成後すぐに肢芽の突出が生じる（図 15.26）。胚では，尾は呼吸器官に変化する。このような直接発生では，オタマジャクシの摂餌の時期なしに成体に発生するのを助けるために，卵へ大量の卵黄を供給する必要

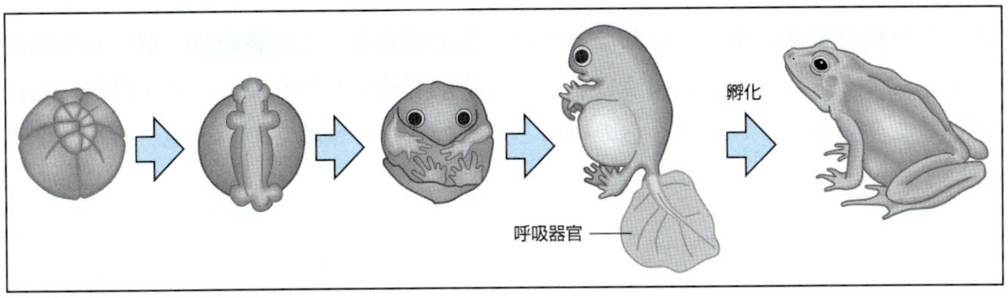

図 15.26 カエル *Eleutherodactylus* の発生
Xenopus や *Rana* といった典型的なカエルは水中で卵を産み，成体へと変態する水棲のオタマジャクシを経て発生する。*Eleutherodactylus* 属のカエルは地上に卵を産み，水棲の自由生活型の幼生段階を経ずに，小型の成体として卵から孵化する。胚の尾は呼吸器官に変化している。

がある。この卵黄の増加は，卵形成においてより長い期間，もしくはより急速な卵黄の合成を伴うことと関連しており，これ自体が異時性の一例になっているかもしれない。

ほとんどのウニには幼生期があり，成体になるまでには1カ月かそれ以上を要する。だが，直接発生を進化させた種もあり，それらは機能的な幼生期を経ない。そのような種は大きな卵を持っており，非常に急速な発生により4日間で若いウニになる。これには初期発生における変化が関係しており，直接発生する胚は消化管を欠いた摂餌できない“幼生”になり，成体へと急速に変態するのである。

15.12 生活史の進化は発生と密接な関係がある

動物と植物は非常に多様な生活史を持つ。小鳥は春になると次の世代を育て，死ぬまで毎年これを繰り返す。太平洋サケは生後3年で産卵し，死んでいく。樫はドングリを実らせるのに30年かかり，やがて何千もそれを実らせる。このような生活史の進化を理解するために，進化生態学者は生存確率，生殖の割合，そして生殖作用の最適化という観点から考えている。これらの要素は発生戦略の進化，特に発生の各段階の割合と重要な関係がある。例えば，ちょうどみてきたように，多くの動物の生活史の特徴は，通常は形態がより単純で，異なる摂餌方法を取り，性成熟した成体とは異なる自由生活型の，幼生段階が存在することである。

生活史は，バッタのような短い胚帯を持つ昆虫よりも後に進化した，ショウジョウバエのような長い胚帯を持った昆虫の進化を理解するのに役立つ（第2.25節参照）。短い胚帯を持つ昆虫は，ショウジョウバエとは異なり幼虫段階を持たず，小さく，未成熟な成虫様の形態に直接発生する。対照的に，ショウジョウバエは摂餌する幼虫へと急速に発生し，バッタが5～6日かかるところをたった24時間で摂餌を開始する。幼虫が可能な限り早く摂餌を始める昆虫に選択有利性があるということは想像に難くない。また，胚は成虫より脆弱であるため，胚発生段階を短くするように自然淘汰が働くようである。このように，長い胚帯を持つ昆虫の複雑な発生メカニズム――卵の中に完全な前後軸を形成するシステム――は，急速に発生するように自然淘汰が働いた結果として進化したようである。ショウジョウバエの場合，これはおそらく，すぐに消え失せる果物を餌にする能力と関係していたのだろう。

卵の大きさもまた，生活史との関係がよく知られている。親が生殖に費やすエネルギー源を制限すると仮定すると，配偶子，特に卵をつくるためにどのようにエネルギー源を投入するのが最善であるかが問題となる。多数の小さな卵をつくるのと，数個の大きな卵をつくるのではどちらがより都合がよいのだろうか？ 一般的には，卵が大きければ大きいほど大きな子孫が生まれ，子孫が生き残る可能性も高くなりそうである。このことは，ほとんどの場合で胚はできるだけ大きく育って生まれてくる必要があることを示しているように見える。では，なぜ急速に発生することが可能な，大量の小さな卵を生む種がいるのだろうか？ 1つの答えは，大きな卵を生むことにエネルギーを投入すると，親自身の生存の可能性や，より多くの卵を生む機会を減らすかもしれないということである。この戦略は，個体数が突然減少するような変化の多い環境においては特に有効かもしれない。幼生段階における急速な発生は，早い時期からの摂餌と，このような環境での新天地への拡散を可能にする。

まとめ

進化過程で生じた発生プロセスのタイミングの変化は，からだの形状を変化させることがある。なぜなら，ある部位が他の部位より成長が速い場合，動物が成長するのに比例してその部位のサイズは大きくなるからである。馬の側指が小さくなったのは，このタイプの発生変化による。発生の速度と卵の大きさも，進化的に重要な意味を持っている。動物の性成熟期に変化が生じることで，幼生の特徴を有する成体が生じる。カエルやウニのように通常では幼生段階を経る動物は，幼生段階なしに直接成体に発生する種を進化させた。動物の生活史も，進化と発生に密接な関係がある。

まとめ：発生プロセスのタイミングの変化

サイズの増大
↓
より速く成長する領域が大きな割合を占める。
例：ウマの第 3 指

早期の性的成熟
↓
幼形成熟

幼生期の排除
↓
成体への迅速な発生

第 15 章のまとめ

多くの発生プロセスは，進化の過程で保存されてきた。進化と発生に関連する多くの疑問は未解決であるが，発生が祖先の胚の進化の歴史を反映しているのは明らかである。多細胞性や，単細胞の祖先から生じた胚の起源は，いまだ推測の域を出ない。あらゆる脊椎動物の胚は，発生初期と発生後期の両方でかなり多様化した可能性は高いが，保存されたファイロティピック段階を経る。脊椎動物と節足動物の付属肢のパターン形成に関与するシグナルは，背腹軸のパターン形成のものと同様に，著しい類似性と保存性を示す。脊椎動物と節足動物の体軸に沿った Hox 遺伝子発現パターンは保存されており，ボディプランの主な変化は，Hox 遺伝子発現とその下流標的の両方の変化を反映している。遺伝子調節領域における変化は極めて重要である。発生イベントのタイミングの変化は，進化において重要な役割を果たしてきた。そのような変化は，様々な構造物の成長率の違いにより，生物の形態全体を変化させることが可能であり，また結果として，幼生期に性成熟を引き起こすこともできる。

●章末問題

記述問題

1. 後生動物の単細胞の祖先からの進化において，考えられる段階を順に記述せよ。後生動物，特に左右相称動物の進化を導く鍵となった革新的な発生事象とは何か。

2. ファイロティピック段階が進化の中でこれほど保存されている理由は何か。どのような事象や過程がこの発生時点で起きて，この発生段階を動物の発生の中心的なものとしているか。

3. 遺伝子重複の後に起きたタンパク質構造や機能の変化の例を挙げよ。遺伝子重複の後に起きた遺伝子発現の変化の例を挙げよ。

4. 進化的な経緯に基づけば，ショウジョウバエの Hox 複合体のどの遺伝子が，タンパク質配列レベルで最も密接に関連すると予想されるか（**図 15.7** 参照）。

5. ショウジョウバエの遺伝学的実験からは，*Antp* が祖先遺伝子であり，第 2 胸体節より後方の体節の多様性は後に進化的に付加されたという仮説が示されている。その実験とはどのようなもので，そしてこの仮説をどのように支持しているか。

6. **図15.9**のHox遺伝子発現のパターンを比較せよ；あなたはこの観察結果をどのように簡潔に説明するか［1つの挑戦として，この観察のみに基づいて，バッタ（ハエ）の胸部および腹部全体での*Antp*，*Ubx*，*abd-A*の異所的発現の結果を予測せよ］。その後，**図2.48**を参照せよ；胸部全体における*abd-A*発現の実際の結果はどのようなものになるか。Hox遺伝子の標的の進化は，ブラインシュリンプとショウジョウバエとの間の違いをどのように説明するか。

7. ショウジョウバエの幼虫は脚を持たないが，鱗翅目の幼虫はそれぞれの胸部および腹部体節に脚を持つ。Hox遺伝子や*Distal-less*遺伝子がこの違いをどのように仲介しているかを説明せよ。

8. 側板中胚葉におけるHox遺伝子の発現の変化は，ヘビの肢の欠失をどのように説明するか。

9. *yellow*の制御の変化は，*Drosophila melanogaster*と比較した際の*D. biarmipes*の色素の違いをどのように説明するか。

10. **図15.21**，**図15.22**，**図15.23**の情報を集約せよ。そして，哺乳類内耳のキヌタ骨とツチ骨の進化について説明せよ。

11. 異時性という用語が意味するところを記述せよ。また，異時性として記述可能な進化的変化の例を挙げよ。

12. 本書の中から例を挙げて，生存確率，生殖率，そして生殖方法の最適化がどのようにして発生における進化的な変化を与えてきたかを議論せよ。

選択問題
それぞれの問題で正解は1つである。

1. 個体発生の説明として正しいものはどれか。
a) 個々の生物の発生のことである
b) 耳の発生のことである
c) 種あるいはグループの進化的経緯のことである
d) 癌の研究のことである

2. 三胚葉生物はどれか。
a) ヒドラ
b) カイメン
c) アフリカツメガエル
d) 種なしスイカのような三倍体植物

3. 旧口動物と新口動物の進化的分岐を考慮すると，次に挙げた動物のペアで，進化的に最も近縁であると考えられるのはどれか。
a) 線虫とナメクジウオ
b) ヒトとショウジョウバエ
c) ウニとヒト
d) カタツムリとヒトデ

4. 脊椎動物のHoxクラスターの進化が経たと考えられる過程はどれか。
a) 祖先のクラスターが重複して4つの祖先クラスターを生み出し，4つそれぞれのクラスターにおいて別々に縦列重複が起こったようである
b) DNA配列におけるランダムな変化の後に自然選択が起き，関連を持たない配列からそれぞれのHox遺伝子の独立した進化を導いた
c) 祖先遺伝子の縦列重複に続いてクラスター全体の重複が起こった
d) 別々の染色体上の4つの祖先Hox遺伝子の形成の後に，4つのHoxクラスターを生み出した縦列重複が起こった

5. 動物の腹側表面を規定するものはどれか。
a) BMPファミリーのメンバーの発現
b) 口の位置
c) 動物が地面に接する側
d) 中枢神経系の反対側

6. ウマの蹄と相同であるヒトの部位はどれか。
a) 指あるいは趾
b) 上腕骨
c) 橈骨と尺骨
d) 手根骨

7. ヒトにおける鰓弓の説明として正しいものはどれか。
a) 魚からヒトの進化を反映した胚の鰓裂のことである
b) 胚における鰓前駆体のことで，ヒトではそれ以上発達しない
c) 主に顎の構造となる胚における前駆体のことである
d) 肋骨に発生する胚構造のことである

8. 進化において獲得された，まだ幼生期にある動物の性的成熟の呼び名はどれか。
a) アポトーシス
b) 変態
c) 幼形成熟
d) 個体発生

9. 以下の記述で正しいものはどれか。
a) コウモリの翼は鳥類の翼から進化した
b) 耳は顎から進化した
c) 昆虫は甲殻類から進化した
d) 肢は鰭から進化した

10. Hedgehogファミリーのメンバーは，脊椎動物と昆虫の翅の双方において____で発現している。
a) 区画境界
b) 先端部
c) 基部
d) 後方

選択問題の解答
1:a，2:c，3:c，4:c，5:b，6:a，7:c，8:c，9:d，10:d

● 本章の理解を深めるための参考文献

Carroll, S.B.: **Evo-devo and an expanding evolutionary synthesis: a genetic theory of morphological evolution.** *Cell* 2008, **134**: 25–36.

Carroll, S.B., Grenier, J.K., Weatherbee, S.D.: *From DNA to Diversity*, 2nd edn. Malden, MA: Blackwell Science, 2005.

Finnerty, J.R., Pang, K., Burton, P., Paulson, D., Martindale,

M.Q.: **Origins of bilateral symmetry: Hox and *dpp* expression in a sea anemone**. *Science* 2004, **304**: 1335–1337.

Hoekstra, H.E., Coyne, J.A.: **The locus of evolution: evo devo and the genetics of adaptation**. *Evolution* 2007, **61**: 995–1016.

Kirschner, M., Gerhart, J.: **Evolvability**. *Proc. Natl Acad. Sci. USA* 1998, **95**: 8420–8427.

Kirschner, M., Gerhart, J.: *The Plausibility of Life*. Yale University Press, 2005.

Raff, R.A.: *The Shape of Life*. University of Chicago Press, 1996.

Richardson, M.K.: **Vertebrate evolution: the developmental origins of adult variation**. *BioEssays* 1999, **21**: 604–613.

Wray, G.A.: **The evolutionary significance of *cis*-regulatory mutations**. *Nat. Rev. Genet.* 2007, **8**: 206–216.

Box 15A ダーウィンフィンチ

Abzhanov, A., Kuo, W.P., Hartmann, C., Grant, B.R., Grant, P.R., Tabin, C.J.: **The calmodulin pathway and evolution of elongated beak morphology in Darwin's finches**. *Nature* 2006, **442**: 563–567.

● 各節の理解を深めるための参考文献

15.1 ゲノム情報が後生動物の起源を解明しようとしている

Putnam, N.H., Srivastava, M., Hellsten, U., Dirks, B., Chapman, J., Salamov, A., Terry, A., Shapiro, H., Lindquist, E., Kapitonov, V.V., et al.: **Sea anemone genome reveals ancestral eumetazoan gene repertoire and genomic organization**. *Science* 2007, **317**: 86–94.

Srivastava, M., Begovic, E., Chapman, J., Putnam, N.H., Hellsten, U., Kawashima, T., Kuo, A., Mitros, T., Salamov, A., Carpenter, M.L., *et al.*: **The *Trichoplax* genome and the nature of placozoans**. *Nature* 2008, **454**: 955–960.

15.2 多細胞生物は単細胞の祖先から進化した

Brooke, N.M., Holland, P.W.H.: **The evolution of multicellularity and early animal genomes**. *Curr. Opin. Genet. Dev.* 2003, **6**: 599–603.

Jaegerstern, G.: **The early phylogeny of the metazoa. The bilaterogastrea theory**. *Zool. Bidrag. (Uppsala)* 1956, **30**: 321–354.

King, N.: **The unicellular ancestry of animal development**. *Dev. Biol.* 2004, **7**: 313–325.

King, N., Westbrook, M.J., Young, S.L., Kuo, A., Abedin, M., Chapman, J., Fairclough, S., Hellsten, U., Isogai, Y., Letunic, I., *et al.*: **The genome of the choanoflagellate *Monosiga brevicollis* and the origin of metazoans**. *Nature* 2008, **451**: 783–788.

Miller, D.J., Ball, E.E.: **Animal evolution: the enigmatic phylum Placozoa revisited**. *Curr. Biol.* 2005, **15**: R26–R28.

Rudel, D., Sommer, R.J.: **The evolution of developmental mechanisms**. *Dev. Biol.* 2003, **264**: 15–37.

Szathmary, E., Wolpert, L.: **The transition from single cells to multicellularity**. In *Genetic and Cultural Evolution of Cooperation* (ed. Hammerstein, P.) 271–289. Cambridge, MA: MIT Press, 2004.

Wolpert, L.: **Gastrulation and the evolution of development**. *Development (Suppl.)* 1992, 7–13.

Wolpert, L., Szathmary, E.: **Evolution and the egg**. *Nature* 2002, 420: 745.

15.3 Hox 遺伝子複合体は，遺伝子重複によって進化した

Brooke, N.M., Gacia-Fernandez, J., Holland, P.W.H.: **The ParaHox gene cluster is an evolutionary sister of the Hox gene cluster**. *Nature* 1998, **392**: 920–922.

Duboute, D.: **The rise and fall of Hox gene clusters**. *Development* **134**: 2549–2560.

Ferrier, D.E.K., Holland, P.W.H.: **Ancient origin of the Hox gene cluster**. *Nat. Rev. Genet.* 2001, **2**: 33–34.

Prince, V.E., Pickett, F.B.: **Splitting pairs: the diverging fates of duplicated genes**. *Nat. Rev. Genet.* 2002, **3**: 827–837.

Valentine, J.W., Erwin, D.H., Jablonski, D.: **Developmental evolution of metazoan bodyplans: the fossil evidence**. *Dev. Biol.* 1996, **173**: 373–381.

15.4 Hox 遺伝子群の変化が，脊椎動物と節足動物の精巧なボディプランを生んだ

Akam, M.: **Hox genes and the evolution of diverse body plans**. *Phil. Trans. R. Soc. Lond. B Biol. Sci.* 1995, **349**: 313–319.

Averof, M.: **Origin of the spider's head**. *Nature* 1998, **395**: 436–437.

Duboule, D.: **A Hox by any other name**. *Nature* 2000, **403**: 607–610.

Galant, R., Carroll, S.B.: **Evolution of a transcriptional repression domain in an insect Hox protein**. *Nature* 2003, **415**: 910–913.

Pavlopoulos, A., Averof, M.: **Developmental evolution: Hox proteins ring the changes**. *Curr. Biol.* 2002, **12**: R291–R293.

Stern, D.L.: **A role of *Ultrabithorax* in morphological differences between *Drosophila* species**. *Nature* 1998, **396**: 463–466.

15.5 昆虫の有対肢の位置と数は，Hox 遺伝子の発現に依存している

Carroll, S.B., Weatherbee, S.D., Langeland, J.A.: **Homeotic genes and the regulation and evolution of insect wing number**. *Nature* 1995, **375**: 58–61.

Levine, M.: **How insects lose their wings**. *Nature* 2002, **415**: 848–849.

Weatherbee, S.D., Carroll, S.: **Selector genes and limb identity in arthropods and vertebrates**. *Cell* 1999, **97**: 283–286.

Weatherbee, S.D., Nijhout, H.F, Grunnert, L.W., Halder, G., Galant, R., Selegue, J., Carroll, S.: **Ultrabithorax function in butterfly wings and the evolution of insect wing patterns**. *Curr. Biol.* 1999, **9**: 109–115.

15.6 節足動物と脊椎動物の基本的なボディプランは似ているが，背腹軸は反転している

Arendt, D., Nübler-Jung, K.: **Dorsal or ventral: similarities in fate maps and gastrulation patterns in annelids, arthropods and chordates**. *Mech. Dev.* 1997, **61**: 7–21.

Davis, G.K., Patel, N.H.: **The origin and evolution of segmentation**. *Trends Biochem. Sci.* 1999, **24**: M68–M72.

Gerhart, J., Lowe, C., Kirschner, M.: **Hemichordates and the origins of chordates**. *Curr. Opin. Genet. Dev.* 2005, **15**: 461–467.

Holley, S.A., Jackson, P.D., Sasai, Y., Lu, B., De Robertis, E., Hoffman, F.M., Ferguson, E.L.: **A conserved system for dorso-ventral patterning in insects and vertebrates involving *sog* and *chordin***. *Nature* 1995, **376**: 249–253.

15.7 肢は鰭から進化した

Ahn, D., Ho, R.K.: **Tri-phasic expression of posterior Hox genes during development of pectoral fins in zebrafish: implications for the evolution of vertebrate paired appendages**. *Dev. Biol.* 2008, **322**: 220–233.

Boisvert, C.A., Mark-Kurik, E., Ahlberg, P.E.: **The pectoral fin of *Panderichthys* and the origin of digits**. *Nature* 2008, **456**: 636–638.

Capdevila, J., Izpisua Belmonte, J.C.: **Perspectives on the evolutionary origin of tetrapod limbs**. *J. Exp. Zool. (Mol. Dev. Evol.)* 2000, **288**: 287–303.

Coates, M.I., Jeffery, J.E., Rut, M.: **Fins to limbs: what the fossils say**. *Evol. Dev.* 2002, **4**: 390–401.

Cohn, M.J., Tickle, C.: **Developmental basis of limblessness and axial patterning in snakes**. *Nature* 1999, **399**: 474–479.

Ruvinsky, I., Gibson-Brown, J.J.: **Genetic and developmental bases of serial homology in vertebrate limb evolution**. *Development* 2000, **127**: 5211–5244.

Sordino, P., van der Hoeven, F., Duboule, D.: **Hox gene expression in teleost fins and the origin of vertebrate digits**. *Nature* 1995, **375**: 678–681.

Woltering, J.M., Vonk, F.J., Müller, H., Bardine, N., Tuduce, I.L., de Bakker, M.A., Knöchel, W., Sirbu, I.O., Durston, A.J., Richardson, M.K.: **Axial patterning in snakes and caecilians: evidence for an alternative interpretation of the Hox code**. *Dev. Biol.* 2009, **332**: 82–89.

15.8 脊椎動物の翼と昆虫の翅は，進化的に保存された発生メカニズムを利用している

Panganiban, G., Irvine, S.M., Lowe, C., Roehl, H., Corley, L.S., Sherbon, B., Grenier, J.K., Fallon, J.F., Kimble, J., Walker, M., Wray, G.A., Swalla, B.J., Martindale, M.Q., Carroll, S.B.: **The origin and evolution of animal appendages**. *Proc. Natl Acad. Sci. USA* 1997, **94**: 5162–5166.

15.9 発生学的相違の進化は，少数の遺伝子の変化に基づいていることがある

Chan, Y.F., Marks, M.E., Jones, F.C., Villarreal, G. Jr., Shapiro, M.D., Brady, S.D., Southwick, A.M., Absher, D.M., Grimwood, J., Schmutz, J., *et al.*: **Adaptive evolution of pelvic reduction in sticklebacks by recurrent deletion of a *Pitx1* enhancer**. *Science* 2010, **327**: 302–305.

Gompel, N., Carrol, S.B.: **Genetic mechanisms and constraints governing the evolution of correlated traits in drosophilid flies**. *Nature* 2003, **424**: 931–935.

Gompel, N., Prud'homme, B., Wittkopp, P.J., Kassner, V.A., Carroll, S.B.: **Chance caught on the wing: *cis*-regulatory evolution and the origin of pigment patterns in *Drosophila***. *Nature* 2005, **433**: 481–487.

Jeffery, W.R.: **Evolution and development in the cavefish *Astyanax***. *Curr. Top. Dev. Biol.* 2009, **86**: 191–221.

Shapiro, M.D., Marks, M.E., Peichel, C.L., Blackman, B.K., Nereng, K.S., Jonsson, B., Schluter, D., Kingsley, D.M.: **Genetic and developmental basis of evolutionary pelvic reduction in threespine sticklebacks**. *Nature* 2004, **428**: 717–723.

Shapiro, M.D., Summers, B.R., Balabhadra, S., Aldenhoven, J.T., Miller, A.L., Cunningham, C.B., Bell, M.A., Kingsley, D.M.: **The genetic architecture of skeletal convergence and sex determination in ninespine sticklebacks**. *Curr. Biol.* 2009, **19**: 1140–1145.

Yamamoto, Y., Stock, D.W., Jeffery, W.R.: **Hedgehog signaling controls eye degeneration in blind cavefish**. *Nature* 2004, **431**: 844–847.

15.10 進化の過程で胚構造は新しい機能を獲得した

Cerny, R., Lwigale, P., Ericsson, R., Meulemans, D., Epperlein, H.H., Bronner-Fraser, M.: **Developmental origins and evolution of jaws: new interpretation of 'maxillary' and 'mandibular'**. *Dev. Biol.* 2004, **276**: 225–236.

Cohn, M.J.: **Lamprey Hox genes and the origin of jaws**. *Nature* 2002, **416**: 386–387.

De Robertis, E.M.: **Evo-devo: variations on ancestral themes**. *Cell* 2008, **132**: 185–195.

Erwin, D.H.: **Early origin of the bilaterian developmental toolkit**. *Phil. Trans. R. Soc. Lond. B Biol. Sci.* 2009, **364**: 2253–2261.

Romer, A.S.: *The Vertebrate Body*. Philadelphia: W.B. Saunders, 1949.

15.11 進化は，発生イベントのタイミングの変化による場合がある

Alberch, P., Alberch, J.: **Heterochronic mechanisms of morphological diversification and evolutionary change in the neotropical salamander *Bolitoglossa occidentales* (Amphibia: Plethodontidae)**. *J. Morphol.* 1981, **167**: 249–264.

Lande, R.: **Evolutionary mechanisms of limb loss in tetrapods**. *Evolution* 1978, **32**: 73–92.

Raynaud, A.: **Developmental mechanism involved in the embryonic reduction of limbs in reptiles**. *Int. J. Dev. Biol.* 1990, **34**: 233–243.

Wray, G.A., Raff, R.A.: **The evolution of developmental strategy in marine invertebrates**. *Trends Evol. Ecol.* 1991, **6**: 45–56.

15.12 生活史の進化は発生と密接な関係がある

Partridge, L., Harvey, P.: **The ecological context of life history evolution**. *Science* 1988, **241**: 1449–1455.

用語解説

数字・ギリシャ文字・アルファベット

8 細胞期の植物胚は，**8 細胞期胚（octant stage embryo）**と呼ばれる。

βカテニン（β-catenin）は，転写コアクチベーターと，細胞間接着に関わるタンパク質の1つという，2つの機能を持つ。転写コアクチベーターとしての役割においては，多くの脊椎動物の初期発生で，Wnt シグナル経路の最終的な結果として活性化される。

β-neurexin は，一部のシナプスのシナプス前部の細胞膜にある膜貫通型タンパク質であり，シナプス後部の細胞膜の **neuroligin** と相互作用し，シナプスの機能的な分化を促進する。

Antennapedia 複合体（Antennapedia complex）は，ショウジョウバエの Hox 遺伝子複合体の一部を構成する。

Aux/IAA タンパク質（Aux/IAA protein）は，植物ホルモンのオーキシンが存在しないときにオーキシン応答性遺伝子の発現を阻害する，転写リプレッサーである。

AVE は**前方臓側内胚葉（anterior visceral endoderm）**を参照。

bithorax 複合体（bithorax complex）は，ショウジョウバエの Hox 遺伝子複合体の一部を構成する。

ChIP-chip および **ChIP シークエンス（ChIP-seq）**とは，生体内で特定のタンパク質が染色体の DNA のどの部位に結合するかを決定する技術である。対象となるタンパク質に対する抗体によるクロマチン断片の免疫沈降と，それに続いて結合した DNA のマイクロアレイ分析（ChIP-chip）あるいは DNA 塩基配列決定（ChIP シークエンス）が行われる。

Cre/*loxP* システム（Cre/*loxP* system）は，マウスにおいて，目的の遺伝子を特定の組織あるいは特定の発生時期に発現させることができる，遺伝子組換え修飾である。

DNA チップ（DNA chip）としても知られる **DNA マイクロアレイ（DNA microarray）**は，オリゴヌクレオチドのアレイであり，細胞の RNA や cDNA とのハイブリダイズにより，多数の遺伝子の発現を同時に同定・測定するために使用される。

ephrin とその受容体である **Eph 受容体（Eph receptor）**は，ロンボメアの区画規定や軸索ガイダンスに関わる細胞表面分子である。ephrin とその受容体の相互作用は，細胞同士の反発，あるいは誘引や接着を引き起こすことができる。

ES 細胞（ES cell）は**胚性幹細胞（embryonic stem cell）**を参照。

ショウジョウバエの **Hedgehog** シグナルタンパク質は，脊椎動物の Sonic hedgehog を含む，発生シグナルタンパク質の重要なファミリーのメンバーである。

Hox 遺伝子（Hox gene）は，ホメオボックスを含む遺伝子のファミリーであり，知られている限りでは全ての動物に存在し，前後軸のパターン形成に関与する。これらは，単一または複数の遺伝子複合体として，染色体上でクラスターを形成する。異なる Hox 遺伝子の発現の組合せによって，前後軸に沿った領域や構造が特徴づけられ，この位置特異的な組合せはしばしば **Hox コード（Hox code）**と呼ばれる。

IGF は**インスリン様増殖因子（insulin-like growth factor）**を参照。

***in situ* ハイブリダイゼーション（*in situ* hybridization）**とは，特定の遺伝子が胚の中で発現しているかどうかを調べる技術である。標識された一本鎖の相補的 DNA プローブとのハイブリダイゼーションによって，転写されている mRNA が同定される。

iPS 細胞（iPS cell）は**誘導多能性幹細胞（induced pluripotent stem cell）**を参照。

miRNA は**マイクロ RNA（microRNA：miRNA）**を参照。

netrin は，神経系でニューロンに対するガイダンス分子として働く分泌性タンパク質である。これは，誘引性/反発性のどちらにも働くことができる。

neuroligin は **β-neurexin** を参照。

Nodal と **Nodal-related protein** は，脊椎動物のシグナルタンパク質である TGF-βファミリーのサブファミリーを構成する。発生のあらゆる段階に関わるが，特に初期の中胚葉の誘導とパターン形成に働く。

PAR タンパク質（PAR protein，partitioning protein）は，最初線虫で発見されたタンパク質の一群であり，初期卵割における紡錘体の位置取りと方向性を適切なものに制御し，細胞分裂が細胞の適切な位置と面で起こるために必要である。

Pax 遺伝子（Pax gene）は，ホメオドメインと別のタンパク質モチーフであるペアードモチーフの両方をもった転写調節タンパク質をコードしている。

多くのニューロンはいったん形成されると，それ以上分裂しない。

このような状態のニューロンは，**post-mitotic neuron** として知られている（※第 12 章訳注 3, p.498 参照）。

P 因子（P element）は，ショウジョウバエにおいて見られる転移可能な DNA エレメントである。染色体の様々な位置に挿入され得る短い DNA 配列で，他の染色体に移動することもある。この特性は，遺伝子組換えハエをつくるための P 因子媒介性形質転換に利用されている。

P 顆粒（P granule）は，線虫（*C. elegans*）受精卵の後方端に局在するようになる顆粒である。

RNA 干渉（RNA interference：RNAi）は，**低分子干渉 RNA（short interfering RNA：siRNA）**と呼ばれる短い相補的 RNA を用いて標的である特定の mRNA の分解を促進することによって，遺伝子の発現を抑制する方法である。

RNA プロセシング（RNA processing）は，真核細胞において新たに転写された RNA が様々な方法で修飾を受け，機能的なメッセンジャー RNA あるいは構造 RNA がつくられるプロセスである。これは **RNA スプライシング（RNA splicing）**を含んでおり，転写産物からイントロンが除かれることで，連続的な翻訳領域を持つメッセンジャー RNA もしくは機能的な構造 RNA が残ることになる。

Slit タンパク質（Slit protein）は，発生中の神経系において軸索の反発性ガイダンスキューとして働く，分泌性タンパク質である。

***SRY*（sex-determining region of the Y chromosome）**は，生殖巣を精巣として指定することによって，雄性を決定する。

腸上皮や表皮のように，継続的な更新が行われている組織では，幹細胞から **TA 細胞（transit-amplifying cell）**が迅速に分裂しており，これらの細胞が，組織に応じて特異化した細胞種へと分化する。

分泌性シグナルタンパク質の **Wnt ファミリー（Wnt family）**は，発生の多くの局面で重要であり，ショウジョウバエの Wingless タンパク質を含む。**標準 Wnt/β-catenin 経路（canonical Wnt/β-catenin pathway）**と**平面内細胞極性（planar cell polarity）**も参照。

ZLI（zona limitans intrathalamica）は，脊椎動物胚の前脳に位置するシグナルセンターであり，前後軸に沿った脳のパターン形成を助ける。

あ

遺伝子を“オン”にする遺伝子調節タンパク質は，**アクチベーター（activator）**として知られる。

アクチンフィラメント（actin filament）あるいは**ミクロフィラメント（microfilament）**は，細胞骨格を形成する 3 種の主要なタンパク質線維の 1 つである。これらは細胞移動や細胞の形状変化に関与している。アクチンフィラメントはまた，筋細胞の収縮装置の一部でもある。

アクトミオシン（actomyosin）は，アクチンフィラメントとモータータンパク質ミオシンの集合体であり，収縮を行う。

アポトーシス（apoptosis）あるいはプログラム細胞死とは，発生の多くの場面で起こる細胞死の一種である。プログラム細胞死においては，細胞は“自殺”へと誘導され，これには DNA の断片化と細胞の収縮が関連している。アポトーシス細胞は清掃細胞によって除去され，ネクローシスとは異なり，この種の細胞死は周辺細胞に傷害を与えない。

アレル［対立遺伝子（allele）］とは，遺伝子の特定の型のことである。二倍体生物では各遺伝子に 2 つのアレルが存在し（相同対合の染色体それぞれに 1 つ），それらは同一であることも，そうでないこともある。

暗域（area opaca）は，ニワトリ胚盤葉の外側の暗い領域である。

アンチセンス RNA（antisense RNA）とは，mRNA に相補的な配列を持つ RNA で，mRNA に結合して翻訳を阻害することによって，そのタンパク質の発現を抑制する。

い

閾値濃度（threshold concentration）とは，細胞から特定の応答を引き出すことのできる化学シグナルすなわちモルフォゲンの濃度のことである。シグナルの特定の閾値濃度を上回るか下回るかするときにのみ起こる化学シグナルへの特異的な応答は，**閾値効果（threshold effect）**として知られる。

異時性（heterochrony）とは，発生イベントのタイミングにおける進化的変化のことである。発生イベントのタイミングを変化させる突然変異は，**異時性（heterochronic）**変異と呼ばれる。

一次繊毛（primary cilium）は，ほとんどの脊椎動物細胞に見られる微小管でできた動かない構造である。これは Sonic hedgehog シグナルの伝達が行われる場所である。

一次胚誘導（primary embryonic induction）は，体軸の誘導のことであり，両生類のシュペーマンオーガナイザーの移植によって示された。

位置情報（positional information）は，例えば細胞外シグナル分子の濃度勾配によって形成され，パターン形成の基盤を提供する。細胞は，特定の位置情報を持った領域の境界に対して，細胞自身の位置を対応させ，**位置価（positional value）**を獲得する。細胞は，位置価をそれぞれの遺伝的構成と発生履歴に沿って解釈し，それに従って発生する。

一次卵母細胞（primary oocyte）は，減数分裂に入った雌の生殖細胞である。

一過性の遺伝子導入（transient transgenesis）とは，生殖系列ではなく体細胞組織における，新たなあるいは改変された遺伝子の，一時的な導入や発現のことを表す。これは**体細胞遺伝子導入（somatic transgenesis）**としても知られる。

遺伝子型（genotype）とは，ある特定の遺伝子のアレルに関して，細胞もしくは生物の正確な遺伝的構成を表すものである。

マイクロRNA，RNA干渉，クロマチン修飾などによって遺伝子がスイッチオフされることは，**遺伝子サイレンシング（gene silencing）**として知られる。遺伝子ノックアウトとは異なり，遺伝子そのものの構造には影響を与えず，転写やmRNAの翻訳を阻害する。

遺伝子座調節領域（locus control region：LCR）とは，グロビン遺伝子の遺伝子座にみられるような，遺伝子座全体の発現を調節する遺伝子制御領域であり，調節対象の遺伝子から非常に離れた場所にある。

遺伝子調節タンパク質（gene-regulatory protein）とは，DNAの制御領域に結合するタンパク質であり，遺伝子のオン/オフの切り換えを助ける。

遺伝子ノックアウト（gene knock-out）とは，遺伝学的操作によって，ある個体の特定遺伝子を完全かつ永久に不活性化することを指す。

遺伝子ノックイン（gene knock-in）とは，新たな機能を持つ遺伝子を，相同組換えや遺伝子組換え技術などを使ってゲノムに導入することを指す。

遺伝子ノックダウン（gene knockdown）は**遺伝子サイレンシング（gene silencing）**を参照。

遺伝子量補正（dosage compensation）とは，雄と雌ではX染色体の数が異なっているにもかかわらず，X染色体の遺伝子の発現が両性で同じになることを保証するメカニズムである。哺乳類，昆虫，そして線虫はすべて，異なる遺伝子量補正メカニズムを持っている。

遺伝的等価（genetic equivalence）とは，多細胞生物の全ての体細胞が，同じ遺伝子セットを持つことを表すものである。

移入（ingression）とは，原腸陥入の際に，個々の細胞が胚の外部から内部へと入っていく移動のことである。

昆虫や他の動物の受精卵および初期胚の**囲卵腔（perivitelline space）**とは，卵鞘を裏打ちする卵黄膜と，卵の細胞膜との間のスペースのことである。

インスリン様増殖因子（insulin-like growth factor：IGF）は，成長ホルモンの多くの効果を仲介し，哺乳類の出生後の成長に必須なポリペプチドの増殖因子である。

インテグリン（integrin）は，細胞を細胞外マトリックスと結合させる細胞接着分子の一種である。

母親由来か父親由来かによって，胚における発現が（活性化されているか不活性化されているか）異なる遺伝子は，**インプリンティング（imprinted，imprinting）**されているといわれる。このようなゲノムインプリンティングは，配偶子形成の際に起こる。

う

ウォルフ管（Wolffian duct）は，哺乳類胚の中腎に付随する管である。雄においては輸精管となる。

え

骨格筋は，**衛星細胞［サテライト細胞（satellite cell）］**と呼ばれる未分化幹細胞によって再生する。

栄養外胚葉（trophectoderm）は，初期哺乳類胚における，外層の細胞である。これは胎盤のような胚体外構造を生じる。

腋芽分裂組織（lateral shoot meristem）は，頂端分裂組織に由来し，腋芽を生じる。

エクダイソン（ecdysone）は，脱皮の開始に関わる昆虫のステロイドホルモンである。これはまた，蛹化や変態の開始にも関わる。

壊死［ネクローシス（necrosis）］は，病理学的な傷害による細胞死の一種であり，細胞が壊れて内容物が放出される。

遺伝子制御の**エピジェネティック（epigenetic）**機構には，例えばDNAのメチル化，ヒストンのメチル化，ヒストンのアセチル化など，クロマチンの修飾が関わっている。

エピブラスト/胚盤葉上層（epiblast）は，マウス胚盤胞とニワトリ胚盤葉でみられる細胞群であり，胚本体を生じる。マウスにおいて，これは内部細胞塊に由来する。

エピボリー［覆いかぶせ運動（epiboly）］とは，原腸形成の間に外胚葉が広がりながら胚の全てを覆うプロセスのことである。

遠位臓側内胚葉（distal visceral endoderm：DVE）は，マウスのカップ状のエピブラスト遠位端（先端部）に位置する内胚葉である。これは胚の後方側から前方へと移動し，前方臓側内胚葉となる。

ニワトリ胚において，胚盤葉上層の下にある胚盤葉下層は**エンドブラスト（endoblast）**と呼ばれる細胞層に置き換えられる。エンドブラストは，原条形成に先立って後方境界領域から発達する。

エンハンサー（enhancer）とは，遺伝子をオンにするために，活性化タンパク質が結合する遺伝子調節領域の部位である。特に組織特異的遺伝子の制御に関わる。

エンハンサートラップ（enhancer-trap）技術は，ショウジョウバエの特定の組織あるいは特定の発生時期において，特定の遺伝子をオンにする際に使用される。

お

応答能［コンピテンス（competence）］とは，誘導シグナルに組織が応答する能力である。胚組織は限られた時間のみ，特定のシグナルに応答可能な**コンピテント（competent）**な状態を維持する。

オーガナイザー［形成体（organizer）］，オーガナイザー領域（organizing region），オーガナイザーセンター（organizing center）とは，胚全体，あるいは四肢のような胚の一部分の発生を指示するシグナルセンターである。両生類では通常，シュペーマンオーガナイザーのことを指す。植物のオーガナイザーセンター（形成中心）は，分裂組織の中心領域の幹細胞を維持している，分裂組織中心部の下にある細胞のことを指す。

植物ホルモンのオーキシン（auxin）は，植物の発生のほとんどすべての局面で重要な働きをする低分子有機化合物である。Aux/IAAタンパク質に働き，オーキシン応答性遺伝子（auxin-responsive gene）の発現を調節することによって機能する。

オーキシン応答因子（auxin-response factor）は，植物ホルモンのオーキシンに応答する遺伝子調節タンパク質である。

温度感受性突然変異（temperature-sensitive mutation）とは，通常とは異なる温度（もっともよく見られるのは高い温度）の場合にのみ表現型の変化を引き起こす変異のことである。これらは多くの場合，タンパク質を正常なものより不安定にする変異である。

か

概日時計（circadian clock）とは，生物にみられる内在的な24時間タイマーであり，代謝や生理学的過程，いくつかの遺伝子の発現を，1日の間で規則的に変化させる。

外側膝状核（lateral geniculate nucleus：LGN）は，網膜からの軸索が主に投射する，哺乳類の脳の領域である。

外胚葉（ectoderm）は，表皮や神経系に寄与する胚葉である。

外胚葉性頂堤（apical ectodermal ridge）あるいは頂堤（apical ridge）とは，発生中のニワトリや哺乳類の肢芽の先端部にある，外胚葉の肥厚部のことである。

発生中の神経管の蓋板（roof plate）は，非神経細胞からなり，神経管の背側部分のパターン形成に関与する。

化学忌避因子（chemorepellent）は，細胞への反発効果を示し，そこから離れる方向への細胞移動を引き起こす分子である。

化学的親和説（chemoaffinity hypothesis）は，それぞれの網膜ニューロンが化学的な標識を持っており，それにより，やはり化学的に標識された視蓋の細胞と適切に連絡できるということを提唱している。

化学誘引因子（chemoattractant）は，細胞を引きつけ，そちらに向かって細胞を移動させる分子である。

花芽分裂組織（floral meristem）とは，花をつくりだすシュート頂において細胞が分裂している領域のことである。

花の個々のパーツは花芽分裂組織からつくられる花器官原基（floral organ primordia）から発生し，それぞれのアイデンティティは花器官アイデンティティ遺伝子（floral organ identity gene）の発現によって与えられる。

植物の花序（inflorescence）とは，花の配列のことである。花をつけるシュートは，栄養成長型のシュート頂分裂組織から，花序分裂組織（inflorescence meristem）への転換の結果として発達する。

カスパーゼ（caspase）は，細胞内のプロテアーゼであり，アポトーシスに関与する。

割球（blastomere）は，初期胚の卵割によってつくられる細胞である。

カドヘリン（cadherin）は，発生において重要な役割を担う細胞接着分子のファミリーである。

細胞の制御に関わる多くの遺伝子は，変異すると細胞を癌化させる癌遺伝子（oncogene）になることがある。

感覚器前駆体（sensory organ precursor：SOP）は，ショウジョウバエ成体表皮の感覚剛毛を生じる外胚葉細胞である。

癌原遺伝子（proto-oncogene）は，細胞増殖の制御に関わる遺伝子であり，癌遺伝子へと変異したり，異常な調節によって発現したりすると，癌を引き起こし得る。

幹細胞（stem cell）は，未分化細胞の一種であり，自らの複製を行うと共に，分化した細胞も生じる。幹細胞はいくつかの成体組織で見られる。これらは幹細胞ニッチ（stem-cell niche）として知られる微小環境において維持されている。胚性幹細胞（embryonic stem cell）も参照。

間充織［間葉（mesenchyme）］は，疎な結合組織で，通常は中胚葉起源であり，移動能を持つ。神経堤のようないくつかの外胚葉起源の上皮は，間充織に転換することができる。

間充織-上皮転換（mesenchyme-to-epithelium transition）は，腎臓の発生に見られるように，疎な間充織細胞が凝集して管状の上皮を形成することである。

陥入（invagination）とは，たとえばウニ胚の初期原腸形成において湾曲した構造を作り出すような，胚の上皮細胞シートを内部へと局所的に変形させることである。

眼胞（optic vesicle）は，脊椎動物の眼の網膜の前駆体であり，前脳の側面に由来する。

視覚野に交互に並ぶ眼優位性カラム（ocular dominance column）とは，左右双方からの同じ視覚刺激に反応するニューロンのカラムのことである。

癌抑制遺伝子（tumor suppressor gene）とは，その2コピー双方が不活性化されると，細胞を癌化させ得る遺伝子である。

き

昆虫の気管系（tracheal system）は，組織へと空気（すなわち酸素）を供給する，細い管からなる系である。

器官形成（organogenesis）とは，四肢，眼，心臓のような特定の器官の発生のことである。

奇形癌腫（teratocarcinoma）は，生殖細胞に発生する，様々な分化細胞が混在する固形腫瘍である。

基質分泌成長（accretionary growth）とは，細胞から分泌された多量の細胞外マトリックスによる質量的増加のことで，細胞外領域を拡大させる。例えば，組織の多くが細胞外マトリックスでできている軟骨や骨において起こる。

発生中のショウジョウバエ胚の**擬体節（parasegment）**は，幼虫や成体の体節に寄与する独立した発生ユニットである。

基底板（basal lamina）あるいは**基底膜（basement membrane）**は，上皮層をその下の組織と隔てる細胞外マトリックスのシートである。例えば，皮膚の表皮は基底板によって真皮から隔てられている。

四肢や（植物の葉のような）他の付属器官の**基部-先端部軸（proximo-distal axis）**は，体幹部あるいは茎（基部側）から付属器官の先（先端部）に向かって走る。

基本転写因子（general transcription factor）とは，様々な遺伝子の発現に共通する遺伝子調節タンパク質である。これらはRNAポリメラーゼと結合し，DNAの正しい場所にそれらを配置し，転写が進むようにする。

キメラ（chimeric）生物もしくはキメラ組織は，複数の異なる由来を持つ細胞から作製され，異なる遺伝構成を持つ。

ギャップ遺伝子（gap gene）とは，初期のショウジョウバエ発生で発現する転写因子をコードする胚性遺伝子であり，胚を前後軸に沿った領域に区分けする。

旧口動物（protostome）とは，昆虫のような動物のことであり，胚の卵割は放射状ではなく，原腸形成では最初に口を形成する。

およそ32細胞からなるボール状の植物胚は，**球状胚（globular stage embryo）**と呼ばれる。

ゼブラフィッシュ胚の**球体期（sphere stage）**は，球状の卵黄の上に乗った1000細胞前後の半球状の胚盤から構成される。

教示的誘導（instructive induction）では，細胞は異なる濃度の誘導シグナルに対して異なる応答をする。

凝集（condensation）とは，軟骨（骨の前駆体）のような構造を形成するために，細胞が密に詰まってくることを表す。

染色体上でのHox遺伝子の並び順と，胚におけるそれらの時空間的な発現の順序の一致は，**共線性（co-linearity）**として知られる。

協同性（cooperativity）とは，ある分子が他の分子のある部位に結合する（たとえば，転写因子がDNAのある領域に結合するといった）ことによって，この分子の他の部位にさらに別の分子が結合しやすくなる現象である。

峡部（isthmus）は，発生中の脳の中脳-後脳境界に位置するシグナルセンターであり，前後軸に沿った脳のパターン形成を助ける。

昆虫のからだは大きく3つの部位に分けられる。前方端の頭部，続く**胸部（thorax）**，そして後方端の腹部である。ショウジョウバエの胸部体節は，成体の脚や翅を持つ体節である。脊椎動物においては，胸部は胸の領域である。

哺乳類胚盤胞の**極栄養外胚葉（polar trophectoderm）**は，内部細胞塊に接触している栄養外胚葉である。

ショウジョウバエの**極細胞（pole cell）**は，生殖細胞を生じ，胞胚葉の後方端に形成される。

極細胞質（pole plasm）とは，生殖細胞の指定に関与する，ショウジョウバエ卵の後方端の細胞質のことである。

細胞や構造，あるいは生物の一端がもう一方とは異なる場合，それは**極性（polarity）**を持つ，あるいは**極性化（polarized）**しているという。

極性化活性帯（zone of polarizing activity：ZPA）は**極性化領域（polarizing region）**を参照。

発生中のニワトリやマウスの肢芽では，後方端にある**極性化領域（polarizing region）**あるいは**極性化活性帯（zone of polarizing activity：ZPA）**が，前後軸に沿った位置を指定するシグナルを産生する。

卵の発生における減数分裂の際に，**極体（polar body）**が形成される。極体は小さな細胞で，胚発生には関与しない。

許容的誘導（permissive induction）は，細胞が誘導シグナルに対して1種類の応答しかできず，シグナルがある閾値に達した場合に起こる。

筋芽細胞（myoblast）は，拘束されているが分化はしていない筋細胞である。骨格筋の発生において，最初に多核の**筋管（myotube）**に発生し，その後，最終分化した**筋線維（muscle fiber）**になる。

筋節（myotome）は，体節の一部であり，筋細胞を生じる。

く

区画（compartment）とは，胚において，元となる小さな細胞集団に由来するすべての子孫細胞を含む個別の領域であり，細胞系譜の限定がみられる。区画中の細胞は，区画境界に従い，隣接する区画には混ざらない。区画は，個別の発生ユニットとして振る舞う傾向がある。

遺伝子**組換え（recombination）**は，減数分裂の際に起こり，親の遺伝子がシャッフルされて，新たな組合せを持つ半数体配偶子がつくられる。

グリア（glia）あるいは**グリア細胞（glial cell）**は，末梢神経系のシュワン細胞や脳のアストロサイトなどの，神経系における非ニューロン性の支持細胞である。

グリコシル化（glycosylation）とは，タンパク質への糖鎖の付加であり，細胞膜や細胞外タンパク質で翻訳の後に起こる一般的な修飾である。

クローニング（cloning）とは，未受精の卵母細胞へ体細胞核を導入することによって，“親”と遺伝的に同一の個体を作製する技術である。

クロマチン（chromatin）は，染色体を構成する物質であり，DNAとタンパク質からなる。**クロマチンリモデリング複合体（chromatin-remodeling complex）**と呼ばれる酵素複合体はクロマチンを修飾し，DNAの転写能を変化させることができる。

クローン（clone）とは，細胞分裂を繰り返して単一細胞からつくられた遺伝的に同一の細胞集団，あるいは，人工的なクローニング技術や無性生殖によってつくられた，単一個体からの遺伝的に同一な子孫のことを指す。

け

雌のショウジョウバエ成体の**形成細胞層（germarium）**とは，幹細胞を含む生殖構造であり，それぞれが卵母細胞を含む一連の卵室を生じる。

植物の**形成層（cambium）**は，茎の中の環状の分裂組織のことであり，茎の直径を増加させる新しい茎組織に寄与する。

形態形成（morphogenesis）とは，発生中の胚において形の変化をもたらすプロセスである。

ショウジョウバエの眼の**形態形成溝（morphogenetic furrow）**は，眼原基を横断し，個眼の発生を開始させる。

系統発生（phylogeny）とは，種やグループの進化的履歴のことである。

細胞の**系譜（lineage）**とは，その細胞を生みだした一連の細胞分裂のことである。

系譜限定（lineage restriction）は**細胞系譜限定（cell-lineage restriction）**を参照。

血管芽細胞（angioblast）は，血管を形成する中胚葉性の前駆細胞である。

血管新生（angiogenesis）とは，大きな血管から小さな血管が伸びていく過程である。

決定（determination）とは，発生運命が既に固定，つまり決定される（determined）ような，細胞の内的状態の安定的な変化を意味する。決定された細胞は，胚の他の領域に移植されても，元の運命に従って発生する。

決定因子（determinant）とは，卵や胚細胞の中にある細胞質因子（例えばタンパク質やRNA）であり，細胞分裂の際には不均等に分配され，娘細胞がどのように発生するかに影響を与える。

決定転換（transdetermination）とは，分化が決定している細胞が異なる種類の細胞として再決定されるプロセスである。

ゲノムインプリンティング（genomic imprinting）はインプリンティング（imprinting）を参照。

ケラチノサイト（keratinocyte）は，ケラチンを産生する分化した表皮細胞であり，最終的には死んで，皮膚の表面から脱落する。

鋸歯，葉，花，花器のような構造を生じる微細で未分化な発生物は，**原基（primordia；単数形 primordium）**として知られる。

原口（blastopore）は，両生類やウニ胚の表面に見られるスリット状もしくは環状の陥入部である。原腸形成において，ここから中胚葉と内胚葉が胚の内側へと移動していく。

いくつかの植物胚で見られる**原根層（hypophysis）**は，胚柄から取り込まれた細胞であり，胚の根端分裂組織や根冠に寄与する。

原始栄養芽層（primary trophoblast）は，哺乳類胚盤胞の着床において子宮壁に侵入する巨大細胞の層である。

原始外胚葉（primitive ectoderm）あるいはエピブラストは，哺乳類胚盤胞の内部細胞塊の一部であり，胚本体を生じる。

哺乳類胚の**原始内胚葉（primitive endoderm）**もしくは**初期内胚葉（primary endoderm）**は，胚体外膜に寄与する内部細胞塊の一部である。

ニワトリやマウス胚の**原条（primitive streak）**は，原腸が陥入する部位で，前後軸の前兆となる。これは，細胞が移入する細長い領域であり，後方境界領域からエピブラスト（胚盤葉上層）へ伸びている。エピブラスト（胚盤葉上層）の細胞は，ここを通って胚の内部へ移動し，中胚葉や内胚葉を形成する。

減数分裂（meiosis）は，精子や卵の形成の際に起こる特殊な細胞分裂であり，ここで二倍体から半数体へと染色体数が半分になる。

原腸（archenteron）は，原腸形成で内胚葉と中胚葉が内部へ移動したときに，胚内部に形成される腔である。これは腸となる。

原腸形成［原腸陥入（gastrulation）］とは，動物胚において予定内胚葉と予定中胚葉の細胞が胚の外側表面から内部へと移動する過程のことであり，これらから臓器が発生する。

原腸胚（gastrula）とは，胞胚期の予定内胚葉および予定中胚葉の細胞が胚内部へと移動した際の，動物の発生段階のことである。

こ

コアクチベーター［転写活性化補助因子（co-activator）］とは，遺伝子発現を促進する遺伝子調節タンパク質であるが，DNAそのものには結合しない。これらは他のDNA結合転写因子に結合して，その挙動に影響を与える。

ウニやその他の放射相称動物の口-反口軸(oral-aboral axis)は，口が位置する中央部からからだの反対側へ向かって走る軸である。

硬節（sclerotome）は，体節の一部であり，椎骨の軟骨を生じる。

後脳（hindbrain）は，胚の脳の最も後方の部位であり，小脳，脳橋，延髄を生じる。

植物では向背軸（adaxial-abaxial axis）が，茎の中心から周囲へ向かって走っている。植物の葉においては，葉の表側の面から裏側の面（背から腹）へ向かう軸を指す。

ニワトリ胚の後方境界領域（posterior marginal zone）は，胚盤葉の端にある細胞密度の濃い領域であり，原条を生じる。

合胞体（syncytium）は，共通の細胞質に多くの核を持つ細胞のことである。ショウジョウバエ胚の非常に初期では，核分裂の際に細胞膜は形成されない。これにより多核性胞胚葉(syncytial blastoderm）が形成され，核は胚の周辺を囲むように配置される。

後方優位(posterior dominance, posterior prevalence)とは，2つのHox遺伝子が同じ領域で発現した際に，後方で発現するHox遺伝子が，より前方で発現するHox遺伝子の作用を阻害するというプロセスである。

昆虫の複眼は何百もの光受容器，すなわち個眼（ommatidia：単数形ommatidium）からなる。

個体発生（ontogeny）とは，個々の生物の発生を表す。

骨芽細胞（osteoblast）は，分化した骨細胞を形成する前駆細胞である。

遺伝子のコード領域（coding region）とは，ポリペプチドあるいは機能的なRNAをコードしているDNA領域のことである。

ゴナドトロピン放出ホルモン（gonadotropin-releasing hormone：GnRH）は，視床下部から分泌されるタンパク質ホルモンであり，下垂体に働きかけ，ゴナドトロピンの放出を刺激する。これにより，思春期においてステロイド性ホルモンの合成が増加する。

いくつかの組織における細胞分化の誘導は，コミュニティー効果（community effect）に依存している。すなわち，分化が起こるためには十分な数の応答細胞の存在が必要となる。

コラーの鎌（Koller's sickle）とは，ニワトリ胚盤葉の後方境界領域の前方に形成される，小さな細胞の半月状の領域のことである。

コリプレッサー［転写抑制補助因子（co-repressor）］とは，遺伝子発現を抑制する遺伝子調節タンパク質であるが，DNAそのものには結合しない。これらは他のDNA結合転写因子に結合して，その挙動に影響を及ぼす。

コロニー刺激因子（colony-stimulating factor）は，血液細胞の分化を引き起こすタンパク質である。

マウス胚のコンパクション（compaction）は，初期卵割期に起こる。割球が互いにへばりつき，細胞からなる球状体の外側表面に微絨毛が限局するようになる。

さ

鰓弓（branchial arche）は，胚の頭部の両側に発生する構造であり，魚類ではえら，他の脊椎動物では顎やその他の顔の構造に寄与する。

サイクリン（cyclin）は，細胞周期の間に周期的に濃度が上下するタンパク質であり，細胞周期の進行の制御に関与する。これらはサイクリン依存性キナーゼ（cyclin-dependent kinase：Cdk）に結合してそれらを活性化することにより機能する。

再生（regeneration）とは，完全に発生した後の生物が，失われた部分を置き換える能力のことである。

再生医学（regenerative medicine）は，幹細胞の利用と，そこから作製した細胞によって，機能障害のある組織を健康なものに置き換えることを目指している。

両生類の肢の再生においては，傷口の上皮の下に位置する細胞群の脱分化と増殖から再生芽（blastema）が形成され，これが再生肢に寄与する。

再編再生［形態調節（morphallaxis)］とは，すでに存在する組織が成長を伴わずに再パターン形成することによって起こるタイプの再生である。

細胞移動性（cell motility）とは，細胞が移動や収縮，あるいは形状変化をする能力を表す。

細胞間相互作用（cell-cell interaction）や細胞間シグナル伝達（cell-cell signaling）は，ある細胞が他の細胞の挙動に影響を与えることによる，色々な種類の細胞間コミュニケーションを表す総称である。細胞は，細胞同士の接触を介して，あるいは近傍や遠い場所にある他の細胞の挙動に影響を与える分泌性のシグナル分子を介して，情報を伝達している。

細胞系譜限定（cell-lineage restriction）とは，特定の細胞群の子孫細胞がある“境界”内に留まり，隣接する異なる細胞系譜の細胞群とは混ざらないときに起こる。昆虫発生における区画境界は，細胞系譜限定の境界である。

植物の根の**細胞系列（file of cell）**とは，根の分裂組織にある単一の始原細胞に起源をもつ垂直方向に並ぶ細胞群のことである。

細胞骨格（cytoskeleton）は，タンパク質線維——ミクロフィラメント，微小管，中間径フィラメント——のネットワークであり，細胞の形状，移動能，物質輸送経路などに寄与する。

細胞質局在（cytoplasmic localization）とは，細胞質内で決定因子などが不均一に分布することであり，その結果，細胞分裂の際に決定因子が娘細胞に不均等に分配される。

細胞質決定因子（cytoplasmic determinant）は，発生に影響を及ぼす細胞質性のタンパク質のことである。

細胞周期（cell cycle）とは，細胞が2つに分裂して自己複製する際の，一連の事象のことである。

細胞周期チェックポイント（cell-cycle checkpoint）は，細胞が細胞周期の進行を把握することを可能にし，次の段階に入る前にその前段階が終了していることを確実なものとする。

ある遺伝子が，発現している細胞のみに影響を与える場合，その遺伝子の作用は**細胞自律的（cell-autonomous）**であるといわれる。

ある遺伝子の影響が，その遺伝子を発現している細胞以外の細胞にみられる場合，この遺伝子の作用は**細胞非自律的（non-cell-autonomous）**であるという。

細胞接着性（cell adhesiveness）とは，細胞同士を接着させることができる特性である。

細胞接着分子（cell-adhesion molecule）が，細胞同士，あるいは細胞と細胞外マトリックスとを結合させる。発生において重要な接着分子の主なクラスは，カドヘリン，免疫グロブリンスーパーファミリー，そしてインテグリンである。

組織の成長，すなわち体積の増大は，**細胞増殖（cell proliferation）**——新しい細胞をつくるために細胞の分裂と成長が起こること——によっても起こる。

細胞体（cell body）は，ニューロンの核を含んだ部分であり，ここから軸索と樹状突起が伸びている。

細胞内シグナル伝達（intracellular signaling）とは，細胞表面で受け取られたシグナルが，相互作用する一連のタンパク質によって，細胞内部の最終的な標的へとリレーされるプロセスを表す。

成長は，分裂を伴わない細胞サイズの増加による**細胞肥大（cell enlargement）**によっても起こる。この種の成長は特に植物でよく見られる。

細胞分化（cell differentiation）において，細胞は機能的・構造的に他の細胞とは異なるようになり，筋細胞や血液細胞など，固有の特徴を持った細胞となる。

細胞補充治療（cell-replacement therapy）は，幹細胞を含む健康な細胞によって，傷害を受けた細胞を置き換えるという治療を目的としている。

細胞老化（cell senescence）は**老化（senescence）**を参照。

サイレンシング（silencing）は**遺伝子サイレンシング（gene silencing）**を参照。

差次的遺伝子発現（differential gene expression）とは，多細胞生物において，異なる細胞で異なる遺伝子をオン/オフすることによって，細胞に発生的・機能的に異なる特性を与えることである。

差次的接着性仮説（differential adhesion hypothesis）は，例えば原腸陥入のような発生中の胚における細胞移動を，互いに異なる種類の細胞が持つ接着性の強さの違いという観点から説明する。

ショウジョウバエなどの昆虫の**蛹（pupa）**は，幼虫期に続く段階であり，長期間の休眠状態になったり，変態が起こったりする。

頭部から尾部の中央を走る体軸に対してのみ相称な動物は，**左右相称（bilateral symmetry）**であるといわれる。からだの両側は鏡像対称である。

脊椎動物における多くの臓器の配置や構造の左右差は，**左右非相称性（left-right asymmetry）**として知られる。例えば，マウスやヒトでは，心臓は左側に位置し，右肺は左肺より肺葉が多く，胃や脾臓は左側にある。

三胚葉動物（triploblast）とは，3つの胚葉——内胚葉，中胚葉，外胚葉——を持つ動物のことである。

し

脊椎動物の肢を生じる小さな胚性構造は，**肢芽（limb bud）**と呼ばれる。

視蓋（optic tectum）は，網膜からの軸索の終結点となる，両生類や鳥類の脳の領域である。

雌核発生（gynogenetic）胚は，2セットの相同染色体が両方とも母親由来の胚である。

視覚野（visual cortex）とは，哺乳類の大脳皮質の一部のことであり，ここにLGNからの視覚シグナルが送られ，視覚認識をつくり出すための情報が処理される。

四肢の**指間領域（interdigital region）**とは，形成中の指の間の組織領域のことである。

軸索（axon）は，神経インパルスを細胞体から離れた場所へと伝達する，ニューロンの長い細胞突起である。軸索の終点，すなわち**軸索末端（axon terminal）**は，他のニューロン，筋細胞，腺細胞などと連絡部（シナプス）を形成する。

軸前多指症（preaxial polydactyly）は，手や足に過剰な前方指（例えば過剰な親指や第1趾）を発生する。

シグナルセンター（signaling center）とは，胚の一領域であり，周囲の細胞に特別な影響を与え，それらがどのように発生するかを決定する。

シグナル伝達（signal transduction）のプロセスによって，ある形式（例えば細胞表面の受容体への基質の結合）で受け取った細胞外シグナルは，異なる形式（例えば細胞質タンパク質のリン酸化）の細胞内シグナルへと変換される。

始原細胞（initial）は，植物の分裂組織中の細胞で，持続的に分裂を続けることができる。分裂組織に留まる分裂細胞と，分裂組織を離れて分化していく細胞の両方を生じる。

始原生殖細胞（primordial germ cell）は，初期胚における生殖系列の前駆細胞であり，生殖細胞をつくり出す。

視交叉（optic chiasm，optic chiasma）は，視蓋の反対側に連絡するために，右眼からの視神経が左眼からの視神経と交叉する場所である（ニワトリや両生類）。哺乳類では，視交叉は眼からの神経束が分かれる場所であり，そのいくつかは反対側の外側膝状核（LGN）へと対側性のコースをとる一方，LGNへ同側性のコースをとるものもある。

シス調節制御領域（cis-regulatory control region）は，遺伝子の上流もしくは下流に位置する配列からなり，その遺伝子の発現を制御可能な部位を含む。多くの制御領域は**シス調節モジュール［シス転写調節単位（*cis*-regulatory module）］**を含んでいるが，これは，異なる転写因子のための複数の結合部位を持つ，短い領域である。結合する転写因子の組合せによって，その遺伝子がオンになるかオフになるかが決定される。

指定された（specified）細胞群は，分離して中立的な培地で培養すると，正常な発生運命にしたがって発生する。

指定図（specification map）は，単純培地におかれたときに胚組織がどのように発生するかを示すものである。

シナプス（synapse）は，ニューロンが他のニューロンもしくは筋細胞と連絡する場所となる，特殊な接触点のことである。神経伝達物質は，シナプス前部ニューロンの**シナプス小胞（synaptic vesicle）**で産生され，2つの細胞の間の**シナプス間隙（synaptic cleft）**に放出される。

シナプス後部（post-synaptic）は，シナプスでシグナルを受け取る側である。

シナプス前部（pre-synaptic）は，シナプスでシグナルをつくり出す側である。

植物の**周縁キメラ（periclinal chimera）**においては，3つの分裂組織層の1つが遺伝マーカーを持ち，他の2つの層と区別することができる。

周縁区分キメラ（mericlinal chimera）では，遺伝的に標識された細胞が，器官もしくは植物全体に識別可能なセクターを生じる。

雌雄同体（hermaphrodite）とは，雄性と雌性の双方の生殖巣を保持し，雄性と雌性の配偶子をつくることができる生物のことである。

重複性（redundancy）とは，発生において通常は活性を持つ遺伝子を不活性化したときに，外見上はその影響が現れないことを指す。これは，喪失した遺伝子機能の代わりとなる他の経路が存在することによるものと推測されている。

収斂（コンバージェント）伸長（convergent extension）とは，細胞シートが一方向に伸びながら，伸長方向と垂直な方向では狭まる——収斂する——ことにより形状を変化させるプロセスで，細胞同士の挿入によって起こる。

樹状突起（dendrite）は，神経細胞の細胞体から伸びた伸長部であり，他の神経細胞からの刺激を受けとる部位となる。

受精（fertilization）とは，精子と卵が融合し，接合体（受精卵）を形成することである。いくつかの種の卵においては，受精後のさらなる精子の侵入を防ぐために，**受精膜（fertilization membrane）**が形成される。

精子が雌の生殖器の中に入った後に起こる機能的な成熟は，**受精能獲得（capacitation）**として知られる。

シュペーマンオーガナイザー（Spemann organizer）あるいは**シュペーマン・マンゴルトオーガナイザー（Spemann-Mangold organizer）**は，両生類胚の背側にあるシグナルセンターであり，胚の主たるオーガナイザーとして働く。ここからのシグナルが，新たな前後軸と背腹軸を確立させることができる。

植物が長期間低温にさらされた後に花成が促進される現象は，**春化（vernalization）**として知られる。

子葉（cotyledon）は，栄養の貯蔵器官として働く植物胚の一部である。

小割球（micromere）とは，動物の初期発生の際の不等割の結果できる，小さな細胞のことである。

哺乳類の**上丘（superior colliculus）**は，視神経が投射する脳の領域である。これは両生類や鳥類の視蓋に相当するものである。

条件変異（conditional mutation）とは，特定の条件（例えば通常より高い温度など）において影響が現れる変異のことである。

小歯状突起（denticle）は，昆虫の幼虫に見られるクチクラの小さな歯状の突起である。

上皮細胞は，**上皮-間充織転換（epithelial-mesenchymal transition）**を経て，接着性を失って上皮から単一細胞として脱離する。

漿膜［絨毛膜（chorion）］は，鳥類，爬虫類，哺乳類の最も外側の胚体外膜のことである。これは呼吸によるガス交換に関与する。ニワトリや爬虫類では卵殻のすぐ内側に位置し（漿膜），哺乳類では胎盤の一部として栄養供給と老廃物の除去に関与する（絨毛膜）。昆虫の卵では異なる構造を持つ。

脊椎動物胚の**上腕**（**brachial**）部は，前肢を含む，あるいは前肢の構造に寄与する領域のことである。

両生類卵の**植物極領域**（**vegetal region**）は，最も卵黄に富んだ領域であり，ここから内胚葉が発生する。この領域の最も末端部は**植物極**（**vegetal pole**）と呼ばれ，動物極と正反対の場所に位置する。

細胞外シグナルを必要とせずに継続した発生が可能なとき，その発生プロセスは**自律的**（**autonomously**）であるといわれる。**細胞自律的**（**cell autonomous**）も参照。

ゼブラフィッシュ胚の**シールド期**（**shield stage**）は，シールド（胚盾）として知られるゼブラフィッシュのオーガナイザーが，胚盤の片側に形成された発生段階である。

進化発生学［エボ-デボ（**Evo-devo**）**］**とは，発生の進化について研究する学問分野を指す一般用語である。

心筋層（**myocardium**）は，発生中の心臓の外側にある収縮性の層である。

ジンクフィンガーヌクレアーゼ（**zinc-finger nuclease：ZFN**）は，*in vivo* で標的遺伝子を特異的に切断・破壊する技術に用いられる。

神経栄養因子［ニューロトロフィン（**neurotrophin**）**］**は，神経成長因子のような，神経細胞の生存に必要なタンパク質である。

神経外胚葉（**neuroectoderm**）とは，神経細胞と表皮を形成する能力を持つ外胚葉のことである。

神経芽細胞（**neuroblast**）は，神経細胞（ニューロンおよびグリア）を生じる胚の細胞である。

脊椎動物における**神経管形成**（**neurulation**）は，将来の脳や脊髄を生み出す外胚葉――**神経板**（**neural plate**）――から**神経褶**（**neural fold**）が発生し，それらが一緒になって**神経管**（**neural tube**）を形成する過程のことである。

神経筋接合部（**neuromuscular junction**）とは，運動ニューロンと筋線維との間の特殊な結合領域のことであり，ここでニューロンが筋肉の活動を刺激することができる。

神経褶（**neural fold**），**神経板**（**neural plate**），**神経管**（**neural tube**）は**神経管形成**（**neurulation**）を参照。

脊椎動物の**神経堤細胞**（**neural crest cell**）は，神経板の縁に由来する。これらは，からだの異なる場所へと移動して，自律神経系，感覚神経系，色素細胞，そして頭部の一部の軟骨など，様々な組織を生じる。

神経胚（**neurula**）は，原腸形成が終わって神経管が形成され始めた，脊椎動物の発生段階である。

ショウジョウバエの**神経母細胞**（**ganglion mother cell**）は，神経芽細胞の分裂によって形成され，ニューロンを生じる。

ニワトリやマウスの肢芽における“時間計測モデル”は，先端の細胞が**進行帯**（**progress zone**）を構成し，そこで位置価を受け取るということを提唱している。

新口動物（**deuterostome**）とは，卵が放射卵割し，原腸形成における腸の最初の陥入が肛門を形成し，口は別に発生する脊索動物や棘皮動物などのことである。

双子葉植物の胚発生において，子葉や胚の根がつくられ始めた時期のハート形をした胚のことを**心臓型胚**（**heart stage embryo**）と呼ぶ。

心内膜（**endocardium**）は，発生中の心臓の内側の内皮層である。

皮膚の**真皮**（**dermis**）は，表皮の下に位置する結合組織であり，それらは基底板によって分けられている。

す

垂層分裂（**anticlinal division**）とは，組織の外側表面に対して垂直方向の面で起こる分裂のことである。

ズータイプ（**zootype**）とは，全ての動物胚に特徴的な，胚の前後軸に沿ったHox遺伝子と特定の他の遺伝子の発現のパターンのことを表す。

哺乳類や鳥類胚の，頭部に向かって突出した脊索の前方端は，**頭突起**（**head process**）と呼ばれる。

せ

生物あるいは種の**生活史**（**life history**）とは，生殖方法や，その特徴的な生態や環境との相互作用から見た生活環のことである。

遺伝子の**制御領域**（**control region**）とは，調節タンパク質が結合し，その遺伝子が転写されるかどうかを決定する領域である。

性決定（**sex determination**）とは，生物の性が指定される遺伝的･発生的プロセスである。多くの生物では，性は**性染色体**（**sex chromosome**）と呼ばれる特定の染色体によって決定される。

精子形成（**spermatogenesis**）は，動物の半数体雄性配偶子である精子（sperm）をつくり出すことである。

植物の根端分裂組織の**静止中心**（**quiescent center**）は，根端分裂組織の中心に位置して稀にしか分裂しない細胞群であるが，これは分裂組織の機能に必須である。

生殖系列細胞（**germline cell**）は，配偶子――卵と精子――をつくる。

生殖系列シスト（germline cyst）は，雌のショウジョウバエ成体でみられる16細胞からなる構造であり，減数分裂が起こる前の卵母細胞前駆体と保育細胞を含む。

生殖細胞（germ cell）は，動物において卵や精子を生じる細胞である。

生殖質（germplasm）とは，ショウジョウバエなどのいくつかの動物の卵に見られる特殊な細胞質であり，生殖細胞の指定に関与する。

生殖巣（gonad）は，動物の生殖器官である。

脊椎動物の**生殖堤［生殖隆起（genital ridge）］**とは，腹腔を裏打ちする中胚葉領域であり，ここから生殖巣が発生する。

生物のゲノムには，発生の“青写真”というよりは，手順指示的な**生成的プログラム（generative program）**が存在している。つまり，細胞の挙動，すなわち発生を制御するタンパク質を，いつどこでつくるかを決定するための指示が含まれているのである。

精巣（testis）は，動物の体内にある雄性生殖器官であり，精子をつくり出す。

成虫原基（imaginal disc）とは，ショウジョウバエや他の昆虫の幼虫に存在する上皮性の小さな嚢のことであり，変態の際に翅，脚，触角，眼，生殖器などの成体構造を生じる。

成長（growth）とは，サイズの増加のことであり，これは細胞増殖，細胞サイズの増大，細胞外マトリックスの蓄積によって起こる。

発生中のニューロンの軸索は，その先端にある**成長円錐（growth cone）**を利用して伸長する。成長円錐は糸状仮足を用いて，基質上を前に進みつつ，周囲の環境を感知する。

脊椎動物の長管骨の成長は，軟骨組織の**成長板（growth plate）**において起こる。軟骨は成長し，最終的には軟骨内骨化によって，骨に置き換えられる。

成長ホルモン（growth hormone）は，下垂体から産生されるタンパク質ホルモンであり，ヒトや他の哺乳類における胚発生期後の成長に必須なものである。これは，視床下部が産生する**成長ホルモン放出ホルモン（growth hormone-releasing hormone）**による下垂体の刺激によって産生される。

脊椎動物胚の**脊索（notochord）**は，将来の中枢神経系の下に位置し，頭部から尾部へと走る，固い棒状の細胞構造である。これは，中胚葉に由来する。

脊索前板中胚葉（prechordal plate mesoderm）は，脊索の前方に位置する，脊椎動物胚の最も前方の中胚葉である。これは，頭部の様々な腹側組織を生じる。

脊柱（vertebral column）は，一連の椎骨からなる脊椎動物の背骨あるいは脊椎である。

節間（internode）とは，植物の茎の2つの節（葉が形成される部位）の間の部分を指す。

接合体（zygote）とは，受精卵のことである。二倍体であり，雄と雌の双方の親からの染色体を含んでいる。

接着結合［アドヘレンス・ジャンクション（adherens junction）］とは，**接着性細胞結合（adhesive cell junction）**の一種である。この場合，2つの細胞を結合させている接着分子はカドヘリンであり，細胞内でアクチン細胞骨格と繋がっている。

セマフォリン（semaphorin）は，ニューロンのガイダンスキューとして働く分泌性分子である。

ショウジョウバエの**セレクター遺伝子（selector gene）**は，細胞群の特定の活性を決定する。これらの遺伝子の継続的な発現が，その活性の維持には必要である。

前核（pronucleus）は，受精後，核の融合や最初の細胞分裂が起こる前の，卵と精子の半数体の核を指す。

前胸腺刺激ホルモン（prothoracicotropic hormone：PTTH）は，昆虫の脳によって分泌されるタンパク質ホルモンであり，ステロイドホルモンであるエクダイソンの分泌を引き起こし，脱皮，蛹化や変態を開始させる。

前後軸（antero-posterior axis）は，動物の“頭部”側の先端と，“尾部”側の先端を規定する。頭部が前方，尾部が後方である。脊椎動物の肢においてこの軸は，親指から小指の方向へ走っている。

神経外胚葉において神経への発生運命を促す遺伝子を，**前神経遺伝子（proneural gene）**と呼ぶ。

前神経クラスター（proneural cluster）は，神経外胚葉の中にある細胞の小さなクラスターのことであり，このうちの1つの細胞が最終的に神経芽細胞となる。

先節（acron）とは，ショウジョウバエ胚の前端にある特殊な構造のことである。

先体反応（acrosomal reaction）とは，精子頭部の**先体小胞（acrosomal vesicle）**あるいは**アクロソーム（acrosome）**から，酵素や他のタンパク質が放出されることである。これは，精子が卵の外表面に結合するときに起こり，卵の外層を精子が突き進むことを助ける。

四肢のような構造の**先端部（distal）**とは，からだに接着している部位から最も離れた端のことである。

前脳（forebrain/prosencephalon）は，発生中の脊椎動物中枢神経の前方端に位置し，大脳半球，視床，視床下部を生じる。

全能性（totipotency，totipotent）とは，単一の細胞から新たな生物に発生する能力のことである。

植物において2細胞期は，**前胚（proembryo）**と呼ばれる。

前分裂組織（promeristem）は，継続した分裂が可能な細胞──始原細胞──を含む分裂組織の中央領域である。

前方臓側内胚葉（anterior visceral ectoderm：AVE）は，マウス初期胚の胚体外組織であり，胚の前方領域の誘導に関わっている。

そ

層間剥離（delamination）とは，上皮細胞がバラバラの細胞として上皮から離れるプロセスである。これは，例えば原条や，神経管からの神経堤細胞の移動において起こる。

造血（hematopoiesis）とは，血液細胞が多能性幹細胞から分化するプロセスである。主に骨髄で起こり，様々な血液細胞への分化を誘導する造血因子（hematopoietic growth factor）と呼ばれるタンパク質によって制御される。

花や葉のような植物の器官は，頂端分裂組織からの少数個の創始細胞（founder cell）から発生する。

桑実胚（morula）とは，哺乳類胚が卵割によって細胞からなる球状体を生じる，非常に初期の発生段階のことである。

臓側内胚葉（visceral endoderm）は，哺乳類胚盤胞において卵筒の表面に発生する原始内胚葉に由来する。

相同遺伝子（homologous gene）とは，ヌクレオチド配列に顕著な類似性が認められ，共通の祖先遺伝子から派生した遺伝子である。

相同組換え（homologous recombination）とは，配列類似性を示す特異的な部位での，2つのDNA分子の組換えのことである。

相同性（homology）とは，祖先が共通することによる，形態上もしくは構造上の類似性を表す。

異なる位置価を持つ2つの組織が隣に置かれたとき，付加再生能のある動物では挿入成長（intercalary growth）が起こり得る。挿入成長によって，中間の位置価を持つ部分が更新される。

脊椎動物胚の側板中胚葉（lateral plate mesoderm）は，体節の側方および腹側に位置し，心臓，腎臓，精巣，血液などを生じる。

側方抑制（lateral inhibition）とは，細胞が隣接する細胞に，自らと同様な発生を行わないよう阻害する機構のことである。

特定の組織や細胞だけで起こる遺伝子発現は，組織特異的（tissue-specific）遺伝子発現として知られている。

ソマトスタチン（somatostatin）は，視床下部で産生されるタンパク質ホルモンであり，下垂体からの成長ホルモンの産生と放出を阻害する。

た

両生類胚の帯域（marginal zone）とは，後期胞胚の赤道領域に位置する予定中胚葉の帯状領域である。

大割球（macromere）とは，ウニで見られるような，不等割の結果できる大きな細胞のことである。

体細胞（somatic cell）は，生殖細胞以外の細胞である。ほとんどの動物で，体細胞は二倍体である。

核を除いた卵へ体細胞核を移植することによる動物のクローニングは，体細胞核移植（somatic cell nuclear transfer）として知られる。

体細胞分裂（mitosis）は，体細胞の増殖の際に起こる細胞分裂である。この結果できる2つの娘細胞は，親細胞と同じく二倍体の染色体を持つ。

線虫において長生きをする耐性幼虫（dauer）は，餌の乏しい環境に対する応答であり，再び食物が得られるようになるまで摂食も成長もしない。

脊椎動物胚の体節（somite）は，脊索の両側にある中胚葉の分節化されたブロックのことである。体節は，体幹や四肢の筋肉，脊柱や肋骨，そして真皮を生じる。

対側（contralateral）とは，からだの反対側のことを表す。

哺乳類胚（卵生で嘴を持つカモノハシやハリモグラのような単孔目を除く）は，母親から胎盤（placenta）を通じて栄養供給を受ける。胎盤は，子宮壁に形成され，母親と胚の血管系の接合面となる。

多指症（polydactyly）は，手や足に過剰な指を生じる。

多糸染色体（polytene chromosome）は，細胞分裂を伴わずに繰り返されるDNA複製によってつくられる，巨大な染色体である。

多精拒否（block to polyspermy）とは，多くの動物卵において見られる，複数の精子による受精を防ぐために使用されるメカニズムである。ウニやアフリカツメガエルでは2つの段階──受精後すぐに起こる速い多精拒否（rapid block to polyspermy）と，それに続く緩やかな多精拒否（slow block to polyspermy）──からなる。

多精子受精（polyspermy）とは，卵へ複数の精子が侵入することである。

節足動物がサイズを増大させるためにクチクラ層を脱ぎ捨てる過程を，脱皮（ecdysis, molting）という。

脱分化（dedifferentiation）とは，既に分化した細胞の構造的特性が失われることであり，細胞が新たな細胞種へと分化するという結果を生むことがある。

胚性幹細胞（ES 細胞）のような**多能性（pluripotent）**幹細胞は，からだのあらゆる細胞を生じることができる細胞である。

多分化能（multipotent）を持つ細胞は多くの種類の分化細胞を生じることができるが，全ての種類というわけではない。

受精なしに胚へと発生できる卵の発生は，**単為発生的（parthenogenetically）**であるといわれる。

短胚型発生（short-germ development）とは，ほとんどの体節が成長に伴って順次形成されるという特徴を持つ，昆虫の発生を表す。胞胚葉自体は，胚の前方の体節しか生じない。

ち

中外胚葉（mesectoderm）は，外胚葉と中胚葉の双方を生じる細胞からなる。

無脊椎動物細胞の**中隔結合［セプテート・ジャンクション（septate junction）］**は，細胞接着の一種であり，脊椎動物における密着結合（タイト・ジャンクション）と同様の機能を持つ。

中間径フィラメント（intermediate filament）は，細胞骨格を形成する 3 種の主なタンパク質のひとつである。上皮のような組織の強靱さに関与する。

両生類胚の**中期胞胚遷移（mid-blastula transition）**とは，胚自身の遺伝子の転写が始まり，細胞分裂が非同期となり，胞胚の細胞が運動能を持つ時期のことである。

中軸構造（axial structure）とは，脊椎動物の脊索，脊柱，神経管など，からだの主要な体軸に沿った構造のことである。

哺乳類の**中腎（mesonephros）**は，雄と雌の生殖器官に寄与する胚の腎臓である。

脊椎動物の**中心-側方（medio-lateral）**軸は，正中から外側へ向かって走る。

細胞の**中心-側方挿入（medio-lateral intercalation）**は，両生類の原腸陥入における収斂伸長の際に起こる。隣接する細胞の横方向からの押し出しにより，細胞シートは狭まり，伸長する。

中心体（centrosome）は，微小管成長の形成中心構造である。体細胞分裂や減数分裂の前に複製され，それぞれの中心体は微小管の紡錘体の一端を形成する。1 対の中心小体を含んでおり，そのうちの 1 つは多くの種類の分化細胞で一次繊毛の基底小体に寄与する。

中内胚葉（mesendoderm）は，内胚葉と中胚葉の双方を生じる細胞からなる。

中脳（midbrain）は，発生中の脊椎動物の脳の中間部に位置し，後脳からのシグナルや感覚器官からの入力を統合・リレーする部位である視蓋（両生類や鳥類）や，哺乳類におけるその類似構造を生じる。

中胚葉（mesoderm）は，骨格筋系，結合組織，血液，そして腎臓や心臓のような臓器を生じる胚葉である。

頂芽が存在するとき，植物のシュート頂の下では側芽の成長が起こらないという現象は，**頂芽優性（apical dominance）**として知られる。これは，シュート頂におけるオーキシンというホルモンの産生によるものである。

調節（regulation）とは，胚の一部を除去したり再配列したりしても，正常に発生する能力のことである。調節が可能な胚は，**調節的（regulative）**であると称される。

植物の**頂端-基底軸（apical-basal axis）**とは，シュート頂から根端へと走る軸である。

頂端分裂組織（apical meristem）とは，成長しているシュートや根の先端部で細胞が分裂している領域のことである。

ショウジョウバエで見られるように，**長胚型発生（long-germ development）**では，胞胚葉は将来の胚の全体を生じる。

治療用クローニング（therapeutic cloning）は，ES 細胞を得るための胚をつくる技術である体細胞移植を応用した，発展性のある使用法である。完全に患者に適合し，病気を緩和するために使用できる細胞をつくることが，目標である。

て

底板（floor plate）は，発生中の神経管の腹側正中にある小さな領域であり，非神経性細胞からなる。これは，神経管の腹側部分のパターン形成に関与する。

ゼブラフィッシュ胚盤の**ディープレイヤー［深層（deep layer）］**は，被覆層の深層にあるいくつかの細胞の層で，胚に寄与する。

低分子干渉 RNA（short interfering RNA：siRNA）は **RNA 干渉（RNA interference）**を参照。

ティリング（targeting-induced local lesions in genomes：TILLING）は，変異を同定するための技術であり，変異 DNA を変異のない DNA とハイブリダイズさせ，変異部位を示すミスマッチ塩基を検出することを利用している。

テロメア（telomere）は，染色体の末端に位置するノンコーディング DNA による構造で，染色体がお互いに結合することや，DNA 複製での遺伝子の喪失を防ぐ。テロメアは通常，細胞分裂のたびに短くなる。

転移（metastasis，metastasize）とは，癌細胞がもともと発生した部位から他の組織に侵襲する移動であり，これにより，からだの他の部位に癌が広がる。

遺伝子が活性化しており，その DNA 配列が完全な RNA 配列にコピーもしくは複写されるプロセスを，**転写（transcription）**と呼ぶ。

転写因子（transcription factor）とは，遺伝子から RNA への

転写の開始や調節に必要とされる調節タンパク質のことである。転写因子はDNAの特定の制御領域に結合することにより，細胞の核の中で働く。

遺伝子の**転写開始**（**initiation of transcription**）とは，遺伝子の発現に重要な段階であり，ほとんどの発生遺伝子は間違った時期や場所で発現しないよう，厳重に制御されている。

と

頭褶（**head fold**）とは，ニワトリや哺乳類の原腸胚の頭部領域にある三胚葉の屈曲部のことであり，咽頭や前腸の始まりを示す。

同側（**ipsilateral**）とは，からだの同じ側を表す。

昆虫や脊椎動物のような左右相称動物の**頭部**（**head**）は，からだの前端に位置し，典型的には脳(あるいはそれに相当する器官)，様々な感覚器官，そして口を持つ。

動物-植物極軸（**animal-vegetal axis**）とは，卵あるいは胚の動物極から植物極へと走る軸である。

卵の**動物極領域**（**animal region**）とは，核の位置する側であり，通常は卵黄の反対側になる。この領域の最も末端部が**動物極**（**animal pole**）であり，卵のもう一方の端の植物極とは正反対の場所に位置する。アフリカツメガエルの色素顆粒に富んだ動物半球は，**アニマルキャップ**（**animal cap**）と呼ばれる。

透明帯（**zona pellucida**）は，哺乳類の卵を取り囲み，多精子受精を防ぐ糖タンパク質の層である。

ドミナントネガティブ（**dominant-negative**）突然変異は，遺伝子産物の正常な機能を阻害する，欠陥のあるRNAもしくはタンパク質分子を産生することにより，特定の細胞機能を不活性化する。

トランスジェニック（**transgenic**）技術とは，新しいDNAの導入によって，生物の遺伝的構成を意図的に変化させるために使用される様々な技術のことである。例えば，新しい遺伝子の導入や，特定の遺伝子の不活性化を引き起こすDNAの導入である。トランスジェニック技術によって導入されるDNAは，**導入遺伝子**（**transgene**）として知られる。

トランスフェクション（**transfection**）は，哺乳類や他の動物細胞へ，外部のDNA分子を取り込ませる技術である。導入されるDNAはしばしば，宿主細胞のDNAに永久的に挿入されることになる。

トランスポゾン（**transposon**）は，染色体の他の場所に挿入されることがあるDNA配列であり，元の配列のコピーが挿入される場合と，元の配列が切り出されて挿入し直される場合がある。

減数分裂の際に染色体の分離に異常があると，特定の染色体の数に異常がある配偶子がつくられることがある。これには例えば，通常の2つではなく3つの染色体を持つ**トリソミー**（**trisomy**）がある。

な

ヒトにおいて稀に起こる**内臓逆位**（**situs inversus**）では，内臓器官の位置が完全に鏡像対称となる。

内中胚葉（**endomesoderm**）は，中胚葉と内胚葉の両方に寄与することができる組織である。

内胚葉（**endoderm**）は，腸管と，脊椎動物の肺や肝臓といったそれに付随する器官を生じる胚葉である。

内皮（**endodermis**）は，皮層の内側で維管束組織の外側にある，植物の根の組織層である。

内皮（**endothelium**）は，血管を裏打ちする上皮である。

初期の哺乳類胚の**内部細胞塊**（**inner cell mass**）は，桑実胚の内部細胞に由来し，胚盤胞で1つの分離した細胞塊を形成する。内部細胞塊の細胞のいくつかは胚本体に寄与する。

軟骨形成不全症（**achondroplasia**）は，からだの他の部分に比して四肢が短くなる小人症の一形態である。

軟骨細胞（**chondrocyte**）は，分化した軟骨の細胞である。

軟骨内骨化（**endochondral ossification**）とは，脊椎動物の骨構造（例えば肢の長管骨）において，成長板の軟骨が，骨に置き換わることである。

に

二倍体（**diploid**）細胞は，それぞれの親から1セットずつ受け継いだ2セットの相同染色体をもち，そのため各遺伝子に関して2つのコピーを持つ。

二胚葉動物（**diploblast**）とは，2つの胚葉（内胚葉と外胚葉）のみを持つ動物のことであり，ヒドラやクラゲなどの刺胞動物を含む。

ニューコープセンター（**Nieuwkoop center**）とは，アフリカツメガエル初期胚の背側にあるシグナルセンターのことである。表層回転の結果として，胞胚の背側植物極領域にできる。

ニューロン（**neuron**）あるいは神経細胞は，電気的な興奮性のある神経系の細胞であり，情報を電気信号として伝達する。

ニューロン形成（**neurogenesis**）とは，前駆細胞からのニューロンの形成のことである。

尿膜（**allantois**）とは，多くの脊椎動物胚で発達する一組の胚体外膜である。鳥類や爬虫類胚では呼吸を行う膜として機能するが，哺乳類では尿膜の血管が胎盤と血液をやりとりする。

ぬ

染色体でDNAは一連の**ヌクレオソーム**（**nucleosome**）の中に折りたたまれている。それぞれのヌクレオソームはヒストンタンパク質にDNAが巻きついたコアを持つ。

ね

ネオテニー［幼形成熟（neoteny）］とは，幼生の形態を残しながら動物が性的に成熟する現象である。

ネガティブ（負の）フィードバック（negative feedback）とは，ある経路の最終産物や過程が，その経路のより早い段階を阻害する調節形式のことである。

の

脳室帯（ventricular zone）は，脊椎動物の神経管の管腔に並ぶ増殖細胞の層である。ここからニューロンやグリアが形成される。

ノックアウト（knock-out）は遺伝子ノックアウト（gene knock-out）を参照。

植物の節（node）とは，葉や腋芽が形成される茎の一部のことである。鳥類や哺乳類胚におけるノード(node)は，両生類のシュペーマンオーガナイザーに相当するオーガナイザーセンターである。これは，鳥類ではヘンゼン結節（Hensen's node）としても知られる。

は

哺乳類胚盤胞の胚-非胚軸(embryonic-abembryonic axis)は，内部細胞塊が接している部位——胚極（embryonic pole）——から，反対側の非胚極（abembryonic pole）に向かって走っている。

胚柄（suspensor）は，母植物組織と胚をつなぎ，栄養分を供給する。

胚オーガナイザー（embryonic organizer）とは，両生類のシュペーマンオーガナイザーや，他の脊椎動物でそれに相当する（ニワトリのヘンゼン結節のような）オーガナイザー領域の別名である。これは完全な胚の発生を誘導できる。

胚下腔（subgerminal space）は，初期ニワトリ胚盤葉において明域の下にできる空洞である。

配偶子（gamete）とは，次世代へ遺伝子を伝える細胞——動物では卵と精子——である。

胚形成（embryogenesis）とは，受精卵から胚が発生するプロセスのことである。

胚軸（hypocotyl）とは，幼根と将来のシュートとの間の領域から発達する芽生えの茎構造である。

胚珠（ovule）は，卵細胞を含む植物の構造である。

胚性遺伝子［接合体性遺伝子（zygotic gene）］とは，受精卵に存在し，胚自身が発現する遺伝子である。

胚性幹細胞［ES細胞（embryonic stem cell）］とは，哺乳類胚（通常はマウス）の内部細胞塊から得られる細胞で，培養によって無期限に維持することができる。他の胚盤胞に注入すると，内部細胞塊に取り込まれ，胚の全ての組織に寄与する発生的潜在力を持つ。

背側化（dorsalized）した胚は，腹側領域の減少のかわりに背側領域が著しく増加する。

脊椎動物胚の背側決定因子（dorsalizing factor）とは，背側構造の形成を促進するタンパク質のことである。

胚帯（germ band）は，初期ショウジョウバエ胚の腹側胞胚葉に与えられた名前である。最終的にはここから胚のほとんどが発生する。

哺乳類の胚体外外胚葉（extra-embryonic ectoderm）は，胎盤の形成に寄与する。

胚体外胚葉（embryonic ectoderm）とは，シート状の上皮へと発生したマウスのエピブラストに与えられる名称である。

胚体外膜（extra-embryonic membrane）は，胚の防御や栄養供給に関わる胚本体の外側の膜である。哺乳類においては，羊膜，絨毛膜，胎盤組織などが含まれる。

胚体内胚葉（embryonic endoderm）とは，胚の内胚葉を生じる哺乳類胚の細胞層のことである。

高等植物の種子の胚乳（endosperm）は，胚発生の栄養分を供給する栄養供給組織である。

胚発生学（embryology）は，胚の発生を研究する学問分野である。

哺乳類胚の胚盤胞（blastocyst）期は，他の動物胚の胞胚期に相当する。胚が子宮内膜に着床する段階である。

胚盤葉/胚盤/胞胚葉（blastoderm）は，球形の胞胚というよりむしろ，しっかりとした細胞層からなる卵割期後の胚であり，初期ニワトリ胚（胚盤葉），ゼブラフィッシュ胚（胚盤），ショウジョウバエ胚（胞胚葉）などで見られる。ニワトリの胚盤葉は胚盤（blastodisc）としても知られる。

初期ニワトリ胚の胚盤葉下層（hypoblast）は，胚盤葉の下に位置する卵黄を覆う細胞シートであり，卵黄柄のような胚体外構造を生じる。

背腹軸（dorso-ventral axis）とは，生物あるいは特定構造の上部表面もしくは背部（背側）と，下部表面（腹側）との関係を規定するものである。口は常に腹側にある。

胚葉（germ layer）とは，異なる種類の組織を生じる初期動物胚の領域のことを指す。多くの動物は，内胚葉，中胚葉，外胚葉の3つの胚葉を持つ。

パターン形成（pattern formation）とは，発生中の胚の細胞がアイデンティティを獲得し，それにより高度に規則立った空間的パターンを持つ細胞挙動が導かれるプロセスである。

発生過程を特異的に制御する遺伝子は，**発生遺伝子（developmental gene）**として知られる。

細胞の**発生運命（fate）**とは，それらが通常の状態では何に発生するかということを表す。胚の細胞を標識して**予定運命図（fate map）**をつくることができる。しかし，特定の発生運命を持つということは，その細胞が異なる環境に移された場合に元の運命とは違った発生ができないことを意味するものではない。

発生生物学（developmental biology）とは，起源となる単一細胞——受精卵——から多細胞生物が発生し，完全な成体となるまでを研究する学問分野である。

発生の制約（development constraint）とは，新たな形態の進化を制約する既存の発生過程のことである。

速い多精拒否（rapid block to polyspermy）は**多精拒否（block to polyspermy）**を参照。

1つの種内で重複や分岐によって生じた遺伝子は，**パラログ（paralog）**と呼ばれる。脊椎動物のHox遺伝子がその例であり，**パラロガス遺伝子（paralogous gene）**からなる，いくつかの**パラロガスサブグループ（paralogous subgroup）**を含む。

半数体［一倍体（haploid）］細胞は，二倍体細胞から減数分裂によってできる細胞で，1セットだけ（二倍体の染色体数の半分）の染色体を持ち，このため各遺伝子に関して1コピーだけを含む。多くの動物で唯一の半数体細胞は配偶子——精子と卵——である。

ショウジョウバエの**半体節（hemisegment）**とは，体節の側方半分のことで，正中の両側に1つずつあり，神経系の発生ユニットとなる。

反応-拡散機構（reaction-diffusion mechanism）は，化学物質の濃度パターンを自律的につくり出し，周期性を持ったパターンの基礎となる。

半優性（semi-dominant）変異は，1つのアレルが変異型を持つと表現型に影響が出る変異であるが，2つのアレルが変異を持ったときには，表現型への影響はさらに強くなる。

ひ

尾芽（tailbud）は，脊椎動物胚の肛門よりさらに後部を生じる，幹細胞を含んだ後方端構造である。

相対的な日長への生物の応答は，**光周期性（photoperiodism）**として知られ，植物では日長の増加による花成の促進に関与する。

皮筋節（dermomyotome）は，筋細胞と真皮に寄与する体節の領域である。

微小管（microtubule）は，細胞骨格を形成する3種の主なタンパク質の1つであり，細胞内でのタンパク質やRNAの輸送に関わる。

皮節（dermatome）は，真皮に寄与する体節の領域である。

尾節（telson）は，ショウジョウバエ胚の後方端の構造である。

植物の茎や根の**皮層（cortex）**は，表皮組織と維管束組織の間の組織のことである。

非対称細胞分裂（asymmetric cell division，asymmetric division）とは，細胞質決定因子が不均等に分配される結果として起こる，娘細胞が互いに異なるようになる細胞分裂のことである。

非胚極（abembryonic pole）は**胚-非胚軸（embryonic-abembryonic axis）**を参照。

ゼブラフィッシュ胚盤の外側表面における**被覆層（outer enveloping layer）**は，胚が発生するに伴い最終的には消失する一層の細胞層である。

表現型（phenotype）とは，観察や測定が可能な，細胞もしくは生物の特徴のことである。

標準Wnt/β-catenin経路（canonical Wnt/β-catenin pathway）は，シグナルタンパク質のWntファミリーのメンバーによって刺激される細胞内シグナル経路であり，β-cateninの安定化と核への進入を引き起こす。ここでβ-cateninは，転写のコアクチベーターとして働く。

表層回転（cortical rotation）は，両生類の卵が受精した直後に起こる。卵表面直下のアクチンに富んだ細胞質層である表層（cortex）が，より下層の細胞質に対して精子侵入点に向かって回転する。

表層顆粒（cortical granule）は，ある種の卵の表層に存在する顆粒のことであり，受精の際には受精膜を形成するためにその内容物が放出される。

脊椎動物，昆虫，植物の**表皮（epidermis）**は，生物と外界環境との境界を形成する外側の細胞層である。その構造は生物によって大きく異なっている。

ふ

脊椎動物胚は，異なるグループの脊椎動物胚と互いによく類似した形態をとる**ファイロティピック段階（phylotypic stage）**という発生段階を経る。胚の頭部，神経管，体節が明瞭になるのは，この段階である。

フォワードジェネティクス［順遺伝学（forward genetics）］とは，まず異常な表現型によって変異個体を同定し，その後，その変異体の表現型の原因となる遺伝子を発見する研究を行う，遺伝学的研究手法である。

付加再生（epimorphosis）とは，新たな成長によって構造が再構築されるタイプの再生である。

腹側化（ventralized）した胚では，背側領域が減少し，通常より大きな腹側領域が形成される。

腹側閉鎖（ventral closure）とは，からだの腹側で腸を形成するために，ニワトリあるいは哺乳類胚の両側が閉じることである。

昆虫のからだは3つの部位，すなわち前方から頭部，胸部，そして後端の**腹部（abdomen）**に分けられる。

プラコード（placode）は，肥厚した上皮領域であり，通常は胚の表層に見られ，特定の構造を生じる。例としては，眼のレンズを生じるレンズプラコードがある。

プラスミド（plasmid）は，細菌や酵母由来の小さな環状DNAであり，遺伝子を細胞に導入するためのベクターあるいはキャリアーとしてよく使われる。

プラズモデスマータ［原形質連絡（plasmodesmata，単数形 plasmodesma）］は，細胞壁を貫通して隣接する植物細胞間をつなぐ，細胞質の細いチャンネルである。

プルテウス（pluteus）は，ウニの幼生段階である。

ある構造の中で自動的につくられる基本パターンは，**プレパターン（prepattern）**として知られる。これはその後の発生において，修飾が加えられることもある。

プログラム細胞死（programmed cell death）は**アポトーシス（apoptosis）**を参照。

プロモーター（promoter）は，遺伝子の転写を始めるためにRNAポリメラーゼが結合する，コード配列に近いDNA領域である。

分化転換（transdifferentiation）とは，色素細胞がレンズへといったように，すでに分化した細胞が，異なる細胞種へと分化するプロセスである。

分枝形態形成（branching morphogenesis）は，上皮性の管の連続的な分枝による発生を示す。血管や，肺の気管支および細気管支などの構造の発生，あるいは成長などで見られる。

ショウジョウバエの**分節遺伝子（segmentation gene）**は，擬体節と体節のパターン形成に関与する遺伝子である。

分節化（segmentation）とは，生物のからだが前後軸に沿って形態学的に同様なユニット，すなわち**体節（segment）**へと分割されることである。

分裂組織（meristem）は，未分化な細胞群で，植物の成長端に位置して細胞分裂を行っている。分裂組織はシュート，葉，花，そして根といったすべての成体構造を生じる。

分裂組織アイデンティティ遺伝子（meristem identity gene）は，分裂組織が栄養型か花序分裂組織のどちらになるかを指定する。

へ

ショウジョウバエの**ペアルール遺伝子（pair-rule gene）**は，擬体節の区画化に関与する。胞胚葉でストライプ状に発現し，それぞれのペアルール遺伝子は擬体節ごとに交互に発現する。

並層分裂（periclinal division）とは，組織の外側表面に対して平行に起こる分裂のことである。

平面内細胞極性（planar cell polarity）とは，組織のある平面において，細胞が極性を持っている状態である。例えば昆虫の翅では，翅毛はすべて同じ方向を向いている。

哺乳類胚盤胞の**壁栄養外胚葉（mural trophectoderm）**は，内部細胞塊の細胞と接触していなかった栄養外胚葉である。

ヘテロクロマチン（heterochromatin）とは，DNAの転写が不可能な状態のクロマチンのことである。

二倍体の個体がある遺伝子に関して2つの異なるアレルを持つとき，その遺伝子に対して**ヘテロ接合（heterozygous）**であるという。

ヘンゼン結節（Hensen's node）は，ニワトリ胚の原条の前方端にある細胞の凝集体である。これは両生類のシュペーマンオーガナイザーに相当する。結節の細胞は，ニワトリ胚の脊索前板や脊索を生じる。

変態（metamorphosis）とは，幼生が成体へ変化するプロセスのことである。しばしば形態の根本的な変化が起き，チョウの翅やカエルの肢など，新たな器官が発生する。

ほ

保育（哺育）細胞（nurse cell）は，ショウジョウバエの発生中の卵母細胞を取り囲み，その中に蓄積するタンパク質やRNAを合成する。

方向性膨張（directed dilation）とは，棒状構造における静水圧による両端への伸長である。伸長の方向は，膨張に対する外周の抵抗性を反映する。

中軸の両側に位置して体節を形成する中胚葉は，しばしば**傍軸中胚葉（paraxial mesoderm）**と呼ばれる。

放射軸（radial axis）とは，構造の中心部から周辺側へと走る軸のことである。植物の茎や根のような中心軸に対して完全に相称な円筒状構造物は，**放射相称性（radial symmetry）**を持つとも表現される。

放射状グリア細胞（radial glial cell）は，神経管壁の幅いっぱいに伸長したグリア細胞であり，移動中のニューロンに経路を提供する。

放射挿入（radial intercalation）は，両生類原腸胚の多層の外胚葉において起こる。細胞はシート表面に直交する方向で挿入し，その結果，細胞シートは薄く，広くなる。

放射卵割（radial cleavage）は，卵の表面に対して直角に起こる卵割であり，互いの上に直接乗るような配置で割球を生み出す。

表皮が表面から管状構造をつくりながら外側に成長するとき，膨出する（evaginate）といわれる。

動物の発生は，卵割の結果として胞胚（blastula）期に至る。胞胚は細胞でできた中空の球であり，液体で満たされた腔——胞胚腔（blastocoel）——を囲む小さな細胞の上皮層からなる。

胞胚オーガナイザー（blastula organizer）はニューコープセンター（Nieuwkoop center）を参照。

胞胚腔（blastocoel）は，胞胚の内側にできる，液体で満たされた腔である。

ポジティブ（正の）フィードバック（positive feedback）とは，ある経路の最終産物や過程が，その経路のより早い段階を活性化する調節形式のことである。

母性因子（maternal factor）とは，卵形成の際に母親によって卵の中に蓄積されたタンパク質や RNA のことである。これら母性のタンパク質や RNA の産生は，いわゆる母性遺伝子（maternal gene）の制御下にある。

母性効果突然変異（maternal-effect mutation）とは，卵やより後期の胚に影響を及ぼす母親の遺伝子の変異である。このような変異に影響を受ける遺伝子は，母性効果遺伝子と呼ばれる。

ボディプラン（body plan）は，生物の全体的な構造を表すものである。例えば，頭部や尾部の位置，左右相称面の位置などである。多くの動物のボディプランは，前後軸と背腹軸という 2 つの体軸を中心に規定される。

ホメオシス（homeosis）とは，ある構造が他の相同な構造へと形質転換する現象である。ホメオティック・トランスフォーメーション（homeotic transformation）の例としては，ホメオティック遺伝子（homeotic gene）の変異の結果起こる，ショウジョウバエにおける触角の位置での脚の発生があげられる。

ショウジョウバエのホメオティックセレクター遺伝子（homeotic selector gene）とは，細胞群のアイデンティティや発生経路を指定する遺伝子のことである。これらはホメオドメイン転写因子をコードし，他の遺伝子の発現を調節することによって働く。これらの発現は発生を通して必要である。ショウジョウバエの遺伝子 *engrailed* は，ホメオティックセレクター遺伝子の一例である。

ホメオボックス（homeobox）は，ホメオドメイン（homeodomain）と呼ばれる DNA 結合ドメインをコードする，ホメオティック遺伝子の DNA 領域である。このモチーフを含む遺伝子は一般に，ホメオボックス遺伝子（homeobox gene）と呼ばれる。ホメオドメインは，Hox 遺伝子や Pax 遺伝子の産物のような，発生に重要な多くの転写因子に存在する。

二倍体の個体がある遺伝子に関して 2 つの同じアレルを持つとき，その遺伝子に対してホモ接合（homozygous）であるという。

リボソームにおいて，メッセンジャー RNA が指示するアミノ酸の順序でタンパク質が合成されるプロセスを，翻訳（translation）と呼ぶ。メッセンジャー RNA がタンパク質に翻訳される（translated）という。

タンパク質の翻訳後修飾（post-translational modification）は，合成後のタンパク質の変化に関与する。例えばタンパク質は，酵素的に切断されたり，グリコシル化されたり，アセチル化されたりする。

ま

マイオプラズム（myoplasm）とは，筋細胞の指定に関わるホヤ卵の特殊な細胞質のことである。

マイクロ RNA（microRNA：miRNA）は，小さな RNA で，特定の遺伝子の発現を抑制する。

巻き込み（involution）とは，両生類の原腸陥入開始時に起こる細胞移動の一種であり，細胞シートが自らの下に潜り込みながら，胚の内部に入っていく。

み

ミクロフィラメント（microfilament）はアクチンフィラメント（actin filament）を参照。

密着結合［タイト・ジャンクション（tight junction）］は，接着性細胞結合の一種である。上皮細胞を互いに強固に結合させて，上皮を形成し，上皮の一方の環境を他方から隔てている。

未分節中胚葉（pre-somitic mesoderm）は，既に形成された体節とノード（ニワトリとマウス）との間にある分節化されていない中胚葉である。この前方端から体節が形成される。

脈管形成（vasculogenesis）とは，血管を形成する最初の段階であり，血管芽細胞が凝集して管状の脈管を形成する。

ミュラー管（Müllerian duct）は，哺乳類胚ではウォルフ管の傍を走り，雌では卵管になる。

ミュラー管抑制因子（Müllerian-inhibiting substance）は，発生中の精巣から分泌され，雄でミュラー管の退化を誘導する。

む

無限成長性（indeterminate）の植物がつける葉や花の数は固定されていない。

無虹彩症（aniridia）は，眼の虹彩を欠損する。

無手足症（acheiropodia）は，ヒトにおいて稀に起こる遺伝病で，肘や膝から先の構造が発達しない（その他の面において異常はない）。

無羊膜類（anamniote）とは，羊膜を形成しない脊椎動物のことである。魚類や両生類が含まれる。

め

明域（area pellucida）は，ニワトリ胚盤葉の中央の半透明の領域である。

メッセンジャーRNA（messenger RNA：mRNA）は，タンパク質のアミノ酸配列を指定するRNA分子である。これはDNAから転写によってつくられる。

N-CAMのようないくつかの細胞接着分子は，**免疫グロブリンスーパーファミリー（immunoglobulin superfamily）**のメンバーである。このファミリーは，細胞接着分子以外にも多くのタンパク質を含む。

も

毛状突起（trichome）は，植物表皮の毛を持つ細胞である。〔訳注：**トリコーム（trichome）**は，ショウジョウバエ属の非感覚性剛毛で，種によって異なるパターンを持つ〕

モザイク的（mosaic）発生とは，主に局在した細胞質決定因子の分布によって発生しているように見える生物の発生を表現するために，歴史的に使われた言葉である。

発生生物学の研究でよく使われるいくつかの種は，**モデル生物（model organism）**として知られている。

モルフォゲン（morphogen）とは，空間的な濃度変化によってパターン形成に働く物質のことで，細胞はそれぞれの閾値濃度によって異なった応答をする。

モルフォリノアンチセンスRNA（morpholino antisense RNA）は，アンチセンスRNAの一種であり，安定的なモルフォリノヌクレオチド類似体からなる。

ゆ

雄核発生（androgenetic）胚とは，2セットの相同染色体がどちらも父親由来の胚のことである。

優性（dominant）アレルとは，1つのコピーの存在で表現型を決定するアレルのことである。

誘導（induction）とは，胚のある細胞群が他の細胞群へシグナルを送り，それらがどのように発生していくかに影響を与える過程である。

体細胞は，少数の特異的な遺伝子の導入と発現によって，**誘導多能性幹細胞［iPS細胞（induced pluripotent stem cell）］**と呼ばれる多能性幹細胞への変換が可能である。

ユークロマチン（euchromatin）とは，DNAが転写可能な状態のクロマチンのことである。

輸精管（vas deferens）は，精子を産生する精巣と陰茎を繋ぐ管である。

よ

植物の葉は，頂端分裂組織の端に位置する**葉原基（leaf primordium）**と呼ばれる細胞群から発生する。

葉序（phyllotaxy）とは，シュートに沿って葉が配置される方式のことである。

ショウジョウバエ胚の**羊漿膜（amnioserosa）**とは，胚の背側にある胚体外膜のことである。

羊膜（amnion）は鳥類，爬虫類，哺乳類の胚体外膜であり，胚を包み込んで保護する液体に満たされた嚢を形成する。これは，胚体外外胚葉と胚体外中胚葉からつくられる。

羊膜類（amniote）とは，羊膜を形成する脊椎動物のことである。哺乳類，鳥類，爬虫類が含まれる。

四倍体（tetraploid）細胞とは，4セットの染色体を持つ細胞のことである。

ら

螺旋卵割（spiral cleavage）は，軟体動物や環形動物で典型的な卵割であり，細胞分裂面は卵表面に対してやや斜めで，割球は螺旋状の配置をとる。

ゼブラフィッシュの**卵黄多核層（yolk syncytial layer）**は，胚盤の下に形成される，多核の非卵黄性細胞質の連続した層である。

卵黄嚢（yolk sac）は，鳥類や哺乳類の胚体外膜である。ニワトリ胚では卵黄を取り囲む。

卵黄膜（vitelline membrane，vitelline envelope）は，動物の卵を取り囲む細胞外層である。ウニにおいては受精膜を形成する。

卵割（cleavage）は受精の後に起こり，成長を伴わない一連の迅速な細胞分裂である。これにより，胚は多くの小さな細胞に分かれる。

鳥類や哺乳類の雌の**卵管（oviduct）**は，卵巣から子宮へと卵を運ぶ。

卵丘細胞（cumulus cell）は，発生中の哺乳類の卵細胞を取り囲む体細胞であり，排卵の際に一緒に排出される。

卵形成（oogenesis）とは，雌の中で卵が形成されるプロセスである。

卵原細胞（oogonia）は，卵母細胞をつくるための減数分裂に入る前に，卵巣の中で体細胞分裂を行う二倍体の生殖細胞である。

雌のショウジョウバエの**卵室（egg chamber）**は，保育細胞や濾胞細胞によって囲まれた卵母細胞が発生する際の構造体のことである。

卵巣（ovary）は，動物の雌の内部の生殖構造であり，雌性の生殖細胞である卵母細胞をつくり出す。

着床後の初期マウス胚発生における**卵筒（egg cylinder）**とは，臓側内胚葉に包まれたエピブラストから構成される円筒状構造である。

卵母細胞（oocyte）は，未成熟な卵である。

り

リバースジェネティクス［逆遺伝学（reverse genetics）］とは，遺伝子のヌクレオチド配列やタンパク質のアミノ酸配列から開始し，その情報から遺伝子の機能を決定するアプローチである。

リプレッサー（repressor）とは，遺伝子制御領域の特異的部位に結合すると遺伝子の活性を抑制する，遺伝子調節タンパク質である。

れ

幼生（幼虫）の一連の成長段階で，成体に発生する前に脱皮を経る動物において，各脱皮の間の段階を，**齢（instar）**という。

劣性（recessive）変異とは，遺伝子の2つのコピー両方が変異を持ったときにのみ表現型が変化する遺伝子の変異のことである。

ろ

老化（senescence）とは，加齢に関連する機能低下のことである。

濾胞（follicle）は，卵細胞とそれを支持する体細胞を含む，卵巣内の構造である。ショウジョウバエの**濾胞細胞（follicle cell）**は，卵が発生する間，卵母細胞と保育細胞を取り囲む体細胞である。

ロンボメア（rhombomere）とは，ニワトリ胚やマウス胚の後脳において，細胞系譜が限定された一連の区画のことである。

図表出典

第1章

図 1.1 a) courtesy of Alpesh Doshi, CRGH, London; b) reproduced courtesy of the MRC/Wellcome-funded Human Developmental Biology Resource.

第2章

図 2.1 top photograph reproduced with permission from Turner, F.R., Mahowald, A.P.: **Scanning electron microscopy of *Drosophila* embryogenesis. I. The structure of the egg envelopes and the formation of the cellular blastoderm**. *Dev. Biol.* 1976, **50**: 95–108. Middle photograph reproduced with permission from Turner, F.R., Mahowald, A.P.: **Scanning electron microscopy of *Drosophila* melanogaster embryogenesis. III. Formation of the head and caudal segments**. *Dev. Biol.* 1979, **68**: 96–109.

図 2.4 left photograph reproduced with permission from Turner, F.R., Mahowald, A.P.: **Scanning electron microscopy of *Drosophila* melanogaster embryogenesis. II. Gastrulation and segmentation**. *Dev. Biol.* 1977, **57**: 403–416. Center photograph reproduced with permission from Alberts, B., Bray, D., Lewis, J., Raft, M., Roberts, K., Watson, J.D.: *Molecular Biology of the Cell*, 3rd edition. New York, Garland Publishing, 1994.

図 2.10 reproduced with permission from Spriov, A., Fahmy, K., Schneider, M., Frei, E., Noll, Baumgartner, S. **Formation of the *bicoid* morphogen gradient: an mRNA gradient dictates the protein gradient**. *Dev*, 2009, **136**: 605–614.

図 2.12 photograph reproduced with permission from Griffiths, A.J.H., Miller, J.H., Suzuki, D.T., Lewontin, R.C., Gelbart, W.M.: *An Introduction to Genetic Analysis*, 6th edition. New York: W.H. Freeman & Co., 1996.

図 2.13 reproduced with permission from Surkova, S., Kosman, D., Kozlov, M., Myasnikova, E., Samsonova, A.A., Spriov, A., Vanario-Alonso, C.E., Samsonova, M., Reinitz, J. **Charaterization of the Drosophila segment determination morpheme**. *Dev. Biol.* 2008, **313**: 844–862.

図 2.17 illustration after Gonz lez-Reyes, A., Elliott, H., St Johnston, D.: **Polarization of both major body axes in *Drosophila by gurken-torpedo* signalling**. *Nature* 1995, **375**: 654–658.

図 2.21 illustration after St Johnston, D.: **Moving messages: the intracellular localization of mRNAs**. *Nat. Rev. Mol. Cell Biol.* 2005, **6**: 363–375.

図 2.22 from Martin, S.G., Leclerc, V., Smith-Litière, K., St Johnston, D.: **The identification of novel genes required for Drosophila anteroposterior axis formation in a germline clone screen using GFP-Staufen**. *Dev.* 2003, **130**, 4201–4215.

図 2.26 from Yu, D., and Small, S.: **Precise registration of gene expression boundaries by a repressive morphogen in Drosophila**. *Curr. Biol*, 2008, **18**: 868–876.

Box 2D from Blagburn, J.M.: **Engrailed expression in subsets of adult Drosophila sensory neurons: an enhancer-trap study**. *Invert Neurosa*. 2008, **8(3)**: 133–146.

図 2.30 illustration after Lawrence, P.: *The Making of a Fly*. Oxford: Blackwell Scientific Publications, 1992.

図 2.33 from Yu, D., and Small, S.: **Precise registration of gene expression boundaries by a repressive morphogen in Drosophila**. *Curr. Biol*, 2008, **18**: 868–876.

図 2.38 from Goodman, R.M., Thombrel, S., Firtinal, Z., Grayl, D., Betts, D., and Roebuck, J.: **Sprinter: a novel transmembrane protein required for Wg secretion and signalling**. *Dev*, 2006, **133**: 4901–4911.

図 2.41 illustration after Lawrence, P.: *The Making of a Fly*. Oxford: Blackwell Scientific Publications, 1992.

図 2.47 illustration after Lawrence, P.: *The Making of a Fly*. Oxford: Blackwell Scientific Publications, 1992. Photograph reproduced with permission from

Bender, W., Akam, A., Karch, F., Beachy, P.A., Peifer, M., Spierer, P., Lewis, E.B., Hogness, D.S.: **Molecular genetics of the bithorax complex in *Drosophila melanogaster***. *Science* 1983, **221**: 23–29 (image on front cover). ©1983 American Association for the Advancement of Science.

第3章

図 3.3 top photograph reproduced with permission from Alberts, B., Bray, D., Lewis, J., Raff, M., Roberts, K., Watson, J.D.: *Molecular Biology of the Cell*, 3rd edition. New York: Garland Publishing, 1994.

図 3.5 photographs reproduced with permission from Kessel, R.G., Shih, C.Y.: *Scanning Electron Microscopy in Biology: A Student's Atlas of Biological Organization.* London, Springer-Verlag, 1974. ©1974 Springer-Verlag GmbH & Co. KG.

図 3.6 illustration after Balinsky, B.I.: *An Introduction to Embryology*. Fourth edition. Philadelphia, W.B. Saunders, 1975.

図 3.14 top photograph reproduced with permission from Kispert, A., Ortner, H., Cooke, J., Herrmann, B.G.: **The chick *Brachyury* gene: developmental expression pattern and response to axial induction by localized activin**. *Dev. Biol.* 1995, **168**: 406–415.

図 3.17 illustration after Patten, B.M.: *Early Embryology of the Chick*. New York, Mc Graw-Hill, 1971.

図 3.21 top photograph reproduced with permission from Bloom, T.L.: **The effects of phorbol ester on mouse blastomeres: a role for protein kinase C in compaction?** *Development* 1989, **106**: 159–171 Published by permission of The Company of Biologists Ltd.

図 3.23 illustration after Hogan, B., Beddington, R., Costantini, F., Lacy, E.: *Manipulating the Mouse Embryo: A Laboratory Manual*, 2nd edition. New York: Cold Spring Harbor Laboratory Press, 1994.

図 3.24 illustration adapted, with permission, from McMahon, A.P.: **Mouse development. Winged-helix in axial patterning**. *Curr. Biol.* 1994, **4**: 903–906.

図 3.26 illustration after Kaufman, M.H.: *The Atlas of Mouse Development*. London: Academic Press, 1992.

第4章

図 4.14 illustration after Rodriguez, T.A., Srinivas, S., Clements, M.P., Smith, J.C., Beddington, R.S.: **Induction and migration of the anterior visceral endoderm is regulated by the extra-embryonic ectoderm**. *Development* 2005, **132**: 2513–2520.

図 4.37 photograph reproduced with permission from Smith W.C., Harland, R.M.: **Expression cloning of noggin, a new dorsalizing factor localized to the Spemann organizer in *Xenopus* embryos**. *Cell* 1992, **70**: 829–840. ©1992 Cell Press.

図 4.38 adapted from Heasman, J.: **Patterning the early zenopus embryo**. *Dev* 2006, **133**: 1205–1217.

図 4.44 illustration after Beddington, S.P., Robertson, E.J.: **Axis development and early asymmetry in mammals**. *Cell* 1999, **96**: 195–209.

Box 4C adapted from Larsen, W.J.: *Human Embryology*, 2nd edn, Churchill Livingstone, 1997, p. 481.

Box 4E from Morley, R.H., Lachani, K., Keefe, D., Gilchrist, M.J., Flicek, P., Smith, J.C., Wardle, F.C.: **A gene regulatory network directed by zebrafish No tail accounts for its roles in mesoderm formation.** *Proc Natl Acad Sci USA*, 2009, **106**: 3829–3834.

第5章

図 5.2 photograph reproduced with permission from Hausen, P., Riebesell, M.: The *Early Development of Xenopus laevis*. Berlin: Springer-Verlag, 1991.

図 5.7 from Stern, C.D.: **Neural induction: old problem, new findings, yet more questions**. *Dev*, 2005, **132**, 2007–21.

図 5.9 from Kiecker, C., and Niehrs, C.: **A morphogen gradient of Wnt/beta-catenin signalling regulates anteroposterior neural patterning in *Xenopus***. *Dev*, 2001, **128**: 4189–4201.

図 5.12 illustration after Kintner, C.R., Dodd, J.: **Hensen's node induces neural tissue in *Xenopus* ectoderm. Implications for the action of the organizer in neural induction**. *Development* 1991, **113**: 1495–1505.

図 5.13 adapted from Delfino-Machin, M. *et. al.*: **Specification and maintenance of the spinal cord stem zone**. *Development* 2005, **132**: 4273–4283.

図 5.14 illustration from Kudoh, T. *et. al.*: **Combinatorial Fgf and Bmp signalling patterns the gastrula ectoderm into prospective neural and epidermal domains**. *Development* 2004, **131**: 3581–

3592.

図 5.15 illustration after Mangold, O.: **Über die induktionsfahigkeit der verschiedenen bezirke der neurula von urodelen**. *Naturwissenschaften* 1933, **21**: 761-766.

図 5.16 illustration after Kelly, O.G., Melton, D.A.: **Induction and patterning of the vertebrate nervous system**. *Trends Genet.* 1995, **11**: 273-278.

図 5.21 illustration from Deschamps, J., van Nes, J.: **Developmental regulation of the Hox genes during axial morphogenesis in the mouse**. *Development* 2005, **132**: 2931-2942.

図 5.26 illustration after Burke, A.C., Nelson, C.E., Morgan, B.A., Tabin, C.: **Hox genes and the evolution of vertebrate axial morphology**. *Development* 1995, **121**: 333-346.

図 5.31 illustration after Johnson, R.L., Laufer, E., Riddle, R.D., Tabin, C.: **Ectopic expression of *Sonic hedgehog* alters dorsal-ventral patterning of somites**. *Cell* 1994, **79**: 1165-1173.

図 5.33 illustration adapted, with permission, from Lumsden, A.: **Cell lineage restrictions in the chick embryo hindbrain**. *Phil. Trans. R. Soc. Lond. B* 1991, **331**: 281-286.

図 5.34 illustration adapted, with permission, from Lumsden, A.: **Cell lineage restrictions in the chick embryo hindbrain**. *Phil. Trans. R. Soc. Lond. B* 1991, **331**: 281-286.

図 5.36 photograph reproduced with permission from Lumsden, A., Krumlauf, R.: **Patterning the vertebrate neuraxis**. *Science* 1996, **274**: 1109-1115 (image on front cover). ©1996 American Association for the Advancement of Science.

図 5.37 illustration after Krumlauf, R.: **Hox genes and pattern formation in the branchial region of the vertebrate head**. *Trends Genet.* 1993, **9**: 106-112.

第6章

図 6.5 photograph reproduced with permission from Strome, S., Wood, W.B.: **Generation of asymmetry and segregation of germline granules in early *C. elegans* embryos**. *Cell* 1983 **35**: 15-25. ©1983 Cell Press.

図 6.6 illustration after Sulston, J.E., Schierenberg, E., White, J.G., Thompson, J.N.: **The embryonic cell lineage of the nematode *C. elegans***. *Dev. Biol.* 1983, **100**: 69-119.

図 6.7 photographs reproduced with permission from Wood W.B: **Evidence from reversal of handedness in *C. elegans* embryos for early cell interactions determining cell fates**. *Nature* 1991, **349**: 536-538. ©1991 Macmillan Magazines Ltd.

図 6.8 illustration after Mello, C.C., Draper, B.W., Priess, J.R.: **The maternal genes *apx-1* and *glp-1* and establishment of dorsal- ventral polarity in the early *C. elegans* embryo**. *Cell* 1994, **77**: 95-106.

図 6.10 from Mizumoto, K., and Sawa, H.: **Two bs or not two bs: regulation of asymmetric division by b-catenin**. *TRENDS in Cell Biology*, 2007, **Vol. 17** No. 10.

図 6.12 illustration after Bürglin, T.R., Ruvkun, G.: **The *Caenorhabditis elegans* homeobox gene cluster**. *Curr. Opin. Gen. Dev.* 1993, **3**: 615-620.

図 6.18 top and middle photographs reproduced with permission from Jim Coffman. Lower photograph reproduced with permission from Oxford Scientific Films.

図 6.23 illustration from Oliveri, P., Davidson, E.H.: **Gene regulatory network controlling embryonic specification in the sea urchin**. *Curr. Opin. Genet. Dev.* 2004, **14**: 351-360.

図 6.24 adapted from Oliveri, P., Tu, Q., Davidson, E.H.: **Global regulatory logic for specification of an embryonic cell lineage**. *Proc. Natl Acad. Sci. USA* 2008, **105**: 5955-5962.

図 6.25 illustration from Oliveri, P., Davidson, E.H.: **Gene regulatory network controlling embryonic specification in the sea urchin**. *Curr. Opin. Genet. Dev.* 2004, **14**: 351-360.

図 6.28 middle photograph reproduced with permission from Corbo, J.C., Levine, M., Zeller, R.W.: **Characterization of a notochord-specific enhancer from the Brachyury promoter region of the ascidian, *Ciona intestinalis***. *Development* 1997, **124**: 589-602. Published by permission of The Company of Biologists Ltd. Top photograph reproduced with permission from Shigeki Fujiwara and Naoki Shimozono. Lower photograph reproduced with permission from Andrew Martinez.

図 6.30 illustration from Nishida, H.: **Specification**

of embryonic axis and mosaic development in ascidians. *Dev. Dyn.* 2005, **233**: 1177–1193.

図 6.31 illustration after Conklin, E.G.: **The organization and cell lineage of the ascidian egg**. *J. Acad. Nat. Sci. Philadelphia* 1905, **13**: 1–119.

図 6.32 Picco, V., Hudson, C., Yasuo, H.: **Ephrin-Eph signalling drives the asymmetric division of notochord/neural precursors in *Ciona embryos***. *Development* 2007, **134**: 1491–1497.

第 7 章

図 7.4 illustration after Scheres, B., Wolkenfelt, H., Willemsen, V., Terlouw, M., Lawson, E., Dean, C., Weisbeek, P.: **Embryonic origin of the *Arabidopsis* primary root and root meristem initials**. *Development* 1994, **120**: 2475–2487.

図 7.5 illustration after Friml, J., et al.: **Efflux-dependent auxin gradients establish the apical-basal axis of *Arabidopsis***. *Nature* 2003, **426**: 147–153.

図 7.6 adapted from Chapman, E.J. and Estelle, M.: **Cytokinin and auxin intersection in root meristems**. *Genome Biol.* 2009, **10**: 210. doi:10.1186/gb-2009-10-2-210

図 7.7 from Friml, J., *et al.*: **Efflux-dependent auxin gradients establish the apical-basal axis of *Arabidopsis***. *Nature* 2003, **426**: 147–153.

図 7.10 illustration after Alberts, B., Bray, D., Lewis, J., Raff, M., Roberts, K., Watson, J.D.: *Molecular Biology of the Cell*, 2nd edition. New York: Garland Publishing, 1989.

図 7.14 illustration after Steeves, T.A., Sussex, I.M.: *Patterning in Plant Development*. Cambridge: Cambridge University Press, 1989.

図 7.16 illustration after McDaniel, C.N., Poethig, R.S.: **Cell lineage patterns in the shoot apical meristem of the germinating maize embryo**. *Planta* 1988, **175**: 13–22.

図 7.18 top panel, illustration after Poethig, R.S., Sussex, I.M.: **The cellular parameters of leaf development in tobacco: a clonal analysis**. *Planta* 1985, **165**: 170–184. Bottom panel, illustration after Sachs, T.: *Pattern Formation in Plant Tissues*. Cambridge: Cambridge University Press, 1994.

図 7.20 adapted from Heisler, M.G. *et al.*: **Patterns of auxin transport and gene expression during primordium development revealed by live imaging of the *Arabadopsis* inflorescence meristem**. *Curr. Biol.* 2005, **15**: 1899–1911.

図 7.22 illustration after Scheres, B., Wolkenfelt, H., Willemsen, V., Terlouw, M., Lawson, E., Dean, C., Weisbeek, P.: **Embryonic origin of the *Arabidopsis* primary root and root meristem initials**. *Development* 1994, **120**: 2475–2487.

図 7.24 photograph reproduced with permission from Meyerowitz, E.M., Bowman, J.L., Brockman, L.L., Drews, G.N., Jack, T., Sieburth, L.E., Weigel, D.: **A genetic and molecular model for flower development in *Arabidopsis thaliana***. *Development Suppl.* 1991, 157–167. Published by permission of The Company of Biologists Ltd.

図 7.25 illustration after Coen, E.S., Meyerowitz, E.M.: **The war of the whorls: genetic interactions controlling flower development**. *Nature* 1991, **353**: 31–37.

図 7.26 photographs reproduced with permission from Meyerowitz, E.M., Bowman, J.L., Brockman, L.L., Drews, G.N., Jack, T., Sieburth, L.E., Weigel, D.: **A genetic and molecular model for flower development in *Arabidopsis thaliana***. *Development Suppl.* 1991, 157–167. Published by permission of The Company of Biologists Ltd. (left panel); center panel from Bowman, J.L., Smyth, D.R., Meyerowitz, E.M.: **Genes directing flower development in *Arabidopsis***. *Plant Cell* 1989, **1**: 37–52. Published by permission of The American Society of Plant Physiologists.

図 7.29 adapted from Lohmann, J.U., Weigel, D.: **Building beauty: the genetic control of floral patterning**. *Dev. Cell* 2002, **2**: 135–142.

図 7.30 photograph reproduced with permission from Coen, E.S., Meyerowitz, E.M.: **The war of the whorls: genetic interactions controlling flower development**. *Nature* 1991, **353**: 31–37. ©1991 Macmillan Magazines Ltd.

図 7.31 illustration after Drews, G.N., Goldberg, R.B.: **Genetic control of flower development**. *Trends Genet.* 1989 **5**: 256–261.

図 7.35 illustration from Bl·zquez, M.A.: **The right time and place for making flowers**. *Science* 2005, **309**: 1024–1025.

第8章

図 8.3　from Foty, R.A., and Steinberg, M.S.: **The differential adhesion hypothesis: a direct evaluation.** *Developmental Biology* **278** (2005) 255–263.

図 8.6　illustration after Strome, S.: **Determination of cleavage planes.** *Cell* 1993, **72**: 3–6.

図 8.8　from Raff, E.C., Villinski, J.T., Turner, F.R., Danoghue, P.C.J., and Raff, R.A.: **Experimental taphonomy shows the feasibility of fossil embryos.** *PNAS* 2006, **103**: 5846–5851.

図 8.9　photograph reproduced with permission from Bloom T.L.: **The effects of phorbol ester on mouse blastomeres: a role for protein kinase C in compaction?** *Development* 1989, **106**: 159–171.

図 8.11　from Eckert, J.J., and Fleming, T.P.: **Tight junction biogenesis during early development**. *Biochim. Biophys. Acta.* 2008, **1778**: 717–728.

図 8.12　from Alberts, B. *et al.*: *Molecular Biology of the Cell*, Fifth Edition, Garland Science, New York, 2008.

図 8.13　illustration after Coucouvanis, E., Martin, G.R.: **Signals for death and survival: a two-step mechanism for cavitation in the vertebrate embryo.** *Cell* 1995, **83**: 279–287.

図 8.17　photograph reproduced with permission from Merrill, J.B., Santos, L.L.: **A scanning electron micrographical overview of cellular and extracellular patterns during blastulation and gastrulation in the sea urchin, *Lytechinus variegatus*.** *In The Cellular and Molecular Biology of Invertebrate Development*. Edited by Sawyer, R.H. and Showman, R.M. University of South Carolina Press, 1985; pp. 3–33.

図 8.19　illustration after Odell, G.M., Oster, G., Alberch, P., Burnside, B.: **The mechanical basis of morphogenesis. I. Epithelial folding and invagination.** *Dev. Biol.* 1981, **85**: 446–462.

図 8.21　photographs reproduced with permission from Leptin, M., Casal, J., Grunewald, B., Reuter, R.: **Mechanisms of early *Drosophila* mesoderm formation.** *Development Suppl.* 1992, 23–31. Published by permission of The Company of Biologists Ltd.

図 8.22　illustration after Bertet, C., Sulak, L., Lecuit, T.: **Myosindependent junction remodelling controls planar cell intercalation and axis elongation.** *Nature* 2004, **429**: 667–671.

図 8.24　illustration after Balinsky, B.I.: *An Introduction to Embryology*, 4th edition. Philadelphia, W.B. Saunders, 1975.

図 8.28　photograph reproduced with permission from Smith, J.C., Cunliffe, V., O'Reilly, M-A.J., Schulte-Merker, S., Umbhauer, M.: ***Xenopus Brachyury***. *Semin. Dev. Biol.* 1995, **6**: 405–410. ©1995 by permission of the publisher, Academic Press Ltd., London.

図 8.29　illustration after Montero, J.A., Heisenberg, C.P.: **Gastrulation dynamics: cells move into focus.**: *Trends Cell Biol.* 2004, **14**: 620–627.

図 8.30　illustration after Wallingford, J.B., Fraser, S., Harland, R.M.: **Convergent extension: the molecular control of polarized cell movement during embryonic development.** *Dev. Cell* 2002, **2**: 695–706.

図 8.34　illustration after Schoenwolf, G.C., Smith, J.L.: **Mechanisms of neurulation: traditional viewpoint and recent advances.** *Development* 1990 **109**: 243–270.

図 8.39　photographs reproduced with permission from Priess, J.R., Hirsh, D.I.: ***Caenorhabditis elegans* morphogenesis: the role of the cytoskeleton in elongation of the embryo.** *Dev. Biol* 1986, **117**: 156–173. ©1986 Academic Press.

図 8.41　photographs reproduced with permission from Tsuge, T., Tsukaya, H., Uchimaya, H.: **Two independent and polarized processes of cell elongation regulate leaf blade expansion in *Arabidopsis thaliana* (L.) Heynh.** *Development* 1996, **122**: 1589–1600. Published by permission of The Company of Biologists Ltd.

第9章

図 9.5　adapted from Hogan, B.: **Decisions, decisions.** *Nature* 2002, **418**: 282, and Saitou, M., Barton, S. Surani, M.: **A molecular programme for the specification of germ cell fate in mice.** *Nature*, 2002, **418**: 293–300.

図 9.6　illustration after Wylie, C.C., Heasman, J.: **Migration, proliferation, and potency of primordial germ cells.** *Semin. Dev. Biol.* 1993, **4**: 161–170.

図 9.7　adapted from Weidinger, G., Köprunner, M., Thisse, C., Thisse, B., and Razl, E.: **Regulation of zebrafish primordial germ cell migration by attraction towards an intermediate target.**

Development, 2002, **129**: 25–36.

図 **9.14** illustration after Alberts, B., Bray, D., Lewis, J., Raft, M., Roberts, K., Watson, J.D.: *Molecular Biology of the Cell*, 2nd edition. New York: Garland Publishing, 1989.

図 **9.19** illustration after Goodfellow, P.N., Lovell-Badge, R.: ***SRY* and sex determination in mammals**. *Ann. Rev. Genet.* 1993, **27**: 71–92.

図 **9.21** illustration after Higgins, S.J., Young, P., Cunha, G.R.: **Induction of functional cytodifferentiation in the epithelium of tissue recombinants II. Instructive induction of Wolffian duct epithelia by neonatal seminal vesicle mesenchyme**. *Development* 1989, **106**: 235–250.

図 **9.25** illustration after Cline, T.W.: **The *Drosophila* sex determination signal: how do flies count to two?** *Trends Genet.* 1993 **9**: 385–390.

図 **9.29** illustration after Clifford, R., Francis, R., Schedl, T.: **Somatic control of germ cell development**. *Semin. Dev. Biol* 1994, **5**: 21–30.

図 **9.31** illustration after Alberts, B., Bray, D., Lewis, J., Raft, M., Roberts, K., Watson, J.D.: *Molecular Biology of the Cell*, 2nd edition. New York: Garland Publishing, 1989.

第10章

図 **10.3** illustration after Tijian, R.: **Molecular machines that control genes**. *Sci. Am.* 1995, **272**: 54–61.

図 **10.4** illustration after Alberts B., Bray, D., Lewis, J., Raff, M., Roberts, K., Watson, J.D.: *Molecular Biology of the Cell*, 2nd edition. New York: Garland Publishing, 1989.

図 **10.6** illustration after Alberts, B., Bray, D., Lewis, J., Raft, M., Roberts, K., Watson, J.D.: *Molecular Biology of the Cell*, 2nd edition. New York: Garland Publishing, 1989.

図 **10.8** illustration after Kluger, Y., Lian, Z., Zhang, X., Newburger, P.E., Weissman, S.M.: **A panorama of lineage-specific transcription in hematopoiesis**. *BioEssays* 2004, **26**: 1276–1287.

図 **10.10** illustration after Metcalf, D.: **Control of granulocytes and macrophages: molecular, cellular, and clinical aspects**. *Science* 1991, **254**: 529–533.

図 **10.13** illustration after Crossley, M., Orkin, S.H.: **Regulation of the b-globin locus**. *Curr. Opin. Genet. Dev.* 1993, **3**: 232–237.

図 **10.17** from Barker, N., van Esl, J.H., Kuipers, J., Kujala, P., van den Born, M., Cozijnsen, M., Haegebarth, A., Korving, J., Begthell, H., Peters, P.J., and Clevers, H: Identification of stem cells in small intestine and colon by marker gene Lgr5. *Nature*

図 **10.22** illustration after Taupin, P.: **Adult neurogenesis in the mammalian central nervous system: functionality and potential clinical interest**. *Med. Sci. Monit.* 2005, **11**: 247–252.

図 **10.27** illustration after Riedl, S.J., Shi, Y.: **Molecular mechanisms of caspase regulation during apoptosis**. *Nat. Rev. Mol. Cell Biol.* 2004, **5**: 897–907.

第11章

図 **11.6** photograph reproduced with permission from Cohn, M.J., Izpisúa-Belmonte, J.C., Abud, H., Heath, J.K., Tickle, C.: **Fibroblast growth factors induce additional limb development from the flank of chick embryos**. *Cell* 1995, **80**: 739–746. ©1995 Cell Press.

図 **11.18** adapted from Wellik, D.M., Capecchi, M.R.: **Hox10 and Hox11 genes are required to globally pattern the mammalian skeleton**. *Science* 2003, **301**: 363–367.

図 **11.21** photograph reproduced with permission from Garcia- Martinez, V., Macias, D., Gañan, Y., Garcia-Lobo, J.M., Francia, M.V., Fernandez- Teran, M.A., Hurle, J.M.: **Internucleosomal DNA fragmentation and programmed cell death (apoptosis) in the interdigital tissue of embryonic chick leg bud**. *J. Cell Sci.* 1993, **106**: 201–208. Published by permission of The Company of Biologists Ltd.

図 **11.23** illustration after French, V., Daniels, G.: **Pattern formation: the beginning and the end of insect limbs**. *Curr. Biol.* 1994, **4**: 35–37.

図 **11.26** (a) photograph reproduced with permission from Nellen, D., Burke, R., Struhl, G., Basler, K.: **Direct and long-range action of a dpp morphogen gradient**. *Cell* 1996, **85**: 357–368. ©1996, Cell Press.

図 **11.26** (b–e) photograph reproduced with permission from Moser, M. and Campbell, G.: **Generating and interpreting the Brinker gradient in the Drosophila wing**. *Dev. Biol.* 2005, **286**: 647–658.

図 **11.29** photograph reproduced with permission from

Zecca, M., Basler, K., Struhl, G.: **Direct and long-range action of a wingless morphogen gradient**. *Cell* 1996, **87**: 833–844. ©1996 Cell Press.

図 **11.31** illustration after Bryant, P.J.: **The polar coordinate model goes molecular**. *Science* 1993, **259**: 471–472.

図 **11.40** adapted from Adler, R., and Valeria Canto-Soler, M.: **Molecular mechanisms of optic vesicle development: Complexities, ambiuities, and controversies**. *Developmental Biology*, **305**: 1–13.

図 **11.41** photographs reproduced with permission from Gehring, W.J.: **New perspectives on eye development and the evolution of eyes and photoreceptors**. *J. Hered.* 2005, **96(3)**: 171–184.

図 **11.49** adapted from Kelly, R.G., Buckingham, M.E.: **The anterior heart-forming field: voyage to the arterial pole of the heart**. *Trends Genet.* 2002, **18**: 210–216.

第12章

図 **12.7** illustration after Rakic, P.: **Mode of cell migration to the superficial layers of fetal monkey neocortex**. *J. Comp. Neurol.* 1972, **145**: 61–83.

図 **12.8** adapted from Honda, T., Tabata, H., Nakajima, K.: **Cellular and molecular mechanisms of neuronal migration in neocortical development**. *Semin. Cell Dev. Biol.* 2003, **14**: 169–174.

図 **12.15** adapted from Dasen, J., Tice, B., Brenner-Morton, S., Jessell, T.: **A Hox regulatory network establishes motor neuron pool identity and target-muscle connectivity.** *Cell* 2005, **123**: 477–491.

図 **12.16** illustration after Alberts, B., Bray, D., Lewis, J., Raff, M., Roberts, K., Watson, J.D.: *Molecular Biology of the Cell*, 2nd edition. New York: Garland Publishing, 1989.

図 **12.21** photograph reproduced with permission from Serafini, T., Colamarino, S.A., Leonardo, E.D., Wang, H., Beddington, R., Skarnes, W.C., Tessier-Lavigne, M.: **Netrin-1 is required for commissural axon guidance in the developing vertebrate nervous system**. *Cell* 1996, **87**: 1001–1014. ©1996 Cell Press.

図 **12.28** illustration after Kandell, E.R., Schwartz, J.H., Jessell, T.M.: *Principles of Neural Science*, 3rd edition. New York: Elsevier Science Publishing Co., Inc., 1991.

図 **12.30** illustration after Li, Z., Sheng, M.: **Some assembly required: the development of neuronal synapses**. *Nat. Rev.* 2003, **4**: 833–841.

図 **12.32** illustration after Goodman, C.S., Shatz, C.J.: **Developmental mechanisms that generate precise patterns of neuronal connectivity**. *Cell Suppl.* 1993, **72**: 77–98.

図 **12.33** illustration after Kandell, E.R., Schwartz, J.H., Jessell, T.M.: *Essentials of Neural Science and Behavior*. Norwalk, Connecticut: Appleton & Lange, 1991.

図 **12.34** illustration after Goodman, C.S., Shatz, C.J.: **Developmental mechanisms that generate precise patterns of neuronal connectivity**. *Cell Suppl.* 1993, **72**: 77–98.

第13章

図 **13.2** adapted from D.O. Morgan, *The Cell Cycle*. Oxford University Press, 2006.

図 **13.3** illustration after Edgar, B.A., Lehman, D.A., O'Farrell, P.H.: **Transcriptional regulation of *string (cdc25)*: a link between developmental programming and the cell cycle**. *Development* 1994, **120**: 3131–3143.

図 **13.5** photograph reproduced with permission from Harrison, R.G.: *Organization and Development of the Embryo*. New Haven: Yale University Press, 1969. ©1969 Yale University Press.

図 **13.6** illustration after Gray, H.: *Gray's Anatomy*. Edinburgh: Churchill-Livingstone, 1995.

図 **13.8** from Nijhout, H.F.: **Size matters (but so does time), and it's OK to be different**. *Dev. Cell*, 2008, **15**: 491–492.

図 **13.11** illustration after Walls, G.A.: **Here today, bone tomorrow**. *Curr. Biol.* 1993, **3**: 687–689.

図 **13.12** illustration after Kronenberg, H.M.: **Developmental regulation of the growth plate**. *Nature (Insight)* 2003, **423**: 332–336.

図 **13.18** illustration after Tata, J.R.: **Gene expression during metamorphosis: an ideal model for post-embryonic development**. *BioEssays* 1993, **15**: 239–248.

図 **13.19** illustration after Tata, J.R.: **Gene expression during metamorphosis: an ideal model for post-embryonic development**. *BioEssays* 1993, **15**: 239–248.

第14章

図 14.5 from Kragl, M., Knapp, D., Nacul, E., Khattak, S., Maden, M., Epperlein, H., and Tanaka, E.: **Cells keep a memory of their tissue origin during axolotl limb regeneration**. *Nature*, 2009, **460**: 60–65.

図 14.11 photographs reproduced with permission from Pecorino, L.T. Entwistle A., Brockes, J.P.: **Activation of a single retinoic acid receptor isoform mediates proximodistal respecification**. *Curr. Biol.* 1996, **6**: 563–569.

図 14.13 illustration after French, V., Bryant, P.J., Bryant, S.V.: **Pattern regulation in epimorphic fields**. *Science* 1976, **193**: 969–981.

図 14.14 illustration after French, V., Bryant, P.J., Bryant, S.V.: **Pattern regulation in epimorphic fields**. *Science* 1976, **193**: 969–981.

図 14.15 photograph reproduced with permission from Müller, W.A.: **Diacylglycerol-induced multihead formation in *Hydra***. *Development* 1989, **105**: 309 –316. Published by permission of The Company of Biologists Ltd.

第15章

図 15.9 illustration after Akam, M.: **Hox genes and the evolution of diverse body plans**. *Phil, Trans. R. Soc. Lond. B* 1995, **349**: 313–319.

図 15.10 illustration after Ferguson, E.L.: **Conservation of dorsa- ventral patterning in arthropods and chordates**. *Curr. Opin. Genet. Dev.* 1996, **6**: 424–431.

図 15.11 adapted from Boisvert, C.A., Mark-Kurik, E., and Ahlberg, P.E.: **The pectoral fin of *Panderichthys* and the origin of digits**. *Nature* 2008, **456**: 636–638.

図 15.12 illustration after Gerhart, J., Lowe, C., Kirschner, M.: **Hemichordates and the origins of chordates**. *Curr. Opin. Genet. Dev.* 2005, **15**: 461–467.

図 15.16 illustration after Gregory, W.K.: *Evolution Emerging*. New York: Macmillan, 1957.

図 15.20 illustration after Gompel, N. et al.: **Chance caught on the wing: cis-regulatory evolution and the origin of pigment patterns in *Drosophila***. *Nature*, 2005, **433**: 481–487.

図 15.22 illustration after Larsen, W.J.: *Human Embryology*. New York: Churchill Livingstone, 1993.

図 15.23 illustration after Romer, A.S.: *The Vertebrate Body*. Philadelphia: W.B. Saunders, 1949.

和文索引

・語頭が数字・ギリシャ文字・アルファベットの用語はすべて欧文に収めた。
・* のついた頁は，用語解説にその項目が含まれる。

す

せ

そ

た

ち

つ

て

と

な

に

ぬ

ね

の

は

ひ

ふ

へ

ほ

ま

み

む

め

も

ゆ

よ

ら

り

る

れ

ろ

わ

欧文索引

・語頭が数字・ギリシャ文字・アルファベットの用語はすべて欧文に収めた。
・* のついた頁は，用語解説にその項目が含まれる。

数字・ギリシャ文字

A

B

C

D

E

F

N

O

P

Q

R

S

T

Z

装丁・本文デザイン：岩崎邦好デザイン事務所

ウォルパート発生生物学　定価：本体 9,500 円 + 税

2012 年 9 月 30 日発行　第 1 版第 1 刷 ©
2016 年 3 月 1 日発行　第 1 版第 2 刷

著　者　ルイス・ウォルパート
シェリル・ティックル

監訳者　武田（たけだ）洋幸（ひろゆき）
田村（たむら）宏治（こうじ）

発行者　株式会社　メディカル・サイエンス・インターナショナル
代表取締役　若 松　博
東京都文京区本郷 1-28-36
郵便番号 113-0033 電話 (03)5804-6050

印刷：日本制作センター

ISBN 978-4-89592-716-1　C3047